EL CULTIVO DEL OLIVO

Editores Científicos

DIEGO BARRANCO
RICARDO FERNANDEZ-ESCOBAR
LUIS RALLO

Departamento de Agronomía.
Escuela Técnica Superior de Ingenieros Agrónomos y Montes
Universidad de Córdoba

EL CULTIVO DEL OLIVO

**8.ª edición,
actualizada y ampliada**

Ediciones Mundi-Prensa
Madrid

2025

© 2025, Ediciones Mundi-Prensa, un sello del Grupo Paraninfo

C/ Sierra de Guadarrama 35. Naves 2, 3, 4 y 5
Polígono Industrial San Fernando II,
28830 San Fernando de Henares, Madrid
Teléfono: 914 463 350
clientes@paraninfo.es / www.paraninfo.es

© 2025, D. Barranco; R. Fernández-Escobar; L. Rallo
Dpto. de Agronomía. ETSIAM. Apdo. 3048. 14080 CÓRDOBA
Tel. 95 721 85 02 – E-mail: dbarranco@uco.es
Tel. 95 721 84 98 – E-mail: rfernandezescobar@uco.es
Tel. 95 721 21 98 – E-mail: ag1ralro@uco.es

© Textos y fotografías de los autores

Foto de portada: Vivero de olivos

1.ª edición: abril 1997
2.ª edición: noviembre 1997
3.ª edición: mayo 1999
4.ª edición: mayo 2001
5.ª edición: mayo 2004
6.ª edición: enero 2008
7.ª edición: enero 2017
8.ª edición: mayo 2025

Impresión: Gráficas Eujoa (Meres, Asturias)
ISBN: 9788419934420
Depósito legal: M-10453-2025

Impreso en España

PRÓLOGO A LA OCTAVA EDICIÓN

Esta octava edición aparece 28 años después de la primera. Se mantiene el criterio inicial de elaborar un libro sobre olivicultura permanentemente actualizado, que contara con la participación de expertos con los conocimientos científicos y técnicos precisos en cada uno de sus capítulos. *El Cultivo del Olivo* sigue siendo un referente del cambio experimentado por la olivicultura en un tiempo de continua renovación. Período en que el olivar ha dejado de ser un cultivo de secano para convertirse en otro en el que una parte, cada vez más importante de la producción, procede de nuevos olivares de seto de limitada altura y recogidos mecánicamente en continuo con cosechadoras cabalgadoras.

La acogida de las sietes anteriores ediciones y la publicación de la versión en inglés de la 5ª edición, publicada en Australia por Rural Industries Research and Development Corporation (RIRDC) y la Australian Olive Association (AOA) en 2010, son indicadores del interés actual por el olivar y sus productos, de la proyección internacional del cambio experimentado por la olivicultura en España, de la continua aceleración del sistema de Investigación y Desarrollo en nuestro país y de su proyección mundial.

Esta edición aparece ocho años después de la séptima. En este periodo se ha producido una universalización de la investigación oleícola con un liderazgo evidente de España, testimoniado por una búsqueda de citas en el Science Citation Index, que ha dado lugar a la necesidad de actualizar la mayoría de los capítulos manteniendo la extensión mediante un esfuerzo de síntesis de los autores.

También se han producido una importante renovación de los autores, un aspecto relacionado con la renovación generacional. Para los editores, la disponibilidad de los nuevos autores supone una grata satisfacción. Garantiza la continuidad de la actualización de los avances científicos y técnicos en el olivar y sus productos y, por tanto, el futuro. Por ello, queremos agradecer su participación desde la primera edición y dar la bienvenida a los nuevos participantes, que han contribuido eficientemente a la actualización de conocimientos. Entre todos ponemos a disposición de olivareros, científicos y técnicos y del público en general, este tratado concebido, desde la primera edición, para la utilidad y disfrute de sus lectores y estudiosos.

Córdoba, febrero de 2025.
LOS EDITORES CIENTÍFICOS

AUTORES

Mª Paz AGUILERA HERRERA
Licenciada en Ciencias Biológicas
Instituto Andaluz de Investigación y Formación Agraria, Pesquera y Alimentaria
Estación de Olivicultura «Venta del Llano». Mengíbar (Jaén)

José ALBA MENDOZA
Doctor en Ciencias Químicas
Instituto de la Grasa y sus derivados CSIC. Sevilla

Cristina ALCANTARA BRAÑA
Doctora en Ingeniería Agronónomica
Instituto Andaluz de Investigación y Formación Agraria, Pesquera y Alimentaria
Centro IFAPA "Alameda del Obispo". Córdoba.

Diego BARRANCO NAVERO
Doctor Ingeniero Agrónomo
Departamento de Agronomía. ETSIAM. Universidad de Córdoba

Gabriel BELTRAN MAZA
Doctor en Ciencias Biológicas
Instituto Andaluz de Investigación y Formación Agraria, Pesquera y Alimentaria
Estación de Olivicultura «Venta del Llano». Mengíbar (Jaén)

Miguel Angel BLANCO LOPEZ
Doctor Ingeniero Agrónomo
Departamento de Agronomía. ETSIAM. Universidad de Córdoba

Gregorio Lorenzo BLANCO ROLDAN
Doctor Ingeniero Agrónomo
Departamento de Ingeniería Rural. ETSIAM. Universidad de Córdoba

Rafael BORJA PADILLA
Doctor en Ciencias Químicas
Instituto de la Grasa y sus derivados CSIC. Sevilla

Manuel BRENES BALBUENA
Doctor en Ciencias Químicas.
Instituto de la Grasa y sus derivados. CSIC. Sevilla

Juan Manuel CABALLERO REIG
Doctor Ingeniero Agrónomo
Instituto Andaluz de Investigación y Formación Agraria, Pesquera y Alimentaria
Centro IFAPA "Alameda del Obispo". Córdoba.

Diego CABELLO POZO
Doctor Ingeniero Agrónomo
Departamento de Agronomía. ETSIAM. Universidad de Córdoba

Mercedes CAMPOS ARANDA
Doctora en Ciencia Biológicas
Estación Experimental del Zaidín. CSIC. Granada

Manuel CANTOS BARRAGAN
Doctor en Ciencias Biológicas
Instituto de Recursos Naturales y Agrobiología. CSIC. Sevilla

Daniela CAPOGNA
Doctora en Tecnología de los Alimentos
Instituto de la Grasa y sus derivados. CSIC. Sevilla

Sergio CASTRO GARCIA
Doctor Ingeniero Agrónomo
Departamento de Ingeniería Rural. ETSIAM. Universidad de Córdoba

Julián CUEVAS GONZALEZ
Doctor en Ciencias Biológicas
Departamento de Producción Vegetal. Universidad de Almería

Carmen DEL RIO RINCON (†)
Doctora en Ciencias Biológicas
Instituto Andaluz de Investigación y Formación Agraria, Pesquera y Alimentaria
Centro IFAPA "Alameda del Obispo". Córdoba.

Elías FERERES CASTIEL
Doctor Ingeniero Agrónomo
Departamento de Agronomía. ETSIAM. Universidad de Córdoba

Ricardo FERNANDEZ ESCOBAR
Doctor Ingeniero Agrónomo
Departamento de Agronomía. ETSIAM. Universidad de Córdoba

José Enrique FERNANDEZ LUQUE
Doctor Ingeniero Agrónomo
Instituto de Recursos Naturales y Agrobiología. CSIC. Sevilla

Luisa FRIAS RUIZ
Ingeniero Técnico Agrícola
Instituto Andaluz de Investigación y Formación Agraria, Pesquera y Alimentaria
Estación de Olivicultura «Venta del Llano». Mengíbar (Jaén)

Inmaculada GARRIDO JURADO
Doctora en Ingeniería Agronómica
Departamento de Agronomía. ETSIAM. Universidad de Córdoba

María GOMEZ DEL CAMPO
Doctora en Ingeniería Agronómica
Departamento de Producción Agraria. Universidad Politécnica de Madrid

José Alfonso GOMEZ CALERO
Doctor Ingeniero Agrónomo
Instituto de Agricultura Sostenible. CSIC. Córdoba

Manuel HERMOSO FERNANDEZ (†)
Ingeniero Agrónomo
Instituto Andaluz de Investigación y Formación Agraria, Pesquera y Alimentaria
Estación de Olivicultura «Venta del Llano». Mengíbar (Jaén)

Javier J. HIDALGO MOYA
Ingeniero Agrónomo
Instituto Andaluz de Investigación y Formación Agraria, Pesquera y Alimentaria
Centro IFAPA "Alameda del Obispo". Córdoba.

Francisco HIDALGO CASADO
Ingeniero Técnico Industrial
Instituto de la Grasa y sus derivados. CSIC. Sevilla

Juana LIÑAN BENJUMEA
Ingeniero Técnico Agrícola
Instituto de Recursos Naturales y Agrobiología. CSIC. Sevilla

Alvaro LOPEZ BERNAL
Doctor Ingeniero Agrónomo
Departamento de Agronomía. ETSIAM. Universidad de Córdoba

Francisco Javier LOPEZ ESCUDERO
Doctor Ingeniero Agrónomo
Departamento de Agronomía. ETSIAM. Universidad de Córdoba

Blanca LUCENA COBOS
Doctora en Ingeniería Agronóomica
Agencia de Gestión Agraria y Pesquera de Andalucía. Córdoba

Juan José MAGAN CAÑADAS
Doctor Ingeniero Agrónomo
Estación Experimental de Cajamar "Las Palmerillas". El Ejido (Almería)

Trinidad MANRIQUE GORDILLO
Ingeniera Agrónoma
Agencia de Gestión Agraria y Pesquera de Andalucía. Córdoba

Fernando MARTINEZ ROMAN
Doctor en Ciencias Biológicas
Instituto de la Grasa y sus derivados CSIC. Sevilla

Miguel Ángel MENDEZ RODRIGUEZ
Ingeniero Agrónomo
Agencia de Gestión Agraria y Pesquera de Andalucía. Córdoba

Ana MORALES SILLERO
Doctora en Ingeniería Agronómica
Departamento de Agronomía. ETSIA. Universidad de Sevilla

Inmaculada MORENO ALIAS
Doctora en Ingeniería Agronómica
Instituto de Agricultura Sostenible CSIC. Córdoba

María José MOYANO PEREZ
Doctora en Farmacia
Instituto de la Grasa y sus Derivados CSIC. Sevilla

Concepción MUÑOZ DIEZ
Doctora en Ingeniería Agronómica
Departamento de Agronomía. ETSIAM. Universidad de Córdoba

Carlos NAVARRO GARCÍA
Ingeniero Agrónomo
Instituto Andaluz de Investigación y Formación Agraria, Pesquera y Alimentaria
Centro IFAPA "Alameda del Obispo". Córdoba.

Francisco ORGAZ ROSUA
Doctor Ingeniero Agrónomo
Instituto de Agricultura Sostenible CSIC. Córdoba

Miguel Angel PARRA RINCON
Doctor Ingeniero Agrónomo
Departamento de Ciencias y Recursos Agrícolas y Forestales
ETSIAM. Universidad de Córdoba

Daniel PÉREZ MOHEDANO
Ingeniero Agrónomo
Instituto Andaluz de Investigación y Formación Agraria, Pesquera y Alimentaria
Centro IFAPA "Alameda del Obispo". Córdoba.

Enrique QUESADA MORAGA
Doctor Ingeniero Agrónomo
Departamento de Agronomía. ETSIAM. Universidad de Córdoba

Luis RALLO ROMERO
Doctor Ingeniero Agrónomo
Departamento de Agronomía. ETSIAM. Universidad de Córdoba

Hava F. RAPOPORT
Doctora en Ciencias Biológicas
Instituto de Agricultura Sostenible CSIC. Córdoba

Manuel José RUIZ TORRES
Doctor en Biología
Laboratorio de Producción y Sanidad Vegetal
Agencia de Gestión Agraria y Pesquera de Andalucía. Jaén

Mª Victoria RUIZ MENDEZ
Doctora en Ciencias Químicas
Instituto de la Grasa y sus derivados. CSIC. Sevilla

Milagros SAAVEDRA SAAVEDRA
Doctora en Ingeniería Agronómica
Instituto Andaluz de Investigación y Formación Agraria, Pesquera y Alimentaria
Centro IFAPA "Alameda del Obispo". Córdoba.

Antonio-Higinio SANCHEZ GÓMEZ
Doctor en Ciencias Químicas.
Instituto de la Grasa y sus derivados. CSIC. Sevilla

Rafael Rubén SOLA GUIRADO
Doctor Ingeniero Industrial
Departamento de Ingeniería Mecánica. EPS. Universidad de Córdoba

Maria Auxiliadora SORIANO JIMENEZ
Doctora en Ingeniería Agronómica
Departamento de Agronomía. ETSIAM. Universidad de Córdoba

Luca TESTI
Doctor Ingeniero Agrónomo
Instituto de Agricultura Sostenible CSIC. Córdoba

Antonio TRAPERO CASAS
Doctor Ingeniero Agrónomo
Departamento de Agronomía. ETSIAM. Universidad de Córdoba

Carlos TRAPERO RAMIREZ
Doctor Ingeniero Agrónomo
Departamento de Agronomía. ETSIAM. Universidad de Córdoba

Antonio TRONCOSO DE ARCE (†)
Doctor en Ciencias Químicas
Instituto de Recursos Naturales y Agrobiología. CSIC. Sevilla

Francisco J. VILLALOBOS MARTIN
Doctor Ingeniero Agrónomo
Departamento de Agronomía. ETSIAM. Universidad de Córdoba

Marino UCEDA OJEDA
Doctor Ingeniero Agrónomo
Instituto Andaluz de Investigación y Formación Agraria, Pesquera y Alimentaria
Estación de Olivicultura «Venta del Llano». Mengíbar (Jaén)

Meelad YOUSEF YOUSEF
Doctor Ingeniero Agrónomo
Departamento de Agronomía. ETSIAM. Universidad de Córdoba

ÍNDICE

Capítulo 1: **La olivicultura en el mundo y en España**, 1

Capítulo 2: **Botánica y morfología**, 43

Capítulo 3: **Variedades y patrones**, 75

Capítulo 4: **Métodos de multiplicación**, 107

Capítulo 5: **Fructificación y producción**, 163

Capítulo 6: **Maduración**, 201

Capítulo 7: **El clima y otros factores ambientales**, 227

Capítulo 8: **Suelo**, 265

Capítulo 9: **Sistemas de plantación**, 303

Capítulo 10: **Sistemas de manejo del suelo**, 357

Capítulo 11: **Fertilización**, 441

Capítulo 12: **Riego**, 487

Capítulo 13: **Fertirrigación**, 517

Capítulo 14: **Poda**, 543

Capítulo 15: **Mecanización**, 589

Capítulo 16: **Plagas**, 673

Capítulo 17: **Enfermedades**, 777

Capítulo 18: **Elaboración del aceite de oliva virgen**, 851

Capítulo 19: **La calidad del aceite de oliva**, 891

Capítulo 20: **Elaboración de aceitunas de mesa**, 921

CAPÍTULO 1

LA OLIVICULTURA EN EL
MUNDO Y EN ESPAÑA

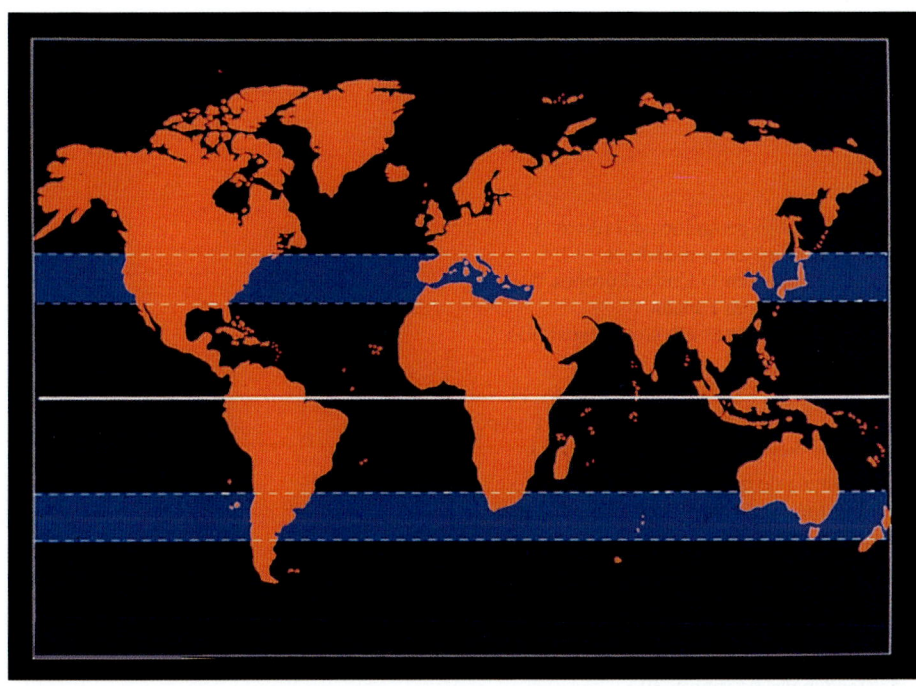

Miguel Ángel MÉNDEZ
Blanca LUCENA
Trinidad MANRIQUE

ÍNDICE

1. Distribución geográfica del olivar, 3
   1.1. El olivo en el mundo, 4
   1.2. El olivo en la Unión Europea, 5
   1.3. El olivo en España, 6
      1.3.1. Zonas olivareras españolas, 9

2. Aceite de oliva, 11
   2.1. El aceite de oliva en el mundo, 11
   2.2. El aceite de oliva en la Unión Europea, 16
   2.3. El aceite de oliva en España, 21

3. Aceituna de mesa o aderezo, 24
   3.1. La aceituna de mesa en el mundo, 25
   3.2. La aceituna de mesa en la Cuenca Mediterránea, 29
   3.3. La aceituna de mesa en España, 31

4. Economía del olivar, 33
   4.1. Precios, 33
   4.2. Rentabilidad del olivar, 36

5. Tendencias de futuro, 39

6. Bibliografía, 40

1. Distribución geográfica del olivar

El olivo forma parte de la conocida tríada agrícola mediterránea –cereales, vid y olivo–, productos básicos en la alimentación de los pueblos del Mediterráneo y, al igual que los cereales, ha sido objeto de dispersión desde la Antigüedad.

El cultivo del olivo fue iniciado a comienzos del Neolítico en la región de Asia Menor. La difusión del cultivo en el Mediterráneo fue consecuencia de la extensión de la cultura desde oriente hacia occidente.

La expansión marítima de los fenicios diseminó el cultivo del olivo en las islas griegas, expandiéndose posteriormente por el norte de África, Sicilia, sur de Italia y la Península Ibérica.

La gran expansión de su cultivo se debió a Roma, que extendió el cultivo del olivo en el imperio romano, destacando el comercio de aceite de la Bética con destino a la metrópoli. En Hispania, fueron posteriormente los árabes los que impulsaron su cultivo.

El olivo y el aceite son unos de los pocos elementos presentes en todos los países de la Cuenca Mediterránea, de Europa, África o Asia. Los pueblos del Mediterráneo han aportado su conocimiento al cultivo del olivo y a la extracción del aceite, manteniendo el cultivo de forma ininterrumpida hasta nuestros días, y haciendo del aceite un producto de uso habitual y una mercancía principal en los intercambios comerciales de todas las épocas.

Con el descubrimiento de América en el siglo XV, este patrimonio mediterráneo se extiende al Nuevo Mundo. En el siglo XVI se empezó a cultivar en México, Perú, Chile y Argentina, y en el siglo XVIII en Estados Unidos (California, Florida).

El cultivo del olivo ha continuado extendiéndose, especialmente desde finales del siglo XX, cultivándose hoy día en lugares tan distantes de sus orígenes como Australia, China o Brasil.

1.1.   El olivo en el mundo

El olivo es uno de los cultivos oleaginosos más importantes del Mediterráneo. Fernández Escobar R. *et al.* (2012) indican que existen olivos plantados en todas las regiones del globo ubicadas entre los 30º y los 45º de latitud en ambos hemisferios, ocupando condiciones muy diferentes, desde zonas desérticas a climas más húmedos. En la actualidad el olivo ha superado ampliamente esas latitudes, como puede observarse en la Figura 1.1.

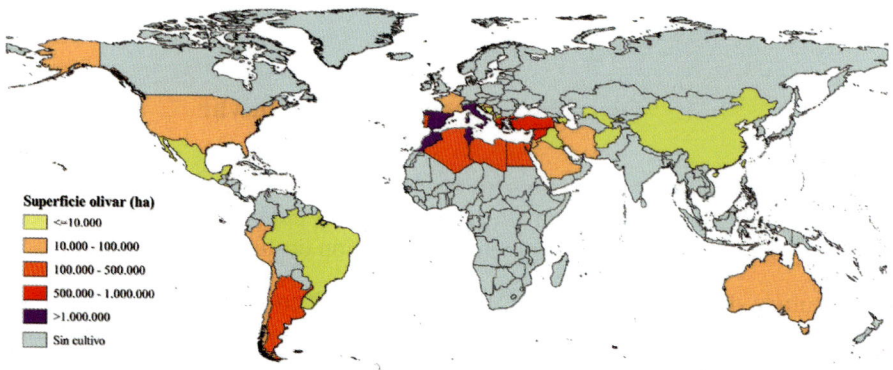

Fuente: Elaboración propia sobre datos FAO 2022.

Figura 1.1. Distribución del cultivo del olivo por países en 2022.

El cultivo del olivo está presente en más de 40 países y ocupaba en 2022 (FAO, 2024) 10,9 millones de hectáreas en todo el mundo, de los que el 97,0% se sitúa en los países de la Cuenca Mediterránea, el 2,0% en el continente americano, un 0,7% en Asia y el 0,3% restante en Oceanía.

La mayoría de los olivares del mundo se cultivan en condiciones extensivas de secano con densidades de hasta 150 olivos/hectárea y escasa mecanización, y se encuentran ubicados en las zonas dedicadas a la olivicultura más antigua, que utilizan cultivares locales.

En las últimas 3 décadas, la producción de aceitunas se ha incrementado como consecuencia del desarrollo de olivares modernos y en regadío, la intensificación de olivares tradicionales y la expansión de la olivicultura por nuevas áreas de producción.

En este sentido, los diez principales países en extensión del cultivo del olivo (Cuadro 1.1), se ubican todos en el área tradicional de cultivo del olivo (Mediterráneo y Próximo Oriente), y concentran el 93,1% de la superficie global de cultivo, con España a la cabeza. No obstante, la modernización del cultivo y la extensión a nuevas áreas de producción ha propiciado la incorporación entre los 20 primeros países en superficie de cultivo de países ubicados en zonas alejadas de las de origen del cultivo, como son Argentina (en el puesto 11º), Australia (17º) o Perú (20º).

CUADRO 1.1

Superficie de olivar en el mundo. Principales países productores. 2022

País	Superficie de olivar	
	Hectáreas	% total
España	2.635.280	24,1
Túnez	1.799.251	16,4
Marruecos	1.201.308	11,0
Italia	1.076.520	9,8
Turquía	901.126	8,2
Grecia	846.660	7,7
Siria	676.338	6,2
Argelia	457.609	4,2
Portugal	379.570	3,5
Libia	220.009	2,0
Argentina	129.528	1,2
Egipto	112.851	1,0
Resto del Mundo	512.789	4,7
Total	**10.948.839**	**100**

Fuente: FAOSTAT 2024.

Con respecto a la producción global, la media anual de la producción del olivar en el mundo es cercana a los 18,4 millones de toneladas de aceitunas, de las que el 90% se destinan a la obtención de aceite y en torno al 10% –o 16% según los datos del Consejo Oleícola Internacional– se consumen elaboradas como aceitunas de mesa (FAO, 2024).

1.2. El olivo en la Unión Europea

La Unión Europea concentraba en 2023 el 45,5% de la superficie total de cultivo dedicada al olivar en el mundo, con más de 5 millones de hectáreas. Cuatro países son los principales productores comunitarios (Cuadro 1.2): España, con el 52,1% de la superficie de cultivo de la Unión, Italia (21,7%), Grecia (17,8%) y Portugal (7,5%). Con una importancia mucho menor se encuentra el resto de los productores comunitarios, Croacia, Francia y Chipre, con superficies de olivar de entre 10.000 y 25.000 hectáreas por país y, por último, Eslovenia, con 2 millares de hectáreas de cultivo.

Con respecto a la superficie de olivar destinado a la aceituna de mesa, España lidera la superficie comunitaria, con 199.000 hectáreas, y Grecia desplaza a Italia del segundo puesto comunitario, con 107.000 hectáreas, superando las 39.000 hectáreas de cultivo de Italia.

CUADRO 1.2

Superficie dedicada al cultivo del olivo en la Unión Europea. 2023

País	Superficie de cultivo de olivar (miles de ha)					
	Destino a aceite		Destino Mesa		Total	
	miles de ha	%	miles de ha	%	miles de ha	%
España	2.452	51,8	199	56,5	2.651	52,1
Italia	1.063	22,4	39	10,9	1.101	21,7
Grecia	798	16,9	107	30,4	905	17,8
Portugal	373	7,9	7	2,0	380	7,5
Croacia	21	0,4	-	0,0	21	0,4
Francia	16	0,3	1	0,1	17	0,3
Chipre	10	0,2	0	0,1	10	0,2
Eslovenia	2	0,0	-	0,0	2	0,0
Otros	0	0,0	0	0,0	0	0,0
Unión Europea - 27	**4.734**	**100**	**353**	**100**	**5.087**	**100**

Fuente: EUROSTAT 2024.

1.3.   El olivo en España

España encabeza la producción mundial de aceitunas, con una amplia implantación del cultivo del olivo en la mayor parte de su territorio. Tan solo no son productoras las Comunidades Autónomas de Asturias y Cantabria. Las últimas estadísticas del Ministerio de Agricultura, Pesca y Alimentación sitúan la superficie de olivar de España en 2.635.276 hectáreas, con el desglose en total y en producción y en secano y regadío que aparece en el Cuadro 1.3.

CUADRO 1.3

Superficie de olivar en España. Año 2022

Cultivo	Superficie en plantación regular (ha), año 2022				
	Total			En producción	
	Secano	Regadío	Total	Secano	Regadío
Olivar de aceituna de mesa	125.867	28.776	154.643	123.870	27.880
Olivar de aceituna de almazara	1.917.653	562.980	2.480.633	1.855.546	535.234
Total	**2.043.520**	**591.756**	**2.635.276**	**1.979.416**	**563.114**

Fuente: MAPA, Avance Anuario de Estadística, 2023

En el año 1965 la superficie de olivar se extendía sobre 2.357.000 hectáreas, experimentándose una reducción paulatina desde mediados de la década de los años 60 del siglo XX hasta alcanzar su mínimo en 1984, con 2.076.000 hectáreas, disminuyendo a razón de 14.795 hectáreas anuales. Desde 1985 hasta 2022, la tendencia se ha invertido creciendo a razón de 14.731 hectáreas anuales (Figura 1.2).

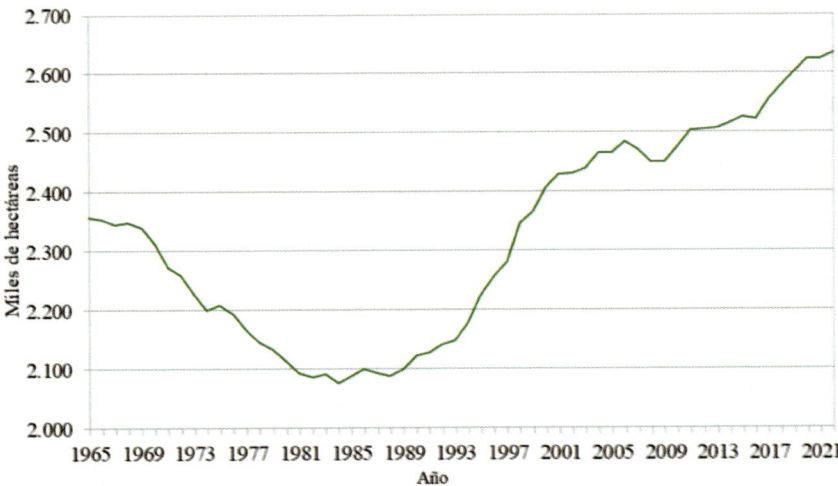

Fuente: MAPA. Anuarios de Estadística.

Figura 1.2. Evolución de la superficie de olivar en España.

Analizando las principales producciones del olivar, aceite de oliva y aceituna de mesa (Figura 1.3), se aprecia una tendencia creciente desde 1965, asociada al incremento de la superficie, así como a la mejora de la productividad por prácticas de cultivo más intensivas y el regadío.

Sin embargo, al tratarse de un cultivo mayoritariamente en secano, se dan grandes variaciones entre campañas, variaciones que se han incrementado en el siglo XXI, posiblemente por el efecto del cambio climático y los fenómenos meteorológicos cada vez más extremos.

Comparando las superficies de olivar ocupadas cada 20 años en el siglo pasado y cada 10 en el actual en las diferentes Comunidades Autónomas (Cuadro 1.4), puede conocerse con suficiente perspectiva temporal la variación de dicha magnitud.

La evolución experimentada por el olivar en España desde mediados de la década de los 80 ha sido muy favorable, habiéndose producido la recuperación de un cultivo que, al final de la década de los años 70, atravesaba una manifiesta crisis. No obstante, solo las Comunidades Autónomas de Andalucía, Castilla-La Mancha y Extremadura han llegado a superar las superficies de cultivo registradas en 1963 (año de máxima superficie).

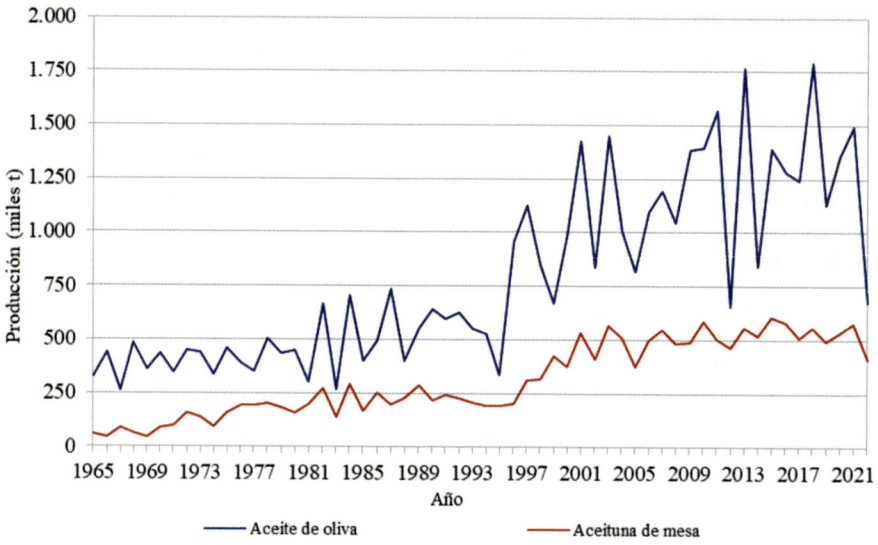

Fuente: MAPA. Anuarios de Estadística.

Figura 1.3. Evolución de la producción de aceite de oliva y aceituna de mesa en España.

CUADRO 1.4

Evolución de las superficies de olivar por Comunidades Autónomas

Comunidades Autónomas	Superficie de olivar (miles de hectáreas)					
	1943	*1963*	*1983*	*2003*	*2013*	*2022*
Andalucía	1.099	1.238	1.208	1.494	1.541	1.646
Castilla La Mancha	309	349	287	336	367	387
Extremadura	194	230	252	261	265	271
Cataluña	209	219	128	123	117	106
C. Valenciana	144	132	93	101	92	93
Aragón	98	91	56	53	48	51
R. de Murcia	31	30	11	23	22	23
Madrid	21	27	22	25	26	26
Baleares	22	17	14	8	8	9
Castilla y León	11	14	12	7	8	8
Navarra	10	11	4	5	6	9
La Rioja	6	7	3	4	6	6

* Solo se muestran Comunidades con más de 1.000 ha de cultivo

Fuente: MAPA, Anuarios de Estadística.

Andalucía, con el 62,5% del olivar nacional, es la principal responsable de la recuperación de la superficie del olivar español. El principal incremento de superficie se produjo en el período 1983-2003, con 286.000 hectáreas adicionales, seguido del período 2003-2022, donde se registró un incremento adicional de 152.000 hectáreas. En la actualidad, la superficie supera en 407.000 hectáreas la existente en el año 1963.

En Extremadura se registra un incremento sostenido de la superficie dedicada al cultivo del olivo, con un incremento superior a 41.000 hectáreas en el período 1963-2022.

En Castilla-La Mancha, tras la reducción ocurrida entre 1963 y 1983, se observa una recuperación con las nuevas plantaciones de olivar, con una superficie que actualmente supera la existente en 1963.

La extensión del olivar en Cataluña, Aragón y Comunidad Valenciana experimenta una tendencia decreciente desde 1963, aunque en estas dos últimas comunidades se aprecia una tendencia al incremento de la superficie dedicada al olivo desde el año 2013.

1.3.1. *Zonas olivareras españolas*

Las zonas olivareras de España, principal país productor del mundo, se pueden delimitar contemplando diferentes variables.

Ya en el año 1972, y como consecuencia de la crisis del sector olivarero, el Ministerio de Agricultura desarrolló un estudio sobre el olivar español (Ministerio de Agricultura, 1972), que establecía una clasificación ligada a la geografía y a las variedades del olivar, y que fija diez zonas oleícolas:

Zona 1ª: Picual. Ocupa la provincia de Jaén, el norte de Granada y el este de Córdoba. Es la zona más amplia, productiva y con una orientación más marcada a la elaboración de aceites.

Zona 2.ª: Hojiblanco. Ocupa la mayor parte de la provincia de Córdoba, la comarca de Estepa en Sevilla, en Granada la comarca de Loja, y en Málaga la comarca de Antequera. La variedad 'Hojiblanca' es de doble aptitud, elaborándose aceitunas de mesa, en especial negra, aunque la mayor parte de la producción se destina a aceite.

Zona 3ª: Andalucía Occidental. Se extiende por las provincias de Cádiz y Huelva, por la de Sevilla (excepto Estepa) y por la comarca cordobesa de La Carlota. Predomina como destino el aderezo de la aceituna, sobre todo de las variedades 'Manzanillo de Sevilla' y de 'Gordal Sevillana' La producción de aceite se fundamentaba en la variedad 'Lechín de Sevilla'. En la actualidad las variedades 'Picual' y 'Arbequina' han sido ampliamente plantadas.

Zona 4ª: Andalucía Oriental. Incluye la provincia de Almería, parte de la de Granada (excepto la comarca de Iznalloz), y parte de la de Málaga (excepto la comarca de Antequera). Las principales variedades son 'Lechín de Granada', 'Verdial de Vélez-Málaga', 'Aloreña' y 'Picual de Almería'.

Zona 5ª: Oeste. Incluye las dos provincias extremeñas y las zonas productoras de Ávila, Salamanca y Zamora. Destacan las variedades 'Manzanilla Cacereña' y 'Manzanilla de Sevilla' (sin. 'Carrasqueña de Badajoz') para la producción de aceituna aderezada.

Zona 6ª: Centro. Comprende las comunidades autónomas de Castilla-La Mancha y de Madrid. Predomina la variedad 'Cornicabra' seguida por 'Castellana', 'Alfafara' y 'Gordal de Hellín'.

Zona 7ª: Levante. Abarca las provincias de Murcia, Alicante y Valencia. Hay diversidad de variedades.

Zona 8ª: Valle del Ebro. Incluye Aragón, La Rioja, Navarra y Álava. La variedad más extendida es 'Empeltre', variedad dominante también en Baleares.

Zona 9ª: Tortosa-Castellón. Comprende el Bajo Ebro-Montsiá de Tarragona, y la provincia de Castellón. La variedad 'Farga' es la más extendida.

Zona 10ª: de la Arbequina. Ocupa las Comunidades Autónomas de Cataluña (con la excepción del Bajo Ebro- Montsiá) y de Baleares.

Por otro lado, el Reglamento (CE) nº 2138/97 por el que se delimitan las zonas de producción homogéneas de aceite de oliva establece las bases para la clasificación que se plasma en la Figura 1.4.

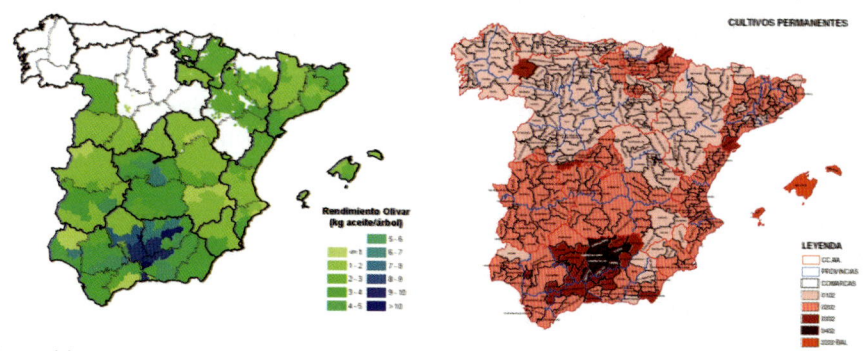

Fuente: Elaboración propia en base al Reglamento (CE) nº 2138/97 y sus posteriores modificaciones.   *Fuente:* Plan Estratégico de la PAC de España.

Figura 1.4. Zonas de producción homogéneas establecidas en el R(CE) nº 2138/97 y sus posteriores modificaciones y Regionalización de los cultivos permanentes del Plan Estratégico de la PAC de España.

La delimitación de estas zonas homogéneas se encontraba íntimamente relacionada con las ayudas a la producción del aceite de oliva establecidas por la UE hasta 2005 y nos muestra, por un lado, el potencial productivo de las diferentes zonas y, por otro, se podría considerar un indicador de las ayudas percibidas por este sector en los distintos territorios.

De acuerdo al Reglamento UE 2021/2115 de 2 de diciembre de 2021 de planes estratégicos, cada país debe elaborar un Plan Estratégico de la PAC, donde plasmar las intervenciones (o medidas) elegidas de un menú común. El 31 de agosto de 2022 la Comisión Europea aprobó el Plan Estratégico de la PAC presentado por el Ministerio de Agricultura, Pesca y Alimentación (MAPA). Este Plan incluye una propuesta de aplicación para la Ayuda Básica a la Renta (ABR) basada en una simplificación del modelo del marco anterior, pasando de 50 regiones a 20, incluyendo una región exclusiva para las Islas Baleares. Estas regionalizaciones, tanto la actual como la de 50 regiones, puede considerarse como un indicador de la productividad del olivar español, siendo las principales regiones asociadas al olivar la 0202, 0302 y 0402 (Figura 1.4).

En Andalucía, principal comunidad autónoma productora, se cuenta con la Ley 5/2011, de 6 de octubre, del olivar de Andalucía, así como con un Plan Director del olivar aprobado mediante el Decreto 103/2015, de 10 de marzo, que establece los siguientes tipos de olivar en función de variables estructurales como son la pendiente media del terreno donde se asienta el cultivo o la densidad de la plantación del mismo:

Tipo 1: Olivar de bajos rendimientos (iguales o inferiores a 775 kg de aceituna/hectárea), cultivado en zonas con malas condiciones edafoclimáticas o altas pendientes.

Tipo 2: Olivar de alta pendiente (con pendiente igual o superior al 20%). Debido a la elevada pendiente, no es posible realizar la recolección de la aceituna con medios mecánicos.

Tipo 3: Olivar extensivo con densidad igual o inferior a 150 árboles/hectárea y con pendiente inferior al 20%.

Tipo 4: Olivar extensivo de densidad media (entre 150 y 180 árboles/hectárea), con pendiente inferior al 20%.

Tipo 5: Olivar intensivo, con densidad de plantación comprendida entre 180 y 325 árboles/hectárea, situado en zonas llanas.

Tipo 6: Olivar superintensivo, con una densidad de plantación superior a 325 árboles/hectárea, situado en zonas llanas.

2. Aceite de oliva

2.1. El aceite de oliva en el mundo

En la Figura 1.5 se muestra la producción mundial de aceite de oliva entre las campañas 1990/91 y 2023/24. La máxima cosecha corresponde a la campaña 2021/22 con 3,42 millones de toneladas y la menor a la campaña 1990/91 con 1,45 millones de toneladas.

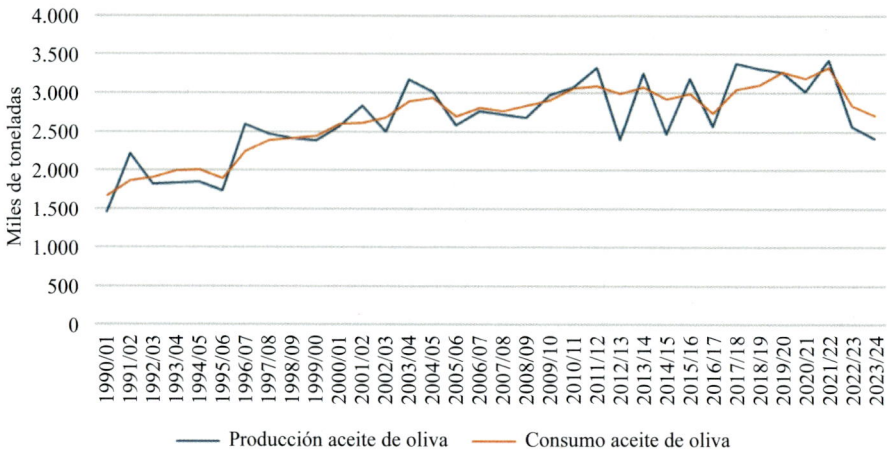

Fuente: Consejo Oleícola Internacional. 2023.

Figura 1.5. Producción y consumo de aceite de oliva en el mundo.

La producción mundial se ha incrementado en el período estudiado a razón de 28.059 toneladas anuales. El consumo presenta un patrón análogo, con un máximo de 3,33 millones de toneladas en la campaña 2021/22, un mínimo de 1,67 millones de toneladas en la campaña 1990/91, y una variación de 30.370 toneladas anuales en el mismo período. La evolución del consumo está muy asociada a la de la producción, aumentando ambos de forma importante en el período considerado.

Los siguientes Cuadros 1.5 y 1.6 representan, para los principales países oleícolas, la evolución de las producciones y los consumos medios de los períodos indicados entre las campañas 2000/01 y 2023/24. La UE presenta una producción sostenida tras el importante aumento que tuvo lugar en la década de los 90, aunque se observa en el último período la incidencia de las dos últimas campañas con muy baja cosecha[1]. El resto de países productores presentan incrementos de producción porcentuales considerables, algunos también afectados en el último período por la importante reducción del rendimiento.

En lo que se refiere al consumo, este desciende de forma neta en la UE, pero aumenta con fuerza en países como Estados Unidos, país no productor tradicionalmente, Turquía o Marruecos. También hay que prestar atención a los aumentos constantes del consumo en otros países como Japón, Australia, Canadá y China, aunque en este último y en algún otro se observa un descenso en los últimos años.

Los Cuadros 1.7 y 1.8 muestran, para los principales países oleícolas, la evolución de los intercambios comerciales entre las campañas 2000/01 a 2023/24.

---

[1]   Como datos de la UE se presentaran en este capítulo el sumatorio de datos de los países que componen la UE-27 al objeto de poder marcar tendencias y comparaciones entre los periodos estudiados.

CUADRO 1.5

Evolución de la producción de aceite de oliva en los principales países productores.

	Producción de aceite de oliva (miles de toneladas)				
País	*2000-2004*	*2005-2009*	*2010-2014*	*2015-2019*	*2020-2023*
UE	2.230	2.150	1.997	2.090	1.782
Turquía	121	121	168	203	255
Túnez	129	181	186	229	190
Marruecos	58	87	120	145	141
Argelia	34	38	57	90	83
Egipto	2	5	13	33	42
Argentina	11	20	26	30	32
Jordania	25	24	22	25	25
Palestina	17	14	20	23	19
Líbano	6	8	20	19	18
Libia	9	13	16	17	16
Israel	6	6	15	17	14
Otros	166	173	242	216	238
Total	**2.815**	**2.840**	**2.902**	**3.138**	**2.855**

Fuente: Consejo Oleícola Internacional. 2023.

CUADRO 1.6

Evolución del consumo de aceite de oliva en los principales consumidores

	Consumo de aceite de oliva (miles de toneladas)				
País	*2000-2004*	*2005-2009*	*2010-2014*	*2015-2019*	*2020- 2023*
UE	1.945	1.924	1.723	1534	1.356
Estados Unidos	200	238	292	341	384
Turquía	57	77	132	155	155
Marruecos	55	65	118	130	140
Brasil	24	35	68	75	97
Siria	122	112	145	104	90
Argelia	34	39	55	87	85
Japón	31	32	49	60	57
Canadá	26	31	39	46	53
Australia	31	38	39	46	52
China	0	25	38	53	44
Arabia Saudí	6	6	20	33	33
Túnez	43	41	34	35	30
Rusia	6	13	24	22	21
Jordania	22	22	21	25	22
Otros	134	141	230	275	391
Total	**2.736**	**2.826**	**3.025**	**3021**	**3.010**

Fuente: Consejo Oleícola Internacional. 2023

CUADRO 1.7

Evolución de las exportaciones de aceite de oliva

	Exportaciones de aceite de oliva (miles de toneladas)				
País	*2000-2004*	*2005-2009*	*2010-2014*	*2015-2019*	*2020- 2023*
UE	317	368	527	618	691
Túnez	93	132	154	182	184
Turquía	67	39	38	45	91
Argentina	7	17	16	26	26
Marruecos	11	10	17	15	18
Líbano	1	2	5	7	5
Jordania	2	2	3	0	3
Egipto	1	1	3	2	1
Otros	37	47	49	49	65
Total	**534**	**618**	**811**	**945**	**1.083**

Fuente: Consejo Oleícola Internacional. 2023

CUADRO 1.8

Evolución de las importaciones de aceite de oliva

	Importaciones de aceite de oliva (miles de toneladas)				
País	*2000-2004*	*2005-2009*	*2010-2014*	*2015-2019*	*2020- 2023*
Estados Unidos	206	248	292	333	375
UE	136	150	122	153	164
Brasil	24	39	68	75	97
Japón	31	32	49	60	57
Canadá	27	32	39	46	53
China	0	6	34	42	42
Australia	30	32	28	31	33
Arabia Saudí	6	5	18	30	28
Rusia	6	15	24	22	21
México	8	10	14	16	18
Suiza	10	11	14	15	13
Israel	8	11	4	6	11
Marruecos	5	5	8	8	6
Chile	0	1	1	1	3
Libia	2	0	0	0	0
Líbano	1	2	3	3	0
Jordania	0	1	3	0	0
Otros	50	48	86	103	191
Total	**549**	**646**	**805**	**946**	**1.109**

Fuente: Consejo Oleícola Internacional. 2023.

Merece resaltarse nuevamente el papel de la Unión Europea, en este caso como exportador, destacando igualmente en el comercio exterior Túnez. En ambos casos se observa en los últimos años un crecimiento sostenido. A esta tendencia se unen otros países productores como Turquía, Marruecos y Argentina. Como receptor de estas importaciones se sitúa el continente americano, destacando en primer lugar Estados Unidos, con una tendencia creciente, así como Canadá y Brasil.

La Figura 1.6 muestra los principales países productores y la variación del porcentaje mundial de la producción que representa cada uno de ellos en el quinquenio 2016-2020 respecto al 2011-2015, incluyendo los de la UE. El gráfico muestra cómo el indiscutible liderazgo de España en producción continúa afianzándose.

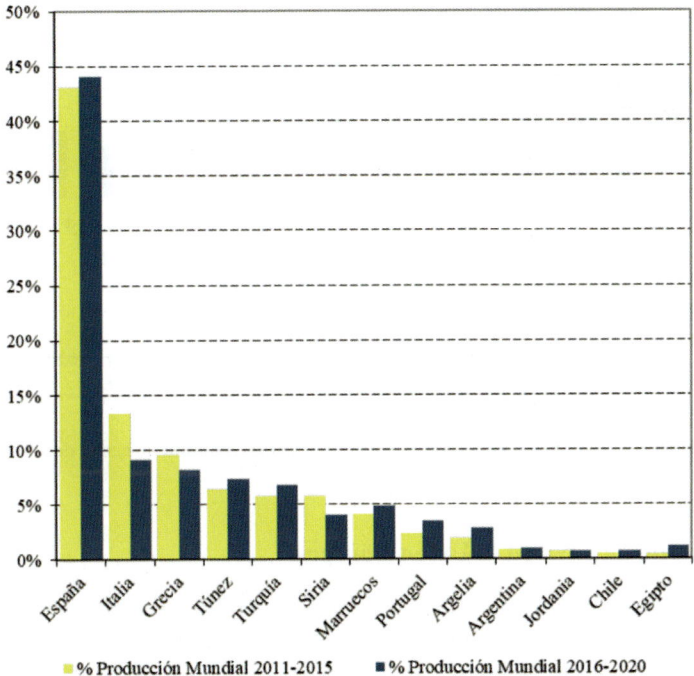

Figura 1.6. Evolución de la distribución de la producción mundial de aceite de oliva.

La Figura 1.7 muestra gráficamente cómo la distribución del consumo mundial sigue cambiando de patrón, perdiendo protagonismo los países productores como los más consumidores tradicionalmente en favor de los menos. Es muy significativa la pérdida de importancia de Italia, que deja de ocupar la primera posición.

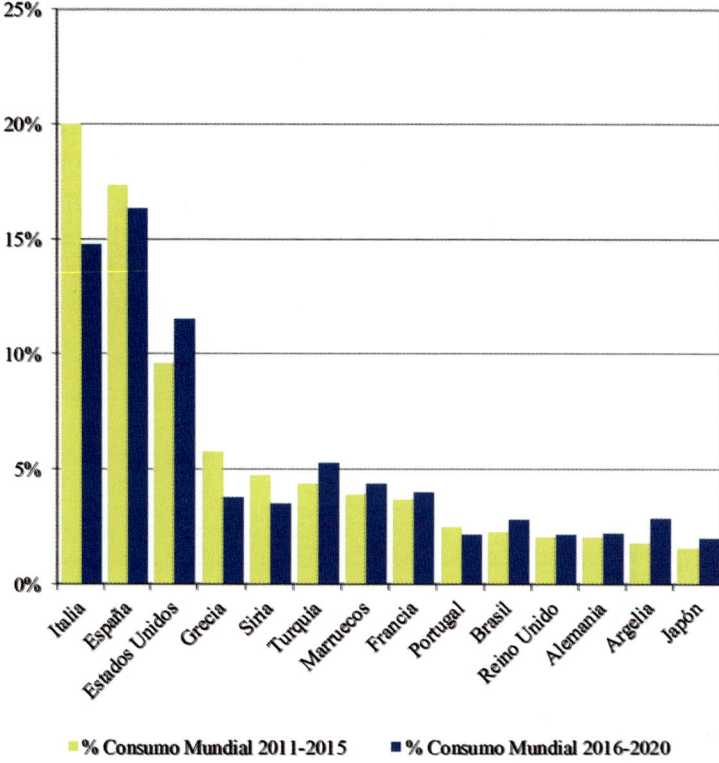

Figura 1.7. Evolución de la distribución del consumo mundial de aceite de oliva.

2.2.   El aceite de oliva en la Unión Europea

Con la entrada de España y Portugal en la Unión Europea en 1986, esta pasa a ser la principal productora del mundo de aceite de oliva. Poco después se inicia un importante crecimiento asociado, tanto al aumento de la superficie, ya comentado en este capítulo, como a los rendimientos, y que se mantendrá hasta 2005. Será a finales de la primera década del siglo XXI cuando la producción muestre un estancamiento o incluso disminución asociada a campañas productivas especialmente bajas por causas climatológicas, ya que si bien el ritmo de crecimiento de la superficie se frena este sigue siendo positivo.

De este modo, encontramos que la producción media de aceite de oliva de la UE ha pasado de un máximo de 2.230.420 toneladas en el quinquenio 2000-2004 a 1.782.950 toneladas en el último período de la serie 2020-2023. El último periodo analizado presenta un descenso como consecuencia de campañas consecutivas de bajas producciones en España y en la Cuenca Mediterránea en general como consecuencia de la sequía.

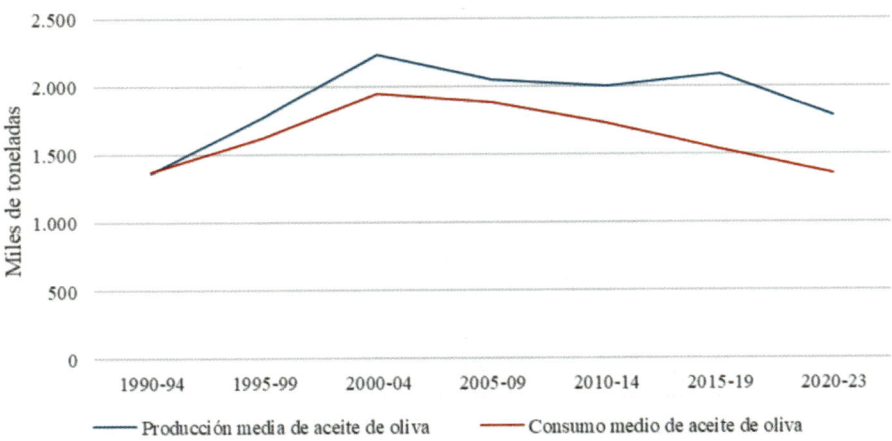

Fuente: Consejo Oleícola Internacional. 2023.

Figura 1.8. Producción y consumo de aceite de oliva en la UE durante los quinquenios 1990/91 a 1994/95 y 20215/19, y el período 2020/21 a 2023/24.

En España, principal país productor de la UE, destaca la Comunidad Autónoma de Andalucía y, dentro de ella, la provincia de Jaén, siendo este país analizado en los apartados posteriores.

Italia, que Figuraba como el principal productor mundial a inicios de la década de los 80 del siglo XX va perdiendo importancia, dejando paso a España, que incrementa su producción de una producción media de aproximadamente 675.000 toneladas en la década en los 90 a producciones medias en los últimos quinquenios que superan el millón de toneladas (Cuadro 1.9).

Los cambios en el resto de países productores son de menor importancia, aunque se dan como se expone más adelante. Por otro lado, en las sucesivas ampliaciones de la UE no se incorpora ningún país con producciones de aceite de oliva a destacar.

Según los datos del Instituto Nacional de Estadística Italiano (ISTAT) correspondientes al trienio 2018-2020, la producción italiana se concentra en las regiones del sur de Italia. Puglia es responsable del 38% de la producción nacional, Calabria de 22% y Sicilia del 10%. Seguida, a distancia, por Campania (5%), Toscana (4%) y Lacio (3%).

Grecia, tercer productor mundial, también presenta una tendencia decreciente, estando este cultivo ampliamente presente en todo el país (en 50 de las 54 provincias que lo componen). Las principales regiones productoras son Peloponeso (42% de la producción), Creta (30%) y las Islas Jónicas (12%).

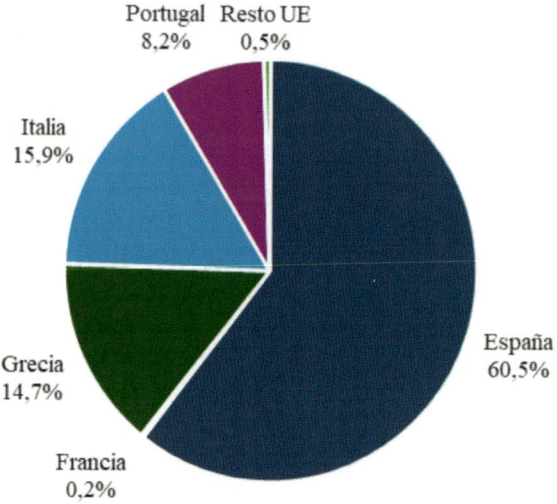

Fuente: Consejo Oleícola Internacional. 2023.

Figura 1.9. Porcentaje de la producción de los principales países de la UE en el periodo 2020/21 a 2023/24.

Según el Instituto Nacional de Estadística Portugués (INE, 2022), Portugal muestra un fuerte crecimiento de la producción, al igual que España, siendo sus principales regiones productoras Alentejo (89% de la producción) seguida por Tras Os Montes y Ribatejo e Oeste con el 6% y el 3%, respectivamente.

CUADRO 1.9

Producción media de aceite de oliva en la UE. Períodos 1990-94 a 2020-2023

País	Aceite de oliva						
	Producción media de aceite de oliva del periodo (miles de toneladas)						
	1990-94	*1995-99*	*2000-04*	*2005-09*	*2010-14*	*2015-19*	*2020-23*
España	589	765	1.130	1.121	1.250	1.374	1.078
Francia	2	3	4	5	4	5	4
Grecia	294	412	389	349	277	264	262
Italia	448	550	673	521	388	325	283
Portugal	34	43	32	46	70	111	146
Resto UE	0	0	3	6	7	10	9
Total UE	**1.367**	**1.772**	**2.230**	**2.048**	**1.997**	**2.090**	**1.782**

Fuente: Consejo Oleícola Internacional. 2023.

CUADRO 1.10

Consumo de aceite de oliva en la UE en el período 1990/94 a 2020/23

País	Aceite de oliva						
	Consumo medio de aceite de oliva del periodo (miles de toneladas)						
	1990-94	1995-99	2000-04	2005-09	2010-14	2015-19	2020-23
España	415	481	607	527	526	492	459
Italia	636	689	772	734	607	488	442
Grecia	202	244	273	251	176	122	98
Francia	38	69	95	106	111	118	120
Portugal	48	64	66	80	76	68	55
Alemania	12	24	40	48	62	65	70
Reino Unido	12	27	48	53	63	67	n.p.
Resto UE	8	21	46	79	103	114	112
Total UE	**1.372**	**1.619**	**1.945**	**1.878**	**1.723**	**1.534**	**1.357**

N.p: En 2020 se produce la salida del Reino Unido de la Unión Europea, por lo que no se incluyen datos de consumo desde 2020.
Fuente: Consejo Oleícola Internacional. 2023.

El consumo medio anual de aceite de oliva en la UE se ha incrementado paulatinamente desde 1,37 millones de toneladas en el comienzo de la década de los 90 del siglo XX hasta un máximo de 1,95 millones de toneladas en el inicio del siglo XXI, produciéndose posteriormente un descenso progresivo del consumo en los quinquenios estudiados, hasta un valor de 1,36 millones de toneladas en el período 2020/21 a 2023/24. Sin embargo, si analizamos el consumo de los Estados miembros productores frente a los no productores (Francia, Alemania, Reino Unido) se observa cómo el incremento del consumo ha sido constante en estos últimos, siendo los países productores los que han sufrido un retroceso en el consumo en las dos últimas décadas.

Respecto al consumo per cápita, Grecia, a pesar de la reducción de su consumo total, sigue en primera posición con 11,5 kg de aceite por habitante y año, seguida de España con 10,6 kg, Italia con 7,5 kg y Portugal con 5,5 kg; Chipre ha incrementado su consumo por habitante hasta situarlo en 6,7 kg, por encima del de Portugal. En el extremo opuesto nos encontramos a países como Rumania, Polonia, Hungría, Eslovaquia y Lituania con consumos que no superan los 0,4 kg por habitante y año (COI, 2019).

Si analizamos la evolución de las exportaciones de aceite de oliva de la UE a terceros países en lo que llevamos de siglo se aprecia un notable incremento, al igual que sucediera con la producción, pasando de 340.000 toneladas en el quinquenio 2000-2004 a 751.000 toneladas en el periodo 2020-2023.

En los intercambios internos destacan las exportaciones de España y Grecia, principalmente de aceites a granel, con destino a Italia.

CUADRO 1.11

Exportaciones totales y extracomunitarias de los principales países de la UE.
Periodos 1990-94 a 2020-23

País	*Exportaciones de aceite de oliva (miles de toneladas)*													
	1990-94		*1995-99*		*2000-04*		*2005-09*		*2010-14*		*2015-19*		*2020-23*	
	Totales	*Extra UE*	*Totales*	*Extra UE*	*Totales*	*Extra UE*	*Totales*	*Extra UE*	*Totales*	*Extra UE*	*Totales*	*Extra UE*	*Totales*	*Extra UE*
España	262	70	291	74	549	122	589	151	876	266	921	344	991	424
Italia	126	84	186	124	284	188	304	199	361	238	314	209	338	218
Grecia	101	9	138	7	104	10	110	12	113	17	143	21	177	24
Francia	16	1	6	1	4	1	5	2	6	2	10	3	11	3
Portugal	10	8	18	14	20	16	33	24	93	48	139	51	209	70
Resto	3	1	6	2	11	2	17	4	21	6	23	7	28	13
Total	**517**	**172**	**645**	**223**	**971**	**340**	**1.058**	**393**	**1.470**	**577**	**1.551**	**634**	**1.755**	**751**

Fuente: EUROSTACOM 2024.

En la Figura 1.10 se aprecia como las exportaciones extracomunitarias se han multiplicado por 4,4 desde 1990, mientras que las intracomunitarias, lo han hecho por 2,9. Como principales destinos de las exportaciones europeas encontramos a Estados Unidos seguido de Brasil, Reino Unido (tras su salida de la UE) y Japón.

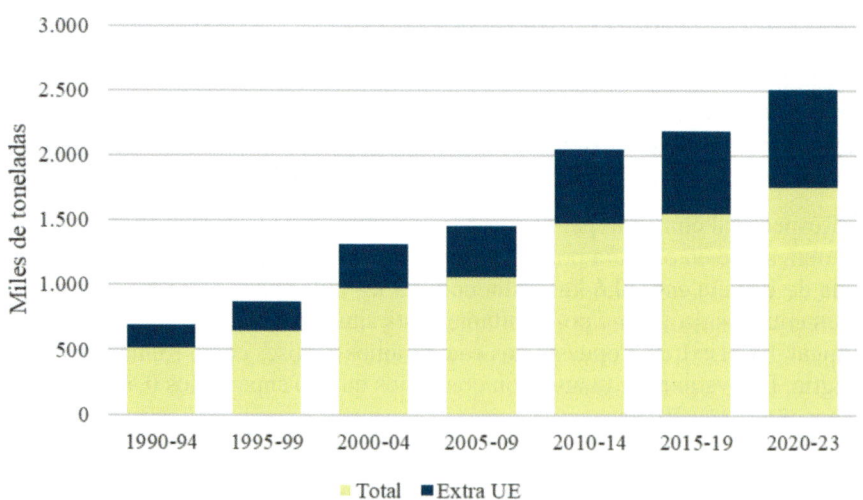

Fuente: EUROESTACOM. 2024.

Figura 1.10. Exportaciones totales y extra UE en el periodo 1990/94 a 2020/23.

CUADRO 1.12

Exportaciones extracomunitarias en la anualidad 2023. Ranking de destinos

País	Principales países destinatarios de las exportaciones de aceite de oliva de la UE	
	Miles de toneladas	*%*
Estados Unidos	208	44,2
Brasil	64	13,6
Reino Unido	60	12,7
Japón	36	7,6
Canadá	21	4,4
México	17	3,5
Australia	18	3,8
Suiza	15	3,1
China	13	2,7
Corea Del Sur	12	2,4

Fuente: EUROESTACOM. 2024.

Entre los países destinatarios de las exportaciones de aceite de oliva de la UE, destaca la entrada de China y Corea del Sur, que en 2023 representan el 5,1% de las exportaciones totales extracomunitarias.

2.3. El aceite de oliva en España

La producción de aceite de oliva en España presenta una tendencia marcadamente ascendente, con los altibajos típicos de este cultivo en el clima mediterráneo, presentándose campañas con muy bajas producciones, como la 2012/13 o 2014/15 o la última campaña de la serie analizada, asociadas con climatología no favorable, normalmente por falta de precipitaciones, así como a la vecería propia del olivar.

Por comunidades autónomas, Andalucía se sitúa como la principal productora de aceite de oliva con entre el 79 y el 90% de la producción nacional, según la campaña. Le sigue, con una importancia mucho menor, Castilla-La Mancha, con el 8-9% de la producción nacional.

En Andalucía, si bien el aceite está presente en todas las provincias, destaca Jaén con el 45% de la producción andaluza, seguida de Córdoba con el 25% y Granada y Sevilla con cerca del 10% cada una en la última década, 2012/2022. Hasta el sexto lugar no encontramos una provincia no andaluza, Badajoz con algo más del 4% de la producción nacional.

CUADRO 1.13

Producción media quinquenal de aceite de oliva en las diferentes Comunidades Autónomas de España en el periodo de 1992-1996 a 2018-2022

Comunidad Autónoma	Producción de aceite de oliva en España por Comunidades Autónomas					
	Medias anuales de los períodos en miles de toneladas					
	1992-1996	1997-2002	2003-2007	2008-2012	2013-2017	2018-2022
Andalucía	470	795	919	987	1.053	1.026
Castilla-La Mancha	38	65	70	90	104	23
Extremadura	23	35	50	46	56	14
Cataluña	22	32	25	33	30	5
C. Valenciana	15	21	22	25	23	4
Aragón	6	10	11	10	14	2
R. Murcia	3	5	4	7	10	2
Madrid	2	3	4	5	3	1
Castilla y León	*	*	2	2	2	0
Navarra	2	1	2	3	4	1
La Rioja	1	1	1	2	2	1
País Vasco	*	*	*	*	0	0

* Menos de 1.000 t.
Fuente: MAPA. Anuarios de Estadística

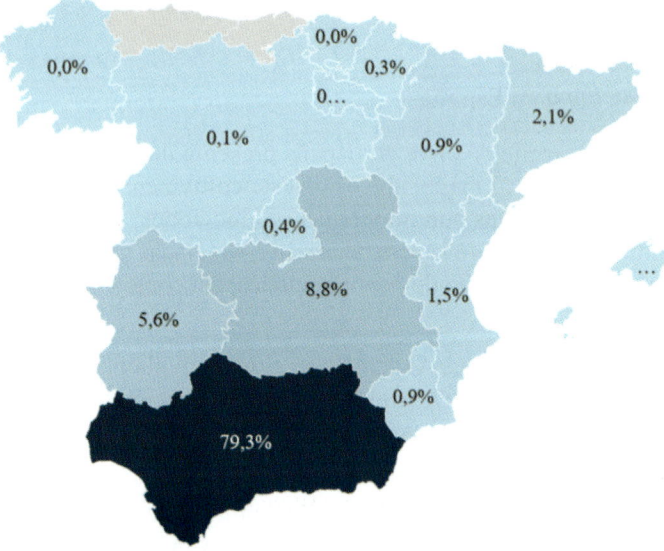

Fuente: MAPA. *Anuario de Estadística.*

Figura 1.11. Importancia de la producción de aceite de oliva en las distintas comunidades autónomas (media de las campañas 2018 y 2022).

CUADRO 1.14

Producción de aceite de oliva por provincias en el periodo de 1982-1986 a 2018-2022

Provincia	Producción de aceite de oliva en España por provincias							
	Medias anuales de los períodos en miles de toneladas							
	1982-1986	1987-1991	1992-1996	1997-2002	2003-2007	2008-2012	2013-2017	2018-2022
Jaén	206	248	231	413	457	481	481	453
Córdoba	96	111	124	187	229	239	263	254
Granada	29	41	42	74	81	97	112	116
Málaga	27	29	35	52	60	63	67	57
Sevilla	29	26	25	55	71	84	102	114
Badajoz	19	22	16	27	41	38	49	63
Toledo	19	19	17	28	30	32	39	37
Ciudad Real	16	18	17	25	28	44	49	57
Tarragona					19	24	20	17

Fuente: MAPA. Anuarios de Estadística.

Respecto al consumo se observa que el consumo de la categoría "aceite de oliva" muestra una tendencia descendente mientras que el "aceite de oliva virgen extra" incrementa su consumo. No obstante, en la última década el consumo en España ha bajado.

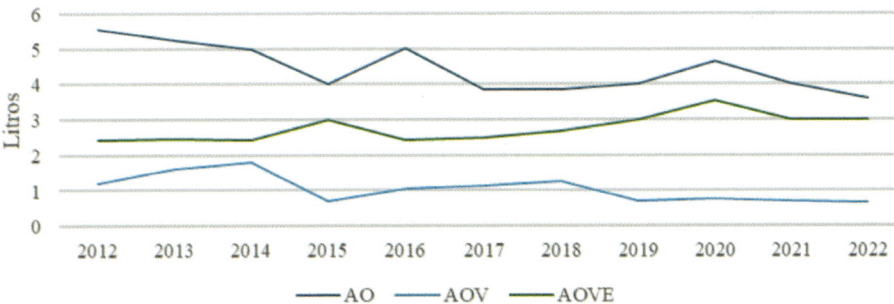

Fuente: MAPA. Datos anuales del panel de consumo alimentario en hogares.

Figura 1.12. Evolución del consumo per cápita en España de aceite de oliva (AO), aceite de oliva virgen (AOV) y aceite de oliva virgen extra (AOVE).

El aceite más consumido en los hogares españoles durante el año 2022 se corresponde con los tipos Oliva, ya que si agrupamos los tres tipos (aceite de oliva, aceite de oliva virgen y aceite de oliva virgen extra), obtienen una cuota en volumen del 70,4%, siendo su proporción en valor del 80,4%, más alta puesto que se trata de los tipos de aceite con mayor precio medio del mercado.

Durante 2022 se perdió el 10,2% de compras con respecto a 2021. No obstante, los hogares gastaron un 22,4% más en este tipo de aceite debido a la subida de su precio.

Analizando los estratos de población que más consumen encontramos a los jubilados con 7,4 litros por persona y año en 2022. Por el contrario, los hogares con hijos pequeños tuvieron el consumo per cápita más bajo, con 1,4 litros por persona y año.

Por comunidades autónomas, Galicia, Navarra y Baleares concentran los mayores consumos, mientras que la demanda más reducida se localiza en Extremadura, la Región de Murcia, Castilla-La Mancha y la Comunidad Valenciana. (MAPA, 2022 (2)).

En cuanto a las exportaciones, destaca como principal destino Italia cobrando cada vez más importancia los destinos extracomunitarios como Estados Unidos, Japón o México.

CUADRO 1.15

Exportaciones de España en la anualidad 2022 y 2023. Ranking de destinos

País	Principales países destinatarios de las exportaciones de aceite de oliva de España			
	2022 (miles de toneladas)	*%*	*2023 (miles de toneladas)*	*%*
Italia	317	30%	152	22%
Estados Unidos	155	15%	100	15%
Francia	96	9%	86	13%
Portugal	108	10%	81	12%
Reino Unido	38	4%	39	6%
Japón	32	3%	21	3%
Alemania	31	3%	22	3%
México	15	1%	16	2%
Brasil	18	2%	13	2%
Países Bajos	17	2%	16	2%

Fuente: ESTACOM, 2023

3.   Aceituna de mesa o aderezo

Del total de la producción mundial de aceitunas, aproximadamente el 16% se destina a aceituna de mesa o aderezo. La forma de preparación está muy unida a la cultura y tradiciones de cada país, existiendo numerosas modalidades de elaboración.

3.1. La aceituna de mesa en el mundo

En la Figura 1.13 se muestra la producción mundial de aceituna de mesa entre las campañas 1990/91 y 2022/23. La máxima cosecha corresponde a la campaña 2017/18 con 3,28 millones de toneladas y la menor a la campaña 1993/94 con 890.000 toneladas.

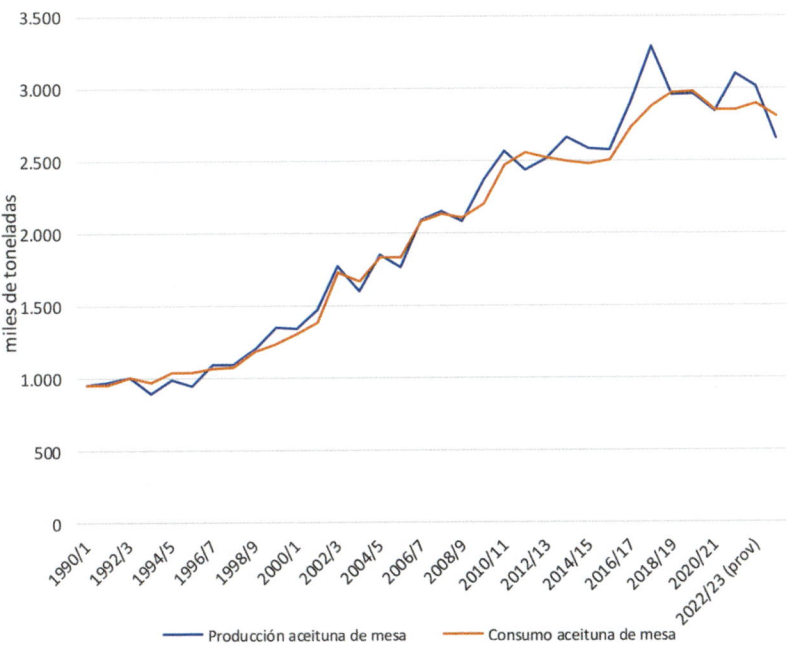

Fuente: Consejo Oleícola Internacional, 2023.

Figura 1.13. Producción y consumo de aceituna de mesa en el mundo.

La producción mundial ha crecido en el período estudiado a razón de 50.000 toneladas anuales. El consumo, al igual que en el caso del aceite, presenta un patrón análogo, con un máximo de 2,97 millones de toneladas en la campaña 2019/20, un mínimo de 1 millón de toneladas en la campaña 1992/93, y una variación de 54.470 toneladas en el conjunto del período.

Los Cuadros 1.16 y 1.17 representan la evolución de las producciones y los consumos de los principales países entre las campañas 2000/01 y 2022/23, mediante las medias de los períodos indicados.

En el caso de la aceituna de mesa, el papel a nivel mundial de la UE, aun siendo la primera productora, es mucho menos relevante que en el caso del aceite de oliva, siendo muy importante la producción de Egipto y Turquía y, en menor medida, la de otros países de la Cuenca Mediterránea como Argelia, Siria y Marruecos. La producción de países de América Latina también cobra más importancia relativa, a nivel mundial, que en el caso del aceite.

CUADRO 1.16

Evolución de la producción de aceituna de mesa en los principales productores

País	Producción de aceituna de mesa (miles de toneladas)				
	2000-2004	*2005-2009*	*2010-2014*	*2015-2019*	*2020- 2023*
EU	697	682	802	854	809
Egipto	167	383	408	577	625
Turquía	168	282	392	417	465
Argelia	58	95	191	289	280
Siria	142	135	130	142	105
Marruecos	90	96	106	127	127
Perú	26	56	72	113	122
Argentina	50	115	112	87	78
Irán	15	36	53	67	62
Estados Unidos	90	63	75	62	30
Otros	107	148	209	200	199
Total	**1.609**	**2.091**	**2.550**	**2934**	**2.902**

Fuente: Consejo Oleícola Internacional, 2023

CUADRO 1.17

Evolución del consumo de aceituna de mesa en los principales consumidores

País	Consumo de aceituna de mesa (miles de toneladas)				
	2000-2004	*2005-2009*	*2010-2014*	*2015-2019*	*2020- 2023*
UE	529	566	584	587	578
Egipto	132	304	324	495	517
Turquía	122	218	337	339	333
Argelia	57	96	194	293	284
Estados Unidos	202	219	211	208	186
Siria	127	111	111	139	101
Brasil	50	68	103	114	127
Perú	18	39	44	64	89
Irán	16	37	54	64	58
Argentina	15	18	33	35	25
Otros	316	394	508	472	552
Total	**1.583**	**2.070**	**2.503**	**2809**	**2.850**

Fuente: Consejo Oleícola Internacional, 2023.

El consumo de aceituna de mesa está asociado en gran medida a los países productores, pero existe un consumo tradicional y bastante sostenido por parte de países no productores como Estados Unidos o Brasil.

Asimismo, los Cuadros 1.18 y 1.19 representan la evolución de los intercambios comerciales de aceituna de mesa entre las campañas 2000/01 y 2022/23, también mediante las medias de los períodos indicados.

CUADRO 1.18

Evolución de las exportaciones de aceituna de mesa

	Exportaciones de aceituna de mesa (miles de toneladas)				
País	*2000-2004*	*2005-2009*	*2010-2014*	*2015-2019*	*2020- 2023*
UE	219	260	291	283	312
Marruecos	61	63	77	89	86
Egipto	35	75	82	82	117
Turquía	46	52	67	75	133
Argentina	37	81	70	58	53
Perú	8	15	28	27	28
Jordania	2	7	4	7	7
México	5	4	1	6	5
Albania	0	1	2	5	9
Estados Unidos	4	4	5	5	5
Siria	17	25	19	3	2
Otros	3	10	8	5	7
Total	**438**	**597**	**654**	**646**	**764**

Fuente: Consejo Oleícola Internacional, 2023.

El principal exportador de aceituna de mesa es, con mucha diferencia, la Unión Europea. Como importadores destacan, también junto a la Unión Europea, los Estados Unidos, Brasil, Canadá y Rusia, que necesitan importar para satisfacer su consumo.

Las Figuras 1.14 y 1.15 muestran gráficamente la variación de la distribución de la producción y el consumo mundial entre los quinquenios 2011-2015 y 2016-2020. En el caso de la producción, Egipto desbanca a España de la primera posición. En lo que al consumo se refiere, es Estados Unidos el país que pasa a ocupar la primera posición relegando a Egipto a la segunda.

CUADRO 1.19

Evolución de las importaciones de aceituna de mesa

País	Importaciones de aceituna de mesa (miles de toneladas)				
	2000-2004	*2005-2009*	*2010-2014*	*2015-2019*	*2020- 2023*
Estados Unidos	116	144	125	152	164
Brasil	50	68	54	114	128
UE	67	100	82	107	109
Canadá	23	26	24	31	37
Arabia Saudita	19	26	21	27	7
Rusia	35	70	48	26	30
Chile	1	5	3	18	24
Australia	13	17	15	17	19
Iraq	0	2	0	14	16
Libia	3	5	4	11	10
México	4	7	5	10	12
Suiza	4	5	5	7	12
Otros	90	81	93	109	179
Total	**426**	**555**	**478**	**643**	**745**

Fuente: Consejo Oleícola Internacional, 2023

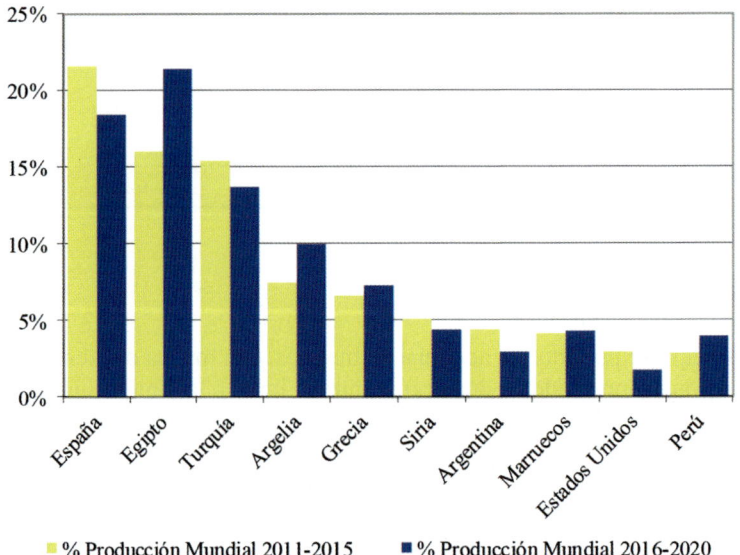

Fuente: Consejo Oleícola Internacional, 2023.

Figura 1.14. Evolución de la distribución de la producción mundial de aceituna de mesa.

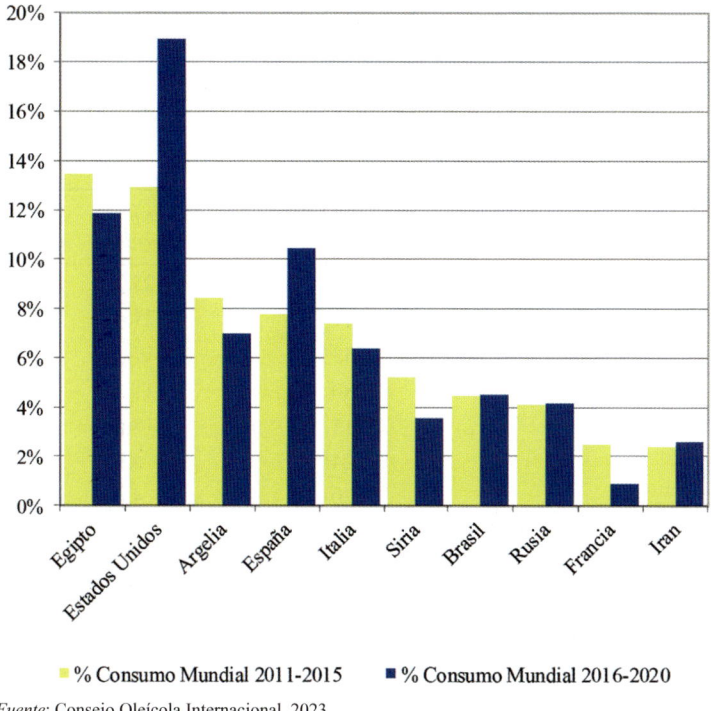

Fuente: Consejo Oleícola Internacional, 2023.

Figura 1.15. Evolución de la distribución del consumo mundial de aceituna de mesa.

3.2. La aceituna de mesa en la Cuenca Mediterránea

La producción de aceituna de mesa de la Cuenca Mediterránea supone el 87,1% de la producción mundial, según los datos medios del período 2014/15 a 2023/24. El peso relativo de la producción de la Cuenca Mediterránea se ha reducido con las nuevas plantaciones de olivar realizadas en las últimas décadas en otras zonas geográficas.

Los principales productores y consumidores se muestran en los Cuadros 1.20 y 1.21.

El balance en la Cuenca Mediterránea es claramente positivo a favor de la producción, que supera ampliamente al consumo.

Los intercambios comerciales de aceituna de mesa en el mundo, durante la campaña 2021/22 según el Consejo Oleícola Internacional, sumaron 449.103 toneladas, siendo la UE27 el principal proveedor mundial con el 75,5% de las exportaciones.

Por países, el primer exportador mundial de este producto es España, con el 20,5% de las exportaciones[2], seguida de Argentina (17,8%), Marruecos (15,6%), Grecia (14,3%), Turquía (10%) y Perú (6,7%).

CUADRO 1.20

Producción de aceituna de mesa en la Cuenca Mediterránea

País	Media 2014-23 (miles de toneladas)	% Cuenca Mediterránea	% Mundial
Egipto	584	23,2	20,2
España	537	21,4	18,6
Turquía	433	17,2	15,0
Argelia	280	11,1	9,7
Grecia	215	8,5	7,4
Marruecos	124	4,9	4,3
Siria	120	4,8	4,2
Italia	59	2,4	2,0
Otros Cuenca Mediterránea	162	6,4	5,6
Total Cuenca Mediterránea	2.514	100	87,1
Total Mundial	**2.886**		**100**

Fuente: Consejo Oleícola Internacional. 2023

CUADRO 1.21

Consumo de aceituna de mesa en la Cuenca Mediterránea

País	Media 2014-23 (miles de toneladas)	% Cuenca Mediterránea	% Mundial
Egipto	491	27,2	17,6
Turquía	336	18,6	12,0
Argelia	284	15,7	10,2
España	182	10,1	6,5
Siria	119	6,6	4,3
Italia	109	6,0	3,9
Francia	77	4,2	2,7
Marruecos	34	1,9	1,2
Otros Cuenca Mediterránea	177	9,8	6,3
Total Cuenca Mediterránea	1.808	100	64,8
Total Mundial	**2.793**		**100**

Fuente: Consejo Oleícola Internacional. 2023.

---

[2]   Sin contar las exportaciones intracomunitarias.

3.3. La aceituna de mesa en España

Entre los años 2000 y 2022 la producción de aceituna de mesa en España ha oscilado entre 262.000 toneladas en 2022, que ha marcado el mínimo del siglo XXI y 574.000 toneladas en el año 2021, siendo la media de la última década 558.000 toneladas.

Las principales zonas productoras están situadas en Andalucía, con el 73% de la producción nacional en la última década, destacando la provincia de Sevilla que de media en dicha década ha producido el 64% del total nacional, seguida a distancia de Málaga y Córdoba con 4% y 3% respectivamente del total nacional, y Extremadura (Badajoz y Cáceres) con algo menos del 26%.

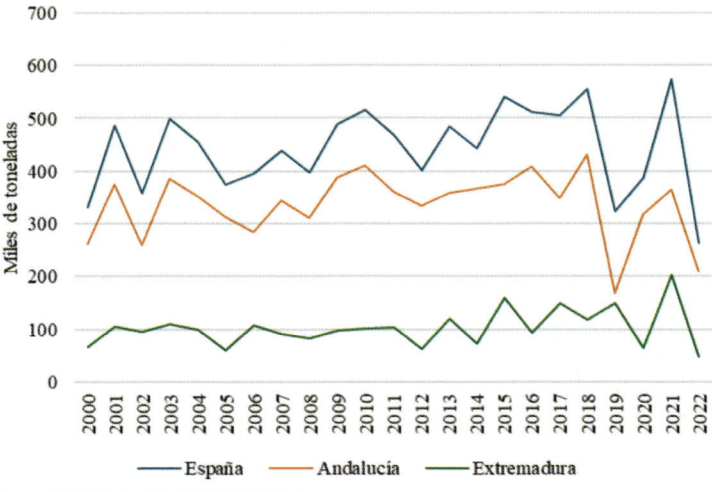

Fuente: MAMA. Anuario 2023 interactivo.

Figura 1.16. Producción de aceituna de aderezo en España, Andalucía y Extremadura en el periodo 2000-2022 en miles de toneladas.

La preparación que más tradición comercial tiene en España, y mayor cantidad de fruto requiere, es la aceituna aderezada al estilo sevillano, dándose también muchas otras preparaciones típicas de cada región. En la década de los años 70, a demanda de los países del Este europeo, se elaboraron aceitunas negras en salmuera, para más adelante ser sustituidas prácticamente por negras oxidadas al estilo californiano (MAGRAMA, 2016).

La producción para verde supone el 70% de la producción total. La negra, aunque tiene un menor porcentaje, presenta una mayor estabilidad productiva.

El consumo de aceituna de mesa se ha mantenido estable en la última década siendo algo superior el consumo por habitante medio de España que el que se produce en Andalucía, principal región productora.

Fuente: MAPA. Datos anuales del panel de consumo alimentario en hogares.

Figura 1.17. Consumo per cápita en España y Andalucía de aceituna de aderezo en el periodo 2012 a 2022.

Cataluña, Comunidad Valenciana y País Vasco en 2022 fueron las comunidades autónomas donde más aceituna de mesa se consumió por habitante, destacando el caso de Cataluña con un consumo per cápita de 3,47 kg/habitante y año muy superior a la media de España de 2,4 kg/habitante y año. En el extremo opuesto encontramos a Extremadura, Castilla la Mancha y Canarias con 1,44, 1,85 y 1,82 kg/habitante y año respectivamente (MAPA, 2022 (2))

Las exportaciones españolas de aceituna de mesa (intra y extracomunitarias) se consolidan, de forma que en el período 1983-88 fueron de en torno a 122.000 toneladas anuales, en el siguiente quinquenio de 132.000 toneladas anuales y las últimas anualidades superan las 450.000 toneladas.

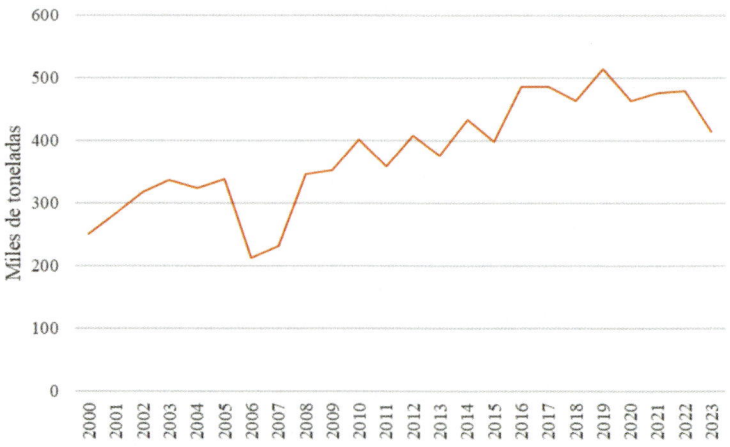

Fuente: ESTACOM, 2024.

Figura 1.18. Exportaciones españolas de aceituna de aderezo en el periodo 2000-2023 en miles de toneladas.

El principal destino de las exportaciones españolas es Estados Unidos, seguido de Italia y Francia.

La evolución de las exportaciones de aceituna de mesa española a Estados Unidos ha sido descendente como consecuencia de la entrada en vigor de la subida arancelaria impuesta por este país, iniciada en 2018/19 y extendida hasta 2020/21 constatándose una reducción del 33% de las exportaciones españolas en este periodo.

CUADRO 1.22

Exportaciones de aceituna de mesa de España en la anualidad 2023 (miles de toneladas). Ranking por destino

País	Principales países destinatarios de las exportaciones de la aceituna de mesa de España	
	2023 (miles de toneladas)	%
Estados Unidos	64	15%
Italia	47	11%
Francia	40	10%
Reino Unido	23	5%
Arabia Saudí	26	6%
Alemania	25	6%
Canadá	13	3%
Polonia	12	3%
Portugal	13	3%
México	8	2%

Fuente: ESTACOM, 2023.

4. Economía del olivar

4.1. Precios

En apartados anteriores se ha mostrado cómo ha evolucionado el cultivo del olivar, así como sus producciones, consumo y exportaciones, en este último apartado, se analizan las cotizaciones de sus dos principales productos, el aceite de oliva y la aceituna de mesa, condicionadas por la relación entre la oferta y la demanda.

Como se ha mostrado en el apartado 2, la oferta de aceite de oliva no es contante, encontrando variaciones a nivel mundial que superan el 30% entre campañas consecutivas. La demanda mundial, el consumo, presenta tendencias con variaciones menos bruscas, con menos dientes de sierra.

Esta relación entre la oferta y demanda condicionará los precios de los productos de olivar, variables que serán tratadas en este apartado.

Al analizar los precios de aceite de oliva virgen extra en los tres principales países productores del mundo, todos ellos de la UE, se aprecia cómo las cotizaciones en España y Grecia presentan una pauta común y cotizaciones muy cercanas, no así el aceite italiano con cotizaciones de media superiores a las de los otros dos países.

Tanto en España como en Grecia las cotizaciones no habían superado en las dos primeras décadas del siglo XXI los 4 euros/kg de aceite, a diferencia de en Italia donde desde 2015 se han movido entre los 3 y 6 euros/kg de aceite. Son de destacar los elevados precios de los dos últimos años analizados, que han más que doblado los precios de las dos décadas anteriores. Esta elevación exponencial de las cotizaciones ha sido consecuencia del tensionamiento del mercado, con una oferta mundial muy reducida en los principales países productores como consecuencia de la sequía sufrida por estos.

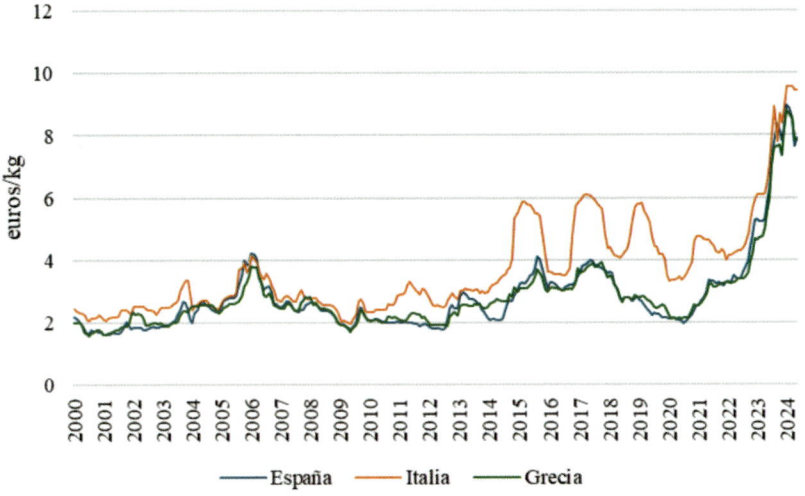

Fuente: Precios mensuales de la Dirección General de Agricultura y Desarrollo Rural. Comisión Europea.

Figura 1.19. Precio mensual del aceite de oliva virgen extra en los principales países productores de la UE.

En cuanto a las diferencias en función de la calidad del aceite de oliva virgen, si comparamos las dos categorías extremas, virgen extra y lampante, en la principal región productora del mundo, Andalucía, se constata el reducido diferencial de precio existente.

Analizando el segundo producto en importancia obtenido del olivar, la aceituna de mesa, se aprecia un mayor equilibrio entre la oferta y demanda con variaciones de precios más suaves.

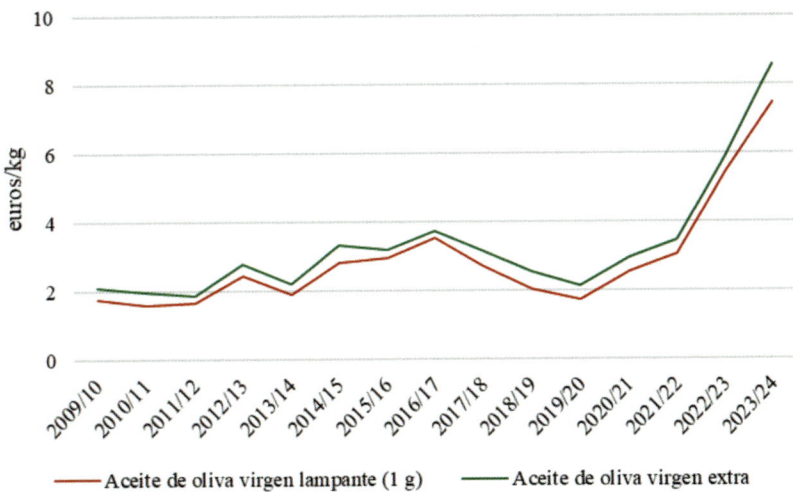

Fuente: Observatorio de precios y mercados de la Consejería de Agricultura, Pesca, Agua y Desarrollo Rural de Andalucía.

Figura 1.20. Precio del aceite de oliva virgen extra y virgen lampante en Andalucía.

Si es muy destacable el diferencial de precio existente ente la aceituna griega y la de España y Portugal.

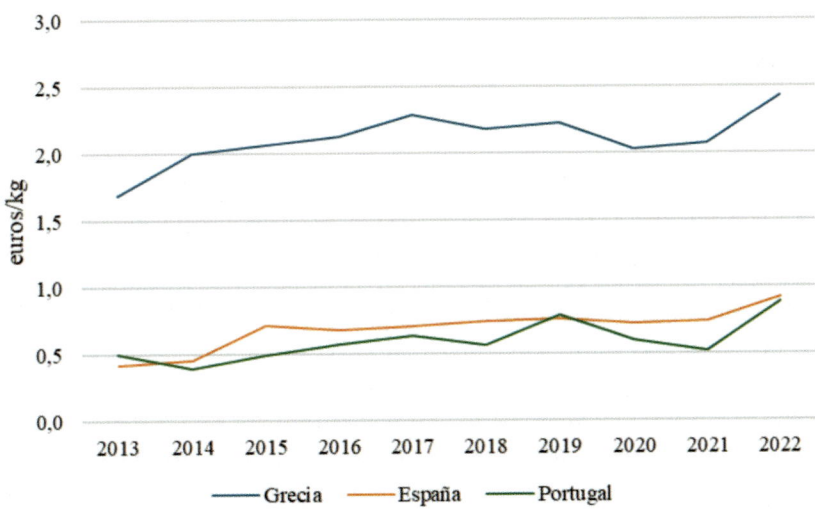

Fuente: EUROSTAT.

Figura 1.21. Precio de la aceituna de mesa en los principales países productores de la UE.

Al analizar los precios en función de su variedad se aprecia cómo la manzanilla, principal variedad destinada a este fin, presenta cotizaciones siempre por encima de la variedad hojiblanca, variedad esta de doble aptitud destinándose a aceite o aceituna de mesa en función de las condiciones de mercado.

La variedad gordal, por norma, presenta precios superiores, si bien sufrió una crisis bastante importante respecto a sus cotizaciones entre 2016 y 2018.

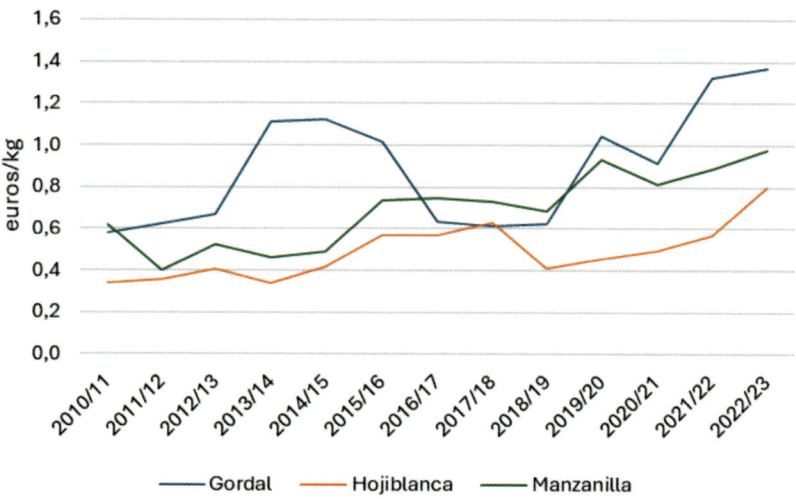

Fuente: Observatorio de precios y mercados de la Consejería de Agricultura, Pesca, Agua y Desarrollo Rural de Andalucía.

Figura 1.22. Precio de la aceituna de mesa en Andalucía de las principales variedades.

4.2.   Rentabilidad del olivar

La Red Contable Agraria Nacional (RECAN) es un instrumento que permite evaluar la renta de las explotaciones agrarias y el impacto que la política agraria produce en ellas. Se rige por un Reglamento comunitario que establece los principios y normas para elaborar la RICA (Red de Información Contable Agraria - FADN por sus siglas en inglés) a nivel europeo[3], por lo que supone los mismos principios contables en todos los países. Se trata de la única fuente de microdatos completa en España y armonizada con el resto de los países de la UE.

Tomando como origen la muestra de explotaciones de la RECAN el Ministerio de Agricultura Pesca y Alimentación ha obtenido datos económicos para culti-

---

[3]   Red de Información Contable Agrícola, establecida en 1965 por el Reglamento 79/65/CEE del Consejo, de 15 de junio.

vos y cabañas ganaderas concretas. En el caso del olivar diferencia entre el cultivo destinado a la producción de aceite de oliva, y el destinado a aceituna de mesa obteniendo los resultados que se exponen en el siguiente cuadro.[4]

CUADRO 1.23

Variables económicas que muestran la rentabilidad del cultivo del olivar en el ejercicio económico 2022

	Producto bruto (€/ha)	Coste producción (€/ha)	Beneficio (€/ha)
Aceitunas de mesa	3.723	3.107	616
Aceitunas de almazara	1.709	1.685	24
Total	**2.000**	**1.890**	**110**

Fuente: ECREA ejercicio 2022. MAPA

Si bien en el cuadro anterior tenemos una cuantificación de los costes de producción y, por tanto, del beneficio de las explotaciones de olivar, estos datos varían muchísimo en función tanto de factores internos de la explotación agraria, relacionados con las decisiones y la gestión que realiza la persona encargada de esta en cuanto a abonado, control de plagas, etc, como de factores externos o fuera de su control directo, como pueden ser la pendiente del terreno que condiciona la mecanización, las condiciones meteorológicas, etc.

De este modo, por ejemplo, el MAPA en su análisis de cadena de valor del aceite de oliva virgen extra de la campaña 2020/21 establece para el olivar de montaña no mecanizable unos costes de producción de 4,35 euros/kg de aceite o de 1,43 euros/kg de aceite para el olivar superintensivo. En esta misma línea, en Andalucía, los costes de producción pueden ir desde 1,3 euros/kg de aceite para un olivar superintensivo en regadío a 3,5 euros/kg de aceite en un olivar de montaña, en secano y con dificultades para la mecanización en un año de producciones medias. Estos datos se elevan a 1,6 y 5,3 euros/kg de aceite respectivamente en un año de bajas producciones, como por ejemplo el de la campaña 2022/23 como consecuencia de la sequía (CAPADR, 2025).

Igual sucede con el olivar destinado a mesa, para el cual uno de los factores que más influye en sus costes es la posibilidad de realizar una recolección mecanizada. De este modo, los costes para la variedad manzanilla con recolección manual están en torno a los 0,76 euros/kg de aceituna frente a los 0,51 euros /kg de aceituna en la variedad hojiblanca recogida mecánicamente (CAPADR, 2025).

---

[4] El MAPA ha adaptado la metodología utilizada en sus "Estudios de costes y rentas de las explotaciones agrarias" (ECREA) para obtener estos análisis a partir de las encuestas de la RECAN.

Para comparar con el conjunto de la UE u otros Estados miembros se analizarán los datos de la RICA correspondientes a la Orientación técnico económica (OTE) de olivar, definida como aquella en la que la contribución relativa de la producción estándar de olivar supone al menos dos tercios de la producción estándar total de la explotación. Al realizar el análisis por OTE, los datos mostrados no incluyen solo los asociados a olivar, sino al total de cultivos y ganadería de la explotación.

Por tanto, el tamaño de explotación va a ser una variable decisiva, ya que la información se proporciona por explotación, y como se aprecia en el siguiente cuadro, es muy variable dentro de los países productores de la UE.

CUADRO 1.24

Tamaño medio de explotación con orientación técnico económica olivar en 2021 en los principales países productores de la UE

	Tamaño explotación OTE olivar 2021 (hectáreas)
UE	14,4
España	21,7
Italia	12,1
Grecia	5,1

Fuente: Economic reports on EU farming, based on data from the Farm Accountancy Data Network (FADN).

Se presentan las dos siguientes variables: (MAPA, 2022 (3)).

Producción bruta total: Valor monetario de la producción total de cultivos y derivados, ganado y productos ganaderos y otras producciones agrícolas a precio de salida de la explotación.

Costes totales: Todos los costes ligados a la actividad agraria del agricultor y relacionados con la producción del ejercicio contable. Comprende los siguientes grupos de costes: Consumos intermedios (costes específicos de cultivos, ganado y otras actividades lucrativas y costes generales); amortizaciones y el coste de los factores externos (tierra, capital y trabajo).

En el Cuadro 1.25 se muestran los datos para las explotaciones con OTE olivar de los principales países productores de la UE así como de Andalucía. Como se ha comentado anteriormente, estas explotaciones no son de monocultivo de olivar, incluyendo otras producciones agrícolas. No obstante, sí podemos observar cómo la rentabilidad de las explotaciones orientadas principalmente a olivar es superior en Italia (905 euros/ha) y Grecia (957 euros/ha) a la obtenida en España (713 euros/ha), algo que encuentra su explicación, al menos en parte, en las mejores cotizaciones de los productos obtenidos del olivar en ambos países (Figuras 1.19 y 1.21).

CUADRO 1.25

Producción bruta y costes totales en la UE, España, Italia, Grecia y Andalucía para la OTE olivar en 2021

	Producción Bruta Total		Costes totales	
	miles de euros/explotación	euros/ha	miles de euros/explotación	euros/ha
UE	30,5	2.118	19,8	1.378
España	42,2	1.945	26,7	1.232
Italia	31,7	2.621	20,8	1.716
Grecia	14,8	2.901	9,9	1.943
Andalucía	43,6	2.180	31,1	1.555

*Datos provisionales. OTE: 37 Olivares.
Fuente: Economic reports on EU farming, based on data from the Farm Accountancy Data Network (FADN).

5. Tendencias de futuro

La mejora de las técnicas de cultivo, en particular el incremento del uso de riego, en una especie cultivada tradicionalmente en secano y en territorios con climas mediterráneos con déficit hídrico motiva el incremento de la producción de aceite de oliva.

La tecnología va calando, tanto en el cultivo como en la industria asociada, tal y como se verá en los capítulos siguientes. La mecanización del cultivo es una realidad, así como el predominio de sistemas de extracción o aderezo modernos y tecnificados.

La tendencia a una mecanización casi total de las plantaciones de olivar está haciendo que las hectáreas de olivar superintensivo crezcan a un gran ritmo, sin embargo, en 2019 en España tan solo el 0,5% de la superficie supera las 2.000 plantas por hectárea y el 5,8% las 400 (MAPA, 2019). Si bien los últimos datos consultados elevan el porcentaje de olivar superintensivo en Andalucía, principal región productora del mundo, al 3% (CAPADR, 2024).

El material vegetal y la autentificación del mismo cobra cada día más importancia siendo la investigación hacia la obtención de nuevas variedades un pilar de este sector, sobre todo ante posibles amenazas fitosanitarias y el cambio climático. Y aunque las variedades continúan estando íntimamente asociadas al territorio, en las nuevas plantaciones aparecen variedades que buscan características diferenciales bien para una mayor rentabilidad del cultivo con una diferenciación en el mercado, una mejor adaptación a los olivares superintensivos o mayor resistencia a nuevas plagas y enfermedades.

El fomento de la dieta mediterránea, la asociación de los productos del olivar a la misma se encuentra detrás, al menos en una gran parte del importante crecimiento, tanto de las producciones como del consumo, sobre todo en los países no productores.

El consumo continúa siendo muy superior en los países productores que en los no productores, sin embargo, esta brecha va disminuyendo, mostrando un crecimiento espectacular el consumo de aceite de oliva, sobre todo en países con niveles adquisitivos altos y preocupados por la salud, asociada al consumo de aceite de oliva y a la percepción saludable de la dieta mediterránea.

Esta demanda de aceite de oliva, y especialmente de aceites de oliva virgen extra, tiene un importante margen de crecimiento ya que el aceite de oliva supone un porcentaje muy pequeño del mercado de las grasas mundiales.

Las normas medioambientales y de sostenibilidad son claves, la valorización de residuos y la incorporación a la bioeconomía o economía circular seguirá influyendo decididamente en el desarrollo y conformación del sector en los próximos años.

Los recursos biomásicos asociados al cultivo e industria del olivar se destinan principalmente a la obtención de energía, fabricación de compost, incorporación directa al suelo como materia orgánica o alimentación del ganado. Sin embargo, en los últimos años, se están implementando diferentes iniciativas y proyectos, para obtener bioproductos para la industria química, farmacéutica, cosmética o nutracéutica o de mayor valor añadido destinados a alimentación humana y animal, la biofertilización o la bioenergía (Quintela y Pinilla, 2019).

En general, la asociación del olivar y sus productos a otras áreas y sectores de actividad como el medio ambiente, pero también el turismo, la gastronomía o la salud continuarán provocando cambios importantes en el modo de producir y vender.

6. Bibliografía

CAPADR, 2025. Primera estrategia andaluza para el sector del olivar.

COI, 2019. Consejo Oleícola Internacional. Newsletter COI, 160.

COI, 2023. Consejo Oleícola Internacional. *Series estadísticas del aceite de oliva y la aceituna de mesa.*

EUROSTAT, 2024. *Estadísticas de la Unión Europea.*

FADN, Economics reports on EU farming, based on data from the Farm Accountancy Data Network.

FAO, 2024. Faostat. *Estadísticas mundiales.*

Fernández-Escobar, R.; de la Rosa, R.; León, L.; Gómez, J.A.; Testi, F.; Orgaz, F.; Gil-Ribes, J.A.; Quesada-Moraga, E.; Trapero, A.; Msallmen, M., 2012. Sistemas de Producción en Olivicultura. *Olivae* 118; pp. 55-68.

ICEX. ESTACOM. *Estadísticas de exportaciones.*

INE, 2022. Instituto Nacional de Estadística (Instituto Nacional de Estadística portugués).

Inquérito anual à produção de aceite, año 2022

ISTAT. Istituto Nazionale di Statistica (Instituto Nacional de Estadística Italiano).

Ministerio de Agricultura, 1972. *El Olivar Español.* Madrid. 136 pp.

MAGRAMA, 2016. Ministerio de Agricultura Alimentación y Medio Ambiente. *Diagnóstico sobre el sector de la aceituna de mesa en España.* Dirección General de Producciones y Mercados Agrarios. Subdirección General de frutas, hortalizas, aceite de oliva y vitivinicultura.

MAPA. Datos anuales del panel de consumo alimentario en hogares.

MAPA, 1966 a 2023. Ministerio de Agricultura, Pesca y Alimentación. *Anuarios de Estadística.* Madrid.

MAPA, 2019. Encuesta sobre superficie y rendimiento de cultivo. Análisis de las plantaciones de olivar en España.

MAPA, 2022. Ministerio de Agricultura, Pesca y Alimentación 2022. El Plan estratégico de la PAC en España. Resumen del Plan aprobado por la Comisión Europea

MAPA, 2022 (2). Informe del Consumo alimentario en España.

MAPA, 2022 (3). Red contable Agraria nacional (RECAN). Metodología y Resultados Empresariales 2022. Ministerio de agricultura, pesca y alimentación. Unidad RECAN. Subdirección general de análisis, coordinación y estadística. Subsecretaría de Agricultura, Pesca y Alimentación.

MAPA, 2023. Ministerio de Agricultura, Pesca y Alimentación. Cadena de Valor del Aceite de Oliva "Virgen Extra". Madrid: Ed. MAPA.

Quintela J.C. y Pinilla, J. C., 2019. *Análisis de la viabilidad de las biorrefinerías agroalimentarias andaluzas: herramientas para su priorización* (NATAC. Science to Market).

CAPÍTULO 2

BOTÁNICA Y MORFOLOGÍA

Hava F. RAPOPORT
Inmaculada MORENO-ALÍAS

ÍNDICE

1. Introducción: situación taxonómica, 45
2. Estructuras vegetativas, 45
   2.1. El árbol, 45
   2.2. La hoja, 46
   2.3. La raíz, 49
3. Estructuras reproductivas, 50
   3.1. La inflorescencia, 50
   3.2. La flor, 52
   3.3. Polinización y fecundación, 56
   3.4. El fruto, 59
   3.5. La semilla y el embrión, 63
   3.6. Fenología floral, 67
4. Bibliografía, 72

1. Introducción: situación taxonómica

El olivo, *Olea europaea* L., pertenece a la familia botánica Oleaceae, que comprende especies de plantas distribuidas por las regiones tropicales y templadas del mundo. Las plantas de esta familia son mayormente árboles y arbustos, a veces trepadores. Muchas de ellas producen aceites esenciales en sus flores o frutos, algunos de los cuales son utilizados por el hombre. De unos 29 géneros de esta familia, los que tienen interés económico u hortícola son *Fraxinus* (fresno), *Jasminum* (jazmín), *Ligustrum* (aligustre), *Phillyrea* (agracejo), *Syringa* (lilo) y *Olea* (Heywood, 1978).

Hay unas 33 especies en el género *Olea*. La especie *Olea europaea* L. incluye todos los olivos cultivados y también los acebuches u olivos silvestres. Existen diferencias de opinión sobre cómo subclasificar dentro de la especie, pero en la revisión más reciente y completa de Green (2002) se considera que los olivos cultivados pertenecen a la subespecie *europaea,* variedad *europaea* y los olivos silvestres (acebuches) también a la subespecie *europaea* pero variedad *sylvestris*.

Olea europaea L., el olivo, es la única especie de la familia Oleaceae con fruto comestible. Es una de las plantas cultivadas más antiguas, cuyos orígenes como cultivo son de unos 4000-3000 años antes de Cristo en la zona de Palestina. Durante siglos su principal zona de cultivo ha sido el área mediterránea, pero en los últimos años se extiende a zonas nuevas como México, Sudamérica y Australia.

2. Estructuras vegetativas

2.1. El árbol

El olivo cultivado (Figura 2.1) es un árbol de tamaño mediano, de unos 4 a 8 metros de altura según la variedad. Puede permanecer vivo y productivo durante cientos de años. El tronco es grueso y la corteza de color gris a verde grisáceo. La copa es redondeada, aunque más o menos lobulada; la ramificación natural tiende a producir una copa bastante densa, pero las diversas prácticas de poda sirven para

Figura 2.1. Un olivo típico del cultivar 'Picual', en Martos, provincia de Jaén, España.

aclararla y permitir la penetración de la luz. Caracteres del árbol como la densidad de la copa, el porte, el color de la madera y la longitud de los entrenudos varían según el cultivar. También la forma del árbol está influida en gran medida por las condiciones agronómicas y ambientales de su crecimiento y, en particular, por el tipo de poda; en este sentido, el olivo muestra una gran plasticidad morfogenética.

El olivo es un árbol polimórfico, con fases juvenil y adulta. Las diferencias entre estas fases se manifiestan en la capacidad reproductora (solamente en fase adulta), en el potencial para el enraizamiento (mayor en la fase juvenil) y en diferencias morfológicas en hojas y ramos. Las hojas juveniles son más cortas y los ramos suelen tener entrenudos más cortos. La transición del estado juvenil al adulto no es solamente temporal, a partir de los 5-8 años en árboles que se han originado de semillas, sino también espacial: las zonas más interiores y cercanas al suelo son las más juveniles, formando un cono juvenil (Moreno-Alías *et al.*, 2010). Las varetas que salen frecuentemente de la base del tronco también presentan un estado más juvenil que los ramos que se forman en las partes superiores del árbol.

2.2. La hoja

Las hojas del olivo son persistentes y normalmente sobreviven dos o tres años, aunque también permanecen en el árbol hojas de mayor edad. Son simples, de forma lanceolada y con bordes enteros. El limbo tiene una longitud entre 3 y 9 cm y una anchura entre 1-1,8 cm. La nervadura central es muy marcada y las secundarias muy poco aparentes. El peciolo es muy corto, llegando apenas a medio centímetro de longitud. En cada nudo aparecen dos hojas opuestas y los planos de las hojas de dos nudos consecutivos se disponen entre sí a 90°. Esta disposición se denomina decusada (Figura 2.2).

Figura 2.2. Ramo joven justo antes de la floración. En cada nudo hay dos hojas opuestas. Las inflorescencias se forman de las yemas axilares de las hojas. La parte del ramo donde se han desarrollado las inflorescencias es del año anterior y el brote es el crecimiento nuevo del año actual. (Foto de G. Gómez-Valledor).

La estructura anatómica de la hoja (Figuras 2.3 y 2.4) del olivo sirve en muchos aspectos para su adaptación a ambientes de alta transpiración, es decir, para protegerla de la pérdida del agua. Por el haz, la superficie superior, las hojas son de color verde-oscuro y brillan debido a la presencia de una gruesa cutícula. El envés, la superficie inferior, tiene un color blanco-plateado porque está cubierto por pelos aparasolados. Estos tricomas especiales, también conocidos como escamas peltadas, tienen una forma parecida a un parasol con un soporte cubierto por una superficie en forma de disco y forman una capa protectora sobre la superficie de la hoja. Los pelos aparasolados también crecen por el haz, pero en cantidad muy inferior a la del envés. Los estomas, que son estructuras localizadas entre las células epidérmicas para asegurar el intercambio de gases, se forman solamente en el envés, donde están cubiertos por la densa capa de pelos aparasolados. Así, la pérdida de agua a través de los estomas no solamente se regula por el mecanismo de apertura y cierre de los mismos, sino que también está reducida por la capa protectora de pelos aparasolados y por la localización de estomas exclusivamente en la superficie inferior de la hoja.

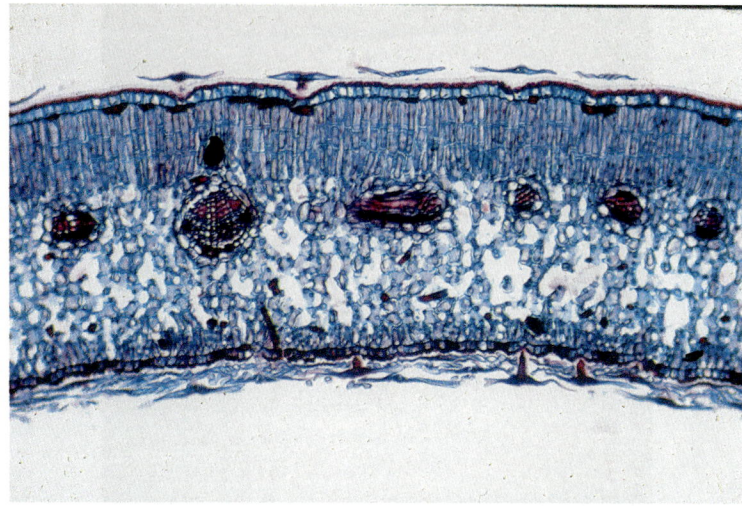

Figura 2.3. Sección histológica transversal de una hoja adulta. Se aprecian múltiples pelos aparasolados en la superficie inferior (envés) y pocos en la superficie superior (haz). La cutícula se visualiza con esta tinción como una banda roja sobre la superficie superior. Muchos haces vasculares, que se perciben como agrupamientos de células también rojas, atraviesan la hoja y aparecen cortados de forma transversal.

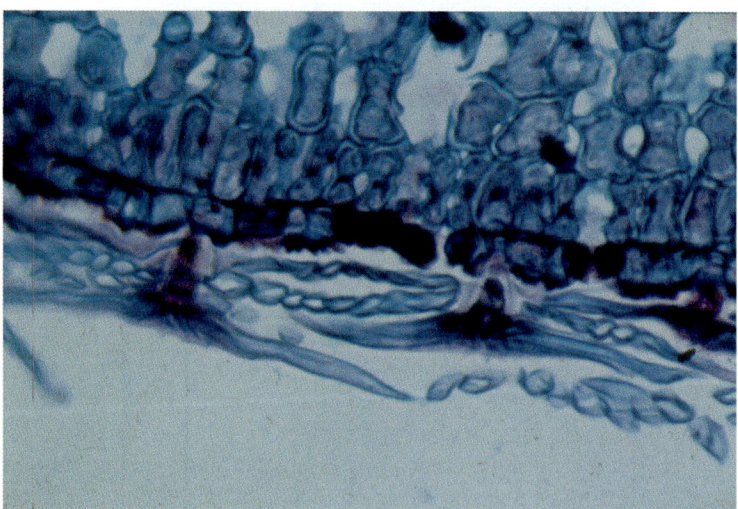

Figura 2.4. Sección en detalle del envés de la hoja donde se aprecian dos pelos aparasolados cortados por su centro, mostrando la estructura de los mismos donde se aprecia el soporte central. Las células oclusivas de los estomas son los pares de células oscuras de la epidermis.

En el interior de la hoja, el mesofilo superior está compuesto por 2-3 capas de células compactas y alargadas formando el parénquima en empalizada, y el mesofilo inferior está compuesto por el parénquima esponjoso, con grandes espacios intercelulares. Adicionalmente, en la parte inferior de las hojas de plantas adultas se observa una capa de células adyacente a la epidermis con forma parecida al parénquima en empalizada (Moreno-Alías *et al.*, 2009). Atravesando el mesofilo hay numerosas fibras que aportan rigidez a la hoja.

2.3. La raíz

La morfología del sistema radical del olivo depende por una parte del origen del árbol y por otra de las condiciones del suelo. Cuando el árbol nace de una semilla se forma una raíz principal, que domina el sistema radical durante los primeros años sin que ocurra la formación de raíces laterales importantes. La mayoría de los árboles comerciales están producidos mediante el enraizamiento de estaquillas. En este caso, se forman en la zona basal de la estaquilla múltiples raíces adventicias. Todas o muchas de estas raíces adventicias se comportan como raíces principales múltiples en el árbol. La profundidad y la extensión lateral del sistema radical y su grado de ramificación dependen del tipo y profundidad del suelo y de la aireación y contenido de agua del mismo (Fernández *et al.*, 1991).

La absorción de agua y nutrientes ocurre en las zonas más jóvenes de las raíces, cercanas a los ápices radicales. Estas zonas también son las más susceptibles a infección por hongos y nematodos. Las raíces jóvenes tienen un estatus dinámico y se renuevan constantemente. La iniciación de nuevas raíces laterales y la velocidad de crecimiento de ellas y de las raíces ya presentes depende de las condiciones ambientales. Para un olivo en verano en condiciones de secano, las raíces laterales nuevas, las del último grado de ramificación, pueden tener una longitud de hasta 10 cm, con la mayoría entre 0 y 2 cm.

Las raíces más jóvenes son de color blanco. Con el proceso de maduración cambian a color marrón debido a la suberización, que ocurre primero en los tejidos primarios y después en el desarrollo secundario. Las raíces blancas son las más activas en la absorción de agua y nutrientes minerales. La pauta de diferenciación de los tejidos también está influida por las condiciones ambientales. Los procesos de desarrollo de los tejidos primarios y la iniciación de crecimiento secundario ocurren más cerca del ápice en condiciones de estrés. Esto se debe, en parte, a la influencia directa del ambiente sobre el desarrollo de los tejidos y, en parte, a la reducción de la velocidad de elongación de la raíz. En olivo se ha visto, por ejemplo, desarrollo secundario 3 cm más cerca del ápice en raíces de secano que en raíces bajo riego (Fernández *et al.*, 1994).

La superficie absorbente de las zonas jóvenes aumenta por la formación de pelos radicales, que son extensiones tubulares de las células epidérmicas. Estos son frecuentes y relativamente cortos en el olivo (Figura 2.5). Inmediatamente interior a la epidermis se encuentra el córtex, el gran tejido parenquimático que llega hasta el cilindro central. En el olivo, la capa externa del córtex se diferencia para formar una hipodermis o exodermis. Las células de la hipodermis son de mayor tamaño y más uniformes que las restantes células del córtex; sus paredes experimentan un desarrollo secundario especial, con notable engrosamiento y la formación de una lámina media de sustancias hidrofóbicas. Así, la hipodermis se transforma en una capa protectora que reduce la pérdida de agua de la raíz en condiciones de estrés (Tataranni *et al.*, 2015).

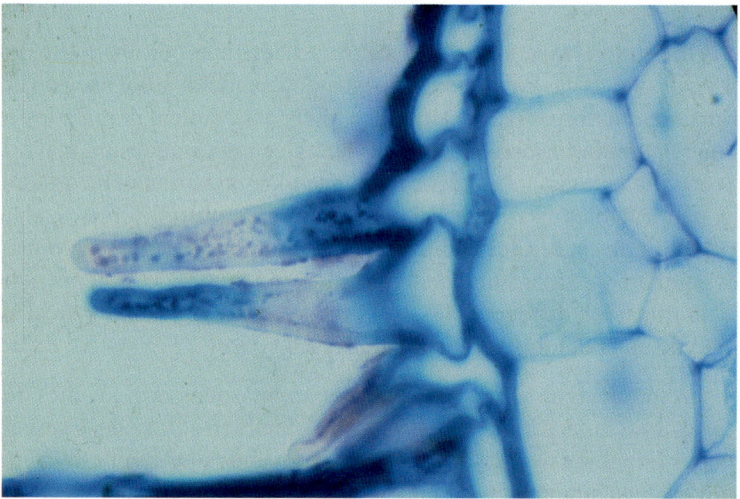

Figura 2.5. Sección de la superficie exterior de una raíz joven, mostrando los pelos radicales que se desarrollan de las células epidérmicas. Así se aumenta la superficie absorbente de la raíz. Las células grandes detrás de la epidermis pertenecen a la hipodermis.

3.   Estructuras reproductivas

3.1.   La inflorescencia

Las inflorescencias se desarrollan a partir de las yemas en las axilas foliares del crecimiento vegetativo del año previo a la floración (Figura 2.2). La forma de las inflorescencias es paniculada: tienen un eje central del cual salen ramificaciones que, a su vez, también pueden ser ramificadas (Figura 2.6). El pedicelo que une la flor al eje de la inflorescencia es corto, de 2 mm a casi invisible. En las ramificaciones de las inflorescencias, las flores están aisladas o formando grupos de tres o cinco. Cada inflorescencia puede tener entre 10 y 40 flores según el cultivar y las condiciones fisiológicas y ambientales.

En las inflorescencias se presentan flores de dos tipos: perfectas y estaminíferas (Figura 2.7). Las flores perfectas son hermafroditas o bisexuales, compuestas de estambres y pistilo bien desarrollados. Las estaminíferas o masculinas, también conocidas como imperfectas, tienen el ovario rudimentario o ausente, y parecen formarse debido a un fallo en el desarrollo del mismo. Como consecuencia de la falta de un ovario funcional, las flores estaminíferas no pueden dar lugar a la formación de un fruto. La proporción de flores estaminíferas (expresado como % aborto pistilar, antiguamente conocido como aborto ovárico), así como el número de flores por inflorescencia, varía según el cultivar y el año. Su presencia en porcentajes que pueden llegar hasta el 50% o más en años normales no suele reducir la producción.

Figura 2.6. Inflorescencias paniculadas de olivo unos días antes de floración. (Foto de G. Gómez Valledor).

Figura 2.7. Flores perfectas e imperfectas. Las flores de arriba están completas; las de abajo han sido cortadas por la mitad para poder visualizar mejor la estructura del pistilo. En los dos tipos de flores se aprecian dos grandes anteras amarillas rodeadas por cuatro pétalos blancos. La flor perfecta (izquierda) muestra un pistilo compuesto por un ovario redondo y verde, estigma y estilo prominente. En la flor imperfecta (derecha) todas las estructuras del pistilo son menores y de un color más amarillo verdusco. (Foto de G. Gómez Valledor).

Estudios histológicos indican que las yemas florales presentes en otoño ya han desarrollado cuatro o cinco nudos, cada uno con dos primordios foliares (Figura 2.8). En dicha fecha todas las yemas, potencialmente reproductoras o vegetativas, presentan una estructura similar y poco diferenciada; el desarrollo posterior de la inflorescencia y las flores transcurre desde la salida del reposo (aproximadamente en febrero en el hemisferio norte) hasta la floración (en primavera).

3.2. La flor

Las flores son pequeñas y actinomorfas, con simetría regular. El cáliz, constituido por el conjunto de los sépalos, es un pequeño tubo campanulado de color blanco verdoso que se mantiene junto a la base del ovario después de la caída de pétalos. La corola está compuesta por cuatro pétalos blancos o blanco-amarillentos unidos a su base (Figura 2.7).

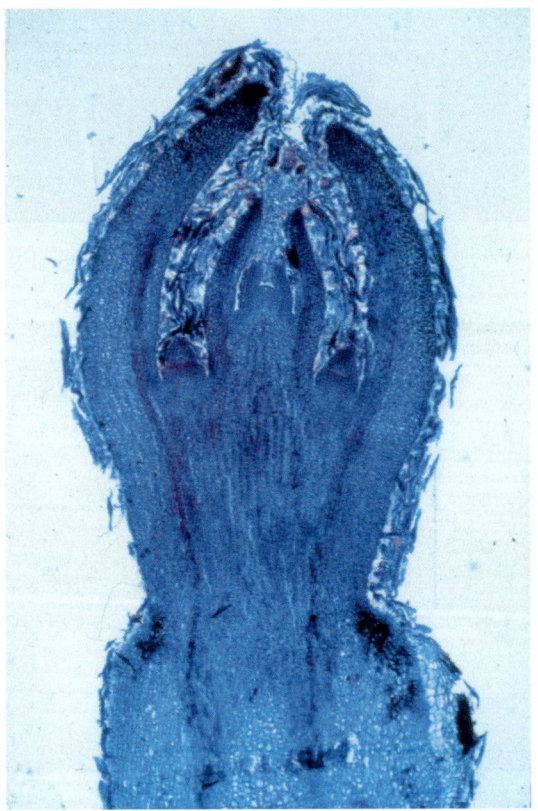

Figura 2.8. Sección histológica longitudinal de una yema potencialmente reproductora en otoño, antes del reposo invernal y antes de desarrollar ninguna morfología floral. La yema tiene cinco nudos cada uno con dos primordios foliares: se aprecian el primero, tercero y quinto en el plano del corte, y los otros dos están en el plano perpendicular al corte. (Foto de R. de la Rosa).

Los estambres son dos y están insertados en la corola en orientación opuesta. Constan de un filamento corto y una antera relativamente grande. Los numerosos granos de polen se forman en el interior de las anteras tras la meiosis de las células madres del polen. En el olivo, el desarrollo desde célula madre del polen hasta polen maduro transcurre durante las 6 semanas anteriores a la floración. El polen está maduro en antesis, cuando se abre la flor, y la dehiscencia de las anteras, liberando el polen, ocurre a partir de este momento durante aproximadamente 5 días. El grano de polen maduro, el microgametofito, es bicelular y consta de una célula vegetativa y una célula generativa. La pared exterior del grano de polen tiene una estructura específica característica de la especie (Figura 2.9); allí están localizadas proteínas de tipo alergógeno (Fernández y Rodríguez-García, 1988).

Figura 2.9. Grano de polen de olivo. El dibujo tridimensional de la pared exterior y su composición son caracteres muy específicos. Los tres surcos son las aperturas por donde puede germinar el tubo polínico. (Foto de M. C. Fernández).

En el centro de la flor se encuentra el pistilo, compuesto por un ovario súpero, un breve estilo sólido y un estigma bilobulado y papiloso. El ovario tiene dos lóculos o cavidades, cada una de las cuales contiene dos óvulos, o primordios seminales, unidos por el funículo a la parte superior de la placenta central que separa los dos lóculos (Figura 2.10). Los óvulos son anátropos: durante su formación experimentan un giro estructural que acaba orientando el micropilo, la puerta por donde tiene que entrar el tubo polínico, hacia la parte superior del ovario, cerca del estilo. Solamente uno de los cuatro óvulos será fecundado y seguirá su desarrollo para formar la semilla.

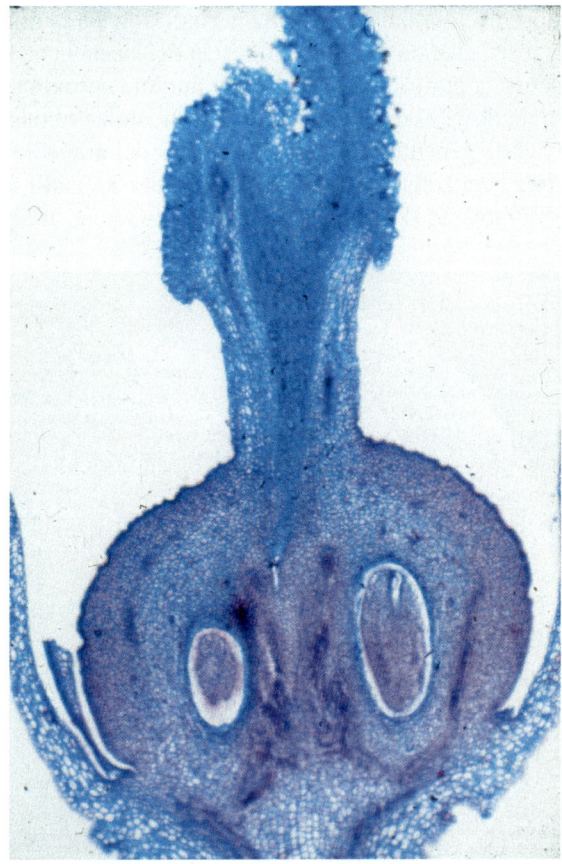

Figura 2.10. Sección histológica longitudinal de un pistilo. El pistilo, la parte femenina de la flor, está compuesto por el estigma, el estilo y el ovario. Por el centro del estilo y con forma de embudo, se aprecia el tejido transmisor por donde pasa el tubo polínico. En cada lóculo (cavidad) del ovario se observa uno de los dos primordios seminales u óvulos.

En cada óvulo se forma un saco embrionario tras la meiosis y las siguientes divisiones nucleares de la macrogametogénesis. Según estas divisiones el desarrollo del saco embrionario del olivo se ha caracterizado como bispórico de tipo *Allium*. El saco embrionario del olivo se encuentra maduro y receptivo para ser fecundado en el momento de antesis, cuando se abren los pétalos. En el saco maduro se aprecian la ovocélula, flanqueada por las dos sinérgidas en la zona micropilar, y los dos núcleos polares, en la zona central. Las otras tres células características del saco embrionario, las antípodas, son efímeras en el olivo. El desarrollo completo desde célula madre del megagametofito hasta saco embrionario maduro transcurre en las tres semanas antes de floración (King, 1938, Extremera *et al.*, 1988).

En algunos óvulos el desarrollo del saco embrionario es incompleto o anómalo (Rallo *et al.*, 1981). Esta condición parece debida a un fallo meiótico en las primeras fases de la megagametogénesis y resulta en la sola formación de un estrecho canal micropilar (Figura 2.11). Esto es el caso general en el cultivar ornamental 'Swan Hill', que no fructifica por ello, y también ocurre en cierta proporción en los primordios seminales de los cultivares fructíferos. Sin embargo, como solamente se requiere un óvulo desarrollado y viable de los cuatro por ovario para efectuar la fecundación, en años normales los sacos no desarrollados no parecen disminuir la producción (Rapoport y Rallo, 1991).

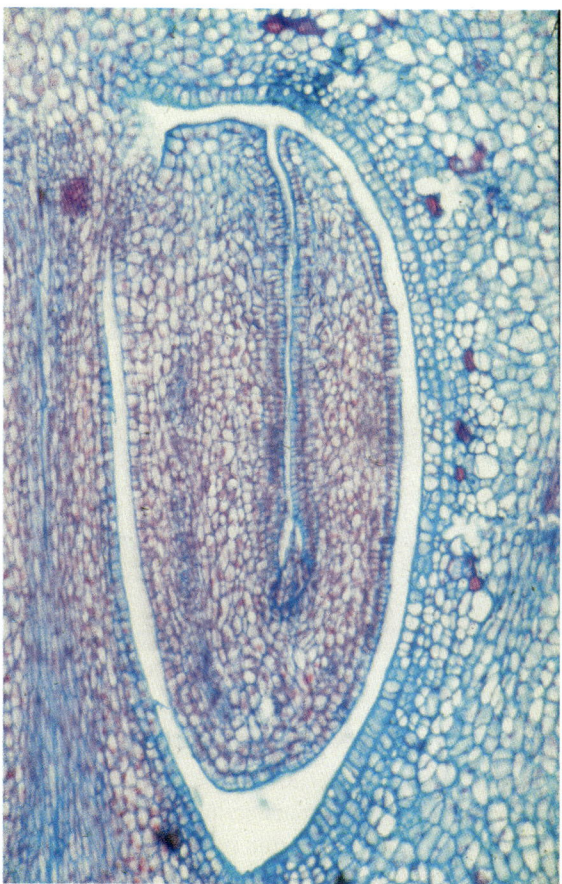

Figura 2.11. Primordio seminal u óvulo con saco embrionario no desarrollado o anómalo. Solamente se forma un estrecho canal micropilar. Esto es el caso general en el cultivar ornamental 'Swan Hill', y también ocurre en cierta proporción en los primordios seminales en cultivares fructíferos.

El concepto de calidad floral engloba el número de flores y todas las características que influyen en su capacidad de desarrollar un fruto. La calidad de flor
del olivo a nivel inflorescencia incluye el número total de flores y las proporciones de flores perfectas y estaminíferas, comentado anteriormente, y a nivel
ovario consta del número de óvulos completamente desarrollados de los cuatro
posibles. Ambos niveles pueden estar influidos por factores genéticos y ambientales (Moreno-Alías *et al.*, 2012).

3.3. Polinización y fecundación

La polinización y la fecundación son los requisitos esenciales para la formación y el cuajado de frutos. En el olivo también se forman frutos partenocárpicos
sin el beneficio de dichos procesos. En términos comunes, estos frutos se conocen como *zofairones* o *azofairones* (Figura 2.12). Estos frutos partenocárpicos suelen ser más pequeños que los frutos fecundados normales y tienen una forma más
aplastada. No tienen valor económico y en muchos casos no permanecen hasta la
cosecha.

**Figura 2.12. Frutos partenocárpicos o zofairones (izquierda) y frutos normales (derecha). Los frutos
partenocárpicos se forman sin que haya fecundación. Son generalmente pequeños y de escaso valor
comercial. (Foto de G. Gómez Valledor).**

La polinización empieza con la llegada de los granos de polen al estigma. Con
su germinación, los tubos polínicos penetran por las papilas estigmáticas y empiezan el camino hacia el primordio seminal (Figura 2.13). Pasan por el estigma y a
continuación por el tejido transmisor del centro del estilo (Figura 2.14). Solo un
tubo polínico (o unos pocos) pasa la base del estilo y penetra en la parte superior
del ovario (Cuevas *et al.*, 1995).

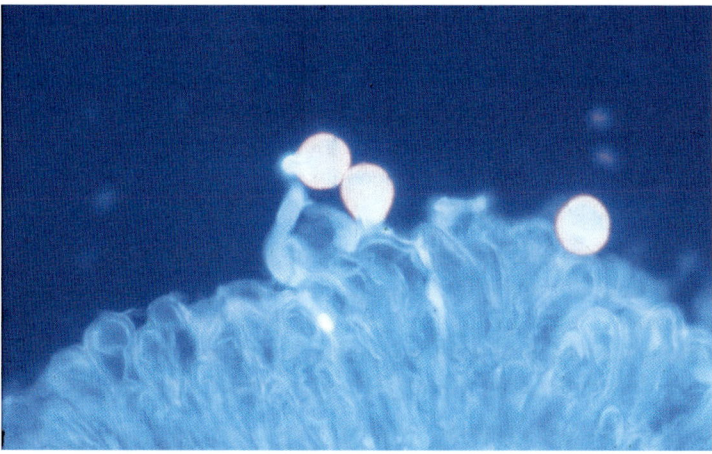

Figura 2.13. Granos de polen germinado en la superficie estigmática. Los tubos polínicos empiezan a penetrar entre las papilas estigmáticas.

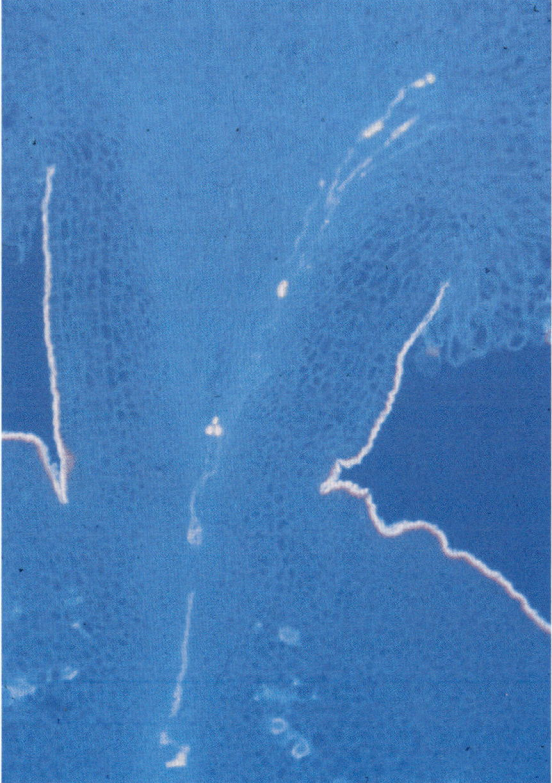

Figura 2.14. Tubos polínicos en el pistilo. En el estigma y estilo se aprecian varios tubos; a partir de la base del estilo, solo un tubo penetra el ovario.

En el olivo, las interacciones entre el tubo polínico y el estilo representan un importante punto de control de la fecundación. Allí ocurre la selección de un solo tubo polínico, un fenómeno llamado *selección gamética* por el cual unos gametos son preferidos a los otros para la fecundación. En cambio, la autoincompatibilidad en el olivo se expresa por el retraso de los tubos polínicos del mismo cultivar para atravesar el estigma. Por esta razón pueden no llegar a tiempo para encontrar óvulos viables (Cuevas *et al.*, 2011).

El tubo polínico "ganador" entra en uno de los dos lóculos, crece por encima del funículo y llega al micrópilo de uno de los óvulos, donde entra guiado por una de las sinérgidas y descarga sus dos gametos. En el proceso de la doble fecundación, característica básica de todas las angiospermas, uno de los dos gametos masculinos procedentes del tubo polínico se une con la ovocélula y el otro, con los núcleos polares.

De la unión de un gameto masculino con la ovocélula se forma el cigoto, que luego se transforma en el embrión. El cigoto se mantiene al principio sin actividad, hasta 3-4 semanas después de floración, momento en el que empieza su crecimiento. El segundo gameto masculino se une con los dos núcleos polares para formar el endospermo, tejido que sirve para nutrir al embrión. En el olivo, el endospermo experimenta un rápido y gran desarrollo a partir de la fecundación.

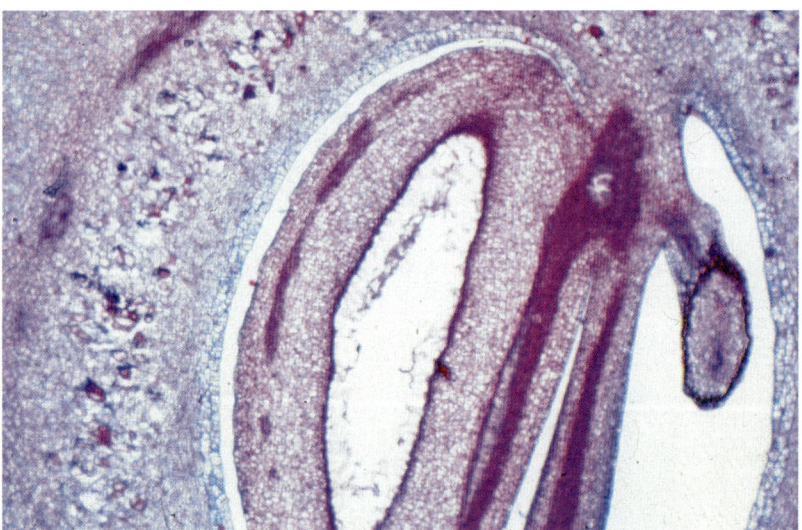

Figura 2.15. Sección histológica longitudinal mostrando el desarrollo del óvulo funcional (izquierda) y uno de los óvulos abortivos (derecha) 25 días después de floración. De los cuatro óvulos presentes en un ovario, solo uno, el óvulo funcional, experimenta un gran crecimiento y vascularización debido a su fecundación. Los otros tres abortan y degeneran.

Como consecuencia de la fecundación, uno de los cuatro óvulos, que denominamos óvulo *funcional*, empieza su desarrollo como semilla. Los otros tres óvulos abortan y terminan degenerándose (Figura 2.15). La fecundación y determinación del óvulo funcional y su desarrollo y crecimiento estimulan el crecimiento del ovario para formar el fruto y determinan el cuajado de este fruto. El cuajado y principio del crecimiento de unos ovarios desencadena el proceso de abscisión de los ovarios no fecundados y de algunos fecundados pero menos desarrollados (véase capítulo 5).

3.4. El fruto

La aceituna es un fruto pequeño de forma elipsoidal a globosa. Normalmente mide de 1 a 4 cm de longitud y de 0,6 a 2 cm de diámetro. Entre los cultivares de fruto pequeño se encuentran 'Arbequina' y 'Koroneiki'. Entre los de fruto grande, 'Gordal Sevillana' y 'Ascolana'. En madurez, la aceituna es negra, negro-violácea o rojiza, pero en muchos casos se cosecha antes, en estado verde.

Botánicamente la aceituna es una drupa, tal como la almendra, el albaricoque, la ciruela, la cereza y el melocotón. Se trata de un fruto con una sola semilla y está compuesto por tres tejidos principales: endocarpo, mesocarpo y exocarpo. El endocarpo es el hueso, el mesocarpo la pulpa o carne y el exocarpo la piel o capa exterior. El conjunto de estos tejidos se denomina pericarpo y tiene su origen en la pared del ovario. Los tejidos del fruto se desarrollan a partir del ovario por los procesos de división, expansión y diferenciación célular, desde el momento de la fecundación y cuajado inicial (Figura 2.16).

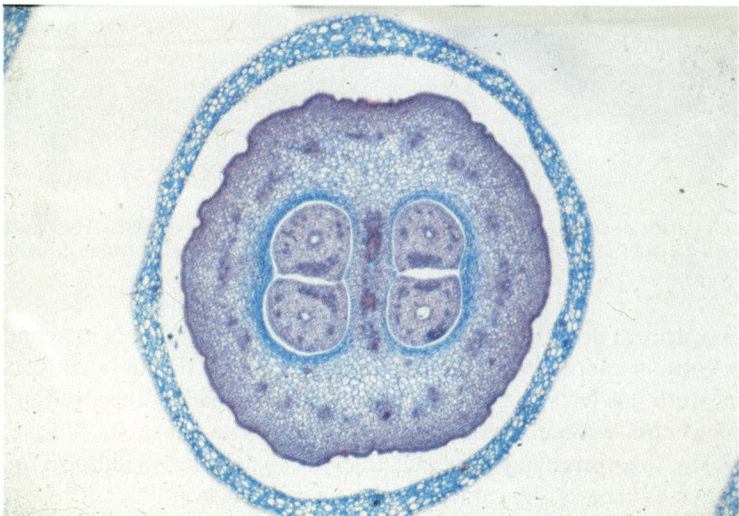

Figura 2.16. Sección histológica transversal de la parte central de un ovario una semana después de floración. Alrededor del ovario está el cáliz. Dentro del ovario se aprecian los dos lóculos, cada uno con dos óvulos. El ovario joven se diferencia en placenta, porción localizada entre los lóculos, y pared o pericarpo, tejido que rodea los lóculos y la placenta central.

El *endocarpo* o hueso empieza a crecer a partir de la fecundación y aumenta en tamaño durante los dos meses siguientes. En su estado maduro, el endocarpo está compuesto enteramente por células esclerificadas. Estas células deben su dureza a la deposición de una gruesa pared secundaria con un alto contenido de lignina (Figura 2.17). Desde el inicio del desarrollo del fruto, las esclereidas empiezan a diferenciarse en el endocarpo entre células no diferenciadas, de un modo gradual y espaciado al principio y más intenso después. Según el endocarpo aumenta su tamaño, se incrementa el número y la proporción de esclereidas y también su grado de esclerificación. El endocarpo crece hasta que la mayoría de esclereidas han iniciado su proceso de esclerificación, diferenciación estructural que impide la expansión y división celular. Al finalizar su crecimiento en tamaño, el endocarpo sigue aumentando la deposición de lignina y el endurecimiento durante un periodo de varios meses (Hammami *et al.*, 2013; Rapoport *et al.*, 2013).

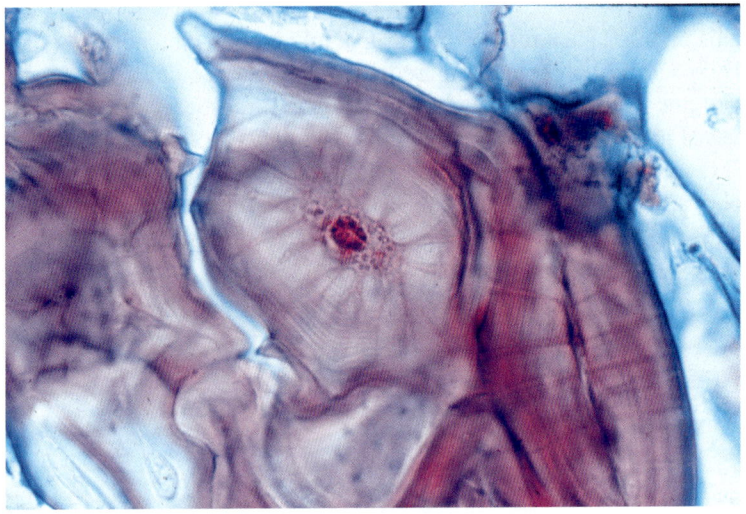

Figura 2.17. Detalle de células esclerificadas del endocarpo o hueso. Estas células, responsables de la dureza del endocarpo, tienen una gruesa pared secundaria con alto contenido de lignina.

En el ovario en floración, existe un anillo de haces vasculares marcando la separación entre el endocarpo y el mesocarpo (Figura 2.16). En la conversión del ovario en fruto, los haces vasculares aumentan en tamaño y desarrollan muchas conexiones entre sí con el fin de importar agua y sustancias para formar el fruto (Figura 2.18). Los surcos que aparecen en el hueso del fruto maduro se forman alrededor de estos haces y son característicos en cada cultivar.

El *mesocarpo*, el tejido carnoso, también empieza a desarrollarse a partir de la fecundación, pero mientras la expansión del endocarpo se detiene a los dos meses, el mesocarpo sigue creciendo hasta la maduración (Figura 2.19). Las células

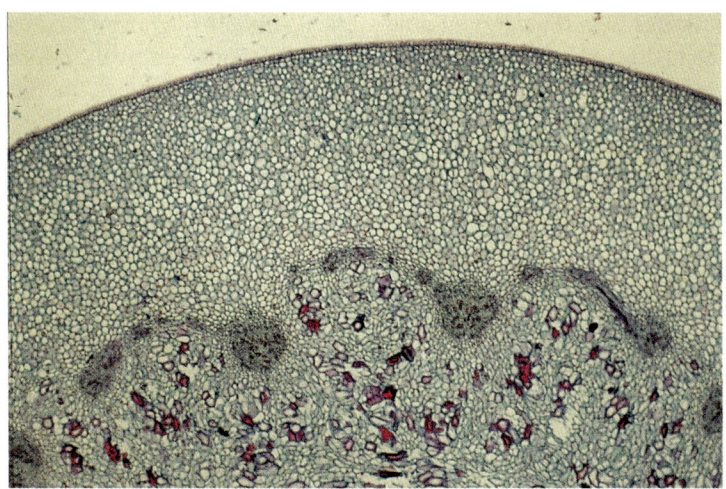

Figura 2.18. Sección histológica transversal del fruto cuatro semanas después de floración. Entre mesocarpo (arriba) y endocarpo (abajo) hay un anillo de haces vasculares (azul intenso), que marcará las posiciones de los surcos en el hueso maduro. En esta fase, las esclereidas del endocarpo (rojo) están salpicadas entre células parenquimáticas (azul). (Foto de P. Rallo Morillo).

del mesocarpo son parenquimáticas, poco diferenciadas pero con una gran capacidad de crecimiento. Estas células forman una malla uniforme y bastante compacta. Del exterior al interior del mesocarpo existe un leve incremento progresivo en tamaño celular (Figuras 2.18 y 2.20). Durante el desarrollo del mesocarpo las células

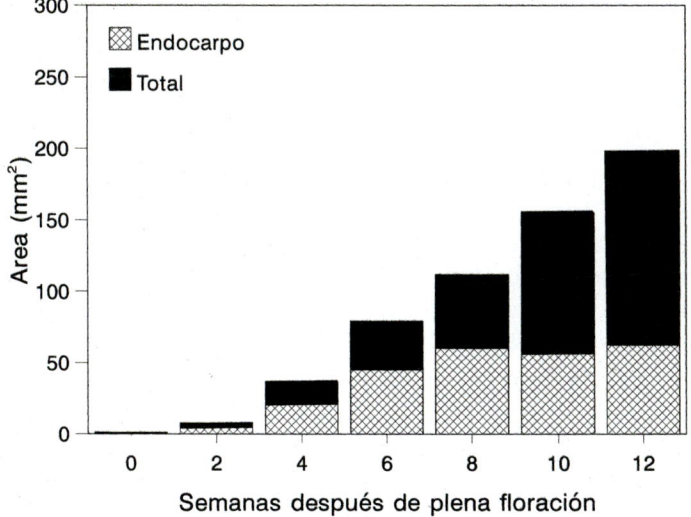

Figura 2.19. Evolución del área del mesocarpo y endocarpo en cortes transversales de la parte central de la aceituna en el cultivar 'Manzanilla'. (Figura de P. Rallo Morillo).

parenquimáticas experimentan un gran aumento en tamaño, alcanzando 40-50 veces el tamaño que tenían en el ovario. También, y según el cultivar, se forman algunas esclereidas aisladas dentro del mesocarpo, pero esto ocurre en un número muy reducido y con menor grado de esclerificación en comparación con el endocarpo. El aceite se acumula en el citoplasma de las células parenquimáticas del mesocarpo, formándose pequeños cuerpos lipídicos que posteriormente se unen entre sí (Rangel *et al.*, 1997).

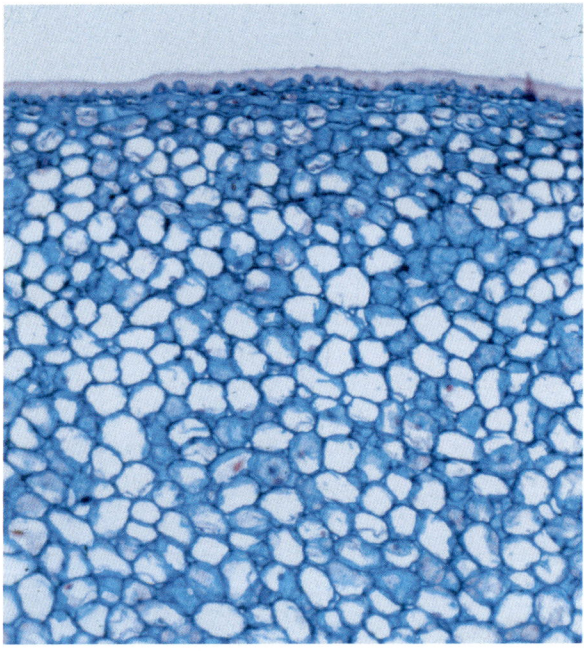

Figura 2.20. Sección histológica transversal del mesocarpo y exocarpo del fruto tres meses después de floración. Las células del mesocarpo, donde ocurre el metabolismo y almacenamiento del aceite, son grandes e isodiamétricas. (Foto de T. Manrique Gordillo).

En el primer periodo de crecimiento del mesocarpo, a partir de la fecundación, intervienen los procesos de división y expansión celular. En las primeras 6 a 8 semanas después de floración se producen la mayoría de las células del mesocarpo. La expansión celular es tan notable en este período que, aunque las células se dividen y su tamaño se reduce en un primer momento como consecuencia de la división, el tamaño celular aumenta.

A partir de los dos meses y hasta la maduración ocurre el mayor incremento en tamaño celular, aproximadamente el 80%, acompañado por un incremento muy reducido en número celular (división celular). En esta segunda fase, la expansión celular está acompañada por la acumulación de aceite. Estudios comparativos de cultivares con frutos de tamaños diversos indican que las diferencias entre cultivares están determinadas por el número de células formadas en el mesocarpo, mientras que el tamaño celular es similar entre ellos (Hammami *et al.*, 2011). Las diferencias entre cultivares aparecen ya en el ovario, antes de la formación del fruto, siendo más grandes generalmente los ovarios de cultivares de fruto mayor y compuestos por más células pero de tamaño similar (Rosati *et al.*, 2011).

El *exocarpo* o epicarpo es la capa exterior y más fina del fruto. Este tejido está compuesto por la epidermis con su cutícula (Figura 2.21) y unas cuatro capas subepidérmicas parecidas al mesocarpo pero con diferentes pautas de crecimiento (Hammami y Rapoport, 2012). La cutícula es fina en la época de floración y polinización, cuando el ovario se encuentra todavía protegido por los pétalos, pero rápidamente se desarrolla para formar una gruesa capa protectora. Algunos estomas se forman en la epidermis para luego convertirse en lenticelas, regiones que posiblemente actúan en el intercambio de gases. Las lenticelas se observan en el fruto como pequeños puntos en la superficie; su número y tamaño es un carácter varietal.

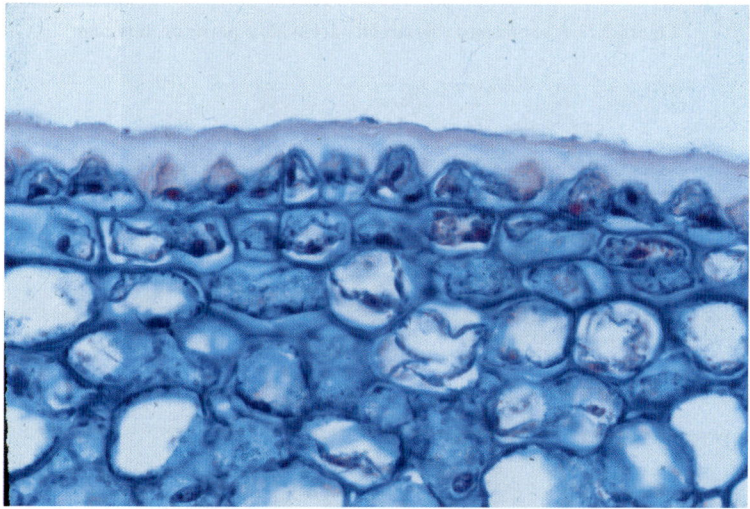

Figura 2.21. Detalle de la Figura 2.20 mostrando el exocarpo, compuesto por la epidermis con su cutícula, más cuatro capas de células parenquimáticas. (Foto de T. Manrique Gordillo).

3.5. La semilla y el embrión

Coincidiendo con la formación del fruto, e íntimamente interrelacionados entre sí, el óvulo funcional se desarrolla para formar la semilla. El embrión ocupa casi todo el volumen de la semilla. La cubierta seminal, derivada del tegumento, que representaba el tejido principal del óvulo, es fina y dura y está atravesada por numerosos haces vasculares. Entre la cubierta seminal y el embrión se encuentra una fina capa de endospermo con alto contenido de almidón (King, 1938).

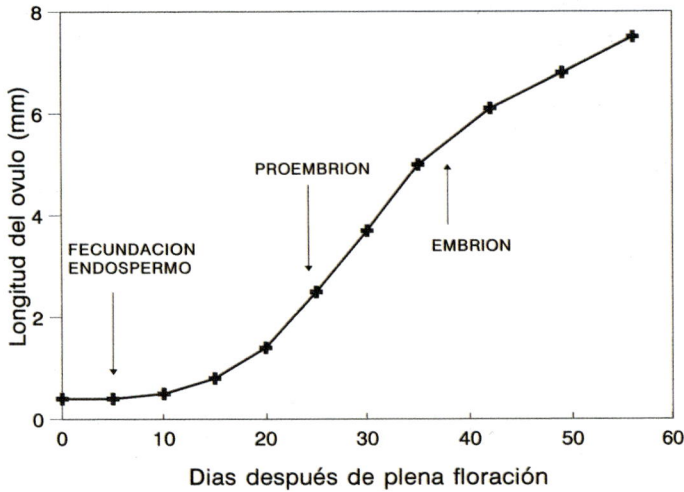

Figura 2.22. Crecimiento y desarrollo del óvulo a partir de floración.

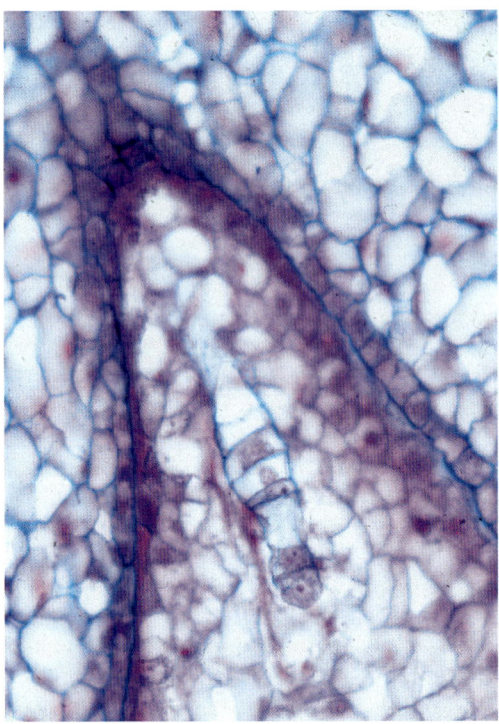

Figura 2.23. Desarrollo del embrión 4-5 semanas después de floración. El crecimiento del suspensor ha empujado la célula apical del embrión hacia el interior del óvulo, donde se encuentra rodeada por endospermo.

El embrión es recto y espatulado, mostrando una estructura típica de dos coti-ledones y radícula. Los cotiledones u hojas embrionarias son grandes. La radícula, que es corta, está situada hacia el extremo inferior del eje embrionario y correspon-de al sistema radical. Entre los cotiledones, el ápice caulinar suele presentar un as-pecto plano y poco desarrollado hasta el inicio de la germinación.

En la Figura 2.22 se muestra la pauta temporal durante los primeros dos meses en el desarrollo de la semilla. A partir de la fecundación, y como consecuencia di-recta de ello, se observa el desarrollo del endospermo y el aumento en tamaño del óvulo. El gran crecimiento del tegumento, el tejido del óvulo que rodea al saco em-brionario, conduce a la formación de un "cuello" en la zona micropilar donde se encuentra el cigoto. Entre tres y cuatro semanas después de floración, el embrión empieza su desarrollo y se aprecia la presencia del proembrión en este "cuello". La división celular y el crecimiento del suspensor empujan la célula apical hacia la zona del endospermo (Figura 2.23).

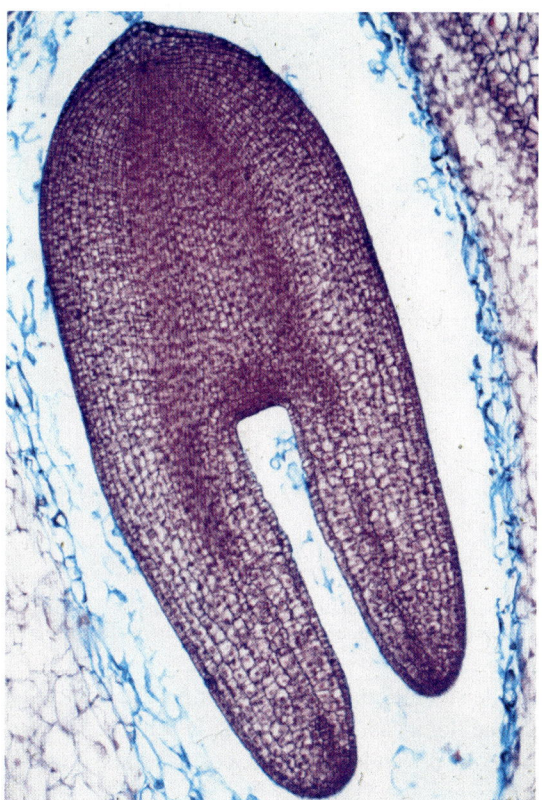

Figura 2.24. Embrión y endospermo a las ocho semanas después de floración. Los cotiledones están desarrollados y se aprecia la radícula (parte superior de la foto). El endospermo muestra una tinción distinta en la zona del embrión debido a cambios químicos relacionados con su digestión; inmediatamente alrededor del embrión, el endospermo ya ha sido consumido.

De la célula apical del proembrión se forma el embrión propiamente dicho, que se alimenta del endospermo. Una vez que empiezan las divisiones celulares, el desarrollo del embrión prosigue muy rápidamente, llegando al estado globular a las seis semanas y apareciendo con los cotiledones desarrollados a las ocho semanas (Figura 2.24). A los cinco meses, el embrión está completamente formado y es capaz de germinar; a partir de este momento, la semilla no experimenta cambios estructurales. Sin embargo, en los últimos meses de maduración del fruto ocurren cambios fisiológicos en la semilla que inducen su latencia.

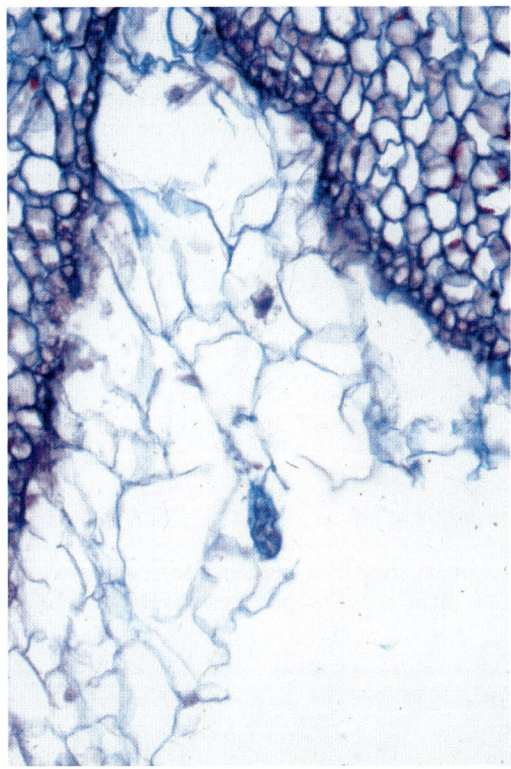

Figura 2.25. Embrión abortado ocho semanas después de floración. Se trata de un hecho frecuente pero sin consecuencias para el crecimiento del fruto.

En el transcurso de su crecimiento, la mayor parte del endospermo es consumido por el embrión, que llena casi el interior de la semilla. La semilla, por su parte, ocupa la cavidad interior del endocarpo que correspondía a uno de los lóculos (Figura 2.26, izquierda).

La polinización de la flor y la fecundación del óvulo son pasos necesarios e imprescindibles para la formación de una aceituna. También, el comienzo del desarrollo del óvulo funcional y del endospermo juega un papel importante. Sin embargo, el desarrollo del embrión no parece ser un factor crítico, reflejado por ejemplo por el alto número de embriones abortados (Figura 2.25) o de frutos sin semilla que resultan de esta condición (Figura 2.26, centro). En los frutos partenocárpicos, factores hormonales endógenos sustituyen al estímulo del óvulo funcional, pero no lo suficiente para que el fruto alcance el tamaño normal (Figura 2.26, derecha).

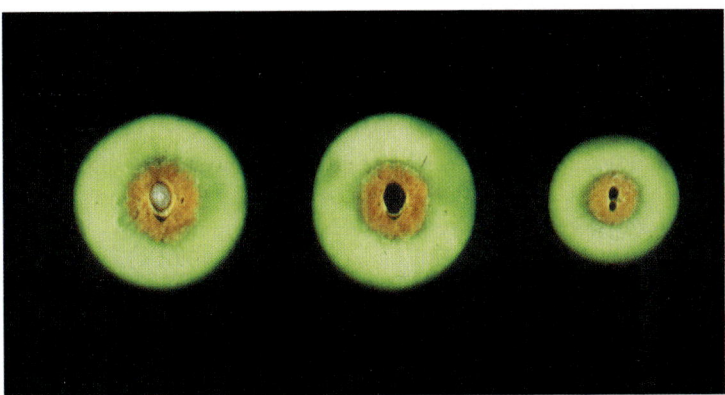

Figura 2.26. Frutos en corte transversal; la estructura interna revela la historia reproductiva. Fruto normal con semilla (izquierda), fruto sin semilla resultado de aborto del embrión (centro), proceso evidenciado por la expansión de uno de los lóculos y fruto partenocárpico, donde se observa la expansión reducida de ambos lóculos, supuestamente relacionada con la breve presencia y expansión de los óvulos sin haber sido fecundados (derecha).

3.6. Fenología floral

La fenología, cuyo origen etimológico proviene del griego y significa el estudio de lo que se hace visible, define diferentes estados visibles de desarrollo que tienen utilidad como marcadores morfológicos temporales de la evolución del desarrollo de la planta y su relación con el clima. En el olivar, en un principio, se promovió principalmente por las empresas de productos químicos, como fertilizantes o productos fitosanitarios, para indicar los momentos óptimos de aplicación de dichos productos. Más tarde, han adquirido interés para indicar cuándo se realizan diferentes labores de cultivo, determinar el contexto temporal de la indemnización de las empresas de seguros, y la caracterización de variedades entre sí y en relación con el clima, particularmente en nuevas zonas potenciales de producción. Últimamente los estados fenológicos son objeto de mucho interés para caracterizar el comportamiento del olivo, y determinar la influencia del cambio climático en la producción final.

Para el olivo se han utilizado los estados fenológicos definidos por Colbrant y Fabré (1972) y afinados por De Andrés (1974), y el sistema BBCH (Basf, Bayer, Ciba-Geigy, Hoechst) (Meier, 2001) ajustado al olivo por Sanz-Cortés *et al.* (2002). Los sistemas de De Andrés y Colbrant y Fabré usan letras para indicar los estados y fueron diseñados principalmente para indicar el desarrollo reproductor en frutales, mientras que el sistema BBCH es numérico, cubre todos los estados (tanto vegetativos como reproductores) de la planta, y pretende la caracterización estandarizada del desarrollo para todas la plantas cultivadas. En el Cuadro 2.1 se presentan los estados BBCH y su correspondencia con los estados de los otros esquemas fenológicos, y se añaden cuatro estados nuevos (números 52, 56, 58, y 63) a los ya descritos (Sanz-Cortés *et al.*, 2002), basado en nuevas observaciones.

En la fenología floral del olivo hay dos procesos principales a destacar: (1) la brotación y (2) la apertura floral (antesis), es decir, la floración propiamente dicha. La brotación viene marcada por los estados fenológicos BBCH 52, 53 y 54 (Cuadro 2.1), considerándoles como inicio de brotación, plena brotación y final de brotación. En las condiciones de Córdoba la brotación ocurre entre febrero y marzo dependiendo del año, y aproximadamente dos meses después tiene lugar la floración. Los estados fenológicos BBCH que representan la floración son: 60/61, 65 y 68 (Cuadro 2.1), que indican inicio de floración, plena floración y final de floración. La floración tiene una duración más corta que la brotación, y ambas dependen de las temperaturas en los meses previos, donde temperaturas más altas adelantan los eventos, mientras que temperaturas más bajas los retrasan. Estudios comparativos recientes sugieran que el proceso de la brotación podría estar más asociada con la adaptación del olivo a las condiciones climáticas del entorno que es la floración (Cabello, 2024).

CUADRO 2.1

Estados fenológicos florales en el olivo basados en la escala numérica BBCH, integrando las escalas alfabéticas de De Andrés y de Colbrant y Fabré e incluyendo nuevas observaciones.

Estado BBCH*	Descripción	Correspondencia entre estados BBCH/De Andrés/ Colbrant y Fabré*
50	Las yemas florales, situadas en las axilas de las hojas, están completamente cerradas; son puntiagudas y sin pedúnculo, y los primordios foliares externos son de color ocre.	50/A/A
51	Brotación: las yemas florales comienzan a hincharse.	51/B/B

Estado BBCH*	Descripción	Correspondencia entre estados BBCH/De Andrés/ Colbrant y Fabré*
(52)	Las yemas se separan del brote por alargamiento del pedúnculo. Siguen cerrados los primordios foliares alrededor de la yema, y se empiezan a convertirse en brácteas	-/B/B
53	Formación inicial de las inflorescencias: las brácteas se abren y comienza a alargarse el eje principal (raquis) de la inflorescencia.	53/-/-
54	El eje principal continúa alargándose y se aprecian todos sus nudos pero hay poco alargamiento de los entrenudos.	54/C/C
55	Los botones florales se redondean y se separan entre sí debido al crecimiento del eje principal y las ramificaciones de la inflorescencia. Se distinguen todos los grupos florales que van a haber. Se percibe alargamiento de los entrenudos del raquis. No se distingue aún entre corola y cáliz.	55/D1/D
(56)	La inflorescencia está totalmente expandida y se aprecian claramente los botones florales. Se empieza a distinguir entre corola y cáliz; Corola más pequeña o de igual tamaño que el cáliz.	

(Cont.)

Estado BBCH*		Descripción	Correspondencia entre estados BBCH/De Andrés/ Colbrant y Fabré*
57		El botón floral sigue aumentando de tamaño y la corola es de mayor longitud que el cáliz. Cáliz y corola empiezan a cambiar de color, adquiriendo un tono verde más claro, y se empieza a distinguir los pétalos individuales de la corola.	57/D2/E
(58)		Los botones florales siguen creciendo y se distinguen claramente los pétalos individuales en la corola, que empieza a blanquearse.	
59		Cáliz y corola blancas. Carola hinchada. Botones florales cerrados.	59/D3/-
60		Comienzo de la floración. El botón floral continúa hinchándose y se abren las primeras flores.	60/E/F
61		Aproximadamente un 10% de flores abiertas.	61/F1/-

Estado BBCH*	Descripción	Correspondencia entre estados BBCH/De Andrés/ Colbrant y Fabré*
(63)	Aproximadamente el 30% de flores abiertas	
65	Plena floración: la mayoría de las flores están abiertas (más del 50% de las flores de la inflorescencia, en más del 70% de las inflorescencias).	65/F2/F1
67	Comienza la caída de pétalos.	67/-/G
68	La mayoría de los pétalos han caído o están marchitos.	68/-/-
69	Fin de la floración, cuajado inicial de fruto y caída de ovarios no fecundados. Se observan jóvenes frutos, con muy poco crecimiento, que sobrepasan escasamente la cúpula formada por el cáliz.	69/G/H

*La enumeración de estados presentado en la primera columna se basa en la Escala BBCH y su adaptación al olivo por Sanz-Cortés *et al.* (2002). Hemos definido los estados 52, 56, 58, y 63, indicados con (paréntesis), para ocupar huecos previamente sin indicación numérica en la Escala BBCH. En la última columna de la tabla se presenta la correspondencia con los estados de las escalas previamente descritas: BBCH/De Andrés/Colbrant y Fabré. (Fotos de D. Cabello-Pozo, F. Castillo-Llanque, E. García-Cuevas y L. Presicce).

4. Bibliografía

Cabello, D. (2024). *Brotación, floración y necesidades de frío en variedades de olivo en Córdoba.* Tesis Doctoral. Universidad de Córdoba.

Colbrant, P.; Fabré, P. (1972). States Repères de l'Olivier. Marseille, Document Service de la Proteccion des Végétaux de Marseille.

Cuevas, J.; Rallo, L.; Rapoport, H.F. (2011). Pollen tube growth and ovule abortion in *Olea Europaea* (Oleaceae): A case of ovule selection?. En: N. D. Raskin y P. T. Vuturro, ed., Pollination: Mechanisms, Ecology and Agricultural Advances. Novapublishers. p. 57-72.

Cuevas, J.; Rapoport, H. F.; Rallo, L. (1995). Relationships among reproductive proceses and fruitlet abscission in 'Arbequina' olive. *Advances in Horticultural Science,* 2: 92-96.

De Andrés, F. (1974). Estados fenológicos del olivo. *Comunicaciones del Servicio de Defensa contra Plagas. Estudios y experiencias,* 33/74. Madrid, España. Ministerio de Agricultura.

Extremera, G.; Rapoport, H.F.; Rallo, L. (1988). Caracterización del saco embrionario en olivo (*Olea europaea* L.). *Anales Jardín Botánico Madrid,* 45(1): 197-211.

Fernández, J. E.; Moreno, F.; Cabrera, F.; Arrue, J. L.; Martín-Aranda, J. (1991). Drip irrigation, soil characteristics and the root distribution and root activity of olive trees. *Plant and Soil,* 133: 239-251.

Fernández, J. E.; Moreno, F.; Martín-Aranda.J.; Rapoport, H. F. (1994). Anatomical response of olive roots to dry and irrigated soils. *Advances in Horticultural Science,* 8: 141-144.

Fernández, M.C.; Rodríguez-García, M.I. (1988). Pollen wall development in *Olea europaea* L. *New Phytologist,* 108: 91-99.

Green, P.S. (2002). A revision of *Olea* L. (*Oleaceae*). *Kew Bulletin,* 57: 91-140.

Hammami, S.B.M; Manrique, T.; Rapoport, H.F. (2011). Cultivar-based fruit size in olive depends on different tissue and cellular processes throughout growth. *Scientia Horticulturae,* 130: 445-451.

Hammami, S.B.M.; Rapoport, H.F. (2012). Quantitative analysis of cell organization in the external region of the olive fruit. *International Journal of Plant Sciences,* 173: 993-1004.

Hammami, S.B.M.; Costagli, G.; Rapoport, H.F. (2013). Cell and tissue dynamics of olive endocarp sclerification vary according to water availability. *Physiologia Plantarum,* 149: 571-582.

Heywood, H.U. (1978). *Flowering Plants of the World.* Oxford University Press, London. 335 pp.

King, J.R. (1938). Morphological development of the fruit of the olive. *Hilgardia,* 11: 437-458.

Meier, U. (2001). Growth stages of mono-and dicotyledonous plants. BBCH-Monograph (Ed.). Federal Biological Research Centre for Agricultural and Forestry.

Moreno-Alías, I.; León, L.; De la Rosa R.; Rapoport, H.F. (2009). Morphological and anatomical evaluation of adult and juvenile leaves of olive plants. *Trees-Structure and Function,* 23: 181-187

Moreno-Alías, I.; Rapoport, H.F.; León, L.; De la Rosa, R. (2010). Olive seedling first-flowering position and management. *Scientia Horticulturae,* 124: 74-77.

Moreno-Alías, I.; Martins, P.C.; Rapoport, H.F. (2012). Morphological limitations in floral development among olive tree cultivars. *Acta Horticulturae* 932: 23-27.

Rallo, L.; Martin, G. C.; Lavee, S. (1981). Relationship between anormal embryo sac development and fruitfulness in olive. *Journal of the American Society for Horticultural Science,* 106: 813-817.

Rangel, B.; Platt, K.A.; Thomson, W.W. (1997). Ultrastructural aspects of the cytoplasmic origin and accumulation of the oil in the olive fruit (*Olea europaea*). *Physiologia Plantarum,* 101: 109-114.

Rapoport, H.F., Perez-Lopez, D.; Hammami, S.B.M.; Aguera J. and Moriana. A. (2013). Fruit pit hardening: physical measurement during olive fruit growth. *Annals of Applied Biology,* 163: 200-208.

Rapoport, H. F.; Rallo, L. (1991). Post-anthesis flower and fruit abscision in the olive cultivar 'Manzanillo'. *Journal of the American Society for Horticultural Science,* 116: 720-723.

Rosati, A.; Caporali, S.; Hammami, S.B.M.; Moreno-Alías, I.; Paoletti, A.; Rapoport., H.F. (2011). Differences in ovary size among olive (*Olea europaea* L.) cultivars are mainly related to cell number, not to cell size. *Scientia Horticulturae,* 130: 185-190.

Sanz-Cortés, F.; Martínez-Calvo, J.; Badenes, M.L.; Bleiholder, H.; Hack, H.; Llácer, G.; Meier, U. (2002). Phenological growth stages of olives trees (*Olea europea*). *Annals of Applied Biology,* 140:151-157.

Tataranni, G.; Santarcangelo, M.; Sofo, A.; Xiloyannis, C.; Tyerman, S.D.; Dichio, B. (2015). Correlations between morpho-anatomical changes and radial hydraulic conductivity in roots of olive trees under water deficit and rewatering. *Tree Physiology, 35:1356-1365.*

CAPÍTULO 3

VARIEDADES Y PATRONES

Diego BARRANCO
Carlos TRAPERO
Concepción MUÑOZ-DIEZ

ÍNDICE

1. Introducción, 77

2. Características del material vegetal en España, 77
    2.1. Variedades españolas, 79
        2.1.1. Variedades para aceite y de doble aptitud, 85
        2.1.2. Variedades para aceituna de mesa, 91
    2.2. Utilización de patrones, 92
        2.2.1. Selección de patrones, 94

3. Variedades de otros países, 94
    3.1. Italia, 95
    3.2. Túnez, 97
    3.3. Grecia, 98
    3.4. Turquía, 99
    3.5. Siria, 99
    3.6. Marruecos, 100
    3.7. Portugal, 101

4. Nuevas variedades, 101

5. Bibliografía, 104

1. Introducción

El cultivo del olivo se originó probablemente hace más de 6.000 años en Oriente Medio. La difusión del cultivo se realizó de Oriente a Occidente a través de las dos orillas del Mediterráneo. En este proceso parece ser que los primeros olivicultores de cada zona seleccionaron en sus bosques de acebuche los individuos más sobresalientes por su productividad, tamaño del fruto, oleosidad y adaptación al medio. La propagación vegetativa ha mantenido las características de esos cultivares inicialmente seleccionados que constituyeron las primeras variedades.

La reiteración de este procedimiento: difusión de cultivares-hibridación-selección de descendencia-clonación ha originado una gran diversidad de cultivares autóctonos, productos del azar, en todas las zonas oleícolas del mundo. Incluso en América, es probable que en el inicio del cultivo se utilizaran tanto la propagación vegetativa como la sexual. De la segregación de tipos que tuvo lugar en este caso se seleccionaron y clonaron los nuevos cultivares aparecidos que son diferentes de los cultivados en la Cuenca del Mediterráneo.

2. Características del material vegetal en España

Al igual que en otros muchos países olivareros, el material vegetal del olivo cultivado en España se caracteriza por estar compuesto por un gran número de variedades, todas ellas muy antiguas y que presentan unas zonas de difusión restringidas en torno a sus posibles lugares de origen. Estas características han podido comprobarse en los trabajos de prospección desarrollados desde 1972 a 1992 por el Departamento de Agronomía de la Universidad de Córdoba, cuyo objetivo ha sido inventariar las variedades de olivo cultivadas en España, propagarlas e introducirlas en el Banco Mundial de Germoplasma de Olivo de Córdoba.

La Figura 3.1 presenta un esquema de los trabajos de prospección y catalogación de las variedades de olivo cultivadas en España. Se han visitado todas las comarcas olivareras del país y se han marcado cerca de 1.000 árboles, localizados con más de 500 denominaciones varietales diferentes. Esta es precisamente la mayor dificultad de estos trabajos pues todos los cultivares se encuentran en sus zonas de cultivo con diferentes nombres o denominaciones, por lo que es necesario disponer de algún sistema de identificación para establecer las sinonimias entre los mismos y el área de cultivo real de cada variedad. El esquema pomológico utilizado por Barranco y Rallo (1984) que incluye caracteres del árbol, ramo, hoja, inflorescencia, fruto y endocarpo, se ha mostrado muy eficaz para trabajos de prospección e inventario de variedades de olivo. Por otro lado, la identificación morfológica se ha corroborado y ampliado mediante la identificación por análisis de isoenzimas en muestras de polen recogidas de los árboles introducidos en colección (Trujillo *et al.*, 1995) y más recientemente, con la utilización de marcadores moleculares (Belaj *et al.*, 2001).

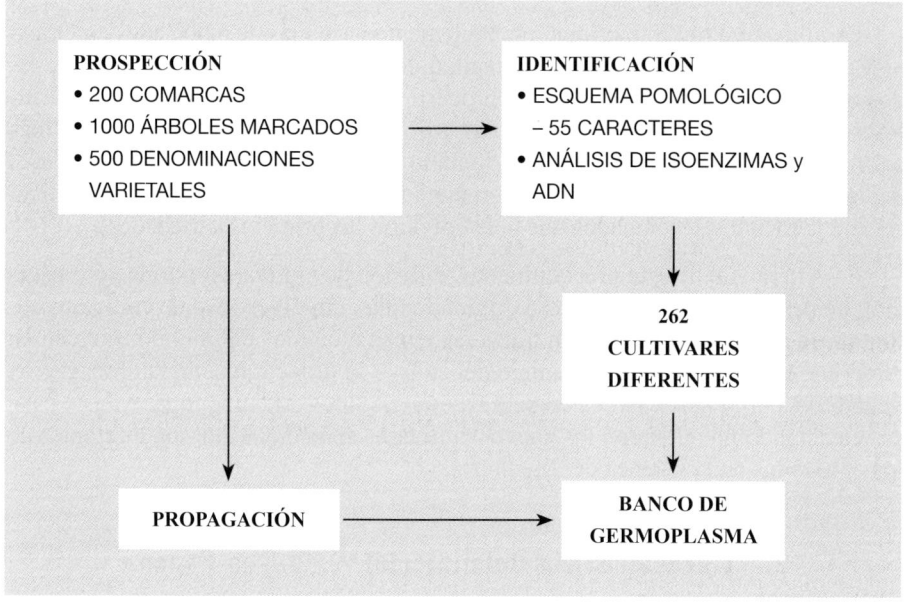

Figura 3.1. Esquema de los trabajos de prospección y catalogación de las variedades de olivo en España.

En efecto, se han encontrado 262 variedades cultivadas de olivo en España. Esta *diversidad* de cultivares es debida probablemente al origen autóctono de las variedades, que ocasionó que en cada zona se eligieran cultivares diferentes, y a determinados factores que han mantenido la situación inicial. Entre ellos hay que destacar la escasa presión de selección aplicada por el hombre a esta especie, sobre todo en las zonas de baja intensidad de cultivo como las comarcas de sierra, donde los niveles de producción y rendimiento graso no han sido suficientemente críticos para conducir a la eliminación de los cultivares menos interesantes. Asimismo, la longevidad de las plantaciones limita la renovación varietal, salvo por sobreinjerto, lo que ha restringido la sustitución de cultivares.

La *antigüedad* de las variedades de olivo actuales se remonta al inicio del cultivo en España. Existen referencias de que las variedades más importantes de la actualidad ya lo eran en el siglo XV (Oliveros y Jordana, 1968). Además, algunas como 'Gordal Sevillana' y 'Lechín de Granada' han intervenido en los cruzamientos que originaron un gran número de las actuales variedades de Andalucía, lo que indica probablemente su origen muy antiguo (Díez *et al.*, 2016). Sin duda, la falta de programas de mejora que generen cultivares mejores que los inicialmente seleccionados de poblaciones silvestres, ha sido la causa de esta situación.

Otra característica del material vegetal del olivo es la *localización* de las variedades. Normalmente, incluso las variedades más importantes, presentan una zona de mayor concentración pero su influencia decae rápidamente, desapareciendo su cultivo en comarcas relativamente próximas. Por otro lado, un gran número de variedades no se han extendido fuera de los límites de una comarca.

La limitada difusión de las variedades fuera de sus iniciales zonas de origen se debe al desconocimiento, aún presente, de su comportamiento en otras zonas de cultivo y a las grandes necesidades de material vegetal que requerían los sistemas tradicionales de propagación que han restringido la elección de cultivares a los ya conocidos y disponibles en cada comarca. También, las probables exigencias de adaptación al medio de algunas variedades, acentuadas por el hecho de que el cultivar proporciona tanto la parte aérea como el sistema radical, han limitado su difusión en zonas de suelos y climas desfavorables.

La *homogeneidad* genética dentro de las variedades cultivadas es muy acusada debido a los procedimientos de propagación vegetativa utilizados y a la muy baja ocurrencia y dificultad de detección de mutaciones en esta especie.

2.1. Variedades españolas

En función de su importancia y difusión, las variedades de olivo cultivadas en España se han clasificado en cuatro categorías: principales, secundarias, difundidas y locales.

Variedades *Principales* son aquellas que presentan una importante superficie cultivada y son dominantes en, al menos, una comarca. Las variedades *Secundarias* no llegan a dominar en ninguna comarca, pero son base de plantaciones regulares. Las variedades *Difundidas* y *Locales* se encuentran como árboles aislados en varias o en una sola comarca, respectivamente.

De las variedades cultivadas en España, veinticuatro alcanzan la categoría de variedad principal. El Cuadro 3.1 recoge el destino, la superficie cultivada y las provincias donde se cultivan las mismas. Dos de ellas ('Manzanilla de Sevilla' y 'Gordal Sevillana') se destinan fundamentalmente para aceituna de mesa. Otras tres ('Hoji-

blanca', 'Manzanilla Cacereña' y 'Aloreña') dedican parte de su producción para aderezo y el resto de cultivares se dedican casi con exclusividad a la obtención de aceite.

CUADRO 3.1

Destino, importancia y difusión de las principales variedades de olivo cultivadas en España

Variedad	Destino	Superficie (× 1.000 ha)	Difusión
'Picual'	A	1.084	Jaén, Córdoba, Granada
'Hojiblanca'	A-M	356	Córdoba, Málaga, Sevilla
'Arbequina'	A	208	Lérida, Tarragona, Andalucía
'Cornicabra'	A	192	Ciudad Real, Toledo
'Manzanilla de Sevilla'	M	108	Sevilla, Badajoz
'Lechin de Sevilla'	A	105	Sevilla, Cádiz
'Morisca'	A	74	Badajoz
'Empeltre'	A	72	Zaragoza, Teruel, Baleares
'Manzanilla Cacereña'	A-M	64	Cáceres, Salamanca
'Picudo'	A	60	Córdoba, Granada
'Farga'	A	45	Castellón, Tarragona
'Lechin de Granada'	A	36	Granada, Almería, Murcia
'Verdial de Huevar'	A	34	Huelva, Sevilla
'Gordal Sevillana'	M	30	Sevilla
'Verdial de Badajoz'	A	29	Badajoz, Cáceres
'Morrut'	A	28	Tarragona, Castellón
'Sevillenca'	A	25	Tarragona, Castellón
'Villalonga'	A	24	Valencia
'Castellana'	A	22	Guadalajara, Cuenca
'Verdial de Vélez-Málaga'	A	20	Málaga
'Aloreña'	A-M	17	Málaga
'Blanqueta'	A	17	Alicante, Valencia
'Changlot Real'	A	5	Valencia
'Alfafara'	A	4	Valencia, Albacete
Otras variedades	–	67	————
España	–	**2.726**	————

Clave: A: Aceite; M: Mesa.
Fuente: Inventarios Agronómicos del olivar, Encuesta sobre Superficies y Rendimientos Cultivos y elaboración propia.

La Figura 3.2 representa la distribución geográfica de las variedades de olivo
dominantes en España. En ella aparecen todas las variedades principales excepto
'Picudo', que no llega a ser la variedad más importante en ninguna de las comarcas
donde se localiza su cultivo.

La mayoría de las variedades están difundidas en zonas continuas en las que
son dominantes. Fuera de ellas su importancia decae rápidamente. Dos variedades

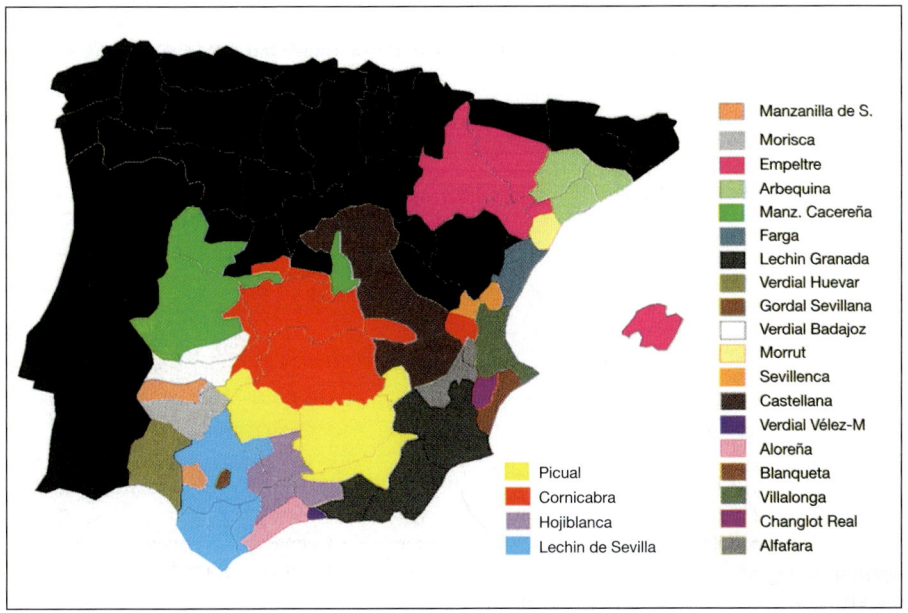

Figura 3.2. Variedades de olivo dominantes en España.

han conseguido difundirse a zonas alejadas a las de su cultivo inicial. Se trata de las variedades 'Manzanilla de Sevilla' y 'Empeltre'. La primera se ha difundido en todo el mundo por ser el cultivar más apreciado para aceituna de mesa. En España domina en su comarca de origen en la provincia de Sevilla y en algunas zonas de la provincia de Badajoz donde se encuentra injertada sobre el cultivar autóctono 'Morisca'. El dominio de 'Empeltre' en las Islas Baleares ha sido consecuencia del injerto masivo de acebuchales con esta variedad.

Los Cuadros 3.2 y 3.3 recogen características agronómicas y tecnológicas, obtenidas en los trabajos de prospección, de algunas de las principales variedades de olivo españolas para la obtención de aceite y mesa respectivamente.

Como puede observarse ninguna variedad de aceite reúne todas las características deseables. Un fruto relativamente pequeño ('Arbequina', 'Lechin de Granada'), una gran susceptibilidad a enfermedades ('Cornicabra', 'Picudo', 'Verdial de Badajoz') y una elevada resistencia al desprendimiento que dificulta su recolección mecanizada ('Hojiblanca', 'Picudo', 'Verdial de Huevar') son las características más comunes que dificultan la difusión de las variedades actuales. No obstante, resulta evidente que muchos cultivares son globalmente inferiores a otros cultivados en zonas diferentes. La evaluación sistemática de las variedades existentes y la obtención de nuevas variedades que respondan a las exigencias actuales del cultivo deben ser metas prioritarias de los programas de mejora de cara a proporcionar el material vegetal necesario en una olivicultura moderna y competitiva.

CUADRO 3.2

Características de las principales variedades de olivo españolas para la obtención de aceite

Variedad	Tamaño del fruto	Rendimiento graso	Apreciación del aceite	Facilidad de recolección	Resistencia a repilo	Resistencia a tuberculosis
'Picual'	0	+	0	+	–	+
'Cornicabra'	0	+	+	–	–	–
'Hojiblanca'	+	–	+	–	–	–
'Lechin de Sevilla'	0	0	+	–	+	–
'Morisca'	+	+	0	–	0	–
'Empeltre'	0	0	+	+	–	0
'Arbequina'	–	+	+	–	0	0
'Manzanilla Cacereña'	0	–	+	+	0	+
'Arbosana'	–	0	0	–	+	–
'Picudo'	+	+	+	–	–	–
'Farga'	0	+	+	–	–	+
'Lechin de Granada'	–	+	+	–	–	–
'Verdial de Huevar'	0	+	+	–	–	+
'Verdial de Badajoz'	+	+	0	0	–	–
'Morrut'	0	+	0	+	–	0

0: Medio/a; +: Mayor que la media; –: Menor que la media.

CUADRO 3.3

Características de las principales variedades de olivo españolas para aceituna de mesa

Variedad	Tmaño del fruto	Calidad de la pulpa	Relación pulpa hueso	Rendimiento graso	Resistencia a repilo	Resistencia a tuberculosis
'Manzanilla de Sevilla'	+	+	+	0	–	–
'Gordal Sevillana'	+	–	0	–	+	0
'Hojiblanca'	+	0	+	–	–	–
'Manzanilla Cacereña'	0	+	+	–	0	+
'Aloreña'	+	+	0	0	0	0

0: Medio/a; +: Mayor que la media; –: Menor que la media.

El principal objetivo de los trabajos de prospección e inventario de variedades ha sido la recogida y conservación en colección de todo el material autóctono considerado diferente para la *evaluación* de sus características de interés agronómico y tecnológico. La Figura 3.3 recoge las épocas de floración medias de doce años de diferentes variedades de olivo españolas incluidas en el Banco de Germoplasma de Olivo en Córdoba (Barranco *et al.*, 1994). A su vez, la Figura 3.4 contiene los períodos de maduración medios de seis años en Córdoba de diferentes variedades de olivo españolas (Barranco *et al.,* 1998). Estos períodos pueden considerarse los óptimos para la recolección de las diferentes variedades cuando se destinan para la obtención de aceite.

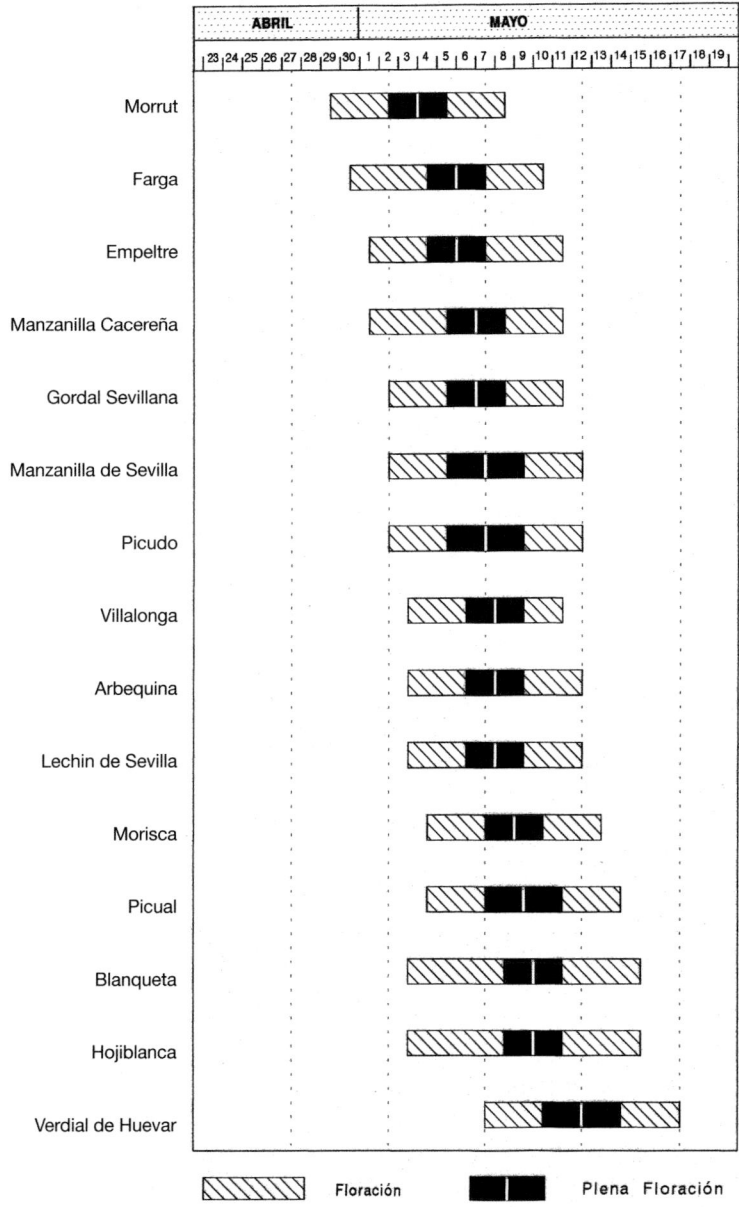

Figura 3.3. Épocas de floración medias en Córdoba de diferentes variedades de olivo.

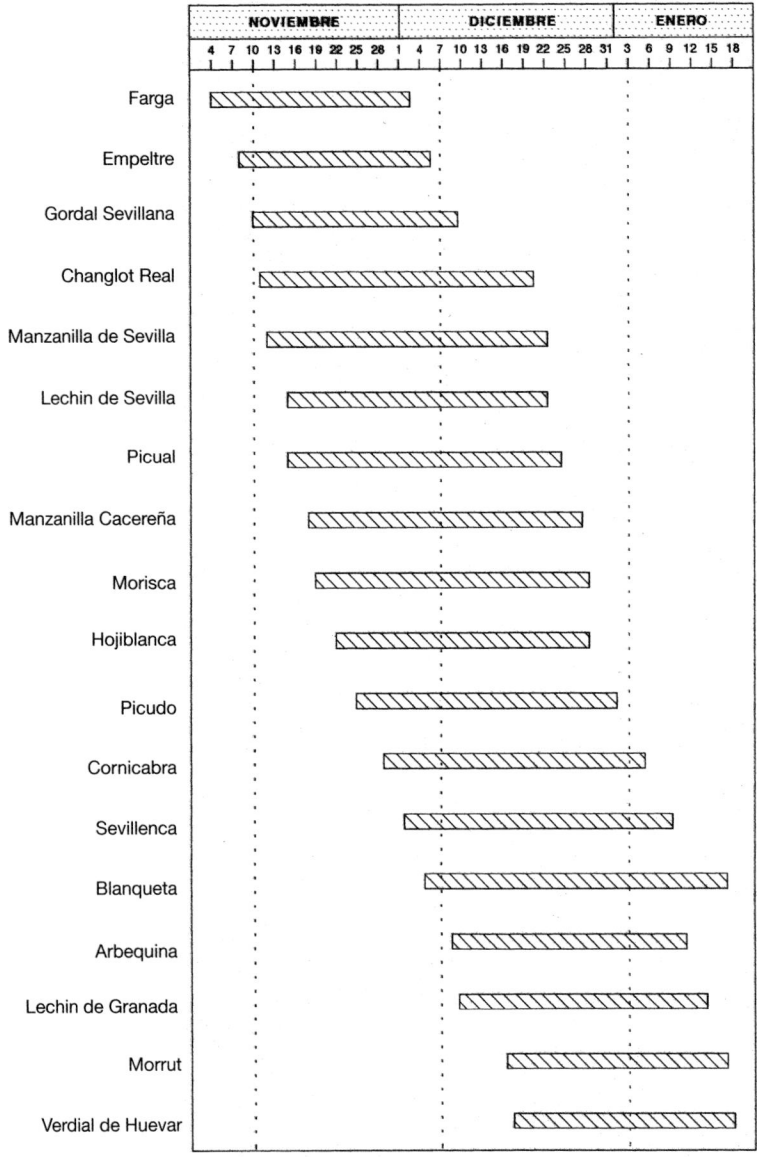

Figura 3.4. Períodos de maduración medios en Córdoba de diferentes variedades de olivo.

Por otro lado, el Cuadro 3.4 presenta el peso del fruto, la relación pulpa/hueso, el rendimiento graso, el contenido en ácido oleico y la estabilidad del aceite de algunas variedades de olivo españolas introducidas en el Banco de Germoplasma de Olivo de Córdoba. Se trata de datos medios obtenidos por diferentes autores en distintos años.

CUADRO 3.4

Características comerciales medias de distintas variedades de olivo españolas

Variedad	Peso del fruto (g)	Relación pulpa/hueso	Rendimiento graso (%)	Ácido oleico (%)	Estabilidad del aceite (horas a 98,8 °C)
'Arbequina'	1,9	4,6	20,5	66,2	40,5
'Arbosana'	1,7	4,9	18,7	72,3	64,2
'Blanqueta'	2,1	6,7	18,1	56,9	27,1
'Cornicabra'	3,0	5,0	18,9	77,1	106,8
'Changlot Real'	3,4	7,2	19,1	71,5	61,1
'Empeltre'	2,7	5,3	18,3	69,6	58,3
'Farga'	2,4	4,4	19,8	70,5	38,7
'Gordal Sevillana'	12,5	7,3	14,5	71,5	51,2
'Hojiblanca'	4,8	7,9	17,1	76,1	53,2
'Lechin de Granada'	2,1	5,6	18,8	70,9	58,3
'Lechin de Sevilla'	3,0	7,2	18,1	69,2	60,8
'Manzanilla Cacereña'	4,4	8,9	16,7	77,1	80,7
'Manzanilla de Sevilla'	4,6	8,2	20,1	69,5	91,8
'Morisca'	5,7	7,2	22,1	65,3	41,6
'Morrut'	3,4	4,5	19,2	72,6	45,6
'Picual'	3,2	5,6	22,1	78,4	119,4
'Picudo'	4,8	6,3	19,1	63,4	37,6
'Sevillenca'	3,1	5,1	22,2	67,4	46,3
'Verdial de Huevar'	4,5	5,5	20,4	72,7	59,9
'Villalonga'	4,3	6,5	21,7	68,8	55,4

Datos obtenidos en ensayos por diferentes autores en distintos años.

2.1.1. *Variedades para aceite y de doble aptitud*

A continuación se presentan las características más sobresalientes de las principales variedades de olivo españolas cuyo destino fundamental es la obtención de aceite. En algunos casos, parte de la producción se destina a la preparación de aceituna de mesa. La información referente a la calidad del aceite se refiere a la calidad comercial del mismo, es decir, a su mayor o menor apreciación en el mercado. Las fotografías de los frutos que acompañan a la descripción de cada variedad están a tamaño real.

'Picual'

Es conocida con otras muchas denominaciones, entre las que destacan 'Marteño', 'Nevadillo' y 'Lopereño'. Es muy apreciada por su precoz entrada en producción, alta productividad, rendimiento graso elevado y facilidad de cultivo.

Su aceite destaca por un alto índice de estabilidad y por un elevado contenido en ácido oleico. Se considera tolerante a tuberculosis, pero muy susceptible a repilo y verticilosis.

'Cornicabra'

Muy extendida, se encuentra con numerosas denominaciones como 'Cornezuelo', 'Corniche' y 'Osnal' entre otras. Se la considera de gran capacidad de adaptación a suelos pobres y zonas secas y frías. Es apreciada por su elevado rendimiento graso y por la calidad de su aceite, de excelentes características organolépticas y elevada estabilidad. Sus frutos presentan una maduración tardía y elevada resistencia al desprendimiento, que dificulta su recolección mecanizada. Es especialmente sensible a repilo, tuberculosis y verticilosis.

'Hojiblanca'

También conocida con la denominación 'Lucentino', es una variedad apreciada por su resistencia a suelos calizos. Tiene doble aptitud y se considera muy adecuada para el aderezo en negro tipo «Californiano» por la textura firme de su pulpa. Sus frutos presentan un contenido en aceite bajo, aunque apreciado por su calidad, y una elevada resistencia al desprendimiento que dificulta su recolección mecanizada. Es susceptible a repilo, tuberculosis y verticilosis.

'Lechin de Sevilla'

Conocida con los nombres de 'Lechin', 'Ecijano' y 'Zorzaleño', es apreciada por su rusticidad, en especial por su tolerancia a suelos calizos. Su contenido en aceite es medio aunque de calidad. Su recolección mecanizada no es fácil debido a una alta relación fuerza de retención de fruto/tamaño. Destaca por ser una de las variedades más resistentes a repilo.

Es susceptible a la tuberculosis y verticilosis.

'Morisca'

Se encuentra con numerosas sinonimias entre las que cabe destacar 'Basta' y 'Verdial' en España y 'Conserva de Elvas' en Portugal.

Considerada resistente a la sequía se emplea como patrón de otros cultivares. Tiene doble aptitud y es apreciada para aceite por su elevado rendimiento graso y para mesa por su tamaño y facilidad de aderezo. La recolección mecánica de sus frutos es difícil por su elevada resistencia al desprendimiento. Se considera susceptible al repilo y a la tuberculosis.

'Empeltre'

Conocida además con las denominaciones 'Aragonesa' e 'Injerto' es apreciada por su productividad y excelente calidad de aceite. Presenta una capacidad de enraizamiento baja, por lo que habitualmente se propaga por injerto. La maduración temprana de sus frutos, la baja resistencia al desprendimiento y el porte erguido de sus ramas la hacen ideal para la recolección mecanizada por vibración. Tiene problemas de cuajado de frutos y de daños por heladas invernales. Puede ser muy interesante por su tolerancia a verticilosis.

'Arbequina'

Variedad considerada resistente al frío y susceptible a clorosis férrica en terrenos muy calizos. Es muy apreciada por su precoz entrada en producción, elevada productividad, buen rendimiento graso y excelente calidad de aceite, aunque este presenta baja estabilidad. Su vigor reducido permite su utilización en plantaciones intensivas y superintensivas. El pequeño tamaño de sus frutos dificulta su recolección mecanizada por vibración. Se le atribuye cierta tolerancia a repilo y verticilosis.

'Manzanilla Cacereña'

Conocida en España con las denominaciones 'Alvellanina' y 'Cacereña' y en Portugal como 'Azeiteira' y 'Negrihna'.

Muy interesante por su productividad precoz y constante así como por su doble aptitud. Es muy apreciada para aderezo, tanto en verde como en negro, por la calidad de su pulpa. Su contenido en aceite es bajo aunque de calidad. Se adapta muy bien a la recolección mecánica por su maduración precoz y baja resistencia al desprendimiento. Se considera susceptible a la verticilosis.

'Picudo'

También conocida como 'Carrasqueño de Córdoba'. Es una variedad vigorosa adaptada a zonas calizas. Es muy valorada por su elevado rendimiento graso y por las excelentes características organolépticas de su aceite. La gran capacidad germinativa de su polen hace que se haya utilizado como polinizador de otras variedades.

La época de maduración de sus frutos es tardía y estos presentan una elevada fuerza de retención que dificulta en extremo su recolección mecanizada. Se considera muy sensible a repilo y tuberculosis.

'Farga'

Variedad muy vigorosa de gran resistencia al frío invernal. La maduración de sus frutos es muy temprana pero presentan elevada fuerza de retención que dificulta su recolección mecanizada. Su contenido en aceite es elevado y de buena calidad pero de difícil extracción.

Es considerada susceptible a repilo y verticilosis y resistente a tuberculosis.

'Lechin de Granada'

Conocida con los nombres 'Caera', 'Cuquillo', 'Lechin', 'Menuda' y 'Minuera', es una variedad rústica de gran adaptación a terrenos calizos y a la sequía.

La época de maduración de sus frutos es tardía y presentan elevada fuerza de retención que junto con su pequeño tamaño dificultan cualquier tipo de recolección mecánica o manual. Es apreciada por su productividad, elevado rendimiento graso y excelente calidad de su aceite. Se considera susceptible a repilo y tuberculosis y verticilosis.

'Verdial de Huevar'

Conocida en España con las denominaciones 'Verdial' y 'Verdial Real' y en Portugal como 'Verdial de Serpa' y 'Verdial Alentejana'.

Presenta baja capacidad de enraizamiento y productividad pero se considera de gran adaptación tanto a terrenos húmedos como a condiciones de sequía. Su época de maduración es muy tardía, tanto que sus frutos no llegan a ponerse negros. La elevada resistencia al desprendimiento de los mismos dificulta la recolección mecanizada. Su contenido en aceite es elevado y de calidad. Parte de su producción se destina para aceituna de mesa. Se la considera sensible a repilo y resistente a tuberculosis.

'Verdial de Badajoz'

Variedad extremeña que se encuentra también con las denominaciones 'Macho', 'Mollar' y 'Verdial'. Se considera rústica por su adaptación a suelos pobres y a la sequía, pero es susceptible al frío invernal. Su capacidad de enraizamiento es baja.

Presenta una productividad elevada y relativamente constante.

Su contenido en aceite es medio y de buena calidad. La adaptación a la recogida mecánica es media.

Es sensible a repilo, tuberculosis y mosca.

'Morrut'

Variedad vigorosa que se le ha encontrado además con las sinonimias 'Morruda' y 'Regués'.

Se considera de lenta entrada en producción y de producción baja y vecera. Es susceptible a la sequía y al frío invernal.

Enraíza fácilmente y presenta una floración muy temprana y con elevados porcentajes de aborto ovárico. La época de maduración de sus frutos es muy tardía y no obstante, presentan facilidad para la recolección mecanizada.

Tiene un rendimiento graso medio y un aceite de baja estabilidad.

No es atacada por la mosca debido a su maduración tardía pero es muy susceptible al repilo.

'Sikitita'

Variedad obtenida en el Programa de Mejora Genética de Olivo de Córdoba. Fruto de un cruzamiento de 'Picual' × 'Arbequina', se caracteriza por tener un vigor muy reducido, abundante y débil ramificación lateral y precoz entrada en producción que la hacen muy interesante para las plantaciones de olivar en seto.

Presenta tolerancia al frío, una época de maduración temprana y facilidad de enraizamiento. Su contenido graso es elevado y su aceite destaca por ser muy frutado y dulce.

Esta variedad está protegida internacionalmente y para su utilización es necesario obtener la correspondiente licencia (www.sikitita.es).

'Arbosana'

Variedad local originaria del Penedés (Cataluña) pero actualmente difundida por todo el país por su adaptación al cultivo en seto. Su entrada en producción es muy precoz y la productividad elevada y constante. Estas características, junto con su vigor reducido, la hacen muy interesante para su utilización en plantaciones en seto. La época de maduración de sus frutos es tardía y presentan una fuerza de retención elevada que dificulta la recolección. El contenido en aceite de los mismos es medio. Es considerada sensible a tuberculosis, resistente a repilo y moderadamente resistente a la verticilosis.

2.1.2.   *Variedades para aceituna de mesa*

Las variedades con dedicación exclusiva a aceituna de mesa son:

'Manzanilla de Sevilla'

Es la variedad de olivo más difundida internacionalmente debido a su productividad y calidad de fruto. En España se la encuentra con la denominación 'Manzanilla' en la provincia de Sevilla y con la de 'Carrasqueña' en la de Badajoz. Su vigor reducido y su precoz entrada en producción la hacen ideal para plantaciones intensivas. Se la considera susceptible al frío invernal. Presenta elevada relación pulpa/hueso y un contenido aceptable en aceite cuando se destina a molino.

Se considera muy sensible a tuberculosis y verticilosis y sensible a repilo.

'Gordal Sevillana'

Conocida internacionalmente con la denominación 'Sevillano' es un cultivar vigoroso apreciado fundamentalmente por el tamaño de sus frutos que alcanzan un peso medio de 12,5 gramos. Su capacidad en enraizamiento es muy baja por lo que comercialmente se propaga por injerto.

Se considera tolerante al frío invernal. Su productividad es variable, pues presenta problemas de cuajado que, a veces, mejoran con una buena polinización.

El contenido de aceite de sus frutos es muy bajo.

Es resistente al repilo y susceptible a tuberculosis.

2.2.   Utilización de patrones

La facilidad de autoenraizamiento por diferentes procedimientos (estacas, sierpes, zuecas, etc.) de la mayoría de las variedades de olivo ha conducido a que la mayor parte de las plantaciones de olivo en todo el mundo se encuentren en sus propias raíces. La utilización de otros métodos de propagación que implican el empleo de patrones es muy limitada. En España, los casos de variedades difíciles de enraizar ('Gordal Sevillana', 'Empeltre', etc.) y el sobreinjerto de acebuches o de variedades de aceite por otras de mesa más rentables en determinadas zonas son los únicos ejemplos de utilización de árboles formados por dos individuos.

La información existente, procedente de estas situaciones, ha permitido recoger las siguientes características de las variedades que se utilizan como patrones.

'Lechin de Sevilla'

Variedad vigorosa, rústica y de fácil propagación vegetativa. Parece tolerante al frío y a suelos de mala calidad. Se considera resistente a sequía y caliza y al utilizarla como patrón permite el uso de variedades susceptibles en estas condiciones desfavorables de suelo. Es un excelente patrón para 'Gordal Sevillana' a la que confiere un buen vigor y calidad en los frutos, tanto por la forma como por el menor porcentaje de zofairones. También se considera un buen patrón para 'Morona', aunque no para 'Manzanilla de Sevilla' pues la combinación presenta un escaso vigor.

'Verdial de Huevar'

Variedad que utilizada como patrón proporciona árboles vigorosos y de rápido desarrollo. Es apreciada por su resistencia a terrenos húmedos y compactos y a condiciones de sequía. Sin embargo, parece que disminuye la calidad de los frutos de las variedades sobre ella injertadas ('Manzanilla de Sevilla', 'Gordal Sevillana' y 'Morona') siendo estos más abellotados y de color más verde. Su capacidad de enraizamiento por estaquillado semileñoso es baja.

'Morisca'

Es un buen patrón de 'Manzanilla de Sevilla' en la provincia de Badajoz, pues le proporciona buen vigor y resistencia a la sequía y a terrenos calizos.

Parece no afectar desfavorablemente la calidad de los frutos de las variedades injertadas y que incluso los mejora. Es de fácil propagación vegetativa.

'Hojiblanca'

Variedad de doble aptitud que se sobreinjerta con 'Aloreña' en el sur de la provincia de Málaga. Proporciona un vigor aceptable y bastante resistencia al frío, suelos calizos y a sequía.

Su aptitud a la propagación vegetativa por estaquillado se considera media.

'Royal de Calatayud'

Variedad vigorosa, considerada muy rústica por su capacidad de adaptación a condiciones desfavorables de clima y suelo. Es un buen patrón de 'Empeltre' en su zona de cultivo pues le proporciona buen vigor aunque no le transfiere resistencia al frío invernal.

'Acebuche'

En algunas zonas se han sobreinjertado poblaciones de acebuches con variedades de la comarca para transformarlas en plantaciones comerciales. Debido a su propagación por semilla los resultados han sido irregulares aunque su comportamiento como patrón ha sido satisfactorio considerándose los árboles vigorosos y longevos.

En otros países también se han utilizado como patrón plantas procedentes de semillas de determinadas variedades cultivadas. Normalmente, se han preferido semillas de variedades de fruto pequeño pues germinan más rápidamente y en mayor proporción que las de fruto grande. Al ser genéticamente diferentes el comportamiento como patrón ha sido muy heterogéneo. El hecho de que este sistema retrasa la formación del árbol de 1 a 2 años ha ocasionado que hoy día se prefiera utilizar estaquillas autoenraizadas para la propagación del olivo.

2.2.1. *Selección de patrones*

Debido a la irregularidad de resultados obtenidos con las plantas de semilla de acebuches o de variedades cultivadas y a los problemas de incompatibilidad presentados cuando se han utilizado como patrones plantas de otras especies del género *Olea (O. ferruginea, O. verrucosa, O. chrysophylla),* los esfuerzos de búsqueda de patrones en olivo van dirigidos a la selección dentro de la propia especie.

Actualmente se están evaluando las variedades de olivo por su adaptación a condiciones adversas de suelo para seleccionar los genotipos más tolerantes de cara a su utilización como patrones.

Cordeiro *et al.* (1997) pusieron a punto un test que permite evaluar rápidamente la resistencia de un cultivar a la clorosis férrica presente en suelos muy calizos. De los cultivares ya evaluados, 'Cornicabra', 'Hojiblanca' y 'Nevadillo Negro' se encuentran entre los más tolerantes, mientras que 'Arbequina' y 'Manzanilla de Sevilla' están entre los susceptibles.

En esta misma línea se están evaluando las variedades por su tolerancia a la salinidad mediante el riego con agua de elevado contenido en cloruro sódico. En los trabajos hasta ahora realizados, 'Picual' y 'Lechin de Sevilla' se han mostrado bastante tolerantes al cultivo en estas condiciones (Marin *et al.*, 1995).

Diversos autores han utilizado variedades o acebuches resistentes a verticilosis como patrones de variedades susceptibles. Aunque a corto plazo la incidencia de la enfermedad es menor, a largo plazo se ha comprobado que en suelos con alta presión de enfermedad no es una estrategia adecuada (Valverde *et al.*, 2021).

La selección de los cultivares más tolerantes deberá continuarse con ensayos de campo donde se pueda ratificar en cada caso su resistencia y estudiar el comportamiento tras ser injertados con las diferentes variedades. Este último aspecto es de especial importancia en olivo pues ensayos previos ponen de manifiesto la heterogeneidad de la respuesta al uso de patrones en esta especie. Un mismo patrón puede inducir un mayor o menor vigor y productividad dependiendo de la variedad injertada (Caballero y del Río, 1990; Torres-Sánchez *et al.*, 2022).

3.   Variedades de otros países

Al igual que en España, el material vegetal del olivo cultivado en otros países se caracteriza por la existencia de un gran número de variedades seleccionadas hace cientos de años. Muchas de ellas han tenido una difusión muy restringida en torno a sus probables zonas de origen. Sin embargo, otras han tenido una mayor expansión, sin duda debido a su mejor comportamiento en su medio de cultivo. En este apartado se van a describir las características agronómicas de los cultivares más importantes en los principales países productores. Una información más completa sobre las características de las principales variedades de olivo cultivadas en el mundo se puede encontrar en Barranco *et al.* (2000).

3.1. Italia

'Frantoio'

Es la principal variedad italiana. Muy apreciada por su productividad elevada y constante y por su capacidad de adaptación a diferentes condiciones medio-ambientales, aunque es sensible al frío invernal. Su capacidad de enraizamiento es elevada. Sus frutos son de tamaño medio (2,5 g) y el contenido graso es de medio a elevado. El aceite es muy apreciado por sus excelentes características organolépticas y por su estabilidad. Es sensible a tuberculosis y mosca y resistente a repilo y verticilosis.

'Leccino'

Variedad vigorosa, considerada rústica por su adaptación a diferentes condiciones de suelo y por su especial tolerancia al frío. Su capacidad de enraizamiento es elevada. Es apreciada por su precoz entrada en producción y por su productividad elevada y constante. Sus frutos de tamaño medio (3,0 g) tienen una época de maduración muy precoz y presentan una baja resistencia al desprendimiento que facilita su recogida. El contenido graso es bajo. Se considera resistente a repilo, tuberculosis y verticilosis.

'Moraiolo'

Variedad de vigor reducido y productividad elevada y constante. Es considerada rústica por su tolerancia a la sequía y vientos marinos, pero es susceptible al frío. Su capacidad de enraizamiento es elevada. La época de maduración de sus frutos es precoz y son de tamaño medio (2,5 g) y muy apreciados para la obtención de aceite por las excepcionales características organolépticas del mismo. La recogida mecánica de los mismos es muy difícil. Se considera sensible a repilo y tuberculosis.

Carolea'

Variedad interesante por su doble aptitud, tanto para aceite como para aderezo en verde y en negro. Los frutos son de tamaño elevado (4,5 g). Vigorosa, de elevada capacidad de enraizamiento y muy tolerante a las bajas temperaturas. Es apreciada por su productividad, elevado contenido en aceite y adaptación a la recolección mecanizada. Se considera susceptible a repilo y a la mosca.

'Coratina'

Planta de vigor medio, precoz entrada en producción y productividad elevada y relativamente constante. Los frutos de tamaño medio (4 g) presentan una maduración tardía y una elevada fuerza de retención que dificulta su recogida mecánica.

El contenido de aceite es elevado y presenta excelentes características organolépticas y estabilidad. Se considera tolerante al frío. Es susceptible a la verticilosis.

'Ascolana Tenera'

Es la principal variedad de mesa italiana y se ha difundido internacionalmente. Se considera tolerante al frío pero exigente en terrenos de calidad. De floración tardía y elevado aborto ovárico, mejora su cuajado con polinizadores. Los frutos presentan una maduración en verde muy temprana y se adaptan al aderezo en verde en salmuera. Es apreciada por su tamaño (8,8 g) y elevada relación pulpa/hueso. Por el contrario, presenta una pulpa muy delicada que se daña fácilmente en la recolección. Es tolerante a repilo y tuberculosis pero susceptible a la mosca.

3.2. Túnez

'Chemlali de Sfax'

Variedad muy vigorosa que representa cerca del 60% de la superficie oleícola de Túnez. Se encuentra difundida en las regiones Central, Este y Sur del país en zonas de baja pluviometría. Se considera rústica por su tolerancia a la sequía y a la salinidad. Es autocompatible y sus frutos son de pequeño tamaño (1,1 g), maduración tardía, elevado contenido graso y bajo contenido en ácido oleico. Se considera susceptible a tuberculosis, pero tiene cierta resistencia a verticilosis.

'Chetoui'

Es la variedad más importante en la zona norte del país. Se considera resistente al frío y a la salinidad. Presenta buena capacidad de enraizamiento. Su época de floración es temprana y la de maduración de sus frutos es muy tardía. Estos son de tamaño medio (2,3 g) y presentan un contenido medio en aceite que tiene un elevado contenido en polifenoles. En ocasiones, también se utiliza para la producción de aceituna de mesa en negro. Es susceptible a repilo.

'Meski'

Es la principal variedad para aceituna de mesa. Se cultiva en el norte del país y presenta vigor reducido y baja capacidad de enraizamiento. Es muy apreciada para aceituna de mesa en verde por el tamaño de sus frutos (4,0 g), la elevada relación pulpa/hueso, la calidad de su pulpa y la facilidad de separación del hueso. Es muy sensible al repilo y tolerante a tuberculosis.

3.3.   Grecia

'Koroneiki'

Representa cerca del 60% de la superficie oleícola del país. Se considera resistente a la sequía pero susceptible al frío. Su productividad es elevada y constante. Los frutos de tamaño muy pequeño (1,1 g) presentan un elevado contenido en aceite que además es muy apreciado por sus características organolépticas, estabilidad y alto contenido en oleico. Es resistente a repilo y susceptible a tuberculosis. Se considera moderadamente resistente a la verticilosis.

'Kalamata'

También conocida como 'Kalamón'. Es una variedad vigorosa de doble aptitud que no tolera el frío invernal. Es muy apreciada para aderezo en negro al estilo "griego" por su resistencia a los tratamientos y manipulaciones y por su tamaño (4 g) y elevada relación pulpa/hueso. Su productividad es elevada y alternante. El contenido en aceite es medio pero de buena calidad.

Se considera sensible a repilo y verticilosis y tolerante a tuberculosis y mosca.

'Konservolia'

Representa más del 75% de la producción griega de aceitunas de mesa. Variedad vigorosa de productividad elevada pero vecera. Se considera rústica por su resistencia al frío. Enraiza fácilmente. Es muy apreciada para la preparación de aceitunas negras en salmuera por el tamaño (5,5 g), relación pulpa/hueso, calidad de sus frutos y adaptación al aderezo. Es sensible a verticilosis y tolerante a tuberculosis.

3.4.   Turquía

'Memecik'

Es la variedad más importante de Turquía. Representa el 45% de la superficie oleícola del país. Se considera rústica por su tolerancia a la sequía y al frío. Enraiza fácilmente. Su productividad es elevada y alternante y tiene doble aptitud. Como aceituna de mesa es apreciada por el tamaño de sus frutos (5,2 g) y por la elevada relación pulpa/hueso. Para la producción de aceite es valorada por su alto rendimiento graso y por las características organolépticas del mismo. Es medianamente susceptible a la mosca. Muy resistente al repilo.

'Ayvalik'

Representa el 25% de la superficie total dedicada al cultivo del olivo en Turquía. Es muy vigorosa y se considera rústica por su adaptación a la sequía. Se destina fundamentalmente para aceite por la excelente calidad del mismo. Sus frutos son de tamaño grande (4,5 g), maduran antes que la variedad 'Memecik' y son más fáciles de recoger mecánicamente. El contenido graso es elevado. Es resistente a la mosca.

3.5.   Siria

'Sorani'

Variedad rústica, muy interesante por su tolerancia al frío, sequía y salinidad. Su entrada en producción es tardía. Su época de floración es tardía y es autocompatible. Presenta un bajo porcentaje de aborto ovárico. El tamaño de sus frutos es medio, la época de maduración media y presentan baja resistencia al desprendimiento. Es apreciada tanto para aceituna de mesa como para almazara. Su contenido en aceite es alto y de excelente calidad. Se le considera resistente a repilo y tuberculosis y susceptible a verticilosis.

'Zaity'

Variedad de rusticidad media, pues presenta una cierta tolerancia al frío y a la salinidad. Es sin embargo, sensible a la sequía. Su época de floración es precoz. Es autoincompatible y presenta elevados porcentajes de aborto ovárico. Su polen tiene baja capacidad germinativa. Se caracteriza por producir un porcentaje muy elevado de frutos partenocárpicos que son de tamaño muy reducido, poco valor comercial y que dificultan la recolección.

La época de maduración de sus frutos es temprana y presentan una baja resistencia al desprendimiento, que facilita su recolección mecanizada. Variedad muy apreciada por su alto rendimiento graso (cerca del 30%) y aceite de buena calidad.

Se considera resistente a repilo y tuberculosis, pero muy susceptible a verticilosis.

3.6. Marruecos

'Picholine Marocaine'

Es la variedad dominante en Marruecos y en Argelia donde se conoce con el nombre de 'Sigoise'.

Se considera rústica y tolerante a la sequía y salinidad. Su capacidad de enraizamiento es media.

Es la típica variedad de doble aptitud. Se destina tanto para aceite como para aderezo en verde y en negro. Sus frutos de tamaño medio (3,5 g), presentan un contenido graso medio y un aceite de alto contenido en ácido oleico y elevada resistencia a la congelación.

Es sensible a repilo y tolerante a tuberculosis y verticilosis.

3.7. Portugal

'Galega'

Representa cerca del 80% del olivar portugués. Es considerada productiva pero muy alternante. Variedad apreciada por su tolerancia a la sequía; es, sin embargo, sensible al frío, a la salinidad y a la caliza. Su aptitud al enraizamiento es media y se considera un buen patrón de otras variedades.

Su época de floración es media y se considera autocompatible. La época de maduración es muy temprana. Sus frutos son de tamaño medio (2,5 g), tienen bajo contenido en aceite y elevada resistencia al desprendimiento, lo que dificulta su recogida mecánica.

Se dedica fundamentalmente a la obtención de aceite, aunque también es apreciada como aceituna de mesa.

Se muestra resistente al repilo, pero susceptible a tuberculosis, verticilosis y mosca.

4. Nuevas variedades

En los últimos años la superficie dedicada al olivo en España ha aumentado de forma muy notable en gran medida debido a la expansión del olivar superintensivo o en seto. Este último ya ocupa más de 200.000 ha a nivel nacional (Esyrce, 2023). Este sistema se caracteriza por una alta densidad de plantación, normalmente más de 1.500 olivos/ha, que da lugar a la formación de un seto continuo que se recoge mediante cosechadoras cabalgantes.

El éxito de este sistema se ha traducido en un incremento notable de la productividad espacial y temporal del olivar, una reducción drástica de los costes de recolección, y un notable aumento de la inversión en las plantaciones. Sin embargo, también ha implicado la homogenización de las variedades utilizadas en las nuevas plantaciones. De hecho, muy pocas variedades reúnen las condiciones de alta producción y reducido vigor necesarias para una óptima adaptación al olivar en seto (Diez *et al.,* 2016). Prácticamente dos variedades tradicionales españolas, 'Arbequina' y 'Arbosana', y en menor medida la griega 'Koroneiki', constituyen el olivar superintensivo a nivel mundial. Esta homogeneidad varietal representa un importante riesgo frente a posibles plagas y enfermedades devastadoras y además se traduce en una homogeneidad en las características del producto final, el aceite de oliva. Por otra parte, diversas amenazas como las generadas por los patógenos *Verticillium dahliae* o *Xylella fastidiosa* o las impuestas por el cambio climático, demandan la generación de nuevas variedades de olivo. Sin embargo, la mejora en olivo es un proceso lento comparado con el de las plantas anuales y otras leñosas, debido al menor conocimiento de la genética de la especie, su largo periodo juvenil y crecimiento lento.

La mejora genética del olivo es muy reciente comparada con otros cultivos leñosos como el manzano o el melocotonero. Se inició en la década de los 80 con escasos programas de mejora dependientes de entidades públicas. España fue pionera en la mejora del olivo debido a su liderazgo previo en la evaluación de los recursos genéticos la especie (Barranco *et al.,* 2005; Diez *et al.,* 2012; Trujillo *et al.,* 2014). En 1991 comenzó el programa de mejora de olivo conjunto de la Universidad de Córdoba (UCO) y el IFAPA (Instituto Andaluz de Investigación y Formación Agraria y Pesquera). Los primeros objetivos de este programa de mejora fueron esencialmente metodológicos, centrados en establecer protocolos de evaluación eficientes y en acortar el periodo juvenil del olivo, que en condiciones naturales puede durar 15 años (Rallo *et al.,* 2018).

En 2008, 17 años después de los primeros cruzamientos, se registró la primera variedad de este programa de mejora, 'Sikitita' (Rallo *et al.,* 2008) que también fue la primera nueva variedad de olivo registrada en España adaptada al olivar superintensivo. Esta variedad derivada del cruzamiento 'Arbequina' × 'Picual' posee alto rendimiento graso, alta productividad y vigor reducido. Recientemente, este programa de mejora ha registrado dos variedades más derivadas del mismo cruzamiento y adaptadas al cultivo en seto 'Sikitita-2'y 'Martina'. Por su parte, la UCO ha registrado recientemente, 'Sultana', derivada del cruzamiento 'Sikitita' × 'Arbosana' y óptima para el olivar en seto por su vigor muy reducido, alta productividad y perfil organoléptico del aceite (Valverde *et al.,* 2024). La elevada heterocigosidad y diversidad genética del cultivo del olivo (Diez *et al.,* 2015) garantiza una elevada segregación para la mayoría de los caracteres agronómicos evaluados y por tanto, la oportunidad de obtener variedades que reúnan y mejoren las características positivas de los parentales.

En la última década las empresas privadas han comenzado a considerar el desarrollo y registro de variedades de olivo exclusivas como un importante activo empresarial. De esta forma, se han registrado variedades como la 'i15', propiedad de la empresa Todolivo SL y de la UCO o 'Lecciana' y 'Coriana' de la empresa Agromillora en colaboración con la Universidad de Bari. Todas estas variedades amplían la disponibilidad de variedades adaptadas al sistema de cultivo en seto.

La adaptación al olivar superintensivo ha sido la característica distintiva de las nuevas variedades de olivo recientemente registradas (Cuadro 3.5). Además, es en este sentido donde se centra la investigación de los programas de mejora genética de olivo actuales de Bari y la Universidad de Florencia. Sin embargo, una nueva generación de variedades que suman a esta característica la resistencia a enfermedades, principalmente a *Verticillium dahliae* y *Xylella fastidiosa*, está en un avanzado estado de desarrollo. La Universidad de Córdoba inició en 2010 un programa para la obtención de nuevas variedades de olivo resistentes a la verticilosis en colaboración con la Interprofesional del Aceite de Oliva. En este programa se han analizado más de 13.000 genotipos obtenidos a partir de múltiples cruzamientos entre variedades que aportaban resistencia a la enfermedad y óptimas características productivas (Trapero *et al.,* 2015; Valverde *et al.,* 2023). Actualmente, se han identificado potenciales nuevas variedades resistentes a la verticilosis y con óptimas características agronómicas que están en las últimas etapas de evaluación previas a su registro. Por otra parte, el IFAPA también ha desarrollado en los últimos años selecciones de olivo resistentes a *V. dahliae,* tres de las cuales se encuentran en fase de registro como potenciales nuevas variedades.

CUADRO 3.5

Variedades para olivar en seto generadas mediante mejora genética y registradas en los últimos años

Variedad	Cruzamiento (♀ × ♂)	Año de registro	Características principales	Programa de mejora, país
Tosca	Urano × desconocido	2001	Adaptada al cultivo en seto	Vivai Attilio Sonnoli, Italia
Sikitita	Picual × Arbequina	2008	Adaptada al cultivo en seto, elevado rendimiento graso y porte llorón	Universidad de Córdoba e IFAPA, España
Oliana	Arbequina × Arbosana	2013	Adaptada al cultivo en seto, vigor muy reducido	Agromillora, España
Sikitita 2	Arbequina × Picual	2018	Adaptada al seto, maduración temprana	Universidad de Córdoba e IFAPA, España
Martina	Picual × Arbequina	2018	Aceite con alto ácido oleico y estabilidad, adecuada para cultivo intensivo	Universidad de Córdoba e IFAPA, España
I-15	Arbosana × Koroneiki	2018	Adaptada al cultivo en seto, alto ácido oleico	Todolivo y Universidad de Córdoba, España
Lecciana	Arbosana × Leccino	2018	Adaptada al cultivo en seto en condiciones de poco crecimiento	Universidad de Bari, Italia y Agromillora, España
Coriana	Arbosana × Koroneiki	2023	Adaptada al cultivo en seto.	Universidad de Bari, Italia y Agromillora, España
Sultana	Arbosana × Sikitita	2023	Adaptada al cultivo en seto, vigor muy reducido	Universidad de Córdoba, España

Por otra parte, la UCO, en colaboración con la empresa Balam Agriculture SL, inició en 2018 un programa de mejora genética para desarrollar variedades de olivo resistentes a *Xylella fastidiosa.* Posteriormente, se unió a este proyecto la Universidad de Bari, ampliando así la cooperación en la lucha contra esta bacteria, que desde su detección en 2013 ha devastado el olivar del sur de Italia y ha afectado gravemente a la producción de aceite de oliva. Numerosos genotipos derivados de cruzamientos entre variedades resistentes como 'Leccino' y otras con óptima adaptación al cultivo tradicional y en seto están siendo actualmente evaluadas en Italia. Se prevé que en los próximos años se registren nuevas variedades provenientes de este programa de mejora, ofreciendo una solución al cultivo del olivo en zonas afectadas por la bacteria. Además de la resistencia a enfermedades y de la adaptación al sistema en seto, la obtención de nuevas variedades de olivo para su uso como aceituna de mesa es un objetivo importante en la mejora genética. La Universidad de Sevilla lleva años abordando este objetivo y ha generado selecciones con excelente aptitud para este destino. Actualmente, varias selecciones de este programa de mejora están en fase de registro para su uso como nuevas variedades en los próximos años.

La mejora del olivo debe centrarse en afrontar los retos actuales, impuestos por: a) el cambio climático que conlleva el aumento de las temperaturas y la ocurrencia de fenómenos meteorológicos extremos que afectan negativamente a la producción; b) la necesidad de reducir muy significativamente el uso de fitosanitarios y emisiones de CO_2; y c) la creciente demanda de alimentos más saludables, de alto valor nutricional y características organolépticas específicas. Las variedades de olivo del futuro deberán maximizar la productividad con mínimos insumos, incrementando de esta forma la rentabilidad y la eficiencia de las variedades bajo condiciones de estrés. Esto exige innovar y apostar por el desarrollo de nuevas técnicas biotecnológicas y su aplicación a través de la digitalización y automatización. El desarrollo de la genómica y la fenómica de precisión abren una oportunidad única de acelerar la mejora a través de técnicas como la selección genómica, que permitirán acortar drásticamente los tiempos de mejora.

Agradecimientos

Los autores agradecen a D. Germán Gómez Valledor y a Dª. Isabel Trujillo Navas la realización de las fotografías de las variedades.

5. Bibliografía

Barranco, D.; Cimato, A.; Fiorino, P.; Rallo, L.; Touzani, A.; Castañeda, C.; Serafini, F.; Trujillo, I. (2000). *Catálogo Mundial de Variedades de Olivo*. Consejo Oleícola Internacional. 360 pp.

Barranco, D.; Milona, G.; Rallo, L. (1994). Epocas de floración de cultivares de olivo en Córdoba. *Investigación Agraria, Prod. y Protec. Veg.* 9(2): 213-220.

Barranco, D.; Rallo, L. (1984). *Las variedades de olivo cultivadas en Andalucía*. M.º de Agricultura-Junta de Andalucía, Madrid. 387 pp.

Barranco, D.; de Toro, C.; Rallo, L. (1998). Epocas de maduración de cultivares de olivo en Córdoba. *Investigación Agraria, Prod. y Protec. Veg.* 13(3): 359-368.

Belaj, A.; Trujillo, I.; de la Rosa, R.; Rallo, L.; Giménez, M. J. (2001). Polymorphism and discrimination capacity of Randomly Amplified Polymorphic Markets in an olive germplasm bank. *J. Amer. Soc. Hort. Sci.* 126(1): 64-71.

Caballero, J. M.; Del Río, C. (1990). Rootstock influence on productivity parameters of two olive cultivars. *Abstracts of the XXIII International Horticultural Congress:* 1763. Firence (Italy).

Cordeiro, A.; Alcántara, E.; Barranco, D. (1997). Clorosis férrica en olivo *(Olea euro- paea* L.): Selección de cultivares tolerantes. Tesis Doctoral. Universidad de Córdoba. 260 pp.

Díez, C. M., Imperato, A., Rallo, L., Barranco, D., & Trujillo, I. (2012). Worldwide core collection of olive cultivars based on simple sequence repeat and morphological markers. *Crop Science, 52*(1), 211-221.

Díez, C. M., Moral, J., Cabello, D., Morello, P., Rallo, L., & Barranco, D. (2016). Cultivar and tree density as key factors in the long-term performance of super high-density olive orchards. *Frontiers in Plant Science,* 7, 1226.

ESYRCE. (2023). Encuesta Sobre Superficies y Rendimientos Cultivos (ESYRCE).León, L.; De la Rosa, R.; Barranco, D.; Rallo, L. (2007). Breeding for early bearing in olive. *HortScience,* 49:499-502.

Marín, L.; Benlloch, M.; Fernández-Escobar, R. (1995). Screening of olive cultivars for salt tolerance. *Scientia Horticulturae,* 64: 113-116.

Oliveros, M. T.; Jordana, J. (1968). *La agricultura en tiempos de los Reyes Católicos.* INIA, Madrid. 299 pp.

Rallo, L.; Barranco, D.; Caballero, J. M.; del Río, C.; Martín, A.; Tous, J.; Trujillo, I. (2005). *Variedades de Olivo en España.* Junta de Andalucía-MAPA-Ediciones Mundi-Prensa. Madrid. 480 pp.

Rallo, L., Barranco, D., de la Rosa, R., & León, L. (2008). 'Chiquitita'olive. *HortScience, 43*(2), 529-531.

Rallo, L., Barranco, D., Díez, C. M., Rallo, P., Suárez, M. P., Trapero, C., & Pliego-Alfaro, F. (2018). Strategies for olive (Olea europaea L.) breeding: cultivated genetic resources and crossbreeding. *Advances in Plant Breeding Strategies: Fruits: Volume 3*, 535-600.

Torres-Sánchez, J., de la Rosa, R., León, L., Jimenez-Brenes, F. M., Kharrat, A., Lopez-Granados, F. (2022). Quantification of dwarfing effect of different rootstocks in 'Picual'olive cultivar using UAV-photogrammetry. *Precision Agriculture, 23*(1): 178-193.

Trapero, C., Rallo, L., López-Escudero, F. J., Barranco, D., & Díez, C. M. (2015). Variability and selection of verticillium wilt resistant genotypes in cultivated olive and in the Olea genus. *Plant Pathology, 64*(4), 890-900.

Trujillo, I., Ojeda, M. A., Urdiroz, N. M., Potter, D., Barranco, D., Rallo, L., & Diez, C. M. (2014). Identification of the Worldwide Olive Germplasm Bank of Córdoba (Spain) using SSR and morphological markers. *Tree Genetics & Genomes, 10*, 141-155.

Trujillo, I.; Rallo, L.; Arús, P. (1995). Identifying olive cultivars by isozyme analysis. *J. Amer. Soc. Hort. Sci.,* 120(2): 318-324.

Valverde, P., Barranco, D., López-Escudero, F. J., Díez, C. M., Trapero, C. (2023). Efficiency of breeding olives for resistance to Verticillium wilt. *Frontiers in Plant Science, 14*: 1149570.

Valverde, P., Muñoz, C., Barranco, D., Trapero, C. (2024). 'Sultana': A New Olive Cultivar for Hedgerow Orchards. HortScience, 59(4), 498-502.

Valverde, P., Trapero, C., Arquero, O., Serrano, N., Barranco, D., Munoz Diez, C., López-Escudero, F. J. (2021). Highly infested soils undermine the use of resistant olive rootstocks as a control method of verticillium wilt. *Plant Pathology, 70*(1): 144-153.

CAPÍTULO 4

MÉTODOS DE MULTIPLICACIÓN

Juan M. CABALLERO
Carmen DEL RÍO

ÍNDICE

1. Introducción, 109
2. Conceptos básicos, 110
3. Métodos tradicionales de multiplicación vegetativa, 112
4. Inconvenientes de la multiplicación por enraizamiento de estacas leñosas, 116
5. Propagación por enraizamiento de estaquillas semileñosas bajo nebulización, 119
   5.1. Fundamentos y descripción del método, 120
      5.1.1. Enraizamiento, 123
      5.1.2. Endurecimiento, 128
      5.1.3. Crianza, 129
   5.2. Condiciones ambientales necesarias para el enraizamiento, 134
      5.2.1. Calor de fondo, 134
      5.2.2. Medio de enraizamiento, 135
      5.2.3. Nebulización, 135
      5.2.4. Medio ambiente alrededor de las estaquillas, 137
   5.3. Enraizamiento e injerto en mesas cerradas, 138
   5.4. Utilización de patrones (portainjertos) , 141
   5.5. Ventajas de la multiplicación por enraizamiento de estaquillas semileñosas bajo nebulización, 143
6. Micropropagación, 147
7. Propagación por semilla, 150
8. Planta certificada, 152
9. Bibliografía, 155

1. Introducción

La facilidad de multiplicación del olivo por enraizamiento de grandes propágulos hizo posible que estuviese entre los primeros árboles que el hombre empezó a cultivar hace más de seis mil años en distintos lugares de la cuenca del Mediterráneo (Vernet *et al.*, 1983; Terral y Arnold-Simard, 1996; Zohary y Spiegel-Roy, 1975), facilidad a la que sin duda también contribuyó su abundancia de yemas latentes en la madera de varios años de edad. Estas brotan por estímulos externos de diversa naturaleza, como sequía, heladas, incendios, podas severas, y también en los propágulos utilizados para multiplicación vegetativa, normalmente trozos de tallos o ramas de la planta madre.

La técnica de multiplicación del olivo mejoró mucho a partir de los años setenta del siglo pasado, especialmente merced al enraizamiento de estaquillas semileñosas bajo nebulización. Como en otros aspectos de la olivicultura, el Prof. Hartmann, de la Universidad de California, fue pionero en la adaptación de dicha técnica al olivo. Después, otros investigadores de la cuenca del Mediterráneo fueron estudiándola en los países olivareros tradicionales, en los cuales se utiliza ampliamente desde los años ochenta de dicho siglo.

La difusión de esta técnica de multiplicación y la mayor calidad de las plantas que proporciona (Caballero, 1980; Caballero y Del Río, 1994) contribuyeron eficazmente a la mejora de la olivicultura española. En efecto, el enraizamiento de estacas leñosas, aun haciéndose en vivero, nunca hubiese podido suministrar la planta necesaria para el aumento de superficie de olivar registrado a partir de 1984. Y también muy importante, la "nebulización intermitente" permitió la instalación de una industria viverística de olivo, como consecuencia de la demanda producida por una mayor rentabilidad del cultivo, en parte debida a las mejoras derivadas de los estudios realizados por diversas instituciones de investigación, pero también al incremento de los precios y ayudas percibidos por los olivareros. Estas y otras causas dieron lugar a similares desarrollos en otros países. A finales del siglo XX la planta de nebulización representaba el 70% del total producido (Cimato, 1999). Durante la primera década del XXI en Andalucía se produjo una media de casi 6,5 millones de plantas en los viveros registrados, con un pico de casi 15 millones en 2006-07.

Este capítulo comienza recordando algunos conceptos importantes, analiza los sistemas tradicionales de multiplicación y sus inconvenientes, describe el ya no tan nuevo método de enraizamiento bajo nebulización y las instalaciones requeridas, y explica sus principales ventajas, tanto para viveristas como para olivareros. Asimismo, describe un método de injerto de taller aplicable a la multiplicación de variedades de difícil enraizamiento y el de germinación de semillas, necesario en programas de mejora genética clásica por cruzamientos y para obtención de plantas para reforestación. Además, informa sobre la micropropagación y acerca de la producción y control de planta certificada de olivo en España.

2. Conceptos básicos

En un libro ya clásico, Hartman *et al.* (2011) explican diversos conceptos básicos para la multiplicación de las plantas. El genotipo, conjunto de genes presentes en los cromosomas de cada especie vegetal, es el principal responsable de sus características. En otras palabras, es la entidad que se multiplica, diferente entre las variedades de cada especie. En el aspecto externo de cada variedad, llamado fenotipo, también influye el clima y suelo en el que vive. El objetivo de la multiplicación es obtener plantas genéticamente idénticas a la madre, por lo que los métodos a utilizar deben mantener su genotipo.

La multiplicación de las plantas puede ser sexual o asexual, esta última también llamada vegetativa porque, con algunas excepciones, solo ocurre en vegetales, aunque ya ha habido propagación vegetativa (clonación) de animales superiores. La primera se hace por germinación de semillas y produce distintos grados de variabilidad entre la descendencia, ya que la semilla se forma por la unión de una célula sexual femenina con otra masculina. Tales células se desarrollan en las flores por reducción a la mitad del número de cromosomas, mediante la meiosis, un proceso de división celular durante el que también se produce una recombinación cromosómica. La unión de ambas células sexuales mediante la fecundación recupera el número de cromosomas de la planta considerada, pero cada planta hija tiene un genotipo distinto.

Algunas especies, los cereales por ejemplo, pueden, sin embargo, ser propagadas por semilla por su autopolinización obligada y por su alto grado de homocigosis, es decir, igualdad predominante entre los pares de alelos de sus cromosomas homólogos. Así se consigue una gran homogeneidad de la descendencia. Por eso pudieron ponerse en cultivo varios miles de años antes que las heterocigóticas, por ejemplo muchos frutales, entre ellos el olivo, cuya polinización cruzada favorece aún más la producción de plantas con genotipos diferentes al del árbol madre, ya que los pares de genes de los cromosomas homólogos son predominantemente distintos. Esta forma natural de propagación del olivo, por semilla, fue la responsable de la difusión de los olivos silvestres o acebuches por toda la cuenca del Mediterráneo, de ahí su gran diversidad.

La multiplicación vegetativa, sin embargo, permite reproducir una planta de forma que sus hijas sean genéticamente iguales entre sí y a la que proporciona los propágulos, definidos como partes de una planta capaces de originar vegetativamente otros individuos. Este tipo de propagación se basa en que cada célula contiene toda la información genética necesaria para producir un nuevo individuo, lo que se consigue mediante divisiones mitóticas en tejidos u órganos ya formados, a partir de la presencia o de la formación de células iniciales de raíz. La igualdad de las plantas obtenidas se debe a que la mitosis, proceso asimismo responsable del crecimiento de la planta en altura y grosor, es la simple división de una célula en dos mitades idénticas, por lo que su genotipo se mantiene aunque se trate de plantas heterocigóticas.

Órganos adventicios son raíces y yemas formados a partir de células o tejidos de respectivamente brotes y raíces ya desarrollados. La formación de raíces adventicias es un proceso de regeneración primario, básico en la multiplicación por estacas, que ocurre en cualquier parte de la planta distinta de las originadas mediante el desarrollo directo de sus raíces y yemas, es decir, en tejidos ya diferenciados de brotes, ramas y tronco. La obtención de propágulos mediante su separación de la planta madre y su colocación en un ambiente adecuado ponen en marcha ese proceso de formación de raíces en alguna parte de los mismos, cuyo primer paso visible externo suele ser la formación de tejido de callo, involucrado en la cicatrización de las heridas. Su conexión con los tejidos vasculares del propágulo y la brotación del mismo a partir de sus yemas, ya sean latentes o normales, completan la obtención de la planta hija, genéticamente idéntica a la madre.

Esta perpetuación de genotipos ha sido realizada por el hombre cada vez que desde hace milenios ha propagado vegetativamente un determinado acebuche de entre los de su entorno. Ello hace que todos los olivos así obtenidos de cada árbol seleccionado sean idénticos entre sí y al original, salvo que acontezca una mutación que origine un nuevo genotipo que dará lugar a un clon diferente si se propaga vegetativamente. El continuado uso de la multiplicación vegetativa ha dado lugar a mutaciones genéticas en otros frutales y en olivo. Por ejemplo, 'Zarza' es una variedad sin interés agronómico derivada con toda probabilidad de una mutación de 'Lechín de Sevilla' (Belaj *et al.,* 2018).

En olivo una variedad es un grupo de individuos iguales entre sí, que presentan una variación genética visible dentro de la especie. Salvo unas pocas ya obtenidas por mejora genética, su origen fue la multiplicación vegetativa o clonación de acebuches elegidos por el tamaño de su aceituna o la cantidad y el sabor de su aceite. El término cultivar, abreviatura de variedad cultivada en inglés (*culti*vated *var*iety), se utiliza solo en plantas cultivadas y asimismo designa un grupo homogéneo, en este caso obtenido por clonación de una planta seleccionada, por tratarse de una especie heterocigótica. Así pues, los términos variedad, cultivar y clon son casi siempre sinónimos, al haberse encontrado ya variantes moleculares dentro de algunas variedades. El nombre de un cultivar se escribe entre comillas sencillas ('Picual'), que no se usan si antes se menciona cultivar o cv. Aunque técnicamente se debería hablar de cultivares, lo más frecuente es referirse a variedades.

Una utilización incorrecta del concepto de clon es dar un código distinto acompañado de esa palabra al árbol elegido en cada vivero para iniciar el proceso de obtención de planta certificada de cada variedad. Aunque motivado por la trazabilidad del proceso, podría erróneamente entenderse que hubiera diferencias de calidad entre las plantas de una variedad de los distintos viveros (véase el apartado 8).

3. Métodos tradicionales de multiplicación vegetativa

El más usado ha sido el enraizamiento de grandes propágulos, ya fuesen estacas leñosas o zuecas. Estas últimas, provistas de brotes o sin ellos, tomadas de la parte basal de viejos troncos, se utilizaban en algunas zonas olivareras del Norte de África y Próximo Oriente (Figura 4.1). Aparte de otros inconvenientes comunes a cualquier método que use grandes propágulos, la utilización de zuecas tiene el muy grave de dañar mucho al árbol del que se toman.

Figura 4.1. Zuecas, propágulos tradicionales empleados en algunas zonas del Norte de África y del Próximo Oriente.

Aprovechando la eliminación de troncos practicada al criar olivos en forma de mata, su trasplante directo era frecuente hasta hace unos sesenta años. Se les llamaba estacas, estacones o estacas-plantón. En Andalucía se usaban para plantar olivos junto a los caminos y en los linderos de parcelas con otro cultivo, pero en la provincia de Cáceres era un método de plantar olivares (José Humanes, comunicación personal). Aún se realiza para reposición de marras alguna vez, con el mismo motivo, o al disminuir la densidad de plantación (Figura 4.2a). El principal inconveniente de este método es que se trasplanta el tronco entero, pero con muy poca o ninguna raíz absorbente (Figura 4.2.b), que el árbol deberá volver a formar en el nuevo emplazamiento (Figura 4.3). La nueva copa se formará rápidamente, pero como mata de muchos brotes, con los inconvenientes que se explican más adelante al hablar de las plantas tradicionales producidas por enraizamiento de estacas (véase apartado 4).

Figura 4.2. Olivos descabezados antes de su arranque (a) y estacas para trasplante (b)

El injerto solo se ha usado en zonas de tradicional industria viverística, como la Toscana en Italia o el Levante español, o para cambiar de variedad en olivares adultos cuando la nueva es muy difícil de enraizar, 'Gordal Sevillana', por ejemplo. También para injertar acebuchales a comienzos del siglo XX. No obstante, el apartado 5.3 menciona la posibilidad de conferir características de interés a las variedades injertándolas sobre patrones.

La utilización del injerto clásico en vivero requiere de cuatro a cinco años para la obtención de una buena planta, lo que incrementa mucho su coste, además de que se deja una buena parte del sistema radical en el suelo. Hasta hace unos años, en Egipto se utilizaba un sistema de multiplicación que hacía uso de casi todos los métodos: se injertaban plantas de semilla criadas en maceta, pero la púa se mantenía unida mediante acodo a la planta de la que se tomaba hasta después de prendido el injerto. Este método obviaba el último inconveniente citado, pero seguía requiriendo un mínimo de cuatro años para obtener un plantón, si bien de bastante menor vigor y desarrollo que en el caso anterior.

Figura 4.3. Estaca plantada y protegida hasta que brote y enraíce. En realidad es un trasplante.

En la isla de Creta (Grecia), el arranque de olivos determinado por el avance de construcciones públicas o privadas, dio lugar a un sistema de multiplicación consistente en el enraizamiento de pequeños propágulos tomados de la corteza de los troncos, principalmente de la parte más basal de los mismos. El tamaño y forma de dichos propágulos es muy similar al de las cajetillas de tabaco. El grosor puede ser algo inferior, siempre que el propágulo lleve algo de leño (y por consiguiente de tejido cambial). La dificultad del sistema radica en que los propágulos solo pueden provenir de olivos arrancados.

El sistema tradicional más usado en España consistía en el enraizamiento de tres o cuatro estacas leñosas de 50-60 cm, colocadas inclinadamente en hoyos de hasta un metro de lado y otro de profundidad, abiertos con antelación en la parcela a plantar. Los olivos tradicionales antiguos tienen sus tres o cuatro troncos muy separados porque las estacas se colocaban con sus ápices hacia fuera, en hoyos más anchos de 1 m. En los tradicionales más modernos los troncos nacen prácticamente del mismo punto por haberse puesto con sus ápices hacia dentro, en el centro del hoyo. Dichas estacas se hacían a partir de las ramas cortadas al hacer la poda de renovación de madera de olivares adultos, prefiriéndose las de ramas todavía lisas de al menos tres años y provistas de nudos, por su mayor capacidad de brotación y enraizamiento. Hace unos cincuenta años se empezaron a utilizar estacas más cortas, de unos 20 cm y el mismo grosor, de 5 a 8 cm, puestas a enraizar en vivero o bolsas de plástico de dimensiones apropiadas a dicho tamaño durante una estación vegetativa (Figura 4.4), si bien al principio se enraizaban en el suelo del vivero (Figura 4.5).

Figura 4.4. El enraizamiento de estacas leñosas de unos 20 cm en bolsas de plástico mejoró el método tradicional más usado en España hasta los años 70 del siglo XX.

Figura 4.5. Plantas obtenidas por enraizamiento directo en tierra de vivero de estacas leñosas de unos 20 cm. de largo.

En algunas zonas, a dichas estacas plantadas directamente en el futuro olivar se las denominaba garrotes, nombre también aplicado a los olivos obtenidos por este método cuando aún son jóvenes. En la provincia de Jaén a tales propágulos y olivos se les conocía como estacas. Por consiguiente, garrotales y estacares se llamaban las plantaciones así obtenidas (Figura 4.6), nombre que conservan hasta la edad de al menos 40-50 años, según zonas olivareras, y que hoy en día todavía se aplica a las obtenidas con planta de nebulización.

El enraizamiento de grandes propágulos tiene una serie de inconvenientes comunes, algunos ya esbozados en este apartado. A continuación se explican con más detalle los más importantes en el caso de las estacas leñosas, muy usadas en España hasta los años 80 del siglo pasado, principalmente en Andalucía.

Figura 4.6. Joven estacar, todavía con más de seis troncos por olivo.

4. Inconvenientes de la multiplicación por enraizamiento de estacas leñosas

El uso de madera de poda como fuente de propágulo implica que solo se puede propagar en dicha época y conlleva el riesgo de multiplicar árboles de variedades no deseadas, presentes aunque sea en pequeños porcentajes en casi todos los olivares, por más que casi siempre se consideren constituidos por una sola variedad.

Por el tamaño del propágulo utilizado, el enraizamiento de estacas leñosas requiere gran cantidad de material vegetal, lo que dificulta la obtención de este en suficiente cantidad y calidad cuando la superficie a plantar es considerable. Tal inconveniente es mayor si solo se quieren utilizar olivos que no muestren síntomas ni hayan tenido enfermedades transmisibles a las plantas hijas por medio de los propágulos, como tuberculosis, verticilosis, virosis y fitoplasmosis, marchitez bacteriana. Se podían conseguir hasta setenta mil plantas de 'Picual' por hectárea y año al enraizar estacas cortas en vivero o en bolsa, pero se habían de podar muchísimos olivos para conseguir la madera necesaria, al menos los de unas 100 hectáreas de olivar de tres troncos por olivo, muchas más cuando se enraizaban directamente en campo. Además, este antiguo sistema simultaneaba la propagación y la plantación y utilizaba la parcela a plantar un año antes de lo necesario, con el consiguiente aumento de los gastos de implantación del olivar, principalmente en poda, tratamientos fitosanitarios y riego.

El arranque de las plantas de vivero, a raíz desnuda, dejaba en tierra parte de las raíces formadas, lo que implicaba un desequilibrio entre el sistema radical y aéreo de las mismas, nada favorable a su rápido crecimiento posterior. Aún en el caso de las criadas en bolsa, su sistema radical no crece mucho en la misma, ya que primero brotan las yemas latentes de la estaca y posteriormente se producen las raíces en las bases de dichos brotes, esto ya en la estaca plantada en campo. Así pues, la planta no puede desarrollar mucho el primer año, ya que antes ha de formar su sistema radical. El de los olivos obtenidos por injerto en vivero sí que es de calidad, pero ya se ha mencionado que se necesitan varios años para obtener los plantones, que al ser arrancados dejan en el suelo una buena parte de los mismos, con sus repercusiones sobre el éxito del trasplante, a pesar de sufrir la oportuna poda de plantación de la parte aérea. En el apartado 5.3 se explica un método de injerto de taller que ahorra mucho tiempo en la multiplicación por injerto.

El sistema de propagación por enraizamiento de estacas leñosas acentúa la natural tendencia del olivo a crecer en forma de mata compuesta de muchos troncos (Figura 4.7), sobre todo cuando se colocaban tres en cada hoyo. Además, se practicaba una lenta y costosa poda de formación, aún queriendo formar olivos de tres

Figura 4.7. Joven estacar obtenido por plantación de estacas leñosas enraizadas en vivero o bolsa, que producen olivos de muchos troncos.

o cuatro troncos, mucho más si se quiere un olivar mecanizable, a un solo pie por olivo. La sucesiva eliminación de tan gran número de troncos es un despilfarro de energía, máxime al tener que irlos arrancando antes de o cuando apenas empiezan a producir aceituna. Por otra parte, en olivo la dominancia apical de los brotes o ramos termina muy pronto, por lo que los troncos jóvenes producen ramas laterales muy bajas y vigorosas, lo que obliga a suprimirlas para dar espacio al tronco definitivo. Estas intervenciones de poda, aplicadas tanto sobre el pie de vida como

Figura 4.8. Matas de unos seis (a) y 15 años (b), todavía con varios troncos, obtenidas por enraizamiento de estacas leñosas.

sobre los temporales, sin duda ayudan a retrasar la entrada en producción de los olivos obtenidos mediante enraizamiento de estacas, que mantienen demasiados troncos durante demasiados años (Figura 4.8).

Aunque muchos olivares ya se han puesto en riego, la olivicultura tradicional siempre fue y en gran parte sigue siendo de secano, tanto en España como en la cuenca del Mediterráneo, en zonas de no mucha lluvia anual, concentrada en otoño e invierno, muy a menudo en tierras poco fértiles e incluso no apropiadas para arbolado. Junto a ello, la antigua necesidad de obtener casi de todo de la propia pequeña explotación agrícola, pudo contribuir a determinar las amplias distancias de plantación de la olivicultura tradicional española, de 12 e incluso 14 y 15 metros entre olivos.

La disponibilidad de plantones a un eje (Caballero, 1980) favoreció el diseño de una moderna olivicultura, constituida por olivos a un solo pie y plantados a distancias más pequeñas, a 7×7 y 8×5 m por ejemplo, que a menudo daba lugar a reparos de los olivareros, basados en la costumbre de siglos y a veces en la creencia de que la pérdida de un olivo de un tronco es más grave que la de una pata de otro de tres. Sin embargo, solo se trata de una impresión visual: en ambos casos se pierde un tronco (con una copa de similar tamaño) de los 200 o 250 que hay en la hectárea. Sin embargo, el crecimiento del olivo replantado es mucho más rápido si los árboles o troncos más próximos están a unos 5-8 m que justo al lado, ya que en este último caso los sistemas radicales y las copas de los dos troncos adyacentes enseguida ocupan los espacios que exploraba el tronco perdido. Desde finales de los 90 dichos reparos disminuyeron mucho y tienen menos sentido, pues dicha moderna olivicultura ya usa marcos más densos, como 7×5, 6×5, 7×4, 6×4 m.

5. Propagación por enraizamiento de estaquillas semileñosas bajo nebulización

Este sistema de propagación se basa en la aplicación de reguladores de crecimiento favorecedores de la rizogénesis (auxinas) a las bases de estaquillas con hojas. La pequeñez de tales propágulos hizo que no se pudiese utilizar hasta disponer de nebulización intermitente (mediados del siglo XX, Hartmann, 1946), que permite mantener las hojas vivas y haciendo fotosíntesis, para suplir las pocas reservas de tales estaquillas. El calor de fondo aplicado a sus bases también es importante, pues favorece la formación de raíces en las mismas. La puesta a punto de este sistema en el olivo supuso un cambio revolucionario, ya que mejoró mucho la calidad de las plantas a utilizar en la moderna olivicultura, al tiempo que permitió establecer una industria viverística para el olivar. El proceso ya fue revisado y descrito (Caballero, 1980; Cimato y Fiorino, 1980; Caballero y Del Río, 1994) y consta de tres fases:

a) Enraizamiento, para provocar la emisión de varias raíces adventicias en las bases de las estaquillas, preferiblemente suministradas por árboles cultivados con ese exclusivo fin (campos de pies madre).

b) Endurecimiento, para promover el funcionamiento de los sistemas radicales obtenidos en la fase anterior.

c) Crianza de las plantas, cultivadas en maceta, a un solo tronco, base importante del éxito de la nueva olivicultura española al permitir densidades de plantación más idóneas (véase capítulo 9).

5.1. Fundamentos y descripción del método

La formación de raíces es la fase más importante, por lo que se describe con más detalle. En el olivo no se han descrito células iniciales de raíz preformadas antes de hacer las estaquillas, por lo que las raíces adventicias se producen en los propágulos en cuatro etapas (Hartmann *et al.*, 2011), aquí expresadas en tres:

a) Formación de iniciales de raíz a partir de células ya diferenciadas y con otras funciones, pero que recuperan actividad meristemática.

b) División de dichas células y formación de primordios radicales.

c) Desarrollo de tales primordios y establecimiento de conexiones entre los tejidos vasculares del brote o ramo y los de las nuevas raíces, así como la aparición externa de estas.

La primera fase depende fundamentalmente de factores genéticos, sobre los que influyen auxinas, nutrientes y cofactores de enraizamiento. Distintos trabajos mostraron la gran diversidad varietal en capacidad de enraizamiento por este método, siempre modificada favorablemente por la auxina, normalmente el ácido indol-3-butírico (AIB), aunque en distinto grado (Nahlawi *et al.*, 1975b; Avidan y Lavee, 1978; Caballero, 1980; Cimato y Fiorino, 1980; Cirillo *et al.*, 2017). En cuanto a cofactores, se midió más actividad promotora de la formación de raíces en las estaquillas de una variedad fácil de enraizar que en las de otra de difícil enraizamiento (Avidan y Lavee, 1978). Pero no hubo diferencia en tres variedades de muy distinta capacidad de enraizamiento, aunque sí fue más alta en verano que en invierno, épocas en las que las estaquillas enraizaron bien y mal, respectivamente (Caballero, 1979). Estos trabajos no detectaron actividad inhibidora de la rizogénesis, pero lavar las bases de las estaquillas con agua no mejoró el enraizamiento si a continuación no se aplicaba un tratamiento auxínico, sugiriendo así la presencia de inhibidores hidrosolubles en las mismas (Avidan y Lavee, 1978; Del Río *et al.*, 1988).

Las otras dos fases están ligadas a la disponibilidad de nutrientes, principalmente asimilados, ya sean de reserva o proporcionados por las hojas. Las estaquillas basales, más maduras y lignificadas que las medias y apicales de los brotes utilizados, suelen dar mejores porcentajes de enraizamiento, atribuidos a más altos contenidos en asimilados (Nahlawi *et al.*, 1975a; Del Río *et al.*, 1988), aunque no siempre (Del Río *et al.*, 1986; Denaxa *et al.*, 2021). Además, en dos variedades de muy distinta capacidad de enraizamiento se observaron diferentes contenidos de hidratos de carbono (Troncoso *et al.*, 1976) y la aplicación de azúcares a 'Gordal Sevillana', difícil de enraizar, mejoró sus resultados en ciertas épocas del año (Caballero y Nahlawi, 1979; Del Río *et al.*, 1988). Por otra parte, estaquillas de árboles en descarga de 'Picual' enraizaron mejor que las de otros en carga desde últimos de marzo hasta finales de septiembre, en paralelo a su contenido en hidratos de carbono; sin embargo, la mejor capacidad de enraizamiento de las estaquillas de seto en todas las fechas ensayadas durante el año, comparada con las de árboles en producción pero en descarga, no pudo ser explicada únicamente por diferencias en su contenido en hidratos de carbono, que mostraron una variación estacional semejante (Del Río *et al.*, 1991).

Más recientemente, el mejor enraizamiento de 'Arbequina' tuvo lugar en verano, significativamente correlacionado con la mayor concentración inicial de azúcares solubles en las bases de las estaquillas, que disminuyeron durante las primeras fases del proceso. En cambio, las de 'Kalamata' apenas enraizaron, mostrando mayor concentración de almidón que las de 'Arbequina' en las tres fechas, verano, otoño e invierno (Denaxa *et al.*, 2012). Estaquillas de 'Arbequina' tratadas con AIB enraizaron en verano bastante mejor que en otoño y primavera, mostrando al principio un conjunto de poliaminas libres con predominancia de putrescina libre, comparadas con las de 'Kalamata', que apenas enraizaron y en las que la putrescina libre fue bastante menor. Además, 'Arbequina' mostró mayores contenidos de poliaminas libres y totales que 'Kalamata', pero el tratamiento de estas con putrescina, espermidina o espermina al año siguiente apenas aumentó su casi nulo enraizamiento (Denaxa *et al.*, 2014).

En 'Kalamata' el mejor enraizamiento en respuesta al anillado de los brotes 30 días antes de usarlos para hacer estaquillas fue muy escaso en otoño, pero mejor que en primavera, y con estaquillas medias mejor que con basales, aunque dicho anillado mejorase la concentración de los azúcares, poliaminas y compuestos fenólicos medidos en las estaquillas (Denaxa *et al.*, 2021). El anillado de brotes cuatro meses antes de la toma de las estaquillas incrementó el enraizamiento de 'Roghani' el doble que los de 'Conservolia' y 'Amigdaloia', al tiempo que incrementó casi igualmente el contenido de hidratos de carbono de sus hojas y bases (Izadi *et al.*, 2024). El muy escaso enraizamiento de 'Kalamata' respecto al bueno de 'Arbequina' podría deberse a una mayor actividad enzimática en las estaquillas de la primera al comienzo y durante el enraizamiento, pero no al anillo esclerenquimático de las de 'Kalamata', que, sin embargo, produjeron abundante callo cicatricial aunque apenas enraizaron (Denaxa *et al.*, 2019). Esto último confirma trabajos anteriores sobre la no influencia del anillo esclerenquimático en la muy diferente capacidad de enraizamiento de distintas variedades: 'Ascolano' y 'Moraiolo' (Sachs *et al.*, 1964), 'Raseei' y 'Nabali' (Ayoub y Qrunfleh, 2006), 'Cobrançosa' y 'Galega vulgar' (Peixe *et al.*, 2007b).

Diferentes concentraciones de ácido clorogénico mejoraron el enraizamiento de 'Arbequina' un 30-35% en verano, cuando con solo auxina es del 50%, pero solo un 5-10% en otoño, cuando es del 90%. El casi nulo enraizamiento (1 y 3%) de 'Kalamata' en verano y otoño, respectivamente, apenas sube al 2-4% en verano y al 5-25% en otoño, por el efecto potenciador de la rizogénesis de dicho compuesto fenólico modificando las proporciones de los distintos azúcares en las estaquillas (Denaxa *et al.,* 2021). La diferente capacidad de enraizamiento de 'Frantoio' y 'Gentile di Larino' no se eliminó mediante la adición de peróxido de hidrógeno (H_2O_2), pero su uso junto con AIB aumenta significativamente el enraizamiento de ambas variedades (Sebastiani *et al.,* 2002).

La formación *in vitro* de raíces adventicias en microestaquillas (segmentos nodales) de 'Galega vulgar' muestra que comienza con una fase de inducción de cuatro días desde el tratamiento auxínico, cuando las células recobran actividad meristemática. Del cuarto al décimo se producen las divisiones celulares mitóticas que llevan a la formación de callo, comenzando la formación de los primeros meristemoides a partir del décimo. A los 15 días ya hay iniciales de raíz, que a los 22 de la aplicación del AIB producen los primordios radicales con nuevo sistema vascular (Macedo *et al.,* 2013). Estos autores confirman resultados previos de otros al observar que en 'Cobrançosa', de fácil enraizamiento, las primeras iniciales de raíz aparecen en células cambiales, mientras que en 'Galega vulgar' lo hacen en células del callo cicatricial de las bases de las estaquillas, sin que ello las haga enraizar bien. Por otra parte, también se ha observado que la actividad de la peroxidasa disminuyó bastante durante los cuatro días de inducción antes mencionados, aumentando durante los 10 siguientes, con la actividad que da lugar a la iniciación radical, y decreciendo desde entonces hasta el día 22, aunque sin una clara relación entre la peroxidasa y la iniciación radical, pues se trata de una variedad de escaso enraizamiento (Macedo *et al.,* 2013).

Asimismo, se ha observado que los genes OeAOX1a y OeAOX1d muestran tres incrementos en sus expresiones a lo largo del enraizamiento de microestaquillas de 'Galega vulgar'. El primero y más importante ocurre a las 8 h del tratamiento con AIB, dentro de la antes mencionada fase de inducción. El segundo a los cuatro días, cuando comienza la de iniciación. El tercero ocurre a los 14 en OeAOX1d y a los 18 en OeAOX1a (Velada *et al.,* 2018). La producción de especies de oxígeno reactivo asociada a las heridas hechas para preparar microestaquillas de olivo puede tener un impacto en el transporte y distribución de auxina mediante cambios en la expresión de algunos genes. Además, la aplicación de auxina exógena puede modular el equilibrio auxínico mediante la regulación de esos genes, llevando a la redistribución de la auxina en el tejido de la estaquilla, lo que puede finalmente jugar un importante papel en la formación de raíces adventicias (Velada *et al.,* 2020). Se ha hecho un estudio con tecnología de microdisección con láser, lo que facilitará estudios transcriptómicos, ayudando así a determinar las células involucradas en el enraizamiento del olivo y a comprender mejor los mecanismos que subyacen en la formación de raíces adventicias (Velada *et al.,* 2021).

El resumen de esta revisión del enraizamiento de estaquillas semileñosas de olivo es que el éxito o fracaso del mismo es el resultado de un determinado equilibrio hormonal-nutricional en cada caso. Los últimos trabajos comentados son prometedores respecto a los avances aún por llegar en esta técnica para multiplicar las variedades difíciles de enraizar.

5.1.1. *Enraizamiento*

El principal resultado de un trabajo ya mencionado es que tomar material de olivos cultivados en seto con el exclusivo fin de producirlo asegura el éxito del enraizamiento en cualquier momento del año, incluso durante el invierno, y evita la necesidad de eliminar inflorescencias o frutos, que pueden estar presentes si se toma de árboles en producción (Del Río *et al.,* 1991).

Estos resultados apoyan la necesidad de plantar setos productores de estaquillas, con lo que además es más fácil asegurar la identidad y el estado sanitario de las plantas madre. Su manejo anual consiste en ir tomando los mejores brotes disponibles en cada momento y en podarlos severamente al final del otoño, evitando así su floración al año siguiente. Su vida útil dependerá de la variedad y de los cuidados recibidos, pero por propia experiencia se estima en muchos años. El sistema español de certificación de planta de olivo no establece límites a la vida útil de las plantas madre, al considerar que la especie no presenta dificultades de estabilidad varietal (véase apartado 8).

Con el fin de evitar su desecación, el material vegetal a utilizar ha de mantenerse fresco y húmedo durante la preparación de las estaquillas, siendo necesario no cortar más del que se necesite cada día. Las estaquillas se toman de los brotes anuales del mismo año si la operación se realiza a partir del final del primer flujo de crecimiento anual, o de los del año anterior si los del propio aún no están disponibles. Cuando se empezaba a usar este sistema de multiplicación las estaquillas solían tener una longitud de unos 15 centímetros, es decir, unos cuatro a seis entrenudos, y llevaban dos o tres pares de hojas en su parte apical, por lo que se podían hacer dos o tres de cada ramo o brote (Figura 4.9). Los brotes "en savia" son los que mejores resultados proporcionan, pero sin que su ritmo de crecimiento sea excesivo. En efecto, se ha mostrado que en árboles para producción de estaquillas, los peor nutridos en N, con contenidos en hoja inferiores al 1,4% en julio, son los que mejor enraizamiento proporcionan (Dag *et al.*, 2012).

Figura 4.9. Estaquillas semileñosas preparadas a partir de brotes "en savia", del mismo año o del anterior.

Una vez preparadas, conviene tratarlas con una solución fungicida como precaución contra el desarrollo de enfermedades durante el período de enraizamiento, principalmente repilo (*Venturia oleaginea*). Este tratamiento es obligatorio si no se está seguro de que las plantas origen de las estaquillas hayan sido protegidas contra dicha enfermedad. En variedades difíciles de enraizar se ha ensayado la realización de incisiones longitudinales en sus bases, con resultados positivos (Casini, 1973; Nahlawi *et al.*, 1975 a, b), aunque no siempre (Del Río *et al.*, 1986). Dicha diferencia puede deberse al tipo de estaquillas utilizado en los distintos trabajos, del mismo año o del anterior.

En cualquier caso, una vez secas, a las estaquillas se les aplica la auxina indicada (AIB) mediante inmersión de sus bases en una solución de tal regulador a la concentración de 2 a 4 g/l durante cinco segundos. La solución ha de prepararse con etanol al 40-50%, disolviendo primero la auxina en el alcohol, ya que no es soluble en agua. Puede almacenarse en frigorífico en botella oscura durante varias semanas, pero es mejor utilizar solución nueva cada día o al menos cada semana. La sal potásica del AIB produce el mismo resultado y evita el uso del alcohol al ser soluble en agua. Este tratamiento también se puede aplicar mediante mezcla de la hormona con polvo de talco, más estable aunque algo más tediosa de preparar y no muy uniforme en su aplicación. Asimismo, se pueden usar algunas formulaciones comerciales a distintas concentraciones adecuadas.

El cultivo ecológico no permite el uso de planta producida con aplicación de auxinas sintéticas, como el AIB, por lo que se ha ensayado si diversos productos pueden reemplazarlas. Terrabal Orgánico ™, un extracto de semillas de cereales maceradas aplicado durante una hora, dio mejores resultados que Sm-6 Orgánico™, un extracto seco de algas marinas, una cama de semillas de girasol, una levadura y un extracto de algas en el enraizamiento de 'Cornicabra'. Pero podría tener algún efecto tóxico si se emplea más tiempo y no se han determinado sus posibles efectos sobre el crecimiento de los brotes (Centeno y Gómez-del-Campo, 2008). En varias épocas del año, en 'Picual', 'Hojiblanca' y 'Arbequina' se han ensayado dos métodos de aplicación de diferentes rizobacterias: *Pantoea* sp. AG9, *Chryseobacterium* sp. AG13, *Chryseobacterium* sp. CT348, *Pseudomonas* sp. CT364 y *Azospirillum brasilense* Cd (ATCC 29729). Aunque el enraizamiento varió con las bacterias, la AG 9 fue la única que siempre dio los mejores resultados, independientemente de fechas, modo de tratamiento y variedades ensayadas (Montero-Calasanz *et al.*, 2013).

A continuación, las estaquillas se plantan en el medio a utilizar, hasta hace no muchos años casi siempre perlita (Figura 4.10a). Su colocación en cajas (Figura 4.10b) permite efectuar las operaciones de plantación y arranque fuera del invernadero o de la mesa de enraizamiento y facilita la eliminación o recuperación del sustrato, esto último con las debidas precauciones. En cualquier caso, antes de la plantación se ha de regar bien para darle la firmeza adecuada. Las estaquillas se insertan hasta unos cuatro o cinco centímetros de profundidad. La capa de sustra-

Figura 4.10a. Estaquillas semileñosas puestas a enraizar bajo nebulización y en perlita, colocada en mesas con calor de fondo tras haber sido tratadas con auxina.

Figura 4.10b. Estaquillas semileñosas puestas a enraizar bajo nebulización y en perlita, colocada en cajas con calor de fondo tras haber sido tratadas con auxina.

to ha de tener un espesor de unos 10 cm y la densidad de plantación no debe ser excesiva, no más de 2.000/m² con el fin de evitar el desarrollo de enfermedades. Densidades demasiado altas también dificultan la buena iluminación de las hojas de las estaquillas, pueden mojarlas en exceso e impedir en alguna medida el humedecimiento del sustrato.

El enraizamiento comienza a las 3-4 semanas y se consigue al cabo de aproximadamente dos meses (Figura 4.11) si se han aplicado otros dos tratamientos externos, que también son indispensables para el éxito de la operación: el sustrato se debe calentar para que las bases de las estaquillas estén a 20-25 °C y el ambiente alrededor de las mismas debe ser muy húmedo y algo más fresco, lo que en otoño e invierno se consigue mediante nebulización intermitente. En épocas más calurosas, además se requiere refrigeración y humectación adicional del ambiente.

Figura 4.11. Sistema radical de estaquillas semileñosas después de dos meses bajo nebulización en perlita.

Desde comienzos de este siglo se vienen haciendo estaquillas más pequeñas, de hasta solo tres entrenudos y un par de hojas (Cherif Mouaki, 2004), en bandejas de alvéolos rellenos con diversos sustratos, como mezclas de turba, espuma de poliestireno y vermiculita o de turba tipo Sphagnum, fibra de coco y un pegamento especial (Figura 4.12a). Un medio a base de fibra de coco, turba y perlita puede prepararse en vivero, sin pegamento pero embutido en una fina lámina biodegradable (Figura 4.12b). Estos materiales, llamados de distintas formas, como "cartuchos" o "paper pots", mantienen siempre su forma, proporcionando un buen soporte a las raíces (Figura 4.13), por lo que el endurecimiento (véase apartado siguiente) puede ser obviado o, en realidad, realizado en las mismas bandejas, con solo modificar las condiciones de temperatura y el ritmo de la nebulización. Así se ahorra un trasplante, ya que las estaquillas enraizadas se pasan directamente a las macetas de crianza, con resultados similares a los bien conocidos de la perlita (Isfendiyaroglu *et al.*, 2009). Distintos tipos de bandejas alveolares permiten densidades de 1.300 a 2.000 estaquillas/m^2.

Figura 4.12. Bandejas alveolares ya preparadas y humectadas (a), o preparadas en el vivero (b), con detalle del medio de enraizamiento individualizado.

Esta técnica permite la multiplicación comercial de casi todas las variedades de olivo (Nahlawi *et al.*,1975; Del Rio y Caballero, 2005), pero conviene subrayar que los resultados obtenidos varían de un año a otro, aún para la misma variedad e idénticas épocas y condiciones. Esta situación se sigue comprobando incluso en trabajos de preparación de plantas para ensayos experimentales, aun tratando de utilizar el mismo tipo de material vegetal. Por otra parte, la caracterización por este criterio del Banco de Germoplasma Mundial de Olivo del IFAPA en su Centro Alameda del Obispo, de Córdoba, ya confirmó la gran variabilidad genética de la especie (Cuadro 4.1, extraído de Del Río y Caballero, 2005). La en general buena capacidad de enraizamiento de la mayor parte de las variedades cultivadas puede indicar que uno de los principales criterios de selección de las mismas fue su

Figura 4.13. Las estaquillas enraizadas y endurecidas en bandejas alveolares son más resistentes y manejables hasta su plantación en macetas de crianza.

facilidad de propagación por métodos sencillos, como se puso de manifiesto enraizando la descendencia de cruzamientos intraespecíficos (Wiesman y Lavee, 1994).

5.1.2. *Endurecimiento*

Aunque se pueda prescindir del mismo en algunas épocas del año y en variedades que enraízan bien, el siguiente paso al hacerlo en cajas o directamente en la mesa de enraizamiento es endurecer las estaquillas enraizadas en pequeños vasos de turba (Figura 4.14), para lo que los intervalos entre nebulizaciones se van alargando un poco más cada día. El sustrato ya no ha de ser inerte, pero conviene que siga siendo ligero, con buen drenaje. En función de la época del año, esta fase puede durar de una a tres semanas, a cuyo término se ha debido producir al menos un brote de un par de hojas, sin duda señal de que el sistema radical recién formado ya ha comenzado a cumplir su función. En ese momento se debe realizar el trasplante a contenedores de mayor tamaño para hacer la crianza en ellos. Al principio se utilizaban bolsas de plástico de unos tres litros de capacidad, tamaño que ha ido disminuyendo mucho, hasta hasta 1 litro en bolsa de plástico y hasta 0,8 y 0,5 litros en macetita cuadrada, según el tamaño de planta que se quiera conseguir (de 1,2, 1,0 y 0,8 m de altura respectiva y aproximadamente). Disminuir el tamaño de la maceta obviamente supone un abaratamiento de los costes de producción, debido al mejor aprovechamiento de la superficie destinada a la crianza y a los menores costes en contenedores, sustrato y transporte de la planta hasta su lugar de establecimiento en campo. Pero siempre se ha de elegir el tamaño y características de la maceta según el desarrollo deseado para la planta al venderla, para que el sistema radical no crezca demasiado y helicoidalmente en la misma, pues provocaría posteriores dificultades de crecimiento en campo.

CUADRO 4.1

Capacidad de enraizamiento de algunas de las principales variedades de olivo cultivadas en España y en otros países, establecidas en el Banco de Germoplasma Mundial de Olivo del IFAPA, Centro Alameda del Obispo de Córdoba

Variedad	Origen[1]	Enraizamiento (%)[2]
'Picual'	ESP	79,2
'Arbequina'	ESP	78,0
'Blanqueta'	ESP	77,9
'Leccino'	ITA	73,1
'Picudo'	ESP	70,9
'Cornicabra'	ESP	70,4
'Lechín de Sevilla'	ESP	68,8
'Frantoio'	ITA	65,8
'Manzanilla de Sevilla'	ESP	63,1
'Morisca'	ESP	61,0
'Tanche'	FRA	57,8
'Villalonga'	ESP	57,8
'Hojiblanca'	ESP	57,5
'Sevillenca'	ESP	54,6
'Manzanilla Cacereña'	ESP	51,6
'Lechín de Granada'	ESP	50,0
'Kalamon'	GRC	43,9
'Galega Vulgar'	PRT	43,5
'Picholine Marroquí'	MAR	35,4
'Gordal Sevillana'	ESP	22,7
'Empeltre'	ESP	22,2

[1] Origen: ESP, España; FRA, Francia; GRC, Grecia; ITA, Italia; MAR, Marruecos; PRT, Portugal.
[2] Porcentaje de enraizamiento medio obtenido durante los meses de julio de los años 1997-1999.

5.1.3. *Crianza*

Con o sin ayuda de umbráculos, según la época del año y el clima del lugar, la última fase de este ya no tan nuevo método de propagación del olivo puede completarse en una estación vegetativa (Figura 4.15) si el crecimiento en maceta comienza al final del invierno. Se trata de que la planta consiga aproximadamente 1 m de altura para que la copa se forme por encima desde el momento de la plantación (esa altura de la cruz se considera adecuada para la vibración del olivo). La técnica consiste

Figura 4.14. El endurecimiento termina cuando las raíces funcionan en su nuevo medio, lo que se muestra por la brotación y crecimiento de algunas yemas axilares de las estaquillas.

en eliminar todos excepto el brote más vigoroso y erguido de los que crecen a partir de la estaquilla enraizada y en mantener sin brotes laterales los dos tercios basales de dicho eje hasta que este alcance 1 m de altura, mediante la eliminación, con la frecuencia necesaria, de los que inicien su desarrollo por debajo del tercio superior del tronco en cada intervención. Solo a partir de dicha altura de 1 m se dejará formar la copa libremente, lo que no necesariamente debe tener lugar en el vivero, aunque allí sea más barato que en campo. El empleo de tutores es fundamental para mantener la verticalidad de las plantas, ya que al impedir el desarrollo de las ramas laterales producidas en troncos inclinados, se mantiene la dominancia de la guía, consiguiéndose antes la altura deseada.

Teniendo en cuenta el desarrollo de las plantas producidas y las intervenciones de poda necesarias para obtener plantones a un eje, el mejor momento para iniciar su poda de formación en vivero en las condiciones de Córdoba era tras 5 meses de crecimiento libre, cuando la altura media de sus brotes más desarrollados era de 38 cm (Figura 4.16) (Del Río y Proubi, 1999). Así se consiguen plantas de 1 m de altura en 7,5 meses con un período de poda restringido a los últimos 2,5 (Figura 4.17). Con quince días más de crianza (8 meses) se consiguen plantas de 1,17 m, con el inicio de ramas laterales ya por encima de 1 m al realizar la plantación.

Figura 4.15. Plantas de nebulización criadas a un eje en macetas durante una estación vegetativa, aproximadamente de un año desde que las estaquillas fueron puestas a enraizar.

Figura 4.16. Planta de nebulización con el desarrollo suficiente para comenzar su poda de formación a un eje en las condiciones de Córdoba.

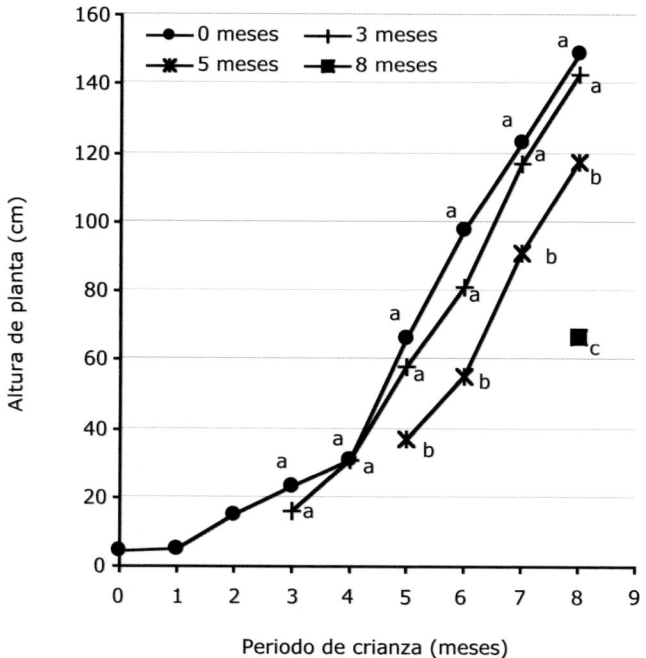

Figura 4.17. Influencia de la fecha de inicio de la poda de formación (después de 0, 3, 5 y 8 meses de desarrollo) sobre la altura de plantas de vivero. Dentro de cada fecha las diferencias son significativas (p < 0,05) si las letras son distintas (Del Río y Proubi, 1999).

Si se prevé que la estación de crecimiento va a ser corta, la poda de formación puede iniciarse 2 meses antes, es decir, después de solo 3 meses de crecimiento libre, cuando los brotes principales tienen una altura media de 16 cm, con lo que 1 m de altura se consigue 1 mes antes. Iniciar la poda al principio del período de crianza consigue 1 m en seis meses, pero incrementa en gran medida los costes de producción, ya que requiere empezar a eliminar brotes laterales 3 meses más pronto. En cambio, no podar solo produce una mata de 69 cm de altura a los 8 meses. Por otra parte, al final de la estación vegetativa considerada, la materia seca acumulada total y por tronco disminuye con el retraso del comienzo de la poda, mientras que no hay diferencias significativas ni en la materia seca del sistema radical ni en el diámetro del tronco si se empieza a podar desde el principio o tras 3 y 5 meses de crecimiento libre, por lo que adelantar algo el comienzo de la poda no disminuye la calidad del plantón producido (Del Río y Proubi, 1999).

La plantación mecánica del olivar de alta densidad, ahora ya disponible también para olivar a todo viento a un pie, a densidades de 280 a 420 árboles/ha, ha dado lugar a una planta más pequeña, a un eje sin ramificar, de unos 50-60 cm de altura, que se consigue en unos 4-5 meses de crianza en macetitas de algo más de 300 ml (Figura 4.18).

Figura 4.18. Planta de unos 60 cm, criada en pequeñas macetitas, en la plantadora mecánica.

Un sustrato muy pobre en nutrientes, pero muy utilizado en esta fase, es la arena limosa. Es necesario asegurarse de que no esté infestada por determinados patógenos, lo que contribuiría a la dispersión de graves enfermedades como la verticilosis o a infecciones por nematodos, por lo que no se puede usar para plantones certificados de estado sanitario a menos que se esterilice previamente (López-Escudero *et al.*, 2003; López-Escudero y Blanco-López, 2007; Del Río *et al.,* 2002; Castillo *et al.,* 2006; Castillo *et al.*, 2010). La arena limosa proporciona buen crecimiento siempre que se fertilice con abonos de liberación rápida diluidos en el agua de riego o, al menos, se enriquezca con un abonado de fondo de liberación lenta. La aplicación de abonos foliares combinados con aminoácidos no mejora mucho el crecimiento de las plantas crecidas en este sustrato, esté abonado o no (Del Río, datos no publicados).

Para forzar el crecimiento al máximo conviene utilizar como sustrato composts neutros de turba negra, ricos en materia orgánica y ligeramente fertilizados, preferiblemente con abono de liberación lenta (Cherif Mouaki, 2004). Dichos sustratos proporcionan un desarrollo excelente, incluso durante la fase de endurecimiento, y no requieren abonado extra. Sin embargo, obligan a riegos más frecuentes que otros sustratos más compactos. También pueden mezclarse con arena limosa o fibra de coco, en cuyo caso conviene fertilizar después de los primeros meses. Otras turbas, algo alcalinas y con bajo contenido en materia orgánica y nutrientes, utilizadas solas o mezcladas con arena limosa, proporcionan un menor crecimiento que la arena limosa sola (Cherif Mouaki, 2004).

Al comparar cuatro abonos tradicionales (urea, sulfato amónico, nitrato amónico y nitrato cálcico) con cuatro de liberación lenta (greenmaster super, basamon, floranid y multicote) se obtiene mayor crecimiento en plantas abonadas con 0,75 que con 2 g de N incorporados al suelo de las macetas, sin diferencias significativas entre las fuentes de N en las abonadas con 0,75 g, pero con más crecimiento que las plantas control en este caso. Además, en las plantas a las que se aplican 2 g el crecimiento es significativamente mayor en las fertilizadas con tres de los abonos de liberación lenta (multicote, floranid y greenmaster), pero excepto las tratadas con multicote y floranid, todas muestran clorosis foliar y necrosis apical tan solo un mes después del comienzo del ensayo (Fernández-Escobar *et al.*, 2004). Por otra parte, el N lixiviado de las macetas con 2 g fue principalmente en forma de nitratos, independientemente del tipo de abono, y mucho mayor con los nitratos amónico y cálcico que con multicote y floranid. Además, abonar plantas en maceta con N provoca una menor eficiencia de absorción de N si se les aplica a concentraciones mayores de 100 ppm, también si están bien nutridas, tanto si se aplica al suelo como a las hojas (Fernández-Escobar *et al.*, 2014).

Varios trabajos han mostrado la utilidad de las micorrizas para conseguir un mayor desarrollo del sistema radical de las estaquillas enraizadas al final del período de crianza (Citernesi *et al.*, 1998; Porras Piedra *et al.*, 2005; Castillo *et al.*, 2006). No obstante, aunque los viveros han comprobado su utilidad, parece que su elevado precio hace que no siempre se utilicen, sino a demanda del cliente.

El riego por goteo ha dado buenos resultados para mantener la humedad del suelo de la maceta a niveles próximos a su capacidad de campo. No obstante, la microaspersión permite una programación automática muy adaptada a la época del año y al tamaño y tipo de planta, maceta y sustrato, por lo que es un método muy empleado en viveros comerciales. En cuanto a plagas y enfermedades, los eriófidos *(Aceria oleae)*, el repilo *(Venturia oleaginea)* y el glifodes *(Margaronia unionalis)* son los que más vigilancia y tratamientos requieren. A este respecto, el uso de planta certificada, por identidad y sanidad, es básico para establecer nuevos olivares (véase el apartado 8).

5.2. Condiciones ambientales necesarias para el enraizamiento

5.2.1. *Calor de fondo*

El sustrato de enraizamiento debe mantenerse a 20-24 °C a la profundidad a la que se colocan las bases de las estaquillas, para lo que se necesita un sistema de calefacción. El suelo radiante, sistema que hace pasar agua caliente en circuito cerrado por tubos colocados debajo del medio, es muy eficaz y mantiene el intervalo de temperatura mediante un termostato que controla dicha circulación del agua. Si la mesa es grande, para asegurar una temperatura uniforme en toda ella es preciso distribuir el radiador debajo del medio en varios sectores, cada uno con una válvula solenoide que permita abrir y cerrar el paso de agua lentamente, para evitar cambios bruscos de temperatura. Otra posibilidad consiste en hacer un compartimento térmicamente aislado debajo de la mesa de propagación y calentarlo mediante un calefactor, lo que obligará a que el aire caliente solo salga a través del sustrato (Porras Piedra *et al.*, 1992).

5.2.2. *Medio de enraizamiento*

Sirve cualquiera que cumpla las siguientes condiciones básicas para que los procesos de iniciación y desarrollo de raíces sean idóneos:

a) Ser lo suficientemente denso y firme para mantener las estaquillas en su lugar durante el enraizamiento. Su volumen debe ser muy constante tanto húmedo como seco.

b) Retener la suficiente humedad para no precisar riegos demasiado frecuentes y al mismo tiempo ser lo bastante poroso para evitar posibles encharcamientos accidentales.

c) Estar libre de semillas de malas hierbas, nematodos y cualesquiera otros organismos nocivos.

La perlita agrícola es el sustrato de enraizamiento más utilizado de entre los varios probados: turba, perlita, vermiculita, o mezclas de los mismos, que pueden utilizarse mientras mantengan las condiciones apropiadas. Asimismo, es posible usar arena lavada, pero tiene el inconveniente de producir un sistema radical largo, no ramificado y frágil. No obstante, se puede utilizar si se mezcla con otro medio más adecuado, y siempre cabe ensayar otros materiales que cumplan las condiciones antes indicadas (Isfendiyaroglu *et al.*, 2009), también las bandejas alveolares y "cartuchos" antes mencionados.

5.2.3. *Nebulización*

Este método de enraizamiento es posible desde que se pusieron a punto sistemas capaces de proporcionar altas humedades relativas por medio de la nebulización intermitente (Hartman, 1946), que consigue mantener vivas las estaquillas hasta que enraízan. La nebulización la produce la salida de agua a presión por boquillas atomizadoras de diversos tipos, siendo mejores las de menor caudal siempre que la mesa quede bien y uniformemente cubierta por la niebla producida (Figura 4.19).

La nebulización no solo mantiene una alta humedad relativa, sino que también hace descender la temperatura de las hojas debido al agua que las cubre y a su evaporación. Ello determina un menor ritmo de respiración y una disminución de la presión de vapor interna de las hojas y, por consiguiente, de su ritmo de transpiración. Sin embargo, la nebulización no dificulta la fotosíntesis, lo que lleva a un saldo positivo de asimilados, necesario para la formación de raíces (Hartmann *et al.*,

2011; Rallo y Del Río, 1990). En estas condiciones el enraizamiento se produce al cabo de aproximadamente dos meses. En primavera se consiguió a las siete semanas (Caballero y Rallo, 1977), pero en invierno pueden ser precisos más de 60 días.

Figura 4.19. Niebla de gran calidad sobre una mesa de 1,6 m de ancho.

Dicha nebulización ha de ser intermitente para no mojar demasiado el sustrato ni bajar mucho la temperatura de las estaquillas ni la del medio de enraizamiento, lo que resultaría perjudicial; y para evitar la pérdida, por lavado de las hojas, de nutrientes o compuestos necesarios para la iniciación radical (Hartmann *et al.*, 2011). La necesidad de dicha intermitencia implica la instalación de un mecanismo regulador de la frecuencia y duración de los riegos.

Los temporizadores permiten regar durante varios segundos cada cierto número de minutos, pero tienen el inconveniente de que han de reprogramarse no solo en cada época sino incluso a lo largo del día, según las condiciones de luz y temperatura del invernadero. También se han usado basculitas cuyos platos disparan el riego al secarse y lo cortan al cargarse de agua, así como diversos tipos de sensores de humedad. Uno muy usado consiste en una pequeña placa de circuito impreso que deja pasar el agua por la electroválvula, que a su vez alimenta a las boquillas de nebulización (Porras Piedra *et al.*, 1992). En cualquier caso, la electroválvula en reposo debe permitir el paso del agua para que un posible fallo en el suministro de energía eléctrica produzca un riego continuo en lugar de una absoluta falta de nebulización, que sería fatal si se prolongase unas horas. El exceso de nebulización es menos peligroso que la desecación de las estaquillas si el sustrato es poroso y, especialmente, si la mesa de propagación asegura un rápido drenaje.

Desde hace años se pueden instalar "autómatas" conectados a ordenador y teléfono móvil, que permiten registrar y almacenar todas las incidencias del invernadero y las mesas de propagación, así como establecer y modificar consignas para el manejo de las distintas variables climáticas, incluidas la frecuencia y duración del riego según las condiciones del día. En el invernadero de multiplicación de olivo del Centro Alameda del Obispo de Córdoba (IFAPA) se instaló un autómata diseñado por el primer autor de este capítulo, cuyo sensor de humedad consistía en un trozo de papel de filtro colocado bajo unos electrodos, cuya tensión eléctrica determinaba la apertura de la correspondiente válvula solenoide. Otros autómatas eliminan el sensor de humedad y usan una serie de combinaciones de tiempos de apertura e intervalos entre nebulizaciones para asegurar que las estaquillas estén siempre húmedas diurnamente, pero todos se conectan a un ordenador que registra todas las incidencias y avisa de las posibles averías de importancia, sea de la nebulización, el calor de fondo o el sistema de climatización. Al autómata se le programa la combinación adecuada en función de las condiciones de temperatura, luz y humedad.

5.2.4. *Medio ambiente alrededor de las estaquillas*

Dentro del invernadero o mesa de propagación, la temperatura no debe subir mucho, sobre todo a no más de 30 °C. Tales temperaturas aumentarían los ritmos de respiración y transpiración de las estaquillas, que podrían llegar a marchitarse por la acción conjunta del calor y del exceso de nebulización inducido por este. Las inferiores a 20 °C también retrasan la brotación de las estaquillas, que en caso de producirse usarían parte de los asimilados precisos para su enraizamiento.

En climas cálidos y secos, el mantenimiento de la temperatura adecuada no se consigue con la sola ventilación, ya sea entre ventanas laterales o entre laterales y cenitales, sino que exige un sistema de refrigeración. El más sencillo consiste en co-

Figura 4.20. Pared humectante de un invernadero.

locar en una pared del invernadero un panel constituido por una placa muy porosa (Figura 4.20) y unos ventiladores extractores de aire en la opuesta. El material de la placa debe cargarse de humedad dejando caer agua por el mismo desde arriba en circuito cerrado. Al entrar, el aire seco se carga de humedad, que va perdiendo a medida que avanza hacia los extractores, enfriando el ambiente. En invernaderos rectangulares conviene colocar las placas humectantes en una de las paredes largas del mismo, para que sea más corta la distancia hasta los extractores, consiguiéndose así una temperatura más uniforme en su interior. Para evitar la circulación del aire en régimen turbulento y canalizado, es necesario que la superficie de extracción esté relacionada con la total del invernadero y que los extractores sean de gran diámetro, para que puedan trabajar a velocidades no excesivas. Asimismo, es conveniente que los extractores estén en la parte alta de la pared, para evacuar mejor el aire caliente.

El funcionamiento idóneo de este sistema ya fue descrito (Caballero, 1980), pero ha sido mejorado. Requiere un invernadero estanco, sin entradas ni salidas de aire por sitios distintos de los previstos, así como tres termostatos de ambiente, de forma que la apertura de las ventanas, la humectación del panel y el arranque de los extractores puedan programarse en función de las condiciones del lugar y de la época del año. El primero se programa a la temperatura adecuada para abrir las ventanas laterales y de cumbrera, permitiendo así la ventilación pasiva del invernadero; el segundo con otra algo más alta, para empezar a mojar el panel poroso y poner en marcha la mitad de los extractores; el tercero con otra algo mayor, que hace funcionar los otros ventiladores. Este sencillo sistema automático se puede completar con boquillas nebulizadoras de aún menor caudal, cuyas pequeñísimas gotas se evaporan antes de llegar a ninguna superficie, lo que también ayuda a bajar la temperatura ambiente. La acción de este *"fogging"* se controla con un termostato y un humidostato. Durante el invierno se precisa un sistema de calefacción ambiental para evitar temperaturas demasiado bajas.

La mesa de propagación se debe instalar en un invernadero dotado de la regulación climática indicada si el enraizamiento se ha de hacer también en primavera y verano; o en otro más sencillo si solo se va a trabajar en otoño e invierno. En tal caso se puede colocar incluso bajo unas mínimas condiciones de abrigo si se la cubre de plástico (Figura 4.21). En la Umbria (Italia) dicha estructura permite el enraizamiento de estaquillas de olivo sin nebulización (Fontanazza y Jacoboni, 1976), pero las altas temperaturas alcanzadas en Córdoba (España) y en otros lugares de clima cálido restringen su uso al otoño e invierno, y aún entonces se necesita el apoyo de la nebulización para mantenerlas a la temperatura adecuada.

5.3.   Enraizamiento e injerto en mesas cerradas

Lo mismo que el de estacas leñosas, el enraizamiento de estaquillas semileñosas bajo nebulización produce plantas autoenraizadas, pero obviando los inconvenientes de los métodos tradicionales. Así pues, al no disponerse aún de patrones (portainjertos) que confieran características de interés a las principales variedades, el enraizamiento sigue siendo el sistema de propagación más utilizado para producir planta de olivo. Sin embargo, la facilidad de multiplicación de la especie por enraizamiento de estaquillas semileñosas no es general, pues algunas variedades, como 'Gordal Sevillana', 'Verdial de Huévar' y 'Empeltre' en España (Del Río *et al.*, 1988), 'Galega vulgar' en Portugal (Peixe *et al.*, 2007b), 'Gentile de Larino' en Italia (Sebastiani *et al.*, 2002), 'Kalamata' en Grecia (Denaxa *et al.*, 2012), 'Nabali' en Jordania (Ayoub y Qrunfleh, 2006), siguen siendo difíciles de enraizar, aún por este nuevo método; por lo que se puede hacer un injerto de taller (Fontanazza y Jacoboni, 1976) como se explica después, realizado en mesas en las que la nebulización se sustituye por el ambiente saturado de humedad conseguido al cubrirlas con láminas de plástico que las cierran herméticamente (Figura 4.21).

Figura 4.21. Mesa de propagación cerrada. Funciona bien sin nebulización si la temperatura interior no supera los 25° C.

Los injertos de taller mencionados utilizan una púa o yema normal y un patrón de bastante menor tamaño que los empleados en vivero, ya que se trata de estaquillas semileñosas o de plántulas, plantas de semilla de corta edad.

En el caso de utilización de patrones clonales las estaquillas pueden enraizarse previamente, ya sea bajo nebulización, lo que se puede hacer en cualquier época del año, o en una mesa cerrada, solo durante los meses de otoño e invierno, sobre todo en zonas con primavera y verano calurosos o cuando el injerto y el enraizamiento se desean obtener simultáneamente; es decir, lo que se enraíza es la combinación injerto/patrón deseada. Para ello, utilizar material vegetal de seto favorece ambos procesos, por lo que aseguran los mejores resultados en dichas fechas de relativo o completo reposo (Sotomayor-León y Caballero, 1994).

La fase de cicatrización del injerto (ya sea simultánea o posterior al enraizamiento) requiere la utilización de mesas cerradas, ya que la nebulización disminuye la temperatura de los tejidos implicados y por consiguiente el porcentaje de prendimiento del injerto. Además, los métodos de injerto a emplear deben ser los que no dependen de la buena separación de la corteza al preparar patrón y púa o yemas, principalmente el de lengüeta, el de hendidura y el de yema con astilla.

El de hendidura requiere púas tomadas de la parte apical de los brotes del año, a los que se les eliminan los dos o tres nudos superiores. La púa lleva dos pares de hojas, a las que se corta la mitad apical para favorecer su persistencia durante la cicatrización del injerto (Figura 4.22). El patrón es una estaquilla que se descabeza mediante un corte horizontal y a la que se le abre la hendidura vertical precisa para recibir la púa. La eliminación de las hojas de tal estaquilla-patrón favorece el prendimiento y brotación de la púa si la estaquilla ya está enraizada al injertarle la púa, pero no así cuando el injerto y el enraizamiento se hacen simultáneamente.

Figura 4.22. Preparación de la púa del injerto de taller por el método de hendidura.

El injerto de 'Gordal Sevillana' sobre estaquillas enraizadas de una variedad de fácil enraizamiento, 'Picual' por ejemplo, permite la obtención de plantones de casi un metro de altura en el mismo tiempo requerido para conseguirlos autoenraizados, aproximadamente un año.

Estos injertos de taller también se pueden hacer sobre plántulas de semilla de pequeño tamaño, unos 12 cm de altura, conseguida a los cinco o seis meses de la germinación de la semilla (Sotomayor-León y Caballero, 1994), con lo que la planta de vivero injertada se puede producir en año y medio, con gran adelanto sobre los cuatro o cinco precisos al injertar sobre plantas de mayor desarrollo en suelo. (véase el apartado 3). No obstante, este método de propagación no es recomendable, ya que los patrones de semilla pueden proporcionar algo de heterogeneidad a las plantas injertadas obtenidas, al menos en cuanto a vigor.

5.4. Utilización de patrones (portainjertos)

En el apartado 3 se ha mencionado que el injerto apenas se usa en olivo debido a su facilidad de multiplicación. Pero se ha intentado modificar el vigor, producción y resistencia de variedades a la verticilosis mediante injerto sobre plántulas u otras variedades. Olivos de 'Mission' y 'Manzanillo' mostraron más vigor y producción en sus propias raíces que al injertarlos sobre plántulas de semilla de diferentes variedades y de tres especies de la familia *Oleácea* (*Olea ferruginea, O. verrucosa* y *O. chrysophilla*), así como sobre plantas clonales de 'Oblonga', no siendo así con todos los injertos de 'Sevillano'. El principal factor determinante del comportamiento de los árboles injertados fue la variedad, mientras que en general el patrón no influyó en las características de la aceituna, aunque *O. ferruginea* y *O. verrucosa* le produjeron menor relación entre longitud y grosor y mayor proporción de azofairones, mientras que 'Oblonga' confirió menor vigor a 'Manazanillo', pero aumentó el de 'Sevillano (Hartmann, 1958). Quince años después de injertar 'Sevillano' sobre nueve patrones de semilla y clonales, los olivos autoenraizados mostraron la menor sección de tronco, pero solo 'Oblonga' y plantas clonales procedentes de una de semilla de *O. chrysophilla* le confirieron significativamente mayor sección de tronco que en sus propias raíces. Los olivos injertados sobre plántulas de *O. verrucosa* fueron los únicos con significativamente menor producción, sin duda porque fueron afectados por un ataque de verticilosis (véase más adelante), siendo así los de mayor tamaño de aceituna y también los que tuvieron mayor proporción de azofairones (Hartmann y Whisler, 1970).

Amplia información empírica (Rallo y Cidraes, 1978) indica que 'Lechín de Sevilla' se considera buen patrón de 'Gordal Sevillana' por proporcionar árboles de buen vigor y producir aceituna más acorazonada y menos azofairones. También parece ser buena como patrón de 'Morona', y en Córdoba y Sevilla se da como más resistente a la sequía que 'Picual' y 'Manzanilla de Sevilla', confiriendo dicha característica a las variedades injertadas sobre ella. A 'Verdial de Huévar' se la considera buen patrón para suelos compactos y húmedos, dando también buen vigor y rápido desarrollo, pero la aceituna de las variedades injertadas ('Gordal Sevillana', 'Manzanilla de Sevilla' y 'Morona') es más verde y abellotada. A 'Cañivano Negro' se le atribuyen los mismos efectos positivos en cuanto a resistencia a suelos húmedos y mejora de la calidad de los frutos.

Utilizando 'Manzanilla', 'Hojiblanca', 'Picual' y 'Lechín de Sevilla' como patrones y ellas mismas y 'Redondil', 'Galega vulgar', 'Meski' y 'Oueslati' como variedades, dos ensayos de relaciones recíprocas injerto/patrón mostraron una fuerte interacción entre ambos componentes de la combinación y que se puede modificar la superficie externa (de fructificación) de la copa y la sección de tronco de los olivos, la producción de aceituna y aceite y el peso medio de la aceituna obtenida: a los 16 años de plantados dichos ensayos 'Lechín de Sevilla' disminuyó la superficie externa de 'Manzanilla de Sevilla' y 'Picual' un 24 y 36%, respectivamente, mientras que 'Manzanilla de Sevilla' redujo la de 'Lechín de Sevilla' un 21%. La sección de tronco fue menor en 'Picual'/'Lechín de Sevilla' y mayor en 'Manzanilla de Sevilla' injertada sobre 'Picual' y 'Hojiblanca' y en 'Hojiblanca'/'Picual'. Asimismo, se observó un gran paralelismo entre la superficie productiva media de los años 1990-92 y la producción acumulada de 1985-86 a 1991-92, destacando que 'Lechín de Sevilla' disminuye un 37% la producción de 'Manzanilla de Sevilla y' y 'Picual', sin diferencias con sus controles en las demás combinaciones (Caballero y Del Río, 1997).

En el Centro Alameda del Obispo en dos años sucesivos se plantó 'Picual' injertado sobre 17 y 19 variedades elegidas por sus datos de vigor (alto, medio, bajo) y producción (precoces, con productividad media-alta) con el fin de seleccionar las que pudieran disminuir su vigor. A los cuatro años el primer grupo proporcionó una gran variabilidad del vigor, con diferencias significativas solo para la sección de tronco, siendo esta menor al injertar sobre 'Royal de Cazorla' y 'Razzola'. Las variedades que produjeron menor altura, superficie de copa y sección de tronco fueron 'Amigdaloia Nana', 'Cipressino', 'Royal de Cazorla' y 'Razzola'. Todas las combinaciones entraron en producción al tercer año y 'Amigdaloia Nana', 'Cornicabra' y 'Razzola' destacaron por producir menor cosecha acumulada respecto a los testigos. En el segundo grupo, al tercer año, casi todas las combinaciones produjeron su primera cosecha y 'Verdal de Manresa', 'Cipressino, 'Frantoio' e 'Imperial' son los patrones que dieron menor vigor por los parámetros estudiados (Del Río y Caballero, 2006). Pero los olivos han de tener al menos seis años para caracterizar variedades por vigor y producción (Del Río *et al.*, 2002; Del Río *et al.*, 2005).

En el Centro Mas Bové del IRTA de Cataluña se ensayaron 11 variedades como patrones de 'Arbequina i-18', cuyos resultados preliminares mostraron que el menor vigor lo daban 'Arbosana', 'Corbella' y 'Limoncillo' y que la primera y última también daban mayor productividad, sin observar influencia sobre las características de la aceituna (Tous *et al.*, 2011). En otro ensayo con 18 patrones también se observaron diferencias significativas del vigor, siendo 'Verdal de Manresa' la que proporcionó menores sección de troco y volumen de copa, sin resultados importantes en cuanto a características del fruto (Romero *et al.*, 2014).

Recientemente el uso de planta de ocho preselecciones de un cruzamiento 'Sikitita' × 'Arbosana', seis variedades y dos acebuches como patrones, ha mostrado una significativa reducción del vigor de 'Picual', aunque con gran variabilidad del volumen y sección transversal de las copas de los olivos, fecha de la primera cosecha y su interacción (Torres-Sánchez *et al.*, 2022). Como muestra, 'Tosca' o 'Arbequina', consideradas de poco vigor, producen un alto volumen de copa en 'Picual', mientras que 'Frantoio', de alto vigor, no modifica el de 'Picual' autoenraizado, y cuatro de las ocho preselecciones ensayadas son prometedoras como modificadoras del vigor.

En un ensayo ya mencionado (Hartmann y Whisler, 1970), un ataque de verticilosis produjo la muerte de todos los olivos de 'Sevillano' injertados sobre *O. ferruginea* y *Forestiera neo-mexicana* al cabo de 15 años, pero los injertados sobre 'Oblonga' no sufrieron daño. El porcentaje de árboles muertos varió del 20% ('Sevillano' autoenraizado y los injertados sobre patrones clonales provenientes de un acebuche de Grecia) al 80% de los injertados sobre plántulas de *O. verrucosa*. A este respecto, se sabe que no hay incompatibilidad entre variedades ni con plántulas de olivos silvestres (acebuches), pero Hartmann y Opitz (1966) mencionaron dificultades atribuibles a incompatibilidad, incluso muerte de plantas, en ensayos a largo plazo al injertar sobre diferentes especies de la familia *Oleáceas*.

En 1998, en huecos dejados por plantas muertas de 'Picual' de un campo muy infectado por verticilosis, se plantaron otras de 'Frantoio' y 'Empeltre', que a los dos años se injertaron con 'Picual' y 'Arbequina'. Tres años después la verticilosis afectó al 33,3 y al 14,3% de las de 'Picual' sobre 'Frantoio' y 'Empeltre', respectivamente, y al 11,1 y 22,2% de 'Arbequina' sobre los mismos patrones; mientras que en sus propias raíces afectó al 79,2% de 'Picual' y al 23,3% de 'Arbequina. (Martos Moreno, 2003). Otro trabajo en suelo infectado con el patotipo defoliante de *Verticillium dahliae* ha confirmado que injertar 'Picual' (susceptible a verticilosis) sobre sí misma, 'Arbequina' (moderadamente resistente) y 'Changlot Real' y 'Frantoio' (resistentes) retrasa la aparición de síntomas, pero a los cuatro años todas las combinaciones con 'Picual' mostraron severos síntomas de la enfermedad y tasas de mortalidad parecidas a las del testigo autoenraizado, por lo que el uso de patrones resistentes no parece proporcionar suficiente control, al menos en condiciones de mucho inóculo (Valverde *et al.*, 2020).

Estaquillas enraizadas de tres variedades de distinta resistencia a la verticilosis, 'Frantoio', 'Coratina' y 'Leccino', usadas como injerto y patrón en todas las combinaciones posibles y en sus propias raíces, se inocularon con el patotipo defoliante de *Verticillium dahliae*. Noventa días después no mostraron síntomas ni las no injertadas de 'Frantoio' (resistente) ni las de 'Coratina' (susceptible) y 'Leccino' (muy susceptible) injertadas sobre ella, mientras que fueron afectadas las de 'Frantoio' injertadas sobre las otras dos (Bubici y Cirulli, 2012). Como patrones de 'Picual' (muy susceptible), 'Frantoio' y acebuches resistentes a *Verticillium dahliae* fueron más efectivos que otros acebuches susceptibles y muy susceptibles para controlar la enfermedad. Este trabajo también confirma que la susceptibilidad de una variedad no predice su comportamiento como patrón. Usar un genotipo muy poco susceptible como patrón de otro susceptible aumenta la sensibilidad del utilizado como patrón, pero en cualquier caso los patrones resistentes son más efectivos que los tolerantes (Díaz-Rueda *et al.*, 2022).

Así pues, en general, sigue siendo necesario ensayar cada patrón potencial con cada variedad que pueda interesar.

5.5. Ventajas de la multiplicación por enraizamiento de estaquillas semileñosas bajo nebulización

El enraizamiento se puede hacer en cualquier momento del año. Aunque el acuerdo no sea total entre los distintos autores, las épocas de final de cada uno de los dos períodos de crecimiento vegetativo del olivo parecen producir mejores resultados (Hartmann y Loreti, 1965; Bini, 1981; Del Río *et al.*, 1986, 1988; Del Río *et al.*, 1991; Denaxa *et al.*, 2012).

La utilización de pequeñas estaquillas semileñosas permite obtener bastantes más plantones de cada planta madre, por lo que se asegura mejor su identidad varietal y su calidad sanitaria, de especial importancia para viveristas y olivareros. La utilización de setos productores de estaquillas mejora dichas garantías al ser aún menor el número de árboles a utilizar. Además, con las debidas precauciones, tales setos serán útiles mucho tiempo. Por lo mismo, esta técnica también ha permitido asegurar la provisión de material clonal para ensayos comparativos de variedades o patrones y para caracterizar variedades por distintos parámetros de tolerancia a factores adversos de clima y suelo.

La crianza de la planta de nebulización en maceta ahorra espacio de vivero y proporciona un magnífico sistema radical (Figura 4.23), por lo que evita el importante gasto e inconvenientes mencionados al describir las plantas de estaca tradicional, tanto a raíz desnuda como en bolsa. Este nuevo tipo de planta (Figura 4.24)

Figura 4.23. Buen desarrollo del sistema radical de plantas de nebulización de ≈ 1 m. de altura.

Figura 4.24. Las plantas de nebulización de más de un metro de altura se consiguen en aproximadamente un año desde la preparación de las estaquillas y casi no necesitan poda de formación durante los primeros años.

elimina casi por completo los fallos de plantación y se desarrolla mejor en campo, ya que mantiene intacto su sistema radical, lo que le proporciona un mejor y más rápido desarrollo. Además permite explotar mejor el suelo, mediante una densidad más alta, y los árboles resultantes facilitan mucho la mecanización de las técnicas de cultivo, principalmente la recolección.

Al constar de un solo tronco, estas plantas, asimismo, disminuyen drásticamente los gastos de poda de formación, que en el momento de plantar sencillamente consiste en dejar crecer libremente las ramas situadas a más de 90 cm sobre el suelo. La cruz se debe instalar a una altura de aproximadamente 1 metro, adecuada para en su día poder recolectar la aceituna por vibración de troncos.

Este período de crecimiento libre continúa hasta después de la primera cosecha, momento en que ya se podrá confirmar la estructura a todo viento alcanzada por el olivo, en base a las tres (o mejor dos) ramas principales que constituirán su armazón en esta nueva olivicultura. La formación del vaso libre en dos ramas tiene la ventaja de que se obtiene una bifurcación dicotómica de las mismas muy cercana al tronco, lo que en su día eliminará menos proporción de copa, cuando se haya de proceder a renovar la estructura del arbolado mediante la poda de renovación. Además dicha poda no se habrá de hacer sobre el tronco, como en el caso de tener tres o cuatro ramas primarias, sino sobre las dos mencionadas, que son secundarias pero actúan como primarias (Pastor *et al.*, 1995).

Una vez formada dicha estructura, la poda debe limitarse a eliminar los brotes vigorosos que se vayan desarrollando en la cara interna de dichas ramas principales. Con ello se obtiene rápidamente un buen desarrollo de copa, importante para conseguir una precoz entrada en producción, fundamental para amortizar pronto los gastos de plantación. Al compararlas con las tradicionales, estas plantas también permiten adelantar la entrada en producción del olivar y tienen una estructura más adecuada para la mecanización integral del cultivo. La Figura 4.25 muestra un olivar que ilustra estas características de la nueva olivicultura.

Figura 4.25. Joven olivar moderno, establecido a partir de estaquillas semileñosas enraizadas bajo nebulización y criadas a un eje en maceta.

6. Micropropagación

El cultivo de tejidos (*in vitro*) multiplica plantas vegetativamente en un medio artificial y en condiciones de asepsia, a partir de propágulos muy pequeños llamados explantos, ya que utiliza embriones, semillas, ápices caulinares y radicales, tejido de callo, células aisladas o granos de polen (Hartmann *et al.*, 2011). Pero también es una herramienta en mejora genética y facilita el intercambio internacional de material vegetal y la conservación de recursos fitogenéticos.

El olivo, como planta leñosa y perenne, es considerado recalcitrante, difícil de multiplicar por micropropagación, pero ya se consiguió por medio de sucesivos cultivos *in vitro* de explantos uninodales de sierpes y de brotes en carga y descarga y de ápices caulinares de 1-2 mm, tomados de brotes suculentos y vigorosos de 20-30 mm de largo, nada más brotar del tronco o ramas viejas. De esa forma, en un trabajo asimismo dirigido a facilitar la crioconservación de variedades y a la obtención de planta libre de virus con ayuda de termoterapia, Rugini (1984) consiguió multiplicar 'Frantoio', 'Dolce 'Agogia' y 'Moraiolo', poniendo a punto un nuevo medio de cultivo (OM, "olive medium"), derivado del MS (Murashige y Skoog, 1962). El procedimiento fue un éxito a partir de brotes fáciles, difíciles y muy difíciles de enraizar de las tres variedades, también diferentes en cuanto a su capacidad de enraizamiento por estaquillado semileñoso; obteniendo planta de buen desarrollo para su venta tras 18 meses de crianza en macetas, pero con diferencias entre variedades y dificultades para obtener explantos estériles *in vitro*.

Trabajos posteriores con distintas variedades han hecho innovaciones en las distintas fases del proceso conocido como cultivo *in vitro*: preparación de la planta madre, establecimiento del cultivo, multiplicación o proliferación de brotes y enraizamiento de los mismos y aclimatación, normalmente en invernadero, de las plantas obtenidas en laboratorio. También se ha indicado la necesidad de comprobar el estado sanitario de la planta madre, por la posible influencia en el proceso de virus presentes en la misma. Cada variedad ensayada ha requerido alguna modificación del proceso. Trabajando con 'Koroneiki', un medio DKW (Driver y Kuniyuki, 1984) sin reguladores de crecimiento dio mejores resultados que otra variación del OM y el de plantas leñosas, WPM (Lloyd y McCown, 1981): segmentos uninodales de brotes vigorosos de árboles de 20 años fueron cultivados *in vitro* durante dos meses para obtener los explantos, tres meses más con dos trasplantes para la proliferación, pasándolos después a enraizamiento en medio WPM, fase compuesta de una semana en medio líquido y cinco en medio sólido, produciendo estaquillas enraizadas *in vitro* (Roussos y Pontikis, 2002). Un trabajo con ocho variedades de Marruecos y Francia confirmó que los resultados dependen de la variedad y de los reguladores de crecimiento empleados (Sghir *et al.*, 2005).

'Galega vulgar' se multiplica masivamente a partir de explantos uninodales tomados de los nudos segundo a quinto de brotes vigorosos de plantas madre en campo. La fase de iniciación dura un mes, la de proliferación dos, con un trasplante, y la de enraizamiento otro mes. La receta se abarata mediante cambios en los medios utilizados (Peixe *et al.*, 2007a, 2009). Usando el DKW y manitol como fuente de carbono, en unos cuatro meses se obtienen estaquillas enraizadas de 'Rowghani' si el enraizamiento se hace *ex vitro* (Peyvandi *et al.*, 2009). Otro medio de proliferación (MM, multiplication medium) se ha utilizado con 'Oueslati' (Chaari Rkhis *et al.*, 2011), tomando segmentos uninodales de la parte apical de brotes de olivos de 50 años en campo, de los que se obtienen los explantos para proliferación tras cinco meses y tres subcultivos. Las fases de proliferación y enraizamiento son de 90 y 40 días, respectivamente, tras la que se hace la aclimatación de las estaquillas enraizadas, fase que necesita posteriores estudios según los autores del trabajo.

En un medio de iniciación DKW modificado, explantos uninodales de la parte basal de árboles de 'Arbequina' y 'Picual' o de estaquillas suyas puestas a enraizar en perlita dos meses antes se comportan similarmente al final de la fase de iniciación. En cambio, los explantos de 'Arbequina' dan mejores resultados en la de proliferación, especialmente con el medio DKW modificado por Roussos y Pontikis (Vidoy-Mercado *et al.*, 2012a). El enraizamiento de segmentos nodales de material cultivado *in vitro* proveniente de la primera y quinta micro-injertada de un olivo adulto de 'Arbequina' sobre patrones obtenidos por germinación *in vitro* ha sido del 13 y 61%, respectivamente. Por otra parte el enraizamiento bajo nebulización de plantas provenientes de la cuarta y quinta micro-injertada, dos años después de obtenidas, es de 88 y 92%, respectivamente, mejor que el 75% del olivo adulto, por lo que este sistema podría servir para mejorar la multiplicación de variedades de difícil enraizamiento (Vidoy-Mercado *et al.*, 2012b).

Trabajando con 'Frantoio' el ácido ascórbico ha sido el mejor tratamiento para evitar el pardeamiento *(browning)* de los medios y explantos utilizados, que se desecan en discos de papel de filtro y se esterilizan conjuntamente antes de pasar a la fase de proliferación (Mangal *et al.*, 2014).

Por micropropagación de olivo se pueden obtener hasta 200.000 plantas libres de virus a partir de un solo explanto tras solo 12 subcultivos (Briccoli Bati *et al.*, 2006), aunque la breve descripción de los métodos de trabajo a utilizar pone de manifiesto la necesidad de un laboratorio en condiciones de asepsia y de mano de obra especializada, además del tiempo requerido para obtener los explantos, que han de pasar por las fases de iniciación, proliferación, enraizamiento y aclimatación, esta en invernadero y vivero. A partir del séptimo subcultivo de proliferación, el uso de luz continua durante la fase de enraizamiento permite abaratar mucho el proceso en microestaquillas apicales con tres nudos de 'Coratina', 'Maremmano', 'Maurino', 'Picholine' e incluso de 'S. Francesco', difícil de multiplicar bajo nebulización, ya que enraízan del 62 al 76% y el 90% sobrevive y se desarrolla bien (Leva, 2011). El alto coste de algunos de los productos utilizados, especialmente la zeatina, ha llevado a usar aceite de nim, lo que ha permitido incrementar mucho la proliferación de los explantos y su calidad, con un coste muchísimo menor (Regni *et al.*, 2023).

En olivo se usan explantos uninodales tanto en el establecimiento como en la proliferación, material muy seguro en cuanto a estabilidad genética, pero antes de poner la planta a la venta es importante asegurarse de que no ha sufrido cambios en su fenotipo atribuibles a modificaciones genéticas durante el proceso de cultivo *in vitro*. Estos posibles cambios se conocen como variación somaclonal.

Se han producido cambios en algunos casos, pero no en otros, probablemente dependiendo de las condiciones de cultivo *in vitro* en cada caso. A pesar de más de cuatro años de proliferación *in vitro* de los explantos, la planta micropropagada de 'Nocellara Etnea' y 'Carolea' no mostró características juveniles y floreció al segundo año de la plantación, aunque con menos intensidad que las injertadas de 'Nocellara Etnea' y las injertadas y autoenraizadas de 'Carolea' (Briccoli Bati *et al.*, 2006). Tras ocho años de comparación en campo la planta de 'Nocellara Etnea' tuvo similar cosecha acumulada en micropropagada e injertada (no se utilizó autoenraizada en este caso), mientras que la de 'Carolea' micropropagada tuvo la mitad que la autoenraizada y la injertada. Aunque se sabe que 'Carolea' puede mostrar aborto pistilar, los autores reconocen la necesidad de estudios para determinar si dicha poca productividad es debida a cambios epigenéticos ocurridos durante el largo proceso *in vitro* de los explantos, que de alguna forma hayan afectado la funcionalidad de los ovarios.

Durante ocho años de crecimiento en campo no se han observado diferencias significativas entre plantas producidas por estaquillado semileñoso bajo nebulización y las micropropagadas de un mismo árbol de 'Maurino' en la mayoría de los parámetros vegetativos controlados, concretamente el hábito de crecimiento, el crecimiento vegetativo, la sección del tronco y la copa de los olivos; solo las hojas y aceitunas son ligeramente más anchas que las controladas, aun manteniendo sus formas características (Leva *et al.*, 2012). Tampoco hay diferencias entre la morfología de los endocarpos ni en las características de los aceites. Además, a los dos y ocho años de la plantación no se han detectado diferencias en estudios con marcadores moleculares, la segunda vez con microsatélites, que a su vez han comprobado la validez de los morfológicos.

La encapsulación de explantos de 'Moraiolo' obtenidos *in vitro* ha permitido almacenarlos a temperatura ambiente y a 4 °C durante 15 y 30 días sin que pierdan su viabilidad y capacidad de proliferación (Michelli *et al.*, 2007), lo que confirma la utilidad de la micropropagación como método de intercambio internacional de germoplasma o de suministro a viveros de material certificado, sin necesidad de refrigeración.

Las plantas obtenidas de hasta cinco sucesivos micro-injertos (Vidoy-Mercado *et al.*, 2012b) no han mostrado variaciones somaclonales entre ellas ni con la planta madre al ser analizadas por microsatélites. Además, al cabo de un año en campo, plantas de 1 m de altura, obtenidas por estaquillado de las provenientes de dos líneas de los micro-injertos primero, tercero y quinto, no han mostrado diferencias entre ellas ni con la planta madre de 'Arbequina' en cuanto a número de árboles que florecen (más del 80% en cualquier tipo), altura de la planta y cosecha, todavía pequeña pues se trata de solo un año tras la plantación (Vidoy-Mercado, 2014). Siguiendo estos trabajos se ha conseguido el establecimiento *in vitro* de 15 de las 22 variedades españolas ensayadas (casi todas las principales, véase el capítulo 3), de las que 12 han pasado a la fase de proliferación y después a enraizamiento *ex vitro,* lo que representa un avance importante para la conservación *in vitro* de germoplasma de olivo (Cabello Moreno, 2016). Actualmente el IFAPA conserva en su Centro de Málaga ocho de las 24 variedades principales españolas: 'Arbequina', 'Castellana', 'Cornicabra', 'Hojiblanca', 'Lechín de Granada', 'Sevillenca', 'Villalonga' y 'Verdial de Vélez-Málaga' (Araceli Barceló, comunicación personal).

Una reciente revisión sobre diversos aspectos de la especie olivo incluye la micropropagación y muestra una lista de 45 variedades que han sido multiplicadas por este sistema, con indicación de las referencias bibliográficas (Rugini *et al.,* 2020).

7.   **Propagación por semilla**

Ya se ha mencionado que la heterogeneidad de las plantas obtenidas impide el uso de la germinación de semillas en la multiplicación de variedades cultivadas, a menos que sea para producir patrones sobre los que injertarlas. Pero la germinación, método natural de multiplicación, se necesita para obtener la descendencia de los cruzamientos planificados en programas de mejora genética clásica y para obtener plantas con destino a reforestación.

En la aceituna el hueso o endocarpo, de consistencia pétrea, encierra la semilla en su interior, compuesta de la radícula, la plúmula, los cotiledones, el endospermo y la cubierta seminal.

El procedimiento tradicional de germinación empleado por los viveros de la Toscana (Jacoboni *et al.*, 1976) comenzaba obteniendo las semillas en el otoño, cuando el fruto alcanza su madurez. A continuación venía el despulpado en deshuesadoras o molinos de martillo y los huesos se lavaban con agua tibia o se sumergían en soluciones frías de hidróxido sódico, a concentraciones del 1 al 3%, según el espesor del endocarpo. Los huesos limpios se dejaban secar durante unos días en sitios aireados y se conservaban hasta el verano siguiente en sacos o cestos o estratificados en arena seca, pero siempre en ambiente frío y húmedo. La conservación durante más de tres años anulaba la germinación, que era de un 15 a un 20% el primer año y de un 22 al 28% el segundo.

Los huesos conservados se bañaban en agua a 30-35 °C durante cinco o seis días en julio, para a continuación estratificarlos en arena húmeda y en lugar oscuro durante casi un mes. A continuación la siembra de los huesos se realizaba en almácigas, a dosis de 2,5 a 3 kg/m^2, dada la escasa y variable germinabilidad del olivo, del orden del 20%, que por este método es muy lenta y se produce escalonadamente durante el invierno. En primavera, cuando las plántulas tenían de cuatro a cinco nudos, se realizaba el tranplante a las eras de injerto, a razón de 150 por metro cuadrado. Al cabo de un año alcanzaban tamaños de 30 a 70 cm de altura y grosor suficiente para la injertada. Tras otro año, las plantas injertadas se repicaban al vivero de crianza, donde completaban su crecimiento durante uno, dos o incluso tres años.

Las plantas así obtenidas son de gran calidad, pero tienen el inconveniente de dejar en el vivero parte del sistema radical formado, lo que obliga a severas podas de la parte aérea en el momento de la plantación. Además del excesivo tiempo y consiguiente alto coste de producción.

Un programa de trabajo californiano permitió determinar que las semillas de 'Manzanillo' presentaban una latencia mecánica del endocarpo y otra fisiológica del endospermo (Crisosto y Sutter, 1985; Lagarda *et al.*, 1983). La primera se elimina por escarificación química con ácido sulfúrico durante 24 horas y la segunda por estratificación en húmedo a 15 °C durante 30 días.

Este comportamiento de la semilla de 'Manzanilla de Sevilla' parece ser común para la especie, ya que se repitió con cinco variedades en Córdoba, en las que la latencia fisiológica fue responsable de que no germinara el 65% de las semillas y la mecánica de que no lo hiciera el 28%. El porcentaje de endocarpos vanos o con semillas rudimentarias, 15%, separables por flotación en agua salada, también fue común para las otras variedades estudiadas (Sotomayor-León y Caballero, 1990). Sin embargo, la fecha de maduración de las semillas, en cuanto a su capacidad de germinación, varió de unas variedades a otras.

Las aceitunas de 'Arbequina' contienen semillas que germinan al 100% tan pronto como a últimos de agosto, mientras que las de 'Picual' no alcanzan ese porcentaje hasta mediados de octubre, lo que pone de manifiesto la disparidad entre el desarrollo de la semilla para germinar y del fruto para la producción de aceite. Estos trabajos, asimismo, indican que la semilla madura para germinación es aquella cuyo embrión ha alcanzado su longitud y peso seco máximos, su endospermo representa al menos el 20% del peso de la semilla y esta ha perdido agua respecto a estadios anteriores de desarrollo (Sotomayor-León y Caballero, 1989).

La escarificación química no fue posible en ninguna de las cinco variedades con las que se trabajó, por lo que se rompieron los huesos mediante un tornillo mecánico, con el que se pueden liberar las semillas con gran facilidad y rapidez. Su estratificación a 15 °C durante un mes se puede hacer dentro o fuera de los endocarpos que las contienen, pero en el segundo caso se contaminan con mayor facilidad, por lo que la eliminación de la latencia mecánica es más aconsejable después de dicho tratamiento, pero aplicando la presión desde ambos extremos para no dañar las semillas, ya imbibidas de agua (Sotomayor-León y Caballero, 1990).

Una vez eliminadas las latencias, se consigue una germinación del 90% si el proceso se realiza a 25 °C de temperatura y fotoperiodo de 16 horas durante un mes. El crecimiento posterior en invernadero permite obtener una plántula de 12 cm de altura, ya injertable, al cabo de cinco a seis meses desde el comienzo de la germinación, período que probablemente pueda acortarse mediante condiciones de crecimiento forzado. Este proceso ha sido acortado estratificando a 14 °C durante 18 días y pasando a 25 °C otros 12, usado en Córdoba en mejora genética por cruzamientos intraespecíficos (Adakalic *et al.*, 2008).

8.   Planta certificada

La industria viverística española de olivo se expandió mucho a finales del siglo XX con la innovación que supuso el estaquillado semileñoso, pero el material de multiplicación se tomaba de olivares en producción y el sustrato de crianza solía llevar tierra o arena. Ello dio lugar a algunos fallos de identidad varietal, pero también a la difusión de material infectado: un programa de inspección de planta de vivero detectó un 15% con verticilosis y un 28% con tuberculosis, de un total de 714 análisis realizados. El uso de planta certificada protege frente a ambos problemas y es base importante para establecer un nuevo olivar, sin olvidar la comprobación de que el terreno a plantar esté libre de inóculo de verticilosis y de nematodos vectores de virosis. El texto consolidado del Real Decreto 929/1995 (BOE 141, 14-06-95, actualizado el 21-6-2023) aprueba el Reglamento técnico de control y certificación de plantas de vivero de frutales y define las cuatro categorías de planta de olivo que se producen en vivero: inicial, base, certificada y CAC (*Conformitas agraria communitatis*).

El Real Decreto 1054/2021 (BOE 300, 16-12-2021) regula la ordenación de los operadores profesionales de material vegetal de reproducción. Las plantas de partida para producir plantones CAC pueden ser certificadas por el organismo oficial competente por identidad y estado sanitario o solo olivos identificados y descritos como de la variedad a propagar por un operador profesional y certificados como libres de *Verticilliun dahliae* por dicho organismo oficial. El uso de dichos olivos como origen de plantones CAC tan solo será posible hasta el 2 de enero de 2027, cuando entrará en vigor la obligación de dichos viveros de disponer de campos de planta madre propios. Esto hace que los viveristas ya estén instalando dichos campos en los que también se les certifica la identidad varietal.

El productor de estaquillas y el viverista de plantones CAC que expidan pasaporte fitosanitario deben testar su material de partida como libre de *Verticillium dahliae* y cada año comprobar lo mismo en al menos un 10% de sus plantas madre. También deben vigilar que esté libre de dos grupos de organismos nocivos. El primero lo constituyen la bacteria productora de la tuberculosis (*Pseudomonas syringae* pv *savastanoi*), los nematodos *Xiphinema spp.*, *Meloidogyne spp.* y los virus asociados al amarilleo de las hojas del olivo, de las venas del olivo y al moteado amarillo y deterioro del olivo. El segundo está formado por el hongo de la verticilosis (*Verticillium dahliae*) y los virus del mosaico del Arabis, del enrollado de la hoja del cerezo y latente de las manchas anulares de la fresa. Asimismo, debe estar libre de la bacteria cuarentenaria *Xylella fastidiosa* (Reglamento UE 2020/1201 de

14-8). El viverista debe avisar al organismo oficial y a los clientes que ya hubiesen comprado planta si, siguiendo su Plan Eficaz, observa síntomas de los organismos nocivos indicados: en tal caso deberá hacer muestreos con análisis en los lotes afectados. Además, dicho organismo oficial realiza visitas anuales de inspección al suministrador del material y al vivero. Aunque la normativa aún no lo exige, la inspección oficial vela para que los plantones CAC se críen en turba o en tierra de cantera analizada como libre de inóculo de *Verticillium dahliae* y se rieguen con agua libre de dicho organismo. Esta categoría de planta lleva etiqueta amarilla, combinada con pasaporte fitosanitario si ha de viajar por la Unión Europea. Para facilitar su trazabilidad el paso de material vegetal de un operador a otro se hace con la documentación exigida por la normativa vigente.

La producción de planta certificada pasa por más controles del viverista y de la Administración. El antes citado Reglamento define tres categorías de planta madre durante el proceso: inicial, de base y de certificada. La última incluye los plantones certificados. La planta madre u origen de material inicial de olivo puede haber sido escogida por el viverista y el organismo oficial correspondiente haber certificado su identidad y estado sanitario. Pero la colaboración entre la Junta de Andalucía, la Universidad de Córdoba y el IFAPA permitió establecer en dicha Universidad un Reservorio de Variedades Comerciales, que puede suministrar estaquillas así certificadas a los viveristas, para que tras enraizarlas constituyan sus plantas madre de material de base. Las plantas madre de material certificado las pueden obtener de las de inicial o de las de base. De los campos de pies madre de base y de certificado salen las estaquillas para los plantones certificados. La planta origen de cada variedad de cada vivero se identifica mediante un código que deben llevar todos los materiales durante su multiplicación y comercialización, para asegurar la trazabilidad de la planta producida. Pero que dicho código acompañe a la palabra clon hasta el final del proceso puede dar la falsa idea de que una variedad de un vivero es mejor o peor que la de otros, siendo así que cada planta origen es autentificada como de la misma variedad.

Las plantas madre de material inicial, con identidad certificada, se mantienen en reservorios a prueba de insectos y libres de infecciones por vectores aéreos, en macetas aisladas del suelo utilizando sustratos sin tierra o esterilizada. Se realizan inspecciones visuales anuales y a los 10 años el viverista analiza todas las plantas iniciales respecto de los organismos nocivos antes mencionados. El campo de plantas madre de base, con identidad certificada, también se inspecciona visualmente cada año, debiendo además testar un 3,3% con tolerancia 0%, para que todas las plantas se vuelvan a certificar de identidad y estado sanitario cada 10 años. Idéntico procedimiento se sigue con el campo de planta madre de certificado, aunque sin tener que confirmar su identidad varietal.

La planta madre de base se puede tener en macetas con sustratos sin tierra o esterilizada, pero igual que la de planta certificada también se cultiva en suelo si se certifica previamente que está libre de nematodos (*Xiphinema spp.* y *Meloydogine spp.*) y de *Verticillium dahliae*. Los campos de pies madre de base y de certificada deben estar a al menos 100 m de olivos que no sean del sistema de certificación, o a 20 m si están al abrigo de vectores de organismos nocivos o con adecuados medios de protección. Los plantones (y en su caso patrones) certificados se crían en parcelas separadas al menos 20 m de cualquier olivar, a no ser que estén a cubierto o se rodeen con setos protectores. Lo mejor es criarlos en macetas aisladas del suelo utilizando sustratos sin tierra o esterilizada, quedando entonces a criterio del organismo oficial la exigencia de que el suelo esté libre de nematodos (*Xiphinema spp.* y *Meloydogine spp.*). El productor de patrones de semilla debe garantizar documentalmente el origen de la misma.

Las etiquetas azules de los plantones certificados incluyen pasaporte fitosanitario, llevan la bandera de la Unión Europea, indican en qué Comunidad Autónoma española se han producido y muestran los códigos del clon y del productor. Hasta hace pocos años había tres categorías de productores de plantas de vivero, aunque la primera esté casi desapareciendo debido al servicio que presta el Reservorio oficial antes mencionado: el obtentor producía material inicial y de base, el seleccionador, material inicial, de base y plantones certificados, y el multiplicador, con capacidad solo para plantas madre de material certificado y plantones certificados. Los productores seleccionadores y multiplicadores también podían producir plantones CAC. Desde la publicación del Real Decreto 1054/2021 solo hay productor mantenedor (obtentor y seleccionador) y productor multiplicador.

Los viveros deben llevar un Registro de Tratamientos de cada lote de producción, que será revisado periódicamente por el organismo oficial competente. Asimismo, antes del 31 de mayo de cada año, los viveristas deben enviar a dicho organismo las declaraciones de cultivos y de comercialización, en donde figuran, al menos, los datos de localización de las parcelas y origen del material de multiplicación, en cada caso, y para cada variedad, clon y categoría de planta de vivero producida o comercializada. La certificación de la identidad y sanidad de la planta de vivero garantiza su calidad, pero es necesario e importante que tenga un tamaño y desarrollo adecuados, tal como se explica en 5.1.3 y 5.5.

La fase de aclimatación o crianza de la planta certificada proveniente de micropropagación se atiene a la normativa ya explicada. La fase de cultivo *in vitro* debe cumplir requisitos específicos. Los explantos utilizados deben provenir de ápices caulinares de árboles madre de base o de material inicial. Se han de utilizar medios estériles, sin emplear antibióticos para no enmascarar posibles contaminaciones por microorganismos. La multiplicación se efectúa por líneas de descendencias clonales de cada explanto utilizado. Las plantas de cada línea clonal se mantienen e identifican por separado, hasta el momento de precintarlas y etiquetarlas. No se pueden hacer más de siete multiplicaciones en la fase de proliferación. Se toman al menos tres plantas de cada línea de descendencia clonal en la tercera o cuarta multiplicación para el pre-control varietal, que el viverista debe cultivar en sus instalaciones de aclimatación, sometidas a inspecciones oficiales, siendo rechazadas las que no las superen. Asimismo, se eliminan todas las plantas fuera de tipo y las afectadas por plagas y patógenos en cualquiera de las fases de cultivo. El viverista lleva un registro específico para anotar las operaciones de multiplicación, muestreo, depuración, etc., por cada línea de descendencia, cada una con su clave, indicando el número de plantas o recipientes de multiplicación. Las etiquetas de las plantas de micropropagación llevan la indicación "producida *in vitro*".

En España el organismo oficial responsable que por Ley ejerce las competencias del Registro de Variedades Comerciales y Protegidas, así como las relativas a semillas y plantas de vivero es la Dirección General de Producciones y Mercados Agrarios del Ministerio de Agricultura, Pesca y Alimentación, por medio de la Oficina Española de Variedades Vegetales. La ejecución de las operaciones necesarias para el control y certificación corresponden a los órganos competentes de cada Comunidad Autónoma, incluido el ejercicio de la potestad sancionadora en ejecución de la Ley, a excepción de las infracciones relativas a las importaciones o exportaciones de variedades comerciales, que son ejercidas por dicho Ministerio.

La normativa española de certificación que se acaba de explicar brevemente es similar a la de otros países olivareros de la Unión Europea, ya que todas derivan de leyes comunitarias. Por su parte, el Consejo Oleícola Internacional, organización inter-gubernamental de las Naciones Unidas con sede en Madrid, ha publicado un esquema de certificación de variedades y patrones de olivo (Boscia *et al*., 2022, https://doi.org/10.1111/epp.12883).

9. Bibliografía

Adakalic, M.; Barranco, D.; León, L.; De la Rosa, R. (2008). Influence of harvest date on the germination and emergency of seeds of five olive cultivars. *Acta Horticulturae*, 791: 187-190.

Ayoub, S. J.; Qrunfleh, M. M. (2006). Anatomical aspects of rooting 'Nabali' and 'Raseei' olive semi-hardwood stem cuttings. *Jordan Journal of Agricultural Sciences*, 2 (1): 16-28.

Avidan, B.; Lavee, S. (1978). Physiological aspects of the rooting ability of olive cultivars. *Acta Horticulturae*, 79: 93-101.

Belaj, A.; De la Rosa, R.; Lorite, I. J.; Mariotti, R.; Cultrera N. G. M,; Beuzón C. R,; González-Plaza, J. J.; Muñoz-Mérida, A.; Trelles, O.; Baldoni, L. (2018). Usefulness of a New Large Set of High Throughput EST-SNP Markers as a Tool for Olive Germplasm Collection Management. *Front. Plant Sci.*, 9:1320. doi: 10.3389/fpls.2018.01320

Bini, G. (1981). Variazioni delle potenziale rizogeno durante il ciclo sviluppo annuo dell'olivo. *L'Informatore Agrario*, 2: 13587-13592.

Boscia, D; Faggioli, F.; Félix, R.; Martínez, C.; Morello, P.; Saponar, M.; Trapero, C.; Varveri; C.; Bottalico, G.; Micheli, M. (2022). PM 4/17 (3) Certification scheme for olive trees and rootstocks. EPPO Bulletin. 52: 590–601. https://doi.org/10.1111/epp.12883.

Bubici, G.; Cirulli, M. (2012). Control of Verticillium wilt of olive by resistant rootstocks. *Plant and Soil*, 352: 363-376). https://doi.org/10.1007/s11104-011-1002-9

Briccoli Bati, C.; Godino, G.; Monardo, D.; Nuzzo, V. (2006). Influence of propagation techniques on growth and yield of olive trees cultivars 'Carolea' and 'Nocellara Etnea'. *Scientia Horticulturae*, 109: 173-172.

Caballero, J.M. (1980). *Multiplicación del olivo por estaquillado semileñoso bajo nebulización.* Comunicaciones INIA, Serie Producción Vegetal, 31: 39.

Caballero, J.M.; Del Río, C. (1997). Relaciones recíprocas patrón injerto en olivo. *Fruticultura Profesional,* Especial Olivicultura II, 88: 6-13.

Caballero, J. M.; Nahlawi, N. (1979). Influencia de los hidratos de carbono y del lavado con agua en el enraizamiento del cultivar Gordal de olivo (*Olea europaea*, L). *Anales INIA, Serie Producción Vegetal,* 11: 219-230.

Caballero, J.M.; Del Río, C. (1994). *Propagación del olivo por enraizamiento de estaquillas semileñosas bajo nebulización.* Comunicación I+D Agroalimentaria, 7/94. Consejería de Agricultura y Pesca, Junta de Andalucía. 23 pp.

Caballero, J.M.; Rallo, L. (1977). Duración del período de enraizamiento del olivo (*Olea europaea*, L.) por estaquillado semileñoso bajo nebulización. *Olea,* diciembre: 29-39.

Cabello Moreno, B. (2016). *Micropropagación y conservación in vitro de variedades españolas de olivo.* Tesis doctoral. Universidad de Málaga.

Casini, E. (1973). Dernières recherches sur la propagation de l'olivier par boutures. *Informations Oléicoles Internationales (nouvelle serie),* 60/61: 11-60.

Castillo, P.; Nico, A.; Azcón-Aguilar, I.; Del Río, C.; Calvet, C.; Jiménez-Díaz, R.M. (2006). Protection of olive planting stocks against parasitism of root-knot nematodes by arbuscular mycorrhizal fungi. *Plant Pathology,* 55: 705-713.

Castillo, P.; Nico, A.; Navas Cortés, J. A.; Landa, B. B.; Jiménez-Díaz, R.; Vovlas, N. (2010). Plant parasitic nematods attacking olive trees and their management. *Plant Disease,* 94 (2): 145-162.

Centeno, A.; Gómez-del-Campo, M. (2008). Effect of root-promoting products in the propagation of organic olive (*Olea europaea* L. cv. Cornicabra) nursery plants. *HortScience,* 43 (7): 2066-2069.

Chaari Rkhis, A.; Maalej, M.; Drira, N.; Standardi, A. (2011). Micropropagation of olive tree *Olea europaea* L. 'Oueslati'. *Turkish Journal of Agricultural Forestry,* 35: 403-412.

Cherif Mouaki, S. (2004). *Influencia del tamaño de la estaquilla y del sustrato en la producción de plantas de olivo en vivero. Modificación del sistema radical de plantas de semilla.* Tesis de Master en Olivicultura y Elaiotecnia. Universidad de Córdoba.

Citernesi, A. S.; Vitagliano, C.; Giovanetti, M. (1998). Plant growth and root system morphology of *Olea europaea* L. rooted cuttings as influenced by arbuscular mycorrhizas. *Journal of Horticultural Science and Biotechnology,* 73: 657-654.

Cimato, A. (1999). El vivero olivícola. Seminario Internacional sobre Innovaciones Científicas y su Aplicación en la Olivicultura y Elaiotecnia. Consejo Oleícola Internacional. Florencia.

Cimato, A.; Fiorino, P. (1980). Stato attuale delle conoscenze sulla moltiplicazione dell'olivo con la tecnica della nebulizzazione. *L'Informatore Agrario,* XXXVI (38): 12227-12238.

Cirillo, C.; Russo, R.; Famiani, F.; Di Vaio, C. (2017). Investigation on rooting ability of twenty olive cultivars from Southern Italy. *Adv. Hort. Sci.,* 31 (4): 311-317.

Crisosto, C.; Sutter, E. (1985). Role of the endocarp in 'Manzanillo' olive seed germination. *J. Amer. Soc. Hort. Sci.,* 110 (1): 50-52.

Dag, A.; Ran, E., Ben-Gal, A.; Zipori, I.; Yermiyahu, U. (2012). The effect of olive tree stock plant nutritional status on propagation rates. *HortScience,* 47 (2): 307-310.

Del Río, C.; Caballero, J.M. (2005). Aptitud al enraizamiento. En: *Variedades de olivo en España* (libro II: Variabilidad y selección). Rallo, L; Barranco, D.; Caballero, J.M.; Del Río, C.; Martín, A.; Tous, J.; Trujillo, I. (Eds.). Junta de Andalucía, MAPA y Ediciones Mundi-Prensa.

Del Río, C.; Caballero, J.M. (2006). Resultados preliminares sobre el empleo de patrones para modificar el vigor o la producción de la variedad de olivo 'Picual'. *Actas de Horticultura (SECH),* 45: 79-80.

Del Río, C.; Caballero, J.M.; De la Torre, M.ªJ.; Bejarano, J. (2002). *Mejora de la calidad y de la sanidad en la propagación viverística del olivo.* Jornadas de Investigación y Transferencia de Tecnología al Sector Oleícola, 145-148. En: Jornadas de investigación y transferencia de tecnología al sector oleícola. Dirección General de Investigación y Formación Agraria y Pesquera (Junta de Andalucía) y D.a.p.

Del Río, C.; Caballero, J.M.; Rallo, L. (1986). Influencia del tipo de estaquilla y del AIB sobre la variación estacional del enraizamiento de los cultivares de olivo 'Picual' y 'Gordal Sevillana'. *Olea,* 17: 23-26.

Del Río, C.; Caballero, J.M.; Rallo, L. (1988). Influence of washing and sacharose application on the rooting of 'Gordal Sevillana' olive cuttings at different phenological stages. *Plant Propagator,* II (2): 2-4.

Del Río, C.; García-Fernández, M.D.; Caballero, J.M. (2002). Variability and classification of olive cultivars by their vigor. *Acta Horticulturae,* 586, 229-232.

Del Río, C.; García-Fernández, M.D.; Caballero, J.M. (2005). Producción (Banco de Germoplasma de Córdoba). En: *Variedades de olivo en España* (libro II: Variabilidad y selección). Rallo, L; Barranco, D.; Caballero, J.M.; Del Río, C.; Martín, A.; Tous, J.; Trujillo, I. (Eds.). Junta de Andalucía, MAPA y Ediciones Mundi-Prensa.

Del Río, C.; Proubi, A. (1999). Training initiation date affects height of nursery olive trees. *HortTechnology*, 9 (3): 482-485.

Del Río, C.; Rallo, L.; Caballero, J.M. (1991). Effects of carbohydrate content on the seasonal rooting of vegetative and reproductive cuttings of olive. *Journal of Horticultural Science,* 66 (3): 301-309.

Denaxa, N. K; Roussos, P. A.; Vemmos, S. N. (2014). The possible role of polyamines to the recalcitrance of 'Kalamata' olive leafy cuttings to root. *J. Plant Growth Regul.,* 33: 579-589. https://doi.org/10.1007/s00344-013-9407-8.

Denaxa, N. K; Roussos, P. A.; Kostelenos, D. G.; Vemmos, S. N. (2021). Chlorogenic acid: A possible cofactor in the rooting of 'Kalamata' olive cultivar. *Journal of Plant Growth Regulation,* 40: 2017-2027. https://doi.org/10.1007/s00344-020-10249-3.

Denaxa, N. K.; Roussos, P. A.; Vemmos, S. N.; Fasseas, K. (2019). Assesing the effect of oxidative enzymes and stem anatomy on adventitious rooting of *Olea europaea* (L.) leafy cuttings. *Spanish Journal of Agricultural Research,* 17 (3), 13 pages. https://doi.org/10.5424/sjar/2019173-1448

Denaxa, N K.; Vemmos, S. N.; Rousssos, P. A. (2012). The role of endogenous carbohydrates and seasonal variation in rooting ability of cuttings of an easy and a hard to root olive cultivars (*Olea europaea L.*). *Sci. Hortic.* 143: 19-28.

Denaxa, N K.; Vemmos, S. N.; Rousssos, P. A. (2021). Shoot girdling improves rooting performance of Kalamata olive cuttings by upregulating carbohydrates, polyamines and Phenolic compounds. *Agriculture,* 11, 71. https://doi.org/10.3390/agriculture11010071

Díaz-Rueda, P.; Peinado-Torrubia, P.; Durán-Gutiérrez, F.J.; Alcántara-Romano, P.; Aguado, A.; Capote, N.; Colmenero-Flores, J.M. (2022). Avoidant/resistant rather than tolerant olive rootstocks are more effective in controlling Verticillium wilt. *Front. Plant Sci.* 13:1032489.doi: 10.3389/fpls.2022.1032489

Driver, J. A.; Kuniyuki, A. H. (1984). In vitro propagation of Paradox walnut rootstock. *HortScience,* 19: 507-509.

Fernández-Escobar, R.; Antonaya-Baena, M. F.; Sánchez-Zamora,M. A.; Molina-Soria, C. (2014). The amount of nitrogen applied and nutritional status of olive plants affect nitrogen uptake efficiency. *Scientia Horticulturae,* 167: 1-4.

Fernández-Escobar, R.; Benlloch, M.; Herrera, E.; García-Novelo, J. M. (2004). Effect of traditional and slow-release N fertilizers on growth of olive nursery plants and N losses by leaching. *Scientia Horticulturae*, 101: 39-49.

Fontanazza, G.; Jacoboni, N. (1976). Il riscaldamento basale nella propagazione dell'olivo. *Frutticoltura,* XXXVII (12): 9-15.

Hartmann, H. T. (1946). The use of root-promoting substances in the propagation of olive by soft-wood cuttings. *Proceedings of the American Society for Horticultural Science*, 48: 303-308.

Hartmann, H. T. (1958). Rootstock effect on olive: Influence on tree growth is found to vary with the scion variety in tests conducted at Winters, Corning, and Lindsay. *California Agriculture,* 12 (9): 13-14.

Hartmann, H.T.; Loreti, F. (1965). Seasonal variation in the rooting of olive cuttings. *Proceedings of the American Society for Horticultural Science,* 87: 194-198.

Hartmann, H.T.; Kester, D.E.; Davies, F. T.; Geneve, R. (2011). *Hartmann & Kester's Plant Propagation, Principles and practices.* 8th edition. Prentice Hall. 915 pp.

Hartmann, H.T.; Opitz, K.W. (1966). Olive production in California. Calif. Agric. Exp. Stn. Ext. Serv. Circ. 540, 63 pp.

Hartmann, H.T.; Whisler, J.E. (1970). Some rootstock and interstock influences in the olive (*Olea europaea L.*) cv. 'Sevillano'. *J. Amer. Soc. Hort. Sci.,* 95 (5): 562-565.

Isfendiyaroglu, M.; Ozeker, E.; Baser, S. (2009). Rooting of 'Ayvalik' olive cuttings in different mnedia. *Spanish Journal of Agricultural Research*, 7 (1): 165-172.

Izadi, M.; Jamali, B.; Taslimpour, M. R.; Mohaseli, V. (2024). Impact of girdling on rooting ability and some biochemical attributes in cuttings of three olive cultivars. *Scientia Horticulturae,* 332. https://doi.org/10.1016/j.scienta.2024.113195.

Jacoboni, N.; Battaglini M.; Preziosi, P. (1976). Propagación del olivo. En: *Olivicultura moderna,* Eds. FAO-INIA, Editorial Agrícola Española, S.A., Madrid. 373 pp.

Lagarda, A.; Martin, G.; Kester, D. E. (1983). Influence of environment, seed tissue, and seed maturity on 'Manzanillo' olive seed germination. *HortScience,* 18 (6): 868-869.

Leva, A. (2011). Innovative protocol for "*ex vitro* rooting" on olive micropropagation. *Cent Eur. J. Biol.,* 6 (3): 352-358.

Leva, A. R.; Petruccelli R.; Rinaldi, L. M. R. (2012). Somaclonal Variation in Tissue Culture: A Case Study with Olive, 123-150. Recent Advances in Plant in vitro Culture, Dr. Annarita Leva (Ed.), InTech, DOI: 10.5772/50367.

López-Escudero, F. J.; Blanco-López, M. A. (2007). The relationship between the inoculum density of *Verticillium dahliae* and the progress of Verticillium wilt of olives. *Plant Disease*, 91: 1372-1378.

López-Escudero, F. J.; Martos-Moreno, C.; Blanco-López, M. A. (2003) Análisis y significado epidemiológico de la población de *Verticillium dahliae* en el suelo. 60 pp. Servicio de Publicaciones de la Universidad de Córdoba. España. ISBN 8478016880.

Lloyd, G.; McCown, B. (1981). Commercially-feasible micropropagation of Mountain Laurel, *Kalmia latifolia*, by use of tip culture. *Combined Proceedings of International Plant Propagator's Society*, 30: 421-427.

Macedo, E.; Vieira, C.; Carrizo, D.; Porfirio, S.; Hegewald, H.; Arnholdt-Schmitt, B.; Calado, M. L.; Peixe, A. (2013). Adventitious root formation in olive (*Olea europaea L.*) microshoots: anatomical evaluation and associated biochemical changes in peroxidase and polyphenol oxidase activities. *The Journal of Horticultural Science and Biotechnology,* 88(1): 53-59. https://doi.org/10.1080/14620316.2013.11512935.

Mangal, M.; Sharma, D.; Sharma, S.; Kumar, S. (2014). *In vitro* regeneration in olive (*Olea europaea L.*) cv. 'Frontio' from nodal segments. *Indian Journal of Experimental Biology*, 52: 912-916.

Martos Moreno, C. (2003). *Resistencia de cultivares de olivo al aislado defoliante de Verticillium dahliae Kleb. y reducción de la enfermedad por la infección previa con el aislado no defoliante.* Tesis Doctoral. Universidad de Córdoba.

Michelli, M.; Hafiz, I. A.; Standardi, A. (2007). Encapsulation of *in vitro*-derived explants of olive (*Olea europaea* L cv. Moraiolo). II Effects of storage on capsule and derived shoots performance. *Scientia Horticulturae*, 113, 286-292.

Montero-Calasanz, M. C.; Santamaría, C.; Albareda, M.; Daza, A.; Duan, J.; Glick, B. R.; Camacho, M. (2013). Alternative rooting induction of semi-hardwood olive cuttings by several auxin-producing bacteria for organic agriculture systems. *Spanish Journal of Agricultural Research*, 11 (1): 146-154.

Murashige, T.; Skoog, F. (1962). A revised medium for rapid growth and bio-assay with tobacco tissue culture. *Physioliogia Plantarum*, 15: 473-497.

Nahlawi, N.; Humanes, J.; Phillipe, J. M. (1975 a). Factores que afectan al enraizamiento de estaquillas herbáceas de olivo. *Anal. INIA Ser. Prod. Veg.,* 5: 147-166.

Nahlawi, N.; Rallo, L.; Caballero, J. M.; Eguren, J. (1975). Aptitud al enraizamiento de cultivares de olivo por estaquillado herbáceo en nebulización. *Anal. INIA Ser. Prod. Veg.,* 5 (7): 167-182.

Pastor, M.; Navarro, C.; Vega, V.; Arquero, O.; Hermoso, M.; Morales, J.; Fernández, A.; Ruiz, F. (1995). *Poda de formación del olivar.* Comunicación I+D Agroalimentaria, 13/95. Consejería de Agricultura y Pesca, Junta de Andalucía. 24 pp.

Peixe, A.; Lourenço, R.; Raposo, A.; Jacob, A. P.; Campos, C.; Macedo, E.; Cardoso, H. (2009). Simplifying Procedures to Increase Competitiveness at In Vitro Propagation of the Olive Cultivar 'Galega Vulgar'. *Acta Horticulturae*, 812: 277-282.

Peixe, A.; Raposo, A.; Lourenço, R.; Cardoso, H.; Macedo, E. (2007a). Coconut water and BAP successfully replaced zeatin in olive (*Olea europaea* L.) micropropagation. *Scientia Horticulturae*, 113: 1-7.

Peixe, A.; Serras, M.; Campos, C.; Zavattieri, Mª. A.; Dias, Mª. A. S. (2007b). Estudo histológico sobre a formação de raízes adventícias em estacas caulinares de oliveira (*Olea europaea* L.). *Revista de Ciências Agrárias,* 30: 476-482.

Peyvandi, M.; Farahani, F.; Noormohamadi, Z.; Banihashemi, O.; Hosseini-Mazinani, M; Altaee, S. (2009). Mass production of *Olea europaea* L (cv. Rowghani) through micropropagation. *General and Applied Plant Physiology*, 35 (1-2): 35-43.

Porras Piedra, A.; Soriano Martín, M.C.; Pérez Camacho, F.; Fernández Carcelén, E. (1992). Nueva tecnología para sistemas de control de propagación de plantas bajo nebulización. *Olivae,* 41: 16-23.

Porras Piedra, A.; Soriano Martín, M. L.; Porras Soriano, A.; Fernández Izquierdo, G. (2005). Influence of arbuscular mycorrhizas on the growth rate of mist-propagated olive plantlets. *Spanish Journal of Agricultural Research*, 3 (1): 98-105.

Rallo, L.; Cidraes, F. (1978). Mejora vegetal del olivo. En: II Seminario Oleícola Internacional, Ponencias, 26-43.

Rallo, L.; Del Río, C. (1990). Effect of a CO_2-enriched environment on the rooting ability and carbohydrate level of olive cuttings. *Advances in Horticultural Science,* 4: 129-130.

Romero, A.; Hermoso, J.F.; Tous, J. (2014). Olive rootstocks to control 'Arbequina IRTA-18' clone vigour. Results from a second one comparative trail. *Acta Horticulturae,* 1057 (2): 577-584.

Roussos, P. A.; Pontikis, C. A. (2002). *In vitro* propagation of olive (*Olea europaea* L.) cv. Koroneiki. *Plant Growth Regulation*, 37: 295-304.

Regni, L.; Facchin, S. L.; Fernandes Silva, D.; De Cesaris, M.; Famiani, F.; Proietti, P.; Micheli, M. (2023). Neem oil to reduce zeatin use and optimize the rooting phase in *Olea europaea* L. micropropagation. *Plants,* 12, 576.

Rugini, E. (1984). In vitro propagation of some olive (*Olea europaea sativa* L.) cultivars with different root-ability and medium development with analytical data from developing shoots and embryos. *Scientia Horticulturae*, 24: 123-134.

Rugini, E.; Baldoni. L.; Silvestri, C.; Mariotti, R.; Narváez, I.; Cultrera, N.; Cristofori, V.; Bashir, M. A.; Mousavi, S.; Palomo-Ríos, E.; Mercado, J. A.; Pliego-Alfaro, F. (2020). *Olea europaea* Olive. En: Biotechnology of Fruit and Nut Crops, 2nd Edition. Litz, R.E.; Pliego-Alfaro, F.; Hormaza, J.I. (Eds) CABI International. pp 343-376

Sachs, R. M.; Loreti, F.; De Bie, J. (1964). Plant rooting studies indicate sclerenchyma tissue is not a restricting factor. *Calif. Agric,* 18 (9): 4-5.

Sebastiani, L., Tognetti, R., Di Paolo, P., Vitagliano, C., (2002). Hydrogen peroxide and indole-3-butyric acid effects on root induction and development in cuttings of *Olea europaea* L. (cv. Frantoio and Gentile di Larino). *Adv. Hortic. Sci.,* 16, 7-12.

Scaramuzzi, F.; Guerriero, R.; Crescimano, F.C.; Sotile, I. (1971). Comparaison entre diverses combinaisons de greffage sur plantes d'oliviers autoracinés. *CITTO III. Vol I. Agronomie,* Commun: 41: 11 pp. Torremolinos.

Sghir, S.; Chatelet, P.; Ouazzani, N.; Dosba, F.; Belkoura, I. (2005). Micropropagation of eight Moroccan and French cultivars. *HortScience*, 40 (1): 193-196.

Sotomayor-León, E.M.; Caballero, J.M. (1989). Harvesting time for seed germination. *Olea*, 20: 30.

Sotomayor-León, E.M.; Caballero, J.M. (1990). An easy method of breaking olive stones to remove mechanical dormancy. *Acta Horticulturae,* 206: 113-116.

Sotomayor-León, E.M.; Caballero, J.M. (1994). Propagation of 'Gordal Sevillana' olive by grafting onto rooted cuttings or seedlings under plastic-closed frames without mist. *Acta Horticulturae,* 356: 39-42.

Terral, J.F.; Arnold-Simard, G. (1996). Beginnings of olive cultivation in Eastern Spain in relation to Holocene bioclimatic changes. *Quaternary Research,* 46: 176-185.

Torres-Sánchez, J.; De la Rosa, R.; León, L.; Jiménez-Brenes, F. M.; Kharrat, A.; López-Granados, F. (2022). Quantification of dwarfing effect of different rootstocks in 'Picual' olive cultivar using UAV-photogrammetry. *Precision Agriculture,* 23: 178-193. https://doi.org/10.1007/s11119-021-09832-9

Tous, J.; Romero, A.; Hermoso, J.F.; Ninot, A. (2011). Influence of different olive rootstocks on growth and yield of 'Arbequina IRTA-i-18' clone. *Acta Horticulturae,* 924: 315-320. https://doi.org/10.17660.

Troncoso, A.; Chaves, M.; Mazuelos, A.; Nicolás, A,; Prieto, J.; Liñán, J. (1976). Multiplicación de plantas de olivo por nebulización. I. Influencia del estado nutritivo de la planta madre y de la evolución de nutrientes en el ramo sobre el enraizamiento del mismo. *4th Inernational Colloquium on the Control of Plant Nutrition*, Gent 1: 178-186.

Valverde, P.; Trapero, C.; Arquero, O.; Serrano, N.; Barranco, D.; Muñoz Díez., C.; López-Escudero, F. J.. (2020). Highly infested soils undermine the use of resistant olive rootstocks as a control method of verticillium wilt. *Plant Pathology,* 00:1-10. DOI: 10.1111/ppa.13264.

Velada, I.; Cardoso, H.; Porfirio, S.; Peixe, A. (2020).Expression profile of PIN-formed auxin efflux carrier genes during IBA-induced in vitro adventitious rooting in *Olea europaea* L. *Plants,* 9: 185. https://:/doi.org//10.3390/plants9020185.

Velada, I.; Grzebelus, D.; Lousa, D.; Soares, C. M.; Santos Macedo, E.; Peixe, A.; Arnholdt-Schmitt, B.; Cardoso, H. G. (2018). AOX1-Subfamily gene members in *Olea europaea* cv. "Galega vulgar"- Gene characterization and expression of transcripts during IBA-induced in vitro adventitious rooting.. *Int. J. Mol. Sci.,* 19, 597; doi:10.3390/ijms19020597

Velada, I.; Menéndez, E.; Teixeira, R.T.; Cardoso, H.; Peixe, A. (2021). Laser microdissection of specific stem-base tissue types from olive microcuttings for isolation of high-quality RNA. *Biology,* 10, 209. https://doi.org/10.3390/biology10030209

Vernet, J.L.; Badal García, E.; Grau Almero, E. (1983). *La végétation néolithique du sudest de l'Espagne (Valencia, Alicante) d'après l'analyse anthracologique.* C. R. Acad. Sc. Paris, 296 Série III: 669-672.

Vidoy-Mercado, I. (2014). *Rejuvenecimiento y micropropagación de olivo (Olea europaea L.).* Tesis Doctoral. Universidad de Málaga.

Vidoy-Mercado, I.; Imbroda Solano, I.; Barceló-Muñoz, A.; Pliego-Alfaro, F. (2012a). Differential in vitro behaviour of the Spanish olive (*Olea europaea* L.) cultivars 'Arbequina' and 'Picual'. *Acta Horticulturae*, 949: 27-30.

Vidoy-Mercado, I.; Imbroda Solano, I.; Barceló-Muñoz, A.; Viruel, M. A.; Pliego-Alfaro, F. (2012b). The influence of in vitro micrografting on vegetative propagation of the olive cultivar 'Arbequina'. *Acta Horticulturae,* 949: 31-34.

Wiesman, Z.; Lavee, S. (1994). The rooting ability of olive cuttings from cv Manzanillo F1 progeny plants in relation to their mother cultivars. *Acta Horticulturae*, 356: 28-30.

Zohary, D.; Spiegel-Roy, P. (1975). Beginnings of fruit growing in the old world. *Science,* 187 (4174): 319-327.

CAPÍTULO 5

FRUCTIFICACIÓN
Y PRODUCCIÓN

Luis RALLO
Julián CUEVAS
Diego CABELLO
Concepción MUÑOZ-DÍEZ

ÍNDICE

1. Introducción, 165

2. Fotosíntesis y distribución de asimilados, 167
   2.1. Fotosíntesis y producción, 167
   2.2. Distribución y almacenamiento de asimilados, 169

3. Caracterización de la brotación y la floración, 171
   3.1. El ciclo bienal, 172
       3.1.1. La inducción floral, 174
       3.1.2. Floración, polinización y fecundación, 176
       3.1.3. Cuajado y abscisión de frutos, 178
       3.1.4. Crecimiento y desarrollo del fruto, 180
   3.2. Fenología, 182

4. Control de la fructificación y de la producción, 185
   4.1. Optimizar la fotosíntesis, 185
       4.1.1. Riego, 185
       4.1.2. Manejo del suelo, 185
       4.1.3. Densidades de plantación, 186
       4.1.4. Poda, 186
   4.2. Mejorar el índice de cosecha, 187
       4.2.1. Anillado, 187
       4.2.2. Polinizadores , 189
   4.3. Mejorar la calidad de la cosecha, 193
       4.3.1. Aclareo químico, 194

5. Bibliografía, 196

1. Introducción

El olivo fructifica en ramos formados el año anterior. Por su parte, las hojas duran de dos a tres años. Esto supone que la parte aérea del árbol está constituida por una estructura de sostén y almacenamiento (peana, tronco, ramas principales y de diverso orden de ramificación) y otra de almacenamiento y fotosintética (hojas en ramos de 2 años, de 1 año y del año) donde se localizan los procesos de fijación de carbono y almacenamiento relacionados con el crecimiento vegetativo y la fructificación.

El objetivo de las técnicas de cultivo, desde la elección de la variedad hasta la recolección, consiste en modular la cosecha en cantidad y calidad de modo que se optimice el uso económico y ambiental de los recursos utilizados. Para ello es crítico el conocimiento de los procesos que determinan los componentes de la cosecha: número de ramos fructíferos y de frutos por ramo, tamaño del fruto y rendimiento graso de este.

El *número de ramos fructíferos* depende del tamaño del árbol y del hábito de crecimiento de la variedad correspondiente. Hay notables diferencias entre variedades en vigor y en densidad de ramos. El vigor está, por otro lado, muy influido por factores del medio y de cultivo.

El olivo es una especie vecera en la que se alternan años de elevada y años de escasa o nula producción. El *número de frutos por ramo fructífero* es resultado de los procesos vegetativos y reproductores que acontecen a lo largo de un ciclo reproductor bienal. En el primer año se forman yemas en las axilas de las hojas de los brotes. Su destino, vegetativo o reproductor, queda determinado por el nivel de cosecha en curso ya que este es un principal factor responsable de la variación interanual del crecimiento vegetativo y de la floración. En el segundo año, tras el reposo invernal, las yemas potencialmente reproductoras que han cubierto sus necesidades de frío se diferencian en inflorescencias y flores. Durante la floración tienen lugar la polinización, la fecundación y el cuajado de frutos, produciéndose una masiva abscisión de flores y frutitos en desarrollo en las 6-8 semanas que siguen a la floración. Los frutos que permanecen unidos al ramo continúan su crecimiento hasta maduración, salvo caídas promovidas por estreses abióticos o por plagas y enfermedades.

El *tamaño del fruto* es una característica varietal (véase Capítulo 2) regulada por el número de células, el tamaño de estas y el volumen de los espacios intercelulares. En una variedad dada, el tamaño del fruto varía notablemente entre años y entre árboles en función fundamentalmente de la carga del árbol y de la disponibilidad de agua durante el crecimiento del fruto.

El rendimiento graso es, finalmente, una característica determinada por la proporción de pulpa en la aceituna y por la capacidad de las células de esa pulpa para producir aceite. La relación pulpa-hueso mide la proporción de pulpa de una aceituna y, aunque es una característica varietal, está notablemente afectada por diversos factores de cultivo y por la carga del árbol. El contenido de aceite en pulpa está fundamentalmente determinado por la variedad y el grado de madurez de los frutos.

En tiempos recientes, el olivo se está difundiendo a nuevas áreas de cultivo no estrictamente mediterráneas donde se han señalado problemas de adaptación varietal relacionados con los procesos del ciclo reproductor y la fructificación. El calentamiento global y el previsible cambio climático pueden además modificar el comportamiento del olivo en sus regiones mediterráneas tradicionales. En este escenario, el seguimiento de las fases fenológicas (véase Capítulo 2) puede representar una valiosa herramienta para identificar los factores de clima relacionados con la adaptación de la especie y de sus variedades. En las páginas que siguen se describen los procesos determinantes de la fructificación y de la producción, y las técnicas de cultivo que modulan la cosecha en el olivo.

Finalmente, el olivar asiste a un cambio de época en la actualidad. Hasta fecha reciente el olivar ha sido un cultivo fundamentalmente de secano, de baja productividad, que exigía abundante mano de obra durante la recolección. Desde finales de la segunda Guerra Mundial, la emigración rural promueve la mecanización de la cosecha. La eficiente respuesta del olivo al uso del agua ha generalizado el de riego por goteo, lo que desencadena un cambio drástico de los sistemas de plantación (véase Capítulo 9). Este olivar, surgido tras la emigración rural en comarcas oleícolas, ha sido impulsado por un creciente desarrollo científico y tecnológico.

Los nuevos olivares han requerido importantes recursos financieros proporcionados inicialmente por la ayuda a la producción de la PAC. En la actualidad, fondos de inversión y entidades financieras han apostado por el olivar superintensivo debido a su elevada rentabilidad y a la creciente demanda del aceite de oliva y de la aceituna de mesa en el mercado global, cuya expansión ha estado asociada a los efectos saludables y al aprecio culinario de ambos alimentos. Esta profunda transformación ha estado acompañada de un cambio de actores. Los olivareros tradicionales están siendo progresivamente reemplazados por empresas mercantiles de economía circular (de la granja a la mesa) de mayor dimensión que comercializan en la actualidad la mayor cuota de mercado. España es hoy el país protagonista de este cambio.

2. Fotosíntesis y distribución de asimilados

2.1. Fotosíntesis y producción

La *fotosíntesis* es el proceso básico de asimilación de carbono en plantas. En la fotosíntesis la energía solar es fijada en los pigmentos verdes (clorofila) de la planta, en particular de las hojas, y se emplea en la conversión del dióxido de carbono (CO_2) en hidratos de carbono, liberándose oxígeno en el proceso. Los hidratos de carbono son sustancias orgánicas compuestas de carbono, hidrógeno y oxígeno, estos últimos en la proporción 2:1. Los hidratos de carbono se descomponen a su vez en CO_2 y agua durante la respiración, liberando energía química. Esta se utiliza en los procesos metabólicos de la planta relacionados con su mantenimiento y desarrollo.

Diferentes factores afectan a la fotosíntesis. Los principales son la radiación, la concentración de CO_2, la temperatura, la disponibilidad de agua y nutrientes y la superficie foliar iluminada. Solo una parte de la radiación luminosa es empleada por una hoja de olivo expuesta a pleno sol. Su máxima actividad fotosintética se alcanza cuando se llega aproximadamente al 30% de la intensidad luminosa correspondiente al pleno sol. Esta se mide en intensidad de flujo de radiación fotosintéticamente activa (PAR) y equivale aproximadamente a 900 μmol de quanta·m^{-2}·s^{-1}. Este valor es conocido como *punto de saturación*. Cuando la intensidad de la radiación disminuye por debajo de este valor la fijación de CO_2 disminuye hasta llegar a un punto en que el intercambio neto de CO_2 se anula (equilibrio fotosíntesis-respiración). El valor de la intensidad de radiación correspondiente se denomina *punto de compensación* y en el olivo es de aproximadamente 40 μmol quanta·m^{-2}·s^{-1}. Por debajo de este valor el consumo respiratorio de CO_2 es mayor que la fijación fotosintética (Figura 5.1).

Únicamente las hojas en la superficie externa del árbol están sometidas a plena radiación solar y esto solo durante parte del día. En las hojas del interior de la copa la intensidad de radiación solar puede ser un factor limitante que afecta negativamente tanto a la intensidad de la floración como al número, peso y rendimiento graso de los frutos allí formados. Así, la producción de aceite en ramos fructíferos situados en zonas bien iluminadas (exterior de la copa) puede cuadruplicar a la obtenida en ramos pobremente iluminados (interior de la copa): 4,3 g/ramo de aceite en los ramos exteriores frente a 1,2 g/ramo de aceite en los ramos interiores en el cultivar 'Picual' y 4,8 g/ramo frente a 1,1 g/ramo, respectivamente, en el caso de 'Arbequina' (Acebedo *et al.*, 2000). Maximizar la eficiencia fotosintética de las hojas de un árbol y de una plantación constituye pues un objetivo de las técnicas de cultivo en un olivar.

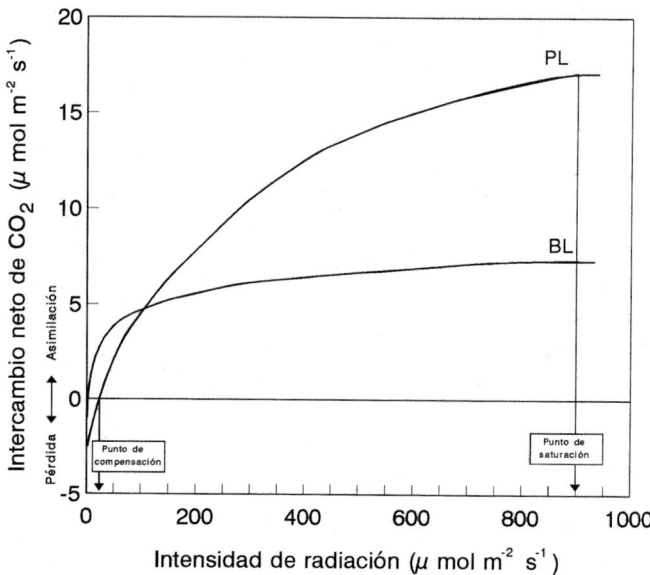

Figura 5.1. Relación entre intensidad de flujo de radiación luminosa ($\mu mol \cdot m^{-2} \cdot s^{-1}$) e intercambio gaseoso neto de CO_2 ($\mu mol \cdot m^{-2} \cdot s^{-1}$) en hojas de olivo a plena luz (PL) y bajo malla (20% de transmisión de la luz) (BL). Adaptado de Krueger (1994) y Bongi y Palliotti (1994).

La temperatura óptima para la fotosíntesis en el olivo se sitúa entre 15 y 30 °C. Por encima de 35 °C comienza a ser inhibida, aunque a 40 °C aún alcanza tasas del orden del 70-80% de la normal. Las elevadas temperaturas estivales son frecuentemente limitantes para la fotosíntesis del olivo. Las temperaturas bajas durante el período invernal también son causa de reducción de la fotosíntesis en climas mediterráneos.

Sin duda, el agua y los nutrientes son factores usualmente limitantes de la fotosíntesis en el olivo. El estrés hídrico la reduce al afectar directamente a los procesos fotoquímicos implicados o al inducir el cierre de estomas, lo que limita el CO_2 disponible y la transpiración. Por otro lado, la absorción de nutrientes está determinada por los elementos minerales a disposición de las raíces en la solución del suelo. Las deficiencias de uno o más elementos limitan directamente la fotosíntesis. Por tanto, al haber sido el olivar un sistema agrícola principalmente de secano en suelos frecuentemente marginales, la disponibilidad de agua representa el principal factor limitante de la cosecha. No obstante, el incremento creciente de la superficie de olivar regado ha modificado sustancialmente su potencial productivo (véase Capítulo 12).

Las hojas son los órganos responsables de la fotosíntesis. La exposición al sol del mayor número posible de hojas de un olivar conduce a una mayor acumulación de materia seca. El *índice de área foliar* (IAF) es la relación entre la superficie foliar total de un árbol y la ocupada por el mismo. Este parámetro es una estimación de la eficiencia productiva del suelo ocupado por un olivo.

La radiación luminosa incidente en las hojas disminuye al introducirnos en el interior de la copa de un olivo. Esta es moderadamente densa y perenne. El IAF en olivo alcanza un valor medio de 2,5. Este es bajo comparado con otros frutales (p. ej. en cítricos puede alcanzar el valor 10; un parral adulto sería una situación próxima a este óptimo). Ello puede ser debido a la rápida reducción de la capacidad fotosintética de las hojas al decrecer la radiación incidente (Bongi y Palliotti, 1994). Un IAF óptimo corresponde a la máxima superficie foliar receptora de radiación incidente.

En el caso del olivar, el gran tamaño del árbol adulto retrasa además el tiempo requerido para alcanzar los valores máximos del IAF. Una medida relacionada con el IAF de fácil determinación es el porcentaje de suelo sombreado por la copa al mediodía (Sc). Esta medida, que se utiliza para determinar las necesidades de agua, varía con el riego, la densidad de plantación y la poda (véase Capítulo 12). El incremento en los últimos años de la densidad de plantación, especialmente en olivares de riego, donde se ha pasado de una media de 100 árboles/ha a 200-450 árboles/ha en plantaciones intensivas y hasta 2000 árboles/ha en plantaciones en seto, ha modificado drásticamente la radiación interceptada tanto espacial como temporalmente. En olivares en plena producción se ha pasado de valores de Sc del 30% a valores de más del 70% en plantaciones intensivas. En los Capítulos 9 y 12 se incide en estos aspectos.

La condición perennifolia del olivo permite la fotosíntesis en cualquier momento del año en el que no concurran factores ambientales limitantes, en particular falta de agua y temperaturas bajas o excesivamente altas. Por ello, a lo largo de un ciclo anual, la fotosíntesis del olivo se produce durante más tiempo que en otros cultivos mediterráneos alternativos (cereales, oleaginosas, frutales caducifolios). Ello explica la mayor capacidad del olivo para acumular materia seca y producir cosechas mayores que otras especies alternativas en estas condiciones. Por ejemplo, en las campiñas andaluzas el olivar es capaz de producir mayor cantidad de aceite por hectárea que el girasol, a pesar de ser esta una planta anual que dispone de cultivares mejorados.

2.2. Distribución y almacenamiento de asimilados

Los asimilados producidos en la fotosíntesis pueden ser empleados para el mantenimiento y el crecimiento del árbol o ser almacenados para su uso posterior. En el olivo, los hidratos de carbono se almacenan en las hojas en forma de *manitol* (un hidrato de carbono con grupo alcohólico) desde donde puede ser transportado a otras partes de la planta para su uso o almacenamiento.

En un olivo adulto las hojas son la principal *fuente* de asimilados. Estas duran entre 2 y 3 años y antes de caer exportan la mayoría de sus reservas. Los frutos, brotes y raíces en crecimiento son los principales *sumideros* de los asimilados producidos en la fotosíntesis. Las hojas de los brotes en crecimiento son inicialmente sumideros hasta alcanzar aproximadamente la mitad de su tamaño normal, momento en el que su fotosíntesis y la demanda de asimilados para su crecimiento se equilibran. El concepto de *relaciones fuente-sumidero* se utiliza para describir la competencia interna por asimilados entre diferentes partes de la planta y su transporte desde los lugares de síntesis.

En un año de carga prima la demanda de asimilados por parte de los frutos en desarrollo, lo que limita el crecimiento del brote. La *distribución de materia seca* en el ramo fructífero entre jóvenes frutos y brotes se desplaza hacia los primeros con el progreso del cuajado y el crecimiento de los frutos (Figura 5.2). Además, esta alta capacidad competitiva de los jóvenes frutos respecto a flores y otros frutitos más atrasados es la causa fundamental de la *masiva abscisión* de estos últimos, que tiene lugar en las semanas que siguen a la floración. También el crecimiento de brotes se detiene pronto por esta causa. Todo ello resulta en una relación negativa entre la longitud de los brotes de dos años consecutivos en oposición a la cosecha de los años respectivos; es decir, la ausencia de frutos se corresponde con un gran crecimiento de brotes en el mismo año (n). En la siguiente temporada la situación será la inversa: elevada cosecha y escaso crecimiento de brotes (n+1) (Figuras 5.3 y 5.5).

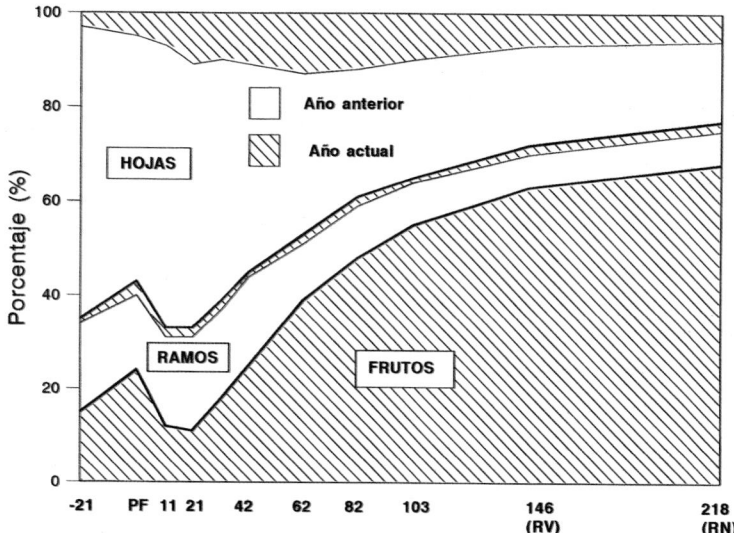

Fechas de Muestreo [días antes (–) o después de floración]

Figura 5.2. Variación estacional de la distribución porcentual de materia seca entre inflorescencias o frutos, hojas y brotes en el ramo fructífero de olivo cv. Picual. PF: Plena Floración. RV: Recolección en verde. RN: Recolección en negro. (Según Rallo y Suárez, 1989).

La competencia por asimilados desencadenada por los frutos en crecimiento es el caso más estudiado de las relaciones fuente-sumidero en olivo. Apenas se tienen datos sobre la competencia entre el crecimiento de raíces y el de brotes y frutos. Sin embargo, la distribución de asimilados entre sumideros alternativos parece jugar un papel relevante en los procesos de crecimiento vegetativo y reproductor en esta planta. Además de la abscisión de frutos, ya reseñada, otros procesos como el aborto pistilar (véase Figura 2.7), sugieren que las relaciones fuente-sumidero juegan un papel fundamental en la regulación de la producción del olivo y, por tanto, en su tendencia a la vecería.

Figura 5.3. Ramo fructífero de olivo. El crecimiento de brotes en el año n+1 (a partir de la flecha roja) es menor cuanto mayor es la carga de fruto del año previo (n), debido a la competencia por asimilados de los frutos de la cosecha del año anterior.

3. Caracterización de la brotación y la floración

Aunque el olivo es considerado una planta subtropical, puede soportar tanto heladas puntuales por debajo de –10 °C como sequías y temperaturas extremas durante el verano (Morales *et al.,* 2016). Entre los factores que más influyen en el desarrollo del olivo, el incremento de temperatura juega un papel especialmente importante. En general, un incremento moderado de la temperatura (+2-4 °C) provoca un aumento del crecimiento vegetativo, dando lugar a árboles más vigorosos (Benlloch-González *et al.,* 2019; Pérez-López *et al.,* 2012). Del mismo modo, la temperatura es determinante en los procesos de inducción floral, salida del reposo, floración y desarrollo del fruto (Benlloch-González *et al.,* 2018; El Yaacoubi *et al.,* 2014; Orlandi *et al.,* 2020).

Las yemas axilares se forman en la base del peciolo de las hojas y ambos órganos (hoja y yema), se desarrollan simultáneamente en primavera-verano, completando su desarrollo en aproximadamente 3-4 semanas (Rubio-Valdés, 2009). El brote puede seguir creciendo en otoño si se dan las condiciones agroclimáticas necesarias. Las yemas, vegetativas o reproductoras, permanecen en su mayoría indiferenciadas hasta finales de enero. A partir de este momento, la expresión del gen FT, implicado en la floración, se incrementa, y aparecen cambios morfológicos en la yema que darán lugar a la inflorescencia y, eventualmente, a la brotación (Haberman *et al.*, 2016; Ramos *et al.*, 2018). A partir de este momento, la fecha de la floración se adelantará o retrasará en función de la temperatura.

3.1. El ciclo bienal

En el olivo cultivado, tanto el crecimiento de brotes, como el desarrollo de frutos son fenómenos cíclicos (Rallo, *et al.*, 1994), donde las fases vegetativa y reproductora ocurren simultáneamente. Sin embargo, mientras que el crecimiento de brotes se completa dentro del mismo año, los procesos que llevan a la fructificación requieren dos temporadas consecutivas (Figura 5.5).

En condiciones mediterráneas, los brotes del olivo crecen durante primavera, verano y eventualmente en otoño, si hay disponibilidad hídrica. En cada nudo de los brotes aparecen dos hojas simples, de forma lanceolada y de bordes enteros. A su vez, en la axila de cada hoja hay una yema y ambas, se desarrollan conjuntamente a lo largo de 3-4 semanas (Rubio-Valdés, 2009).

Los brotes desarrollados se van lignificando durante el verano y otoño y las yemas permanecen en reposo durante todo el invierno. Durante febrero y marzo las yemas brotan, pudiendo ser yemas reproductoras, si dan lugar a flores, o vegetativas, si dan lugar a brotes (Figura 5.4 A). Los factores de los que depende que las yemas se induzcan a flor y el momento en el que ocurre la inducción floral son temas controvertidos (Engelen *et al.*, 2023). La inducción floral se ve afectada por la acumulación de frío y la carga de fruto del año anterior (véase apartado 3.1.1), estos efectos inhibidores reducen el número de inflorescencias producidas en el siguiente año, incluso si los frutos ya no están presentes, lo que implica la existencia de lo que se llama "memoria del fruto" (Goldschmidt y Sadka, 2021).

Tras la brotación, la diferenciación floral continúa hasta la floración, que será más temprana cuanto más altas sean las temperaturas a partir de la brotación. La floración en nuestras latitudes tiene lugar entre abril y mayo, siendo el 8 de mayo la fecha media de floración en el Banco Mundial de Germoplasma de Olivo de Córdoba (Barranco y Rallo, 2005). Las inflorescencias tienen una forma paniculada, con un eje central donde salen ramificaciones. De estas ramificaciones surgen, en grupos de tres o cinco, flores aisladas y cada inflorescencia puede tener entre 10 a 40 flores, dependiendo del cultivar y de las condiciones fisiológicas y ambientales (Figura 5.4 B) (véase Capítulo 2). En las inflorescencias se pueden encontrar dos tipos de flores: perfectas, que son flores hermafroditas o bisexuales, compuestas por estambres y pistilo (órgano masculino y órgano femenino, respectivamente), y flores imperfectas también denominadas estaminíferas o masculinas.

Figura 5.4. A) Ramo empezando a brotar sus yemas reproductoras a final del invierno y B) Inflorescencias del olivo en floración.

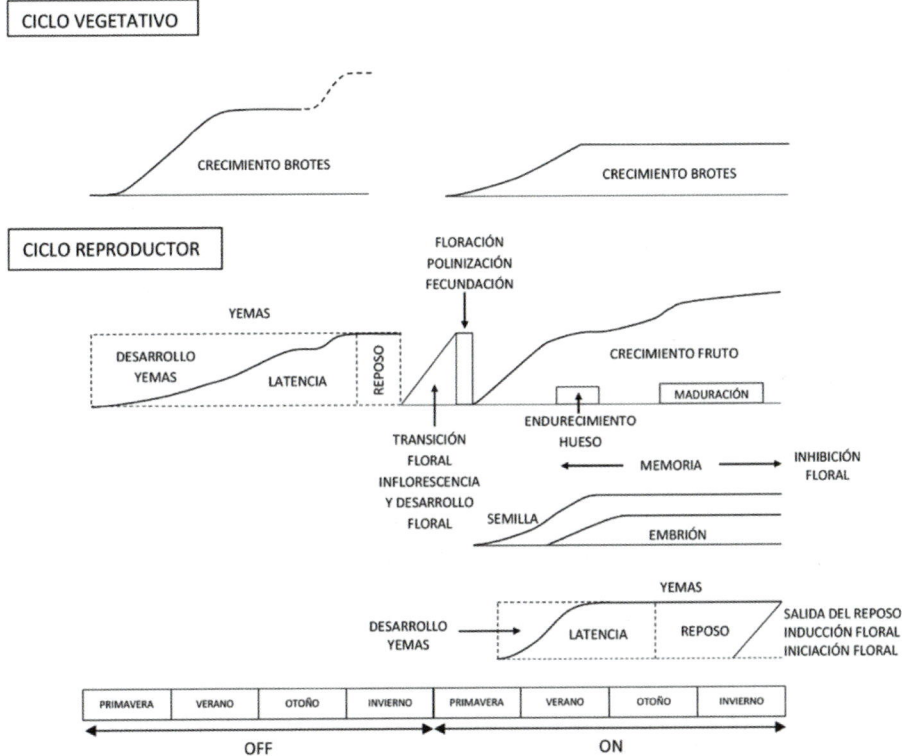

Figura 5.5. Propuesta de ciclos vegetativo anual y reproductor bienal del olivo. En el año n no hay cosecha y en el n+1 es máxima. Explicación en el texto.

El olivo se considera una planta preferentemente alógama y de polinización esencialmente anemófila. Para ello, el olivo produce grandes cantidades de polen que dependen en gran medida de la variedad (Rojas-Gómez *et al.,* 2023). Factores como la temperatura, la alta humedad relativa, la lluvia y la ausencia de viento, pueden afectar negativamente la polinización. En condiciones normales, solo un 1-2% de las flores fructifican (Ramos *et al.,* 2018).

Tras el cuajado, el tamaño del fruto aumenta por procesos de división y expansión celular que finalizan con el endurecimiento del endocarpo, aproximadamente entre 7 y 9 semanas después de la floración.

La maduración del fruto es un proceso fisiológico que conlleva una serie de cambios relativos a la compacidad, color, contenido en azucares, ácidos orgánicos y factores organolépticos, que lo hacen aceptable para consumo (véase Capítulo 6). Su duración es variable, pues este proceso no solo depende de la variedad, sino también de las condiciones climáticas, del nivel de carga del árbol y de la fertilización nitrogenada.

3.1.1. *La inducción floral*

El momento en el que se produce la inducción floral en olivo y los factores que determinan este proceso son un tema controvertido. Durante décadas se asumió que la inducción floral del olivo tenía lugar en verano, al igual que ocurre en especies de hoja caduca como el manzano o el melocotonero (Abbott *et al.,* 1970; Fernández-Escobar *et al.,* 1992; Raseira y Moore, 2022). También experimentos de aclareo de frutos en olivo mostraron que si el aclareo se realizaba antes del endurecimiento del hueso (mediados de julio), se obtenía una mayor floración al año siguiente. Por lo tanto, la inducción floral tenía que ocurrir a finales de verano (Fernández-Escobar *et al.,* 1992; Stutte y Martin, 1986). Sin embargo, ensayos posteriores han mostrado que la inducción floral en olivo probablemente tiene lugar en enero y depende de dos factores principales: la carga de frutos del año anterior, y la acumulación de un número determinado de horas frío (Haberman *et al.,* 2017).

Existe una creciente evidencia, en olivo y otros árboles frutales, de que la carga de frutos inhibe directamente la inducción floral (Haberman *et al.,* 2016; Nakagawa *et al.,* 2012; Nishikawa *et al.,* 2012; Smith y Samach, 2013; Ziv *et al.,* 2014). Esta situación produce el fenómeno conocido como alternancia o vecería, que se define como la tendencia de ciertos árboles frutales a producir una cosecha de alto rendimiento ("ON"), seguida de una cosecha de bajo rendimiento o incluso nula ("OFF") (Smith y Samach, 2013). Esta alternancia a su vez está determinada por dos procesos. Por una parte, la competencia por asimilados entre los órganos reproductores y vegetativos. Así, una elevada carga de frutos demandará una gran cantidad de asimilados, lastrando el crecimiento vegetativo. Por tanto, en un año ON los brotes serán más cortos y habrá menos yemas inducibles el año siguiente que será de descarga. Por otra parte, las semillas y frutos en desarrollo producen fitohormonas, entre ellas giberelinas, que se han relacionado en olivo con la inhibición de la inducción floral (Fernández-Escobar *et al.,* 1992; Lavee *et al.,* 1986). El papel inhibidor de los frutos, sobre todo a partir del endurecimiento de hueso, ha sido confirmado por numerosos estudios de aclareo de frutos (Rallo y Fernández-Escobar, 1985; Seifi *et al.,* 2008).

En lo que respecta a las necesidades de frío, tradicionalmente se consideró que el olivo no requería acumular frío para completar su ciclo fenológico, al contrario de lo que ocurre en *Prunus* y otros frutales de hoja caduca. En estas especies, el frío invernal es necesario para eliminar la latencia. La latencia implica el cese del crecimiento y es un mecanismo de supervivencia que evita que la nueva brotación se vea expuesta a condiciones ambientales adversas (Anderson *et al.,* 2010; Horvath *et al.,* 2003). La acumulación de frío es crucial para liberar a la planta de la latencia y promover una brotación sincronizada cuando las temperaturas primaverales favorecen el crecimiento y desarrollo de las yemas (Anderson *et al.,* 2010). Se ha propuesto que la latencia ocurre anualmente en tres etapas secuenciales en frutales de hoja caduca (Lang, 1987). En primer lugar, la paralatencia implica la supresión del crecimiento de un órgano concreto impuesta por otras estructuras del árbol (por ejemplo, dominancia apical). Posteriormente, se produce la endolatencia cuando las yemas permanecen latentes e incapaces de brotar incluso con temperaturas óptimas. De hecho, solo tras la acumulación de frío se supera la endolatencia (Horvath *et al.,* 2003). A continuación, se establece la ecolatencia que inhibe el crecimiento de las yemas hasta que las temperaturas medias son suficientes para promover la brotación (Lang, 1987).

Es importante señalar que estas etapas de la latencia nunca se han identificado claramente en el olivo. Según experimentos de defoliación, las hojas del olivo podrían inhibir directamente la brotación de sus yemas axilares antes del reposo invernal (Rallo y Martin, 1991; Ramos *et al.,* 2018). Con la bajada de temperaturas en otoño-invierno, las yemas permanecen latentes. Hartmann (1953) planteó la hipótesis de que la acumulación de una cierta cantidad de frío era necesaria para la inducción floral en angiospermas. Estudios posteriores fundamentaron esta hipótesis, demostrando que la brotación reproductora se produce solo después de una acumulación suficiente de frío, seguida de un período de temperaturas óptimas, conocido como período de forzado (Haberman *et al.,* 2017; Ramos *et al.,* 2018). Por ejemplo, ensayos en macetas, en los que se aplicaron unas temperaturas mínimas de 15,5 °C (Haberman *et al.,* 2017), temperaturas constantes de 18 o 4 °C (Hackett y Hartmann, 1967), o ciclos de temperatura día/noche de 28/22 °C (Haberman *et al.,* 2017) inhibieron la floración en distintas variedades de olivo.

Estudios adicionales pusieron de manifiesto que: 1) la hoja y su yema axilar se forman en primavera-verano en unas 4 semanas; 2) tras completar su formación, la yema entra en reposo; 3) el destino de la yema, reproductora o vegetativa, no es distinguible morfológicamente hasta finales de enero. En este sentido, Haberman y colaboradores (2017) demostraron que el gen FT, regulador clave de la inducción floral en angiospermas, inicia su expresión a finales de enero en condiciones mediterráneas, sirviendo como la señal detectable más temprana que precede a la diferenciación de las yemas. En condiciones de ausencia de frío invernal, el gen FT no se expresa en olivo y, por lo tanto, no hay inducción floral (Haberman *et al.,* 2017). Por lo tanto, en olivo el frío tiene un papel clave en la inducción de la floración, a diferencia de los *Prunus* o la vid, en la que la inducción y diferenciación floral son previas al reposo invernal. En estas especies, el papel del frío es básicamente sincronizador de la brotación y de la floración.

Desde un punto de vista fisiológico, la salida del reposo *(dormancy release)* se considera el final de la endolatencia; es decir, cuando se ha acumulado el frío suficiente y puede tener lugar la brotación en condiciones favorables (Considine y Considine, 2016; Lang, 1987). Recientemente, Engelen *et al.* (2023) han cuestionado que el reposo invernal sea necesario para la inducción floral en olivo. Por lo tanto, proponen hablar de necesidades de frío para la 'inducción floral' y no de necesidades de frío para la 'salida del reposo'. Independientemente de esto, tras completar las necesidades de frío, la yema requiere acumular calor para romper la ecolatencia y brotar. Este tiempo se denomina periodo de forzado, habiendo temperaturas óptimas y otras, que, si son demasiado altas, pueden tener un efecto contrario al frío acumulado (De Melo-Abreu *et al.,* 2004; Lavee *et al.,* 1986; Malik y Bradford, 2009; Ramos *et al.,* 2018).

3.1.2. *Floración, polinización y fecundación*

Durante la floración tiene lugar la polinización, esto es, la transferencia de polen desde la antera de la flor al estigma de la misma u otra flor. En el olivo, este transporte lo realiza generalmente el viento, que puede llevar el polen a distancias de kilómetros, si bien más del 95% del polen queda depositado a una distancia inferior a 40 metros de la fuente del mismo (Griggs *et al.,* 1975; Lavee y Datt, 1978). Para que se lleve a cabo la fecundación de la flor, el polen forma un tubo polínico que ha de recorrer el camino que le lleva desde el estigma, lugar donde se deposita el polen, hasta el óvulo, donde se produce la doble fecundación característica de las angiospermas. La fecundación dará lugar a la futura semilla y con ello a la conversión de la flor en fruto. En el Capítulo 2 se trata con más detalle este proceso.

Sin embargo, no todos los granos de polen son igualmente aceptados para efectuar la fecundación y originar un fruto. En este sentido, el olivo es una especie preferentemente alógama que favorece la fecundación cruzada, como la mera condición de especie anemófila hace suponer. Ello se produce mediante un mecanismo conocido como autoincompatibilidad polen-pistilo. Debido a este fenómeno el pistilo de una flor reconoce y rechaza el polen que presenta su mismo genotipo, es decir, al polen de la misma variedad (y el de aquellas que presentaran los mismos alelos del gen de autoincompatibilidad). Al tiempo, la planta selecciona y permite el crecimiento del tubo polínico procedente de aquellos granos de polen que corresponden a otras variedades con diferente genotipo.

La autoincompatibilidad polen-pistilo se clasifica en dos tipos, a saber: autoincompatibilidad de tipo esporofítico, en la cual el polen expresa el genotipo diploide de la planta que lo produjo (dos alelos), y autoincompatibilidad de tipo gametofítico, en la cual el polen expresa su propio genotipo haploide (con un solo alelo). Recientes investigaciones parecen confirmar que la autoincompatibilidad polen-pistilo en olivo es de tipo esporofítico, y que los cultivares de olivo se clasificarían en dos grupos dentro de los cuales los cultivares serían inter-incompatibles, mientras que resultarían compatibles con los cultivares del segundo grupo (Saumitou-Laprade *et al.,* 2017). Esta situación limita las opciones para elegir polinizador en los diseños de polinización en olivo, si bien la respuesta parece recíproca; es decir que, si 'Picual' es compatible como donador de polen con 'Arbequina', esta variedad también sería aceptada como polinizador de 'Picual'.

Aunque ciertos niveles de autofecundación son posibles, el beneficio de la polinización cruzada en la mayoría de los cultivares de olivo es hoy en día indudable y ello sugiere la necesidad de establecer adecuados diseños de polinización en las plantaciones de olivo. Es cierto que, en España y en otros países mediterráneos, la polinización cruzada encubierta facilitada por la enorme producción de polen y su gran dispersión por el viento, permite plantaciones monovarietales con rendimientos aceptables (Pinillos y Cuevas, 2009). Sin embargo, la necesidad de polinizadores sería más clara en plantaciones súper intensivas de gran extensión y en países sin tradición en el cultivo del olivo. Los criterios para elegir polinizador se abordan más adelante. Aunque en olivo el rechazo del polen propio no es tan intenso como en otros frutales, el polen propio crece más tardía y lentamente y alcanza el óvulo con un retraso variable con respecto al polen de otra variedad compatible. En condiciones de altas temperaturas o pobres condiciones de cultivo que acortan la vida del óvulo, este retraso puede ser crítico y conducir a una disminución del cuajado de frutos. Dado el carácter generalmente monovarietal de las plantaciones en España, este hecho puede tener repercusión en la producción y por ello se considera de modo creciente la instalación de polinizadores en los nuevos olivares (véase apartado 4.2.2.).

El desarrollo de pruebas de paternidad de las semillas de la aceituna con microsatélites en olivo (Rallo, 2000; De la Rosa *et al.,* 2004) ha proporcionado una valiosa herramienta para los estudios de incompatibilidad polen-pistilo. También han evidenciado el papel del transporte de polen de olivo a largas distancias en la fecundación cruzada. Así, Díaz *et al.* (2006) no han encontrado frutos procedentes de autofecundación en plantaciones monovarietales de 'Arbequina' y 'Picual'. En ambos cultivares, el polen fecundante pertenecía a variedades cultivadas en fincas próximas o a genotipos desconocidos (posiblemente variedades locales o acebuches). Esta polinización cruzada oculta con polen aerovagante de variedades diferentes cultivadas en zonas próximas o presentes por error de plantación en los propios olivares es muy posiblemente la causa del papel asignado a la autofecundación en plantaciones monovarietales, que suelen ser la norma en España, y de la creencia todavía extendida de que el olivo es autocompatible. Un ensayo de polinización en cámara de cultivo con 'Arbequina' en condiciones estrictas de aislamiento y otros ensayos en campo han demostrado también claramente la incompatibilidad de 'Arbequina', la variedad más usada en plantaciones superintensivas (García-García, 2006; Sánchez-Estrada y Cuevas, 2018). Dado el carácter masivo del cultivo del olivo en España y su continuidad geográfica, la polinización oculta por polen de diferente variedad a la dominante en cualquier zona ha resultado ser mucho más frecuente de lo que se suponía.

La necesidad de polinización cruzada en zonas de nueva o menor intensidad de cultivo ha sido reseñada en California, México, Israel y Australia. La distancia respecto a variedades que pudieran actuar como polinizadoras parece ser la causa de los problemas de cuajado de frutos en estos países. También fechas asincrónicas de floración entre variedades debidas a insuficiente frío invernal pueden ocasionar un pobre cuajado por déficit de polinización cruzada. Este es fácil de diagnosticar por la presencia de zofairones u ovarios sin desarrollar en fechas posteriores a la floración. En suma, la plantación de polinizadores en nuevos olivares parece necesaria en zonas nuevas o distanciadas de otros olivares. Sin embargo, en zonas tradicionales, donde es frecuente la proximidad de árboles de otras variedades, el establecimiento de polinizadores no parece aún imprescindible, dada la capacidad aerovagante del polen de olivo, aunque los problemas de cuajado con clima adverso, excesivo calor o lluvias frecuentes, sugieren su utilidad.

3.1.3. *Cuajado y abscisión de frutos*

En la flor del olivo normalmente solo uno de los cuatro primordios seminales del ovario es fecundado e inicia su crecimiento. En el tránsito del primordio seminal a semilla, el endospermo es la parte que primero crece. El cigoto permanece, por su parte, en una especie de latencia. Su transformación en el embrión solo tiene lugar algunas semanas más tarde, cuando ya la futura semilla ha alcanzado un cierto tamaño (Figura 5.5). Parece que el endospermo actúa como motor del crecimiento inicial de la semilla. Se ha observado una gran vascularización y crecimiento en el primordio seminal fecundado en correspondencia con el desarrollo del endospermo, lo que no sucede en los otros tres primordios seminales que, como norma, acaban por abortar a los pocos días (véase Figura 2.15). Cuando se impide la polinización, y por ende la fecundación, mediante eliminación de las anteras y embolsado de las flores, los cuatro primordios seminales apenas crecen, permanecen vivos durante bastantes más días que en caso de fecundación y muestran un tamaño similar entre ellos (Rapoport y Rallo, 1991a).

El aumento de tamaño del ovario es precedido por el crecimiento del primordio seminal fecundado. En numerosas variedades de olivo, se ha observado que la polinización cruzada anticipa el crecimiento del primordio seminal fecundado respecto a la autopolinización, habiéndose encontrado una estrecha correlación entre las pautas temporales de crecimiento del óvulo y del ovario por esta causa (Figura 5.6). La demanda de asimilados, determinada por el comienzo del crecimiento de los frutitos, origina una acusada competencia entre los mismos y las flores sin fecundar, lo que se traduce en una masiva abscisión de flores y de jóvenes frutos menos competitivos.

Esta caída se inicia primero entre flores o frutitos dentro de las inflorescencias y, posteriormente, entre frutos de inflorescencias próximas (Figura 5.7).

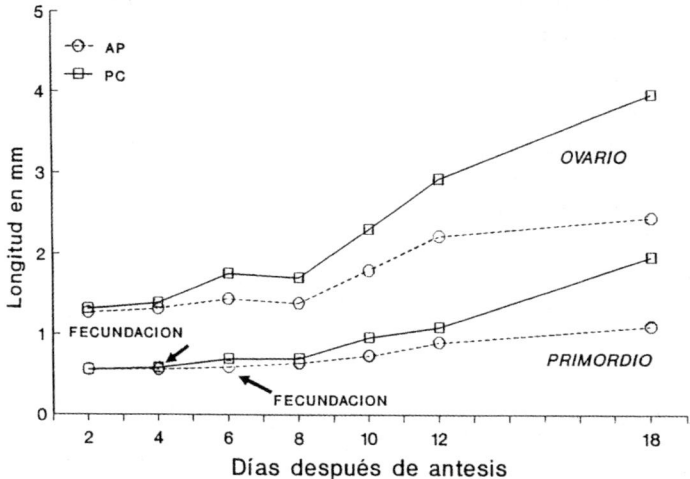

Figura 5.6. Relación entre el crecimiento del primordio seminal (futura semilla) y del ovario (futuro fruto) después de antesis (plena floración) en autopolinización (línea discontinua) y polinización cruzada (línea continua). La fecundación acontece antes en este último caso. (Según Cuevas, 1992).

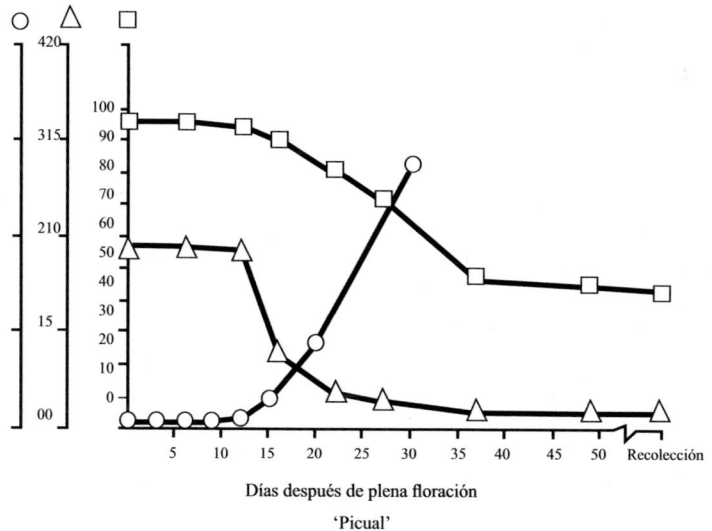

Figura 5.7. Relación entre el crecimiento del ovario y la caída de ovarios o frutos:
    □ **porcentaje de inflorescencias con ovario o fruto.**
    △ **número de ovarios o frutos por inflorescencia.**
    ○ **peso medio de 20 frutos.**

(Según Rallo y Fernández-Escobar, 1985).

El período de abscisión de los frutitos menos competitivos comienza, pues, tan pronto crecen los primeros frutos y se prolonga hasta unas 6-8 semanas después de la floración (Figura 5.8). En total llegan a caer hasta un 96-99% de las flores iniciales en años de elevada floración y buena cosecha. Una vez establecida la población de frutos en este período, estos prosiguen su crecimiento hasta maduración sin que se produzcan nuevas caídas, salvo por causas accidentales o patológicas.

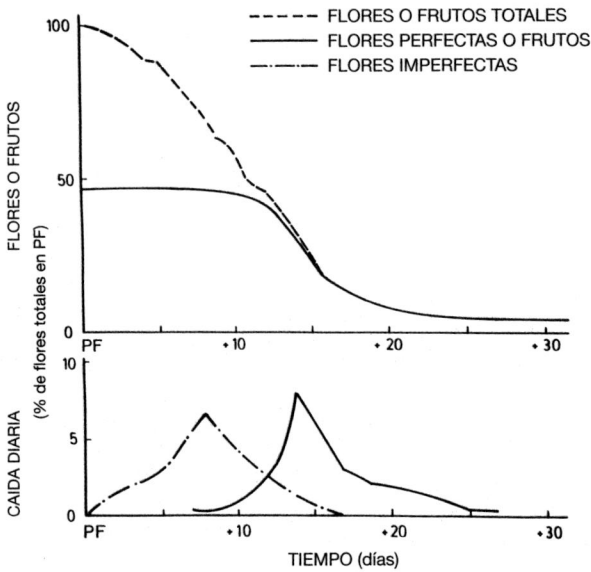

Figura 5.8. Pautas de caída de flores y frutos después de plena floración.
(Según Rapoport y Rallo, 1991b).

Hay una vía alternativa a esta pauta general de desarrollo del fruto. Se trata de los frutos partenocárpicos, conocidos como zofairones (la palabra *zofairón* procede del árabe, idioma en el que significa intruso). En estos, el concurso de la fecundación no es necesario para su desarrollo y su velocidad de crecimiento es menor. Por tanto, su demanda de asimilados es más atemperada. Ello hace que los frutitos vecinos apenas compitan entre sí por lo que la abscisión es mínima y las pequeñas aceitunas denominadas zofairones aparecen con frecuencia arracimadas (véase Figura 2.12).

3.1.4. *Crecimiento y desarrollo del fruto*

Desde la fecundación hasta su madurez, el fruto atraviesa una serie de etapas según una pauta precisa y predeterminada. Aunque desconocemos los mecanismos, resulta evidente la interacción semilla-ovario durante el desarrollo del fruto. A lo largo del período de abscisión antes mencionado, el desarrollo de la semilla, en particular del endospermo, parece determinante para el crecimiento del fruto. La destrucción de la semilla en este período comporta la abscisión del fruto; por contra, cuando el embrión alcanza un cierto tamaño, ocupando la mayor parte de la semilla, la presencia de la misma ya no es imprescindible para la continuidad de la aceituna, es decir, su destrucción no implica la abscisión del joven fruto, aunque repercute en un menor tamaño final.

Desde el punto de vista cuantitativo el crecimiento de la aceituna, como el de cualquier otra drupa, se ajusta en general a una doble sigmoide (Figura 5.5). Durante la primera fase de crecimiento tanto la división como la expansión celular contribuyen al aumento de tamaño del fruto. Esta fase concluye aproximadamente con el final de la esclerificación o endurecimiento del endocarpo, que sucede entre unas 7 y 9 semanas después de la floración. Tras un período durante el cual el crecimiento se ralentiza o se detiene, el fruto experimenta un nuevo incremento de tamaño, en cuya fase final ocurre el enverado o cambio de color de la epidermis que indica el comienzo de la maduración.

El *endurecimiento del hueso* ha representado un estado de desarrollo al que se ha prestado cierta atención en relación con la práctica de la fertilización nitrogenada. En realidad, su causa, es decir, la esclerificación del endocarpo, es un proceso que se inicia a los pocos días de la antesis. En un primer período, la lignificación de las células acontece de un modo disperso para, posteriormente, adquirir un carácter masivo, lo que conduce a una resistencia del fruto a ser atravesado que impide su corte con una navaja bien afilada. La última fase del endurecimiento del endocarpo coincide con el máximo crecimiento del embrión, una vez que la semilla ha alcanzado su tamaño definitivo. Este período es crítico para dos cosechas sucesivas. Por un lado, concluye la abscisión de los frutitos de la cosecha actual. Por otra parte, el desarrollo del embrión y la esclerificación del endocarpo parecen contemporáneos con los cambios en la planta asociados a la inhibición de la inducción floral, de manera que la presencia de frutos semillados más allá de este período tiene un claro efecto inhibidor sobre la floración al año siguiente (floración de retorno). Como se ha visto, este efecto representa una causa fundamental de la vecería del olivo.

El *tamaño del fruto* es un factor crítico para la calidad de la aceituna de mesa. En la evolución normal del crecimiento del fruto, la carga del árbol, es decir, el número de aceitunas, es posiblemente el principal factor determinante del tamaño del fruto en unas condiciones determinadas de medio y cultivo. En todos los frutales, y el olivo como en tantas otras cosas no es una excepción, existe una relación negativa entre el número de frutos por árbol y el peso del fruto. Como se ha visto, la población de frutos queda determinada en las 6-8 semanas que siguen a la floración. Sin embargo, solo la reducción del número de flores y frutos jóvenes hasta 25-30 días después de floración se traduce en un aumento del tamaño final de la aceituna. Aclareos previos conducen a una menor competencia entre frutos y, en consecuencia, a una menor caída natural, lo que compensa el aclareo. Aclareos posteriores, aunque el fruto se encuentra en su primera fase de crecimiento, apenas repercuten en un aumento de tamaño (Cuadro 5.1).

La síntesis de ácidos grasos en las células del mesocarpo determina el rendimiento graso de la aceituna. La reacción que promueve la formación de triglicéridos es un paso previo en dicha síntesis, por lo que se puede emplear para cuantificar la acumulación temporal de lípidos. En el caso de la aceituna se ha observado que la acumulación se inicia durante la fase de detención del crecimiento de la drupa y concluye al comienzo de la maduración. Estos datos parecen confirmar estudios previos sobre el rendimiento graso de la aceituna que indican que la cantidad de aceite por aceituna alcanza su techo en torno al comienzo de la maduración. Las fluctuaciones a partir de esta época se deben fundamentalmente a variaciones en el contenido de humedad de la pulpa.

CUADRO 5.1

Influencia del momento de un aclareo de inflorescencias con flores o frutos del 60% en la variación relativa de cuajado de frutos, carga del ramo (frutos/cm) y peso medio (g) de las aceitunas

Momento del aclareo	Variación respecto al testigo no aclarado (%)		
	Cuajado	Carga del ramo	Peso del fruto
Plena Floración (PF)	+116	0	0
10 días después PF	+78	−4	0
20 días después PF	+21	−50	+15
30 días después PF	0	−58	+12
45 días después PF	0	−60	+4

Fuente: adaptado de Suárez *et al.*, 1984.

3.2. Fenología

La fenología trata de la relación del clima con los fenómenos periódicos de los seres vivos, por ejemplo, la floración en las plantas. El crecimiento de los brotes y la fructificación del olivo dependen de los procesos secuenciales y periódicos que acontecen desde la formación de las yemas hasta el cese del crecimiento de los brotes o hasta la maduración de los frutos, según se trate del ciclo vegetativo o reproductor, respectivamente. La época en que suceden estos procesos en relación con las condiciones climáticas, en particular con el curso de la temperatura, constituyen el objeto de la fenología del olivo.

La expansión del olivo a nuevas zonas de cultivo y el previsible escenario de cambio climático han atraído la atención sobre la fenología de los procesos de crecimiento vegetativo y reproductor, cuya modulación por factores del clima determina la adaptación del olivo y de sus variedades en las diversas áreas de cultivo.

Los procesos de crecimiento vegetativo del brote, la formación de las yemas y el establecimiento de la latencia en las mismas, la inhibición de la inducción floral, el reposo invernal, la salida del reposo y la brotación de las yemas, el desarrollo de las inflorescencias y de las flores, la floración, la fecundación y el cuajado de frutos, el crecimiento del fruto, el endurecimiento del endocarpo y la maduración son fenómenos periódicos modulados por el clima, tanto en relación con la fecha en que suceden (Figura 5.4), como de la incidencia de factores bióticos y abióticos determinantes de la continuidad del ciclo reproductor y, por tanto, de la fructificación final.

Los periodos en que acontecen estos procesos se determinan mediante el seguimiento de las fases y estados fenológicos. Estos son momentos específicos del desarrollo vegetativo y reproductor caracterizados morfológicamente. Los estados fenológicos que corresponden a la brotación de yemas vegetativas y reproductoras, a la floración, al cuajado y al crecimiento y a la maduración del fruto fueron desarrollados a partir de anteriores trabajos y a la nueva escala universal BBCH (véase estados fenológicos florales en Cuadro 2.1).

Un ejemplo del seguimiento periódico del progreso de la floración mediante los estados fenológicos es la determinación de la época de floración en el Banco de Germoplasma Mundial de Olivo (BGMO) en Córdoba y su relación con la temperatura (Alcalá y Barranco, 1992; Barranco *et al.,* 1994) durante el periodo 1973-1993, y durante 9 años entre 2015 y 2023 (Cabello, 2024). La fecha media de floración fue el 10 de mayo, para el periodo temporal 1973-1993, con diferencias de más de 20 días entre años. Mientras que en el periodo 2015-2024, la floración media fue el 29 de abril y también se han observado diferencias de 24 días entre años (Figura 5.9 A y B).

La temperatura durante los dos meses inmediatamente anteriores a la floración es el principal factor determinante de la fecha de floración. Temperaturas elevadas en los meses de marzo y abril adelantan la floración, sucediendo lo contrario cuando estas temperaturas son bajas. También la duración de la floración depende de la temperatura, en particular de la que acontece a partir de la apertura de las primeras flores. Temperaturas bajas conducen a floraciones prolongadas, mientras temperaturas elevadas acortan el período de floración. Heladas al comienzo de la brotación pueden destruir las yemas de flor.

Al igual que para el desarrollo floral, el seguimiento de otros estados tales como el crecimiento de brotes, la formación de yemas axilares, el cuajado y crecimiento de frutos, el endurecimiento del endocarpo, la maduración, etc.., proporcionan su calendario anual en relación con factores climáticos diversos, en particular con la temperatura. Sin duda, el seguimiento fenológico es una excelente herramienta para estudiar la adaptación varietal en nuevas áreas de cultivo y también en un escenario de calentamiento global.

Desde fechas recientes se están desarrollado modelos fenológicos predictivos de las fechas en que acontecen determinados estados fenológicos. Estos modelos relacionan factores de clima (p.ej. radiación, temperatura, etc.) con procesos de los ciclos vegetativo y reproductor y con la capacidad productiva de los olivares. Estos modelos aportan diversas utilidades. Permiten, por un lado, una mejor comprensión de procesos complejos como el crecimiento, la producción, la floración, la maduración, etc. Además, permiten predecir el comportamiento del factor en estudio simulando condiciones climáticas diferentes y definir características críticas en el comportamiento y en la selección varietal en programas de mejora. Los modelos de simulación son una herramienta en la que enmarcar la experimentación que puede ahorrar una gran parte del trabajo experimental necesario para el estudio de adaptación al clima de especies y variedades. En el olivo se han propuesto en los últimos años dos modelos de predicción de las fechas de floración (De Melo-Abreu *et al.,* 2004) y de brotación (Cesaraccio *et al.,* 2004).

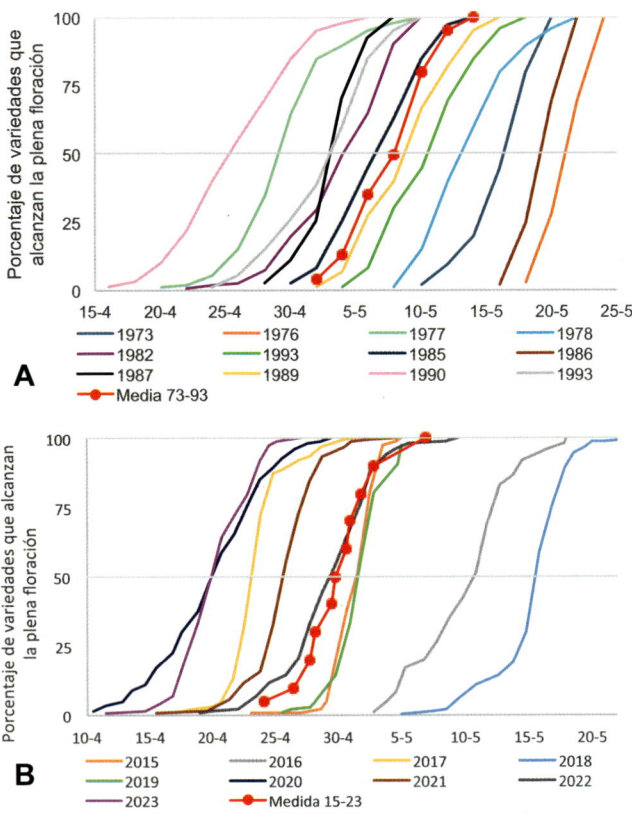

Figura 5.9. Fechas de plena floración en variedades de olivo en el Banco de Germoplasma de Olivo de Córdoba (expresado en porcentaje de las mismas) en dos periodos temporales A) 1973-1993 (Barranco *et al.,* 1994), y B) 2015-2023 (Cabello, 2024).

4. Control de la fructificación y de la producción

La producción del olivo depende de la cantidad de materia seca producida por la superficie foliar y de la proporción de aquella que la planta destina a la producción de aceitunas. Esta última relación se conoce como índice de cosecha. Además, desde el punto de vista económico, son también críticas: a) la calidad de la cosecha, que en el caso de la aceituna de mesa está representada por el tamaño del fruto y en la de aceite por el rendimiento graso, principalmente, y b) la regularidad de la cosecha, es decir, una reducción de la vecería.

Las estrategias para controlar la fructificación y la producción tratan pues de:

- Optimizar la fotosíntesis.
- Mejorar el índice de cosecha.
- Mejorar la calidad de la cosecha.
- Regular la cosecha.

4.1. Optimizar la fotosíntesis

La concepción general del olivar como un sistema extensivo de secano es, sin duda, la causa de su baja productividad. El déficit hídrico, al limitar el intercambio gaseoso y por tanto la fotosíntesis, afecta negativamente a todos los procesos del crecimiento vegetativo y del ciclo reproductor sobre los que se dispone de datos (véase Capítulo 12). Junto al déficit hídrico, la limitación espacial o temporal de la superficie foliar que intercepta la radiación solar representa la causa más importante de la baja productividad del olivar. Las siguientes técnicas de cultivo permiten optimizar la fotosíntesis y, por tanto, la producción.

4.1.1. *Riego*

La espectacular respuesta del olivo al riego evidencia cómo el déficit hídrico representa el principal factor limitante para el crecimiento y la productividad de los árboles. Al cultivarse el olivo en zonas de secano donde el agua es un recurso limitado, las estrategias de riego deficitario que tratan de optimizar el uso del agua disponible parecen las más aconsejables en la actualidad. El Capítulo 12 desarrolla este concepto y aporta los datos experimentales disponibles en la actualidad.

4.1.2. *Manejo del suelo*

En numerosos olivares no hay posibilidad de riego, siquiera sea temporal. En estas circunstancias la economía del agua de lluvia se convierte en el eje del cultivo. El máximo aprovechamiento de esta por la planta debe ser el objetivo. La razón fundamental del laboreo ha sido evitar la competencia de otras plantas con el olivo por el uso del agua disponible. Las técnicas de no laboreo con el uso de herbicidas han permitido su mejor aprovechamiento en primavera, en particular la de los horizontes superficiales. Ello se ha traducido en mayores crecimientos de brotes y producción en numerosos olivares de secano, debido, al menos en parte, al sostenimiento de la actividad fotosintética en condiciones que permiten un mejor uso del agua del suelo. El Capítulo 10 recoge los datos disponibles sobre las técnicas de manejo del suelo, con énfasis también en otros aspectos relevantes como la erosión, los costes de cultivo, la incidencia en la flora y fauna del olivar y la exigencia de buenas prácticas en la aplicación de herbicidas para evitar residuos de los mismos.

4.1.3. *Densidades de plantación*

Las tradicionales densidades de plantación del olivar de secano (en general con 100 olivos/ha e incluso menos) están aproximadamente relacionadas con la pluviometría de la zona. Este ajuste empírico ha supuesto que el *índice de copa*, que se mide por el porcentaje de la superficie de un olivar cubierta por la copa de los olivos al mediodía (Sc) y el *índice de área foliar* (*IAF*) sean bajos. Aproximadamente solo un 30% de la radiación solar incidente al mediodía es interceptada por la superficie foliar de un olivar adulto a marcos convencionales; es decir, hasta un 70% de la radiación solar incide directamente en la superficie del suelo. Por otro lado, estos olivares requieren un elevado número de años para alcanzar estos índices de copa. La baja eficiencia fotosintética espacial y temporal de los sistemas de plantación tradicionales y la necesidad de mecanización se traduce en una reducida productividad, lo que ha conducido al progresivo aumento de la densidad de plantación en los nuevos olivares donde se han alcanzado densidades de hasta 2.000 plantas/ha (véase Capítulo 9).

4.1.4. *Poda*

La poda tiene diferentes objetivos tales como: *a)* dar al árbol una estructura mecánicamente sólida para soportar sin roturas elevadas cosechas y proporcionar una copa regularmente distribuida y bien iluminada (poda de formación), *b)* mejorar el tamaño de los frutos, favoreciendo una mejor relación hoja/fruto y una buena aireación e iluminación de la superficie foliar (poda de fructificación), *c)* mantener la copa de los árboles accesible para las operaciones de recolección y promover crecimiento vegetativo cuando el árbol envejece (poda de renovación o rejuvenecimiento), y *d)* regenerar un árbol dañado por cualquier catástrofe; p. ej., una helada que destruye la copa.

En los tres primeros casos la poda representa una eliminación de superficie foliar y una reducción inmediata de la fotosíntesis y de la producción. Con carácter general se puede afirmar que la poda reduce la cosecha de un árbol. En particular, la poda de formación retrasa la entrada en producción de los árboles. Por su parte, la poda de fructificación limita los daños de una sequía, reduce la cosecha y aumenta el tamaño de los frutos (p.ej. la poda del olivar de mesa en Sevilla). La poda de renovación disminuye también durante varios años (bastantes en casos de podas muy severas como el afrailado) la producción acumulada de los olivos podados. Posiblemente, las principales razones de la poda de renovación sean facilitar la accesibilidad a la copa de los árboles para los sistemas tradicionales de recolección como el vareo o el ordeño, mejorar la iluminación de la superficie foliar y reducir la pérdida de agua por transpiración durante períodos de sequía. La renovación de la copa para conseguir una mayor relación hoja/madera y brotes fructíferos de mayor tamaño no justifica posiblemente numerosos métodos de poda de renovación, en particular los muy severos. En el Capítulo 14 se recogen las principales técnicas de poda del olivar.

4.2. Mejorar el índice de cosecha

El *índice de cosecha* representa la relación entre la materia seca acumulada en la cosecha y la materia seca total de la planta. Las medidas directas solo son posibles en especies frutales en el momento de arrancar una plantación. Por ello se utilizan habitualmente medidas indirectas (p. ej. la producción de frutos por unidad de volumen de copa o por unidad de sección del tronco). El índice de cosecha se puede mejorar aumentando la *cantidad de flor* o el *cuajado de frutos*. Algunas técnicas que han mostrado las posibilidades de mejorar la cosecha por esta vía se describen a continuación.

4.2.1. *Anillado*

El anillado consiste en eliminar una tira perimetral de corteza de anchura variable (en general de varios milímetros) en una rama (Figura 5.10). Este se practica con una navaja de doble hoja de la anchura correspondiente. El anillado interrumpe la continuidad vascular, favorece la acumulación de asimilados en la porción distal de la rama, es decir, aquella situada por encima del lugar en que se ha practicado, e impide el paso de los asimilados hacia la porción inferior de la rama, hacia el tronco y hacia las raíces.

El efecto del anillado depende de la anchura del mismo. Al cabo de algún tiempo la herida cicatriza, la continuidad vascular en la rama se restablece y su efecto desaparece. Anillados inferiores a 10-15 mm cicatrizan en varias semanas en función de la época en que se realice. Su efecto puede aprovecharse para aumentar la floración, para mejorar la calidad de las flores y aumentar el cuajado o para incrementar el tamaño de los frutos. Cuando el anillado es muy ancho su cicatrización se prolonga durante varios meses y su efecto debilitante sobre las raíces y el árbol es, en general, muy acusado.

El anillado es una técnica de cultivo habitual en cítricos y melocotonero precoz en regadío para aumentar el cuajado y el tamaño de los frutos. En el olivo apenas se emplea, posiblemente por tratarse de un cultivo de secano donde el efecto debilitador del árbol sea más manifiesto que el beneficio que la práctica origina.

Figura 5.10. Anillado de una rama de olivo. (Foto de López-Rivares y Suárez).

En Israel, anillados de 10-15 mm cubiertos con una banda de PVC, en olivos en riego de diversas variedades, incrementan al año siguiente la producción de las ramas a las que se aplicó el tratamiento en los meses de invierno (diciembre-febrero) y, en menor grado, cuando se efectúa en abril. En la primera época aumenta tanto la floración como el cuajado final de frutos. En ambos casos, la cicatrización de la lesión es rápida. La respuesta al anillado de una rama solo afecta a la misma por lo que esta técnica se puede aplicar independientemente a una o varias ramas del árbol. La respuesta depende del potencial fructífero, siendo mayor en árboles en los que se espera baja cosecha al año siguiente. Estos resultados sugieren recomendar la técnica para paliar la vecería en olivar de riego en inviernos previos a años de descarga (Lavee *et al.*, 1983).

En Portugal se ha practicado el anillado en árboles de secano de la variedad 'Galega' en años previos al sobreinjerto con otra variedad. El objetivo de esta práctica ha sido agotar la producción de una rama principal antes de sobreinjertarla. El anillado aumenta la floración, el cuajado y la producción de la rama principal que, luego, se rebaja y sobreinjerta. Siguiendo un turno prefijado de anillado, rebaje y sobreinjerto se han reconvertido varietalmente plantaciones en un período de unos 6 años forzando la producción de las ramas que iban a ser sobreinjertadas. Esta experiencia sugiere la posibilidad de practicar el anillado en los años previos a la renovación de ramas principales en numerosas zonas olivareras en que estas prácticas de poda de renovación y rejuvenecimiento son habituales o previamente a la eliminación de pies practicada habitualmente en plantaciones tradicionales.

Los pocos datos experimentales disponibles en España muestran como única respuesta al anillado el incremento en el cuajado y en el tamaño de fruto en recolección cuando la práctica se realizó en regadío 30 días antes de Plena Floración y con una anchura de corte de 15 mm (López-Rivares y Suárez, 1990).

4.2.2. *Polinizadores*

En España la mayoría de los olivares son monovarietales. En estas plantaciones no se han detectado graves fracasos del cuajado de frutos atribuibles a la ausencia de polinización cruzada, como sucede de modo marcado en otras especies frutales (peral, almendro, cerezo, etc.). Sin embargo, como se ha indicado anteriormente, en plantaciones monovarietales de olivo la fecundación por polen ajeno es mucho más frecuente de lo que se creía. Ello es debido a que el olivo es una especie preferentemente alógama, en la que el polen propio tarda más en llevar a cabo la fecundación que el polen de otra variedad. Este retraso de la fecundación con polen de la propia variedad puede no ser crítico para la producción por la masiva abscisión de frutitos y de ovarios no fecundados que se produce en el olivo debido a la competencia por asimilados (véase apartado 3.2.5). No obstante, se han observado frecuentes mejoras en el cuajado de frutos en ensayos de polinización cruzada (Cuadro 5.2). La presencia de zofairones y ovarios sin engordar tras la floración en plantaciones monovarietales indica insuficiente fecundación y, por tanto, la conveniencia de establecer polinizadores.

CUADRO 5.2

Influencia de la polinización cruzada en el cuajado final de frutos de las variedades
'Manzanilla de Sevilla' y 'Arbequina'

Variedad	Año	Cuajado de frutos			
		% Inflorescencia con fruto		Frutos por inflorescencia	
		Autopolinización	Polinización Cruzada	Autopolinización	Polinización Cruzada
Manzanilla de Sevilla	1984	48,0*	56,0*	1,54	1,56
	1985	32,5*	55,3*	1,28*	1,50*
Arbequina	1982	68,3	65,3	2,00	2,14
	1985	62,5	67,1	1,98	2,26

*Diferencias significativas entre auto y cruzada

Fuente: según Rallo y Suárez, 1989.

En la variedad 'Gordal Sevillana' la polinización cruzada reduce la proporción de zofairones, frutos partenocárpicos de escaso valor comercial, y asegura el cuajado de frutos normales (Figura 5.11). En la variedad 'Manzanilla de Sevilla' se ha observado muy frecuentemente respuesta positiva a la polinización cruzada (Cuadro 5.2). Esta variedad requiere el empleo de polinizadores en plantaciones de regadío en California e Israel para obtener cosechas elevadas. En ensayos en España, 'Gordal Sevillana' ha resultado mejor polinizador que 'Hojiblanca'. En otras variedades como 'Arbequina', la respuesta a la polinización cruzada ha resultado variable, aunque en la mayoría de los casos, la producción aumenta gracias a la polinización cruzada. En conjunto, en la mayoría de los países de cultivo tradicional del olivo, la necesidad de polinizadores no es tan crítica como en otras especies, gracias a la anemofilia de la especie y la frecuente cercanía de otras variedades que actúan como polinizadores insospechados. Diferentes factores limitantes para la fecundación como temperaturas bajas (<15 °C) o muy elevadas (>30 °C) en floración, déficits temporales de agua o de nutrientes o baja relación hoja/inflorescencia pueden ocasionar fracasos en el cuajado de frutos al limitar la longevidad del óvulo. En estas circunstancias la presencia de variedades polinizadoras son una garantía para un cuajado de frutos suficiente.

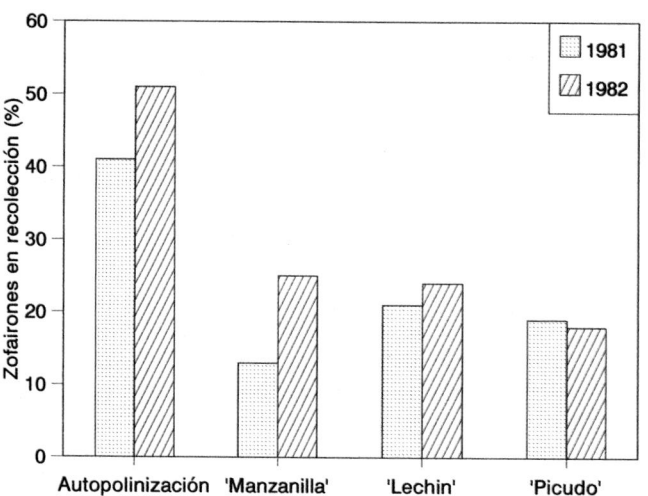

Figura 5.11. Reducción del porcentaje de zofairones en 'Gordal Sevillana' por efecto de la polinización cruzada con polen de 'Manzanilla de Sevilla', 'Lechín de Granada' y 'Picudo'. (Según Fernández-Escobar y Gómez-Valledor, 1985).

La creciente evidencia sobre los efectos positivos de la polinización cruzada en olivo invita a la consideración de un diseño de polinización en las nuevas plantaciones. En las plantaciones ya establecidas son prometedores los resultados obtenidos mediante el sobreinjerto de una pequeña proporción de pies con la variedad polinizadora. En este sentido, el injerto de parche durante el mes de abril ha dado buenos prendimientos.

Para determinar el número y disposición de los pies polinizadores resulta esencial conocer el vector de polinización en la especie y su eficiencia. Como ya se ha indicado, la polinización en el olivo es fundamentalmente anemófila, es decir, el transporte del polen de una flor a otra se realiza por el viento. Es también necesario conocer la distancia efectiva de transporte, esto es, la distancia hasta la cual el viento dominante traslada el polen de un polinizador en cantidad suficiente para aumentar el cuajado de frutos de la variedad principal. Aunque los ensayos realizados son escasos, los resultados son prácticamente coincidentes. El sobreinjerto de uno de cada dos árboles de 'Manzanilla de Sevilla' con yemas de la variedad italiana 'Uovo de Piccione' en una de cada cinco filas produjo, al alcanzar la floración el siguiente año, un incremento en la cosecha que resultó decreciente en función de la distancia al polinizador. La distribución del polen indicó que el efecto positivo del polinizador se extiende 40 m en el sentido del viento dominante, en mayor medida (Lavee y Datt, 1978). Ensayos realizados en California sobre 'Manzanilla de Sevilla' indican que el polen de 'Gordal Sevillana' aplicado con atomizador y trasportado por el viento es eficiente para incrementar la cosecha y disminuir la aparición de zofairones hasta una distancia de 30 m aproximadamente. Ensayos realizados con la variedad 'Picual' en Almería y Jaén evidencian un mayor cuajado de frutos en las filas a las que se aplicó una mezcla de polen de diferentes variedades con espolvoreador respecto a la media de los ramos en polinización libre. Los datos también sugieren que esta influencia decae con la distancia a la fila a la que se aplicó el polen (Hueso, 1999).

La coincidencia de estas distancias en los países en los cuales se considera necesario realizar un diseño de polinización, aconseja que la distancia máxima entre polinizador y variedad principal en el sentido del viento dominante no supere 40 m, aproximadamente. Esto se debe a que los vientos dominantes dan lugar a un transporte eficiente del polen solo en la dirección correspondiente. Los diseños de polinización se pueden realizar con árboles aislados, filas completas o grupos de varias filas (Figura 5.12). La mayor cercanía del polinizador parece repercutir en una mejora de la producción, lo que se consigue con filas próximas de polinizador y variedad principal. Un número par de filas facilita la recolección mecanizada. Aunque estos diseños pueden chocar con las costumbres de los olivareros, que suelen inclinarse por una sola variedad bien conocida, la asociación de bloques de más de una variedad que garanticen un buen cuajado y extiendan el periodo de uso de la maquinaria de recolección solo supone ventajas. Por ello, es recomendable establecer diseños con números pares de filas de polinizador y variedad principal, según el marco de plantación y la citada distancia máxima. Por ejemplo, asociaciones 2 (Polinizador): 6 (Principal): 2 (Polinizador) para un marco de 7 × 5 (o 2:4:2 para marcos de 10 × 10) pueden representar una solución satisfactoria. Debe esperarse, no obstante, una menor productividad en las filas centrales más alejadas del polinizador.

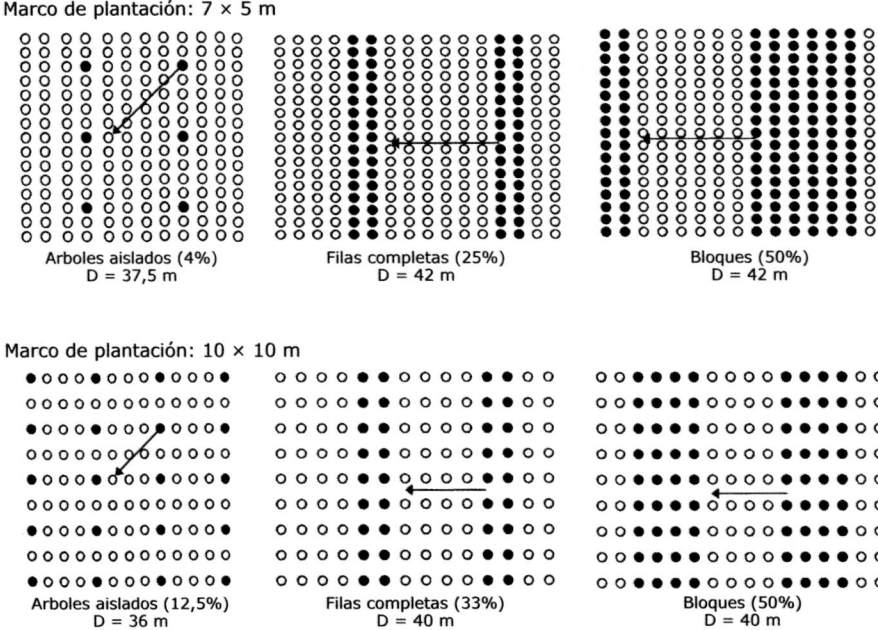

Figura 5.12. Diseños de polinización para plantaciones de olivo. Entre paréntesis, porcentaje de polinizadores. D: distancia máxima entre polinizador y variedad principal. Círculo negro: pies polinizadores; círculo blanco: variedad principal.

En la elección de un polinizador hay que considerar cuatro factores principales:

a) Compatibilidad con la variedad principal. Recientes investigaciones sugieren que las variedades de olivo pueden clasificarse en dos grupos de incompatibilidad, dentro de los cuales la reacción es incompatible, mientras que cruzamientos entre variedades de distinto grupo conduce a una buena cosecha. La compatibilidad entre variedades parece también recíproca; es decir, que si 'Arbosana' es una excelente polinizadora para 'Sikitita', lo mismo cabe esperarse en la dirección contraria. La bondad de las asociaciones 'Manzanilla de Sevilla'-'Gordal Sevillana', 'Picual'-'Hojiblanca' y 'Arbequina'-'Picual' han sido recientemente comprobadas mediante pruebas de paternidad realizadas con marcadores moleculares. Por el contrario, la variedad 'Picual' parece incompatible con 'Lechín de Granada'.

b) Coincidencia en floración. Este aspecto no representa un grave problema en el olivar español dada la agrupada floración de todos los cultivares españoles en la mayoría de los años (Figura 3.3). Sin embargo, los aspectos ya comentados del calentamiento global sobre la fenología de las variedades merecen consideración.

c) Polen en cantidad suficiente y de buena calidad. En este sentido, el cultivar 'Picudo' tiene buena reputación, mientras que 'Gordal Sevillana', aunque hay datos dispares, ha sido citado con frecuencia como un inadecuado polinizador por poseer un polen de menor viabilidad. Cultivares muy veceros tampoco serían adecuados.

d) Interés y usos de la variedad polinizadora. Debe tratarse de una variedad de alto valor comercial. En particular en diseños de polinización con filas completas de polinizadores. En este caso la elección de una variedad cuya maduración (Figura 3.4) no coincida con la variedad principal extiende el periodo de uso del equipamiento de recolección. Por último, parece de sentido común asociar dos variedades con un uso prioritario común, bien almazara, bien aceituna de mesa.

4.3. Mejorar la calidad de la cosecha

El tamaño del fruto es el principal criterio de calidad en la aceituna de mesa y el rendimiento graso en la aceituna para aceite. La relación pulpa/hueso, que está a su vez relacionada con el tamaño del fruto, es un factor determinante del rendimiento graso, ya que el aceite de la pulpa representa más del 95% del total de la aceituna.

En el olivo, como en cualquier otro frutal, hay una relación inversa entre el número de frutos por árbol y el tamaño del fruto. La poda de fructificación ha representado tradicionalmente el procedimiento fundamental para reducir el número de frutos y aumentar el tamaño de los mismos en el olivar de mesa. Este aumento del peso y dimensiones de los frutos restantes ha supuesto una merma de la cosecha compensada, en este caso, por su mayor valor comercial. Esta no ha sido la situación de la aceituna de molino, donde la mayor cantidad de aceite se ha correspondido en general con una mayor cosecha.

Una alternativa para aumentar el tamaño de los frutos es el aclareo, es decir, la eliminación de parte de los frutos. Aclareos manuales de flores y frutos en los días inmediatos a la floración originan una menor caída natural de frutos que llega a compensar la reducción representada por el aclareo. Cuando el aclareo tiene lugar entre 20 y 30 días después de la floración, una vez que la abscisión natural está muy avanzada, se produce un incremento del tamaño del fruto (Cuadro 5.1). El aclareo tiene respecto a la poda la ventaja de que no reduce la superficie foliar ya que solo elimina los frutos. Sin embargo, el aclareo manual es económicamente inviable. Por esta razón, desde que las aplicaciones de diferentes productos químicos mostraron un efecto aclarante en manzano, en la década de los cuarenta del siglo pasado, se han ensayado dichos productos en otras especies. Desde la década de los sesenta del siglo XX existen datos experimentales de la aplicación de productos químicos para el aclareo de frutos en olivo. En Israel y EE.UU., el aclareo es una práctica habitual en el olivar de mesa. En España se ha comprobado experimentalmente que el aclareo químico aumenta el tamaño medio de los frutos y mejora la distribución por calibres de la cosecha con una menor reducción de esta que las técnicas tradicionales de poda. También se ha observado un aumento variable de la floración al año siguiente (floración de retorno). Sin embargo, la efectividad del tratamiento depende del grado de reducción del cuajado, que está afectado por el momento de aplicación del ANA (Figura 5.13).

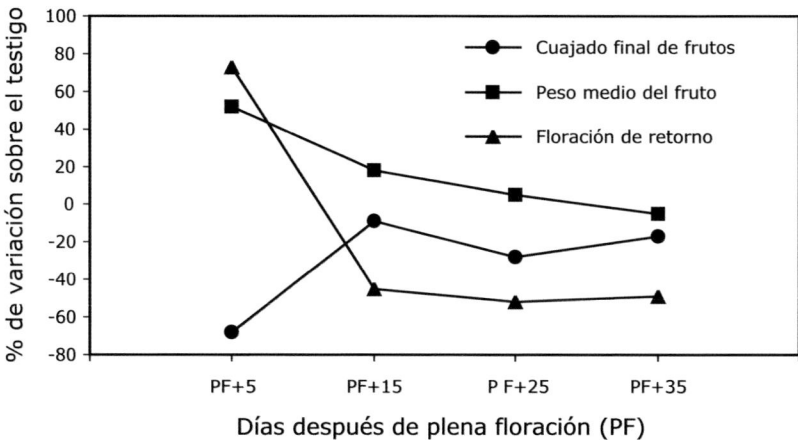

Figura 5.13. Porcentaje de variación respecto al testigo de tres índices de productividad en cuatro momentos de aplicación del ANA (200 ppm) (Según Barranco y Krueger, 1990).

4.3.1. *Aclareo químico*

Las pulverizaciones de ácido naftalenacético (ANA) durante postfloración representan el método habitual de aclareo de frutos en EE.UU. El ANA ha sido efectivo en aquel país en las variedades 'Manzanilla de Sevilla', 'Ascolana' y 'Mission', pero no en 'Gordal Sevillana'. Aunque el aclareo químico se utiliza en California desde hace más de 25 años, su adopción ha sido lenta debido posiblemente a los riesgos de sobreaclareo o de aclareo insuficiente, relacionados ambos con las condiciones ambientales en postfloración y con la determinación del período de aplicación que es crítico.

Ensayos realizados en la variedad 'Manzanilla de Sevilla' en España confirman la efectividad de tratamientos con ANA cuando se aplican pulverizaciones a concentraciones de 150 ppm a las dos semanas de plena floración. Estos datos coinciden sustancialmente con la experiencia más dilatada de los olivares californianos. Aplicaciones previas conducen a sobreaclareo y aplicaciones posteriores a los 20 días después de la floración apenas son efectivas.

La época de aplicación se puede determinar en base a dos criterios: *a)* número de días después de plena floración y *b)* tamaño del fruto. El aclareo químico con

ANA se ha mostrado efectivo cuando se realiza entre 12 y 18 días después de plena floración. En California se aconseja una regla que proporciona buenos resultados. Consiste en aplicar 10 ppm (partes por millón) del producto por día después de la floración dentro del intervalo reseñado, es decir, entre 120 ppm (12 días después de plena floración) y 180 ppm (18 días después de plena floración) con un volumen de aplicación de 2.500 a 3.000 l/ha, de modo que se asegure una buena cobertura del árbol, aspecto esencial para un buen resultado. Este volumen representa aproximadamente 25-30 l/árbol para una densidad de plantación de 100 árboles/ha. En general la copa de los árboles de riego en California es mayor y de más densidad foliar que en nuestros olivares. Por tanto, esta cifra habría que ajustarla empíricamente a la baja.

En este procedimiento es fundamental la determinación precisa de la plena floración. En este estado un árbol con buena floración aparece blanco cuando entre el 80-90% de las flores de los ramos están abiertas mostrando las anteras amarillas. La liberación del polen es muy abundante y la agitación suave de un ramo fructífero permite la recogida de abundante polen en la mano. A los 3-4 días las flores empiezan a pardear a medida que progresa la marchitez de los pétalos. El defecto de este método reside en el progreso variable de la floración según el curso de la temperatura. Cuando esta es elevada y el ambiente es seco se acorta el período de floración; por contra, cuando la temperatura es baja y el tiempo lluvioso se prolonga dicho período. En general, en este último caso el efecto del aclareo es más errático.

El segundo criterio para la práctica del aclareo es el tamaño del fruto. En 'Manzanilla de Sevilla' se aconseja el tratamiento con ANA cuando las aceitunas han alcanzado un diámetro de 3-5 mm. Este procedimiento requiere determinar tamaños medios en las caras Norte y Sur de olivos de la plantación localizados en varios emplazamientos. Este tamaño se alcanza usualmente entre los 12 y 18 días después de la floración, aunque también puede modificarse por el curso de las temperaturas, adelanto cuando estas son elevadas y atraso en caso contrario. Este criterio es indicativo de que la fecundación ha tenido lugar y el crecimiento del fruto se ha iniciado. En este caso se recomiendan concentraciones de 150 ppm de ANA. El uso conjunto de ambos métodos es el criterio más seguro para determinar el momento y la concentración óptima del producto.

La acción del ANA consiste en facilitar y amplificar la caída natural de frutos que tiene lugar en las semanas que siguen a la floración (Figura 5.8). Este efecto puede ser exaltado por temperaturas muy altas (> 35 °C) tras la aplicación del producto, lo que conduce a un sobreaclareo, en especial en árboles sometidos a estrés. Por esta razón, en California solo se aconseja el aclareo con ANA en árboles en buen estado hídrico, es decir, bien regados. Esta limitación puede ser crítica en numerosos olivares de mesa en secano o insuficientemente regados previamente. Si el efecto aclarante se percibe como insuficiente o si se desea un aclareo más intenso, aplicaciones repetidas de ANA a 150 ppm en un intervalo de 3 a 6 días incrementan la respuesta al ANA, si bien los riesgos de sobreaclareo son mayores.

En el caso de aceituna para molino, la mayor parte cultivada en condiciones de secano, no existe aún experiencia que permita aconsejar el uso del aclareo químico como técnica de cultivo (véase apartado 4.4.).

En suma, a pesar de los avances, aún se requieren estudios básicos y una experimentación extensa para dar respuesta en términos agronómicos y económicos al control de la producción y fructificación de nuestra primera especie frutal.

5. Bibliografía

Abbott, DL., Luckwill, .LC, Cutting, CV., 1970. The role of budscales in the morphogenesis and dormancy of the apple fruit bud, in: Physiology of Tree Crops. New York Academic Press, New York, pp. 64–82.

Acebedo, M. M.; Cañete, M. L.; Cuevas, J. 2000. Processes affecting fruit distribution and its quality in the canopy of olive trees. *Advances in Horticultural Sciences,* 14(4):169-175.

Alcalá, A.R., Barranco, D., 1992. Prediction of Flowering Time in Olive for the Cordoba Olive Collection. Hortscience 27, 1205–1207.

Anderson, J. V., Horvath, D.P., Chao, W.S., Foley, M.E., 2010. Bud Dormancy in Perennial Plants: A Mechanism for Survival. pp. 69–90. https://doi.org/10.1007/978-3-642-12422-8_5

Barranco, D.; Krueger, W. H. 1990. Timing of NAA application in olive thinning. *Acta Horticulturae,* 286: 167-169.

Barranco, D.; Milona, G.; Rallo, L. 1994. Épocas de floración de cultivares de olivo en Córdoba. *Invest. Agr.: Prod. Prot. Veg.* 9(2): 213-220.

Barranco, D., Rallo, L., 2005. Épocas de floración y maduración, in: Variedades de Olivo En España. Junta de Andalucía. MAPA. Mundi Prensa, Madrid, pp. 281–292.

Benlloch-González, M., Sánchez-Lucas, R., Bejaoui, M.A., Benlloch, M., Fernández-Escobar, R., 2019. Global warming effects on yield and fruit maturation of olive trees growing under field conditions. Sci Hortic 249, 162–167. https://doi.org/10.1016/j.scienta.2019.01.046

Benlloch-González, M., Sánchez-Lucas, R., Benlloch, M., Ricardo, F.E., 2018. An approach to global warming effects on flowering and fruit set of olive trees growing under field conditions. Sci Hortic 240, 405–410.

Bongi, G.; Palliotti, A. 1994. Olive. En Bruce Shaffer y Peter C. Andersen (Eds.). Handbook of Environmental Physiology of Fruit Crops. Vol I. Temperate Crops CRC Press Inc. Boca Raton.

Cabello, D. 2024. *Brotación, floración y necesidades de frío en variedades de olivo en Córdoba.* Tesis Doctoral. Universidad de Córdoba.

Cesaraccio, C., Spano, D., Snyder, R.L., Duce, P., 2004. Chilling and forcing model to predict bud-burst of crop and forest species. Agric For Meteorol 126, 1–13. https://doi.org/10.1016/j.agrformet.2004.03.002

Considine, M.J., Considine, J.A., 2016. On the language and physiology of dormancy and quiescence in plants. J Exp Bot 67, 3189–3203. https://doi.org/10.1093/jxb/erw138

Cuevas, J. 1992. *Incompatibilidad polen-pistilo, procesos gaméticos y fructificación en olivo (Olea europaea, L.).* Tesis Doctoral. Universidad de Córdoba.

De la Rosa, R., James, C.M., Tobutt, K.R., 2004. Using Microsatellites for Paternity Testing in Olive Progenies. HortScience 39, 351–354. https://doi.org/10.21273/HORTSCI.39.2.351

De Melo-Abreu, J., Barranco, D., Cordeiro, A.M., Tous, J., Rogado, B.M., Villalobos, F.J., 2004. Modelling olive flowering date using chilling for dormancy release and thermal time. Agric For Meteorol 125, 117–127. https://doi.org/10.1016/j.agrformet.2004.02.009

Díaz, A., Martín, A., Rallo, P., Barranco, D., De la Rosa, R., 2006. Self-incompatibility of `Arbequina' and `Picual' Olive Assessed by SSR Markers. Journal of the American Society for Horticultural Science 131, 250–255. https://doi.org/10.21273/JASHS.131.2.250

El Yaacoubi, A., Malagi, G., Oukabli, A., Hafidi, M., Legave, J.M., 2014. Global warming impact on floral phenology of fruit trees species in Mediterranean region. Sci Hortic 180, 243–253. https://doi.org/10.1016/j.scienta.2014.10.041

Engelen, C., Wechsler, T., Bakhshian, O., Smoly, I., Flaks, I., Friedlander, T., Ben-Ari, G., Samach, A., 2023. Studying Parameters Affecting Accumulation of Chilling Units Required for Olive Winter Flower Induction. Plants 12. https://doi.org/10.3390/plants12081714

Fernández-Escobar, R., Benlloch, M., Navarro, C., Martín, G.C., 1992. The time of floral induction in the olive. Journal of the American Society for Horticultural Science 117, 304–307.

Fernández-Escobar, R., Gómez-Valledor, G., 1985. Cross-pollination in 'Gordal Sevillana' Olives. HortScience 20, 191–192. https://doi.org/10.21273/HORTSCI.20.2.191

García-García, L. 2006. *Autopolinización y polinización cruzada en condiciones estrictas de aislamiento*. Trabajo Profesional Fin de Carrera. Universidad de Córdoba.

Goldschmidt, E.E., Sadka, A., 2021. Yield Alternation: Horticulture, Physiology, Molecular Biology, and Evolution, in: Editorial Board. Wiley, pp. 363–418. https://doi.org/10.1002/9781119750802.ch8

Griggs, W. H.; Hartmann, H. T.; Bradley, M. V.; Iwakiri, B. T.; Whisler J. E. 1975. Olive pollination in California. *California Agricultural Station Bulletin,* 869.

Haberman, A., Ackerman, M., Crane, O., Kelner, J.-J., Costes, E., Samach, A., 2016. Different flowering response to various fruit loads in apple cultivars correlates with degree of transcript reaccumulation of a TFL1-encoding gene. Plant Journal 87, 161–173. https://doi.org/10.1111/tpj.13190

Haberman, A., Bakhshian, O., Cerezo-Medina, S., Paltiel, J., Adler, C., Ben-Ari, G., Mercado, J.A., Pliego-Alfaro, F., Lavee, S., Samach, A., 2017. A possible role for flowering locus T-encoding genes in interpreting environmental and internal cues affecting olive (Olea europaea L.) flower induction. Plant Cell Environ. https://doi.org/10.1111/pce.12922

Hackett, W.P., Hartmann, H.T., 1967. The Influence of Temperature on Floral Initiation in the Olive. Physiol Plant 20, 430–436. https://doi.org/10.1111/j.1399-3054.1967.tb07183.x

Hartmann, H.T., 1953. Effect of winter chilling on fruitfulness and vegetative growth in the olive. Proceedings of the American Society for Horticultural Science 62, 184–190.

Horvath, D.P., Anderson, J. V., Chao, W.S., Foley, M.E., 2003. Knowing when to grow: signals regulating bud dormancy. Trends Plant Sci 8, 534–540. https://doi.org/10.1016/j.tplants.2003.09.013

Hueso, J. J. 1999. *Polinización artificial en el cultivar de olivo (Olea europaea L.) 'Picual'*. Trabajo Profesional Fin de Carrera. ETSIAM. Universidad de Córdoba.

Krueger, W. H. 1994. Carbohydrate and Nitrogen Assimilation. En Louise Ferguson, G. Steven Sibbet, y George C. Martín. (Eds.). Olive Production Manual. University of California. Division of Agriculture and Natural Resources, Oakland, C.A. Publication 3353.160 pp.

Lang, G., 1987. Dormancy: a new universal terminology. HortScience 22, 817–820.

Lavee, S., Datt, A.C., 1978. The Necessity of Cross-Pollination for Fruit Set of Manzanillo Olives. Journal of Horticultural Science 53, 261–266. https://doi.org/10.1080/0022158 9.1978.11514827

Lavee, S., Harshemesh, H., Avidan, N. V., 1986. Endogenous control of alternate bearing. Possible involvement of phenolic acids. Olea 17, 61–66.

Lavee, S., Haskal, A., Ben Tal, Y., 1983. Girdling olive trees, a partial solution to biennial bearing. I. Methods, timing and direct tree response. Journal of Horticultural Science 58, 209–218. https://doi.org/10.1080/00221589.1983.11515112

López-Rivares, E. P.; Suárez, M. P. 1990. Estudio de las épocas y anchuras óptimas de anillado en olivo. *Olivae,* 32: 38-41.

Malik, N.S.A., Bradford, J.M., 2009. The effect of high daytime temperatures on inhibition of flowering in "Koroneiki" olives (Olea europaea L.) under chilling and non-chilling nighttime temperatures. Journal of Applied Horticulture 11, 90–94. https://doi. org/10.37855/jah.2009.v11i02.18

Morales, A., Leffelaar, P.A., Testi, L., Orgaz, F., Villalobos, F.J., 2016. A dynamic model of potential growth of olive (Olea europaea L.) orchards. European Journal of Agronomy 74, 93–102. https://doi.org/10.1016/j.eja.2015.12.006

Nakagawa, M., Honsho, C., Kanzaki, S., Shimizu, K., Utsunomiya, N., 2012. Isolation and expression analysis of FLOWERING LOCUS T-like and gibberellin metabolism genes in biennial-bearing mango trees. Sci Hortic 139, 108–117. https://doi.org/10.1016/J. SCIENTA.2012.03.005

Nishikawa, F., Iwasaki, M., Fukamachi, H., Nonaka, K., Imai, A., Takishita, F., Yano, T., Endo, T., 2012. Fruit bearing suppresses citrus FLOWERING LOCUS T expression in vegetative shoots of satsuma mandarin (Citrus unshiu marc.). Journal of the Japanese Society for Horticultural Science 81, 48–53. https://doi.org/10.2503/jjshs1.81.48

Orlandi, F., Rojo, J., Picornell, A., Oteros, J., Perez-Badia, R., Fornaciari, M., 2020. Impact of climate change on crop production in Italy. Handbook of Climate Change Mitigation and Adaptation, Second Edition 1, 723–748. https://doi.org/10.1007/978-3-319-14409-2_64

Pérez-López, U., Robredo, A., Lacuesta, M., Mena-Petite, A., Muñoz-Rueda, A., 2012. Elevated CO2 reduces stomatal and metabolic limitations on photosynthesis caused by salinity in Hordeum vulgare. Photosynth Res 111, 269–283. https://doi.org/10.1007/s11120-012-9721-1

Pinillos, V., Cuevas, J., 2009. Open-pollination Provides Sufficient Levels of Cross-pollen in Spanish Monovarietal Olive Orchards. HortScience 44, 499–502. https://doi.org/10.21273/HORTSCI.44.2.499

Rallo, L., Fernández-Escobar, R., 1985. Influence of Cultivar and Flower Thinning within the Inflorescence on Competition among Olive Fruit. Journal of the American Society for Horticultural Science 110, 303–308. https://doi.org/10.21273/jashs.110.2.303

Rallo, L., Martin, G.C., 1991. The Role of Chilling in Releasing Olive Floral Buds from Dormancy. Journal of the American Society for Horticultural Science 116, 1058–1062.

Rallo, L., Suarez, M.P. 1989. Seasonal distribution of dry matter within the olive fruit-bearing limb. Adv Hortic Sci.

Rallo, L., Torreño, P., Vargas, A., Alvarado, J., 1994. Dormancy and Alternate Bearing in Olive. Acta Hortic. https://doi.org/10.17660/actahortic.1994.356.28

Rallo, P. 2000. *Desarrollo y aplicación de microsatélites en olivo (Olea europaea L.)*. Tesis Doctoral. Universidad de Córdoba.

Ramos, A., Rapoport, H.F., Cabello, D., Rallo, L., 2018. Chilling accumulation, dormancy release temperature, and the role of leaves in olive reproductive budburst: Evaluation using shoot explants. Sci Hortic 231, 241–252. https://doi.org/10.1016/j.scienta.2017.11.003

Rapoport, Hava H.F., Rallo, L., 1991a. Fruit Set and Enlargement in Fertilized and Unfertilized Olive Ovaries. HortScience 26, 896–898. https://doi.org/10.21273/HORTSCI.26.7.896

Rapoport, H.F., Rallo, L., 1991b. Postanthesis Flower and Fruit Abscission in `Manzanillo' Olive. Journal of the American Society for Horticultural Science 116, 720–723. https://doi.org/10.21273/JASHS.116.4.720

Raseira, M.C.B., Moore, J.N., 2022. Time of Flower Bud Initiation in Peach Cultivars Differing in Chilling Requirement. HortScience 22, 216–218. https://doi.org/10.21273/hortsci.22.2.216

Rojas-Gómez, M., Moral, J., Cabello, D., Oteros, J., Barranco, D., Galán, C., Díez, C.M., 2023. Pollen production in olive cultivars and its interannual variability. Ann Bot XX, 1–13. https://doi.org/doi.org/10.1093/aob/mcad163

Rubio-Valdés, G., 2009. Crecimiento y latencia de yemas reproductoras de olivo (Olea europaea L.). (Growth and dormancy in olive reproductive buds (Olea europaea L.)). PhD. Thesis (Tesis doctoral). Universidad de Córdoba. España.

Sánchez-Estrada, A., Cuevas, J., 2018. 'Arbequina' olive is self-incompatible. Sci Hortic 230, 50–55. https://doi.org/10.1016/j.scienta.2017.11.018

Saumitou-Laprade, P., Vernet, P., Vekemans, X., Billiard, S., Gallina, S., Essalouh, L., Mhaïs, A., Moukhli, A., El Bakkali, A., Barcaccia, G., Alagna, F., Mariotti, R., Cultrera, N.G.M., Pandolfi, S., Rossi, M., Khadari, B., Baldoni, L., 2017. Elucidation of the genetic architecture of self-incompatibility in olive: Evolutionary consequences and perspectives for orchard management. Evol Appl 10, 867–880. https://doi.org/10.1111/eva.12457

Seifi, E., Guerin, J., Kaiser, B., Sedgley, M., 2008. Inflorescence architecture of olive. Sci Hortic 116, 273–279. https://doi.org/10.1016/j.scienta.2008.01.003

Smith, H.M., Samach, A., 2013. Constraints to obtaining consistent annual yields in perennial tree crops. I: Heavy fruit load dominates over vegetative growth. Plant Science 207, 158–167. https://doi.org/10.1016/j.plantsci.2013.02.014

Stutte, G.W., Martin, G.C., 1986. Effect of killing the seed on return bloom of olive. Sci Hortic 29, 107–113. https://doi.org/10.1016/0304-4238(86)90036-1

Suárez, M.P.., Fernández-Escobar, R., Rallo, L., 1984. Competition among fruits in olive II. Influence of inflorescence or fruit thinning and cross-pollination on fruit set components and crop efficiency. Acta Hortic 131–144. https://doi.org/10.17660/ActaHortic.1984.149.16

Ziv, D., Zviran, T., Zezak, O., Samach, A., Irihimovitch, V., 2014. Expression profiling of FLOWERING LOCUS T-like gene in alternate bearing "Hass" avocado trees suggests a role for PaFT in avocado flower induction. PLoS One 9. https://doi.org/10.1371/journal.pone.0110613

CAPÍTULO 6

MADURACIÓN

Gabriel BELTRÁN
Marino UCEDA
Manuel HERMOSO
Luisa FRÍAS

ÍNDICE

1. Introducción, 203
2. Composición del fruto, 205
3. Maduración, 206
    3.1. Índices de madurez, 207
4. Cambios fisiológicos y bioquímicos asociados a la maduración, 209
    4.1. Hormonas, 209
    4.2. Respiración, 210
    4.3. Fotosíntesis, 211
    4.4. Carbohidratos, 211
    4.5. Lípidos y lipogénesis, 212
    4.6. Pigmentos, 218
    4.7. Compuestos fenólicos, 218
    4.8. Tocoferoles y tocotrienoles, 219
    4.9. Esteroles y Triterpenos, 219
    4.10. Fuerza de retención del fruto, 219
5. Cambios en la composición y características del aceite durante el proceso de maduración del fruto, 220
6. Bibliografía, 223

1. Introducción

El fruto de olivo, la aceituna, es una drupa cuyas características pomológicas se describen en el Capítulo 2. Su crecimiento, de forma similar a como sucede con el resto de las drupas, presenta una curva sigmoidal doble (Figura 6.1) y su duración, comparada con la de los frutales de hueso, es elevada, estableciéndose en torno a los 200 días.

Tras la fecundación se produce un rápido proceso de división celular, aunque es tan solo después de 10-15 días cuando este crecimiento rápido de las células es observable. Durante esta fase I termina la división celular de la mayor parte de los

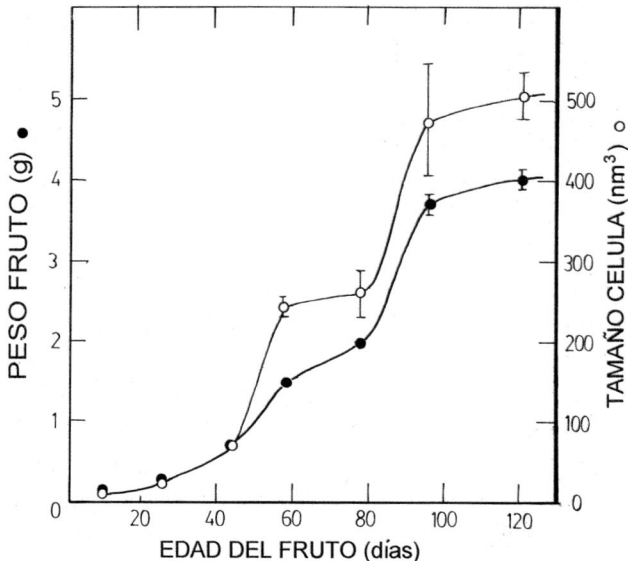

Figura 6.1. Modelo de crecimiento y del tamaño de las células del mesocarpio en frutos del cv Manzanillo desde 10 a 120 días después del cuajado (Lavee, 1986).

tejidos presentes en la aceituna. El tejido que muestra un mayor grado de desarrollo es el endocarpo, pudiendo alcanzar hasta el 80% del volumen del fruto, mientras que el mesocarpo (o pulpa) y el exocarpo (parte más externa) incrementan su tamaño de forma menos apreciable. El proceso continúa hasta el mes de julio con la esclerificación y endurecimiento del endocarpo (hueso). El estrés hídrico durante este periodo produce huesos de menor tamaño (Lavee, 1986) que pueden dar lugar a frutos con relaciones pulpa/hueso anormalmente elevadas e incluso, en condiciones de estrés hídrico elevadas, puede comprometer la viabilidad del fruto. En trabajos más recientes se ha observado que unas condiciones de estrés durante esta fase no afectaron al número de células del mesocarpo aunque sí a su tamaño; asimismo, el área del endocarpo no presenta diferencias significativas respecto a los frutos de árboles en condiciones de riego, aunque se observa un retraso en su crecimiento (Rapoport *et al.*, 2004). Durante esta fase, se produce la caída natural de frutos.

Durante la fase II, el crecimiento del fruto se hace más lento, el embrión y el endocarpo alcanzan su tamaño final, terminando el endurecimiento del hueso. La fase III está caracterizada por un crecimiento rápido del fruto debido al ensanchamiento de las células del mesocarpo, que determina el tamaño final del mismo. Durante esta fase comienza a producirse la biosíntesis del aceite y su acumulación en las células parenquimáticas de la pulpa (lipogénesis). La disponibilidad de agua en esta fase determina el tamaño final del fruto y su contenido en aceite, dando lugar en condiciones de estrés a frutos más pequeños y contenidos grasos más bajos (Figuras 6.2 y 6.3). Esta fase finaliza a comienzos de otoño cuando los frutos sufren

Figura 6.2. Influencia de las condiciones de secano y regadío en la variación del peso medio del fruto de la variedad 'Arbequina'.

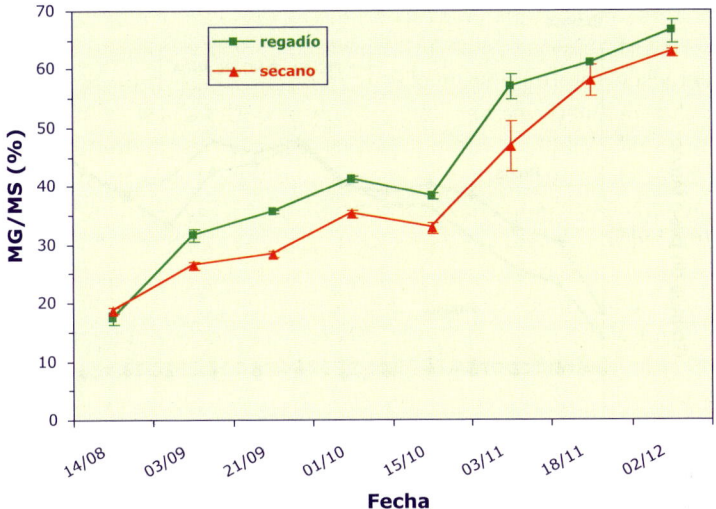

Figura 6.3. Efecto de las condiciones dde secano y regadio en la acumulación de aceite expresado como contenido graso sobre materia seca (%) en pulpa de frutos de la variedad 'Arbequina'.

los primeros cambios en su pigmentación. Coincidiendo con el cambio en la coloración del fruto, la semilla alcanza la madurez y presenta un alto poder de germinación, que posteriormente se reduce cuando los frutos presentan coloración negra.

Tras la fase III, el crecimiento del fruto y la acumulación de aceite se reducen de forma notable llevándose a cabo los procesos de maduración. Una vez que la pulpa alcanza el tamaño definitivo, este puede mostrar oscilaciones en su peso como consecuencia de las fluctuaciones en su humedad debidas a las condiciones ambientales (pluviometría y régimen de heladas) (Figura 6.4).

2. Composición del fruto

En frutos totalmente desarrollados la pulpa (mesocarpo) representa un 70-90%, el hueso un 9-27% y la semilla un 2-3% del peso total del fruto. En cualquier caso, estos porcentajes varían de forma notable en función de la variedad, estado de madurez del fruto, nivel de carga del árbol, etc. Los componentes mayoritarios tanto de la pulpa como de la semilla son el agua y el aceite (Fernández *et al.,* 1985). Se ha determinado que en la pulpa el porcentaje de agua alcanza un valor medio de 50-60% mientras que el aceite representa el 20-30%, existiendo una relación inversa entre sí. En la semilla el agua, por término medio, constituye el 30% y el aceite un 27% del total.

Otros componentes cuantitativamente importantes en la composición de la pulpa son los azúcares reductores que pueden alcanzar unos valores del 3-4%,

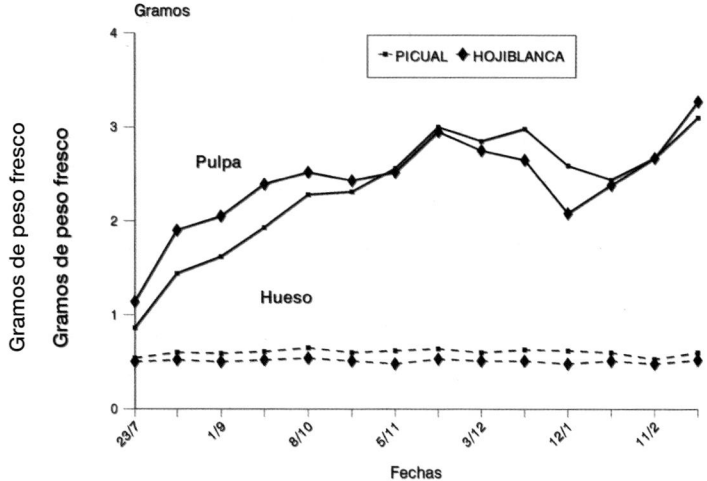

Figura 6.4. Evolución del peso del hueso y de la pulpa durante el desarrollo y maduración de la aceituna de dos variedades.

destacando por su importancia: glucosa, fructosa y sacarosa. La fracción de polisacáridos presentes en la pulpa está constituida fundamentalmente por celulosa, hemicelulosa y lignina, llegando a alcanzar un porcentaje del orden del 4%. Relacionadas con la consistencia de la pulpa, las sustancias pécticas representan el 0,3-0,6% de la misma.

El contenido en proteínas de la pulpa es del 1-3%, siendo la arginina el aminoácido más importante. Otros compuestos que alcanzan porcentajes importantes en la pulpa son los compuestos fenólicos, que pueden llegar a alcanzar valores comprendidos entre 1 y 3% de su peso fresco.

La semilla presenta un contenido en carbohidratos del 27% y un elevado contenido en proteínas (10%). La fracción fenólica presente en la semilla también es elevada, si bien no existen estudios comparativos en función de la variedad. Por último, el endocarpo o hueso está constituido fundamentalmente por celulosa (30%) y otros polisacáridos, lignina, hemicelulosa, en un 41%.

3. Maduración

En general, se entiende por maduración la serie de cambios relativos a compacidad, color, contenido en azúcares, ácidos orgánicos y factores gustativos que hacen comestible el fruto, independientemente de la abscisión o recolección. Es el resultado de una compleja combinación de rutas fisiológicas y bioquímicas, con un elevado componente genético, que además puede estar influenciada por las condiciones climáticas y de cultivo.

3.1. Índices de madurez

La madurez es el estado final del proceso de maduración. El desarrollo de una metodología que permita determinar el estado de madurez del fruto para establecer el momento adecuado de recolección ha sido objeto de numerosos estudios. Los cambios que se producen durante el proceso de maduración del fruto han sido propuestos como posibles indicadores del estado de madurez. Así, Maxie *et al.* (1960) proponen la respiración, parámetro que con posterioridad ha sido también propuesto para la determinación del momento óptimo de recolección y obtención de aceites de calidad (Ranalli *et al.*, 1998). La evolución de los lípidos en la drupa y la hoja descrita por Catalano y Sciencalepore (1965), la variación de los ácidos grasos y su distribución (Leone y Vitagliano, 1975), los cambios en el contenido de ácidos orgánicos de hojas y frutos (Donaire *et al.*, 1975), la variación de la relación málico/cítrico (Vlahov, 1976), los cambios en el contenido de hierro como metabolizante de las hormonas de abscisión (Vioque y Albi, 1975), la vitalidad del embrión (Del Bertoldi y Fiorino, 1968) y la evolución de los polifenoles del fruto (Vázquez *et al.*, 1971), han sido otros parámetros propuestos como indicadores de la madurez.

Un parámetro que puede, en general, indicar la evolución de la maduración del fruto es la variación del color del mismo. La aceituna, que al principio tiene color verde, vira a un color amarillento como consecuencia de una fuerte reducción del contenido en clorofila (Fernández Díaz, 1971). Después comienza la acumulación de antocianinas cuya concentración en las células determina la intensidad del color (Maestro y Vázquez, 1976), que puede ir del rojizo al violáceo intenso y al negro (Figura 6.5). En la mayoría de los cultivares, la coloración de la piel comienza en el ápice (inicio del envero) y continúa hacia el extremo opuesto, junto al péndulo (final del envero). Después comienza a colorearse el mesocarpo, desde la parte más exterior hasta que la coloración violácea llega al hueso.

El período de maduración es variable, estando afectado por las condiciones climáticas, nivel de carga (cosecha) del árbol, fertilización nitrogenada y las características varietales. La Figura 3.4 recoge el período de maduración de las principales variedades de olivo españolas. Asimismo, el nivel de carga de los árboles retrasa la maduración, e incluso cuando la cosecha por ramo es muy alta, la biosíntesis de antocianinas puede verse parcialmente inhibida y la coloración de los frutos solo alcanza la tonalidad rojiza. En árboles con niveles de nitrógeno elevados también se observa un comportamiento similar (Fernández-Escobar *et al.*, 2014). Habría que tener en cuenta que en estas ocasiones se ha podido observar que aunque el fruto no cambia de color, los cambios bioquímicos y fisiológicos asociados con la maduración continúan produciéndose, por lo que las características y composición del aceite podrían variar. Por otro lado, en algunos cultivares, solo algunas células de la piel tienen capacidad de síntesis de antocianinas, por lo que esta solo se colorea parcialmente (caso de determinadas muestras de'Arbequina'). Un caso excepcional es el del cultivar 'Leucocarpa Margareta', cuyo fruto completamente maduro es blanco debido al bloqueo de la síntesis de antocianinas (Lavee, 1986).

Figura 6.5. Fases del desarrollo del color de la piel en la aceituna (según Ferreira, 1979).

El proceso de variación del color, con las excepciones indicadas, permite establecer fácilmente el índice de madurez como el propuesto por Ferreira (1979), en el que la aceituna se clasifica en ocho clases o categorías (Cuadro 6.1). El procedimiento operativo comienza con la toma de una muestra de aceituna de aproximada-

CUADRO 6.1

Indice de madurez

- Clase 0: Piel verde intenso.
- Clase 1: Piel verde amarillento.
- Clase 2: Piel verde con manchas rojizas en menos de la mitad del fruto. Inicio de envero.
- Clase 3: Piel rojiza o morada en más de la mitad del fruto. Final de envero.
- Clase 4: Piel negra y pulpa blanca.
- Clase 5: Piel negra y pulpa morada sin llegar a la mitad de la pulpa.
- Clase 6: Piel negra y pulpa morada sin llegar al hueso.
- Clase 7: Piel negra y pulpa morada totalmente hasta el hueso.

Siendo: A, B, C, D, E, F, G, H, el número de frutos de las clases: 0, 1, 2, 3, 4, 5, 6, 7, respectivamente el índice de madurez se obtiene por la fórmula:

$$I.M. = \frac{A\times0 + B\times1 + C\times2 + D\times3 + E\times4 + F\times5 + G\times6 + H\times7}{100}$$

mente 2 kg, cogiendo los frutos a la altura del operador y en las cuatro orientaciones del árbol. Una vez homogeneizada la muestra, se separan 100 frutos y se clasifican en las ocho clases o categorías anteriormente descritas, que abarcan del 0 al 7. El índice de madurez (I.M.) es el sumatorio de los productos del número de aceitunas de cada clase por el valor numérico de cada clase, dividido por 100. Por tanto, el índice de madurez puede tomar valores entre el 0 (todos los frutos de color verde intenso) y el 7 (todos los frutos con la piel negra y la pulpa morada hasta el hueso).

El tipo de aprovechamiento de la aceituna determina el grado de madurez idóneo para su recolección. Si su uso es para la obtención de aceite, tradicionalmente se ha recomendado para las variedades que desarrollan la coloración de forma normal ('Picual', 'Hojiblanca', 'Lechín de Sevilla', 'Cornicabra', etc.) un índice de madurez de 3,5 (la mayoría de los frutos en envero, algunos con la piel negra y pocos muestran coloración verde), si bien el principal indicador sería la finalización de la biosíntesis de aceite (Hermoso *et al.*, 1991). Sin embargo, en la actualidad la recolección se está adelantando de forma considerable hasta primeros o mediados de octubre con el objetivo de obtener aceites de características diferenciadas sin que exista un criterio basado en la coloración del fruto.

Si el fruto se usa para aceituna de mesa, el tipo de aderezo define el grado de madurez más conveniente (Fernández Díaz *et al.*, 1985). Si el fruto se aderezo en verde, estilo sevillano, su color debe ser verde o verde-amarillento (clase 0 y 1) en el momento en que el hueso se separa fácilmente de la pulpa, y no debe haber ningún fruto iniciando el envero. Si la aceituna se prepara como tipo negro, se recomienda una coloración amarillo paja (clase 1), si bien se admiten algunos frutos iniciando el envero (clase 2). Por el contrario, en las aceitunas negras naturales, el momento de la recolección debe ser más avanzado: el color violáceo de la pulpa debe penetrar hasta 2 mm del hueso, que equivale a un índice de madurez de 5 a 6.

4. Cambios fisiológicos y bioquímicos asociados a la maduración

4.1. Hormonas

Las hormonas vegetales, y en especial el etileno, ejercen un papel importante en el proceso de maduración (Vendrell, 1984). El acontecimiento que marca la transición entre la fase de crecimiento del fruto y su envejecimiento, más que el incremento de la respiración, es el aumento de la biosíntesis de etileno hasta concentraciones estimuladoras (Barceló *et al.*, 1980). A partir de ahí sufre un incremento hasta alcanzar un máximo con la maduración (Maxie *et al.*, 1960). A medida que esta avanza los frutos presentan una sensibilidad más marcada a dosis pequeñas de etileno; sin embargo, una aplicación exógena de etileno o de compuestos precursores del mismo, no provoca una aceleración en la maduración de la aceituna (Maxie *et al.*, 1960; Shulmaan *et al.*, 1974; Hartmann *et al.*, 1970; Lavee y Haskal, 1976).

Los compuestos liberadores de etileno se han utilizado para intentar reducir la fuerza de retención del fruto y facilitar así su recolección mecanizada (Sun y Martín, 1982). Pero esta presenta efectos indeseables, como son la caída de la hoja (Lang y Martín, 1980) y la reducción en el índice de floración del año siguiente (Hartmann *et al.,* 1970).

Aunque no se conoce en profundidad el mecanismo de acción del ácido abcísico, se cree que puede intervenir en el inicio de la maduración de los frutos. Se ha observado que se produce un incremento en su concentración al inicio de la maduración, y que su aplicación exógena la consigue estimular. En cualquier caso, parece no actuar a través de un incremento de la concentración de etileno (Vendrell, 1984).

La actividad del ácido giberélico es la de retrasar la maduración y reducir la respiración en el fruto, aunque se considera que su acción no es importante en el inicio de la maduración (Vendrell, 1984). Los niveles de giberelinas en los frutos maduros son realmente bajos. Cuando se lleva a cabo la aplicación externa de esta hormona, se consigue como respuesta un retraso en la aparición de la coloración violácea de las aceitunas, comprobándose la escasa absorción de estos compuestos y la necesidad de su aplicación en el pedúnculo del fruto para obtener una respuesta más rápida (Lavee, 1986).

Las citoquininas presentan una actividad antisenescente por lo que tienden a oponerse a algunos de los procesos de la maduración. Los niveles de citoquininas hallados en la aceituna en desarrollo son muy bajos, y aumentan con la maduración (Shulman y Lavee, 1976; Lavee, 1986), al contrario de lo que ocurre en otros frutales.

4.2. Respiración

Dentro de los cambios de carácter fisiológico que experimenta el fruto a lo largo del proceso de maduración habría que destacar por su importancia la respiración. Este parámetro ha sido propuesto como índice de madurez (Maxie *et al.,* 1960) y como indicador de la fase de recolección óptima para la obtención de aceite de calidad (Ranalli *et al.,* 1998). En la aceituna se ha descrito un aumento del contenido de acetaldehído y etanol durante la maduración, lo que indicaría la aparición de cierto grado de respiración anaeróbica como consecuencia de una pérdida de actividad mitocondrial en sus tejidos, principalmente en estados avanzados de maduración (Beltrán *et al.,* 2015).

La curva de respiración presenta un descenso importante hasta alcanzar un valor mínimo coincidiendo con el final de noviembre, a continuación sufre un incremento mostrando un máximo, en torno a mediados de diciembre y, finalmente, coincidiendo con la senescencia, desciende de nuevo. Esta fase se correspondería con la fase climatérica que presentan otros frutos.

4.3. Fotosíntesis

Después del cuajado, el fruto muestra un intenso color verde y una elevada capacidad fotosintética, hasta 20 días después de plena floración. A partir de ese momento, la fotosíntesis desciende durante unos 60 días permaneciendo a buen nivel hasta que desaparece la práctica totalidad de la clorofila en el fruto (Proietti y Tombesi, 1991).

4.4. Carbohidratos

De entre los azúcares presentes en el fruto destacan por su contenido los de carácter reductor, que constituyen la materia prima del proceso de fermentación de la aceituna aderezada. El contenido en azúcares reductores y solubles totales desciende conforme avanza el desarrollo y maduración del fruto, al final del proceso de maduración este descenso es menor y los valores permanecen prácticamente constantes. Entre dichos azúcares se han identificado como mayoritarios glucosa, como componente principal, fructosa, manitol y sacarosa, y como minoritarios xilosa y ramnosa.

La pulpa de la aceituna contiene un 3-6% de polisacáridos estructurales, excluyendo las sustancias pécticas, que representan el 1,5% de su peso (Loussert y Brousse, 1980). La celulosa y hemicelulosa constituyen las paredes celulares, si bien la celulosa suele aumentar al principio del crecimiento y disminuir al final de la maduración (Vázquez-Roncero, 1965). La lignina se encuentra concentrada en el hueso y le confiere a este su carácter fibroso.

Las sustancias pécticas están estrechamente relacionadas con la textura del fruto, parámetro de gran importancia para la elaboración de aceituna de mesa de calidad, y en el caso de aceituna de almazara con la existencia de pastas difíciles (Alba, 1982). Se han realizado diferentes trabajos para describir los constituyentes pécticos de la aceituna en los que se han descrito el contenido en ácido anhidrogalacturónico, grado de esterificación de grupos carboxilos y el porcentaje de acetilos (Fernández *et al.*, 1985).

A lo largo del proceso de maduración, la textura y el contenido en ácido anhidrogalacturónico disminuyen de forma continuada, al igual que sucede con el grado de esterificación, que en ocasiones puede alcanzar valores de cero en frutos en estado muy avanzado de maduración (Mínguez, 1982). Coincidiendo con este descenso en el grado de esterificación, aparece en los frutos la actividad de la enzima pectinesterasa, la cual incrementa su concentración en la primera etapa de la maduración, alcanza un máximo y disminuye su actividad hasta prácticamente desaparecer. La actividad del enzima poligalacturonasa no aparece en los frutos verdes, para detectarse con posterioridad en frutos maduros y sobremaduros. Su actividad aumenta cuando la de la pectinesterasa ha desaparecido.

4.5. Lípidos y lipogénesis

La acumulación de aceite comienza inmediatamente después del endurecimiento del hueso, observándose un ensanchamiento de las células parenquimáticas de la pulpa. En la biosíntesis de lípidos la fuente de carbono puede ser la hoja o el fruto; se han realizado diferentes trabajos para establecer las condiciones autótrofas o heterótrofas del fruto mediante la eliminación de las hojas del ramo y el crecimiento del fruto en presencia de estas, respectivamente. Se ha podido observar que tras un periodo de tiempo de 20 semanas se obtiene un descenso similar en el contenido de aceite del fruto, lo que indica que para alcanzar la plena capacidad de acumulación de aceite se requieren ambas fuentes de carbono reducido (Sánchez, 1995).

La formación de ácidos grasos sigue una ruta bioquímica que utiliza como sustrato o precursor el Acetil-CoA, así como otros cofactores del metabolismo de los azúcares. Existen dos posibles rutas de formación de este compuesto, la primera la degradación de los azúcares de 6 átomos de carbono vía glucólisis en los plastos que da lugar a la formación de Acetil-CoA por la acción de una piruvato deshidrogenasa localizada en estos. La otra opción más importante consistiría en la producción de Acetil-CoA utilizando la misma enzima localizada en la mitocondria para luego ser transportado a los plastos. En el caso de la aceituna ambas rutas podrían ser operativas (Salas *et al.*, 2000). Existe un correlación inversa entre el contenido graso de la aceituna y su contenido en azúcares a lo largo del proceso de maduración y desarrollo del fruto.

La biosíntesis de los ácidos grasos se lleva a cabo mediante una serie de reacciones de condensación de unidades de acetato hasta llegar a la formación del ácido palmítico que contiene 16 átomos de carbono, es lo que se denomina síntesis de novo. Este ácido graso sufre a continuación sucesivos procesos de elongación e insaturación hasta la obtención de toda la gama de ácidos grasos presentes en el fruto. El aceite se acumula en forma de triacilgliceroles (TAG) y la incorporación de los ácidos grasos a estos y otros lípidos complejos se lleva a cabo a través de la ruta de Kennedy. En esta ruta biosintética, el enzima que lleva a cabo la última fase de formación de TAG a partir de DAG (diacilgliceroles) es sensible a elevadas temperaturas; en el caso de la aceituna se ha obtenido un importante descenso en su actividad a altas temperaturas, por encima de 40 °C (Sánchez *et al.*, 1990). Este dato podría explicar los excesivamente bajos contenidos grasos en frutos obtenidos en años de elevadas temperaturas durante el verano.

La lipogénesis presenta una variación que se ajusta a una curva de tipo sigmoide en la que se pueden establecer tres fases diferenciadas (Frías *et al.*, 1991):

Fase de biosíntesis lenta. Se da en los frutos recién formados hasta el endurecimiento del hueso, alcanzando un contenido graso expresado en peso fresco del 4%. Durante esta fase tiene lugar la formación de lípidos de tipo estructural (fosfolípidos y galactolípidos) comportándose el fruto como un tejido fotosintético.

Fase de biosíntesis acelerada. Tiene lugar tras el endurecimiento del hueso, en torno a la segunda mitad del mes de julio. Se inicia una síntesis activa de diglicéridos y triglicéridos que va a sufrir una notable aceleración durante los meses de agosto (unas 18 semanas después de plena floración) y septiembre, para alcanzar su máximo hacia final de septiembre o inicio de octubre (García Martos y Mancha, 1992) coincidiendo con el cambio de pigmentación del fruto de verde a verdeamarillento. Al final de esta etapa el contenido graso del fruto puede alcanzar el 27% del peso fresco.

Fase estacionaria o de ralentización. En esta fase la velocidad de formación de aceite en el fruto comienza a descender de forma progresiva a partir de mediados del mes de octubre hasta desaparecer a principios del mes de diciembre, lo que se corresponde con la semana 28-29 después de plena floración.

La acumulación y biosíntesis del aceite en el fruto han sido estudiadas utilizando moléculas de acetato marcadas con C^{14} (García Martos y Mancha, 1992). En la Figura 6.6 puede apreciarse la incorporación de este precursor medida sobre el contenido total de lípidos; se han utilizado dos variedades: 'Picual' de alto contenido graso, y

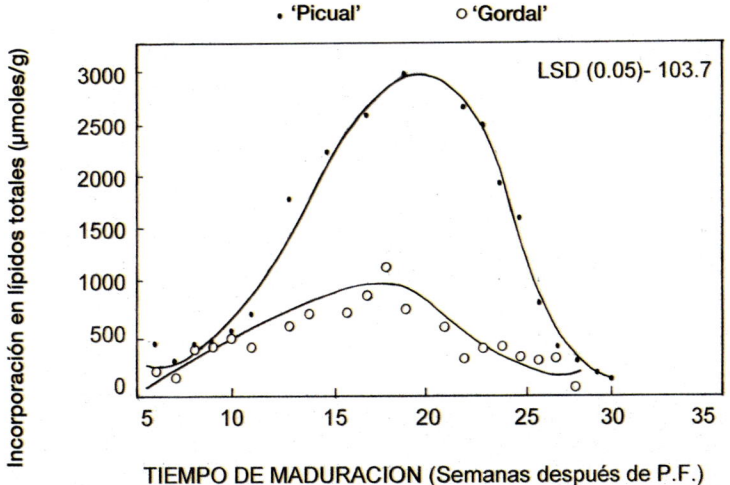

Figura 6.6. Evolución de la incorporación de ^{14}C-acetato en la totalidad de los lípidos durante la maduración de las variedades de aceituna 'Picual' y 'Gordal'. (García Martos y Mancha, 1992).

'Gordal' de bajo contenido en aceite. Las fases anteriormente descritas aparecen claramente definidas, alcanzando ambas variedades el máximo en la síntesis de lípidos en la misma época. La incorporación de acetato marcado fue significativamente mayor para la variedad 'Picual'. En la Figura 6.7 se muestra la velocidad de acumulación de aceite en la pulpa, expresada como mg de aceite por gramo de materia seca y día, durante el desarrollo y maduración del fruto en diferentes variedades observándose la misma tendencia que en los estudios con C[14]. Se puede observar cómo, de las tres variedades, la que presenta la mayor velocidad de acumulación durante todo el proceso es 'Picual' mientras que la más baja es 'Hojiblanca'. Para las tres variedades la velocidad máxima se alcanza en la primera semana de septiembre, permanece elevada hasta principio de octubre, momento a partir del cual, muestra un importante descenso hasta llegar a valores de cero. La gran mayoría de los trabajos sobre proceso de lipogénesis se llevan a cabo en la pulpa ya que aproximadamente el 90% del aceite se encuentra en ella y además se evita el efecto de la relación pulpa/hueso en el contenido graso del fruto (Cuadro 6.2).

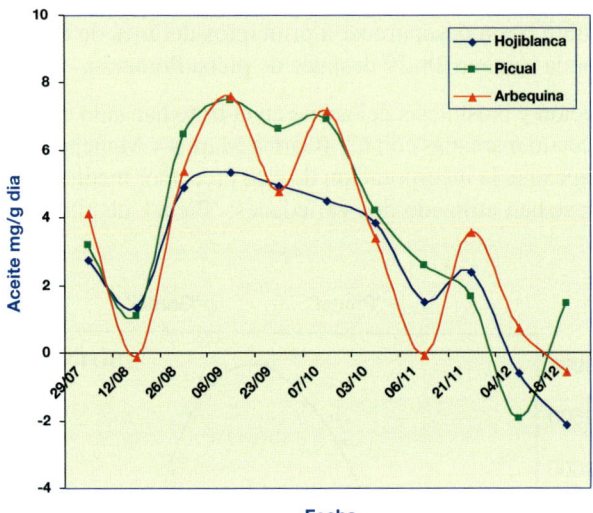

Figura 6.7. Variación de la velocidad de acumulación de aceite en pulpa, expresada en miligramos de aceite por gramo de materia seca y día, a lo largo del proceso de desarrollo y maduración del fruto de las variedades 'Picual, 'Hojiblanca' y 'Arbequina'.

CUADRO 6.2

Cantidad y porcentaje de aceite contenido en el fruto, pulpa y hueso

	Peso (g)	Porcentaje %	Aceite total (g) en 100 aceitunas	Indice %
'Picual'				
Fruto	3,05	100	74,60	100
Pulpa	2,44	80	71,68	96,08
Hueso	0,61	20	2,92	3,91
'Hojiblanca'				
Fruto	3,15	100	48,79	100
Pulpa	2,67	84,75	47,55	97,45
Hueso	0,48	15,25	1,24	2,55

Unas condiciones de estrés hídrico durante la biosíntesis lipídica provocan, junto con una anormalmente baja relación pulpa/hueso, una reducción de la capacidad de formación de aceite y, por tanto, de su contenido graso (Lavee, 1991); de hecho, la inducción de un estrés hídrico en verano (Figura 6.3) ha dado lugar a diferencias significativas en el contenido graso del fruto (Ortega *et al.*, 2001). Una respuesta similar puede ser observada respecto al nivel de cosecha de los árboles; como se observa en la Figura 6.8, existe una correlación negativa entre la producción y el tamaño del fruto y contenido graso de la pulpa. Así, años de grandes cosechas suelen dar frutos de tamaño menor y contenido graso más bajo que los obtenidos en años de baja producción (Lavee y Wodner, 1991), resultados que han sido confirmados induciendo niveles de cosecha diferentes mediante sistemas de aclareo (Barone *et al.*, 1994).

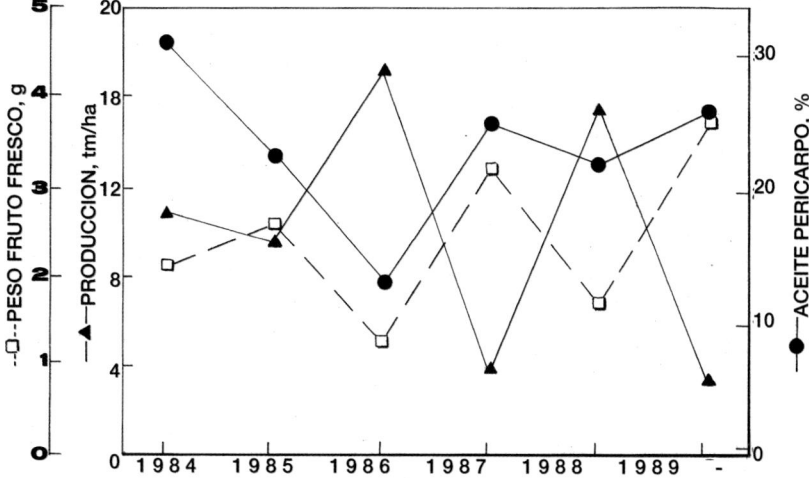

Figura 6.8. Variación interanual de la producción, tamaño de fruto y rendimiento graso de la pulpa en una plantación de 'Barnea' con riego de apoyo (Lavee y Wodner, 1991).

La acumulación de aceite se produce en la pulpa, en la que no existen cuerpos grasos como en el caso de las semillas. Durante el desarrollo y maduración del fruto los triglicéridos (TAG) tienden a unirse para dar lugar a gotas que se desarrollan hasta alcanzar un tamaño de 30 μm. Este proceso de fusión puede llevarse a cabo precisamente por la ausencia de oleosinas, proteínas estabilizantes de los cuerpos grasos, en la pulpa (Ross *et al.*, 1993), lo que favorece el fenómeno de coalescencia del aceite en el proceso de extracción, facilitando la extracción del aceite utilizando solo medios físicos. Sin embargo, Zamora *et al.* (2001) han aislado un polipéptido en las gotas de aceite del mesocarpo con una posible actividad estabilizante análoga a la de las oleosinas.

El agua es el otro componente mayoritario del fruto junto con el aceite y disminuye durante el proceso de maduración (Figura 6.4 y 6.9), mostrando variaciones notables como consecuencia de las condiciones climáticas a partir de mediados de noviembre (régimen de lluvias y heladas). Con el fin de eliminar la interferencia del agua a la hora de expresar el contenido graso del fruto y, por tanto, de señalar de forma más exacta la finalización de la fase de formación de aceite, es aconsejable expresar el contenido graso sobre materia seca, ya que este parámetro perma-

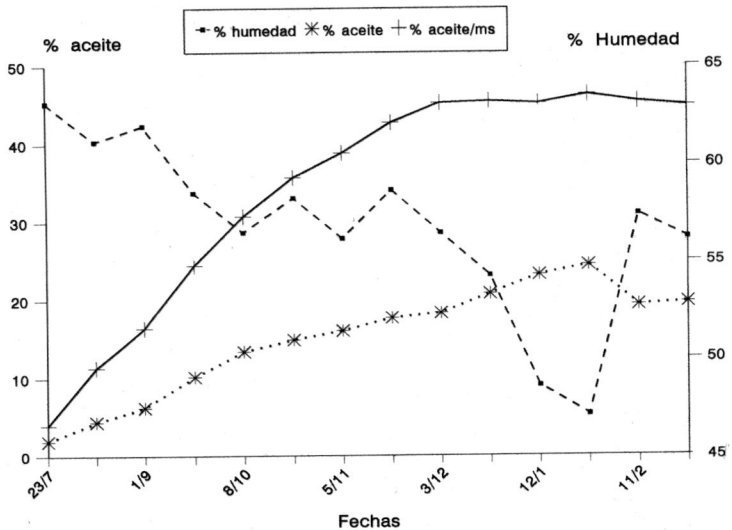

Figura 6.9. Evolución de la humedad, % de aceite y % de aceite/materia seca en aceituna de la variedad 'Picual'.

nece constante una vez que se detiene la síntesis de lípidos a diferencia de cuando se expresa sobre peso fresco, ya que este muestra aumento hasta épocas muy tardías (finales de enero), debido fundamentalmente al descenso de la humedad del fruto. La determinación del contenido graso sobre materia seca se calcula mediante la fórmula:

$$\% \, MG / MS = \frac{\% \, G}{100 - \% \, H} \cdot 100$$

donde: % MG/MS: Materia grasa sobre materia seca (%)
   % G: Contenido graso sobre materia húmeda (%)
   % H: Humedad de la aceituna (%)

En la Figura 6.9 se observa cómo el contenido graso sobre materia seca permanece constante a partir del momento en que se completó la síntesis de lípidos. En un estudio realizado sobre diferentes variedades para la determinación del momento óptimo de recolección (Figura 6.10), se ha observado que la formación del aceite se detiene entre mediados de noviembre y primeros de diciembre dependiendo de la variedad considerada (Beltrán *et al.,* datos sin publicar).

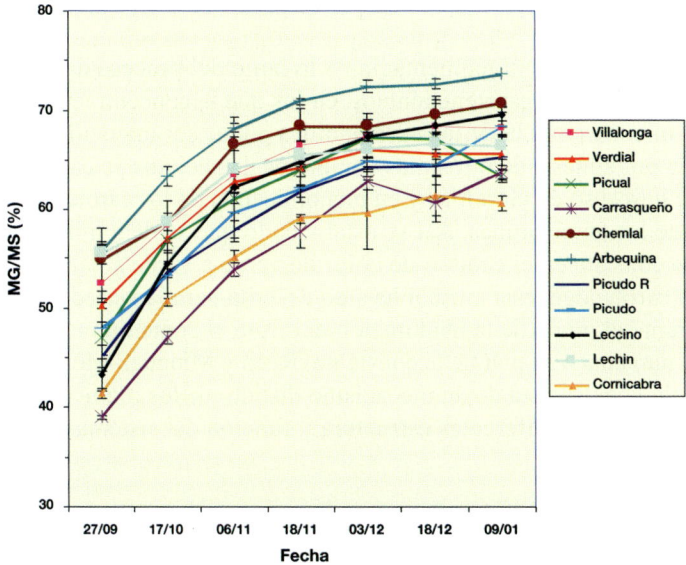

Figura 6.10. Evolución del contenido graso sobre materia seca en pulpa a lo largo del proceso de maduración de 10 variedades de olivo.

Para la variedad 'Picual' se considera que el aceite está completamente formado cuando el fruto alcanza un índice de madurez con valores próximos al 3,5, lo que se corresponde con el momento en que la mayoría del fruto se encuentra en envero, pocos están negros y aún quedan frutos de color verde-amarillento. Ante la posibilidad de que los frutos aún verdes podrían aumentar su contenido en aceite si se retrasa la recolección, se ha observado que cuando se había alcanzado este estado de madurez en el árbol y, por tanto, el contenido graso sobre materia seca se había estabilizado, no se observan diferencias en el contenido graso sobre materia seca de la pulpa, por lo que no existen diferencias en el contenido graso entre los frutos en diferente estado de maduración (Cuadro 6.3). Las diferencias observadas en el contenido graso sobre materia seca en el fruto completo es debida a las diferencias en la relación pulpa/hueso del fruto.

CUADRO 6.3

Valor de distintos parámetros según coloración del fruto, v. Picual

Parámetro	Verde-Amarillo	Inicio envero	Final envero	Negras	C.V.
Peso Fruto (g)	2,42 c	2,63 c	3,01 b	4,18 a	3,46
Peso Hueso (g)	0,54 c	0,57 bc	0,60 b	0,73 a	3,29
Pulpa/Hueso	3,48 c	3,61 c	4,01 b	4,72 a	3,60
% G/M.S. en aceituna	40,38 c	41,08 c	42,25 b	47,17 a	0,90
% G/M.S. en pulpa	63,41 a	62,74 a	63,26 a	63,76 a	0,84

Cifras seguidas de letras diferentes representan diferencias significativas al 5% para cada parámetro.

4.6. Pigmentos

La aceituna cambia su pigmentación a lo largo del proceso de maduración. A diferencia de los frutos carotenogénicos, en los que la concentración de clorofilas desciende mientras que la de los carotenoides puede ser mantenida e incluso incrementada por síntesis de otros más complejos, la aceituna se caracteriza por un importante descenso en clorofilas y en menor cuantía de los carotenoides, y un incremento de las antocianinas. Así se establece lo que se denomina "maduración verde" que consiste en el cambio de color de verde a verde amarillento. Sin embargo, una carotenogénesis inusual ha sido descrita para la variedad 'Arbequina', ya que durante el inicio de la maduración del fruto el contenido en pigmentos carotenoides aumenta o se mantiene constante (Roca y Mínguez-Mosquera, 2001) lo que indicaría la existencia de un mecanismo distinto de los pigmentos en el cloroplasto, así como unas diferentes estructura y función del sistema fotosintético de esta variedad.

Las antocianinas son unos pigmentos de carácter flavonoide responsables de la coloración rojo-violácea que adquiere la aceituna. Este cambio de color se inicia en la epidermis en la zona apical (inicio de envero), en la mayoría de las variedades, para continuar hacia el extremo opuesto junto al pedúnculo (final de envero). A continuación la coloración del mesocarpo comienza desde la parte más externa hasta el endocarpo.

La evolución de estos compuestos a lo largo del proceso de maduración ha sido descrita por diferentes autores (Vázquez-Roncero *et al.*, 1970; Amiot *et al.*, 1986; Vlahov, 1992) llegando a la conclusión de que el contenido de antocianinas aumenta desde el inicio del envero, alcanza un máximo y permanece con posterioridad constante. En frutos que permanecen en el árbol y sobremaduran, el contenido en antocianinas desciende ligeramente.

4.7. Compuestos fenólicos

La pulpa de la aceituna presenta un elevado contenido en polifenoles que puede llegar a alcanzar hasta el 5% de su peso seco. El principal compuesto fenólico presente en el fruto es la oleuropeína, un éster heterosídico del ácido elenólico unido al 3, 4-dihidroxifeniletanol o hidroxitirosol. Por su estructura fenólica secoiridoide presenta capacidad de pardeamiento, es responsable del intenso sabor amargo de los frutos verdes y posee interesantes efectos antioxidantes sobre el aceite de oliva y a nivel nutricional. Mediante diferentes técnicas de identificación se ha llegado a la conclusión de que en el fruto se presentan los siguientes grupos de compuestos fenólicos: ácidos fenólicos, flavonoides y secoiridoides (Macheix *et al.*, 1990).

La evolución del contenido de oleuropeína en el fruto joven es muy elevado, llegando a alcanzar valores por encima del 15% de peso seco a mediados de agosto, a continuación desciende de forma muy rápida, para después con el comienzo del cambio de pigmentación del fruto mostrar un descenso mucho más lento (Amiot *et al.,* 1986). En cuanto al verbascósido, que no es detectado en los frutos jóvenes, comienza su acumulación a partir de agosto, alcanzando su máximo contenido después de la oleuropeína, descendiendo más tarde conforme avanza la maduración. De forma paralela el contenido de compuestos de carácter flavonoide (antocianinas) aumenta (Vázquez Roncero *et al.,* 1974; Amiot *et al.,* 1986; Vlahov, 1992). Amiot *et al.* (1989), quienes relacionan bioquímicamente la dimetiloleuropeína y el oleósido con la oleuropeína, observaron un incremento de ambos compuestos durante la maduración del fruto.

4.8. Tocoferoles y tocotrienoles

La bibliografía referida al contenido en tocoferoles del fruto es escasa. Hassapidou y Manaukas (1993) describieron la composición y contenido de estos compuestos en variedades italianas de aceituna de mesa. El tocoferol mayoritario es el α-tocoferol seguido del γ-tocoferol. La presencia de α-tocotrienol y β-tocoferol se da en pequeñas cantidades. No existen trabajos en los que se describa la evolución de estos compuestos durante el proceso de maduración del fruto. Los resultados disponibles muestran un mayor contenido de estos compuestos en los frutos de color negro, aunque Frega y Lecker (1986) describen un mayor contenido en tocoferoles totales en los frutos verdes.

4.9. Esteroles y Triterpenos

Entre los triterpenoides presentes en fruto destacan, por su importancia, los esteroles y los ácidos y alcoholes triterpénicos. Ambos tipos de compuestos se sintetizan a partir de la ruta del mevalonato y tienen como precursor común al escualeno, que se acumula en el fruto en las primeras etapas de desarrollo. El fruto presenta un elevado contenido de esteroles que varía durante la maduración, alcanzando la máxima concentración en torno a las 26 semanas desde plena floración, momento a partir del cual se observa un descenso continuado (Sakohui *et al.*, 2009). El principal esterol presente en el fruto es el β-sitosterol, que muestra un descenso durante la maduración del fruto, mientras que otro esterol principal Δ5-Avenasterol muestra un incremento. En cuanto a los alcoholes triterpénicos eritrodiol y uvaol, se alcanza su máxima concentración en la semana 23 tras plena floración, si bien es a partir de la semana 18 cuando se produce el descenso más importante. Los ácidos triterpénicos oleanólico y maslínico muestran su mayor contenido en torno a la semana 21 desde plena floración (Stiti *et al.*, 2010).

4.10. Fuerza de retención del fruto

La resistencia al desprendimiento del fruto determina la caída natural del fruto y, por tanto, afecta a la recolección (Figura 6.11). Se ha descrito una importante variabilidad en la resistencia al desprendimiento del fruto en función de la variedad (Tous y Romero, 1993). En general, conforme avanza el proceso de maduración del fruto la resistencia al desprendimiento desciende de forma acusada, para con posterioridad mostrar un descenso más moderado. No obstante, si el fruto permanece en el árbol hasta el momento de la reactivación de la vegetación de este, su resistencia a la caída muestra un ligero incremento (Humanes y Civantos, 1992).

Se ha realizado un seguimiento de la actividad enzimática y la composición de micronutrientes del pedúnculo de la aceituna durante el proceso de maduración y de caída natural del fruto, con el objetivo de estudiar los mecanismos implicados en la abscisión natural del mismo (Vioque y Albi, 1975). Estudiando la variación de la concentración de hierro, cobre, manganeso y zinc se observó que el contenido de hierro de los pedúnculos se incrementaba para alcanzar el máximo cuando el fruto estaba totalmente desarrollado y permanecía verde. A partir de ese momento, se observaba un descenso progresivo en la resistencia al desprendimiento del fruto. En las aceitunas, sin embargo, no se apreció ningún cambio en dichos elementos.

El descenso en la concentración de hierro en el pedúnculo ha sido asociado con el incremento de la actividad indolacético-oxidasa, debido a su naturaleza hemoproteica y porque su acción reduce la acción de las auxinas hasta los niveles adecuados hasta provocar la abscisión natural del fruto. En trabajos posteriores, se ha llevado a cabo el estudio y la caracterización del sistema enzimático de este enzima en el olivo, evidenciando su intervención en la última fase de la biosíntesis del etileno (Fernández *et al.,* 1985).

5. Cambios en la composición y características del aceite durante el proceso de maduración del fruto

A lo largo del proceso de maduración del fruto se registran importantes cambios en la composición de ácidos grasos del aceite. Así, el contenido en ácido palmítico desciende, al igual que el del conjunto de los ácidos grasos saturados. El ácido oleico, ácido graso mayoritario en el aceite de oliva (55-83%), muestra una evolución variable ya que puede permanecer constante o mostrar un ligero incremento en su contenido. En cuanto al ácido linoleico, este aumenta su porcentaje a lo largo del proceso de maduración del fruto (Gutiérrez *et al.,* 1999; Beltrán, 2000). Se aprecia, en general, una tendencia de la biosíntesis de ácidos grasos hacia formas más insaturadas. Un parámetro importante tanto desde el punto de vista nutricional como desde el comercial, principal responsable de la estabilidad oxidativa de los aceites, es la relación entre ácidos monoinsaturados y poliinsaturados (MUFAs/PUFAs); esta relación desciende durante la maduración del fruto debido al aumento del linoleico y al valor constante o ligero incremento del contenido de ácido oleico.

Una fracción importante en el aceite de oliva virgen es la de los compuestos minoritarios, ya que a pesar de su baja concentración presentan gran importancia por sus propiedades nutricionales y su efecto en las características organolépticas del aceite. Por su elevado potencial antioxidante destacan los compuestos fenólicos, que son compuestos que ejercen su labor antioxidante a nivel celular (Visioli y Galli, 1998), protegiendo al aceite frente a los procesos de autoxidación y, además, son responsables de algunos caracteres organolépticos del aceite (amargor y sensación de picante) (Beltrán, 2000; Beltrán *et al.*, 2000; Andrewes *et al.*, 2003; Beltrán *et al.*, 2004). Se trata de compuestos polares que se disuelven parcialmente en el aceite en función de los coeficientes de reparto entre el aceite y el agua. Durante la maduración del fruto se produce un descenso en su contenido total, así como en general, de los diferentes compuestos fenólicos individuales (Amiot *et al.*, 1989; Gutiérrez *et al.*, 1999; Brenes *et al.*, 1999; Beltrán, 2000), si bien en ocasiones se aprecian ligeros incrementos en su concentración como consecuencia de la pérdida de humedad en el fruto provocada por las heladas otoñales y su efecto en los coeficientes de reparto de dichos compuestos. Asimismo, se ha descrito un incremento de los compuestos fenólicos libres o simples en detrimento de los compuestos con estructura secoiridoide y glucosidada como consecuencia de los cambios químicos y la actividad enzimática durante la maduración del fruto.

Otros antioxidantes naturales son los tocoferoles; en el aceite de oliva virgen se encuentran los α, β y γ-tocoferol, siendo el mayoritario el α-tocoferol. Estos antioxidantes naturales presentan actividad vitamina E y además protegen al organismo frente a los procesos oxidativos. Durante la maduración del fruto se produce un descenso en el contenido total, así como en el de cada uno de los tocoferoles presentes en el aceite (Gutiérrez *et al.*, 1999; Beltrán, 2000; Beltrán *et al.*, 2004).

Los esteroles presentes en el aceite constituyen un parámetro de calidad reglamentada del aceite de oliva virgen y además, ejercen un efecto saludable reduciendo los niveles de colesterol de la sangre. Durante el proceso de maduración del fruto hay un descenso en el contenido de β-sistosterol y del contenido total de esteroles del aceite, mientras que Δ5Avenasterol aumenta (Kousaftakis *et al.*, 2000). Los ácidos triterpénicos (oleanólico y maslínico) y los alcoholes triterpénicos (eritrodiol y uvaol) presentan propiedades bioactivas protegiendo frente al estrés oxidativo y daño celular. En el caso de los ácidos se ha descrito un descenso durante la maduración del fruto (Perez-Camino y Cert, 1999) mientras que en el caso de los alcoholes no se han observado diferencias aunque sí una tendencia a aumentar su contenido (Sánchez *et al.*, 2004).

La estabilidad oxidativa es la medida de la resistencia al enranciamiento del aceite, depende de la composición acídica (MUFAs/PUFAs o oleico/linoleico) y del contenido en polifenoles (Aparicio *et al.*, 1999; Gutiérrez *et al.*, 1999; Beltrán, 2000). A lo largo del proceso de maduración del fruto la estabilidad de los aceites desciende como consecuencia del aumento del ácido linoleico, y su efecto en las relaciones entre ácidos grasos anteriormente descritas, y el descenso del contenido en polifenoles totales.

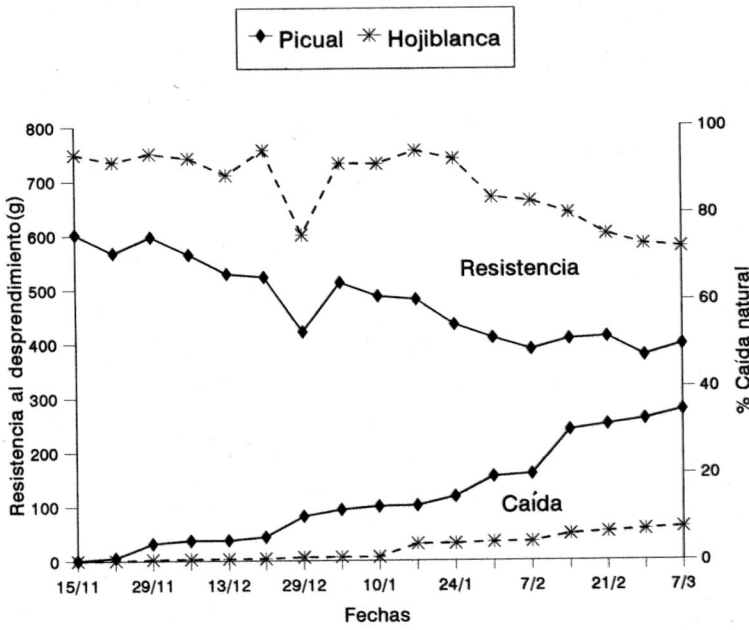

Figura 6.11. Evolución de la resistencia al desprendimiento y % de caída natural de la aceituna[1].

El color del aceite es considerado como un parámetro de calidad del aceite y está relacionado con su contenido y composición en pigmentos (Mínguez *et al.*, 1991). El color de los aceites varía del verde intenso al amarillento a la vez que va perdiendo la intensidad del mismo. Conforme avanza el proceso de maduración del fruto se produce un descenso en el contenido de pigmentos, tanto clorofílicos como carotenoides, si bien los clorofílicos descienden de forma más rápida, de ahí que la relación entre carotenoides y clorofílicos muestre un incremento (Garrido *et al.*, 1990; Beltrán, 2000).

Otro parámetro que muestra un descenso a lo largo de la maduración del fruto es el contenido total de esteroles (Gutiérrez *et al.*, 1999). Finalmente, las características organolépticas de los aceites se ven fuertemente influenciadas por el estado de maduración del fruto, obteniéndose aceites menos amargos y con los caracteres sensoriales menos marcados cuando avanza la maduración.

---

[1] *Nota:* Los cuadros y figuras donde no se indica referencia bibliográfica, corresponden a trabajos desarrollados en la Estación de Olivicultura de Mengíbar y Departamento de Olivicultura, en la actualidad IFAPA Centro Venta del Llano, Área de Industria, Tecnología y Postcosecha.

6. Bibliografía

Alba Mendoza, J.; Muñoz Aranda, E.; Martínez Suárez, J.M. (1982). *Obtención de aceite de oliva. Empleo de productos que facilitan su extracción.* XVIII Asamblea de Miembros del Instituto de la Grasa y sus derivados, Sevilla.

Amiot, M.J.; Fleuriet, A.; Macheix, J. (1986). Importance and evolution of phenolic compounds in olive during growth and maturation. *J. Agric. Food Chem.* 34: 823-826.

Amiot, M.J.; Fleuriet, A.; Macheix, J. (1989). Accumulation of oleuropein derivatives during olive maturation. *Phytochem.* 28: 67-69.

Andrewes, P.; Busch, J.L.H,; Joode, T.; Groenewegen, A.; Alexandre, H. (2003) Sensory properties of virgin olive oil polyphenols: identification of deacetoxy-ligstroside aglycon as a key contributor to pungency. *J. Agric. Food Chem.* 51: 1415-1420.

Aparicio, R., Roda, L., Albi, M.A., Gutiérrez, F. (1999). Effect of various compounds on virgin olive oil stability measured by Rancimat. *J. Agric. Food Chem.* 47: 4150-4155.

Barceló, J.; Nicolas, G.; Sabater, B.; Sánchez, R. (1980). *Formación y desarrollo de frutos.* En: Fisiología Vegetal. Pirámide. Madrid.

Barone, E.; Gullo, G.; Zappia, R.; Inglese, P. (1994). Effect of crop load on fruit ripening and olive oil (*Olea europaea, L.*) quality. *J. Hort. Sci.* 69: 67-73.

Beltrán, G. (2000). *Influencia del proceso de maduración del fruto de* Olea europaea L. *sobre las características físico-químicas de los aceites.* Tesis Doctoral. Facultad de CC. Experimentales, Universidad de Jaén.

Beltrán, G.; Jiménez., A.; Aguilera, M.P.; Uceda, M. (2000). Análisis mediante HPLC de la fracción fenólica del aceite de oliva virgen de la variedad Arbequina. Relación con la medida del amargor K225 y la estabilidad oxidativa. *Grasas y Aceites,* 51: 320-324.

Beltrán, G.; Aguilera, M.P.; Del Río, C.; Sánchez, S.; Martínez, L. (2004). Influence of fruit ripening process on the natural antioxidant content of Hojiblanca virgin olive oils. *Food Chem.*

Beltrán, G.; Bejaoui, M.A.; Jimenez, A.; Sanchez-Ortiz, A.(2015). Ethanol in Olive Fruit. Changes during Ripening. *J. Agric. Food Chem.,* 63: 5309–5312.

Brenes, M.; García, A.; García, P.; Rios, J.; Garrido, A. (1999). Phenolic compounds in Spanish olive oils. *J. Agric. Food Chem.* 47: 3535-3540.

Catalano, M.; Sciencalepore, V. (1975). Il lipide totale della drupa e degli organi fotosintetizzanti dell'oliva. Ricerche preliminari. *Riv. It. Sost. Grasse,* 50(4): 114-116.

De Bertoldi, M.; Fiorino, P. (1968). Osservazioni su alcuni fenomeni correlati alla maturazioni delle olive. *Frutticoltura,* 4.

Donaire, J.P.; Sánchez, A.J.; López Gorgé, J.; Recalde, L. (1975). Metabolic changes in fruit and leaf during ripening in the olive. *Phytochemistry,* 14: 1167-1169.

Fernández Díaz, M.J. (1971). *The Biochemistry of Fruits and their Products: «The Olive».* Vol. 2. Hulme. A.C. Ed. Academic Press, London. pp. 255-279.

Fernández Díaz, M.J. *et al.* (1985). *Biotecnología de la Aceituna de Mesa.* Instituto de la Grasa y sus Derivados. Consejo Superior de Investigaciones Científicas, Madrid. Sevilla.

Fernández-Escobar, R.; Braz Frade, R.; López-Campayo, M.; Beltrán, G. (2014). Effect of nitrogen fertilization on fruit maturation of olive tres. *Acta Hort.,* 1057:101-105.

Ferreira, J. (1979). *Explotaciones olivareras colaboradoras,* n.º 5. Ministerio de Agricultura, Madrid.

Frega, N.; Lecker, G. (1986). Componenti lipidici minori della druopa di olivo in diversistadi di maturazione. *Riv. Ital. Sost. Grasse,* 63: 393-398.

Frías, L.; García-Ortiz, A.; Hermoso, M.; Jiménez, A.; Llavero, M.P.; Morales, J.; Ruano, T.; Uceda, M. (1991). *Analistas de laboratorio de almazaras.* Series Apuntes 6/91. Consejería de Agricultura y Pesca. Junta de Andalucía.

García Martos, J.M.; Mancha, M. (1992). Evolución de la biosíntesis de lípidos durante la maduración de las variedades de aceituna 'Picual' y 'Gordal'. *Grasas y Aceites,* 43(5):277-280

Garrido, J.; Gandul, B.; Gallardo, L.; Mínguez, M.J. (1990). Pigmentos clorofílicos y carotenoides responsables del color del aceite de oliva virgen. *Grasas y Aceites,* 41(2): 404-409.

Gutiérrez González-Quijano, R.; Janer del Valle, C.L.; Janer del Valle, M.L.; Gutiérrez Rosales, F.; Vázquez Roncero, A. (1977). Relación entre los polifenoles y la calidad y estabilidad del aceite de oliva virgen. *Grasas y Aceites,* 28(2): 101-106.

Gutiérrez, F.; Jiménez, B.; Ruiz, A.; Albi, M.A. (1999). Effect of olive ripeness on the oxidative stability of virgin olive oil extracted from varieties 'Picual' and 'Hojiblanca' on the different components involved. *J. Agric. Food Chem.* 47: 121-127.

Hartmann, H.T.; Tombesi, A.; Whisler, I. (1970). Promotion of ethylene evolution and fruit abscission in the olive by 2-cloroetane phosphonic acid and cycloheximide. *J. Am. Soc. Hort. Sci.,* 95: 635-650.

Hartmann, H.T.; Tombesi, A.; Whisler, J. (1970). Promotion of ethylene evolution and fruit abscission by 2-chloroethafosfonic acid and y cyclohexamide. *J. Am. Soc. Hort. Sci.,* 95: 635-640.

Hassapidou, M.N.; Manaukas, A.G. (1993). Tocopherol and tocotrienol compositions of raw table olive fruit. *J. Sci. Food Agric.* 61: 227-280.

Hermoso, M.; Uceda, M.; García-Ortíz, A.; Morales, B.; Frías, L.; Fernández García, A. (1991). *Elaboración de aceite de oliva de calidad.* Junta de Andalucía. Consejería de Agricultura y Pesca.

Humanes, J. (1975). *Recolección mecanizada de la aceituna.* En: Olivicultura moderna. Ed. Agrícola Española, Madrid.

Humanes, J. (1992). *Producción de aceite de oliva de calidad. Influencia del cultivo.* Junta de Andalucia. Consejería de Agricultura y Pesca. Serie Apuntes 21/92.

Humanes, J.; Civantos, M. (1992). *Producción de aceite de oliva de calidad. Influencia del cultivo.* Colección Apuntes 21/92. Consejería de Agricultura y Pesca. Junta de Andalucía.

Lang, G.A.; Martin, G.C. (1989). Olive organ abscission: fruit and leaf response to applied ethylene. *J. Am. Soc. Hort. Sci.,* 114: 134-138.

Lavee, S. (1986). C.R.C. Olive. In: *Handbook of Fruit Set and Development.* pp. 261-274. Monselise, S.P. (Ed.), C.R.C. Press, Florida.

Lavee, S.; Haskal, A. (1976). Further field studies of the mode of application of various ethylene-releasing chemicals to facilitate olive fruit harvest. *Riv. Ortoflorofrutt. Ital.* 60: 166-175.

Lavee, S.; Wodner, M. (1991). Factors affecting the nature of oil accumulation in fruit of olive (*Olea europaea* L.) cultivars. *Journal of Horticultural Science,* 66(5): 583-591.

Leone, A.M.; Vitagliano, M. (1975). Estudio sobre la composición del medio de la variedad y de la época de recolección de las aceitunas. *Grasas y Aceites,* 26(1).

Loussert, R.; Brousse, G. (1980). *El olivo.* Mundi-Prensa. Madrid.

Macheix, J.; Fleuriet, A.; Billot, J. (1990). *Fruit phenolics.* CRC Press. Boca Raton. Florida.

Maestro, D.R.; Vázquez, A. (1976). Colorantes antocianicos de las aceitunas manzanillas maduras. *Grasas y Aceites,* 27(4): 237-243.

Mancha, M. (1976). Biosíntesis de los acidos grasos en las plantas. *Grasas y Aceites,* 27(1): 33-39.

Mariani, C.; Fedeli, C.; Grob, K.; Artho, A. (1991). Indagine sulle variazioni dei componenti minori liberi ed esterificati di oli ottenuti da olive in funzione della maturazione e dello stocaggio. *La Revista Italiana della Sostanze Grasse,* LXVIII: 179-186.

Maxie, E.C.; Catlin, P.B.; Hartmann, H.T. (1960). Respiration and ripening of olive fruits. *Proc. Am. Soc. Hort. Sci.* 75.

Mínguez, M.I.; Rejano, J.L.; Gandul, B.; Higinio, A.; Garrido, J. (1991). Colour pigment correlation in virgin olive oil. *J. Am. Oil Chem. Soc.,* 68: 669-671.

Mínguez Mosquera, M.J. (1982). Evolución de los constituyentes pécticos y de las enzimas pectolíticas durante el proceso de maduración y almacenamiento de la aceituna 'Hojiblanca'. *Grasas y Aceites,* 33(6): 327-333.

Ortega, D.; Beltrán, G.; Uceda, M., (2001). *Influencia del riego en la lipogénesis del cv 'Arbequina'*. En Proceedings of the Symposium Cientifico-Tecnico Expoliva 2001, Spain.

Pérez-Camino, M.C.; Cert, A. (1999). Quantitative determination of hidroxypentaciclic triterpene acids in vegetable olive oils. *J. Agric. Food Chem.,* 47: 1558-1562.

Proietti, P.; Tombesi, A. (1991). Changes in photosynthetic activity in olive fruits. Eight Consultation of European Cooperative Research network on Olives. *Olea,* 21: 24.

Ranalli, A.; Tombesi, A.; Ferrante, M.L.; De Mattia, G. (1998). Respiratory rate of olive drupes during their ripening cycle and quality of oil extracted. *J. Sci. Food Agric.,* 77: 359-367.

Rapoport, H.F.; Costagli, G.; Gucci, R. (2004). The effect of water deficit during early fruit development on olive fruit morphogenesis. *J. Am. Soc. Hort,. Sci.,* 129: 121-127.

Roca, M., Minguez-Mosquera, M.I. (2001). Unusual carotenogenesis in fruits with pronounced anthocyanic ripening (*Olea europaea,* var. 'Arbequina'). *J. Agric. Food Chem.* 49: 4414-4419.

Rodríguez de la Borbolla, J.M.; Fernández Díaz, M.J.; González Pellisó, F. (1955). Cambios en la composición de la aceituna durante su desarrollo. *Grasas y Aceites,* 6(1): 5-22.

Ross, B.; Sánchez, J.; Millan, F.; Murphy, D.J. (1993). Differential presence of oleosins in oleogenic seed and mesocarp tissues of olive (*Olea europaea*) and avocado (*Persea Americana*). *Plant Sci.:* 93: 203-210.

Sakohui, F.; Absalon, C.; Harrabi, S., Vitry, C.; Sebei, K.; Boukhchina, S.; Fouquet, E.; Kallel, H. (2009). Dynamic accumulation of 4-desmethysterols and phytostanols during ripening of Tunisian Meski olives (*Olea europaea* L) *Food Chem.,* 112: 897-902.

Salas, J.J.; Sanchez, J.; Ramli, U.S.; Manaf, A.M.; Williams, M.; Harwood, J.L. (2000). Biochemistry of lipid metabolism in olive and other oil fruits. *Progr. Lipid Res.,* 39: 151-180.

Sánchez Gómez, A.H.; Fernández Díaz, M.J.; González Pellisó, F. (1991). Cambios en la composición de la aceituna durante su desarrollo. *Grasas y Aceites,* 42(6): 414-419.

Sánchez, J. (1995). *Olive oil biogenesis: Contribution of fruit biosynthesis.* En Plant Lipid Metabolism. Kader, J.C., Mazliak, P. Kluwer Academics Publishers. Dordrecht, Netherlands. pp. 564-566.

Sánchez, J.; de la Osa, C.; Harwood, J.L. (1990). *Effect of light and temperature on the biosynthesis of storage triacylglycerols in olive (*Olea europaea L.*) fruits.* En Plant Lipid biochemistry, structure and utilization. Quinn, P.J., Harwood, J.L. (Eds). Portland Press. London. pp. 390-392.

Sánchez, M., (2004). Sterol and erythrodiol+uvaol content of virgin olive oils from cultivars of Extremadura (Spain). *Food Chem.,* 87: 225-230.

Shulmann, Y.; Erez, A.; Lavee, S. (1974). Delay of ripening in picked olive fruits due to ethylene treatments. *Scientia Hort.* 2: 21-27.

Shulmann, Y.; Lavee, S. (1976). Endogenous cytokinins in maturing Manzanillo olive fruits. *Plant Physiol.,* 57: 490-492.

Stiti, N.; Triki, S.; Hartmann, M.A. (2010). Sterols and non steroidal triterpenoids of the developing olive fruit. In: *Olives and Olive Oil in Health and Disease Prevention.* Edited by:Victor R. Preedy and Ronald Ross Watson. Academic Press, 2010. pp 211-218.

Sun, F.Z.; Martin, G.C. (1982). Evaluation of (2-chloroethyl) methylbis-phenylmethoxy silane (CGA 15281) as a chemical fruit abscising agent for olive using detached shoots. *Hortscience,* 17: 957-1058.

Tous, J.; Romero, A. (1993). *Variedades del Olivo.* Fundación La Caixa. Barcelona.

Vázquez-Roncero, A, (1965). Química del olivo III. Los compuestos orgánicos. *Grasas y Aceites,* 16: 292-303.

Vázquez, R.A.; Maestro, D.R.; Gracian, C.E. (1971). Cambios en los polifenoles de la aceituna durante la maduración. *Grasas y Aceites,* 22(5): 366-370.

Vázquez-Roncero, A.; Maestro-Duran, R.; Janer del Valle, M.L. (1970). Colorantes antociánicos de la aceituna. II. Variaciones durante la maduración. *Grasas y Aceites,* 21: 337.

Vázquez-Roncero, A.; Graciani, E.; Maestro-Duran, R. (1974). Componentes fenólicos de la aceituna. I. Polifenoles de la pulpa. *Grasas y Aceites,* 25: 269.

Vendrell, M. (1984). Factores hormonales en la maduración de frutos. En: Los reguladores del crecimiento en agricultura. *ITEA,* 3: 216-222.

Vioque, A.; Albi, M.A. (1975). Elementos traza y abcisión de la aceituna. *Grasas y Aceites,* 26(2): 73-78.

Vioque, B. (1981). *Estudio de procesos bioquímicos implicados en la abscisión de la aceituna.* Fundación Juan March. Serie Universitaria.

Vioque, B.; Vioque, A. (1985). Acción del sistema ácido indolacético-oxidasa/peroxidasa del olivo sobre el ácido 1-aminociclopropano-1-carboxílico. *Grasas y Aceites,* 36(1): 35-41.

Visioli, F.; Galli, C. (1998). Olive oil phenols and their potential effects on human health.

Vlhaov, G. (1976). Gli Acidi Organici delle olive: il rapporto málico/cítrico quale «Indice di maturazione». *Ann. Inst. Sper. Elaist,* VI: 93-112.

Vlahov, G. (1992). Flavonoids in three olive (*Olea europaea* L.) fruit varieties during maturation. *J. Sci. Food Agric.,* 58: 157-159.

Uceda, M.; Ferreira, J.; Frías, L. (1980). *Contribución al estudio del aceite de oliva.* XVI Reunión Plenaria de la Asamblea de Miembros del Instituto de la Grasa y sus derivados. Sevilla.

Zamora, R.; Alaiz, M.; Hidalgo, F.J. (2001). Influence of cultivar and fruit ripening on olive (*Olea europaea* L.) fruit protein content, composition and antioxidant activity. *J. Agric. Food Chem.,* 49: 4267-4270.

CAPÍTULO 7

EL CLIMA Y OTROS FACTORES AMBIENTALES

Francisco J. VILLALOBOS
Álvaro LÓPEZ-BERNAL

ÍNDICE

1. Introducción, 229

2. Clima, tiempo y condiciones microclimáticas, 229

3. Adaptación climática del olivar, 232

4. Temperatura, 234
    4.1. Respuesta del olivo a las heladas, 234
    4.2. Cálculo del riesgo de daño por heladas, 236
    4.3. Floración, 240
    4.4. Crecimiento y desarrollo, 241
    4.5. Crecimiento del fruto y acumulación de aceite, 242
    4.6. Fotosíntesis y respiración, 243
    4.7. Absorción de agua y déficit hídrico, 244

5. Humedad del aire, 244

6. Precipitación, 244

7. Viento, 245

8. Radiación, 246

9. Demanda evaporativa y déficit hídrico, 249
    9.1. Supervivencia, 252
    9.2. Productividad, 253

10. CO_2, 254

11. El cambio global, 254

12. Modelización, 255
    12.1. Antecedentes, 255
    12.2. Descripción de OliveCan, 256
    12.3. Efectos esperados del cambio climático, 257

13. Adquisición de información agrometeorológica, 260

14. Bibliografía, 261

1. Introducción

El medio ambiente es la suma de los factores que afectan al crecimiento y desarrollo de los organismos, incluyendo a las plantas cultivadas. Las condiciones climáticas son parte del medio ambiente, aunque hay que considerar otros factores de la atmósfera (p.ej. la concentración de CO_2) o del suelo (p.ej. suministro de agua).

El efecto del ambiente sobre el cultivo puede ser directo (p.ej. el daño por heladas) o indirecto (p.ej. el déficit hídrico depende de la precipitación y de la evapotranspiración). La comprensión del efecto de los factores ambientales sobre el olivo es fundamental para la planificación de nuevas plantaciones o para la gestión de las ya existentes. Hoy en día no solo se reconoce la importancia de las condiciones ambientales actuales, sino también la de las posibles variaciones asociadas con el cambio global.

La respuesta de los olivos a las condiciones climáticas es muy particular. Aunque se considera una planta subtropical, el olivo es capaz de soportar heladas por debajo de –10 °C. Por el contrario, los inviernos templados tienen un efecto adverso sobre la iniciación floral. Por otro lado, el árbol requiere tiempo cálido desde la primavera hasta al otoño y es capaz de sobrevivir a condiciones extremas de calor y sequía durante el verano. Estas condiciones se encuentran en zonas de clima mediterráneo (tipos Csa y Csb de acuerdo con el sistema de clasificación de Koppen) que corresponde al tipo mesotérmico (templado con inviernos no demasiado fríos y con el verano seco, cálido o caluroso). Estas zonas están situadas en latitudes medias de 30 a 45° Norte o Sur.

2. Clima, tiempo y condiciones microclimáticas

La atmósfera está sujeta a continuos cambios impulsados por la desigual distribución de la energía radiante y su uso en la evaporación del agua y el calentamiento de la tierra, los océanos y la atmósfera. El clima en cada lugar es el conjunto de los valores medios (o distribuciones estadísticas) de las variables meteorológicas (velocidad del viento, temperatura del aire, radiación solar, etc.) durante el año. Por otro lado, el tiempo (meteorológico) es la variación actual de estas variables. Si bien la información climática es útil para las decisiones estratégicas en la agricultura (por ejemplo, si se puede cultivar olivo en una localidad), los datos meteorológicos (observados en estaciones meteorológicas o predichos por modelos de simulación) son cruciales para tomar decisiones operativas (p. ej. la cantidad de agua a aplicar mediante riego). Sin embargo, las condiciones de un olivar y las de la estación meteorológica más cercana pueden ser diferentes y, más importante, los cultivos afectan a las propiedades del aire por encima y por debajo del límite superior del dosel vegetal, por lo que las condiciones micrometeorológicas reales (a pequeña escala en el tiempo y en el espacio) se desviarán de las observadas en las estaciones meteorológicas. Por ejemplo, si la velocidad del viento en la estación meteorológica en un campo abierto es de 2 m/s a 2 m por encima del nivel del suelo, la velocidad del viento será de alrededor de 1,5 m/s en un olivar con baja cobertura (p. ej., 10%) y solo 1 m/s en el interior de un olivar superintensivo.

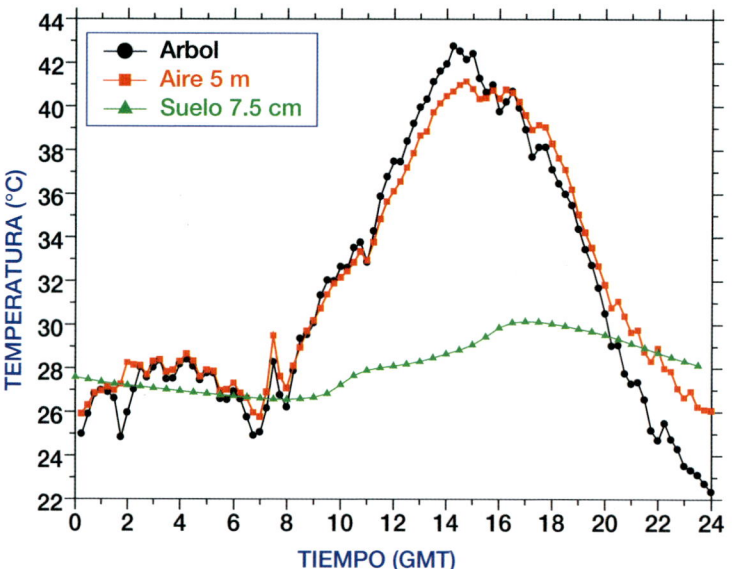

Figura 7.1. Variación a lo largo de un día de la temperatura del aire (5 m de altura), de los árboles (medido mediante termómetro de infrarrojos) y del suelo (7.5 cm de profundidad) en un olivar superintensivo en Córdoba, España (Finca La Harina). 19 de Agosto de 2011.

La diferencia de temperatura entre los olivos y el aire depende de varios factores que se discuten a continuación. Una característica particular del olivo está relacionada con el pequeño tamaño y la forma lanceolada de las hojas, lo que implica un elevado acoplamiento aerodinámico entre la hoja y el aire alrededor. Este acoplamiento es además proporcional a la velocidad del viento. Por lo tanto, la temperatura de las hojas de olivo se apartará poco de la temperatura del aire durante el día mientras que será más baja durante la noche (Figura 7.1). Esto es una ventaja cuando ocurre déficit hídrico durante el verano ya que la hoja no se calentará mucho como resultado del cierre estomático. Por otro lado, el enfriamiento de las hojas debido a la transpiración será muy pequeño en comparación con otras especies de árboles. Una consecuencia

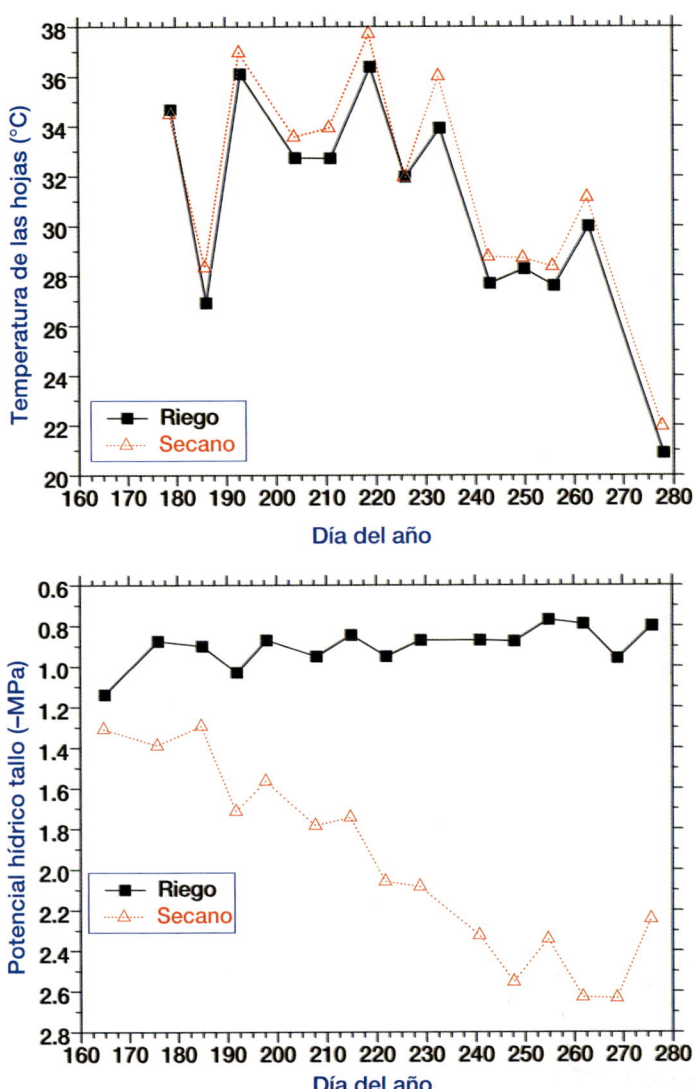

Figura 7.2. Variación de la temperatura al mediodía de olivos regados o en secano (arriba). En el panel inferior se muestran los valores de potencial hídrico en ramos para esos mismos tratamientos y fechas.

práctica de lo anterior es que la temperatura de la cubierta será un mal indicador del estrés hídrico de los olivos. A modo de ejemplo, la Figura 7.2 muestra la temperatura del árbol a mediodía para olivos regados y en secano durante el verano en Córdoba. A pesar de las importantes diferencias en estado hídrico entre los dos tratamientos, que se reflejan en grandes diferencias en potencial hídrico (Figura 7.2), las diferencias de temperatura nunca superaron 2 °C y en muchos casos no llegaron a 1 °C.

Las estructuras más grandes (tronco, ramas), que tienen una masa mayor que las hojas, tienen una menor variación de la temperatura durante el día. Las raíces también estarán expuestas a una menor variación (Figura 7.1).

La topografía también influye en las condiciones micrometeorológicas. La pendiente y la orientación determinan la radiación incidente, por lo que las condiciones más cálidas se producirán en campos orientados hacia el Ecuador (solanas) y las condiciones más frías se darán en las umbrías (orientadas hacia el norte en el hemisferio norte). Por otra parte, durante la noche el aire frío aire drena hacia las depresiones en las que puede acumularse y causar el mayor daño.

Teniendo en cuenta los factores anteriores la diferencia de temperatura entre los olivos y el aire en la estación meteorológica más cercana puede ser de varios grados. Por lo tanto, tenemos que ser conservadores al seleccionar una temperatura crítica para el análisis de la idoneidad de una localidad para el cultivo del olivo en base a datos climáticos.

Otro efecto de la topografía está relacionado con el balance de agua. La profundidad del suelo aumenta conforme bajamos desde la cima de las colinas hasta las depresiones de modo que la capacidad de almacenamiento de agua también aumentará. Esta ventaja de las depresiones se contrarresta por la mayor probabilidad de encharcamiento que es muy perjudicial para el olivo.

3. Adaptación climática del olivar

Los estudios sobre la adecuación ambiental de las especies perennes como el olivo pueden realizarse de acuerdo con dos enfoques:

a) Analizando el ambiente de los lugares donde la especie o un determinado genotipo están presentes.

b) Evaluando a priori la respuesta del árbol a las variables ambientales (p. ej. temperatura) para luego determinar las ubicaciones donde se encuentran valores adecuados de las variables.

El primer enfoque tiene un valor limitado y la especie puede estar ausente en una localidad por razones distintas a las ecológicas. Esto es especialmente cierto para las especies agrícolas plurianuales como el olivo, ya que su cultivo depende también de factores económicos y sociales. Por otra parte, la presencia de la especie no necesariamente significa que las condiciones son óptimas, pero puede ser la mejor alternativa para ese entorno. Es peligroso por tanto inferir que las poblaciones de plantas que se encuentran en un biotopo muy extremo (p.ej. muy seco) tienen una ventaja genética real para esas condiciones.

Cuando se planea una nueva plantación, se debe evaluar el riesgo de muerte de los árboles debido a heladas, la probabilidad de pérdida total de la cosecha y el rendimiento esperado. Por lo tanto, podemos establecer varias categorías para la adaptación climática, suponiendo que el agua no es un factor limitante:

- *No apta* (O-0). Las condiciones llevan a la muerte del árbol durante la vida útil de la plantación (p. ej. n_d = 20 años). En otras palabras, la temperatura letal del árbol ocurre al menos una vez en n_d años.

- *Marginal relativa a la floración (O-1)*. Las condiciones llevan a un bajo rendimiento o a la pérdida total de cosecha al menos una vez cada n_d años. Las razones pueden ser:

  – Falta de frío durante el invierno.

  – Heladas antes/durante la floración.

  – Temperaturas elevadas durante/después de la floración.

  – Lluvias persistentes durante la floración.

- *Marginal por otros factores* (O-1b). La floración y la producción de frutos no se ven comprometidas por las condiciones climáticas durante n_d años pero otros factores climáticos pueden inducir bajos rendimientos (p. ej. un verano fresco y húmedo favorece la incidencia de enfermedades aéreas y limita la acumulación de aceite).

- *Óptimo* (O-2). La floración, el cuajado y la acumulación de aceite no se ven comprometidas por las condiciones climáticas durante n_d años.

Es evidente que no se deben realizar plantaciones en zonas de categoría O-0. En zonas O-1a y O-1b la viabilidad de la plantación depende no solo de la probabilidad de pérdida de rendimiento, sino también de factores económicos (precio del aceite, existencia de cultivos alternativos, acceso a crédito, existencia de subvenciones). La categoría 2 puede dar lugar a una plantación productiva si se utilizan las tecnologías adecuadas.

La clasificación anterior no tiene en cuenta la aparición de déficit hídrico, el cual puede reducir sustancialmente el rendimiento. La viabilidad del cultivo del olivar de secano no es solo cuestión de clima (distribución de las precipitaciones, evapotranspiración), pues la capacidad de retención de agua y la profundidad del suelo, la velocidad de infiltración y algunos factores de la cubierta (por ejemplo, el porcentaje de cobertura) juegan un papel muy importante en la ocurrencia de déficit hídrico y, por tanto, en el efecto global de la disponibilidad de agua en el rendimiento. En otras palabras, las características de la plantación deben ajustarse para aprovechar al máximo las precipitaciones teniendo en cuenta las propiedades del suelo. Las decisiones relacionadas con la planificación o la gestión de los olivares en situaciones de escasez de agua se deben basar en la experiencia local (si está disponible) o en el uso de un modelo de simulación (véase sección 12).

4. Temperatura

4.1. Respuesta del olivo a las heladas

Las heladas se pueden clasificar en dos tipos. Las *heladas de radiación* ocurren en noches despejadas, con ambiente seco y poco viento. Estas condiciones favorecen las pérdidas de radiación de onda larga desde el cultivo hacia la atmósfera y dan lugar a una inversión de temperatura, de modo que la temperatura del aire se incrementa con la altura. En estas condiciones, si la velocidad del viento aumenta, el perfil de temperatura se hace más uniforme y sube la temperatura del aire en torno al cultivo. Si el viento se detiene, la temperatura desciende de nuevo.

Las *heladas de advección* son el resultado del transporte a gran escala de masas de aire muy frío. Se producen en días nublados o noches con viento moderado o fuerte asociado al frente frío. En este caso no se observa inversión de temperatura. Más tarde, una vez que el frente ha pasado y el viento disminuye, puede aparecer una inversión si el cielo se mantiene despejado.

Los estudios de respuesta del olivo a las heladas han seguido dos aproximaciones. Por una parte, se han realizado prospecciones intensivas de daños después de heladas muy severas en grandes zonas. Por ejemplo, Denney *et al.* (1993) estudiaron los efectos de la gran helada de 1990 en California mientras que Roselli *et al.* (1989) lo hicieron con las heladas de 1985 en Toscana. Por otra parte, se han realizado estudios en los que se miden diversos parámetros relacionados con la respuesta de los órganos a baja temperatura, como por ejemplo la resistencia eléctrica (Mancuso, 2000) o la liberación de electrolitos (Bartolozzi y Fontanazza, 1999).

De acuerdo con Larcher (2000), la temperatura letal 50% (que causa el 50% de daños) de los olivos es de –12 °C para hojas y yemas, –16 °C para el cambium de ramos y xilema y –6 °C para las raíces.

El nivel de daños ocasionados por las heladas depende de muchos factores:

- *Tamaño del árbol y exposición de los órganos.* Las heladas de radiación es probable que afecten más a los ramos superiores (más expuestos) y a los inferiores debido a la inversión térmica. Las hojas y brotes más externos en el árbol serán más afectados, mientras que la base del tronco está protegida debido al efecto de amortiguación del suelo en la variación de la temperatura. Por lo tanto, incluso si la helada provoca la defoliación total, puede ocurrir rebrote a partir de yemas adventicias. Esto es más probable en árboles grandes que en los pequeños debido a que la inercia térmica es proporcional a la masa y la base del árbol está más protegida bajo una copa grande al bloquear las pérdidas de radiación de onda larga. Además, los árboles grandes cuentan con una mayor cantidad de reservas para alimentar los rebrotes en caso de daños muy severos.

- *Aclimatación.* En zonas mediterráneas las temperaturas caen de manera paulatina después del verano, lo que provoca la aclimatación del olivo al frío antes de que lleguen las heladas más severas. Este proceso está asociado al reposo vegetativo, esto es, el cese de crecimiento vegetativo en ramos y hojas. El daño a tallos y hojas en olivos aclimatados ocurre por debajo de –5 °C mientras que la muerte de la parte aérea ocurre por debajo de –12 °C. Después de la subida de la temperatura en primavera se reanuda el crecimiento vegetativo y se pierde la aclimatación. Ocurre entonces que incluso heladas ligeras (por ejemplo, –1 °C) pueden dañar los brotes y las estructuras reproductivas en desarrollo. En general, la diferencia de temperatura crítica entre olivos aclimatados y no aclimatados al frío se aproxima a 6 °C. Es por ello que debemos ser muy cautelosos al evaluar el riesgo de heladas en zonas productoras nuevas donde puedan ocurrir episodios de baja temperatura aislados al comienzo del otoño o ya iniciada la primavera. Existen diferencias entre cultivares en la tolerancia a las heladas (Barranco *et al.*, 2005; Denney *et al.*, 1993), pero los resultados de diferentes estudios son a veces contradictorios.

- *Duración de la exposición.* Cuanto mayor sea la exposición al frío, mayor será el posible daño. Cuando ocurre una helada de radiación la temperatura se reduce de forma continua durante la noche hasta alcanzar el mínimo al amanecer, por lo que la planta está expuesta a un rango amplio de bajas temperaturas con una duración variable. Las heladas de advección por el contrario pueden ocurrir con un rango estrecho de temperaturas que se mantiene durante horas. Por otra parte, en estudios de laboratorio la velocidad de enfriamiento suele ser más rápida y el efecto de una temperatura dada se evalúa tras su aplicación durante un tiempo estándar (p.ej. 30 minutos).

Los factores anteriores explican la variación en la temperatura letal encontrada para distintas variedades en diferentes estudios. Por ejemplo, tras las fuertes heladas de 1985 en la Toscana, Roselli *et al.* (1989) clasificaron 'Leccino' y 'Frantoio' como resistente y sensible al daño por heladas, respectivamente. Por el contrario, Mancuso (2000), Azarello *et al.* (2009) y Bartollozzi y Fontanazza (1999) apenas encontraron diferencias en la temperatura de congelación de los dos cultivares. Desgraciadamente los estudios sobre daños por helada en olivo suelen restringirse a los cultivares de interés en un país o una región, por lo que la clasificación de resistente o sensible de un cultivar debe tomarse solo como algo relativo a ese estudio y no como una propiedad del cultivar. Por otra parte, los distintos estudios sí han demostrado que no hay diferencias varietales en la resistencia de las raíces al frío, por lo que no parece factible el empleo de patrones para aumentar la toleran-cia al frío extremo.

Teniendo en cuenta todo lo anterior se pueden proponer algunas reglas para la planificación de nuevos olivares y el manejo de los ya existentes:

a) Los métodos activos de protección contra heladas (riego, molinos, etc.) son en general demasiado caros para los olivares por lo que deben usarse métodos pa-sivos (elección del lugar y adecuación de otras operaciones de cultivo). El úni-co método activo que puede emplearse es un manejo del suelo encaminado a mantener el suelo limpio de malas hierbas, liso y ligeramente compactado en superficie. Desgraciadamente esto choca con la tendencia actual a emplear cu-biertas vegetales desde el otoño hasta la primavera. En todo caso, debe evitarse el laboreo en períodos de heladas. El riesgo es mayor en suelos arenosos que en suelos arcillosos.

b) La tolerancia de los olivos al frío crece con el tamaño del árbol por lo que habrá que ser especialmente cuidadoso en los primeros años de plantación. Los pro-tectores tubulares usados para evitar daños por roedores o conejos también pro-tegen el tronco de la helada por lo que el árbol podrá rebrotar en caso de muerte de hojas y ramos.

c) La poda debe evitarse en períodos con riesgo de heladas.

d) El riego y la fertilización se deben interrumpir varias semanas antes de las pri-meras heladas, lo que favorece la parada vegetativa y la aclimatación al frío.

e) La presencia de cortavientos u otros obstáculos que dificulten el drenaje de aire frío aumentan el riesgo de heladas de radiación. En terreno ondulado las peores condiciones se dan en las vaguadas y en las umbrías. Lo contrario ocurre con las heladas de advección.

4.2.   Cálculo del riesgo de daño por heladas

El período probable de heladas es el tiempo entre la primera helada del oto-ño y la última que ocurre al final del invierno o comienzos de la primavera. Este período es muy variable de un año a otro, de modo que debemos usar la distribu-ción de frecuencias de las fechas de las heladas para evaluar el riesgo de daños. Las fechas de la primera y de la última helada pueden ser consideradas como va-riables aleatorias independientes que siguen la distribución normal (Rosenberg *et al.*, 1983). Esto permite el cálculo de la probabilidad de heladas durante períodos específicos. Por ejemplo, la probabilidad de heladas de primavera después de un día dado es:

$$P(helada\ después\ del\ día\ t) = P_y \cdot P\left[z > \frac{t - m_{LF}}{s_{LF}}\right] \qquad (7.1)$$

donde P_y es la fracción de años en los que ocurren heladas, m_{LF} es la fecha media de la última helada, s_{LF} es la desviación estándar y z es el valor de la distribución normal estándar, cuyo valor de probabilidad se puede calcular como:

$$P(z \leq x) = 0.5 \left(1 \pm \sqrt{1 - exp\left(\frac{-2\,x^2}{\pi}\right)} \right) \tag{7.2}$$

La raíz positiva se toma si $x > 0$ y la negativa si $x < 0$. Conviene aquí recordar que $P(z > x) = 1 - P(z \leq x)$.

De forma análoga, la probabilidad de ocurrencia de helada en otoño antes de una fecha dada viene dada por:

$$P(\text{helada antes del día } t) = P_y \cdot P\left[z < \frac{t - m_{FF}}{s_{FF}} \right] \tag{7.3}$$

donde m_{FF} y s_{FF} son la media y la desviación típica de la fecha de la primera helada. Estos estadísticos deben ser calculados para los años en que ocurren heladas. En cualquier caso, para facilitar los cálculos conviene expresar todas las fechas como días desde el 1 de septiembre (en hemisferio norte) o 1 de marzo (hemisferio sur).

Ejemplo 1. Las fechas de la primera y última helada en Baza (España) para 15 años se muestran en el Cuadro 7.1.

Las fechas medias de la primera y última helada son 64,9 y 218,6 días desde el 1 de septiembre, es decir, el 4 de noviembre y el 7 de abril. Las desviaciones estándar para esas fechas son 9,3 y 25,9, respectivamente. Queremos evaluar la probabilidad de helada posterior al 1 de mayo (día 243 desde el 1 de septiembre) y la probabilidad de helada anterior al 15 de octubre (día 46 desde el 1 de septiembre).

Como todos los años ocurren heladas $P_y = 1$. La probabilidad de helada después del 1 de mayo será:

$$P(\text{helada después del día } 243) = P_y \cdot P\left[z > \frac{t - m_{LF}}{s_{LF}} \right] = 1,0 \cdot P\left[z > \frac{243 - 218,6}{25,9} \right]$$

$$= P[z > 0,942] = 1 - P[z \leq 0,942]$$

$$P(z \leq 0,942) = 0,5 \left(1 + \sqrt{1 - exp\left(\frac{-2 \cdot 0,942^2}{\pi}\right)} \right) = 0,8284$$

Y por tanto, la probabilidad de helada después del 1 de mayo será $1 - 0,8284 = 0,17$.

CUADRO 7.1

Fecha de la primera y última helada y temperatura mínima (T_{min}) en Baza (España) a lo largo de 15 años. Los datos diarios de temperatura mínima han sido tomados de la estación de Baza (red de estaciones agroclimáticas del IFAPA, Junta de Andalucía).

Año	T_{min} (°C)	Fecha de helada *	
		Primera	Última
2000	−4,6	62	244
2001	−6,8	71	189
2002	−10,4	60	218
2003	−7,7	54	225
2004	−13,5	63	191
2005	−9,8	66	196
2006	−6,5	73	214
2007	−8,4	62	271
2008	−6,3	64	204
2009	−6,0	73	248
2010	−8,0	48	188
2011	−12,3	87	243
2012	−6,4	59	243
2013	−7,2	60	208
2014	−8,8	71	197
Media	−8,18	64,9	218,6
Desviación estándar	2,44	9,3	25,9

* días desde el 1 de Septiembre

Pasemos ahora a calcular la probabilidad de helada anterior al 15 de octubre:

$$P(\text{helada antes del día } 46) = P_y \cdot P\left[z \le \frac{t - m_{FF}}{s_{FF}}\right] = 1,0 \cdot P\left[z \le \frac{46 - 64,9}{9,3}\right]$$
$$= P[z \le -2,03]$$

$$P(z \le -2,03) = 0,5\left(1 - \sqrt{1 - exp\left(\frac{-2 \cdot 2,03^2}{\pi}\right)}\right) = 0,018$$

Muchas de las decisiones agrícolas, como la de plantar un olivar en una localidad, tienen que basarse en la probabilidad de eventos dañinos que matan a las plantas o reducen el rendimiento. Para el análisis de riesgo de heladas distinguimos la probabilidad ($T < T_{crit}$) de ocurrencia de temperatura por debajo de una temperatura crítica (T_c) en cualquier año y el riesgo (R), que es la probabilidad de que el evento ocurra al menos una vez durante la vida útil de la plantación (n_d, años). En lugar de riesgo podemos usar certeza ($C = 1\text{-}R$), que es entonces la probabilidad de que el evento no ocurra durante la vida útil. Suponiendo una distribución de Bernouilli, la certeza (C) está relacionada con la probabilidad de tener una temperatura por debajo de T_c en cualquier año:

$$C = [1 - P(T < T_{crit})]^{n_d} \qquad (7.4)$$

Por ejemplo, si la probabilidad de temperatura por debajo de $-12\ °C$ en un año determinado es 0,002 (es decir, ocurre 2 veces en 1.000 años), entonces la certeza, para una vida útil de 20 años, es 0,96, es decir, estamos un 96% seguros de que las temperaturas no bajarán de $-12\ °C$ en 20 años consecutivos.

La probabilidad de un evento extremo en un año determinado debería calcularse como el cociente entre el número de eventos extremos observados y el número de años de registro. Sin embargo, estamos tratando de eventos muy poco frecuentes, por lo que necesitaríamos registros muy largos (por ejemplo, 1.000 años), que nunca están disponibles. Para series de datos cortas lo que hacemos es calcular los parámetros de la distribución estadística subyacente. Normalmente se asume una distribución de valores extremos de tipo I, también conocida como distribución de Gumbel (Snyder *et al.*, 2010):

$$P(T < T_{crit}) = 1 - exp\left[-exp\left(\frac{T_{crit} - \beta}{\alpha}\right)\right] \qquad (7.5)$$

siendo $\alpha = \sigma/1{,}283$ y $\beta = \mu + 0{,}577\ \alpha$. Por su parte, μ representa la media de las temperaturas mínimas absolutas registradas cada año y σ es la desviación estándar de las mismas. El parámetro β es la moda, es decir, el valor más frecuente de la distribución.

Combinando las ecuaciones 7.4 y 7.5, podemos obtener la siguiente ecuación que nos permite calcular directamente la certeza a partir de los parámetros de la distribución de Gumbel:

$$C = \left\{exp\left[-exp\left(\frac{T_{crit} - \beta}{\alpha}\right)\right]\right\}^{n_d} \qquad (7.6)$$

Ejemplo 2. La temperatura mínima absoluta anual en Baza (España) se muestra en el Cuadro 7.1. La media es $-7{,}18\ °C$ y la desviación estándar es $2{,}44\ °C$ (Cuadro 7.1). Por lo tanto los parámetros de la distribución de Gumbel son $\alpha = \sigma/1{,}283 = 1{,}9\ °C$ y $\beta = \mu + 0{,}577\ \alpha = -8{,}18 + 0{,}577{\cdot}1{,}9 = -7{,}08\ °C$. Si la vida útil del olivar es 20 años y la temperatura crítica es $-12\ °C$, entonces la certeza será:

$$C = \left\{exp\left[-exp\left(\frac{-12 - (-7{,}08)}{1{,}9}\right)\right]\right\}^{20} = 0{,}22$$

Este valor nos indica que el riesgo de daños severos para olivar en esta localidad es del 78%.

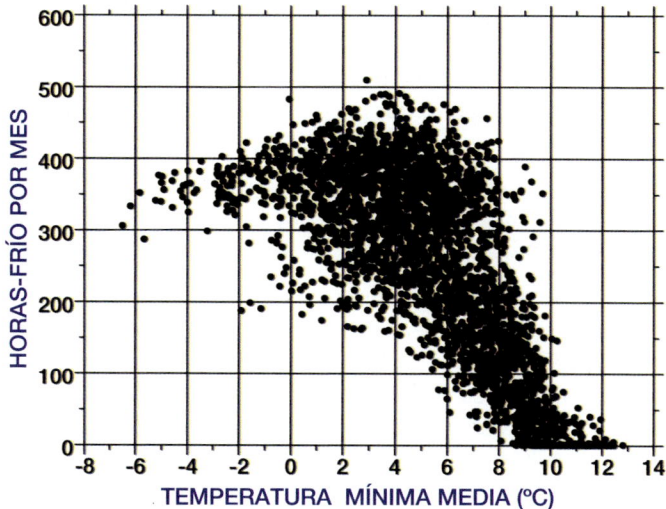

Figura 7.3. Relación entre horas-frío mensuales y temperatura mínima media mensual calculada
para 103 estaciones meteorológicas de Andalucía con datos de Noviembre, Diciembre, Enero y
Febrero desde 2000 hasta 2015. Las horas-frío se han calculado con el modelo de De Melo-Abreu et
al. (2004). Los datos meteorológicos han sido tomados de la red de estaciones agrometeorológicas del
IFAPA, Junta de Andalucía.

4.3. Floración

La exposición a frío moderado durante el reposo invernal es un requisito para
que se produzca la brotación reproductiva de yemas y se originen inflorescencias.
Algunos modelos consideran que las temperaturas que promueven la acumulación
de frío se encuentran en el rango entre 0 y 15 °C, con un máximo en torno a 7 °C
(De Melo-Abreu *et al.*, 2004). En la Figura 7.3 se muestra la relación entre horas-frío mensuales calculadas con el modelo de De Melo-Abreu (2004) y la temperatura mínima media mensual para 103 estaciones meteorológicas de Andalucía.
Se observa que no hay acumulación de horas-frío con temperatura mínima superior
a 12 °C. La máxima acumulación de frío ocurre con temperatura mínima de 4 °C
pero el rango es muy amplio (100-500 horas). Con temperaturas entre 8 y 12 °C
la acumulación puede ser nula o muy considerable dependiendo de la temperatura máxima. Por lo tanto, los olivos no florecen en zonas tropicales o la floración es
irregular en zonas subtropicales con inviernos templados. Sin embargo, existen indicios de que el déficit hídrico puede sustituir, al menos en parte, el requerimiento
de frío (Castillo-Llanque *et al.*, 2014). Por otra parte, la temperatura del árbol tien-

de a ser más fría que la del aire por encima durante la primera mitad de la noche (Figura 7.1), lo que podría contribuir a la acumulación de horas-frío. En cualquier caso se deben seguir investigando los mecanismos que determinan la formación de inflorescencias ya que se trata de un proceso potencialmente sensible al posible calentamiento global (véase sección 11).

Después de la brotación al final del invierno la temperatura alta acelera el desarrollo hasta la floración, que se produce a mediados de primavera. Las temperaturas extremas (altas o bajas) durante la floración reducen la polinización y el cuajado de frutos. La población de flores e inflorescencias muestra una gran variabilidad en velocidad de desarrollo que resulta en un largo período (10-14 días) entre la primera y la última flor abierta. Por tanto, el impacto de las temperaturas extremas será limitado y puede ser posteriormente compensado por la reducción de la caída de frutos en post-floración.

La duración del periodo de floración tiende a aumentar con las bajas temperaturas, es decir, la floración se concentra más en los años más cálidos, lo que aumenta el impacto potencial de un día aislado con temperatura muy alta.

4.4. Crecimiento y desarrollo

Se denomina temperatura base (T_b) a la temperatura por debajo de la cual se detiene el desarrollo de un organismo. Si consideramos la duración de un proceso, como por ejemplo el tiempo que transcurre entre la aparición de dos pares de hojas consecutivos en un mismo ramo, podemos cuantificar la velocidad de desarrollo como el inverso de la duración. Conforme aumenta la temperatura por encima de T_b también lo hace la velocidad de desarrollo. Llamamos tiempo térmico a la diferencia entre la temperatura y la temperatura base. En el olivo no se conoce con exactitud el valor de la temperatura base aunque existen indicios que la ubican en torno a 10 °C. Por ejemplo, en la Figura 7.4 se muestra la velocidad de expansión foliar en olivos de la variedad 'Arbequina' durante el otoño. Los árboles habían sido completamente desfrutados un mes después de floración, por lo que cabe pensar que no existía limitación del crecimiento por asimilados. La expansión de las hojas se detuvo con una temperatura media diaria de 10 °C. López Bernal *et al.* (2020) estimaron que la aparición de un nuevo par de hojas en olivos de la variedad 'Arbequina' requiere aproximadamente un tiempo térmico de 94 °C d calculado sobre una temperatura base de 11 °C. Esto implica que si la temperatura media es 20 °C se necesitan unos 10 días para generar un nuevo par de hojas. Por otra parte, De Melo-Abreu *et al.* (2004) estimaron una temperatura base de 9.1 °C para el desarrollo desde brotación hasta floración.

La definición de tiempo térmico como temperatura por encima de la temperatura base es una simplificación. En general, la velocidad de desarrollo cae para temperaturas altas, por lo que lo que hay que corregir es el tiempo térmico calculado o estimarlo a partir de temperaturas horarias.

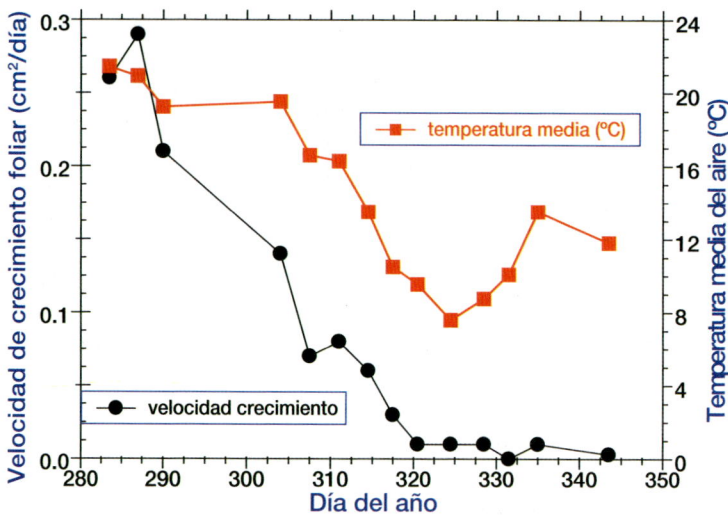

Figura 7.4. Velocidad de expansión de hojas de olivo cv. "Arbequina" durante el otoño en Córdoba (España). Se muestra también la temperatura media del aire durante ese período.

4.5. Crecimiento del fruto y acumulación de aceite

El crecimiento de los frutos se puede expresar como el producto de su duración por la velocidad de crecimiento. La misma idea se puede aplicar a la acumulación de aceite en el olivo. El principal efecto de la temperatura sobre la acumulación de aceite se asocia a cambios en la duración con poco efecto sobre la velocidad. Se puede entonces establecer la duración como un proceso que requiere un tiempo térmico total. Tentracoste *et al.* (2012) encontraron que la acumulación de aceite se inicia entre 551 y 940 °C d después de plena floración y tiene una duración entre 1.516 y 2.212 °C d (base 5 °C) para un conjunto de variedades en Argentina. Es decir, el tiempo térmico desde plena floración a madurez en ese trabajo se encontró en el intervalo entre 2.425 y 2.866 °C d (base 5 °C). Sin embargo, la acumulación de aceite no es un proceso de desarrollo simple como puede serlo la diferenciación de hojas ya que necesita de un suministro de carbohidratos suficiente. Tentracoste *et al.* (2010) encontraron que el tiempo hasta el máximo peso fresco del fruto se alcanzó al mismo tiempo en olivos con distintos niveles de carga. Sin embargo, el estado de madurez evaluado por el color era mayor en los frutos más grandes de árboles con baja carga. La pregunta que surge entonces es si el cese del crecimiento del fruto se debe a que se completa su tiempo-térmico o, por el contrario, a que las temperaturas son limitantes para el crecimiento o la acumulación de aceite.

4.6. Fotosíntesis y respiración

La Figura 7.5 muestra la respuesta a la temperatura de la fotosíntesis neta en hojas de olivo soleadas y sombreadas. Las primeras muestran el máximo (12,1 micromol/m^2/s) en torno a 25 °C, sin apenas variación entre 20 y 30 °C. Las segundas alcanzan el máximo (7,8 micromol/m^2/s) entre 10 y 20 °C. Para temperaturas por debajo de 10 °C la fotosíntesis no depende del nivel de radiación y es aún significativa (7,4 micromol/m^2/s). Estos datos en conjunto reflejan la buena adaptación de la fotosíntesis del olivo a condiciones de temperatura moderada que predominan en otoño y primavera en zonas mediterráneas cuando existe una mayor probabilidad de disponer de agua en el suelo. Además, los valores de fotosíntesis pueden ser también importantes por debajo de la temperatura base de 10 °C, lo que supone la posibilidad de acumulación de reservas durante el período de reposo, tras la cosecha. Sin embargo, este fenómeno se puede ver limitado por el empeoramiento invernal de las relaciones hídricas (López-Bernal *et al.*, 2015, véase también 4.7).

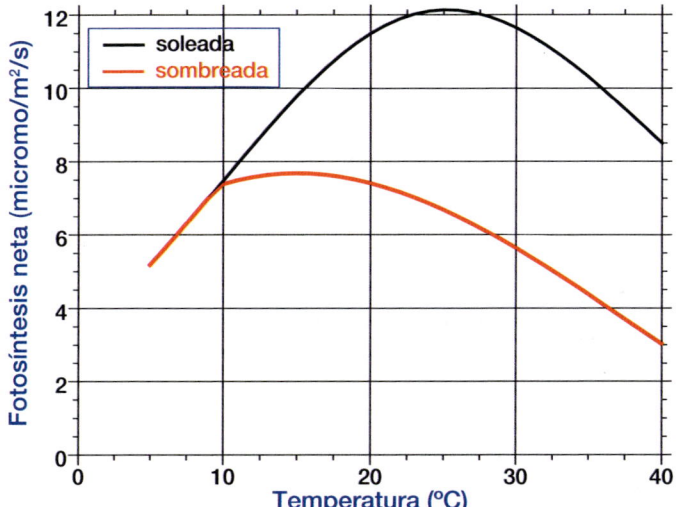

Figura 7.5. Relación entre fotosíntesis neta de hojas de olivo iluminadas y sombreadas y temperatura. Valores calculados mediante el acople del modelo de fotosíntesis de Farquar y el modelo de conductancia de Dewar.

La respiración de mantenimiento crece de forma exponencial en las plantas en general y en el olivo en particular (Pérez-Priego *et al.*, 2014). Los mayores valores de respiración se observan en frutos y hojas, mientras que los valores de tallos y ramas son menores. Por todo ello, el ambiente cálido típico de los olivares en verano supone un gasto importante de carbohidratos para respiración en proporción a la biomasa de los árboles, lo que puede explicar, al menos en parte, la bajada de la productividad de los árboles con la edad (que se asocia a biomasa).

4.7. Absorción de agua y déficit hídrico

La capacidad de absorción de agua del suelo por parte del sistema radical está fuertemente condicionada por el contenido de agua en el suelo. Cuando el contenido de agua se reduce, la conductividad hidráulica del suelo disminuye y se favorece la pérdida de contacto entre las raíces absorbentes y las partículas de suelo (Bristow *et al.*, 1984). Ambos efectos resultan en una disminución de la capacidad de extracción de agua.

Por otra parte, se ha demostrado que la temperatura del suelo también influye en la capacidad de absorción de agua. Para el caso particular del olivo, temperaturas por debajo de 15 °C producen una reducción drástica de la permeabilidad de las membranas que el agua debe atravesar en su camino desde la interfaz suelo-raíz hasta los haces xilemáticos (García-Tejera *et al.*, 2016). Este fenómeno se ha atribuido a cambios en la fluidez de dichas membranas o en la actividad de acuaporinas y se ha relacionado con el empeoramiento del estado hídrico del olivo en invierno (López-Bernal *et al.*, 2015). Por consiguiente, la capacidad de absorción de las raíces de olivo se ve limitada en condiciones de bajo contenido de agua del suelo (que aparecen entre final de primavera y principios de otoño) y de bajas temperaturas (que aparecen en invierno). En ambos casos esta limitación da lugar a déficit hídrico, resultando en una reducción de la fotosíntesis y la transpiración y un empeoramiento del estado hídrico del árbol.

5. Humedad del aire

La humedad del aire puede ser cuantificada en términos absolutos (presión de vapor, humedad absoluta) o relativos (humedad relativa, HR). El primero es el preferido cuando se evalúa la demanda evaporativa de la atmósfera mediante el déficit de presión de vapor (DPV), es decir, la diferencia entre la presión de vapor en saturación y la presión de vapor actual. Por otro lado, la humedad relativa se relaciona más estrechamente con la actividad de los organismos. El agua libre en las hojas, como resultado de la deposición de rocío o de la lluvia, es un requisito para la infección de enfermedades aéreas como el repilo.

6. Precipitación

Aparte del efecto positivo de las precipitaciones sobre la acumulación de agua en el suelo y por lo tanto en el suministro de agua a los árboles, la lluvia puede tener dos efectos negativos. El primero está relacionado con el encharcamiento después de fuertes lluvias en los suelos mal drenados. El segundo es la reducción de la polinización debido al lavado por las gotas de lluvia y el acortamiento de la viabilidad del polen cuando se humedece, aunque existe poca información cuantitativa al respecto. Bonofiglio *et al.* (2008) encontró que la concentración de polen disminuyó en un 50% cuando la precipitación fue mayor que 3 mm/día y en el 80% cuando la lluvia excedió 8 mm/día. Esta es solo una aproximación al problema ya que el efecto de una precipitación diaria dada dependerá de cómo se distribuya temporalmente y de otros factores acompañantes (p.ej. viento). La ausencia de plantaciones de olivo en muchas zonas húmedas que cumplen con los requisitos térmicos para plantar olivo puede deberse en parte a las precipitaciones durante floración y a la mayor incidencia de enfermedades aéreas durante el verano (L. Rallo, comunicación personal).

7. Viento

El olivo es un árbol tolerante a vientos fuertes. Esto se debe por una parte a la flexibilidad de los brotes y ramas que se orientan reduciendo la fricción. Además, el pequeño tamaño y la esclerofilia de las hojas reducen mucho la probabilidad de heridas por fricción.

El viento tiene otros papeles adicionales en el ambiente del olivo:

a) Es el principal vehículo de transporte del polen y de esporas de hongos. Con vientos fuertes se favorece la turbulencia, lo que aumenta el movimiento de polen y esporas hacia capas superiores de la atmósfera e incrementa mucho la distancia máxima a la que pueden llegar. En condiciones de calma, el transporte en vertical se reduce y la distancia máxima no supera unas decenas de metros.

b) Condiciona la probabilidad de formación de rocío y la velocidad de secado de los árboles después de mojarse por lluvia o rocío. El rocío se forma sobre los árboles cuando la radiación neta se hace negativa y la temperatura del árbol alcanza la temperatura de rocío. Esto ocurre normalmente después del anochecer y se favorece en condiciones de calma, ya que las hojas se enfrían varios grados por debajo de la temperatura del aire. Además, la cantidad de rocío será proporcional a la humedad del aire. Si la velocidad del viento es alta durante la noche, la temperatura de las hojas será cercana a la del aire por lo que solo habrá deposición cuando la humedad relativa del aire se aproxime a 100%.

c) Afecta a operaciones de cultivo como la aplicación de productos fitosanitarios, en especial cuando se realizan tratamientos aéreos. Para evitar la deriva de las gotas deben evitarse los tratamientos con velocidades de viento por encima de 2 m/s. No obstante, en olivares intensivos y superintensivos la propia estructura de la plantación reduce la velocidad del viento en la vecindad de los árboles lo que permite realizar tratamientos a los árboles con velocidad de viento (en estación) superior a 2 m/s.

d) Las tormentas o vientos fuertes pueden provocar la caída de numerosos frutos antes de recolección, lo que aumenta los costes y reduce la calidad.

8.   Radiación

La radiación es el principal determinante de muchos procesos fisiológicos de los cultivos, entre los que destacan la fotosíntesis y la transpiración. La radiación solar que llega al olivar depende de la latitud, el momento del año, la hora del día, la transparencia atmosférica y la nubosidad. Además, en parcelas con mucha pendiente también dependerá de la orientación del campo, aunque este efecto desaparece por completo con cielo nublado.

La radiación solar diaria en días despejados es mínima en el solsticio de invierno y máxima en el de verano con valores típicos en zonas de olivar de 10 y 30 MJ/m^2/día en invierno y verano, respectivamente. La radiación solar incluye tres bandas principales de longitud de onda: la ultravioleta, la visible (entre 400 y 700 nm, también llamada radiación fotosintéticamente activa o PAR) y la infrarroja (por encima de 700 nm). La radiación PAR supone un 45% de la radiación incidente y es absorbida por los pigmentos fotosintéticos. Por tanto, la radiación que atraviesa la vegetación o es reflejada por esta presenta una menor proporción de PAR, lo que puede ser detectado por las plantas mediante el sistema fitocromo, dando lugar a respuestas morfofisiológicas como, por ejemplo, el incremento de reparto de carbohidratos a tallos. Este fenómeno no ha sido estudiado en olivo aunque puede jugar un papel importante en la determinación de la arquitectura del árbol. En condiciones de sombreado prolongado, el olivo responde formando hojas más finas y con menor capacidad fotosintética además de una reducción importante en el número de flores y frutos (Gregoriou *et al.*, 2007).

La radiación solar que llega a la tierra depende de la que llega al exterior de la atmósfera y de la transmisividad de la atmósfera, que depende a su vez de la nubosidad y la turbidez atmosférica. La radiación solar extraterrestre, es decir, en ausencia de atmósfera (R_A, MJ/m^2/día) puede ser calculada como:

$$R_A = 37,6\, d_r \left[\sin\lambda \cdot \sin\delta \cdot arc\cos[-\operatorname{tg}\lambda \cdot \operatorname{tg}\delta] + 0,7071\sqrt{\cos(2\,\delta) + \cos(2\,\lambda)} \right]$$

$$(7.7)$$

donde la función arco coseno se expresa en radianes, λ es la latitud (rad) y δ es la declinación solar (rad), que puede calcularse como función del día del año (DDA, desde 1 hasta 365):

$$\delta = 0,409\ \cos[0,01721\,(DDA - 172)] \qquad (7.8)$$

Por otra parte d_r es la corrección por la distancia Tierra-Sol, que depende solo del día del año:

$$d_r = 1 + 0,033\cos[0,01721 \cdot DDA] \qquad (7.9)$$

La radiación solar que llega a la Tierra (R_s, MJ/m^2/día) puede ser estimada en función de la radiación extraterrestre y del grado de cielo despejado:

$$R_s = \left(0{,}25 + 0{,}50 \, \frac{n}{N}\right) R_A \tag{7.10}$$

donde n es el número real de horas de sol despejado y N es la duración del día. Es decir, por término medio la radiación solar en días despejados es el 75% de la extraterrestre, mientras que solo es el 25% en días nublados. Esta misma ecuación nos sirve para estimar el grado de cielo despejado (n/N) si disponemos de datos de radiación solar:

$$\frac{n}{N} = 2 \left(\frac{R_s}{R_A} - 0{,}25\right) \tag{7.11}$$

La cantidad de radiación interceptada por los árboles, esto es, la diferencia entre radiación incidente y la que llega al suelo, se aproxima a la radiación absorbida, y esta es la fuente de energía de la fotosíntesis. Monteith propuso un modelo muy simple que relaciona linealmente la cantidad de radiación interceptada y la producción de biomasa. La pendiente de esta relación es la llamada Eficiencia en el Uso de la Radiación (RUE), que es la cantidad de biomasa producida por unidad de radiación interceptada y tiene unidades de g/(MJ PAR). La RUE de cultivos C3 se encuentra típicamente entre 1,6 y 2 g/(MJ PAR). El olivo presenta un valor bajo de RUE: en árboles jóvenes creciendo en alta densidad Mariscal *et al.* (2000a) midieron un valor de 1,35 g/(MJ PAR). En árboles adultos en producción Villalobos *et al.* (2006) observaron RUE=0,9 g/(MJ PAR).

A diferencia de cultivos anuales, no es fácil calcular la radiación interceptada por un olivar dada la estructura tridimensional de la cubierta. Mariscal *et al.* (2000b) propusieron y calibraron un modelo para simular la radiación interceptada por olivares asumiendo que las copas tienen forma de elipsoide. El modelo es aplicable a cualquier olivar en función de sus características estructurales (dimensiones de la copa, espaciamiento entre árboles, densidad de área foliar). Se dispone además de una versión del modelo donde se asume que los árboles tienen forma prismática, lo que permite la simulación de olivares en seto.

Como ejemplo de uso del modelo, se ha calculado la radiación interceptada para tres tipos de olivares: superintensivo, intensivo y tradicional. Las geometrías y características representativas empleadas para cada una de estas tres tipologías se indican en el Cuadro 7.2. La fracción de radiación interceptada en días despejados se reduce desde el invierno hasta el verano, cuando alcanza valores mínimos de 0,66; 0,50 y 0,23 para los olivares superintensivo, intensivo y tradicional, respectivamente (Figura 7.6). El valor promedio de fracción de radiación interceptada anual muestra valores similares (0,67; 0,54 y 0,26) a los de días despejados en verano.

El ambiente de radiación de las hojas se puede caracterizar calculando el cociente entre el flujo promedio de radiación y el área foliar de los árboles, que viene dado por su índice de área foliar (IAF): el cociente entre la superficie total de hojas y la superficie del terreno. El flujo promedio se obtiene dividiendo la radiación PAR interceptada por los árboles durante todo el año por la duración total de horas de luz. Volviendo al ejemplo anterior, la radiación promedio sobre hojas es menor en el olivar superintensivo que en los otros dos, que apenas difieren. Esto implica un peor ambiente lumínico en el olivar superintensivo que podría limitar la floración y la renovación de la vegetación en las zonas bajas del árbol.

CUADRO 7.2

Características de los olivares superintensivos, intensivos y tradicionales considerados en la Figura 7.4. El intensivo y el superintensivo tienen las hileras orientadas Norte-Sur. La forma de los árboles es prismática para superintensivo y elipsoidal para intensivo y tradicional. El PAR medio se refiere al promedio de radiación incidente para todas las hojas del árbol. Se han asumido valores de Densidad de Area Foliar de 2, 1,5 y 1 m²/m³ para superintensivo, intensivo y tradicional. Se ha asumido una duración media del día de 12,12 horas

Tipo de olivar	Densidad (olivos/ha)	Marco (m)	Volumen (m³/olivo)	Volumen (m³/ha)	IAF (m²/m²)	Q	PAR medio (W/m²)
Superintensivo	1.667	4 × 1,5	7,2	12.000	2,4	0,67	48
Intensivo	408	7 × 3,5	25,6	10.400	1,57	0,54	59
Tradicional	59	13 × 13	128,2	7.600	0,76	0,26	58

Q: Fracción de radiación interceptada anual. *IAF*: Indice de Area Foliar

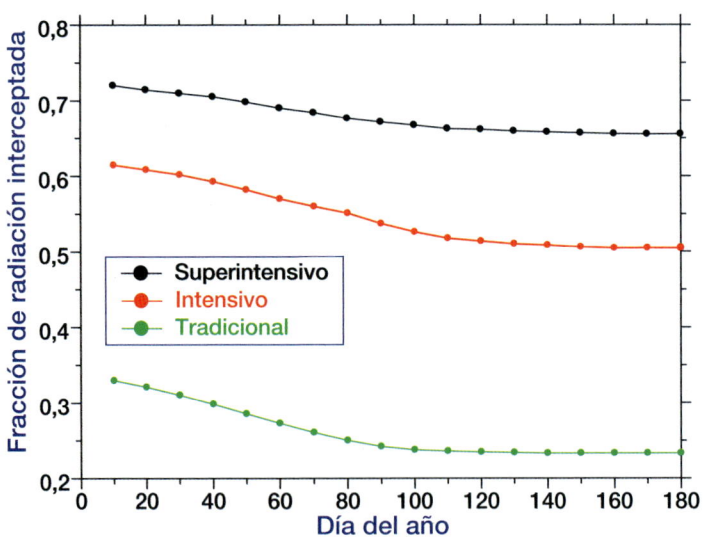

Figura 7.6. **Fracción de radiación interceptada en días despejados para olivares superintensivos, intensivos y tradicionales en Córdoba (España). Las características de los olivares se muestran en el Cuadro 7.2.**

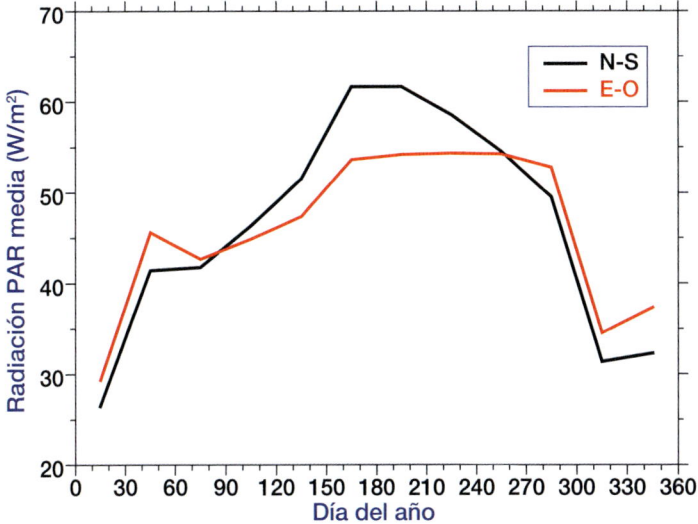

Figura 7.7. Radiación PAR media sobre hojas en olivares superintensivos orientados Norte-Sur y Este-Oeste en Córdoba (España). Las características del olivar son las indicadas en el Cuadro 7.2.

La orientación del seto tiene una influencia limitada en la interceptación de radiación. En la Figura 7.7 se muestra la radiación PAR promedio en las hojas del mismo olivar superintensivo descrito en el Cuadro 7.2 para dos orientaciones de las hileras: N-S y E-O. Apenas se observan diferencias durante el invierno, primavera y otoño con una ligera ventaja para E-O. Solo en verano la orientación N-S intercepta claramente más radiación, lo que lleva a un mejor ambiente lumínico promedio.

La productividad potencial de aceite de un olivar en condiciones no limitantes de agua puede ser calculada de forma simple usando el modelo de Villalobos *et al.* (2006) que supone que se puede obtener 0,17 g de aceite por cada MJ de PAR interceptado en plantaciones tradicionales e intensivas y 0,12 g/MJ en plantaciones en seto (Connor *et al.*, 2016). Usando este modelo se puede estimar que la producción de potencial de aceite, para condiciones ambientales del Valle del Guadalquivir, son aproximadamente de 2,1; 2,5 y 1,2 t/ha, para los olivares superintensivo, intensivo y tradicional, respectivamente, con las características indicadas en el Cuadro 7.2. Este tipo de análisis nos pueden servir para establecer una referencia para el diagnóstico del estado productivo de un olivar. Además, conforme a los trabajos de Iniesta *et al.* (2009), el modelo sirve también para condiciones de riego deficitario moderado.

9. Demanda evaporativa y déficit hídrico

La demanda evaporativa a la que se ven sometidos los cultivos se cuantifica mediante la evapotranspiración de referencia (ET_0), que es la de una pradera de gramíneas (Allen *et al.*, 1998). Para su cálculo se recomienda emplear la ecuación propuesta por la FAO, que se ha convertido en el estándar para el cálculo de ET_0. Para un período de 24 horas la ET_0 (mm day^{-1}) se calcula como:

$$ET_0 = \frac{\Delta \cdot R_n + 0{,}5 \cdot DPV \cdot U_2}{2{,}45 \, [\Delta + 0{,}067 \, (1 + 0{,}332 \cdot U_2)]} \tag{7.12}$$

donde Δ (kPa K^{-1}) es la pendiente de la presión de vapor en saturación frente a la temperatura, R_n es la radiación neta (MJ/m^2/día), U_2 es la velocidad del viento a 2 m de altura (m/s) y *DPV* es el déficit de presión de vapor (kPa), que se calcula como la diferencia entre la presión de vapor en saturación (e_s) y la presión de vapor del aire (e_a). La presión de vapor en saturación (kPa) es función de la temperatura (t, °C):

$$e_s = 0{,}61078 \exp \left(\frac{17{,}27 \, t}{237{,}3 + t} \right) \tag{7.13}$$

El valor de Δ (kPa K^{-1}) se puede calcular como:

$$\Delta = \frac{4098 \, e_s}{[237{,}3 + t]^2} \tag{7.14}$$

La presión de vapor media del aire (e_a, kPa) se puede calcular a partir de los valores máximo y mínimo de humedad relativa, como:

$$e_a = \frac{0{,}5}{100} \, (HR_{max} \, e_{sn} + HR_{min} \, e_{sx}) \tag{7.15}$$

donde e_{sn} y e_{ex} son la presión de vapor en saturación calculada para la temperatura mínima y máxima, respectivamente. La presión de vapor de saturación media se calcula como la media de e_{sn} y e_{sx}.

La radiación neta (MJ m^{-2} day^{-1}) se calcula como:

$$R_n = 0{,}77 \, R_s - \left(0{,}9 \, \frac{n}{N} + 0{,}1 \right) \left(0{,}34 - 0{,}14 \, \sqrt{e_a} \right) 4{,}9 \cdot 10^{-9} \, (t + 273)^4 \tag{7.16}$$

donde 4.9 10^{-9} es la constante de Stefan-Boltzmann expresada en MJ/m^2/K^4.

Ejemplo 3. El 7 de junio de 2016 (día del año 160) las condiciones medidas en Espiel (38,18°N) han sido las siguientes: Temperatura máxima 30,6 °C, Temperatura mínima 11,8 °C, Humedad relativa máxima 87%, Humedad Relativa mínima 40%, radiación solar 28,8 MJ/m^2/día, velocidad media del viento 0,7 m/s.

Temperatura media del aire: t = 0,5 (30,6 + 11,8) = 21,2 °C

Presión de vapor en saturación para la temperatura mínima:

$$e_{sn} = 0{,}61078 \exp \left(\frac{17{,}27 \, t_{min}}{237{,}3 + t_{min}} \right) = 1{,}38 \, kPa$$

Presión de vapor en saturación para la temperatura máxima:

$$e_{sx} = 0{,}61078 \exp\left(\frac{17{,}27\, t_{max}}{237{,}3 + t_{max}}\right) = 4{,}39\, kPa$$

Presión de vapor media del aire:

$$e_a = \frac{0{,}5}{100}\,(87 \cdot 1{,}38 + 40 \cdot 4{,}39) = 1{,}48\, kPa$$

Presión de vapor en saturación media del aire:

$$e_{sm} = 0{,}5\,(1{,}38 + 4{,}39) = 2{,}885\, kPa$$

Déficit de presión de vapor:

$$DPV = e_{sm} - e_a = 2{,}885 - 1{,}48 = 1{,}4\, kPa$$

Pendiente de la presión de vapor en saturación frente a la temperatura:

$$\Delta = \frac{4098\, e_{sm}}{[237{,}3 + t]^2} = \frac{4098 \cdot 2{,}885}{[237{,}3 + 21{,}2]^2} = 0{,}177\, kPa/K$$

Declinación solar:

$$\delta = 0{,}409\, \cos[0{,}01721\,(DDA - 172)] = 0{,}409\, \cos[0{,}01721\,(160 - 172)] = 0{,}40$$

Corrección por la distancia Tierra-Sol:

$$d_r = 1 + 0{,}033 \cos[0{,}01721 \cdot DDA] = 1 + 0{,}033 \cos[0{,}01721 \cdot 160] = 0{,}97$$

Radiación solar extraterrestre:

$$R_A = 37{,}6\, d_r \left[\sin\lambda \cdot \sin\delta \cdot arc\cos[-tg\,\lambda \cdot tg\,\delta] + 0{,}7071\,\sqrt{\cos(2\,\delta) + \cos(2\,\lambda)}\right] = 41{,}65\, \frac{MJ}{m^2 dia}$$

Grado de cielo despejado:

$$\frac{n}{N} = 2\left(\frac{R_s}{R_A} - 0{,}25\right) = 2\left(\frac{28{,}8}{41{,}65} - 0{,}25\right) = 0{,}88$$

Radiación neta:

$$R_n = 0{,}77\, R_s - \left(0{,}9\,\frac{n}{N} + 0{,}1\right)\left(0{,}34 - 0{,}14\,\sqrt{e_a}\right) 4{,}9\, 10^{-9}\,(t + 273)^4 = 0{,}77 \cdot 28{,}8 -$$
$$(0{,}9 \cdot 0{,}88 + 0{,}1)\left(0{,}34 - 0{,}14\,\sqrt{1{,}48}\right) 4{,}9 \cdot 10^{-9}\,(21{,}2 + 273)^4 = 16{,}6\, \frac{MJ}{m^2 dia}$$

ET de referencia:

$$ET_0 = \frac{\Delta \cdot R_n + 0,5 \cdot DPV \cdot U_2}{2,45\,[\Delta + 0,067\,(1 + 0,332 \cdot U_2)]} = \frac{0,177 \cdot 16,6 + 0,5 \cdot 1,4 \cdot 0,7}{2,45\,[0,177 + 0,067\,(1 + 0,332 \cdot 0,7)]} = 5,4\,\frac{mm}{dia}$$

La ET_0 anual en zonas aptas para el olivar varía entre 1.000 y 1.500 mm. Los valores mínimos durante el invierno suelen estar comprendidos entre 1 y 2 mm/día, mientras que en verano se sitúan entre 6 y 8 mm/día. No obstante, en zonas muy áridas y con fuertes vientos durante el verano la ET_0 puede exceder 10 mm/día de forma ocasional.

En general la evapotranspiración de un cultivo (*ET*) es proporcional a la ET_0 y el cociente ET/ET_0 se denomina coeficiente de cultivo, que será analizado en más detalle en el Capítulo 12. Del balance entre evapotranspiración y precipitación infiltrada resultará la variación del contenido de agua en el suelo. Conforme el suelo se seca, aumenta la resistencia al flujo de agua suelo-hoja, de forma que para mantener la transpiración el olivo necesita reducir mucho el potencial hídrico en las hojas, lo que se define como déficit hídrico. En esta situación la conductancia y la fotosíntesis son bajas y el crecimiento expansivo se detiene.

9.1. Supervivencia

El olivo cuenta con un sistema estomático muy eficiente para la regulación de la transpiración del árbol, con estomas numerosos, de pequeño diámetro, cubiertos por tricomas y que solo se ubican en el envés de las hojas. Por otra parte, el olivo, al igual que la mayor parte de las plantas terrestres, tiende a reducir su apertura estomática cuando la demanda evaporativa es elevada. Esto le permite concentrar su actividad en épocas en las que la Eficiencia en el Uso del Agua es más elevada (primavera u otoño) y reducirla durante el verano. Estas características son conservadoras desde el punto de vista de uso del agua, es decir, se basan en limitar el uso de agua del suelo para posponer la ocurrencia de déficit hídrico.

Además de retrasar el déficit hídrico, cuando este ocurre los olivos son capaces de mantener su actividad a valores muy bajos de potencial en hojas y tallos. Si el nivel de déficit hídrico es muy severo el árbol se defolia progresivamente lo que permite reducir las pérdidas de agua. Eventualmente se irán secando también los ramos. Incluso tras la muerte de hojas y tallos, el olivo mantiene la capacidad de rebrote desde yemas adventicias en la base del tronco. No existe información cuantitativa específica para olivo sobre el límite de potencial que provoca la muerte del árbol, aunque existen observaciones de potencial en hoja por debajo de –8 MPa tras los que hubo una recuperación completa. En cualquier caso en zonas tradicionales de olivar en secano no se produce la muerte de árboles por sequía, tal vez porque los marcos de plantación y las prácticas de poda se han ajustado a la disponibilidad de agua.

9.2. Productividad

La productividad del olivo en condiciones limitantes de suministro hídrico puede ser evaluada mediante el siguiente modelo:

$$Y = IC \cdot EUA \cdot E_p \qquad (7.17)$$

donde Y es el rendimiento de materia seca en aceitunas (g/m^2), IC es el Índice de Cosecha, EUA es la eficiencia en el uso del agua (g materia seca/kg agua), es decir, la cantidad de materia seca producida por unidad de agua transpirada y E_p es la transpiración (mm). La EUA se relaciona con el DPV y con la concentración de CO_2:

$$EUA = \frac{0{,}007\, |CO_2|}{DPV} \qquad (7.18)$$

El Índice de Cosecha, es decir, el cociente entre biomasa acumulada en aceituna y biomasa acumulada total, se encuentra entre 0,5 y 0,7 para olivo (Sadras *et al.*, 2016).

La transpiración puede ser deducida a partir de un balance de agua simplificado:

$$E_p = P_e - E_s \qquad (7.19)$$

siendo P_e la precipitación efectiva, esto es, la no pérdida por escorrentía o percolación, y E_s la evaporación desde la superficie del suelo.

Ejemplo 4. Tenemos un olivar intensivo en secano en una localidad con un DPV medio (de marzo a noviembre) de 1,7 kPa. Si asumimos que E_s es el 30% de la ET y que la precipitación efectiva es el 75% de la precipitación anual, entonces $E_p = 0{,}525$ P. Por lo tanto, con una precipitación anual de 500 mm y con la concentración presente de CO_2 (aproximadamente 400 ppm) podría obtenerse un rendimiento (materia seca):

$$Y = IC \cdot EUA \cdot E_p = 0{,}5 \cdot \frac{0{,}007 \cdot 400}{1{,}7} \cdot 325 = 268\,\frac{g}{m^2} = 2680\,\frac{kg}{ha}$$

que, con un 50% de aceite sobre materia seca, nos daría 1.422 kg aceite/ha. Evidentemente esta aproximación es muy simplista no solo en relación con el balance de agua, sino más aún con la respuesta del árbol, ya que la EUA dependerá de en qué momento sea transpirada el agua disponible. Más aún, el IC suele aumentar cuando ocurre déficit hídrico en olivo. Por ello, la cuantificación de la productividad en condiciones limitantes de agua requiere herramientas más precisas como un modelo de simulación (véase sección 12). Sin embargo, el modelo simple nos ilustra en dos aspectos:

a) La *EUA* debería subir en paralelo a la concentración de CO_2.

b) La *EUA* se reduce conforme aumenta el *DPV*. Por lo tanto, reducir el uso de agua del olivo durante el verano y aumentarlo en primavera y otoño permite obtener mayor producción con un suministro limitado de agua.

10. CO_2

A corto y medio plazo la exposición a una alta concentración de CO_2 aumenta la fotosíntesis de plantas C3 como el olivo. En un experimento en el que se mantuvieron los olivos durante 7 meses con alto CO_2 (560 ppm), se observó un aumento de la fotosíntesis del 38% y una reducción del 30% de la conductancia estomática y la transpiración, por lo que la eficiencia en el uso del agua aumentó un 80% (Tognetti *et al.*, 2001). En ese estudio no se observó aclimatación al CO_2 elevado que sí se observa en otras especies y que supone una reducción de la concentración de enzimas fotosintéticos y N en las hojas. Sin embargo, los incrementos de fotosíntesis asociados a un aumento de la concentración de CO_2 no necesariamente se traducen en incrementos del rendimiento, ya que puede haber otros factores limitantes del crecimiento adicionales a la disponibilidad de carbono. Parece existir alguna diferencia entre variedades en la respuesta a alta concentración de CO_2 aunque las evidencias son muy limitadas (Melgar *et al.*, 2006).

11.   El cambio global

La variación natural de la temperatura de la Tierra es considerable. Sirvan como ejemplo de ello el período cálido medieval (siglos X a XII) y la Pequeña Edad de Hielo (siglos XVII-XIX). Puede haber cambios del clima más rápidos y efímeros como los debidos a erupciones volcánicas por la reducción en la transparencia atmosférica. La erupción del Monte Tambora en 1815 dio lugar al llamado "año sin verano" que tuvo consecuencias catastróficas en la agricultura del norte de Europa y Estados Unidos.

Actualmente existe un amplio consenso que apunta a que el aumento de la concentración de CO_2 y otros gases de efecto invernadero en la atmósfera están causando el calentamiento progresivo del planeta. Varias actividades humanas como la quema de combustibles fósiles o la deforestación contribuyen a la emisión de estos gases. La concentración de CO_2 ha aumentado desde 280 ppm en 1850 hasta 427 ppm en junio de 2024. En el mismo periodo, se estima que la temperatura media global ha aumentado 0,8 °C, mientras que la magnitud del calentamiento futuro es incierta.

Para realizar proyecciones del clima futuro se utilizan modelos de circulación global (GCM) y modelos de circulación regional (RCM). Por otra parte, se establecen diferentes escenarios tecnológicos y económicos con los que se proyecta la concentración futura de CO_2. Los modelos actuales predicen un aumento de temperatura de 1 a 4 °C con concentraciones de CO_2 de entre 500 y 700 ppm para finales de este siglo. Las proyecciones de precipitación son más inciertas. Aunque se espera un incremento global de la precipitación, puede haber grandes diferencias entre zonas y se espera una disminución en la zona del Mediterráneo (IPCC, 2013), lo que afectaría negativamente a las principales zonas de olivar.

12. Modelización

12.1. Antecedentes

Los modelos de simulación de cultivos son instrumentos informáticos que representan matemáticamente los procesos fundamentales que determinan el crecimiento, desarrollo y productividad de los sistemas agrícolas, de forma que se puede analizar su comportamiento en un ordenador. Los modelos son muy útiles como herramienta auxiliar en la investigación agrícola para evaluar virtualmente cuál sería la respuesta de los cultivos ante diferentes estrategias de manejo o condiciones ambientales, permitiendo en muchos casos la realización de análisis que son imposibles o muy costosos mediante la experimentación (p.ej. evaluar el impacto del cambio global sobre la agricultura).

Numerosos trabajos experimentales han contribuido a mejorar nuestra comprensión de la ecofisiología del olivar a lo largo de las últimas décadas, lo que ha permitido describir matemáticamente procesos relacionados con el desarrollo fenológico (p. ej. De Melo-Abreu *et al.*, 2004), la interceptación de radiación (p. ej. Mariscal *et al.*, 2000a) o el balance de agua (Testi *et al.*, 2006), entre otros. Muchos de estos modelos simples han sido integrados en modelos dinámicos más complejos que simulan la fenología, el crecimiento y el rendimiento de plantaciones de olivar. Estos últimos presentan diferencias en el nivel de detalle y mecanicismo con que se simulan los procesos, lo cual suele implicar distintos requerimientos de datos de entrada que el usuario ha de proporcionar para realizar experimentos virtuales. Por otra parte, el conjunto de procesos considerados y el nivel de mecanicismo con que estos se simulan determinan la versatilidad del modelo y, dependiendo de la situación, la precisión de sus estimas.

El Cuadro 7.3 recopila los principales modelos dinámicos desarrollados hasta la fecha para simular la productividad en plantaciones de olivar, indicando algunas de sus características principales. El modelo biofísico OliveCan (López-Bernal *et al.*, 2018) es el más completo de la lista y se describe con más detalle a continuación.

CUADRO 7.3

Características principales de los modelos de simulación dinámicos desarrollados para el cultivo del olivo

Modelo	Nivel de mecanicismo	Características
Abdel-Razik (1989)	Bajo	Muchos de sus componentes presentan alto nivel de empirismo. No simula el desarrollo fenológico ni el efecto de muchas operaciones de manejo
Gutiérrez *et al.* (2009)	Medio	Se centra en la simulación del impacto de la mosca del olivo sobre la productividad
Viola *et al.* (2012)	Medio	Simula el balance de agua y los efectos de la disponibilidad de agua en el suelo sobre la fotosíntesis y el índice de cosecha. No considera explícitamente el crecimiento de distintos órganos ni el desarrollo fenológico
Morales *et al.* (2016)	Alto	Simula el crecimiento, desarrollo y productividad para condiciones no limitantes (sin estreses). Alto nivel de detalle en el cálculo de la fotosíntesis y la conductancia estomática.
OliveCan (López-Bernal *et al.*, 2018)	Alto	Simula el crecimiento, desarrollo y productividad considerando el efecto del estrés hídrico. Más detalles en el epígrafe 12.2.
AdaptaOlive (Lorite *et al.*, 2018)	Medio	Calcula la productividad usando una aproximación basada en el concepto de eficiencia en el uso de agua transpirada. Considera el efecto de varios estreses sobre la productividad. No simula explícitamente el crecimiento de distintos órganos.
Moriondo *et al.* (2019)	Medio	Calcula la productividad usando una aproximación basada en el concepto de eficiencia en el uso de radiación. Considera que algunos estreses pueden afectar al índice de cosecha.

12.2. Descripción de OliveCan

OliveCan consta de dos módulos principales dedicados a la simulación de los procesos que determinan los balances de agua y carbono de la plantación. El módulo de balance de agua simula la intercepción de precipitación, la escorrentía, la percolación profunda, la redistribución de agua en el suelo y la evapotranspiración. Dada la heterogeneidad espacial en el contenido de agua del suelo en los olivares regados por goteo, el modelo resuelve el balance de agua de manera independiente para dos compartimentos virtuales que representan la fracción de suelo ocupada por los bulbos húmedos y la que solo recibe agua de lluvia. Si el manejo del suelo considera el establecimiento de cubiertas vegetales, se considera un tercer compartimento que simula la transpiración de dicha cubierta.

La evapotranspiración de la parcela se descompone en evaporación directa desde suelo, la transpiración de los árboles y de la cubierta vegetal, y la evaporación directa del agua de lluvia interceptada por la copa (que reduce la extracción radical por parte de los árboles). La transpiración se calcula mediante un modelo que aplica la ley de Ohm al movimiento de agua en el continuo suelo-planta-atmósfera, mediante el uso de una analogía con la física de circuitos eléctricos (García-Tejera *et al.*, 2017). Se habla así del gradiente de potencial hídrico entre el suelo y la atmósfera como la fuerza motriz del transporte de agua a través del sistema y de varias resistencias hidráulicas conectadas en serie o en paralelo. Además, en los cálculos el modelo establece dos categorías de hojas (iluminadas y sombreadas). La transpiración se calcula teniendo en cuenta la capacidad de suministro de agua desde el suelo y la demanda evaporativa del ambiente para cada tipo de hoja. En el proceso, el modelo calcula la fotosíntesis considerando el efecto de la concentración de CO_2 atmosférica. Finalmente, la absorción radical de agua desde cada compartimento de suelo se deduce posteriormente a partir de la cantidad de raíces absorbentes y del contenido de agua en cada uno.

El módulo de balance de carbono emplea gran parte de las rutinas descritas en el modelo de Morales *et al.* (2016). La producción diaria de asimilados, calculada previamente, se destina en primer lugar a satisfacer la respiración de mantenimiento de los diferentes órganos y después al crecimiento de los mismos. OliveCan considera seis tipos de órganos distintos: raíces absorbentes, raíces estructurales, troncos y ramas, tallos de menos de tres años, hojas y frutos. El reparto de carbono entre los mismos se realiza a través de coeficientes de reparto que son función del estado fenológico y, en el caso de frutos, también del nivel de carga del año anterior, lo que permite simular los efectos de la alternancia. Otros fenómenos como la senescencia de hojas y raíces finas o los daños por heladas también son simulados.

Finalmente, el modelo dispone de subrutinas que describen los impactos de diferentes operaciones de manejo sobre los balances de agua y carbono, entre las cuales destacan la poda, el laboreo, el riego, el establecimiento y eliminación de cubiertas vegetales y la recolección de la aceituna.

La realización de simulaciones con OliveCan requiere información sobre las características del suelo (p.ej. profundidad, textura), la plantación (p.ej. marco de plantación, latitud, tamaño y forma de los árboles), el manejo (p.ej. fecha de recolección, fracción de suelo mojada por los goteros) y durante todo el periodo a simular precisa de valores diarios de radiación solar, precipitación, temperaturas máxima y mínima y promedios de humedad relativa y velocidad del viento, así como conocer la concentración atmosférica de CO_2.

12.3. Efectos esperados del cambio climático

La investigación agronómica tradicional presenta limitaciones para evaluar los posibles impactos del cambio climático sobre cualquier sistema agrícola. Esto se debe a la dificultad inherente a reproducir en campo las condiciones ambientales previstas para el futuro. Por este motivo, los modelos de simulación de cultivos representan la única alternativa práctica para evaluar los efectos del cambio climático sobre los sistemas agrícolas. En este apartado se revisan los principales resultados obtenidos en trabajos de modelización al respecto.

El adelanto en las fechas de brotación y floración en primavera en muchas especies frutales se considera uno de los signos más conspicuos del calentamiento global. Los modelos de simulación predicen un adelanto en la fecha de floración de olivo de varios días por cada grado de aumento de la temperatura (Figura 7.8), aunque ocasionalmente pueden producirse retrasos en la misma debido a que los requerimientos de frío se satisfacen más tarde. La magnitud de las variaciones en las fechas de floración depende de la variedad, la ubicación y el año analizado. Para finales de siglo XXI, la reducción del frío invernal consecuencia del calentamiento global podría dificultar la satisfacción de los requerimientos de frío de algunas variedades, lo que se traduciría en floraciones anómalas o fallidas que podrían afectar a la sostenibilidad de las plantaciones. De acuerdo con trabajos de modelización recientes, estos problemas solo se darían en las regiones oleícolas más cálidas y para ciertas variedades (Mairech *et al.*, 2021), si bien existen incertidumbres sobre los requerimientos de frío reales de muchas variedades. La adopción y desarrollo de variedades de olivo con escasas necesidades de frío y floración temprana se ha propuesto en varios trabajos como una posible medida de adaptación al cambio global en zonas cálidas (Cabezas *et al.*, 2020; Lorite *et al.*, 2022).

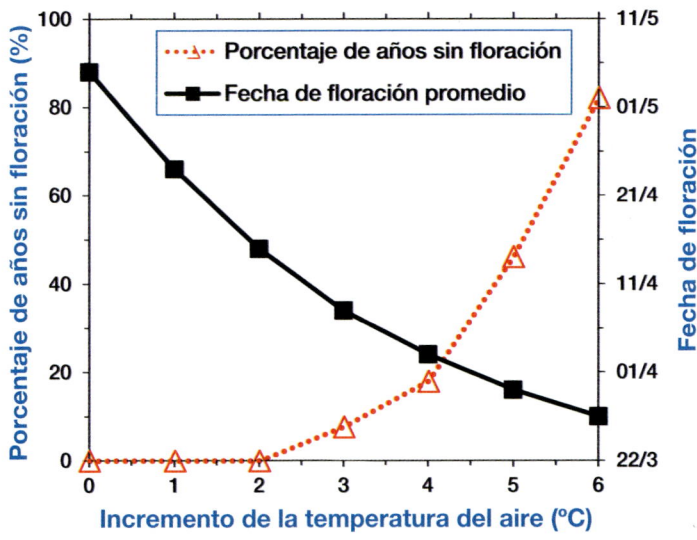

Figura 7.8. Variaciones en la fecha de floración promedio y en el porcentaje de años en los que no se alcanzan los requerimientos de frío en función del incremento de la temperatura del aire en Córdoba, estimados mediante simulaciones con OliveCan.

El aumento de las temperaturas también debería afectar a otros procesos del desarrollo, favoreciendo un incremento de la estación de crecimiento vegetativo en detrimento del periodo de reposo invernal (Fraga *et al.*, 2020a) y adelantando las fechas de maduración de los frutos. De este último punto existen evidencias empíricas obtenidas en experimentos con cámaras a cielo abierto (Benlloch *et al.*, 2019).

Las simulaciones de la productividad de olivares bajo escenarios de clima futuro a menudo ofrecen resultados contrastantes. Las plantaciones tradicionales en secano han sido identificadas como las más amenazadas por el cambio global, particularmente en zonas cálidas con bajas precipitaciones estacionales y elevada demanda evaporativa de la atmósfera. Por el contrario, las plantaciones bajo riego podrían alcanzar mayores niveles productivos medios con respecto al presente debido al efecto beneficioso de una mayor concentración de CO_2 sobre la eficiencia en el uso del agua (Cuadro 7.4). En cualquier caso, los impactos sobre la productividad resultan diferentes al comparar distintas regiones olivícolas, tipologías de olivar y estrategias de manejo (Fraga *et al.*, 2020a; Mairech *et al.*, 2021). La adopción de riego, aunque se aplique de manera deficitaria, parece resultar una medida de adaptación al cambio global muy eficiente en todos los ambientes y tipos de plantación (Fraga *et al.*, 2020b; Mairech *et al.*, 2021; Lorite *et al.*, 2022).

CUADRO 7.4

Valores promedios de rendimiento (Y, kg de materia seca/ha) y eficiencia del uso del agua (EUA, g materia seca/kg agua transpirada) de un olivar en secano y otro bien regado en Córdoba para tres horizontes temporales (1991-2010, 2021-2040 y 2041-2060) simulados usando el modelo OliveCan. Para cada horizonte temporal se muestran los valores medios de concentración de CO2 (C_a, ppm) y precipitación (P, mm) y evapotranspiración de referencia estacionales (ET_0, ppm) considerados en las simulaciones

Horizonte temporal	C_a (ppm)	P (mm)	ET_0 (mm)	Secano Y (kg/ha)	Secano EUA (g/kg)	Riego Y (kg/ha)	Riego EUA (g/kg)
1991-2010	380	538	1.359	1.801	2,73	5.034	2,94
2021-2040	452	422	1.423	1.721	2,44	5.328	3,07
2041-2060	545	407	1.473	1.719	3,31	5.970	3,62

Los resultados de los trabajos de modelización descritos anteriormente deben tomarse con gran cautela debido a las incertidumbres implícitas en la generación de escenarios de clima futuro y en las asunciones de los propios modelos de simulación. Sin embargo, esos trabajos constituyen la fuente de información más completa disponible en el presente, por lo que confiamos en que esta breve revisión representa el estado del arte sobre la materia.

13.   Adquisición de información agrometeorológica

Existen diversas bases de datos nacionales e internacionales para datos climáticos mensuales promedio. Por lo general se compilan para un período de referencia de 30 años (por ejemplo, 1980-2010) e incluyen la temperatura del aire (máxima media y mínima media), la precipitación total, la radiación solar o la insolación, la presión de vapor del aire y la velocidad del viento. En muchos casos, las estaciones meteorológicas se encuentran en aeropuertos así que las condiciones pueden ser muy diferentes de las de las zonas agrícolas cercanas.

CLIMWAT 2.0, desarrollado por la FAO, ofrece información agroclimática de más de 5.000 estaciones ubicadas por todo el mundo. Por otro lado, FAOCLIM (versión 2) proporciona datos mensuales de 28.100 estaciones, para 14 variables agroclimáticas observadas y calculadas. Incluye los promedios a largo plazo (1961-90) y series temporales de precipitación y temperatura.

FAOCLIM ha sido reemplazado por el nuevo LocClim, una base de datos y un paquete de software, que incluye los datos climáticos de casi 30.000 estaciones de todo el mundo y también proporciona estimaciones de las condiciones climáticas en los lugares donde no hay observaciones disponibles.

En la actualidad disponemos de numerosas estaciones meteorológicas automáticas por todo el mundo. En estas se miden datos horarios de precipitación, radiación solar, velocidad del viento y la temperatura y humedad del aire. En muchos casos los promedios diarios son distribuidos a través de Internet. Se trata de una información muy valiosa para el agricultor, sobre todo cuando la estación se encuentra en un lugar representativo de la zona agrícola. Las principales discrepancias entre la estación y las condiciones de cada finca particular ocurren con la velocidad del viento cuando la estación está situada cerca de obstáculos altos como cortavientos o edificios, o cuando el terreno tiene una topografía compleja, de modo que la velocidad del viento variará dependiendo de la ubicación de la estación. La precipitación puede también variar mucho espacialmente, sobre todo la asociada a fenómenos tormentosos, por lo que siempre resulta aconsejable medir en finca la precipitación. La radiación solar diaria varía relativamente poco mientras que la temperatura varía sobre todo en relación con la altitud.

A pesar de que algunas decisiones se pueden basar en las condiciones climáticas medias, la mayoría requiere conocer la distribución estadística. Tomemos por ejemplo la lluvia, que por lo general no sigue una distribución normal y es muy variable en las zonas áridas y semiáridas. Es posible que desee saber la cantidad de lluvia durante un período dado que se ha excedido el 75% de los años, o es posible que queramos calcular la probabilidad de precipitaciones que superan un determinado valor durante un período determinado. Para responder a estas preguntas es necesario conocer la distribución acumulada de frecuencia, cuya construcción requiere datos meteorológicos para un número mínimo de años que depende de la variable considerada. Mientras que la temperatura, la radiación solar o la presión de vapor del aire se pueden caracterizar con 10-15 años, las precipitaciones por lo general requieren series de datos más largas (p. ej. más de 20-30 años).

En caso de huecos en la serie temporal podemos seguir las siguientes pautas:

- Realizar un análisis de regresión de todas las variables en la estación frente a las mismas variables en las estaciones meteorológicas y rellenar los huecos utilizando las ecuaciones de regresión.

- Si no hay datos de estaciones meteorológicas cercanas, la interpolación es una buena alternativa cuando las lagunas son cortas (1-2 días), en especial para la temperatura, la radiación solar y presión de vapor. Los errores en la interpolación de la lluvia o el viento pueden ser muy importantes.

14. Bibliografía

Abdel-Razik, M. (1989). A model of the productivity of olive trees under optional water and nutrient supply in desert conditions. *Ecol. Modell.*, **45**: 179–204.

Allen, R.G.; Pereira, J.S.; Raes, D.; Smith., M. (1998). *Crop evapotranspiration: guidelines for computing crop water requirements*. Vol. 56. Food and Agriculture Organization of the United Nations, Rome, 300 pp.

Azzarello, E.; Mugnai, S.; Pandolfi, C.; Masi, E; Marone, E.; Mancuso, S. (2009). Comparing image (fractal analysis) and electrochemical (impedance spectroscopy and electrolyte leakage) techniques for the assessment of the freezing tolerance in olive. *Trees*, **23**: 159-167.

Barranco, D.; Ruiz, N.; Gómez-del Campo, M. (1995). Frost tolerance of eight olive cultivars. *HortScience*, **40**: 558-560.

Bartollozzi, F; Fontanazza, G. (1999). Assessment of frost tolerance in olive (*Olea europaea* L.). *Acta Horticulturae.*, **81**: 309-319.

Bonofiglio, T.; Orlandi, F.; Sgromo, C.; Romano, B.; Fornaciari, M. (2008). Influence of temperature and rainfall on timing of olive (*Olea europaea*) flowering in southern Italy. *New Zeal. J. Crop Hort.*, **36**: 59-69.

Bristow, K.L.; Campbell, G.S.; Calissendorff, C. (1984). The effects of texture on the resistance to water-movement within the rhizosphere. *Soil Sci. Soc Am. J.*, **48**: 266-270.

Cabezas, J.M.; Ruiz-Ramos, M.; Soriano, M.A.; Gabaldón-Leal, C.; Santos, C.; Lorite, I.J. (2020) Identifying adaptation strategies to climate change for Mediterranean olive orchards using impact response surfaces. *Agric. Syst.* **185**: 102937.

Castillo-Llanque, F.J.; Rapoport, H.F.; Baumann Smanez, H. (2014). Irrigation withholding effects on olive reproductive bud development for conditions with insufficient winter chilling. *Acta Horticulturae*, **1057**: 113-119.

Connor, D.J.; Gómez-del-Campo, M.; Trentacoste, E.R. (2016). Relationships between olive yield components and simulated irradiance within hedgerows of various row orientations and spacings. *Sci. Hortic.*, **198**: 12-20.

De Melo-Abreu, J.; Barranco, D.; Cordeiro, A.M.; Tous, J.; Rogado, B.M.; Villalobos, F.J. (2004). Modelling olive flowering date using chilling for dormancy release and thermal time. *Agric. For. Meteorol.*, **125**: 117–127.

Denney, J.O.; Ketchie, D.O.; Osgood, J.W.; Martin, G.C.; Connell, J.H.; Sibbett, G.S.; *et al.* (1993). Freeze damage and cold hardiness in olive: findings from the 1990 freeze. *Calif. Agric.*, **47**: 1-12.

Fraga, H.; Pinto, J.G; Viola, F.; Santos, J.A. (2020a) Climate change projections for olive yields in the Mediterranean Basin. *Int. J. Clim.*, **40**: 769-781.

Fraga, H.; Pinto, J.G; Santos, J.A. (2020b) Olive tree irrigation as a climate change adaptation measure in Alentejo, Portugal. *Agric. Water Manage.*, **237**: 106193.

García-Tejera, O.; López-Bernal, A.; Villalobos, F.J.; Orgaz, F.; Testi, L. (2016). Effect of soil temperature on root resistance: implications for different trees under Mediterranean conditions. *Tree Physiol.*, **36**: 469-478.

García-Tejera, O.; López-Bernal, A.; Testi, L.; Villalobos, F.J. (2017). A soil-plant-atmosphere continuum (SPAC) model for simulating tree transpiration with a soil multi-compartment solution. *Plant Soil*, **412**: 215-233.

Gregoriou, K.; Pontikis, K.; Vemmos, S. (2007). Effects of reduced irradiance on leaf morphology, photosynthetic capacity, and fruit yield in olive (*Olea europaea* L.). *Photosynthetica*, **45**: 172-181.

Gutierrez, A.P.; Ponti, L.; Cossu, Q.A. (2009) Effects of climate warming on olive and olive fly (*Bactrocera oleae* (Gmelin)) in California and Italy. *Climatic Change*, **95**: 195-217.

Iniesta, F.; Testi, L.; Orgaz, F.; Villalobos, F.J. (2009) The effects of regulated and continuous deficit irrigation on the water use, growth and yield of olive trees. *Eur. J. Agron.*, **30**: 258-265.

Intergovernmental Panel on Climate Change (IPCC) (2013). *Climate change 2013: the physical science basis, contribution of working group I to the Fifth Assessment Report of the Intergovernmental Panel on Climate Change.* Eds. Stocker, T.F.; Qin, D.; Plattner, G.K.; Tignor, M.; Allen, S.K.; Boschung, J.; Nauels, A.; Xia, Y.; Bex V.; Midgley, P.M.. Cambridge University Press, Cambridge, United Kingdom

Larcher, W. (2000). Temperature stress and survival ability of Mediterranean sclerophyllous plants, *Plant Biosystems*, **134**(3): 279-295.

López-Bernal, A.; García-Tejera, O.; Testi, L.; Orgaz, F.; Villalobos, F.J. (2015). Low winter temperatures induce a disturbance of water relations in field olive trees. *Trees*, **29**: 1247-1257.

López-Bernal, Á.; Morales, A.; García-Tejera, O.; Testi, L.; Orgaz, F.; De Melo-Abreu, J.P.; Villalobos, F.J. (2018). OliveCan: a process-based model of development, growth and yield for olive orchards. *Front. Plant Sci.*, **9**, 632.

López-Bernal, Á.; García-Tejera, O.; Testi, L.; Orgaz, F.; Villalobos, F.J. (2020). Studying and modelling winter dormancy in olive trees. *Agric. For. Meteorol.*, **280**, 107776.

Lorite, I.J.; Gabaldón-Leal, C.; Ruiz-Ramos, M.; Belaj, A.; de la Rosa, R.; León, L.; Santos, C. (2018) Evaluation of olive response and adaptation strategies to climate change under semi-arid conditions. *Agric. Water Manage.*, **204**, 247-261.

Lorite, I.J.; Cabezas, J.M.; Ruiz-Ramos, M.; de la Rosa, R.; Soriano, M.A.; León, L.; Santos, C.; Gabaldón-Leal, C. (2022) Enhancing the sustainability of Mediterranean olive groves through adaptation measures to climate change using modelling and response surfaces. *Agric. For. Meteorol.*, **313**, 108742.

Mairech, H.; López-Bernal, Á.; Moriondo, M.; Dibari, C.; Regni, L.; Proietti, P.; Villalobos, F.J. (2021). Sustainability of olive growing in the Mediterranean area under future climate scenarios: Exploring the effects of intensification and deficit irrigation. *Eur. J. Agron.*, **129**: 126319.

Mancuso, S. (2000). Electrical resistance changes during exposure to low temperature measure chilling and freezing tolerance in olive tree (*Olea europaea* L.) plants. *Plant Cell Environ.*, **23**: 291-299.

Mariscal, M.J.; Orgaz, F.; Villalobos, F.J. (2000a). Radiation-use efficiency and dry matter partitioning of a young olive (*Olea europaea*) orchard. *Tree Physiol.*, **20**: 65-72.

Mariscal, M.J.; Orgaz, F.; Villalobos, F.J. (2000b). Modelling and measurement of radiation interception by olive canopies. *Agric. For. Meteorol.*, **100**: 183-197.

Melgar, J.C.; Syvertsen, J.P; García-Sánchez, F. (2008). Can elevated CO_2 improve salt tolerance in olive trees? *J. Plant Physiol.*, **165**: 631-640.

Morales, A.; Leffelaar, P.A.; Testi, L.; Orgaz, F.; Villalobos, F.J. (2016). A dynamic model of potential growth of olive (*Olea europaea* L.) orchards. *Eur. J. Agron.*, **74**: 93-102.

Moriondo, M.; Leolini, L.; Brilli, L.; Dibari, C.; Tognetti, R.; Giovannelli, A.; Rapi, B.; Battista, P.; Caruso, G.; Gucci, R., Argenti, G.; Raschi, A.; Centritto, M.; Cantini, C.; Bindi, M. (2019). A simple model simulating development and growth of an olive grove. *Eur. J. Agron.*, **105**: 129-145.

Pérez-Priego, O.; Testi, L.; Kowalski, A.S.; Villalobos, F.J.; Orgaz, F. (2014). Aboveground respiratory CO_2 effluxes from olive trees (*Olea europaea* L.). *Agrofor. Syst.*, **88**: 245-255.

Roselli, G.; Benelli, G.; Morelli, D. (1989). Relationship between stomatal density and winter hardiness in olive (*Olea europaea* L.). *J. Hortic. Sci.*, **64**: 199-203.

Rosenberg, N. J.; Blad, B.L.; Verma, S.B. (1983). *Microclimate, the biological environment*, 2ª edición. New York: John Wiley.

Sadras, V.O.; Villalobos, F.J.; Fereres, E. (2016) Radiation interception, radiation use efficiency and crop productivity. En Villalobos, F.J. y Fereres, E. (Eds.) *Principles of Agronomy for Sustainable Agriculture*. Springer, Cham.

Snyder, R.L.; Melo-Abreu, J.P.; Villar-Mir J.M. (2010) *Protección contra las heladas: fundamentos, práctica y economía*. Vol. 1. Organización de las Naciones Unidas para la Agricultura y la Alimentación, Roma, Italia, 243 pp.

Tentracoste, E.R.; Puertas, C.M.; Sadras, V.O. (2010) Effect of fruit load onn oil yield components and dynamics of fruit growth and oil accumulation in olive (*Olea europea* L.). *Eur. J. Agron.*, **32**: 249-254.

Tentracoste, E.R.; Puertas, C.M.; Sadras, V.O. (2012) Modelling the intraspecific variation in the dynamics of fruit growth, oil, and water concentration in olive (*Olea europaea* L.). *Eur. J. Agron.*, **38**: 83-93.

Testi, L.; Villalobos, F.J.; Orgaz, F.; Fereres, E. (2006) Water requirements of olive orchards: I simulation of daily evapotranspiration for scenario analysis. *Irrig. Sci.*, **24**: 69-7.

Tognetti, R.; Sebastini, L.; Vitagliano, C.; Raschi, A.; Minnocci, A. (2001) Response of two olive tree (*Olea europaea* L.) cultivars to elevated CO_2 concentration in the field. *Photosynthetica*, **39**: 403-410.

Villalobos, F.J.; Testi, L.; Hidalgo, J.; Pastor, M.; Orgaz, F. (2006) Modelling potential growth and yield of olive (*Olea europaea* L.) canopies. *Eur. J. Agron.*, **24**: 296–303.

Viola, F.; Noto, L.V.; Cannarozzo, M.; La Loggia, G.; Porporato, A. (2012) Olive yield as a function of soil moisture dynamics. *Ecohydrology*, **5**, 99-107.

CAPÍTULO 8

SUELO

Miguel Ángel PARRA

ÍNDICE

1. Introducción, 267
2. El perfil y los horizontes de los suelos de ámbito mediterráneo, 267
3. Aptitud del suelo para el cultivo del olivo, 270
   3.1. Propiedades físicas, 270
      3.1.1. Textura, 270
      3.1.2. Pedregosidad, 272
      3.1.3. Estructura, 273
      3.1.4. Condiciones de aireación, 275
      3.1.5. Profundidad útil, 276
   3.2. Propiedades químicas, 279
      3.2.1. Materia orgánica, 279
      3.2.2. Propiedades adsorbentes. Capacidad de intercambio catiónico, 280
      3.2.3. pH, 282
      3.2.4. Disponibilidad de nutrientes: poder tampón, 284
      3.2.5. Comportamiento de los nutrientes en el suelo, 285
      3.2.6. Salinidad y condiciones tóxicas, 292
   3.3. Análisis de suelos, 295
      3.3.1. Toma de muestras, 295
      3.3.2. Análisis de fertilidad, 296
      3.3.3. Interpretación de resultados, 297
4. Bibliografía, 300

1. Introducción

El olivo es una especie frugal en requerimientos edáficos por lo que ocupa una gran diversidad de suelos, muchos de ellos marginales para otros cultivos. La frugalidad del árbol y su adaptabilidad a condiciones de suelo adversas no obsta, sin embargo, para que su productividad en condiciones de suelo adecuadas pueda ser tan alta como la de cualquier otro frutal.

El objetivo de esta sección es ofrecer una base de conocimientos que ayude a comprender el funcionamiento del suelo como medio en el que crecen las raíces del olivo y las limitaciones que pudiera presentar para el desarrollo adecuado del cultivo. Ese conocimiento es imprescindible para el establecimiento de planes racionales de fertilización, el manejo adecuado del riego, en su caso, y el empleo de sistemas de mantenimiento de suelo compatibles con la naturaleza de este. En particular, el estudio del suelo antes de realizar la plantación permitirá establecer las labores preparatorias adecuadas y anticipar posibles soluciones ante limitaciones al crecimiento de los árboles.

2. El perfil y los horizontes de los suelos de ámbito mediterráneo

El suelo está constituido por una serie de capas (*horizontes*), más o menos paralelas a la superficie del terreno y distinguibles entre sí por su color, tamaño de sus partículas, contenido de materia orgánica, consistencia, contenido de carbonato cálcico ($CaCO_3$ que se presenta como el mineral calcita, llamado cal, caliza o caliche), etc. El conjunto de los horizontes constituye el *perfil* del suelo (Figura 8.1). Los horizontes del suelo se designan con letras: mayúsculas, para distinguir los horizontes principales, y minúsculas para calificarlos.

Los horizontes principales de los suelos en que se asienta el cultivo del olivo en la región mediterránea son de tres tipos: A, B y C. El horizonte A se forma en la zona superficial del suelo y se caracteriza por tener más materia orgánica y ser más blando y oscuro que los horizontes subyacentes. El horizonte B se forma debajo del horizonte A en aquellos suelos que han evolucionado al menos cientos de años. En el área ocupada por el olivo dominan dos tipos de horizontes B: 1) los que resultan de la alteración moderada del material originario (horizonte Bw, Figura 8.1.a); y 2) aquellos en que se ha dado una acumulación de partículas de tamaño arcilla (de menos de 0,002 mm de diámetro), procedentes de los horizontes superiores, arrastradas por el agua de percolación (horizonte Bt, Figura 8.1.b). El conjunto de los horizontes A y B es la zona biológicamente más activa del suelo y donde están la mayoría de raíces de las plantas. El horizonte C está constituido por el material geológico de partida no consolidado, apenas alterado químicamente. Los horizontes de transición con propiedades intermedias entre dos horizontes principales, cuando están presentes, se designan con la combinación de las mayúsculas pertinentes (por ejemplo, AB, BA, CA).

Los horizontes principales del suelo se califican añadiendo letras minúsculas a la mayúscula correspondiente. Las minúsculas calificativas más frecuentes en los suelos de ámbito mediterráneo y sus significados, son los siguientes:

Letra minúscula	Significado
c	Acumulación en forma de concreciones. Se usa acompañada de otra letra que indica la naturaleza del material concrecionado (por ejemplo, *ck* designa acumulación de $CaCO_3$ en forma de concreciones).
g	Mala aireación, evidenciada por la presencia de manchas de color gris o concreciones de óxidos de hierro y manganeso. Suele afectar a horizontes B de acumulación de partículas de tamaño arcilla (símbolo Btg).
k	Acumulación de $CaCO_3$ secundario (precipitado a partir de la disolución del suelo). Muchos suelos en la región mediterránea derivan de materiales calizos; como las lluvias son limitadas y producen escaso lavado, la mayoría de los suelos de la región presentan acumulaciones de $CaCO_3$ en alguna parte del perfil, generalmente muy abundantes. La acumulación de *caliza* suele presentarse en horizontes C y, en menor medida, en horizontes B (símbolos Ck y Bk).
m	Fuertemente cementado. Se usa acompañada de otra letra que indica la naturaleza del material cementante. En los suelos de olivar, el material cementante es, casi con exclusividad, $CaCO_3$ y la cementación suele circunscribirse a horizontes C de suelos muy viejos, en los que la acumulación continuada de $CaCO_3$ secundario termina por cementar todo el horizonte. Los horizontes C cementados por cal (símbolo Cmk) se denominan horizontes *petrocálcicos*.

t	Acumulación de partículas de tamaño arcilla procedentes de horizontes superiores. Este proceso se produce con mucha lentitud, por lo que solo llega a expresarse morfológicamente en suelos de más de unos miles de años de edad. Normalmente, se da en horizontes B (horizonte Bt). La acumulación continuada de partículas finas puede dar lugar a horizontes Bt mal aireados (símbolo Btg).
w	Alteración moderada del material originario, evidenciada por cambios de color, remoción de $CaCO_3$, desarrollo de estructura, etc. Los horizontes B así alterados son horizontes cámbicos (símbolo Bw).

a   b

Figura 8. 1. Perfiles de dos suelos típicos mediterráneos. a) Perfil A-AB-Bw-Ck de un suelo joven, calcáreo en todo su espesor, con un horizonte cámbico, Bw, de estructura prismática; b) perfil A-AB-Bt-Ck de un suelo más viejo, con horizontes muy diferenciados, entre los que destaca un horizonte Bt de acumulación de arcilla de color rojo intenso; en este último suelo, los horizontes A, AB y Bt están descarbonatados, mientras que el horizonte Ck presenta una incipiente cementación por acumulación de $CaCO_3$ secundario.

3. Aptitud del suelo para el cultivo del olivo

Los suelos se componen de una *matriz* sólida (constituida por partículas minerales y materia orgánica), una fase líquida (*agua del suelo*, que es una disolución acuosa diluida de iones minerales y compuestos orgánicos solubles) y *aire del suelo*. La acomodación de las partículas de la matriz sólida deja un intrincado sistema de huecos interconectados (poros), que es el espacio ocupado por el agua y el aire del suelo. Las proporciones que ocupan la matriz sólida (y, en esta, los componentes minerales y orgánicos) y los poros varían de un suelo a otro, aunque dentro de un intervalo limitado. En un horizonte A típico de un suelo agrícola, el 45-50% del volumen total está ocupado por los componentes sólidos (incluyendo solo un 2-3% de componentes orgánicos), mientras que el 50-55% restante es espacio poroso.

Cada suelo, de acuerdo con el tamaño y naturaleza de sus componentes y los contenidos relativos de estos, presenta unas propiedades físicas, químicas y biológicas definidas, que determinan, a su vez, su aptitud agrícola.

3.1. Propiedades físicas

Las propiedades físicas que más condicionan la aptitud del suelo para el cultivo del olivo son: textura, estructura, condiciones de aireación y profundidad. El conocimiento de estas características es de gran ayuda en la planificación de la fertilización, el manejo del riego y el mantenimiento del suelo. El medio más conveniente para evaluar la condición física del suelo es la observación directa del perfil excavando catas en lugares representativos de la plantación. Este tipo de estudios debe realizarse antes de realizar la plantación, y sus resultados deberían ser tenidos en cuenta al proyectar cualquier acción posterior.

3.1.1. *Textura*

La textura del suelo expresa las proporciones de las partículas sólidas en la *tierra fina* (partículas de suelo menores de 2 mm) según sus tamaños. Atendiendo al tamaño, las partículas de tierra fina se agrupan en tres fracciones: *arena* (tamaño comprendido entre 2 y 0,05 mm), *limo* (tamaño entre 0,05 y 0,002 mm) y *arcilla* (tamaño inferior a 0,002 mm). De acuerdo con las proporciones de arena, limo y arcilla, los suelos se agrupan en las llamadas "clases texturales".

Las fracciones arena y limo tienen una superficie específica (superficie por unidad de masa) muy pequeña, por lo que apenas tienen actividad físico-química: adsorben muy poca agua y nutrientes y no intervienen en la agregación del suelo. Por el contrario, la fracción arcilla es extremadamente reactiva. Ello se debe a que la mayoría de las partículas de este tamaño pertenecen a un grupo de minerales de estructura hojosa (filosilicatos) que tienen una superficie específica amplísima (por ejemplo, la montmorillonita, un filosilicato común en la fracción arcilla de muchos suelos de olivar, alcanza una superficie específica de ¡800 m^2 g^{-1}!). Las superficies de los filosilicatos tienen cargas eléctricas negativas en las que pueden adsorber nutrientes catiónicos en formas disponibles para las plantas; asimismo, tienen una elevada capacidad de adsorción de agua. Hay otros componentes en la fracción arcilla (por ejemplo, los óxidos de hierro) que adsorben nutrientes, si bien en formas a veces poco disponibles.

Los suelos muy arenosos están poco o nada estructurados, son permeables, fáciles de labrar y están bien aireados; sin embargo, retienen poca agua y muy pocos nutrientes. Los suelos arcillosos retienen mucha agua y nutrientes, pero suelen ser poco permeables (puesto que sus poros, pequeños y tortuosos, conducen mal el agua) y tienen problemas de aireación; asimismo, son complicados de labrar (en húmedo se adhieren a los aperos; en seco son duros y tienden a aterronarse). Los suelos limosos tienen los inconvenientes de los suelos arcillosos en cuanto a impermeabilidad y escasa aireación, y son, además, susceptibles a la formación de costras superficiales y a la erosión.

La textura del suelo no resulta fácil de interpretar en términos de aptitud para el olivo puesto que influye en sentidos opuestos sobre cualidades importantes (por ejemplo, un aumento del contenido de arcilla favorece la retención de agua útil y de nutrientes, pero empeora la aireación, condición esta a la que el olivo es muy sensible). En general, el olivo prefiere suelos de texturas homogéneas, sin contrastes texturales que dificulten el flujo vertical del agua y pongan en peligro la aireación. En cultivo de secano y en suelos de textura homogénea, la textura más conveniente depende de la pluviosidad, debiendo ser tanto menos fina cuanto menor sea esta, ya que la arcilla retiene más tenazmente que la arena y el limo la poca agua que llega al suelo. Al aumentar la proporción de arcilla, la pluviosidad conveniente para el cultivo es mayor; según Loussert y Brousse (1980), para una precipitación anual comprendida entre 300 y 600 mm, el contenido óptimo de arcilla para el cultivo en secano es, aproximadamente, del 20%, y pasa a ser del 30% si la precipitación anual supera los 600 mm. En Andalucía (donde esta precipitación está en torno a 500-600 mm), el olivar de secano prefiere suelos con una apreciable, pero no excesiva, proporción de elementos finos (suelos franco-arcillosos, franco-arcillo-arenosos y arcillo-arenosos); estas texturas tienen una buena capacidad de retención de agua útil y son lo bastante permeables como para asegurar una aceptable aireación. Los suelos con una proporción elevada de arcilla o limo presentan, normalmente, una aireación insuficiente.

Los suelos de altos contenidos de arcillas expansibles (vertisoles) han sido tradicionalmente excluidos para el cultivo del olivo, tanto por su deficiente aireación como por la rotura de raíces que producen los movimientos de expansión y contracción que ocurren en el interior del suelo al cambiar su humedad; sin embargo, en los últimos años, se están utilizando estos suelos (a veces, incluso con más de un 60% de arcilla) para plantar olivos en regadío, con resultados por el momento favorables. Aparentemente, el cultivo con riego, supuesto un manejo adecuado de este, puede paliar los efectos desfavorables que plantean los suelos de arcillas expansibles en secano.

Muchos suelos de olivar tienen perfiles con fuertes contrastes texturales. Un caso muy frecuente es el de los suelos de perfil A-Bt. Cuando el horizonte Bt es muy arcilloso, su permeabilidad al agua puede ser tan baja que en periodos de lluvia prolongados no puede evacuarla; entonces, su zona superior se mantiene en condiciones de mala aireación mucho tiempo. Este hecho se agrava cuando el horizonte Bt tiene estructura masiva o muy gruesa o tiene muchas piedras (Figura 8.2). Aunque el olivo prefiere los suelos de perfil textural poco contrastado, puede prosperar también en suelos con un horizonte Bt arcilloso si la estructura está dominada por muchos agregados finos, ya que estos proporcionan macroporos estructurales que mejoran la permeabilidad y la aireación.

Los suelos con horizontes Bt muy arcillosos requieren una atención especial al planificar las labores de preparación del terreno para establecer la plantación: si hay que nivelar o se decide desfondar para mezclar y uniformar texturas, hay que valorar los riesgos de llevar a la superficie del suelo un material peor que el horizonte A inicial, en cuanto a permeabilidad, movilidad de nutrientes y tránsito de maquinaria pesada.

3.1.2. *Pedregosidad*

La presencia de piedras afecta a la aptitud del suelo para el cultivo. A este respecto, hay que considerar tanto el tamaño y abundancia de las piedras como su localización en la superficie o en el interior del suelo.

Los elementos gruesos en el interior del suelo reducen la capacidad de retención de agua y nutrientes en proporción a su abundancia. Otro efecto desfavorable (especialmente, si se trata de piedras grandes embutidas en una matriz de tierra fina) es que reducen la sección de suelo útil para el flujo descendente del agua, lo que limita la permeabilidad y la aireación del suelo.

La presencia de piedras grandes en la superficie del suelo interfiere con las labores y dificulta la recolección de la aceituna caída al suelo. Junto a estos efectos desfavorables, hay otros, en cambio, beneficiosos. Bajo condiciones de clima mediterráneo, una abundante cobertura de piedras en la superficie del suelo proporciona una eficacísima protección frente al impacto del agua de lluvia, reduce la escorrentía y disminuye la evaporación. Estos efectos favorables son de tal importancia que han movido a algunos edafólogos a decir que "después de la materia orgánica, lo mejor que pueden tener los suelos mediterráneos son piedras". Los efectos contrapuestos de la presencia de piedras en la superficie del suelo impiden hacer recomendaciones generales respecto a su posible corrección mediante el despedregado. En olivares situados en pendientes donde la escorrentía y la erosión pueden ser elevadas, lo mejor es mantener la cubierta de piedras existente y establecer un mantenimiento del suelo basado en el no laboreo. En cambio, en zonas llanas o de escasa pendiente, el despedregado del suelo puede resultar una mejor opción.

a   b

Figura 8.2. a) Perfil de un suelo con problemas de encharcamiento, cuyos horizontes subsuperficiales presentan los típicos colores variados y manchas grises producidos por una actividad anaeróbica; este suelo desarrolla una "capa colgada" de agua en invierno que afecta a los horizontes Btg 1, Btg 2 y Btg 3, todos ellos de acumulación de arcilla y muy pedregosos; b) detalle del horizonte Btg 2, en el que se aprecian algunas concreciones de hierro/manganeso. (Cortesía de J. Torrent).

3.1.3. *Estructura*

Las partículas del suelo se encuentran más o menos ligadas unas a otras, constituyendo *agregados*. La estructura del suelo expresa el modo y el grado de agregación de sus constituyentes sólidos. Las partículas individuales de cada agregado se mantienen unidas entre sí gracias a la acción de agentes agregantes, fundamentalmente la materia orgánica, los distintos óxidos de hierro y la calcita; una condición previa para que estos agentes actúen es que las partículas de arcilla se encuentren floculadas. Algunos suelos no llegan a desarrollar una estructura definida, bien por falta de material agregante (es el caso de los suelos arenosos) bien porque el suelo constituye un todo cohesionado (estructura masiva).

Tanto la estructura del horizonte superficial como la del subsuelo tienen gran importancia para el crecimiento de los cultivos. La estructura del horizonte A influye en las condiciones de enraizamiento, la velocidad de infiltración del agua, la escorrentía y la resistencia del suelo a la erosión. La permeabilidad de la capa superficial del suelo es primordial para que pueda penetrar en el suelo la mayor parte del agua de precipitación y no genere escorrentía ni erosión. El tipo y el tamaño de los agregados ejercen un efecto muy marcado sobre la permeabilidad del suelo al agua (Figura 8.3).

Otro aspecto importante de la estructura del horizonte superficial es la estabilidad de los agregados frente al agua. Si estos son inestables, pueden ser fácilmente destruidos por la lluvia, por lo que sus partículas constituyentes quedan sueltas sobre la superficie del suelo, se encajan en los poros y los obturan (*sellado del suelo*); esto hace que disminuya la velocidad de infiltración del agua y que aumenten, si el suelo está en pendiente, la escorrentía y la erosión. A estos problemas se añade el hecho de que la capa sellada, al secarse, forma una costra superficial impermeable frente a lluvias posteriores, lo que acentúa el riesgo de erosión. Los procesos de sellado afectan particularmente a los suelos con mucho limo y arena fina y poca materia orgánica. Las prácticas dirigidas a aumentar el nivel de materia orgánica en el suelo son el mejor modo de incrementar la estabilidad estructural del horizonte A.

La estructura del subsuelo es de particular importancia para facilitar el drenaje, la aireación y la penetración de las raíces. Los horizontes con estructura laminar, masiva o muy gruesa, suelen carecer de macroporos suficientes para permitir una permeabilidad al agua aceptable (Figura 8.3) y suelen plantear problemas de aireación; lo mismo ocurre cuando hay capas compactadas por el tráfico de la maquinaria o por labores reiteradas a la misma profundidad (suelas de labor). Por el contrario, los subsuelos con agregados estables de tamaño fino, aún con contenidos altos de arcilla, presentan numerosas fisuras y planos de separación entre los agregados que incrementan la permeabilidad y mejoran la aireación. Con frecuencia, una buena estructura es la mejor condición natural del suelo para compensar los efectos desfavorables de una textura extremada.

Las capas y horizontes subsuperficiales compactados o con estructura masiva o muy gruesa plantean problemas de impedancia mecánica a las raíces. En general, puede decirse que cuanto más gruesos y densos sean los agregados de un horizonte, más difícil les resulta a las raíces extenderse por él, penetrar en sus agregados y aprovechar la totalidad del horizonte para extraer agua y nutrientes.

La presencia en el suelo de capas compactadas u horizontes subsuperficiales de mala condición estructural debe ser conocida antes de la realización de la plantación para decidir las operaciones de preparación del terreno más convenientes. Una de las lecciones más importantes que pueden aprenderse en la observación *in situ* del perfil del suelo consiste en tomar conciencia de las limitaciones impuestas por un subsuelo denso o mal aireado.

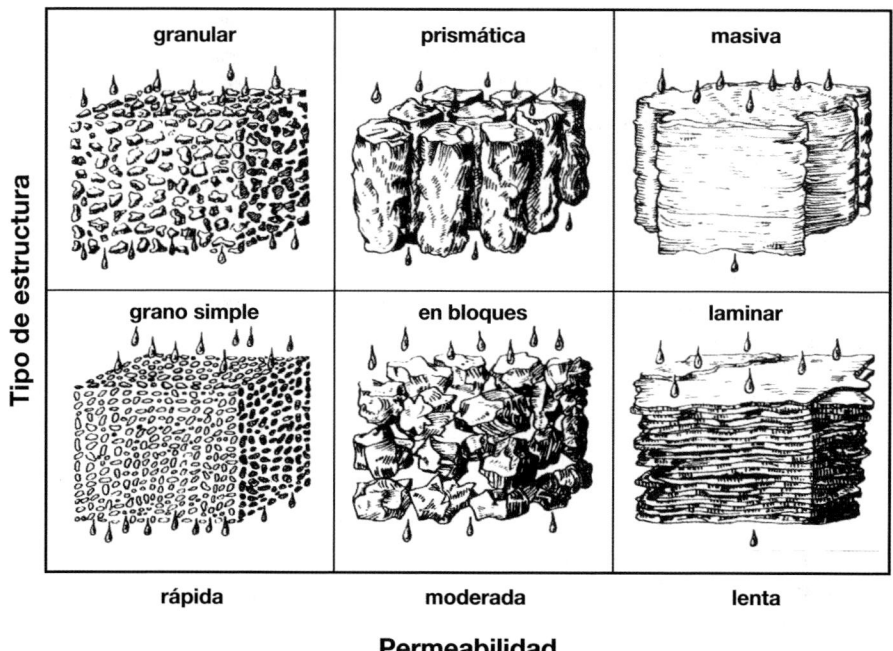

| Tipo de estructura | granular | prismática | masiva |
| | grano simple | en bloques | laminar |

rápida	moderada	lenta

Permeabilidad

Figura 8.3. Tipos de estructura del suelo y sus efectos sobre la permeabilidad al agua.

3.1.4. *Condiciones de aireación*

El aire del suelo se distingue del aire atmosférico en su mayor contenido de dióxido de carbono (CO_2) y en su menor contenido de oxígeno (O_2). Ello se debe a que el aire del suelo está relativamente confinado, y a que, al respirar, las raíces y microorganismos del suelo consumen O_2 y desprenden CO_2. Bajo condiciones normales, cuando gran parte del espacio poroso está ocupado por el aire, las diferencias de composición entre el aire del suelo y el aire atmosférico son pequeñas puesto que hay una ventilación suficiente para garantizar la renovación continua del primero por el segundo (*aireación del suelo*). Sin embargo, si gran parte de los poros del suelo están ocupados por agua, la aireación disminuye puesto que esta solo se realiza a través del espacio ocupado por el aire (espacio que ahora es escaso y discontinuo); en tales condiciones, el O_2 desaparece rápidamente del suelo consumido por la respiración de las raíces y los microorganismos, y las raíces de las plantas comienzan a experimentar la falta de O_2 (*hipoxia radical*). Por lo tanto, el mantenimiento prolongado en el suelo de condiciones próximas a la saturación (encharcamiento) es causa, casi siempre, de mala aireación. El olivo está considerado como una especie sensible a la falta de aireación, cuya sensibilidad varía entre cultivares. La susceptibilidad al encharcamiento es mayor en olivos muy jóvenes y cuando los árboles se encuentran en crecimiento activo.

Bajo condiciones de clima mediterráneo, el encharcamiento del suelo no suele ser un problema generalizado en el olivar. Normalmente, las situaciones de encharcamiento se dan en invierno y principios de primavera, y afectan a aquellos terrenos donde se concentra el agua de escorrentía (fondos de valle, depresiones y otras áreas puntuales). Una característica del suelo que induce encharcamiento, incluso bajo este tipo de clima relativamente seco, es la presencia de un horizonte Bt poco o nada permeable. Esta clase de horizontes se saturan de agua en los períodos lluviosos y pueden permanecer así mucho tiempo después de que aquellos finalicen, dando lugar a una *capa de agua colgada* (o *falsa capa freática*) llamada así porque afecta solo a ese horizonte (la zona de suelo subyacente no está saturada); este tipo de encharcamiento no es visible desde la superficie del suelo, pero puede acarrear daños severos a los árboles si persiste mientras se encuentran activos.

Un medio conveniente para diagnosticar las condiciones de aireación del suelo consiste en observar los colores del perfil, preferiblemente en una cata. Las capas bien drenadas presentan colores de tonos más o menos brillantes y uniformes (pardos, rojizos, amarillentos…); las imperfectamente drenadas muestran tonos variados y manchas de color gris (Figura 8.2); y las muy mal drenadas tienen, dominantemente, un color gris más o menos oscuro, consecuencia de una actividad anaeróbica. Otro signo asociado al encharcamiento es la presencia de pequeñas concreciones negruzcas más o menos duras y formadas por óxidos de hierro y manganeso, de tamaño entre 0,2-1,5 cm.

3.1.5. *Profundidad útil*

El conocimiento de las características del suelo apenas tiene significado práctico para interpretar su aptitud para el cultivo si no se conoce el espesor de suelo potencialmente explorable por las raíces (*profundidad útil o efectiva*); por ejemplo, de poco vale conocer exhaustivamente las propiedades de los primeros 25 cm de suelo si se ignora que por debajo de 30 cm la aireación es tan mala que impide la penetración de las raíces. La profundidad útil (PU) es una de las propiedades más importantes del suelo puesto que determina el máximo volumen de suelo que pueden aprovechar las plantas para extraer agua y nutrientes. El único medio seguro para conocer la PU del suelo es la observación directa del perfil y la distribución de las raíces en profundidad, preferiblemente en una cata. La PU de los suelos de olivar puede estar limitada por las siguientes causas:

- Roca continua y dura. Esta situación es frecuente en suelos con pendientes pronunciadas, en zonas de montaña. Este tipo de limitación no admite, por lo general, ninguna corrección (Figura 8.4).

- Horizontes Bt o capas arcillosas de baja permeabilidad. Esta condición se da con frecuencia en suelos muy evolucionados, desarrollados en relieves planos y estables, de mucha edad (piedemontes y abanicos aluviales antiguos, terrazas fluviales elevadas, etc.) y conlleva la presencia de una capa de agua colgada

Figura 8.4. Perfil de un suelo de ladera cuya profundidad está limitada por la presencia de una roca coherente y dura. La profundidad útil de este suelo (unos 35 cm) es insuficiente para mantener un olivar rentable (marcas en la cinta cada 15 cm).

durante la estación húmeda (Figura 8.2). La profundidad y naturaleza del horizonte impermeable condicionan el tipo de actuación a seguir para corregir el problema: a veces es suficiente plantar en caballones o mesetas elevadas; otras posibles actuaciones incluyen el subsolado (de efectos, por lo general transitorios) o labores de desfonde para mezclar y uniformar capas. En los casos más graves, hay que recurrir al drenaje artificial del suelo.

- Capa freática verdadera. Esta condición se da en suelos cercanos a masas de agua permanentes o en zonas de fuerte endorreísmo. El único medio eficaz de corregir esta situación es el drenaje del suelo.

- Horizontes petrocálcicos. Este tipo de horizontes son frecuentes en suelos muy evolucionados, sobre materiales calcáreos en áreas secas (normalmente, con menos de 500 mm de precipitación anual) de relieve plano. Las "costras calcáreas", cuando son continuas, son prácticamente impenetrables para las raíces, y su situación en el perfil determina por completo la PU del suelo (Figura 8.5). Algunas costras calcáreas son relativamente delgadas y pueden romperse mediante subsolado, pero el sustrato subyacente suele ser tan calcáreo que puede seguir limitando la profundidad útil por las razones que se exponen más abajo.

- Horizonte o capa con contenido muy alto (>70-80%) de $CaCO_3$ secundario. Las capas subsuperficiales con abundante $CaCO_3$ secundario constituyen muchas veces una barrera a la penetración de las raíces del olivo (Figura 8.6) incluso aunque no estén cementadas y sean relativamente blandas. La razón básica es que la disponibilidad de algunos nutrientes (particularmente, fósforo, hierro y cinc) es muy baja en estas capas.

La profundidad útil de suelo cuantifica en un solo dato muchas de las condiciones que pueden limitar gravemente el crecimiento de las raíces; por lo tanto, es una propiedad que suele estar bien correlacionada con el crecimiento del olivo. En suelos de la Campiña Alta de Córdoba, cuya profundidad útil está limitada por la pre-

Figura 8.5. Perfil de un suelo cuya profundidad útil está severamente limitada por un horizonte cementado por $CaCO_3$ (horizonte petrocálcico, Cmk, o costra calcárea).

Figura 8.6. Perfil de un suelo cuya profundidad útil está limitada por la presencia de un horizonte ACk muy calizo (en este caso, con un contenido de $CaCO_3$ del 75%), no cementado. Obsérvese la disposición horizontal de las raíces de olivo, que apenas penetran en el horizonte ACk.

sencia de horizontes Ck muy calcáreos y costras calcáreas, se ha encontrado que el 56% de la variación en el vigor de los olivos se explicaba por la variación en la profundidad útil del suelo (Gálvez *et al.*, 2004).

Las raíces de los olivos tienden a situarse no lejos de la superficie del suelo; incluso en suelos profundos, son pocas las que se extienden a más 120 cm de profundidad, y una mayoría de ellas se concentra en los primeros 50-70 cm (Connell y Catlin, 2005). Por lo tanto, una profundidad útil en torno a 60-70 cm podría estar en el límite de lo que el olivo podría admitir sin reducción de rendimiento en secanos con una precipitación en torno a 500-600 mm/año.

3.2. Propiedades químicas

Las propiedades químicas más importantes del suelo son el pH, la capacidad de intercambio catiónico, la disponibilidad de nutrientes, la salinidad y la presencia de sustancias tóxicas. El conocimiento de todas ellas, así como de los componentes minerales y orgánicos que influyen en su dinámica, requiere análisis de laboratorio, que es preciso efectuar antes de establecer una nueva plantación, para decidir, en su caso, medidas de corrección. Puesto que el estudio de la condición física del suelo requiere la apertura de catas, las muestras para la caracterización química del suelo se toman, en principio, de los horizontes identificados en el perfil, sin perjuicio de que pueda seguirse un procedimiento de muestreo como el que se describe en el Apartado 3.3.1.

3.2.1. *Materia orgánica*

La materia orgánica (MO) del suelo está constituida por todas las sustancias de origen animal o vegetal que se acumulan en el suelo e infinidad de microorganismos que las descomponen y transforman; como resultado de tales procesos, se forma *humus* (materia orgánica de tamaño coloidal, muy descompuesta y estable) y se liberan sustancias minerales (muchas de las cuales son nutrientes esenciales de las plantas). El humus se caracteriza por su resistencia al ataque microbiano (se descompone muy lentamente, a razón de 1-2% cada año), elevada superficie específica (que le da una gran capacidad para adsorber agua y nutrientes) y sus favorables propiedades físicas (baja densidad, alta porosidad y elevada friabilidad). Aunque la velocidad de descomposición de la MO depende de muchos factores, se incrementa cuando en el suelo concurren: buena aireación, pH próximo a la neutralidad, humedad moderada y temperaturas altas.

En el área mediterránea, el laboreo ancestral del suelo, la quema de los restos de cosechas, el desuso del abonado orgánico y la erosión natural o acelerada por el hombre, han reducido el contenido de materia orgánica de los suelos agrícolas a valores muy bajos (casi siempre netamente inferiores al 2% en el horizonte A). Pese a ello, la materia orgánica de estos suelos mantiene un rol fundamental en la estabilidad de los agregados del horizonte A y en la resistencia del suelo a la erosión. Por otra parte, la descomposición de la MO aporta nutrientes esenciales (particularmente, nitrógeno, azufre y micronutrientes) y puede suministrar agentes complejantes naturales que capturan algunos micronutrientes y así aumentan su disponibilidad en los suelos calcáreos.

3.2.2.   *Propiedades adsorbentes. Capacidad de intercambio catiónico*

Los suelos son capaces de adsorber muchas de las substancias que, en forma de iones o moléculas, entran en contacto con ellos (agua, nutrientes, metales pesados, plaguicidas, etc.). La adsorción se produce en la superficie de las partículas sólidas del suelo, por lo que las propiedades adsorbentes de este están determinadas por los componentes con mayor área superficial, concentrados en la fracción arcilla y humus.

Una de las propiedades químicas más importantes del suelo es la adsorción de iones (sobre todo, de cationes). Esta propiedad radica en la fracción arcilla y el humus, y se debe a que las superficies de ambos componentes presentan innumerables sitios con carga eléctrica negativa en los que adsorben cationes mediante fuerzas electrostáticas relativamente débiles o verdaderas reacciones químicas. Algunos cationes están asociados a las superficies de arcilla y humus, pero no forman parte de estas (Figura 8.7) por lo que pueden pasar a la disolución del suelo con solo intercambiarse con otros cationes de la disolución (*intercambio catiónico*); los cationes así adsorbidos se denominan *cationes intercambiables* o *de cambio*.

Puesto que muchos nutrientes esenciales están presentes en la disolución del suelo como cationes (calcio [Ca^{2+}], magnesio [Mg^{2+}], potasio [K^+], amonio [NH_4^+], etc.) o son aportados como tales en los fertilizantes, la adsorción catiónica proporciona un mecanismo fundamental para retenerlos en el suelo, librándoles de posibles pérdidas por lixiviación. Los nutrientes catiónicos adsorbidos pueden ponerse a disposición de las plantas con solo pasar a la disolución del suelo mediante intercambio con cationes de la disolución. De acuerdo con ello, el conjunto arcilla-humus (*complejo adsorbente*) funciona como un *almacén* formidable de nutrientes moderadamente disponibles para las plantas. Las reacciones de intercambio de cationes son de tal importancia para la conservación de la fertilidad de los ecosistemas que se ha llegado a decir de ellas que son las más importantes en la naturaleza después de la fotosíntesis.

La cantidad total de cationes intercambiables de un suelo se denomina *capacidad de intercambio catiónico* (*CIC*). La CIC es un indicador fiable de la *fertilidad potencial* del suelo, puesto que cuánto más alta sea aquella, mayor será la capacidad de este para adsorber nutrientes tales como Ca^{2+}, Mg^{2+}, K^+, NH_4^+, etc. Sin embargo, la CIC no dice nada acerca de la *fertilidad actual* del suelo, puesto que el complejo adsorbente puede estar mal abastecido de un nutriente concreto (por ejemplo, de K^+) o tener proporciones elevadas de cationes tales como aluminio de cambio [Al^{3+}] o sodio de cambio [Na^+], que no solo no son nutrientes esenciales, sino que resultan tóxicos para las plantas a partir de ciertos niveles.

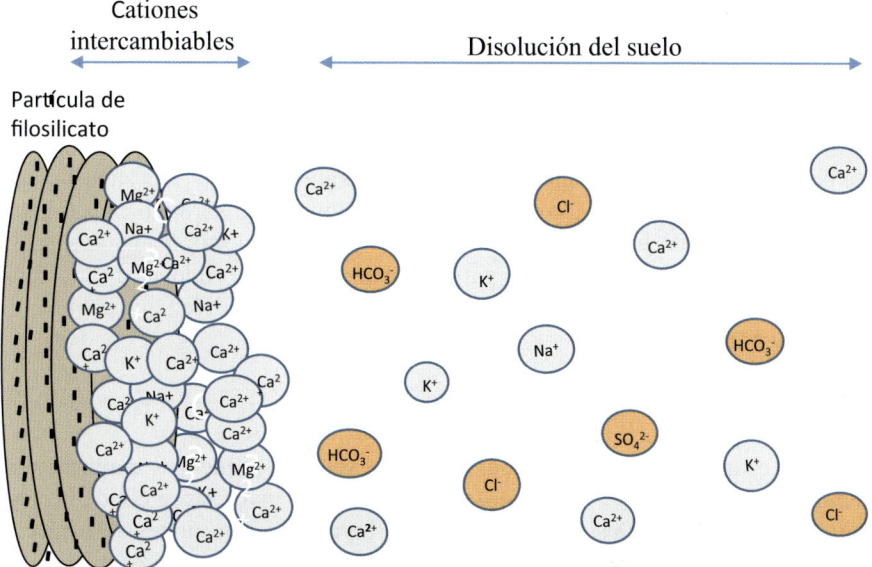

Figura 8.7. Representación de una partícula de filosilicato (con sus cargas negativas y los cationes adsorbidos) y de la disolución del suelo en contacto con ella. Los cationes adsorbidos sobre la partícula pueden intercambiarse con los cationes de la disolución; obsérvese que la cantidad de cationes intercambiables es muy superior a la de cationes en la disolución, y que en la disolución del suelo están presentes tanto cationes como aniones, cosa que no ocurre en la superficie de la partícula.

Los cationes de cambio pueden englobarse en dos categorías según que generen acidez o basicidad en la disolución del suelo (cuando pasan a ella por intercambio catiónico): son ácidos los cationes Al^{3+} y H^+; y son bases los cationes Ca^{2+}, Mg^{2+}, K^+ y Na^+; a estos últimos, se les denomina *bases de cambio*.

La CIC de los suelos mediterráneos depende principalmente del contenido de arcilla (la MO contribuye poco a la CIC puesto que sus contenidos en el suelo son bajos). El valor medio de la CIC de la fracción arcilla en suelos mediterráneos es de 40-60 $cmol_c$ kg^{-1} de arcilla (Torrent, 1995), pero depende de la mineralogía de dicha fracción: por ejemplo, en los vertisoles de las campiñas andaluzas, con predominio de arcillas esmectíticas, la CIC media está en torno a 80 $cmol_c$ kg^{-1} de arcilla. En suelos con poca arcilla, una parte importante de la CIC de los horizontes superficiales puede deberse al humus. La arena y el limo no contribuyen a la CIC del suelo.

Otros importantes materiales adsorbentes de los suelos son los óxidos de hierro. En los suelos mediterráneos, los óxidos de hierro se concentran en la fracción arcilla y llegan a constituir del 7 al 22% en peso de dicha fracción (Torrent, 1995). Los óxidos de hierro más comunes en los suelos mediterráneos son la hematites (de color rojo), la goethita (amarillo ocre) y la ferrihidrita (pardo rojizo), todos ellos de gran capacidad pigmentante. Los óxidos de hierro tienen una alta capacidad para adsorber el anión fosfato de la disolución del suelo en formas parcialmente irreversibles.

Otro componente del suelo con propiedades adsorbentes es el $CaCO_3$ (caliza, en sentido amplio). Según Torrent (1995), más de las dos terceras partes de los suelos de clima mediterráneo tienen caliza en alguna zona del perfil. Mucha de la caliza de estos suelos es de origen edáfico y de tamaño pequeño. Las superficies de las partículas de cal de tamaño arcilla o limo fino pueden adsorber o causar la precipitación de fosfato y micronutrientes (particularmente, hierro, manganeso, cobre y cinc) en formas poco disponibles para las plantas. Estas reacciones de adsorción/precipitación son una de las causas de los problemas de fertilidad que plantean los suelos calcáreos.

3.2.3. *pH*

El pH es quizás, la propiedad del suelo más sencilla de medir y que más información proporciona sobre el ambiente químico en que viven las raíces de las plantas y los microorganismos del suelo. El pH influye en las reacciones de adsorción/desorción y disolución/precipitación que regulan la concentración de muchos nutrientes (fósforo [P], potasio [K], calcio [Ca], magnesio [Mg], hierro [Fe], manganeso [Mn], cobre [Cu], cinc [Zn], boro [B] y molibdeno [Mo]) en la disolución del suelo; asimismo, influye en la actividad de los microorganismos que descomponen la MO. Considerando todos estos aspectos, el pH de máxima disponibilidad para la mayoría de los nutrientes está entre 6 y 7 (Figura 8.8).

El olivo vegeta bien en suelos que van de moderadamente ácidos a moderadamente alcalinos (pH entre 5,5 y 8,5), si bien puede tener problemas crecientes de disponibilidad de algunos nutrientes a partir de pH 7,5; los suelos de pH<5,5 son desaconsejables por toxicidad por aluminio y manganeso; los suelos con pH >8,5 suelen ser sódicos y son también desaconsejables, principalmente por mala condición estructural y problemas de toxicidad específica por sodio.

El pH de los suelos mediterráneos depende, principalmente, de dos factores:

*   El *porcentaje de saturación de bases, PSB* (PSB = [Σ bases de cambio / CIC] × 100). En general, cuanto mayor es el PSB, más alto es el pH; y viceversa, a menor PSB, menor pH.

*   La presencia de caliza. Este componente tampona el pH en valores entre 7,5-8,5; bastan pequeñas cantidades de cal, incluso menos del 1%, para que pH del suelo esté en dichos valores.

El alto pH y la presencia de abundante cal, propios de la mayoría de los suelos mediterráneos, condicionan el comportamiento de ciertos nutrientes (particularmente, de P, Fe, Mn, Zn y Cu) y determinan que sus disponibilidades para las plantas sean, por lo general, lo bastante bajas como para que puedan darse algunas deficiencias generalizadas, particularmente de Fe.

Reducir el pH de los suelos calcáreos, aunque recomendable para corregir la falta de disponibilidad de algunos nutrientes, es muy poco viable, dado el fuerte efecto tampón que ejerce la cal. Solo si el contenido de carbonatos es bajo puede ser interesante hacer aplicaciones localizadas de enmiendas acidificantes (azufre, sulfato de hierro..) en las zonas de terreno con mayor densidad de raíces, más con el objeto de aumentar la disponibilidad de algunos nutrientes (Fe, Zn, P..) en microambientes próximos a aquellas, que con el fin de reducir el pH del suelo en sí. Algunas prácticas agrícolas con efecto acidificante pueden también ayudar en este objetivo: aplicación de enmiendas orgánicas, fertilización con abonos nitrogenados amoniacales, uso de cubiertas vegetales, etc. En suelos alcalinos no calcáreos, no es necesario reducir el pH puesto que el olivo vegeta bien.

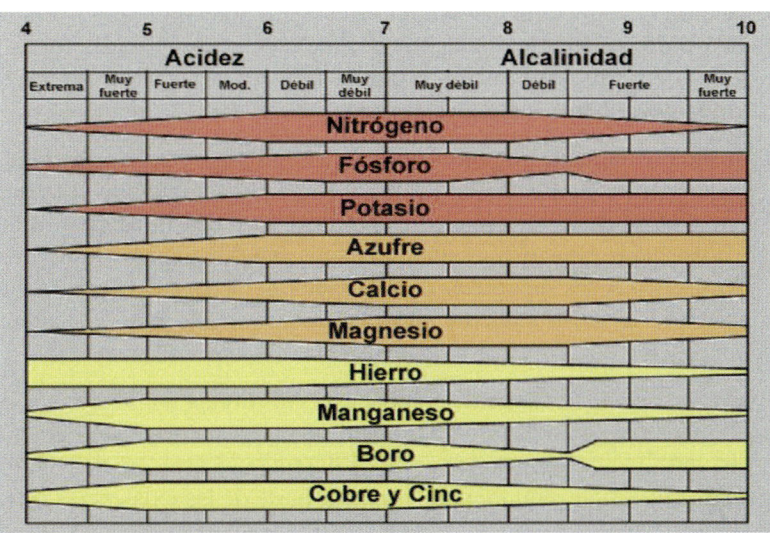

Figura 8.8. Influencia del pH del suelo sobre la disponibilidad relativa de nutrientes para las plantas. Las partes anchas de las bandas indican las zonas de pH en que es mayor la disponibilidad de cada nutriente. Considerando el conjunto de los nutrientes, el intervalo de pH entre 6-7 parece el más conveniente.

Los suelos mediterráneos no calcáreos tienen, por lo general, suficiente saturación en bases para que el pH esté en el rango 5,5-7,5 (por lo tanto, no lejos del óptimo para la mayoría de los nutrientes). Los suelos muy ácidos (pH<5,5) escasean en la región mediterránea, quedando limitados a zonas de alta pluviosidad con predominio de materiales pobres en bases; estos suelos, además de toxicidad por Al y Mn, presentan baja disponibilidad de P (que precipita como fosfatos de hierro y aluminio, muy insolubles), de K, Ca y Mg. La acidez del suelo puede corregirse mediante encalado, siempre que se cuente con la recomendación de un agrónomo especializado o un laboratorio certificado, apoyado en un análisis del suelo. (Más información sobre la acidez y alcalinidad del suelo y sobre la corrección del pH, puede verse en el texto de Brady [2016]).

3.2.4. *Disponibilidad de nutrientes: poder tampón*

El contenido total de un nutriente en el suelo se puede agrupar en cuatro fracciones según su disponibilidad para las plantas: *fácilmente disponible*; *moderadamente disponible; lentamente disponible*; y *muy lentamente disponible.*

La fracción fácilmente disponible está constituida por la cantidad del nutriente en la disolución del suelo. Normalmente, esta fracción es exigua y no basta para satisfacer las necesidades del cultivo durante una estación de crecimiento. Por lo tanto, los nutrientes de la disolución del suelo deben ser continuamente repuestos a partir de otras fracciones del suelo (o aplicando fertilizantes) para que el crecimiento no se resienta.

La fracción moderadamente disponible está integrada por las formas del nutriente que pueden pasar a la disolución del suelo con cierta rapidez (unos pocos minutos). Esta fracción está constituida por los cationes de cambio y por las formas del nutriente integradas en minerales de cierta solubilidad.

La fracción lentamente disponible está constituida por las formas del nutriente que pueden pasar a la disolución del suelo (o a la fracción moderadamente disponible) en el curso de semanas (o incluso meses). Está constituida por formas del nutriente adsorbidas específicamente en la superficie de algunos minerales (por ejemplo, el fósforo en las superficies de los óxidos de hierro y del $CaCO_3$) y por las que forman parte de la estructura de minerales relativamente fáciles de alterar (por ejemplo, el potasio "fijado" en la ilita, un mineral habitual de la arcilla).

La fracción muy lentamente disponible está constituida por las formas del nutriente integradas en la estructura de minerales tan resistentes a la alteración que no contribuyen a la nutrición de los cultivos durante una estación de crecimiento. Esta fracción constituye, con mucho, la mayor parte de las existencias de los nutrientes en el suelo.

La reposición de nutrientes en la disolución del suelo es posible porque la disolución tiende a estar en *"equilibrio"* con las fracciones moderada y lentamente disponible, de forma que los cambios de concentración en aquella tienden a ser amortiguados, con mayor o menor rapidez, mediante cambios equivalentes en estas. La capacidad para amortiguar los cambios de concentración de un nutriente en la disolución del suelo mediante cambios en las otras dos fracciones, se denomina *poder tampón*. El poder tampón para los nutrientes del suelo está accionado por tres procesos principales: el intercambio catiónico, la adsorción específica y la precipitación de compuestos poco solubles.

El intercambio catiónico es el mecanismo básico para amortiguar los cambios de concentración de los macronutrientes catiónicos. Las concentraciones de NH_4^+ y K^+ (y las de Ca^{2+} y Mg^{2+} en los suelos no calcáreos ni yesosos) en la disolución del suelo están controladas por este proceso. El poder tampón para estos nutrientes depende del número total de sitios de adsorción/desorción de cationes en el complejo adsorbente (esto es, depende de la CIC). Los suelos de alta CIC amortiguan los cambios de concentración de los nutrientes catiónicos en la disolución del suelo con mucha más efectividad que los suelos de baja CIC. Conseguir una concentración dada de un nutriente en la disolución del suelo requiere mucho más nutriente de cambio en un suelo de alta CIC que en otro de baja CIC; sin embargo, cuando una cantidad dada del nutriente es extraída del suelo por el cultivo, la concentración en la disolución baja mucho más en el suelo de baja CIC que en el de alta CIC; por ello, para mantener una concentración adecuada de un nutriente en la disolución de un suelo de baja CIC hay que aportarlo frecuentemente en dosis pequeñas (si las dosis fueran altas, el bajo poder tampón permitiría que la concentración subiera mucho, con lo que aumentaría el riesgo de que se perdiese por lavado). En resumen, una alta CIC es una condición favorable si el nivel del nutriente en la disolución del suelo es satisfactorio, pero desfavorable si el nivel del nutriente es bajo, puesto que su corrección exige aplicaciones elevadas del nutriente en forma de un fertilizante soluble.

La adsorción específica es un fenómeno muy selectivo por el cual algunos nutrientes son retenidos en la superficie de ciertos componentes sólidos del suelo mediante verdaderas reacciones químicas. Por ejemplo, en suelos neutros y alcalinos, el fosfato es adsorbido específicamente en las superficies de los óxidos de hierro: en estas condiciones, la concentración de fosfato en la disolución del suelo está controlada por dicho mecanismo. El poder tampón para los nutrientes cuyas concentraciones están controladas por adsorción/desorción específica es aproximadamente proporcional al contenido del correspondiente material adsorbente, y opera con principios parecidos a los del intercambio catiónico (salvando que se trata de un proceso mucho más lento).

Algunos nutrientes esenciales forman compuestos poco solubles. Cuando en la disolución del suelo se sobrepasa la solubilidad de los mismos (normalmente como consecuencia de un cambio en el pH), el exceso del nutriente precipita y se hace no disponible para las plantas. Este proceso tiene mucho impacto en la disponibilidad del P y de los micronutrientes Fe, Mn, Cu y Zn.

3.2.5. *Comportamiento de los nutrientes en el suelo*

En este apartado se examinan algunos aspectos básicos del comportamiento de los nutrientes en el suelo, con especial atención a los que influyen sobre su disponibilidad para las plantas en suelos calcáreos.

Nitrógeno. Más del 98% del nitrógeno (N) del suelo se encuentra en la materia orgánica y no puede ser utilizado por las plantas hasta que la descomposición de aquella permite que el nitrógeno orgánico pase a la disolución del suelo en formas fácilmente disponibles [amonio (NH_4^+) y nitrato (NO_3^-)].

El nitrato apenas es adsorbido por las partículas sólidas del suelo y, al ser muy soluble, casi todo él se encuentra en disolución y puede moverse con libertad hacia las raíces de las plantas o perderse por lavado. El amonio, por el contrario, se encuentra mayoritariamente adsorbido en forma de catión intercambiable y esto lo protege del lavado. El amonio del suelo está afectado por un importante proceso, consistente en que algunos microorganismos del suelo lo convierten en nitrato (*nitrificación*). La nitrificación procede muy deprisa cuando concurren en el suelo las siguientes condiciones: humedad edáfica media, temperatura de 27 a 32 °C y pH entre 6 y 8.

La mayoría de los datos sobre la fertilización del olivo en España apuntan a que muchas plantaciones se fertilizan con exceso de N en relación con las necesidades del cultivo y a que la mayor parte del N que se acumula en los suelos "sobrefertilizados" está en forma de nitrato. Por ejemplo, en un estudio realizado durante 13 años en dos plantaciones de olivar en el Valle del Guadalquivir, Fernández-Escobar *et al.* (2009) constataron que en las parcelas fertilizadas ampliamente con N (dosis media de 1,07 kg N por árbol y año) los contenidos de nitrato en los 100 primeros cm de suelo se elevaban, en promedio, a 180,4 mg N kg^{-1} de suelo, mientras que los de amonio eran solo de 30,9 mg N kg^{-1} de suelo; esta situación contrasta con la que presentaban las parcelas no fertilizadas con N, donde la forma dominante de N era el amonio (promedio de 26,1 mg N kg^{-1} de suelo) y los contenidos de nitrato eran muy modestos (promedio de 7,6 mg N kg^{-1} de suelo). Este ejemplo ilustra la fuerte acumulación de nitratos que puede darse en olivares sobrefertilizados, y advierte del riesgo de que gran parte del nitrato acumulado se pierda por lavado. De hecho, en un estudio adicional al arriba comentado, se encontró que las pérdidas medias anuales por lavado de nitratos en las parcelas fertilizadas con N se elevaron hasta un máximo de 117,4 kg N ha^{-1} $año^{-1}$, una cantidad que representa el 57,5% del N aplicado con los fertilizantes (Fernández-Escobar *et al.*, 2012).

Otra posible pérdida de N en los suelos calcáreos se debe a la volatilización del amoniaco; este proceso se da principalmente cuando se aplican abonos amoniacales (o urea) en la superficie de suelos alcalinos, especialmente si son de textura gruesa. Las posibles pérdidas se pueden reducir considerablemente incorporando el fertilizante en los primeros cm del suelo.

Fósforo. En el intervalo de pH alcalinos dominantes en los suelos mediterráneos, la disponibilidad del fósforo (P) está limitada por procesos de adsorción específica o precipitación. Tanto la adsorción específica como la precipitación en compuestos muy poco solubles hacen que la concentración de P en la disolución del suelo sea muy baja (normalmente, la más baja de todos los macronutrientes) y que la mayor parte de las formas solubles de P aportadas al suelo en los fertilizantes queden "fijadas" en formas poco disponibles. Generalmente, a medida que estas formas "envejecen", su disponibilidad para el cultivo se reduce progresivamente.

Según Torrent (1995), más del 80% del contenido total del P en los suelos mediterráneos está principalmente en forma de fosfatos de calcio. A bajas concentraciones de fosfato, la disponibilidad del P en suelos calcáreos está limitada por la adsorción del fosfato sobre tres componentes activos: óxidos de hierro, filosilicatos y CaCO$_3$, siendo los óxidos de hierro los componentes que tienen mayor capacidad de adsorción (de 10 a 40 veces más que los filosilicatos y el CaCO$_3$). Aunque los mecanismos que intervienen en la adsorción del fosfato no son bien conocidos, hay que destacar que el proceso no es del todo irreversible (por lo tanto, una parte del P adsorbido o precipitado puede ponerse muy lentamente a disposición de las plantas). Por otra parte, el papel que se ha venido asignando al CaCO$_3$ en la "fijación" del fosfato debe ser revisado ya que la calcita parece un adsorbente más débil de lo que se sospechaba y las reacciones de precipitación del P como fosfatos de calcio parecen más lentas de lo que se creía. Puesto que los componentes que adsorben/precipitan más intensamente al fosfato están en la fracción más fina del suelo, los problemas de fijación del P son mayores en los suelos arcillosos que en los de textura gruesa.

En general, el P disponible en el suelo se concentra en el horizonte A debido al bombeo de nutrientes realizado por las raíces de las plantas y, en su caso, a la fertilización fosfatada; por debajo de este horizonte, el contenido de P disponible decrece acusadamente en profundidad. Puesto que muchos suelos de olivar se localizan en terrenos de relieves de ondulados a escarpados, donde los riesgos de erosión son altos, la conservación de la fertilidad fosfatada en los suelos de estas áreas depende en buena medida de la conservación del horizonte A.

Hay que tener en cuenta que en las zonas menos desarrolladas, en donde no está generalizado el uso de fertilizantes, las deficiencias de P son comunes en muchos cultivos, aunque no es el caso del olivo. En cambio, la problemática del P en las áreas desarrolladas es la contraria: en los últimos 40 años, circunstancias diversas (en particular, los precios moderados de los fertilizantes en algunas épocas), propiciaron un uso excesivo de estos, lo que ha llevado a una acumulación de formas lábiles de P en la superficie de muchos suelos, con el consiguiente impacto negativo en el medio ambiente debido a problemas de eutrofización de las aguas.

Potasio. El potasio (K) es el macronutriente requerido en mayor cantidad por el olivo. Las plantas lo absorben de la disolución del suelo como catión K$^+$; puesto que este catión es adsorbido por el complejo adsorbente, su concentración en la disolución del suelo es muy baja, y debe ser repuesto continuamente para que no disminuya el crecimiento de los árboles. La reposición de K$^+$ en la disolución del suelo se produce por desorción de K intercambiable, en la medida en que lo permite el poder tampón del suelo. Por lo tanto, una adecuada fertilidad potásica requiere un contenido de K intercambiable que esté en consonancia con el poder tampón (la CIC) del suelo.

La meteorización de baja intensidad propia del ambiente mediterráneo y los contenidos relativamente altos en bases de muchos de los materiales parentales de los suelos de la región, determinan que en esta no haya problemas generales de baja disponibilidad potásica, al menos en los suelos de pH medio y alto. En general, los contenidos de K intercambiable aumentan con el contenido de arcilla del material parental y son muy dependientes del estado de degradación del suelo por procesos erosivos. El K intercambiable del suelo, al igual que el P disponible, se concentra en el horizonte A debido al bombeo de nutrientes impulsado por las raíces. Por debajo del horizonte A, el contenido de K de cambio disminuye en profundidad, aunque menos acusadamente que en el caso del P. Por lo tanto, el mantenimiento de la fertilidad potásica del suelo depende del grado de conservación del suelo. Por ejemplo, un estudio de campo realizado sobre 37 suelos desarrollados sobre materiales margosos con pendientes variadas (rango 0-16%) en la Comarca de Antequera (Parra *et al.*, 2003), mostró que la mayoría de los suelos situados en laderas sometidas a algún grado de erosión tenían contenidos de K intercambiable en los primeros 60 cm de profundidad netamente menores de 150 mg K kg^{-1} de suelo (valor considerado como crítico para suelos de textura fina). Estos datos ilustran la marcada reducción de la fertilidad potásica que puede esperarse en suelos afectados por la erosión.

Algunos suelos de olivar tienen contenidos altos de ilita, un filosilicato del tipo de las micas que posee contenidos apreciables de cationes K$^+$ en forma muy lentamente disponible (formando parte de la estructura del mineral); bajo ciertas condiciones, parte de estos cationes pueden "liberarse" y pasar a K$^+$ intercambiable, constituyendo de esta forma una fuente adicional de potasio para los cultivos, especialmente bajo condiciones de fuerte demanda del nutriente.

En el olivar andaluz abundan los suelos con contenidos altos de arcilla y alto poder tampón para el potasio. Estos suelos cubren amplias zonas de las Campiñas del Valle del Guadalquivir y suelen tener contenidos altos de K intercambiable. Esta condición ha movido a muchos agricultores de esas zonas a reducir e incluso anular la fertilización potásica durante plazos de tiempo largos. Ahora bien, puesto que las extracciones de K por los cultivos son elevadas, la supresión del abonado puede llevar a deficiencias de K relativamente extendidas (Fernández-Escobar *et al.*, 1994). Los problemas derivados de un posible falta de K en suelos de alto poder tampón son más de temer en el olivar de secano y durante los años secos, cuando la humedad del suelo es demasiado baja para que los iones K$^+$ puedan difundirse a través de la disolución del suelo hasta alcanzar las raíces de los árboles.

La adsorción de K por las partículas de arcilla hace que este elemento sea muy poco móvil en los suelos arcillosos, donde es difícil que las formas solubles de K en los fertilizantes aplicados en la superficie del suelo lleguen más allá del horizonte A. En suelos con subsuelo arcilloso hay que tener en cuenta ese hecho, porque operaciones tales como el nivelado del terreno (en la preparación del suelo para establecer una plantación) y las labores con volteo de la tierra, pueden dejar en la superficie del suelo porciones de subsuelo con restricciones muy fuertes a la movilidad del K.

Calcio y magnesio. Ambos elementos se presentan en la disolución del suelo como cationes Ca^{2+} y Mg^{2+}, formas en que son absorbidos por las raíces de las plantas. De todos los macronutrientes, el calcio (Ca) y el magnesio (Mg) son los que mantienen concentraciones más altas en la disolución del suelo, las cuales están controladas por procesos de intercambio catiónico (excepto en los suelos en que, por estar presentes compuestos relativamente solubles, como la cal o el yeso, lo están por procesos de disolución/precipitación de estos sólidos).

El pH alto de la mayoría de los suelos mediterráneos y la presencia frecuente de caliza en ellos (al menos en los horizontes más profundos) excluye casi por completo la posibilidad de que haya deficiencias de estos elementos en la mayor parte del olivar de la región; si acaso, podrían esperarse deficiencias de Mg inducidas en aquellos suelos calcáreos en que las relaciones *Ca de cambio/Mg de cambio o K de cambio/Mg de cambio* fueran muy altas. Fuera de esos casos, solo cabe esperar deficiencias en las áreas de suelos muy ácidos (pH<5,5) donde la saturación en bases es lo bastante baja como para que los contenidos de Ca^{2+} y de Mg^{2+} intercambiables puedan estar por debajo de niveles aceptables. En estos casos, el encalado del suelo puede estar justificado.

Azufre. El azufre (S) se presenta en la disolución del suelo principalmente como anión sulfato (SO_4^{2-}), el cual apenas es adsorbido por las partículas sólidas del suelo, excepto en algunos suelos ácidos. Las disponibilidades de S no plantean problemas en la mayoría de los suelos mediterráneos puesto que este elemento forma parte de muchos de los fertilizantes comerciales aplicados habitualmente a los cultivos (sulfato amónico, superfosfatos, fertilizantes compuestos, etc.). Por otra parte, la mineralización de la materia orgánica y el agua de lluvia pueden aportar cantidades apreciables de S al suelo.

Hierro y manganeso. La disponibilidad del hierro (Fe) y del manganeso (Mn) en el suelo está controlada principalmente por las condiciones de aireación, el pH y la naturaleza de los óxidos de estos elementos presentes en el suelo.

El Fe y el Mn experimentan en el suelo reacciones de óxido-reducción en respuesta a variaciones en las condiciones de aireación. La oxidación supone el paso de las formas ferrosas y manganosas (Fe^{2+} y Mn^{2+}) a férricas y mangánicas (Fe^{3+} y Mn^{4+}), mientras que la reducción implica los procesos opuestos. En suelos mal aireados, dominan las formas reducidas, que al ser relativamente solubles pueden resultar tóxicas (particularmente, si el suelo es muy ácido). En suelos bien aireados, las formas dominantes en la disolución del suelo son Fe^{3+} y Mn^{4+}; estas formas son muy poco solubles, por lo que precipitan como óxidos férricos y dióxido de manganeso. Los óxidos férricos pueden ser de naturaleza amorfa (ferrihidrita) o cristalina (hematites y goethita). Todos estos óxidos tienen solubilidades muy bajas, pero los óxidos amorfos son aproximadamente 100 más solubles que los cristalinos. Debido a las bajas solubilidades de estos óxidos, la concentración de Fe^{3+} en la disolución del suelo es extremadamente baja. Por otra parte, la concentración se reduce aún más al aumentar el pH (en teoría, disminuye 1000 veces por cada unidad de incremento de pH). De acuerdo con todo ello, cabe esperar que la disponibilidad del hierro en suelos bien aireados sea particularmente baja cuando el pH sea alto y el contenido de óxidos de Fe amorfos sea bajo.

Dado el alto pH de los suelos calcáreos, es frecuente que en ellos se den deficiencias de hierro en determinados cultivos. Este tipo de deficiencia (denominada *clorosis férrica*) no se debe a que falte hierro en el suelo, sino a que el elemento no está disponible para intervenir en el metabolismo de las plantas. Aproximadamente el 70% del olivar en España crece en suelos calcáreos, la mayoría de los cuales pueden inducir clorosis férrica. Esta malnutrición se manifiesta con un amarilleamiento internervial de las hojas más jóvenes, que viene acompañado, generalmente, de una disminución de la producción. Las causas de la baja disponibilidad de Fe en los suelos calcáreos están bien establecidas: 1) el alto contenido de $CaCO_3$, que tampona el pH de los suelos a valores en torno a 7,5-8,5 en que la solubilidad del Fe es mínima; y 2) un bajo contenido de óxidos de hierro amorfos o poco cristalinos (Benítez *et al.*, 2002; Sánchez-Rodríguez *et al.*, 2013). La clorosis férrica se ve agravada por un aumento de la concentración del anión bicarbonato (HCO_3^-) en la disolución del suelo, pues este perturba la estrategia desarrollada por las plantas para hacer frente a la baja disponibilidad de Fe. Los factores que favorecen un incremento de la concentración de HCO_3^- son: 1) baja aireación, puesto que con ello aumenta la concentración de CO_2 en el aire del suelo, lo que lleva a un incremento de la concentración de HCO_3^-; y 2) bajas temperaturas: al disminuir la temperatura, aumenta la solubilidad de CO_2 en el agua del suelo, lo que lleva igualmente a un aumento de la concentración del anión bicarbonato.

La corrección de la clorosis férrica es difícil y costosa. De los tratamientos al suelo, el más usado es la aplicación de quelatos de Fe (compuestos organo-minerales que mantienen el Fe en disolución, a pesar de que el pH del suelo sea alto), pero estos compuestos resultan caros, su eficacia dura poco tiempo y pueden ser lavados fácilmente del suelo. Otra línea de acción, impulsada por el Departamento de Agronomía de la Universidad de Córdoba en los últimos 20 años, consiste en aplicar al suelo sales ferrosas en suspensión, inyectándolas en un volumen amplio de suelo a la profundidad de máxima densidad de raíces (entre 15 y 30 cm). La ventaja de estas sales es que, al ser poco solubles en los suelos calcáreos, se van oxidando lentamente a óxidos de Fe poco cristalinos, que son, tal como se ha dicho, una buena fuente de Fe para las plantas. En esta línea de acción se han ensayado dos sales: vivianita (fosfato ferroso, $Fe_3(PO_4)_2 \bullet 8\ H_2O$), y siderita (carbonato ferroso, $FeCO_3$) con resultados, por lo general, satisfactorios, tanto en olivo (del Campillo *et al.*, 2000; Rosado *et al.*, 2002; Sánchez-Alcalá *et al.*, 2012) como en otros cultivos (peral, viñedo y kiwi). En paralelo con esta línea de trabajo, el grupo de investigación citado ha ensayado recientemente otra fuente de hierro para olivo: el sulfato ferroso ($FeSO_4$) inyectado en forma de solución, lo que facilita su manejo en el campo. El sulfato ferroso se ha mostrado eficaz para prevenir la clorosis en las variedades 'Manzanilla' y 'Picual' durante 3-4 años con una sola aplicación, de modo que constituye un alternativa prometedora frente a los quelatos que requieren más de una aplicación por año (Cañasveras *et al.*, 2014a). Para otras formas de aplicación del hierro al olivo, véase también el Capítulo 11.

Los óxidos de Mn son muy insolubles a pH alto, de modo que la concentración de Mn en disolución en suelos calcáreos es también muy baja, y la disponibilidad del Mn limitada. Sin embargo, bajo el régimen de humedad típico de los suelos mediterráneos, los óxidos de Mn pueden ser reducidos en ambientes microanaerobios y reoxidados sobre las superficies de los agregados y canales de raíz, en una distribución espacial que hace que el Mn sea asequible a las raíces gracias a los exudados de estas (Ryan *et al.*, 2013).

Cinc y cobre. Estos elementos se encuentran en la disolución del suelo principalmente en las formas catiónicas Zn^{2+} y Cu^{2+}, y como tales son absorbidos por las raíces de las plantas. La concentración de ambos cationes en la disolución del suelo está controlada por el pH (en teoría disminuye 100 veces por cada unidad de incremento del pH) y por procesos de adsorción específica en la superficie de los óxidos de hierro y del $CaCO_3$. La adsorción de Zn^{2+} y Cu^{2+} por los óxidos de hierro es muy fuerte a pH>6,5 y depende, entre otros factores, del grado de cristalinidad de aquellos. La adsorción por las partículas de $CaCO_3$ ocurre, obviamente, solo a los valores de pH que permiten la presencia de una fase sólida de este compuesto. Teniendo en cuenta todo ello, las disponibilidades de cinc (Zn) y de cobre (Cu) pueden ser particularmente bajas en los suelos calcáreos.

Aunque las condiciones de muchos suelos mediterráneos pueden dar lugar a deficiencias de estos elementos en olivo, no se conocen en Andalucía casos que tengan más alcance que el local o que no estén circunscritos a unas condiciones de cultivo definidas. En el caso del Cu, una circunstancia que explicaría la ausencia de deficiencias conocidas en olivo es la aplicación frecuente de productos fitosanitarios que incluyen Cu en su composición.

En cuanto al Zn, la menor intervención del elemento en productos fitosanitarios puede ocasionar una mayor incidencia de deficiencias de este elemento. Es conocido que el Zn, junto con el Fe, es el micronutriente más involucrado en problemas nutricionales en el área mediterránea y en otras áreas de suelos calcáreos (Ryan *et al.*, 2013); síntomas de deficiencia de Zn en olivo cultivado en Andalucía son de hecho habituales cuando el suelo es muy calcáreo. También es posible que algunas deficiencias "larvadas" de Zn, todavía no expresadas bajo condiciones de cultivo tradicionales, lo hagan a medida que progrese la intensificación del cultivo, toda vez que ello determinará mayores exigencias nutricionales. Un factor conocido que da lugar a deficiencias de Zn, es la aplicación de dosis elevadas de fertilizantes fosfatados puesto que el fosfato compite con el Zn por sitios de adsorción sobre la superficie de los óxidos de Fe, desplazando al Zn de estas y haciendo que el elemento quede más expuesto a una adsorción irreversible. Otro factor que puede influir negativamente en las disponibilidades de Zn en muchos suelos de olivar es el bajo contenido de materia orgánica, puesto que hay menos opciones a que, a través de la descomposición de la misma, se produzcan agentes quelantes naturales capaces de mantener al Zn en disolución. Algunos trabajos apuntan a que la utilización de cubiertas vegetales vivas, particularmente de gramíneas, puede mejorar la disponibilidad de los micronutrientes Fe, Mn, Cu y Zn por la acción de substancias segregadas por las raíces de estas especies (Cañasveras *et al.*, 2014b).

Un factor que incide en la disponibilidad de Cu y Zn (así como en la de Fe y Mn) en suelos calizos es la forma de N con la que se alimentan las plantas. Las raíces de las plantas alimentadas con NH_4^+ excretan protones (H^+) y reducen el pH de la zona de suelo más próximo a ellas (rizosfera), lo que deviene en un aumento de la disponibilidad de Fe, Mn, Cu, Zn (y de P); por el contrario, las plantas alimentadas con N en forma de NO_3^- excretan aniones (principalmente OH^- y CO_3^-) y alcalinizan la rizosfera, por lo que reducen la disponibilidad de los nutrientes mencionados.

Boro. El boro se presenta en la disolución del suelo como ácido bórico sin carga (H_3BO_3), excepto en suelos de alto pH, en que aparece como anión borato ($H_4BO_4^-$). El boro es adsorbido por las superficies de los filosilicatos y, particularmente, de los óxidos de hierro. La disponibilidad del boro para las plantas disminuye al aumentar el pH y es particularmente baja en los suelos calcáreos (Figura 8.8). Por otra parte, el intervalo en el que la concentración de boro resulta adecuada para las plantas es muy estrecho. De ahí que sea relativamente frecuente que una aplicación algo excesiva del elemento, hecha para resolver una deficiencia, derive en un problema de toxicidad. (La toxicidad por exceso de boro se examina en el Apartado 3.2.6).

Molibdeno y cloro. El molibdeno se presenta en la disolución del suelo como anión molibdato (MoO_4^{2-}), el cual es adsorbido específicamente por las partículas del suelo de modo parecido al fosfato. La cantidad de molibdeno requerida por las plantas es muy pequeña, por lo que las deficiencias en este elemento son poco frecuentes.

El cloro (Cl) se encuentra en la solución del suelo como cloruro (Cl^-); este anión no está sometido a adsorción por los componentes sólidos del suelo y por esta razón resulta muy móvil. Las necesidades en cloro del olivo son muy pequeñas. Por otra parte, la presencia de partículas de sal marina suspendidas en el aire, asegura que el elemento sea aportado al suelo con el agua de lluvia en cantidad suficiente para cubrir las necesidades de los cultivos. En los suelos afectados por sales, las concentraciones de cloruro en la disolución del suelo pueden ser lo bastante altas para producir toxicidad específica por este anión. Este aspecto se examina en el Apartado siguiente.

3.2.6. Salinidad y condiciones tóxicas

Salinidad. El término *salinidad del suelo* alude a un exceso de sales en la disolución del suelo. Una concentración elevada de sales solubles dificulta la absorción de agua por las plantas y puede plantear problemas de toxicidad debida a un exceso de iones específicos (particularmente, de sodio, cloruro o boro). Los iones solubles más frecuentes en los suelos salinos son los cationes Na^+, Ca^{2+} y Mg^{2+}, y los aniones cloruro (Cl⁻), sulfato (SO_4^{2-}) y bicarbonato (HCO_3^-). La salinidad del suelo se evalúa por medio de la conductividad eléctrica (CE) de la disolución del suelo a un contenido de agua dado, normalmente el correspondiente a saturación (conductividad eléctrica en el extracto de saturación (CE_e). Por definición, un suelo se considera salino si $CE_e > 4$ deciSiemens m⁻¹ (dS m⁻¹, antes milimhos/cm).

Aunque el olivo se considera moderadamente tolerante a la salinidad del suelo, con respuesta que varía con el cultivar (Marín *et al.*, 1995), los parámetros de tolerancia a las sales no están bien establecidos porque faltan estudios de larga duración bajo condiciones de campo (Aragüés *et al.*, 2010). En el Cuadro 8.1 se indican algunos datos que pueden servir de guía interpretativa de la tolerancia a la salinidad del olivo (Freeman *et al.*, 2005); de acuerdo con ellos, la producción de aceituna puede disminuir un 10% si CE_e alcanza un valor de 4 dS m⁻¹, y un 50% si CE_e se incrementa hasta 8 dS m⁻¹. Aragüés *et al.* (2010) encontraron que las variedades 'Arbequina' y 'Empeltre' redujeron su producción en un 50% cuando CE_e alcanzó 8,7 dS m⁻¹, un valor muy próximo al del Cuadro 8.1. Cuando la respuesta a la salinidad se mide en términos del crecimiento del árbol, la tolerancia a la salinidad del olivo parece mayor: así, la CE_e a la que se redujo un 50% el crecimiento de 'Arbequina' y 'Empeltre' en el trabajo de Aragüés *et al.* (2010) fue de 13,2 dS m⁻¹, un valor bastante más alto que el describe la respuesta en términos de producción. Por lo tanto, una descripción adecuada del olivo en cuanto a su tolerancia a la salinidad, sería definir al árbol como moderadamente tolerante en el crecimiento pero moderadamente sensible en la producción; sin duda, esta última especificación es más importante.

CUADRO 8.1

Limitaciones que plantean al olivo la salinidad y los excesos de sodio, boro y cloro en el suelo

Clase de limitación	Grado de limitación		
	Ligero	*Moderado*	*Severo*
Salinidad del suelo			
CE_e (dS/ m)	4	5	8
Reducción de la producción (%)	10	25	50
Porcentaje de sodio intercambiable (%)		20-40	
Toxicidad por boro (ppm)	2		
Toxicidad por cloruros (mmoles/L)	10-15		

Adaptado de Freeman *et al.* (2005)

El exceso de sales solubles no es un problema significativo en el olivar de secano mediterráneo, pero es un problema creciente en el de regadío, dado que las plantaciones en riego se han expandido en las últimas décadas por toda la región, y que muchas de ellas se riegan con agua de baja calidad. En suelos de regadío, el agua de riego actúa de agente de salinización al aportar al suelo las sales que contiene. En el olivar de riego, la salinidad provocada por el agua de riego de mala calidad puede ser un problema serio si las dosis de riego son cortas (lo que es cada vez más frecuente, dada la creciente competencia por el agua para usos distintos del agrícola). Para evitar una excesiva salinización del suelo, hay que incrementar la dosis de riego por encima de las necesidades del cultivo, en un porcentaje mayor cuánto más alta sea la salinidad del agua, a fin de que el exceso de agua "lave" las sales. En muchos casos, las lluvias de otoño-invierno pueden lavar buena parte de las sales acumuladas en el suelo durante la temporada de riego, pero no siempre es así. Por lo tanto, debe hacerse un seguimiento periódico de la salinidad mediante análisis del extracto saturado del suelo, por si hubiera que tomar medidas (por ejemplo, suspender el riego transitoriamente hasta que la salinidad se redujera a valores tolerables).

En plantaciones nuevas, el conocimiento de la composición del agua de riego es indispensable para enjuiciar la viabilidad del riego y para establecer la dosis de riego de forma que la concentración de sales solubles esté bajo control. En el Capítulo 13 se examinan los aspectos relacionados con la calidad del agua de riego.

Exceso de sodio. Los suelos sódicos contienen una elevada proporción de Na en relación a Ca y Mg, tanto en la disolución del suelo como en el complejo adsorbente. El exceso de sodio del suelo se expresa mediante el porcentaje de sodio intercambiable (PSI). Por definición, un suelo se considera *sódico* si PSI>15%.

El exceso de sodio en el suelo plantea un doble problema: 1) las partículas de arcilla se encuentran en *estado disperso*, lo que deviene en un deterioro general de la estructura del suelo, con consecuencias graves para la permeabilidad y la aireación; y 2) la elevada proporción de sodio en la disolución del suelo produce desequilibrios nutritivos o toxicidad en las plantas. De acuerdo con Freeman *et al.* (2005), el olivo resulta afectado cuando el PSI alcanza valores entre 20 y 40% (Cuadro 8.1).

Los problemas de exceso de sodio, como los de salinidad del suelo, van en aumento en la región mediterránea debido a la expansión del regadío y a la creciente utilización de agua con riesgo de sodicidad.

Toxicidad por cloruros y boro. El exceso de cloruros y de boro en la disolución del suelo puede producir en las plantas efectos tóxicos de carácter específico.

El olivo es más tolerante al exceso de cloro y de boro que la mayoría de los árboles frutales. Aunque hay pocos datos al respecto, se estima que los árboles resultan afectados en grado ligero cuando la concentración de cloruros en el extracto saturado del suelo se sitúa por encima de 10-15 mmoles L^{-1} (Cuadro 8.1); este valor es muy superior al que toleran otros frutales mediterráneos. En el olivar de secano, los suelos afectados por exceso de cloruros son escasos y están circunscritos, casi siempre, a las áreas afectadas por salinidad. Más frecuentes son los casos de exceso de boro, la mayoría de los cuales son consecuencia de realizar aplicaciones excesivas del elemento para corregir deficiencias. La concentración de boro asociada a una disminución del 10% en el crecimiento de los árboles es, aproximadamente de 2 mmoles L^{-1}, medida en el extracto saturado del suelo (Cuadro 8.1).

En el olivar de regadío, la toxicidad por cloruros o por boro va asociada, casi siempre, al uso de aguas de riego con altas concentraciones de estos iones.

3.3. Análisis de suelos

El objetivo principal del análisis de suelo es diagnosticar el estado de fertilidad del suelo, esto es, conocer si las cantidades de nutrientes disponibles son suficientes para cubrir las necesidades de los cultivos, y estimar, en su caso, qué nutrientes y en qué cantidades deben ser suplementados mediante la fertilización. (Adicionalmente, los análisis convencionales de suelo incorporan información sobre otras propiedades relevantes, en particular, textura, contenido de materia orgánica y CIC).

La posibilidad de fundamentar la fertilización de los cultivos perennes en el análisis del suelo presenta más dificultades que en los cultivos anuales, puesto que los primeros disponen de órganos de reserva (hojas, ramas, frutos, raíces, etc.) que les permiten, si el estado nutritivo es adecuado, aportar nutrientes a otras partes del árbol que los demanden; de esta forma, pueden afrontar condiciones nutricionales desfavorables en el suelo por periodos relativamente amplios de tiempo sin que se resienta la producción. La capacidad de los árboles para almacenar nutrientes no solo les hace relativamente independientes del suelo para satisfacer sus exigencias nutritivas inmediatas, sino que permite planificar el abonado con cierto margen de actuación, si se conoce su estado nutritivo mediante el análisis de órganos tales como las hojas. Por ello, la fertilización anual de cultivos perennes como el del olivo se dirige mediante análisis foliar, utilizando el del suelo como complemento para controlar periódicamente el estado de fertilidad de este. Sin embargo, el análisis de suelo es insustituible para diagnosticar toxicidades y conocer las limitaciones químicas del suelo para nuevas plantaciones.

El análisis de suelo comporta tres pasos principales: 1) toma de muestras; 2) el análisis propiamente dicho 3) interpretación de los resultados.

3.3.1. *Toma de muestras*

El análisis de suelo se basa en el principio de que la muestra tomada y analizada es *representativa* de todo el volumen de suelo explorado por las raíces en el terreno en que se está interesado. El procedimiento a seguir para conseguirlo comprende los pasos siguientes:

- *Diferenciar las parcelas* que vayan a muestrear (Figura 8.9). La diferenciación debe atender a los tipos de suelo presentes (que normalmente varían con la topografía), los antecedentes en la fertilización o cualquier otra circunstancia que pueda implicar diferencias de fertilidad en el suelo.

- Recorrer cada parcela tomando muestras de manera aleatoria y separando submuestras de cada una de las capas de suelo. Si el suelo es homogéneo en la vertical, basta tomar dos susbmuestras, una a 0-30 y otra a 30-60 cm de profundidad; si el suelo presenta horizontes diferenciados, es mejor muestrear cada horizonte por separado; las submuestras pueden tomarse con azada o barrena.

- *Tomar* al menos entre 8 y 20 submuestras para cada profundidad, cuidando de no mezclar tierra de ambas profundidades y de que todas las submuestras tengan la misma cantidad de tierra.

- *Al finalizar el recorrido, mezclar lo más homogéneamente posible* todas las submuestras de cada capa de tierra para formar una muestra compuesta. De esta, separar una porción para el análisis de fertilidad (0,5 kg de tierra es suficiente); si las submuestras estuviesen húmedas, deben secarse y desmenuzarse bien antes de mezclar.

- Las muestras compuestas (una por cada profundidad) se desecan al aire, se introducen en bolsas de plástico y, convenientemente identificadas, se remiten al laboratorio para su análisis.

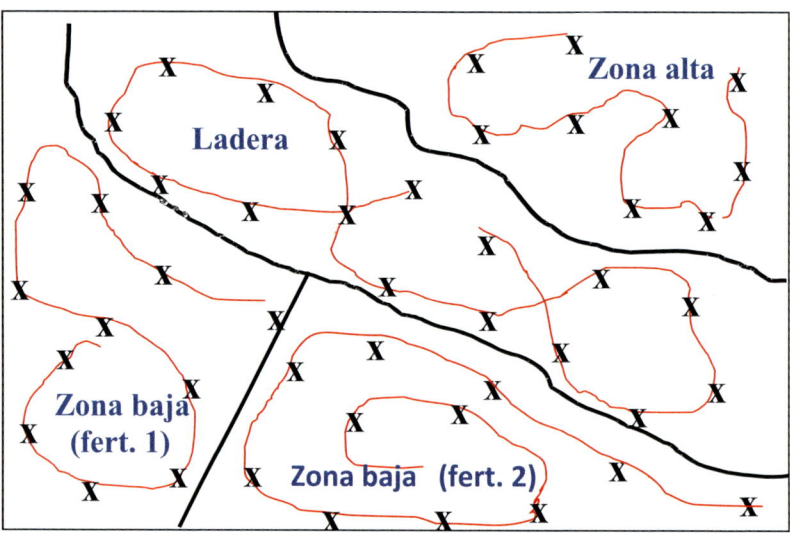

Figura 8.9. Ejemplo de la subdivisión de un olivar en cuatro parcelas homogéneas y de los recorridos a realizar para tomar submuestras de tierra. El olivar representado se ha subdividido en tres zonas, diferenciadas por la topografía (zona baja, ladera y zona alta), y en la zona baja se han delimitado dos parcelas, según los precedentes de fertilización (fert. 1 y fert. 2).

3.3.2. *Análisis de fertilidad*

Los análisis de fertilidad del suelo se llevan a cabo utilizando reactivos capaces de extraer del suelo una fracción de nutrientes que esté bien correlacionada con las cantidades extraídas por los cultivos. Existen reactivos que se ajustan mejor a unos suelos que a otros (los mecanismos que controlan la disponibilidad de un nutriente pueden variar mucho según la composición y propiedades de los suelos). En general, los métodos de análisis que utilizan los diferentes laboratorios para los suelos de pH alcalinos dominantes en el olivar son parecidos y se han puesto a punto a partir de estudios de correlación no realizados específicamente en el olivar, sino en una gama amplia de cultivos.

3.3.3. *Interpretación de resultados*

La interpretación del análisis de fertilidad de un suelo puede resultar incierta si no está basada en un número suficiente de estudios de correlación entre el nivel del nutriente resultante del análisis y la respuesta del cultivo a la fertilización en suelos similares al analizado. En el caso del olivo, no se cuenta con una base experimental suficiente para establecer una guía interpretativa específica para este cultivo; por lo tanto, los análisis de suelo suelen interpretarse a partir de claves genéricas validadas en otros cultivos.

Los niveles de un nutriente resultantes del análisis del suelo suelen interpretarse en los términos siguientes: *Nivel bajo* o *muy bajo*: las disponibilidades del nutriente son escasas. La probabilidad de que los cultivos respondan positivamente a la aportación del nutriente es alta o muy alta. *Nivel medio*: las disponibilidades del nutriente son adecuadas y posiblemente no limitan el crecimiento de los cultivos; hay pocas probabilidades de que al aplicar el nutriente mejore el rendimiento económico. *Nivel alto o muy alto*: las disponibilidades del nutriente son más que suficientes y no limitan el rendimiento del cultivo; la probabilidad de que mejore el rendimiento económico al aportar el nutriente es muy pequeña. A continuación se examinan brevemente algunas escalas de interpretación utilizadas en el diagnóstico de la fertilidad del suelo para los distintos nutrientes.

Nitrógeno. El nitrógeno del suelo disponible para las plantas está sujeto a diferentes procesos que pueden modificar notablemente sus existencias a corto plazo (pérdidas por lixiviación, ganancias por la mineralización de la materia orgánica, pérdidas en formas gaseosas, inmovilización por los microorganismos del suelo, etc.). La mayoría de estos procesos dependen del tiempo atmosférico y no están bajo el control del agricultor, lo que plantea mucha incertidumbre acerca de la cantidad de nitrógeno que finalmente puede ponerse a disposición del cultivo durante una estación de crecimiento. Como consecuencia de ello, los análisis convencionales de fertilidad del suelo no incluyen la determinación del nitrógeno disponible a menos que estén dirigidos a algún objetivo especial.

Fósforo. Los métodos de análisis para determinar el fósforo disponible varían ampliamente según la naturaleza del suelo. Un método muy utilizado es el *Olsen*, que se adapta bien tanto a suelos moderadamente ácidos como a suelos alcalinos y calcáreos.

CUADRO 8.2

Interpretación de los niveles de fósforo en suelo (método de Olsen)

Apreciación del estado de fertilidad	Nivel de fósforo (ppm)
Muy alto	> 25
Alto	18-25
Medio	10-17
Bajo	5-9
Muy bajo	< 5

Fuente: Adaptado de FAO (1984)

En el Cuadro 8.2 se recoge la escala de interpretación del análisis del fósforo disponible (*método Olsen*), recomendada por la FAO (1984); conviene recordar que este tipo de escalas no toman en consideración la respuesta del olivo a la fertilización fosfatada, sino las respuestas globales de un conjunto de cultivos, generalmente herbáceos. Aunque el nivel crítico de fósforo en suelo para olivo es desconocido, es posible que sea menor de lo que indica el Cuadro 8.2 (quizás un escalón más bajo, en el intervalo de 5 a 9 ppm) dado que en muchas experiencias de fertilización se ha constatado que el olivo responde menos a la aplicación de fósforo que la mayoría de los cultivos anuales.

Potasio, calcio y magnesio. Las fracciones disponibles de estos tres elementos se determinan habitualmente mediante extracción con acetato amónico 1M tamponado a pH 7,0. Hay que advertir que este reactivo disuelve una parte del $CaCO_3$ presente en el suelo, de modo que, si el suelo es calcáreo, el Ca extraído sobreestima el Ca intercambiable. No obstante, en un suelo calcáreo la disponibilidad del Ca está siempre asegurada; por otra parte, el Ca intercambiable puede estimarse razonablemente restando de la CIC la *suma* de las cantidades correspondientes a Mg, K y Na intercambiables dadas por el análisis.

La interpretación de los contenidos de K^+, Ca^{2+} y Mg^{2+} intercambiables toma en consideración el poder tampón (estimado mediante la CIC o la textura). El Cuadro 8.3 recoge la guía interpretativa de la FAO (1984). Como ya se apuntó en el Apartado 3.2.4, los contenidos requeridos de cualquiera de estos nutrientes para alcanzar un determinado nivel de suficiencia aumentan con la CIC y con el contenido de arcilla. Por ejemplo, en suelos de textura fina (con CIC >15 $cmol_c$/kg), el valor crítico de K^+ intercambiable es de 150 ppm (150 mg K kg^{-1} de suelo), mientras que en suelos de textura gruesa (con CIC<5 $cmol_c$/kg) es solo de 15 ppm. Dadas las elevadas cantidades de K que exige el desarrollo de la aceituna, no hay que descartar que los niveles críticos de K en suelo para el olivo sean más altos que los indicados en el Cuadro 8.3.

CUADRO 8.3

Interpretación de los niveles de potasio, calcio y magnesio disponibles según la textura y la CIC del suelo

Textura	CIC	Interpretación	K (ppm)	Mg (ppm)	Ca (ppm)
		Muy alto	>100	>60	>800
	Baja	Alto	60-100	25-60	500-800
Gruesa	<5 cmol/kg	Medio	30-60	10-25	200-500
		Bajo	15-30	5-10	100-200
		Muy bajo	<15	<5	<100
		Muy alto	>300	>180	>2400
	Media	Alto	175-300	80-180	1600-2400
Media	(5-15 cmol/kg)	Medio	100-175	40-80	1000-1600
		Bajo	50-100	20-40	500-1000
		Muy bajo	<50	<20	<500
		Muy alto	>500	>300	>4000
	Alta	Alto	300-500	120-300	3000-4000
Fina	(>15 cmol/kg)	Medio	150-300	60-120	2000-3000
		Bajo	75-150	30-60	1000-2000
		Muy bajo	<75	30	<1000

Fuente: FAO (1984)

De acuerdo con el Cuadro 8.3, los niveles críticos de Ca^{2+} y Mg^{2+} intercambiables en suelos de textura fina serían de 2000 y 60 mg kg^{-1} de suelo, respectivamente. En ocasiones, la interpretación de las disponibilidades de Mg se basa no solo en los parámetros citados sino también en el contenido de Mg en relación con el de K, dado que valores excesivos de K pueden inducir deficiencias de Mg (y viceversa); a este respecto se estima que la relación *K de cambio/Mg de cambio* no debe ser mayor que 1 para que no exista un exceso de K respecto a Mg.

Hierro, manganeso, cobre y cinc. Normalmente, las fracciones disponibles de estos microelementos se determinan mediante extracción con agentes quelantes, de los cuales el más utilizado es el DTPA. La información sobre valores críticos de estos elementos en suelo para olivo es muy limitada (salvo en el caso del Fe, como se comenta más abajo), de modo que la interpretación de los análisis de suelo debe basarse en guías genéricas. En el Cuadro 8.4 se indican los niveles críticos de Fe, Mn, Zn y Cu extraíbles con DTPA usados en varios estados de USA (Cox, 1987) y en el ICARDA (Ryan *et al.*, 2013).

CUADRO 8.4

Valores críticos de los contenidos de Fe, Mn, Zn y Cinc y cobre extraíbles con DTPA

	Fe (ppm)	Mn (ppm)	Zn (ppm)	Cu (ppm)
USA[1]	4,4	1,4	0,8	0,8
ICARDA[2]	4,5	1,0	0,5	0,2

[1] Según Cox (1987), para los siguientes cultivos: Fe: soja, sorgo y frutales; Mn: cereales y maíz; Zn: maíz, judía, sorgo, arroz, lino y frutales; Cu: cereales y maíz.

[2] Según Ryan *et al.* (2013)

La incidencia de deficiencias de hierro en olivares establecidos en suelos calcáreos ha impulsado numerosos trabajos dirigidos a evaluar la capacidad del suelo para inducir clorosis (*poder clorosante del suelo*). Tradicionalmente se ha venido considerando el contenido de $CaCO_3$ y la *caliza activa* (la fracción de $CaCO_3$ más reactiva) como factores determinante del poder clorosante del suelo. Sin embargo, trabajos recientes han mostrado que estos componentes no ejercen un control muy destacado en la disponibilidad del hierro en los suelos calcáreos y que, por el contrario, son los óxidos de hierro amorfos (extraíbles con oxalato amónico) los que juegan un rol fundamental; en consecuencia, el *hierro al oxalato* (Fe_{ox}), es un buen indicador de la disponibilidad del hierro para el olivo en suelos calcáreos (Benítez *et al.*, 2002); el valor crítico de hierro al oxalato para el olivo (esto es, el valor que separa los suelos que inducen clorosis de los que no lo hacen) se sitúa en torno a 0,35-0,40 g Fe_{ox} kg^{-1} suelo; estos mismos trabajos han mostrado que el hierro extraíble con DTPA es también un indicador aceptable de la disponibilidad de hierro para el olivo (si bien con menor valor predictivo que el hierro al oxalato), con un valor crítico en torno a 3 ppm.

4. Bibliografía

Aragüés, R.; Guillén, M.; Royo, A. (2010). Five-year growth and yield response of two young olive cultivars (*Olea europaea* L., cvs. Arbequina and Empeltre) to soil salinity. *Plant and Soil*, 334: 423-432.

Benítez, M.L.; Pedrajas, V.M.; del Campillo, M.C.; Torrent, J. (2002). Iron chlorosis in olive in relation to soil properties. *Nutr. Cycl. Agroecosyst.*, 62: 47-52.

Brady, N.C.; Weil, R.R (2016). *The Nature and Properties of Soils*, 15th Edition. Prentice-Hall, New York.

Cañasveras, J.C.; Sánchez-Rodríguez, A.R.; del Campillo, M.C.; Barrón, V.; Torrent, J. (2014 a). Lowering iron chlorosis in olive by soil applications of iron sulphate or siderite. *Agron. Sustain. Dev.*, 34: 677-684.

Cañasveras, J.C.; del Campillo, M.C.; Barrón, V.; Torrent, J. (2014 b). Intercropping with grasses helps to reduce iron chlorosis in olive. *J. Soil Sci. Plant Nutr.*, 14: 554-564.

Connell, J.H.; Catlin, P.B. (2005). Root physiology and rootstock characteristics. In: G. Steven Sibbett y Louise Ferguson (Eds). *Olive Production Manual*. 2nd. Ed. University of California, Publication 3353, pp. 39-48.

Cox, F.R. (1987). Micronutrient soil test: correlation and calibration. In: J.R. Brown (Ed.). *Soil testing: sampling, correlation, calibration, and interpretation*. SSSA Special Publication 21, Soil Science Society of America, Inc. Madison, pp. 97-118.

del Campillo, M.C.; Barrón, V.; Torrent, J.; Pastor, M.; Castro, J.; Hidalgo, J.; Camacho, L. (2000). Clorosis férrica en olivo y técnicas de corrección más adecuadas. *Vida Rural*. 108: 54-60.

FAO. (1984). *Los Análisis de Suelos y de Plantas como Base para Formular Recomendaciones sobre Fertilizantes*. Boletín de Suelos 38/2, Roma.

Fernández-Escobar, R.; García-Barragán, T.; Benlloch, M. (1994). Estado nutritivo de las plantaciones de olivar en la provincia de Granada. *ITEA*, 90: 39-49.

Fernández-Escobar, R.; Marín, L.; Sánchez-Zamora, M.A.; García-Novelo, J.M.; Molina-Soria, C.; Parra, M.A. (2009). Long-term effects of N fertilization on cropping and growth of olive trees and on accumulation in soil profile. *Eur. J. Agronomy,* 31: 223-232.

Fernández-Escobar, R.; García-Novelo, J.M.; Molina-Soria, C.; Parra, M.A. (2012). An approach to nitrogen balance in olive orchards. *Scientia Hort.,* 135: 219-226.

Freeman, M.; Uriu, K.; Hartmann, H.T. (2005). Diagnosing and correcting nutrient problems. In: G. Steven Sibbett y Louise Ferguson (Eds). *Olive Production Manual*. 2nd. Ed. University of California, Publication 3353, pp: 83-92.

Gálvez, M.J.; Parra, M.A.; Navarro, C. (2004). Relating tree vigour to the soil and landscape characteristics of an olive orchard in a marly area of southern Spain. *Scientia Hort.,* 101: 291-303.

Loussert, R.; Brousse, G. (1980). *El Olivo*. Ediciones Mundi-Prensa, Madrid.

Marín, L.; Benlloch, M.; Fernández-Escobar, R. (1995). Screening of olive cultivars for salt tolerance. *Scientia. Hort.,* 64:113-116.

Parra, M.A.; Fernández-Escobar, R.; Navarro, C.; Arquero, O. (2003). *Los Suelos y la Fertilización del Olivar Cultivado en Zonas Calcáreas*. Junta de Andalucía y Ediciones Mundi-Prensa, Madrid.

Rosado, R.; del Campillo, M.C.; Martínez, M.A.; Barrón, V.; Torrent, J. (2002). Long-term effectiveness of vivianite in reducing iron chlorosis in olive. *Plant and Soil*, 241: 139-144.

Ryan, J.; Rashid, A.; Torrent, J.; Yau, S. K.; Ibrikci, H.; Sommer, R.; Erenoglu, B. (2013). Micronutrient constraints to crop production in the Middle East-West Asia region: significance, research, and management. *Adv. Agron.*, 122: 1-83.

Sánchez-Alcalá, I.; Bellón, F.; del Campillo, M.C.; Barrón, V.; Torrent, J. (2012). Application of synthetic siderite (FeCO3) to the soil is capable of alleviating iron chlorosis in olive trees. *Scientia Hort.*, 138: 17-23.

Sánchez-Rodríguez, A.R.; Cañasveras, J.C.; del Campillo, M.C.; Barrón, V.; Torrent, J. (2013). Iron chlorosis in field grown olive as affected by phosphrous fertilization. *Eur. J. Agronomy*, 51:101-107.

Torrent, J. (1995). *Genesis and properties of the soils of the Mediterranean regions*. Dipartimento di Scienze Chimico-Agrarie. Università di Napoli Federico II.

CAPÍTULO 9

SISTEMAS DE PLANTACIÓN

Javier HIDALGO
Carlos NAVARRO
María GOMEZ DEL CAMPO
Ana MORALES-SILLERO

ÍNDICE[1]

1. Introducción, 305
2. Diseño de la plantación, 308
    2.1. Factores limitantes en una plantación de olivar: luz y agua, 308
    2.2. Elección de variedades, 310
    2.3. Tipos de plantación, 310
    2.4. Marcos de plantación, 312
    2.5. Densidades de plantación, 313
    2.6. Realización de la plantación, 322
    2.7. Cuidados posteriores a la plantación, 329
3. Plantaciones de olivar en seto, 331
    3.1. Introducción, 331
        3.1.1. Caracterización del olivar en seto, 332
        3.1.2. Olivar en seto estrecho o superintensivo, 335
        3.1.3. Fisiología del olivar en seto, 336
    3.2. Diseño del olivar en seto estrecho, 338
        3.2.1. Variedades, 338
        3.2.2. Marco de plantación, 340
        3.2.3. Orientación de las filas, 343
        3.2.4. Características de la parcela, 346
    3.3. Plantación y manejo del olivar en seto estrecho, 346
    3.4. Poda de olivar en seto estrecho, 348
    3.5. Particularidades del olivar en seto para producción de aceituna de mesa, 351
    3.6. Retos del olivar en seto para producción de aceite y aceituna de mesa, 353
4. Bibliografía, 354

---

[1] Los autores de los apartados 1 y 2 son y Javier Hidalgo y Carlos Navarro. El apartado 3 ha sido redactado por María Gómez del Campo y Ana Morales-Sillero.

1. Introducción

La evolución de la Olivicultura está muy ligada a los cambios en los sistemas de plantación. A partir de los años 40 del siglo pasado, con el movimiento migratorio a las ciudades y el inicio del consumo de grasas vegetales, como la soja o el girasol, mucho más baratas que el aceite de oliva, se produjo un arranque masivo de olivos en España, debido a la baja rentabilidad del cultivo. En los años 70 y 80 se promulgaron dos Planes de Reconversión del Olivar, con una importante dotación económica, con el fin de incrementar la productividad del olivar español que lo pudiese hacer competitivo frente a otras grasas. Se apostó claramente por la investigación, creando el Centro de Mejora y Demostración de la Técnica Oleícola (Cemedeto) en la Alameda del Obispo (Córdoba), que junto con la Escuela Técnica Superior de Ingenieros Agrónomos de la Universidad de Córdoba, dieron un fuerte impulso al conocimiento de las técnicas de cultivo. La propuesta de olivares a un solo pie, fácilmente mecanizables, con un incremento de la densidad de plantación fue la clave de este desarrollo. Este modelo se presentó como alternativa al olivar tradicional. Era el inicio de la "Moderna Olivicultura", dando lugar a las denominadas *plantaciones intensivas*. Sin embargo, no tuvo una rápida aceptación por la mayoría de olivareros, con grandes reticencias a introducir estos cambios, confiando en el saber hacer de toda la vida. Una parte de los olivares plantados en los años 80 y principios de los 90 se mantuvieron con marcos amplios y varios troncos por árbol.

En los años 90 se inició una nueva revolución. La entrada de España en la Comunidad Económica Europea (actual Unión Europea) y las ayudas vinculadas a la producción hizo que la superficie de olivar ocupada por modernas plantaciones intensivas fuese aumentando, principalmente en zonas con menor tradición olivarera, donde se aceptaron las nuevas técnicas con mayor rapidez y menos reticencia, apoyados en los estudios que demostraban que los olivares intensivos eran más productivos y mecanizables. A la vez, una prolongada sequía provocó una progresiva extensión de la aplicación de riego, que produjo un incremento notable de la productividad del olivar y elevó de manera notable la producción española (Figura 9.1). Esto hizo aún más diverso el escenario del olivar español. A las diferencias productivas entre los dos modelos (tradicional e intensivo) se unieron las que hay entre olivares con idéntica densidad de plantación en secano o en regadío, sin olvidar la tipología del olivar con alta pendiente o de montaña, también denominado 'no mecanizable', de menor productividad.

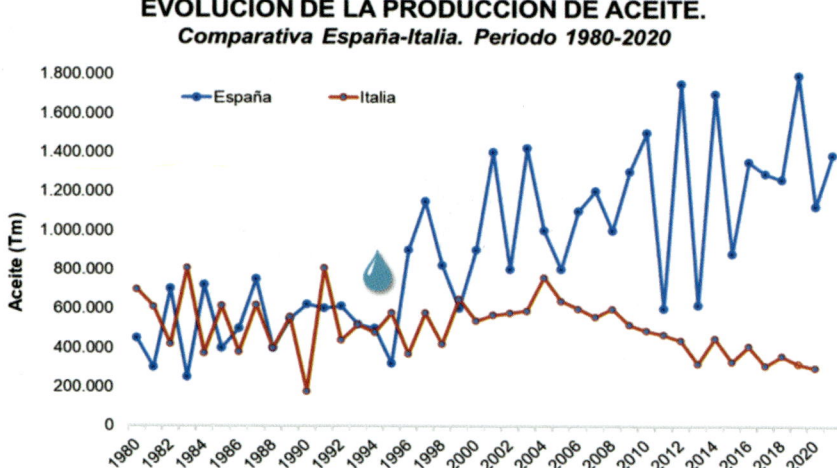

Figura 9.1. Evolución comparativa de la producción de aceite de oliva entre Italia y España en el periodo 1980-2020. El incremento de las diferencias a partir de la mitad de los años 90 se debe a la entrada en producción de las nuevas plantaciones intensivas, y a la puesta en riego de numerosas hectáreas de olivar tradicional

A mitad de los años 90, en plena expansión del cultivo en España, se vivió una importante coyuntura laboral, con una situación de dificultad para encontrar mano de obra, principalmente en recolección. En ese momento surgieron en el norte de España las plantaciones denominadas *superintensivas* (posteriormente *en seto*), con densidades de plantación en torno a 2.000 ol/ha. Se trató de una adaptación del cultivo de la viña en espaldera cosechado con una máquina cabalgante. El olivar superintensivo supuso una nueva revolución con importantes cambios en las técnicas de cultivo, donde la formación de la planta exigía una adaptación a dimensiones limitadas por la cosechadora que suponía un auténtico reto técnico, dada la rusticidad del olivo. Uno de los principales objetivos de este modelo era reducir drásticamente tanto la mano de obra empleada en recolección, como el tiempo empleado para cosechar. Además, al tener un mayor número de plantas por superficie se presentaron como plantaciones mucho más productivas. Sin embargo, a igualdad de condiciones edafoclimáticas con las plantaciones intensivas, esto solo ocurre en los primeros años. Por el contrario, este modelo presentaba una serie de desventajas: una mayor inversión inicial, limitación en las variedades aptas para seto, muy exigente en las dimensiones máximas de altura y anchura, y unos requerimientos mayores de poda y mucho más tecnificados. Habría que sumar otros impedimentos puntuales, como la topografía del terreno, que no permite pendientes elevadas para que la cosechadora pueda trabajar o una menor operatividad en explotaciones de pequeñas dimensiones, unido a una gran incertidumbre que había en los inicios sobre su longevidad.

La mayoría de las nuevas plantaciones de olivar que se realizaron hasta los últimos años de la década 2010-2020 fueron intensivas (Figura 9.2), aunque es destacable la evolución del olivar superintensivo, con más del 20% de plantaciones ejecutadas con este modelo en el periodo 2010-2015. Sin embargo, una nueva gran crisis de mano de obra, unido a una inicial bajada de la inversión en las plantaciones superintensivas, provocó un nuevo cambio profundo en el escenario. En la actualidad es el modelo que se ejecuta en campo en aquellas zonas donde la orografía lo permite y deja cortas las previsiones que hicieron Vega y Tous en el año 2019 (Figura 9.2).

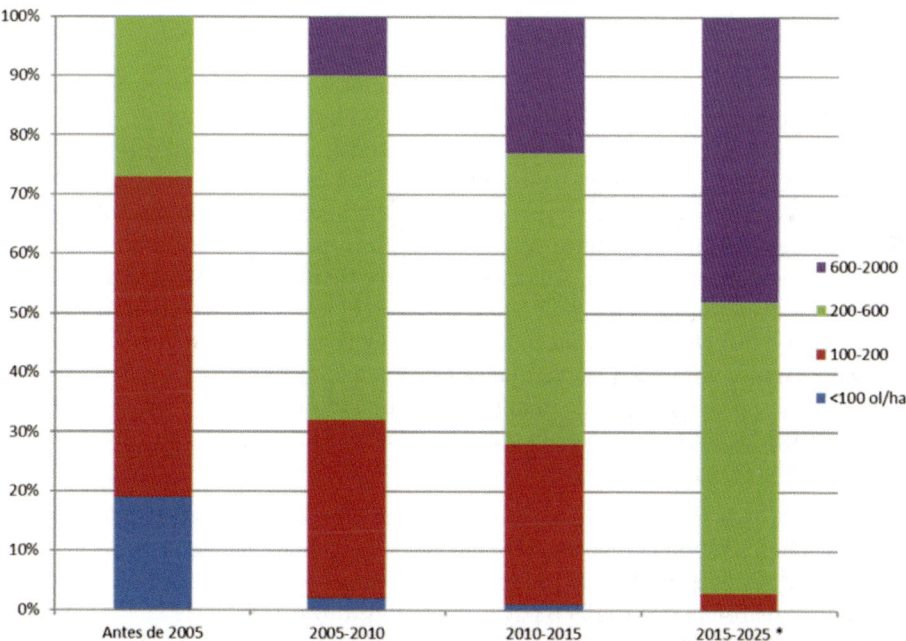

Figura 9.2. Densidades de plantación utilizadas en las nuevas plantaciones de olivar, junto con la estimación hecha por los autores para el periodo 2015-2025. Fuente Tous y Vega, 2019.

La rentabilidad económica es el objetivo que debe perseguir toda plantación comercial de olivar, que será tanto más alta cuanto mayor sea la diferencia entre el valor de la producción y los gastos de cultivo. Uno y otros se pueden modificar con las técnicas de cultivo empleadas, pero todos se ven condicionados por el medio de cultivo en que se vegeta el olivar, por cómo se ejecuta la plantación, por la variedad empleada y por la disponibilidad de agua para poder regar, entre otras. Para que un olivar sea rentable debe cumplir unas condiciones como ofrecer un producto aceptado por el mercado, tener un periodo improductivo lo más corto posible, aprovechar al máximo el medio natural en el que crece y ser mecanizable. A estas condiciones hay que añadir una más, que consiste en la exigencia, cada vez más urgente, de producir sin destruir el medio natural en el que se desarrollan los cultivos.

Teniendo en cuenta que un olivar es una inversión a largo plazo, es importante realizar estudios previos, necesarios para conocer aspectos de la variedad y el sistema de plantación a emplear, el suelo donde se va a implantar, incluyendo un estudio sobre posibles patógenos en el suelo, la orografía del terreno y el clima típico de la zona, pues estos factores pueden condicionar la rentabilidad de la plantación.

2. Diseño de la plantación

2.1. Factores limitantes en una plantación de olivar: luz y agua

En condiciones normales, los principales factores limitantes para conseguir la máxima productividad en un cultivo son la luz y sobre todo el agua. En secano, la pluviometría y su irregular reparto a lo largo del año, junto con la fertilidad y profundidad del terreno en el que se desarrollan numerosos olivares, han condicionado a lo largo de los siglos el marco de plantación y la poda practicada. Los olivareros tradicionales siempre han controlado el desarrollo vegetativo de los árboles de forma intuitiva mediante la poda, adaptando el marco de plantación y el tamaño de los olivos a la disponibilidad de agua almacenada en el suelo. Así, en zonas de escasa pluviometría o suelos con poca capacidad de almacenamiento de agua, los marcos de plantación se amplían a la vez que se reduce la copa de los olivos. Sirva como ejemplo el caso de una zona de gran tradición olivarera en Sfax (Túnez), donde la pluviometría media es de unos 200 mm/año y las densidades existentes son inferiores a 25 ol/ha (Figura 9.3).

Cuando se dispone de agua suficiente para regar y evitar el estrés hídrico en la planta durante la totalidad de su ciclo, la interceptación de radiación solar se convierte en el factor que limita la producción. La luz es responsable de la síntesis de hidratos de carbono en la hoja a partir del anhídrido carbónico de la atmósfera y del agua del suelo. La falta de luz produce modificaciones en la hoja, llegando a provocar su caída, e influye en procesos relacionados con la producción, reduciendo el potencial productivo. Por el contrario, las zonas del olivo bien iluminadas producen mayor cantidad de frutos, de mayor tamaño y con más contenido graso.

Figura 9.3. Vista de un olivar con densidad de plantación inferior a 25 ol/ha en la región de Sfax (Túnez).

El diseño correcto de la plantación permitirá alcanzar los objetivos enunciados anteriormente de acortar el periodo improductivo, aprovechar al máximo el medio de cultivo y mecanizar las operaciones. La plantación debe realizarse de forma que la captación de radiación luminosa sea la mayor posible, evitando sombreamientos indeseables de unos árboles sobre otros. Las operaciones de poda juegan un papel importante para mantener una buena iluminación del olivo. El concepto de *volumen óptimo de copa,* se define como el máximo volumen de copa que cada medio productivo puede soportar, con independencia del marco de plantación utilizado, sin que se produzca el colapso de la producción. Con el volumen de copa se pretende cuantificar la biomasa vegetal del árbol. Tradicionalmente se ha estimado mediante una aproximación al volumen de la forma geométrica que envuelve la copa del olivo, a partir de dos diámetros principales, perpendiculares entre sí y la altura. Actualmente, con el desarrollo de la tecnología tanto de sensores, como de teledetección y computación, las dimensiones de los árboles se pueden obtener de forma mucho más precisa. El volumen de copa óptimo para el secano puede oscilar entre los 6.000 y 10.000 m^3/ha, según el medio productivo, mientras que en regadío pueden llegar hasta los 12.000-14.000 m^3/ha, en función de la disponibilidad de agua. (Pastor *et al.,* 2001). Junto con el volumen óptimo de copa hay que tener en cuenta el concepto de *superficie foliar externa*, que es la que recibe la mayor iluminación, y, por tanto, se encuentra íntimamente relacionada con la producción. Es un concepto que determina el éxito de las plantaciones intensivas frente a las denominadas tradicionales, al presentar una superficie foliar externa superior para un mismo volumen de copa, y que también juega un papel fundamental en las plantaciones en seto, que, aunque presentan un volumen de copa inferior a las intensivas, al estar el seto condicionado por las dimensiones de la cosechadora, tienen una superficie foliar externa iluminada mayor por unidad de volumen.

2.2. Elección de variedades

La elección de la variedad o variedades a plantar es un punto fundamental en el diseño de una plantación. Hay que seleccionar aquellas que se adecúen a los objetivos de mercado, de la rentabilidad e incluso de la dimensión de la plantación. La productividad, rendimiento graso, resistencia a plagas y enfermedades, adaptación al medio (clima y suelo), así como las características del aceite son variables que juegan una especial relevancia a la hora de tomar la decisión. La presencia en la plantación de más de una variedad con fechas de maduración diferentes permite el escalonamiento de la recolección en las diferentes variedades y proporciona un período más amplio para realizarla, lo que redunda en un mejor uso de los recursos de la explotación como son la maquinaria, la mano de obra y la almazara en su caso. Si se opta por una plantación en seto, además deben cumplir unas características específicas, como presentar un reducido vigor en las condiciones de cultivo y una rápida entrada en producción que permita recuperar antes la inversión realizada.

Las variedades utilizadas en plantaciones tradicionales e intensivas se comentan ampliamente en el correspondiente capítulo del libro. Las nuevas plantaciones intensivas en España han sido ejecutadas principalmente con las variedades 'Picual' y 'Arbequina' para producción de aceite, 'Manzanilla de Sevilla' para aceituna de mesa y 'Hojiblanca' con doble actitud. 'Arbequina' ha demostrado una gran plasticidad, pues se ha plantado en todo el mundo, en condiciones muy diversas de clima y suelo, y durante muchos años ha sido la variedad casi única para las plantaciones en seto. En los últimos años, 'Arbosana', por tener un porte más compacto y con menor desarrollo vegetativo y una maduración más tardía, ha ocupado parte del dominio de 'Arbequina' en zonas donde la influencia del frío es baja. Ambas variedades presentan unos aceites con la estabilidad y el contenido en polifenoles más bajo que la mayoría de las tradicionales, lo que debe ser tomado en consideración a la hora de realizar una nueva plantación. 'Koroneiki' es otra variedad clásica que se ha utilizado en plantaciones superintensivas, pero su excesivo vigor y complicaciones en el manejo, ha hecho que su uso no sea muy extendido. Los programas de mejora genética, tanto públicos como privados, se han centrado fundamentalmente en ofrecer nuevas variedades para este tipo de sistemas de plantación, y son múltiples las nuevas variedades que han aparecido en el mercado, como se comentará posteriormente en el capítulo. No obstante, la mayoría presentan una erosión genética clara, al contener genes de 'Arbequina', uno de los parentales utilizado en los cruzamientos para obtener estas nuevas variedades que influye en que sus aceites tengan una baja estabilidad en general.

2.3. Tipos de plantación

En terrenos llanos o suavemente ondulados, con pendientes menores del 6%, la distribución de los olivos a distancias regulares, según el marco de plantación elegido, facilita la mecanización y permite combatir la erosión y la pérdida de agua por escorrentía. Cuando las pendientes del terreno superan el 6%, los problemas comienzan a ser evidentes. La plantación debe ser hecha de modo que las labores y el tránsito de la maquinaria se hagan por calles que se aproximen lo más posible a las curvas de nivel del terreno. De esta manera, se consigue reducir las pérdidas de suelo por escorrentía, por lo que los marcos rectangulares son más apropiados para estos casos. En plantaciones en seto, el riesgo de vuelco lateral de las cosechadoras es mayor que el frontal, por lo que las plantaciones en seto suelen diseñarse a favor de la pendiente, lo cual favorece las pérdidas de suelo, especialmente en las zonas del terreno donde no existe cobertura vegetal durante el invierno.

Figura 9.4. Cuando la pendiente del terreno es elevada es necesario realizar la plantación en terrazas siguiendo las curvas de nivel para luchar con eficacia contra la erosión y aprovechar al máximo el agua de lluvia.

Apenas se ven ya nuevas plantaciones donde las hileras de olivos coinciden con las curvas de nivel. Son las denominadas 'plantaciones en curvas de nivel' (Figura 9.4), donde la distancia entre filas es variable, lo que dificulta y encarece la mecanización, teniendo, por el contrario, la ventaja que facilitan la lucha contra la erosión y la pérdida de agua por escorrentía (Fernández-Escobar, 1996). Son indicadas para pendientes superiores al 12% y su construcción debe realizarse previo a la plantación (Figura 9.5). El laboreo por el centro de las calles siguiendo las curvas de nivel favorece la formación de terrazas que contribuyen a conservar el suelo y el agua. Las dificultades señaladas anteriormente son la causa de que este tipo de plantaciones no se haya extendido, a pesar de la tecnología existente para poder realizar un diseño preciso.

Figura 9.5. Diseño de una plantación en curvas de nivel.

En pendientes que superan el 25%, el método eficaz para luchar contra la erosión es la construcción de bancales en donde se distribuyen los olivos de forma regular. A la dificultad de mecanización que ofrecen las plantaciones en bancales hay que añadir su elevado coste. Este sistema está extendido en algunas zonas como ocurre en las islas Baleares (Figura 9.6).

Figura 9.6. Olivar en bancales (izq). Olivo de Can Det (dcha.). Mejor olivo monumental de España otorgado por AEMO en el año 2020. Fotografías gentileza de Joan Deyá.

2.4. Marcos de plantación

La disposición de las plantas en el terreno determina los marcos de plantación. Los olivos se disponen habitualmente en los vértices de una figura geométrica: triángulo, cuadrado o rectángulo, y se fija la distancia entre plantas y líneas de cultivo para que puedan desarrollarse adecuadamente. Con ello se pretende aprovechar el espacio de cultivo al máximo sin perjudicar el desarrollo óptimo de la planta. Los marcos de plantación en olivar son:

- Tresbolillo. Las plantas se disponen en los vértices de un triángulo equilátero. Es la disposición que mejor aprovecha el terreno, pues aumenta el número de plantas por unidad de superficie para una misma distancia entre plantas. Antiguamente este marco de plantación se ha utilizado bastante, pero en la actualidad está en desuso, pues se dificultan las labores al tener tres calles principales.

- Real o cuadrado. Los olivos se disponen en los vértices de un cuadrado. Aquí se tienen dos calles principales de trabajo, y su uso ha sido muy extendido en el pasado.

- Rectangular. En este caso, los olivos se sitúan en los vértices de un rectángulo, de manera que habitualmente solo hay una calle principal de trabajo, que sirve para evitar la erosión cuando la pendiente es moderada, ya que las labores, el tránsito en una única dirección, la disposición de la cubierta vegetal y las tuberías portagoteros junto a los troncos de los árboles en el caso de que la plantación sea de regadío contribuyen a reducir las pérdidas de suelo. Es el marco de las plantaciones en seto, donde la distancia entre árboles es bastante baja (entre 1 y 2,5 m).

- En curvas de nivel. Comentado en el anterior apartado, donde la distancia entre filas es variable, pues se adaptan a las curvas de nivel. Es un marco de plantación que reduce mucho las pérdidas de erosión y recomendado para fuertes pendientes.

2.5. Densidades de plantación

La densidad media de las plantaciones a nivel mundial sigue siendo baja, aun cuando la gran mayoría de las nuevas que se ejecutan en la actualidad son de una densidad elevada. Cerca de 2,5 millones de hectáreas poseen una densidad inferior a 80 ol/ha (elaboración propia a partir de COI, 2015) y más de 5 millones tienen entre 80 y 150 ol/ha, lo que supone que aproximadamente tres cuartas partes de la superficie de olivar mundial posee menos de 150 ol/ha. Por consiguiente, la mayoría del olivar actual tiene una productividad baja y está poco mecanizado.

Las densidades utilizadas en olivares tradicionales son muy variables, según las zonas de cultivo, yendo desde 20-25 olivos/ha en olivares de Sfax (Túnez), hasta 400 olivos/ha en algunas comarcas de Toscana (Italia). En el olivar tradicional de Grecia se han utilizado densidades altas, próximas a los 200 olivos/ha; en Italia se han empleado densidades algo superiores a 100 olivos/ha y en España alrededor de 75 olivos/ha (Morettini, 1972).

También en Andalucía, la densidad de plantación más frecuente en plantaciones tradicionales está comprendida entre 70 y 80 olivos/ha. Además, estas plantaciones se caracterizan por tener entre 2 y 4 troncos (denominados pies o patas) por olivo. Aunque a partir de los años 70 se iniciaron las plantaciones intensivas con un solo tronco y desde finales de los años 90 se incorporaron las plantaciones en seto, la densidad media en 2015 era de 132 ol/ha en Andalucía (Plan Director del Olivar, 2015) y el 70% de la superficie de olivar andaluz sigue siendo tradicional.

Como se ha comentado, la implantación de la "Moderna olivicultura" desde los años 70 ha sido complicada, pues ha encontrado una fuerte reticencia por parte de los olivareros tradicionales. En aquella época era impensable afrontar una renovación del olivar, debido a los elevados precios de las fincas y la falta de convencimiento en la olivicultura que se estaba abriendo paso. Los agricultores cuestionaban la viabilidad de las nuevas plantaciones de olivar a un pie y con marcos más densos, y seguían apostando por los sistemas de plantación tradicional. Fueron múltiples los ensayos comparativos que se diseñaron en aquella época (Figura 9.7), fundamentalmente en secano, pero también en riego.

Figura 9.7. Vista del ensayo ubicado en Mancha Real donde se compararon diferentes densidades de plantación.

Como ejemplo, un ensayo de densidades y marcos de plantación realizado con la variedad 'Picual' (Pastor *et al.*, 1993) en condiciones de secano con un suelo profundo y una pluviometría media de 500 mm anuales (Figura 9.8).

En los primeros años de vida (del tercero al sexto), la producción de los tratamientos con mayor densidad casi triplica a la de 100 olivos/ha (Figura 9.8 A). Esto supone que la producción en los primeros años y la rentabilidad económica es más elevada conforme aumenta la densidad. La producción media correspondiente a los años del 11 al 14 crece al aumentar la densidad hasta los 312 olivos/ha y disminuye ligeramente para la densidad de 400 olivos/ha (Figura 9.8 C), pues ya ha llegado a rebasar el volumen de copa óptimo. En el conjunto de las 11 cosechas controladas, las densidades de 312 y 400 olivos/ha han sido más productivas que las de 100, 156 y 204 olivos/ha, manteniendo aquellas la ventaja inicial de la más rápida entrada en producción (Figura 9.8 B).

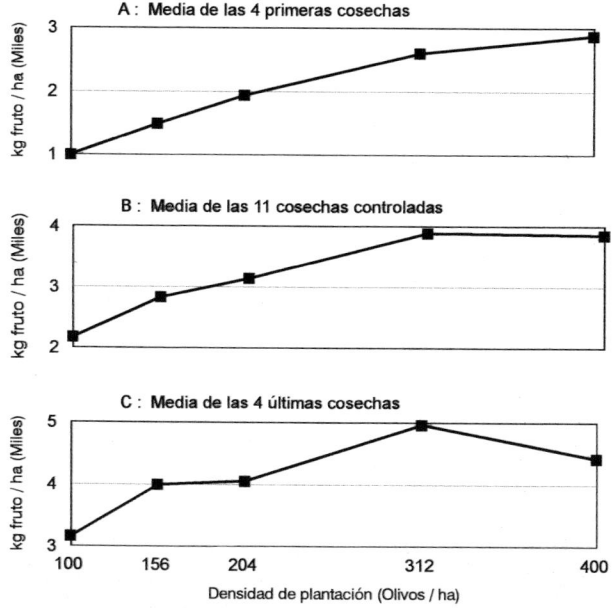

Figura 9.8. La producción media de las de las 4 primeras cosechas (A) aumenta al aumentar la densidad de plantación. La producción media de las 11 cosechas controladas (B) aumenta entre 100 y 312 olivos/ha y se mantienen para 400 olivos/ha. En los 4 últimos años (C) la producción media aumenta entre 100 y 300 olivos/ha y disminuye para la densidad de 400 olivos /ha. Elaboración a partir de Pastor *et al.* (1993).

En la Figura 9.9 se muestran los resultados de un ensayo de diferentes densidades realizado en condiciones de riego, con una calle común de 6 m para todas las densidades, y actuaciones de poda mínimas con el fin de obtener rápidamente el volumen óptimo de copa (Pastor *et al.,* 1998). Se observa que las producciones crecen a medida que aumenta la densidad de plantación, como sucedía en el ensayo de secano. En los primeros años de vida (del tercero al sexto) la producción de la plantación más densa (450 olivos/ha) duplica a la de 200 olivos/ha, lo que supone un ritmo de entrada en producción y una rentabilidad económica más elevada conforme aumenta el número de plantas por superficie.

Las producciones de las cuatro últimas cosechas controladas, correspondientes a edades de los olivos entre 11 y 14 años, siguen siendo más altas para las mayores densidades, aunque en el último bienio se igualan, e incluso se observa un descenso apreciable en la densidad más elevada (450 ol/ha). Según el protocolo del ensayo, las podas fueron muy ligeras, con el objetivo de ver el potencial productivo sin restricción por la poda. Se observa que las densidades más altas llegan a rebasar el volumen de copa óptimo, produciéndose importantes sombreamientos en los olivos, que se traduce en una importante defoliación y descenso en la producción (Figura 9.10). Además, se pone en peligro la sanidad de la plantación, más expuesta a las enfermedades fúngicas.

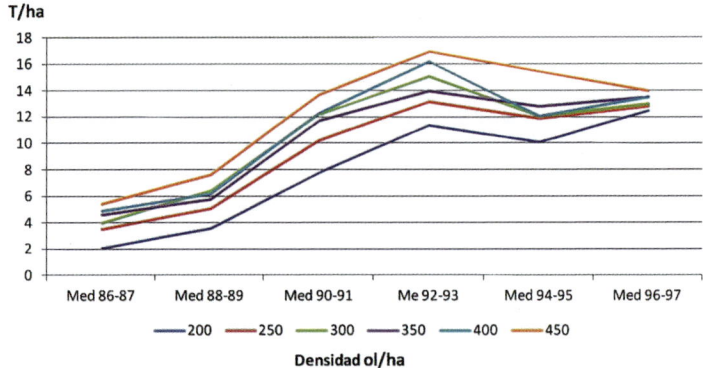

Figura 9.9. Evolución de la producción media bienal de las 12 primeras cosechas expresada en t/ha. A partir del cuarto bienio la producción tiende a mantenerse o disminuir, salvo para 200 ol/ha, convergiendo entre 12 y 14 t/ha. Según Pastor *et al.*, (1998).

Figura 9.10. Vista de una plantación con volumen de copa superior al óptimo (superior), que acaba perdiendo la hoja (inferior) por problemas de sombreamientos y enfermedades fúngicas.

En 1999 se inició un ensayo de densidades de plantación, en la variedad 'Arbequina' ubicado también en la finca Alameda del Obispo (Córdoba). Los tratamientos fueron: 204 ol/ha, 408 ol/ha, 816 ol/ha y 1904 ol/ha. Se aportó riego sin limitación y, al igual que en el anterior ensayo, se realizaron podas de formación muy ligeras para llegar al volumen de copa óptimo en el menor tiempo, evaluando el máximo potencial productivo de cada cosecha sin intervenciones importantes de poda que pudiesen influir en el resultado. En la Figura 9.11. se puede ver que el patrón observado en los anteriores ensayos se mantiene, donde las producciones guardan una estrecha relación con el número de árboles mientras no existe competencia entre ellos, es decir, en los primeros años (Pastor et al, 2007).

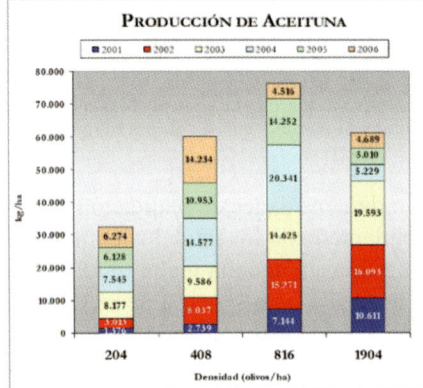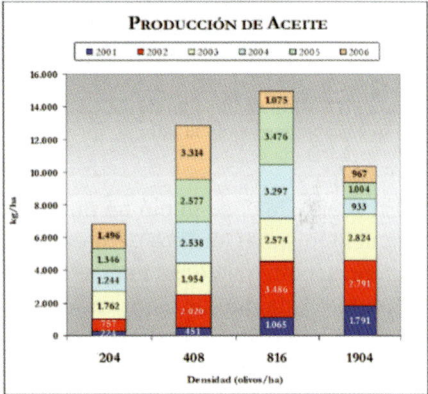

Figura 9.11. Resultados de producción en las 6 primeras cosechas, tanto de aceituna (izq.) como de aceite (dcha.) en un ensayo de diferentes densidades de plantación en Alameda del Obispo.

Sin embargo, la competencia entre olivos por la luz, y los problemas de sombreamiento cuando el volumen de copa supera al óptimo se tradujeron en una gran bajada en la producción y en un drástico descenso en el rendimiento graso de las aceitunas de las partes más bajas del seto (densidad 1904 ol/ha) en los tres últimos años del ensayo (cosechas 4ª a 6ª), que acabaron por presentar defoliación severa (Figura 9.12), similar a lo observado en los tratamientos con mayor densidad del anterior ensayo para plantaciones intensivas (Figura 9.10).

El control del crecimiento del seto constituye uno de los principales puntos débiles de este tipo de plantaciones. Al apreciable aumento de la producción en los primeros años, motivado por un mayor número de árboles que mantienen su individualidad cuando son pequeños y no compiten por la luz, el agua y los nutrientes, le debe seguir la estabilización de la producción cuando se forma el seto, procurando evitar problemas relacionados con un desarrollo excesivo de los olivos. La poda juega un papel fundamental para mantener la estructura sin que se reduzca el potencial productivo. En el capítulo de poda se plantean las bases de su manejo.

Figura 9.12. Vista de una plantación en seto con un excesivo desarrollo no controlado con la poda, que acaba perdiendo la hoja por problemas de sombreamientos y enfermedades fúngicas.

En el año 2017 se inició un nuevo ensayo de densidades de plantación en Alameda del Obispo (Córdoba). En este caso se planteó con los modelos comerciales más representativos de las nuevas plantaciones que en aquella fecha se realizaban en campo. Cada uno de estos modelos está asociado a un sistema de recolección específico y la poda es realizada por las empresas que promulgaban los diferentes sistemas en la fecha inicio del ensayo. Los tratamientos son:

- Intensivo (I): marco de plantación de 7 × 3,42 m (416 ol/ha). N. Asociado a una recolección con vibradores de tronco, con árboles formados a un solo tronco y copa en vaso libre (Figura 9.13). La recolección se realiza con vibrador de troncos autopropulsado y con movimiento de mantones.

Figura 9.13. Vibrador de troncos autopropulsado con movimiento de mantones utilizado en el tratamiento intensivo (I).

• Alta Densidad (AD), marco de plantación de 6 × 2 m (833 ol/ha). 2N. Permite conseguir un dosel vegetativo continuo para ser recolectado con una cosechadora integral, arrastrada o autopropulsada de grandes dimensiones (Figura 9.14), formando una estructura dinámica de ramas semiflexibles en su tramo inferior y flexibles en medio y final, que arrancan de la zona entre 0,50-0,80 m de altura desde el suelo hasta la parte superior del árbol, modificando la geometría del seto. La separación entre calles y la dimensión de la cosechadora permiten que la altura de la plantación sea superior a la de los modelos con mayor densidad de plantación.

Figura 9.14. Cosechadora integral arrastrada por un tractor utilizada para el tratamiento denominado Alta densidad (AD).

• Superintensivo, con formación en eje central (SC): marco de plantación de 4 × 1,5 m (1666 ol/ha). 4N, cosechado con una recolectora cabalgante autopropulsada (Figura 9.15). El objetivo de este tipo de plantaciones es conseguir el máximo productivo en el menor tiempo posible, utilizando una elevada densidad de árboles para conformar un seto rápidamente, que pueda ser recolectado mediante una cosechadora integral autopropulsada. La formación de las plantas de este tratamiento exige el montaje de una espaldera a la que se atan tutores altos, generalmente de bambú, en los que se fija la planta a medida que crece, dando lugar a una formación que podemos denominar en eje central, por el atado de la planta a la caña, aun cuando la formación real de la estructura del seto adulto busca una especie de palmeta, con unas ramas principales situadas en el mismo plano por donde pasa la máquina cabalgante.

- Superintensivo, con rebaje en la formación y sin espaldera (SR): marco de plantación de 4 × 1,5 m (1666 ol/ha). 4N, cosechado con una recolectora cabalgante autopropulsada (Figura 9.15). Este sistema persigue el mismo objetivo que el anterior, pero utilizando un sistema de poda de formación con rebajes en altura, permitiendo el uso de tutores más pequeños y opcionalmente suprimiendo la espaldera, lo que se traduce en una reducción de la inversión inicial y la proliferación de numerosos rebrotes laterales entre los que se elegirán aquellos que formen la estructura de la futura "falsa palmeta". Las dos variantes del modelo superintensivo difieren, por tanto, exclusivamente en la formación de la planta y en el manejo que se hace de la poda en los primeros años.

Figura 9.15. Cosechadora integral autopropulsado utilizada para los tratamientos superintensivos SR y SC.

Analizando en su conjunto los cinco años productivos del ensayo (Figura 9.16), cabe destacar que las intervenciones de poda de formación aplicadas en los años 2018 y 2019 al tratamiento SR supusieron una merma importante en la capacidad productiva en los años 2019 y 2020 (Hidalgo *et al.*, 2024). Tras la recuperación productiva ocurrida en los siguientes años donde la poda fue ligera, se observa en 2022 un nuevo descenso en la producción con relación a SC, debido a la poda practicada en SR.

En cuanto al resto de tratamientos de menor densidad (AD e I) mantiene las diferencias con respecto a SC en producción de aceite, con gráficas acumuladas que mantienen cierto paralelismo (Figura 9.16). El desarrollo vegetativo en AD ha permitido la formación de un dosel continuo similar a SC y SR. En cuanto a la producción acumulada de aceituna, no se observan diferencias estadísticas entre los tres tratamientos de seto SC, SR y AD, oscilando entre las casi 11 t/ha de aceite

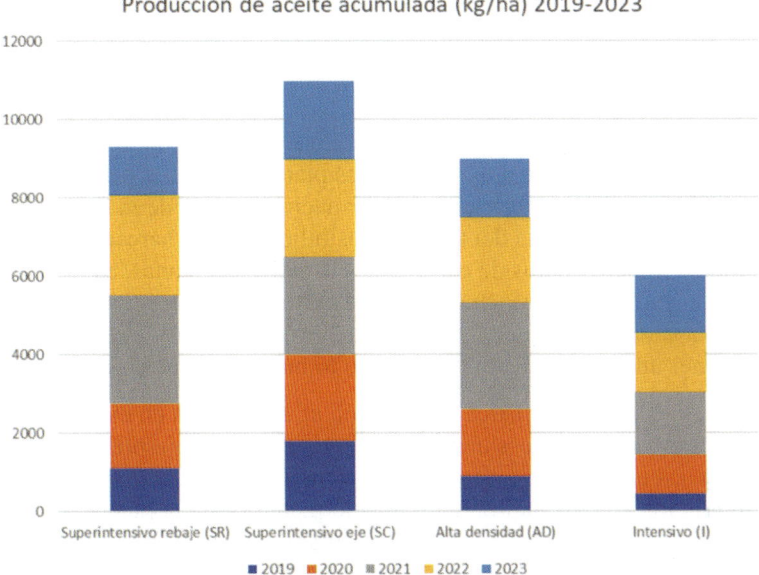

Figura 9.16. Producción de aceite (kg/ha) acumulada de los diferentes tratamientos en las 5 primeras campañas. Ensayo Alameda del Obispo.

del SC y las 8,4 t/ha del AD. En concreto, el tratamiento AD, que tiene la mitad de plantas por hectárea que SC y SR ha producido solo un 23% menos aceite que SC, y un 9% menos que SR en la suma de las cinco primeras cosechas. Esto puede ser interesante, pues el tratamiento AD, al ser cosechado por una máquina arrastrada con más altura de trabajo que la autopropulsada, permite usar un catálogo más amplio de variedades en el diseño de la plantación. El tratamiento I es el que presenta la producción acumulada más baja, como cabía esperar, al no haber llegado aún a su máximo potencial productivo (volumen óptimo de copa). En cuanto a la producción acumulada de aceituna del tratamiento I, es significativamente menor a los modelos en seto (SC, SR y AD), con 5,6 t/ha de aceite acumulado en los 5 años, y habrá que esperar a los siguientes para observar su máximo potencial productivo y poder comparar todas las densidades de plantación en una situación similar, donde la poda de producción jugará un papel fundamental. La producción de los primeros años de vida del olivar, donde se busca llegar al máximo productivo en el menor tiempo posible es un factor importante a tener en cuenta en los análisis que se realicen de los diferentes modelos productivos de este ensayo. El precio del aceite, con las importantes fluctuaciones anuales que presenta, también puede condicionar el éxito de uno u otro modelo, Por ello, el análisis económico debe ser considerado para cada situación particular, donde hay que tener en cuenta la inversión inicial y todos los costes de cultivo asociados, en los que la poda de formación, y la recolección pueden variar notablemente entre modelos. Por ejemplo, la velocidad de la cosechadora y el número de filas a recolectar tienen una influencia evidente en la rentabilidad final.

2.6. Realización de la plantación

La realización correcta de la plantación, de acuerdo con el diseño previamente elegido, asegura el rápido desarrollo de las plantas y evita la pérdida de algunas de ellas. Es importante recabar toda la información posible de la finca: climatología, tipo de suelo, topografía del terreno, posibilidad de encharcamiento, etc. Para ello se pueden obtener datos de estaciones climáticas cercanas, es recomendable realizar una o varias calicatas, en el caso que existan diferentes tipos de suelo, para determinar la textura y profundidad de suelo, tomar muestras de suelo para su análisis, y obtener un levantamiento topográfico lo más exacto posible.

Replanteo. Consiste en marcar la posición de los árboles en el campo de modo que se reproduzcan los marcos elegidos. Se trata de un trabajo previo, que normalmente se realiza en gabinete y que posteriormente se llevará a campo. Una correcta alineación de los árboles facilitará el manejo posterior de la plantación. Si la superficie a plantar es grande y el terreno ondulado, como es muy frecuente en las plantaciones de olivar, es conveniente que el replanteo lo hagan profesionales con experiencia. Con el desarrollo de las técnicas de geolocalización, unido a la precisión cartográfica existente, se han conseguido importantes avances en el diseño y la posterior plantación en campo de un olivar. Cuando el marco de plantación elegido es rectangular, el más utilizado en la actualidad, y existe pendiente, la disposición de las calles debe realizarse perpendicularmente a la línea de máxima pendiente (Figura 9.17), con el fin de evitar en lo posible la erosión y debe ser tenido en cuenta en el replanteo. Esta disposición siempre es preferible a la recomendada orientación norte-sur, que se apoya en la base teórica de mayor interceptación de radiación solar y que debe ser tenida en cuenta en el caso de terrenos llanos o con una pendiente muy ligera. Todo ello puede dar lugar a que en una misma finca convivan parcelas con diferentes orientaciones en función de la orografía del terreno.

Figura 9.17. Replanteo de una plantación de olivar donde se tiene en cuenta las curvas de nivel para disponer las líneas de olivo. Gentileza AGR De Prado.

En el replanteo también deben fijarse las calles perimetrales, para tener un fácil acceso a las parcelas y que la maquinaria pueda trabajar con suficiente espacio. Para ello la anchura del camino perimetral debe ser de unos 8 metros, y los caminos intermedios no inferior a 6 m. Si existe riesgo de encharcamiento, hay que considerar el diseño de un sistema de drenaje que lo evite, ya que el olivo es muy sensible al encharcamiento y las enfermedades asociadas al exceso de humedad. Para todo ello será necesario realizar nivelaciones con el fin de obtener caminos, y en su caso desagües, para facilitar el tránsito de maquinaria y la evacuación del agua. Es fundamental realizar una o varias calicatas, en función de los tipos de suelo existentes, para determinar la profundidad del suelo, su textura y los diferentes horizontes edafológicos (Figura 9.18).

Figura 9.18. Calicatas de dos perfiles de suelo totalmente diferentes entre sí en cuanto a profundidad, textura y material.

Preparación del terreno. Fundamental para que las raíces puedan explorar mejor el suelo. La primera operación es la descompactación del suelo, para lo que se suele utilizar un subsolador. Estas labores profundas son muy efectivas con el terreno seco (Figura 9.19izq). El resto de labores de preparación del terreno requieren de cierta humedad (tempero), por lo que suele haber un periodo de descanso entre operaciones. La grada de discos es un apero que disgrega los terrones y que suele utilizarse en la primera fase de las labores superficiales. Actúa mediante discos verticales que se clavan en el suelo con una profundidad que depende del diámetro de los discos, del peso del apero y del ángulo de los discos con la dirección de avance. Si el terreno está muy húmedo pueden provocar compactación del terreno. El cultivador o bien una grada rápida (Figura 9.19dcha) son los aperos que realizan labores más superficiales, entre 0 y 20 cm, siendo de gran utilidad para eliminar los posibles terrones y las malas hierbas.

Figura 9.19. Izquierda Subsolador para descompactar el terreno. Derecha Grada de discos rápida
para dejar el terreno listo para la plantación.

Realización de caballones. Cuando las posibilidades de encharcamiento temporales son evidentes, en suelos con un horizonte superficial apto para el cultivo del
olivar y un horizonte con dificultades de drenaje, además de diseñar la red de drenaje en el caso que fuese necesario, se disponen caballones. Esta técnica ha resultado efectiva en terrenos arcillosos, donde la infiltración de agua de lluvia es lenta y el
riesgo de encharcamiento temporal es elevado, que hacen poco productivo el cultivo, retrasan el desarrollo de las plantas y proporcionan cosechas escasas debido a la
muerte por asfixia de parte del sistema radical. Los caballones deben ser hechos con
tierra procedente del horizonte superficial y en la preparación del terreno se deben
evitar labores de vertedera que mezclen este horizonte con los horizontes más profundos que tienen problemas de drenaje. Existen diferentes aperos para el diseño de
los caballones (Figura 9.20), que los realizan con anchura y altura variable.

Ejecución de la plantación. Cuando el terreno ha sido preparado en toda su extensión y en una profundidad suficiente, es el momento de la plantación propiamente dicha. Aquí es muy importante el formato de planta, que suele ser fijado en
el contrato de compraventa que se firma con el vivero suministrador. En la actualidad, el tamaño de las plantas se ha ido reduciendo paulatinamente con relación
al tipo de planta descrita en anteriores ediciones de este libro. La tendencia actual,
provocada por una gran demanda, es de plantar olivos con poca altura, considerando como mínima a partir de 40 cm. Evidentemente, siempre es mejor utilizar plantas de mayor tamaño, pues el riesgo de pérdida se reduce, a la vez que facilita las
operaciones posteriores a la plantación, aunque el precio se incrementa y la disponibilidad se reduce.

Es muy común realizar la plantación directa con equipos guiados con GPS, de
manera que en la fase de replanteo ya se definen los puntos donde irán dispuestas
las plantas (Figura 9.21). Con este sistema se puede llegar a conseguir una gran
precisión en la disposición de la planta (hasta 1 cm con respecto al posicionamiento teórico). Existe la opción de acoplar una abonadora, de manera que incorpo-
re una dosis calculada de abono, que quedaría debajo del cepellón. El tamaño de

Figura 9.20. Aperos para realizar caballones. Los denominados coloquialmente como avión (superior), y tasquivero (inferior). Gentileza de AGR de Prado.

Figura 9.21. Plantación con equipo guiado por GPS. En este caso, a la vez que la planta, se coloca el tutor.

planta debe estar relacionado con el hoyo. En plantaciones en seto se utiliza un rejón para abrir un surco en el terreno preparado previamente, y la planta junto al tutor se colocan con la ayuda de un mecanismo accionado por el GPS y la ayuda de dos operarios. En plantaciones de menor densidad o en curvas de nivel, la plantación se puede ejecutar de manera tradicional. En este caso, el hoyo se puede hacer con palas retroexcavadoras con cazo de pequeño tamaño (40 cm de anchura) o con ahoyadoras, prácticamente ya en desuso, pues, dependiendo del tipo de suelo, se puede formar en la pared del hoyo una costra dura que obstaculiza el desarrollo de las raíces.

En todos los casos, es necesario apisonar bien la tierra para eliminar bolsas de aire y lograr un contacto eficaz entre el terreno de asiento y el cepellón de la planta de vivero, teniendo cuidado de no pisar encima del cepellón para no romper raíces (Figura 9.22). Es una labor que debe realizarse por operarios, que a la vez que apisonan la tierra pueden realizar otras labores como el amarre de la planta al tutor.

Figura 9.22. Operarios apisionando la tierra tras la plantación. Gentileza de AGR de Prado.

Aunque un plantón con cepellón se puede plantar en cualquier época del año si se le aporta agua y los cuidados necesarios, los mejores resultados se obtienen plantando en otoño cuando no hay riesgo de helada o en primavera si existe riesgo de daños por los fríos invernales. En las plantaciones realizadas en el otoño puede haber algún crecimiento antes de los fríos de invierno, lo que produce un ligero adelanto sobre las plantadas en primavera.

Aplicación de riego justo después de plantar, con el fin de facilitar la unión del cepellón y el terreno de asiento y evitar que la planta consuma toda el agua del cepellón y padezca una situación de sequía, aunque el terreno circundante tenga humedad. Si no se dispone de instalación de riego, cuya tubería portagoteros se puede colocar a la vez que se realiza la plantación mediante un apero específico para tal fin, se puede acoplar al tractor una cuba, de manera que se aporte agua de riego a la vez que se planta.

Realización del entutorado, el tronco de la nueva planta debe crecer en posición vertical para facilitar la mecanización futura. Es importante eliminar las brotaciones bajas, operación que es recomendable que se realice cada cierto tiempo para evitar que las ramitas engrosen demasiado y se puedan provocar heridas, que son potenciales vías de entrada de plagas y enfermedades. Para mantener el tronco en posición vertical es necesario colocar un tutor en el momento de la plantación. En plantaciones intensivas es recomendable un tutor de madera con la punta protegida para evitar pudriciones, que se dispone en campo según el esquema (Figura 9.23).

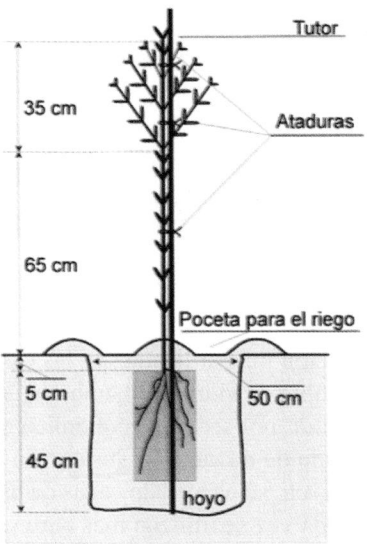

Figura 9.23. Esquema de la colocación en campo de una planta con gran cepellón.

Como alternativa a los tutores de madera también se emplean varillas de hierro, que son más caras que los tutores de madera, pero tienen la ventaja de ser recuperables y de no pudrirse. Los materiales empleados son redondos lisos o redondos estriados.

Ambos tipos de tutores tienen el inconveniente de presentar aristas cortantes, tanto en las estrías como en los extremos, que pueden provocar heridas en la planta, por lo que es recomendable protegerla de estos daños, lo cual se puede hacer con material plástico. El tutor debe ser lo suficientemente fuerte como para impedir, durante los dos primeros años, que el tronco se mueva por efecto de los vientos y del peso de su propia copa.

La altura del tutor será suficiente para enterrar 50 cm, como mínimo, de manera que ofrezca un soporte eficaz a la planta, y sobresalir hasta la altura donde se vaya a formar la cruz (Figura 9.24). Si el tutor es de madera debe tener, al menos, 5 cm de diámetro para ofrecer resistencia y ser protegido contra la humedad mediante un tratamiento apropiado, para que dure sin pudrirse mientras sea útil para mantener la planta.

Figura 9.24. Un tutor resistente y firmemente fijado en el terreno facilita la formación del olivo.

En olivar en seto la opción más utilizada son las cañas de bambú, pudiéndose utilizar también tutores de fibra de vidrio. El bambú se usa en algunas ocasiones en el olivar intensivo como tutor, por ser más económico que los de madera, aunque tienen un riesgo más elevado de no cumplir su función por roturas o pudriciones. En algunas plantaciones en seto se han usado cañas de bambú de hasta 2,5 m de altura (Figura 9.25), pero cada vez se utilizan más cortas, pues no es necesario una fijación de la planta en una altura elevada.

Figura 9.25. Plantación con tutor de caña de bambú en espaldera.

En todo caso, la planta debe fijarse al tutor con un número suficiente de ataduras conforme el olivo crece. La atadura debe quedar sin apretar al tronco y debe ser, asimismo, de un material suficientemente grueso y flexible como para no producir rozaduras en el tronco de la planta joven. En la actualidad se utilizan distintos tipos de grapadoras que agilizan y abaratan esta operación. También se utilizan gomas ancla para entutorar. La vigilancia frecuente de las ataduras es necesaria para corregir posiciones defectuosas de las plantas y evitar posibles estrangulamientos. Los tutores se deben colocar orientados hacia los vientos dominantes, de tal modo que el viento no empuje al olivo contra el tutor, para evitar rozaduras en el tronco.

Protección de los plantones. La corteza de los olivos jóvenes es blanda y apetecida por los roedores que pueden causar la muerte de numerosas plantas en los primeros años de la plantación. Se ha generalizado el uso de protectores de troncos, que consisten en cilindros de diversos materiales que, rodeando al tronco hasta una altura de unos 50 cm, impiden que los conejos y otros roedores accedan a ellos. Además de la protección contra roedores, los protectores tienen utilidad para proteger a las plantas en los tratamientos fitosanitarios contra las malas hierbas, por lo que aquellos que cubren casi en su totalidad, con pequeños agujeros para facilitar la entrada y salida de aire, son más eficaces para evitar el contacto del herbicida con la planta. No es aconsejable la utilización de plásticos muy ceñidos al tronco, pues favorecen el desarrollo de plagas que pueden causar daños mayores que los que se pretende evitar. Existe una gran variedad de protectores en el mercado, cada cual con sus ventajas e inconvenientes y deben ser utilizados en función de las necesidades (Figura 9.26).

Figura 9.26. Diferentes tipos de protectores. De izquierda a derecha: rígido de plástico, plástico semirrígido con rejilla, plástico blanco e interior negro y plástico blanco e interior blanco.

2.7. Cuidados posteriores a la plantación

Poda de formación. La poda de formación de las plantaciones nuevas debe conseguir dos objetivos fundamentales: la formación de una estructura para el futuro árbol, y la formación, en el menor tiempo posible, de una gran copa y un gran sistema radical que harán producir a la planta al tercer año de su plantación. En el capítulo de poda de este libro se determinan las operaciones para conseguirlo de forma exitosa.

Riego de la plantación. Si la plantación es de regadío, este se debe iniciar en la primavera del primer año. Las necesidades de agua en este primer año son bajas. Si el riego es localizado y la estructura del suelo lo permite, es aconsejable formar una banda húmeda para favorecer que las raíces se desarrollen horizontalmente y formen un buen anclaje, aunque suponga una pérdida de agua y un mayor desarrollo de hierba en la zona mojada. Cuando la plantación se hace en secano es necesario aportar agua en los primeros años para evitar la muerte de la planta al tener un pequeño sistema radicular confinado en el cepellón y para acelerar el desarrollo, tanto del sistema radicular como de la parte aérea de la planta. Para suministrar estos riegos se construye una poceta para recibir agua aportada por una cuba. Existen aperos para aportar agua localizada, muy utilizados en plantaciones en seto. Es importante regar varias veces durante el periodo de crecimiento, de modo que la planta tenga sus necesidades de agua parcialmente cubiertas. El número de riegos variará según las características del medio de cultivo y la dureza del verano en el que se está criando la plantación. En terrenos sueltos los riegos serán de menor volumen y más frecuentes. La poceta de riego se debe mantener libre de malas hierbas en todo momento para que no impidan el desarrollo radical del olivo y no consuman el agua que este necesita.

Fertilización. El abonado al suelo en los primeros años de crianza de una plantación no siempre es necesario,pues los requerimientos de nutrientes son bajos, y suelen estar disponibles para la planta en el suelo en condiciones normales. El elemento que el olivo necesita en mayor cantidad en sus primeros años de vida es el nitrógeno, responsable del crecimiento de tejidos. Este elemento puede ser aplicado por hoja junto con los tratamientos fitosanitarios correspondientes. A partir del segundo o tercer año de vida, ya se puede realizar una programación del abonado de acuerdo con las necesidades de nutrientes y aplicarlo por fertirrigación en el caso de disponer de una instalación para tal fin.

Cuidados fitosanitarios. Existe una serie de plagas y enfermedades que atacan al olivo que, aunque en plantas adultas no causan graves problemas, en las jóvenes pueden dificultar su formación, retrasar su desarrollo y causar su muerte en algunas ocasiones. En otros capítulos de este libro se trata este tema extensamente, por lo que en este apartado solo se hará una relación de las plagas y enfermedades que hay que vigilar en los primeros años de la plantación y de los daños que producen. El glyphodes (*Margaronia unionalis* Hübn.) es la plaga que más perjuicios puede causar en la plantación y retrasar su desarrollo, pues tiene sucesivas generaciones que presenta a lo largo de la primavera, verano y otoño. Destruye hojas jóvenes y yemas y sus daños pueden ser graves al ser su tiempo de actuación bastante amplio. Los tratamientos contra estas plagas se deben aplicar cuando se detecte el primer daño en hojas o yemas, y pueden ser acompañados de compuestos nitrogenados, como se ha comentado en el apartado anterior. El prays (*Prays oleae* Bern) en su generación filófaga también puede destruir hojas y yemas a la salida del invierno, al igual que glyphodes, dificultando la formación del árbol y retrasando su crecimiento. Los ataques de ácaros (*Aceria oleae* Nalepa) deforman hojas jóvenes frenando el desarrollo de la planta, por lo que es necesario hacer los tratamientos oportunos en el momento en que se detecte su presencia. Los ataques de arañuelo (*Liothrips oleae* Costa) sobre las hojas producen deformaciones parecidas a las de los ácaros dejándolas de pequeño tamaño. El crecimiento de los brotes nuevos se ve afectado, lo que frena el desarrollo de la planta y dificulta su formación. En ocasiones, algunos de los plantones utilizados están infestados y extienden la plaga, por lo que es importante adquirir planta sana y atacar con rapidez los focos que se produzcan en el campo. Por último, la prevención de ataques de repilo (*Spilocaea oleagina* Fries) evita defoliaciones que retrasarían el desarrollo de las plantas jóvenes.

3. Plantaciones de olivar en seto

3.1. Introducción

El olivar en seto para la recolección con vendimiadora empieza a implantarse a nivel comercial en España a finales de los 90. Existían, por entonces, algunas referencias en libros italianos (Morettini, 1972) en las que se describían unos setos establecidos en los años 60, pero descartaron este sistema debido a que los olivos se desarrollaron en exceso y no solucionaron el problema de su recolección.

La expansión del olivar en seto, adaptado a la recolección con vendimiadora, supuso una revolución en la olivicultura española, ya que la fisiología del cultivo y manejo difieren de los sistema tradicionales e intensivos (Rallo *et al.*, 2014; Connor *et al.*, 2014). Los olivares intensivos se establecen a más del doble de la densidad de plantación de los olivares tradicionales, con lo que se incrementa la superficie foliar externa (SFE) y el volumen de copa por unidad de superficie cultivada (Figura 9.27). En el olivar en seto estrecho, la copa ocupa menos volumen, pero consigue incrementar la SFE. Los olivares tradiciones e intensivos se conducen en vaso y están formados por olivos aislados bien iluminados, por lo que la productividad se evalúa con el volumen de copa. Con la poda se busca que la forma de la copa no sea esférica, como se representa en la Figura 9.27, sino lobulada, abriendo huecos que permitan la iluminación de zonas centrales, lo que permite que pasados los años las producciones se vayan igualando. Sin embargo, en las plantaciones en seto estrecho, adecuadamente diseñadas y manejadas, todo el volumen de copa está iluminado y la productividad se debe evaluar a partir de la superficie foliar externa expuesta al sol.

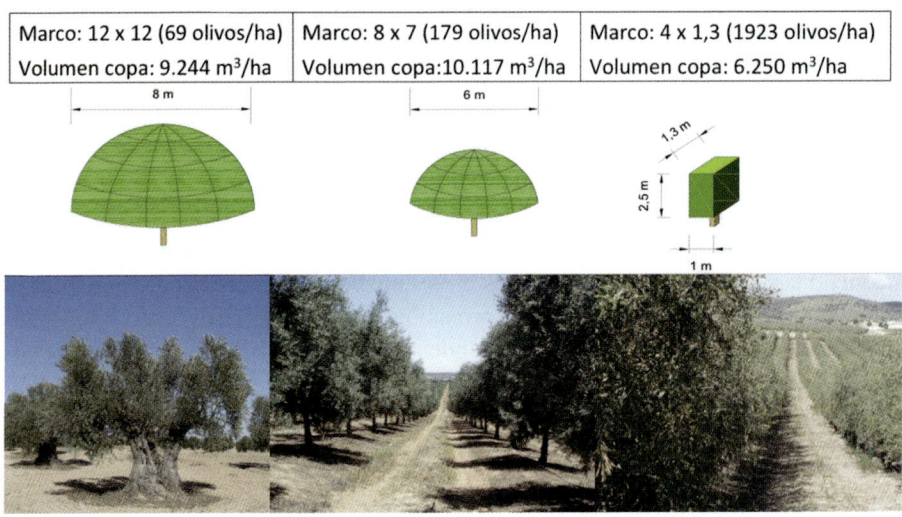

Marco: 12 x 12 (69 olivos/ha)	Marco: 8 x 7 (179 olivos/ha)	Marco: 4 x 1,3 (1923 olivos/ha)
Volumen copa: 9.244 m³/ha	Volumen copa:10.117 m³/ha	Volumen copa: 6.250 m³/ha

Figura 9.27. Distintos sistemas de cultivo del olivo: olivar tradicional en vaso a baja densidad de plantación (izquierda), olivar intensivo en vaso plantado a más del doble de la densidad del olivar tradicional (centro), y olivar en seto estrecho, adaptado a la recolección con vendimiadora, plantado a una densidad superintensiva (derecha).

3.1.1. *Caracterización del olivar en seto*

El seto es un sistema de conducción en el que la vegetación de la copa se distribuye de forma continua a lo largo de la línea de plantación, presentando dos caras verticales o con cierta inclinación. Para conseguir que las copas se unan lo antes posible, es necesario reducir la distancia de los árboles en la línea.

Este sistema de cultivo supone, no solo un incremento en la densidad de plantación, sino también un cambio en las características de la copa y su fisiología. Así, nos encontramos una copa continua con hojas de pequeño tamaño y elevado peso específico, que persisten durante el invierno, y frutos pequeños distribuidos por todo el volumen de la copa, localizados principalmente en zonas bien iluminadas. Hojas y frutos se encuentran en ramas flexibles, lo que permite el uso para la recolección de máquinas cabalgadoras sin que las ramas quiebren. Puesto que el olivo tiende a formar copas densas, las características del seto dependerán de las condiciones edafoclimáticas, variedad, control del riego, abonado y las intervenciones de poda.

En olivar se pueden conseguir setos con características muy diferenciadas tanto por sus parámetros geométricos (Figura 9.28) como morfológicos (Figura 9.29). La porosidad es un aspecto con gran incidencia en el microclima del seto, ya que condiciona la penetración y distribución de la luz en su interior, así como la iluminación que reciben los setos contiguos. Los setos porosos facilitan la penetración de los productos fitosanitarios y el movimiento del aire, reduciendo el riesgo sanitario del cultivo. La porosidad puede medirse con sensores de radiación, análisis de fotografías o usando fotos ejemplo como las que aparecen en la Figura 9.29.

Las características del seto determinan su producción, calidad y sanidad. En zonas donde el olivo crece con alto vigor deberá caracterizarse a lo largo del ciclo, ya que puede ocurrir que cambien desde la poda hasta la recolección, provocando diferentes condiciones de iluminación y aireación a lo largo del ciclo y concretamente en cuajado y síntesis de aceite.

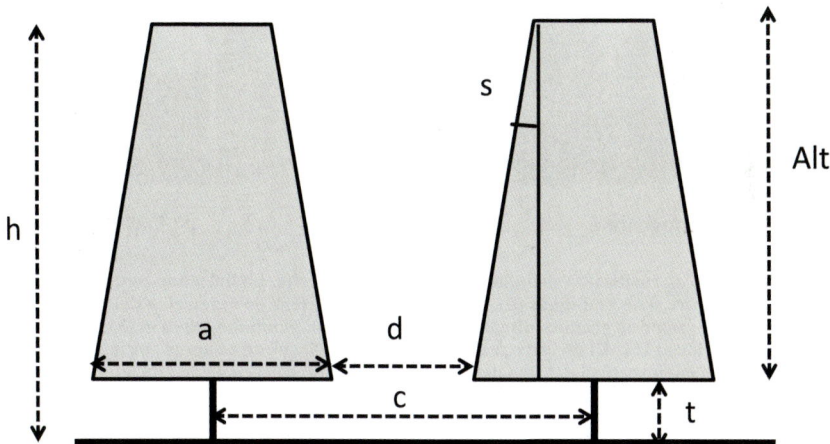

Figura 9.28. Parámetros que describen las dimensiones de un seto: altura de vegetación (Alt), altura del tronco libre de vegetación para facilitar la recolección y aplicación de herbicidas (t), altura del seto desde el suelo (h=Alt+t), pendiente respecto a la vertical (s; s=0 para setos verticales), ancho de calle (c), anchura en la base (a), y distancia en la base entre dos setos (d=c-a).

Figuras 9.29. Setos con diferente porosidad o espacios libres sin hojas. Porosidad del 4, 17 y 26%, de izquierda a derecha.

Las dimensiones de los setos de olivo dependen de la variedad, condiciones de cultivo (clima y suelo) y de su manejo, principalmente riego, fertilización y poda. Existen setos de alturas comprendidas entre 2,5 y 6 m, y anchuras entre 1 y 4 m (Figura 9.30). En Argentina y Australia, por ejemplo, hay setos de grandes dimensiones que fueron formados inicialmente en vaso, pero debido al elevado vigor, las copas se entrecruzaron hasta formar una pared continua con porosidad inferior al 1%. En condiciones edafoclimáticas y de manejo que reducen el crecimiento vegetativo, se pueden mantener setos estrechos de tamaño reducido y elevada porosidad (superior al 25%)

Figura 9.30. Setos de variedad Arbequina de diferente geometría. La línea horizontal indica la distancia libre entre setos contiguos (d), la línea vertical la altura de vegetación del seto (Alt). Izquierda y centro: setos de grandes dimensiones de Argentina plantados a 8x4 m (313 olivos/ha) con porosidad inferior al 1%. El excesivo tamaño del seto de la izquierda impide el uso de máquinas para recolección. La copa vertical del seto del centro permite la recolección con vibrador continuo de tronco con dos plataformas asociadas. Derecha: olivar en seto estrecho o superintensivo (3x1,35 m; 2469 olivos/ha), fácilmente cosechable con vendimiadora modificada.

La posibilidad de recolección con máquinas que trabajan en continuo supone, sin duda, un incremento en competitividad de los olivares en seto. Por ello, las dimensiones del seto vienen condicionadas por la máquina con la que se va a recolectar (Figura 9.31). Si bien se pueden alcanzar producciones elevadas con setos de distintas dimensiones y anchos de calle, ha sido el seto estrecho (menos de 1,5 m de ancho) para recolección con vendimiadora modificada (altura máxima 3 m) el más extendido.

Figura 9.31. Las dimensiones del seto deben adaptarse a las dimensiones de la cosechadora. La cosechadora Colossus puede cabalgar sobre olivos de 4 m de ancho y 4,5 m de altura (izquierda). El vibrador de tronco continuo con dos plataformas móviles recolecta setos verticales (centro) con troncos de 1,2 m de altura. Las máquinas actualmente disponibles para recolección de setos estrechos (derecha) permiten una altura de seto de 3,0 m y un ancho de 1,5 m.

3.1.2. *Olivar en seto estrecho o superintensivo*

El primer olivar en seto o superintensivo, también llamado de alta densidad, se estableció en 1994 a un marco de 3 × 1,35 m en una plantación de 6 ha en Binefar (Huesca). Un año después se establecieron otros olivares en Tarragona, Ciudad Real y Murcia. Fueron varias las circunstancias que llevaron a la aparición de este sistema de cultivo. Por un lado, el gran interés en obtener aceites de alta calidad organoléptica, recolectando temprano la variedad Arbequina, momento en que esta operación es más costosa el pequeño tamaño del fruto y su elevada fuerza de retención. Por otro lado, la zona de cultivo donde se gesta este sistema, Penedés, es vitícola, por tanto con amplia experiencia en la mecanización del viñedo en espaldera. Estas circunstancias promovieron que se llevara a cabo la primera prueba de recolección con vendimiadora en un seto de olivo plantado en un jardín. Animados por el éxito de esta prueba, la empresa viverística Agromillora empujó al establecimiento de las primeras plantaciones en 1994 y 1995. El incremento exponencial de este sistema de plantación se produjo en España a partir de 2001, cuando estas primeras plantaciones habían entrado en producción, y se presentaba como una alternativa viable al olivar tradicional e intensivo, aun existiendo, en ese momento, la incertidumbre de su longevidad.

Actualmente se cifran en 400.000 ha la superficie de olivar en seto estrecho, encontrándose prácticamente la mitad en España y el resto en Portugal, Chile, USA, Marruecos, Arabia Saudí y Túnez. Son varios los motivos que han contribuido a la expansión del olivar en seto, entre estos destaca la mecanización integral de la recolección, con independencia de la fecha, que es rápida y a bajo coste, y las producciones elevadas desde los primeros años (Figura 9.32). Otro aspecto que explica la

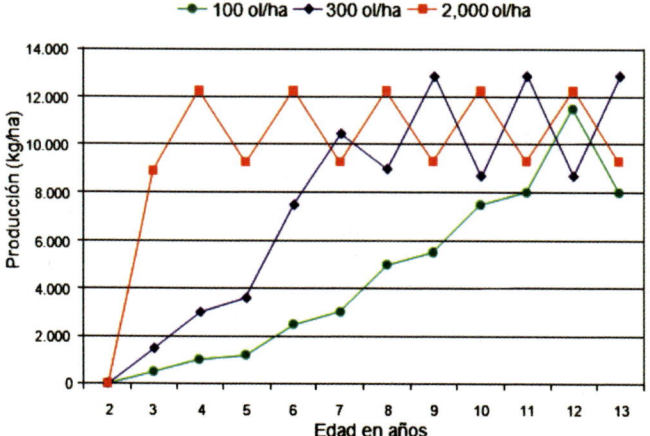

Figura 9.32. La rápida entrada en producción de las plantaciones de alta densidad o superintensivas conducidas en seto estrecho (2.000 olivos/ha) respecto a las plantaciones intensivas en vaso (300 olivos/ha) y al marco tradicional (100 olivos/ha) explica su mayor rentabilidad a corto plazo y la pronta recuperación de la mayor inversión realizada.

expansión de este sistema de cultivo radica en la alta calidad del aceite que se obtiene, ya que permite la recolección temprana de la aceituna del árbol cuando la calidad organoléptica del aceite es mayor, pero la aceituna se desprende con dificultad. Además, la alta velocidad de trabajo de estas máquinas hace que los remolques se llenen rápido y la aceituna llegue a la almazara a escasas horas de la recolección.

3.1.3. *Fisiología del olivar en seto*

El microclima y funcionamiento (fisiología) de la planta aislada del olivar tradicional conducido en vaso, difiere respecto a olivos que forman un seto de vegetación continua (fisiología del cultivo) (Figura 9.27), debido principalmente a la diferente densidad foliar y su disposición en el espacio.

La geometría, porosidad, y orientación de los setos modifican, a su vez, las condiciones microclimáticas (radiación, temperatura, viento y humedad) de las hojas, flores y frutos, así como las del suelo. Estas condiciones determinan la actividad fisiológica, en particular fotosíntesis, transpiración, crecimiento vegetativo y desarrollo de flores y frutos. El parámetro microclimático que se ve mayormente afectado por las características del seto es la radiación interceptada por la copa, en su conjunto y su distribución en el interior de ella, no solo la anual, sino también la que tiene lugar en cada una de las fases fenológicas del olivo y en las distintas horas del día y partes del seto. Consecuentemente, la temperatura de las hojas y los frutos se ve modificada y, con ella, los procesos relacionados con la síntesis del aceite y de compuestos que condicionan su calidad; en este sentido, las aceitunas desarrolladas en las zonas más iluminadas estarán más calientes. La sanidad del cultivo también puede verse afectada ya que en las zonas que reciban escasa radiación y estén poco aireadas, se incrementará la humedad y con ello el riesgo de problemas sanitarios como repilo (*Spilocaea oleagina*), cercosporiosis (*Pseudocercospora cladosporioides*) y antracnosis (*Colletotrichum* spp.). Esto ocurrirá previsiblemente cuando las copas sean poco porosas y los anchos de calle reducidos. También se ha observado que en los setos cuyas copas interceptan mayor radiación, el suelo está más sombreado y el desarrollo de malas hierbas se reduce.

En el olivar tradicional la luz no es un factor limitante ya que las copas están aisladas y bien iluminadas. Sin embargo, cuando se establecieron los primeros olivares en seto se observó que algunos estaban mal diseñados y manejados. En concreto, el elevado tamaño de los setos y la reducida distancia entre ellos, impedía que la luz llegara a las zonas bajas, por lo que estas se defoliaban y la producción se localizaba en zonas cada vez más elevadas (Figura 9.33). Estas observaciones impulsaron a describir las características de las aceitunas en estratos de setos que reciben distinta radiación y es, a partir de esta información, que Connor *et al.* (2009) publican los primeros datos de respuesta de los componentes del rendimiento del olivo a la luz (Figura 9.34). Esta información permitió establecer las

Figura 9.33. Seto con zonas bajas con escasa producción debido a que la altura (Alt=3,6 m) es superior a la distancia libre entre setos (d=2,4 m); y la porosidad reducida (<10%). Para que se iluminen las zonas bajas, la altura y anchura deben rebajarse (Alt<2,55 m, a<1,20 m) y la porosidad incrementarse al 20%.

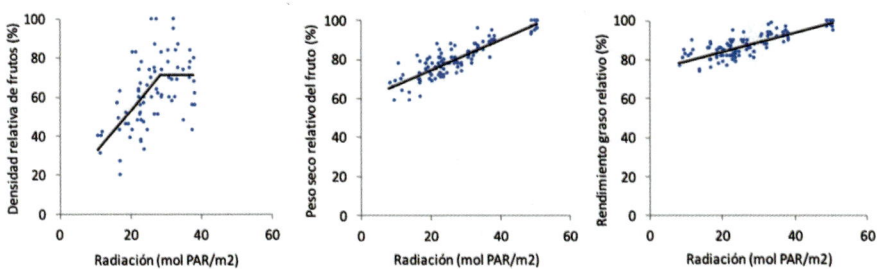

Figura 9.34. Los componentes del rendimiento, expresados como porcentaje respecto al valor máximo, dependen de la radiación recibida por las aceitunas de 'Arbequina' en junio y julio. En las zonas más iluminadas se desarrollan más frutos, de mayor tamaño y con más aceite (Figuras modificadas de Connor *et al.*, 2016).

características óptimas que debe tener un seto con porosidad del 20% para alcanzar la máxima producción: la altura de vegetación del seto (Alt) debe ser menor o igual a la distancia libre entre los setos (d), por tanto Alt/d<1 (Connor y Gómez del Campo, 2013). Si la porosidad se reduce, la distancia libre entre setos (d) deberá incrementarse o reducirse su altura (Alt) y anchura (a). Pero la radiación no afecta de igual manera a todos los procesos fisiológicos del olivo, siendo el crecimiento vegetativo menos sensible que el desarrollo de las inflorescencias (Cherbiy-Hoffmann *et al.*, 2012); y el periodo que va desde el cuajado de frutos hasta el inicio de síntesis de aceite es el más sensible a la radiación en la medida que determina la producción de aceite (Cherbiy-Hoffmann *et al.*, 2015). Entre los componentes del rendimiento, el número de frutos es el que tiene más peso en la producción y es el más sensible a la radiación. Sin embargo, la respuesta es variable (Figura 9.34).

El diseño del seto modifica la iluminación de las aceitunas y, por tanto, su temperatura, lo que condiciona la composición del aceite (Figura 9.35) (Gómez del Campo y García, 2012). Cuando el fruto avanza en la maduración, se cubre de cera y pierde la capacidad de transpirar, llegando a alcanzar temperaturas de hasta 10 °C superiores a las del aire cuando se encuentra en caras soleadas Sur y Oeste (Orlandini *et al.*, 2005). Se ha observado que las aceitunas que maduran en zonas más iluminadas producen aceites con mayor contenido en ácido palmítico y linoleico, sin embargo el oleico es menor, y los aceites se caracterizan por ser más estables, debido a un mayor contenido en polifenoles.

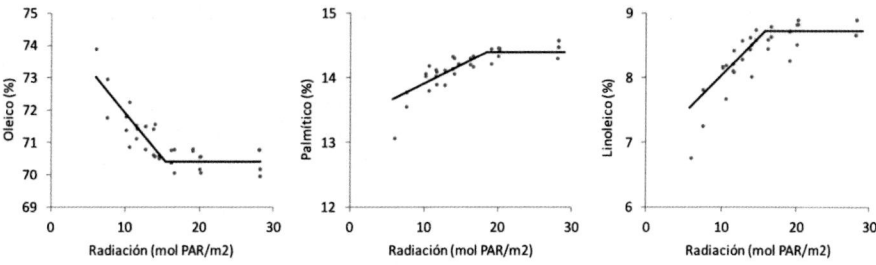

Figura 9.35. La composición del aceite se modifica con la radiación que reciben las aceitunas durante la maduración. El oleico se reduce con el incremento de radiación mientras que palmítico y linoleico se incrementan (figuras modificadas de Connor *et al.*, 2016).

3.2. Diseño del olivar en seto estrecho

En este apartado se abordarán aquellos aspectos específicos de este tipo de plantaciones y, por tanto, deben ser evaluados con detenimiento antes de realizar la plantación.

3.2.1. *Variedades*

El olivar en seto se establece con árboles autoenraizados, ya que no se han encontrado patrones que modifiquen el vigor de la variedad y, por tanto, la variedad debe estar adaptada a las condiciones climáticas y edáficas de la parcela. Por otro lado, debe tener unas características específicas para ser idónea para el olivar en seto estrecho como son: presentar un reducido vigor en las condiciones de cultivo, así como una rápida entrada en producción para recuperar lo antes posible la inversión realizada. Una producción de calidad, elevada y constante es también deseable para el olivar en general, pero adquiere especial importancia en el olivar en seto ya que el desarrollo de los frutos reduce el crecimiento vegetativo. Por ello, el control del vigor en variedades veceras en años de descarga es complicado y deben descartarse en este tipo de olivar.

Algunas características de las variedades relacionadas con la forma de crecimiento son deseables para el olivar superintensivo. Así, una abundante ramificación con brotes de escaso diámetro y entrenudos cortos incrementa la producción (Rosati *et al.*, 2013). Las ramas deben ser flexibles para no quebrar con el paso de la máquina. Sin embargo, la forma de crecimiento péndulo o erguido parece no ser determinante, siempre que esté bien tutorado y formado el árbol.

El olivar superintensivo se ha establecido principalmente con la variedad Arbequina y en menor medida 'Arbosana' y 'Koroneiki', por sus elevadas producciones desde los primeros años y el reducido vigor (Figuras 9.36 y 9.37). De estas variedades, 'Koroneiki' es la más vigorosa y 'Arbosana' la de menor crecimiento (Díez *et al.*, 2016). En los últimos años, también se están plantando nuevas variedades seleccionadas en programas de mejora genética por su precocidad, alta producción y fácil manejo de poda; destacando: 'Sikitita 1' y ´Sikitita 2', 'Martina', de la Universidad de Córdoba-IFAPA; 'I-15', de la empresa Todolivo; 'Sultana', de la empresa Balam y la Universidad de Córdoba; y 'Lecciana' y 'Coriana', de la Universidad de Bari (Italia) (véase capítulo 3). Estos son algunos de los nuevos genotipos, pero actualmente estamos asistiendo a una revolución genética, provocada por el registro de nuevas variedades adaptadas al olivar en seto.

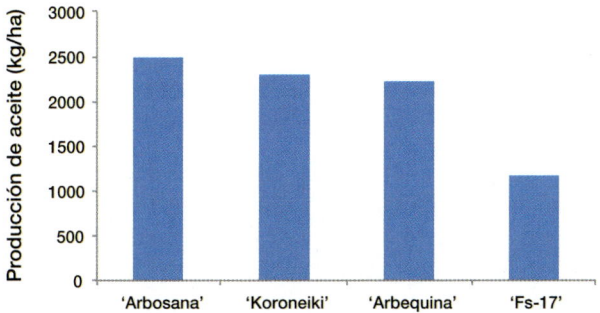

Figura 9.36. Producción media anual de aceite (3er al 14º año) de variedades en olivar en seto plantadas a 3,75 × 1,35 m en condiciones cálidas de elevado crecimiento vegetativo (Pedro Abad, Córdoba) (Alt =4 m, a=1,80 m). Destacan por su mayor producción 'Arbosana', 'Koroneiki' y 'Arbequina' (según Díez *et al.*, 2016).

En grandes explotaciones conviene plantar varias variedades de maduración espaciada que permitan escalonar la recolección y asegurar una adecuada polinización cruzada. En este sentido, 'Sikitita' es la que madura antes; le siguen 'Arbequina', 'Koroneiki' y 'Arbosana', que suele ser la más tardía.

En las zonas en las que el tipo de suelo o las condiciones climáticas limitan el crecimiento del olivo, se pueden cultivar en seto variedades de mayor vigor ya que alcanzan elevadas producciones comparado con otros sistemas (Figura 9.37). Actualmente se están evaluando variedades vigorosas y algunas, por sus características, pueden adaptarse al olivar en seto estrecho en ciertas zonas de cultivo, como por ejemplo 'Picual' en zona centro de España..

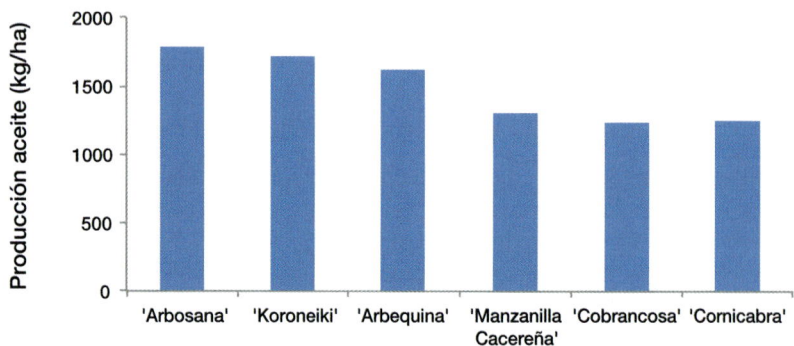

Figura 9.37. Producción media anual de aceite (3ᵉʳ al 8º año) de variedades en olivar en seto plantadas a 4 × 1,30 m en condiciones frías y de crecimiento reducido (La Puebla de Montalbán, Toledo) (Alt = 2,6 m, a = 1,2 m). Estas variedades fueron seleccionadas por su adaptación al sistema superintensivo o al frío. Las mayores producciones las alcanzaron, 'Koroneiki', 'Arbosana' y 'Arbequina' (según Centeno *et al.*, 2019).

3.2.2. Marco de plantación

La densidad de plantación de los olivares en seto estrecho varía entre 900 y 2.500 olivos/ha. Los condicionantes del ancho de calle difieren de la distancia entre plantas en la línea, por ello se abordan por separado.

En relación al ancho de calle, debe tenerse en cuenta que el óptimo será aquel que permita una adecuada iluminación y aireación del seto y que permita el paso de la maquinaria. Los resultados de los ensayos realizados hasta la fecha (Figuras 9.38, 9.39 y 9.40) indican que a menor ancho de calle, mayor será la producción de aceite (León *et al.*, 2007; Díez *et al.*, 2016)). Sin embargo, no siempre el seto más productivo es el más rentable. Los costes de plantación y manejo se incrementan con la reducción del ancho de calle, ya que determina el número de plantas/ha, los kilómetros que deben recorrer las máquinas, y el personal para realizar las operaciones de cultivo. Así, anchos de calle de 6, 4 y 3 m suponen cerca de 1,6; 2,5 y 3,3 kilómetros de seto/ha, respectivamente. Por otro lado, el incremento en producción no se produce en la misma medida que lo hacen los kilómetros de seto, ya que cuando están más espaciados la iluminación es mayor y, por tanto, las aceitunas contienen más aceite. En el ensayo realizado en Toledo (Figura 9.40) puede observarse cómo la producción por hectárea de aceite no aumenta de forma proporcio-

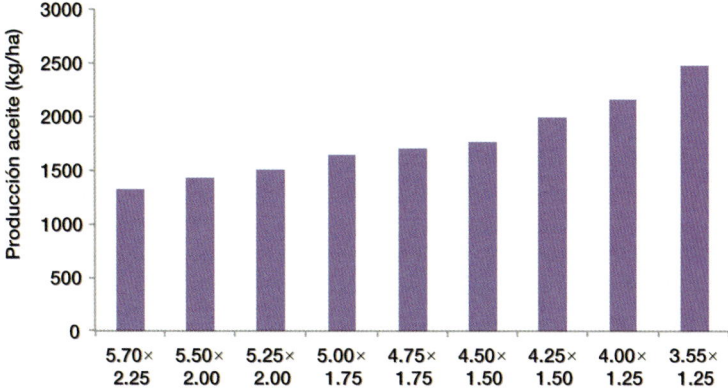

Figura 9.38. Producción media de aceite (3er-14º año) de distintos marcos de plantación de setos de 'Arbequina' orientados Norte-Sur. Ensayo establecido en Pedro Abad (Córdoba) en 1999. Las densidades de plantación correspondientes son: 780, 909, 952,1143, 1203, 1481, 1569, 2000 y 2254 olivos/ha (según Diez *et al.*, 2016).

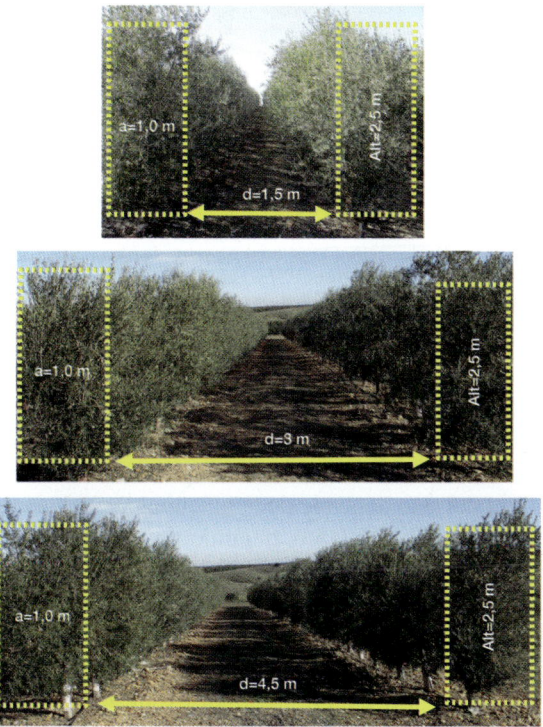

Figura 9.39. Ensayo de anchos de calle de setos de 'Arbequina' establecido en La Puebla de Montalbán (Toledo). La relación altura/distancia entre setos es de 1,7; 0,8 y 0,6 para calles de 2,5; 4 y 5 m, respectivamente.

nal con el número de líneas cuando estas se disponen Norte-Sur; si se comparan las producciones obtenidas para los anchos de calle 2,5 y 5 m, los km/ha incrementan un 100%, sin embargo la producción de aceite aumenta en 50%.

El efecto del ancho de calle en la producción depende, no obstante, de la orientación de las filas. En el ensayo anterior (Figura 9.40), se ha observado que la producción por hectárea aumenta a medida que se reduce el ancho de calle en los setos orientados Norte-Sur (NS), siendo en los anchos 2,5 y 4 m un 50 y 18%, respectivamente, superior a la de 5 m. En setos orientados Este-Oeste (EO), la producción de aceite también aumenta, pero en menor proporción, un 35 y 14% respectivamente. La diferente respuesta de los setos, según la orientación, se debe a la producción por árbol. Mientras que en los setos NS la producción por olivo no se ve modificada por el ancho de calle, en los setos EO esta es mayor cuando aumenta el ancho de calle. Esto es debido a que en un seto EO el sol incide con mayor ángulo en los periodos de cuajado de frutos y síntesis de aceite, provocando sombreamiento entre calles cuando estas son estrechas (2,5 m) (Trentacoste *et al.*, 2015a).

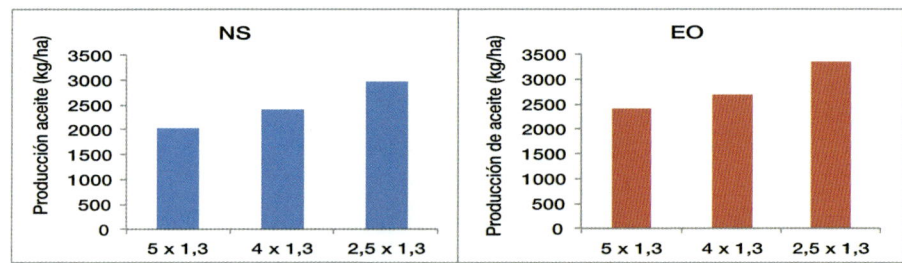

Figura 9.40. Producción media de aceite (3er-6º año) de setos de 'Arbequina' plantados a diferentes anchos de calle con orientaciones Norte-Sur (NS) y Este-Oeste (EO). Ensayo establecido en 2008 en La Puebla de Montalbán (Toledo) (según Trentacoste *et al.*, 2015a).

Teniendo en cuenta la respuesta de los componentes del rendimiento a la radiación, expuestos anteriormente, se debe respetar la relación Alt/d <1 para asegurar una adecuada iluminación de las zonas bajas del seto. Además, se recomienda una porosidad superior al 20%, la cual se consigue con setos de anchuras inferiores a 1,5 m. La altura del seto depende de la máquina; actualmente se recogen setos de 2,8-3,0 m desde el suelo. Por tanto, dejando un margen de seguridad para posibles años de mayor crecimiento, el ancho de calle que se recomienda es de 4 m. En zonas húmedas, las calles deben ser más anchas (> 4 m) y los setos más estrechos para facilitar el movimiento del aire. En las plantaciones en secano o con reducida disponibilidad de agua, los setos se deben plantar con calles más espaciadas (hasta 6 o 7 m), para reducir la superficie foliar expuesta por hectárea, y por tanto, la transpiración.

La distancia entre plantas en la línea de plantación en los olivares en seto de 'Arbequina' varía entre 1,35 y 2,0 m. Otras variedades de menor porte, como

'Oliana' o 'Sikitita', pueden requerir menor distancia para completar el seto. La mayor distancia entre plantas reduce los costes de plantación, pero el seto continuo y la máxima producción se alcanzan más tarde (Figura 9.41). Por otro lado, cuando se plantan los olivos más distanciados, la forma de crecimiento globosa del olivo dificultará el paso de la máquina de recolección.

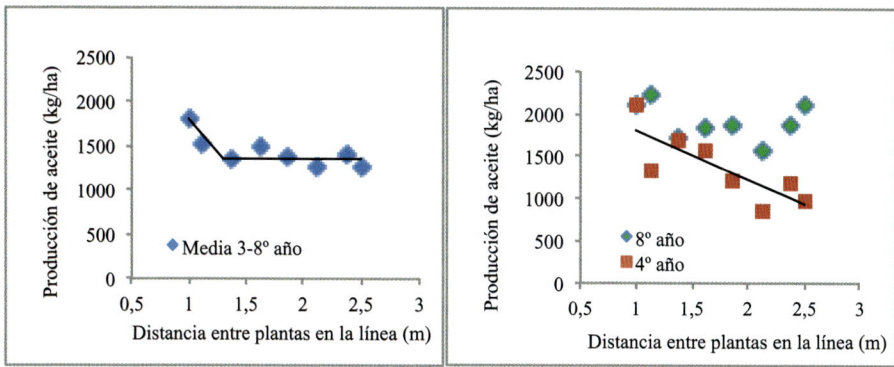

Figura 9.41. Producción de aceite en un ensayo de distancia entre plantas en 'Arbequina' establecido en La Puebla de Montalbán (Toledo) con 4 m de calle. En los primeros años las producciones son mayores con la menor distancia entre plantas. Estas diferencias se van reduciendo con los años (según Gómez-del-Campo *et al.*, 2017).

3.2.3. *Orientación de las filas*

La orientación de los setos modifica la cantidad y distribución de la radiación dentro de la copa del olivo y su efecto en los distintos procesos fisiológicos (Figura 9.42). La mayor diferencia entre orientaciones radica en la radiación recibida por las caras del seto. Así, las dos caras de los setos orientados NS reciben similar radiación a lo largo del día; la cara E se ilumina durante la primera mitad del día, y la cara O después del mediodía. En la orientación EO, sin embargo, la cara S, de las plantaciones realizadas en el hemisferio Norte, queda expuesta a la radiación solar durante la mayor parte del día, mientras que la cara N permanece sombreada, excepto en verano durante cortos periodos de la mañana y de la tarde. En consecuencia, la radiación que recibe la cara N en un seto EO depende de la radiación difusa (radiación con menor energía) desde el cielo, la radiación reflejada desde la fila contigua y la transmitida desde la cara soleada (S); una elevada porosidad favorecerá, por tanto, la transmisión de radiación a la cara N. La presencia de poros en el seto tendrá mayor efecto en la orientación EO, ya que en primavera y otoño los rayos solares inciden con mayor ángulo sobre el seto, elevando así la radiación transmitida desde la cara S hacia la cara N. En esas fechas, en los setos orientados NS, el ángulo es menor durante la mayor parte del día y, por tanto, la transmisión de una cara a otra es reducida.

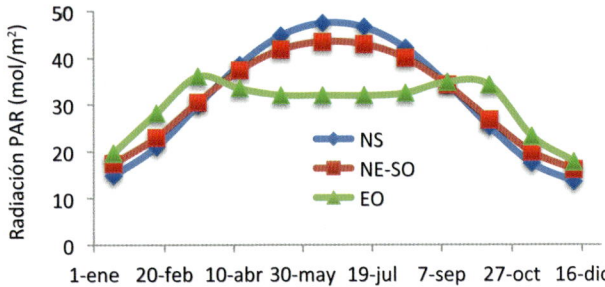

Figura 9.42. La orientación modifica la radiación interceptada a lo largo del año, en latitud 40°N, en setos con altura 2,4 m, ancho 1,25 m, calle de 4 m y porosidad 30%. La orientación NS expone al cultivo a altos niveles de radiación durante el verano, mientras que setos orientados EO interceptan mayor radiación al inicio de primavera y durante el otoño, coincidiendo con el periodo de floración y cuajado y acumulación de aceite. Simulación realizada con el modelo de radiación desarrollado por Connor *et al.* (2016).

Las primeras plantaciones de olivar en seto estrecho se orientaron NS buscando una iluminación homogénea de ambas caras, sin embargo, se desconocía el efecto de la orientación en la producción del olivar. En un primer trabajo, publicado por Gómez del Campo *et al.* (2009), se compararon setos porosos (20%) orientados NS y EO plantados a 4 m (Alt/d=0,69) y se observó que los setos EO producían similar cantidad de aceite que los setos NS e incluso mayor cuando el otoño fue lluvioso y, por tanto, la radiación escasa. A la vista de estos resultados, en 2007-2008 la empresa Todolivo y la Universidad Politécnica de Madrid (UPM) establecieron los primeros ensayos de orientaciones en olivar (Figuras 9.43 y 9.44). La información

Figura 9.43. Ensayo de orientaciones de setos de 'Arbequina' (NS, EO, NE-SO y NO-SE) establecido en 2008 a un marco de 4 × 1,3 m por la Universidad Politécnica de Madrid en la Puebla de Montalbán (Toledo). Los setos tienen una altura (Alt) de 2,30 m, Alt/d=0,70 y porosidad elevada (20%). La orientación NE-SO produjo un 8% más aceite que la NS.

Figura 9.44. Ensayo de orientaciones de seto de 'Arbequina' en secano en Córdoba, plantados por la empresa Todolivo en 2007 a 6 × 1,75 m. La orientación NE-SO produjo un 9% más aceite que NS.

disponible de estos ensayos indica que cuando el seto está bien diseñado (relación Alt/d< 1 y porosidad>20%), el efecto de la orientación en la producción de aceite es reducido. Solo en algunas campañas la orientación NE-SO produjo un 8-9% más que NS. Esto se debe a que en esta orientación una de las caras del seto, la SE, recibe más radiación durante la mañana, cuando la actividad fotosintética es máxima, lo que favorece la mayor síntesis de aceite; mientras que la cara NO se ilumina durante menos tiempo, cuando las temperaturas son mayores por la tarde. En el ensayo de la UPM se observó que la producción de aceite de la orientación NS fue similar a EO (Trentacoste *et al.*, 2015b).

Estas ligeras diferencias entre orientaciones en producción de aceite pueden no compensar otros condicionantes, como son la geometría de la parcela y, por tanto, la facilidad en el movimiento de la maquinaria, o la pendiente del terreno. En zonas frías o encharcadizas, la orientación de las filas debe ser la que permita que las masas de aire frío y el agua salgan de la parcela. En zonas ventosas, los setos deben orientarse en la dirección del viento dominante para evitar rotura de ramas.

Sin embargo, la orientación del seto será más determinante de la producción en aquellos ambientes limitados por radiación, ya sea porque los setos estén plantados poco espaciados o sean muy altos, la nubosidad sea elevada o la parcela se encuentre en una zona de elevada latitud. En estas condiciones, la orientación NE-SO es la más aconsejable. Si la radiación es reducida, por elevada nubosidad, durante el periodo de cuajado o síntesis de aceite, se recomienda la plantación de setos porosos orientados EO. Sin embargo, esta orientación debe evitarse en zonas frías ya que la cara N se mantendrá sombreada durante el invierno aumentando el daño de helada en esa cara del seto.

3.2.4. *Características de la parcela*

El emplazamiento del olivar viene condicionado por su sensibilidad al frío, encharcamiento, necesidades de frío para favorecer la salida del reposo invernal, y necesidades de calor para madurar la aceituna. En el olivar en seto estrecho también será preciso buscar condiciones de clima y suelo que permitan el control del vigor, para conseguir un olivar rentable y longevo. No se recomienda el establecimiento de olivar en seto en zonas de temperaturas suaves y elevada disponibilidad de agua durante el periodo de crecimiento de los brotes; o en aquellas condiciones que favorezcan una frecuente alternancia de la producción, debido a vientos secos y cálidos en floración o heladas tardías, lo que provocaría un exceso de crecimiento en los años de descarga.

En zonas secas, para asegurar una producción rentable, será necesario disponer de riego durante las fechas de mayor sensibilidad del olivo, es decir en la fase de desarrollo de inflorescencias-floración-cuajado-caída de frutos (primavera) y en la de síntesis de aceite (otoño). Las plantaciones en secano podrán establecerse cuando la distribución anual de las lluvias y la capacidad de retención de agua del suelo permitan aportar agua suficiente durante esas fases. En Andalucía hay plantaciones en secano que, en parcelas que cumplen esos requisitos, llegan a producir una media anual de 1100 kg de aceite/ha.

La máquina de recolección determina otros aspectos de la parcela. Así, si la propiedad no dispone de máquina de recolección, el tamaño de la parcela puede ser un impedimento para establecer olivar en seto, ya que, para que sea viable el alquiler de una máquina para recolectar una parcela aislada, esta debe tener un tamaño mínimo, en algunas zonas es de unas 20 ha. Por otro lado, las vendimiadoras permiten una pendiente frontal al avance de la máquina del 14%, pero si la pendiente es lateral no debe superar el 10% para evitar el vuelco. La longitud máxima de las líneas de árboles dependerá del tamaño de las tolvas de la máquina y de la capacidad productiva del seto; las filas suelen ser, como máximo, de 200 m. Para facilitar el giro de las máquinas, los caminos de servicio deben ser de 6 m de ancho si son autopropulsadas, o 12 m si van remolcadas.

3.3. Plantación y manejo del olivar en seto estrecho

En este apartado se abordarán las cuestiones específicas del olivar en seto, remitiendo a la primera parte de este capítulo las consultas sobre aspectos generales del establecimiento del olivar.

Las plantaciones de olivar superintensivo se realizan principalmente de forma mecánica por la elevada densidad de plantas a establecer (Figura 9.45). La planta de vivero debe ser pequeña (6-8 meses), lo que permite reducir los costes de los plantones, el transporte y la operación de plantación.

Antes de la plantación es necesario marcar en la parcela la posición de los olivos. Cuando se utilizan máquinas plantadoras se marca el inicio y fin de las líneas, no siendo necesario el marqueo de cada planta, ya que la máquina avanza a lo largo de la línea orientada con un láser o GPS, colocando las plantas a la distancia fijada. En el olivar en seto es importante que el marqueo de las líneas se realice con precisión, para que los anchos de calle se mantengan en toda la parcela. Esto facilitará el trabajo posterior de máquinas que precisan anchos de calle fijos, como las podadoras de dos setos y barras de herbicidas. El correcto alineado de los troncos verticales de los olivos en la línea reducirá los daños de las máquinas en los árboles.

Figura 9.45. Máquina plantadora de olivar superintensivo (izda), orientada con GPS o láser: coloca la planta en el suelo, compacta alrededor del cepellón, introduce los tutores y extiende los ramales de riego. La planta debe ser de pequeño tamaño (dcha) procedente de estaquilla semileñosa enraizada en mesa de nebulización y criada durante 6-8 meses, con un brote recto de 50 cm y cepellón de 8 cm de altura.

La formación en eje central requiere de la colocación de un tutor de 2,0 m de longitud desde el suelo. El tutor más empleado es la caña de bambú de 20 mm de diámetro, por ser el más económico que persiste durante los años que necesita el eje para adquirir el grosor suficiente. En aquellas zonas ventosas o con suelos pedregosos, en las que es difícil mantener verticales las cañas de bambú, es necesario instalar una estructura de postes y alambres. Los postes intermedios pueden distanciarse 15 m y los tutores de caña pueden ser más finos, ya que van atados al alambre.

El coste de establecimiento del olivar en seto es muy elevado, por lo que alcanzar la máxima producción en el menor tiempo posible, es un objetivo prioritario. Para ello, se debe regar manteniendo los olivos en niveles de hidratación que permitan el máxima crecimiento vegetativo (potencial hídrico del tallo a medio día mayor de –1 MPa) (Gómez del Campo *et al.*, 2008). También es aconsejable realizar un adecuado control fitosanitario, principalmente de glifodes *(Palpita vitrealis)*.

Una vez que el seto ha alcanzado las dimensiones óptimas, las técnicas agronómicas deben buscar maximizar la producción y rentabilidad y controlar el vigor. El control del vigor deberá ejercerse de forma diversa dependiendo de las condiciones edafoclimáticas y la variedad cultivada. El crecimiento vegetativo puede ser controlado fundamentalmente a través del riego y la nutrición nitrogenada y, en último caso, con la poda. El desarrollo de estrategias de riego deficitario después del cuajado y antes de la parada de verano permite reducir el crecimiento de los brotes, regando cuando el potencial hídrico del tallo es menor de -2 MPa (Gómez del Campo, 2013). Por otro lado, la estrategia nutricional debe buscar que la cantidad de N en hoja no sobrepase los niveles óptimos, para no favorecer el exceso de vigor, problemas sanitarios y la reducción de polifenoles en aceite. Finalmente, el establecimiento de cubiertas vegetales, en ciertas condiciones, también puede utilizarse como técnica de control del vigor, al reducir la disponibilidad de agua.

El uso de una maquina tan pesada para la recolección también hace recomendable el uso de cubiertas vegetales para reducir la compactación del suelo. Por otro lado, la máquina daña brotes lo que facilita la entrada de tuberculosis (*Pseudomonas savastanoi* pv. *savastanoi*) por lo que se recomienda aplicar cobre después del paso de la máquina y de la podadora.

El olivar en seto puede cultivarse siguiendo la normativa de producción integrada y ecológica, esta última siempre que el manejo de las malas hierbas en la calle se realice mecánicamente, con desbrozadora o aperos intercepas, ya que los herbicidas no están autorizados, por lo que será preciso que las gomas de riego, si las hubiera, estén enterradas. La recolección temprana permitirá reducir los daños que pueda generar la mosca del olivo (*Bactrocera oleae*). Problemático es el control del glifodes durante los años de formación del olivo ya que deberán utilizarse plaguicidas naturales. La fertilización debe realizarse con productos naturales, por no estar permitido el uso de abonos de síntesis

3.4.   Poda de olivar en seto estrecho

La poda de formación del olivar en seto estrecho busca construir una estructura que permita que el olivo ocupe, cuanto antes, el espacio que le corresponde. La posición de las ramas debe facilitar el paso de la máquina, eliminando aquellas que crezcan hacia la calle. En ocasiones, en los primeros años se elimina la flor, aplicando azufre, para que no compita con el crecimiento de los brotes y, de esta forma, se consiga acelerar la formación del árbol.

La formación del olivo en seto ha ido evolucionando según se ha adquirido experiencia en el manejo de estas plantaciones. Los primeros olivos se formaron en eje central (Figura 9.46, arriba izquierda). Este sistema facilita que el olivo alcance la altura máxima de forma rápida, pero los costes de formación son elevados, por los continuos tutorados, y además se favorece el desarrollo de ramas vigorosas en la parte terminal del eje. Con el tiempo se observó que, después de unos años, el eje engrosaba y perdía flexibilidad, por lo que no vibraba con el paso de la máquina, reduciéndose la eficiencia de derribo. Esto hizo que muchos de esos primeros olivares se rebajasen hasta 1,0-1,5 m y se formaran de nuevo sobre 2-3 ramas principales (Figura 9.46, arriba centro y derecha).

En los últimos años, con el objetivo de reducir los costes de formación, el vivero Agromillora empezó a producir una planta de mayor edad (8-12 meses) con un tallo principal recto atado a un tutor de 40 cm; a esa altura salen varios brotes laterales, lo que favorece el crecimiento en forma libre. El seto se forma con sucesivas podas mecánicas en la parte superior y laterales (Rius y Lacarte, 2015), reduciendo, de esta forma, los costes de entutorado y formación. Este sistema consigue un gran desarrollo de área foliar durante los primeros años de plantación (Figura 9.46, abajo). Pasados unos 3-4 años, cuando aparecen problemas de iluminación en el centro del seto, es necesario intervenir a mano eliminando ramas completas. Las ventajas de este sistema de formación se están evaluando.

Figura 9.46. Formación en eje central (arriba izquierda) o en tipo palmeta con varias ramas (arriba centro y derecha), o realizando despuntes sucesivos durante los primeros años (abajo) buscando el desarrollo de ramas, hacia la línea, de menor vigor para que el seto sea más flexible al paso de la máquina.

Durante los primeros años la poda de formación se reduce a tutorar y eliminar los brotes que se desarrollan en la parte baja del eje, conformando un tronco recto de 60 cm sin vegetación, que facilitará el cierre de las escamas de la máquina de recolección y evitará la absorción de herbicidas. La poda de producción persigue mantener las dimensiones del seto que permitan una adecuada iluminación y aireación y faciliten el paso de la máquina de recolección. Por ello, pasados 3-4 años, será necesario eliminar las ramas rígidas que crezcan hacia la calle, lo que facilitará el paso de la máquina reduciendo la rotura de ramas y arranque de árboles. El paso de la máquina marca cuáles son las ramas a eliminar, por las heridas que aparecen en aquellas que están mal posicionadas. Igualmente se eliminarán aquellas ramas que sobrepasen la altura deseada. Estas ramas pueden ser podadas con pequeñas motosierras.

Las fincas de gran extensión, o con escaso personal, tienen la necesidad de podar mecánicamente los setos (Figura 9.47, izquierda). La poda mecánica de la parte alta del seto (*topping*) puede realizarse con discos colocados en un brazo horizontal a la altura deseada. En zonas vigorosas se puede realizar un *topping* al final de primavera, durante el crecimiento de los brotes, para frenar el desarrollo vegetativo y así asegurar la iluminación de las zonas bajas. Las ramas bajeras pueden ser eliminadas con podadora de doble sierra horizontal, a 50-60 cm del suelo (Figura 9.47, derecha). Diversos ensayos en fincas comerciales han demostrado, además, que es posible realizar la poda de las caras del seto con discos colocados en brazos en posición vertical o inclinada (Figura 9.47, centro). Si el vigor es elevado, los discos verticales deben pasarse todos los años; si es bajo, puede podarse la misma cara del seto cada 2 o 3 años, alternando las caras podadas. Se ha observado que la poda de una de las caras incrementa la porosidad y la iluminación, por lo que, aunque el número de aceitunas se reduce, el contenido en aceite se incrementa y la producción no se reduce sino que, incluso, puede verse incrementada (Figura 9.48). Varias experiencias ponen de manifiesto, sin embargo, la necesidad de rematar a mano la poda mecánica para eliminar las ramas secas que van quedando en el centro del seto.

Figura 9.47. El olivar en seto puede ser podado mecánicamente para mantener la dimensión óptima que permita el trabajo de la máquina de recolección y una adecuada iluminación y aireación. La podadora de discos se utiliza para eliminar ramas de mayor grosor situadas en la parte alta (izquierda) y caras laterales (centro). La podadora de sierra corta las ramas finas de las faldas del olivo (derecha).

En algunos olivares ha sido necesario renovar el seto (Figura 9.49). Los motivos son diversos: falta de flexibilidad del eje, lo que dificultaba la recolección, y problemas sanitarios, como la tuberculosis (*Pseudomonas savastanoi* pv. *savasta-*

noi) o repilo (*Venturia oleagina*). Estos olivares tenían, en cualquier caso, menos de 20 años por lo que crecieron rápidamente y las producciones se recuperaron en 3 años.

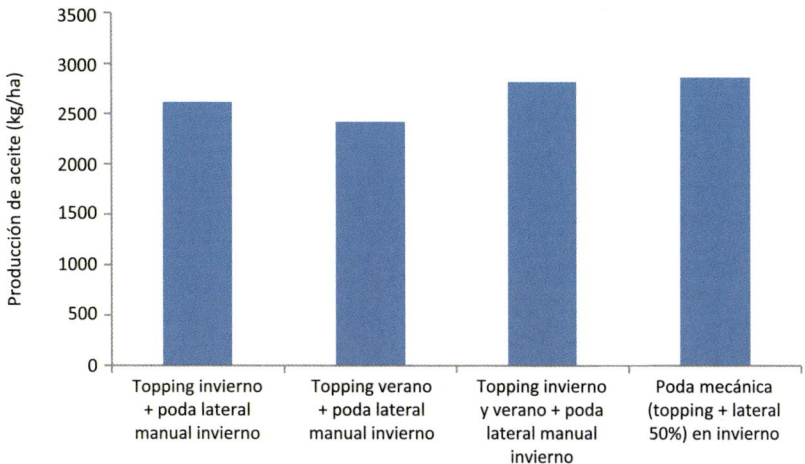

Figura 9.48. Producción media de aceite de un olivar en seto (3,75 × 1,35 m) en Badajoz con distintos tipos de poda. En la poda mecánica lateral se pasaron los discos verticales a 25-30 cm del tronco, podando cada año una cara. Datos de 2013-2015 (Parras *et al.*, 2016). El *topping* se realizó a 2,50 de altura de seto desde el suelo.

Figura 9.49. Renovación de olivar en seto estrecho en Alcázar de San Juan (Ciudad Real). La falta de elasticidad del eje obligó a rebajarlo a 0-15 cm del suelo (izquierda); en verano el seto alcanzó una altura de 1,5 m (centro) y en dos años se había renovado completamente (derecha).

3.5. Particularidades del olivar en seto para producción de aceituna de mesa

El cultivo en seto de olivar de mesa se ha desarrollado con posterioridad al de almazara a raíz de los estudios iniciados en 2012 por la Universidad de Sevilla en plantaciones de tres años de las variedades Manzanilla de Sevilla y Manzanilla Cacereña. Estos setos se plantaron a 3,75 × 1, 35 m, en la dirección N-S, con un manejo similar al de setos adyacentes de 'Arbequina' y 'Arbosana' y dotaciones elevadas de riego (3000-3500 m³/ha). Se trataba de setos continuos y aptos para la recolección con vendimiadora modificada, con buenas e incluso sorprendentes producciones (Figura 9.50), y adecuados calibres de aceituna (peso medio entre 3 y 5 g, relación pulpa/hueso superior a 5). Las producciones se derribaban en verde prácticamente en su totalidad (>95%) y mostraban una calidad aceptable para su comercialización tras un tratamiento de postcosecha en campo basado en la inmersión en lejía diluida y el aderezo posterior en una industria en verde estilo sevillano (Morales-Sillero *et al.*, 2014). En consecuencia, este sistema de cultivo ha ido adquiriendo importancia en el sector al disminuir los costes de cultivo y resolver un aspecto no menos importante hoy día como es la escasez de mano de obra.

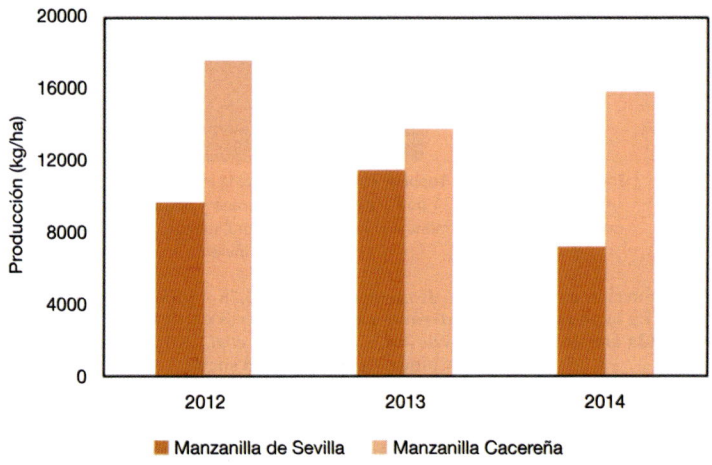

Figura 9.50. Producción media anual de aceituna de las variedades Manzanilla de Sevilla y Manzanilla Cacereña plantadas en olivar en seto a 3,75 × 1,35 m en 2007 (Campo Maior, Portugal).

Son varias las particularidades que deben considerarse en el diseño y manejo de este tipo de setos en aceituna de mesa. Las más limitantes son la disponibilidad de agua, el daño que provoca la cosechadora en el fruto, y el material vegetal. La disponibilidad de agua es clave para la obtención de producciones con calibres comerciales. Una estrategia de riego deficitario controlado basada en medidas de potencial hídrico del tallo al mediodía que asegure un buen cuajado y la rehidratación de la aceituna, con umbrales de −1,2 MPa desde brotación hasta inicio del endurecimiento del hueso, −3 MPa a lo largo de este y −2 MPa antes de la recolección, es una alternativa viable (Morales-Sillero *et al.*, 2024). Por otro lado, el consumidor y la industria demandan frutos sin daño. El daño por molestado, como suele denominarse, se produce fundamentalmente en el derribo de la aceituna, y suele ser mayor que el provocado en la recolección con vibrador de troncos en las plantaciones intensivas. En la piel y en la pulpa se aprecian manchas pardas que se producen por la oxidación de compuestos fenólicos y rupturas celulares, daños que progresan con el tiempo (Morales-Sillero *et al.*, 2023). Para el aderezo en verde, la elección de la variedad puede tener un papel determinante a este respecto. Los frutos de la variedad Manzanilla Cacereña, escasamente conocida con anterioridad, son más tolerantes al daño que los de 'Manzanilla de Sevilla', lo que se aprecia a nivel externo e interno. Esta variedad, cuyos setos son algo más estrechos, suele florecer al segundo año y es bastante productiva. Sus frutos pueden presentar, sin embargo, una mayor heterogeneidad en el color y en el calibre. La 'Manzanilla de Sevilla' es una variedad que ha sido tradicionalmente cultivada en diversos países olivareros por la calidad de su aceituna, caracterizada por una piel fina y una pulpa delicada y no muy fibrosa, particularidades que la hacen, sin embargo, especialmente susceptible al daño en recolección mecanizada, lo que está motivando el arranque o abandono de plantaciones tradicionales. En los últimos años, se está plantando en seto la 'Hojiblanca', conocida por la tolerancia al daño de sus frutos. El comportamiento de esta y otras variedades tradicionales, así como de nuevos genotipos obtenidos en programas de mejora, como el de la Universidad de Sevilla, se está estudiando en diversos ensayos.

Por otra parte, el daño por molestado se puede reducir fijando en la vendimiadora modificada unas condiciones de avance adecuadas (velocidad, frecuencia de batido y apertura del cabezal). En los setos de 'Manzanilla de Sevilla', con una cosechadora como la de la Figura 9.31 (derecha), ampliamente utilizada hoy día, se recomienda una velocidad próxima a 1,75-2 km/h y 430 rpm de frecuencia de batido. Con estas condiciones y un cabezal abierto según el tamaño del seto, se derriba bien la producción y se reduce también el daño en los setos de ambas variedades. Se ha visto, además, que el daño en la aceituna disminuye en la recolección efectuada justo tras el amanecer, es decir en los momentos del día en los que la temperatura ambiental es mínima, si bien este efecto no es tan evidente en los años especialmente cálidos (Morales-Sillero *et al.*, 2023). La postcosecha tiene también un papel decisivo en el daño de la aceituna, así como la situación de la propia industria de aderezo. En las plantaciones alejadas de esta, es recomendable que, inmediatamente tras la recolección, se proceda a la inmersión de la producción en soluciones que paralicen el avance del daño, como por ejemplo de lejía diluida ($NaOH$, 0,3-0,5%) a temperatura fría. Por último, para variedades especialmente susceptibles al daño, no debe descartarse el destino de la producción al aderezo en negro, así como la recolección a mano de la aceituna de mejor calibre para su comercialización en mercados gourmet, destinándose el resto de la producción a la extracción de aceite.

3.6. Retos del olivar en seto para producción de aceite y aceituna de mesa

Actualmente nos encontramos ante tres grandes retos del olivar en seto: incrementar la gama varietal, determinar la estructura óptima y poner a punto estrategias de diseño y manejo que permitan mantener esta estructura.

La gama de variedades adaptadas a este sistema es reducida y no cubre las distintas condiciones edafoclimáticas del olivar. Esta limitación es más determinante en plantaciones de gran superficie, ya que el cultivo de una única variedad puede comprometer la polinización cruzada y el cuajado, y supone, también, un problema en el control de la recolección y molienda y en la gama comercial de aceites producidos.

Respecto al diseño óptimo del seto, es necesario determinar los umbrales de radiación para la producción de aceite y de aceituna de mesa. La radiación permite explicar algunos componentes del rendimiento (tamaño de aceituna y rendimiento graso), sin embargo el número de aceitunas no se explica exclusivamente con los niveles de radiación. También será preciso conocer la respuesta a la radiación de otras variedades, ya que los datos obtenidos, hasta la fecha, provienen fundamentalmente de setos de 'Arbequina'.

Para el mantenimiento de la estructura del seto, es importante diseñarlo correctamente en función de las dimensiones de las máquinas disponibles, conociendo bien las condiciones las condiciones ambientales, edáficas y de cultivo que determinan el crecimiento potencial del olivo en la parcela. En parcelas donde el cultivo exprese escaso crecimiento, será posible manejar estructuras de setos bajos y estrechos, adaptados a máquinas de menores dimensiones. Sin embargo, en condiciones que favorezcan alto vigor de las plantas, las dimensiones del seto óptimo deberán ser mayores, y habrá que asegurar la adecuada iluminación de toda la copa. En particular, el manejo de la fertilización nitrogenada y el uso de estrategias de riego deficitario en las fechas de crecimiento vegetativo facilitarán el control de su tamaño. Las estrategias de poda permitirán, finalmente, controlar el tamaño de los setos ya sea de forma manual o mecánica. La rentabilidad de estas plantaciones dependerá de su longevidad. Actualmente las plantaciones más antiguas en seto estrecho alcanzan 20 años, algunas de ellas han tenido que renovar el eje por su excesivo tamaño y rigidez; y será su manejo lo que determine su vida productiva.

4. Bibliografía

Centeno, A.; Hueso, A.; Gómez-del-Campo, M. (2019). Long-term evaluation of growth and production of olive cultivars in super high-density orchard under cold-weather conditions. *Scientia Horticulturae, 257*:108657.

Cherbiy-Hoffmann, S. U.; Hall, A. J.; Searles, P. S.; Rousseaux, M. C. (2015). Responses of olive tree yield determinants and components to shading during potentially critical phenological phases. *Scientia Horticulturae,* 184:70-77.

Cherbiy-Hoffmann, S. U.; Searles, P. S.; Hall, A. J.; Rousseaux, M. C. (2012). Influence of light environment on yield determinants and components in large olive hedgerows following mechanical pruning in the subtropics of the Southern Hemisphere. *Scientia Horticulturae,* 137:36-42.

Connor, D. J.; Centeno, A.; Gomez del Campo, M. (2009). Yield determination in olive hedgerow orchards. II. Analysis of radiation and fruiting profiles. *Crop & Pasture Science, 60*(5):443-52.

Connor, D. J.; Gomez del Campo, M. (2013). Simulation of oil productivity and quality of N-S oriented olive hedgerow orchards in response to structure and interception of radiation. *Scientia Horticulturae,* 150:92–99.

Connor, D. J.; Gomez del Campo, M.; Rousseaux, M. C.; Searles, P. S. (2014). Structure, management and productivity of hedgerow olive orchards: A review. *Scientia Horticulturae,* 169:71–93.

Connor. D.J.; Gomez del Campo, M.; Trentacoste, E.R. (2016). Relationships between olive yield components and simulated irradiance within hedgerows of various row orientations and spacings. *Scientia Horticulturae* 198: 12-20.

Consejería de Agricultura y Pesca. (2015). Plan Director de Olivar Andaluz. Junta de Andalucía. Sevilla. 146 pp.

Díez C.M.; J. Moral; D. Cabello; P. Morello; L. Rallo and D. Barranco. (2016). Cultivar and tree density as key factors in the long-term performance of super high-density olive orchards. *Frontiers in Plant Science,* 7:1226.

Fernández-Escobar, R. (1996). *Planificación y diseño de plantaciones frutales.* Ediciones Mundi-Prensa. Madrid. 220 págs.

Gomez del Campo, M. (2013). Summer deficit irrigation in a hedgerow olive orchard cv. Arbequina: relationship between soil and tree water status, and growth and yield components. *Spanish Journal of Agricultural Research,* 11(2):547-57.

Gomez del Campo, M.; Leal, A.; Pezuela, C. (2008). Relationship of stem water potential and leaf conductance to vegetative growth of young olive trees in a hedgerow orchard. *Australian Journal of Agricultural Research,* 59(3):270–79.

Gómez del Campo, M., A. Centeno y D.J. Connor. (2009). Yield determination in olive hedgerow orchards. I. Yield and profiles of yield components in north-south and east-west oriented hedgerows. *Crop and Pasture Science* 60: 434-442.

Gómez del Campo, M.; García, J. M. (2012). Canopy fruit location can affect olive oil quality in Arbequina hedgerow orchards. *Journal of the American Oil Chemist's Society,* 89:123-133."

Gómez-del-Campo, M.; Connor, D.J.; Trentacoste, E.R. (2017). Long-term effect of intra-row spacing on growth and productivity of super-high density hedgerow olive orchards (cv. Arbequina). *Frontiers in Plant Science,* 8:1790.

Hidalgo, J.; Hidalgo, J.C.; Leyva, A.; Pérez, D.; Vega, V. (2024). Reflexiones sobre un ensayo de densidades de plantación en olivar tras cinco años de cosecha. *Vida Rural,* 546, pp 50-57.

Junta de Andalucía, 2015. Plan Director del Olivar. Decreto 103/2015. B.O.J.A. nº 54 de 19 de marzo de 2015, pg 8.

León, L.; de la Rosa, R.; Rallo, L.; Guerrero, N.; Barranco, D. (2007). Influence of spacing on the initial production of hedgerow "Arbequina" olive orchards. *Spanish Journal of Agricultural Research,* 5(4):554-56.

Morales-Sillero, A.; Rallo, P.; Jiménez, M. R.; Casanova, L.; Suárez, M. P. (2014). Suitability of two table olive cultivars ('Manzanilla de Sevilla' and 'Manzanilla Cacereña') for mechanical harvesting in superhigh-density hedgerows. *Hortscience,* 49:1028-1033.

Morales-Sillero, A.; Suárez, M.P.; Jiménez, M.R.; Rallo, P.; Casanova, L. (2023). Mechanical harvesting at dawn in a super-high-density table olive orchard: effect on the quality of fruits. *Journal of the Science and Food Agriculture,* 103:2989–2996.

Morales-Sillero, A.; González-Fernández, A.; Casanova, L.; Martin-Palomo M.J.; Jiménez, M.R.; Rallo, P. Moriana, A. 2024. Influence of the rehydration period on yield quality and harvest performance in Manzanilla de Sevilla super high-density olive orchards. *Irrigation Science, 42:849-862.*

Morettini, A. (1972). *Olivicoltura.* R.E.D.A. Roma.

Orlandini, S.; Belcari, A.; Dalla, M.A.; Sabatini, F.; Sacchetti, P. (2005). Dynamics of temperature in olive tree (*Olea europea* L.) fruit pulp. *Advances in Horticultural Science,* 19: 42-46.

Parras, J.; Pérez-Rodríguez, J.M; Lara, E; Prieto, M.H (2016). Estrategias de poda de producción para plantaciones de olivar en seto. I Congreso Ibérico de Olivicultura. Badajoz.

Pastor, M.; Humanes J.; Castro, A.; Jiménez, P. (1993). Densidades de plantación en olivar de secano en Andalucía. *Agricultura,* 730: 419-425.

Pastor, M.; Humanes, J.; Jiménez, P. (1990). Increased densities in traditional rainfed adult olive groves in Andalusia. *Acta Horticulturae,* 286: 291-294.

Pastor, M.; Humanes, J.; Vega, V.; Castro, J. (1998). Diseño y manejo de plantaciones de olivar. Monografía 22/98. Junta de Andalucía. Consejería de Agricultura y Pesca. Sevilla.

Pastor, M.; Humanes, J.; Vega, V.; Castro, J., 2001. Diseño y Manejo de plantaciones de olivar. Consejería de Agricultura y Pesca. ISBN: 84-89802-33-5

Pastor, M.; Navarro, C.; Vega, V.; Arquero, O.; Hermoso, M.; Morales, J.; Fernández, A.; Ruiz, F. (1995). Poda de formación del olivar. Comunicación I+D Agroalimentaria 13/95, Consejería de Agricultura y Pesca de la Junta de Andalucía.

Pastor, M.; Vega, V.; Hidalgo, J.C., 2005. Ensayos en plantaciones de olivar superintensivas e intensivas. *Vida Rural,* 218: 30-40.

Rallo L.; Barranco, D.; Castro-García, S.; Connor, D.J.; Gomez del Campo, M.; Rallo, P. (2014). High density olive plantations. *Horticultural Reviews* 41: 303-384.

Rius, J.; Lacarte, J.M. (2015). La revolución del olivar. *El cultivo en seto.* Madrid. 518 pp.

Rosati, A.; Paoletti, A.; Caporali, S.; Perri, E. (2013). The role of tree architecture in super high density olive orchards. *Scientia Horticulturae,* 161:24-29.

Tombesi, A. (1988). Intercettazione luminosa ed efficienza produttiva dell'olivo. *Rivista di Frutticoltura,* **3**: 21-25.

Trentacoste, E.R.; Connor, D.; Gomez del Campo, M. (2015a). Effect of row spacing on vegetative structure, fruit characteristics and oil productivity of N-S and E-W oriented olive hedgerows. *Scientia Horticulturae,* 193:240-248.

Trentacoste, E.R.; Connor, D.J.; Gomez del Campo, M. (2015b). Effect of olive hedgerow orientation on vegetative growth, fruit characteristics and productivity. *Scientia Horticulturae* 192: 60–69.

CAPÍTULO 10

SISTEMAS DE MANEJO DEL SUELO

Cristina ALCÁNTARA
María Auxiliadora SORIANO
Milagros SAAVEDRA
José Alfonso GÓMEZ

ÍNDICE

1. Introducción, 359
2. Factores que condicionan el manejo del suelo en olivar, 361
   2.1. Balance de agua, 363
   2.2. Control de la erosión y de la degradación del suelo, 365
   2.3. Las malas hierbas, 366
       2.3.1. Inconvenientes de las malas hierbas, 366
       2.3.2. Ventajas de las malas hierbas, 367
       2.3.3. Características de la flora del olivar mediterráneo, 368
   2.4. Otros factores, 369
3. Sistemas de manejo del suelo, 370
   3.1. Sistemas que incluyen laboreo, 372
   3.2. No laboreo con suelo desnudo, 375
   3.3. Cubiertas vegetales, 376
       3.3.1. ¿Qué son y para qué sirven las cubiertas vegetales?, 376
       3.3.2. Razones para el uso de cubiertas vegetales en olivar, 378
       3.3.3. Manejo de las cubiertas vegetales en olivar. Puntos críticos, 379
       3.3.4. Tipos de cubiertas vegetales y su manejo, 385
       3.3.5. Factores que limitan el desarrollo y manejo de las cubiertas vegetales y su empleo en olivar, 396
       3.3.6. Futuro de las cubiertas y consideraciones finales, 397
4. Efectos del manejo del suelo sobre el agrosistema, 397
   4.1. Principales propiedades afectadas por el manejo del suelo, 398
   4.2. Escorrentía superficial, 401
   4.3. Erosión hídrica, 403
   4.4. Balance de agua, 405
   4.5. Modificación de propiedades del suelo por la cubierta vegetal, 407
   4.6. Efectos sobre la biodiversidad, 408
5. Técnicas complementarias de manejo del suelo, 409
   5.1. Subsolado y desfonde, 409
   5.2. Control del tránsito de maquinaria, 410
   5.3. Plantación siguiendo la orientación general de las curvas de nivel, 410
   5.4. Laboreo paralelo a las curvas de nivel, 412
   5.5. Pozas al pie de los olivos, 414
   5.6. Acolchado superficial con restos de poda, 415
   5.7. Actuaciones en vaguadas y cárcavas, 415
6. Uso de herbicidas, 418
   6.1. Conceptos generales sobre herbicidas y su aplicación, 418
   6.2. Principales materias activas y sus características, 422
   6.3. Riesgos del uso de herbicidas, 424
   6.4. Peculiaridades de la aplicación de herbicidas en olivar, 431
   6.5. Pautas a seguir en la aplicación de herbicidas, 432
7. Comentarios sobre los efectos del manejo del suelo en la productividad y los costes de cultivo, 433
8. Bibliografía, 435

1. Introducción

La producción agraria, como actividad económica que es, se realiza para obtener rentabilidad; sin embargo, en el contexto actual, además de proporcionar alimentos y otros bienes a la población humana, se orienta a obtener producciones de calidad, tanto nutritiva, como organoléptica y sanitaria, y además debe preservar los recursos naturales no renovables, entre los cuales se encuentra el suelo que sustenta al cultivo. Estas condiciones son la base de una actividad agraria que ha de cubrir las necesidades de alimentos y otros bienes sin comprometer el futuro de las generaciones venideras.

Existe cierta controversia acerca de cuál es el sistema de manejo del suelo idóneo en el olivar. El cultivo plantea varios problemas como son: la necesidad de aprovechar el agua de lluvia, especialmente en condiciones de secano y baja pluviometría, el control de las malas hierbas, que compiten con el cultivo por agua y nutrientes, la erosión y degradación del suelo, el uso adecuado de los herbicidas o los riesgos de contaminación de aceites y aguas. Todo esto, unido a la enorme diversidad de situaciones edafoclimáticas y topográficas, y de las diferentes características del propio cultivo en crecimiento, densidad y marcos de plantación, número de troncos, variedades que condicionan la fecha de recolección, etc., impiden recomendar una forma única de manejar el suelo. Se hace necesario, por tanto, evaluar los diversos factores que afectan a la productividad del olivar y al medio ambiente y, en función de las condiciones agroambientales de cada olivar, decidir cuáles son las técnicas de manejo más adecuadas que en cada momento podemos aplicar.

Los antiguos tratados de agricultura y el refranero español nos sugieren algunas prácticas de manejo del suelo haciendo hincapié en aspectos relacionados con la conservación del agua y el suelo:

El gaditano Lucio Junio Moderato Columela, famoso agrónomo hispano-romano contemporáneo de Jesucristo, en su Tratado de los Trabajos del Campo, en el Libro V, daba recomendaciones precisas sobre el laboreo del olivar:

"... pero como mínimo dos veces al año ha de ser arado y cavado profundamente con la azada alrededor de los árboles; y después del solsticio, cuando la tierra se abre por los calores, hay que tener cuidado de que el sol no penetre hasta las raíces de los árboles a través de las grietas. Después del equinoccio otoñal, los árboles deben recibir un descalce de forma que desde la parte superior, si el olivo está en pendiente, se provoquen regueras que lleven al agua hasta el tronco".

Este mismo autor cita un antiguo proverbio popular en el que establece claramente las prioridades:

"el que labra un olivar, le pide fruto; el que lo estercola, se lo pide con insistencia; y el que lo poda, le obliga a que se lo dé".

Gabriel Alonso de Herrera, en su Tratado de Agricultura General, en su Libro Primero, Capítulo V, editado en 1513 por primera vez, recomienda:

"... matar la yerba, la cual si mucho crece, quita la substancia a las otras plantas, dejúgalas, y ahógalas, y aún mátalas del todo".

El Refranero Agrícola Español recopilado por Hoyos Sancho en 1954, recoge también interesantes dichos populares, como por ejemplo:

"Limpio siempre el olivar, de hierbas debe de estar"

"En marzo, como te pillo, te alzo"

"Cuando el olivo está en flor no lo toque el labrador".

Todas estas recomendaciones de hace siglos para evitar la competencia de las hierbas, aprovechar el agua, aportar materia orgánica en forma de estiércol y no dañar al árbol, ni a sus raíces ni a la floración, eran y siguen siendo hoy día los fundamentos del manejo del suelo en el olivar.

A lo largo de las últimas décadas se han ido incorporando avances tecnológicos a la agricultura, entre ellos los tractores potentes junto con aperos eficientes, y los herbicidas, que han facilitado el control de las malas hierbas y han permitido reducir la competencia de estas con el cultivo por agua y nutrientes, pero de cuyo uso con frecuencia se ha abusado. En cambio, no ha aumentado en la misma medida la incorporación de materia orgánica a los suelos, no solo porque la posibilidad de incorporación de estiércol o compost es muy limitada, sino también porque se ha intensificado precisamente la eliminación de las hierbas, que aportan materia orgánica al suelo. Por otro lado, el laboreo intenso favorece la mineralización de la materia orgánica existente en el suelo, proporcionando al olivo los nutrientes minerales liberados. Todo esto ha dado lugar, en muchos casos, a un incremento de los rendimientos, pero ha reducido el contenido de materia orgánica en los suelos y ha aumentado la erosión y la degradación de los mismos, así como los riesgos de contaminación por fitosanitarios y fertilizantes, comprometiendo en ocasiones la productividad futura del olivar.

Los avances tecnológicos no deben ser rechazados, al contrario, los tractores, las máquinas, equipos y aperos agrícolas, los herbicidas o los fertilizantes inorgánicos, son herramientas que permiten realizar las prácticas agrícolas y conseguir los fines con mayor facilidad, muchas veces a menor precio, incluso en momentos más oportunos, pero debemos conocer también sus efectos negativos y evitarlos. Por todo ello, en este capítulo se exponen los fundamentos del manejo del suelo en el olivar y las prácticas más adecuadas, teniendo en cuenta las diferentes condiciones ambientales, con el fin de que cada olivarero elija en cada momento la técnica que más le conviene aplicar, y todo ello teniendo en cuenta que la elección de unas herramientas u otras va a ser decisión del agricultor en función de sus intereses.

Nos planteamos por tanto cuatro objetivos básicos:

- CONSEGUIR UN BUEN BALANCE DE AGUA Y DE NUTRIENTES para alcanzar una elevada productividad.

- CONSERVAR EL SUELO Y EVITAR LA EROSIÓN para mantener en el futuro la capacidad productiva del olivar.

- INTEGRAR LAS ACTUACIONES eligiendo en cada momento la solución más adecuada para obtener beneficios, pero al mismo tiempo conservando el medio ambiente.

- QUE EL LECTOR ENTIENDA los efectos sobre los principales procesos del suelo para así estimar el efecto de situaciones no descritas en este capítulo.

El buen balance hídrico se conseguirá fundamentalmente: aumentando la infiltración del agua, por lo que la compactación del suelo será su principal enemigo, sobre todo en el centro de las calles por donde transita la maquinaria; evitando la evaporación del agua desde el suelo, para lo que será aconsejable cubrir el suelo, y limitando la transpiración de la cubierta vegetal, por lo que habrá que eliminarla en el momento adecuado.

El buen balance de nutrientes se conseguirá fertilizando tanto el árbol como las cubiertas vegetales, si fuera necesario, y se buscará elevar los contenidos de materia orgánica en el suelo, hasta alcanzar valores adecuados para cada suelo que permitan obtener la mayor productividad posible.

Todo ello se realizará mediante técnicas de conservación de los suelos, para reducir la erosión, evitando la degradación o contaminación de los mismos y preservando el medio ambiente y la biodiversidad en su conjunto.

2. Factores que condicionan el manejo del suelo en olivar

El manejo del suelo en el olivar engloba una serie de operaciones que incluyen, entre otras: el laboreo, la aplicación de herbicidas y otros agroquímicos, el desbroce de la vegetación espontánea, la siembra de cubiertas herbáceas o el aporte de materiales para el acolchado del suelo, las cuales tienen una transcendencia determinante en la capacidad productiva del olivar. El manejo del suelo es también clave en determinar el grado en que un olivar puede proporcionar, o no, servicios ecosistémicos muy importantes, como son, por ejemplo, la protección frente a la erosión o el mantenimiento de la biodiversidad. Algunos de estos servicios ecosistémicos son fundamentales para la sostenibilidad de la productividad del olivar, por ejemplo el control de la erosión para preservar un suelo productivo, mientras que otros, por ejemplo la lucha contra la reducción de la biodiversidad, son reconocidos de manera creciente como una necesidad para el mantenimiento del equilibrio ecológico del agrosistema en que se encuadra el olivar, además de ser una demanda social.

El manejo de suelo en el olivar debe combinar diferentes técnicas para alcanzar una serie de objetivos que no son siempre coincidentes, y la mejor manera es aplicarlas acorde a las condiciones específicas de cada olivar. Es conveniente comenzar esta sección con un breve recordatorio de que el término "olivar" engloba realidades productivas muy diversas, no solo en términos edafoclimáticos, como ya se comentará, sino incorporando también el nivel de intensificación productiva de la explotación. La Figura 10.1 muestra imágenes de cuatro diferentes tipologías de olivar usadas habitualmente para su clasificación en Andalucía. En la misma se puede apreciar como en esta región coexisten realidades productivas dispares. El primer tipo de olivar que se muestra en la Figura 10.1 es el denominado olivar de secano en

Figura 10.1. Ejemplos de diferentes tipologías de olivar. A) Tradicional de secano en fuertes pendientes. B) Tradicional de secano en pendientes moderadas. C) Intensivo en riego. D) Superintensivo en riego.

fuertes pendientes, por encima del 20%, y suelos poco profundos, con niveles productivos relativamente bajos y que en ocasiones coexisten con otros usos, en este caso particular ganadería ovina. El segundo tipo es el denominado olivar de secano en pendientes moderadas, por debajo del 20%. Se trata de olivares en suelos más profundos y de mejores condiciones y tienen una mayor productividad. En las últimas décadas han aparecido otras realidades productivas relacionadas con el riego, que en el caso del olivar se refiere casi siempre a riego deficitario y distribuido mediante un sistema de goteo. Una son los olivares superintensivos, con un número de árboles por hectárea mucho mayor que los tradicionales, formando un seto, y la segunda son los olivares en riego a marco tradicional o intensivo (pero nunca formando seto). Estas tipologías pueden variar en otras regiones donde se cultiva el olivo, aunque sirve para ilustrar el hecho de que las características de diseño de la plantación, potencial productivo y cosecha esperable, acceso al agua, facilidad de tránsito de la maquinaria, riesgo de plagas y enfermedades, personal y equipamiento disponible, etc., van a venir en parte condicionadas por la topografía, tipo de suelo, clima y tamaño de la explotación, y todo ello va a acotar el marco en que se puede plantear el manejo del suelo de un olivar en particular. Este análisis, que nos debería permitir tener una idea clara de las distintas posibilidades de un olivar en relación a la elección del sistema de manejo de suelo más apropiado, debe ir sin embargo en paralelo al análisis de otros condicionantes que se mencionan a continuación.

2.1. Balance de agua

El olivo es una especie típica de clima mediterráneo, siendo este un clima caracterizado, en términos de promedio anual, por una precipitación anual mucho menor que la demanda evaporativa de la atmósfera. Además, la precipitación está concentrada en una parte del año, con un largo periodo seco en el que el árbol debe utili-

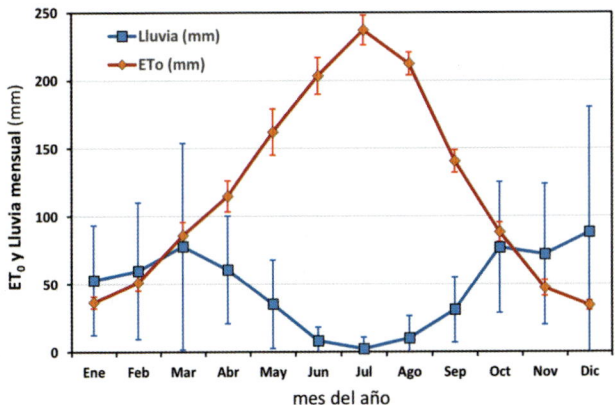

Figura 10.2. Precipitación y demanda evaporativa (ETo) de la atmósfera en Córdoba (Andalucía, España). Valores medios mensuales del período 2001-2023. Las barras indican la desviación estándar.

zar el agua almacenada en el suelo para sobrevivir y producir. A esto también se une una elevada variabilidad interanual de las precipitaciones. En la Figura 10.2 se reflejan estas características del clima mediterráneo para Córdoba (Andalucía, España). Este desequilibrio entre precipitación y demanda evaporativa (ETo), lo que se conoce como índice de aridez, es muy variable en las distintas áreas de cultivo del olivo, principalmente por la gran variabilidad de la precipitación anual media, con zonas en la que esta está por encima de 800 mm/año mientras que en otras está alrededor de 250 mm/año. Históricamente los agricultores han venido ajustando el manejo del cultivo a las disponibilidades de agua del olivar, con tres herramientas: adecuando el marco de plantación, controlando el tamaño de copa de los olivos mediante la poda y con un manejo del suelo orientado a mejorar el balance de agua (aumentando la infiltración del agua de lluvia y reduciendo las pérdidas por transpiración de las hierbas existentes en el olivar y por evaporación desde el suelo). Históricamente la mejora del balance de agua en el olivar se ha realizado mediante laboreo, aunque por los problemas generados se hace necesario emplear otros sistemas de manejo que incluyan algún tipo de cobertura vegetal en las calles. Este manejo del suelo se va a plantear en condiciones de disponibilidad de agua muy diferentes (véase Figura 10.3), y aunque el riego modifica estas condiciones, al tratarse generalmente de un riego deficitario e ir asociado a una mayor expectativa de cosecha, que conlleva una mayor transpiración del olivo, se debe plantear el manejo del suelo considerando que es una técnica que puede modificar de manera muy significativa el balance de agua del suelo.

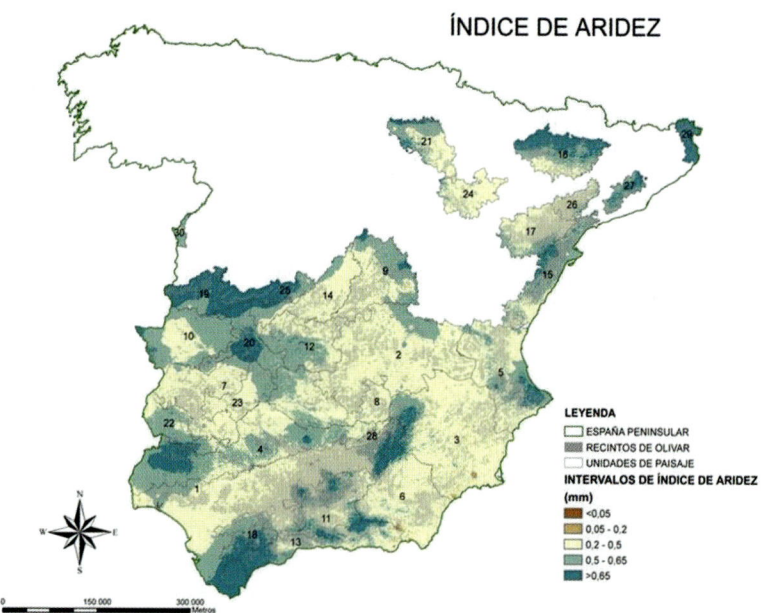

Figura 10.3. Distribución y clasificación del olivar en España en función del índice de aridez (IA), (IA = precipitación anual media/ETo anual media). Tomado de Hernández (2011).

2.2. Control de la erosión y de la degradación del suelo

Por las condiciones de cultivo en laderas de elevada pendiente, clima mediterráneo y sistemas de manejo del suelo que favorecen una baja cobertura de este, la erosión del suelo ha sido señalada como un grave problema en algunas áreas de cultivo del olivar (Figura 10.4), aunque en estas mismas áreas encontramos zonas de olivar con la erosión del suelo controlada. En trabajos recientes se pone de manifiesto que los olivares en pendiente vienen siendo sometidos a tasas de erosión por encima de lo sostenible y que estas tasas se han acelerado en las últimas décadas. Así Vanwalleghem *et al.* (2011) documentaron como algunos olivares del sur de España cultivados de manera continuada en los últimos 250 años presentaban tasas de erosión no sostenibles ya en el siglo XIX, aunque estas aumentaron mucho en las últimas décadas del siglo XX con el empleo de tecnologías que mantenían el olivar con suelo desnudo (laboreo o aplicaciones de herbicidas) durante todo el año. Estas zonas de erosión acelerada, además de degradar el suelo hasta extremos muy severos que afectan la productividad del olivar a corto plazo, van degradando de manera paulatina, y a veces poco perceptible, el potencial productivo de estas zonas de cultivo. Gómez *et al.* (2014) estimaron que la pérdida acumulada de los primeros 40 cm del horizonte superficial del suelo en algunas zonas de olivar de montaña en el sur de España redujeron en aproximadamente un 20% su potencial productivo, debido a la pérdida, irreparable, de las capas de suelo más fértiles

Figura 10.4. Ejemplos de erosión extrema en olivar: con pérdida de prácticamente todo el horizonte cultivable del suelo (imagen superior izquierda), con formación de numeroso regueros (imagen superior derecha) o con inicio de formación de cárcavas en un olivar de suave pero larga pendiente (imagen inferior).

y de parte de la capacidad de almacenamiento de agua del suelo. Los suelos de olivar degradados presentan un menor contenido de materia orgánica, y de algunos nutrientes, y una menor estabilidad estructural, lo cual los hace aún más frágiles frente a la erosión. Además, una parte importante de este suelo perdido ocasiona serios problemas ladera abajo, en forma de contaminación de aguas superficiales, colmatación de embalses, daños en infraestructuras como carreteras, o aumentando los daños en inundaciones, entre otros. Por ello, el control de la erosión, además de ser una necesidad para la sostenibilidad futura del olivar, supone una exigencia social que como tal se traslada en diferentes regulaciones legales. En el caso de la Unión Europea, unas de las más importantes son las asociadas a la Política Agraria Comunitaria (PAC). El diseño de un manejo del suelo apropiado para controlar este problema, que va en la línea de aumentar la cobertura del suelo mediante diferentes técnicas, sobre todo cubiertas vegetales, debe considerar la intensidad del riesgo de erosión en ese olivar concreto, condicionado sobre todo por la pendiente, pluviometría y tipo de suelo, y adaptarlo a su control sin perjudicar gravemente el balance de agua. Este equilibrio es un concepto clave en el manejo del suelo del olivar.

2.3. Las malas hierbas

En las últimas décadas se han producido cambios importantes en el cultivo del olivar, pasando de un cultivo sin ningún tipo de vegetación, excepto el árbol, a otro en que el manejo de la flora espontánea es parte integral del mismo. Esto no significa que no sea necesario un control de esa vegetación, pero debe ser compatible con un control de la erosión, el mantenimiento de la productividad del olivar y la sostenibilidad medioambiental del agrosistema.

La flora espontánea del olivar constituye una parte fundamental de su agrosistema. Se le denomina "malas hierbas" por los perjuicios que ocasiona al cultivo, pero también aporta beneficios importantes al medio ambiente que acaban repercutiendo positivamente en el olivar, mejorando su capacidad productiva, y en la provisión de otros servicios ecosistémicos como el secuestro de carbono o la regulación del ciclo hidrológico.

2.3.1. *Inconvenientes de las malas hierbas*

Competencia por agua y nutrientes

Entre los inconvenientes de la flora espontánea destaca sobre todo la competencia con el olivo por agua y nutrientes. Este es un hecho reconocido desde la antigüedad, como señalábamos en la introducción, y es más intenso cuanto mayor es el crecimiento de la vegetación. La disponibilidad de agua es el primer factor de producción y evidentemente las hierbas compiten por ella con el olivo en los periodos de escasez, sobre todo en primavera y verano, que además son los momentos en que el olivo crece y desarrolla el fruto. En condiciones de clima mediterráneo esta competencia es muy importante y determina la capacidad productiva del olivar sobre todo en secano.

En cuanto a los nutrientes, en particular la inmovilización de nitrógeno mineral en momentos sensibles, como es final del invierno y comienzo de la primavera, puede reducir la nutrición de los olivos en estados fenológicos críticos, como son la brotación, floración y cuajado de frutos.

Interferencia con la recolección y otras prácticas agrícolas

La presencia de hierba bajo los olivos encarece el coste de la recolección de la aceituna que cae al suelo. Es cierto que la aceituna debe recolectarse del árbol y no esperar a recolectarla del suelo, pero también es evidente que la enorme superficie de olivos de variedades que maduran simultáneamente, unido a que hay años muy lluviosos que retrasan la recolección, hacen que un porcentaje de la cosecha se desprenda y no pueda ser recolectada directamente del árbol. Por otro lado, las hierbas de gran tamaño dificultan otras prácticas de cultivo como la poda, los tratamientos fitosanitarios, el desvaretado, la revisión de goteros o la vigilancia de plagas como roedores. Todo ello hace que bajo la copa del olivo, donde estos problemas son más patentes, sea necesario mantener la vegetación con un crecimiento menor que en las calles del olivar, donde estos inconvenientes son mínimos. Adicionalmente, bajo la copa el control de la hierba es bastante más dificultoso que en las calles, sobre todo si estas son de gran altura, tanto si se realiza con medios mecánicos como con herbicidas. Además, determinadas especies ocasionan daños a los operarios, por ejemplo las que tienen espinas o las que producen reacciones alérgicas, por lo que se deben mantener a baja densidad o eliminarlas por completo.

Incidencia de plagas, enfermedades y daños climáticos

Estos aspectos no han sido aún bien estudiados en el olivar, pero la presencia de vegetación espontánea conlleva una mayor humedad ambiental, lo que explica que se haya observado una mayor incidencia de hongos aéreos como el repilo (*Venturia oleaginea*). También se han detectado con vegetación herbácea más ácaros y algodoncillo (*Euphillura olivina*) que en suelo desnudo, y también más daños por heladas, por ser más intensas y de mayor duración (Pastor, 2008). A pesar de que los conocimientos en la actualidad del efecto de los sistemas de manejo del suelo sobre la incidencia de plagas y enfermedades son escasos, una información más detallada de las distintas enfermedades, plagas y daños abióticos que afectan al olivo, y sobre qué factores influyen más en su aparición, podrán encontrarla en los capítulos 16 y 17.

2.3.2. *Ventajas de las malas hierbas*

La hierba aporta grandes beneficios al olivar, ya sea directa o indirectamente. Entre ellos:

- Aportan materia orgánica, fijando CO_2 atmosférico, lo que a medio y largo plazo repercute favorablemente en el suelo, contribuyendo además al secuestro de carbono. Desde este punto de vista son más interesantes las especies herbáceas que producen más biomasa.

- Cubren el suelo y lo protegen del impacto directo de las gotas de lluvia, favorecen la infiltración del agua mediante la creación de canales de infiltración y mejoran la estructura del suelo. Reducen por tanto el volumen total y la velocidad del agua de escorrentía.

- Los dos anteriores contribuyen a un eficaz control de la erosión del suelo y de la contaminación de las aguas.

- Favorecen el desarrollo de microorganismos del suelo y de la fauna del olivar, y contribuyen al equilibrio ecológico.

2.3.3. *Características de la flora del olivar mediterráneo*

El olivar mediterráneo, que constituye la mayor parte del olivar mundial, podría considerarse desde el punto de vista agroecológico como un bosque mediterráneo aclarado, puesto que es una especie arbórea autóctona cultivada, pero extraordinariamente adaptada al ambiente en que se cultiva, y además presenta una flora muy característica, en la que cabe destacar:

- Una riqueza de especies vegetales muy elevada. Se calcula que solo en España se compone de unas 800 especies de plantas vasculares, de las cuales es frecuente encontrar en Andalucía en torno a 100 especies en una sola hectárea de olivar. Este elevado número de especies también se ha constatado en otros países mediterráneos. Además, también se han encontrado más de 40 especies de briófitos, la mayoría de ellos musgos y alguna hepática.

- Las especies son mayoritariamente de origen mediterráneo y están muy bien adaptadas a las condiciones climáticas. Pero también podemos encontrar especies de plantas vasculares de otros orígenes, como alóctonas de origen subtropical, que se encuentran más frecuentemente en terrenos de regadío, donde las condiciones de elevada temperatura y alta disponibilidad de agua simulan ese ecosistema cálido y húmedo; o especies cosmopolitas que se encuentran en todos los continentes, o las que proceden de países templados y semiáridos.

- Especies adaptadas a diferentes tipos de suelo, que en la cuenca mediterránea son muy diversos.

- En cuanto al tipo biológico, dominan los terófitos, es decir, las especies anuales que pasan el periodo desfavorable del año en forma de semilla, pero también encontramos una gran presencia de hemicriptófitos (especies típicas de pastizales, que presentan yemas de reposición a ras de suelo) y geófitos (especies perennes que presentan yemas de reposición subterráneas), incluso algunos fanerófitos (árboles).

- Ciclos fenológicos muy diferentes. Debido a la escasa disponibilidad de agua durante el periodo estival en el área de cultivo del olivo, la mayor parte son especies de ciclos de otoño-primavera, o especies altamente resistentes a la sequía, pero también existen en el olivar especies estivales. Además, en relación a la duración de los ciclos vegetales encontramos también gran variedad de especies desde especies con ciclos de 2-3 meses de duración hasta otras con 10-11 meses, o incluso varios años si se trata de plantas perennes.

- Las familias mejor representadas son las compuestas, gramíneas y leguminosas. Estas tres familias son las mejor representadas tanto en España como en otros países del área mediterránea, pero además podemos encontrar especies de bastantes familias botánicas más.

Se trata, por tanto, de una flora con numerosas especies, entre las que encontraremos muchas capaces de adaptarse a los diferentes ambientes y a los distintos sistemas de cultivo que podamos imaginar. Esto da lugar a una gran capacidad de esta flora para colonizar distintos medios y evolucionar en concordancia con las técnicas de manejo del suelo que vayan a aplicarse. En otros países fuera de la Cuenca Mediterránea la flora del olivar presentará las especies propias de cada territorio, la diversidad de especies será la propia de cada zona y sus características las propias de su adaptación a los distintos sistemas de cultivo, climas y suelos. La presencia de una flora espontánea tan diversa en tantos aspectos, competitiva y que puede adaptarse a los diferentes sistemas de manejo y evolucionar, como veremos más adelante, condiciona cualquier tipo de decisión que se tome respecto a su control.

En Saavedra y Pastor (2002) se puede encontrar un catálogo de especies vegetales para Andalucía y más información sobre aspectos de la biología y ecología de la flora espontánea del olivar.

2.4. Otros factores

Existen una serie de prácticas agronómicas que se realizan en parte de la superficie o bien esporádicamente y que afectan al manejo del suelo. Por ejemplo, la necesidad de dar una labor para incorporar una enmienda en el perfil del suelo, un encalado en suelos con problemas de sodicidad o un estercolado para mejorar su fertilidad. Otras veces esta labor es necesaria para la incorporación de los residuos de las cubiertas vegetales en el perfil del suelo, como en el caso de la biofumigación, que se está empezando a emplear en olivar (Saavedra *et al.*, 2016a). En otras ocasiones es necesario dar algún tipo de labor para revertir una compactación extrema del suelo, que en muchos casos se origina por el tránsito de maquinaria sobre suelo húmedo.

Algunos olivares tienen otros usos adicionales, como por ejemplo el aprovechamiento ganadero o cinegético, lo cual condiciona todo el manejo del olivar y, por supuesto, el manejo del suelo, afectando especialmente al tipo y manejo de la cubierta vegetal.

El aprovechamiento cinegético, o motivos ambientales, condicionan el tipo de cubierta que queremos favorecer en el olivar y un determinado manejo. Por ejemplo, para favorecer el anidamiento de determinadas aves que usan la zona de suelo protegida por las cubiertas, ajustando el manejo del suelo a esta circunstancia para respetar su periodo de cría, o para favorecer la proliferación de polinizadores y organismos beneficiosos, protegiendo aquellas especies vegetales, tanto dentro del olivar como en sus linderos e islas de vegetación, que les sirven de alimento o refugio.

3.   Sistemas de manejo del suelo

Como ya se ha comentado en las dos secciones anteriores, el manejo del suelo en el olivar tiene como objetivos fundamentales la eliminación de las malas hierbas, que compiten con el olivo por agua y nutrientes, la conservación de la estructura y fertilidad del suelo, y la modificación de los componentes del balance de agua de forma que aumente la disponibilidad de agua en el suelo para el cultivo, que determina el potencial productivo del olivar de secano. Tradicionalmente estos objetivos se han conseguido mediante el laboreo del suelo, el cual ha evolucionado desde el laboreo con animales que, por limitaciones en la potencia disponible, era poco agresivo y con labores espaciadas en el tiempo permitiendo una cierta cobertura de vegetación entre labor y labor, hasta la aparición y uso extensivo del tractor que permitió acceder a zonas hasta entonces inaccesibles, llegándose a labrar en terrenos de pendientes más elevadas, usando aperos más efectivos y dando un elevado número de labores que permitían mantener el suelo sin vegetación durante todo el año. Los principales efectos indeseables asociados al mantenimiento del suelo desnudo en el olivar, bien mediante laboreo o bien mediante el uso de herbicidas, son la reducción del contenido de materia orgánica del suelo y la degradación de su estructura, lo cual conlleva una mayor tendencia a la compactación y una reducción de la capacidad de infiltración del agua de lluvia. Todo ello aumenta la erosión, que reduce la capacidad de almacenamiento de agua del suelo, supone una pérdida de fertilidad y provoca problemas ambientales (por ejemplo aporte de sedimentos y contaminantes a las aguas superficiales), lo que ha llevado a la necesidad de mejorar los sistemas de manejo del suelo para alcanzar los objetivos agronómicos, preservando el medio ambiente. Desde hace décadas la disponibilidad de herbicidas y diferentes equipos más eficientes, por ejemplo desbrozadoras, permite manejos del suelo más sofisticados, combinando varias tecnologías, con el propósito de restringir, o eliminar, el uso de las labores a situaciones en las que sean necesarias y aprovechando las ventajas de otros sistemas de manejo. Por ejemplo, los problemas derivados del mantenimiento del suelo desnudo durante todo el año pueden corregirse en parte mediante el uso de cubiertas vegetales, o inertes, que protegen el suelo durante el período de lluvias.

En el olivar, especialmente si es de secano, la correcta elección del sistema de manejo del suelo tiene una gran importancia, ya que pequeños aumentos en el agua almacenada en el suelo pueden resultar en aumentos significativos en la productivi-

CUADRO 10.1

Resumen de los sistema de manejo del suelo empleados en olivar.

Sistemas de manejo del suelo y tipos de cubiertas en olivar

Laboreo
    Laboreo convencional
    Laboreo reducido

No laboreo con suelo desnudo

Suelo cubierto
Cubiertas vegetales

    Espontáneas
        Fanerógamas
        Fanerógamas seleccionadas
        Musgos

    Sembradas
        Gramíneas
        Crucíferas
        Leguminosas
        Mezclas

Restos vegetales: de poda, hojas, etc.

Cubiertas inertes
    Piedras u otros

---

dad del olivar. Por ello, todos los sistemas de manejo del suelo ponen especial énfasis en tratar de optimizar el balance de agua para el cultivo, siendo particularmente importante en el caso del empleo de una cubierta vegetal, para evitar la competencia por el agua con los olivos; siendo determinante realizar un manejo adecuado al tipo de cubierta vegetal empleada, como veremos más adelante. El sistema de manejo del suelo además puede afectar al régimen de temperaturas de la plantación, favoreciendo por ejemplo el riesgo de heladas; a la incidencia de plagas y enfermedades, y en general a la fauna del olivar; a la modificación de las propiedades físico-químicas del suelo (véase sección 4); a las estrategias de fertilización, y también a los costes de cultivo, especialmente a los de recolección. Por todo ello, el sistema de manejo del suelo escogido debe adecuarse a las características de cada olivar, atendiendo a diferentes condicionantes: edafoclimáticos (clima, topografía, tipo de suelo...), agronómicos (tipo de explotación; densidad, marco y edad de la plantación; riego...), económicos (costes de mantenimiento, inversión, equipo disponible...). Esto implica que un sistema de manejo perfecto para todas las situaciones no existe, siendo necesario evaluar las diferentes alternativas de manejo del suelo empleadas en el olivar (resumidas en el Cuadro 10.1) para escoger la más adecuada a nuestra situación, siguiendo los criterios básicos descritos por Pastor (2008):

•   Almacenar la mayor cantidad posible del agua de lluvia en el suelo, optimizando su aprovechamiento por los olivos.

- Permitir a los olivos el total aprovechamiento del suelo, facilitando que las raíces exploren las capas superficiales del suelo.

- Facilitar la recolección y la realización de todas las demás prácticas de cultivo, cuyo coste debe ser minimizado.

- Conservar el suelo, protegiéndolo de la erosión.

3.1. Sistemas que incluyen laboreo

Históricamente el manejo del suelo del olivar se ha basado en el laboreo utilizando tracción animal, aunque en algunas zonas de montaña el olivar se ha utilizado como un sistema de dehesa donde pastaba el ganado, fundamentalmente ovino. El laboreo es el sistema de manejo del suelo más ampliamente utilizado en el olivar, hasta el punto que se han considerado en muchas regiones como sinónimos los términos labrador y agricultor, lo que indica la gran importancia histórica del laboreo en el conjunto de las técnicas de cultivo. Las labores realizadas por los aperos arrastrados por animales eran poco agresivas y limitadas por término medio a dos al año, lo que permitía el crecimiento de una cierta vegetación espontánea entre pases de labor. Esta situación se mantuvo en los olivares andaluces hasta la generalización del uso de los tractores (década de los 50) que posibilitó el laboreo mecanizado y el empleo de aperos más potentes, aumentando la agresividad de las labores y sus efectos en el suelo. Durante los primeros años de la transición de un tipo de tracción por otro (década de los 60) fue habitual dar un número elevado de labores (por encima de seis o siete al año, algunas profundas), manteniendo el suelo desnudo durante todo el año. Posteriormente, y a medida que los problemas de la erosión acelerada eran cada vez más evidentes, se fue reduciendo tanto el número de pases como la superficie labrada dentro de la parcela, y desde los años setenta se han puesto a punto sistemas alternativos al laboreo con suelo desnudo, como el mínimo laboreo o el laboreo con cubierta vegetal. Aun así, en España el 44,7% de la superficie total de olivar se labra en la actualidad (MAPA, 2023), bajando al 30,6% en el olivar regado (38,9% en riego por goteo).

En el *laboreo convencional* (LC) el suelo se mantiene desnudo de vegetación durante la mayor parte del año, mediante la realización continuada de labores. Hoy día se trata de labores superficiales que afectan a una profundidad de hasta 10-20 cm. Con el laboreo el olivarero pretende eliminar las malas hierbas y favorecer la infiltración del agua de lluvia, para aumentar la disponibilidad de agua en el suelo para el olivo. El número de labores depende de la pluviometría y de la aparición de las malas hierbas. Son diversos los aperos de labranza empleados por el olivarero. Los de uso más frecuente son el cultivador de brazos flexibles, la grada de discos y las gradas de púas o rastras. El cultivador se usa en las labores de invierno y primavera, para preparar el suelo para infiltrar el agua de lluvia y eliminar las malas hierbas cuando tienen pequeño desarrollo; estas labores se realizan con el suelo en un estado de humedad que se denomina tempero. La grada de discos se emplea fundamentalmente en primavera para eliminar las malas hierbas, en especial en los años lluviosos en que alcanzan un cierto crecimiento. Este apero, al voltear el suelo, puede ocasionar pérdidas de agua por evaporación, sobre todo cuando la demanda evaporativa de la atmósfera es elevada, produciendo también la compactación del suelo a la profundidad de la labor, o "suela de labor" (véase sección 4), lo que puede limitar la infiltración del agua de lluvia en profundidad, contribuyendo a aumentar la escorrentía y la erosión. En verano, cuando la superficie del suelo está totalmente seca, se realizan frecuentes labores superficiales, empleando vibrocultivadores, gradas de púas o rastras, cuya misión es disgregar el suelo para tapar las grietas, intentando con ello romper la capilaridad y evitar así la pérdida de agua por evaporación desde el suelo. Sin embargo, la efectividad de esta práctica es limitada ya que la apertura de grietas solo tiene lugar en determinado tipo de suelos (vertisoles) y cuando el suelo ya ha perdido una importante cantidad de agua.

Las labores sirven para romper la costra o sellado superficial del suelo, originada por el impacto de las gotas de lluvia sobre el suelo desnudo que produce la rotura de los agregados del suelo y el sellado de sus poros, aumentando también la porosidad y la rugosidad de la superficie, lo que provoca el aumento de la infiltración y de la capacidad de almacenamiento de agua y una mejora de la aireación del suelo. Sin embargo, este efecto beneficioso sobre la infiltración es pasajero y se va reduciendo conforme se producen nuevos episodios de lluvia, ya que la labor rompe los agregados destruyendo la estructura del suelo, (Gómez *et al.*, 1999). Tradicionalmente también se considera el laboreo como un método efectivo para reducir la evaporación del suelo en verano en los suelos expansibles (i.e., vertisoles). Estos suelos tienen tendencia a la formación de grietas cuando se secan, por lo que el tapado de las mismas mediante una labor debe contribuir a reducir la pérdida de agua por evaporación desde el suelo. Sin embargo, en ocasiones puede suceder lo contrario, ya que en un suelo seco en superficie la evaporación es muy pequeña, mientras que si se realiza una labor se puede exponer suelo más húmedo en la superficie, lo que incrementará la evaporación. En general, el efecto de las labores sobre la reducción de la evaporación desde el suelo tiene menos impacto sobre el balance de agua que su efecto sobre el aumento de la infiltración. Pero, además, el laboreo es un método efectivo en el control de malas hierbas y el único disponible antes de la aparición de los herbicidas. Actualmente su empleo en la lucha contra las malas hierbas es fundamental, sobre todo en secano, en determinadas circunstancias, como por ejemplo las infestaciones de malas hierbas de difícil control mediante otros métodos, para evitar que compitan por el agua con el olivo.

Además de su efecto sobre las propiedades del suelo y el riesgo de erosión (véase sección 4), un efecto negativo de las labores de primavera es la rotura de raíces superficiales del olivo, ocasionando un desequilibrio en la relación funcional hoja:raíz que afecta al crecimiento vegetativo, al desarrollo de las inflorescencias y del fruto, y, finalmente, a la producción (Pastor, 2008). Las labores frecuentes también reducen la biodiversidad de la flora y fauna del suelo (Moreno *et al.*, 2009).

En los últimos años la reducción del número de labores y de la superficie labrada, combinándolo en muchas ocasiones con el uso de herbicidas, se ha concretado en un conjunto heterogéneo de manejos que se han clasificado como *laboreo reducido*. En ellos el apero utilizado es preferentemente el vibrocultivador, en sustitución de la grada de discos, para evitar el volteo del suelo. Los sistemas de laboreo reducido se aplican actualmente en el 77,7% de la superficie de olivar que recibe

Figura 10.5. Mínimo laboreo es un olivar intensivo regado por goteo (imagen superior) y en un olivar tradicional de secano (inferior). El terreno se mantiene libre de malas hierbas mediante el empleo de herbicidas, con labor superficial realizada en el centro de las calles (en el verano) para romper la costra superficial y mejorar la infiltración de agua en el suelo cuando se produzcan las lluvias en el otoño.

algún tipo de laboreo en España (MAPA, 2023). Entre estos sistemas está el *semi-laboreo*, consistente en labrar únicamente en el centro de las calles, dejando sin labrar la zona bajo la copa de los olivos, que se mantiene libre de vegetación, al igual que las zonas no labradas, mediante herbicidas. El *mínimo laboreo* es un sistema también con suelo desnudo, similar al semilaboreo, en el que el control de la vegetación depende exclusivamente del uso de herbicidas, con la diferencia de realizarse solamente una o dos labores muy superficiales (5-10 cm) durante el año en el centro de las calles. El objeto de esta labor es romper la costra superficial para mejorar la infiltración del agua en el suelo (Figura 10.5). Las labores superficiales se realizarán en un momento en el que las pérdidas de agua como consecuencia del laboreo sean mínimas, y cuando además no dañemos el sistema radical del olivo, por lo que, como ya se indicó, no suele ser recomendable labrar durante la primavera, realizándose las labores en invierno o en verano.

3.2. No laboreo con suelo desnudo

La aparición de los herbicidas permitió a partir de los años 60 el empleo de sistemas de no laboreo, alternativos al LC. Uno que alcanzó cierta expansión, especialmente durante los años 80, fue el no laboreo con suelo desnudo (NLD). En el NLD no se realizan labores de ningún tipo, eliminando las malas hierbas mediante la aplicación de herbicidas (normalmente en otoño-primavera) y dejando el suelo libre de vegetación espontánea durante todo el año. El efecto a largo plazo es una reducción de la infiltración debida a la compactación del suelo, originada por el inevitable paso de la maquinaria (aplicación de herbicidas y fertilizantes, recolección,...), (Figura 10.6). Gómez *et al.* (2009) registraron valores más altos de escorrentía y arrastre de sedimentos en parcelas experimentales bajo NLD que en LC

Figura 10.6. Suelo de olivar muy compactado donde se aprecia la huella dejada por las ruedas del tractor, cuyo tránsito favorece la compactación.

y en un sistema de cubierta vegetal en las calles durante otoño-invierno (CV), aso-ciados a la formación de la capa compactada superficial (Cuadro 10.2). Además, en olivares en pendiente el NLD favorece la erosión por cárcavas, sobre todo en las zonas de desagüe natural. En el caso de los olivares de secano, la menor infiltra-ción llega a ocasionar una pérdida de rendimiento; además, las aguas de escorren-tía, que arrastran los primeros centímetros de suelo donde permanecen los residuos de herbicidas, pueden producir contaminación de aguas superficiales. Algunos epi-sodios de contaminación han tenido lugar en Andalucía hace unos años. Para pre-venir en lo posible que se acumulen elevadas cantidades de residuos de herbicidas en embalses situados en zonas olivareras donde el sistema de manejo de suelo más común sea el NLD, se debería no solo limitar su uso sino sobre todo diversificar en lo posible el empleo de herbicidas, empleando herbicidas de distintas familias reduciendo así además la aparición de resistencias en las malas hierbas presentes.

CUADRO 10.2

Comparación de propiedades de suelo en superficie (0-5 cm de profundidad) y de valores promedio de escorrentía y pérdida de suelo por erosión, entre los sistemas de manejo de laboreo convencional (LC), no laboreo con suelo desnudo (NLD) y cubierta vegetal (CV), al final de un ensayo de 5 años. Adaptado de Gómez et al. (2009).

Escorrentía y erosión	*Sistema de manejo del suelo*		
Propiedades del suelo	*LC*	*NLD*	*CV*
Escorrentía media anual (mm año^{-1})	25,9	78,2	8,2
Pérdida de suelo promedio (t ha^{-1} año^{-1})	2,9	6,9	0,8
Macroagregados estables en agua (g kg^{-1})	418	258	452
Materia orgánica (%)	1,36	1,04	2,03
$P_{disponible}$ (mg kg^{-1})	14,2	8,1	11,9
Respiración del suelo en laboratorio (kg CO_2 kg^{-1})	1,01	0,45	1,11

Este sistema de manejo del suelo quizás pudiera tener éxito en suelos con alta proporción de elementos gruesos en superficie, que facilitan la infiltración e impi-den la compactación, además de que dificultan el laboreo o el desarrollo de la ve-getación, pero sus numerosos problemas asociados aconsejan mucha precaución en el caso de su utilización.

3.3.   Cubiertas vegetales

3.3.1.   *¿Qué son y para qué sirven las cubiertas vegetales?*

Las cubiertas vegetales ("cover crops") han sido empleadas desde antiguo en la agricultura, fundamentalmente en cultivos herbáceos, como herramienta para la mejora del suelo y el aumento de su fertilidad, lo que se conoce con el nombre de abono verde ("green manures"). Sin embargo, en la actualidad el concepto de cubierta vegetal es mucho más amplio y engloba una mayor diversidad de usos y fines, de especies vegetales empleadas y manejo de las mismas, así como de los sistemas productivos en los que se pueden utilizar. Quizá por todo ello es difícil encontrar en la literatura una definición adecuada de cubierta vegetal. Liebman y Molher (2001) definieron las cubiertas vegetales como especies que crecen expresamente para prevenir la erosión, añadir materia orgánica, mantener o incrementar la disponibilidad de nutrientes, mejorar las propiedades físicas del suelo y en algunos casos reducir enfermedades de suelo. Sin embargo, esta definición no es completa, ya que los beneficios reconocidos a las cubiertas vegetales son más amplios: reducir la contaminación de aguas superficiales, mejorar el balance de agua en el suelo, reciclar el N no usado, favorecer la fauna auxiliar, ayudar a controlar malas hierbas, etc.; pero además es limitada, porque restringe el concepto de cubierta vegetal a plantas vivas y sin embargo los restos vegetales pueden constituir también una cubierta vegetal. Por tanto, podemos definir las cubiertas vegetales como: especies vivas o restos vegetales manejados para un fin concreto, como la prevención de la erosión, la mejora de las propiedades físicas y químicas de los suelos y del balance de agua y nutrientes, así como el control de enfermedades y malas hierbas, con el objetivo de mejorar el agrosistema donde se empleen.

Partiendo de este concepto hay dos aspectos de vital importancia que deben tenerse en cuenta si se quieren introducir cubiertas vegetales como sistema de manejo de suelo. En primer lugar el fin que perseguimos y en segundo lugar las peculiaridades del sistema productivo donde queramos implantarlas. Por ejemplo, no emplearemos las mismas especies si el fin es exclusivamente el control de la erosión que si además tenemos problemas de enfermedades de suelo; tampoco se realizará el manejo de la cubierta de igual manera en cultivos herbáceos que en olivar, ni se elegirá el mismo tipo de cubierta si estamos en zonas en pendiente o en zonas llanas. Por tanto el éxito en el uso de cubiertas vegetales para conseguir unos objetivos concretos pasa necesariamente por hacer una buena elección del tipo de cubierta y del manejo de la misma (Ramírez *et al.*, 2015). En olivar esta necesidad se hace aún más patente, ya que precisamente lo que caracteriza al olivar es su enorme diversidad, tanto por las distintas zonas orográficas, microclimas y suelos que ocupa, como por el tipo de plantación y su antigüedad, por el manejo de suelo, de los árboles y de la plantación en sí misma que venía realizándose. Así, como ya se indicó en la sección 2, podemos hacer una primera distinción entre distintos tipos de olivares que va a condicionar el manejo de suelo, por un lado los olivares en laderas con fuertes pendientes, con suelos por lo general someros y pobres, y por otro lado olivares en zonas llanas o con suaves pendientes, que ocupan suelos más profundos y fértiles, (Figura 10.1). Además, existen otros condicionantes en relación a la tipología de olivar que sin duda también afectan al manejo de suelo, como son los marcos de plantación y la conformación de los árboles a uno o más pies. Por todo ello, en el manejo de cubiertas vegetales en olivar hay que tener claro que no todas las especies y manejos son adecuados en todos los escenarios posibles, ni con todas ellas se consiguen por igual los fines concretos que queremos obtener.

3.3.2. *Razones para el uso de cubiertas vegetales en olivar*

En olivar los principales problemas con los que nos encontramos y que están relacionados directa o indirectamente con el manejo de suelo, son fundamentalmente tres: la erosión, la compactación del suelo y la verticilosis del olivo.

La erosión, como ya se ha comentado, es un grave problema que afecta a gran parte de los olivares, especialmente a los situados en laderas con pendiente elevada o de gran longitud (Figura 10.4). Las causas que la producen son diversas y las consecuencias de la misma son muy graves. Diferentes trabajos (Castro, 1993; Francia *et al.*, 2000; Gómez *et al.*, 2009 y 2011a) han mostrado la eficacia de las cubiertas vegetales para el control de la erosión frente a otros sistemas de manejo del suelo, como el laboreo y el no laboreo con suelo desnudo (véanse apartados 4.2 y 4.3). Esto, como ya se ha comentado, es debido a que reducen el impacto de las gotas de lluvia sobre el suelo, disminuyendo la disgregación de los agregados, a la vez que sirven de freno a las aguas de escorrentía.

Por otro lado *la compactación del suelo* resulta una importante limitación para la infiltración del agua, lo que favorece la escorrentía, agravando los problemas de erosión. Además, la pérdida de las primeras capas de suelo, donde se acumula más materia orgánica, hace que la fertilidad del suelo vaya disminuyendo y por tanto su capacidad productiva. El uso de cubiertas vegetales, sobre todo si se emplean especies con un potente sistema radical, reduce la compactación de los suelos, favoreciendo la infiltración de agua por los canales que abren las raíces, y además aportan materia orgánica que mejora paulatinamente la estructura y fertilidad de los suelos, aumentado progresivamente la disponibilidad de agua y nutrientes para el olivo.

La verticilosis del olivo es el principal problema fitosanitario del cultivo, no solo por la elevada incidencia de la enfermedad sino sobre todo porque hasta el momento no existen métodos de control completamente eficaces (Figura 10.7). El objetivo por tanto es intentar mantener a niveles lo más bajos posibles la incidencia de la enfermedad y evitar la dispersión de inóculo, esto se consigue con una combinación de métodos de control químicos, biológicos, físicos y culturales (Saavedra y Alcántara, 2010). Entre las medidas culturales de control de la enfermedad se encuentra la biofumigación que consiste en la aplicación de enmiendas de material vegetal que al ser incorporadas al suelo liberan sustancias con alto poder fungicida, herbicida, nematocida, insecticida, etc., que reducen, en el caso de enfermedades de suelo, el inóculo y la incidencia de la enfermedad. Determinadas especies de cubiertas vegetales se han mostrado muy eficaces para emplearlas en biofumigación contra *Verticillium dahliae* produciéndolas *in situ* y picándolas e incorporándolas al suelo (Saavedra *et al.*, 2015; Saavedra *et al.*, 2016a).

Por tanto la elección y el manejo de cubiertas vegetales en olivar deben enfocarse hacia la resolución de estos u otros problemas teniendo en cuenta las características y tipo de plantación a la que nos enfrentemos.

Figura 10.7. Olivar atacado de verticilosis. Pueden verse los huecos dejados en la plantación por el arranque de olivos afectados. En primer plano, cultivo de algodón, planta huésped de *Verticillium dahliae*.

3.3.3. *Manejo de las cubiertas vegetales en olivar. Puntos críticos*

En el manejo de las cubiertas vegetales en olivar hay que tener en cuenta una serie de consideraciones generales que son necesarias para el éxito de este sistema de manejo de suelo, tanto para obtener los beneficios que esperamos, como para evitar pérdidas de producción o incremento de costes. Estas consideraciones son:

- En primer lugar hay que tener en cuenta que tanto si es espontánea como sembrada, hay que considerarla como un cultivo herbáceo dentro de un cultivo leñoso, ya que la cubierta vegetal tiene sus propios requerimientos, diferentes a los del olivo.

- La cubierta vegetal por lo general no ocupa toda la superficie, sino que se sitúa en el centro de las calles formando una franja más o menos ancha, dejando el suelo bajo copa desnudo o cubierto con especies de pequeño porte o musgos, esto facilitará por un lado el tránsito de la maquinaria por las calles y por otro la recolección de la aceituna bajo copa.

- A pesar de constituir las cubiertas vegetales una herramienta eficaz para paliar los problemas que hemos comentado anteriormente, existen diversos estudios (Saavedra y Pastor, 2002) que han puesto de manifiesto que las cubiertas vegetales pueden limitar la producción frente a otros sistemas de manejo de suelo, como el no laboreo con suelo desnudo, especialmente en secano, si no son manejadas adecuadamente o eliminadas a tiempo, y ese momento es antes de que empiecen a competir por agua con el olivo (Saavedra y Pastor, 2002; Hernández *et al.*, 2005).

- Los máximos beneficios se obtienen cuando realmente se logra una mejora en las propiedades del suelo, sobre todo aumento de la porosidad y de la materia orgánica, junto con una buena cobertura del suelo, por eso los resultados no son siempre inmediatos sobre todo en suelos muy degradados, donde la implantación de una adecuada cubierta vegetal puede ser muy difícil.

Por ello hay unos puntos críticos en el manejo de las cubiertas vegetales que son comunes a todo tipo de cubierta vegetal, con pequeñas desviaciones o consideraciones. Estos puntos críticos son:

1. **Favorecer una buena instalación de la cubierta vegetal.** En el caso de cubiertas vegetales, tanto si son sembradas como espontáneas, es fundamental una buena implantación para que esta alcance un buen desarrollo. El primer paso es preparar el terreno para facilitar el tránsito de la maquinaria y el manejo de la cubierta, corrigiendo cárcavas, quitando piedras, etc., si fuera necesario. En el caso de cubiertas sembradas será necesario procurar un lecho de siembra adecuado para la germinación de las semillas, mediante una labor preparatoria del suelo. Si las cubiertas son espontáneas se realizarán todas aquellas actuaciones que favorezcan su emergencia, por ejemplo la aplicación de fertilizantes o enmiendas de restos vegetales. En suelos compactados se recurrirá a las labores para facilitar la aireación y permeabilidad del suelo, mejorando así, no solo la infiltración del agua, sino también las condiciones para la emergencia de las especies presentes en el banco de semillas (Figura 10.8).

Figura 10.8. Suelo muy compactado en el que ha sido necesario realizar una labor en profundidad en el centro de la calle.

2. **Favorecer un buen desarrollo de la cubierta que proporcione una adecuada cobertura y biomasa.** Para que el control de la erosión sea eficaz es necesario que haya una cobertura suficiente del terreno. Según el Centro de Información del Laboreo de Conservación (1990) este porcentaje se estima en torno al 30%, sin embargo la eficacia en el control de la erosión y las aguas de escorrentía será mayor a medida que aumente la cobertura del suelo y la biomasa de la cubierta vegetal. Del mismo modo, si nuestro objetivo es realizar la biofumigación o la incorporación de la cubierta como abono verde, los resultados serán mejores mientras más biomasa incorporemos al suelo. En este sentido hay especies que forman una cubierta densa en poco tiempo, mientras que hay otras que tienen un crecimiento lento (Figura 10.9); también puede que las condiciones de siembra no sean las más adecuadas o que los suelos sean pobres, en estos casos habrá que recurrir al abonado para obtener un adecuado establecimiento y crecimiento de la cubierta vegetal. En la mayoría de los casos no será necesario emplear grandes cantidades de fertilizante (50 kg/ha de N pueden ser suficientes), quedando después disponible una vez la cubierta sea eliminada y los restos incorporados al suelo. En otros casos será conveniente abonar también con P y K.

Figura 10.9. Diferencia de crecimiento y desarrollo entre distintos tipos de cubierta vegetal sembradas al mismo tiempo. Nótese esta diferencia en el mes de marzo, entre la cubierta con especies vegetales de desarrollo rápido y elevada biomasa (izquierda) y la cubierta con especies de desarrollo lento y escasa biomasa (derecha).

3. **Eliminar total o parcialmente la cubierta vegetal antes de que empiece a competir con el olivo por el agua.** En las condiciones de secano del sur de España las cubiertas vegetales deben eliminarse total o parcialmente para evitar pérdidas de cosecha (Alonso-Ayuso *et al.*, 2014). En estas zonas de clima mediterráneo la mayor parte de las lluvias ocurren cuando el olivo está en reposo (octubre a marzo), pero una vez iniciada la brotación las precipitaciones disminuyen y aumenta la demanda evaporativa de la atmósfera, por lo que puede haber riesgo de déficit hídrico, (Figura 10.2). En base a ensayos realizados en estos ambientes (Saavedra y Pastor, 2002), la fecha óptima para eliminar la cubierta vegetal y disminuir la competencia por agua con el olivo es la tercera semana de marzo para las condiciones de la zona centro de Andalucía. Esta fe-

cha se tendrá que ir adaptando según subamos o bajemos de latitud, es decir en latitudes superiores se podría retrasar esta fecha mientras que se adelantaría en latitudes más bajas, pero también por las condiciones meteorológicas del año agrícola. Como veremos más adelante no todos los tipos de cubiertas vegetales tendrán que ser eliminados, de hecho se tiende cada vez más al uso de especies de bajo porte y de ciclo corto, que alcancen estados fenológicos avanzados en los momentos que empiece la competencia con el olivo, de manera que no sea necesaria una intervención sobre la cubierta vegetal.

Figura 10.10. Suelo compactado manejado previamente con herbicidas (imagen superior) y emergencia dificultosa de plántulas de gramíneas en las zonas menos compactadas (imagen inferior). Nótese la dificultad que presenta este estado de los suelos para el establecimiento de una cubierta vegetal.

A la vista de estos puntos críticos en el manejo de la cubierta hay dos momentos del mismo a los que hay que prestar especial atención, estos son: la implantación o siembra de la cubierta y la eliminación de la misma.

En cubiertas sembradas es importante que la siembra se realice lo antes posible en el otoño, en algunos casos, como veremos más adelante, será conveniente incluso la siembra en seco, aunque lo frecuente es realizarla después de las primeras lluvias. Tanto si se quieren implantar cubiertas espontáneas o sembradas en un olivar donde se ha manejado el suelo anteriormente mediante no laboreo con suelo desnudo con herbicidas, será necesario realizar análisis de residuos, ya que si estos son elevados puede haber dificultad para la nascencia de las plantas (Figura 10.10). Además, en este caso será más seguro sembrar que dejar crecer la vegetación espontánea, porque es muy probable que el banco de semillas del suelo se haya reducido tras varios años sin permitir la reproducción de las plantas. Será necesaria una buena preparación del lecho de siembra y se emplearán dosis de siembra ligeramente superiores a las definidas para las distintas especies en tierras de labor, especialmente en suelos pobres, donde será necesario aumentarlas más (Alcántara y Saavedra, 2011). Para una primera implantación de la cubierta, además de tener en cuenta las peculiaridades de nuestro olivar y el objetivo que persigamos con su empleo, lo más conveniente para asegurar el establecimiento puede ser el empleo de especies autóctonas que son las más adaptadas a las condiciones locales. Tanto para las cubiertas sembradas como para favorecer las espontáneas, sobre todo la primera vez que se implantan, será conveniente abonar el suelo, tal y como se ha explicado anteriormente.

Llegado el momento de eliminar la cubierta vegetal podrá hacerse mediante distintos métodos, como son la siega química, la siega mecánica, el laboreo o la siega a diente mediante pastoreo.

- *La siega química* consiste en la aplicación de herbicidas que pueden aplicarse a toda la cubierta vegetal o hacer una aplicación en franjas, dejando una franja de semillado para la autosiembra al año siguiente (Figura 10.11). Normalmente se utilizan herbicidas de alto poder de traslocación. Uno de los más eficaces hasta el momento es el glifosato, ya que tiene un efecto muy rápido sobre el control de la transpiración de la cubierta vegetal.

- *La siega mecánica* se realiza con desbrozadoras o segadoras y su uso presenta algunas limitaciones, por ejemplo no será muy eficaz en especies con alto poder de rebrote, porque obliga a realizar numerosas intervenciones, tampoco será adecuada si la cubierta está formada por especies rastreras que escapen al corte; por el contrario, constituye un método adecuado para los sistemas de agricultura ecológica. Tanto la siega mecánica como la química son sistemas de manejo que permiten mantener los restos vegetales sobre el suelo sin necesidad de tocar la superficie del mismo, por lo que son métodos adecuados para controlar el crecimiento de la vegetación en zonas erosionables.

Figura 10.11. Cubierta vegetal manejada con herbicidas en toda la superficie (imagen superior) y dejando una banda central para semillado (imagen inferior).

- *El laboreo* es un método de eliminación de la cubierta vegetal adecuado si queremos incorporar los restos de la cubierta al suelo, bien con fines biofumigantes o bien con fines fertilizantes. Dependiendo del desarrollo de la cubierta vegetal puede ser necesario el desbrozado antes de la incorporación al suelo. Para una incorporación efectiva de la cubierta vegetal se recomienda la utilización de aperos que profundicen y remuevan los primeros centímetros de suelo, como la grada de discos.

- Por último, *el pastoreo o siega a diente* es muy adecuado para olivares tradicionales con ganadería asociada, que suelen estar bajo sistemas de producción ecológicos. No todo tipo de ganado puede pastorear en el olivar, ya que alguno pueden dañar los brotes jóvenes, especialmente el caprino. El ganado equino por el contrario ha resultado eficaz para eliminar la cubierta vegetal mediante pastoreo. La mayor desventaja de este método es que la eliminación no puede realizarse en un tiempo corto, como sería deseable, sino que ha de adecuarse a las necesidades de manejo del ganado.

3.3.4. *Tipos de cubiertas vegetales y su manejo*

Existen diferentes tipos de cubiertas vegetales, la elección de unas frente a otras va a depender de tres aspectos fundamentales: la deficiencia que queramos corregir, las características de la finca o explotación en la que las queramos introducir y las preferencias del agricultor. En el Cuadro 10.1 se recogen los diferentes tipos de cubiertas vegetales, donde también se han incluido los restos vegetales y las cubiertas inertes. A continuación se exponen los tipos de cubierta ensayados hasta el momento en condiciones de secano y el manejo más apropiado para cada una de ellas.

1. Cubiertas vegetales

Dentro de las cubiertas vegetales podemos distinguir entre cubiertas espontáneas y cubiertas sembradas:

Espontáneas. Fanerógamas

Las cubiertas espontáneas son aquellas formadas por la flora natural presente en la finca. No constituye una cubierta homogénea sino por el contrario serán unas cubiertas más o menos diversas formadas por diferentes especies (Figura 10.12). La principal ventaja de estas cubiertas es que no es necesario sembrarlas, por lo que en principio el coste de implantación es menor, ya que no hay que emplear semilla ni hacer una preparación esmerada del suelo para la siembra, por el contrario el manejo de la cubierta puede ser más complejo que con las sembradas y requerir varias intervenciones que encarezcan su empleo. Su principal desventaja, por tanto, consiste precisamente en la diversidad de especies que la componen, que dificulta su manejo. Dependiendo del tipo de manejo y de las especies de la cubierta, la evolución a lo largo de los años puede ser muy diferente. Por ejemplo, el uso reiterado de herbicidas para la siega química favorecerá la aparición de especies resistentes y de difícil control, pudiéndose producir una inversión de flora, mientras que la siega mecánica hará que proliferen especies rastreras y perennes. Por tanto se sugiere para el manejo adecuado de las cubiertas vegetales espontáneas, y controlar eficazmente su desarrollo, una combinación de siega química y mecánica, sobre todo si la cubierta es muy diversa.

Figura 10.12. Ejemplos de cubiertas vegetales espóntaneas: a) Cubierta vegetal a base de especies espontáneas fanerógamas, véase la diversidad de especies que la componen; b) Cubierta vegetal de gramíneas espontáneas, véase el diferente estado de maduración de las especies (*Hordeum* completamente madura mientras que *Lolium* aún no ha comenzado a madurar).

Las cubiertas espontáneas seleccionadas se forman a partir de las cubiertas espontáneas mediante la selección de un tipo o familia de especies de entre todas las presentes. Por ejemplo, en el caso de las gramíneas, el paso de un tipo de cubierta a otro se hace mediante la aplicación de herbicidas selectivos (Tribenurón-metil, fluroxipir o MCPA) que eliminan las especies dicotiledóneas, dejando solo las gramíneas (Saavedra y Pastor, 1995). La selección de la cubierta espontánea a un solo tipo de especies facilita enormemente el manejo y el mantenimiento de la cubierta vegetal para varios años respecto a las espontáneas sin seleccionar. Esto se debe, en el caso de las gramíneas, a que las principales especies que encontramos en el olivar pertenecen a los géneros *Bromus* y *Hordeum* que son especies de bajo porte y poco competitivas. Esto permite, sin riesgo de que se produzca competencia con el olivo, dejar una franja de cubierta sin eliminar hasta que las plantas maduren y semillen, y pueda autosembrarse la cubierta al año siguiente (Saavedra, 1997). Por tanto, la siega química parcial es el manejo más adecuado para este tipo de cubiertas vegetales. Sin embargo este manejo no es adecuado para todas las cubiertas de gramíneas espontáneas. En aquellas donde las especies dominantes sean de ciclos largos y buen desarrollo, como es el caso de *Lolium rigidum* (Figura 10.12), la competencia por agua con el olivo puede ser importante y será necesario reducir al máximo la banda de semillado o recurrir a la siega total.

Espontáneas. Musgos

Gran parte de la superficie de olivar no es apta para poder implantar una cubierta vegetal de plantas fanerógamas, ya sea espontánea o sembrada, por la imposibilidad de manejarla o por la interacción con la recolección. Este es el caso de olivares tradicionales en zonas de alta pendiente y la zona bajo copa de los árboles. Se estima una superficie de más de 637.000 ha de olivar en Andalucía donde es difícil instalar una cubierta vegetal de plantas fanerógamas, pero en la que los musgos son una alternativa que presenta numerosas ventajas, además del control de la erosión, como son: facilitar la recolección y el tránsito de maquinaria y reducir el uso de herbicidas, ya que son bastante tolerantes a las materias activas emplea-

Figura 10.13. Olivar con cubierta de musgos y bandas de restos de poda triturados en el centro de las calles.

das en olivar y compiten bien con las malas hierbas, disminuyendo y retrasando su emergencia (Ben Sasson *et al.*, 2013a). Además, se adaptan bien a las condiciones de secano, debido a una característica muy particular que presentan que les permite absorber la humedad del ambiente a través de todos sus órganos, permitiendo así su supervivencia, esta propiedad de los musgos se denomina poiquilohídria. Prospecciones realizadas por toda Andalucía para hacer una aproximación a la flora muscinal presente en estos olivares puso de manifiesto que, aunque la diversidad de especies es elevada, cinco de ellas son las más abundantes, ocupando la mayor parte de la superficie (Ben Sasson *et al.*, 2013b). Estas especies son: *Bryum caespiticium, Aloina rigida, Didymodon vinealis, Funaria higrometrica* y *Pseudocrossidium hornschuchianum*. Los musgos suelen aparecer en los olivares donde se ha dejado de labrar desde hace tiempo, por ello si queremos favorecer su implantación no debe tocarse el suelo, así como evitar la aplicación directa de fertilizantes nitrogenados ya que los musgos son muy susceptibles a ellos (Figura 10.13).

Cubiertas sembradas

Las especies que se quieran utilizar como cubiertas vegetales deben tener unas determinadas características. Por ello la selección de especies para cubierta vegetal, sea de la familia que sea, se debe realizar en base a estas características, que son:

1. Facilidad en su instalación y rápida emergencia y desarrollo. Este aspecto es fundamental si queremos conseguir una buena cobertura del suelo, además de ser necesario para competir con la flora espontánea y aportar materia orgánica.

2. Capacidad para formar abundante biomasa en poco tiempo y cubrir rápidamente el suelo.

3. Ciclos cortos que permitan llegar al momento de eliminación de la cubierta en el estado fenológico más avanzado posible, para reducir la necesidad de intervenir sobre la cubierta.

Los estudios para la selección de especies vegetales con estas características se han centrado principalmente en tres familias: gramíneas, crucíferas y leguminosas, aunque los objetivos para su empleo y el manejo sean diferentes, como veremos a continuación.

Cubiertas de gramíneas

La principal utilidad de las especies gramíneas como cubiertas vegetales es el control efectivo de la erosión. Los primeros estudios con cubiertas vegetales sembradas en olivar se realizaron con **cebada** y sentaron las bases de este sistema de manejo de suelo (Castro, 1992), (Figura 10.14). La cebada presenta muchas de las características deseables para una cubierta vegetal, ya que es fácil de instalar y tiene un rápido desarrollo invernal, produciendo una buena cobertura de suelo; sin embargo no completa su ciclo cuando empieza a haber déficit hídrico, lo que, unido a la gran cantidad de biomasa que produce, hace necesaria la intervención sobre la cubierta. El método más eficaz para su control y con el que se han obtenido muy buenos resultados es la siega química a base de glifosato. Debido a su capacidad para adaptarse a diferentes suelos y su fácil establecimiento y buen desarrollo es una buena elección si se quiere iniciar el empleo de cubiertas vegetales como sistema de manejo de suelo, sobre todo si se parte de un sistema de no laboreo con suelo desnudo, ya que puede haber problemas por falta de semillas en el suelo que dificulten el desarrollo de una cubierta espontánea. El principal inconveniente es que hay que sembrarla anualmente, salvo que se deje una banda sin tratar para producir semilla, aunque esta práctica no asegura una buena implantación para años sucesivos.

Figura 10.14. Olivar con una cubierta vegetal sembrada de cebada.

Conseguir una *cobertura plurianual* mediante autosiembra de la cubierta es lo ideal. Esto se consigue con especies anuales de ciclo corto y una elevada tasa de producción de semillas que permita la autosiembra al año siguiente. Un ciclo corto permite alcanzar pronto la maduración y así reducir o evitar la competencia con el olivo por el agua, sin necesidad de eliminar la cubierta vegetal total o parcialmente. Hasta el momento se han seleccionado y registrado cuatro variedades de *Brachypodium distachyon*, disponibles comercialmente, una especie que presenta unas excelentes características agronómicas (Casanova *et al.*, 2011; Saavedra *et al.*, 2016b; Gómez *et al.,* 2019); dos de ellas se comercializan conjuntamente bajo el nombre comercial de Vegeta, y las otras dos individualmente bajo los nombres Iskyri y Kypello (disponible en el enlace: https://digital.csic.es/handle/10261/215278). Paralelamente también se están desarrollando trabajos de selección y mejora con otras especies de las que ya hay materiales avanzados como es el caso de *Bromus madritensis* (Soler *et al.*, 2002). El principal inconveniente que presenta *B. distachyon* como cubierta es que tiene un crecimiento inicial lento que hace que la cobertura del suelo el primer año sea escasa y en ocasiones insuficiente, de manera que el control de la erosión y de las aguas de escorrentía es escasa, llegando incluso a producirse pérdida de plantas (Figura 10.15). Dada esta

Figura 10.15. a) Olivar con cubierta de *Brachypodium distachyon* bien establecida tras cinco años desde su implantación. b) Detalle de la estrategia para la implantación de cubiertas de crecimiento lento (*B. distachyon*); véase la diferencia de crecimiento entre la especie de crecimiento rápido (extremos) y la de crecimiento lento (franja central), con ambos tipos de especies sembradas al mismo tiempo.

problemática se ha desarrollado una técnica para la implantación y manejo de estas especies el primer año (Saavedra y Alcántara, 2016). Es un sistema combinado de cebada y *Brachypodium* que consigue conjugar las ventajas de ambas especies como cubiertas minorando o eliminando sus inconvenientes. La técnica consiste básicamente en la siembra en franjas de ambas especies, situándose las franjas de cebada en ambos extremos de la zona sembrada quedando el *Brachypodium* protegido en la zona central (Figura 10.15). La rápida instalación y desarrollo de la cebada permitirá servir de freno a la erosión y a las aguas de escorrentía protegiendo al mismo tiempo las plántulas de *Brachypodium*. Llegado el momento de la siega, se realizará la siega mecánica de la cebada, escapando el *Brachypodium* por encontrarse debajo del punto de corte y quedando finalmente implantado. La alta tasa de producción de semilla favorecerá la autosiembra al año siguiente, formando una cobertura densa debido a los restos del año anterior junto con las nuevas plantas nacidas tras las primeras lluvias.

Cubiertas de crucíferas

Las especies crucíferas pueden emplearse como cubierta vegetal por diversos motivos, además del control de la erosión, siendo los más importantes la descompactación del suelo gracias a su raíz pivotante (Wolfe, 2000), el control de malas hierbas (Haramoto y Gallandt, 2004) y fundamentalmente por su capacidad para reducir inóculo de *Verticillium dahliae* y de la incidencia de la enfermedad (Cabeza-Fernández y Bejarano-Alcázar, 2008). Esto es debido a su contenido en glucosinolatos, que son metabolitos secundarios de las plantas que se transforman en una serie de compuestos con potencial fitosanitario una vez que se rompen los tejidos de las plantas (Fenwick *et al.*, 1983). El empleo de estos restos vegetales para el control de malas hierbas, enfermedades de suelo, nematodos, etc., se denomina biofumigación (Angus *et al.*, 1994; Kirkegaard y Sarwar, 1998); por ello, si queremos emplear las cubiertas vegetales para este fin, tendremos que hacer la siembra anualmente y la eliminación de la cubierta se realizará solo con aquellos métodos que permitan mantener los restos frescos, por lo que no se aconseja la siega quí-

Figura 10.16. Olivar con cubierta de *Sinapis alba* (izquierda) y detalle de la inflorescencia de esta especie (derecha).

mica. Los estudios llevados a cabo para encontrar especies crucíferas con características adecuadas como cubierta vegetal han llevado a la selección de la especie *Sinapis alba* subsp. mairei, de la que se ha registrado en el Registro Europeo de Variedades Vegetales (CPVO; Community Plant Variety Office) una variedad con el nombre de "Albendín" (No: 29205, 7 marzo 2011), (Figura 10.16). Esta especie presenta una rápida emergencia, elevada cobertura y biomasa (Alcántara *et al.*, 2009, Saavedra *et al.*, 2015) y frente a otras crucíferas evaluadas mostró un ciclo más corto y una excelente adaptación a siegas mecánicas debido a su escasa capacidad de rebrote (Alcántara *et al.*, 2011a). El manejo de los restos puede hacerse de dos maneras en función del objetivo que persigamos, los restos pueden dejarse sobre la superficie del suelo si queremos reducir la incidencia de malas hierbas de primavera-verano (Alcántara *et al.*, 2011b; Saavedra *et al.*, 2016a) o se incorporarán al suelo mediante una labor si el objetivo es reducir la incidencia de verticilosis (Cabeza-Fernández y Bejarano-Alcázar, 2008). En relación a la siembra y el manejo, diferentes ensayos de campo han puesto de manifiesto que las siembras muy tempranas, incluso en seco, de esta especie y el abonado con compuestos a base de N y S mejoran el establecimiento y desarrollo de la especie. Esto permite alcanzar el momento de eliminación de la cubierta en plena floración, que es el estado fenológico en el que el contenido de glucosinolatos es mayor. Paralelamente también se están estudiando otras especies tanto por sus características agronómicas como por su contenido y perfil en glucosinolatos (Obregón *et al.*, 2008; Castillo *et al.*, 2013; Saavedra *et al.*, 2013)

Cubiertas de leguminosas

El principal objetivo del empleo de cubiertas de leguminosas es la fertilización y mejora del suelo empleadas como abono verde. Sin embargo, no son las especies más apropiadas para el control de la erosión, por varias razones: la mayoría de las especies presentan un desarrollo inicial lento que las hace poco competitivas con las malas hierbas y provoca un retraso en cubrir de manera efectiva el suelo. Ensayos con cubiertas de veza pusieron esto de manifiesto, ya que formaron poca biomasa y los restos después de la siega fueron escasos y se descompusieron rápidamente en el suelo (Humanes y Pastor, 1995). Como ventajas en el manejo cabe destacar que muchas especies de leguminosas se adaptan bien a las siegas mecánicas porque no rebrotan una vez segadas. Esto favorece su empleo en sistemas de agricultura ecológica, donde están limitadas o prohibidas otras formas de fertilización, y donde la flora, por lo general, es más diversa y equilibrada que en sistemas convencionales y estas cubiertas compiten bien, mientras que tienen dificultades de instalación en olivares convencionales debido a que la flora suele ser mucho más competitiva (Figura 10.17). En general los ensayos llevados a cabo para la selección de cubiertas vegetales en olivar de especies leguminosas revelaron mejor comportamiento de las especies rastreras que de las erectas, destacando los yeros y vezas además por su mayor capacidad de fijación de N (Alcántara *et al.*, 2007; Carbonell *et al.*, 2010). Estudios recientes realizados en condiciones de secano han propuesto el empleo de leguminosas que se autosiembren, como en el caso de las gramíneas, para conseguir una cobertura permanente. Diferentes especies de *Trifolium* y *Ornithopus* permanecieron durante cuatro años formando coberturas densas (Rodrigues *et al.*, 2015a; 2015b).

Figura 10.17. Implantación de cubierta vegetal de leguminosas en un olivar ecológico (izquierda) y en un olivar convencional (derecha). Nótese la diferencia en el éxito de la implantación de esta cubierta en cada olivar debido a la distinta composición de la flora en ambos tipos de olivares, siendo más competitiva en el olivar convencional, en el cual había especies de mayor porte.

Mezclas de especies

Aunque se pueden encontrar en el mercado mezcla de semillas de distintas especies no cultivadas apenas existe experiencia acerca de su uso y manejo. Una de las dificultades es ajustar la forma y momento de la siembra por tratarse de semillas de distintos tamaños y requerimientos. Además, al igual que las cubiertas espontáneas, pueden resultar difíciles de manejar por la diversidad de especies presentes, de ahí que en las espontáneas se tiende a seleccionar un tipo dentro de ellas para facilitar el manejo.

En las mezclas de semillas de especies cultivadas ocurre lo mismo, siendo mayor el éxito de la cubierta a medida que se reduce el número de especies en la mezcla. Ensayos con cubiertas vegetales compuestas por la mezcla de veza/avena han dado buenos resultados en zonas donde es común la siembra de esta mezcla forrajera, constituyendo así una buen opción para los olivares, tanto para el control de la erosión y mejora del suelo como para aquellos que están asociados a la producción ganadera.

2. Restos de poda u otros restos vegetales

Consiste en cubrir el suelo con los restos de poda y hojas del olivo, o con cualquier material vegetal de distinta procedencia, convenientemente picados (Figura 10.18). En ocasiones a partir de estos restos de poda, así como hojas, se hace un compostaje con residuos de la almazara antes de su incorporación en el olivar. El control de la erosión es bueno, ya que si el volumen de residuos es alto impide el impacto de las gotas de lluvia y reduce la velocidad de escorrentía, pero si la pendiente del terreno es alta y también la escorrentía, son arrastrados, por lo que su eficacia es menor que con las cubiertas vivas. Presenta ventajas adicionales como el control de malas hierbas y la mejora del suelo, tanto por el aporte de materia orgánica como por conservar los nutrientes (Repullo *et al.*, 2012; Ordóñez *et al.*, 2014; Bombino *et al.,* 2021). Este efecto en el control de malas hierbas y con-

Figura 10.18. a) Restos de poda picados formando un acolchado en las calles de un olivar. b) Restos de poda en el suelo de un olivar: nótese la ausencia de plantas en las zonas de acumulación de los restos de poda.

servación de los nutrientes en el suelo es mayor a medida que aumentan las cantidades de restos de poda aplicados (Alcántara *et al.*, 2009); sin embargo, cuando son muy abundantes interfieren en la instalación de las cubiertas vegetales, tanto por servir de barrera a la emergencia de las plántulas como por los efectos alelopáticos que producen al descomponerse (Figura 10.18). Normalmente se aplican los restos en calles alternas y cada dos años, que es cuando suele hacerse la poda, dejando las demás calles con la cubierta vegetal. Entre las precauciones a tener en cuenta con el uso de restos de poda u hojas del olivo como cubierta del suelo está el asegurarnos que el material está libre de inóculo de *Verticillium dahliae* y de otras enfermedades de suelo.

3. Cubiertas inertes

Se entiende por inertes aquellos materiales que no aportan materia orgánica al suelo, por ejemplo piedras o materiales sintéticos, (Figura 10.19). Aunque no son cubiertas vegetales suelen emplearse también con la finalidad de controlar la erosión y proteger el suelo. El control de la erosión depende del tamaño de las piedras o del material empleado ya que pueden concentrar el caudal de la escorrentía y acentuar los procesos erosivos, por ello es importante disponerlas en círculo alrededor del olivo. Un gran inconveniente en los suelos cubiertos de piedras es que el manejo de la flora espontánea resulta más dependiente del uso de herbicidas.

Figura 10.19. Cubierta del suelo inerte, a base de piedras.

3.3.5. *Factores que limitan el desarrollo y manejo de las cubiertas vegetales y su empleo en olivar*

La principal limitación para el desarrollo y manejo adecuado de las cubiertas vegetales son, como para todos los cultivos, las condiciones edafoclimáticas. Suelos pobres, suelos compactados, déficit hídrico o exceso de pluviometría que favorece la erosión y la escorrentía son condiciones que dificultan el establecimiento e implantación de las cubiertas vegetales. En ensayos con especies de gramíneas y crucíferas en distintas localidades con diferentes suelos, se observaron limitaciones en la implantación en suelos pobres frente a suelos fértiles, por lo que la densidad de siembra (Alcántara y Saavedra, 2011) y la fertilización en estos suelos debe incrementarse. De la misma forma, en suelos compactados la emergencia y el crecimiento de las plantas se ven seriamente perjudicadas, aunque hay especies que presentan mejor comportamiento que otras y admiten cierto grado de compactación, como algunas gramíneas o crucíferas, mientras que no ocurre lo mismo con las leguminosas. Otra limitación para la implantación de la cubierta es la incidencia de plagas, como la depredación de semillas por hormigas, o el ataque de orugas peludas en las crucíferas que afectan a la parte aérea de las plantas, (Figura 10.20).

Figura 10.20. Depredación de semillas por las hormigas. Detalle de plántulas de una cubierta de gramíneas nacidas en un hormiguero.

Por otro lado el empleo de cubiertas vegetales puede presentar inconvenientes para el olivo o el agrosistema, por lo que ha de ser valorado el riesgo antes de instalar una cubierta vegetal, así como elegir la cubierta apropiada. Algunas de las razones que pueden limitar el empleo de cubiertas vegetales son:

- Pueden ser huéspedes de enfermedades como la verticilosis del olivo, especialmente en cubiertas espontáneas donde estén presentes especies conocidas por ser huéspedes del hongo (como *Portulaca oleracea, Xanthium strumarium, X.*

spinosum o Amaranthus blitoides), (Mohamed, 2004); o porque dificulten el control y vigilancia de plagas, como por ejemplo los topillos.

• Aumentan el riesgo de incendios en verano en el caso de que los restos secos sean abundantes y se hayan dejado sobre el suelo.

• Incrementan el riesgo de heladas, especialmente cuando se instalan en zonas llanas y vaguadas.

3.3.6. *Futuro de las cubiertas y consideraciones finales*

Los requerimientos medioambientales cada vez más exigentes por parte de la PAC, así como el avance en el conocimiento del manejo y de las especies más adecuadas para cubierta vegetal en cada contexto, hacen que el futuro de su empleo se vislumbre muy prometedor. Estas buenas perspectivas se fundan además en la experiencia positiva de los agricultores, que poco a poco van adoptando este sistema de manejo de suelo en sus olivares. Simplemente si miramos las zonas olivareras veremos que en los últimos años el paisaje se ha transformado, habiendo aumentado su uso paulatinamente (González-Sánchez *et al.*, 2015) y no parece que esta tendencia vaya a cambiar. Sin embargo, es necesario dar un paso más, ya que la mayor parte de las cubiertas vegetales que se emplean son las espontáneas, reduciéndose su uso al control de la erosión, en el mejor de los casos, cuando no al cumplimiento de una norma, pero esto lleva la mayoría de las veces a que el control de la erosión sea escaso o nulo, ya que no se proporciona a la cubierta vegetal la atención necesaria para una adecuada implantación y manejo, siendo la protección al suelo escasa e insuficiente. Es primordial hacer hincapié en que las cubiertas vegetales no solo son la mejor herramienta para el control de la erosión, sino que presentan otras cualidades que se pueden explotar para la mejora del olivar a bajo coste, como la fertilización y mejora del suelo, la biofumigación, etc. En un futuro próximo, y dado el amplio abanico de posibilidades en cuanto a especies, manejos y fines, la rotación de cubiertas vegetales puede considerarse como una práctica deseable para favorecer el mantenimiento adecuado de este sistema de manejo de suelo y para alcanzar de manera efectiva soluciones a alguno de los principales problemas del olivar.

4. Efectos del manejo del suelo sobre el agrosistema

Las operaciones de manejo del suelo pueden modificar de manera muy importante sus propiedades físicas, y de manera indirecta, algunas propiedades químicas, estas últimas normalmente cambiando a más largo plazo. Esta modificación de las propiedades del suelo actúa sobre algunos procesos del suelo muy importantes, que influyen en la respuesta agronómica y en el impacto ambiental del cultivo. En esta sección se van a describir algunos de estos procesos, pero antes vamos a repasar cuáles son estas propiedades del suelo afectadas por el manejo. Una ampliación de esta sección se puede encontrar en Gómez y Fereres (2004).

4.1. Principales propiedades afectadas por el manejo del suelo

La velocidad de infiltración del agua en el suelo depende mucho de la **densidad aparente** del suelo, decreciendo a medida que esta aumenta. La densidad aparente es fácilmente modificable por el manejo del suelo, tanto reduciéndola, como ocurre al labrar, como aumentándola, como ocurre en la zonas compactadas por el tránsito (maquinaria, ganado, etc.). Es una variable dinámica, tendiendo a aumentar con el paso del tiempo y por el efecto acumulativo de la energía de la lluvia y del tránsito después de una labor. Este es uno de los motivos por el que es necesario repetir periódicamente las labores si se escoge el laboreo como sistema de manejo del suelo. Aparte de la consolidación progresiva del horizonte superficial con el tiempo, y debido al tránsito, existe el fenómeno de sellado superficial del suelo, que es una costra formada por los materiales finos del suelo (arcilla, limo) en suelos de poca estructura por rotura de los agregados por impacto de la lluvia, que reduce también la infiltración de manera progresiva. Este sellado superficial es más importante en suelos con contenidos altos de arcilla y limo, superficies muy poco rugosas y suelos desnudos sin ninguna protección al impacto de la lluvia.

Otro factor que afecta a la infiltración del agua en el suelo es no solo la porosidad total del suelo sino especialmente la distribución de tamaños de este espacio poroso. La infiltración de agua es mucho más efectiva si esta porosidad se distribuye en poros grandes, *macroporos*, que conecten la superficie con las zonas más profundas del suelo. En general los sistemas de manejo del suelo que tienden a dejar crecer la vegetación o a aumentar la microfauna del suelo aumentan la macroporosidad, en comparación con los sistemas de laboreo, ya que estos últimos aunque aumentan la porosidad total crean muchos poros que no están conectados con la superficie del suelo y en general son mucho menos estables, tendiendo a colapsarse a medida que el suelo se consolida. El efecto de aumentar la macroporosidad es mucho mayor en suelos arcillosos en comparación con suelos arenosos ya que en los primeros la velocidad de infiltración es baja, y su importancia disminuye en suelos con alta densidad aparente, muy compactados, donde hay tan poco espacio poroso que importa relativamente poco cómo se distribuya este.

Las operaciones de manejo del suelo, en especial el laboreo, modifican la *rugosidad de la superficie,* creando microdepresiones que pueden almacenar agua que acaba infiltrándose en el suelo. El laboreo tiende a incrementar de manera muy importante esta rugosidad (véase Figura 10.21), pero este efecto es solo temporal y desaparece casi en su totalidad con el tiempo, sobre todo después de que en una tormenta importante la escorrentía haya circulado entre estas microdepresiones, conectándolas y eliminando esta capacidad de almacenamiento.

Otra variable clave que se modifica con las operaciones de manejo del suelo es la *cobertura del suelo* debida a la vegetación verde o a sus residuos. A mayor cobertura existe una mayor protección física del suelo frente a la erosión, al reducir su disgregación debido al impacto de las gotas de lluvia y su arrastre por la escorrentía. La cobertura del suelo, vegetal o por materiales inertes, ayuda también a

Figura 10.21. Ejemplo de superficie recién labrada con alta rugosidad (izquierda) y tras 200 mm de lluvia (derecha). Se aprecia como una vez conectadas las micro-depresiones, estas han perdido la capacidad de retener el agua.

aumentar la infiltración de agua en el suelo al reducir el fenómeno del sellado superficial y aumentar la rugosidad de su superficie, que hace que se incremente la cantidad de agua retenida en microdepresiones formadas por los restos vegetales. Este aumento de la rugosidad también hace que la escorrentía circule más lentamente, comparando con el mismo suelo desnudo, lo que permite que se infiltre más agua y a su vez tenga menos capacidad erosiva.

El manejo del suelo modifica de manera muy importante el contenido de *materia orgánica* de los primeros centímetros del suelo, debido a la variación de la cantidad de biomasa que se devuelve al suelo y a la oxidación de la misma cuando se labra. Los suelos con mayor contenido de materia orgánica tienen mejor estructura, lo que hace que su macroporosidad sea mayor y también la resistencia de sus agregados a ser rotos y transportados más fácilmente por los agentes erosivos como la escorrentía. Además, son suelos con mayor actividad biológica y esta mayor actividad de la fauna y microfauna del suelo ayuda a aumentar la macroporosidad.

En ocasiones existen horizontes subsuperficiales limitantes que reducen el crecimiento en profundidad de las raíces y la infiltración del agua. Un ejemplo de este tipo de horizontes es la denominada "suela de labor", que es una zona de mayor densidad aparente existente a cierta profundidad en el subsuelo (entre 15-30 cm, aproximadamente). Se sitúa justo por debajo de la zona labrada, originándose una zona en la que se desarrolla una capa muy compactada debido a las presiones periódicas ejercidas por los aperos y la presión de los neumáticos a esa profundidad, quedando permanentemente compactada al no llegar la labor hasta dicha profundidad. Otro tipo de horizontes limitantes pueden tener un origen natural, como por ejemplo horizontes petrocálcicos o argílicos, u horizontes nátricos (con alto contenido de sodio y pobre estructura).

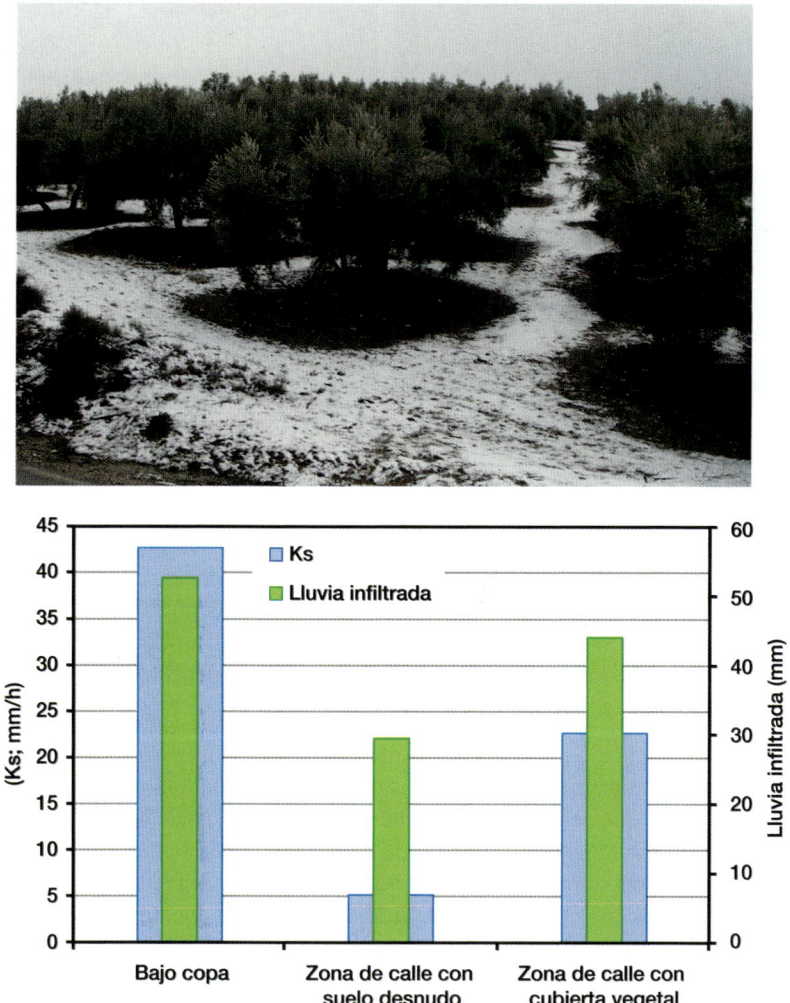

Figura 10.22. Vista de olivar mostrando el efecto de la copa de los árboles sobre la precipitación, en este caso nieve, (arriba). Ejemplo de las diferencias en la capacidad de infiltración del agua de lluvia en tres zonas del olivar, elaborado a partir de datos de Castro *et al.* (2006), (abajo).

Por último, es muy importante recordar que el olivar, al ser un cultivo que no cubre de manera homogénea el suelo, crea una distribución en mosaico de las propiedades de suelo, con diferencias entre la zona bajo copa y la calle, y dentro de la calle, a su vez, entre la zona de suelo desnudo y la que pudiera tener cubierta, vegetal o inerte. En general la zona bajo copa tiende a tener una menor densidad aparente, mejor estructura y mayor capacidad de infiltrar agua en el suelo (Figura 10.22), aparte de presentar cierta protección frente a la lluvia por la copa. Esto se debe a la influencia del árbol y al condicionamiento del tráfico de maquinaria y operaciones de manejo a las calles. De ahí que muchas de las diferencias que el manejo del suelo induce se concentren en las calles del olivar.

4.2. Escorrentía superficial

El Cuadro 10.3 presenta un resumen de los resultados obtenidos en ensayos de largo plazo con lluvia natural, comparando la escorrentía generada en tres sistemas de manejo del suelo en olivar: laboreo convencional (LC), cubierta vegetal temporal en las calles durante otoño-invierno (CV) y no laboreo con suelo desnudo mediante herbicidas (NLD). En ella se puede apreciar una clara tendencia a un aumento de la escorrentía en NLD con respecto a LC, explicable en gran parte por su mayor compactación y menor rugosidad superficial. Se observa la tendencia opuesta en el sistema de CV, con una reducción de la escorrentía con respecto a LC, explicable por un aumento de la capacidad de infiltración del agua en el suelo debido a la mejora de la macroporosidad, protección de la superficie del suelo y aumento de la rugosidad. Estos manejos inducen también diferencias en otras propiedades de suelo, que serán

CUADRO 10.3

Resumen de valores promedio de pérdida de suelo por erosión hídrica y de escorrentía media anual en ensayos en ladera de largo plazo (entre 2 y 6 años) con lluvia natural. A partir de datos de Francia et al. (2006), Gómez et al. (2009) y Gómez et al. (2010). LC es laboreo convencional, NLD es no laboreo con suelo desnudo mediante herbicidas, CV es cubierta vegetal temporal (otoño-invierno) en las calles; n.d.= datos no disponibles.

Ensayo	Manejo del suelo	Escorrentía media anual (mm)	Pérdida de suelo media anual (t/ha)
La Conchuela	LC	25,9	2,9
	NLD	78,2	6,9
	CV	8,2	0,8
Lanjarón	LC	11,0	5,7
	NLD	39,0	25,6
	CV	19,8	2,1
Benacazón	LC	87,8	32,8
	NLD	n.d.	n.d.
	CV	34,3	1,8

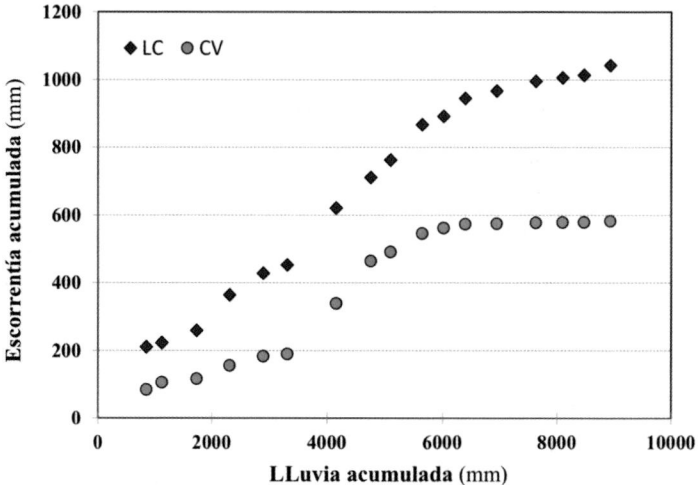

Figura 10.23. Distribución de la escorrentía acumulada en función de la pluviometría acumulada, en un ensayo a largo plazo. LC es laboreo convencional y CV es cubierta vegetal temporal (otoño-invierno) en las calles. (Gómez *et al.*, 2022).

comentadas en el apartado 4.4. Conviene destacar dos aspectos de esta comparación entre sistemas de manejo del suelo en relación a la generación de escorrentía. El primero es que estas diferencias entre manejos dependen mucho de la pluviometría del año (véase Figura 10.23), tendiendo a disminuir en años secos, y que en años de similar pluviometría pueden variar de manera significativa dependiendo del momento en que ocurran las tormentas con respecto al estado del suelo tras las operaciones de laboreo (recién labrado *vs.* consolidado) o de crecimiento de la cubierta (cobertura adecuada o baja). El segundo aspecto es que estas diferencias, aun siendo relevantes, son de una menor importancia que las que podemos observar en las pérdidas de suelo, donde se observan diferencias mucho mayores entre manejos, en ocasiones de un orden de magnitud como han demostrado algunos metaanálisis (e.g., Gómez *et al.*, 2011a). Ya que la mejora de la infiltración es uno de los aspectos clave para mejorar el balance de agua en el olivar, conviene tener presente en que rango de mejora, en términos absolutos, nos podemos mover. Los datos mostrados en la Figura 10.23 ayudan a acotar esa mejora en la reducción de la escorrentía. El que estos valores se muevan en un rango de entre, aproximadamente, 120 a 7 mm se debe a que en años de baja pluviometría el LC es en general bastante eficiente en alcanzar bajos valores de escorrentía, mientras que en años de elevada pluviometría la infiltración está regulada durante parte del año por la profundidad del suelo, que tiende a ser moderada en muchas de las zonas de cultivo del olivar, o por el estado de humedad del perfil del suelo por debajo de la profundidad afectada por el laboreo del suelo y la mayor parte de las raíces de las cubiertas. Resultados similares han sido observados en viñedo, un cultivo en algunos aspectos análogo, en diferentes zonas de cultivo en Europa (Gómez *et al.*, 2011a). A su vez, estas diferencias entre sistemas de manejo del suelo pueden ser explicadas por modelos físicos de generación de esco-rrentía a escala de ladera (Romero *et al.*, 2007), lo cual sugiere que en términos cua-litativos pueden ser extrapolables a otras condiciones.

4.3. Erosión hídrica

El Cuadro 10.4 ya comentada para escorrentía superficial, permite establecer una comparación del efecto del sistema de manejo del suelo sobre las pérdidas de suelo por erosión hídrica. Para poner mejor en perspectiva estos resultados convie-ne recordar dos cosas. La primera, que la tasa de pérdida de suelo admisible para evitar daños a los ecosistemas por deterioro de la calidad del suelo y agua debería ser inferior a una tonelada por hectárea y año, y que en ningún caso, pensando en detrimentos de la capacidad productiva de la explotación a medio plazo, se pue-den considerar tolerables pérdidas de suelo superiores a 10 toneladas por hectárea y año. El segundo aspecto es recordar que los ensayos experimentales en laderas suelen ser en longitudes relativamente cortas (en el Cuadro 10.5, La Conchuela y Lanjarón tienen una longitud menor de 14 m) y que en condiciones de campo estas longitudes de ladera tienden a ser mucho más largas. Esto es aparente en el ensayo de Benacazón que corresponde a parcelas de 60 m de largo. Los datos experimen-tales disponibles permiten concluir que el uso de sistemas de cubiertas vegetales temporales en las calles permite acercar las pérdidas de suelo a límites admisibles, por los motivos de aumento de la infiltración, reducción de la energía de la esco-rrentía y protección física del suelo antes comentados, además de la mejora progre-siva de otras propiedades del suelo que serán comentadas a continuación. Resulta también aparente del Cuadro 10.4 que el sistema con suelo desnudo, NLD, no pro-porciona ninguna mejora con respecto al laboreo en el control de la erosión, y que el sistema de laboreo convencional, LC, presenta valores de pérdida de suelo por encima de lo recomendable. Es importante recordar que en los ensayos resumidos en el Cuadro 10.4 los sistemas de LC se basaban en un número reducido de labo-

CUADRO 10.4

Resumen de los valores de algunas propiedades del suelo en los primeros 10 cm de profundidad en las calles del olivar en función de su manejo, en producción ecológica. LC es laboreo convencional y CV es cubierta vegetal temporal; DE es la desviación estándar. Elaborada a partir de Álvarez et al. (2007) y Soriano et al. (2014).

Manejo del suelo	Materia Orgánica (%)		Agregados estables en agua (g/kg)		Velocidad de infiltración estabilizada (Ln(mm/h))		Respiración del suelo en laboratorio (mg CO_2/(kg y día))	
	Promedio	DE	Promedio	DE	Promedio	DE	Promedio	DE
Zona inalterada	5,7	1,5	522	114	5,23	0,94	207	71
Olivar, LC	3,0	1,3	400	112	3,61	0,94	117	59
Olivar, CV	3,2	1,6	418	106	3,59	1,14	374	190

res, entre dos y cuatro, siendo labores superficiales. Estos resultados experimentales están en línea con los obtenidos en otros sistemas de cultivo análogos (e.g., viñedo; Gómez *et al.*, 2011a) y responden a los resultados de modelos de simulación que recogen las principales variables que modifica el sistema de manejo, en especial la cobertura de suelo. Así Marín (2013) encontró un buen ajuste entre las pérdidas de suelo medidas en alguno de los ensayos mostrados en el Cuadro 10.3 con las predicciones del modelo RUSLE calibrado para esos manejos en olivar (Gómez *et al.*, 2014), lo cual sugiere que esta gradación en términos de pérdida de suelo podría ser extrapolada cualitativamente a otras situaciones.

Es muy importante hacer la apreciación de que este control de la erosión hídrica mediante cubiertas vegetales es aplicable a situaciones de laderas donde no existe una concentración de la escorrentía en vaguadas o pequeños cauces. En algunas zonas de cultivo del olivar son frecuentes los problemas de erosión por cárcavas (Figura 10.24), que requieren técnicas específicas de control y prevención adicionales a las cubiertas vegetales, como se discutirá en la sección 5 de este capítulo. La segunda apreciación a realizar es que este control de la erosión solo es posible si las cubiertas vegetales ofrecen una cobertura adecuada del suelo, como fue en los estudios antes discutidos, y que cubiertas de anchura insuficiente o pobre crecimiento pierden gran parte de su potencial para el control de la erosión y la mejora de las propiedades de suelo (Figura 10.24).

Figura 10.24. Ejemplos de erosión por cárcavas en olivar (arriba) y de cubiertas vegetales con anchura o cobertura insuficiente para controlar la erosión en laderas (abajo).

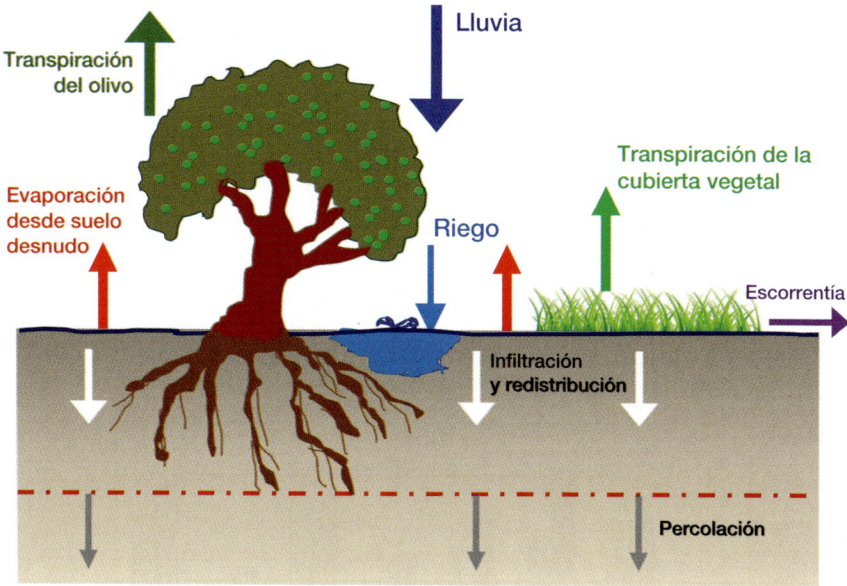

Figura 10.25. Componentes del balance de agua en un olivar.

4.4. Balance de agua

La modificación de la infiltración del agua en el suelo es uno de los componentes del balance de agua más afectados por el manejo del suelo, aunque el paso de un sistema de suelo desnudo a otro con cubierta vegetal también modifica de manera muy apreciable otros componentes de este balance, resumido en la Figura 10.25. Al permitir el crecimiento de la vegetación aumenta la extracción de agua del suelo mediante transpiración de esta, y al aumentar la cobertura de suelo (con vegetación o con el uso de acolchado de residuos) se reduce la evaporación desde el suelo. Aunque el manejo del suelo podría teóricamente tener un efecto indirecto en la profundidad de suelo explorada por las raíces, estas labores profundas de subsolado para descompactar o eliminar un horizonte subsuperficial limitante no son frecuentes, o si se hacen se pueden realizar tanto en sistemas de suelo desnudo como con cubierta vegetal, por lo que el paso desde un sistema con suelo desnudo a otro con cubierta vegetal temporal se basa en ajustar el mismo a que ese equilibrio entre tres componentes: infiltración-evaporación desde suelo desnudo-transpiración de la cubierta no reduzca la disponibilidad de agua para el árbol. Para ilustrar este concepto de equilibrio entre componentes del balance de agua se puede observar la Figura 10.26, en la que se resumen los resultados de un análisis con un modelo de simulación (WABOL; Abazi *et al.*, 2013) en las condiciones de diferentes olivares de secano del sur de España. En todos los casos se observa como los resultados de las simulaciones muestran como el uso de una cubierta vegetal en las calles, segada a primeros de abril, alcanza un equilibrio entre com-

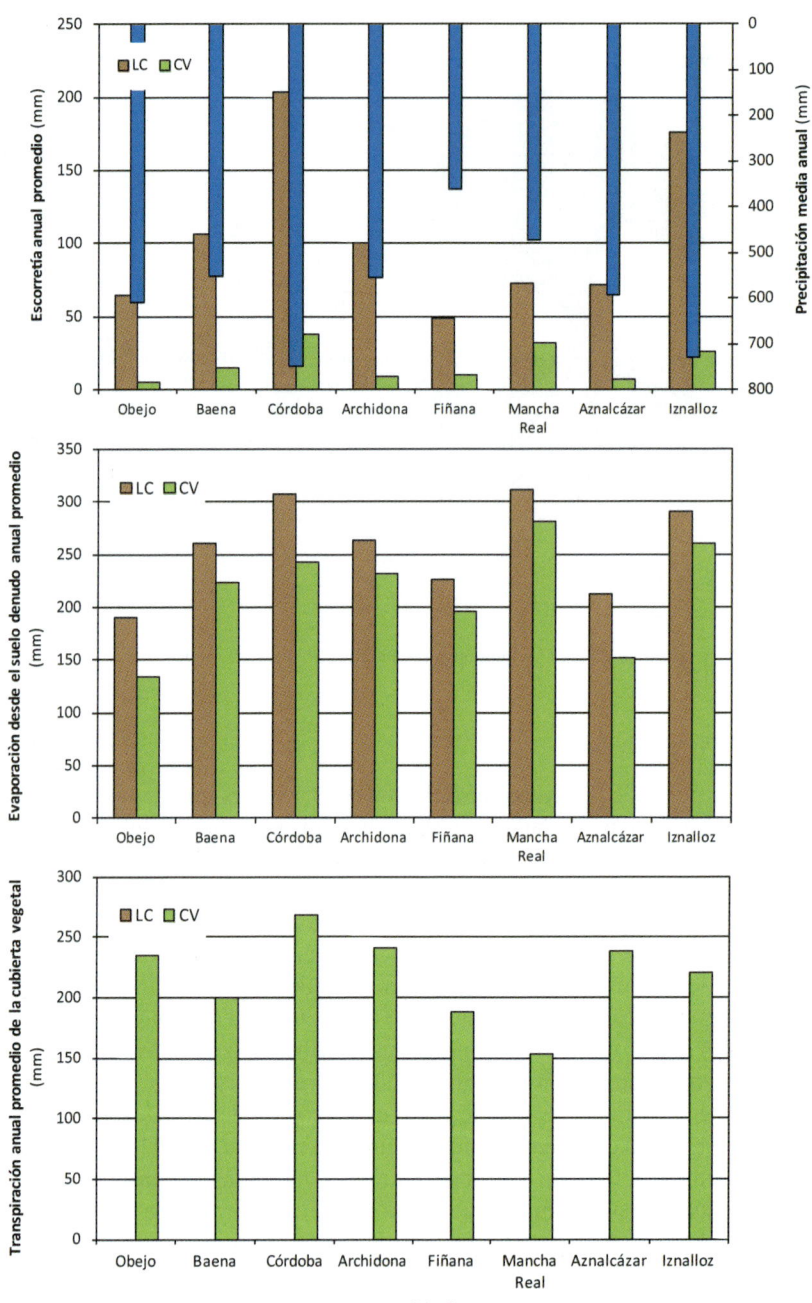

Figura 10.26. Resumen de los componentes de balance de agua para las condiciones de ocho olivares de secano en Andalucía, calculados con un modelo conceptual para el periodo 2006-2010.

ponentes del balance de agua que no modifica de manera apreciable la transpiración estimada del olivo. Esa fecha de siega de la cubierta vegetal se determinó a partir de ensayos agronómicos durante los años 80 y 90 (véase un resumen en Gómez, 2005), y los análisis con modelos de simulación sugieren que son adecuadas para las condiciones estudiadas. No obstante, los márgenes en que debemos ajustar este sistema de manejo (e.g., porcentaje de la superficie del olivar en que se siembra la cubierta, tiempo que la dejamos crecer variando la fecha y el método de control, especies que componen la cubierta,...) va a depender mucho de las condiciones locales, entre las que destacan la lluvia anual y su distribución estacional, la demanda evaporativa del ambiente, la profundidad de suelo explorada por las raíces y la capacidad del suelo para almacenar agua (condicionada por su textura, pedregosidad y contenido de materia orgánica), la densidad de plantación y el tamaño de los árboles, y el acceso al riego. Las herramientas más importantes para regular este manejo son la superficie de suelo ocupada por la cubierta vegetal dentro del olivar y el tiempo que se le deja crecer. Como normal general conviene ser conservadores en el tránsito de un sistema de suelo desnudo a uno con cubierta vegetal, en especial en años que vengan de inviernos húmedos y buen crecimiento de la cubierta y en los que se comience a desarrollar una primavera muy seca (ya que estas son las condiciones en las que la cubierta vegetal puede agotar con rapidez la reserva de agua del suelo) y sea un olivar de secano.

4.5. Modificación de propiedades del suelo por la cubierta vegetal

El uso de cubiertas vegetales, al aumentar el aporte de biomasa al suelo y reducir los procesos de ruptura de sus agregados y oxidación de la materia orgánica, proporciona un aumento progresivo del contenido de materia orgánica en los horizontes superiores del suelo con respecto a los sistemas con suelo desnudo (LC y NLD). En la Figura 10.27 puede apreciarse como este aumento está concentrado en los primeros 15-20 cm del suelo, ya que por debajo de esta profundidad las diferencias no suelen ser significativas. Esta mejora de las propiedades del suelo se refleja en diferentes propiedades y procesos clave, algunos de los cuales se resumen en el Cuadro 10.4. Entre ellos se pueden observar el contenido de materia orgánica, la estabilidad de los agregados de suelo en húmedo y la velocidad de infiltración del agua en el suelo. Estas propiedades a su vez tienen una influencia sobre la actividad biológica del suelo, que tiende a mejorar en los sistemas con vegetación. La medida de la respiración del suelo en condiciones controladas de laboratorio, la cuarta variable recogida en el Cuadro 10.4, es una manera de medir esta actividad del suelo.

Conviene recordar como el efecto de la cubierta vegetal sobre las propiedades de suelo depende, al igual que su efecto sobre el control de la erosión, de una implantación efectiva de la misma (Figura 10.24). Esta gran variabilidad en la implantación de las cubiertas vegetales y en su capacidad de producción de biomasa, entre diferentes olivares, es uno de los motivos de la elevada variabilidad en las propiedades del suelo observada entre olivares con aparentemente el mismo manejo en tipos de suelo similares (Soriano *et al.*, 2014).

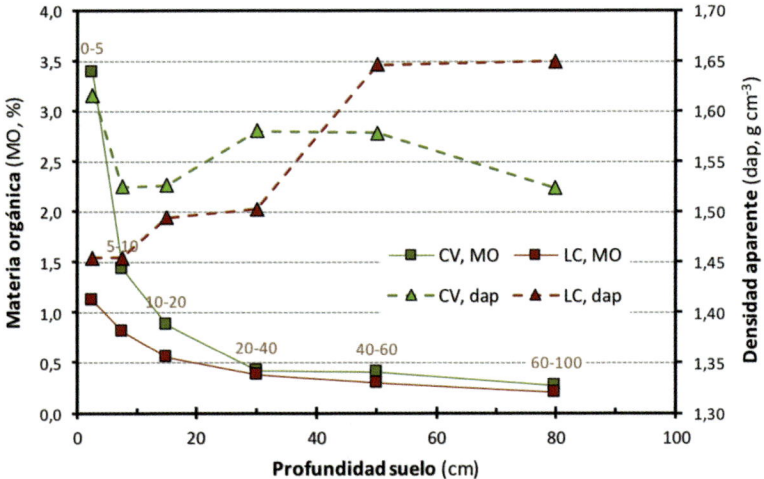

Figura 10.27. Ejemplo de la distribución en el perfil del suelo de los valores de algunas propiedades del suelo afectadas por el sistema de manejo, tras siete años del mismo manejo. Corresponde al ensayo denominado Benacazón en Cuadro 10.3.

4.6. Efectos sobre la biodiversidad

Los efectos del sistema de manejo del suelo sobre la biodiversidad pueden ser muy variados, dependiendo en gran medida de las condiciones del olivar y del paisaje en que se enmarque, pudiéndose encontrar una descripción más amplia en Duarte *et al.* (2009). En general, el tránsito a un sistema con cubierta vegetal desde uno con suelo desnudo tiende a mejorar las condiciones de hábitat y alimento para numerosas especies de artrópodos, reptiles, aves y pequeños mamíferos, aunque las condiciones locales pueden tener un efecto mayor que el del manejo, siendo este efecto además variable en función de la especie estudiada. Así Castro *et al.* (2014) documentaron en un estudio en olivares de la provincia de Córdoba como el anidamiento de aves omnívoras se veía igualmente favorecido por el mantenimiento de una cubierta vegetal o por la presencia de setos o pequeños bosques isla en las cercanías del olivar, sin que hubiera un efecto sinérgico entre ellos. Sin embargo, en el mismo estudio este efecto sí se observó en el caso de aves insectívoras, aumentándose su anidamiento y reproducción cuando había manejo con cubierta o setos en las cercanías de olivar, siendo significativamente mayor cuando coincidían los dos tipos de vegetación (cubiertas y setos). Con respecto al efecto sobre las aves que anidan en el suelo, conviene recordar la necesidad de adecuar la siega de la cubierta (sea física o química) para que no coincida con el periodo de anidamiento de las mismas, que tendría un efecto negativo sobre su supervivencia. La misma dependencia de las condiciones locales existe en el caso de la extrapolación de la mejora de la biodiversidad y abundancia de la fauna auxiliar en el control de plagas. Paredes *et al.* (2015) mostraron en el caso de un metaanálisis a escala de Andalucía, con datos de entre 2006 y 2012, el efecto del uso de cubiertas vegetales en cuatro plagas (*Bactrocera oleae*, *Prays oleae*, *Euphyllura olivina*, *Saissetia oleae*). Sus resultados mostraron que una parte muy importante de la respuesta de estas plagas estaba asociada a variables relacionadas con la tipología del paisaje donde se enmarcaban los olivares y a otras que actúan a escala regional, como la variabilidad de las condiciones climáticas entre años.

5. Técnicas complementarias de manejo del suelo

En esta sección se comentarán un conjunto heterogéneo de operaciones relacionadas con el suelo y la topografía de la finca, que por ser realizadas con menos frecuencia o en partes específicas de un olivar no se han descrito anteriormente.

5.1. Subsolado y desfonde

Durante la labor de preparación del terreno, previo a la plantación del olivar, se suelen realizar dos operaciones para facilitar el desarrollo del sistema de raíces del olivo en profundidad. Una de ellas es el subsolado, que es una labor vertical que se recomienda realizar a una profundidad de entre 60-80 cm en dos direcciones perpendiculares con un subsolador. La otra labor, alternativa al subsolado, es denominada desfonde y se realiza a una profundidad de entre 50-80 cm con un apero, arado de vertedera, que voltea y mezcla el suelo a esa profundidad. Son la-

Figura 10.28. Ejemplo de diferentes limitaciones en el perfil del suelo. A) Suela de labor, B) Horizonte somero sobre material parental.

bores que pueden condicionar el futuro desarrollo del olivar, en especial si este se implanta sobre suelos con alguna limitación en profundidad. Por ello es conveniente decidir la forma de operar en función de un conocimiento detallado de cuál es la limitación. Así, si la limitación se debe a una limitación física en suelos sin otra limitación química, por ejemplo una suela de labor (Figura 10.28) dentro de un perfil de suelo sin otra limitación, el subsolado podría funcionar. Si esa limitación se debiera a la existencia de un horizonte susbsuperficial con propiedades de suelo que conviniera mejorar mezclándolo con el horizonte superior, por ejemplo un horizonte nátrico con una mala estructura con origen químico (con elevado contenido en sodio), una labor de desfonde sería la aconsejable, siempre que se evalúe a priori que el resultado de mezclar ambas capas resultará en unas propiedades adecuadas para el cultivo del olivo o, en su defecto, se puedan mejorar con alguna otra enmienda. En ocasiones, durante la vida de la plantación, se realiza una labor de incorporación de algún tipo de enmienda para mejorar las propiedades del suelo, por ejemplo una enmienda orgánica o algún tipo de enmienda cálcica para equilibrar su pH. En este caso conviene incorporarla bien en el perfil, usando un apero adecuado que la distribuya bien en la superficie y en el perfil en que se quiera incorporar, por ejemplo mediante una grada de discos.

5.2. Control del tránsito de maquinaria

El olivar es un cultivo sometido a un tráfico intenso, con parte de este en la temporada de lluvias, en particular en la recolección. Este tráfico de maquinaria agrícola ocasiona una compactación severa del suelo en algunas zonas del olivar, que puede llegar a más de 40 cm de profundidad, lo que empeora (entre otras propiedades) la infiltración del agua en el suelo y limita el desarrollo de las cubiertas vegetales en las calles (Figura 10.29). Para minimizar este efecto es muy recomendable evitar transitar por el olivar cuando el suelo esté muy húmedo, usar el tractor y los equipos y máquinas agrícolas con una correcta presión en los neumáticos, si fuera posible usando neumáticos de alta flotabilidad, para minimizar la compactación, y procurar transitar siempre por las mismas zonas de manera que limitemos la extensión de esta compactación y la podamos revertir ocasionalmente con alguna labor limitada a esas zonas de rodadas.

5.3. Plantación siguiendo la orientación general de las curvas de nivel

Aunque el olivo se suele cultivar en terrenos en pendiente, en muchas ocasiones se hace sobre laderas en las que sería posible implantarlo siguiendo aproximadamente las curvas de nivel (Figura 10.30), adaptándolo también a las necesidades de tránsito de la maquinaria. Una plantación con este diseño, al forzar el tránsito de manera aproximadamente perpendicular a la línea de máxima pendiente, presenta numerosas ventajas para la conservación del suelo y agua. Al reducir la pendiente en la zona de tránsito aumenta la capacidad de infiltración de agua y se reduce su velocidad, lo que contribuye a reducir su capacidad erosiva.

**Figura 10.29. a) Daños en el suelo causados por el tráfico de maquinaría sobre suelo húmedo.
b) Generación de escorrentía en la zona de rodadas del tractor en un olivar con cubierta vegetal.**

Figura 10.30. Plantaciones de olivar siguiendo aproximadamente las curvas de nivel del terreno. En la imagen superior se observa el laboreo siguiendo las curvas de nivel. En la imagen inferior se aprecia como el laboreo paralelo a las curvas de nivel acabó originando desniveles entre las calles, en las líneas de árboles.

5.4. Laboreo paralelo a las curvas de nivel

El laboreo paralelo a las curvas de nivel, (Figura 10.30), tiene el potencial de aumentar la infiltración y reducir la erosión, al aumentar la capacidad de almacenamiento de agua en superficie y reducir la velocidad de la escorrentía, (Figura 10.31). Sin embargo, esto es cierto dentro de unos límites de inclinación y longitud de la la-

Figura 10.31. A) Laboreo siguiendo con precisión las curvas de nivel en baja pendiente; se observa el almacenamiento de agua en superficie. B) Surco perpendicular a la máxima pendiente en las calles de un olivar.

dera. En general se puede esperar que sea efectivo dentro del rango de entre el 2 y 10% de inclinación en longitudes de ladera de entre 30 y 130 m, en laderas que no presenten una topografía relativamente plana, sin zonas de vaguada y localizadas en zonas en las que los días con una precipitación diaria muy elevada (por encima de 150 mm) ocurren con un periodo de retorno superior a 10 años. El Cuadro 10.5, tomado de Troeh *et al.* (1991), da idea de los límites a partir del cual el laboreo pa-

CUADRO 10.5

Longitud máxima de ladera recomendada para laboreo paralelo a las curvas de nivel, según la pendiente de la ladera. Tomado de Troeh et al. (1991).

Pendiente (%)	Longitud de ladera máxima (m)
1-2	122
3-5	92
6-8	61
9-12	37
13-16	25
17-20	18
21-25	16

ralelo a las curvas de nivel deja de ser recomendable porque puede contribuir a la formación de cárcavas. Esto es porque fuera de esas condiciones el laboreo paralelo a las curvas de nivel concentra la escorrentía y acaba formando regueros, bien porque esta escorrentía se concentra en pequeñas vaguadas o los surcos acaban rompiéndose en la dirección de la máxima pendiente. En ocasiones en el olivar se hace una técnica análoga aunque realizando un único surco (Figura 10.31). A esta técnica se aplican los mismos condicionantes que al laboreo siguiendo las curvas de nivel, recordando que en este caso, que hay menos surcos, la concentración de la escorrentía y el sedimento en cada surco será mayor. Hay que recordar que el laboreo paralelo a las curvas de nivel acaba modificando el relieve del olivar, al ocasionar pequeños desniveles entre las calles en las líneas de árboles (Figura 10.30).

5.5. Pozas al pie de los olivos

La construcción de pequeñas pozas al pie de los olivos que retengan agua de escorrentía es otra manera de aumentar la infiltración, aumentando el almacenamiento en superficie (Figura 10.32). Sus beneficios y riesgos son análogos a los del laboreo perpendicular a la máxima pendiente. Serán efectivas cuando funcionan almacenando agua y no desbordándose o rompiéndose. Morales y Pastor (1991) ofrecen alguna información sobre su funcionamiento y dimensiones. Cuando se construyan se deben hacer pensando que puedan recoger toda la escorrentía posible, pero que cuando se desborden o rompan lo hagan de manera lo más controlada posible, construyéndolas con una zona más baja para que desagüe de manera ordenada. La textura del suelo condiciona su mantenimiento, que es crítico, siendo menos estables en suelos más arenosos, y tendiendo a tener una infiltración más lenta del agua almacenada en suelos más arcillosos. Así, hay que rehacerlas periódicamente para rehacer sus bordes, y si es posible conviene romper periódicamente la costra que se forma en el fondo de las mismas debido al depósito de los materiales finos que arrastra el agua.

Figura 10.32. Ejemplo de pozas al pie de los olivos para retener agua.

5.6. Acolchado superficial con restos de poda

Otra técnica complementaria para mejorar las propiedades del suelo y protegerlo de la erosión es su acolchado con restos vegetales. En el olivar estos restos vegetales provendrán, además de las cubiertas, de los restos de poda convenientemente picados (véase Figura 10.18). Antes de aplicar esta técnica es conveniente comprobar que es compatible con el estado sanitario del olivar para que no contribuyamos a la propagación de ninguna enfermedad o plaga, por ejemplo verticilosis. También conviene recordar que interfiere con el crecimiento de las cubiertas vegetales, por lo que si estamos sembrando alguna en el olivar conviene aplicar ambas técnicas de forma alterna para que no interfieran entre sí. En ocasiones estos restos de poda, así como hojas, se pueden compostar con residuos de la almazara antes de su incorporación en el olivar.

5.7. Actuaciones en vaguadas y cárcavas

La erosión hídrica en las zonas de concentración de la escorrentía da lugar a cárcavas, cuya prevención y restauración no se puede hacer únicamente con el recurso de las cubiertas vegetales, como se ha comentado antes en el control de la erosión por regueros y laminar en las calles del olivar. Esta diferencia se debe a que la concentración de caudales dispone de tanta energía que esta no puede ser disipada únicamente por la vegetación herbácea temporal. En general es mucho más efectivo, y eficiente, prevenir la formación de cárcavas, tomando medidas como mantener permanentemente vegetadas las vaguadas con una mezcla de vegetación herbácea y leñosa, y evaluar a priori las consecuencias de medidas que conlleven la modificación de los patrones de distribución de la escorrentía en nuestro olivar. Esto puede ocurrir por causas de manejo, por ejemplo si hacemos un laboreo en curvas de nivel mal planteado, o causas ajenas, por ejemplo la cuneta de un camino que se desvía a nuestro olivar con un mal diseño.

El control de cárcavas es un tema amplio que se discute de manera extendida en diferentes monografías, por ejemplo en Gómez *et al.* (2011b), y aquí solo discutiremos los criterios básicos para su control. Aparte de en su prevención, hay tres criterios elementales para su control una vez que acontece una cárcava en nuestro olivar, y estos son:

1. Mejorar las condiciones de la zona desde donde vierte el agua a la cárcava, tratando de reducir la escorrentía. Esto tendrá un efecto apreciable pero moderado en situaciones de precipitaciones elevadas como ya se comentó anteriormente.

2. Desviar, si fuera necesario, toda o parte de la escorrentía que entra en la cárcava si es posible, especialmente si somos conscientes de que el origen de la cárcava ha sido una modificación del drenaje superficial del olivar.

3. Estabilizar la cárcava mediante una combinación de medidas estructurales (diques de retención) y revegetación.

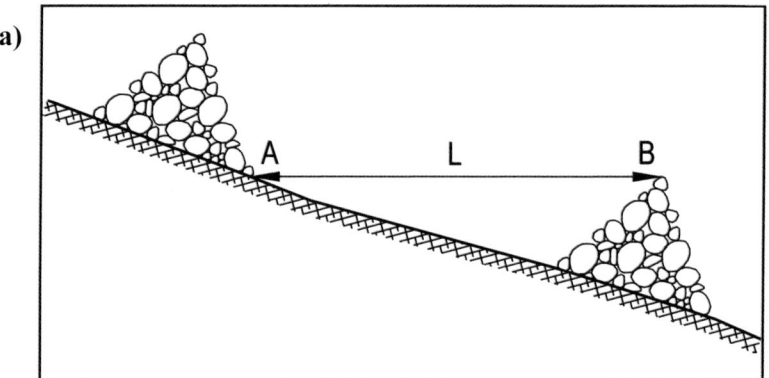

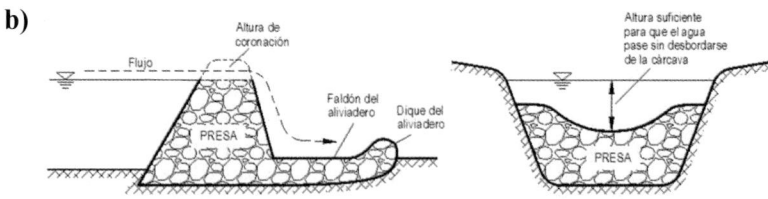

Figura 10.33. a) Ejemplo de escalonamiento de diques de retención. b) Ejemplo de dique de retención. Tomadas de Gómez *et al.* (2011b).

Los diques de retención pueden ser en muchos casos pequeñas estructuras hechas con medios propios, (véase Figura 10.33), cuyo objetivo es reducir la velocidad de la escorrentía concentrada en la cárcava y disipar la mayor energía posible. Para ello los diques se deben construir e instalar siguiendo estos criterios:

1. Espaciarlos de manera que el nivel máximo del agua en uno alcance el pie del que tiene aguas arriba (Figura 10.33). De esta manera no habrá zonas sin proteger y su efecto será óptimo. Este espaciamiento será función de la pendiente de la cárcava y de la altura a la que decidamos construirlos.

Figura 10.34. Ejemplos de control de cárcavas: a) una vez colmatada la zona sobre el dique de retención, b) Aprovechando para facilitar el paso en un olivar.

2. Si se construyen con medios propios es aconsejable no hacer diques altos, no más de alrededor de 1,2 m de altura, medida desde el punto donde empieza a verter el agua (aliviadero).

3. Diseñarlos de manera que el caudal pase por él de manera controlada y no socave el dique de manera lateral o en la caída del agua dejándolo inservible. Para ello debe tener la altura adecuada y disponer de un aliviadero. En Gómez *et al.* (2011b) se recomienda calcularlos con un aliviadero capaz de circular en caudal máximo para un periodo de retorno de 25 años.

4. Al pie del aliviadero es necesario disponer de una zona reforzada para resistir la caída del agua. Este lecho de disipación, (Figura 10.33), debe tener una longitud aproximada de dos veces la altura efectiva del dique.

5. Asegurarse de que el material dispone de suficiente peso y está bien anclado para no ser arrastrado o tumbado por el agua.

Siguiendo estos criterios se pueden construir de diferentes materiales, adecuándonos a las condiciones del olivar y la disponibilidad de cada explotación. La Figura 10.34 muestra dos ejemplos diferentes de entre las numerosas posibilidades existentes. Existe aplicación digital reciente de libre uso, OPTCHECK, en la que puede estimar diferentes estrategias de control de cárcavas y costes (disponible en el enlace: https://www.optcheck.es/es/).

6. Uso de herbicidas

6.1. Conceptos generales sobre herbicidas y su aplicación

Los herbicidas se usan en olivar para facilitar el manejo del suelo y de las malas hierbas y suelen resultar económicos. Su uso, evidentemente, es opcional. Para ello tienen que estar permitidos en el país correspondiente, es decir, registrados como producto fitosanitario herbicida y autorizados para el cultivo en que va a aplicarse.

Algunos productos herbicidas se autorizan en agricultura ecológica y cada día se investigan más alternativas a base de productos naturales y microorganismos capaces de destruir la hierba. También tienen efecto herbicida biocidas desinfectantes de suelo como metam-sodio o bromuro de metilo. Pero unos están poco desarrollados y los otros apenas se utilizan en olivar, por lo que no se contemplan en esta sección.

La gran mayoría de los herbicidas que se comercializan y usan en el olivar son de origen sintético y a ellos nos referiremos en adelante. Su utilización entraña riesgos que el agricultor debe evaluar y evitar, por ello se abordan también los aspectos más importantes a tener en cuenta para que el uso de herbicidas sea seguro, desde la elección de los productos adecuados hasta las peculiaridades de las máquinas para aplicarlos.

Modo de acción y eficacia herbicida

Cada herbicida tiene un espectro de acción, es decir, controla unas determinadas especies de malas hierbas cuando se aplica a una dosis y de una forma concreta. La eficacia del tratamiento depende de la dosis de producto, siendo necesaria mayor dosis para el control de plantas desarrolladas y de especies perennes. La susceptibilidad de las plantas a un herbicida se suele expresar en diferentes grados:

- Resistentes, cuando no se controlan a las dosis normales, e incluso a dosis superiores a las normales.

- Tolerantes o moderadamente resistentes.

- Medianamente o parcialmente susceptibles.

- Susceptibles, cuando el control es completo.

Elección del herbicida

Teniendo en cuenta lo anterior, la elección del herbicida se hará en función de las hierbas que existan en cada parcela. Necesitaremos el historial de la parcela, visitarla y comprobar el estado de desarrollo de las hierbas. Consultaremos los datos de eficacia de cada herbicida y determinaremos después cuál aplicar, a qué dosis y en qué momento.

Cuando un producto no controla una especie determinada se dice que el herbicida es selectivo para esa especie. En el caso del cultivo la selectividad de los productos tiene que estar asegurada para que no se produzcan daños. La selectividad puede deberse directamente a la materia activa porque no es capaz de producir daño a la planta en cuestión (selectividad fisiológica o morfológica) o a la forma de aplicar el producto (selectividad por posición).

Ejemplos de selectividad por posición son la pulverización con un herbicida de contacto sobre la hierba, que no produce daño al olivo si no mojamos las ramas bajas, o la aplicación de herbicidas sobre el suelo, que no llegan a alcanzar las raíces del olivo porque están a mayor profundidad.

Con frecuencia es aconsejable añadir determinados productos a los caldos herbicidas para mejorar la eficacia, por ejemplo, correctores de pH del agua como sulfato amónico o ácidos. Los técnicos aconsejarán al agricultor en cada caso cuáles son más adecuados y en qué proporción.

Forma de aplicación

Los herbicidas se aplican normalmente mediante pulverización y en raras ocasiones mediante otros métodos, que deberán estar autorizados. Previamente se diluyen o dispersan en un volumen de agua determinado de acuerdo con las características de cada producto, que puede variar desde aplicaciones del producto puro, sin diluir, hasta volúmenes de unos 1.000 l/ha. En olivar es frecuente aplicar entre 100 y 300 l/ha, incluso 400 l/ha. Es importante seguir las indicaciones de las etiquetas en cuanto al volumen, porque la eficacia de cada herbicida dependerá en parte de este factor.

Momento de aplicación

Los productos herbicidas pueden aplicarse en preemergencia, sobre el suelo, antes de la nascencia de las malas hierbas; o en postemergencia, sobre las plantas ya nacidas y emergidas.

6.2. Principales materias activas y sus características

Las materias activas y los productos comerciales autorizados pueden ser diferentes en cada país. El motivo puede ser estrictamente comercial o deberse a razones técnicas relacionadas con las condiciones ambientales de cada región. En el Cuadro 10.6 se indican las materias activas de uso más frecuente en olivar y sus características.

Es importante conocer el modo de acción de cada una de las materias activas y sus peculiaridades, ya que cada uno de ellos puede actuar de forma algo distinta según las condiciones edafoclimáticas. En los Catálogos, Vademécum y en diferentes direcciones de internet podemos encontrar amplia información sobre la forma de acción de cada producto y las especies que controlan. De forma escueta podemos hacer los siguientes grupos a tenor de sus principales características:

- Herbicidas de *preemergencia* que se absorben por raíz: diurón y simazina. Controlan gran número de especies anuales, tanto gramíneas como dicotiledóneas, y ejercen su efecto a través del suelo durante largo tiempo. En España no están autorizados en la actualidad (2024), pero se utilizaron hace años.

- Herbicidas de *pre y postemergencia temprana* que se absorben por raíz y partes verdes de las hojas: clortolurón y flazasulfurón. Controlan especies anuales. Su efecto es menos duradero que el de simazina y diurón, aunque flazasulfurón en condiciones de humedad es muy activo durante mucho tiempo e incluso a dosis elevada puede controlar algunas especies perennes como *Cyperus* spp.

- Herbicidas con *modo de acción especial*: diflufenicán, flumioxacina y oxifluorfén. Ejercen su acción principalmente por contacto y se aplican en postemergencia, pero también en preemergencia, porque actúan cuando las plántulas al nacer tocan el herbicida depositado sobre la superficie del suelo. Las aplicaciones sobre suelo, buscando su acción de preemergencia, deben hacerse sobre la superficie libre de restos secos que impedirían el contacto de las plántulas que nacen con el herbicida. Diflufenicán presenta cierta movilidad dentro de la planta y absorción por raíz.

- Herbicidas de **postemergencia y con alto poder de traslocación, que además persisten en el suelo** y pueden ejercer acción como preemergentes durante algunas semanas en condiciones ambientales favorables a la absorción por raíz: iodosulfurón-metil-sodio, MCPA, propaquizafop y tribenurón-metil. Iodosul-

CUADRO 10.6

Materias activas, características y momento de aplicación.

Nota: diurón, glufosinato de amonio y simazina no están autorizados en España
a fecha de septiembre de 2024.

Materia activa	Absorción por la planta[1]	Movilidad en la planta[2]	Persistencia del efecto herbicida a través del suelo[3]	Momento de aplicación[4]	Tipo de especies que controla[5]	Rebrote de perennes
Ácido pelargónico	H	E	0	POST	An Dicot	
Carfentrazona-etil	H	E	0	POST	An Dicot	
Cletodim	H	AD	0	POST	An-Per Gram	
Clortolurón	H-R	A	**	PRE-POST	An	
Diflufenicán	H-r	E	**	PRE-post	An Dicot	
Diurón	h-R	A	***	PRE-post	An	
Flazasulfurón	H-R	AD	**	PRE-POST	An	
Florasulam	H	AD	0	POST	An Dicot	
Flumioxacina	H-r	E	**	PRE-post	An	
Fluroxipir	H-r	D	*	pre-POST	An-Per Dicot	Escaso-nulo
Glifosato	H	AD	0	POST	An-Per	Escaso-nulo
Glufosinato de amonio	H	D	0	POST	An-Per	
Halauxifén-metil	H-r	AD	*	POST	An Dicot	
Iodosulfurón-metil-Na	H-r	AD	*	pre-POST	An-Per	Parcial
MCPA	H-r	D	*	pre-POST	An-Per Dicot	Parcial
Oxifluorfén	H	E	**	pre-POST	An	
Penoxsulam	H-R	AD	*	pre-POST	An	
Piraflufén-etil	H	D	0	POST	An-Per	Parcial
Propaquizafop	H-R	aD	*	pre-POST	An Gram	
Simazina	R	A	***	PRE	An	
Tribenurón-metil	H-R	A	* (#)	pre-POST	An Dicot	

[1] Absorción por la planta: por la raíz, mucho (R) o poco (r); por la hoja y partes verdes, mucho (H) o poco (h).

[2] Movilidad dentro de la planta: ascendente, mucho (A) o poco (a); descendente, mucho (D) o poco (d); movilidad escasa o nula (E).

[3] Persistencia del efecto herbicida a través del suelo: nula (0), 0-2 meses (*), 3-4 meses (**), 5-12 meses (***).

[4] Momento de aplicación: preemergencia (PRE y pre), postemergencia (POST y post). En mayúsculas se indica la acción principal, en minúsculas la secundaria.

[5] Control: anuales (An), perennes (Per), dicotiledóneas (Dicot), gramíneas (Gram).

Tribenurón-metil en condiciones de baja temperatura y suelos alcalinos se degrada lentamente y puede aumentar su persistencia hasta el grado (**).

furón-metil-sodio es poco persistente, pero su acción herbicida puede resultar muy duradera, sobre todo en suelos básicos, porque se degrada rápidamente y en alta proporción a metsulfurón-metil, que es muy estable a pH elevado. Metsulfurón-metil no está autorizado en España (septiembre 2024).

• Herbicidas de **postemergencia y alto poder de traslocación sin apenas acción a través del suelo** en las condiciones normales de aplicación: fluroxipir y glifosato. Son muy eficaces para controlar especies perennes, pero fluroxipir solo controla dicotiledóneas y glifosato controla en general todas las especies, y en especial es efectivo contra gramíneas.

• Herbicidas de **postemergencia que actúan por contacto**: carfentrazona-etil, piraflufén-etil y propaquizafop. En España no está autorizado paraquat en la actualidad (2024). Ejercen una rápida acción herbicida sobre todo tipo de hierba, pero el rebrote es rápido porque las yemas que no son mojadas permanecen vivas.

Modo de acción

Los herbicidas se pueden clasificar en grupos según su modo de acción, es decir, por la forma en que ejercen su acción herbicida dentro de la planta. Se debe alternar el uso de herbicidas de diferentes modos de acción para prevenir la aparición de plantas resistentes. En el Cuadro 10.7 se muestran los grupos establecidos y los herbicidas que se usan en olivar en España (señalados en negrita rojo) y algunos utilizados ampliamente en otros países o cultivos.

Mezclas de productos herbicidas

Las materias activas con frecuencia se comercializan mezcladas para facilitar el control de un amplio número de especies y completar así el espectro de acción, facilitando su aplicación en campo. No obstante, con frecuencia los agricultores mezclan productos comerciales por el mismo motivo. Las mezclas de productos comerciales no siempre son compatibles, ni seguras para el cultivo, y es necesario que un técnico especializado aconseje al agricultor en cada caso, y cumplir además las normas establecidas para esta práctica.

6.3.   Riesgos del uso de herbicidas

Las sustancias herbicidas, desde que se aplican hasta su degradación completa, pueden seguir diferentes procesos. Su presencia en el ambiente presenta ciertos riesgos que debemos conocer para evitar posibles daños al aplicador, al medio ambiente en general, al agrosistema y al cultivo y la cosecha. Parte de ese riesgo se puede evitar mediante una correcta manipulación de los productos; otra parte es inherente a la propia sustancia.

En el Cuadro 10.8 se indican algunos de los parámetros más importantes que permiten evaluar el grado de riesgo.

CUADRO 10.7

Clasificación de los herbicidas en grupos según su modo de acción según las organizaciones WSSA (Weed Science Society of America) y HRAC (Herbicide Resistence Action Committee). Comité de Prevención de Resistencia a Herbicidas (CPRH).

Nota: Las materias activas señaladas en negrita y rojo están actualmente autorizadas en olivar en España (septiembre 2024) formando parte de distintas formulaciones. Se incluyen otras materias activas que se han usado en otros momentos o bien se autorizan en otros países.

HRAC y WSSA	Anterior HRAC	Modo de acción
1	A	Inhibición de la ACCasa: **cletodim**, fluazifop-P-butil, **propaquizafop**, quizalofop-P-etil
2	B	Inhibición de la ALS: **flazasulfurón**, **florasulam**, **iodosulfurón-metil-sodio**, metsulfurón-metil, **penoxsulam**, **tribenurón-metil**
5	C1	Inhibición de la fotosíntesis en el fotosistema II: metribuzina, simazina, terbutilazina
5	C2	Inhibición de la fotosíntesis en el fotosistema II: **clortolurón**, diurón
6	C3	Inhibición de la fotosíntesis en el fotosistema II:
22	D	Desviación del flujo electrónico en el fotosistema I: diquat, paraquat
14	E	Inhibición de la protoporfirinógino oxidasa PPO: **carfentrazona-etil**, **flumioxacina**, **oxifluorfén**, **piraflufén-etil**
12	F1	Decoloración. Inhibición de los carotenoides en la PDS: **diflufenicán**
27	F2	Decoloración. inhibición de la 4-HPPD
34	F3	Decoloración. Inhibición de la síntesis de carotenoides en punto desconocido: amitrol
13	F4	Inhibición Desoxi-D-Xiulosa fosfato sintetasa:
9	G	Inhibición de la EPSP sintetasa: **glifosato**
10	H	Inhibición de la glutamino sintetasa: glufosinato amónico
18	I	Inhibición de la DPH sintetasa
3	K1	Inhibición de la unión de microtúbulos en la mitosis: orizalina, **pendimetalina**, propizamida
23	K2	Inhibición de la mitosis
15	K3	Inhibición de la división de síntesis de ácidos de cadena larga
29	L	Inhibición de la síntesis de celulosa: isoxabén
24	M	Desacopladores
	N	Inhibición de la síntesis de lípidos (no ACCasa)
4	O	Auxinas sintéticas: 2,4-D, **fluroxipir**, **MCPA**, **halauxifén-metil**
19	P	Inhibición del AIA
30	Q	Inhibición de ácido graso tioesterasa
31	R	Inhibición de la serina treonina proteína fosfatasa
33	T	Inhibición de la homogentisata solansiltransferasa
0	Z	De modo de acción desconocido: **ácido perlargónico**, napropamida

CUADRO 10.8

Características de las materias activas.

Nota: diurón, glufosinato de amonio, metsulfurón-metil y simazina no están autorizados en España a fecha de septiembre de 2024.

Materia activa	Toxicidad DL50 (mg/kg)	Solubilidad (mg/l)	Vida media en suelo T1/2 (días)	Coeficiente de adsorción Koc (mg/g)	Coeficiente de partición Kow (octanol/agua, log)
Carfentrazona-etil	>5.000	12	<1,5	15-35 pH=5,5 750 pH alto	3,3
Clortolurón	>10.000	74	52-66	196	2,5
Diflufenicán	2.000	0,05	170-(90)	2.000	4,9
Diurón	3.400	36,4	90	480	2,85
Flazasulfurón	5.000	2.100	38-(7)	380	−0,06 (−0,6)
Flumioxacina	>5.000	1,29	20	889	2,55
Fluroxipir	2.405	91	34-63	4.900	−1,24
Glifosato	5.600	11.600	47	24.000	−3,4
Glufosinato de amonio	2.000	1.300.000	7	100	0,1
Iodosulfurón-metil-Na (ISM)	2.678	25.000 (pH=7)	8	45 (0,8-152)	1,22-1,96 (pH=9,4)
MCPA	1.000	734	25	20	2,75
Oxifluorfén	5.000	0,116	35	32.000	4,47
Piraflufén-etil	>5.000	0,082	4	1.949	3,49
Propaquizafop	>5.000	0,63	15-26	2.220	4,78
Simazina	5.000	6,2	60	90-(130)	2,10
Tribenurón-metil	5.000	2.040	2-23	52	0,78

NOTA: Datos obtenidos de diferentes documentos técnicos de las empresas y organismos públicos.

Los valores deben considerarse como orientativos, ya que pueden variar ligeramente de unas fuentes a otras y con las condiciones ambientales.

Para más información sobre las condiciones en que se han obtenido los datos se deben consultar los documentos técnicos que proporcionan los organismos públicos y las empresas.

Riesgos para el aplicador

En primer lugar el aplicador debe leer la etiqueta detenidamente y ser conscientes del *riesgo* que presenta cada producto. En ella constan unos símbolos o pictogramas que nos indican peligro y frases de riesgo alusivas al tipo de peligro y consejos de prudencia, que deben ser considerados y seguidos de forma estricta. El riesgo es el resultado de la toxicidad del producto, la forma de exposición y el tiempo de exposición.

La *absorción* del producto puede producirse por *contacto, inhalación e ingestión.* Los ojos y boca son zonas especialmente sensibles

La *toxicidad* de cada producto es la capacidad de una sustancia de producir efectos nocivos para la salud de personas o animales. La toxicidad aguda que se muestra en el Cuadro 10.8 es la cantidad de producto ingerido durante 24 horas capaz de producir la muerte de un 50% de los individuos y se expresa como Dosis Letal Media (DL50). La toxicidad crónica es producida por absorción de pequeñas cantidades a lo largo de un periodo prolongado de tiempo. Aunque los herbicidas no son precisamente productos muy tóxicos en relación, por ejemplo, con los insecticidas, el aplicador debe tomar todas las medidas posibles para protegerse.

La *vestimenta* del aplicador debe ser especial, acorde con el riesgo que el producto presenta, debe incluir vestido, delantal, gafas, mascarilla, guantes y calzado adecuados. En la Unión Europea deben tener el indicativo de conformidad CE. Hay que prestar especial atención al tipo de mascarilla, según se trate de polvos, líquidos o gases. Nunca comer, fumar o beber si se está aplicando el producto. Después de aplicar hay que cambiar la vestimenta y lavarse.

Los *pulverizadores* deben estar en perfecto estado, correctamente calibrados y deben ser *manipulados con cuidado*. El mantenimiento del equipo limpio y en perfectas condiciones para usos posteriores es imprescindible. Hay que prestar atención a los posibles vertidos de producto. Las condiciones ambientales, temperatura, humedad y viento, deben ser óptimas, evitando la deriva y sobre todo las que pudieran afectar al aplicador.

En caso de intoxicación se debe recurrir al médico lo antes posible, aportarle la etiqueta del producto, quitar al intoxicado las ropas contaminadas y proporcionarle los primeros auxilios en función del tipo de intoxicación que presente. En cada país existen normas de protección y de seguridad para la manipulación que hay que seguir estrictamente y los Servicios Agrarios o de Sanidad imparten cursos especializados a los agricultores y aplicadores para darles a conocer con detalle estas normas, como por ejemplo la Consejería de Agricultura, Ganadería, Pesca y Desarrollo Sostenible de la Junta de Andalucía.

Riesgos ambientales y contaminación de aguas

Los riesgos que una materia activa presenta para el medio ambiente se pueden evaluar con muchos indicadores, entre los cuales hay dos que nos pueden orientar sobre los más importantes: la vida media y el coeficiente de adsorción (Koc).

La vida media del producto es el tiempo que tarda en descomponerse el 50% de la cantidad de materia activa aplicada. Las sustancias con vidas medias elevadas como diflufenicán o diurón presentan *a priori* más riesgo que las que se descomponen rápidamente como glufosinato de amonio. Pero recordamos que las condiciones ambientales pueden modificar considerablemente estos parámetros, pues la degradación efectiva depende de muchos factores, entre los que destacamos la actividad microbiana, la temperatura y la humedad. No obstante, algunos herbicidas necesariamente deben tener una vida media suficientemente elevada, por ejemplo, aquellos que actúan a través del suelo en preemergencia, porque es necesario que el producto permanezca cierto tiempo sin descomponerse y pueda ejercer su acción durante el periodo de emergencia de las hierbas. Como puede observarse en el Cuadro 10.8, los herbicidas diurón y simazina presentan vidas medias de 90 y 60 días respectivamente, necesarios para ejercer la acción herbicida durante varios meses. Estos dos herbicidas resultaron muy eficaces para el control de hierbas, por el largo tiempo que permanecían en el suelo.

El coeficiente de adsorción en suelo (Koc), (Cuadro 10.8), indica el riesgo de contaminación de aguas por lixiviación. Si Koc es bajo (<1000) el riesgo de contaminar acuíferos es elevado. Sin embargo, ese riesgo depende a su vez del tiempo que el producto permanezca sobre el suelo, de la vida media, así como de la capacidad de penetrar a las capas profundas, es decir, de la permeabilidad del suelo y de la cantidad de agua de lluvia o riego que lo arrastre.

Podemos observar que productos con Koc bajos también presentan vida media corta. Evidentemente, si un producto presentara riesgos elevados de contaminar porque su vida media es larga y su Koc es bajo, no podría ser autorizado.

Es muy importante tener en cuenta estos parámetros sobre todo en situaciones especiales de riesgo. En suelos arenosos el riesgo es mayor que en los arcillosos.

Riesgos para el agrosistema

Los herbicidas producen cambios importantes en la flora y también pueden perder su eficacia como método de manejo y control de las malas hierbas, por derivar la flora dominante hacia especies resistentes al herbicida o que nunca fueron controladas.

La pérdida de diversidad de flora

Es uno de los efectos más visibles. Las especies más sensibles a un determinado herbicida que se aplica un año tras otro tienden a desaparecer, mientras que las más tolerantes aumentan sus poblaciones. Pero en conjunto, el agrosistema se simplifica notablemente.

Resistencia y tolerancia

Los tratamientos reiterados con el mismo herbicida provocan la aparición de especies (o ecotipos) resistentes y tolerantes, que acaban siendo dominantes y más difíciles de controlar. Cuando se presenta este problema el aumento de dosis de herbicida no lo resuelve, sino que es preciso cambiar la estrategia de control, utilizar otros medios, incluido el tipo de herbicida.

Degradación acelerada

Se produce como consecuencia de la especialización de los microorganismos que degradan el herbicida, de forma que la vida media se reduce considerablemente y el producto pierde su eficacia a través del suelo.

Para evitar todos estos desequilibrios es aconsejable alternar herbicidas pertenecientes a diferentes grupos según su modo de acción (véase Cuadro 10.7) y también el momento de aplicación (diferentes fechas, en pre y postemergencia).

Riesgos para el cultivo y la cosecha

Los herbicidas no deben mojar las ramas del olivo porque pueden producir fitotoxicidad. Presentan mayor riesgo los que se absorben por hojas y partes verdes y además tienen un alto poder de traslocación, como MCPA, glifosato, etc. También pueden producirse daños si el herbicida es absorbido por las raíces, lo que es más probable si se trata de herbicidas con alta persistencia en el suelo, siendo terbutilazina y metribuzina dos de los que más accidentes han ocasionado y por lo que fueron desautorizados.

Si el herbicida entra en contacto con las aceitunas, los aceites pueden llegar a contaminarse. El herbicida puede llegar a la aceituna porque haya sido absorbido por el árbol, o porque se mojen durante la pulverización, o por contacto con el suelo tratado. El coeficiente de partición (Kow), Cuadro 10.8, permite estimar el grado de riesgo de los diferentes productos, pues indica el grado de afinidad del producto por un disolvente orgánico (octanol) frente al agua y puede considerarse un indicador de riesgo de contaminación de aceites y aceituna. Hay que señalar además que se expresa en logaritmo decimal. Si Kow es elevado, el producto quedará probablemente en el aceite, pero si es bajo se eliminará con el agua de lavado en la almazara. Desde este punto de vista, los productos que presentan mayores riesgos son carfentrazona-etil, diflufenicán, halauxifen-metil, piraflufén-etil, oxifluorfén y propaquizafop. En cambio, los riesgos de contaminar frutos con flazasulfurón, florasulam, fluroxipir, glifosato o penoxsulam son muy bajos.

Casos especiales de riesgo

Manipulación junto a cauces y pozos

La manipulación de los productos herbicidas en situaciones de riesgo es con frecuencia la responsable de las contaminaciones que se producen. La manipulación debe hacerse lejos de las fuentes de agua, pozos, pantanos o cauces. Es muy importante llenar los depósitos de los pulverizadores extremando las precauciones, de forma que no se derrame líquido con herbicida sobre el agua limpia. En muchas ocasiones los riesgos se evitan utilizando bombas con dispositivo anti-retorno. Los productos se deben echar dentro del tanque con cuidado y al limpiar los equipos de tratamiento no verter los líquidos a los cauces de agua ni a los colectores urbanos.

Prácticas de cultivo inadecuadas

Después de una aplicación de herbicidas que actúan a través del suelo y persistentes no deben hacerse labores hasta que el producto se haya degradado, ya que su incorporación al suelo en profundidad favorece la absorción del herbicida por la raíz del olivo.

Árboles pequeños

Hay que extremar las precauciones en el caso de herbicidas de absorción foliar, sobre todo en árboles jóvenes que pueden absorberlos por las hojas y los troncos verdes, y sobre todo si tienen poder de traslocación porque afectarán a toda la planta. Hay que tener especial cuidado si se han hecho cortes recientes al eliminar las varetas, por los que se pueden absorber herbicidas.

Situaciones climáticas especiales: sequía-exceso de humedad

Los herbicidas con Koc bajo pueden absorberse en gran proporción por la raíz en determinadas circunstancias y producir daños al olivo. Por ejemplo, si se aplican estos herbicidas en condiciones de sequía y se produce una lluvia abundante, el herbicida pasa a la solución del suelo y el árbol puede absorberlo rápidamente. Así se han producido daños por tratamientos con MCPA a finales de un invierno seco cuando inmediatamente después de aplicarlo ha llovido.

Agua libre sobre el suelo

Cuando haya agua sobre el suelo, por ejemplo tras una lluvia abundante o mientras se está regando, ya sea a pie, por aspersión o por goteo, no se puede aplicar ningún herbicida. En estas circunstancias la posibilidad de que el herbicida penetre a capas profundas del suelo o pueda ser absorbido por el olivo es muy alta. Es necesario siempre esperar a que el agua drene, después aplicar el herbicida, esperar uno o dos días y más tarde regar de nuevo. Si se esperan lluvias abundantes abstenerse de aplicar herbicida.

Suelos arenosos y pobres en materia orgánica

En suelos arenosos y pobres en materia orgánica la adsorción de herbicida en el suelo es baja. Las posibilidades de que se produzca lixiviación del herbicida o bien absorción por los olivos es mucho más alta que en suelos arcillosos y ricos en materia orgánica. Por ello, las dosis autorizadas en suelos arenosos suelen ser más bajas que si se trata de terrenos con alto nivel de coloides arcillo-húmicos.

Temperaturas elevadas

Las aplicaciones de productos más volátiles como MCPA pueden producir fitotoxicidad si se aplican con altas temperaturas. Estos productos no pueden emplearse en esas condiciones sobre superficies amplias, restringiéndose en ese caso las aplicaciones a rodales para controlar determinadas especies de difícil control por otros medios alternativos y siempre con mucho cuidado y equipos de tratamientos provistos de campanas que eviten la deriva.

Herbicidas muy persistentes – fitotoxicidad a largo plazo

La fitotoxicidad que producen los herbicidas a veces se manifiesta a largo plazo, incluso después de un año. A veces ocurre con herbicidas que actúan a través del suelo y son absorbidos por las raíces, otras con los herbicidas de traslocación, que no llegan a producir síntomas claros, sino solamente un retraso o paralización del crecimiento. Es muy importante conocer los riesgos de cada herbicida en cada situación agroclimática y evitar las aplicaciones reiteradas de los más peligrosos en esas situaciones de riesgo.

Envases de los productos comerciales

Los envases se deben enjuagar dos o tres veces, echando los líquidos al tanque, y después depositarlos en los lugares habilitados para su recogida posterior por centros autorizados.

6.4. Peculiaridades de la aplicación de herbicidas en olivar

La aplicación de herbicidas en cultivos leñosos presenta algunas características peculiares que la diferencian de los cultivos herbáceos. La necesidad de pulverizar bajo los árboles, pero con la dificultad de no poder acercarse demasiado a los troncos implica que los solapes en las líneas de plantación son dificultosos. Esto, en los olivares, con plantaciones que frecuentemente no están perfectamente alineadas, con anchura de calles a veces irregulares, la presencia de varios troncos en muchos casos y las ramas bajas que a veces llegan al suelo, dificultan aún más las aplicaciones. Por ello en este apartado se señalan los aspectos más relevantes de las aplicaciones de herbicidas en olivar.

Preparación de los árboles

Los olivos tienen que ser realzados, es decir, las ramas más bajas se deben cortar a una altura suficiente que asegure que las hojas y partes verdes no se van a mojar con el caldo pulverizado. Por otro lado, los troncos demasiado tendidos se deben eliminar, evitando así choques con la barra portaboquillas. Además, incluso los árboles que impidan el tránsito de los tractores con los pulverizadores y no permitan mantener la velocidad de aplicación deberían eliminarse también.

Pulverización de herbicidas

Estos aspectos, que son muy importantes, se detallan en el capítulo de maquinaria de este mismo libro y en la referencia Saavedra (2007).

6.5. Pautas a seguir en la aplicación de herbicidas

• Inspeccionar el olivar, identificar las malas hierbas y evaluar el daño.

• Determinar el momento adecuado para hacer el control de la hierba o en su caso de la cubierta vegetal y elegir el herbicida apropiado.

• Elegir los de menor riesgo en igualdad de otras condiciones, pero teniendo en cuenta que no existe el riesgo cero y que el uso abusivo de un solo producto también entraña riesgo.

• Se deben evitar tratamientos reiterados con una misma materia activa, en cambio se aconseja alternar productos diferentes según sus momentos de aplicación, modos de acción y características. Evitar también aplicaciones a zonas muy extensas, a nivel comarcal, con un mismo producto en un momento concreto.

• Leer detenidamente la etiqueta y seguir estrictamente todas las indicaciones que contenga.

• El aplicador debe ir provisto de vestimenta especial para protegerse, que debe limpiar cuidadosamente después de cada uso.

• La maquinaria de aplicación será obligatoriamente la específica para la aplicación de herbicidas. No se aplicarán herbicidas con pulverizadores de alta presión o los diseñados para otros fines.

• El pulverizador debe estar limpio y calibrado.

• Elegir las boquillas más apropiadas según el tipo de herbicida y de las condiciones de la aplicación. Cambiar los elementos desgastados, por ejemplo las boquillas si las variaciones de caudal superan el 10% del caudal nominal.

• Observar las condiciones atmosféricas, del suelo y de las hierbas. No aplicar si hay viento, se esperan lluvias o existen riesgos de que se produzcan daños al olivo, al aplicador, a otros cultivos o al medio ambiente. En particular no deben aplicarse herbicidas antes de unas lluvias abundantes, especialmente donde se puedan producir escorrentías, si su vida media es elevada y si el coeficiente de adsorción es bajo.

• Llenar el tanque y manipular los productos herbicidas con precaución.

• No aplicar sobre aceituna que se vaya a recolectar, ni sobre el árbol, excepto las aplicaciones especialmente autorizadas para estos fines.

- No aplicar herbicidas con Kow elevado sobre el suelo si se prevé una recolección próxima de aceituna caída al suelo.

- Pulverizar a baja presión, inferior a 4-5 bar. Anotar las condiciones ambientales en que se ha realizado la aplicación.

- Limpiar el pulverizador cuidadosamente siguiendo las recomendaciones sobre el manejo de los residuos

- Observar la eficacia del tratamiento a lo largo de varias semanas o incluso meses, la evolución de las hierbas, o de las cubiertas vegetales en su caso, y anotarlo para tenerlo en cuenta en aplicaciones posteriores.

- Ante una posible intoxicación por el producto avisar al médico y entregarle una etiqueta del producto, y dar los primeros auxilios al enfermo.

7. Comentarios sobre los efectos del manejo del suelo en la productividad y los costes de cultivo

Como se comentó en un epígrafe anterior, el manejo del suelo es una herramienta que puede modificar sustancialmente el balance de agua del suelo en el olivar y, a partir de ahí, la transpiración del olivo y su productividad. Desde la década de los años 80 se han venido realizando una serie de ensayos agronómicos en los que se ha ido demostrando que es posible obtener en olivar en secano con cubierta vegetal una cosecha equivalente a la obtenida con suelo desnudo mediante herbicidas o con laboreo, siempre que la cubierta vegetal sea temporal y se elimine en la fecha adecuada; es lo que muestra la Figura 10.35, elaborada desde una recopilación de trabajos anteriores por Gómez (2005). En ella se aprecia como en diferentes ensayos, realizados en el Valle del Guadalquivir (Andalucía), los tratamientos de cubierta vegetal (CV) controlada a finales del invierno produjeron cosechas similares a los de suelo desnudo mediante laboreo (LC). Igualmente, puede apreciarse como en ensayos en la misma zona en los que la cubierta vegetal se controló más tarde, bien avanzada la primavera, la reducción de cosecha fue apreciable. Esta misma inferencia, la necesidad de un adecuado control de la vegetación adventicia para no reducir la cosecha, aparece en otros trabajos en otras zonas, como en Portugal (Ferreira *et al.*, 2013) o en Italia (Gucci *et al.*, 2012).

Los costes asociados al manejo del suelo en el olivar pueden variar de manera significativa en función del manejo que adoptemos, del coste de los insumos en ese momento y de las particularidades de cada finca. De manera orientativa, la Figura 10.36, calculada para una explotación de 20 ha de olivar de aceituna de mesa en riego, da una idea del orden de magnitud de estos costes y como las diferencias entre manejos pueden oscilar entre 100–200 €/ha, que también pueden variar en función de las condiciones locales.

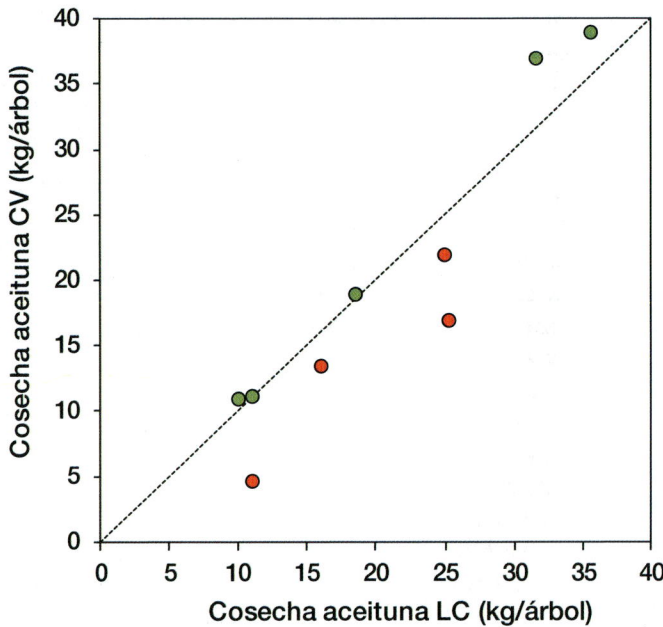

Figura 10.35. Comparación de cosecha de aceitunas en olivares en laboreo convencional (LC) y con cubierta vegetal temporal en las calles (CV). Los puntos en verde corresponden a tratamientos en los que la cubierta vegetal se controló a finales del invierno y en rojo a aquellos en que se controló avanzada la primavera. Modificada a partir de Gómez (2005).

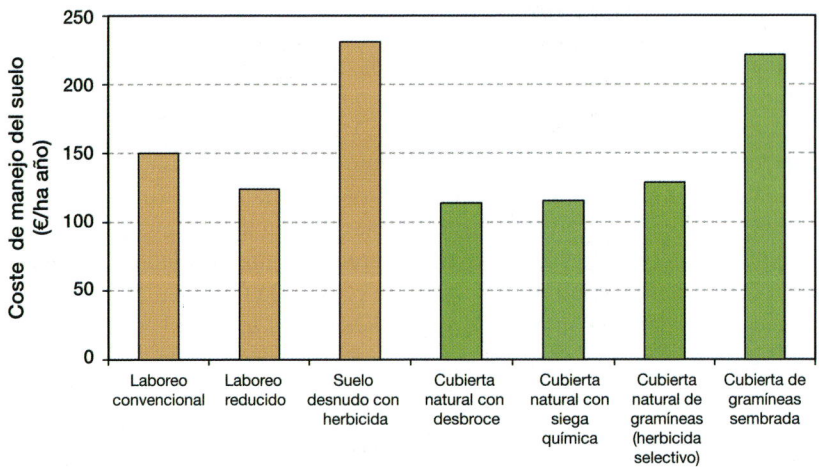

Figura 10.36. Evaluación de costes asociados al manejo del suelo en un olivar de 20 ha de aceituna de mesa en riego. Elaborada a partir de datos de Baena (2008).

8. Bibliografía

Abazi, U.; Lorite, I.J.; Cárceles, B.; Martínez Raya, A.; Durán, V.H.; Francia, J.R.; Gómez, J.A. (2013). WABOL: A conceptual water balance model for analyzing rainfall water use in olive orchards under different soil and cover crop management strategies. *Comput. Electron. Agric.*, 91: 35–48.

Alcántara, C.; Carbonell, R.; Saavedra, M.; Jiménez, A.; Ordóñez, R. (2007). *Desarrollo de cubiertas vegetales leguminosas y su influencia en la evolución de nitratos en suelo en Agricultura Ecológica*. Procc. Congreso Europeo sobre Agricultura y Medio Ambiente: La apuesta por una alianza natural, Sevilla.

Alcántara, C.; Pujadas-Salvá, A.; Saavedra, M. (2011a). Management of cruciferous cover crops by mowing for soil and water conservation in Southern Spain. *Agricultural Water Management*, 98: 1071-1080.

Alcántara, C.; Pujadas-Salvá, A.; Saavedra, M. (2011b). Management of *Sinapis alba* subsp. *mairei* winter cover crops residues for summer weed control in southern Spain. *Crop Protection*, 3: 1239-1244.

Alcántara, C.; Saavedra, M. (2011). *Importancia de la dosis de siembra y las condiciones edafoclimáticas en la instalación de cubiertas vegetales en olivar*. XV Simposium Científico-Técnico Expoliva 2011, Jaén. pp.1-8.

Alcántara, C.; Sánchez, S.; Pujadas-Salvá, A.; Saavedra, M. (2009). Brassica species as winter cover crops in sustainable agricultural systems in southern Spain. *Journal of Sustainable Agriculture*, 33: 619-635.

Alonso-Ayuso, M.; Gabriel, J.L.; Quemada, M. (2014). The kill date as a management tool for cover cropping success. *PLoS ONE*, 9(10): e109587.

Álvarez, S.; Soriano, M.A.; Landa, B.B.; Gómez, J.A. (2007). Soil Properties in Organic Olive Orchards as Compared to Natural Areas in a Mountainous Landscape in Southern Spain. *Soil Use Manag.*, 23: 404–416.

Angus, J.F.; Gardner, P.A.; Kirkegaard, J.A.; Desmarchelier, J.M. (1994). Biofumigation: isothiocyanates released from *Brassica* roots inhibit growth of the take-all fungus. *Plant and Soil*, 162: 107-112.

Baena, J.A. (2008). *Evaluación de la protección del suelo en olivar por diferentes cubiertas vegetales en el año de su establecimiento*. TPFC, Escuela Técnica Superior de Ingenieros Agrónomos y de Montes. Univ. de Córdoba.

Ben Sasson, S.; Rams, S.; Alcántara, C.; Saavedra, M. (2013). *Influencia de la presencia de musgo sobre la instalación de malas hierbas en suelos de olivar*. Congreso 2015 de la Sociedad Española de Malherbología, Valencia. pp. 25-29

Ben Sasson, S.; Saavedra, M.; Rams, S.; Alcántara, C. (2013). *Initiation for the study of moss as a cover crop in Mediterranean olive groves*. 6th Meeting of the IOBC/WPRS Working Group "Integrated Protection of Olive Crops". Bečići, Budva.

Bombino, G.; Denisi, P.; Gómez, J.A.; Zema, D.A. (2021). *Mulching as best management practice to reduce surface runoff and erosion in steep clayey olive groves*. International Soil and Water Conservation Research, 9(1): 26-36. DOI: 10.1016/j.iswcr.2020.10.002

Cabeza-Fernández, E.; Bejarano-Alcázar, J. (2008). *Control de Verticillium dahliae en el suelo mediante la aplicación de enmiendas de crucíferas*. Libro de resúmenes del XIV Congreso de la Sociedad Española de Fitopatología, Lugo. p. 341.

Carbonell, R.; Repullo, M.A.; González, P.; Ordóñez, R. (2010). Comportamiento de diferentes especies de leguminosas como cubierta vegetal en olivar. *Vida Rural,* 312: 2-8.

Casanova, C.; Rojo, A.; Rojo, M.J.; Cuadrado, A.; Soler, C. (2011). *Cubiertas vegetales vivas de Brachypodium distachyon para ser utilizadas en la lucha contra la erosión de los suelos: Características agronómicas de interés*. Libro de resúmenes del XXXVIII Congreso de la Sociedad Española de Genética, Murcia. PS40.

Castillo, F.; Saavedra, M.; Pérez-Melgares, J.D.; Martínez-Quesada, F.; Alcántara, C.; Cirujeda, A.; Obregón, S.; De Haro, A. (2013). *Aspectos agronómicos de crucíferas autóctonas para su uso como cobertura vegetal y biofumigación*. Día de la Conservación del Suelo. Universidad de Córdoba.

Castro, G.; Romero, P.; Gómez, J.A.; Fereres, E. (2006). Rainfall redistribution beneath an olive orchard. *Agricultural Water Management*, 86: 249–258.

Castro, J. (1993). *Control de la erosión en cultivos leñosos con cubiertas vegetales vivas*. Tesis doctoral, Departamento de Agronomía, Universidad de Córdoba.

Castro, J.; Gómez, J.A.; Tortosa, F.S. (2014). *The role of cover crop and hedges in intensive olive orchards: Preventing soil erosion and promoting biodiversity*. Actas del congreso ELS 2014 the Earth Living Skin: Soil, Life and Climate Changes. Bari, Italia.

Conservation Tillage Information Center (1990). *National survey of conservation tillage practices*. Conservation Tillage Information Center. Fort Wayne, IN.

Duarte, J.; Campos, M.; Guzmán, J.R.; Beaufoy, G.; Farfan, M.A.; Cotes, B.; Benítez, E.; Vargas, J.M.; Muñoz-Cobo, J. (2009). Olivar y Biodiversidad. En J.A. Gómez (ed.), *Sostenibilidad de la producción de olivar en Andalucía*. Consejería de Agricultura y Pesca, Junta de Andalucía, Sevilla. Disponible en: http://www.juntadeandalucia.es/export/drupaljda/1337160963Sostenibilidad_agraria.pdf

Fenwick, G.R.; Heaney, R.K.; Mullin, W.J. (1983). Glucosinolates and their breakdown products in food and food plants. *Critical Review Food Science Nutrition*, 18: 123-201.

Ferreira, I.Q.; Arrobas, M.; Claro, A. M.; Rodrigues, M.A. (2013). Soil management in rainfed olive orchards may result in conflicting effects on olive production and soil fertility. *Spanish Journal of Agricultural Research*, 11: 472-480.

Francia, J.R.; Durán, V.H.; Martínez, A. (2006). Environmental impact from mountainous olive orchards under different soil-management systems (SE Spain). *Sci. Total Environ.*, 358: 46–60.

Francia, J.R.; Martínez Raya, A.; Ruiz, S. (2000). Erosión de olivar en fuerte pendiente. Comportamiento de distintos manejos de suelo. *Edafología*, 7-2: 147-155.

Gómez, J.; Taguas, E.V.; Vanwalleghem, T. Giráldez, J.V.; Sánchez, F.; Ayuso, J. L.; Lora, Á.; Mora, J. (2011b). *Criterios técnicos para el control de cárcavas, diseño de muros de retención y revegetación de paisajes agrarios. Manual del operador para las ayudas a las inversiones no productivas*. Consejería de Agricultura y Pesca, Junta de Andalucía, Sevilla, 55 p. Disponible en: http://www.juntadeandalucia.es/servicios/publicaciones/detalle/75684.html

Gómez, J.A. (2005). Effects of soil management on soil physical properties and infiltration in olive orchards – implications for yield. En *Integrated soil and water management for orchard development. Role and importance*. FAO Land and Water, Bulletin 10, Roma.

Gómez, J.A.; Fereres, E. (2004). *Conservación de suelo y agua en el olivar andaluz en relación al sistema de manejo de suelo*. Consejería de Agricultura y Pesca, Junta de Andalucía, Sevilla, 67 p. Disponible en: http://www.juntadeandalucia.es/servicios/publicaciones/detalle/49371.html

Gómez, J.A.; Giráldez, J.V.; Pastor, M.; Fereres, E. (1999). Effects of tillage method on soil physical properties, infiltration and yield in an olive orchard. *Soil & Tillage Res.*, 52: 167-175.

Gómez, J.A.; Guzmán, G.; Vanwalleghem, T.; Campos, M.; Giráldez, J.V. (2010). Proterra y Biosuelo, siete años de ensayos de cubiertas vegetales para control de la erosión en un olivar de verdeo. *Agricultura*, 935: 910–915.

Gómez, J.A.; Infante-Amate, J.; González de Molina, M.; Vanwalleghem, T.; Taguas, E.V.;

Lorite, I. (2014). Review: Olive Cultivation, its Impact on Soil Erosion and its Progression into Yield Impacts in Southern Spain in the Past as a Key to a Future of Increasing Climate Uncertainty. *Agriculture*, 4: 170–198. Disponible en: http://www.mdpi.com/2077-0472/4/2/170

Gómez, J.A.; Llewellyn, C.; Basch, G.; Sutton, P.B.; Dyson, J.S.; Jones, C.A. (2011a). The effects of cover crops and conventional tillage on soil and runoff loss in vineyards and olive groves in several Mediterranean countries. *Soil Use and Management*, 27(4): 502-514.

Gómez, J.A.; Montoliu, J.; Guzmán, G. (2022). *Long-term hydrologic effect of temporary cover crops in an olive orchard on a sandy-loamy soil.* EGU General Assembly 2022, Viena, Austria, 23–27 May 2022. EGU22-2252. doi.org/10.5194/egusphere-egu22-2252.

Gómez, J.A.; Sobrinho, T.A.; Giráldez, J.V.; Fereres, E. (2009). Soil management effects on runoff, erosion and soil properties in an olive grove of Southern Spain. *Soil and Tillage Research*, 102: 5-13.

González-Sánchez, E.; Veroz-González, O.; Blanco-Roldán, G.L.; Márquez-García, F.; Carbonell-Bojollo, R. (2015). A renewed view of conservation agriculture and its evolution over the last decade in Spain. *Soil and Tillage Research*, 146: 204-212.

Gucci, R.; Caruso, G.; Bertolla, C.; Urbani, S.; Tatichi, A.; Esposto, S.; Servili, M.; Sifola, M.I.; Pellegrini, S.; Pagliai, M.; Vignozzi, N. (2012). Changes of soil properties and tree performances induced by soil management in a high-density olive orchard. *Eur. J. Agron.*, 41: 18–27.

Haramoto, E.R.; Gallandt, E.R. (2004). Brassica cover cropping for weed management: a review. *Renewable Agriculture Food System*, 19(4): 187-198.

Hernandez, A.J.; Lacasta, C.; Pastor, J. (2005). Effects of different management practices on soil conservation and soil water in a rainfed olive orchard. *Agricultural Water Management*, 77 (1-3): 232-248.

Hernández, M.P. (2011). *Clasificación territorial del olivar español.* Trabajo Profesional Fin de Carrera, ETSIAM, Universidad de Córdoba, Córdoba.

Humanes, M.D.; Pastor, M. (1995). *Comparación de los sistemas de siega química y mecánica para el manejo de cubiertas de veza (Vicia sativa L.) en las interlíneas de los olivos.* Congreso 1995 de la Sociedad Española de Malherbología, Huésca. pp. 235-238.

Kikergaard, J.A.; Sarwar, M. (1998). Biofumigation potencial of brassicas: I. Variation in glucosinolate profiles of diverse field-gronw brassicas. *Plant and Soil*, 201: 71-89.

Liebman, M.; Mohler. C.L. (2001). Weeds and the soil environment. En: M. Liebman, C.L. Mohler, C.P. Staver (eds.), *Ecological Management of Agricultural Weeds.* Cambridge University Press, Cambridge. pp. 210-268.

MAPA (2023). ESYRCE. *Análisis de las técnicas de mantenimiento del suelo y de los métodos de siembra en España.* Subdirección General de Análisis, Coordinación y Estadística. Ministerio de Agricultura, Pesca y Alimentación , Madrid, 34 p.

Marín, V.J. (2013). *Interfaz gráfica para la valoración de la pérdida de suelo en parcelas de olivar.* Trabajo Profesional Fin de Carrera, ETSIAM, Universidad de Córdoba, Córdoba.

Mohamed, Y.I. (2004). *Influencia de la flora silvestre del olivar en la epidemiología y control de la verticilosis del olivo.* Tesis del Master de Olivicultura y Elaiotecnia, Universidad de Córdoba.

Morales, J.; Pastor, M. (1991). *Mejora de la infiltración y captación de escorrentía en olivar en no-laboreo.* III Simposio sobre el agua en Andalucía, Córdoba. Vol. II, pp. 171-182.

Moreno, B.; García-Rodríguez, S.; Cañizares, R.; Castro, J.; Benítez, E. (2009). Rainfed olive farming in south-eastern Spain: Long-term effect of soil management on biological indicators of soil quality. *Agriculture, Ecosystems & Environment*, 131(3–4): 333-339.

Obregón, S.; Bejarano, J.; Saavedra, M.; De Haro, A. (2008). *Cruciferae plant species for biofumigation in Mediterranean conditions. Looking for variability in glucosinolates.* 5th ISHS International Symposium on Brassicas and the 16th Crucifer Genetics Workshop, Lillehammer. p. 172.

Ordóñez-Fernández, R.; Repullo-Ruibérriz de Torres, M.A.; Román-Vázquez, J.; González-Fernández, P.; Carbonell-Bojollo, R. (2014). Macronutrients released during the decomposition of pruning residues used as plant cover and their effect on soil fertility. *Journal of Agricultural Science*, 153:615-630.

Paredes, D.; Cayuela, L.; Gurr, G.M.; Campos, M. (2015). Is Ground Cover Vegetation an Effective Biological Control Enhancement Strategy against Olive Pests? *PLoS ONE*, 10(2): e0117265.

Pastor, M. (2008). Sistemas de manejo del suelo. En D. Barranco, R. Fernández-Escobar, L. Rallo (eds.), *El cultivo del olivo*, 6ª ed. Mundi-Prensa, S.A., y Consejería de Agricultura y Pesca, Junta de Andalucía, pp. 239–295.

Ramírez-García, J.; Carrillo, J.M.; Ruiz, M.; Alonso-Ayuso, M.; Quemada, M. (2015). Multicriteria decisión analysis applied to cover crops species and cultivars selection. *Field Crops Research*, 175: 106-115.

Repullo, M. A.; Carbonell, R.; Hidalgo, J.; Rodríguez-Lizana, A.; Ordoñez, R. (2012). Using olive pruning residues to cover soil and improve fertility. *Soil and Tillage Research*, 124:36-46

Rodrigues, M.A.; Dimande, P.; Pereira, E.L.; Ferreira, I.Q.; Freitas, S.; Correira, C.M.; Moutinho-Pereira, J.; Arrobas, M. (2015b). Early-maturing anual legumes: an option for cover cropping in rainfed olive orchards. *Nutrient Cycling in Agroecosystems*, 103(2): 153-166.

Rodrigues, M.A.; Ferreira, I.Q.; Freitas, S.L.; Pires, J.M.; Arrobas, M.P. (2015a). Self-reseeding anual legumes for cover cropping in rainfed managed olive orchards. *Spanish Journal of Agricultural Research*, 13(2): p. e0302.

Romero, P.; Castro, G.; Gómez, J.A.; Fereres, E. (2007). Curve number values for olive orchards under different soil management. *Soil Science Society of America Journal*, 71: 1758–1769.

Saavedra, M. (1997). *Instalación de una cubierta vegetal de Hordeum murinum en olivar.* Congreso 1997 de la Sociedad Española de Malherbología, Valencia. pp. 235-238

Saavedra, M. (2007). Empleo de herbicidas. En *Técnicas de Producción en olivicultura.* Consejo Oleícola Internacional. pp. 119-140.

Saavedra, M.; Pastor, M. (2002). *Sistemas de cultivo en olivar. Manejo de malas hierbas y herbicidas.* Ed. Agrícola Española, S. A., Madrid, 439 p.

Saavedra, M.; Alcántara, C. (2010). ¿Qué puede hacer el agricultor frente a la verticilosis? Documento científico-técnico *SERVIFAPA, IFAPA-CAPDR.* http://www.juntadeandalucia.es/agriculturaypesca/ifapa/servifapa/contenidoAlf?id=2c77c6 3c-71e0-4a0d-965b-50926b47c903. 38 pp.

Saavedra, M.; Pérez-Melgares, J.D.; Martínez-Quesada, F.; Alcántara, C.; Castillo-Llanque, F.; Cirujeda, A.; Zaragoza, C.; De Haro, A. (2013). *Fenología de crucíferas autóctonas para usar como cobertura viva y biofumigación en olivar.* XVI Symposium científico-técnico del aceite de Oliva. Jaén.

Saavedra, M.; Castillo, F.; Pérez, J. D.; Hidalgo, J.C.; Alcántara, C. (2015). Características de *Sinapis alba* subsp. *mairei* como Cubierta Vegetal y para Biofumigación. *Documento científico-técnico SERVIFAPA, IFAPA-CAPDR.* http://www.juntadeandalucia.es/agriculturaypesca/ifapa/servifapa/contenidoAlf?id=ef9f448d-588e-4d56-996f-078e607672a0. 27 pp.

Saavedra, M.; Alcántara, C. (2016). Implantación de cubiertas vegetales de crecimiento lento mediante siembra en franjas. *Vida Rural*, marzo 2016: 2-10.

Saavedra, M.; Pedraza, V.; Alcántara, C. (2016a). Implantación y Manejo de *Sinapis alba* subsp. *mairei* para Cubierta Vegetal y Biofumigación. *Documento científico-técnico SERVIFAPA, IFAPA-CAPDR*. http://www.juntadeandalucia.es/agriculturaypesca/ifapa/servifapa/contenidoAlf?id=579684c2-6c92-48d6-982b-22dc7f869a42. 28 pp.

Saavedra, M.; Casanova, C.; Sánchez, F.J.; Alcántara, C. (2016b). Características de la gramínea *Brachypodium distachyon* como cubierta vegetal. *SERVIFAPA, IFAPA-CAPDR*. http://www.juntadeandalucia.es/agriculturaypesca/ifapa/servifapa/contenidoAlf?id=-45b8b0c3-a218-409d-bd58-451e982a6bb1.21 pp.

Soriano, M.A.; Álvarez, S.; Landa, B.; Gómez, J.A. (2014). Soil properties in organic olive orchards following different weed management in a rolling landscape of Andalusia, Spain. *Renew. Agric. Food Syst.*, 29: 83–91.

Troeh, F.R.; Hobbs, J.A.; Donahue, R.L. (1991). *Soil and Water Conservation*. Prentice Hall. Englewoods Cliffs, N.J.

Vanwalleghem, T.; Amate, J.I.; de Molina, M.G.; Fernández, D.S.; Gómez, J.A. (2011). Quantifying the effect of historical soil management on soil erosion rates in Mediterranean olive orchards. *Agric. Ecosyst. Environ.*, 142: 341–351.

CAPÍTULO 11

FERTILIZACIÓN

Ricardo FERNÁNDEZ-ESCOBAR

ÍNDICE

1. Introducción, 443

2. Los elementos esenciales, 445

3. Determinación de las necesidades nutritivas del olivar, 447
   3.1. Análisis del suelo, 447
   3.2. Análisis foliares, 448
       3.2.1. Época de muestreo de hojas, 450
       3.2.2. Procedimiento de muestreo, 452
       3.2.3. Uso e interpretación de los análisis foliares, 453

4. Establecimiento del plan anual de fertilización, 454

5. Corrección de deficiencias y excesos comunes, 456
   5.1. Nitrógeno, 458
   5.2. Potasio, 464
   5.3. Fósforo, 467
   5.4. Calcio, 468
   5.5. Magnesio, 468
   5.6. Hierro, 469
   5.7. Manganeso, cinc y cobre, 469
   5.8. Boro, 471

6. Elementos beneficiosos: el silicio , 471

7. Salinidad, 472

8. Aplicación de fertilizantes, 475
   8.1. Aplicación al suelo, 475
   8.2. Fertilización foliar, 477
       8.2.1. Factores que afectan a la absorción de nutrientes por la hoja, 479
   8.3. Inyecciones al tronco de los árboles, 480

9. Bibliografía, 483

1. Introducción

El abonado es una de las prácticas más frecuentes en agricultura, pues tiene por objetivo satisfacer las necesidades nutritivas de las plantas cuando los nutrientes necesarios para su crecimiento no son aportados en cantidades suficientes por el suelo. Todas las plantas necesitan los mismos elementos nutritivos, que normalmente encuentran en la solución del suelo, pero como es fácil de entender, existen diferencias sustanciales en los requerimientos entre plantas distintas así como en la fertilidad de los diferentes suelos. Las plantas perennes y leñosas, como el olivo, se diferencian de las anuales en que aquellas permanecen vivas durante mucho más tiempo, por lo que disponen de órganos de reserva que les permiten sobrevivir incluso bajo condiciones desfavorables. Cuando las condiciones ambientales favorecen la absorción de nutrientes, los toman y los almacenan en sus órganos de reserva para su posterior utilización. Tienen también la capacidad de reutilizar los elementos nutritivos, motivo por el cual las hojas viejas se tornan amarillas poco antes de la abscisión, lo que incrementa las reservas del árbol. Por todo ello, la práctica del abonado de una especie perenne y de una anual no puede ser la misma.

En el caso concreto del olivar, es también comprensible que las necesidades nutritivas de un árbol joven sean diferentes de las de un árbol adulto, y que las de un olivar plantado en un suelo fértil sean también diferentes de las de un olivar sobre un suelo pobre. Las propiedades referentes a la fertilidad de los suelos pueden, asimismo, alterarse gradualmente como consecuencia del cultivo del mismo. Por consiguiente, sería de poca lógica dar unas recomendaciones generales sobre el abonado del olivar, pues cada uno de ellos, en función de sus características, requerirá en cada momento un tratamiento diferente. Y esto, que es fácil de entender, es lo que dificulta a la hora de decidir el abonado anual de una plantación, sobre todo si se tiene en cuenta el número de elementos nutritivos que necesita una planta, y la diversidad de compuestos químicos que existen en el mercado susceptibles de ser utilizados como abonos. Esa dificultad se traduce en que el abonado es una práctica anárquica basada en la tradición –reiterando el mismo plan de fertilización–, en los testimonios de agricultores vecinos, y en la ausencia de utilización de métodos de diagnóstico que sirvan de guía de la fertilización o, incluso, si se utilizan esos métodos no se interpretan correctamente. En un estudio realizado sobre el impacto ambiental asociado a las prácticas culturales en el olivar, se compararon estas prácticas en los diferentes sistemas de cultivo. Como era de esperar, el impacto ambiental difirió según el sistema de cultivo: tradicional, intensivo o en alta densidad, pero en todos ellos la fertilización resultó ser, con claridad, la práctica de cultivo que más contribuye a dicho impacto ambiental (Romero-Gámez *et al.*, 2017).

El Cuadro 11.1 muestra un ejemplo que caracteriza la práctica general de la fertilización en el olivar. Los datos han sido elaborados a partir de los resultados de una prospección sobre el estado nutritivo del olivar en una zona de Andalucía, y muestran la relación obtenida entre el abonado con nitrógeno (N), fósforo (P) y potasio (K) y las producciones medias en 79 olivares estudiados. Se observa que las cantidades aportadas de cada uno de los elementos varía ampliamente entre olivares, pero la variación es independiente de las producciones medias obtenidas. De hecho, el intervalo de variación encontrado en olivares productivos es similar al encontrado en olivares que producen algo más de la mitad que los primeros. Pero a ello hay que añadir la aportación indiscriminada de otros elementos nutritivos que se aplican junto a los tratamientos fitosanitarios, cuya tendencia es difícil obtener debido a la variabilidad de formulaciones y dosis empleadas, no siempre conocidas por el agricultor. De los datos recogidos en el Cuadro 11.1 se desprende que el abonado no es la única variable que controla la producción del olivar, y que la falta de criterio al establecer un plan de fertilización es una regla general, lo que explica el negativo efecto ambiental mencionado anteriormente.

CUADRO 11.1

Relación entre las producciones medias obtenidas y las dosis de abonado NPK
en un muestreo de 79 olivares

Producción media (kg/ha)	Cantidad aportada (kg/ha)		
	N	*P*	*K*
> 4.000	25-200	0-74	0-91
< 2.500	10-210	0-61	0-75

Elaborado a partir de Fernández-Escobar *et al.* (1994).

Una posible causa de esa variabilidad en el aporte de nutrientes puede ser el bajo precio relativo de algunos fertilizantes, aunque este aspecto puede ir variando. Se estima que el abonado de un olivar supone entre el 5% y el 10% de los costes anuales de cultivo, por lo que existe la tendencia a aplicar más fertilizantes de los necesarios para asegurar la máxima producción de calidad, en la creencia de que la aplicación anual de cantidades significativas de productos nutritivos representa un seguro barato contra el riesgo económico que puede suponer la escasez de nutrientes en un momento determinado. Esta tendencia no cuenta con justificación ni desde el punto de vista empresarial ni desde el puramente agronómico. Bajo el primer punto de vista, el agricultor debe considerar que cuando invierte dinero en la compra de fertilizantes está jugando con la posibilidad de que el aumento de producción o de la calidad del producto le devuelva el dinero gastado más una cantidad adicional que lo hace rentable. Si aplica más de lo necesario la rentabilidad de la inversión disminuye o incluso se anula y, por pequeña que aquella sea, no hay necesidad de aumentar los costes y disminuir, en consecuencia, los beneficios inútilmente.

Desde el punto de vista agronómico el empleo excesivo de fertilizantes, esto es, la aplicación de elementos minerales que no son necesarios o la aportación de mayores cantidades de las requeridas, no solo es más caro sino que lleva a excesos y desequilibrios nutritivos, puede interferir con la nutrición o disponibilidad de otros elementos nutritivos, crear condiciones en el suelo difíciles de corregir, y contribuir innecesariamente a la contaminación del aire y de las aguas. Su consecuencia suele ser la provocación de efectos negativos en la producción y en la calidad del producto y, a largo plazo, disminuir la capacidad productiva del suelo para futuras generaciones.

El presente capítulo tiene por objetivo aportar los conocimientos actuales aplicables a la fertilización del olivar y la utilización de los mismos para alcanzar las máximas cotas de productividad y de calidad del producto mediante un uso racional y responsable de los fertilizantes. En este sentido, se entiende por fertilización racional aquella que satisface las necesidades nutritivas del olivar, minimiza el impacto ambiental, consigue una cosecha de calidad, y evita las aportaciones sistemáticas y excesivas de nutrientes.

2.   Los elementos esenciales

Desde la más remota antigüedad se reconoce el efecto beneficioso que la materia orgánica tiene sobre el crecimiento de las plantas. Sus efectos sobre las propiedades físicas, químicas o microbiológicas del suelo, así como el efecto directo sobre el crecimiento de las plantas está muy bien documentado (Chen y Aviad, 1990). Incluso en aplicación foliar, las sustancias húmicas han estimulado el crecimiento en las plantas, incluyendo el olivo (Fernández-Escobar *et al.,* 1996). Se pensaba entonces que el humus era el único material que proporcionaba nutrientes a las plantas, y los planes de fertilización se basaban exclusivamente en la aportación de humus al suelo. Durante el siglo XIX y principios del XX comenzaron a acumularse evidencias sobre el papel de los elementos minerales en el crecimiento de las plantas, creando controversias entre los científicos acerca del papel del humus en la nutrición vegetal.

Hasta bien entrado el siglo XX, la estrategia para la fertilización de los cultivos estuvo dominada por las ideas de Liebig, enunciadas en 1840. De acuerdo con ellas, los científicos dedicados a la nutrición vegetal estuvieron interesados en determinar los nutrientes extraídos por las plantas del suelo, al objeto de restituir esas mismas cantidades al suelo en forma de estiércol o de abonos. Pronto descubrieron que el abonado de restitución no siempre resultaba satisfactorio; se basaba casi siempre en el abonado con nitrógeno (N), fósforo (P) y potasio (K), cuya respuesta se medía como aumento de la productividad, y no encontraron la forma de transferir la experiencias desde una condición de cultivo a otra. El abonado de restitución solo consideraba las extracciones de elementos por el cultivo sin tener en cuenta el consumo de lujo, la reutilización de elementos por el árbol, el aporte de elementos en el agua de riego o de lluvia, la mineralización de la materia orgánica, las reservas del árbol, ni la dinámica de los nutrientes en el complejo de cambio del suelo. La falta de respuesta a la fertilización cuando un elemento está disponible en la solución del suelo en cantidades suficientes para las plantas, es algo comprobado en la actualidad.

En la primera mitad del siglo XX, Arnon y Stout (1939) propusieron los criterios de esencialidad de los elementos minerales, estableciendo uno de los principios en los que se fundamenta la nutrición vegetal en la actualidad. El segundo principio, el concepto de equilibrio entre nutrientes, fue introducido poco después por Shear *et al.* (1946). Según este principio, una planta se encuentra en condiciones óptimas de nutrición cuando todos los elementos esenciales para su desarrollo se encuentran en equilibrio, de forma que si uno o varios de ellos está en defecto o en exceso, provoca un desequilibrio que puede resultar en la interferencia con la utilización y disponibilidad de otros nutrientes, aún encontrándose estos en cantidades suficientes.

Diecisiete elementos se reconocen como esenciales para el crecimiento de las plantas: carbono (C), hidrógeno (H), oxígeno (O), nitrógeno (N), fósforo (P), potasio (K), magnesio (Mg), calcio (Ca), azufre (S), hierro (Fe), manganeso (Mn), cinc (Zn), cobre (Cu), molibdeno (Mo), níquel (Ni), boro (B) y cloro (Cl). La esencialidad de estos elementos se basa en los siguientes criterios: 1) la planta no puede completar su ciclo vital sin ellos; 2) ningún elemento puede sustituir a otro; y 3) el elemento debe ejercer su efecto directamente sobre el crecimiento o el metabolismo.

Los tres primeros C, H y O son elementos no minerales y constituyen, aproximadamente, el 95% del peso seco de un olivo, pero no son objeto de fertilización pues el árbol los toma del anhídrido carbónico (CO_2) procedente de la atmósfera y difundido a la hoja a través de los estomas, y del agua (H_2O) del suelo absorbida por las raíces cuya combinación, mediante el proceso de la fotosíntesis, forma los hidratos de carbono, principal componente nutritivo de las plantas. Esto explica por qué el déficit hídrico reduce el crecimiento y la producción de forma tan espectacular. Los catorce elementos restantes son elementos minerales y constituyen el objetivo de la fertilización; en su conjunto tan solo representan el 5% aproximadamente del peso seco de un olivo, de lo que se deduce lo fácil que es provocar un exceso de uno de ellos. Estos elementos son absorbidos por las raíces del olivo de la solución del suelo, en donde están presentes como iones.

Los catorce elementos minerales se clasifican en macronutrientes, como el nitrógeno (N), fósforo (P), potasio (K), magnesio (Mg), calcio (Ca) y azufre (S), y en micronutrientes el resto de los elementos. La única distinción entre ellos es que los primeros se requieren en concentraciones de 10 a 5.000 veces superiores a los micronutrientes.

El objetivo de la fertilización es suplementar con los elementos esenciales que el olivar requiera en un momento determinado, y no añadir al suelo o al árbol todos los elementos minerales que el árbol necesita, pues muchos de ellos están presentes y disponibles en el suelo en cantidades adecuadas. Estas cantidades, no obstante, difieren de unos suelos a otros, pueden modificarse por las técnicas de cultivo empleadas y por los tratamientos previos en el olivar, y los requerimientos variar con la edad de los árboles y sus características productivas. No tiene sentido, como ya se ha comentado, unas recomendaciones generales para la fertilización del olivar, sino considerar todos los factores de cada plantación, determinar sus necesidades nutritivas, y establecer en ella un programa de fertilización que, lógicamente, variará a lo largo del tiempo.

3. Determinación de las necesidades nutritivas del olivar

Como regla general, un abonado racional debe aportar tan solo los elementos nutritivos que requieran los árboles en un momento determinado, y únicamente cuando existan pruebas de que esos elementos son necesarios. Una prueba de la existencia de necesidades nutritivas no satisfechas es la aparición de síntomas en el árbol asociados a deficiencias o excesos de un elemento. Sin embargo, la ausencia de síntomas no indica necesariamente un estado óptimo de nutrición y, de hecho, los síntomas aparecen cuando existen desórdenes graves y la producción ha sido afectada negativamente. Pero, además, pueden ocurrir dos o más deficiencias simultáneas así como otros factores no nutricionales, como plagas, enfermedades, condiciones desfavorables del suelo, daños de herbicidas y pesticidas, cuyos síntomas, a veces, pueden confundirse con los producidos por desequilibrios nutritivos. Si esto ocurre, el diagnóstico del problema por la inspección visual se hace difícil, si no imposible. La aparición de un síntoma de deficiencia, por otra parte, no indica necesariamente que el elemento no exista en el suelo o incluso en la planta. Existen muchos factores en el medio que pueden afectar a la disponibilidad o utilización del nutriente, entre ellos el exceso de otro elemento nutritivo que interacciona con él. La aparición del síntoma de deficiencia de un elemento no indica, pues, que el elemento deba aplicarse forzosamente para corregir el desorden. En cualquier caso, la predicción de la cantidad de fertilizantes requerida anualmente para alcanzar una productividad óptima no es sencilla, y depende de la conjunción de varios factores, que se tratan a continuación.

3.1. Análisis del suelo

El análisis de las características del suelo es una herramienta de gran utilidad para conocer las limitaciones del mismo para el establecimiento del olivar, pero de utilidad limitada para determinar las necesidades nutritivas durante toda la vida de una plantación. El contenido de nutrientes del suelo no siempre está relacionado con el de la planta, a menos que los análisis muestren unos valores extremadamente bajos en un elemento nutritivo, en cuyo caso cabe sospechar que los árboles pueden presentar deficiencias en ese elemento. Pero si los valores en el suelo son normales, los árboles pueden presentar deficiencias por un bloqueo del elemento en el suelo. Quizá el ejemplo más característico sea el de la clorosis férrica causada por una deficiencia de hierro. En el olivar, esta deficiencia se presenta en suelos muy calizos donde el hierro se encuentra en forma no asimilable por las plantas debido al pH elevado y al bloqueo causado por el ión bicarbonato. Es también frecuente en parte del olivar, particularmente en el de secano, las deficiencias en potasio aún en suelos ricos en este elemento, como se puso de manifiesto en la prospección realizada por Fernández-Escobar *et al.* (1994). La limitación de agua en el suelo durante la época de actividad de los árboles, junto a otras causas que se discuten más adelante, provocan una disminución en la absorción de potasio que lleva a una deficiencia de este elemento en la planta.

El análisis de la fertilidad del suelo realizado con cierta periodicidad puede resultar, no obstante, de utilidad pues permite conocer las variaciones producidas en el contenido de nutrientes disponibles, y resulta imprescindible para el diagnóstico de toxicidades causadas por un exceso de sales, en particular las debidas a excesos de sodio (Na), cloro (Cl) y boro (B). Hay que destacar a este respecto que el olivo es una de las especies leñosas más tolerantes a la salinidad, de forma que incluso puede regarse con aguas que contengan sales en cantidades tóxicas para otras especies frutales; el problema de salinidad en el olivar español es, pues, muy localizado y merece prestarle atención únicamente en olivares regados con aguas salinas.

En el Capítulo 8 se describen las limitaciones más importantes del suelo para el cultivo del olivo, así como la interpretación de los análisis de fertilidad del mismo.

3.2. Análisis foliares

El análisis foliar, esto es, el análisis químico de una muestra de hojas de los árboles, es el mejor método de diagnóstico del estado nutritivo de una plantación. Es muy útil para identificar desórdenes nutritivos; para detectar niveles bajos de nutrientes antes de que aparezcan deficiencias perjudiciales; para medir las respuestas a los programas de fertilización; y para detectar toxicidades causadas por elementos como cloro (Cl), boro (B) y sodio (Na), que deben ser confirmadas con análisis del suelo y del agua de riego, en su caso. En definitiva, es una herramienta que permite a personas familiarizadas con su significado y sus limitaciones, determinar las necesidades nutritivas y optimizar el abonado de una plantación.

De acuerdo con Bould (1966), el método se basa en los siguientes argumentos: 1) la hoja es el principal lugar de metabolismo de la planta; 2) los cambios en la aportación de nutrientes se reflejan en la composición de la hoja; 3) esos cambios son más pronunciados en ciertos estados de desarrollo; y 4) las concentraciones de nutrientes en la hoja en periodos específicos de crecimiento están relacionadas con el comportamiento del cultivo. La composición mineral de una hoja está determinada por muchos factores, entre ellos su estado de desarrollo, las condiciones climáticas, la disponibilidad de nutrientes en el suelo, la distribución y actividad de las raíces, la cosecha y las condiciones de humedad del suelo. El análisis foliar refleja la integración de todos esos factores.

Para utilizar el análisis foliar como guía de fertilización se han establecido los *niveles críticos* de cada elemento nutritivo, esto es, la concentración del elemento en las hojas por debajo de la cual el crecimiento o la producción de un árbol disminuye si se compara con otros que tienen concentraciones más altas. La Figura 11.1 muestra la relación que existe entre la concentración de un nutriente en los tejidos y el crecimiento o la producción. Se observa que cuando la concentración del nutriente es baja aparecen síntomas de deficiencia asociados a un bajo crecimiento. Un pequeño aumento de la concentración tiene una gran respuesta en el crecimiento, que alcanza el máximo relativo al rebasar la concentración crítica y no se altera por un incremento de la concentración del nutriente en la hoja, hasta que disminuye cuando se alcanzan concentraciones tóxicas o en exceso. El amplio intervalo de concentración que define el nivel adecuado en hojas muestra el consumo de lujo de un nutriente, situación en la que este se encuentra a concentraciones superiores a las necesarias para un desarrollo óptimo, pero sin llegar a provocar efectos adversos en el crecimiento. La zona de transición indica las concentraciones del nutriente a las que los síntomas pueden o no aparecer. Como los niveles críticos de cada elemento están establecidos previamente, basta comparar los resultados analíticos de una muestra con esos valores para determinar la deficiencia, adecuación o exceso de un elemento y, en consecuencia, tomar medidas para su corrección. La interpretación del estado nutritivo basado en la composición de la hoja no tiene que ver con los medios por los que se ha alcanzado esa composición, por lo que los niveles críticos en hoja, una vez establecidos, son universales con independencia del clima y del tipo de suelo en don-

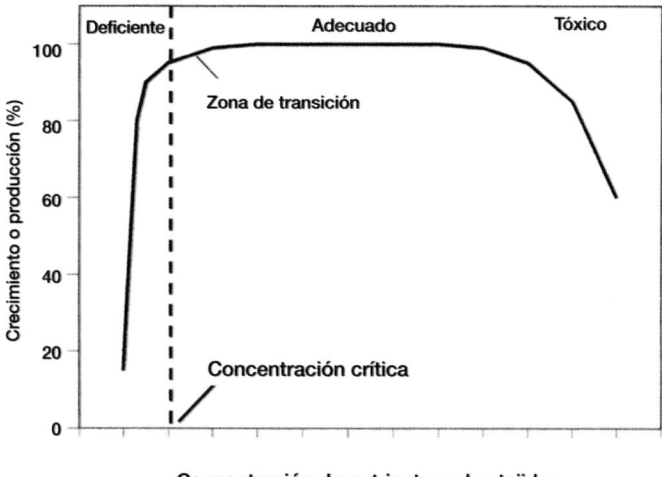

Figura 11.1. Relación entre la concentración de un nutriente en los tejidos y el crecimiento o la producción.

de se desarrolle el cultivo. No obstante, el diagnóstico es fiable en ausencia de factores limitantes no nutricionales, como enfermedades, plagas, asfixia radical, etc.

El punto más importante del análisis foliar como guía de la fertilización es el muestreo de las hojas que han de ser analizadas, en particular la época de recogida de hojas y el procedimiento de muestreo.

3.2.1. *Época de muestreo de hojas*

En el olivo se pueden encontrar hojas de tres edades diferentes: del año, de un año y de dos años. Las funciones fisiológicas y el contenido de nutrientes en cada una de ellas varían, por lo que no puede tomarse una muestra de hojas totalmente al azar. El contenido mineral de una hoja tampoco permanece constante durante el ciclo anual, sino que sufre variaciones que están relacionadas con la fenología del árbol. Por ejemplo, los niveles de nitrógeno (N), fósforo (P) y potasio (K) disminuyen en las hojas del año desde la brotación en primavera hasta finales del verano, para aumentar después durante el otoño y el invierno, a excepción del potasio cuya concentración permanece estable durante esa época. Por el contrario, los de calcio (Ca), que es esencial en la formación de la pared celular, aumentan en la hoja conforme esta crece. Otros elementos, como el manganeso (Mn) tienden a mantenerse constantes en ese tipo de hojas. La Figura 11.2 muestra la evolución estacional de macronutrientes y de micronutrientes en hojas de olivo.

El muestreo debe realizarse en una época en la que las concentraciones de los elementos en hoja sean estables. Esto sucede en olivo en el mes de julio (en el Hemisferio Norte) y durante el reposo invernal. La edad y el tipo de la hoja influyen también

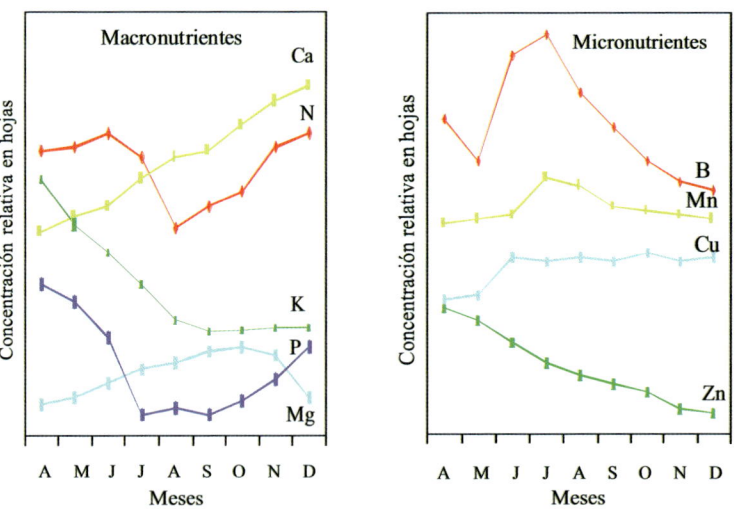

Figura 11.2. Evolución estacional de la concentración de nutrientes en hojas del crecimiento del año (según Fernández-Escobar *et al.*, 1999).

en la época apropiada. Las hojas muy jóvenes son menos estables en su contenido mineral, pues son fuertes sumideros de nutrientes, y las viejas exportan nutrientes, es más difícil de identificar su edad y pueden estar más afectadas por accidentes provocados por insectos u otras causas. Por otra parte, la proximidad a los frutos afecta considerablemente a la composición mineral de las hojas. Las hojas que deben muestrearse para el análisis son aquellas totalmente expandidas, procedentes de brotes sin frutos y de una edad comprendida entre los 3 y 5 meses. Esto sitúa el *muestreo en el mes de julio, y deben tomarse hojas de brotes del año en posición media a basal que contengan el peciolo.* En ese periodo y sobre ese tipo de hojas están establecidos los niveles críticos de nutrientes que se recogen en el Cuadro 11.2 y que sirven para comparar los resultados analíticos de una muestra. El muestreo realizado en otra época y con otro tipo de hojas dará lugar a interpretaciones erróneas. No obstante, si el muestreo se realiza en agosto, los niveles de nitrógeno (N) y potasio (K) pueden corregirse teniendo en cuenta que en esta época pueden disminuir hasta en un 0,2%.

CUADRO 11.2

Interpretación de los niveles de nutrientes en hojas de olivo recogidas en julio, expresados en materia seca

Elemento	Deficiente	Adecuado	Tóxico
Nitrógeno, N (%)[1]	1,4 (1,2)	1,5-2,0 (1,3-1,7)	(>1,7)
Fósforo, P (%)[2]	0,05	0,1-0,3	-
Potasio, K (%)	0,4	>0,8	-
Calcio, Ca (%)	0,3	>1	-
Magnesio, Mg (%)	0,08	>0,1	-
Manganeso, Mn (ppm)	-	>20	-
Cinc, Zn (ppm)	-	>10	-
Cobre, Cu (ppm)	-	>4	-
Boro, B (ppm)	14	19-150	185
Sodio, Na (%)	-	-	>0,2
Cloro, Cl (%)	-	-	>0,5

Elaborada a partir de datos recopilados en Chapman (1966), Childers (1966) y Beutel *et al.* (1983).
[1] Entre paréntesis niveles propuestos por Molina-Soria y Fernández-Escobar (2012)
[2] Se han observado síntomas de toxicidad a 0,21% en plantas jóvenes (Jiménez-Moreno and Fernández-Escobar, 2016)

En el olivar se ha divulgado la realización de muestreos durante el reposo invernal, una época en la que la concentración de elementos en hoja es estable. Además de las razones apuntadas en el apartado anterior, existen otras de importancia que desaconsejan la realización de los muestreos en esa época. En primer lugar, Chapman (1966) señala que las curvas de evolución de nutrientes en hojas tomadas de árboles bien nutridos y las tomadas de árboles con deficiencias en un elemento, tienden a converger conforme progresa el ciclo anual. Esto puede alterar la interpretación de los análisis de muestras tomadas al final de la estación, pues las diferencias entre niveles adecuados y deficientes se minimizan. En segundo lugar, hay elementos disponibles para el crecimiento durante un periodo y que no se movilizan con posterioridad. Un caso estudiado en el olivo por Delgado *et al.* (1994) es el del boro (B). En la Figura 11.3 se observa que la concentración de boro en las hojas del año es superior al de las hojas de un año pero, además, es el boro de las hojas más jóvenes el disponible por el árbol para atender la demanda durante la floración y el desarrollo del fruto, por eso la concentración de boro en esas hojas sufre una disminución estacional en antesis. En las hojas del año anterior, la concentración de boro es más estable pues este forma parte de la estructura de la hoja y, en consecuencia, no está disponible por el árbol para atender las demandas en los puntos de crecimiento. En estas hojas, se está analizando una fracción del boro que no sirve para determinar las necesidades nutritivas del olivar. Por último, las tablas establecidas para comparar los datos de una muestra cualquiera tomada durante el reposo invernal, elaboradas por Bouat *et al.* (1955), recogen el intervalo de variación para cada elemento obtenidos en muestreos realizados en prospecciones de diversos olivares en la Cuenca del Mediterráneo, pero no los niveles críticos, esto es, los niveles de cada elemento a partir de los cuales se haya demostrado que hay reducción del crecimiento (véase Figura 11.1). Es sorprendente que en buena parte de la literatura concerniente al olivar se hayan ignorado trabajos realizados con posterioridad a 1955, no solo en olivo sino también en otras especies frutales. Medítese tan solo en el hecho de que fue en 1954 cuando se descubrió la esencialidad del cloro para el crecimiento de las plantas.

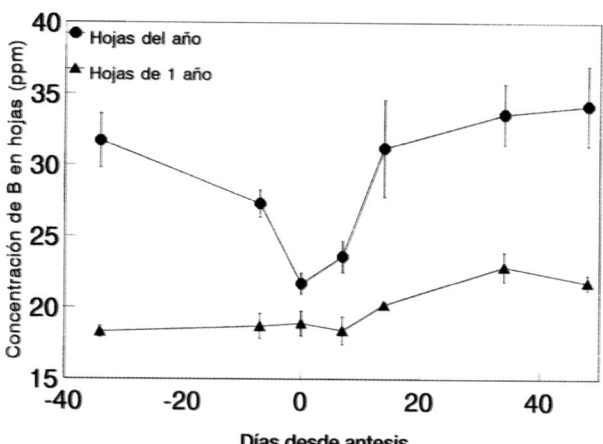

Figura 11.3. Cambios en la concentración de boro en hojas jóvenes y viejas de olivo. (Según Delgado *et al.*, 1994).

3.2.2. *Procedimiento de muestreo*

El primer paso consiste en diferenciar parcelas distintas dentro de cada olivar, algo que el agricultor normalmente conoce bien. La diferencia entre parcelas puede deberse a distinto tipo de suelo, distintas variedades, edad de los árboles, prácticas de cultivo diferentes, como laboreo y no laboreo, riego o secano, etc. De cada parcela homogénea debe tomarse una muestra de hojas, y si la parcela es extensa conviene tomar más muestras, al menos los primeros años de realización de los análisis. Cada muestra debe contener al menos 100 hojas tomadas de varios árboles distribuidos por toda la parcela. Las hojas se toman de la parte central a basal de brotes del año situados a la altura del hombro (Figura 11.4); conviene tomar de 2 a 4 hojas por árbol muestreado de brotes situados en distinta orientación de un vigor normal, despreciando los muy vigorosos, los de escaso crecimiento y los localizados en el interior de la copa. Cada hoja debe tener su peciolo. No deben tomarse hojas de árboles atípicos, con síntomas o enfermos, salvo si se quiere diagnosticar el problema, en cuyo caso deben constituir una muestra distinta.

Las hojas deben introducirse en bolsas de papel, guardadas en una nevera portátil y enviadas rápidamente al laboratorio para su análisis. Si no se pueden enviar en unos días, conservar las muestras en frigorífico, protegidas de la luz solar y en sitio seco para evitar la proliferación de hongos.

3.2.3. *Uso e interpretación de los análisis foliares*

Los niveles críticos, conforme se han definido anteriormente, corresponden a los valores deficientes recogidos en el Cuadro 11.2 para cada elemento nutritivo. Concentraciones superiores muestran valores bajos (comprendidos entre el

Figura 11.4. Ramo de olivo correspondiente al mes de julio. La mitad basal, con frutos, corresponde al crecimiento del año anterior y la mitad apical, sin frutos, al crecimiento del año. Las flechas señalan las hojas que deben tomarse para el análisis foliar.

Ramo en Julio

deficiente y el adecuado), adecuados, en exceso (por encima de los adecuados) o tóxicos. En la mayoría de los nutrientes los valores altos no producen toxicidad propiamente dicha pero si se encuentran en exceso, fuera del intervalo adecuado, pueden afectar a la utilización de otros nutrientes o al metabolismo de la planta y, en consecuencia, provocar reacciones negativas en el árbol. Conocidos esos niveles, basta comparar el análisis de la muestra de hoja de un olivar con ellos para determinar si un elemento se encuentra en un nivel deficiente, bajo, adecuado o en exceso y, en consecuencia, tomar medidas para su posible corrección. Conviene señalar que los niveles bajos corresponden a la zona de transición de la Figura 11.1, donde no sería de esperar una respuesta al abonado.

Las correlaciones entre los niveles de nutrientes dados por el análisis foliar y el estado nutritivo del árbol varían desde malas a excelentes para los distintos elementos. El análisis resulta *excelente* para detectar deficiencias de magnesio (Mg), manganeso (Mn), fósforo (P) y potasio (K), y excesos de sodio (Na), cloro (Cl) y boro (B); es *bueno* para detectar deficiencias de boro (B) y nitrógeno (N); *regular* para interpretar los niveles de cobre (Cu), cinc (Zn) y calcio (Ca); y *malo* para el hierro (Fe), pues este elemento se acumula en hojas aún en condiciones de deficiencia. La inspección visual de los síntomas, aunque siempre conveniente para asegurar un buen diagnóstico, resulta imprescindible para este elemento. Los resultados del análisis deben ser interpretados junto a los síntomas visuales y las características generales de la plantación, preferentemente por personas familiarizadas con los factores que pueden influir en el nivel de elementos en hoja.

4. Establecimiento del plan anual de fertilización

Un buen programa de análisis foliares evalúa el estado nutritivo actual y anticipa las necesidades nutritivas de la campaña siguiente; esto es debido a que el árbol es un auténtico almacén de reservas de nutrientes, que recarga bajo condiciones favorables y utiliza posteriormente para el crecimiento. Esta información permite establecer el plan anual de fertilización de una forma racional basado en el diagnóstico, aportando los elementos necesarios y evitando los excesos de abonado tan frecuentes en la actualidad.

El objetivo al planificar un programa de fertilización es mantener los elementos minerales dentro del nivel adecuado indicado en el Cuadro 11.2. Hay variaciones anuales en el nivel de nutrientes debidas a múltiples factores. Por ejemplo, los niveles de potasio (K) suelen ser bajos en un año de fuerte cosecha, y tienden a aumentar si el agua disponible en el suelo es alta. Las técnicas de cultivo, lógicamente, afectan al nivel de nutrientes en hoja; el mismo abonado, al afectar a un determinado nutriente, puede hacerlo a la vez a otros por interacciones entre los elementos. Un caso muy conocido en especies frutales es la interacción entre el potasio y el magnesio, de forma que se han producido deficiencias en este último por un abuso del abonado potásico. Otras muchas interacciones son bien conocidas, como las del nitrógeno y fósforo, potasio y calcio, etc., de forma que si el nivel de un elemento está muy alto, aunque no provoque toxicidad puede estar afectando a la absorción o utilización de otro elemento, causando una deficiencia del mismo. En estos casos, bastaría con anular la aportación del elemento en exceso para que el deficiente alcance valores normales. Asimismo, en análisis que muestran deficiencias en varios elementos, bastaría con la aportación del más deficiente de ellos para corregir la deficiencia de los demás. Esto, sin embargo, no es una regla general sino que depende de los elementos en cuestión y de las condiciones del suelo y de la plantación. Un elemento debería, pues, aportarse en forma de abono únicamente cuando se encuentre en niveles de deficiencia causada por la extracción de la cosecha o por su baja disponibilidad en el suelo. Desde un punto de vista racional no debería permitirse descender del nivel de deficiencia, pues en esa situación se provocaría la disminución del crecimiento a niveles intolerables. En el caso del potasio (K), es aconsejable la aportación de un abono rico en ese elemento cuando el análisis foliar indique un valor bajo del nutriente, esto es, cuando el valor esté por debajo del intervalo adecuado. Aunque en estas circunstancias no cabe esperar respuesta al abonado, la absorción de potasio suele ser menor si el árbol se encuentra cercano a la deficiencia (Restrepo *et al.,* 2008a).

De acuerdo con estas consideraciones, una vez realizado el diagnóstico sobre cada elemento nutritivo en base al análisis foliar, se procederá a establecer el plan de fertilización de la campaña siguiente. Si todos los elementos se encuentran en su intervalo adecuado en hojas, sería recomendable no realizar abonado alguno en la siguiente campaña, y repetir el análisis en el mes de julio siguiente para valorar el estado nutritivo de nuevo. Si algún elemento se encuentra bajo o deficiente debería aplicarse un abono rico en ese elemento siempre que no existieran dudas de que se encuentra así porque otro está bien en exceso o bien deficiente, en cuyo caso habría que actuar sobre ese elemento. Si varios elementos nutritivos se encuentran bajos o deficientes bastaría, en muchos casos, con aplicar el más deficiente de todos para corregir la situación. Resulta evidente la falta de sentido que tiene la aplicación de abonos compuestos o complejos en el olivar, aunque su uso sea cada vez más frecuente. Téngase siempre presente que la aplicación de elementos nutritivos en exceso o innecesarios en un momento determinado, puede provocar desequilibrios nutritivos en el árbol difíciles de corregir con posterioridad.

Hasta hace poco se ha considerado que el nitrógeno (N) era el elemento que constituía la excepción a las normas anteriores, en el sentido de que habría que realizar una aportación anual de mantenimiento con nitrógeno pues la mayoría de los suelos son deficientes en este elemento que, por otra parte, se pierde con facilidad dada su movilidad en el suelo y su volatilidad. Sin embargo, trabajos realizados en otras especies frutales (Worley, 1990; Weinbaum *et al.,* 1994) y también en el olivo (Fernández-Escobar *et al.,* 2009a), indican que el abonado anual de mantenimiento con nitrógeno no es necesario, y que aplicando ese elemento únicamente cuando la concentración en hojas alcanza el nivel de deficiencia se mantiene el mismo nivel productivo, mejora la calidad del fruto y se reduce considerablemente la contaminación.

La predicción de la cantidad exacta requerida de un nutriente no es sencilla. La experimentación local es una herramienta de gran utilidad para aproximarse al abonado óptimo, que será distinto en cada olivar. No obstante, el uso continuado del análisis foliar y la evaluación de las respuestas al abonado programado de esta forma, permite optimizar el abonado a corto plazo una vez situados todos los elementos en su intervalo adecuado, esto es, cuando se haya conseguido una situación de equilibrio.

Una evidencia experimental a este procedimiento se muestra en el Cuadro 11.3, que recoge los resultados de un experimento realizado en cuatro olivares establecidos sobre suelos muy diferentes: 'Nohay', profundo sin limitaciones; 'El Pradillo', fértil pero limitado en profundidad; 'San Antonio', profundo pero con limitaciones debido a la caliza; y 'Casasola', muy poco profundo. El abonado convencional, aplicado a una parcela dentro de cada olivar, se componía de aplicaciones anuales al suelo de nitrógeno, fósforo y potasio y foliares a base de aminoácidos y mezcla de micronutrientes añadido a cada cuba de tratamientos. El abonado basado en el análisis foliar se realizó de la forma indicada más arriba. Después de cinco años, los resultados del Cuadro 11.3 muestran la efectividad del abonado basado en el diagnóstico foliar frente al convencional de la zona, teniendo en cuenta que no se encontraron diferencias en producción, en crecimiento vegetativo, en tamaño del fruto ni en rendimiento graso entre ambas formas de fertilización. En el último año, la calidad del aceite del abonado convencional se redujo al disminuir la proporción de polifenoles, consecuencia de un exceso de nitrógeno.

CUADRO 11.3

Coste de la fertilización (€/ha)[1, 2, 3]

Forma de fertilización	Explotación				
	'Nohay' (1999-03)	'El Pradillo' (1999-03)	'San Antonio' (1999-03)	'Casasola' (2000-03)	Media
Convencional	699,0	659,9	772,4	471,3	650,6 a
Diagnóstico foliar	0,0	21,1	139,5	137,0	74,4 b

[1] Letras diferentes a continuación de las medias en la última columna indican diferencias significativas a $P \leq 0,05$.
[2] No se incluyen los costes de la aplicación.
[3] Según Fernández-Escobar *et al.* (2009b).

5. Corrección de deficiencias y excesos comunes

El olivo es una planta rústica, capaz de vegetar y producir fruto aún bajo condiciones adversas del medio para otras muchas especies. Como toda planta perenne posee órganos de reserva de nutrientes que reutiliza con facilidad. Por todo ello las necesidades nutritivas del olivar son menores que las de otros cultivos. El nitrógeno (N) es el elemento nutritivo que se requiere en mayores cantidades por las plantas, incluido el olivo, por lo que ha constituido tradicionalmente la base de la fertilización del olivar. En condiciones de secano el mayor problema nutritivo lo constituye la deficiencia en potasio (K), que se agrava en caso de una cosecha elevada. En terrenos calizos, además del potasio pueden encontrarse casos de deficiencia de hierro (Fe) y, posiblemente, de boro (B), y en suelos ácidos cabe esperar deficiencias en calcio (Ca). Estos son los desequilibrios nutritivos que pueden afectar a la mayoría del olivar y que, en definitiva, conviene vigilar mediante la realización de los análisis correspondientes. No obstante, esos desequilibrios difícilmente aparecerán concentrados en una misma plantación.

Las cantidades exportadas de nutrientes, esto es, la cantidad de ellos que salen anualmente del olivar, pueden ser interesantes para tener una idea sobre el consumo y también sobre las cantidades tentativas a aplicar en caso de necesidad. El Cuadro 11.4 recoge las cantidades de nutrientes extraídos por la cosecha y por la poda. El calcio (Ca), el nitrógeno (N) y el potasio (K) son los elementos que más se exportan del olivar, aunque en cantidades pequeñas si se comparan con otros cultivos, principalmente herbáceos. El calcio se extrae fundamentalmente en el material de poda, el potasio en el fruto y el nitrógeno en ambos. El resto de los elementos, incluyendo macronutrientes como el fósforo y el magnesio, se extraen en muy pequeñas cantidades. Si el material de poda se deja triturado en el suelo, como es habitual en muchos olivares, las extracciones son aún menores. Estos datos indican que las necesidades de fertilización del olivar son muy pequeñas pues, además, muchos de esos nutrientes suelen estar disponibles en el suelo en cantidades suficientes para satisfacer las necesidades del olivar. No obstante, si el suelo es pobre en algún elemento, o este se encuentra bloqueado y no disponible para el árbol, resulta necesario aplicarlo en la forma apropiada. Esta necesidad es la que indica el análisis foliar.

CUADRO 11.4

Nutrientes extraídos anualmente por la cosecha y la poda[1,4]

Elemento	Cosecha[2] (kg/ha/año)	Poda[3] (kg/ha/año)	Total (kg/ha/año)
Nitrógeno, N (%)	23,6	30,8	54,4
Fósforo, P (%)	4,03	2,84	6,87
Potasio, K (%)	36,3	9,20	45,5
Calcio, Ca (%)	2,38	55,5	57,9
Magnesio, Mg (%)	1,31	2,48	3,79
Manganeso, Mn (ppm)	0,02	0,06	0,08
Cinc, Zn (ppm)	0,03	0,02	0,05
Cobre, Cu (ppm)	0,04	0,08	0,12
Boro, B (ppm)	0,09	0,02	0,11

[1] Datos medios de 7 años
[2] Cosecha media de 8.200 kg/ha
[3] Teniendo en cuenta una poda bienal. Incluye hojas y ramas.
[4] Según Fernández-Escobar *et al.* (2015)

5.1. Nitrógeno

El nitrógeno es el mayor componente nutritivo de las plantas, por lo que suele ser el elemento mineral más comúnmente empleado en los programas de fertilización. En caso de deficiencia diagnosticada, cuyos síntomas se caracterizan por una pérdida generalizada de clorofila (Figura 11.5) que da lugar a una clorosis inespecífica en el limbo (Figura 11.6), aplicaciones de 0,5 kg de nitrógeno por árbol, sin que se llegue a superar los 100 kg/ha, pueden ser recomendables en olivares adultos para corregir la deficiencia y elevar la concentración de nitrógeno en hojas a su intervalo adecuado. La dosis óptima dependerá del tamaño del árbol, de su nivel productivo y del medio de cultivo, y habrá que ajustarla mediante la realización de análisis foliares periódicos que, correctamente interpretados, indicarán la necesidad de aumentar o de reducir las dosis aplicadas.

Las bajas extracciones de nitrógeno por la cosecha y la poda (Cuadro 11.4) suelen ser inferiores a las aportaciones del agua de lluvia (13,1 kg/ha) y de la mineralización de la materia orgánica (44,8 kg/ha), según los datos obtenidos en el mismo olivar que los del Cuadro anterior (Fernández-Escobar *et al.*, 2012), por lo que resulta fácil comprender que en suelos relativamente fértiles las necesidades de nitrógeno del olivar sean escasas o nulas. Este balance positivo del nitrógeno, es decir, que las entradas en el olivar sean superiores a las salidas, explica que en la mayoría de los olivares sea difícil encontrar situaciones de deficiencia en nitrógeno. La Figura 11.7 ilustra este fenómeno y muestra la evolución de la concentración de nitrógeno en hojas a lo largo del tiempo en árboles abonados anualmente y en árboles sin abonar. Se observa que en los abonados la concentración en hojas se mantiene con una tendencia constante, mientras que en los no abonados disminuye con el paso del tiempo, como era de esperar, pero el nivel

Figura 11.5. Olivo mostrando síntomas de deficiencia de nitrógeno.

Figura 11.6. Derecha: Hojas de olivo mostrando síntomas de deficiencia en nitrógeno. Izquierda: Hojas normales.

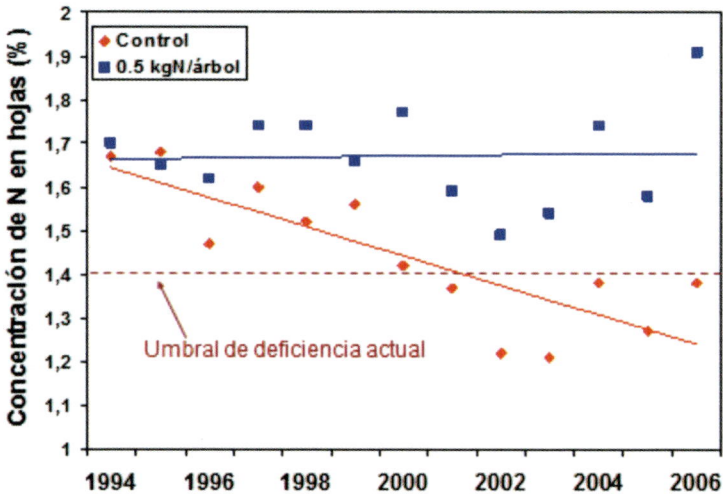

Figura 11.7. Evolución de la concentración anual de nitrógeno en hojas en árboles abonados y no abonados con nitrógeno (Elaborada a partir de datos de Fernández-Escobar *et al.*, 2009a)

no baja del 1,2% después de 12 años sin aportación de nitrógeno. Estos árboles no se diferencian en crecimiento o en producción de los abonados (véase el Cuadro 11,5), por lo que el nivel del 1,2% se ha propuesto como nuevo umbral de deficiencia en el Cuadro 11.2.

Sin embargo, el nitrógeno remanente –el que se encuentra en el suelo en otoño después del ciclo anual del cultivo– se ha cifrado en 160 kg/ha (Giménez *et al.,* 2001) en olivares andaluces y el aporte anual de fertilizantes nitrogenados entre 9 y 350 kg/ha (Fernández-Escobar *et al.,* 1994). Estos datos indican que el exceso de abonado nitrogenado es frecuente en buena parte del olivar.

Pocos estudios se han realizado históricamente para poner de manifiesto los posibles efectos adversos de un exceso de abonado nitrogenado en la planta, aunque se ha citado una mayor susceptibilidad de los árboles a la acción de plagas y enfermedades y una menor tolerancia al frío, aunque con ciertas controversias entre autores. Más recientemente se han realizado trabajos en ese sentido y se ha comprobado que el exceso de la fertilización nitrogenada en olivo aumenta la acumulación de nitrógeno en el fruto y provoca una disminución significativa de la calidad del aceite (Fernández-Escobar *et al.,* 2006). También se ha detectado una disminución de la calidad de la flor, al disminuir la longevidad de los primordios seminales en una proporción similar a la que provoca una deficiencia (Fernández-Escobar *et al.,* 2008); mayor sensibilidad a las heladas primaverales (Fernández-Escobar *et al.,* 2011); y un retraso en la maduración del fruto, que suele provocar una disminución del rendimiento graso (Fernández-Escobar *et al.,* 2014a); y mayor susceptibilidad a repilo (Roca *et al.,* 2018). Concentraciones de nitrógeno en hoja por encima del 1,7% han provocado esos efectos, por lo que se ha establecido ese valor como un nivel de toxicidad (véase el Cuadro 11.2).

Lo que sí se había observado históricamente en el olivar era la falta de respuesta del olivo a las aplicaciones excesivas o innecesarias de nitrógeno. Hartmann (1958) no observó respuesta en producción a la aplicación de nitrógeno en olivares californianos en los que la concentración de nitrógeno en hoja se mantuvo en el intervalo adecuado, mientras que encontró un efecto marcado en plantaciones sobre suelos poco fértiles, en los que la concentración de nitrógeno en hoja era deficiente. Posteriormente, Ferreira *et al.* (1984) encontraron, tras varios años de ensayos en distintas localidades andaluzas, que solo los olivares con baja productividad mostraron una respuesta a la aplicación de nitrógeno. Similares resultados han obtenido más recientemente Fernández-Escobar *et al.* (2009a), quienes, tras varios años de experimentos, no encontraron respuesta a la aplicación de nitrógeno en olivares cuya concentración de este elemento en hoja estaba por encima del nivel de deficiencia (Cuadro 11.5). Todas estas evidencias experimentales indican que el abonado anual de mantenimiento con nitrógeno carece de sentido en el olivar, y que únicamente cabe la aplicación de nitrógeno cuando la concentración en hojas indique una situación de deficiencia. Por ello, el análisis foliar constituye una herramienta útil para la planificación del abonado anual de un olivar.

El nitrógeno es uno de los elementos más ampliamente distribuidos en la naturaleza, pero la fracción disponible para las plantas es muy pequeña y se encuentra en el suelo en forma soluble. Pero el ciclo de nitrógeno en un olivar es muy complejo y compuesto de muchos procesos no todos bien conocidos. Las entradas, las salidas y los cambios de estado del nitrógeno en un olivar quedan esquemáticamente reflejados en la Figura 11.8. El ciclo es muy dinámico y se ve afectado, entre otros, por factores ambientales como la humedad y la temperatura. Quizá ahora sea fácil comprender que el abonado de restitución fuese descartado como método de fertilización, pues no parece factible que la aplicación de una cantidad de nitrógeno igual a la extraída por la cosecha pueda retornar directamente al árbol para compensar las extracciones. Sin entrar en detalles, que rebasaría el ámbito de este capítulo, se puede afirmar que las mayores pérdidas del nitrógeno aplicado en la fertilización se deben a la lixiviación, esto es, al lavado del nitrato presente en la solución del suelo por debajo de la profundidad alcanzada por las raíces, provocado por el agua de lluvia o de riego. El nitrato proviene principalmente de la mineralización de la materia orgánica y posterior nitrificación, del aporte de fertilizantes nitrogenados y del agua de riego, que a veces contiene grandes cantidades de nitratos. La lixiviación del nitrógeno es la principal fuente de contaminación de las aguas subterráneas y su importancia es de tal magnitud que se han declarado zonas vulnerables por la acción del nitrógeno a muchas zonas agrícolas en Europa. Datos obtenidos en el olivar reflejan unas pérdidas de nitrógeno por lixiviación comprendidas entre el 45% y el 75% del que se aplica como abono (Cuadro 11.6); aunque existen diferencias entre fertilizantes, todos los tradicionales se sitúan dentro de ese intervalo (Fernández-Escobar *et al.*, 2004a). Es evidente que los excesos de la fertilización nitrogenada no solamente

CUADRO 11.5

Influencia del abonado nitrogenado en la producción, crecimiento y calidad de la cosecha.
(Valores medios del período 1994-2006)[1].

Nitrógeno aplicado[2] (kg/árbol)	Producción (kg/árbol)	Crecimiento del brote (cm)	Peso del fruto (g)	Rendimiento graso (%)
0	34,3	5,7	3,21	26,67
0,12	36,5	5,9	3,11	25,50
0,25	34,3	5,4	3,08	26,43
0,50	35,8	5,6	3,29	26,31
1	33,4	5,9	3,42	26,94
Significación[3]	NS	NS	NS	NS

[1] Según Fernández-Escobar *et al.* (2009a)
[2] El nitrógeno fue aplicado la mitad al suelo en marzo y el resto vía foliar.
[3] NS = Diferencias no significativas.

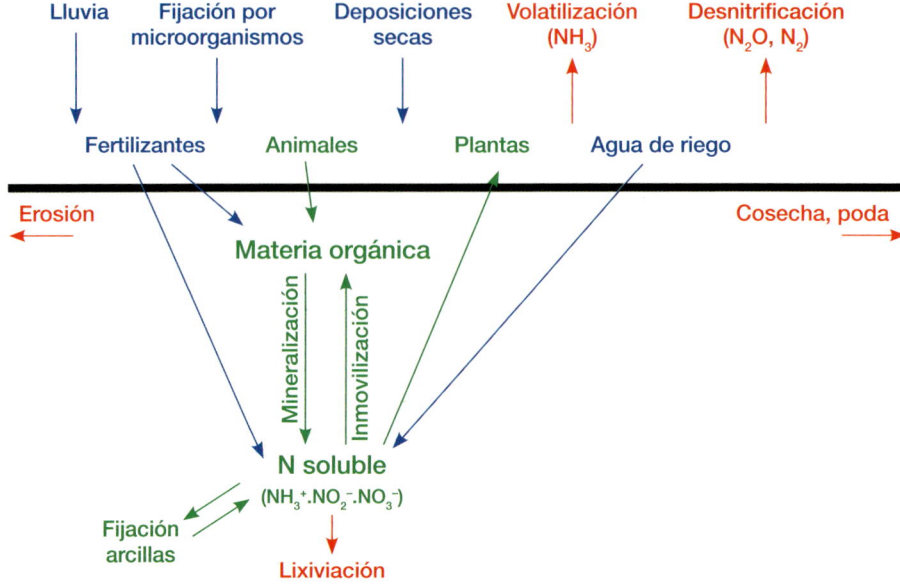

Figura 11.8. Ciclo del nitrógeno en el olivar.

pueden tener efectos adversos en el cultivo, sino que también contribuyen innecesariamente a la contaminación de las aguas subterráneas, por lo que es una práctica que hay que controlar debidamente.

CUADRO 11.6

Pérdidas de nitrógeno mineral en el olivar por lixiviación
(Periodo enero 2003-febrero 2004)[1]

Nitrógeno aplicado[2] (kg/árbol)	Nitrógeno lavado (kg/ha)	Porcentaje sobre el nitrógeno aplicado
0	2,0	–
0,5	46,0	45,1
1	153,8	75,4

[1] Según Fernández-Escobar *et al.* (2012)
[2] El nitrógeno fue aplicado al suelo.

El conocimiento de algunos aspectos de la dinámica del nitrógeno en el olivo es necesario para un buen manejo de la fertilización. Es bien conocido que las hojas constituyen en el olivo un lugar importante de almacenamiento del nitrógeno, junto a raíces y corteza del tronco y ramas, que posteriormente será movilizado para atender el nuevo crecimiento (Klein and Weinbaum, 1984). La acumulación de reservas se produce principalmente durante los años de descarga, cuando hay poca o nula cosecha, pues en los años con cosecha el fruto constituye el principal sumidero de nutrientes (Figura 11.9). Este nitrógeno almacenado en los órganos de reserva es el que utiliza el árbol para el crecimiento inicial en primavera, de ahí su importancia en la nutrición del olivo. Este esquema básico permite comprender que la absorción de nitrógeno por el árbol y su utilización para el crecimiento no son procesos simultáneos y que la fertilización tiene por objeto favorecer la absorción del nitrógeno para su posterior utilización.

La *eficiencia del uso del nitrógeno* (EUN), o más propiamente de la absorción, es la cantidad de nitrógeno absorbida por la planta dividida por la cantidad total de nitrógeno aplicado en forma de abono. Este valor fluctúa entre el 25 y el 50% para los cultivos, alcanzando los cultivos leñosos los valores más bajos, lo que indica que la mayoría del nitrógeno aplicado como abono se pierde, y buena parte de él contribuye a la contaminación de las aguas. En la práctica de la fertilización es necesario tomar medidas para mejorar la EUN o, al menos, para no disminuirla. Entre los factores que influyen en la EUN tenemos, en primer lugar, el estado nutritivo del árbol. Se ha observado que la aplicación de nitrógeno a plantas de olivo que presentaban un buen estado nutritivo en este elemento, redujo la eficiencia del uso del nitrógeno (Fernández-Escobar *et al.*, 2014b), lo que supuso que solo una pequeña proporción del nitrógeno aportado fuera absorbido. En plantas deficientes, por el contrario, casi el 70% del nitrógeno aplicado, bien al suelo bien vía foliar, fue absorbido por las plantas. La EUN también disminuye si se aplica nitrógeno en suelos que contie-

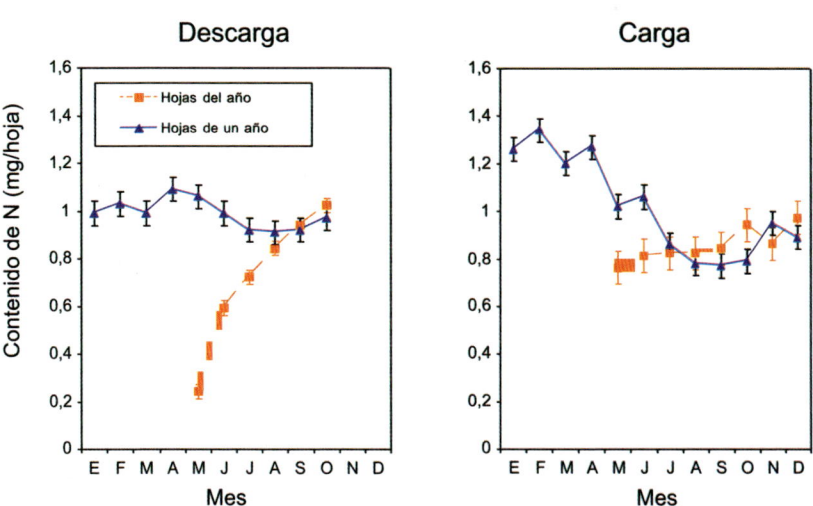

Figura 11.9. Cambios estacionales del contenido de nitrógeno en hojas de olivo. En los años de descarga, las hojas jóvenes acumulan grandes cantidades de nitrógeno durante el ciclo anual, mientras el contenido de las hojas de un año casi no se altera. En los años de carga, el contenido de las hojas de un año disminuye en primavera y verano, pues se moviliza para atender preferentemente al crecimiento del fruto, y las hojas jóvenes acumulan nitrógeno en menor proporción que en descarga. (Según Fernández-Escobar *et al.*, 2004 b).

nen cantidades adecuadas de nitrógeno disponible para las plantas; en consecuencia, al decidir las dosis de nitrógeno a aplicar, hay que tener en cuenta otras fuentes de nitrógeno disponibles ajenas a los abonos como, por ejemplo, la que pueda aportar el agua de riego, en particular si se utilizan aguas residuales o contaminadas que, en ocasiones, aportan más nitrógeno del necesario. La vecería también puede afectar a la EUN. La capacidad de absorción de nitrógeno por los árboles parece limitada en los años de carga, mientras que en los años de descarga esa capacidad aumenta y el árbol aprovecha para almacenar el nutriente en sus órganos de reserva para su posterior utilización en años de carga (véase la Figura 11.9).

La época de abonado afecta a la EUN siendo menor en invierno, cuando el árbol está en reposo. Por eso, el nitrógeno debe aplicarse al suelo cuando las raíces estén activas, lo que comienza a suceder a finales de invierno o comienzos de primavera según el clima de la zona. En la elección del abono hay que considerar fundamentalmente el precio de la unidad fertilizante y su efecto en el pH del suelo, pues todos son efectivos para satisfacer las necesidades del árbol (Fernández-Escobar *et al.*, 2004a). En el olivar de secano, la aplicación foliar de urea al 4% ha dado buenos resultados bien como única vía de aplicación, en cuyo caso hay que repetirla al menos dos o tres veces, bien combinada con la aportación al suelo, en cuyo caso bastaría una sola aplicación en primavera. En este último supuesto se ha observado una mayor EUN, lo que permitiría en muchos casos reducir las dosis totales de nitrógeno aportado. En el olivar de riego es preferible repartir el nitrógeno al suelo en varias aplicaciones, pues aumenta la EUN, minimiza las pérdidas y el árbol suele asimilarlo mejor. Por sus características, el riego localizado aumenta, en general, la EUN en relación con otros métodos de riego que pueden favorecer el lavado del nitrógeno.

5.2. Potasio

El potasio es el elemento que en mayor cantidad extrae el cultivo en la cosecha, (véase el Cuadro 11.4). Esto significa que el potasio es un elemento de importancia en la nutrición del olivo, que se magnifica debido a la influencia que el medio de cultivo tiene en la disponibilidad del potasio por el árbol. De hecho, constituye el principal problema nutritivo del olivar de secano, con grandes repercusiones en el cultivo ya que el potasio interviene en el mecanismo de cierre y apertura de los estomas. En condiciones de deficiencia, el cierre estomático no es completo y el árbol sigue perdiendo agua por transpiración, pudiendo llegar a mostrar síntomas de deshidratación. Los árboles bien nutridos, por el contrario, toleran mejor las condiciones de sequía al cerrar completamente los estomas en momentos de alta radiación.

Las deficiencias, o los niveles bajos de potasio, son generalizadas en buena parte del olivar. Los árboles deficientes muestran necrosis apicales o laterales en hojas y defoliación de ramitas; en años de cosecha, los frutos se muestran arrugados y de un tamaño inferior al normal (Figura 11.10). Estas deficiencias se manifiestan con más intensidad en el olivar de secano y en los años secos, pues la baja humedad del suelo limita la difusión del ión potasio (K^+) en la disolución del suelo e impide su absorción por las raíces. Las deficiencias también son frecuentes en suelos con bajos contenidos de arcilla, pues el poder tampón del suelo es menor y, en consecuencia, el K disponible para el árbol. Los síntomas en hojas, parecidos en ocasiones a los producidos por la falta de boro, ha confundido en el diagnóstico a muchos agricultores que han aplicado boro para corregir la supuesta deficiencia en este elemento. Las causas de deficiencia en potasio son diversas, y destacan, además de la humedad del suelo y de su contenido en arcilla, la temperatura baja del suelo, pues afecta a la actividad de las raíces; la carga del árbol, pues en años de cosecha el consumo de potasio es mayor; las interacciones en la solución del suelo con calcio (Ca) y magnesio (Mg); y, lógicamente, la riqueza de potasio en el suelo. La escasa humedad del suelo en las plantaciones de secano, el marcado carácter vecero de las variedades cultivadas y las interacciones con los iones antes mencionados en los suelos calizos pueden explicar, combinados, las deficiencias generalizadas de este elemento. Asimismo, si el amonio (NH^+) es la fuente primaria de abonado nitrogenado, puede interferir en la absorción de potasio.

Los olivares con deficiencias de potasio son difíciles de corregir, pues el potasio aportado en forma de abono se absorbe en menores cantidades en árboles deficientes y en árboles con estrés hídrico, aún si se aplica vía foliar (Restrepo *et al.,* 2008a). Por ello es conveniente vigilar anualmente la concentración de potasio en hojas y aplicar ese elemento cuando se alcancen valores bajos, antes de llegar a la deficiencia. Las dosis tentativas a aplicar en estos casos son del orden de 1 kg K/

Figura 11.10a. Síntomas de deficiencia de potasio en ramas de olivo.

Figura 11.10b. Ápices y bordes de hojas necróticos típicos de una deficiencia en potasio.

Figura 11.10c. Frutos normales (arriba) y procedentes de árboles deficientes en potasio (abajo).

árbol al suelo, siempre que la humedad del mismo no sea el factor limitante. En las aplicaciones al suelo hay que tener presente que el potasio, al contrario que el nitrógeno, tiene una movilidad baja, en particular si el contenido de arcilla es alto. Esto significa que el potasio se queda en la superficie del suelo, salvo que se localice en las proximidades del sistema radical. Por ello, es aconsejable realizar estas aplicaciones inyectando el producto en el suelo alrededor del árbol, como se indica más adelante en el apartado 8.1. En el secano, 2 a 4 aplicaciones foliares al 1-2% de K en función del estado en K del árbol, ha dado resultados satisfactorios, aunque suele ser necesaria la repetición en campañas sucesivas hasta elevar la concentración de K en hojas a su nivel adecuado. Las aplicaciones conviene hacerlas en primavera, pues las hojas jóvenes absorben mayores cantidades de potasio que las maduras (Restrepo-Díaz *et al.*, 2009). En general, aplicaciones más diluidas y más frecuentes han resultado más efectivas para aumentar el nivel de potasio en hojas que las más concentradas y menos frecuentes. Todos los fertilizantes potásicos actualmente en el mercado son efectivos. El cloruro potasio (KCl), aún aportando el ión cloruro que es tóxico para muchas plantas, puede ser utilizado sin problemas en el olivo ya que se ha observado que no produce efectos adversos en el árbol si se utiliza como se ha indicado anteriormente (Restrepo-Díaz *et al.*,2008b).

5.3. Fósforo

El fósforo es un elemento importante en la fertilización de cultivos anuales, pero en el caso de cultivos perennes y leñosos su importancia relativa disminuye por la facilidad de reutilización de este elemento y las bajas extracciones (véase el Cuadro 11.4). Por consiguiente, la falta de respuesta al abonado fosfórico es un fenómeno general en el olivar. En el olivar andaluz es fácil encontrar niveles de fósforo en hoja en el intervalo 0,07-0,14% sin que en ningún caso se haya encontrado respuesta al abonado. Observar, pues, una deficiencia tan severa que muestre síntomas en árboles adultos es muy difícil. Solo se ha conseguido inducir en algunas plantas muy jóvenes creciendo en un sustrato inerte y después de varios meses, alcanzando concentraciones en hojas de 0,025% (Jiménez-Moreno y Fernández-Escobar, 2016). En estas condiciones, las hojas muestran unos tonos púrpuras concentrados en la parte apical (Figura 11.11). Por otra parte, excesos de abonado fosfórico han inducido deficiencias de cinc (Zn) en plantas jóvenes de olivo.

Figura 11.11. Planta joven de olivo cultivada en un sustrato inerte mostrado síntomas de deficiencia de fósforo tras cinco meses sin aportaciones de este elemento.

Es probable que solo en árboles cultivados en suelos muy pobres en este elemento, las concentraciones en hojas alcancen niveles deficientes y puedan responder al abonado. En estos casos puede probarse con la aplicación de 0,5 kg de fósforo por árbol en forma de superfosfato. La micorrización de plantas jóvenes de olivo es una práctica habitual en muchos viveros, pues las plantas toleran mejor algunos estreses bióticos y abióticos. En algunas especies se ha observado que la micorrización aumenta la absorción de P, pero no ha sido así en el caso del olivo (Jiménez-Moreno *et al.*, 2018).

Conviene resaltar que las reservas de fósforo mineral en el planeta son finitas y se estima que, con el uso actual de fertilizantes fosfóricos, esas reservas se agoten en el siglo actual (Cordell *et al.*, 2009), lo que sugiere un uso más sostenible y responsable de estos fertilizantes pues, aunque no se haya encontrado respuesta a la aplicación de P en el olivar, este forma parte de muchos programas de fertilización.

5.4. Calcio

Buena parte del olivar español se encuentra sobre suelos calizos de reacción alcalina, lo que ha hecho difícil encontrar deficiencias de calcio en este olivar. Por el contrario, el exceso de calcio en estas plantaciones puede provocar deficiencias de potasio (K) y de magnesio (Mg), pues estos tres iones interaccionan entre sí en el complejo de cambio del suelo.

Algunos olivares sin embargo, muchos de ellos jóvenes, están situados sobre suelos ácidos, donde el agua de lavado ha eliminado gran parte de las bases de cambio y las concentraciones de calcio se reducen hasta valores que pueden provocar deficiencias. En casos extremos esto puede provocar una reducción del crecimiento del árbol, pero en casos menos graves la falta de calcio puede afectar a la consistencia de la pulpa de la aceituna, lo que puede ocasionar problemas de calidad en aceitunas de mesa. En estos casos, una vez diagnosticados, hay que proceder al encalado del suelo a base de carbonato cálcico o de óxido de calcio para neutralizar la acidez. La cantidad a aplicar depende de la textura y del pH del suelo, por lo que hay que calcularla en función de los resultados del análisis del suelo. Las aplicaciones normales suelen ser entre 2,5 y 7,5 t/ha de carbonato cálcico.

En algunos casos puede presentarse una deficiencia de calcio no asociada al pH del suelo. En estos casos pueden realizarse aplicaciones foliares de compuestos que contienen calcio. Como una indicación tentativa, puede probarse con cloruro cálcico a 2,5 g/L.

5.5. Magnesio

El magnesio es un elemento que suele encontrarse en cantidades importantes en la disolución del suelo con un comportamiento en el mismo similar al del calcio, por lo que la deficiencia de este elemento en el olivar es muy rara. En el caso de suelos ácidos podrían encontrarse deficiencias que habría que corregir tratando de neutralizar la acidez como en el caso del calcio, pudiéndose emplear en este caso carbonato magnésico. En suelos neutros y arenosos el sulfato magnésico puede ser apropiado en caso de diagnosticar la deficiencia. Hay que considerar que, en ocasiones, las deficiencias en magnesio pueden ser inducidas por altas concentraciones de potasio (K), calcio (Ca) y amonio (NH^+), pues esos iones compiten en la solución del suelo. Si la relación K de cambio/Mg de cambio es superior a 1, cabe esperar que se produzcan esas deficiencias.

5.6. Hierro

La deficiencia de hierro, conocida como *clorosis férrica,* es un desequilibrio nutritivo que puede afectar a olivares establecidos en suelos muy calizos, con un pH elevado. En este medio las formas iónicas del hierro son poco solubles y no están disponibles para las plantas aún estando presentes en cantidades suficientes en el suelo. Los árboles afectados por la clorosis férrica muestran unos síntomas característicos de clorosis en hoja caracterizados por una amarillez de intensidad variable en el limbo pero manteniendo verdes las venas, acompañada de una disminución del tamaño de las hojas apicales, un crecimiento pequeño de los brotes y una disminución de la producción (Figuras 11.12 y 11.13). La aceituna de mesa se deprecia pues los frutos suelen ser menores y afectados, asimismo, de clorosis. Estos síntomas son el medio de diagnóstico de la deficiencia, pues el análisis foliar no sirve en este caso ya que el hierro se acumula en hojas aún en situaciones de deficiencia y resulta normal encontrar mayor concentración de hierro en hojas deficientes que en hojas sanas.

La deficiencia de hierro también está relacionada con condiciones de poca aireación del suelo, pues aumenta la concentración del anión bicarbonato en la disolución del suelo agravando la clorosis férrica. Por ello, hay que evitar las condiciones de encharcamiento en suelos calizos.

La corrección de la clorosis férrica es difícil y costosa. La mejor solución para nuevas plantaciones es la elección de una variedad tolerante a esa anomalía. En olivares establecidos, el remedio pasa por la aplicación anual de quelatos de hierro al suelo, que permiten la disposición de hierro para la planta durante un tiempo moderadamente prolongado en comparación con otros productos (véase también el Capítulo 8), o la inyección de soluciones de hierro al tronco de los árboles (véase Figura 11.20) en la forma descrita por Fernández-Escobar *et al.* (1993). El tratamiento mediante inyección es más efectivo y sus efectos pueden prolongarse durante cuatro o más años.

5.7. Manganeso, cinc y cobre

Las cantidades requeridas de estos elementos por el olivo son aún menores que las de otros y los suele tomar con facilidad de la solución del suelo. El cobre suele presentarse con unos niveles altos en hojas de olivo, pues se aporta normalmen-

Figura 11.12. Arriba: Hojas de olivo mostrando síntomas de clorosis férrica. Abajo: Hojas normales.

Figura 11.13. Síntomas de clorosis férrica en olivo.

te como producto fungicida en el olivar. Del manganeso y del cinc se conoce muy poco en relación con el olivo, pues suelen encontrarse en hoja en niveles adecuados, por lo que las posibles deficiencias deben tener un alcance local. Las enmiendas que traten de bajar el pH del suelo podrían poner estos elementos a disposición del árbol. La aplicación foliar de esos elementos en forma de sulfato o de quelatos puede probarse para corregir una posible deficiencia que no se corrija de otro modo, aunque en el caso del cinc habría que comprobar que no produce cierta fitotoxicidad. El cinc también podría aplicarse al suelo en forma de sulfato.

5.8. Boro

El olivo es una planta que se la considera con altos requerimientos en boro y, de hecho, es más tolerante a un exceso de boro en la solución del suelo que otras especies frutales. La disponibilidad de boro por las plantas disminuye en condiciones de sequía y conforme aumenta el pH del suelo, particularmente en suelos calizos. Estas condiciones del medio son frecuentes en el olivar.

En árboles deficientes en boro se encuentran hojas con clorosis apicales y marginales, formaciones en los brotes conocidas como «escobas de bruja», y malformaciones en los frutos. Los síntomas en hojas pueden confundirse con las mostradas por una deficiencia en potasio, lo que ha provocado en buena parte del olivar que deficiencias en potasio sean tratadas con boro al asociar el síntoma con deficiencia en este elemento. De nuevo conviene insistir en que el análisis de las hojas es imprescindible para diagnosticar problemas nutritivos antes de realizar cualquier tratamiento. De hecho, un problema adicional es que el boro aplicado en exceso es un ión tóxico, que puede incluso acarrear la muerte de plantas de olivo, en particular las jóvenes (Benlloch *et al.*, 1991).

En caso de deficiencia diagnosticada, esta es fácil de corregir aplicando entre 25-40 gramos de boro por árbol al suelo. En suelos calizos con pH > 8 y en secano, es preferible la aplicación foliar de productos solubles a una concentración de 0,1% de boro antes de la floración.

6. Elementos beneficiosos: el silicio

Hay elementos que no cumplen con los criterios de esencialidad, pero se consideran beneficiosos para el crecimiento de las plantas. Se citan, entre ellos, el sodio (Na), tóxico para la mayoría de las plantas pero beneficioso para otras, como las halófitas; el cobalto (Co), que juega un papel importante en la fijación de nitrógeno por las leguminosas; el selenio (Se), que se acumula en algunas plantas, pero no en la mayoría; el aluminio (Al), también tóxico para muchas plantas; y el silicio (Si), del que cabe destacar su importancia actual, dado el número de trabajos relacionados con este elemento que se han desarrollado en los últimos años en distintas especies de plantas, incluida el olivo.

El Si es el segundo elemento más abundante en la corteza terrestre, tras el oxígeno, y es considerado beneficioso por su papel en la tolerancia a estreses bióticos y abióticos. Aunque en algunos trabajos se ha planteado su posible esencialidad, resultados recientes obtenidos en el olivo han mostrado que no lo es (Martos-García *et al.,* 2024). El Si se encuentra en el suelo en forma sólida como sílice y silicatos y en forma líquida como ácido monosilícico, que es la forma en la que lo toman las plantas. Todas las plantas que crecen en el suelo contienen Si en sus tejidos, pero la concentración depende del tipo de suelo y de las plantas (Tubana *et al.,* 2016; Debona *et al.,* 2017). En este sentido, el olivo es una planta poco acumuladora de Si, como sucede con otras especies frutales.

El Si absorbido por las raíces se distribuye por los tejidos de las plantas por la transpiración. En los brotes, el ácido silícico se concentra debido a la pérdida de agua por transpiración y se polimeriza formando una capa de gel de sílice entre la cutícula y las células epidérmicas de las hojas. Esto impide la translocación del Si a las hojas nuevas en crecimiento. Esta capa de gel aumenta al hacerlo el Si aportado y constituye una barrera física que parece reducir la incidencia de plagas y enfermedades, y aumentar la tolerancia al estrés hídrico y otros estreses abióticos. Pero el Si también forma una barrera química pues estimula la producción de compuestos fenólicos, fitoalexinas y otros productos que activan los mecanismos de defensa de las plantas.

La aplicación de Si a las plantas hace que se acumule más en los brotes y aumente sus efectos, particularmente en plantas poco acumuladoras de Si en condiciones naturales como es el olivo. Como una vez depositado en las hojas el Si es inmóvil, hay que aplicarlo varias veces para que se acumule en las hojas nuevas y aumente la tolerancia a los estreses mencionados. En el olivo el Si puede aplicarse tanto a través del agua de riego como vía foliar, lo que resulta muy interesante en el olivar de secano. La aplicación en plantas jóvenes de olivo ha reducido la incidencia de repilo (Nascimento- Silva *et al.,* 2019), aunque se han observado diferencias varietales. También se está observando un mejor control de la mosca del olivo y un aumento de la absorción de nitrógeno por el olivo, lo que reduciría aún más el uso de fertilizantes nitrogenados. La dosis más apropiada para aumentar el Si en hojas ha resultado de 20 mg/L de Si aplicado de forma continua (Nascimento-Silva *et al.,* 2022). En condiciones de campo, tres o cuatro aplicaciones desde la primavera al otoño son necesarias para aumentar el Si en hojas jóvenes en crecimiento.

7. Salinidad

Por salinidad se entiende el exceso de sales minerales solubles presentes en el medio de cultivo. Esas sales minerales están compuestas, en su mayoría, por los elementos minerales esenciales tratados anteriormente, por lo que un exceso de ellos puede causar daños de consideración. Sus efectos negativos están asociados con una reducción de la disponibilidad de agua del suelo y con la acumulación de iones específicos en las hojas. En la actualidad, la salinidad es uno de los factores ambientales más importantes que afectan al crecimiento y a la productividad de las plantas, particularmente en las regiones áridas y semiáridas del mundo, y está aumentando en las tierras de cultivo de todo el mundo.

Los efectos negativos de la salinidad dependen de la concentración de sales y de la tolerancia de las plantas. En este sentido, el olivo es una planta moderadamente tolerante a la salinidad, y puede ser cultivado sin problemas en algunos suelos salinos. Pero en algunos de esos suelos si bien el olivo sobrevive, la reducción del crecimiento es patente (Figura 11.14).

Figura 11.14. Acumulación excesiva de sales en la superficie del suelo de un olivar provocada por el riego sucesivo con aguas salinas procedentes de un arroyo cercano, aplicadas por aspersión. Si bien los árboles sobreviven, su tamaño, de una altura aproximada de 2 metros, no se corresponde con una edad de 20-30 años.

El olivo puede soportar una conductividad eléctrica (CE) del extracto saturado del suelo entre 4 y 6 dS/m y en suelos ricos en calcio, como aquellos que contienen yeso, esos valores pueden incrementarse en 2 dS/m. Pero es evidente que existen diferencias varietales. A este respecto, entre las variedades españolas destacan 'Picual', 'Arbequina' y 'Lechín de Sevilla' como las más tolerantes a la salinidad, seguidas de 'Hojiblanca', 'Manzanilla de Sevilla', 'Gordal Sevillana', 'Changlot Real', 'Verdial de Vélez', 'Lechín de Granada' y 'Picudo' como moderadamente tolerantes, y 'Arbosana' y 'Pajarero' como sensibles (Marín *et al.,* 1995).

Aún a bajos contenidos de sales solubles totales, el crecimiento de las plantas puede afectarse por el exceso de algunos iones específicos, en particular el cloruro (Cl⁻), el sodio (Na) y el boro (B). El olivo es muy tolerante a un exceso de cloruro, por lo que este ión no representa un problema en el cultivo del olivo, hasta el punto de que se puede aplicar KCl o CaCl$_2$ sin problemas tanto en el agua de riego como vía foliar. El exceso de sodio, sin embargo, puede afectar negativamente tanto al suelo como a la planta. Los suelos con un porcentaje de sodio intercambiable (PSI) superior al 15% son considerados suelos sódicos o alcalinos, y causan un deterioro general de la estructura del suelo provocada por una dispersión de las partículas de arcilla que da como resultado una mala aireación, una reducción de la permeabilidad y la obturación de la superficie del suelo. El olivo puede afectarse a valores de PSI entre el 20 y el 40%. La aplicación de yeso en cantidades ajustadas en función del análisis de suelo hace que el calcio (Ca) desplace al sodio (Na) en el complejo de cambio del suelo y este pueda ser lavado. En el olivo se ha observado que la aplicación de CaCl$_2$ al agua de riego impide el transporte de sodio desde la raíz a la parte aérea, reduciendo o anulando el efecto negativo de este ión (Melgar *et al.,* 2006).

El boro (B) es, igual que el cloro (Cl), un elemento esencial para el crecimiento de las plantas, pero en exceso puede resultar tóxico e incluso causar la muerte, al menos de plantas jóvenes (Benlloch *et al.,* 1991). Pero el olivo es también moderadamente tolerante al boro y puede tolerar hasta 2 ppm en la solución del suelo. Hay que indicar que el exceso de boro en la solución del suelo está asociado normalmente con altas concentraciones de este ión en el agua de riego.

El riego del olivar es una práctica que se está extendiendo por muchas regiones del mundo, y en muchas ocasiones se está utilizando aguas salinas. Estas aguas provocan la salinización del medio, pues las sales que contienen se acumulan en el perfil del suelo, lo que puede provocar serios problemas. Para evitarlos, es necesario el lavado de las sales mediante la aportación de agua de riego por encima de las necesidades del cultivo.

Algunos estudios indican que el olivo puede regarse con aguas con una conductividad eléctrica (CE) de hasta 5 dS/m, e incluso de hasta 10 dS/m en variedades tolerantes como 'Picual'. El riesgo de sodificación del suelo debido al agua de riego se mide por la Relación de Adsorción de Sodio (RAS). Por lo general, se considera que una RAS < 3 indica un agua de buena calidad. Pero el riesgo de sodicidad depende también de la CE, de manera que para un mismo valor de la RAS el riesgo disminuye al aumentar la CE en el agua de riego. Una regla que parece efectiva en otras especies, y posiblemente también en el olivo, es mantener la RAS < 5 × CE. En esas condiciones, el lavado de sales al aplicar una fracción de lavado a las dosis de riego puede ser suficiente para controlar la salinidad. Por otra parte, el olivo puede tolerar concentraciones de 2 g/L de NaCl y hasta 4 g/L (e incluso 8 g/L) en variedades tolerantes. Asimismo, puede tolerar 1-2 mg/L de boro en el agua de riego.

En conclusión, si se cultiva una variedad tolerante, se hace un uso apropiado de las aguas salinas, se aplica calcio para prevenir la toxicidad del sodio, y se utiliza un sistema de riego de alta frecuencia para mantener la humedad en el suelo, podría cultivarse el olivo sin problemas usando aguas salinas.

8. Aplicación de fertilizantes

Existen tres formas de aplicar fertilizantes a los árboles: al suelo, para favorecer su absorción por las raíces; a las hojas en pulverización sobre las mismas para provocar su penetración; y al sistema vascular mediante inyecciones al tronco o a las ramas. Cada forma de aplicación presenta ventajas e inconvenientes, por lo que serán tratadas de forma individual.

8.1. Aplicación al suelo

Es la forma tradicional de aportar fertilizantes a los cultivos, y trata de enriquecer la solución del suelo en las proximidades de las raíces para que estas absorban los elementos nutritivos. Las aplicaciones pueden realizarse en superficie o localizadas en profundidad. Las primeras suelen ser las más comunes por su facilidad y menor coste, y están indicadas para la aplicación de elementos móviles como el nitrógeno. El abono puede enterrarse mediante una labor superficial para evitar la volatilización del elemento o bien incorporarlo al suelo mediante un riego o aprovechando el agua de lluvia.

Al realizar una aplicación en superficie hay que distribuir el producto por toda ella de la forma más homogénea posible. Esto puede realizarse a voleo con la mano o con una abonadora. En el olivar las raíces suelen ocupar todo o casi todo el suelo disponible pues, salvo que existan limitaciones, las raíces absorbentes se localizan en los horizontes más superficiales del suelo, que suelen ser los más ricos y mejor aireados del mismo. Al distribuir los productos por toda la superficie se ponen en contacto con un mayor número de raíces absorbentes a pequeñas concentraciones, mejorando la eficiencia de la absorción de los nutrientes. Sin embargo es una práctica muy habitual, aunque nefasta, la aplicación de los abonos en superficie en chorrillos alrededor del árbol, como se muestra en la Figura 11.15. Esta práctica localiza el abono en una estrecha zona radical, lejos de la mayoría de las raíces absorbentes que no pueden acceder al mismo. Las raíces cercanas al producto deben soportar, además, una alta concentración de este en sus alrededores, lo que puede provocar lesiones y, en cualquier caso, limitar la absorción de los nutrientes.

En los olivares que disponen de un sistema de riego localizado es conveniente la instalación de un tanque de fertilización en el cabezal de riego para aplicar los abonos disueltos en el agua de riego. Esta técnica, conocida como *fertirrigación,* es de utilización cada vez más frecuente y tiene la ventaja del bajo coste de la aplicación de fertilizantes y de la eficacia de la misma, pues el sistema localiza los nutrientes en las proximidades de las raíces absorbentes, distribuidas en el bulbo de riego. Además, permite el fraccionamiento en la aplicación, lo que favorece que el árbol tome los nutrientes cuando los requiera. La técnica se describe con detalle en el Capítulo 13.

Figura 11.15. Práctica común y poco efectiva de abonado al suelo. El abono debe repartirse en la totalidad de la superficie para mejorar la absorción por las raíces.

Las aplicaciones de abonos en profundidad tienen por objeto localizar, en las proximidades del mayor número de raíces absorbentes posibles, elementos nutritivos poco móviles en el suelo, como el potasio, o que se bloquean con facilidad, como el hierro. Son aplicaciones poco utilizadas en el olivar por su mayor coste, pero necesarias si esos elementos se aplican al suelo. Para ello se realizan hoyos alrededor del árbol donde se incorpora, y entierra, el producto; o bien se emplea una lanza inyectora unida a una cuba de tratamientos, que inyecta el producto líquido en el suelo al pinchar en el mismo (Figura 11.16). En cualquier caso, la eficacia de la aplicación aumenta al aumentar el número de hoyos o de pinchazos alrededor de cada árbol lo que, a su vez, aumenta los costes de la aplicación. El empleo de una lanza inyectora es recomendable para evitar daños en el sistema radical de los árboles y para reducir costes de aplicación. En estos casos, suelen bastar unos ocho pinchazos alrededor de un árbol adulto, pudiendo inyectarse de 4 a 6 litros de solución en cada pinchazo. En ocasiones se ha realizado una zanja o un surco profundo en mitad de la calle de la plantación para localizar el abono en la misma, al objeto de mecanizar la operación y reducir costes. Esta práctica, además de ser menos efectiva, puede provocar la rotura de raíces gruesas que dañaría gravemente a los árboles.

Desde un punto de vista global, las aplicaciones al suelo presentan algunos inconvenientes. Uno de ellos es que si un nutriente está bloqueado en el suelo por alguna característica del mismo, su aplicación al suelo no suele ser efectiva. Un ejemplo claro en el olivar lo constituye el potasio, un macronutriente que muestra

Figura 11.16. Aplicación de fertilizantes mediante inyección al suelo de una solución nutritiva.

niveles bajos o deficientes en hojas en buena parte del olivar de secano, aún cuando este se cultive en suelos ricos en ese elemento nutritivo. Las causas de deficiencia en potasio se indicaron anteriormente; cuando esas condiciones se presentan en un olivar, la aplicación de potasio al suelo no suele corregir el problema.

Otro inconveniente de las aplicaciones al suelo es su baja eficiencia cuando se aportan elementos móviles. Aunque el buen manejo de las técnicas tratadas anteriormente minimizan ese problema, la realidad es que las aplicaciones al suelo de elementos como el nitrógeno aumentan considerablemente la contaminación de las aguas.

8.2.   Fertilización foliar

La fertilización foliar es una técnica basada en la capacidad de absorción de productos químicos por las hojas. Aunque la técnica es más moderna que la que aplica los nutrientes al suelo, los primeros trabajos publicados sobre ella datan de mediados del siglo XIX, siendo hoy en día una técnica aceptada por los agricultores de todo el mundo (Figura 11.17).

Comparada con la aplicación al suelo, la fertilización foliar presenta la ventaja de una utilización más rápida del producto y de una forma más efectiva. En experimentos realizados para optimizar el abonado nitrogenado en el olivo, Sánchez-Zamora y Fernández-Escobar (2002) observaron que cuando la misma cantidad de nitrógeno se repartía mitad al suelo y mitad foliar, el nitrógeno en hoja aumenta-

Figura 11.17.Aplicación foliar de fertilizantes.

ba significativamente cuando se comparaba con la aplicación de todo el nitrógeno al suelo (Cuadro 11.7); en otras palabras, aumentaba la eficiencia de la absorción del nitrógeno. Esto indica que si al menos la mitad del nitrógeno se aplica vía foliar, es posible reducir la dosis necesaria para corregir deficiencias de ese elemento. Esta característica enfatiza la potencialidad de la fertilización foliar para disminuir la contaminación del suelo y de las aguas. La fertilización foliar se hace necesaria, en todo caso, cuando haya que aportar elementos bloqueados en el suelo por alguna característica de estos.

CUADRO 11.7

Influencia de la forma de aplicación en la concentración de nitrógeno en hojas muestreadas en julio

Forma de aplicación	Concentración de N en hojas (%)[1]					
	1994	*1995*	*1996*	*1997[3]*	*1998*	*1999*
Suelo	1,70b	1,67b	1,60b	1,67a	1,70b	1,62b
Suelo + Foliar[2]	1,86a	1,91a	1,81a	1,64a	1,88a	1,70a

[1] En cada columna, letras diferentes a continuación de las medias indican diferencias significativas a P ≤ 0,05.
[2] Repartido al 50%.
[3] Hojas recogidas en septiembre.

La fertilización foliar suele resultar más económica cuando se aplican micronutrientes, dadas las pequeñas cantidades requeridas de estos elementos por el olivo. Cuando se aplican macronutrientes, como el nitrógeno y el potasio, es necesario aumentar el número de aplicaciones. En cualquier caso, el coste de la aplicación puede reducirse si se combina con la de pesticidas, pues se aprovecha el mismo tratamiento para aplicar esos productos. Sin embargo, hay que señalar en este punto el abuso que normalmente hace el agricultor con esta posibilidad, pues, por lo general, trata de mezclar en la cuba todo tipo de productos para aprovechar el tratamiento. Aunque no disponemos de datos precisos, cabe sospechar que dada la concentración de productos químicos normalmente aplicados, en ocasiones no miscibles, la eficacia de la fertilizacion foliar se reduce.

Como inconvenientes de la fertilización foliar cabe destacar, en primer lugar, el lavado del producto si cae una lluvia moderada una vez realizado el tratamiento. De producirse la lluvia inmediatamente cabría la posibilidad de repetirlo una vez que las condiciones fueran favorables, pues se podría asumir una escasa penetración del mismo a través de la hoja, pero si el lavado se produce cuando ya se ha absorbido parte del producto, la dificultad estriba en saber qué cantidad ha sido la realmente absorbida y si se hace necesario repetir la aplicación y en qué cuantía. Otro inconveniente de la fertilización foliar es la fitotoxicidad que puede producirse a altas concentraciones; de ahí la dificultad de tomar la decisión de repetir la aplicación cuando parte del producto se ha absorbido. Por último, la fertilización foliar resulta poco efectiva con algunos productos, particularmente con los compuestos de hierro. En todo caso, es una buena técnica que permite fraccionar la aplicación de macronutrientes en el olivar de secano.

8.2.1. *Factores que afectan a la absorción de nutrientes por la hoja*

La absorción foliar de nutrientes está influida directamente por las condiciones ambientales y, muy particularmente, por la humedad y la temperatura. La absorción tiene lugar mientras la hoja se mantiene húmeda y cesa una vez que se ha secado. Si aún queda materia activa del producto por penetrar, esta se queda en forma sólida sobre la superficie de la hoja, y la absorción podría reanudarse si la hoja se mojase de nuevo en cantidades que no provoquen el lavado. Por ello, la aplicación de nutrientes mejora si se realiza de noche, cuando la humedad relativa es mayor, y se reduce si se hace en días calurosos o en las horas centrales del día, cuando la temperatura más elevada provoca una disminución de la humedad relativa. La utilización de agentes mojantes o surfactantes aumenta la humectación de la hoja al disminuir la tensión superficial y, en consecuencia, reducir el ángulo de contacto entre el líquido y la superficie de la hoja. Su empleo favorece la absorción foliar del producto aplicado.

La edad de la hoja juega un papel importante en la absorción. Las hojas de mayor edad son menos eficientes en la absorción de nutrientes que las más jóvenes. Entre otras razones, el aumento del espesor de la cutícula y la reducción de la actividad metabólica de esas hojas explican esa baja absorción. En consecuencia, las aplicaciones foliares habría que realizarlas cuando se dispusiera de hojas jóvenes, lo que en nuestras condiciones significa entre los meses de abril a julio.

Por último, la formulación química y la concentración del producto influyen también en la absorción de los nutrientes vía foliar. Aunque no se pueden recoger aquí las características de todos los abonos foliares, sí conviene indicar que la urea no solo es un excelente abono nitrogenado para su aplicación foliar en olivo (Klein y Weinbaum, 1984) sino que, además, como se ha observado en otras especies, su mezcla con otros nutrientes favorece la absorción foliar de estos, pues las cutículas de las hojas se hacen más permeables en presencia de urea. Por último, un producto más diluido se absorbe generalmente mejor a través de las hojas que más concentrado, y disminuye el riesgo de fitotoxicidad.

8.3. Inyecciones al tronco de los árboles

La inyección de productos químicos en el sistema vascular constituye la tercera forma de aplicación de productos a los árboles. Aunque la técnica no está tan extendida como las anteriores, sus orígenes se remontan hasta el siglo XII cuando un árabe, probablemente andaluz, introduce sustancias sólidas en las médulas extirpadas de tallos o raíces, o insertándolas entre la corteza y la madera. Posteriormente, Leonardo da Vinci, en el siglo XV, realiza los primeros ensayos sistemáticos al introducir sustancias líquidas en agujeros practicados en el tronco de los árboles. Es en la segunda mitad del siglo XX cuando se desarrollan otros métodos de inyección simultáneamente al desarrollo de productos sistémicos. Las inyecciones al tronco tienen un uso más extendido en el control de plagas y enfermedades de los árboles, y más restringido en la aplicación de nutrientes. La principal ventaja desde el punto de vista de la fertilización es su utilidad cuando las aplicaciones al suelo o foliares son inefectivas, por lo que su aplicación en el olivo se reduce en la actualidad al tratamiento de la clorosis férrica. En adición a lo anterior, la contaminación del aire o de las aguas se anula, pues todo el producto queda en el interior del árbol, lo que ofrece, además, un uso más eficiente del mismo.

Han sido numerosos los métodos de inyección desarrollados, y su escasa eficiencia o su elevado coste han sido las causas del escaso empleo de esta técnica. Globalmente, los métodos pueden agruparse en dos procedimientos distintos: infusión e inyección. El primer proceso depende de la corriente transpiratoria del árbol para distribuir el producto a través del xilema y engloba dos métodos que se han utilizado en el olivar para aplicar compuestos ricos en hierro. El primero se denomina de *impregnación de la corteza*, y consiste en aplicar el producto sobre la corteza de los árboles como si se tratase de un encalado (Figura 11.18) para que, por difusión a través de la misma, alcance el tejido conductor del árbol. La utilidad del método es muy limitada, pues depende de la posibilidad de movimiento de los solutos a través de los tejidos de la corteza, que supone una fuerte barrera. El segundo método consiste en la incrustación en el tronco de los árboles

Figura 11.18. Impregnación de la corteza con compuestos ricos en hierro.

de cápsulas sólidas del producto a aplicar (*implantes*) de un tamaño comprendido entre los 8 y los 13 mm de diámetro y 3 a 4 cm de longitud. Los fluidos del xilema disuelven el material incrustado, que es arrastrado por las corrientes transpiratorias del árbol distribuyéndose por el mismo. Para que el tratamiento sea efectivo hay que incrustar un elevado número de implantes alrededor del tronco para garantizar una distribución homogénea. Uno de los problemas que presenta este método es que la disolución del material por los fluidos del xilema se realiza mientras el corte del mismo esté fresco, por lo que una vez que cicatriza la herida deja de introducirse el producto en el árbol. En época de actividad la cicatrización puede ser muy rápida. Con el tiempo, el implante no disuelto que queda incrustado en la madera produce unas áreas necróticas (Figura 11.19) que terminan dañando el tronco.

El segundo procedimiento es el de inyección propiamente dicho, que utiliza el producto en forma líquida y se fuerza a penetrar en el árbol mediante la presión ejercida por un aparato, eliminando los problemas encontrados con los métodos anteriores. Los sistemas desarrollados con este procedimiento han sido numerosos, particularmente en la segunda mitad del siglo XX. Se dividen en *sistemas de alta presión*, que fuerzan la solución a presiones comprendidas entre 0,7 y 1,4 MPa y los de *baja presión*, que lo hacen a presiones inferiores a 100 kPa. Estos últimos son hoy en día los más populares por su facilidad de uso y la eficiencia en la distribución del producto. El recogido en la Figura 11.20, consta de un inyector plástico que se coloca en el tronco o en las ramas principales, y de una cápsula presurizada,

Figura 11.19. Daños producidos por la aplicación de implantes de hierro en el tronco de los árboles.

Figura 11.20. Inyección a baja presión para la corrección de la clorosis férrica.

fabricada de un material extensible y elástico, que contiene el líquido a inyectar. Al conectar ambos componentes, la presión ejercida por la cápsula permite conectar con las corrientes transpiratorias y distribuir el producto por el árbol. En el modelo actualmente en uso, tanto el inyector como la cápsula están provistos de una válvula que permite el acople rápido sin posible pérdida del líquido, y la cápsula está embolsada para prevenir un accidente que la hiciera estallar. El número de inyecciones por árbol depende del tamaño de este, pero normalmente varían de una a tres, y el efecto de un tratamiento contra la clorosis férrica en olivo persiste durante, al menos, cuatro años.

El principal inconveniente del empleo de técnicas de inyección es el posible daño por fitotoxicidad que se puede producir si no se emplea la técnica correctamente. En este sentido, se ha observado que el mayor riesgo existe cuando los árboles se inyectan en primavera, durante el periodo de expansión foliar, aunque todo depende también del producto a inyectar. En el olivo se ha observado que en invierno la absorción de las inyecciones es muy buena, sobre todo en días claros (Sánchez-Zamora y Fernández-Escobar, 1999), y el riesgo de fitotoxicidad se minimiza.

9. Bibliografía

Arnon, D.I.; Stout, P.R. (1939). The essentiality of certain elements in minute quantity for plants with special reference to copper. *Plant Physiol.,* 14: 371-375.

Benlloch, M.; Arboleda, F.; Barranco, D.; Fernández-Escobar, R. (1991). Response of young olive trees to sodium and boron excess in irrigation water. *HortScience,* 26: 867-870.

Beutel, J.; Uriu, K.; Lilleland, O. (1983). Leaf analysis for California deciduous fruits. In *Soil and plant tissue testing in California.* University of California, Bull. 1879.

Bouat, A.; Renaud, P.; Dulac, J. (1955). Etude sur la physiologie de la nutrition de l'olivier (quatrième memoire). *Ann. Agron. Serie A.,* 6: 635-650.

Bould, C. (1966). Leaf analysis of deciduous fruits. In: *Fruit nutrition,* Childers, N.F. (Ed.). Horticultural Publications. New Jersey.

Chapman, H.D. (Ed.). (1966). *Diagnostic criteria for plants and soils.* University of California, Div. of Agric. Science, 793 pp. Berkeley, California.

Chen, Y.; Aviad, T. (1990). Effects of humic substances on plant growth. In: *Humic substances in soil and crop science,* Selected Readings, American Society of Agronomy and Soil Science Society of America, Madison, pp. 161-186.

Childers, N.F. (Ed.). (1966). *Fruit nutrition.* Horticultural Publications, 888 pp. New Jersey.

Cordell, D.; Drangert, J.O.; White, S. (2009). The story of phosphorous: global food security and food for thought. *Global Environmental Change,* 19:292-305.

Debona, D.; Rodrigues, F.A.; Datnoff, L.E. (2017). Silicon's Role in Abiotic and Biotic Plant Stresses. *Annual Review of Phytopathology,* 55: 85-107.

Delgado, A.; Benlloch, M.; Fernández-Escobar, R. (1994). Mobilization of boron in olive trees during flowering and fruit development. *HortScience,* 29: 616-618.

Fernández-Escobar, R.; Barranco, D.; Benlloch, M. (1993). Overcoming iron chlorosis in olive and peach trees using a low-pressure trunk-injection method. *HortScience,* 28: 192-194.

Fernández-Escobar, R.; García Barragán, T.; Benlloch, M. (1994). Estado nutritivo de las plantaciones de olivar en la provincia de Granada. *ITEA*, 90: 39-49.

Fernández-Escobar, R.; Benlloch, M.; Barranco, D.; Dueñas, A.; Gutiérrez Gañán, J. A. (1996). Response of olive trees to foliar application of humic substances extracted from leonardite. *Sciencia Hort.*, 66: 191-200.

Fernández-Escobar, R.; Moreno, R.; García-Creus, M. (1999). Seasonal changes of mineral nutrients in olive leaves during the alternate-bearing cycle. *Scientia Hort.*, 82: 25-45.

Fernández-Escobar, R.; Benlloch, M.; Herrera, E.; García-Novelo, J. M. (2004a). Effect of traditional and slow-release fertilizers on growth of olive nursery plants and N losses by leaching. *Scientia Hort.*, 101: 39-49.

Fernández-Escobar, R.; Moreno, R.; Sánchez-Zamora, M.A. (2004b). Nitrogen dynamics in the olive bearing shoot. *HortScience*, 39: 1406-1411.

Fernández-Escobar, R.; Beltrán, G.; Sánchez-Zamora, M. A.; García-Novelo, J. M.; Aguilera, M. P.; Uceda, M. (2006). Olive oil quality decreases with nitrogen over-fertilization. *HortScience*, 41: 215-219.

Fernández-Escobar, R.; Ortiz-Urquiza, A.; Prado, M.; Rapoport, H. F. (2008). Nitrogen status influence on olive tree flower quality and ovule longevity. *Environmental and Experimental Botany*, 64:113-119.

Fernández-Escobar, R.; Marín, L.; Sánchez-Zamora, M.A.; García-Novelo, J.M.; Molina-Soria, C.; Parra., M.A. (2009a). Long-term effects of N fertilization on cropping and growth of olive trees and on N accumulation in soil profile. *Europ. J. Agronomy*, 31:223-232.

Fernández-Escobar, R.; Parra, M. A.; Navarro, C.; Arquero, O. (2009b). Foliar diagnosis as a guide to olive fertilization. *Spanish J. Agr. Res.*, 7(1): 212-223.

Fernández-Escobar, R.; Navarro, S.; Melgar, J.C. (2011). Effect of nitrogen status on frost tolerance of olive trees. *Acta Hortic.*, 924: 41-45.

Fernández-Escobar, R.; García-Novelo, J.M.; Molina-Soria, C.; Parra, M.A. (2012). An approach to nitrogen balance in olive orchards. *Scientia Hort.*, 135: 219-226.

Fernández-Escobar, R.; Braz Frade, R.; Beltrán Maza, G.; Lopez Campayo, M. (2014a). Effect of nitrogen fertilization on fruit maturation of olive tres. *Acta Hortic.*, 1057: 101-105.

Fernández-Escobar, R.; Antonaya-Baena, M.F.; Sánchez-Zamora, M.A.; Molina-Soria, C. (2014b). The amount of nitrogen applied and nutritional status of olive plants affect nitrogen uptake efficiency. *Scientia Hort.*,167: 1-4.

Fernández-Escobar, R.; Sánchez-Zamora, M.A.; García-Novelo, J.M.; Molina-Soria, C. (2015). Nutrient removal from olive trees by fruit yield and pruning. *HortScience* 50(3): 1-5.

Ferreira, J.; García Ortiz, A.; Frias, L.; Fernández, A. (1984). *Los nutrientes N,P,K en la fertilización del olivar*. X Aniversario Red Cooperativa Europea de Investigación en Oleicultura, Córdoba.

Giménez, C.; Díaz, E.; Rosado, F.; García-Ferrer, A.; Sánchez, M.; Parra, M. A.; Díaz, M.; Peña, P. (2001). Characterization of current management practices with high risk of nitrate contamination in agricultural areas of southern Spain. *Acta Hort.*, 563: 73-80.

Hartmann, H.T. (1958). Some responses of the olive to nitrogen fertilizers. *Proc. Amer. Soc. Hort. Sci.*, 72: 257-266.

Jiménez-Moreno, M.J.; Fernández-Escobar, R. (2016). Response of young olive trees (*Olea europaea* L.) to phosphorus application. *HortScience*, 51(9): 1-4.

Jiménez-Moreno, M. J.; Moreno-Márquez, M.C.; Moreno-Alías,I.; Rapoport, H.; Fernández-Escobar, R. (2018). Interaction between mycorrhization with Glomus intraradices and phosphorus in nursery olive plants. *Scientia Hort.*, 233:249-255.

Klein, I.; Weinbaum, S.A. (1984). Foliar application of urea to olive: Translocation of urea nitrogen as influenced by sink demand and nitrogen deficiency. *J. Amer. Soc. Hort. Sci.,* 109: 356-360.

Marín, L.; Benlloch, M.; Fernández-Escobar, R. (1995). Screening of olive cultivars for salt tolerance. *Scientia Hort.,* 64:113-116.

Martos-García, I.; Fernández-Escobar, R.; Benlloch-González, M. (2024). Silicon is a non-essential element but promotes growth in olive plants. *Scientia Hort.,* 323:112541.

Melgar, J.C.; Benlloch, M.; Fernández-Escobar, R. (2006). Calcium increases sodium exclusion in olive plants. *Scientia Hort.,* 109: 303-305.

Molina-Soria, C.; Fernández-Escobar, R. (2012). A proposal of new critical leaf nitrogen concentration in olive. *Acta Hort.,* 949: 283-286.

Nascimento-Silva, K.; Roca-Castillo, L.; Benlloch-González, M.; Fernández-Escobar, R. (2019). Silicon reduces the incidence of *venturia oleaginea* (castagne) rossman & crous in potted olive plants. *HortScience,* 54(11): 1962–1966.

Nascimento-Silva, K.; Benlloch-González, M.; Fernández-Escobar, R. (2022). Silicon nutrition in young olive plants: Effects of dose, application method, and cultivar. *HortScience,* 57(12): 1534-1539.

Restrepo, H.; Benlloch, M.; Fernández-Escobar, R. (2008a). Plant water stress and K$^+$ starvation reduce absorption of foliar applied K$^+$ by olive leaves. *Scientia Hort.,* 116: 409-413.

Restrepo, H.; Benlloch, M.; Navarro, C.; Fernández-Escobar, R. (2008b). Potassium fertilization of rainfed orchards. *Scientia Hort.,* 116: 399-403.

Restrepo, H.; Benlloch, M.; Fernández-Escobar, R. (2009). Leaf K accumulation in olive plants related to nutritional K status, leaf age and foliar application of K salts. *Journal of Plant Nutrition*, 32(7):1108-1121.

Roca, L. F.; Romero, J.; Bohórquez, J. M.; Alcántara, E.; Fernández-Escobar, R.; Trapero, A. (2018). Nitrogen status affects growth, chlorophyll content and infection by *Fusicladium oleagineum* in olive. *Crop Prot.* 109: 80-85.

Romero-Gámez, M.; Castro-Rodríguez, J.; Suárez-Rey, E. (2017). Optimization of olive growing practices in Spain from a life cycle assessment perspective. *Journal of Cleaner Production,* 149:25-37.

Sánchez-Zamora, M.A.; Fernández-Escobar, R. (1999). Injector-size and the time of application affects uptake of tree trunk-injected solutions. *Sciencia Hort.,* 84: 163-177.

Sánchez-Zamora, M.A.; Fernández-Escobar, R. (2002). The effect of foliar vs. soil application of urea to olive trees. *Acta Hort.* 594: 675-678.

Shear, C.B.; Crane, H.L.; Myers, A.T. (1946). Nutrient element balance: A fundamental concept in plant nutrition. *Proc. Amer. Soc. Hort. Sci.,* 47: 239-248.

Tubana, B.S.; Babu, T.; Datnoff, L.E. (2016). A review of silicon in soils and plants and its role in us agriculture: History and future perspectives. *Soil Science,* 181(9-10): 393-411.

Weinbaum, S.A.; Picchioni, G.A.; Muraoka, T.T.; Ferguson, L.; Brown, P.H. (1994). Fertilizer nitrogen and boron uptake, storage, and allocation vary during the alternate-bearing cycle in pistachio trees. *J. Amer. Soc. Hort. Sci.,* 119: 24-31.

Worley, R.E. (1990). Long-term performance of pecan trees when nitrogen application is based on prescribed threshold concentrations in leaf tissue. *J. Amer. Soc. Hort. Sci.,* 115: 745-749.

CAPÍTULO 12

RIEGO

Luca TESTI
Francisco ORGAZ
Elías FERERES

ÍNDICE

1. Introducción, 489

2. Las relaciones hídricas del olivo, 490

3. Necesidades de riego para máxima producción, 493
   3.1 Evapotranspiración máxima (ET$_c$), 493
   3.2 Método de cálculo mensual del K$_c$, 496

4. Programación de los riegos, 502
   4.1. Programas de riego por goteo, 505

5. Interacción del riego con otras prácticas de cultivo, 508

6. Riego deficitario, 509

7. Bibliografía, 515

1. Introducción

Tradicionalmente, el regadío se ha considerado en las zonas áridas y semiáridas como un medio importante de incrementar el desarrollo económico de una región. Esto ha llevado a numerosos gobiernos a financiar, en su casi totalidad, las grandes obras de transformación en regadío facilitando el agua de riego a la agricultura a un precio muy inferior al que se cobra para otros usos industriales y urbanos. Recientemente, considerando que el riego es el principal usuario del agua en las zonas áridas y semiáridas (en España el 80% del agua se utiliza en el riego y en California, dicho porcentaje alcanza el 85%), algunos sectores de la sociedad están cuestionando la utilización de un porcentaje tan importante de los recursos hídricos en regadío. Estas críticas exigen que en la agricultura de regadío se plantee la necesidad de aumentar la eficiencia en el uso de un recurso, el agua, que con toda probabilidad será cada vez más escaso y más caro.

El olivar se ha cultivado tradicionalmente en condiciones de secano. Es un cultivo bien adaptado a los secanos mediterráneos, con producciones aceptables y capaz de sobrevivir a períodos de intensa sequía. Sin embargo, desde hace tiempo se ha comprobado experimentalmente que la práctica del riego aumenta considerablemente el rendimiento del olivar, incluso cuando las aportaciones de agua son muy reducidas. Hasta hace unas décadas solamente se regaba un porcentaje muy pequeño de los más de dos millones de hectáreas que se dedican en España al olivar, tratándose en su mayoría de riegos de apoyo más o menos circunstanciales. Desde la década del 1990 han coincidido una serie de circunstancias entre las que destacan la subida considerable del precio del aceite, la intensa sequía sufrida en las zonas productoras y la difusión de las técnicas de riego localizado, que han impulsado la puesta en riego del olivar en España y, muy particularmente, en algunas zonas productoras de Andalucía.

Desgraciadamente el interés por el riego del olivo en la Cuenca del Guadalquivir, principal zona productora, ha contribuido a que dicha cuenca ha llegado a sobrepasar sus límites de explotación, lo que ha hecho que el suministro de agua a los regadíos, fluctuando notablemente de año en año, sea muy inferior a las necesidades hídricas de los cultivos. Por otra parte, la experiencia reciente sugiere que la productividad del agua de riego en el cultivo del olivar es superior en términos socioeconómicos que en la mayoría de los cultivos tradicionales de regadío. Por tanto, es evidente que dada la situación de la cuenca, habrá que extremar todas aquellas medidas que vayan destinadas a incrementar la productividad del agua de riego.

Esta situación contrasta con el escaso conocimiento que los olivareros, los ingenieros de riego y los organismos gestores del agua tienen sobre las necesidades de riego del olivar. Tanto a la hora de planificar la transformación de un olivar en riego, como en el momento de aplicar los riegos, se plantean interrogantes que deben ser contestados como requisito previo a la definición de estrategias óptimas de riego, y entre los que destacan:

- ¿Cuáles son las necesidades estacionales de riego para máxima producción?
- ¿Cómo debe repartirse este agua en el tiempo?
- ¿Cuál es el techo de producción bajo riego?
- ¿Cuál es la dotación óptima en condiciones de baja disponibilidad de agua?
- ¿Cómo deben modificarse otras prácticas de cultivo en relación al secano para maximizar la eficiencia en el uso del agua de riego?

En este capítulo se abordan estos interrogantes basándose, sobre todo, en la información extraída de los programas de investigación que se han desarrollado en España.

2. Las relaciones hídricas del olivo

El olivo, como toda la vegetación terrestre, tiene un dilema: cómo adquirir a través de los estomas el máximo de CO_2 necesario para la fotosíntesis, a la vez que limitar al máximo la pérdida de vapor de agua. La casi totalidad de los cultivos herbáceos, seleccionados desde tiempo inmemorial por su productividad, tienden a mantener los estomas totalmente abiertos aceptando tasas de transpiración elevadas, que son necesarias para mantener al máximo nivel el flujo de CO_2 y las tasas de fotosíntesis. El olivo, como otra vegetación que ha evolucionado en clima mediterráneo (p.e., la encina), mantiene un balance más delicado entre fotosíntesis y transpiración. Fereres (1984) midió el comportamiento estomático del olivo en relación al del girasol en condiciones de amplio suministro de agua (Figura 12.1). Así como el girasol mantuvo los estomas completamente abiertos durante todo el día, el olivo mostró la máxima apertura estomática (máxima *conductancia estomática*) en las primeras horas de la mañana, reduciendo dicha apertura en las horas centrales del día a menos del 50% de la conductancia observada en el girasol. Este comportamiento tiene un gran valor adaptativo en condiciones limitantes de agua, puesto que en la mañana el *déficit de presión de vapor* (DPV, una medida de la demanda de agua de la atmósfera) es mínimo, llegando a un máximo durante la tarde. Por tanto, puesto que la transpiración es directamente proporcional al DPV, en la mañana, la mayor apertura estomática permite la entrada de CO_2 a un coste transpirativo menor que al mediodía. Este patrón de apertura estomática permite al olivo maximizar la fotosíntesis por unidad de agua consumida (máxima eficiencia en transpiración). Naturalmente, el cierre estomático parcial supone que las tasas de fotosíntesis al mediodía del olivo sean inferiores a las de muchos cultivos herbáceos, hecho que queda compensado por la naturaleza perenne del olivo. Al vegetar durante todo el año, la productividad anual de un olivar sin limitación hídrica supera a la de la mayoría de los cultivos herbáceos que pueden competir con él en climas similares.

Figura 12.1. Porómetro de régimen permanente utilizado para medir la conductancia estomática de las hojas del olivo.

Podría decirse, pues, que el olivo dispone de mecanismos de regulación estomática que le permiten evitar la deshidratación, por lo que el estado hídrico del árbol debe ser favorable incluso en situaciones de limitación hídrica. Los estudios realizados en condiciones de campo sobre el estado hídrico del árbol, mediante medida del *potencial hídrico de la hoja* (PH), indican que árboles sin limitación tienen un PH de alrededor de –1,5 MPa al mediodía en verano. El PH permanece aproximadamente constante entre las primeras horas de la mañana y las últimas de la tarde, precisamente por la regulación estomática que modula la tasa de transpiración en función de la demanda evaporativa de la atmósfera. A medida que el suelo se seca, el árbol debe disminuir su PH para mantener el flujo de agua que compense las pérdidas por transpiración. El olivo tiene una gran capacidad para disminuir su PH, por debajo de valores que causarían la deshidratación y muerte de la casi totalidad de las plantas cultivadas. Fereres *et al.* (1996) encontraron que olivos bajo condiciones de sequía extrema redujeron su PH a valores de alrededor de –8 MPa. Esta cifra contrasta con valores superiores a –5,0 MPa, que pueden provocar una deshidratación total y la muerte en un cultivo de trigo o de girasol. En resumen, el olivo es capaz de disminuir su PH a valores muy bajos, lo cual le permite captar agua del suelo por debajo del punto de marchitez permanente. Esta combinación de mecanismos de control estomático que evitan la sequía, con otros que permiten tolerar bajos valores de PH, es muy infrecuente entre las plantas cultivadas y ha dotado al olivo de una capacidad de adaptación a la sequía extraordinaria. A dicha capacidad debe contribuir, sin duda, un extenso sistema radical que, desgraciadamente, está poco estudiado. Una revisión de la fisiología del olivo donde se sintetizan los últimos avances en el conocimiento del comportamiento del árbol en relación al agua se puede encontrar en Connor y Fereres (2005).

CUADRO 12.1

Efectos del déficit hídrico en los procesos de crecimiento y producción del olivo
(modificado de Beede y Goldhamer, 1994)

Proceso	Período	Efecto del déficit hídrico
Crecimiento vegetativo	Todo el año	Reducción del crecimiento y del número de flores al año siguiente
Desarrollo de yemas florales	Febrero-Abril	Reducción número de flores. Aborto pistilar
Floración	Mayo	Reduce fecundación
Cuajado de frutos	Mayo-Junio	Aumenta la alternancia
Crecimiento inicial del fruto	Junio-Julio	Disminuye el tamaño del fruto (menor número de células/fruto)
Crecimiento posterior del fruto	Agosto-Cosecha	Disminuye el tamaño del fruto (menor tamaño de las células del fruto)
Acumulación de aceite	Julio-Noviembre	Disminuye el contenido de aceite/fruto

A pesar de esta adaptación a los climas áridos, la productividad del olivo, como la de todas las plantas, responde negativamente a la falta de agua. El Cuadro 12.1 resume las respuestas observadas en los procesos de crecimiento y producción del olivo cuando se aplica un déficit hídrico en las distintas fases del desarrollo del cultivo. Estas respuestas han de tenerse en cuenta a la hora de decidir la aplicación de una cantidad limitada de agua de riego.

3. Necesidades de riego para máxima producción

3.1 Evapotranspiración máxima (ET_c)

Un cultivo funciona como una fábrica de asimilados, en la que la superficie verde usa la radiación solar, el CO_2 de la atmósfera y el agua del suelo para producir biomasa mediante fotosíntesis. En condiciones potenciales, la producción de biomasa es directamente proporcional a la radiación interceptada por la superficie verde del cultivo. Cuando los estomas de las hojas están abiertos para permitir la entrada del CO_2 atmosférico, el vapor de agua que está saturando los espacios intercelulares de las hojas se pierde a la atmósfera siguiendo un gradiente de presión de vapor. Esta pérdida de agua, conocida como transpiración, es el coste que debe pagar el cultivo para producir biomasa, y debe ser repuesta a los tejidos mediante extracción del suelo por el sistema radical. Como se comenta en el apartado anterior, cuando el contenido de agua del suelo no es suficiente para reponer las pérdidas por transpiración, el cultivo sufre un déficit hídrico que altera toda una serie de procesos que finalmente se traducen en una reducción de la producción. Por tanto, si queremos alcanzar la máxima producción, debemos asegurarnos de que el contenido de agua del suelo sea suficiente para que el cultivo pueda extraer toda el agua que le demanda la atmósfera. Esta cantidad de agua, unida a la que se pierde por evaporación desde la superficie del suelo, constituye lo que se conoce como *evapotranspiración máxima del cultivo* (ET_c); y debe ser satisfecha estacionalmente mediante lluvia o riego para que la producción del cultivo no se reduzca como consecuencia de un déficit hídrico.

El método más utilizado para determinar la ET_c del cultivo es el recomendado por la FAO (Doorenbos y Pruitt, 1977, Allen *et al.,* 1998), en el que la ET_c se calcula como el producto de dos términos:

$$ET_c = ET_0 \times K_c \qquad [12.1]$$

La ET_0, denominada *evapotranspiración de referencia,* cuantifica la demanda evaporativa de la atmósfera (el efecto del clima) y corresponde a la evapotranspiración de una pradera de gramíneas con una altura entre 8 a 10 cm que crece sin limitaciones de agua y nutrientes en el suelo y sin incidencia de plagas o enfermedades.

Datos históricos y en tiempo real de ET_0 están hoy disponibles, proporcionados por los servicios agrometeorológicos y de apoyo al regadío de las instituciones locales. Un ejemplo de redes locales que cubren zonas olivareras de España son la red de estaciones agroclimáticas de Andalucía (http://www.juntadeandalucia.es/ agriculturaypesca/ifapa/ria/) o la de la red de asesoramiento al regante de Extremadura (http://redarexplus.gobex.es/RedarexPlus/).

Cuando no están disponibles los valores de ET_0 para una determinada zona, esta puede ser calculada a partir de datos meteorológicos empleando fórmulas más o menos empíricas que se han desarrollado para distintas zonas del mundo. Su precisión depende del número de variables climáticas que incorporen por lo que en general requieren medidas de variables meteorológicas en estaciones estandarizadas (Figura 12.2). La ecuación de Penman-Monteith FAO (Allen *et al.,* 1998) es la recomendada por la Food and Agriculture Organization de las Naciones Unidas, y es considerada hoy el estándar mundial para el cálculo de la ET_0. La ecuación de Penman-Monteith-FAO se describe en el capítulo 7; requiere datos meteorológicos de temperatura, humedad relativa, velocidad del viento y radiación solar, que no siempre están disponibles en todas las zonas de cultivo del olivar. En general, para zonas con clima semi-árido, se ha comprobado que puede utilizarse la *expresión de Hargreaves,* que solo requiere la medida de datos de temperatura:

$$ET_0 = 0,0023 \times Ra \times (Tm + 17,8) \times (Tmx - Tmin)1/2 \qquad [12.2]$$

donde ETo es la evapotranspiración de referencia en mm/día; Tmx, Tmin y Tm son las temperaturas medias (°C) de las máximas, las mínimas y las medias durante el período considerado; y Ra es la *radiación extraterrestre,* expresada en mm/ día, que para los distintos meses y latitudes toma los valores que se detallan en el Cuadro 12.2.

Figura 12.2. Estación meteorológica automática para la determinación de variables agroclimáticas precisas para el cálculo de la evapotranspiración de referencia (ETo).

CUADRO 12.2

Valores promedios mensuales de radiación extraterrestre (en mm/día) en distintas latitudes para la ecuación 12.2

Mes	E	F	M	A	M	Jn	Jl	A	S	O	N	D
Latitud						Ra (mm/d)						
20° N	11,2	12,7	14,4	15,6	16,3	16,4	16,3	15,9	14,8	13,3	11.6	10,7
24° N	10,2	11,9	13,9	15,4	16,4	16,6	16,5	15,8	14,5	12,6	10,7	9,7
28° N	9,3	11,1	13,4	15,3	16,5	16,8	16,7	15,7	14,1	12,0	9,9	8,8
32° N	8,3	10,2	12,8	15,0	16,5	17,0	16,8	15,6	13,6	11,2	9,0	7,8
36° N	7,4	9,4	12,1	14,7	16,4	17,2	16,7	15,4	13,1	10,6	8,0	6,6
40° N	6,4	8,6	11,4	14,3	16,4	17,.3	16,7	15,2	12,5	9,6	7.0	5,7
44° N	5,3	7,6	10,6	13,7	16,1	17,2	16,6	14,7	11,9	8,7	6,0	4,7
48° N	4,3	6,6	9,8	13,0	15,9	17,2	16,5	14,3	11,2	7,8	5,0	3,7
20° S	17,3	16,5	15,0	13,0	11,0	10,0	10,4	12,0	13,9	15,8	17,0	17,4
24° S	17,5	16,5	14,6	12,3	10,2	9,1	9,5	11,2	13,4	15,6	17,1	17,7
28° S	17,7	16,4	14,3	11,6	9,3	8,2	8,6	10,4	13,0	15,4	17,2	17,9
32° S	17,8	16,2	13,8	10,9	8,5	7,3	7,7	9,6	12,4	15,1	17.2	18,1
36° S	17,9	16,0	13,2	10,1	7,5	6,3	6,8	8,8	11,7	14,6	17,0	18,2
40° S	17,9	15,7	12,5	9,2	6,6	5,3	5,9	7,9	11,0	14,2	16,9	18,3
44° S	17,8	15,3	11,9	8,4	5,7	4,4	4,9	6,9	10,2	13,7	16,7	18,3
48° S	17,6	14,9	11,2	7,5	4,7	3,5	4,0	6,0	9,3	13,2	16,6	18,2

Esta expresión ha dado muy buenos resultados cuando ha sido evaluada en el Valle del Guadalquivir (Mantovani, 1993) y se recomienda su uso en aquellas zonas en las que se carezca de mayor información meteorológica, excepto en zonas con marcada influencia marítima.

El *coeficiente de cultivo* (K_c) de la ecuación 12.1 expresa la relación entre la evapotranspiración de un cultivo y la ET_0. El K_c varía con la cobertura del suelo y, en condiciones de suelo solo parcialmente cubierto, con la frecuencia de lluvias. El máximo valor de K_c para la mayoría de los cultivos herbáceos que alcanzan cobertura completa es ligeramente superior a 1, lo que refleja que dichos cultivos consumen más agua que una pradera, y es casi independiente de las condiciones ambientales de cada zona particular. En el caso del olivar (y de cualquier cultivo arbóreo) los grados de cobertura son muy variables en función de la edad, de restricciones de manejo e incluso de las tradiciones locales, pero nunca se alcanza la cobertura completa; el K_c será variable en función de la fracción de suelo cubierto.

El suelo que se queda al descubierto constituye otra fuente de variabilidad del K_c; un suelo mojado evapora agua a un ritmo muy superior a un suelo seco en superficie. Cuanto más frecuentemente un suelo resulte mojado por la lluvia, más alto será el K_c. Por la misma razón, el riego también constituye una causa de variabilidad del K_c: cuanta más superficie se moja y cuanto más frecuentemente, más alto será el K_c.

La variabilidad del K_c en olivares (entre olivares diferentes, en un mismo olivar, entre años diferentes y a lo largo del mismo año) es causada por la complejidad de los factores que influyen en la ET_c y que interaccionan entre ellos en función del tipo de olivar (densidad, edad, grado de cobertura, etc.), del clima (frecuencia de lluvia y demanda evaporativa) y del riego (tipo de riego, frecuencia, superficie mojada).

3.2 Método de cálculo mensual del K_c

Un método de cálculo para obtener los valores de K_c mes a mes en cualquier olivar y clima, se ha puesto a punto gracias a la investigación realizada conjuntamente por el Instituto de Agricultura Sostenible de Córdoba (Consejo Superior de Investigaciones Científicas) y la Universidad de Córdoba (Testi *et al.*, 2006; Orgaz *et al.*, 2006).

El método separa la evapotranspiración del olivar en sus tres componentes básicos: evaporación desde la planta o transpiración (E_p), evaporación directa desde la superficie del suelo (E_s) y (en caso de riego localizado, lo más frecuente hoy en día en olivar) evaporación directa desde los bulbos húmedos de los goteros o microaspersores (E_g). Estos tres flujos de salida se calculan multiplicando la evaporación de referencia (ET_0) por tres coeficientes específicos, respectivamente K_t, K_s y K_g. El método obtiene estos coeficientes mes a mes, con cálculos simples en función de variables meteorológicas, tamaño de los árboles y características de manejo.

CUADRO 12.3

Método de cálculo para calcular el K_c mensual de olivares. Las fórmulas están en el orden cronológico de aplicación.

A	Cálculos preliminares para determinar la interceptación de radiación Q_d:	
Eq. 12.3	CS: Fracción de suelo cubierto (fracción, entre 0 y 1)	$(\pi\,D^2)\,/\,4 \times (dp/10.000)$
Eq. 12.4	V_o= volumen de copa (m^3 / árbol)	$V_o = 1/6\ \pi\,D^2 \times H$
Eq. 12.5	V_u: volumen de copa por unidad de superficie (m^3 / m^2)	$V_u = V_o \times (dp\,/\,10.000)$

Eq. 12.6	DAF: densidad de área foliar (m^2 / m^3)	$DAF = 2 - 0,53 \times (V_u - 0,5)$ Nota: si DAF >2,0 → DAF=2,0; si DAF<1,2 → DAF =1,2
Eq. 12.7	K_{ext}: coeficiente de extinción de la radiación	$K_{ext} = 0,52 + 0,00079 \times dp - 0,76 \times e^{-1,25 * DAF}$
Eq. 12.8	Q_d: fracción de radiación interceptada (fracción, entre 0 y 1)	$Q_d = 1 - e^{-Kext * Vu}$
B	**Cálculo de los componentes del coeficiente de cultivo K_c:**	
Eq. 12.9	K_t: coeficiente de transpiración	$K_t = Q_d \times F_1 \times F_2$ (véase Cuadro 12.4)
Eq. 12.10	K_s: coeficiente de evaporación desde el suelo	$K_s = \left[0,28 - 0,18 \times CS - 0,03 \times ET_0 + \dfrac{3,8 \times FL(1-FL)}{ET_0} \right]$ Nota: K_s debe ser siempre $> 0,3/ET_0$
Eq. 12.11	K_g: coeficiente de evaporación desde el suelo mojado por los goteros	$K_g = \dfrac{1,4\,e^{-1,6 \cdot Q_d} + \left(4,0 \dfrac{\sqrt{i-1}}{ET_0} \right)}{i}$ Nota: si $K_g > 1,4e^{-1,6Q_d} \to K_g = 1,4e^{-1,6Q_d}$
C	**Cálculo de las fuentes de la evapotranspiración**	
Eq. 12.12	E_p: transpiración de la planta (mm/día)	$E_p = ET_0 \times K_t$
Eq. 12.13	E_s: evaporación desde el suelo (mm/día)	$E_s = (ET_0 \times K_s) \times (1\text{-}fw)$ Nota: fw = 0 en los meses en que no se riega
Eq. 12.14	E_g: evaporación desde el suelo mojado por los goteros (mm/día)	$E_g = (ET_0 \times K_g) \times fw$ Nota: fw = 0 (y por consecuencia E_g=0) en los meses sin riego o con riego subterráneo)
Eq. 12.15	ET: evaporación total (mm/día)	$ET = E_p + E_s + E_g$

Símbolos:

D	Diámetro medio de copa (m)
H	Altura de la copa de los árboles (m) (desde el punto más bajo de la copa hasta el más alto)
dp	Densidad de plantación (árboles / ha)
FL	Frecuencia de lluvia (número lluvias en un mes / número de días del mes)
i	Intervalo entre riegos (con riego diario i = 1)
fw	Fracción de suelo mojado por los goteros (fracción, entre 0 y 1)
ET_0	Evapotranspiración de referencia promedio del mes (mm / día)

CUADRO 12.4

Valores de los parámetros F1 y F2 para el cálculo de la componente de transpiración del coeficiente de cultivo (K_t)

Valores de F1 para el cálculo del Kt			
F1 = 0,72 para densidades de plantación < 250 árboles /ha F1 = 0,66 para densidades de plantación > 250 árboles /ha			

Valores de F2 para el cálculo del Kt			
Mes	**F2**	**Mes**	**F2**
Ene	0,70	Jul	1,25
Feb	0,75	Ago	1,20
Mar	0,80	Sep	1,10
Abr	0,90	Oct	1,20
May	1,05	Nov	1,10
Jun	1,25	Dic	0,70

La variable más importante para el reparto del coeficiente de cultivo es la interceptación de la radiación solar por las copas de los árboles; expresamos esta con una fracción (Q_d) cuyo rango está ente los dos valores límite de 0 (suelo desnudo: toda la radiación solar llega al suelo) y 1 (cobertura completa, toda la radiación se ve interceptada por las copas de los árboles). Los cálculos para obtener el Q_d se muestran en la sección A del Cuadro 12.3 (ecuaciones de 12.3 a 12.8); solo se necesitan medidas lineares de las dimensiones de la copa, fáciles de obtener con una cinta métrica o un jalón. La interceptación de radiación debe de ser recalculada cuando se produzcan variaciones en el tamaño de los árboles (por ejemplo plantaciones en activo crecimiento o ejecución de una poda). La densidad de área foliar (ecuación 12.6) debe de ser forzada entre los límites 1.2 -2.0.

Una vez obtenida la interceptación de radiación de la plantación, se pasa a la sección B del Cuadro 12.3 (ecuaciones de 12.9 a 12.11) para calcular los tres componentes del K_c para cada mes. Cómo la ecuación 12.6, también las ecuaciones 12.10 y 12.11 tienen límites en su rango de validez y su resultado debe de ser confrontado con los límites descritos en tabla, y sustituido con el límite en caso de sobrepasarlo.

Multiplicando los valores mensuales de K_t, K_s y K_g por la ET$_0$ del mes (ecuaciones 12.12 a 12.14 del Cuadro 12.3 sección C) se obtienen respectivamente la transpiración (E_p), la evaporación desde el suelo (E_s) y la evaporación desde los goteros (E_g). Las dos componentes de la evaporación del suelo (E_s y E_g) deben ser aplicadas a su respectiva fracción de suelo, multiplicando E_g por la fracción de suelo mojado por el riego (fw), y E_s por la parte remanente (1-fw). Hay que destacar que no hay suelo mojado por los goteros en los meses en que no se riega: la fracción de suelo mojada por los goteros (fw) valdrá 0 en estos meses, y por consecuencia E_g también será igual a 0. La ET_c se obtiene sumando los tres componentes (ecuación 12.15). En caso de riego subterráneo, si no se moja el suelo en superficie, fw será = 0, y en consecuencia también lo será E_g.

Para obtener los mejores resultados, aconsejamos aplicar el método de cálculo en dos fases. En la primera fase se ejecutan los cálculos del "año medio" (los valores promedios de ET_0 y de frecuencias de lluvia de una zona determinada, así como los valores promedios de dimensiones de árboles, la duración media de la estación de riego, etc.). Esta primera fase permite obtener una aproximación a la evapotranspiración media mensual del olivar específico en el promedio de las condiciones esperadas durante un largo periodo, permitiendo la ejecución de un balance de agua válido cómo media de muchos años. De este cálculo se pueden obtener informaciones valiosas, útiles por ejemplo para dimensionar los sistemas de riego en la fase de proyecto, o la optimización de la superficie a plantar de una determinada tipología de olivar, o decidir cuan intensivo puede ser un proyecto de plantación en función de la dotación hídrica de la finca. Establecer un calendario de riego basado en la ET_c de año medio puede ser incluso suficiente para una gestión que no entrañe grandes riesgos, por ejemplo en suelos muy profundos que pueden reducir el efecto de la infraestimación de la ET de algunos años.

La segunda fase se pone en práctica cuando se dispone de datos agrometeorológicos en tiempo real (lluvias y ET_0): la evapotranspiración media mensual se corrige a posteriori volviendo a aplicar las ecuaciones de 12.9 a 12.15 cada fin de mes, con los datos reales de ET_0, frecuencia de lluvia, fracción de suelo mojado e intervalo entre riegos. De esta forma la ET_c calculada tendrá en cuenta las características específicas del año meteorológico en curso. Sin embargo, la evapotranspiración máxima de un olivar específico (puesto que el olivar no cambie) tiene una variabilidad interanual bastante menor que la de las lluvias; es en el balance de agua y en la programación de riegos que esta técnica de afinamiento con datos en tiempo real se convierte en absolutamente necesaria.

Con el método descrito puede aproximarse con mucha precisión la ET_c de un olivar en las distintas zonas productoras, que corresponde a la cantidad estacional de agua que debe ser satisfecha mediante lluvia o riego para que la producción no se vea reducida por déficit hídrico. Dada la variabilidad de condiciones climáticas y de cultivo entre las distintas zonas productoras, la ET_c debe calcularse para cada caso particular.

En los Cuadros 12.5 y 12.6 se muestran los resultados del cálculo mensual de la ET_c para dos diferentes tipos de olivares.

Los cálculos preliminares (Cuadro 12.3, sección A) del olivar de ejemplo descrito en el Cuadro 12.5 (dp=100 árboles/ha, D=6m, H=4m, fw=7%, intervalo entre riegos = 1 día) empiezan con el cálculo del volumen de copa con la ecuación 12.4: $1/6 \times 6^2 \times \pi \times 4 = 75$ m^3; el volumen por unidad de superficie (ecuación 12.5) resultará $V_u = 75 / (100/10.000) = 0,75$ m^3/m^2. La ecuación 12.6 nos dará la densidad de área foliar: DAF $= 2 - 0,53 \times (0,75 - 0,5) = 1,87$ (que, estando comprendido entre 1,2 y 2 no necesita ser ajustado a los límites). Con este valor de DAF podemos aplicar la fórmula 12.7 que nos dará el coeficiente de extinción:

$$0,52 + 0,00079 \times 100 - 0,76 \times 2,7183^{(-1,25 \times 1,87)} = 0,53$$

La ecuación 12.8 nos dará la fracción de radiación interceptada:

$$Q_d = 1 - 2,7183^{(-0,53 \times 0,75)} = 0,33$$
(33% de la radiación total es interceptada por la copa)

Habiendo calculado Q_d, podemos pasar a la aplicación mes a mes de las ecuaciones 12.9, 12.10 y 12.11, utilizando los valores mensuales de ET$_0$ y frecuencia de lluvia. Los resultados se pueden observar en el Cuadro 12.5:

CUADRO 12.5

Ejemplo de cálculo de la ET$_c$ para un olivar tradicional adulto: dp=100 árboles/ha, D=6m, H=4m, fw=7%, i=1 (CS=0,28; Q$_d$=0,33). Clima de Córdoba, España.

Mes	ET$_0$ mm/ día	n. días de lluvia (días/ mes)	Frec. lluvia	fw	Kt	Ks	Kg	Kc	Ep mm/ día	Es mm/ día	Eg mm/ día	ET$_c$ mm/ día	ET$_c$ mes mm/ mes
enero	1,20	7,0	0,23	0,00	0,16	0,75	0,00	**0,91**	0,20	0,90	0,00	**1,09**	**34**
febrero	2,00	7,0	0,25	0,00	0,18	0,53	0,00	**0,70**	0,35	1,05	0,00	**1,40**	**39**
marzo	2,80	7,0	0,23	0,00	0,19	0,38	0,00	**0,57**	0,53	1,07	0,00	**1,60**	**50**
abril	4,10	6,0	0,20	0,07	0,21	0,24	0,06	**0,51**	0,87	0,97	0,24	**2,08**	**62**
mayo	5,40	5,0	0,16	0,07	0,25	0,15	0,06	**0,46**	1,33	0,82	0,31	**2,46**	**76**
junio	6,30	2,0	0,07	0,07	0,29	0,07	0,06	**0,42**	1,85	0,46	0,37	**2,67**	**80**
julio	7,20	0,0	0,00	0,07	0,29	0,04	0,06	**0,39**	2,12	0,28	0,42	**2,82**	**87**
agosto	6,30	0,0	0,00	0,07	0,28	0,04	0,06	**0,38**	1,78	0,28	0,37	**2,42**	**75**
septiembre	4,60	3,0	0,10	0,07	0,26	0,15	0,06	**0,47**	1,19	0,71	0,27	**2,17**	**65**
octubre	2,80	5,0	0,16	0,07	0,28	0,31	0,06	**0,65**	0,79	0,86	0,16	**1,81**	**56**
noviembre	1,50	7,0	0,23	0,00	0,26	0,64	0,00	**0,90**	0,39	0,96	0,00	**1,34**	**40**
diciembre	1,10	7,0	0,23	0,00	0,16	0,80	0,00	**0,96**	0,18	0,88	0,00	**1,06**	**33**

Total: 698

El Cuadro 12.6 describe los cálculos mensuales para un ejemplo de olivar intensivo. El procedimiento es exactamente el mismo descrito para el olivar tradicional del Cuadro 12.5.

Los cálculos preliminares (sección A) indican que este olivar intercepta el 49% de la radiación ($Q_d = 0,49$).

CUADRO 12.6

Ejemplo de cálculo de la ET$_c$ para un olivar intensivo adulto: dp=300 árboles/ha, D=4m,
H=4m, fw=14%, i=1 (CS=0,38; Q$_d$=0,49) Clima de Córdoba, España.

Mes	ET$_0$ mm/ día	n. días de lluvia (días/ mes)	Frec. lluvia	fw	Kt	Ks	Kg	Kc	Ep mm/ día	Es mm/ día	Eg mm/ día	ET$_c$ mm/ día	ET$_c$ mes mm/ mes
enero	1,20	7,0	0,23	0,00	0,23	0,73	0,00	**0,96**	0,27	0,88	0,00	**1,15**	**36**
febrero	2,00	7,0	0,25	0,00	0,24	0,51	0,00	**0,75**	0,49	1,02	0,00	**1,50**	**42**
marzo	2,80	7,0	0,23	0,00	0,26	0,37	0,00	**0,62**	0,72	1,02	0,00	**1,75**	**54**
abril	4,10	6,0	0,20	0,14	0,29	0,20	0,09	**0,58**	1,19	0,84	0,37	**2,40**	**72**
mayo	5,40	5,0	0,16	0,14	0,34	0,13	0,09	**0,55**	1,83	0,68	0,48	**2,99**	**93**
junio	6,30	2,0	0,07	0,14	0,40	0,05	0,09	**0,55**	2,55	0,33	0,56	**3,44**	**103**
julio	7,20	0,0	0,00	0,14	0,40	0,04	0,09	**0,53**	2,91	0,26	0,64	**3,81**	**118**
agosto	6,30	0,0	0,00	0,14	0,39	0,04	0,09	**0,52**	2,44	0,26	0,56	**3,27**	**101**
septiembre	4,60	3,0	0,10	0,14	0,36	0,13	0,09	**0,57**	1,64	0,59	0,41	**2,64**	**79**
octubre	2,80	5,0	0,16	0,14	0,39	0,27	0,09	**0,75**	1,09	0,75	0,25	**2,09**	**65**
noviembre	1,50	7,0	0,23	0,00	0,36	0,62	0,00	**0,98**	0,53	0,93	0,00	**1,46**	**44**
diciembre	1,10	7,0	0,23	0,00	0,23	0,78	0,00	**1,01**	0,25	0,86	0,00	**1,11**	**34**

Total: 841

A título de ejemplo, en Andalucía los valores anuales estimados de ET$_c$ pueden oscilar entre los 400 y 1.000 mm/año dependiendo del grado de cobertura y de la ET$_0$ de la zona.

Figura 12.3a. Efecto del riego para máxima producción en el crecimiento del olivo.
a) Plantación bajo riego de apoyo.

Figura 12.3b. Efecto del riego para máxima producción en el crecimiento del olivo. b) La misma plantación, dos años después de introducirse un programa de riego para máxima producción.

4.   Programación de los riegos

Como ya se ha indicado anteriormente, el objetivo del riego consiste en evitar que el contenido de agua del suelo alcance un nivel umbral por debajo del cual el cultivo sufre déficit hídrico y la producción se reduce. Las técnicas de programación de riegos permiten calcular cuándo regar y qué dosis aplicar para alcanzar este objetivo.

Uno de los métodos más extendidos para la programación de los riegos es el del balance de agua, que consiste en calcular las variaciones en el contenido de agua del suelo como la diferencia entre las entradas y las salidas de agua del sistema (parcela). La ecuación del balance de agua se puede escribir como:

$$ASt = ASt\text{-}1 + RN + PE - ETC \qquad [12.16]$$

dónde:

AS es el *contenido de agua del suelo* (mm) al inicio (t-1) y final (t) del período de tiempo considerado (que puede oscilar entre 1 día y 1 mes).

RN, PE y ETC son, respectivamente, las cantidades de *riego neto, precipitación efectiva* y *evapotranspiración máxima de cultivo* durante ese período.

Para programar los riegos resulta conveniente expresar el contenido de agua del suelo en términos de *déficit de agua del suelo* (DAS) o cantidad de agua que le falta al suelo para estar lleno.

En este caso, la expresión (12.16) se transforma en:

$$DASt = DASt\text{-}1 + ETC - RN - PE \qquad [12.17]$$

donde DASt-1 y DASt son el déficit de agua en el suelo (en mm) al inicio y al final del período considerado. El cálculo del DAS mediante esta expresión permite programar los riegos adoptando como regla de decisión que el DAS ha de ser siempre inferior a un valor umbral, denominado *déficit permisible* (DASP), para que la producción no se vea afectada por déficit hídrico.

El DASP depende de las características hidrofísicas del suelo, que a su vez son función de su textura y de la profundidad de suelo explorado por la raíces. A efectos de programación de riegos, el suelo se considera como un depósito de agua con un nivel superior denominado *capacidad de campo* (CC) y otro inferior o *nivel de agotamiento permisible* (NAP), cuya diferencia determina el agua disponible para el cultivo. El concepto de CC hace referencia al contenido de agua en el que se estabiliza un suelo cuando cesa el drenaje libre tras ser saturado, lo que suele ocurrir en 3-5 días para la parte superior del suelo. Cuando un suelo está a CC se considera que está lleno de agua y, por tanto, que el DAS es cero. El PMP corresponde al contenido de agua en el suelo para el que se produce marchitez irreversible en el cultivo y por debajo del que este no puede extraer más agua. En el Cuadro 12.7 se muestran los valores de CC y PMP para distintas clases texturales de suelos, a efectos operativos.

El *agua disponible* (AD) para el cultivo se obtiene por diferencia entre CC y

PMP mediante la siguiente expresión:

$$AD = (CC - PMP) \times Zr \qquad [12.18]$$

donde AD se expresa en mm, CC y PMP se expresan en humedad volumétrica (cm³/cm³) y Zr es la *profundidad del sistema radical* expresada en mm. Aunque se sabe que el olivar puede extraer agua hasta una profundidad considerable, parece conveniente a efectos de seguridad limitar el valor de Zr de la expresión (12.18) a 1 metro. Obviamente, habrá que reducir el valor de Zr a la profundidad del suelo cuando esta sea inferior a 1 metro.

CUADRO 12.7

Propiedades físicas de suelos de distinta textura

TEXTURA	PMP cm³/cm³	CC cm³/cm³
Arenoso	0,07	0,15 (0,10 0,20)
Franco arenoso	0,09	0,21 (0,15 0,27)
Franco	0,14	0,31 (0,25 0,36)
Franco arcilloso	0,17	0,36 (0,31 0,42)
Arcillo-limoso	0,20	0,40 (0,35 0,45)
Arcilloso	0,21	0,44 (0,39 0,49)

El intervalo normal se muestra entre paréntesis.

Una vez calculada el agua disponible para un suelo determinado, se calcula el DASP como una fracción de la misma. Esta fracción varía en función del cultivo, de su estado de desarrollo y de la demanda evaporativa. En el olivo puede agotarse hasta un 75% del agua disponible del suelo sin que su producción se vea afectada. Por tanto, para programar los riegos del olivar para máxima producción se establecerá como criterio que el déficit de agua del suelo no supere el siguiente valor umbral:

$$DASP = 0,75 \times (CC - PMP) \times Zr \qquad [12.19]$$

donde DASP es el déficit de agua en el suelo permisible y el resto de los parámetros ya han sido definidos en 12.18.

Así, por ejemplo, para un suelo de textura franco-arcillosa, los valores típicos de retención de agua (véase Cuadro 12.7) son:

$CC = 0,36 \ cm^3/cm^3$

$PMP = 0,17 \ cm^3/cm^3$

Si consideramos que el suelo tiene 1 m de profundidad, el déficit permisible de agua en el suelo sería:

$$DASP = 0,75 \times (0,36 - 0,17) \times 1.000 = 142 \ mm$$

En este suelo los riegos del olivar se programarán en base a la expresión (12.17) de manera que el déficit de agua en el suelo nunca supere el valor de 142 mm.

Para ello, y una vez visto cómo se estima la ET, solamente resta el cálculo de la precipitación efectiva.

Parte del agua de lluvia se pierde por escorrentía. Sólamente una fracción de la misma, denominada efectiva, se infiltra y queda almacenada en el suelo a disposición del cultivo. La *precipitación efectiva* (PE) es función de la intensidad de lluvia y de las características del suelo que afectan a la velocidad de infiltración. La mayor parte de los métodos propuestos para su estimación requieren información de la que normalmente se carece en nuestras condiciones. A efectos operativos en programación de riegos, la PE suele estimarse como una fracción de la precipitación total. Esta fracción, que dependerá en cada caso del tipo de suelo, su pendiente, las prácticas de laboreo, la intensidad de lluvia y el estado previo de humedad del suelo, puede ser calculada de forma aproximada por el método del Bureau of Reclamation de Estados Unidos:

$$PE = P[(125-0,2 \ P)/125] \quad \text{si } P < 250 \ mm/mes; \qquad [12.20]$$

$$PE = 125 + 0,1 \ P \quad \text{si } P > 250 \ mm/mes \qquad [12.21]$$

Donde PE y P se refieren a valores mensuales (mm/mes)

Se recomienda despreciar las lluvias de escasa cuantía que se produzcan en los meses de verano, las cuales se pierden por evaporación directa antes de que el cultivo pueda utilizarlas.

Una vez establecida la metodología para estimar los componentes de la expresión (12.17) podemos utilizarlos para evaluar el déficit de agua en el suelo en cada momento de la estación, sin más que establecer un nivel de DAS de partida.

4.1. Programas de riego por goteo

El riego por goteo parece más adecuado que cualquier otro en el caso del olivar porque con un coste similar al de otros sistemas (lo que no ocurre en cultivos anuales extensivos) tiene una mayor eficiencia potencial.

En el caso del riego por goteo, dada su elevada frecuencia de riegos (normalmente riego diario), suele ignorarse el papel del suelo como almacén de agua. En este caso, el contenido de agua en el suelo no varía con el tiempo y la expresión (12.17) se transforma en:

$$RN = ETC - PE \qquad [12.22]$$

A partir de esta expresión se pueden ir calculando las necesidades de riego diarias para los distintos períodos del año a partir de datos climáticos medios

CUADRO 12.8

Calendario fijo de riegos en el año medio para el olivar tradicional del Cuadro 12.5. Suelo franco (PMP 0,14; CC=0,32) de 1 m de profundidad; clima de Córdoba, España

	a	b	c	d	e	f	g	h
Mes	**ETc**	**P**	**PE**	**ETc-PE**	**RN (1)**	**RN (2)**	**D**	**DAS**
	mm/mes	*mm/mes*	*mm/mes*	*mm/mes*	*mm/mes*	*mm/mes*	*mm/mes*	*mm*
Ene	34	70	62	−28	0	0	−28	0
Feb	39	66	59	−19	0	0	−19	0
Mar	50	79	70	−21	0	0	−21	0
Abr	62	48	43	20	**20**	19	1	1
May	76	34	30	46	**46**	35	11	12
Jun	80	16	14	66	**66**	35	31	43
Jul	87	4	0	87	**87**	35	52	95
Ago	75	6	0	75	**75**	35	40	135
Sep	65	34	30	35	**35**	35	0	135
Oct	56	58	52	4	4	4	0	135
Nov	40	89	79	−39	0	0	−39	97
Dic	33	93	83	−50	0	0	−50	**47**
	698				**333**	**198**		

RN (1): Riego neto ignorando la reserva de agua del suelo.
RN (2): Riego neto aprovechando la reserva de agua del suelo.
D: Déficit de agua en el suelo (ET_c – PE – RN (2)).
DAS: Déficit acumulado de agua en el suelo.

(calendarios fijos de riego) o de estimaciones actualizadas de ETC y de PE (calendarios de riego a tiempo real).

En el Cuadro 12.8 se desarrollan calendarios promedios de riegos en el año climático medio de Córdoba, para los dos olivares que han servido de ejemplo en los Cuadros 12.5 y 12.6, los dos plantados en el mismo suelo de textura franco-arcillosa (CC = 0,32; PMP = 0,14).

En el Cuadro 12.8 se observa que el balance ETC – PE es negativo para los meses de noviembre a marzo, en los que el excedente de agua se almacena en el suelo. En los meses de abril a septiembre la ETC supera a la PE, por lo que hay que regar.

Una primera estrategia, normalmente utilizada en programación de riego por goteo en otros cultivos, consiste en aplicar una cantidad de agua equivalente a la diferencia ET_c – PE durante todos los meses deficitarios (columna RN_1, Cuadro 12.8). Esta estrategia, que resultaría en la aplicación de 333 mm netos de agua al año, ignora la reserva de agua almacenada en el suelo durante los meses excedentarios de agua, por lo que el suelo estaría, teóricamente, siempre lleno de agua. Presenta la ventaja de que este "colchón" de agua puede absorber la infraestimación que en la diferencia ET_c – PE se produce en los años secos. Sin embargo, presenta el inconveniente de que se desperdicia agua y el caudal punta es elevado (87 mm/mes durante julio, lo que equivale a un caudal ficticio continuo de 0,33 litros por segundo y ha).

Una segunda estrategia (columna f, RN (2) en el mismo cuadro) consiste en regar *menos* que la diferencia ET_c-PE durante los meses de máxima demanda, de manera que este déficit sea compensado por la extracción de la reserva de agua del suelo. Puesto que la capacidad de almacenamiento de agua del suelo es elevada, puede aprovecharse la reserva de agua del suelo en los meses más deficitarios siempre que no se supere el déficit permisible, que en este caso es de DASP = 0,75 × (0,32 – 0,14) × 1.000 = 135 mm. Un caso particular de esta estrategia es el que se presenta en la columna f (RN_2) del Cuadro 12.8. En este caso la dosis neta de riego durante los meses de mayo a agosto es de 35 mm/mes, por lo que en estos meses se genera un déficit D cada mes (véase columna g del cuadro) que al final del verano equivale al DAS (columna h del cuadro). Este déficit de agua en el suelo es repuesto durante la estación húmeda de manera que el suelo vuelve a estar lleno (DAS = 0) en la primavera: en los meses de enero, febrero y marzo D es negativo ya que PE es mayor que ET_c, y las suma de estos tres meses (28 + 19 + 21 = 68) es suficiente para compensar el déficit residual del año anterior (47). Esta segunda estrategia presenta varias ventajas respecto a la anterior. En primer lugar la cantidad estacional de riego es inferior (198 mm/año frente a 333 mm/año). En segundo lugar, las dosis de riego son constantes durante los meses del verano, lo que facilita el manejo del riego. Por último, el caudal punta es muy reducido (35 mm/mes, equivalente a un caudal ficticio continuo de 0,14 litros por segundo y ha).

CUADRO 12.9

Calendario fijo de riegos en el año medio para el olivar intensivo del Cuadro 12.5. Suelo franco (PMP 0,14; CC=0,32) de 1 m de profundidad; clima de Córdoba, España

	a	*b*	*c*	*d*	*e*	*f*	*g*	*h*
Mes	**ETc**	**P**	**PE**	**ETc-PE**	**RN (1)**	**RN (2)**	**D**	**DAS**
	mm/mes	*mm/mes*	*mm/mes*	*mm/mes*	*mm/mes*	*mm/mes*	*mm/mes*	*mm*
Ene	36	70	62	-27	0	0	-27	0
Feb	42	66	59	-17	0	0	-17	0
Mar	54	79	70	-16	0	0	-16	0
Abr	72	48	43	29	29	29	0	0
May	93	34	30	62	62	59	3	4
Jun	103	16	14	89	89	59	30	34
Jul	118	4	0	118	118	59	59	93
Ago	101	6	0	101	101	59	42	135
Sep	79	34	30	49	49	49	0	135
Oct	65	58	52	13	13	13	0	135
Nov	44	89	79	-35	0	0	-35	100
Dic	34	93	83	-48	0	0	-48	51
	841				**462**	**327**		

RN (1): Riego neto ignorando la reserva de agua del suelo.
RN (2): Riego neto aprovechando la reserva de agua del suelo.
D: Déficit de agua en el suelo (ET_c – PE – RN (2)).
DAS: Déficit acumulado de agua en el suelo.

Si consideramos que la eficiencia de aplicación de un buen sistema de riego por goteo está en torno al 90%, esta estrategia equivaldría a la aplicación de una dosis bruta anual de 220 mm. En el caso particular (bastante frecuente) de 4 goteros de 4 litros/hora por árbol, habría que regar durante 8 horas al día desde el 10 de abril hasta finales de septiembre, lo que, para tres sectores de riego, permitiría que el caudal real se aproximase mucho al ficticio continuo.

Con esta estrategia, sin embargo, se corre el riesgo de que el cultivo sufra déficit hídrico, y por tanto se reduzca su producción en los años secos. La estrategia óptima dependerá de la disponibilidad de agua para riego e, idealmente, debería ser ajustada a las condiciones ambientales de cada año particular. Habrá que prestar especial atención al caso de inviernos secos en los que los riegos deberán comenzar antes para evitar que el cultivo sufra déficit hídrico en las fases de diferenciación floral y floración.

Para el ejemplo de olivar intensivo (Cuadros 12.6 y 12.9) valen las mismas consideraciones, solo que ahora la ET_c anual es superior (841 mm). En este caso, regando sin tener en cuenta el agua almacenada en el suelo (Cuadro 12.9 columna e) habrá que proporcionar 462 mm de riego, y dimensionar el sistema para un caudal punta de 118 mm. Con la segunda estrategia, (columna f) la cantidad de riego a aportar se reduce a 327 mm. La cantidad de riego fijo (59 mm en este caso) es la que lleva el déficit acumulado hasta el déficit permisible (135 mm en este suelo y con 1 m de profundidad) sin sobrepasarlo.

Es importante destacar que la variabilidad en las condiciones climáticas (demanda evaporativa y precipitación), de suelo y de cultivo, es muy elevada entre las distintas zonas productoras. Los dos ejemplos que se desarrollan en los Cuadros 12.5 y 12.8 (tradicional), y 12.6 y 12.9 (intensivo) corresponden a casos particulares y pueden alejarse mucho del calendario óptimo de riegos correspondiente a otras situaciones. Por este motivo, los cálculos de evapotranspiración del Cuadro 12.3 y el balance de agua (Cuadros 12.8 y 12.9) deben de ser ejecutados para cada tipo de olivar en cada clima particular para establecer planes de riegos específicos.

El método de cálculo de la ET descrito en el Cuadro 12.3 y los cálculos de balance de agua descritos en la sección 4.1 están recogidos en una aplicación web desarrollada por la Junta de Andalucía cuyo enlace adjuntamos:

http://www.juntadeandalucia.es/agriculturaypesca/ifapa/servifapa/recomendador-olivar

5. Interacción del riego con otras prácticas de cultivo

En el olivar el volumen de copa, el área foliar y la interceptación de radiación dependen del marco de plantación y de las prácticas de poda. En ausencia de factores limitantes, la producción de biomasa y de fruto está directamente relacionada con la interceptación de radiación por la superficie verde del cultivo. Por lo tanto, la producción real se acercará tanto más a la potencial cuanto mayor sea la fracción del suelo cubierta por la copa de los olivos.

Tradicionalmente, los marcos de plantación y las prácticas de poda han estado adaptados a las condiciones de secano. La práctica habitual consiste en reducir tanto más el volumen de copa cuanto más limitante en términos de agua es el ambiente (menor precipitación o suelos con menor capacidad de retención de agua). Esta estrategia se fundamenta teóricamente en que un volumen de copa excesivo para un ambiente determinado se traduce en un consumo rápido de agua por el cultivo, lo que incrementa el riesgo de déficit hídrico severo en fases posteriores afectando a la retención de frutos y a su calidad. Algunos autores (Pastor y Humanes, 1989) indican que existe un volumen óptimo de copa que no debe superarse para cada ambiente productivo. Esta hipótesis, aunque ampliamente contrastada para cultivos anuales de crecimiento determinado, no ha sido aún demostrada experimentalmente en el caso del olivar. La mayor parte de los experimentos realizados hasta la fecha sugieren que la producción es mayor o igual en el caso de densidades elevadas y podas ligeras, independientemente del ambiente productivo.

En cualquier caso, bajo condiciones de riego el agua no es un factor limitante y la estrategia correcta consiste en interceptar la mayor parte de la radiación incidente desde fases tempranas de la vida de la plantación. En estas condiciones, las producciones máximas se obtienen con densidades de plantación elevadas, por encima de 300 árboles/ha (Psillakys *et al.*, 1981; Pastor, 1994) y con intensidades de poda reducidas (Hartmann *et al.*, 1960; Pastor y Humanes, 1989).

Mientras que las producciones habituales del olivar tradicional en secano oscilan entre 2.000 y 5.000 kg/ha según zonas, la producción de olivares bien regados que interceptan la mayor parte de la radiación incidente puede acercarse a los 15.000 kg/ha y año para aceituna de molino e incluso superarla en el caso de aceituna de mesa (Goldhamer *et al.*, 1999).

Hay que señalar, sin embargo, que el manejo agronómico de estas plantaciones intensivas se ve dificultado e incluso limitado por la vegetación y es necesario tecnificar el laboreo y la recolección. Es necesario prestar especial atención a la fertilización, que debe adecuarse al nivel de producción y, sobre todo, al control de enfermedades foliares cuya virulencia puede intensificarse en condiciones de densidad foliar elevada.

6. Riego deficitario

En los apartados anteriores se ha desarrollado una metodología cuya aplicación a cada caso particular permite aproximar los programas de riego para máxima producción del olivar. Las cantidades de riego resultantes son altamente variables en función del clima, el suelo y el volumen de copa del olivar, pudiendo llegar a alcanzar valores muy superiores a 500 mm anuales en el caso de plantaciones intensivas en zonas áridas. Muchas veces estas necesidades son superiores a la disponibilidad de agua para riego, sobre todo en años secos, como suele ocurrir frecuentemente en Andalucía y otras regiones del Mediterráneo. En otras ocasiones el coste del agua es muy elevado y la rentabilidad del riego para máxima producción puede ser dudosa. En todos estos casos es necesario evaluar la opción del riego deficitario, definido como la aplicación de una dotación de riego inferior a las necesidades máximas del cultivo. Las estrategias de riego deficitario intentan maximizar el beneficio por unidad de agua aplicada. Ello requiere el conocimiento de las respuestas productivas del cultivo a aplicaciones deficitarias de riego en las distintas fases de desarrollo del árbol.

En concreto, es necesario contestar a varias cuestiones básicas:

- Cuánto se reduce la producción cuando se reduce la dotación de riego por debajo de los requisitos máximos.

- Cómo repartir el agua disponible a lo largo de la estación de crecimiento para minimizar el impacto en la producción.

- Cómo repartirla entre las superficies a regar, es decir, debemos repartirla entre toda la superficie del olivar o concentrarla en una fracción de la finca, para que los beneficios superen los costes asociados al riego.

Estas preguntas no tienen una respuesta simple que sea cierta en todos los casos debido a la gran diversidad en tipología de olivar y condiciones de clima, suelo y dotaciones de riego que nos podemos encontrar. El estudio de cada caso particular requiere el conocimiento de las relaciones entre el rendimiento del cultivo y su evapotranspiración (ET_c), llamadas funciones de producción. Una vez conocidas estas funciones de producción podría abordarse el estudio de cada caso concreto a partir de un balance de agua en parcela. La medida de la ET del olivar entraña bastante dificultad por lo que, aunque cada vez son más los experimentos de riego en el olivar de los que tenemos conocimiento, en casi ninguno se ha medido la ET correspondiente a los distintos tratamientos de riego, lo que limita la generalización de los resultados a condiciones distintas (clima, suelo o tipo de olivar) de aquellas para las que se realizaron los experimentos. La dificultad de interpretar correctamente los resultados y aplicarlos a situaciones concretas de riego deficitario aumenta cuando se incluye la incertidumbre en la dotación de riego del tratamiento "control", considerado como aquel en el que la transpiración no está limitada por la disponibilidad de agua en el suelo. Son muchos los casos en los que se puede sospechar que el tratamiento control se riega en exceso, por lo que alguno de los tratamientos supuestamente deficitarios en realidad no lo son. Además, al tratarse de un cultivo perenne y con marcada tendencia a la vecería, el número de años necesario para tener resultados fiables es bastante elevado. Todo ello limita la disponibilidad de resultados a los de unos pocos trabajos publicados realmente fiables, alguno de los cuales comentaremos a continuación.

Los resultados de un conjunto de experimentos en los que se establecieron tratamientos de riego claramente deficitarios permiten equiparar las diferencias en cantidad de riego entre tratamientos a diferencias en ET y obtener valores de productividad marginal del agua (incremento de producción por unidad de agua evapotranspirada).

Solé Riera (1990) publicó los resultados de un experimento realizado en un olivar de 'Arbequina' cultivado en secano durante 80 años en la comarca de Les Garrigues (Lleida, España). Durante siete años, comparó los rendimientos de secano con los obtenidos aplicando dotaciones de riego muy deficitarias, que oscilaron entre 7,5 y 18 mm/año. Los rendimientos subieron desde los 300 kg/ha de aceite obtenidos en secano hasta los 550 kg/ha correspondientes a un valor promedio de riego de 13 mm. Ello supone una productividad marginal del agua de 1,9 kg de aceite por m³ de agua, valor elevadísimo asociado probablemente a un efecto muy beneficioso del riego en el índice de cosecha (nº de frutos y rendimiento graso) en un olivar que estaba originalmente sometido a un estrés hídrico muy severo.

Mucho más productivo fue el olivar centenario transformado a regadío en la misma comarca en el que Alegre *et al.* (2001) estudiaron el efecto de varios tratamientos de riego. Si nos centramos en los más deficitarios, se obtuvo un aumento en la producción de 165 kg/ha de aceite (pasa de 1120 a 1285) al pasar de un riego de 80 mm/año a uno de 108 mm/año. En este caso la productividad marginal fue de 0,59 kg de aceite por m³ de agua.

Valores similares de productividad del agua encontraron Pastor *et al.* (1999) en un experimento de siete años de duración realizado en Santisteban del Puerto (Jaén), en un olivar adulto, de 'Picual' plantado a una densidad de 80 árboles por ha. La producción subió desde 1017 kg/ha de aceite en secano hasta 1820 kg/ha con un riego de 150 mm/año, (0,54 kg de aceite por m³ de agua).

Del análisis de este bloque de experimentos puede deducirse que la productividad marginal del agua de riego es muy elevada cuando se pasa del secano a aportaciones deficitarias de riego. ¿Pero qué ocurre cuando nos aproximamos a las cantidades de riego necesarias para cubrir la ET máxima del cultivo?

El trabajo pionero en el que se obtuvieron funciones producción/ET para el olivar fue publicado por Moriana *et al.* (2003). El experimento, de cuatro años de duración, se realizó en un olivar de 'Picual' adulto plantado a un marco de 6×6 m en el CIFA de Córdoba; y consistió en la aplicación de cinco tratamientos de riego:

1. Control. Se regó para máxima producción reponiendo toda el agua gastada por el cultivo, sin contemplar la reserva de agua del suelo (es la que llamamos estrategia 1 en el apartado 4 de este capítulo).

2. RDL. Un riego deficitario orientado a cubrir aproximadamente el 75% de la ETc del cultivo, aplicado de forma uniforme a lo largo de toda la estación seca.

3. RDC. Un riego deficitario similar al anterior pero concentrando el déficit entre el 15 de julio y el 15 de septiembre, período en el que no se regó en absoluto.

4. AYV. Se regó igual que el control los años de carga, mientras que los árboles se mantuvieron de secano los años de descarga.

5. Secano. No se aplicó ningún tipo de riego.

En el Cuadro 12.10 se muestran las cantidades de riego, la evapotranspiración y el rendimiento, promedio para los distintos tratamientos.

De los resultados de este ensayo pueden destacarse los siguientes aspectos:

- En suelos retentivos y profundos el olivo es capaz de aprovechar una fracción elevada de la lluvia estacional, aunque esta se concentre en la estación húmeda. Así, el tratamiento de secano tuvo una ET_c promedio de 527 mm/año cuando la lluvia promedio para el período considerado fue de 581 mm/año. Esto también ocurrió con los tratamientos de riego deficitario, donde la extracción del agua almacenada en el suelo durante la estación de lluvias supuso una fracción importante de la ET. De hecho, los tratamientos de riego deficitario extrajeron unos 200 mm del agua almacenada en el suelo más que el tratamiento control. De ahí que la reducción en la cantidad de riego no tenga por qué traducirse automáticamente en una reducción en la ET_c, lo que en ocasiones conduce a errores en la interpretación de los resultados de experimentos de riego en los que únicamente se mide la cantidad de riego y no la ET_c

- Ajustando los valores de rendimiento a los de ET_c, se encontró una función de producción cuadrática:

$$R = -2.780 + 11 \times ETc - 0,006 \times ET^2 \qquad 12.23$$

donde R es el rendimiento en kg de aceite por ha, y ET_c es la evapotranspiración estacional del olivar en mm/año.

CUADRO 12.10

Efecto de distintos tratamientos de riego en la producción de un olivar de la variedad 'Picual'.
Fuente: Moriana et al. (2003)

		Rendimiento (kg/ha)		
Tratamiento	Riego (mm/año)	ETc (mm/año)	Fruto (kg/ha)	Aceite(kg/ha)
Control	538	817	11.100	1.950
RDL	152	621	8.450	1.650
RDC	131	572	8.150	1.550
AYV	337	703	7.800	1.450
Secano	0	527	6.500	1.150

La pendiente de esta relación, o productividad marginal del agua alcanzó valores próximos a 0,6 kg/m^3 para niveles bajos de ET_c (aportaciones reducidas de riego) y se fue reduciendo progresivamente a medida que los valores de ET_c se aproximaron a los máximos del cultivo.

En la Figura 12.4 se muestra la productividad marginal del agua (función derivada de la función de producción) en función de la ET_c relativa. Parece que la reducción en la productividad del agua a medida que aumentan las cantidades de riego es una respuesta general del olivar, como indican los puntos de la Figura 12.4, que corresponden a otros experimentos en los que se ha medido la ET_c (Iniesta *et al.*, 2009; Fernández-Silva *et al.*, 2010) o ha podido ser estimada (Pastor *et al.*, 1999; Hidalgo *et al.*, 2011) y que están muy próximos a la recta de Moriana *et al.* (2003)

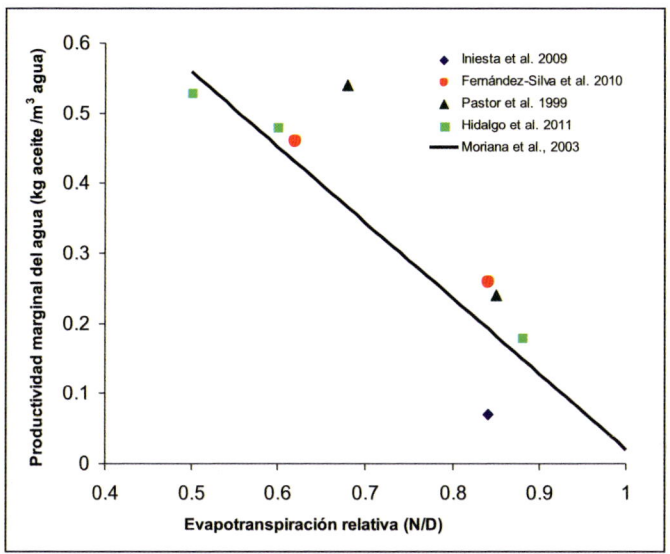

Figura 12.4. Productividad marginal del agua de riego en función de la evapotranspiración relativa del olivar.

En cuanto a la distribución del agua de riego a lo largo de la estación en condiciones de riego deficitario, es necesario contemplar dos aspectos por separado: la sensibilidad del olivo al déficit hídrico en sus distintas fases de desarrollo y la variación estacional en la eficiencia en la transpiración.

Parece que las fases más sensibles al déficit hídrico del olivar corresponden a la floración y cuajado de frutos y a la acumulación de aceite previa a la maduración. El periodo comprendido entre estas dos fases presenta mucha menor sensibilidad. Por otro lado, la eficiencia en la transpiración (asimilación de carbono por unidad de agua transpirada) está inversamente relacionada con la demanda evaporativa. En la Fig 12.5 se muestra esta relación para el caso del olivo. Puede observarse que la eficiencia en la transpiración para valores de DPV superiores a 2 kPa (propios de los días de verano en clima mediterráneo) es hasta cinco veces inferior a los correspondientes a días de primavera y otoño (valores menores a 1 kPa).

A la vista de estos factores parece claro que en condiciones de escasez de agua para riego, el déficit deba concentrarse en los meses de verano, en los que la adquisición de carbono es muy cara en términos de agua y el olivo es especialmente tolerante al déficit hídrico.

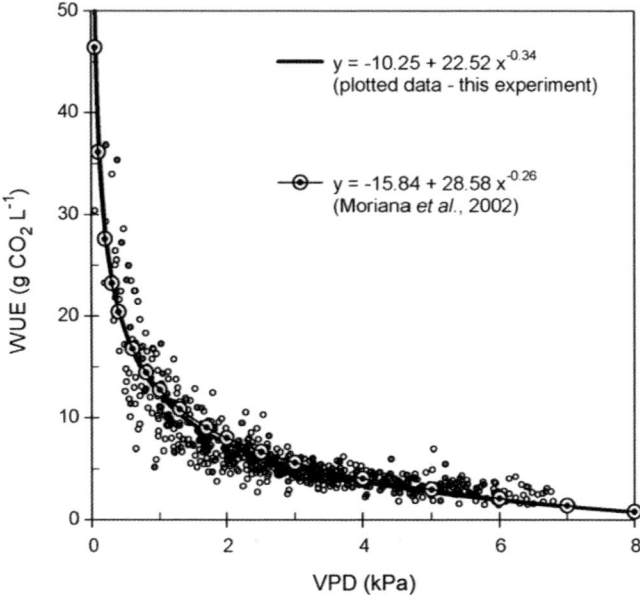

Figura 12.5. Relación entre la Eficiencia en el Uso del Agua (WUE) y el déficit de presión de vapor (DPV). Los puntos corresponden a valores a nivel de parcela, y la línea al ajuste de valores medidos a nivel de hoja (Figura tomada de Testi *et al.*, 2008)

De todo lo anterior pueden extraerse las siguientes recomendaciones para regar el olivar:

- Parece sensato aconsejar que, en función de la disponibilidad de agua y de los precios del agua y del aceite, se riegue el olivar con dotaciones que cubran entre el 75% y el 95% de las necesarias para satisfacer la ET_c en su totalidad, estableciendo estrategias de riego que permitan agotar parcialmente la reserva de agua del suelo a lo largo de la estación seca.

- En el caso de reducciones más severas en la disponibilidad de agua para riego, debe concentrarse el déficit en los meses de verano, tratando de evitar la ocurrencia de estrés hídrico severo en primavera y, sobre todo en otoño, momento en que se está determinando el rendimiento graso de la fruta.

- En caso de dotaciones insuficientes de riego, es preferible repartir el agua y regar una mayor superficie de forma deficitaria en lugar de reducir el déficit concentrando el riego en una menor superficie del olivar.

- En el caso de olivares jóvenes (nuevas plantaciones), cualquier estrategia de riego deficitario supone una reducción en el crecimiento y, por tanto, una reducción en la capacidad productiva del olivar.

7. Bibliografía

Alegre, S.; Marsal, J.; Tovar, M.J.; Mata, M.; Rabones, A. y Girona, J. (2001). Regulated deficit irrigation in olive trees (Olea europeaea, L. cv 'Arbequina') for oil production. Proceeding of the Fourth International Symposium on Olive Growing. Bari (Italia), 2000. *Acta Horticulturae,* 586: 259-262.

Allen, R.G., Pereira, J.S., Raes, D., Smith, M. (1998). *Crop evapotranspiration: guidelines for computing crop water requirements.* Food and Agriculture Organization of the United Nations, Rome.

Beede, R.H.; Goldhamer, D. (1994). Olive irrigation management. In: Olive Production Manual. University of California. Pub. 3353.

Connor, D.J.; Fereres, E. (2005). The Physiology of Adaptation and Yield Expresion in Olive. *Horticultural Reviews,* 31, 155-229.

Doorenbos, J.; Pruitt, W.O. (1977). Las necesidades de agua de los cultivos. Estudio F.A.O.: *Riego y Drenaje,* 24. Roma.

Fereres, F. (1984). Variability in Adaptive Mechanisms to Water Deficits in Annual and Perennial Crop Plants. *Bulletin Société Botanique de France. Actualités Botaniques,* 131: 17-32.

Fereres, E.; Ruz, C.; Castro, J.; Gómez, J.A.; Pastor, M. (1996). Recuperación del olivo después de una sequía extrema. XIV Congreso Nacional de Riegos. Almería.

Fernades-Silva, A.A., Ferreira,T.C., Correia, C.M., Malheiro, A.C., Villalobos, F.J. 2010. Influence of different irrigation regimes on crop yield and water use efficiency of olive. *Plant and Soil* 333: 35-47.

Goldhamer, D.A. (1999). Regulated deficit irrigation for California canning olives. *Acta Horticulturae,* 474 Vol. (1): 369-372.

Hartmann, H.T.; Opitz, K.; Hoffman, R.M. (1960). La taille des oliviers en California. *Informations Oleicoles Internationales.* 11: 33, 67.

Hidalgo, J., Vega,V., Hidalgo, J.C., Pastor, M., Orgaz, F., Fereres, E. 2011. Responses to different irrigation strategies of a traditional and an intensive olive orchard cultivar 'Picual'in Andalusia, Spain. Proceedings of the International Symposium on Olive Irrigation and Oil Quality. *Acta Horticulturae* 888: 53-62.

Iniesta, F., Testi, L., Orgaz, F., Villalobos, F.J. 2009. The effects of regulated and continuous deficit irrigation on the water use, growth and yield of olive tres. *European Journal of Agronomy* 30: 258-265.

Mantovani, C.E. (1993). Desarrollo y evaluación de modelos para el manejo del riego: estimación de la evapotranspiración y efectos de la uniformidad de aplicación del riego sobre la producción de los cultivos. Tesis Doctoral. Universidad de Córdoba.

Moriana, A.; Orgaz, F.; Pastor, M. y Fereres, E. (2003). Yield Responses of Mature Olive Orchard to Water Deficits. *Journal of the American Society for Horticultural Science,* 123(3): 425-431.

Orgaz, F., Testi, L., Villalobos, F.J., Fereres, E., 2006. Water requirements of olive orchards II: determination of crop coefficients for irrigation scheduling. *Irrig Sci* 24, 77-84.

Pastor, M. (1994). Plantaciones intensivas de olivar. *Agricultura,* 746: 738-744.

Pastor, M.; Humanes, J. (1989). *Poda del olivo. Moderna olivicultura.* Ed. Agrícola Española, S. A. Madrid.

Pastor, M; Castro, J.; Mariscal, M.J.; Vega, V.; Orgaz, F.; Fereres, E.; Hidalgo, J. (1999). Respuestas del olivar tradicional a diferentes estrategias y dosis de agua de riego. *Investigación Agraria: Producción y Protección Vegetales.* 14(3): 393-404.

Psillakis, N.; Mathioudi, M.; Metzidakis, I.; Mikros, L.; Tsompanakis, I. (1981). Influence de la densité de plantation sur la variété d´olive à huile Koroneiki. En: Seminaire International sur la Culture Intensive de l'Olivier. Marrakech. pp. 95-101.

Solè Riera, M. A. (1989). The influence of auxiliary drip irrigation, with low quantities of water in olive trees in Las Garrigas (cv Arbequina). *Acta Horticulturae* 286:307-310).

Testi, L., Orgaz, F., Villalobos, F., (2008). Carbon exchange and water use efficiency of a growing, irrigated olive orchard. *Environmental and Experimental Botany* 63, 168-177.

Testi, L., Villalobos, F., Orgaz, F., Fereres, E., (2006). Water requirements of olive orchards: I simulation of daily evapotranspiration for scenario analysis. *Irrigation Science* 24, 69-76.

CAPÍTULO 13

FERTIRRIGACIÓN

Antonio TRONCOSO
Manuel CANTOS
José Enrique FERNÁNDEZ

ÍNDICE

1. Introducción, 519

2. Ventajas e inconvenientes de la fertirrigación, 519

3. Movimiento de nutrientes en el bulbo de riego, 520

4. Calidad del agua de riego, 521
   Cálculo del riesgo de sodicidad, 524

5. Tipos de abono para fertirrigación, 525
   5.1. Precauciones en el uso de los abonos, 528

6. Manejo de la fertirrigación, 529
   6.1. Depósitos para almacenar abonos, 529
   6.2. Sistemas de inyección de abonos, 530
       6.2.1. Tanque de abonado, 530
       6.2.2. Aspiración directa, 533
       6.2.3. Inyector venturi, 533
       6.2.4. Dosificador de abonos, 533
       6.2.5. Equipos automáticos de inyección controlados
              por programadores, 535
   6.3. Prevención de obturaciones en la red de riego, 535
       6.3.1. Filtrado, 536
       6.3.2. Tratamiento del agua, 536
       6.3.3. Limpieza de la red, 540

7. Programación de la fertirrigación, 541

8. Bibliografía, 541

1. Introducción

La fertirrigación consiste en aplicar a la planta los abonos disueltos en el agua de riego. Esta práctica es de uso generalizado en el caso de riegos localizados, pues no tiene sentido instalar dicho sistema de riego y no utilizarlo, además, para la distribución de abono y de otros agroquímicos.

2. Ventajas e inconvenientes de la fertirrigación

La posibilidad de aplicar los abonos de forma frecuente y continuada a lo largo del ciclo productivo permite variar las dosis de abonado en función de las necesidades de la planta, aportándose así, en cada momento, lo que esta necesita.

El elevado contenido de humedad que se mantiene de forma más o menos constante en el volumen de suelo humedecido por el emisor, no solo favorece la densidad y actividad de las raíces (Fernández *et al.*, 1992), sino que facilita la disolución y asimilación de los elementos fertilizantes (Kotsias *et al.*, 2024). Esto resulta especialmente útil para corregir con rapidez posibles carencias nutritivas.

Junto a estas ventajas, la fertirrigación también presenta algunos inconvenientes: al utilizar el sistema de riego localizado para la aplicación de los abonos se precisa una mayor atención a la limpieza y mantenimiento del sistema de riego; la inyección de los productos fertilizantes en la red suele aumentar el riesgo de obturaciones, debido a los precipitados que pueden formarse si se mezclan fertilizantes que no son compatibles o si estos no están bien disueltos; por otro lado, la disolución de los abonos en el agua de riego hace que aumente su salinidad, lo cual puede ser un problema en ciertos casos.

En apartados posteriores se considera con mayor detenimiento la forma de evitar o, al menos disminuir, estos inconvenientes.

3. Movimiento de nutrientes en el bulbo de riego

Al aplicar el agua mediante emisores en zonas restringidas del suelo se forma lo que se denomina bulbo de riego. Después de un riego, las sales presentes en el bulbo serán las aportadas por el agua de riego más las del propio suelo. Al cesar el aporte de agua, la humedad del suelo va disminuyendo progresivamente debido a la evapotranspiración, mientras que las sales disueltas se mantienen prácticamente constantes. Esto hace que la concentración salina aumente, con sus consiguientes efectos negativos sobre el cultivo, hasta el riego siguiente.

Con el manejo adecuado de la fertirrigación puede conseguirse que en los bulbos de riego la presencia de agua, nutrientes y oxígeno se mantenga en niveles óptimos para el desarrollo de la planta. El tamaño del bulbo y el movimiento de agua y solutos en su interior dependen, en gran medida, del tipo de suelo. Por ello, hay que analizar este aspecto en el caso particular de cada plantación y ajustar a cada caso el manejo de la fertirrigación.

La fertirrigación implica riegos frecuentes que contribuyen a que la humedad en el bulbo se mantenga constantemente alta, por lo que pueden utilizarse aguas salinas sin que la concentración de sales en el suelo llegue a ser perjudicial para las plantas. Aun así, a lo largo de la estación de riego las sales se irán acumulando en el exterior del bulbo de riego, especialmente cerca de la superficie del suelo, pudiendo llegar a afectar al desarrollo de las raíces en esa zona. Esto implica una disminución del volumen de suelo que pueden explorar las raíces, lo cual no favorece el desarrollo de la planta.

En la zona más profunda del bulbo no habrá tanta acumulación de sales, si se tiene la precaución de aplicar agua suficiente para que haya un cierto lavado, lo cual es práctica obligada en el caso de riego con aguas salinas. En cuanto a los movimientos de solutos dentro del bulbo, diversos trabajos nos avisan de la importancia de un correcto manejo de la fertirrigación para lograr mantener niveles adecuados de nutrientes en suelo sin provocar pérdidas por lavado (Troncoso *et al.*, 1987; Cameira *et al.*, 2014).

Si el riego se hace con aguas no demasiado salinas y el suelo de la plantación posee una mínima capacidad de infiltración, percolación y drenaje, las lluvias de invierno de muchas zonas de clima Mediterráneo suelen ser suficientes para lavar las sales que se hayan podido acumular durante la época de riego. En caso de aguas muy salinas o de suelos poco permeables, puede ser necesario aplicar riegos por aspersión para el lavado de las sales acumuladas. En estos casos, por tanto, hay que realizar análisis periódicos de la acumulación de sales en el suelo para determinar la frecuencia de los riegos de lavado.

4. Calidad del agua de riego

El olivo es una especie de elevada rusticidad que permite el uso de aguas de baja calidad (Fernández, 2014). De hecho, se ha demostrado que el uso racional de aguas regeneradas para el riego del olivar reduce las necesidades de fertilización sin perjudicar al cultivo (Saavedra *et al.*, 1984; Erel *et al.*, 2019). En cuanto a la salinidad, concentraciones de sal de 2 g/l de ClNa son toleradas por muchas variedades de olivo (Tous, 1990), y algunas variedades toleran hasta 4 g/l. Bartolini *et al.* (1991) estudiaron el efecto del ClNa y del SO_4Na_2 sobre el desarrollo de plantas jóvenes de olivo y las calificaron como medianamente tolerantes.

Aun así, un elevado contenido en sales conlleva varios riesgos: supone un aumento en el potencial osmótico del suelo, de forma que el agua resulta menos disponible para las plantas, con la consecuente disminución en los rendimientos del cultivo; al regar con agua de alto contenido en sodio pueden alcanzarse valores elevados de sodio intercambiable en el suelo, lo cual puede deteriorar su estructura por dispersión e hinchamiento; ciertos iones son tóxicos para el olivo, por lo que, si estos son absorbidos por las raíces y se acumulan en su interior, pueden reducir el rendimiento del cultivo.

Cuando se emplean aguas de baja calidad para fertirrigar el olivo, hay que considerar dos aspectos principales: la posibilidad de formación de precipitados insolubles, con las pérdidas correspondientes de nutrientes y la posibilidad de obturar el sistema de riego, y el nivel de salinidad total que alcanza la solución, ya que aunque el olivo es medianamente tolerante a la presencia de ClNa o SO_4Na_2, la concentración salina total le puede afectar negativamente (Gucci y Tattini, 1997; Ben-Gal, 2011).

Por estas razones, para un correcto manejo de la fertirrigación hay que saber la *salinidad* del agua. A medida que aumenta el contenido de sales de una disolución aumenta su capacidad para conducir la electricidad, expresada por la *conductividad eléctrica* (CE). Fácil de medir, se ha aceptado como la forma más usual de expresar la salinidad del agua. La unidad empleada por el Sistema Internacional es el decisiemens/metro (dS/m), equivalente a 1 mmho/cm. Utilizando como base la CE, puede clasificarse el agua como más o menos aceptable para su uso en el riego. Una de las clasificaciones más aceptadas es la que se muestra en el Cuadro 13.1.

Además de la salinidad del agua de riego, hay que considerar la *salinidad del extracto de saturación* del suelo (CE_{es}), que indica la salinidad de la solución del suelo y que es realmente la que influye sobre el cultivo. Los valores de CE_{es} pueden ser mayores que la CE del agua de riego sin que haya riesgo para la planta. Para el olivo se aceptan valores de CE_{es} de hasta 3 dS/m; a partir de ahí podrían producirse reducciones en el rendimiento.

Las sales pueden precipitar al concentrarse en el suelo, atenuándose sus efectos negativos para la planta. Es necesario, por tanto, tener en cuenta todos estos factores y realizar análisis periódicos del suelo para ver la evolución de su contenido en sales.

CUADRO 13.1

Riesgo de salinidad del agua en función de su conductividad eléctrica

Indice de salinidad	CE (dS/m)	Riesgo de salinidad
1	< 0,75	Bajo
2	0,75 1,5	Medio
3	1,5 3,0	Alto
4	> 3,0	Muy alto

1 dS/m ≅ 640 mg/l de sal.

Para la evaluación del riesgo debido a la sodicidad del agua se han empleado mucho las ecuaciones de *relación de adsorción del sodio* (RAS) y de *porcentaje de sodio intercambiable* (PSI), dadas por Richards (1954). A partir de estas relaciones se elaboró el conocido cuadro de clasificación del agua de riego del *U.S. Salinity Laboratory Staff*. La clasificación de Richards, sin embargo, tiene defectos que han inducido a otros investigadores a obtener nuevos índices. Por ejemplo, no considera la posibilidad de precipitación de sales, lo cual es un fenómeno que puede aumentar el riesgo de sodicidad, ya que los cationes que pueden precipitar son el Ca y el Mg. Por otro lado, las sales de la solución del suelo tienen un efecto floculante que contrarresta el efecto dispersante del sodio, por lo que, para un mismo valor de RAS, el riesgo de sodicidad será menor cuanto mayor sea la CE del agua de riego.

Actualmente se considera que uno de los índices más adecuados para definir el riesgo de sodicidad de un agua de riego es el *RAS ajustado* (RASa) definido por Suárez (1981):

$$RAS_a = \frac{Na}{\sqrt{\dfrac{Ca^* + Mg}{2}}} \qquad [13.1]$$

donde la concentración de los elementos se expresa en meq/l.

Esta fórmula difiere de la de Richards (1954) en que la concentración de Ca está corregida en función de la salinidad del agua de riego y de su relación con la concentración de bicarbonatos presentes. En el Cuadro 13.2 se muestran los valores de Ca* en función de la CE del agua de riego y de la relación entre el contenido de CO_3H y Ca.

La evaluación del riesgo de *sodicidad* del agua de riego puede hacerse en función de su RASa, utilizando para ello la Figura 13.1.

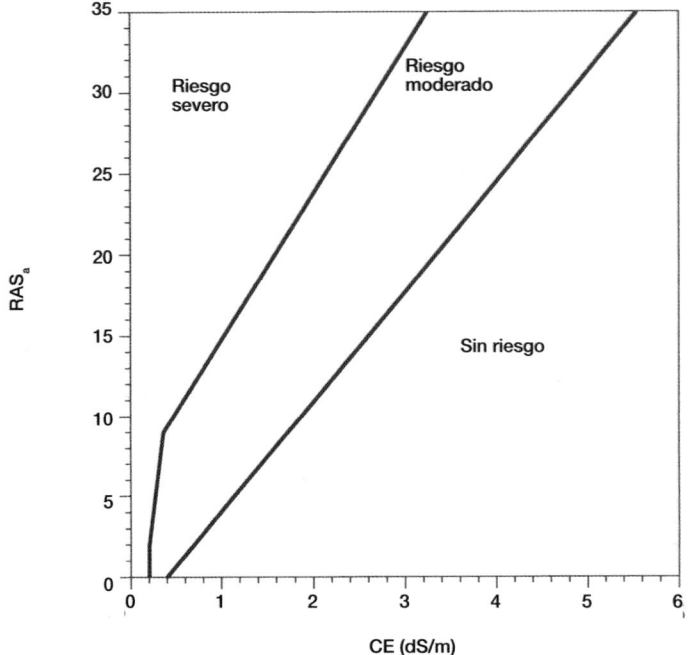

Figura 13.1. Riesgo de sodicidad del agua de riego, en función de la relación de adsorción de sodio ajustada (RASa) y de la conductividad eléctrica (CE).

Ejemplo 1

Teniendo en cuenta los siguientes datos del análisis de un agua de riego, determinar su riesgo de sodicidad.

Ca	99,2	mg/l
Mg	41,9	mg/l
Na	269,6	mg/l
CO_3H	79,3	mg/l
CE	2,1	dS/m

Se calcula la concentración de los elementos en meq/l. Para ello se divide el número de mg/l por el peso equivalente de cada elemento ($Ca^{++} = 20,04$; $Mg^{++} = 12,15$; $Na^+ = 23,00$; $CO3H^- = 61,01$). Resulta:

Ca	4,95	meq/l
Mg	3,45	meq/l
Na	1,72	meq/l
CO_3H	2,66	meq/l
CE	2,1	dS/m

Cálculo del riesgo de sodicidad

$CO_3H/Ca = 0,54$

Del Cuadro 13.2, tras las extrapolaciones pertinentes, se obtiene Ca* = 3,42 meq/l. Con la ecuación 13.1 se calcula $RAS_a = 6,32$. De la Figura 13.1 se deduce que el agua no presenta riesgo por sodicidad.

Cada especie presenta niveles distintos de sensibilidad a diferentes iones. Para el olivo, el Cl, el Na y el B pueden ocasionar problemas de toxicidad.

CUADRO 13.2

Concentración de Ca corregida (Ca*) en función de la conductividad eléctrica (CE) del agua de riego y de la relación CO_3H/Ca

		CE (dS/m)											
		0,1	0,2	0,3	0,5	0,7	1,0	1,5	2,0	3,0	4,0	6,0	8,0
	0,05	13,20	13,61	13,92	14,40	14,79	15,26	15,91	16,43	17,28	17,97	19,07	19,94
	0,10	8,31	8,57	8,77	9,07	9,31	9,62	10,02	10,35	10,89	11,32	12,01	12,56
	0,15	6,34	6,54	6,69	6,92	7,11	7,34	7,65	7,90	8,31	8,64	9,17	9,58
	0,20	5,24	5,40	5,52	5,71	5,87	6,06	6,31	6,52	6,86	7,13	7,57	7,91
	0,25	4,51	4,65	4,76	4,92	5,06	5,22	5,44	5,62	5,91	6,15	6,52	6,82
	0,30	4,00	4,12	4,21	4,36	4,48	4,62	4,82	4,98	5,24	5,44	5,77	6,04
	0,35	3,61	3,72	3,80	3,94	4,04	4,17	4,35	4,49	4,72	4,91	5,21	5,45
	0,40	3,30	3,40	3,48	3,60	3,70	3,82	3,98	4,11	4,32	4,49	4,77	4,98
Valor	0,45	3,05	3,14	3,22	3,33	3,42	3,53	3,68	3,80	4,00	4,15	4,41	4,61
de	0,50	2,84	2,93	3,00	3,10	3,19	3,29	3,43	3,54	3,72	3,87	4,11	4,30
CO_3H/Ca	0,75	2,17	2,24	2,29	2,37	2,43	2,51	2,62	2,70	2,84	2,95	3,14	3,28
	1,00	1,79	1,85	1,89	1,96	2,01	2,09	2,16	2,23	2,35	2,44	2,59	2,71
	1,25	1,54	1,59	1,63	1,68	1,73	1,78	1,86	1,92	2,02	2,10	2,23	2,33
	1,50	1,37	1,41	1,44	1,49	1,53	1,58	1,65	1,70	1,79	1,86	1,97	2,07
	1,75	1,23	1,27	1,30	1,35	1,38	1,43	1,49	1,54	1,62	1,68	1,78	1,86
	2,00	1,13	1,16	1,19	1,23	1,26	1,31	1,36	1,40	1,48	1,54	1,63	1,70
	2,25	1,04	1,08	1,10	1,14	1,17	1,21	1,26	1,30	1,37	1,42	1,51	1,58
	2,50	0,97	1,00	1,02	1,06	1,09	1,12	1,17	1,21	1,27	1,32	1,40	1,47
	3,00	0,85	0,89	0,91	0,94	0,96	1,00	1,04	1,07	1,13	1,17	1,24	1,30
	3,50	0,78	0,80	0,82	0,85	0,87	0,90	0,94	0,97	1,02	1,06	1,12	1,17
	4,00	0,71	0,73	0,75	0,78	0,80	0,82	0,86	0,88	0,93	0,97	1,03	1,07
	4,50	0,66	0,68	0,69	0,72	0,74	0,76	0,79	0,82	0,86	0,90	0,95	0,99
	5,00	0,61	0,63	0,65	0,67	0,69	0,71	0,74	0,76	0,80	0,83	0,88	0,93
	7,00	0,49	0,50	0,52	0,53	0,55	0,57	0,59	0,61	0,64	0,67	0,71	0,74
	10,00	0,39	0,40	0,41	0,42	0,43	0,45	0,47	0,48	0,51	0,53	0,56	0,58
	20,00	0,24	0,25	0,26	0,26	0,27	0,28	0,29	0,30	0,32	0,33	0,35	0,37
	30,00	0,18	0,19	0,20	0,20	0,21	0,21	0,22	0,23	0,24	0,25	0,27	0,28

El Cl, por ser un anión, no es retenido por el complejo de cambio del suelo, por lo que puede ser absorbido fácilmente por las raíces. Los problemas ocasionados por la presencia de Na parece que son debidos, más que a la toxicidad del elemento en sí, a las deficiencias de Ca y otras interacciones que pueden aparecer si las concentraciones de Na son elevadas. Por esta razón, se utiliza el RAS como criterio para definir la toxicidad por Na. El B, aunque esencial para las plantas, puede resultar tóxico en cantidades relativamente pequeñas, por lo que también hay que vigilar su concentración en el agua de riego. En el Cuadro 13.3 se muestran las concentraciones de estos elementos en el agua de riego a partir de las cuales pueden presentarse problemas de toxicidad.

5. Tipos de abono para fertirrigación

Los abonos adecuados para fertirrigación pueden encontrarse en forma de abonos sólidos o líquidos.

CUADRO 13.3

Riesgo de toxicidad por la presencia de Na, Cl y B en el agua de riego

	Unidades	Restricción de uso		
		Ninguna	*Ligera a moderada*	*Severa*
Sodio	RAS	< 3	3-9	> 9
Cloro	meq/l	< 4	4-10	> 10
Boro	mg/l	< 0,7	0,7-3	> 3

Los abonos sólidos son sales puras cristalinas, de mayor precio que los abonos tradicionales. Suelen tener reacción ácida (pH entre 2 y 4) para evitar precipitaciones. Presentan una alta solubilidad en agua, que se suele indicar en las etiquetas de los sacos en los que se venden con denominaciones como *cristalino soluble* o *soluble para fertirrigación*, entre otras. Conviene tener en cuenta que existen abonos de uso convencional que poseen una alta solubilidad, como el sulfato amónico, pero su uso para fertirrigación resulta inadecuado por la presencia de impurezas que pueden producir obturaciones. En cuanto al manejo, los abonos sólidos hay que disolverlos previamente a su inyección en el sistema de riego.

Al abono o conjunto de abonos disueltos en agua, listos para su inyección en el sistema de riego, se le denomina *solución madre*. En su preparación hay que tener en cuenta las características de solubilidad de cada abono y, en el caso de que se mezclen distintos tipos de abono, la compatibilidad entre ellos. Sobre este punto se incide más adelante. Otro aspecto que hay que cuidar es la acidez resultante, la cual es deseable que sea baja, para evitar obturaciones; es por ello que a veces hay que añadir algún tipo de ácido. Finalmente, también hay que considerar el antagonismo o sinergismo entre iones. Por todo ello, la preparación de la solución madre es una operación delicada que puede resultar interesante económicamente pero que requiere formación.

Los abonos líquidos son ácidos, de pH entre 1 y 2, por lo que deben almacenarse en depósitos especiales. Son más caros que los sólidos pero evitan molestias y reducen el riesgo de precipitaciones y, por tanto, de obturaciones en el sistema de riego.

Tanto los abonos sólidos como los líquidos se elaboran a partir de productos básicos cuyas características se muestran en el Cuadro 13.4. Hay que tener en cuenta que la solubilidad de los productos indicada en el cuadro es la máxima en condiciones óptimas, siendo menor en condiciones adversas de temperatura y pH. Por ello, a efectos de preparar la solución madre resulta adecuado considerar que la solubilidad de un abono es el 75% de la indicada en el cuadro.

El ácido nítrico no se suele utilizar como fertilizante, ya que su uso puede resultar peligroso para los operarios y corrosivo para el sistema de riego. Sin embargo, sí es muy utilizado para bajar el pH del agua de riego y para la limpieza del sistema. La solución N-20 es una solución de nitrato amónico, mientras que la solución N-32 contiene urea además de nitrato amónico. La urea se disuelve bien en agua y presenta una elevada movilidad en suelo, ya que este la adsorbe menos que a las sales amónicas. Resulta adecuado alternar los abonos nítricos y amoniacales, y no aplicar siempre el N de la misma forma.

El nitrato amónico es una sal muy soluble y ácida, por lo que baja el pH del agua de riego. El nitrato cálcico se emplea normalmente para aportar Ca. Sin embargo, y debido a que el Ca precipita con muchos aniones, se debe añadir 0,3 kg de ácido nítrico por kilo de nitrato cálcico. Hay que evitar mezclar el nitrato cálcico o el cloruro cálcico con los abonos fosforados, ya que se producen precipitaciones con facilidad.

Los abonos de fósforo son los que más obturaciones producen. Para evitarlas se pueden utilizar las sales más solubles, aunque son más caras. Con el fosfato monoamónico el riesgo de obturaciones es bajo, pues es de reacción ácida. El fosfato diamónico, sin embargo, da reacción alcalina, por lo que se recomienda utilizar un ácido para bajar la acidez de la solución. Se aconseja, por ejemplo, 1,3 kg de ácido nítrico por kilo de fosfato diamónico. Con el fosfato monoamónico también es recomendable usar ácido nítrico si el pH del agua es mayor que 7. El polifosfato amónico es muy adecuado para fertirrigación, debido a su alta solubilidad y movilidad en el suelo. La aplicación del fósforo disuelto en el agua de riego reduce notablemente los problemas de fijación y retrogradación que se suelen dar en el abonado tradicional.

Para aportar K son muy utilizados el sulfato potásico y el cloruro potásico, siendo este último de mayor solubilidad que el primero.

CUADRO 13.4

Productos empleados en la fabricación de abonos

Producto	Composición	Solubilidad g/l	°C
1. Para N, P, K **y elementos secundarios**			
Acido nítrico	13-0-0		
Solución N-20	20-0-0		
Solución N-32	32-0-0		
Polifosfato amónico	10-34-0		
Acido fosfórico	0-68-0		
Urea	46-0-0	1000	17°
Nitrato potásico	13-0-46	257	15°
Nitrato cálcico	15,5-0-0 (26 CaO)	1130	15°
Sulfato amónico	21-0-0 (23 S)	742	15°
Fosfato monoamónico	12-60-0	227	0°
Fosfato diamónico	21-53-0	413	15°
Nitrato amónico	33,5-0-0	1630	15°
Fosfato monopotásico	0-51-34	148	0°
Sulfato potásico	0-0-50 (18 S)	102	15°
Cloruro potásico	0-0-60	326	15°
Nitrato magnésico	11-0-0 (9,5 Mg)		
Sulfato magnésico	(16 Mg-13 S)		
2. Para microelementos			
Sulfato de hierro	$FeSO_4$ $7H_2O$ (20% Fe)		
Sulfato de manganeso	$MnSO_4$ H_2O (32% Mn)		
Sulfato de cinc	$ZnSO_4$ $7H_2O$ (22% Zn)		
Sulfato de cobre	$CuSO_4$ $5H_2O$ (25% Cu)		
Molibdato amónico	$(NH_4)_6Mo_7O_{24}$ $4H_2O$ (15%Mo)		
Acido bórico	H_3BO_3 (17% B)		
Tetraborato sódico	$Na_2B_4O_7$ $10H_2O$ (11% B)		
Quelato de hierro			
Quelato de manganeso			
Quelato de cinc			

En cuanto a los microelementos, estos deben aplicarse en forma de quelatos, a pesar de su mayor precio, ya que tienen una alta solubilidad y mantienen su actividad en condiciones adversas de pH. En el caso de suelos alcalinos, el agente quelatante del hierro debe ser el EDDHA, pudiendo utilizarse para el resto de los cationes el EDTA.

Algunos de los productos indicados en el Cuadro 13.4 tienen otras propiedades, además de la fertilizante. Ya se ha comentado el papel del ácido nítrico en la limpieza del sistema de riego y para acidificar la solución. El ácido fosfórico puede utilizarse también con este último fin. Por otro lado, el uso de algunos de los productos mencionados supone un aporte de más de un elemento fertilizante. Destacan en este sentido el nitrato cálcico, que aporta Ca además de N; el sulfato potásico, que aporta S y K, y el nitrato magnésico, que aporta 9,5% de Mg y 11% de N. Estos aportes adicionales hay que tenerlos en cuenta en el cálculo de las dosis de abonado.

5.1.   Precauciones en el uso de los abonos

En el Cuadro 13.5 se muestra el grado de compatibilidad entre distintos fertilizantes. Al mezclar abonos incompatibles se producen reacciones que alteran la solución fertilizante y aumentan el riesgo de obturaciones en el sistema de riego. Si por requerimientos de la planta se precisa utilizar abonos incompatibles entre sí, puede añadirse uno de ellos, dejar que el sistema se limpie durante un par de días para asegurarnos de que no queden restos, y entonces añadir el otro. Este es el caso de los abonos cálcicos y de los abonos con fósforo.

CUADRO 13.5

Compatibilidad entre abonos utilizados en fertirrigación (C = compatible; L = compatibilidad limitada; I = Incompatible)

		1	2	3	4	5	6	7	8	9	10	11
Nitrato amónico	1	X	I	C	C	C	C	C	C	C	C	C
Urea	2	I	X	C	L	L	C	C	C	C	C	C
Sulfato amónico	3	C	C	X	C	C	C	C	C	C	C	I
Superfosfato triple	4	C	L	C	X	C	L	C	C	C	C	I
Superfosfato simple	5	C	L	C	C	X	L	C	C	C	C	I
Fosfato diamónico	6	C	C	C	L	L	X	C	C	C	C	I
Fosfato monoamónico	7	C	C	C	C	C	C	X	C	C	C	I
Cloruro potásico	8	C	C	C	C	C	C	C	X	C	C	C
Sulfato potásico	9	C	C	C	C	C	C	C	C	X	C	I
Nitrato potásico	10	C	C	C	C	C	C	C	C	C	X	C
Nitrato cálcico	11	C	C	I	I	I	I	I	C	I	C	X

Al disolver los abonos en el agua de riego aumenta su salinidad, como ya se ha comentado. En el cálculo de las dosis de abonado, por tanto, hay que tener en cuenta no sobrepasar los límites permitidos por el olivo.

Es importante, finalmente, que los abonos utilizados no sean corrosivos para los componentes del sistema de riego, ni peligrosos para los operarios. Esto es particularmente importante cuando se utilicen abonos ácidos para combatir las obturaciones.

6.   Manejo de la fertirrigación

Los elementos que hay que instalar en un sistema de riego localizado para poder aplicar la fertirrigación no suponen un incremento notable del coste total. Esto, añadido a las ventajas de esta práctica, hace que casi siempre sea interesante dotar al sistema de riego localizado de los elementos necesarios para inyectar los abonos en el agua de riego.

6.1.   Depósitos para almacenar abonos

Hay que disponer de depósitos para el almacén de la solución fertilizante, bien sean abonos líquidos comprados directamente como tal (Figura 13.2) o la solución madre realizada a partir de la disolución de abonos sólidos (Figura 13.3). Los depósitos de poliéster o polietileno son baratos y cumplen bien su función, aunque antes de usarlos con soluciones muy ácidas deben tratarse con resinas especiales. También existen depósitos de acero inoxidable, pero su alto precio hace que su uso no esté justificado en la mayoría de los casos.

Figura 13.2. Depósito para la solución fertilizante utilizada en fertirrigación. Nótese la válvula para entrada y salida de aire junto a la tapa, en la parte superior y la válvula de salida de la solución en la parte inferior. (Foto de J. E. Fernández).

Figura 13.3. Depósito para la obtención de solución fertilizante a partir de abonos sólidos. Su escasa altura favorece la introducción de los abonos. En el interior puede colocarse un agitador de hélice. (Foto de J. E. Fernández).

A la hora de elegir el tamaño de los depósitos a instalar, conviene tener en cuenta no solo las necesidades de la plantación, sino los descuentos en el precio de los abonos que conlleva comprarlos en grandes cantidades. Conviene que tengan una ventosa para la entrada y salida del aire y una válvula adecuada para la salida de la solución fertilizante. Son comunes las válvulas con acoplamientos rápidos normalizados, que facilitan la conexión de filtros, tuberías, e incluso de las mangueras de los camiones que llevan el fertilizante a la finca (Figura 13.4). Los tanques conviene situarlos cerca del cabezal de riego, sin enterrar pero bien fijados al terreno, dado su poco peso cuando están vacíos. En caso de que estén alejados del sistema de riego, puede ser necesario instalar una bomba para el transporte de la solución fertilizante hasta la tubería de riego donde se inyecta (Figura 13.5).

6.2. Sistemas de inyección de abonos

Existen varios sistemas para inyectar los abonos a la red de riego. A continuación se comentan los más utilizados.

6.2.1. *Tanque de abonado*

Consiste en un depósito que se conecta paralelamente a la red de riego, fabricado con materiales similares a los tanques de almacenamiento y capaz de soportar la presión de la red. Suelen tener un volumen de entre 20 y 200 litros. En su interior se coloca el abono líquido que se extrae de los depósitos para abonos. El tanque

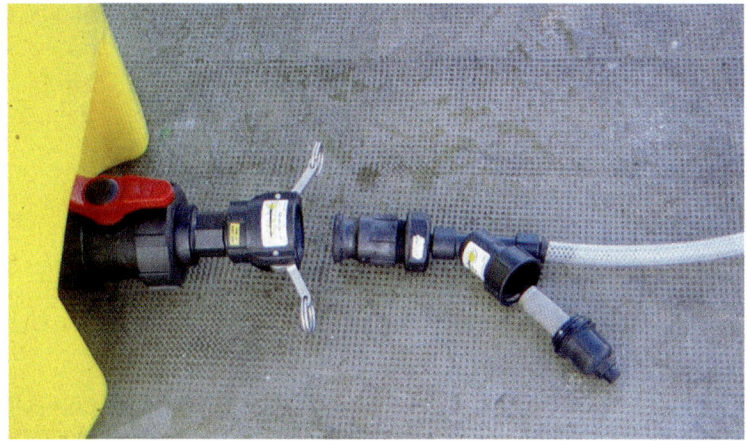

Figura 13.4. Salida de un depósito de solución fertilizante. Obsérvese la válvula de acoplamiento rápido y el filtro para la retención de partículas sólidas. (Foto de J. E. Fernández).

Figura 13.5. Bomba para el transporte de la solución fertilizante desde el depósito hasta la red de riego, fabricada con polipropileno y fibra de vidrio. Puede funcionar con un motor eléctrico, como en la figura, o de combustión. (Foto de J. E. Fernández).

consta de una entrada de agua desde la red, normalmente en su base. A través de la salida, situada en la parte superior, pasa la mezcla de agua y fertilizante a la red de riego. El caudal se controla mediante una válvula existente entre la entrada y la salida, con la que se crea una diferencia de presión variable de entre 0,2 y 0,5 kg/cm². El tanque debe disponer, además, de un purgador en la parte más alta, de una válvula de vaciado y de un medidor del caudal inyectado a la red.

La cantidad de abono A (litros) que permanece en el tanque al cabo de un tiempo t (horas) desde el comienzo del abonado será:

donde

$$A = A_0 \, e^{-\frac{qt}{V}} \qquad\qquad [13.2]$$

donde

    q = caudal que circula por el tanque (l/h).
    Ao = cantidad inicial de abono en el tanque (l).
    V = volumen del tanque (l).

Si lo que queremos calcular es el tiempo que tarda el tanque en vaciarse del todo, o hasta un cierto nivel, se despeja t de la ecuación anterior, resultando:

$$t = \frac{-V \ln A/A_0}{q} \qquad\qquad [13.3]$$

Igualmente se puede calcular el caudal que hay que hacer pasar a través del tanque para conseguir que todo el abono se inyecte en el tiempo deseado:

$$\alpha = \frac{-V \ln A/A_0}{t} \qquad\qquad [13.4]$$

Los tanques son baratos y fáciles de manejar, pero no permiten la inyección del abono a concentración constante, y no se pueden automatizar. Esto hace que su uso no esté justificado, salvo en plantaciones pequeñas en las que no resulte rentable un sistema de inyección más sofisticado. Para mejorar la uniformidad en la inyección de abono puede usarse un tanque de elevado volumen, o colocar varios en serie, o bien reducir el caudal de paso de agua a través del tanque. También puede introducirse en el tanque el abono en forma sólida. De esta manera la solución se mantiene constante, próxima al límite de solubilidad. Esta práctica tiene el inconveniente, sin embargo, de que pueden introducirse partículas sólidas en la red, por lo que no es recomendable.

Ejemplo 2

Se precisa aplicar 50 litros de abono en un riego que dura 10 horas, dejándose sin abonar 2 horas al principio y al final del riego. El volumen del tanque de abonado es de 80 litros. Calcular el caudal de agua que tiene que pasar por el tanque.

Consideramos agotado el tanque cuando queda menos del 2% de abono. Aplicando la ecuación 13.3:

$$t = V/q \, \ln(1/0,02) \approx 4 \, V/q$$

$$q = 4 \, V/t = 4 \cdot 80/6 = 53 \text{ litros/hora}$$

6.2.2. *Aspiración directa*

La presión negativa creada en la tubería de aspiración del sistema de riego puede usarse para succionar la solución fertilizante del depósito. El caudal aportado se puede regular mediante una válvula situada entre el depósito y el punto de conexión a la aspiración. Se trata de un método sencillo y factible cuando la balsa desde la que se riega está por debajo del nivel de la bomba. Si el embalse está por encima, hay que producir una pérdida de carga en la aspiración mediante el cierre parcial de una llave colocada al efecto. En cualquier caso, se debe instalar un dispositivo para evitar que el sistema siga funcionando cuando el depósito de abono se vacíe ya que, en este caso, se introduciría aire en la red. Este dispositivo suele ser una boya o válvula automática que cierra la conexión entre el inyector y el depósito de abonos cuando este se queda vacío.

6.2.3. *Inyector venturi*

Este tipo de inyector tiene un estrechamiento en el que se provoca una depresión al pasar el agua de riego, lo que succiona el abono desde su recipiente y lo inyecta a la red sin gasto de energía. El inyector venturi se coloca en paralelo con la tubería de riego, de forma que exista una válvula entre la entrada y la salida del inyector. Esta válvula produce una diferencia de presión que dirige parte del agua al inyector, en cuyo circuito se instala además otra válvula para regular el paso de agua y, por tanto, la cantidad de abono succionado.

Con el inyector venturi se consigue una inyección de abono a concentración constante, pero no proporcional al volumen de agua de riego, lo cual es un inconveniente para la automatización.

6.2.4. *Dosificador de abonos*

A diferencia de los dos sistemas anteriores, los dosificadores de abono necesitan ser accionados por un motor eléctrico o de combustión, o por un mecanismo hidráulico. Succionan la solución fertilizante de su depósito y la inyectan a la red de riego a una presión superior a la del agua.

Los dosificadores eléctricos son bombas, generalmente de pistón o de membrana, con un sistema para regular el caudal y fabricadas con materiales resistentes a la corrosión (Figura 13.6). Según modelos, los caudales nominales varían desde 0,5 hasta 1.500 l/h. Las bombas de pistón pueden inyectar los abonos a mayor presión que las de membrana, de forma que estas últimas no deben instalarse en sistemas de riego donde la presión de trabajo sea mayor de 5 kg/cm^2. Pueden utilizarse para la aplicación de otros productos además de los abonos, como productos fitosanitarios. Existen modelos que permiten inyectar dos productos al mismo tiempo, al estar dotados de dosificadores independientes. Los dosificadores de accionamiento eléctrico se usan en sistemas de fertirrigación controlados por programadores electrónicos. Sus mayores inconvenientes son el precio y la necesidad de suministro eléctrico.

Los dosificadores hidráulicos se accionan por la presión de la red de riego (Figura 13.7). Hay que tener en cuenta que algunos modelos precisan de una presión mínima de 2 kg/cm^2, lo cual puede ser un factor limitante para su uso en sistemas de riego de baja presión. El caudal de solución fertilizante inyectada puede modificarse ajustando el ritmo de emboladas. El caudal puede variar entre 20 y 1.200 l/h. Sus mayores inconvenientes son el precio y el hecho de necesitar una cierta presión para que funcionen.

Figura 13.6. Dosificador eléctrico de pistón, dotado de una válvula de tres vías para evitar el funcionamiento en seco. A la derecha se aprecia el regulador de caudal. Puede ser accionado por un motor de 12 voltios, para su funcionamiento con baterías. (Foto de J. E. Fernández).

Figura 13.7. Dosificador hidráulico fabricado con materiales resistentes a la corrosión. (Foto de J. E. Fernández).

6.2.5. *Equipos automáticos de inyección controlados por programadores*

Son los sistemas de fertirrigación más avanzados, al incorporar un programador capaz de activar automáticamente el riego y la inyección del fertilizante. La inyección de las soluciones fertilizantes puede realizarse mediante inyectores por efecto venturi o con bombas electromagnéticas. En el primer caso, dicha inyección se suele llevar a cabo directamente en la red de riego, mientras que en el segundo se utiliza uno o varios tanques de soluciones fertilizantes, que se diluyen con agua para ser introducidas posteriormente de forma conjunta en la red. Los inyectores Venturi se usan mucho, ya que, aunque la inyección del fertilizante suele ser menos precisa, resultan más económicos. En ambos casos se utiliza una electroválvula por cada inyector, para abrir y cerrar alternativamente el paso de solución y poder ajustar así la inyección de forma automática.

A veces, el control del aporte de ácidos y fertilizantes se hace en base a lecturas de pH para los primeros y de CE para los segundos. Se introducen los valores de referencia en el programador, así como un porcentaje del tiempo de inyección para cada solución, y este controla la apertura de las electroválvulas de los distintos inyectores para ajustar automáticamente dichos tiempos de apertura y alcanzar la CE de referencia. Los sistemas más avanzados cuentan con un contador por cada inyector, para medir el volumen de solución inyectada.

6.3. Prevención de obturaciones en la red de riego

La obturación del sistema de riego, en especial de los emisores, es uno de los principales problemas que plantea el uso de aguas de baja calidad. Las principales causas que provocan dichas obstrucciones son de tipo biológico (crecimiento en la solución de riego de hongos, algas y bacterias); físico, por depósito de los sólidos en suspensión, o químico (precipitación de sales).

Las obturaciones biológicas se previenen por tratamientos del agua con $CuSO$, Cl^-, entre otros fungicidas, alguicidas o bactericidas. Para evitar obturaciones debidas a sólidos en suspensión, lo mejor es el filtrado o la decantación del agua en presencia de sulfato de aluminio. Las obstrucciones químicas suelen ser las más frecuentes y difíciles de combatir. Para predecir los riesgos de obstrucción por carbonatos se usa el índice de Langlier (I_s), que se define por la diferencia entre el pH real medido con un pHmetro y el pH teórico o deducido de la concentración de aniones y cationes en el agua (Apartado 6.3.2). Cuando el pH potencial es superior o igual al real, es decir cuando I_s es negativo o cero, no hay riesgo de obstrucción. A medida que el pH real va siendo superior al potencial, se incrementa el riesgo de precipitación de carbonatos y, cuando se obtienen diferencias iguales o superiores a la unidad, el riesgo de obturación es muy elevado.

6.3.1. *Filtrado*

La inyección de los fertilizantes en la red puede realizarse en el cabezal de riego, o al principio de cada sector de riego. En cualquier caso, siempre hay que colocar un sistema de filtrado entre el sistema de inyección y la red. En el caso de que el equipo de fertirrigación vaya en el cabezal, hay que instalarlo después del filtro de arena, para evitar la proliferación de microorganismos en su interior, lo cual reduciría la eficacia del filtro. Después del sistema de fertirrigación se colocan filtros de malla o de anillas. Hay que asegurarse de que los elementos aguas arriba del punto de inyección sean resistentes al poder corrosivo de la solución fertilizante.

Los filtros precisan de una limpieza periódica para prevenir obturaciones. Un filtro debe limpiarse cuando la pérdida de carga, antes y después del filtro, alcanza 0,5 kg/cm². La pérdida de carga de un filtro limpio no suele sobrepasar 0,3 kg/cm². Es habitual que los filtros de malla y de anillas dispongan de un sistema automático de limpiado, por inversión del flujo.

Para disminuir el riesgo de obturaciones de los emisores conviene aplicar el fertilizante en una fase intermedia del riego, suministrando agua sin fertilizantes al principio y al final de cada riego. Conviene también abrir los extremos de las tuberías cada cierto tiempo, y dejar que el agua arrastre las posibles impurezas. Esto puede hacerse automáticamente mediante la instalación de válvulas de drenaje al final de las tuberías, las cuales disponen de un muelle que abre la válvula cuando la presión disminuye al final de cada riego.

6.3.2. *Tratamiento del agua*

Cuando el riesgo de obturaciones es elevado, por la presencia de microorganismos o de precipitados en el agua de riego, además de filtros puede requerirse un equipo de tratamiento de agua. Los microorganismos suelen ser bacterias y algas, cuyos propios filamentos y los precipitados que forman al oxidar el Fe y el SH_2 pueden obturar los emisores. Las obturaciones de tipo químico más frecuentes son las de carbonato cálcico, el cual precipita a una concentración superior a 2 g/l y pH alcalino. Pueden darse también precipitaciones de sulfato cálcico (yeso), o por la oxidación de elementos como el Fe, Mn o S. Los equipos de tratamiento del agua suelen constar, por tanto, de un *sistema de cloración* para combatir las bacterias y de un *sistema de acidificación* para evitar los precipitados.

En los tratamientos preventivos se inyecta hipoclorito sódico a una concentración de entre 3 y 10 ppm, aplicando las concentraciones más altas cuanto mayor sea el pH. La inyección se hace antes de los filtros de arena, para evitar que se desarrollen bacterias en su interior. Los filtros de arena suelen ser eficaces para retener las algas. Si se precisa aplicar algún alguicida, el sulfato de cobre en dosis de 0,05-2 mg/l de agua a tratar suele dar buen resultado.

Debe conseguirse que el nivel de cloro libre en el emisor más alejado sea de 2 a 3 ppm, y dejarlo actuar durante más de media hora. Hay que tener en cuenta que nos referimos al cloro libre, cuya cantidad será menor que la de cloro total. Para medir el cloro libre puede utilizarse la DPD (N-dietil-p-fenil-diamina). No es adecuado, sin embargo, usar ortotolidina (de uso frecuente en piscinas, se colorea de amarillo en presencia de cloro). Las concentraciones de cloro libre no deben sobrepasar las 30 ppm.

Para la acidificación del agua pueden utilizarse distintos ácidos, siendo el ácido clorhídrico y el sulfúrico los más frecuentes. También se pueden utilizar los ácidos nítrico y fosfórico, si forman parte de la composición del abonado. Al agua alcalina hay que añadirle ácido hasta rebajar su pH a un valor próximo a la neutralidad, normalmente hasta 7,5. La cantidad de ácido necesaria para conseguir esto se puede calcular en función del índice de Langlier (Is), resultante de la diferencia entre el pH del agua y el deducido de la concentración de aniones y cationes en el agua (pH_c):

$$I_s = pH \text{ del agua} - pH_c \qquad [13.5]$$

siendo

$$pHc = (pK_2' - pK_c') + p\,(Ca) + p\,(Alk) \qquad [13.6]$$

y

pK_2' = logaritmo, con signo cambiado, de la segunda constante de disociación del CO_3H_2, corregida para el valor de la fuerza iónica

pK_c' = logaritmo, con signo cambiado, de la segunda constante de disociación del CO_3Ca, corregida para el valor de la fuerza iónica

$p(Ca)$ = logaritmo negativo de la concentración molar de Ca

$p(Alk)$ = logaritmo negativo de la concentración equivalente de $CO_3 + CO_3H$

El Cuadro 11.6 se utiliza para calcular pH_c, teniendo en cuenta que $(pK_2' - pK_c')$ es función de Ca+Mg+Na, p(Ca+Mg) es función de Ca+Mg y p(Alk) es función de $CO_3 + CO_3H$, con las concentraciones expresadas siempre en meq/l.

Si I_s es positivo existe riesgo de que se formen precipitados. Para evitar esto hay que aumentar p(Alk) hasta un valor $p(Alk_2)$:

$$p(Alk_2) = p(Alk) + I_s \qquad [13.7]$$

Conocido p(Alk_2), en el Cuadro 13.6 puede observarse la concentración de carbonatos y bicarbonatos del agua a que corresponde. Este será el valor al que hay que reducir, mediante la adición de ácido, la concentración actual del agua. La cantidad de ácido a añadir, V_a (l/m^3), será:

donde

$$V_a = f/N \qquad\qquad [13.8]$$

f = número de meq/l de CO_3+CO_3H que hay que eliminar del agua

N = normalidad del ácido (12 para el ClH; 36 para el SO_4H_2; 16 para el NO_3H; 45 para el PO_4H_3).

CUADRO 13.6

Valores de los parámetros que intervienen en el cálculo de pHc.

Suma de concentración (meq/l)	$pK'_2 - pK'_c$	p(Ca)	p(Alk)
0,05	2,0	4,6	4,3
0,10	2,0	4,3	4,0
0,15	2,0	4,1	3,8
0,20	2,0	4,0	3,7
0,25	2,0	3,9	3,6
0,30	2,0	3,8	3,5
0,40	2,0	3,7	3,4
0,50	2,1	3,6	3,3
0,75	2,1	3,4	3,1
1,00	2,1	3,3	3,0
1,25	2,1	3,2	2,9
1,5	2,1	3,1	2,8
2,0	2,2	3,0	2,7
2,5	2,2	2,9	2,6
3,0	2,2	2,8	2,5
4,0	2,2	2,7	2,4
5,0	2,2	2,6	2,3
6,0	2,2	2,5	2,2
8,0	2,3	2,4	2,1
10,0	2,3	2,3	2,0
12,5	2,3	2,2	1,9
15,0	2,3	2,1	1,8
20,0	2,4	2,0	1,7
30,0	2,4	1,8	1,5
50,0	2,5	1,6	1,3
80,0	2,5	1,4	1,1

Para prevenir la formación de precipitados de Fe, Mn y S se provoca la oxidación y precipitación de estos elementos antes de los filtros de arena, con objeto de que estos retengan las partículas. Para ello se aplica hipoclorito sódico o algún otro oxidante. Hay que aportar 1 ppm de ClONa por 0,7 ppm de Fe. Este método es efectivo para concentraciones de Fe inferiores a 3,5 ppm, si el pH del agua es inferior a 6,5, o inferiores a 1,5 ppm si el pH es mayor. En caso de una elevada concentración de Fe, puede añadirse ácido para bajar el pH y que el tratamiento con hipoclorito sea efectivo. El Mn es más difícil de eliminar con la adición de hipoclorito, ya que la reacción es más lenta que con el Fe, pudiéndose formar precipitados después del filtro de arena.

Ejemplo 3

Calcular la cantidad de ácido nítrico que hay que añadir a un agua de riego para evitar la formación de precipitados, teniendo en cuenta que su análisis ha dado los siguientes resultados:

Ca	5,60	meq/l
Mg	4,50	meq/l
Na	3,80	meq/l
CO_3H	1,97	meq/l
CO_3	0,20	meq/l
pH	8,50	

El cálculo de pH_c (ecuación 13.6) se hace a partir de los valores del Cuadro 13.6:

Ca + Mg + Na = 13,9 meq/l. . . . $pK'_2 - pK'_c = 2,3$
Ca = 5,6 meq/l . . . .   p(Ca) = 2,54
$CO_3H + CO_3$ = 2,17 meq/l . . . . .   p(Alk) = 2,67

   $pH_c = 2,3 + 2,54 + 2,67 = 7,51$ sustituyendo en:

(ecuación 13.5) $I_s = 8,50 - 7,51 = 0,99$
(ecuación 13.7) $p(Alk_2) = 2,67 + 0,99 = 3,66$

En el Cuadro 13.6 aparece que para p(Alk) = 3,66 corresponde una concentración de 0,28 meq/l, lo cual quiere decir que la concentración inicial de $CO_3H + CO_3$ debe disminuir hasta 0,28 meq/l. Por lo tanto, hay que añadir ácido suficiente para neutralizar

f = 2,17 – 0,28 = 1,89 meq/l

Como la normalidad del ácido nítrico es 16, aplicando la ecuación 13.8 tenemos:

$V_a = 1,89/16 = 0,12$ l/m^3

6.3.3. *Limpieza de la red*

La apertura periódica de los extremos de las tuberías, bien manualmente o por válvulas de drenaje, es una práctica habitual para la limpieza de la red, como se ha comentado anteriormente.

La limpieza de goteros obturados por microorganismos es difícil. Si no están obturados del todo, pueden aplicarse concentraciones de Cloro de entre 250 y 500 mg/l durante 12 horas, seguidas de un lavado con agua a presión. En caso de obturación total es necesario desmontar manualmente los goteros y limpiarlos, lo cual puede ser de coste tan elevado que haga aconsejable cambiar los goteros por otros nuevos.

Si se trata de obturaciones calizas, o debidas a precipitados de Fe, Mn o S, se pueden limpiar los emisores introduciendo ácido en la red, hasta rebajar el pH del agua de riego a 2. El volumen de ácido a aplicar, V_a (litros), para conseguir esta bajada de pH será:

$$V_a = \frac{V_t\, a}{1000\, N}$$

donde

V_t = volumen de las tuberías a tratar multiplicado por un coeficiente de seguridad de 2,5

a = meq de ácido necesarios para rebajar a 2 el pH de 1 litro de agua. Se determina en laboratorio

N = normalidad del ácido

La inyección de ácido se realiza hasta que el agua acidulada que sale por el emisor más alejado sea de pH = 2. Esto se comprueba fácilmente con un papel indicador de pH. En ese momento se detiene el riego y se tiene así durante, al menos, una hora. A partir de ese momento se reanuda el riego a la mayor presión que pueda soportar el sistema, abriendo los extremos de las tuberías de mayor orden hasta que salga el agua limpia. A continuación se cierran estas tuberías y se abren las de orden siguiente y así hasta los laterales, de forma que las partículas desprendidas de las paredes de las tuberías no lleguen a los emisores. Tras limpiar las tuberías se mantiene el riego a alta presión durante 15 min, para limpiar los emisores.

Si el grado de obturación es elevado, puede ser necesario desmontar los emisores e introducirlos en ácido, aunque, al igual que en el caso de obturación por microorganismos, hay que estudiar si no resulta más barato cambiarlos por goteros nuevos.

7. Programación de la fertirrigación

El establecimiento de un abonado racional en el olivar, basado en análisis foliares rutinarios, es objeto del capítulo 11. Cabe destacar aquí que existen herramientas informáticas para el manejo de la fertirrigación en el olivar, como el modelo REUTIVAR (Alcaide-Zaragoza *et al*., 2019), además de plataformas públicas de asesoramiento como SERVIFAPA (IFAPA 2019), que simula los requerimientos diarios de riego y fertilización. En este apartado nos limitamos a dar recomendaciones para la correcta aplicación de la fertirrigación.

No deben inyectarse al agua de riego más de 0,7 litros de solución fertilizante por metro cúbico de agua. En general, 0,2-0,4 l/m^3 es lo adecuado.

La inyección de fertilizantes debe hacerse en la fase central del riego, no al principio ni al final. Además de mejorar la eficacia de la aplicación, se evita que queden restos de fertilizantes en los goteros entre riegos, reduciéndose el riesgo de obturaciones.

Al disponer de un sistema de fertirrigación, los abonos pueden aplicarse tan frecuentemente como se quiera. Ahora bien, una aplicación semanal puede resultar igual de efectiva que aplicaciones diarias, y precisa menos atención. Al menos un día a la semana debe regarse con agua sin abonos, para contribuir a la limpieza de la red.

Hay que tener en cuenta que un manejo inadecuado de la fertirrigación puede conducir a un lavado significativo de nutrientes, con la consiguiente pérdida económica y aumento de la contaminación de aguas subterráneas. Estos riesgos se pueden minimizar con el uso de modelos de simulación diseñados al efecto (Cameira *et al*., 2014)

Además de los abonos, pueden inyectarse en el sistema de riego otros productos, como ácidos y plaguicidas. Para estos últimos, el éxito de la aplicación depende del tipo de producto y condiciones del suelo y cultivo, principalmente. Los tratamientos con nematicidas figuran entre los de más éxito. El aporte de productos fitosanitarios debe realizarse en un día en el que no se apliquen abonos, para evitar interacciones no deseables.

Agradecimientos

Los autores agradecen la revisión y contribuciones de Juan José Magán y de Juana Liñán a la primera versión de este capítulo.

8. Bibliografía

Alcaide-Zaragoza, C.; Fernández-García, I.; González-Perea, R.; Camacho-Poyato, E; Rodríguez-Díaz, J.A. (2019). REUTIVAR: Model for Precision Fertigation Scheduling for Olive Orchards Using Reclaimed Water. *Water*, 11: 2632.

Bartolini, G.; Mazuelos, C.; Troncoso, A. (1991). Influence of Na_2SO_4 and NaCl salts on survival, growth and mineral composition of young olive plants in inert sand culture. *Advances in Horticultural Science,* 5: 73-76.

Ben-Gal, A. (2011). Salinity and olive: from physiological responses to orchard management. *Israel Journal of Plant Sciences*, 59: 15-28.

Cameira, M.R.; Pereira, A.; Ahuja, L.; Ma, L. (2014). Sustainability and environmental assessment of fertigation in an intensive olive grove under Mediterranean conditions. *Agricultural Water Management*, 146: 346-360.

Erel, R.; Eppel, A.; Yermiyahu, U.; Ben-Gal, A.; Levy, G.; Zipori, I.; Schaumann, G.E.; Mayer, O.; Dag, A. (2019). Long-term irrigation with reclaimed wastewater: Implications on nutrient management, soil chemistry and olive (*Olea europaea* L.) performance. *Agricultural Water Management* 213: 324-335.

Fernández, J.E. (2014). Understanding olive adaptation to abiotic stresses as a tool to increase crop performance. *Environmental and Experimental Botany*, 103: 158-179.

Fernández, J.E.; Moreno, F.; Martín-Aranda, J.; Fereres, E. (1992). A olive-tree root dynamics under different soil-water regimes. *Agricoltura Mediterranea*, 122: 225-235.

Gucci, R.; Tattini, M. (1997). Salinity tolerance in olive. *Horticultural Reviews*, 21: 177-214.

Instituto de Investigación y Formación Agraria y Pesquera (2019). SERVIFAPA – Programación del Riego y la Fertilización del Olivar. https://www.juntadeandalucia.es/agriculturaypesca/ifapa/servifapa/recomendador-olivar/

Kotsias, D.; Kavvadias, V.; Pappas, Ch. (2024). Response of Olive Trees (*Olea europaea* L.) cv. Kalinioti to Nitrogen Fertilizer Application. *Physiologia*, 4: 43-53.

Richards LA. (1954). *Diagnosis and improvement of saline and alkali soils.* Agriculture Handbook 60, U.S. Department of Agriculture, Washington, D.C., pp 69-82.

Saavedra, M.; Troncoso, A.; Arambarri, P. (1984). *Utilización de aguas fuertemente contaminadas en el riego del olivo.* Anales de Edafología y Agrobiología. Tomo XLIII. 9-10: 1449-1466.

Suárez, DL. (1981). Relation between pHc and sodium adsorption ratio (SAR) and an alternative method of estimating SAR of soil or drainage waters. *Soil Science Society of American Journal*, 45: 469-475.

Tous, J. (1990). *El olivo. Situación y perspectivas en Tarragona.* Ed. Excma. Diputació de Tarragona.

Troncoso, A.; Barroso, M.; Martín-Aranda, J.; Murillo, J.M.; Moreno, F. (1987). Effect of the fertilization level on the availability and loss of nutrients in an olive-orchard soil. *Journal of Plant Nutrition,* 10(9-16): 1555-1561

CAPÍTULO 14

PODA

Daniel PÉREZ MOHEDANO

ÍNDICE

1. Introducción, 545
2. Generalidades de la poda del olivo, 547
   2.1. Bases fisiológicas y agronómicas de la poda, 550
   2.2. Herramientas de poda y equipos de protección individual (EPIs), 551
   2.3. Protección fitosanitaria en la poda, 555
3. Poda del olivar en vaso libre, 556
   3.1. Poda de formación del olivar en vaso libre, 557
   3.2. Poda de producción del olivar en vaso libre, 564
       3.2.1. Poda de producción en olivar para aceite, 568
       3.2.2. Poda de producción en olivar para aceituna de mesa, 571
   3.3. Poda de renovación del olivar en vaso libre, 574
   3.4. Poda de reducción del número de pies por olivo en plantaciones tradicionales, 578
4. Poda del olivar en seto, 579
   4.1. Poda de formación del olivar en seto, 580
   4.2. Poda de producción del olivar en seto, 582
   4.3. Poda de renovación del olivar en seto, 584
5. Consideraciones finales, 585
6. Bibliografía, 586

1. Introducción

En este capítulo dedicado a la poda del olivo, se pretende dar a conocer la información técnica existente sobre esta práctica de cultivo, con el objeto de que se pueda tomar la decisión más acertada sobre el tipo de poda a realizar en una parcela en un momento determinado cuando esta sea necesaria. Esta información está basada en unos principios fisiológicos y agronómicos que se unen a la experiencia acumulada a lo largo de los años en distintos tipos de plantaciones y a los trabajos de experimentación realizados en esta materia.

El buen podador es aquel que es capaz de aunar la información técnica existente sobre la poda con su experiencia práctica adquirida durante años. Esta experiencia le hace mejorar en la destreza del manejo de las herramientas, en la ejecución del corte, así como en la elección de la rama a suprimir, siendo sus conocimientos técnicos los que le hacen dirigir todo lo anterior hacia un objetivo racional y acorde al fin perseguido en cada situación.

Es siempre recomendable, antes de entrar a podar en una parcela, hacer un pequeño análisis de la situación de manera conjunta entre el responsable técnico y el propio podador. Se observarán algunos olivos representativos de la parcela, para decidir en primer lugar si es necesario podarla, y en caso afirmativo, hacer una breve descripción de lo que se pretende, indicando los tipos de cortes más frecuentes a realizar, la intensidad de los mismos, etc. De esta manera se tendrán unas pautas concretas a seguir para alcanzar un objetivo definido, homogeneizándose dentro de lo posible la poda en toda la parcela, más aún si son varios los podadores. El almacenamiento de esta información cada año permite disponer de un histórico de actuaciones de poda que puede ayudar a tomar decisiones futuras, basadas en las reacciones de la plantación a podas anteriores. En el caso, nada recomendable, de cambiar de podadores cada cierto tiempo, esta manera de proceder disminuirá los efectos negativos de los posibles cambios de criterio de estos.

La ausencia de poda hace que el crecimiento arbustivo característico del olivo proporcione en un primer momento mayores fructificaciones, que con el tiempo terminan situándose en los extremos de las ramas al ser este el único lugar donde llega la luz. Las ramas del interior se defolian por falta de luz y acaban por marchitarse. La copa del olivo adquiere una forma redondeada (Figura 14.1) y de gran altura, con vegetación solo en la capa exterior. Todo esto, unido a la carga de madera, termina por hacer disminuir las producciones y rendimientos, además de encarecer enormemente su recolección.

Con la poda se deben conseguir copas lobuladas con entrantes y salientes (Figura 14.2), que aumenten la superficie foliar, optimizándose de este modo el aprovechamiento de la radiación solar.

Figura 14.1. Olivo no podado nunca con la copa redondeada.

Diferentes estudios realizados demuestran que la poda es, después de la recolección, la operación de cultivo que demanda mayor cantidad de mano de obra en el cultivo del olivo (Pastor *et al.*, 1991; Vieri, 2005). En olivares en vaso libre, tanto intensivos como tradicionales, estos autores las sitúan en una media de 25 horas por hectárea y año, incluyendo el desvareto y la destrucción de los restos de poda. En distribución porcentual de costes de cultivo, los de poda representan una media del 16% (Pastor y Humanes, 2010). Esto, unido a la dificultad de encontrar podadores cualificados, ha propiciado el desarrollo del empleo de maquinaria como la podadora de discos, que pueden llegar a ser interesantes en plantaciones con problemas frecuentes de exceso de volumen.

Figura 14.2. Olivo adulto podado de la variedad 'Picual' con copa lobulada para mejor aprovechamiento de la luz solar

2.   Generalidades de la poda del olivo

La mejor *época* para realizar la poda es durante la parada invernal y justo después de la recolección. En olivares para aceituna de mesa, se suele realizar tras su recolección, en los meses de otoño y con temperaturas suaves. En años en los que por diversas circunstancias se han realizado podas ya bien iniciado el movimiento de savia, se produce algo más de dificultad en la cicatrización, por lo que se recomienda dejar algo más de tocón y priorizar el corte con sierras o motosierras al no separar estas la corteza de la madera. La poda de varetas es una práctica que se suele realizar en verano. Es importante señalar que cuando la persona que realiza el desvareto mecánico es distinta al podador y no tiene conocimientos de poda, no es conveniente que corte ramas por encima de la cruz del olivo, ya que el podador puede haberlas dejado por algún motivo.

El *corte* en la poda hay que realizarlo con algo de inclinación y lo más liso posible, para que escurra fácilmente el agua de lluvia y no provoque podredumbres que se extenderían al interior del tronco, afectando a su integridad con el paso del tiempo. Debe dejarse un pequeño tocón de unos centímetros para que la zona que se seque por el corte, no afecte a la circulación de savia del tronco o la rama matriz. Si la rama a cortar es muy pesada, para evitar el desgaje en la zona de corte, debe realizarse un primer rebaje en torno a un metro por encima del corte definitivo para descargar el peso (Figura 14.3).

Figura 14.3. Corte de rama de gran tamaño en dos pasos para evitar el desgaje.

Los cortes pueden ser por su punto de inserción, *corte ciego,* también puede ser dejando un tocón provocando un parón de savia, *corte de arroje o de vida* o bien lo que se llama un *corte de rebaje*, en el que se acorta la longitud de la rama a una determinada altura. El corte *ciego* es el más habitual, ya que mejora las ramas próximas al recibir estas más iluminación, con lo que engrosarán y crecerán lateralmente, viéndose favorecida también su floración y fructificación. El de *arroje o de vida* busca renovar la rama cortada favoreciendo los brotes surgidos al producirse el parón de savia. El de *rebaje* también provocará la brotación de las yemas situadas bajo el corte, y su crecimiento competirá con las ramas próximas a la rebajada, utilizándose principalmente para reducir tamaños con podas mecánicas o para casos en que una rama principal se ha alargado demasiado y se busca favorecer las ramas situadas en la parte inferior.

La *frecuencia de poda* más utilizada de manera general en un olivo adulto es la bienal. En un olivo que se está formando, la poda será anual y muy ligera desde su primera poda en copa (tras el tercer año como se indicará en el apartado 3.1) hasta que queden bien definidas las ramas principales.

Han sido muchos los ensayos destinados a demostrar la frecuencia más conveniente en el olivo adulto. En el caso de olivar de **aceituna de mesa**, tres ensayos realizados en la década de los ochenta dieron resultados similares entre si, en los que se observaba que a mayor frecuencia de poda, lo que coincidía con más intensidad, la producción fue menor pero aumentó el calibre de los frutos, algo tan importante en este sector. Sin embargo, de estos ensayos se deduce que más que la frecuencia de poda utilizada, lo que mayor influencia tuvo en el tamaño del fruto fue la cuantía de la cosecha, obteniéndose un buen tamaño en los años de baja producción, mientras que en los años de cosechas altas el calibre de los frutos fue casi siempre pequeño (Pastor y Humanes, 2010).

De los ensayos de frecuencia o periodicidad de poda realizados en *aceituna para almazara,* cabe destacar uno realizado en Cazorla (Jaén) durante el periodo 1973-1983 en un olivar adulto de 3 pies y a un marco de plantación amplio de 12 × 12 m. Fue un ensayo en el que se probaron tres frecuencias (poda anual, bienal y cuatrienal), en olivos de la variedad 'Picual' con buenas condiciones de cultivo, que presentaban buen estado vegetativo y no estaban cargados de madera. El ensayo puso de manifiesto (Figura 14.4) que las producciones acumuladas de aceituna son menores en las podas anuales y bienales que en las efectuadas cada cuatro años. Estos resultados indican que en olivares con amplios marcos y buenos medios productivos, puede ser conveniente distanciar algo más el tiempo entre dos podas, dentro de lo razonable (hasta 3 años). Esto es debido fundamentalmente a la tendencia tan generalizada por parte de los podadores a realizar podas severas, y no saber equilibrar frecuencia con intensidad, lo que hace que las podas más frecuentes se correspondan con una intensidad excesiva, que no permite aprovechar el potencial productivo del medio en el que se encuentran.

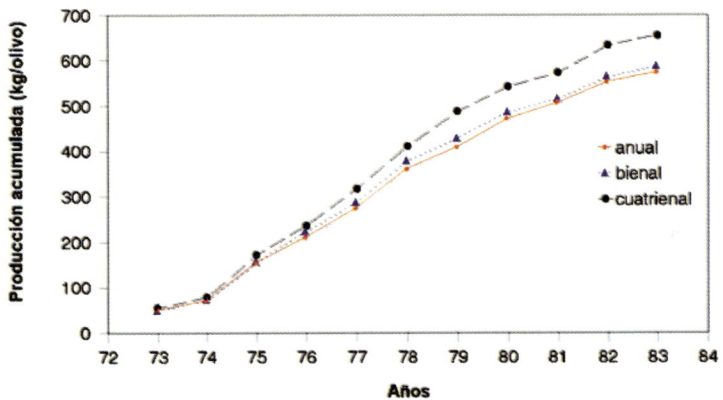

Figura 14.4. Producciones medias acumuladas aplicando distintos turnos de poda: anual, bienal y cuatrienal (datos de la Delegación Provincial de la Consejería de Agricultura y Pesca de Jaén).

De todos los ensayos realizados en torno a la frecuencia de las podas a realizar en olivos adultos, tanto en olivar de aceituna para almazara como para mesa, se puede concluir que más que la frecuencia, lo que realmente importa es el equilibrio frecuencia-intensidad con que se hagan las podas, debiendo este mantener el tamaño de los olivos lo más cercano posible al que permite el medio productivo en el que se encuentran. Deben evitarse podas muy separadas en el tiempo (más de 3 años) para no acumular maderas en el interior y descuidar los procesos de renovación de ramas, donde se deben ir favoreciendo los brotes nuevos que van a reemplazar a la rama vieja. No debe perderse de vista la conveniencia, indicada al inicio de este capítulo, de decidir cada año si es necesaria la intervención a nivel de parcela según el aspecto vegetativo del árbol.

Con el objeto de economizar en la medida de lo posible la operación de la poda, hay que evitar el exceso de frecuencia, equilibrando esta con la intensidad, lo que lleva en muchos de los casos a la práctica habitual de la poda bienal. En esta línea de reducción de costes, hay que evitar podas meticulosas de ramas finas con tijeras, siendo más rentable un menor número de cortes y de ramas más gruesas realizados con la motosierra. Diferentes pruebas indican que la poda de mantenimiento en un olivo adulto de un pie no debe superar los tres o cuatro minutos de duración.

2.1. Bases fisiológicas y agronómicas de la poda

Las condiciones generales que ha de cumplir la poda son aquellas que consiguen mantener el equilibrio entre el crecimiento y la fructificación, haciendo además compatibles la máxima producción con la vitalidad del árbol. También es importante conservar sanos los órganos fundamentales de la planta para alargar al máximo el periodo productivo y retrasar la decadencia y vejez. De ellos, el más importante es el tronco, al ser el canal por donde fluye toda la savia desde las raíces a las ramas y viceversa, por lo que siempre realizaremos podas que lo alteren lo menos posible.

Se pueden distinguir tres periodos en el crecimiento del olivo. Un primer periodo con mucho crecimiento vegetativo, donde la poda debe favorecer la formación de un esqueleto que sirva de soporte al resto del árbol, manteniendo el equilibrio vegetativo, para lo cual las podas serán mínimas, respetando en la medida de lo posible la *tendencia natural*. Un segundo periodo adulto de reproducción y gran producción con un adecuado crecimiento de brotes, donde deberá haber podas que mantengan al olivo en volúmenes cercanos a su óptimo, se alargue el periodo productivo y se maximice el aprovechamiento de la luz. Un tercer periodo de vejez donde bajan la producción y el crecimiento vegetativo, y donde se realizarán podas algo más intensas destinadas a renovar las ramas que muestren signos de decadencia por otras que restablezcan una adecuada producción y crecimiento de brotes. El prolongar esto sucesivamente en el tiempo de forma eficaz, va a depender de la sanidad que hayamos conseguido en el tronco, por la importancia de este antes reseñada.

Existen dos principios fundamentales que el podador debe siempre tratar de respetar, relacionados con la hoja, como órgano base de la vida vegetal. El primero de ellos es la *relación hoja/madera* (H/M), debiendo ser esta lo más alta posible, de manera que con la poda debemos tratar de conseguir la mayor cantidad de hoja, sostenida por el mínimo de madera posible (Pérez-Mohedano, 2012), ya que el exceso de esta consume recursos para su crecimiento en grosor, que no son destinados a la producción ni al crecimiento vegetativo. Esta relación se mantiene más alta de forma natural en la juventud y primeros años de la etapa adulta, al contrario de lo que ocurre en la vejez (Figura 14.5), siendo esta la razón de la renovación de ramas envejecidas como se verá más adelante.

Figura 14.5. Olivo joven con alta H/M y olivo de cierta edad con ramas sin renovar y baja H/M por el tipo de poda realizada.

El otro de los principios fundamentales es el de la *relación hoja-raíz* (H/R), ya que hay una relación de equilibrio entre las hojas y las raíces absorbentes del árbol que debemos tratar de mantener. Al igual que ocurre de forma natural con olivos en el periodo de vejez, con la realización de podas severas también se altera este equilibrio de forma excesiva, tratando el olivo de restablecerlo con emisión de brotaciones vigorosas como chupones y varetas, normalmente indeseables para nuestro interés de mantener el equilibrio entre crecimiento vegetativo y productivo. Es por esto, que una poda excesiva en muy pocos casos va a estar justificada. Un síntoma claro de podas equivocadas, normalmente por exceso en olivos jóvenes-adultos, es la presencia constante de varetas y chupones en el interior por el desequilibrio producido en esa zona.

2.2. Herramientas de poda y equipos de protección individual (EPIs)

En la actualidad existen gran variedad de herramientas destinadas a la operación de la poda (Figura 14.6) y el tipo utilizado depende generalmente, de la edad del olivo y por tanto, del tipo de poda a realizar.

Figura 14.6. De izquierda a derecha: tijeras de una mano, tijeras de dos manos, tijeras eléctricas, serrucho, motosierras eléctricas y de gasolina.

Las *tijeras de una mano* de acero al carbono templado, son empleadas para ramos de un máximo de 3 cm de diámetro, usadas para eliminar brotaciones bajas en olivos en vivero o en los primeros años tras su plantación, así como en podas de aclareo de ramos finos típicos del olivar de verdeo en Sevilla. Para cortes algo más gruesos están las de dos manos, con mangos largos que permiten acceder a partes más altas. Las hay también eléctricas que permiten aumentar la capacidad de trabajo, alimentadas por un motor eléctrico con una batería recargable de duración entre 8-10 horas. También las hay de tipo neumático (de una o dos manos) mediante un compresor que suministra aire a presión a los mecanismos de corte, normalmente accionado por la toma de fuerza de un tractor, pudiendo trabajar simultáneamente más de una.

Los *serruchos* de acero templado permiten realizar cortes de hasta 7-8 cm de diámetro de manera limpia y sin demasiada fatiga para el operario. En algunos casos, la lámina cortante es curva para una mayor eficacia. Debe tener gran elasticidad y los dientes deben mantenerse bien afilados para permitir un fácil deslizamiento. Puede ser útil para las primeras podas en la formación de la copa. También los hay con mango telescópico para dar cortes en altura.

La *motosierra* es, sin duda, la herramienta más utilizada en la actualidad en la poda del olivar, pudiendo cortar ramas de gran grosor, existiendo en el mercado modelos de diferente tamaño. La mayoría son accionadas por un motor de gasolina, aunque también las hay de accionamiento eléctrico. Su facilidad para realizar el corte con poco esfuerzo aumenta el rendimiento del trabajo, pero da lugar en muchos casos a cometer excesos de poda, siendo este el principal defecto que se comete en general en la poda del olivar. Es una herramienta obligada cuando se hacen renovaciones de ramas en olivos viejos. Las hay también de altura, dotadas de un largo mango telescópico con un arnés especial, lo que permite la eliminación de ramas altas que de otro modo se cortarían desde más abajo con la consiguiente innecesaria reducción de copa en algunos casos. Muchas veces se complementan en una misma cuadrilla podadores con motosierras normales y podadores con las de altura.

Las *podadoras de discos* (Figura 14.7) montadas sobre tractores, están siendo también utilizadas en la poda del olivar, normalmente en plantaciones que presentan problemas de exceso de volumen en marcos de plantación estrechos o en seto. Requieren un tractor con un mínimo de 100 CV de potencia. Disponen en su brazo rígido con un número variable de 3 a 7 discos dentados, de hasta 3 m de longitud de corte. El material de los discos suele ser acero especial cromo-vanadio, siendo su diámetro generalmente de 60 cm, teniendo en algunos casos 120 dientes y son capaces de cortar ramas de olivo de hasta 12 cm de diámetro con cortes no demasiado limpios. Para poder adaptarse a las necesidades de cada corte, es necesario que la articulación de la barra sea completa, con elevación del brazo de corte hasta situarlo en la altura deseada, desplazamiento lateral, abatimiento del brazo de corte para alcanzar el ángulo de corte deseado y corrección del ángulo de acometida del

Figura 14.7. Podadora de discos.

disco para evitar que la parte trasera del disco dañe la rama cortada. La velocidad de trabajo óptima va a depender de diversos factores, como el grosor de las ramas a cortar, la densidad de la vegetación de acometida, el buen estado de los discos o las dimensiones de la propia máquina, pero de forma general y con la experiencia obtenida en los ensayos realizados, se puede afirmar que para la podadora de discos, esta velocidad puede estar comprendida entre 1,2 y 2 km/h.

Las *podadoras mecánicas de cuchillas* (Figura 14.8) disponen en su brazo rígido de una serie de cuchillas con un movimiento de vaivén que produce cortes limpios (más que con las podadoras de discos), pero solamente ante ramas de olivo de hasta 2,5 cm de diámetro. Su utilización en el olivar se centra en la eliminación de la sección baja de la copa del olivo (bajeras), facilitando el pase de barras de herbicidas, así como la adaptación del árbol a la recolección con vibrador de tronco, con o sin paraguas, o las cosechadoras integrales de aceituna (Pérez-Mohedano *et al.*, 2011). En algunos casos se emplean para cortes laterales de plantaciones en seto cuando las ramas a cortar son de poco grosor, pudiendo llevar una velocidad de corte de hasta 5 km/h.

Figura 14.8. Podadora de cuchillas

Debido a las herramientas utilizadas (en especial la motosierra), la operación de la poda es una operación que entraña unos riesgos para el operario que deben ser minimizados, no solamente con el buen uso y manejo de las mismas, según las indicaciones del fabricante, sino también utilizando los *equipos de protección individual (EPI)* adecuados (Figura 14.9).

La protección del cuerpo se hará con ropa de tejido especial anticorte, compuesto por varias capas de fibras capaces de enredarse en la cadena de la motosierra y pararla antes de llegar a la piel del operario. Las manos estarán protegidas con guantes de tejido anticorte y los pies con el uso de botas especiales con la puntera rígida para evitar aplastamientos y un posible corte con la motosierra en esa zona. Los ojos, especialmente sensibles por las astillas producidas, deben ser protegidos por gafas de protección adecuadas. Por último, no hay que olvidar la protección de la cabeza ante la caída de alguna rama, con un casco de protección adecuado, así como la protección de los oídos ante el exceso de ruido.

Figura 14.9. Equipos de Protección Individual para la poda.

2.3. Protección fitosanitaria en la poda

Los riesgos sanitarios de la operación de la poda sobre el olivar se centran fundamentalmente en la posible transmisión de las enfermedades de los olivos podados a través de los elementos de corte de las herramientas empleadas. Para este caso las que van a tener especial importancia son la tuberculosis y la verticilosis, al tratarse la primera de una bacteria presente en la madera y la segunda de un hongo situado en los haces vasculares. La recomendación general es desinfectar los elementos cortantes con algún producto desinfectante (lejía, amoniaco, alcohol, etc.) tras podar olivos que presenten síntomas de cualquiera de estas enfermedades, dejando la poda de estos si es posible, para después de pasar por los olivos sanos. El problema se plantea para el caso de la verticilosis cuando el olivo infectado aún no presenta los síntomas, para lo cual, ante la sospecha de esta situación, se debería realizar una desinfección de cierta frecuencia como medida de prevención.

3.   Poda del olivar en vaso libre

Ya en los años 70 del siglo pasado se empezó a poner a punto un modelo de olivicultura nueva en el que a diferencia de la tradicional, se basaba en un aumento de las densidades de plantación con olivos de un solo pie que permitía optimizar la cantidad de luz solar interceptada, a la vez que se adaptaba a la mecanización de las diferentes técnicas de cultivo, en especial a la recolección de la aceituna mediante el vibrador de troncos, que ha demostrado ser el sistema más rentable en este tipo de árboles. Desde entonces, son muchos los estudios comparativos que han mostrado las bondades, tanto desde el punto de vista productivo como de reducción de costes debido a la mayor predisposición a la mecanización, del modelo nuevo con respecto al tradicional (Pérez-Mohedano *et al.,* 2012).

La poda juega un papel muy importante en este modelo de olivicultura, principalmente por la poda de formación, que debe formar olivos de un solo pie que tengan una rápida entrada en producción, un buen aprovechamiento del medio productivo y permitir una buena mecanización.

De las diferentes formas propuestas para este tipo de olivos a lo largo de los años en los distintos países olivareros, es la formación en vaso libre (descrita en este apartado) la que mejor resultado ha tenido. Esto ha sido sencillamente por ser la que más *respeta la tendencia natural* del olivo, siendo por esto la que menos intervenciones de poda requiere y, por tanto la que presenta un crecimiento más rápido y con menor coste.

Esta ventaja de las formaciones como el vaso libre, que respetan en mayor medida la tendencia natural del olivo, fue demostrada en Italia (Morettini, 1972) en un ensayo donde se comparó una formación en palmeta (dirigida hacia una forma obligada con ramas en Y en un solo plano), con otra formación libre (a todo viento) similar a la formación en vaso libre (Figura 14.10). Otros trabajos realizados en Italia (Proietti *et al.,* 1991; Angeli *et al.,* 1995) demostraron una mayor eficacia de la forma en vaso libre con respecto al monocono (forma dirigida hacia un eje central y descrita en el apartado 4.1).

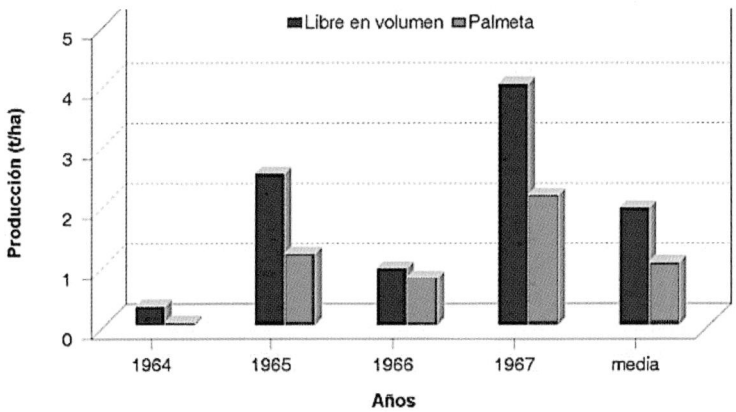

Figura 14.10. Ensayos comparativos entre formas dirigidas (Palmeta) y formas libres (Garrote) (Morettini, 1972).

3.1. Poda de formación del olivar en vaso libre

La poda de formación en vaso libre tiene como objetivo fundamental conseguir de la manera más rápida posible un *armazón* o *esqueleto* robusto compuesto por un solo tronco y ramas principales que sirvan de soporte a los órganos vegetativos, así como de la cosecha durante la vida productiva del árbol. El tronco permanecerá durante toda la vida del olivo y las ramas principales lo harán mientras tengan un buen nivel productivo, tras lo cual serán sustituidas por otras que vuelvan a aumentar la relación hoja/madera perdida y por tanto la producción.

El *material de partida* debe ser una planta de vivero de aproximadamente un año de edad procedente de estaquilla semileñosa autoenraizada bajo nebulización, y de buena calidad (Figura 14.11). Esta planta debe estar formada con un único tronco, joven, vigorosa y con un desarrollo adecuado con una altura mínima de 1,2 m (Figura 14.12). Su crecimiento debe ser activo y no estar endurecida, para lo cual no debe haber comenzado su envejecimiento debido a una insuficiente capacidad de la maceta o contenedor de crianza. En el momento de la venta, el viverista debería haber eliminado ya los pequeños brotes situados por debajo del metro, respetando las hojas presentes sobre el mismo. Es importante también, exigir al vivero un buen estado sanitario de la planta, un sustrato libre de patógenos, así como de una garantía varietal.

En el *momento de la plantación* se colocará un tutor de madera gruesa (mínimo 5 cm de diámetro y 2 m de altura) u otro tipo de material rígido tipo metálico, situándolo en el lado donde viene el viento dominante para que no se produzcan fricciones directas entre ambos. La atadura se realizará en forma de lazo en dos o tres puntos, a ser posible con un material elástico, degradable y con holgura suficiente. Es de enorme importancia que la atadura superior sea bien visible y esté situada a una altura entre 1 y 1,2 metros, la cual es conocida como *atadura de la cruz,* ya que esta determinará desde ese momento cual será la altura de la cruz de ese olivo para toda su vida. Para que esto sea así, simplemente hay que dejar durante al menos los tres primeros años, crecer libremente todo lo que esté situado por encima de esta *atadura de la cruz* y eliminar todas las brotaciones que salgan por debajo de ella (Figura 14.13).

Figura 14.11. Estaquilla semileñosa enraizada bajo nebulización.

Figura 14.12. Planta de vivero de un año procedente de estaquilla semileñosa autoenraizada bajo nebulización sin brotaciones laterales

Durante estos *tres primeros años* y cada cierto tiempo, un operario revisará el atado de las plantas al tutor, de modo que el tronco se mantenga siempre vertical, evitando además que se produzcan heridas por rozamiento o estrangulamiento al aumentar el diámetro del tronco, sobre todo cuando no se emplean cuerdas suficientemente elásticas o degradables. En vistas de conseguir un tronco en perfecto estado y sin ningún tipo de cortes, sería conveniente que durante este tiempo, la eliminación de las posibles brotaciones del tronco se hagan sin ayuda de algún utensilio cortante, para lo que es necesario que estén aún herbáceas.

En ocasiones la planta procedente de vivero no viene preformada de la manera antes indicada, sino que presenta brotaciones laterales de cierto vigor por debajo

No podar al menos en tres años

Atadura de la cruz

Podar todos los brotes que salgan

Figura 14.13. Olivo con *atadura de la cruz* a 1-1,2 metros que marca las actuaciones de poda durante al menos los tres primeros años.

del metro, que suponen una parte importante de la masa vegetal total de la planta. El eliminarlas en su totalidad supondría una intervención drástica que alteraría el equilibrio hoja-raíz, por lo que en estos casos se recomienda una eliminación gradual mediante varias intervenciones durante el primer año, empezando con las situadas más abajo. Los efectos de esta eliminación gradual se comprobaron en un ensayo (Pérez-Mohedano *et al.,* 2015) donde, tras medir las brotaciones situadas por debajo del metro, se eliminaron en el momento del transplante el 33% en unos casos, el 66% en otros y todas en el resto (Figura 14.14), dando como resultado un mayor crecimiento vegetativo general, medido en copa, sección del tronco y raíces en los casos en los que la poda fue más gradual. En el (Cuadro 14.1) se muestran los resultados obtenidos al final del ensayo en los pesos de copa, tronco y raíces.

Poda 33%. Antes / Después   Poda 66%. Antes / Después   Poda 100%. Antes / Después

Figura 14.14. Poda del 33% antes/después, poda del 66% antes/después y poda de todo por debajo del metro antes/después.

CUADRO 14.1

Biomasa en copa, tronco y raíces un año después del trasplante[1]

Elemento	Peso copa (g)	Peso tronco (g)	Peso raíces (g)
Poda 33%	107a	116,2a	101a
Poda 66%	85,5a	100,9a	86,3ab
Poda 100%	89,7a	95,3a	76,3b

[1] Letras diferentes a continuación de las medias indican diferencias significativas entre los tratamientos.

Si se ha procedido como se ha indicado anteriormente y durante, al menos los tres primeros años las podas han consistido únicamente en eliminar los brotes existentes debajo de la cruz elegida, se habrá conseguido:

- Máximo desarrollo vegetativo en raíz, tronco y copa

- Tronco sano sin cortes o con cortes mínimos

- Copa más o menos esférica (según el *porte varietal*) con ramas primarias en varias orientaciones e inclinaciones. (Figura 14.15)

- Coste mínimo de la poda

- Ejecución de la poda muy fácil y precisa marcada por la *atadura de la cruz*.

A partir del tercer-cuarto año y siempre según el desarrollo del olivo, se realizarán las primeras podas en la copa. Aprovechando todas las ramas que el olivo ofrece en sus tres años de crecimiento libre, el objetivo va a ser tratar de favorecer el desarrollo de las mejor situadas para ser las futuras ramas principales que formen el esqueleto. Esto se hará eliminando muy poco a poco y año tras año las ramas que puedan desviar o frenar su desarrollo. Las ramas mejor situadas y, por tanto, las elegidas como posibles futuras ramas principales, serán aquellas que estén bien repartidas en el espacio y tengan una inclinación lo más próxima posible a los 60° con respecto a la horizontal. En un primer momento puede haber más de tres ramas con posibilidades de ser las principales, siendo el propio olivo el que años después nos marque cuales son las que se desarrollan más y en mejor posición. De esta manera permitimos al olivo que sea su *tendencia natural* la que decida su estructura, siendo nuestra labor ir detrás favoreciéndola con podas muy ligeras.

Figura 14.15. Olivo de riego de tres años dejado crecer libremente en su copa y tronco sin dejar brotaciones.

Si desde el principio destacan dos ramas en el entorno de los 60° y opuestas entre sí, estas pueden abarcar todo el espacio si favorecemos otro par de ramas en cada una de ellas y orientadas hacia cada lateral bifurcadas dicotómicamente.

Tanto esta estructura *dicotómica*, como otra de tres ramas principales si el olivo así lo propone desde el principio, son válidas como esqueleto del vaso libre (Figura 14.16).

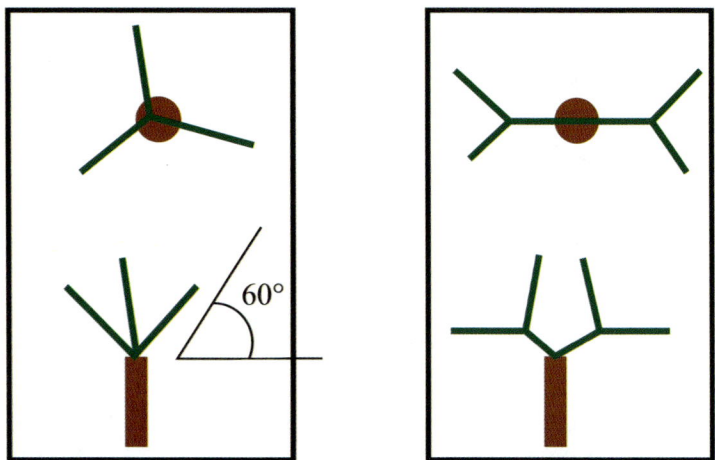

Figura 14.16. Esquema de estructura a tres ramas y dicotómica, válidas ambas en la formación en vaso libre.

Figura 14.17. Olivo de la variedad 'Arbequina' de 5 años, antes y después de ser podado, manteniéndose ramas bajas para que sirvan de soporte a las futuras ramas principales aún flexibles.

Conocer el *porte varietal* va a tener una enorme importancia en este periodo de las primeras intervenciones en la copa, ya que nos va a ayudar a tomar decisiones para poder mantener las ramas elegidas para ser las principales en su correcta inclinación.

En el caso de variedades con *porte caído*, es importante mantener las ramas más bajas los años que las ramas bien inclinadas (60°) sean aún flexibles. De esta manera estas ramas bajas harán de soporte de las que formarán el esqueleto, para que estás no pierdan su inclinación inicial (Figura 14.17).

En el caso de variedades con *porte erguido,* como la variedad 'Picual', es importante mantener las ramas más verticales y centradas los años que las ramas bien inclinadas (60°) sean aún flexibles. De esta manera estas ramas centradas ayudarán a mantenerse abiertas a las que formarán el esqueleto, para que estás no pierdan su inclinación inicial buscando la zona central del olivo (Figura 14.18).

Figura 14.18. Olivo de la variedad 'Picual' de 5 años, antes y después de ser podado, manteniéndose ramas centradas y verticales para que ayuden a abrirse a las futuras ramas principales aún flexibles.

Los años siguientes, cuando la estructura se va quedando cada vez más definida por el buen desarrollo de las ramas que forman el esqueleto, la poda debe seguir siendo ligera, con podas cada vez más propias de una poda de producción (apartado 3.2), con el objeto de alcanzar en el menor número de años posible el máximo volumen de copa compatible con el medio en que vegeta la plantación. Cuando el tronco pueda mantener la copa por sí mismo, se retirarán los tutores y las ataduras, no permitiendo brotaciones de ningún tipo por debajo de la cruz como se hizo desde un principio.

Excepcionalmente, en zonas de fuertes vientos hay que podar las copas algo más de lo recomendable, para que estas ofrezcan menos resistencia al viento y este no tumbe los árboles, aunque este problema se puede solventar en algunos casos con una buena fijación y resistencia del tutor. En caso de olivos algo inclinados por este motivo, habría que podar ramas del lado de la inclinación con el objeto de descargar peso que facilite la corrección de la inclinación sufrida.

El error más habitual del podador a la hora de formar los olivos en vaso libre suele ser el exceso de poda. En algunos casos hay quien realiza un pinzamiento en la guía del olivo recién puesto, al pensar que el olivo no es capaz por sí solo de proponer ramas que luego formarán su esqueleto como hemos visto. Esto provoca una parada de savia que frena el crecimiento y hace que bajo ese corte se emitan ramas normalmente muy inclinadas, que posteriormente buscan recuperar algo de verticalidad, quedando estructuras en forma de *candelabro* donde el primer tramo de sus ramas principales es muy volcado y propicio, por tanto, a la emisión de chupones. En general, el exceso de poda de los primeros años produce desequilibrios con emisión de chupones y varetas, retraso en el desarrollo vegetativo y dificultad de mantener la correcta inclinación de las ramas principales.

Otro error habitual es no respetar la altura de la cruz desde el principio, permitiendo brotes inferiores a un metro que dan lugar con el tiempo a cruces demasiado bajas, que además de tener vegetación muy próxima al suelo, dificultan enormemente la recolección mecanizada con vibrador de tronco. La corrección de este problema suele descompensar la distribución espacial en la copa, la cual tarda unos años en volver a compensarse, con la consecuente pérdida en producción.

3.2. Poda de producción del olivar en vaso libre

La poda de producción comienza de forma progresiva y una vez que va quedando definida la estructura del olivo. Con el objeto de alcanzar lo antes posible el tamaño adecuado del árbol según el marco de plantación y el medio productivo, se debe intervenir con poca intensidad, lo que también facilita mantener la alta relación hoja-madera propia del periodo de árbol joven-adulto. Se debe tratar también de aumentar la cantidad de radiación solar captada en todas las partes del árbol para mantener buenas cosechas y calidad de los frutos producidos, facilitando igualmente las operaciones de recolección.

Mantener el equilibrio óptimo entre fructificación y crecimiento es una labor fundamental del podador en esta fase adulta, procurando el desarrollo correcto de los olivos, buscando maximizar el beneficio de la plantación que suele obtenerse con cosechas moderadas y regulares en el tiempo. Para conseguir esto, así como para alargar al máximo este periodo productivo, se necesitan podas poco severas que mantengan el volumen de la plantación próximo al óptimo para ese medio productivo.

El *volumen* óptimo *de copa* en una plantación de olivar, ya mencionado en este capítulo, es el volumen en el que se estima que una plantación aprovecha al máximo el potencial del medio productivo en el que se sitúa. Distintos autores, a través de ensayos realizados en plantaciones adultas de olivar en zonas olivareras de Andalucía, han determinado cuales son los volúmenes que pueden ser considerados como óptimos en diferentes medios productivos (Pastor *et al.*, 2010). En olivares con suelos fértiles y de regadío, estos podrían alcanzar entre 12.000-15.000 m³/ha en los mejores casos. En medios productivos menos favorecidos, con suelos más pobres y secano, el óptimo alcanzaría únicamente los 8.000-10.000 m³/ha, estando entre estos dos extremos el resto de casos.

Para cuantificar con cierta exactitud el volumen de una plantación, medido en m³/ha, se ha de realizar una sencilla medición en campo donde se tienen en cuenta la altura y dos diámetros de la copa perpendiculares entre si (Figura 14.19).

Figura 14.19. Medida del volumen copa por ha mediante altura (h), diámetro 1 (d1), diámetro 2 (d2) y n.º olivos por ha (N). Con la fórmula V = (π d² h N)/6 siendo d = (d1 + d2)/2

Una plantación con un marco estrecho (de 300 a 400 olivos/ha) y buen medio productivo, pronto alcanzará el volumen de copa óptimo, consiguiendo en pocos años las máximas producciones. Esta circunstancia puede también anticipar los primeros problemas de competencia entre olivos por exceso de volumen, que limitarían la cantidad de luz interceptada por las copas de los olivos, lo que influye negativamente en la producción, tamaño y rendimiento graso de los frutos, además de provocar una defoliación en las zonas más sombreadas. Una correcta poda de producción debe evitar este exceso de volumen, manteniéndolo cerca del óptimo a lo largo de los años (Figura 14.20). De la misma manera, unas podas severas y continuadas que mantengan volúmenes muy por debajo del óptimo, van a desaprovechar parte del potencial productivo que ese medio permite, hecho frecuente cuando se instala un riego en una plantación tradicional pero se continúan con los mismos criterios de poda que cuando estaba en secano, no dejando alcanzar el mayor volumen que el nuevo medio productivo posibilita.

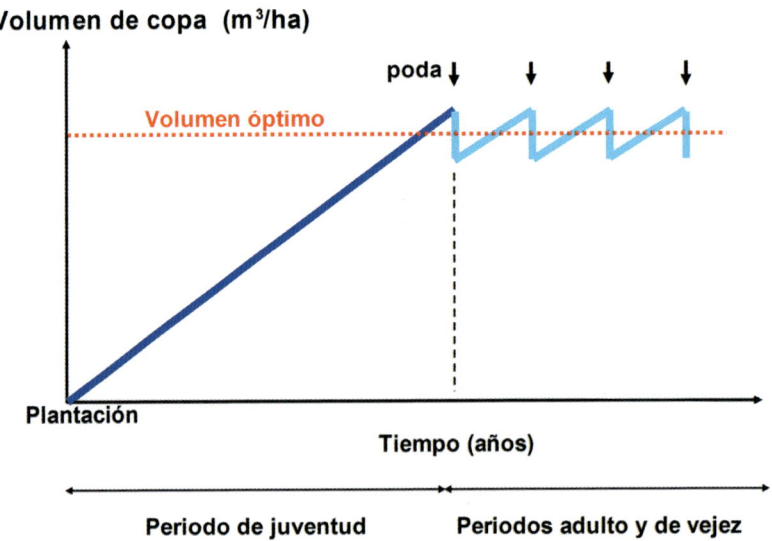

Figura 14.20. Gráfica del mantenimiento de un volumen de copa/ha adecuado de una plantación de olivar a lo largo del tiempo, mediante podas de producción.

Un ensayo realizado en Córdoba en un olivar intensivo de secano de la variedad 'Picual' con marco de plantación 6 × 6 m, planteó dos tipos de poda diferentes, una *poda normal* que mantuvo los árboles con un volumen de copa de 8.000 m³/ ha, y una *poda ligera* que permitió un volumen de 10.500 m³/ha. Se midió la evolución del contenido de agua en el suelo a lo largo del período primavera-verano en las parcelas cultivadas con ambos tipos de poda, tras un otoño lluvioso y pluviometría total anual de 486 mm. Se observó una mayor velocidad en el consumo del agua en los árboles a los que se permitió un mayor volumen de copa, con desfases entre 10-15 días en períodos críticos como las primeras fases de desarrollo de los frutos, tras el cuajado, llegándose al endurecimiento del hueso, momento muy crítico en olivar, con mayores disponibilidades de agua en el suelo en el olivar con poda más severa (Figura 14.21). Como es natural, estas mayores disponibilidades de agua y mejor iluminación, junto con la limitación en el número de frutos por árbol como consecuencia de la propia poda, tuvieron una repercusión final sobre la calidad de los frutos producidos (Cuadro 14.2). Aunque el tipo de poda no afectó la producción total de aceitunas, en lo que tuvo una influencia positiva las abundantes lluvias otoñales, los árboles con *poda ligera* produjeron frutos más pequeños y con un rendimiento graso 2,3 puntos más bajo que los árboles con *poda normal*. La producción de aceite por olivo fue un 13% mayor en la plantación con menor volumen de copa, lo que nos puede indicar que para ese medio productivo, el volumen óptimo de copa se aproxima más a este.

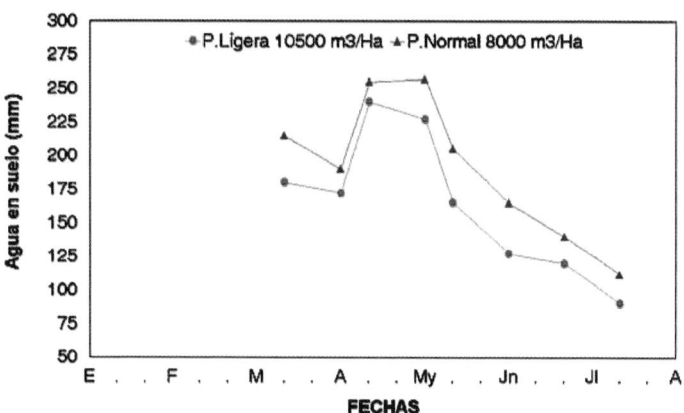

Figura 14.21. Evolución anual del contenido de agua en el suelo en dos olivares mantenidos con podas diferentes: normal (8.000 m³/ha) y ligera (10.500 m³/ha).

CUADRO 14.2

Influencia del tipo de poda en la producción y calidad del fruto

Tipo de poda	Volumen copa m³/ha	Producción aceitunas (kg/árbol)	Producción aceite (kg/árbol)	Peso del fruto (g)	Rendimiento graso (%)	Número frutos producidos
Normal	8.000	45,16	8,90	2,13	19,67	21.244
Ligera	10.500	45,25	7,84	1,87	17,33	24.198

Un ensayo de larga duración (12 años) se realizó en un olivar de riego por goteo de aceituna de almazara en Córdoba con árboles jóvenes de un solo tronco de la variedad 'Manzanilla', plantados al marco 6 × 5 m. Se compararon dos tipos de poda bienal, una poda en la que los árboles recibieron una poda severa (poda S) y otra poda más ligera (poda L). Las producciones fueron muy altas en ambos casos, (Figura 14.22) sin embargo, la producción media fue sensiblemente mayor, 680 kg/ha, en el caso de la poda ligera. Este caso demuestra la necesidad de conseguir mayores volúmenes de copa por hectárea, así como permitir árboles más frondosos en buenos medios productivos, a lo que se llega reduciendo la intensidad de la poda.

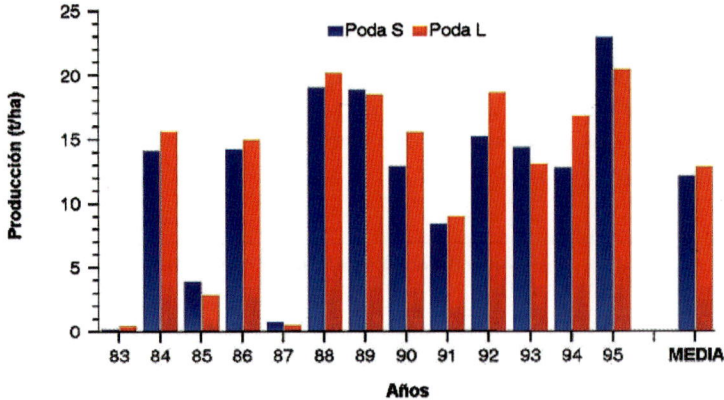

Figura 14.22. Influencia de dos tipos de poda en la producción. Poda muy poco severa (poda ligera) y poda típica de olivar de almazara (poda severa).

3.2.1. *Poda de producción en olivar para aceite*

Para describir los cortes más característicos de la poda de producción, lo más clarificador es diferenciarlos según la zona del árbol. Para ello se va a describir por separado la zona interior, superior, inferior y la exterior de la copa.

En el *interior* del olivo adulto, las únicas ramas que se han de eliminar son las que presenten un gran vigor, normalmente verticales (chupones), además de algunas ramas entrecruzadas de cierto vigor. Es de enorme importancia no podar el resto de ramas, ya que estas deben dejar sombreada esta zona, para evitar que se quemen por exceso de insolación las ramas principales, además de evitar la masiva y repetitiva emisión de chupones sobre las mismas. Estas ramas que dejamos, normalmente fructíferas, habilitarán productivamente esta zona del olivo, que aun no siendo la más productiva por la poca luz recibida, puede complementar lo producido en las otras partes del árbol. Si se hizo una correcta poda de formación, las ramas principales deben tener una inclinación próxima a los 60° desde su inicio, sin tramos iniciales horizontales característicos de la formación en candelabro, fruto de malas podas de formación como ya se indicó, lo cual va a minimizar la emisión de chupones en esa zona, a lo que se une el dejar ese sombreamiento en el interior de la copa (Figura 14.23).

La práctica habitual en muchas zonas olivareras de eliminar del interior de los olivos todas las ramas existentes, dejando los interiores desnudos, dan como resultado ramas principales sin ramas secundarias en sus primeros tramos, con excesivos cortes (Figura 14.24) y en algunos casos con quemaduras que la debilitan y enve-

PICUAL ARBEQUINA

Figura 14.23. Olivos adultos de la variedad 'Pical' y 'Arbequina' con buena inclinación de sus ramas principales desde su inicio y sombreados en su interior, con nula emisión de chupones.

Figura 14.24. Detalle de rama principal sin ramas secundarias en sus primeros tramos y con múltiples cortes por constante emisión de chupones.

jecen prematuramente. Esta práctica que produce un acortamiento de la vida y una merma productiva de la propia rama por su debilitamiento al emitir repetidamente chupones, supone además, un coste extra por la poda constante de los mismos.

En la *parte superior* del olivo adulto, es habitual encontrar en los últimos tramos de las ramas principales unas ramas verticales de gran vigor que llegan a superar en altura a la guía de la propia rama principal. En estos casos, es necesario cortarlas desde su inserción para que su mayor vigor, propiciado por su propia verticalidad, no domine y debilite el desarrollo equilibrado de la rama principal (Figura 14.25). Actuando de este modo conseguimos mantener la *línea de crecimiento* óptima de la rama principal, fijada desde su formación en torno a los 60°, que hará que el olivo pueda seguir ampliando su volumen compensado en altura y anchura. Es importante, también, que el olivo quede equilibrado en altura en su conjunto, no habiendo unas partes más altas que otras en toda la copa.

Antes de la poda   Después de la poda

Figura 14.25. Corte de rama vertical (chupón) situada en la parte superior de una rama principal, que la superaba en altura, para mantenerla en su *línea de crecimiento* óptima.

En la *parte exterior* del olivo adulto, es necesario eliminar las ramas sobrantes que impidan la entrada de luz al resto del olivo. Son ramas productivas que compiten con otras por un mismo espacio, siendo paralelas o entrecruzándose entre si. Una buena poda debe dar como resultado copas lobuladas con entrantes y salientes que proporcione una mayor superficie exterior. Esta práctica, habitualmente llamada *entre-saca* o *aclareo,* encierra una gran dificultad por la interpretación de la intensidad que se debe dar a la misma y que determinará la frondosidad con la que debe quedar el olivo. Una vez más nos encontramos con el exceso de poda habitual en muchas zonas olivareras, que dejan la copa excesivamente aclarada con el pretexto de dejar la entrada de luz en el interior, cuando esta puede penetrar satisfactoriamente en copas con mayor frondosidad, sobre todo en regiones como Andalucía donde la luz siempre es más que suficiente.

Como norma general, se podría decir que en olivos sin limitaciones en su medio productivo, se podrá dejar mayor frondosidad en sus copas que en las de otros con más limitaciones (principalmente hídricas) que se dejarán más aclarados, limitando de esta manera el consumo de agua, pero sin abusar en la poda de ramas finas que encarece enormemente la operación. Existe un dicho popular para precisar la frondosidad a la que se debe dejar un olivo podado que dice *"el aclareo debe de ser tal que permita ver a una persona al otro lado del olivo, pero sin llegar a saber quién"*, pudiendo ser este el caso de un olivar sin limitaciones hídricas importantes.

En la *parte inferior* del olivo adulto deben suprimirse o acortarse las ramas excesivamente bajas, situadas a menos de medio metro del suelo, que puedan dificultar la realización de determinadas prácticas de cultivo, como la aplicación de herbicidas bajo copa o la recolección con vibrador de tronco en el acceso de la pinza al mismo. Para el caso de recolección con paraguas invertido, el realce debe ser algo mayor al no vibrar las ramas que apoyen sobre el mismo. Al ser zonas mal iluminadas, los frutos producidos son de baja calidad (Ortega Nieto, 1969).

3.2.2. *Poda de producción en olivar para aceituna de mesa*

La importancia del calibre del fruto en el mercado de la aceituna de mesa hace tener en cuenta este parámetro de manera conjunta con la producción total en este tipo de olivares. En el olivo existe una relación inversa entre el peso medio del fruto y el número de aceitunas cuajadas por árbol. En la olivicultura tradicional de la aceituna de mesa, el calibre de los frutos se mejora mediante la aplicación de podas muy severas y costosas de aclareo de ramos fructíferos (*Poda Sevilla*), en el que el número de posiciones fructíferas por árbol queda reducido de forma drástica y, por tanto, el número total de frutos por olivo, lo que hace decrecer la rentabilidad con respecto a olivos podados de forma más moderada. Este estilo de *Poda Sevilla* también busca facilitar la recolección a *ordeño* practicada en este tipo de olivares para minimizar el daño por *molestao* en la aceituna.

En los últimos años se han buscado soluciones alternativas a la poda severa para obtener aceitunas de mesa de buena calidad, ya que dichas podas son, además de costosas, poco aceptables desde el punto de vista agronómico, pues con el tiempo acaban desvitalizando el árbol por exceso de madera y reduciendo la producción media del olivar. Una solución podría ser el *aclareo químico de frutos,* mediante la aplicación foliar de productos favorecedores de la abscisión, en las primeras fases de desarrollo de la aceituna.

La mejora del calibre de las aceitunas puede obtenerse reduciendo el número de frutos cuajados por olivo, habiéndose comprobado que si se realiza un aclareo de frutos jóvenes entre 20 y 30 días después del momento de plena floración, se mejora el tamaño de los frutos en recolección. Teniendo en cuenta este hecho, podría pensarse en la aplicación foliar de productos químicos favorecedores de la abscisión de frutos jóvenes después del cuajado, como práctica sustitutiva de la poda severa de ramas finas. En el *aclareo químico de frutos* se han ensayado multitud de productos, de los que el ácido *naftalenacético* (ANA) es el que ha proporcionado los resultados más fiables en la mayoría de los ensayos realizados (Hartmann *et al.*, 1986; Martin *et al.*, 1990; Rallo y Barranco, 1986; Pastor *et al.*, 1992). El *ANA* es un regulador del crecimiento que aumenta la competencia natural entre frutos jóvenes y ocasiona la caída de un buen número de estos en los días que siguen al tratamiento. Es absorbido a través de las hojas, y favorece la formación de la capa de abscisión en los pedúnculos de las aceitunas en las tres semanas que siguen al tratamiento.

En Andalucía, el momento idóneo de aplicación del *ANA* para obtener una buena eficacia del tratamiento es cuando los frutos tengan un tamaño entre 3 y 4,5 mm en su diámetro transversal perpendicular al pedúnculo de la aceituna. Este momento ha dado mejor resultado que el de tratar entre 12 y 18 días después de plena floración (momento en que el 80% de las flores del olivo están abiertas), según pruebas realizadas en ambas alternativas propuestas por Sibbet y Martin (1981). La dosis de *ANA* más recomendable es 150 ppm, en aplicaciones a punto de goteo y mojando muy bien el árbol. Dosis superiores encarecen el tratamiento, y, en ocasiones, producen un excesivo aclareo de frutos, e incluso una cierta fitotoxicidad.

Aplicando estos criterios, se han obtenido resultados muy satisfactorios en diferentes ensayos realizados en olivares de las variedades 'Manzanilla' y 'Hojiblanca', mientras que en 'Gordal Sevillana' los resultados han sido poco satisfactorios (Pastor *et al.*, 1992).

Una vez comprobada la fiabilidad de esta técnica en numerosos ensayos (Pastor *et al.*, 1992), se estudió la posibilidad de sustituir la *poda severa de Sevilla* por los tratamientos de *aclareo químico con ANA* en árboles en los que se aplicaba una poda *muy poco severa* típica del olivar de almazara. Para ello, en Osuna (Sevilla), en un olivar tradicional de la variedad 'Manzanilla' con riego de apoyo, se planteó un ensayo de cinco años de duración en el que los árboles se podaron bien con poda severa, clásica de verdeo, o con poda normal del olivar de almazara. En los años en que era previsible una gran carga (1986, 1988 y 1990), los olivos con poda de almazara fueron pulverizados con *ANA* a una dosis de 150 ppm, aplicando los criterios expuestos anteriormente, mientras que en los de poda de verdeo se realizó un aclareo intenso de ramas finas. Del estudio se puede concluir que se podría sustituir la poda severa practicada en Sevilla (poda de verdeo) por el aclareo químico de frutos con ANA, siempre que los árboles se poden con poca intensidad, tal como se hace en el olivar de almazara, ya que con esta alternativa se consiguió una producción media en el quinquenio 1986-1990 de 4 kg/olivo superior a la obtenida aplicando la poda severa clásica (Figura 14.26). Aunque el coste de poda almazara + aclareo químico es algo superior al coste de poda severa (Figura 14.27), dicho coste equivale a menos de un kilogramo de aceituna por olivo. El valor total medio de la cosecha de aceitunas por olivo fue en la alternativa poda de almazara + aclareo químico un 13% superior al de la poda de verdeo (Figura 14.28), ya que en los

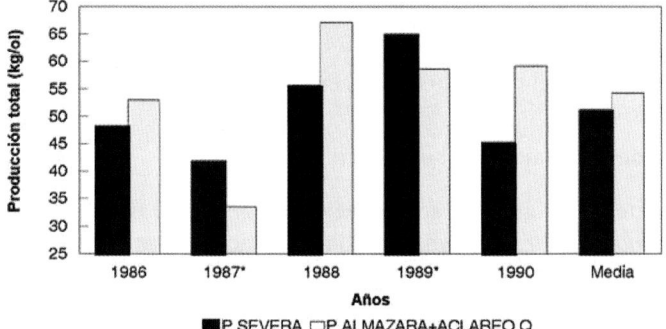

Figura 14.26. Comparación de la producción obtenida con poda tipo olivar de mesa, muy severa, con poda almazara (poco severa) + aclareo químico con ANA.

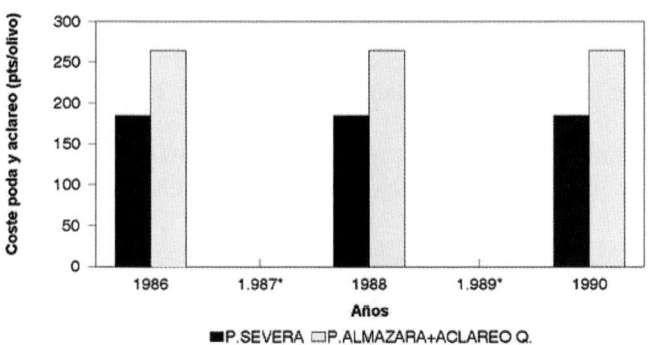

(*) Sin poda y sin aclareo químico

Figura 14.27. Comparación de costes entre poda tipo almazara + aclareo químico y poda Sevilla (muy severa). Variedad 'Manzanilla de Sevilla' Riego de apoyo.

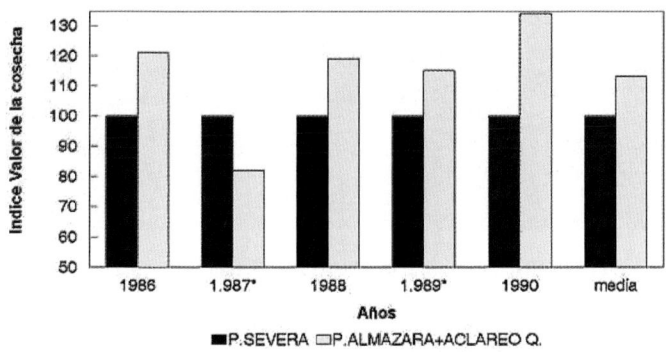

(*) Sin poda y sin aclareo químico

Figura 14.28. Comparación del valor de la cosecha en árboles con poda severa y árboles con poda almazara más aclareo químico.

años 1986, 1988 y 1990, en los que se podó o hizo aclareo químico, se obtuvo una mayor cantidad de frutos de los calibres superiores, que son los que alcanzan una mayor cotización en el mercado de la aceituna de mesa.

3.3. Poda de renovación del olivar en vaso libre

El olivo tiene una gran capacidad de autorregenerarse debido a la elevada presencia de *yemas latentes* en la madera, que mediante podas adecuadas que las estimulen, pueden evolucionar a yemas de madera, produciendo brotaciones vigorosas que con el tiempo son capaces de convertirse en ramas y regenerar las diferentes partes del árbol. Este conjunto de técnicas de poda que permiten lograr esta renovación, empleadas en el olivar andaluz desde la antigüedad, no son aplicadas en muchos de los países olivareros.

A lo largo de la vida del olivo se va produciendo un decaimiento en el que se vuelve menos productivo y más vecero. Esto es debido a la acumulación de madera que hace bajar la relación hoja-madera (Figura 14.29), lo que reduce el crecimiento vegetativo de los brotes del año. También se produce la aparición cada vez más frecuente de brotaciones adventicias que salen espontáneamente por la dificultad en la circulación de la savia propia de la vejez, en un intento de autorrenovación.

Figura 14.29. Olivo de dos pies sin renovar con ramas principales envejecidas.

Este envejecimiento no se produce siempre a la misma edad, sino que hay factores que lo pueden adelantar, como una posición determinada de la rama, el haber sufrido estrés hídrico o nutricional, la escasez o exceso de radiación solar recibida, la irracionalidad o el exceso de podas sufridas, un marco de plantación estrecho, etc. En general, a mayor densidad de plantación y vigor del medio, antes se producirá la bajada de la relación hoja/madera de las ramas principales, debido a la falta de espacio-luz para su buen desarrollo.

En el caso de disponer de brotes adventicios surgidos de forma natural en la zona donde queremos sustituir la rama envejecida (Figura 14.30), los aprovecharemos dándoles luz y espacio mediante oportunas supresiones de ramas secundarias cercanas, hasta que su selección y desarrollo posterior permita la supresión total de la rama agotada. En el caso de que no haya, estos se pueden provocar cortando la rama principal (renovación directa), mediante un *corte de arroje o de vida,* de manera que la acumulación de savia rompa la latencia de las yemas existentes por debajo del corte. Con el objeto de aprovechar la cosecha de la rama a sustituir al menos un año, hay podadores que realizan una incisión en ella (Figura 14.31) que retenga la savia, lo que habría que acompañar con la entrada de luz en esa zona quitando alguna rama que la sombree para dar salida a los brotes de arroje, para posteriormente terminar cortando la rama a sustituir. Si con la incisión no es suficiente para provocar la brotación, no habría más remedio que recurrir a la renovación directa cortando la rama entera.

Figura 14.30. Brotaciones adventicias surgidas de yemas latentes en madera vieja.

Tras la renovación directa o la incisión, la forma de proceder con los brotes de arroje será dejarlos crecer libremente, para posteriormente ir eliminando progresivamente los peor situados. Con el objeto de que los que vayan a ocupar el espacio de la rama antigua, sean una selección entre los que mejor inserción, desarrollo y orientación van teniendo en los años siguientes.

Figura 14.31. Incisión en el tronco para provocar brotaciones.

Las renovaciones deben realizarse en el momento que comienza el decaimiento señalado, siendo tan negativo adelantarse demasiado a ese momento (Figura 14.32), desperdiciándose la todavía alta capacidad productiva de una rama joven, como el comenzar demasiado tarde. Una vez elegido el momento adecuado, la renovación se hará de un modo escalonado, empezando siempre por la rama más envejecida, para luego pasar a las siguientes tras la renovación de la anterior.

El punto de inserción de las ramas de sustitución, debe ser tal que mantenga la altura de la cruz del olivo al menos a 1 metro. Si la renovación no compromete este requisito, las ramas renovadas pueden quedar insertadas directamente sobre el tronco. Cuando la cruz es baja, la manera de subirla aprovechando el proceso de renovación, sería insertar todas las nuevas ramas sobre una de las originales algo vertical y con buen porte, a una altura que se considere adecuada para la nueva cruz. Otra forma de no bajar en exceso la altura de la cruz, sería renovar en segundas cruces o bifurcaciones de las ramas principales (Figura 14.33), siendo las nuevas ramas las secundarias del olivo. La mejor fijación será cuando se sitúan en los laterales *"costeras"* (Figura 14.34) y no deberían ser más de dos o tres por pie para que dispongan de espacio suficiente para desarrollarse, tratando además de que en el tronco quede un corte limpio con algo de inclinación que evite tocones secos y cabezas.

Figura 14.32. Renovación excesivamente temprana de una rama todavía joven y productiva.

Figura 14.33. Esquema del sistema de renovación en segundas cruces en olivos de un pie.

**Figura 14.34. Pie de olivo tradicional renovado con dos ramas "costeras"
a cada lado del tronco, con corte limpio en el tronco.**

En las situaciones de edad excesiva de los olivos, donde el mal estado de los troncos impide una adecuada circulación de la savia y una correcta mecanización, a lo que se suele unir un deficiente diseño con varios pies por olivo, posiblemente la mejor poda de renovación sea el arranque gradual del viejo olivar. Este deberá ser sustituido por uno nuevo a un marco, en olivar intensivo a un pie o en seto, que optimice el medio productivo, con producciones acordes al mismo y mecanizado.

3.4. Poda de reducción del número de pies por olivo en plantaciones tradicionales

Es común encontrar diseños de plantaciones tradicionales con un excesivo número de pies por olivo que dan lugar a un número total de pies/ha mayor del recomendable, que no debería pasar del entorno de los 400, según el modelo de la olivicultura moderna. Este exceso de pies/ha suele causar problemas de baja relación hoja-madera, sombreamientos, control de volúmenes, dificultades en la propia formación de la copa y graves problemas de mecanización. Para adecuar la situación, sería necesario reducir el número de pies por olivo hasta situar el número total de pies/ ha dentro de lo razonable.

Desde el punto de vista de la recolección mecanizada con vibrador de tronco, tener más de dos pies por olivo supone una dificultad que afecta enormemente a la agilidad de la recolección por este sistema, por lo que en ningún caso serán recomendables este tipo de olivos si se quiere tener una plantación razonablemente mecanizada. Con dos pies por olivo, la mecanización va a ser más aceptable, aunque no tanto como la que se alcanzaría con olivos de un solo pie.

Teniendo en cuenta la necesidad de adecuar el número de pies/ha a no más de 400 y de nunca superar los dos pies por olivo, se pueden dar situaciones en las que sea recomendable la reducción de pies por olivo. En muchas ocasiones, y debido a un amplio marco de plantación, el reducir a un pie/olivo dejaría un total de pies/ha demasiado bajo, 140 o menos, que obligaría a estos a alcanzar un gran porte para aproximarse al volumen óptimo de ese medio productivo, lo que bajaría la eficacia de la vibración. En estos casos, lo más recomendable sería dejarlos en dos pies/olivo.

En los casos donde la decisión tomada sea la de reducir el número de pies/ olivo hasta 2 o 1 según el caso, el primer paso a seguir es elegir el pie o los pies a eliminar *"pies de muerte"*. Para su elección se evaluarán aspectos como el estado sanitario del tronco, su ubicación (pensando en dejar los más separados entre sí), su inclinación, la disposición de sus ramas principales y el porte de su copa. El siguiente paso es ir eliminando año tras año de los *pies de muerte* todas las ramas que entorpezcan el desarrollo de las ramas pertenecientes a las copas de los *pies de vida,* con el objeto de que estas vayan ocupando progresivamente su lugar, además de respetar las brotaciones que se produzcan naturalmente a la altura de la cruz. Cuando la merma continuada del *pie de muerte* haya dejado en él una parte vegetativa de escasa cuantía, se procederá a su total eliminación, arrancándolo (si el número de raíces afectadas de los *pies de vida* es escaso) o con un *corte a dos tierras*. Este es el único corte en la poda del olivo que debe quedar totalmente horizontal para provocar la acumulación de agua de lluvia sobre el mismo, lo que acelerará su pudrición y reducirá la emisión de varetas en los años siguientes.

4. Poda del olivar en seto

Desde principios de los años 90, se inició en España un modelo de olivicultura basado en la formación de un seto de olivos para ser recolectado con una cosechadora integral, que pasando por encima del olivo, derriba y a la vez recoge la aceituna.

Este modelo aumenta sensiblemente el número de olivos por hectárea con respecto al olivar intensivo en vaso libre visto hasta ahora en este capítulo, estando en algunos casos por encima de los 2000 olivos/ha. El tamaño del seto va a estar acotado por las dimensiones de la cosechadora que se utilice, por lo que el volumen de copa total por hectárea dependerá de la distancia a la que se sitúe cada seto.

La poda va a tener un papel clave en este tipo de plantaciones, ya que debe mantener el tamaño del seto dentro de los márgenes exigidos por la cosechadora, y hacerlo de tal manera que lo mantenga productivo el mayor tiempo posible.

En esto también va a tener especial importancia el control del vigor. Un exceso del mismo obliga a podas más intensas que producen mayor desequilibrio hoja/raíz, lo que se traduce en menor producción, por lo que se está haciendo un esfuerzo importante en encontrar nuevas variedades menos vigorosas, con porte compacto y más productivas que las ya existentes. Otros estudios sobre el control del vigor evalúan los efectos de distintos factores limitantes como condiciones edafoclimáticas adversas, suelos de escasa profundidad o fertilidad, estrategias de riego deficitario, secano, etc.

4.1. Poda de formación del olivar en seto

El objetivo es formar una *palmeta* no estructurada, para luego mantenerla bien iluminada en su interior y con un tamaño que permita el paso de la máquina recolectora.

El sistema de formación a un eje en forma de monocono, fue el más usado en las primeras plantaciones (casi todas ellas de la variedad Arbequina) en este modelo de olivar.

Este sistema de formación requiere un entutorado hasta una altura cercana a los 2 metros, en el que hay que ir atando la guía de la planta conforme va creciendo. El tutor más empleado es el de la caña de bambú al tener una rigidez suficiente y ser más económico. En algunos casos, para asegurar una mejor alineación del seto se instala también una espaldera formada por un único alambre de acero galvanizado de 2,5 mm de diámetro situado a una altura aproximada de 150 cm, poniéndose un segundo alambre en zonas con vientos constantes y fuertes, para una mayor sujeción.

El material de partida debe ser una planta de vivero de algo más de 50 cm procedente de estaquilla semileñosa autoenraizada bajo nebulización y de buena calidad. Durante los primeros años, hasta alcanzar una altura que pueda dificultar el paso de la recolectora, la única poda a realizar es la eliminación de las brotaciones que salgan por debajo de los 50-60 cm como requerimiento de la cosechadora para su correcto funcionamiento. El resto de brotaciones irán formando un cono sobre el eje central (Figura 14.35).

Con el objeto de reducir costes en los primeros años de formación, debidos principalmente al entutorado progresivo y al coste del tutor de altura, así como para evitar la concentración de la madera del seto adulto en el propio eje, se están empleando sistemas de formación más libres que requieren tutores en torno a 100 cm de altura. Estos sistemas, que al igual que el monocono deja sin brotaciones los 50-60 cm, permiten, a partir de esta altura, un crecimiento libre en copa, lo que posibilita un reparto homogéneo en la madera del seto adulto.

En estos sistemas de formación libre, los despuntes mecánicos cenitales o laterales desde el 2º año buscan favorecer las ramificaciones laterales limitando los crecimientos apicales, incrementar en los primeros centímetros la densidad la pared vegetativa, retrasar las podas de limitación de la altura y engrosar el tronco. Sin embargo, se ha observado en la variedad arbequina, que estas intervenciones mecánicas cenitales producen una reducción de la producción directamente proporcional a la intensidad y frecuencia de los despuntes, además de no conseguir retrasar las podas de limitación de la altura del seto ni favorecer en engrosamiento del tronco. (Hidalgo *et al.*, 2024).

Figura 14.35. Olivo de tres años formado a un eje central.

En la formación del seto, al igual que ocurría en la formación en vaso, el respetar la *tendencia natural,* interviniendo lo menos posible, va a permitir maximizar las primeras cosechas. Quedando como primeras intervenciones el realce de las ramas por debajo de 50 cm y el corte de las ramas dirigidas al centro de la calle cuya rigidez dificulte el paso de la cosechadora.

El hábito vegetativo y el vigor de cada variedad, así como el vigor proporcionado por el medio productivo, van a hacer que se requiera una mayor o menor intervención de poda. La cuantía de la poda necesaria, es actualmente uno de los parámetros estudiados a la hora de determinar la adaptación de las nuevas variedades al sistema de olivar en seto.

4.2. Poda de producción del olivar en seto

Una vez que se alcanza el tamaño del seto deseado, acorde con las dimensiones que permite la cosechadora, se hace necesario un mantenimiento del mismo mediante podas periódicas que eviten un aumento de tamaño que dificulte la recolección y permitan la entrada de luz en su interior. Las dimensiones del seto requeridas por la cosechadora pueden variar según el tamaño de esta, pero en términos generales, en cuanto a ramas de cierta rigidez, será de una altura cercana a los 3 metros y de una anchura cercana al metro, además de una zona en la parte baja libre de vegetación de 50-60 cm.

La *limitación de la altura y anchura* del seto se puede realizar manualmente con motosierra de gasolina/eléctricas o tijeras neumáticas/eléctricas, mecánicamente (*topping*) (Figura 14.36) con podadoras de discos, o de manera semimecánica con combinación de ambas.

La *forma manual* consiste en cortar las ramas consideradas por el podador como rígidas, situadas en la parte superior y las dirigidas hacia el centro de la calle que ensanchan lateralmente el seto y puedan dificultar el paso de la cosechadora.

La *forma mecánica* consiste en rebajar la altura (*topping*) o la anchura (*hedging*) con una podadora de discos. Sus grandes ventajas del bajo coste, rapidez y ausencia de mano de obra, lo que se contrapone con su principal inconveniente, que es la no eliminación de la madera interior y la eliminación de la masa vegetal flexible y productiva de la zona rebajada. La frecuencia va a depender del rebaje que se realice y del crecimiento vegetativo posterior, que a su vez dependerá del vigor varietal más el del medio productivo. El momento de realizar el *topping* puede ser en invierno, en verano o ambas. Algunos ensayos indican la conveniencia de realizar el *topping* el primer año que sea necesario en invierno y en verano, para luego realizarlo en los años que sea preciso, solo en verano (Ruiz, 2013). Esta preferencia por realizarlo en verano responde a que provoca una parada del crecimiento vegetativo en esa zona que favorece el crecimiento de ramas inferiores y laterales y, por tanto, el equilibrio vegetativo del seto. Tras varios años de *topping* a la misma altura, se tiende a formar en la parte superior del seto una vegetación densa denominada *"nido de garza"*, que impide la entrada de luz al interior del seto, pudiéndose solucionar esto cortando la próxima vez unos centímetros por debajo o bien realizándolo con algo de inclinación (*corte en tejadillo*).

El control mecánico de la anchura supone rebajar las caras del seto, situando la podadora de discos en vertical, dejando de esta manera un ciclo de crecimiento vegetativo lateral, hasta la siguiente intervención. La reducción de la cosecha posterior al rebaje de una cara, no es proporcional a la masa vegetal eliminada, ya que además de favorecerse la iluminación de la cara opuesta, también se produce mayor entrada de luz en ramos más interiores de la propia cara podada (Ruiz, 2013). Ensayos realizados en olivar en vaso mostraron la conveniencia de realizar el corte ligeramente inclinado para compensar el mayor crecimiento posterior de las ramas superiores (Pérez-Mohedano *et al.*, 2012).

La *forma semimecánica* añade a la intervención descrita con la podadora de discos, un repaso posterior manual en el que se cortarán todas las ramas rígidas en la parte superior y las dirigidas hacia el centro de la calle, que la podadora simplemente ha rebajado. De esta manera se va consiguiendo una renovación indirecta y paulatina de la madera, que disminuirá la frecuencia de los rebajes mecánicos y, por tanto, alargará la vida productiva del seto.

Figura 14.36. Panorámica de plantación en seto con *topping* realizado recientemente.

En algunas explotaciones se diseñan estrategias a medio plazo de rebaje mecánico de caras cada 3 o 4 años con intervenciones en ⅓ o ¼ de las calles respectivamente, lo cual puede llevar a podas innecesarias o tardías, ya que no se pueden "adivinar" los crecimientos vegetativos que se van a producir en el futuro, al depender estos de diversos factores ligados a la meteorología y al medio productivo. Siendo pues, lo más lógico adoptar como criterio de decisión de rebajar una cara del seto, el haber superado una anchura determinada y no un número de años transcurridos tras la última intervención.

Diferentes estudios comparan la viabilidad y coste económico de estas tres alternativas, observándose ahorros en peonadas en el mecánico y el semimecánico del 90% y 65% respectivamente con relación al sistema manual, cifrándose esta en algunas mediciones realizadas en torno a las 25 h/ha año (Penco, *et al* 2020).

El *realce de las ramas más bajas* a los 50-60 cm que requiere la cosechadora se puede hacer mecánicamente (*skirting*), pudiéndose emplear para ello podadora de cuchillas por el menor grosor de las ramas a cortar, con un rendimiento de trabajo aproximado de 1 hora/ha. Con esta podadora de cuchillas se podría realizar también el *topping* de altura o los rebajes laterales antes descritos, siempre que las ramas a cortar no superen los 2,5 cm de diámetro.

En los casos en los que tras realizar las podas necesarias para el control del tamaño del seto hasta ahora descritas, este no presente suficiente porosidad para que se produzca una adecuada entrada de iluminación en su interior, se haría necesario *entresacar o aclarear* algunas ramas del interior del mismo. Si para esto seleccionamos ramas gruesas del interior, contribuiremos a la necesaria reducción de la acumulación de madera que se produce en el interior del seto con el paso del tiempo.

4.3. Poda de renovación del olivar en seto

En el seto adulto, cuanto mayor sea su vigor total (suma del vigor de la variedad y el vigor del medio productivo), mayor será la intensidad de las podas necesarias descritas en el apartado anterior. Cuando estas tengan que ser tan intensas que el desequilibrio hoja/raíz provocado llegue a comprometer la sostenibilidad productiva del seto, es el momento de plantear una poda que renueve completamente su estructura o sustituirlo por otro.

La poda de renovación de la estructura del seto debe pasar por un rebaje del tronco. Un ensayo realizado en una plantación con la variedad 'Arbequina' de marco 3,5 × 1,5 m con riego por goteo (Hidalgo *et al.*, 2012), probó rebajes a alturas de 2, de 1,5, de 0,5 metros y a ras de suelo. Muy pronto se descartó la conveniencia de los rebajes de 2 y 1,5 metros por alcanzar rápidamente la altura máxima, siendo todavía improductiva. Entre los rebajes de la parte inferior, se observó el problema de mayor número de brotes nuevos como reacción al corte, cuanto más alto era el rebaje, recomendando los autores una mayor aproximación al suelo, pero sin llegar al mismo. Una opción práctica desde el punto de vista del aprovechamiento del tronco, sería rebajar este a unos 80-90 cm, para posteriomente formar la nueva estructura con las brotaciones que salgan desde los 60 cm hacia arriba, entresacándolas los dos primeros años hasta dejar un número de ramas acorde con los espacios a cubrir con la nueva estructura (Figura 14.37)

Otra opción posible, alternativa a la renovación sucesiva del tronco o cuando esta ya se haga inviable, sería la de arranque alterno de olivos hasta convertir la plantación en una intensiva en vaso libre. En este caso habría que subir la cruz a un metro eliminando todas las brotaciones inferiores y permitir un crecimiento libre en la copa que ocupe el nuevo espacio disponible, para luego formar el esqueleto favoreciendo las ramas mejor orientadas, tal y como se ha descrito en la formación en vaso libre.

Figura 14.37. Poda de renovación rebajando el tronco a 80-90 cm, con eliminación posterior de brotaciones por debajo de los 60cm y entresaque progresivo de la brotaciones por encima de los 60 cm.

En el caso de decidir mantener este modelo productivo en seto, la última alternativa sería el arranque de la plantación y volver a poner una nueva plantación, pudiendose en este caso adecuar el marco y la variedad al medio productivo.

5. Consideraciones finales

Buscando siempre mantener el olivo equilibrado en crecimiento vegetativo y productivo, la poda del olivo tiene dos principios fundamentales relacionados con la hoja, que deben ser tenidos en cuenta siempre por el podador. El primero de ellos es la *relación hoja/madera,* debiendo ser esta lo más alta posible, siendo el segundo el de la *relación hoja-raíz,* que debe mantenerse equilibrada.

El principal defecto de la poda del olivo en la actualidad es el abuso generalizado de la misma, que reduce en exceso la relación hoja-raíz, lo que provoca problemas como emisión constante de chupones y varetas, volúmenes de copa inferiores al óptimo, envejecimiento prematuro de ramas, etc., que acaban por reducir su potencial productivo.

La formación en *vaso libre* es la que mejor resultado ha tenido en las plantaciones intensivas de un pie, al ser la que más *respeta la tendencia natural* del olivo, siendo por esto la que menos intervenciones de poda requiere y, por tanto, la que presenta un crecimiento más rápido y con menor coste.

Una vez que el olivo alcanza el tamaño adecuado según el marco de plantación y el medio productivo, es importante que las podas vayan destinadas a tratar de aumentar la cantidad de radiación solar captada en todas las partes del árbol para mantener buenas cosechas y calidad de los frutos producidos, además de aproximar el volumen de la plantación al óptimo para ese medio productivo. Todo ello sin dejar de mantener vestido con ramas poco vigorosas el interior del olivo.

La forma de mantener la productividad del olivo cuando se produce el envejecimiento de sus ramas principales, es mediante la sustitución de estas por otras nuevas, mediante podas que traten de aprovechar los brotes adventicios brotados de forma natural en la zona o que provoquen su aparición en el caso de que no los haya.

En la formación del seto, el mejor resultado vuelve a obtenerse con la opción que más *respeta la tendencia natural* del olivo (al igual que en el olivar en vaso), permitiendo una estructura natural sin centrar la madera en un eje y sin despuntes mecánicos que sobreramifiquen en exceso y disminuyan las primeras cosechas.

Para mantener iluminado el interior del seto y en el tamaño requerido por la cosechadora, se pueden emplear herramientas de mano (motosierras o tijeras) o podadoras mecánicas combinadas con las anteriores para evitar la acumulación de madera en el interior.

6. Bibliografía

Angeli, L.; Sillari, B.; Cantini, C. (1995). Cespuglio e monocono a confronto. *L'Informatore Agrario,* 43: 59-63.

Hartmann, H.T.; Opitz, K.W.; Beutel, J.A. (1986). La producción oleícola en California. *Olivae,* 11: 24 págs.

Hidalgo, J.; Vega, V.; Hidalgo, J.C. (2012). Experiencias sobre la renovación en plantaciones en seto en el cultivo del olivar. *Revista Vida Rural* **341**: 42-48

Hidalgo, J.; Hidalgo, J.C.; Vega, V.; Pérez-Mohedano, D; Leyva, A. (2024). Comparativa de los primeros años de producción de diferentes modelos de plantación en olivar. *Revista Mercacei* **119**: 154-166

Martin, G.C.; Nishijima, C.; Rapoport, H.F. (1990). *Abscission response of olive flowar and fruit populations to NAA.* XXIII International Horticultural Congress. Firenze (Italy). Tomo I, pp. 407.

Morettini, A. (1972). *Olivicoltura.* R.E.D.A. Roma. pp. 335-357.

Ortega Nieto, J.M. (1969). *La poda del olivo.* Ministerio de Agricultura. Dirección General de Agricultura. Madrid.

Pastor, M.; Vega, V.; Humanes, J. (1991). Poda mecánica del olivar en Andalucía. *Máquinas y Tractores Agrícolas.* (1): 31-40.

Pastor, M.; Hermoso, M.; Revilla, J.; Navarro, C.; Morales, J.; Vega, V.; Arquero, O. (1992). *Poda de producción del olivar. Aclareo químico de frutos con ANA.* Serie Informaciones Técnicas 14/92. Servicio de Publicaciones de la Consejería de Agricultura y Pesca. Junta de Andalucía.

Pastor, M., Humanes, J. (2010). *Poda del olivo: moderna olivicultura.* Ed. Agrícola Española, S. A. Madrid.

Penco, JM, *et al.* (2020). Aproximación a los costes del Cultivo del Olivo. *Asociación Española de Municipios del Olivo*

Pérez-Mohedano, D.; Rodríguez, F.; Viñas, M. (2011). La podadora mecánica en el olivar: Características y uso. *Revista Agricultura* **946**: 760-763.

Pérez-Mohedano, D. (2012). Decálogo de la poda del olivar moderno. *Revista Agricultura* **956**: 722-725.

Pérez-Mohedano, D.; Hidalgo, J.; Vega, V.; Hidalgo, J.C.; Arriaza, M. (2012). Mejoras en productividad y costes en plantaciones intensivas respecto a plantaciones tradicionales. *Revista Vida Rural* **351**: 44-47.

Pérez-Mohedano, D.; Rodríguez, F.; Viñas, M.; Navarro, C. (2012). Manejo sostenible de la poda mecánica en olivar intensivo. *Revista Vida Rural* **341**: 50-54.

Pérez-Mohedano, D.; Vega, V.; Hidalgo, J.; García-Cuevas, E.; Leyva, A.; Hidalgo, J.C. (2015) Poda de formación inicial en plantaciones de olivar intensivo en vaso libre. *Revista Vida Rural* **402**: 62-66.

Proietti, P.; Famiani, F.; Tombesi, A. (1991). *The influence of some agronomic parameters on the efficiency of innovative vibration system used for mechanical harvesting.* 8ª Consulta de la Red Europea de Investigación en Olivicultura, FAO: Bornova, Izmir, Turquía, pp. 10-13.

Rallo, L.; Barranco, D. (1986). Influence of the time of application on the response of olive to chimical thinning. *Acta Horticulturae,* 179: 709-710.

Ruiz, X. (2013) Poda mecánica integral en el olivar. *Revista Olint* **24**: 6-12.

Sibbet, G.S.; Martin, G.C. (1981). *Olive spray thinning.* Division of Agricultural Sciences. University of California. Leaflet 2475.

Vieri, M. (2005) Macchine per le operazionicolturali nell'oliveto. *www.phytomagazine. com-speciale Olivo* **14**: 25-38.

CAPÍTULO 15

MECANIZACIÓN

Gregorio Lorenzo BLANCO-ROLDÁN
Rafael Rubén SOLA-GUIRADO
Sergio CASTRO-GARCÍA

ÍNDICE

1. Introducción, 591

2. Tareas mecanizadas, 592

3. El tractor en el olivar, 593

4. Equipos para el manejo del suelo, 595
    4.1. Preparación del suelo para la plantación y plantación, 595
    4.2. Mantenimiento del suelo, 597
        4.2.1. Laboreo, 598
        4.2.2. No laboreo, 599
        4.2.3. Cubiertas vegetales, 600
    4.3. Preparación del suelo para la recolección, 602

5. Maquinaria para poda y manejo de restos de poda, 603
    5.1. Poda, 603
    5.2. Poda mecanizada, 603
    5.3. Manejo de restos de poda, 606

6. Maquinaria para abonado al suelo, 612
    6.1. Máquinas distribuidoras de abonos orgánicos, 612
    6.2. Máquinas distribuidoras de abonos minerales, 612

7. Aplicación de agroquímicos en pulverización, 614
    7.1. Principios de la pulverización, 614
        7.1.1. Pulverización con presión de líquido, 616
        7.1.2. Pulverización neumática (nebulizadores), 617
        7.1.3. Pulverización centrífuga (aplicaciones de ultra bajo volumen), 617

7.2. Boquillas, 617
7.3. Equipos para la aplicación de herbicidas, 620
7.4. Equipos para tratamiento del vuelo. Atomizadores, 623
7.5. Regulación, mantenimiento e inspección, 627

8. Mecanización de la recolección, 630
    8.1. Derribo de la aceituna, 632
        8.1.1. Factores que influyen en el derribo, 633
        8.1.2. Vibradores, 634
        8.1.3. Sacudidores , 642
        8.1.4. Olivar de mesa, 644
    8.2. Recogida de la aceituna, 645
        8.2.1. Mecanización del movimiento de mallas, 645
        8.2.2. Recolección de la aceituna del suelo, 646
    8.3. Limpieza y transporte, 650
    8.4. Recolección integral, 652
        8.4.1. Cosechadoras de olivar, 652
        8.4.2. Recolección del olivar en seto, 655

9. Evaluación de costes, 656

10. Nuevas tecnologías aplicadas a la mecanización del olivar, 662

11. Seguridad y salud en el uso de la maquinaria, 663
Agradecimientos, 669

12. Bibliografía, 669

1. Introducción

La mecanización del olivar, como la de cualquier otro cultivo, depende de factores estructurales, agronómicos, técnicos, económicos y legales, siendo un cultivo que, por sus diferentes tipologías, no permite establecer una solución de carácter general.

Entre los *factores estructurales* cabe citar: la orografía, pues la presencia de pendientes afecta directamente a la potencia requerida para las distintas operaciones y condiciona el tipo de máquinas a emplear y las medidas de seguridad relacionadas con la estabilidad del conjunto tractor-máquina; el clima, que afecta al desarrollo del olivo y a las condiciones del suelo a lo largo del tiempo, condicionando el empleo de la maquinaria y, por tanto, los costes de mecanización; el tipo de suelo, que influye en la potencia requerida en las operaciones de laboreo y en la transitabilidad de las unidades de tracción, lo que puede ser clave en el periodo de recolección; el tamaño de la explotación, que determinará la selección del tipo de maquinaria y su tamaño (en general, los costes se reducen con el tamaño de la explotación); y los accesos, los espacios para la maniobrabilidad de las máquinas en las cabeceras y las calles de servicio, que facilitan las operaciones y aumentan, en gran medida, los rendimientos de trabajo; este aspecto no debe olvidarse al diseñar una plantación, sobre todo en las plantaciones de alta o muy alta densidad, en las que el paso de maquinaria debe facilitarse, y es indicativo de la necesidad de realizar una doble adaptación entre el cultivo y su mecanización.

Entre los *factores agronómicos* cabe destacar el marco de plantación y el tipo de árbol. El primero condiciona los tipos de máquinas a utilizar y su tamaño; así, un cultivador tendrá un ancho distinto según sea la anchura de la calle. El segundo, caracterizado por la variedad y la estructura del árbol, tiene una importancia decisiva en la mecanización, sobre todo, de la recolección. La variedad determina características del fruto, como la evolución, a lo largo del periodo de maduración, de su fuerza de retención en el árbol y contenido de aceite. La estructura del árbol, que viene definida por el número de troncos y por su formación, influye directamente sobre la transmisión de la vibración y la posibilidad de utilizar sistemas de recolección integrales, los cuales son aplicables, principalmente, a los árboles de un pie o tronco.

Los *factores económicos* más influyentes son: la estructura de la propiedad de la tierra; la posibilidad de alquiler de equipos o realización de labores por empresas de servicios; y el coste y disponibilidad de mano de obra. En este sentido, la mecanización supone un aumento de su productividad, ya que se realizan las tareas en un tiempo menor y en el momento idóneo, si se dispone de los medios mecánicos con la capacidad adecuada y se mejoran las condiciones de trabajo.

Los *factores técnicos* están relacionados con las tecnologías disponibles: tipo de tractores y maquinaria a un precio asequible y con un respaldo adecuado de repuestos y mantenimiento.

Los *factores legales* condicionan el uso de las técnicas de cultivo y, por tanto, de la maquinaria a emplear. Así, cabe destacar las especificaciones técnicas descritas para los sistemas de Producción Integrada y Agricultura Ecológica y los principios establecidos en la Política Agraria Común (PAC). En este sentido, la nueva PAC (2023-2027), establece, como una de sus novedades, los denominados Eco-Regímenes, entre los que destacan los relacionados con las cubiertas vegetales espontáneas o sembradas y con las cubiertas inertes, ambos con notable repercusión sobre la maquinaria para su manejo.

2.   Tareas mecanizadas

Un paso previo para estudiar la mecanización del olivar consiste en establecer el listado de tareas mecanizadas y la maquinaria necesaria para su mecanización. El Cuadro 15.1 recoge las tareas más comunes y el tipo de maquinaria utilizada, normalmente, en conjunción con el empleo de un tractor. La recolección, que es la operación más importante, pues supone del orden del 40% de los costes de cultivo, será objeto de atención posterior.

CUADRO 15.1

Mecanización de las tareas más comunes del olivar

Tarea	Maquinaria
Tratamientos foliares	Atomizador o cuba con mangueras y pistolas
Tratamientos herbicidas	Barra herbicida
Poda	Motosierra (*)
Hilerar restos de poda	Hileradora
Triturar restos de poda	Trituradora (Picadora)
Retirada de madera gruesa	Remolque

Tarea	Maquinaria
Abonado del suelo	Abonadora centrífuga
Incorporación de restos	⎫
Descompactación del suelo	⎬ Cultivador/Vibrocultivador
Laboreo superficial	⎭
Preparación suelos recolección	Rulo
Limpieza de hojas ruedo	Sopladora (*)

(*) No requieren uso del tractor.

3. El tractor en el olivar

La selección de un tractor para el olivar se realiza teniendo en cuenta los siguientes aspectos: calendario de tareas mecanizadas y limitaciones de tiempo en las operaciones críticas (recolección o tratamientos), necesidades de potencia de las operaciones y adecuación tractor-máquina.

Elegir bien los tractores es clave. Disponer de un exceso de potencia supone mayor inversión, coste horario, compactación del suelo y un bajo aprovechamiento de la potencia nominal. En cambio, un tractor pequeño puede comprometer la realización de las tareas con tiempo limitado, aumentando los costes de demora de la operación (por ejemplo, pérdidas en cosecha por un control tardío de una plaga o enfermedad), e imposibilitar el empleo de máquinas exigentes en potencia de tiro, de accionamiento o en capacidad de elevación.

En este sentido, el uso de picadoras de restos de poda, de atomizadores con cubas de gran tamaño (2.000-4.000 litros) y de equipos de recolección, como los vibradores de troncos y remolques de gran capacidad (8 a 10 toneladas), lleva a que el tractor idóneo para un olivar tradicional mecanizado requiera una potencia de 75-90 kW (100-120 CV) y disponga de doble tracción, inversor de marchas y marchas superreducidas. Se equipan con cabina integral; sistemas electrónicos de regulación y control (de resbalamiento, de tiro, bloqueo del diferencial, presión de inflado, etc.); sistemas de accionamiento con tomas de fuerza a 540-1.000 rev/min y económicas; y conexiones hidráulicas traseras, laterales y delanteras. Además, hay fabricantes que ofertan modelos con transmisión variable (CVT), suspensión del eje delantero y de la cabina y conexión ISOBUS. Buscando una mejor movilidad bajo las copas de los árboles, sobre todo para el manejo de vibradores de troncos frontales, se han desarrollado modelos denominados de perfil bajo que también favorecen la estabilidad. En todos los casos, la normativa europea de emisiones obliga a que los motores sean Fase V.

En olivares intensivos y de alta densidad, se puede bajar algo la potencia y usar tractores fruteros de 50-80 kW (70-110 CV). Son similares a los anteriores, pero se caracterizan por su anchura entre 1,3 y 1,6 m. Los más potentes pueden utilizarse en todas las operaciones de cultivo y recolección (Figura 15.1) y están equipados con los principales avances tecnológicos que antes quedaban reservados para los tractores de altas potencias.

En todos los casos, los sistemas de dirección buscan realizar el giro en menos espacio, lo que beneficia el trabajo cuando los marcos son estrechos o en las cabeceras de las parcelas. Habitualmente, se consiguen radios de giro, sin el empleo del freno, de entre 3,2 m en los fruteros y de 5,1 m en los convencionales. Además, hay modelos que tienen sistemas adicionales para reducirlo, como la articulación del eje delantero o el incremento de la velocidad de giro de las ruedas delanteras.

En olivar en pendiente puede ser conveniente el uso de tractores orugas debido a su mayor estabilidad y capacidad de tracción con potencias similares. Además, compactan menos el terreno, por su mayor superficie de apoyo, pudiendo trabajar en peores condiciones del suelo, y su sistema de dirección proporciona una gran maniobrabilidad. Presentan el inconveniente de no poder circular por carretera, aunque también se fabrican modelos con cadenas de goma y especializados para el trabajo en olivar (Figura 15.2). En los últimos años, se han presentado, en España y para el olivar, algunos "tractores de montaña", que, en esencia, tienen algunas características diferenciadas frente a los convencionales, principalmente, en lo referente a su geometría, la presencia de semichasis o ejes delanteros oscilantes y el reparto de masas sobre su estructura, aunque su implantación es todavía limitada (Figura 15.3).

Figura 15.1. Tractor frutero con atomizador.   **Figura 15.2. Tractor con cadenas de goma.**

Actualmente, ha surgido el uso de otros vehículos cuya aplicación estaba centrada en el ámbito industrial, como retroexcavadoras-cargadoras, cargadoras compactas y manipuladoras telescópicas, fundamentalmente para usarlos con vibradores de troncos (Figura 15.4). Estas últimas pueden convertirse en alternativa al tractor, puesto que posibilitan la incorporación de enganche tripuntal, barra de tiro y toma de fuerza, permitiendo realizar operaciones de laboreo y transporte, y tienen buenas características de maniobrabilidad y estabilidad.

Figura 15.3. Tractor de montaña.

Figura 15.4. Manipuladora telescópica con
vibrador de troncos.

Un aspecto también relevante es el de los neumáticos. En todas las ruedas de los tractores, remolques y equipos de distribución de insumos, resulta muy conveniente el uso de neumáticos de baja presión o alta flotación (Figura 15.1), que son un 25% más anchos que los convencionales y trabajan a una presión un 50% inferior (0,8 kg/cm^2). Con ellos se consigue reducir la compactación del suelo y mejorar el trabajo en condiciones de suelo húmedo, que son las usuales en las tareas de recolección y distribución de agroquímicos. En el caso del uso de cubiertas vegetales, su combinación con sistemas de control del tránsito de la maquinaria dentro de la parcela, concentrando la circulación pesada, minimiza el daño a la cubierta y al suelo (Gil-Ribes *et al.*, 2005). Actualmente, se destacan los neumáticos con tecnología de alta flexión, que permiten aumentar la superficie de contacto con el suelo soportando cargas un 20% o 40% superiores a los convencionales, denominándose IF (Flexión Mejorada) o VF (Flexión Muy Alta), respectivamente.

4. Equipos para el manejo del suelo

4.1. Preparación del suelo para la plantación y plantación

La implantación de un olivar exige la preparación del terreno con pases cruzados de subsolador al objeto de romper las posibles capas impermeables que podrían dificultar el posterior desarrollo radical, al mismo tiempo que evitarían el posible encharcamiento. La tendencia actual es a hacerlo solo en la zona de plantación.

Los subsoladores constan de 3 a 5 brazos de material pesado y resistente que se unen a una estructura o bastidor. Los brazos pueden ser rectos u oblicuos y en su extremo inferior tienen una reja de forma rectangular o trapecial de acero resistente al desgaste y con una ligera inclinación respecto a la horizontal. Estos equipos trabajan a grandes profundidades (50 a 70 cm). En su acción sobre el suelo produce la rotura y resquebrajamiento del mismo en profundidad con fisuras laterales al brazo y la reja. Da lugar al levantamiento del suelo con la formación de grandes terrones en superficie.

La labor de subsolado se debe realizar entre 2 y 4 meses antes de realizar la plantación y con el suelo relativamente seco para conseguir el efecto deseado. El Cuadro 15.2 recoge la capacidad superficial, el consumo de combustible y la potencia requerida por los subsoladores de tres cuerpos en función de la profundidad de trabajo.

CUADRO 15.2

Capacidad superficial, consumo y potencia de los subsoladores de tres cuerpos

Profundidad (cm)	Anchura (m)	Capacidad Superficial (ha/h)	Consumo (l/ha)	Potencia kW (CV)
30	1,8	0,6-0,85	20-25	70-90 (95-120)
40	1,8	0,5-0,75	25-30	80-110 (110-150)
60	1,8	0,4-0,7	30-40	130-170 (130-170)

Algunos suelos tienen un importante volumen de piedras en superficie, lo que dificulta la plantación y las prácticas normales del cultivo, siendo necesario eliminarlas. Las piedras pueden hilerarse con rastrillos (Figura 15.5) y recogerse con máquinas recogedoras-cargadoras (Figura 15.6). En caso de piedras de escasa dureza puede optarse por triturarlas con trituradoras de martillos.

Figura 15.5. Hileradora de piedras.   **Figura 15.6. Recogedora-cargadora de piedras.**

Una vez realizado el replanteo, según el marco de plantación elegido, se puede realizar un marcado del suelo, mediante un tractor equipado con sistema de guiado automático, y la apertura de hoyos. El empleo de retroexcavadoras no se recomienda, pues producen un mayor movimiento de tierra encareciéndose la posterior operación de enterrado.

Las ahoyadoras disponen de un elemento de trabajo, que es una hélice de 40-60 cm de diámetro y entre 1 y 1,3 m de longitud, montado sobre un bastidor que se engancha a los tres puntos del elevador y se acciona por la toma de fuerza del tractor; aplicado verticalmente sobre el terreno realiza un hoyo de unos 70-80 cm de profundidad y 40 cm de diámetro. Es importante resaltar que, en suelos arcillosos, el rozamiento del elemento de trabajo con el suelo puede dar lugar a la formación de una superficie, lisa e impermeable, en la pared del hoyo, que puede impedir el normal desarrollo del sistema radical de los plantones e incluso causar su muerte por asfixia en caso de lluvias abundantes. Por ello, es importante realizar la operación en buen tempero, que deje la tierra suelta y no forme paredes laterales, y, en todo caso, romper las paredes con una azada antes de la plantación.

En plantaciones intensivas y de alta densidad, en las que las plantas están más cerca unas de otras, se hace necesaria una gran precisión, por lo que esta operación se realiza mediante plantadora (Figura 15.7). Estas máquinas suelen llevar un rejón subsolador que va abriendo un surco profundo en el suelo, donde se colocan, simultáneamente, planta y tutor, a la distancia elegida según el marco. Las plantadoras realizan la operación sin la necesidad de un marcado previo del suelo. Para ello se emplean tractores con guiado automático por GPS con corrección RTK que proporcionan una resolución centimétrica y un excelente resultado. Hay una tendencia a colocar los olivos sobre caballones que se realizan antes de la plantación, o la vez que ella, principalmente cuando puede haber problemas de encharcamiento (Figura 15.8). La plantación se concluye, si es el caso, con la colocación de las espalderas y la instalación del riego por goteo.

Figura 15.7. Plantadora para olivar.

Figura 15.8. Arado para hacer lomos en plantación.

4.2.   Mantenimiento del suelo

Gran parte de la superficie de olivar se encuentra en condiciones de secano, en clima mediterráneo, siendo el agua uno de los factores limitantes de la productividad de la planta. En suelos sin protección y con pendiente, el agua de escorrentía produce un arrastre y transporte de partículas de suelo que significa una pérdida de nutrientes y disminución de su fertilidad (AEAC.SV, 2000). También, las operaciones de recolección de la aceituna exigen un mantenimiento del suelo que facilite su realización.

Por tanto, con el mantenimiento del suelo se debe procurar optimizar el aprovechamiento del agua de lluvia, proteger el suelo contra la erosión y facilitar las operaciones de recolección y otras operaciones de cultivo.

4.2.1. *Laboreo*

Tradicionalmente, el sistema de mantenimiento del suelo empleado por los agricultores ha sido el laboreo. Con este sistema, el suelo se mantiene desnudo de vegetación durante todo el año mediante la realización de labores. Los aperos más empleados, actualmente, son los cultivadores y las gradas de púas o rastras. Las gradas de discos (excéntricas) han dejado de utilizarse en la mayoría de las explotaciones, sustituyéndose por alternativas menos agresivas para el suelo, como pueden ser las gradas rápidas (combinan aspectos de funcionamiento de las gradas y los cultivadores) y que están empezando a tener difusión en este cultivo.

Cultivadores y vibrocultivadores

Son máquinas que disponen de un bastidor formado por barras longitudinales soldadas a otras transversales que portan sus brazos. Los brazos, que en su extremo llevan la reja, pueden ser de formas muy variadas y pueden montarse a distancias variables en cada barra. Según los modelos, el bastidor puede tener tres o cuatro barras transversales. El peso por metro lineal de ancho determina su capacidad de penetración de la reja en el suelo y permite clasificarlos en:

- Cultivadores ligeros: 100 a 150 kg por metro lineal.
- Cultivadores pesados: 150 a 300 kg por metro lineal.

Los diferentes tipos de cultivadores se diferencian en la forma de las rejas, que pueden ser: escarificadoras, binadoras, cavadoras, aporcadoras y extirpadoras (de «cola de golondrina»). Producen la rotura del suelo, proyectando, lateralmente, los terrones formados y dejando la tierra fina depositada en la parte inferior de la zona trabajada. El suelo se eleva al paso del brazo produciendo fisuras laterales. Se emplean para el desmenuzamiento de terrones, mullido de la capa superficial del terreno, extirpación de malas hierbas e incorporación de fertilizantes o enmiendas al terreno.

Gradas de púas o rastras

Están constituidas por un bastidor sobre el que se fijan los elementos de trabajo que son unos dientes de sección circular o cuadrada de 15 a 25 cm de longitud. Trabajan a una profundidad reducida (5 a 7 cm). En su parte trasera puede colocarse una cuchilla niveladora, que, como complemento, va eliminando malas hierbas de verano que se escapan a las púas (cenizos, grama, etc.). Producen la rotura de los terrones como consecuencia del choque de los dientes, dando lugar a un desmenuzamiento importante y uniforme en la superficie del suelo. Se emplean para mullir superficialmente el suelo, para eliminar y romper la costra superficial, limpiar el suelo de malas hierbas en superficie, nivelar y alisar la superficie (Figura 15.9).

Figura 15.9. Grada de púas o dientes con barra niveladora.

El Cuadro 15.3 recoge la capacidad superficial, el consumo de combustible y la potencia requerida por los diferentes aperos utilizados en el sistema de laboreo.

CUADRO 15.3

Capacidad superficial, consumo y potencia de diferentes aperos

Apero	Profundidad (cm)	Anchura (m)	Capacidad Superficial (ha/h)	Consumo (l/ha)	Potencia kW(CV)
Cultivador pesado	Cultivador pesado	3,5-4,5	0,9-1,4	10-12	60-70 (80-90)
Cultivador ligero	Cultivador ligero	3-5	1-1,5	8-10	50-60 (60-80)
Grada de púas	Grada de púas	4-5,5	3-4	4-6	45-60 (60-80)

4.2.2. *No laboreo*

El sistema de no laboreo consiste en mantener el suelo desnudo (sin vegetación) controlando las malas hierbas mediante la aplicación de herbicidas. En este caso, se eliminan totalmente las labores y solamente hay que realizar la preparación del suelo, en el primer año, con pases cruzados de rulo compactador, después de varios pases de rastra, antes de las primeras lluvias.

4.2.3. *Cubiertas vegetales*

Consiste en el establecimiento de un cultivo sembrado o de crecimiento espontáneo, bien en toda la superficie del terreno o en el centro de las calles. Es una técnica englobada en la llamada Agricultura de Conservación. Aunque, de forma general, se emplean cubiertas espontáneas, en ocasiones y, sobre todo, cuando se requiere una rápida protección del suelo, se suelen usar cubiertas sembradas de gramíneas y leguminosas, en las que, además, la tendencia es a incorporan algunas semillas de plantas silvestres, para aumentar el grado de biodiversidad e incorporar zonas refugio de insectos depredadores. Para ello, lo ideal es realizar la siembra con sembradora directa, pero si no se dispone de ella, se puede utilizar una sembradora de chorrillo (Figura 15.10), previo pase de un cultivador, o una abonadora centrífuga, siendo conveniente, en este caso, efectuar una labor con rastra de púas para mejorar la nascencia. El abonado de la cubierta, cuando se estima necesario, se realiza con abonadoras centrífugas (de discos o pendulares). Su elección depende de adecuar la capacidad de la tolva a las características de la plantación (número de olivos y dosis de abonado), para evitar excesivas pérdidas de tiempo en el llenado.

Figura 15.10. Sembradora de chorrillo.

Una vez establecida la cubierta vegetal, el manejo se reduce a su control, ya sea mediante siega química, con barras herbicidas, o mecánica, con desbrozadoras. Estas son aperos accionados por la toma de fuerza que se clasifican según los elementos que utilizan para el desbrozado (cadenas, cuchillas o martillos) y por la disposición del eje en el que van montados (vertical u horizontal).

Las desbrozadoras de cadenas de eje vertical son las más usadas, sobre todo cuando la presencia de piedras es importante (Figura 15.11). Su anchura de trabajo debe ser tal que permita reducir al mínimo los pases entre calles, aunque está limitada por la irregularidad del terreno. Por ello, los equipos deben tener varios cuerpos de trabajo, para que su ancho no sea excesivo en el transporte y para su adaptación al terreno. Las desbrozadoras de cuchillas de eje vertical tienen una estructura y diseño similar, pero sustituyen las cadenas por cuchillas. Su principal ventaja es que dejan una cubierta menos desmenuzada, pero trabajan peor con piedras y en terrenos irregulares, siendo su mantenimiento mucho más elevado.

Los equipos de martillos de eje horizontal son similares a las picadoras (Figura 15.12), pero requieren de menos potencia de accionamiento. De hecho, las desbrozadoras más robustas pueden utilizarse para picar restos de desvareto, aunque nunca se deben emplear para restos de poda. Son las que realizan el mejor desbrozado pero su anchura está más limitada y demandan más potencia, no obstante, son las más recomendables. Pueden incorporar un cilindro hidráulico que permite desplazarlas lateralmente para acercarse al pie del olivo.

Figura 15.11. Desbrozadora de cadenas de eje vertical acoplada en la parte trasera y agrupador de leña frontal.

Figura 15.12. Desbrozadora de martillos de eje horizontal.

Para el control de hierbas en la zona del sistema de riego se pueden usar desbrozadoras de latiguillos (Figura 15.13), que son capaces de trabajar bajo los pies, y sistemas accionados, de laboreo o desbrozado, que trabajan de forma similar a los intercepas de la viña.

El control de malas hierbas con desbrozado mecánico suele requerir más de un pase y, a veces, el complemento de la siega química, pero es una práctica a extender si se quiere limitar el uso de plaguicidas.

También existen otros equipos de manejo de cubiertas, constituidos por rulos con cuchillas, que permiten derribarlas sobre el terreno, pero sin provocar un triturado excesivo, como el que pueden producir las debrozadoras (Figura 15.14).

Figura 15.13. Desbrozadora de latiguillos para la zona bajo la copa.   **Figura 15.14. Rulo con cuchillas utilizado en el manejo de cubiertas vegetales.**

4.3.   Preparación del suelo para la recolección

Previamente a la recolección, sobre todo, si se prevé recoger el fruto del suelo, ya sea por caída natural o por derribo mecanizado, se debe preparar el suelo de forma que facilite las operaciones de recogida, puesto que todos los sistemas utilizados para la recogida de la aceituna del suelo exigen una superficie uniforme. Esta preparación se realiza, generalmente, en septiembre, antes del inicio de las lluvias, utilizando medios mecánicos de alisado y compactación, como son las barras o los rodillos con plancha lisa delantera (compactadora).

Las barras compactan poco. Consisten en una viga de hierro, de perfil IPN, enganchado a los tres puntos del tractor, que se arrastra sobre el suelo, formando un ángulo de 45° con la dirección de avance, trabajando en redondo alrededor del tronco del árbol. De esta forma, la superficie bajo el árbol queda alisada, aunque no compactada. Posteriormente, durante el periodo de lluvias, se produce una ligera compactación natural. El principal inconveniente es la formación de un borde, en la circunferencia exterior, que puede dificultar el trabajo posterior de las máquinas barredoras.

Los rodillos compactadores son aperos arrastrados lateralmente que constan de un bastidor y dos elementos de trabajo, una cuchilla niveladora, situada en su parte delantera, y un rodillo metálico liso de gran peso (de 600 a 800 kg), que gira libremente alrededor de su eje. La primera tiene la función de igualar la superficie del terreno y el segundo realiza una compactación superficial. Esta operación debe ejecutarse, dando pases cruzados, con terreno suelto a finales de verano y después de un pase de rastra. Con una anchura de 3 m, requieren de una potencia de 20-25 kW, teniendo una capacidad de trabajo de 1,2 a 1,7 ha/h y un consumos entre 5 y 6 l/ha. El efecto compactador puede aumentarse dotando al rodillo de movimiento vibratorio (Figura 15.15).

En algunos casos, resulta conveniente la incorporación de un rodillo de discos estriados, que realiza la función de rotura de pequeños agregados además de compactar, seguido de la cuchilla niveladora y del rodillo liso.

Para realizar estas operaciones, que implican el paso de los aperos bajo la copa de los olivos, las máquinas deben tener una altura reducida. Además, los árboles deben podarse de forma que se facilite el acceso de estas máquinas u otras, como los vibradores de troncos o barredoras. Una operación que suele realizarse después de la compactación es el empleo de sopladoras, como las utilizadas en la recolección de la aceituna del suelo, para la limpieza de la hoja de los ruedos, lo que facilita la recolección.

5.   Maquinaria para poda y manejo de restos de poda

5.1.   Poda

La poda es, después de la recolección, la operación que demanda mayor cantidad de mano de obra (AEMO, 2023). En la mayoría de los sistemas, se realiza cada dos años, invirtiéndose entre 28 y 32 h/ha y podador y representando entre el 10 y 16% de los costes del cultivo. Actualmente, el mayor problema que tiene esta operación es la necesidad de mano de obra especializada, siendo clave para una buena interacción árbol-máquina.

En las distintas intervenciones de poda se emplean útiles manuales como tijeras, serrucho o motosierra. Cuestiones económicas y de tiempo demandan equipos de mayor rendimiento o que faciliten las operaciones. Así, se han implantado equipos de accionamiento neumático o eléctrico, unidos, respectivamente, a un grupo compresor o a un pequeño motor eléctrico alimentado por baterías recargables. También han alcanzado mucha difusión las podadoras en altura, que instalan el útil de poda (motosierra) sobre una lanza, fija o telescópica, para así acceder a las partes altas del árbol desde el suelo. Los modelos de batería tienen una autonomía máxima de, aproximadamente, 300 min, para motosierras y podadoras en altura, y hasta 750 min, para las tijeras de poda.

En plantaciones de elevado porte, el empleo de los equipos manuales de poda puede ser ayudado por el uso de plataformas de poda, autopropulsadas o acopladas al tractor, individuales o para varios trabajadores, que facilitan el acceso a las zonas de poda, pudiendo subir, bajar, acercarse o alejarse del árbol.

5.2.   Poda mecanizada

En plantaciones de alta densidad, la poda mecanizada o prepoda mecanizada, como realmente debe llamarse, está ampliamente extendida, siendo una técnica fundamental, de manejo de la plantación, para conseguir la máxima superficie productiva y correctamente iluminada, obteniéndose una estructura de seto continuo con las dimensiones propias de la máquina cosechadora cabalgante; es decir, altura de seto, aproximada, de 280 cm, anchura entre 10 y 120 cm y altura de ramas bajeras en torno a 40 cm. Así, se pueden alcanzar volúmenes de copa superiores a 8.000 m3/ha y superficie externa productiva superior a 13.000 m²/ha.

Figura 15.15. Rulo compactador vibratorio.   **Figura 15.16. Podadora mecánica de discos.**

Las podadoras (o prepodadoras) pueden clasificarse en función del sistema de corte y de las herramientas de corte que utilicen, existiendo tres tipos: podadoras de discos (corte por impacto con discos dentados) (Figura 15.16), podadoras de barra de corte (corte por cizallamiento con cuchillas y contracuchillas) (Figura 15.17) y podadoras de cuchillas rotativas (corte por impacto con cuchillas rotativas) (Figura 15.18); pudiendo emplearse para realizar tres tipos de poda mecanizada: lateral o en anchura (*hedging*), en altura (*topping*) y de bajeras o faldas (*skirting*). (Blanco-Roldán *et al.*, 2020). Aunque las de discos permiten cortar ramas más gruesas, de hasta 20 cm de diámetro, lo que condiciona su uso a las podas más severas de árboles de mayor edad (a partir de 4 o 5 años), los fabricantes de podadoras configuran los modelos para que puedan realizar estas operaciones, de forma independiente o conjunta, dependiendo, el empleo de un tipo de máquina u otro, de la intensificación de la plantación y del programa de poda que se siga.

Las podadoras, generalmente, van acopladas al tractor, utilizándose los fruteros, ya que no demandan potencias muy elevada, pero también existen modelos específicos para acoplarlos en las cosechadora cabalgantes (Figura 15.19), lo cual está empezando a difundirse, y alguna propuesta de máquina autopropulsada. Sobre el tractor se sitúan, generalmente, en la parte frontal, para facilitar la visualización de la operación. Su estructura, formada por el soporte de los brazos, los brazos articulados o telescópicos y la estructura que porta los elementos de corte, se configura para adaptarse a las formas de poda, existiendo máquinas para corte de un lateral o en altura, con uno o dos brazos; para corte de dos laterales o en dos alturas de los dos árboles de una misma calle; para corte de un lateral y en altura en un mismo árbol; para corte de dos laterales y en altura de los dos árboles de una misma calle; etc.

Figura 15.17. Podadora mecánica de barra de corte.   **Figura 15.18. Podadora mecánica de cuchillas rotativas para poda de bajeras.**

Las podadoras disponen de un circuito hidráulico propio que da potencia a los motores de accionamiento de los elementos de corte y a los cilindros hidráulicos que actúan sobre los brazos, para posicionar la estructura según el corte requerido, pudiendo realizar movimientos de elevación/descenso, acercamiento/alejamiento, variación de anchura e inclinación de los elementos de corte (desde horizontal a vertical). En las podadoras de discos, los motores hidráulicos pueden disponerse para accionar varios discos a la vez, mediante transmisiones de correas, o uno para cada disco, permitiendo, en cualquier caso, variar la velocidad.

La velocidad de trabajo debe ser inferior a la necesaria para cortar las ramas más gruesas, aproximadamente, 4 m/s (1.5 km/h), para que no se produzcan atascos, obteniendo una operación continua y, por tanto, buenas capacidades de trabajo.

Los fabricantes también ofrecen diseños específicos, orientados según los cultivos, como los cítricos, que combinan los discos convencionales con los de cuchilla contracuchilla; equipos para poda de bajeras, con cuchillas y elementos accesorios de barrido; modelos mixtos que incorporan barras de corte para la poda de los laterales y barras de discos para la poda en altura; y modelos que acoplan discos de cuchillas para poda de ramas finas. Algunos, además pueden ofrecerse con sistemas para desinfección de los discos. En países como Estados Unidos, Argentina y Australia, fundamentalmente, en los cítricos, pero también para otros frutales, se emplean otro tipo de podadoras que tienen discos rotativos situados en los extremos de una estructura formada por brazos (Figura 15.20).

Figura 15.19. Podadora mecánica de discos acoplada a una cosechadora. **Figura 15.20. Podadora mecánica de discos rotativos.**

5.3. Manejo de restos de poda

En las operaciones de poda de renovación, realizadas cada dos años, se producen aproximadamente entre 25 y 30 kg por árbol, incluyendo ramas gruesas, ramón y hojas. Generalmente, se acepta la denominación de leña, para las ramas de diámetro superior a 5 cm, y ramón o, simplemente, restos de poda, para el resto de material de poda, hojas y ramas de diámetro inferior a 5 cm. Este material puede utilizarse en la industria de la madera, en la alimentación animal, como combustible (biomasa) o, simplemente, puede ser picado y distribuido uniformemente sobre el suelo, para formar una cubierta vegetal inerte o servir como materia orgánica. Además, el aprovechamiento de estos subproductos puede constituir una fuente de ingresos complementarios para las explotaciones oleícolas, aunque dependerá de las posibilidades de mecanización del manejo de los mismos y la obtención de subproductos de buena calidad y competitivos frente a los que sustituyan.

Así pues, la primera operación a realizar es la separación de leña y ramón o «escamujado», operación que se lleva a cabo manualmente con motosierra.

En cuanto a la leña, es habitual la utilización de madera de olivo troceada en sistemas de calefacción domésticos (chimeneas). Este empleo va desde el procedimiento más simple (recogida y utilización tal cual) hasta otros más sofisticados en los que la madera se pica, en trituradoras o picadoras estáticas de tipo industrial, y posteriormente se aglomera. Triturada ofrece la posibilidad de uso en los hornos de alimentación automática, siendo su poder calorífico es aproximadamente de 14.000 kJ/kg. Otros usos son la fabricación de muebles y la artesanía en madera y la utilización de astilla, en industrias de la celulosa, para celulosa, papel de embalaje, cartón compacto, embalaje moldeado, etc.

En cuanto al ramón o restos de poda, se ofrecen tres opciones de manejo: eliminación, aprovechamiento en alimentación animal y aprovechamiento de la biomasa con fines energéticos.

Eliminación de los restos de poda

Para llevar a cabo esta opción, una práctica muy extendida, aunque no recomendada desde el punto de vista ambiental y, por tanto, sometida a autorización previa, es la quema de los ramones, una vez separados de la leña, operación que requiere el amontonado previo y que, en su conjunto, demanda entre 10 y 15 horas de trabajo de hombre por hectárea cada dos años, al coincidir con la poda. Esta operación, que debe realizarse en condiciones de ausencia de viento, resulta muy delicada por el riesgo de producir quemaduras en los olivos sobre todo en plantaciones intensivas. El amontonado se puede realizar manualmente o utilizar elementos, acoplados frontalmente al tractor, que arrastran el ramón hasta el punto de quema (Figura 15.11).

Alternativamente, puede realizarse la eliminación mediante triturado o picado de los restos, utilizando máquinas picadoras, que dejan sobre el suelo una cubierta de restos picados, pudiendo ser de alimentación manual (generalmente, dos operarios) o autoalimentadas, estas últimas actuando sobre el ramón, previamente, recogido, desde debajo del árbol, e hilerado, en centro de las calles, bien de forma manual o con máquinas hileradoras, empleándose equipos de tipo rotativo (Figura 15.21). Estos van acopladas al tractor en su parte trasera y mediante unos rastrillos, incorporados a un brazo extensible, arrastran los restos de poda a la mitad de la calle. El tamaño de la hilera no debe superar una anchura de 1,5 m (anchura de trabajo de la máquina trituradora o empacadora) y 1 m de altura para que pueda pasar el tractor por encima. La disposición de los restos debe ser continua, sin espacios a lo largo de la hilera, para mantener la alimentación constante de las picadoras.

El elemento principal de la picadora, que confiere la estructura de la misma, es el sistema de picado, constituido por un eje (rotor) o un tambor, accionado a través de la toma de fuerza del tractor, que incorpora unas herramientas de picado, martillos o cuchillas metálicas, con diferentes diseños, según el fabricante. Las herramientas están unidas al eje de forma que durante su trabajo puedan moverse, para evitar roturas al impactar contra piedras u objetos extraños, o quedarse fijas (Castillo-Ruiz y Blanco-Roldán, 2020), denominándose el rotor, en el caso de las de martillos, como rotor convencional (movimiento limitado de los martillos), rotor agroforestal (movimiento de giro total) o rotor forestal (martillos fijos).

Las picadoras más empleadas son las autoalimentadas de eje horizontal, que se configuran con la disposición clásica de cuchilla-contracuchilla o martillo-con-contramartillo (Figura 15.22). El sistema de alimentación consiste en un eje horizontal, accionado mediante un motor hidráulico, conectado a las tomas hidráulicas del tractor. Pueden montarse en el tripuntal delantero o trasero del tractor, siendo, en este caso, recomendable el uso de tractores con puesto de conducción reversible, ya que la operación debe realizarse marcha atrás para evitar los inconvenientes de pasar por encima de los restos no picados.

Figura 15.21. Hileradora de restos de poda.

Figura 15.22. Picadora autoalimentada de martillos de eje horizontal.

En general, las picadoras han incrementado el diámetro y peso de los rotores, para ofrecer un trabajo más estable, lo que aumenta el esfuerzo necesario en el arranque, incorporándose sistemas hidráulicos de arranque inicial del rotor. En este tipo de máquinas la velocidad de trabajo debe ser lenta, de ahí la conveniencia de que el tractor disponga de un grupo reductor, para favorecer un picado fino, manteniendo un régimen del motor elevado, para desarrollar una mayor potencia y un elevado número de impactos por distancia recorrida. En las de martillos, los requerimientos de potencia de accionamiento a través de la toma de fuerza son altos debido, sobre todo, a las irregularidades de su funcionamiento, presentando valores punta elevados (52-59 kW o 70-80 CV) en relación a la potencia media que consumen (15-26 kW o 20-35 CV). La potencia total (26-33 kW o 35-45 CV) aumenta con la velocidad de trabajo y con las revoluciones del motor del tractor, pero la potencia máxima necesaria (66-74 kW o 90-100 CV) depende de las condiciones de trabajo, del tamaño de la leña y de su cantidad por unidad de superficie, siendo necesario retirar las ramas gruesas antes del picado (Blanco-Roldán y Gil-Ribes, 2004).

Las de tambor, fundamentalmente, de alimentación manual (Figura 15.23), disponen de un eje, longitudinal o transversal al de avance de la máquina, sobre el que se sitúan las cuchillas de corte, proporcionando un triturado de gran calidad, aunque requieren una potencia de accionamiento media-alta, que oscila, en función de la naturaleza de los restos a triturar (olivar tradicional vs. intensivo), entre los 80 y 150 CV.

Las picadoras de alimentación manual tienen como principal inconveniente su menor capacidad de trabajo. Pueden ser también de accionamiento por motor auxiliar y acopladas a un vehículo terreno, siendo particularmente adecuadas para trabajos en explotaciones con grandes pendientes.

**Figura 15.23. Picadora de alimentación manual con sistema de almacenamiento
de los restos picados para su uso como biomasa.**

El picado del ramón es una práctica especialmente recomendadas cuando se sigan sistemas de mantenimiento del suelo con cubierta vegetal, ya el material picado, si se deja bien distribuido sobre el suelo forma una cubierta inerte complementaria de las cubiertas vivas. Junto a las ventajas de protección ante la erosión y reducción de las pérdidas de agua, presenta algunos inconvenientes como dificultar algunas operaciones posteriores, como es la recogida de aceituna del suelo y, si no se pica bien, la posible acumulación de inóculo de enfermedades, siendo recomendable que el material picado sea inferior a 3 cm de longitud.

También se han desarrollado prototipos, en el Proyecto CPP INNOLIVAR, de la Universidad de Córdoba (Blanco-Roldán y Gil-Ribes, 2018), que incorporan sistemas de hilerado y picado para ejecutar ambas operaciones a la vez (Figura 15.24).

Figura 15.24. Prototipos de hileradoras-picadoras de restos de poda (Proyecto CPP INNOLIVAR).

Aprovechamiento de los restos de poda.

Cualquiera que sea el aprovechamiento del ramón se requiere una operación previa de hilerado. El empleo en alimentación animal ofrece dos posibilidades de manejo: empacado directo o mediante procesos de picado y separación.

En el empacado se pueden utilizar empacadoras prismáticas similares a las tradicionales utilizadas en el empacado de paja o de forraje, aunque más robustas, que forman pacas de dimensiones 35 × 40 × 50 cm y con un peso de 20 a 25 kg. Este producto se conserva muy bien y puede suministrarse al ganado directamente.

Las empacadoras disponen de una prensa continua alimentada y, mediante un sistema hidráulico, consiguen la compactación del material y su atado en los tamaños programados, obteniendo unidades que quedan depositadas en el terreno y dispuestas para su posterior carga y transporte. Las pacas formadas pueden alcanzar una densidad de 0,6 t/m³.

Para el picado y separación se utilizan picadoras de alimentación manual que van arrastradas por tractor y disponen de un punto de enganche para llevar un remolque tras ellas donde almacenar el producto picado. Trabajan según el siguiente esquema: el tractor que tira de la máquina se detiene junto a los restos de poda amontonados; uno o dos operarios introducen las ramas en la boca de alimentación de la picadora y el producto picado es lanzado por una corriente de aire hasta el remolque. El material obtenido está compuesto por hojas enteras o ligeramente desgarradas o partidas y por trozos de madera de granulometría variable, pero que suelen oscilar entre 10 y 20 mm. La alimentación, con rodillos dentados especiales, accionados hidráulicamente mediante motores de baja velocidad y elevado par, permite ajustar su velocidad entre límites muy amplios con una válvula reguladora de caudal, de manera que puede producir astillas de longitud media variable según las necesidades del usuario. El rendimiento horario oscila entre 2 y 4 horas por hectárea y, según modelos, entre 700 y 3.000 kg/h de producto picado, necesitando una potencia de accionamiento de 25 a 90 kW.

Si se utilizan picadoras autoalimentadas, el material picado puede tener, en condiciones normales, una relación hoja/leño próxima al 50% y valores más bajos (30-40%) en ramones poco escamujados o afectados por enfermedades como el repilo. También se utilizan los equipos con motor propio y que son transportados por un todoterreno.

Por último, se realiza la separación de las fracciones foliácea y leñosa para aprovechar una en alimentación animal y la otra como combustible. Para esta operación no existen máquinas específicas comerciales, aunque, en el Departamento de Ingeniería Rural de la Universidad de Córdoba, se han ensayado algunas adaptaciones de máquinas limpiadoras de cereal.

Como el contenido de humedad de la hoja en el momento de la recogida es de un 50%, aproximadamente, y debido a la aireación que sufre, en los procesos de picado y separación, su contenido de humedad puede reducirse al 20%, también se puede empacar de manera que se garantice la conservación de sus propiedades nutritivas.

Aprovechamiento como biomasa. En el Plan Nacional Integrado de Energía y Clima (PNIEC) 2021-2030, se realiza una decidida apuesta por el empleo de la biomasa en sus diferentes usos, potenciando la implantación de tecnologías modernas en la industria de cogeneración y los aprovechamientos agroforestales con uso energético y vinculando, concretamente, a la biomasa procedente de los restos de poda de leñosos con la sustitución de combustibles fósiles para la reducción de emisiones de GEI (Gases de Efecto Invernadero). En este sentido, el desarrollo tecnológico, producido en el diseño de las calderas de biomasa, hace años que viene animando a estudiar la viabilidad de utilización de los restos de poda como combustible en sistemas domésticos de calefacción (López *et al.*, 2007).

La recogida de los restos se complica por su heterogeneidad (ramas de gran longitud y ramón pequeño así como ramas gruesas y ramón fino) y su baja densidad, con lo que disminuye el rendimiento global de la operación. Al objeto de aumentar su densidad y reducir, por tanto; los costes de transporte, también se utilizan picadoras autoalimentadas y empacadoras de pacas prismáticas de gran tamaño.

Las picadoras autoalimentadas pueden ser de cuchillas o martillos y el material picado lo impulsan o bien a un remolque o a una tolva que dispone la propia máquina (Figura 15.25). Una vez llena la tolva (de 5 a 7 m³ de capacidad) descargan, sobre remolque o camión, para su posterior transporte a planta. Las velocidades de trabajo son de 1,5 km/h y las producciones de 2.000 a 3.000 kg/h. Al objeto de alcanzar mayores rendimientos de procesado, se han desarrollado algunos modelos

Figura 15.25. Picadora autoalimentada con tolva para recogida de los restos picados.

autopropulsados, con motores de potencia elevada, en torno a 250 CV, y sistema de martillos, que puede alcanzar rendimientos de hasta 8.000 kg/h (Lobo, 2006). También existen modelos de alimentación manual que pueden almacenar los restos picados en sistemas adicionales (Figura 15.23).

6. Maquinaria para abonado al suelo

Previamente a la implantación del olivar debe estudiarse la conveniencia de realizar enmiendas y un abonado de fondo. Una vez que el cultivo esté implantado, las labores de abonado se realizan según el olivar sea de secano, para lo cual se emplean una serie de máquinas acopladas al tractor, o de regadío, donde se utiliza, fundamentalmente, el propio sistema de riego por goteo para la aplicación de abonos minerales líquidos (fertirrigación).

6.1. Máquinas distribuidoras de abonos orgánicos

Para la distribución de abonos orgánicos sólidos se emplean remolques dotados de elementos de alimentación y de distribución y esparcido. Los órganos de alimentación tienen la función de desplazar y aproximar la carga hacia los órganos de distribución y esparcido, que, normalmente, van situados en la parte trasera de la caja, donde se ubica la compuerta de salida. El sistema de alimentación puede ser de fondo móvil o de barras equidistantes, generalmente, accionado por la toma de fuerza del tractor.

Los órganos de distribución y esparcido pueden ser de tres tipos: localizadores en superficie, constituidos por una o dos cintas transportadoras de descarga lateral; de discos esparcidores, constituidos por uno o dos discos giratorios con paletas (similares a los de las abonadoras), localizados en el centro o en cada lado del remolque, respectivamente; y localizadores en profundidad, dotados con uno o dos brazos de subsolador o de cultivador para enterrado del abono en el centro de la calle o en filas laterales.

La distribución de abonos orgánicos líquidos se puede realizar con las denominadas cisternas de purín. Existen dos tipos fundamentales, las de vacío (compresor) y las de bomba, siendo las primeras las más utilizadas. Por motivos medioambientales, la distribución de purín debe realizarse utilizando implementos, acoplados a las cisterna, que permitan localizarlo y, si se quiere, enterarlo en el suelo.

6.2. Máquinas distribuidoras de abonos minerales

Las máquinas más empleadas en el olivar son las de distribución de abonos minerales sólidos, fundamentalmente, las abonadoras centrífugas, aunque también pueden usarse las pendulares.

Las abonadoras centrífugas constan de una tolva bajo la cual se encuentra el dispositivo de distribución (Figura 15.26). La tolva, de forma troncocónica, tiene una capacidad entre 300 y 1.200 litros, en los equipos suspendidos, y permite salir al abono a través de una compuerta regulable, cayendo sobre un disco giratorio con paletas (500-600 rev/min), que lo distribuye sobre el terreno, en un sector circular de anchura entre 8 y 14 metros. Pueden disponer de sistemas de localización del abono, y así no distribuirlo en toda la superficie del suelo, consistentes en cintas transportadoras de descarga lateral (Figura 15.27) o en uno o dos brazos de subsolador o cultivador, para localizarlo y enterrarlo, en surcos, en el centro de la calle o en la zona bajo los árboles, respectivamente.

Estas abonadoras no son adecuadas para distribuir abonos en polvo, siendo recomendables los productos granulados con tamaños de partículas uniformes. La anchura de distribución se ve afectada por el ángulo de las paletas en el disco, la altura sobre el suelo, la humedad del abono, la acción del viento, etc. La velocidad de trabajo varía entre 8 y 15 km/h.

Figura 15.26. Abonadora centrífuga.

Figura 15.27. Abonadora localizadora.

Las abonadoras pendulares lanzan el abono por un tubo, dotado de movimiento de vaivén, en una anchura entre 4 y 6 metros.

Ambos tipos de abonadoras se pueden usar para la siembra a voleo de cubiertas vegetales, dando un pase posterior ligero de grada para la incorporación de la semilla.

La distribución de abonos minerales líquidos se puede realizar, en función del tipo de abono, con máquinas específicas, que incorporan un tanque para el abono y un dispositivo para aplicarlo en el suelo, o con atomizadores, en este caso, utilizándose, como abono foliar, en combinación con la aplicación de productos fitosanitarios.

Las máquinas específicas de abonado mineral líquido constan de un sistema hidráulico que suministran presión al fertilizante para llevarlo, mediante unas conducciones, desde el tanque hasta el sistema de aplicación, el cual puede ser un inyector, que localiza el abono en los puntos donde se inyecta, cerca de los pies de los olivos (Figura 15.28); o unos brazos con rejas, que abren uno o dos surcos, en el centro de la calles o en los lados, respectivamente, para depositarlo a lo largo de ellos y enterrarlo, lo cual suele favorecerse, en algunos modelos, con otras rejas o dispositivos de cierre de dichos surcos.

Figura 15.28. Inyector-localizador de abono líquido.

7. Aplicación de agroquímicos en pulverización

7.1. Principios de la pulverización

El éxito de todo tratamiento depende en gran medida de los siguientes requisitos: 1) empleo de productos de eficacia probada y autorizados legalmente (Junta de Andalucía, 2006), con correcto ajuste de la dosis de producto a las necesidades del tratamiento; 2) realizar la aplicación en el momento oportuno; y 3) utilizar las máquinas apropiadas, bien calibradas y en buen estado de conservación.

La tendencia hacia aplicaciones de volumen reducido ha hecho que los equipos evolucionen hacia un trabajo de mayor precisión y exactitud, reduciendo la deriva y pérdida del producto. En este sentido, la incorporación de equipos electrónicos, automatismos y sensores, ha mejorado las condiciones de trabajo (presión, velocidad, caudal de aire y de líquido, etc.), y el uso de tecnologías de precisión ha permitido aplicaciones de distribución variable en función de las características de los árboles. En tratamientos al árbol, se puede estimar que la mitad del líquido aplicado se evapora, sufre deriva o escurrimiento al suelo, por tanto, los equipos deben incorporar elementos que reduzcan la contaminación del medio, eviten la contaminación de los alimentos (seguridad alimentaria) y protejan al agricultor frente a riesgos de exposición a productos químicos (seguridad laboral).

Los equipos de pulverización se basan en los principios que permiten cumplir la triple función de: a) División del líquido en gotas de diámetro dentro de un intervalo, establecido con anterioridad, en función del tipo de tratamiento (herbicida, fungicida, abono foliar, etc.). Se puede conseguir por diferentes procedimientos: presión de líquido, presión de aire, fuerza centrífuga y energía eléctrica; b) Transporte de las gotas hasta su destino (el suelo, la planta, malas hierbas,...); para ello las gotas deben recibir la suficiente energía de lanzamiento o transporte para poder penetrar en el interior del follaje; y c) Reparto y dosificación uniforme de un volumen determinado en la unidad de superficie; de estas funciones se encargan las boquillas y los sistemas de regulación.

El conocimiento de las poblaciones de gotas es clave para un correcto tratamiento e implica saber los diámetros de las gotas formadas y su uniformidad. Los parámetros empleados para caracterizarla son:

- DMV o $D_{V-0,5}$ (diámetro de la mediana volumétrica): diámetro de la gota que separa la población por tamaños en dos grupos, de tal forma que el volumen ocupado por las gotas que componen cada grupo es igual. Es el criterio más utilizado.

- DMN o $D_{N-0,5}$ (diámetro de la mediana numérica): diámetro de la gota que separa igual número de gotas con mayor y menor diámetro.

- Coeficiente de homogeneidad (CH): DMV / DMN (DMV>DMN). Cuanto más se aproxime a la unidad más homogénea es la pulverización. Sus valores típicos para las diferentes boquillas son: turbulencia 2-4; hendidura 2-5; espejo 5-10; y centrífugas 1,2-1,6.

Dependiendo del tipo de tratamiento, las exigencias en cuanto a número y tamaño de las gotas es diferente. En el Cuadro 15.4 se ofrecen valores medios de cobertura y tamaño de gotas aconsejables en los diferentes tratamientos.

CUADRO 15.4

Gotas por unidad de superficie y tamaño de las mismas según el tratamiento

Tratamiento	Cobertura (gotas por cm²)	Tamaño de las gotas (μm)
Fungicida	50-70	150-250
Insecticida	20-30	200-350
Herbicida de contacto	30-40	200-400
Herbicida de preemergencia	20-30	400-600
Abonos líquidos	5-15	500-1.000

A continuación, se exponen los diferentes sistemas de pulverización.

7.1.1. *Pulverización con presión de líquido*

El líquido, sometido a presión por una bomba, es dividido en gotas por la acción de una boquilla. Las gotas son tanto más finas cuanto más pequeño es el orificio de la boquilla y cuanto mayor es la presión. Para el conjunto de las boquillas generalmente empleadas, los diámetros de gotas en función de la presión son los siguientes: 120 a 400 μm para una presión de 5 bar; 85 a 250 μm para una presión de 15 bar; y 70 a 200 μm para una presión de 30 bar. Por encima de 30 bar el efecto de la presión tiene menos interés porque las gotas demasiado finas son muy sensibles a la deriva y se necesitan bombas de mucha potencia.

Dentro de este tipo de equipos de pulverización se distinguen los denominados de chorro proyectado y de chorro transportado:

- Pulverizadores hidráulicos de chorro proyectado (barras): la energía comunicada al líquido en forma de presión (1 a 5 bar) se invierte en la formación de la gota, en energía cinética que comunica velocidad a las gotas para desplazarse y otra parte se disipa en la propia boquilla. Al transporte de la gota se opone la resistencia del aire. Las gotas se frenan más cuanto mayor es su velocidad y cuanto menor es su diámetro. Son equipos adecuados para aplicaciones sobre la superficie del suelo y sobre cultivos de porte bajo. Los volúmenes de aplicación pueden variar entre 75 y 500 l/ha. Los equipos pulverizadores con pistolas se emplean frecuentemente en las aplicaciones a la copa de los árboles, aunque presentan deficiencias, sobre todo desde el punto de vista de la homogeneidad del tratamiento.

- Pulverizadores hidráulicos de chorro transportado (pulverizadores hidroneumáticos o atomizadores): el líquido, dividido en pequeñas gotas en las boquillas, es transportado por una corriente de aire, generada en un ventilador o turbina, que las dirige hacia el cultivo y permite agitar la masa vegetal, creando huecos para la penetración de las gotas en su interior, a fin de depositarse en ambas caras de las hojas. Son cada vez más utilizados en arboricultura y cultivos de porte alto. Trabajan a mayor presión que los pulverizadores de chorro proyectado, lo que da lugar a gotas de menor tamaño, con diámetros comprendidos, habitualmente, entre 100 y 400 μm, pero más cercanos al primer valor, y las dosis de aplicación, muy variables, pueden oscilar entre 400 y 2.000 l/ha.

7.1.2. *Pulverización neumática (nebulizadores)*

El líquido se desplaza hacia la salida por gravedad. La formación de gotas se produce merced al choque de una gran corriente de aire con el líquido que sale por unos orificios. Se emplea en arboricultura y viticultura y, en general, en aplicaciones que requieran una gran penetración o alcance del producto. En las poblaciones de gotas predominan las de diámetro comprendido entre 100 y 250 μm y los volúmenes de aplicación varían entre 50 y 250 l/ha.

7.1.3. *Pulverización centrífuga (aplicaciones de ultra bajo volumen)*

La formación de gotas se consigue gracias a la fuerza centrífuga a que se somete una capa de líquido en la periferia de un disco dentado que gira a gran velocidad. Los diámetros de gota que predominan varían entre 50 y 150 μm y los volúmenes de aplicación son muy bajos, variando entre 5 y 50 l/ha.

7.2. Boquillas

Son el elemento clave de los equipos de pulverización, de ahí la importancia de su correcta elección, mantenimiento y de su buen estado de funcionamiento. Los parámetros que caracterizan el trabajo de una boquilla son: presión de trabajo p (bar); caudal q (l/min); tamaño orificio de salida A (mm^2); ángulo de pulverización; población de gotas; y forma del chorro de líquido.

El efecto de la presión de trabajo es doble: de una parte, al aumentar la presión aumenta el número de gotas de menor tamaño sensibles a la deriva y, de otra parte, un descenso de presión se traduce en una reducción del ángulo de proyección y, en consecuencia, una reducción de la superficie tratada.

Las boquillas pueden ser de los tipos siguientes (Figura 15.32):

- *De turbulencia o chorro cónico.* El líquido a presión se somete a una rotación en una cámara de turbulencia, antes de llegar al orificio de salida, produciendo un chorro cónico. La gama normal de presiones de trabajo es de 5 a 15 bar. Pueden ser de cono lleno o hueco, siendo estas últimas las más frecuentes. Son, con mucha diferencia, las boquillas más empleadas en atomizadores por generar una pulverización helicoidal que penetra con facilidad en el interior de la vegetación.

- *De hendidura, chorro plano o de abanico.* La forma alargada del orificio de salida hace que emita un chorro plano de forma triangular (de 80 a 110º). Las presiones de trabajo recomendadas son de 1 a 5 bar. Son boquillas muy empleadas en barras de pulverización por producir una buena cobertura de la superficie. Tienen una distribución mayor en la parte central y menor en los laterales, por lo que, para que la aplicación sea homogénea en anchura, han de solaparse en la barra.

- *De espejo o deflectora.* El líquido a presión al salir se proyecta sobre una superficie plana o espejo contra la que choca transformándose en gotas. Se aconseja para la aplicación sobre suelos desnudos de herbicidas de tipo residual y abonado de bajos volúmenes por hectárea. También para tratamientos con productos sistémicos por producir una pulverización poco homogénea. Gama de presiones de 0,5 a 6 bar. El ángulo del chorro pulverizado aumenta con la presión de trabajo.

- *De orificios o filar.* Gama de presiones de trabajo de 1 a 5 bar. Gotas de elevado tamaño y de poca uniformidad. Usadas sobre todo para abonado al suelo.

En el Cuadro 15.5 se indican las características de empleo de los diferentes tipos de boquillas. Dentro de las de hendidura, se aconseja el uso de boquillas antideriva (Figura 15.32), que no forman gotas de pequeño tamaño (< 200 micras), y las hidroneumáticas, que la evitan utilizando gotas de mayor tamaño, formadas por la mezcla de aire y el líquido a presión en una pequeña cámara de pulverización antes de salir las gotas al exterior. Se mejora la cobertura debido a que cuando impactan, estallan formando gotas más finas. Por otra parte, es necesario el uso de dispositivos antigoteo, que impiden que el líquido, contenido en las conducciones del equipo, salga al exterior a través de las boquillas, una vez que la presión desaparece del circuito. En el Cuadro 15.6 se indica el código de colores utilizado para la normalización de las características de las boquillas.

CUADRO 15.5

Características de empleo de diferentes tipos de boquillas (UNE 68-082-89)

Aplicación	Tipo de boquilla				
	Hendidura 110° (espaciamiento de 0,33-0,5 m)	*Hendidura 80° (espaciamiento de 0,33-0,5 m)*	*Turbulencia 110° (espaciamiento de 0,33-0,5 m)*	*De espejo 110° (espaciamiento de 1-3 m)*	*Tres orificios o turbulencia de doble cámara*
Reparto sobre el suelo	***	**	▮	**	**
Penetración en la vegetación	**	**	***	*	▮
Arrastre por el viento	**	**	▮	***	***

Aplicación	Tipo de boquilla				
	Hendidura 110° (espaciamiento de 0,33-0,5 m)	*Hendidura 80° (espaciamiento de 0,33-0,5 m)*	*Turbulencia 110° (espaciamiento de 0,33-0,5 m)*	*De espejo 110° (espaciamiento de 1-3 m)*	*Tres orificios o turbulencia de doble cámara*
Sensibilidad a variaciones de altura de la barra	***	*	■	***	***
Sensibilidad a obstrucción	*	*	**	***	***
Herbicidas post-emergencia	***	***	*	■	■
Herbicidas pre-emergencia	***	***	■	**	*
Fungicidas e insecticidas	**	**	***	■	■
Abonos en solución sobre suelo desnudo	***	***	■	**	*
Abonos en solución sobre vegetación	*	*	■	*	***
Abonos en suspensión	■	■	■	***	■
Herbicidas no selectivos	***	***	■	**	■

■   Totalmente prohibida

*   Utilización no aconsejable pero posible en algunos casos

**   Utilización aceptable

***   Utilización recomendada para asegurar óptimos resultados

CUADRO 15.6

Códigos de colores de las distintas boquillas (ISO 10625:1996)

Referencia	Color	Caudal (l/min)*	Volúmenes de aplicación (l/ha)**
01	Naranja	0,4	65-50
015	Verde	0,6	100-75
02	Amarillo	0,8	130-100
03	Azul	1,2	200-150
04	Rojo	1,6	260-200
05	Marrón	2,0	330-250
06	Gris	2,4	400-300
08	Blanco	3,2	500-400

* Caudal obtenido a una presión de 3 bar

** Calculados a una presión de 2 bar y velocidades de 6 y 8 km/h, respectivamente.

7.3. Equipos para la aplicación de herbicidas

El control de malas hierbas y la siega química de las cubiertas se realiza con pulverizadores hidráulicos de chorro proyectado, también conocidos como barras de tratamientos (Figura 15.29). Sus elementos principales son los siguientes (Figura 15.30):

a) Depósito de caldo: construido, generalmente, de polietileno, 100% reciclable, muy resistentes y fácilmente lavables, con boca de llenado, filtro y cierre estanco y sistema de agitación, generalmente, hidráulico.

b) Depósitos auxiliares: integrados con el anterior, se utilizan para la incorporación del producto fitosanitario y la limpieza de los envases, la limpieza completa del circuito hidráulico y para contener agua limpia que el operario pueda usar en el lavado de manos, ojos o piel ante eventuales derrames o salpicaduras de líquido.

c) Bomba: elemento encargado de impulsar un caudal de líquido hacia las boquillas, además de posibilitar el llenado del depósito y la agitación hidráulica para homogeneizar el caldo. Las bombas pueden ser volumétricas (de pistón, de rodillos o de diafragma) o centrífugas.

d) Manómetro: es el elemento de medida de la presión de trabajo y se encuentra situado en una derivación del circuito a presión. Debe tener un rango de medida acorde con las presiones de trabajo en la aplicación (0,2 bar para presiones menores de 5 bar, 1 bar para presiones entre 5 y 20 bar y 2 bar para presiones superiores a 20 bar). Se recomienda tener dos, uno a la salida de la bomba y otro entre el regulador y las boquillas.

e) Válvulas reguladoras de presión y caudal: las primeras permiten limitar la presión de trabajo y controlar que esta no caiga más de un 10% entre el manómetro principal y las boquillas. Las segundas permiten modificar el caudal y deben lograr que no varíe más de un 5%. Son los responsables del sistema de regulación del pulverizador.

f) Válvulas distribuidoras: permiten el desvío de caudal según las exigencias de la aplicación. Pueden ser mecánicos, los antiguos, o electromagnéticos (electroválvulas), los modernos, los cuales permiten la regulación y el control electrónico de los equipos.

En conjunto formado por las válvulas (reguladoras y distribuidoras) y el manómetro suele denominarse distribuidor.

g) Filtros: suelen ubicarse en la entrada del depósito, en la línea de aspiración de la bomba, en la línea de impulsión y en las boquillas. Deben venir marcados con el tamaño de la malla de filtrado. Su limpieza y sustitución periódicas son clave en un buen mantenimiento del equipo.

h) Barra de aplicación: se trata de una estructura metálica lineal soporte de las conducciones de líquido y donde se colocan las boquillas. Dentro de ellas se puede diferenciar: el bastidor de barra, los tramos soporte de la conducción portaboquillas y los dispositivos de estabilización, de regulación de su altura y los de plegado.

Figura 15.29. Barra de tratamientos para el olivar.

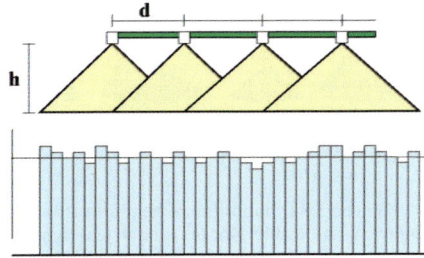

Figura 15.31. Altura de la barra.

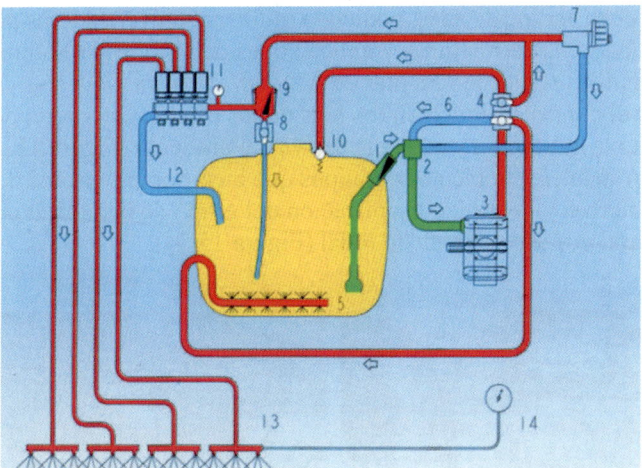

Figura 15.30. Elementos de un pulverizador hidráulico de chorro proyectado: 1. Filtro. 2. Válvula aspiración. 3. Bomba. 4. Válvula control presión. 5. Agitación por presión. 6. Desviación con corrección de presión. 7. Control de aplicación constante. 8. Válvula retorno. 9. Filtro. 10. Válvula seguridad. 11. Válvula distribución con dispositivo de presión constante. 12. Retorno. 13. Rampa. 14. Manómetro. (Doc. Hardy).

i) Boquillas: en la aplicación de herbicidas en el olivar, generalmente, se utilizan las boquillas de hendidura o de chorro plano de 110°, colocando boquillas simétricas en el centro y asimétricas en los extremos (Figura 15.32). Para una distribución uniforme, deben tener una altura (h) sobre el suelo de 50 cm (que permita realizar el tratamiento con doble recubrimiento, 80°, o triple recubrimiento, 110°, por debajo de los árboles y con mínima deriva) y mantenerse paralelas al mismo (Figura 15.31). Con esta disposición se puede trabajar en todo el ancho de la calle o localizando la pulverización en su centro o cerca de los pies de los olivos. La separación entre boquillas en la barra (d) deberá ser de 50 cm.

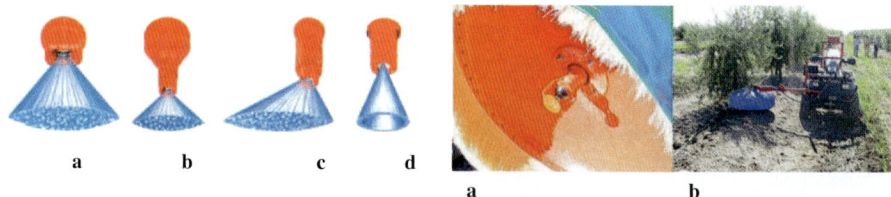

Figura 15.32. Boquillas de hendidura: (a) simétrica; (b) antideriva; (c) asimétrica. Boquilla de turbulencia (d).

Figura 15.33. Aplicación de UBV. (a) Detalle de la boquilla centrífuga; (b) utilización en un ATV - quad para el control químico en los pies.

Cuando las infestaciones de malas hierbas se localicen en rodales o manchas, la aplicación debe ser localizadas, pudiendo utilizarse pulverizadores portátiles de mochila, con boquillas centrífugas y aplicaciones de Ultra Bajo Volumen (< 20 l/ha). Estas boquillas se pueden montar en ATV (*All Terrain Vehicles*) - quads para su empleo en el control químico en los pies de los olivos, incorporando pantallas que concentran la aplicación y evitan la deriva del producto (Figura 15.33). Para el tratamiento en rodales, también hay equipos que incorporan sensores de detección de las malas hierbas y controlan la aplicación del grupo de boquillas, generalmente, de hendidura, que afectan a dicho rodal (Figura 15.34).

Figura 15.34. Barras con sensores para la detección de malas hierbas (izquierda: Proyecto CPP MECAOLIVAR).

Para la selección de boquillas en un tratamiento herbicida, se debe partir de la dosis a aplicar D (l/ha), la velocidad de desplazamiento v (km/h) y la separación entre boquillas en la barra d (m), que suele ser 0,5 m. Con estos datos, se calcula el caudal de la boquilla con la siguiente expresión:

$$q \ (l/\text{min}) = \frac{Q \ (l/ha) \cdot v \ (km/h) \cdot d \ (m)}{600}$$

Con este dato, en las tablas proporcionadas por los fabricantes (Figura 15.35), se obtiene el modelo de boquilla y la presión de trabajo. Si no se encuentra en las tablas, se selecciona la boquilla más próxima y se corrige la presión de trabajo mediante la expresión que relaciona presiones y caudales de dos boquillas:

$$p = p_i \ \frac{q^2}{q_i^2}$$

COLOR	CODIGO ISO			bar	l/mn	LITROS POR HECTAREA							DISTANCIA ENTRE LAS BOQUILLAS : 50 cm					
						4 km/h	5 km/h	6 km/h	7 km/h	8 km/h	9 km/h	10 km/h	12 km/h	14 km/h	16 km/h	18 km/h	20 km/h
AMARILLA	OCI 8002	80 mesh		2	0,65	195	156	130	111	98	87	78	65	56	49	43	39
				3	0,80	240	192	160	137	120	107	96	80	69	60	53	48
				4	0,92	276	221	184	158	138	123	110	92	79	69	61	55
AZUL	OCI 8003	50 mesh		2	0,98	294	235	196	168	147	131	118	98	84	74	65	59
				3	1,20	360	288	240	206	180	160	144	120	103	90	80	72
				4	1,39	417	334	278	238	209	185	167	139	119	104	93	83
ROJO	OCI 8004	50 mesh		2	1,31	393	314	262	225	197	175	157	131	112	98	87	79
				3	1,60	480	384	320	274	240	213	192	160	137	120	107	96
				4	1,85	555	444	370	317	278	247	222	185	159	139	123	111

Figura 15.35. Relación entre la presión, el caudal de las boquillas, la velocidad y la dosis (litros por hectárea) (Doc. Albuz).

En cualquier caso, antes de comenzar un tratamiento, se recomienda efectuar una calibración, con agua, para definir las variables a tener en cuenta, según las características del producto a aplicar.

7.4. Equipos para tratamiento del vuelo. Atomizadores

Es bastante frecuente realizar los tratamientos del vuelo con pulverizadores hidráulicos, como los descritos anteriormente, en los que la barra portaboquillas queda sustituida por mangueras y pistolas que manejan varios operarios situados en la parte trasera de la máquina. Esta, arrastrada por un tractor, se desplaza por el centro de las calles y los operarios dirigen las mangueras hacia la parte aérea de los árboles. Alternativamente, también hay máquinas que utilizan un sistema de boquillas dotado de movimiento que simula el trabajo de los operarios. En ambos casos, el tratamiento así realizado no resulta aconsejable, por la excesiva dosis que aplica, realizando el bañado de la hoja, con el consiguiente escurrimiento y pérdida de producto, además de emplear más mano de obra y horas de máquina.

Para la aplicación de productos fungicidas e insecticidas, sobre cultivos con abundante masa foliar, resultan aconsejables los atomizadores (Figura 15.1) y los pulverizadores neumáticos. Además, se usan para el abonado foliar y para aplicar productos favorecedores de la abscisión.

Los atomizadores son equipos que combinan el transporte del líquido a presión hacia las boquillas con el transporte de las gotas por la acción de una potente corriente de aire (pulverizadores de chorro transportado) generada por un ventilador (Figura 15.36). Se emplean en la aplicación de productos fitosanitarios en cultivos de porte medio y alto. En el caso del olivar, es muy importante el recubrimiento foliar, tanto haz como envés, y sobre todo el mojado de las partes internas de la copa de los árboles.

Estos equipos mejoran el alcance y deposición de las gotas gracias a tres principios: a) aportan energía cinética a las gotas formadas; b) crean cortinas de aire evitando la deriva; y c) agitan la masa vegetal mejorando la penetración y reparto del líquido.

Las diferencias con respecto a los pulverizadores hidráulicos se encuentran en la forma de la barra portaboquillas, las boquillas y en la existencia de un ventilador o turbina (Figura 15.37). Las barras portaboquillas son tuberías independientes, generalmente, en forma de arco, alimentadas desde el distribuidor, posibilitando el tratamiento en las dos hileras de árboles de la misma calle. Las boquillas son de turbulencia o chorro cónico (Figura 15.32), porque en ellas la trayectoria giratoria de las gotas, formadas en la pulverización, favorece que el producto se introduzca en el interior de la vegetación. No obstante, debido a que suelen formar importantes porcentajes de gotas finas, con elevado riesgo de deriva (Figura 15.38), se desaconsejan en la aplicación de insecticidas de alta toxicidad. El sistema neumático consta de un ventilador y de elementos complementarios que permiten generar y orientar una corriente de aire (Figura 15.36).

Los ventiladores de flujo axial son los más utilizados, aunque existen modelos con ventiladores de flujo radial. Los de flujo axial, pueden generar un caudal de aire entre 20.000 y 70.000 m³/h, con una velocidad entre 20 y 50 m/s, y requiere una potencia de 20 a 50 kW (25-65 CV). Los ventiladores radiales pueden generar un caudal entre 5.000 y 15.000 m³/h, con una velocidad comprendida entre 50 y 150 m/s. Los elementos complementarios son una cubierta envolvente, embrague centrífugo, mecanismo para modificar la inclinación de los álabes, rejillas de protección y elementos deflectores para direccionar la corriente de aire hacia la superficie objetivo.

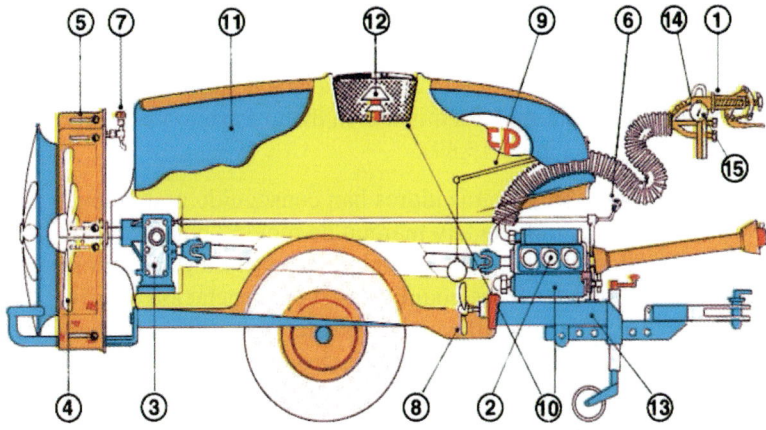

Figura 15.36. Esquema de un pulverizador de chorro transportado (atomizador): 1. Mandos. 2. Bomba. 3. Multiplicador. 4. Ventilador. 5. Distribuidor de aire. 6. Cambio de velocidades. 7. Boquillas. 8. Sistema de agitación. 9. Indicador de nivel. 10. Filtros. 11. Depósito. 12. Mezclador de polvo. 13. Chasis. 14. Filtro. 15. Manómetro. (Doc. SEP).

Figura 15.37. Atomizador.

Figura 15.38. Trabajo de un atomizador con exceso de deriva.

Figura 15.39. Atomizador: enganche y accionamiento, sistema de regulación CC y detectores de presencia de árbol (izquierda) y sistema de regulación CPAE (derecha).

Los atomizadores que se usan en el olivar tradicional y en el intensivo de marcos más amplios, donde los árboles dejan espacios libres entre ellos, se dotan de un dispositivo de detección de la presencia de los mismos, mediante sensores de ultrasonidos, que trabajan entre 0,5 y 6 m de distancia a la vegetación, y que, actuando sobre electroválvulas, cortan el tratamiento en dicho espacio libre, limitándolo a la presencia de los olivos (Figura 15.39).

En los últimos años, los atomizadores han conseguido gran relevancia y éxito comercial. No obstante, todavía hay margen de mejora, pues el efecto de la deriva y el escurrimiento son muy elevados debido a las distancias, varios metros, que las gotas deben recorrer desde las boquillas hasta la vegetación objetivo. Para ello, se deberían aproximar las boquillas a la copa del olivo, adaptándose a su forma, pudiendo utilizarse varios ventiladores o, incluso, varias salidas independientes, como se hace en los nebulizadores.

El Grupo AGR 126, de la Universidad de Córdoba (España), dentro de los Convenios CPP MECAOLIVAR (Miranda *et al.*, 2016) e INNOLIVAR (Blanco-Roldán y Godoy-Nieto, 2023), ha co-desarrollado, con varios fabricantes, prototipos precomerciales de atomizadores capaces de adaptarse a las irregularidades de la copa de los olivos, minimizando las pérdidas por deriva y escurrimiento. Entre las innovaciones más destacadas, se presentan sistemas de inyección directa de productos fitosanitarios; dosificación variable en tiempo real, gracias a la incorporación de sensores de ultrasonidos y cámaras 3D; monitorización completa de los parámetros de los tratamientos y su trazabilidad; y sistemas de control del PH y la temperatura, para mejorar la eficacia y eficiencia de la pulverización (Figura 15.40).

Figura 15.40. Prototipos de atomizador desarrollados en el Proyecto CPP INNOLIVAR.

Otros equipos que se están empezando a utilizar en olivar son los atomizadores para aplicación de ozono, buscando la efectividad de los tratamientos por contacto directo con el patógeno y, fundamentalmente, la reducción del uso de plaguicidas, establecida por la legislación vigente.

7.5. Regulación, mantenimiento e inspección

La regulación del equipo de aplicación va encaminada a establecer los parámetros de trabajo necesarios para aplicar un volumen de caldo que se traduzca en la dosis requerida del producto fitosanitario. En los tratamientos al suelo, el volumen de caldo a aplicar suele venir indicado, en la etiqueta del producto o en la ficha técnica correspondiente, como litros por hectárea. No obstante, en los tratamientos a la parte aérea existe la dificultad de que la dosis se expresa en litros por volumen de copa. Así, el volumen a aplicar por árbol y, por tanto, la dosis del producto, dependerá de la geometría de la copa, siendo muy diferente, por ejemplo, entre árboles recién plantados e individuos en máxima producción.

Ante esta incertidumbre, el agricultor suele optar por aplicar altas dosis, debido, fundamentalmente, a su interés por asegurar la eficacia biológica del tratamiento y al modo de acción, por contacto, de los productos cúpricos, muy aplicados en el olivar para prevenir enfermedades como el repilo. Estos altos volúmenes de aplicación generan importantes pérdidas de producto que se traducen en contaminación de los cauces de agua y de los acuíferos (Hermosín *et al.*, 2013).

Es por eso preciso ajustar la dosis para, de una parte, asegurar la efectividad del tratamiento y, de otra, no incurrir en daños medioambientales y gastos de producto innecesarios. Además, la aplicación de la Directiva 2009/128/CE, sobre uso sostenible de los plaguicidas, y su transposición al Real Decreto 1311/2012, han establecido, como estrategia básica para reducir las emisiones, este ajuste. La modificación realizada mediante el Real Decreto 1050/2022, supone un nuevo avance hacia la sostenibilidad, estando alineada con la Estrategia Europea «De la granja a la mesa» y con la nueva PAC. En el mismo sentido, nuevas herramientas como el Cuaderno Digital de Explotación Agrícola (Real Decreto 1054/2022), claramente ligado al uso de las máquinas, van a contribuir al conocimiento real de las aplicaciones y a su control.

El problema de ajustar la dosis a la vegetación no es nuevo, sino que ha sido abordado por diferentes autores, de distintas formas, desde hace décadas. No obstante, los sistemas de dosificación que se han venido dando están adaptados a otros frutales y viña en espaldera, que forman estructuras continuas tipo seto, como es el caso del olivar de alta densidad, siendo de escasa aplicación para los árboles aislados, típicos de los sistemas intensivo y tradicional. Lo que parece evidente es que el volumen de copa es el parámetro clave para realizar la dosificación en estos sistemas, siendo, por tanto, necesaria su media, para lo cual existen métodos manuales y electrónicos. Los métodos de medida manuales son menos precisos, pero presentan la ventaja de ser más sencillos de emplear por parte de técnicos y agricultores. Los métodos electrónicos, como los sensores de ultrasonidos y el LiDAR, son más precisos, pero su manejo es complejo, especialmente en el último caso (Rosell y Sanz, 2012). Debido a esto, Miranda-Fuentes *et al.* (2015), realizaron un estudio en el que se comparaban diferentes métodos de medida manual de la vegetación con el método electrónico más preciso, el escaneo con LiDAR, resultando el método del "Vector Promedio", el más simple de ejecutar y el más preciso de entre todos ellos, tanto en sistemas de cultivo tradicional como intensivo. Este método consiste en medir la distancia desde el tronco del árbol hasta ocho puntos periféricos de la copa, en ocho direcciones separadas entre sí por ángulos de 45° (Figura 15.41).

Una vez que se dispone del volumen de copa (Vc), el volumen de caldo óptimo se determina con la expresión:

$$\text{Volumen de Pulverización (m}^3) = V_C \text{ (m}^3) \times i$$

Donde i es un coeficiente de aplicación cuyo valor óptimo, para olivar tradicional e intensivo, es de 0,1 L/m³ y 0,12 L/m³, respectivamente.

$$V_c \text{ (m}^3) = 56{,}389 \text{ (m}^2) \times VP \text{ (m)} - 89{,}644$$

(VC: volumen de copa; VP: valor promedio de las ocho longitudes o Vector Promedio)

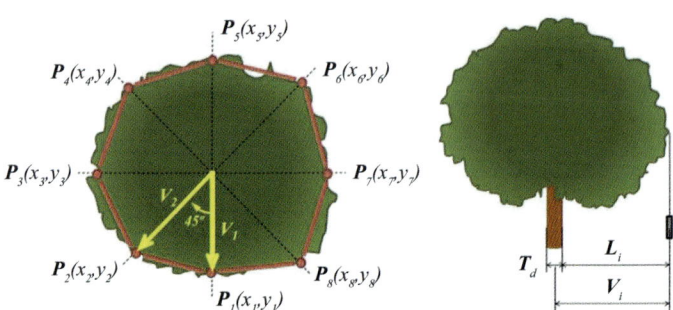

Figura 15.41. Metodología de medida del Vector Promedio (Miranda-Fuentes *et al.*, 2015).

Existe una aplicación (*app* y *web*), denominada DOSAOLIVAR, desarrollada por la Universidad de Córdoba, a través de un Grupo Operativo, para optimizar la dosificación de productos fitosanitarios aplicados a la copa de los olivos, que determina el volumen óptimo de caldo (L/ha), y, por tanto, la cantidad de materia activa a pulverizar, en función de la tipología del cultivo (tradicional, intensivo y superintensivo) y las características morfológicas del árbol (volumen de copa por hectárea y densidad de hojas).

El control del trabajo del pulverizador viene determinado por el sistema de regulación, que debe conseguir una superficie tratada con uniformidad en la dosis de producto, número y tamaño de las gotas, lo que exige una sincronización entre la velocidad de avance de la máquina y el caudal y mantener el tamaño de las gotas, es decir, la presión. Está formado por el conjunto de válvulas (distribuidoras, de presión y de caudal) y los sistemas de medida (de presión, manómetros o sensores de presión; caudal, caudalímetros; y velocidad, radar, GPS o tacómetros en las ruedas). Los sistemas de regulación utilizados son de tres tipos (Figura 15.39):

- Presión constante o caudal constante (PC o CC). Regulan el caudal de forma constante. Son simples y con reparto homogéneo si la velocidad de avance se mantiene. Constan de una válvula de presión que la mantiene constante.

- Caudal proporcional al avance electrónico (CPAE). La válvula de presión es de seguridad y tiene una válvula reguladora de caudal (motorizada). Un sistema electrónico controla el caudal en función de la velocidad de avance, midiendo ambos parámetros con los sensores correspondientes.

- Concentración variable (CV) o inyección directa. Tiene un sistema de presión constante (PC) para el agua y otro proporcional al avance electrónico (CPAE), similar al anterior, pero que no actúa sobre el caudal sino sobre la concentración del producto activo.

La elección del sistema se hará en función de si lo que se desea es mantener las características de las gotas, aunque se modifique el volumen por hectárea al variar la velocidad (regulación de presión constante), o si se desea mantener, a toda costa, la dosis a aplicar, con una ligera modificación de las características de las gotas (caudal proporcional). En este sentido, el uso de los más recientes sistemas PWM (Modulación por Ancho de Pulsos), para su incorporación a las boquillas, tanto en barras como atomizadores, permite modificar el caudal manteniendo la presión y, por tanto, el tamaño de las gotas.

Los sistemas CPAE y CV, aunque son mejores y más caros, no permiten conseguir una distribución uniforme si elementos, tan sencillos, como el manómetro y las boquillas, están en mal estado. Estas tienen una vida útil limitada y después de un tiempo de uso, varía considerablemente su caudal, la forma del chorro y el tamaño de las gotas, por lo que es necesario revisarlas y sustituirlas, al menos una vez al año. Por este motivo, el correcto mantenimiento de los componentes de los equipos y su revisión periódica (cada campaña) son imprescindibles en el desarrollo adecuado de una aplicación. Complementariamente, es necesario que los técnicos y aplicadores tengan la formación correspondiente.

Actualmente, tanto la formación como el estado de los equipos de aplicación quedan regulados por la legislación vigente. El Real Decreto 1311/2012, modificado por el Real Decreto 1050/2022, establece las titulaciones habilitantes para ejercer como asesor en la Gestión Integrada de Plagas (GIP) y los niveles de capacitación necesarios para usuarios profesionales. En cuanto a la maquinaria y equipos, en primer lugar, a la hora de su elección y compra, hay que asegurarse que estén bien fabricados y cumplen con las obligaciones marcadas por el Real Decreto 1644/2008 (conocido como Reglamento de Máquinas y modificado por el Real Decreto 494/2012 para incluir los riesgos exclusivos de las máquinas de aplicación de plaguicidas). En segundo lugar, una vez que ya están en uso, deben funcionar de forma adecuada, para lo cual es necesaria su calibración (adaptada a la aplicación específica a realizar), mantenimiento y revisión o inspección periódica de sus componentes (Blanco-Roldán *et al.*, 2014).

Las inspecciones de los Equipos de Aplicación de Productos Fitosanitarios (EAPF), son obligatorias según lo establecido en el Real Decreto 1702/2011, y se realizan verificando el cumplimiento de los Requisitos de salud y seguridad y de medio ambiente, establecidos en el Anexo I, y en las normas técnicas armonizadas correspondientes, aplicables a los elementos de la máquina que deben examinarse: elementos de transmisión de potencia, bomba, agitación, depósito, sistemas de medida, regulación y control, manómetro, tuberías, filtros, barras de pulverización, boquillas, distribución y sistema neumático. Esto ha sido redactado en un Manual de Inspección, elaborado por el Ministerio de Agricultura, Pesca y Alimentación, que es actualizado, periódicamente, en su *web*.

Finalmente, se debe insistir en el seguimiento de las recomendaciones de uso y mantenimiento, antes, durante y después de realizar el tratamiento, recogidas en el Manual de Instrucciones del equipo proporcionado por el fabricante. Estas se resumen en las siguientes:

*   *Antes del tratamiento*: asegurarse de que las protecciones de los elementos móviles (toma de fuerza, eje de transmisión, eje receptor de la máquina y ventilador) están colocadas y en buen estado, que no hay suciedad en el depósito, que no hay fugas por las tuberías y racores y que los filtros y las boquillas se encuentran en buen estado.

*   *Durante el tratamiento*: observar el manómetro, pues la variación puede ser el indicador de una avería en el circuito.

*   *Al final del tratamiento*: vaciar del depósito el líquido sobrante, recogiéndolo en un lugar adecuado para ello, y proceder a su limpieza completa. Dejar el depósito y conducciones abiertas para que se seque el agua residual. Se debe tener un extremo cuidado con los usos alternativos de los depósitos para aplicaciones foliares y herbicidas.

8.   Mecanización de la recolección

Los tres métodos tradicionales de recolección de la aceituna son: la recogida del suelo, el ordeño o desprendimiento manual y el vareo, pero su uso está en recesión debido a motivos económicos y de coste de oportunidad. El vareo es el método más extendido. El operario, provisto de una vara, cuya longitud oscila según zonas (2-4 m), golpea las ramas del árbol y el fruto derribado se recoge en mallas (fardos o telones) extendidas bajo la copa de los olivos. Estas mallas se pliegan convenientemente y se vierte su contenido en cajas, sacos, espuertas, u otros sistemas auxiliares de carga. Este método requiere de una elevada necesidad de mano de obra y puede ocasionar una reducción en la siguiente cosecha provocada por la rotura de ramas y brotes.

La gran variedad en los diferentes tipos de olivar que existen en España, tanto desde el punto de vista del diseño de la plantación cómo de la formación de los árboles, hacen que no existan soluciones generalizadas para la mecanización de su recolección (Gil-Ribes *et al.*, 2009). En los últimos cuarenta años se ha producido una evolución constante de las técnicas de recolección basadas en el desprendimiento de la aceituna mediante vibración. Por otra parte, se están produciendo importantes avances en los nuevos sistemas constituidos por sacudidores de copa y en las cosechadoras de olivar.

Actualmente, existen cosechadoras de aceitunas que permiten realizar una recolección integral en un solo pase, pero solamente pueden aplicarse a plantaciones de alta densidad y en condiciones adaptadas. En el olivar tradicional de varios pies el derribo del fruto se suele realizar en dos etapas: primero se derriban las aceitunas y luego se recogen, ya sea sobre mallas extendidas o directamente del suelo. Es clave adaptar el olivo a la mecanización con un diseño de plantación (marco, cabeceras y calles de servicio) y un desarrollo del árbol (altura del tronco, número de ramas principales y poda) que favorezcan la realización de la recolección, según el sistema elegido.

Las operaciones a efectuar dependen de la época en que se hace la recolección y del sistema elegido. La tendencia es a la recolección temprana de modo que haya poca aceituna caída y no merezca la pena recogerla. Por otra parte, debemos tender a eficacias de derribo elevadas de las máquinas, trabajando con árboles preparados a la recolección mecanizada. Las operaciones a mecanizar en la recolección son: recogida de la aceituna del suelo (si compensa), derribo del fruto y recogida, limpieza, carga y transporte. La duración de la campaña viene limitada porque el principio debe coincidir con el momento en que se haya formado todo el aceite y el final cuando la caída natural alcanza un porcentaje apreciable, y en su transcurso, las condiciones meteorológicas marcan diferencias en el tiempo disponible de trabajo. Si la recolección se hace cuando el porcentaje de aceituna caída al suelo es grande hay que establecer si se recoge el fruto del suelo o se derriba el fruto del árbol y se recogen ambos juntos. En previsión de ello, es recomendable realizar una preparación previa del suelo.

A pesar de la diversidad del olivar, con plantaciones de uno o varios pies, tradicionales, intensivos o de alta densidad, y con diferentes producciones por árbol, se pueden dar unas reglas generales sobre la recolección mecanizada:

1. Para conseguir calidad de aceite hay que separar la aceituna del vuelo de la caída en el suelo y llevar los frutos lo más limpios posible a la almazara en el menor tiempo.

2. Hay que asumir que puede ser más rentable, y menos dañino para el árbol, la pérdida de un porcentaje de cosecha (8-10%) del árbol e incluso renunciar a la recogida de algún porcentaje de la aceituna caída en el suelo.

3. Hay que seleccionar el medio de recolección más adecuado a la tipología de olivar. Por ejemplo, los olivos de un solo pie con troncos de suficiente altura (> 0,7 metros), tres o cuatro ramas principales y porte erguido son los adecuados para su recolección con vibradores de tronco.

Debido a que lo normal no es la situación del punto anterior, se va a iniciar el estudio de la recolección separando los dos procesos básicos: derribo del fruto y recogida del suelo, para después tratar los sistemas integrales de recolección. El olivar de alta densidad, se tratará por separado dada su especificidad. También se abordarán los aspectos fundamentales que caracterizan al olivar de mesa.

8.1. Derribo de la aceituna

La tendencia actual es el uso de vibradores de troncos, para el derribo del fruto en explotaciones de tamaño mediano o grande. Para explotaciones pequeñas, o de forma complementaria al vibrador de troncos, se utilizan equipos transportados por el propio operario como son los vibradores de ramas o los sacudidores de ramas de copa o de follaje. Alternativamente, a estos se encuentran en expansión los sistemas de sacudida de copa acoplados a máquinas cabalgantes (cosechadoras de olivar superintensivo) o a máquinas de sacudida lateral.

Ningún sistema de recolección por vibración puede desprender el 100% de los frutos del árbol. En árboles homogéneos y que han tenido una poda adecuada para la transmisión de la vibración se puede conseguir porcentajes de derribo elevados, por ejemplo, mayores al 90% de los frutos con un vibrador de troncos. A lo largo de una campaña de recolección para almazara se consiguen eficacias entre 75-95%, siendo mucho menores al principio que al final de la campaña. La producción total de aceite del árbol sufre pocas variaciones una vez que comienza la maduración masiva de frutos. La cantidad de aceite recogido acumulado más la que aún quedaba en el árbol es similar a la que habría en el árbol si no hubiese habido caída natural. El fruto no caído no se encuentra repartido por el árbol sino localizado en zonas de la copa, de ahí el uso del vareo simultáneo de apoyo, y eliminar las ramas colgantes bajas que además dificultan el trabajo de las máquinas recogedoras.

Para mejorar la eficiencia de derribo, principalmente de los sistemas que aplican una vibración forzada, se necesita de un vareo manual complementario o el empleo de equipos personales. Los equipos complementarios al vibrador de troncos actúan, fundamentalmente, sobre las ramas a las que llega con más dificultad la vibración. Sin embargo, la tendencia actual es reducir o eliminar estas técnicas a través de una mejora de las máquinas, tanto por el ajuste de sus parámetros de funcionamiento como por la adaptación al tipo de olivar, y la adaptación del árbol mediante una poda apropiada.

8.1.1. *Factores que influyen en el derribo*

El derribo mecánico del fruto presenta ciertas dificultades debido a varios factores, como son una elevada fuerza de retención de los frutos (FRF) con el árbol (comprendida entre 3 y 10 N según la época), el reducido peso de los frutos (entre 2 y 10 gramos según variedad), la estructura del olivo con ramas péndulas y flexibles que amortiguan la vibración y la amplia variedad de tamaño de los árboles que pueden limitar el empleo de las máquinas. La resistencia al desprendimiento de los frutos no solo depende de la época de recolección sino también depende de la variedad y, por tanto, también condiciona el porcentaje de derribo. Por ejemplo, la FRF es muy alta en 'Picual', mientras que en 'Hojiblanca' y 'Picudo' es media y en 'Arbequina' baja.

Un estudio sobre estos factores (Gil-Ribes *et al.*, 1998), con tres variedades relevantes ('Picudo', 'Hojiblanca' y 'Picual'), en el que se analizaban semanalmente la fuerza de retención, la aceituna caída, la masa y el rendimiento graso, llegó a los siguientes resultados: 1) la fuerza de retención de los frutos tiene tendencia decreciente con el tiempo y su valor es importante para seleccionar una fecha de comienzo de la recolección; 2) la masa de la aceituna sufre una pequeña disminución conforme pasa el tiempo; 3) el rendimiento graso de la aceituna en el árbol aumenta con el tiempo, y tiende a compensar las pérdidas del punto anterior; 4) la acidez, al igual que el rendimiento graso, de las aceitunas recogidas del suelo es mayor que el de las arrancadas de la copa del árbol; 5) hay diferencias varietales en el porcentaje de caída y este está condicionado por la meteorología.

Estudios realizados para determinar la influencia de la variedad en la eficacia de derribo, con vibradores de ramas de tipo personal, para un mismo grado de madurez del fruto, han mostrado que el factor más relevante es el peso del fruto seguido de la fuerza de retención (Kouraba *et al.*, 2004). Desde este punto de vista, las variedades con frutos de mayor tamaño son las más aptas para la recogida por vibración. En todas las variedades la relación entre la fuerza de retención y la masa de los frutos es muy alta, cambiando según la variedad, el manejo del cultivo y de la época de la recolección.

La estructura del árbol es un factor influyente en el derribo del fruto de muchas especies de árboles, pero decisivo en el caso del olivo. El olivo tiene una estructura y comportamiento capaz de disipar rápidamente la vibración transmitida para el derribo de los frutos (Castro-García *et al.*, 2008). Las podas clásicas con abundantes ramas colgantes en la periferia de la copa producen un fuerte amortiguamiento y una sustancial fuerza de inercia a la transmisión de vibraciones. La frecuencia de la vibración (velocidad angular de giro de la masa excéntrica) es uno de los principales parámetros de diseño y funcionamiento de los vibradores de troncos. Normalmente, los vibradores de troncos orbitales suelen funcionar con frecuencias comprendidas entre 20 y 40 Hz (1.200 y 2.400 r/min). Para el olivar intensivo se puede recomendar emplear un rango de frecuencias de funcionamiento comprendidas entre 26 y 30 Hz (1.560 y 1.800 r/min) para alcanzar un elevado porcentaje de derribo de frutos, sin entrar en fenómenos de resonancia en la estructura principal del árbol que pueda producir daños importantes y que requiera la mínima potencia para la operación.

Es importante podar los árboles y adaptarlos a la recolección mecánica. La vibración transmitida es más baja cuanto más se aleja del punto de aplicación de la vibración, sobre todo si se hace sin ganancia de cota. Es interesante potenciar la continuidad en la estructura del árbol por las amortiguaciones severas que existen en las reducciones de sección de ramas. No deben existir muchas ramificaciones y deben producirse sin excesivas desviaciones respecto a la rama madre y lo más erguidas posible, evitando que formen un gran ángulo respecto a la vertical, sobre todo las primarias y secundarias. El olivo ideal para transmitir bien la vibración tiene un solo tronco de un metro de altura, tres o cuatro ramas principales y volumen de copa no excesivo.

8.1.2. *Vibradores*

Se clasifican, fundamentalmente, en base a dos criterios: punto de aplicación en el árbol y características de la vibración generada. Por tanto, existen vibradores de ramas y troncos, y vibradores unidireccionales, multidireccionales y orbitales, respectivamente.

Vibradores de ramas

Generan una vibración unidireccional, aplicándose, fundamentalmente, para ramas secundarias, de no más de cinco centímetros de diámetro. Normalmente, consisten en un motor de dos tiempos con un reductor de velocidad que termina en un sistema manivela-biela en la que esta se prolonga en un brazo terminado en una U con la que se transmite la vibración, de unos 600 ciclos/minuto, a la rama (Figura 15.42). El equipo es manejado por un operario que se lo cuelga. Estos vibradores tienen una eficacia de derribo moderada, porque eliminan en gran parte el efecto de la estructura del olivo en la transmisión de la vibración. Su coste y versatilidad

Figura 15.42. Vibrador unidireccional de ramas.

Figura 15.43. Elementos de un vibrador de troncos.

hacen que sean muy populares en pequeñas explotaciones, en verdeo y como alternativa o complemento a los de troncos. Uno de sus principales, y graves, inconvenientes, como se comentará en el Apartado 11, son sus efectos sobre el usuario.

Vibradores de troncos

Los vibradores de troncos están formados por una carcasa o cabeza vibradora, denominada comúnmente pinza, en cuyo interior se mueve una o varias masas excéntricas, y que está dotada de un sistema de agarre al tronco del árbol, formado por almohadillas de goma (Figura 15.43). La masa o masas excéntricas, o desequilibradas, tienen forma de sector circular y giran gracias a la acción de uno o dos motores hidráulicos. La pinza está suspendida de una estructura de soporte y se montan sobre un tractor u otro vehículo capaz de proporcionar la potencia necesaria para su accionamiento. Los mecanismos de su funcionamiento son accionados y controlados por un sistema oleohidráulico compuesto por los motores de accionamiento de las masas, un depósito de aceite, bombas hidráulicas (accionadas por la toma de fuerza de un tractor en su caso, normalmente a 1.000 r/min), varios cilindros para realizar las maniobras de posicionamiento sobre el árbol y de apertura-cierre de la pinza, así como los sistemas de conexionado y válvulas de pilotaje del sistema.

Existen varios tipos de sistema de agarre al tronco siendo los más comunes agarre en «tres puntos» (Figura 15.44) y agarre en «dos puntos» o «tijera» (Figura 15.45). El de tijera proporciona mejor sujeción en la dirección del cierre que en la dirección donde no está en contacto el material de agarre, lo cual no es la mejor opción, pero es el único que asegura el agarre de olivos con las formas irregulares que adquieren sus troncos. Un sistema de agarre con tres puntos sería el más adecuado, tanto porque mejora la transmisión de la vibración cómo porque aumenta el área de contacto reduciendo la generación de esfuerzos tangenciales, siempre y cuando mantenga una simetría tridimensional, aunque su empleo es más limitado a troncos sin irregularidades y de un rango de diámetro más acotado.

En los vibradores orbitales, existe una única masa excéntrica y el motor hidráulico puede disponerse centrado en la cabeza vibradora (Figura 15.44) o lateral sobre un brazo de la misma (Figura 15.45). Al transmitirse el movimiento del eje del motor hidráulico directamente a la masa se simplifica el mecanismo y el tamaño de la pinza. Esta simplicidad mecánica tiene incidencia en su durabilidad, mantenimiento y peso, junto con la posibilidad de alcanzar elevadas frecuencias de vibración para un mismo tractor. Esto ha facilitado que los vibradores orbitales sean los más extendidos en el mercado español para la recolección del olivar.

Sin embargo, en los vibradores multidireccionales, pueden disponer de dos o más masas excéntricas accionadas por uno o más motores hidráulicos a través de una o varias correas. Si se dispone de dos motores cada uno puede actuar sobre una masa y no es necesaria la transmisión por correa (Figura 15.46). Este diseño es, en principio, más adecuado para evitar movimientos indeseables que dañen la corteza, por situar la masa más cerca de la zona de agarre al tronco, pero tiene el inconveniente de que requiere una mayor dimensión de la pinza haciéndolos menos ágiles en su funcionamiento.

Figura 15.44. Vibrador orbital con masa centrada y agarre en «tres puntos».

Figura 15.45. Vibrador orbital con masa lateral y agarre en «tijera».

Figura 15.46. Vibrador con dos motores y paraguas invertido.

Las aceleraciones que producen los vibradores multidireccionales y orbitales son diferentes (Figura 15.47) debido a sus diferencias de diseño. Si las fuerzas centrífugas generadas por cada masa excéntrica fueran iguales, el movimiento del cabezal sería una estrella de vibración pura con un número de puntas determinado por la relación entre las velocidades de giro de cada masa ($\omega1 + \omega2 /\omega1 - \omega2$). Por esto, estos modelos de vibradores reciben el nombre de multidireccionales, a diferencia de los vibradores de una sola masa excéntrica u orbitales, cuya fuerza centrífuga tiene dirección radial de orientación variable, lo que origina un movimiento en el tronco de tipo circular u orbital, que a su vez, se transforma en elíptico en sistema de agarre tipo tijera que sujeta peor en dirección donde no hay contacto con el material de agarre. La tendencia actual es a usar vibradores orbitales, aunque en árboles con troncos gruesos pueden funcionar mejor los multidireccionales con un número elevado de puntas.

La mayor parte de los vibradores de troncos incorporan la pinza en la parte frontal del tractor, porque mejoran la visibilidad del conductor, se adaptan a todo tipo de olivos, gracias a la movilidad del tractor, siendo especialmente adecuados aquellos tractores dotados de inversor de marchas. En olivos de un solo pie es posible el uso de pinzas dotadas de un sistema pantográfico (Figura 15.44) para su giro lateral y vibradores traseros arrastrados (Figura 15.48), en los que el tractor se desplaza linealmente en la calle y el movimiento de aproximación y agarre de la pinza es hidráulico y de este modo se carga menos al tractor. También hay modelos en los que la pinza se coloca sobre un pórtico tipo grúa y es manejada por un operario que la dirige hasta colocarla en el tronco, empleándose, fundamentalmente, en olivares con varios pies por árbol (Figura 15.49).

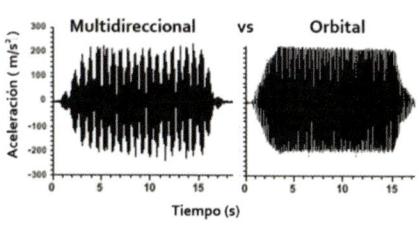

Figura 15.47. Órbitas generadas en el tronco por vibradores, multidireccionales (izquierda) y orbitales (derecha), con agarre tipo «tijera».

Figura 15.48. Vibrador trasero.

Figura 15.49. Vibrador trasero colgado.

Figura 15.50. Vibrador autopropulsado.

Aunque menos utilizados, también existen vibradores unidireccionales de troncos, que son principalmente aplicados a olivos jóvenes o a ramas principales. Trabajan de manera parecida a los de ramas, pero van arrastrados o montados en el tractor.

Los vibradores también pueden acoplarse en otros vehículos diseñados específicamente para esta operación o en vehículos de propósito más general que incorporan el vibrador como alternativa. Los primeros son los conocidos como vibradores autopropulsados (Figura 15.50). Para aumentar su rentabilidad se les ha incorporado dispositivos (como enganches y toma de fuerza), equiparándolos así a los otros vehículos de aplicación general o incluso a los tractores agrícolas. Se caracterizan por su transmisión hidrostática, lo que les confiere gran maniobrabilidad y aumenta su capacidad de trabajo (ha/h). En el Cuadro 15.7, se muestra una comparación de los tiempos y capacidades de trabajo de un vibrador acoplado frontalmente al tractor y un vibrador autopropulsado de tipo triciclo. También destacan por su bajo perfil o centro de masas, lo que los hace aptos y estables para terrenos en pendiente o con grandes variaciones de la misma. Estas máquinas son muy interesantes en grandes explotaciones o en empresas de servicios, dado que estas comienzan la recolección en septiembre con el verdeo y la finalizan, prácticamente, en marzo o abril.

En el mercado existe una amplia gama de vehículos de propósito general para accionar un vibrador de troncos con aplicaciones muy diversas (Figura 15.51) y cuya utilidad depende mucho de las particularidades de la explotación. Hay que destacar el uso de manipuladoras telescópicas (Figura 15.3), que a su versatilidad añaden características propias comentadas.

Figura 15.51. Vibrador sobre cargadora compacta de orugas.

CUADRO 15.7

Tiempos de trabajo y capacidades de vibradores acoplados al tractor y autopropulsados

Parámetro	Vibradores acoplados	Vibradores autopropulsados
Tiempo de vibrado (s)	23,55	13,49
Tiempo movimiento pie-pie (s)	25,70	21,97
Tiempo movimiento pie-árbol (s)	37,5	29,25
ha/h	0,118	0,283
Pies/h	38,63	97,75
Árboles/h	12,76	31,40

Funcionamiento de los vibradores de troncos

La optimización del diseño y uso de los vibradores requiere, además del conocimiento de cómo se transmite la vibración en el árbol , de la comprensión de cómo se transforma la potencia en la máquina. En primer lugar, interesa establecer la eficiencia energética del sistema mecánico-hidráulico de generación de la vibración, para lo cual hay que definir el balance de potencias. En la Figura 15.52 se representa el trabajo de un vibrador multidireccional de montaje frontal en un olivar tradicional de tres pies, a través de la medida y representación en el tiempo de las variaciones de la potencia demandada al tractor a través de la toma de fuerza (Ptdf). Esta potencia mecánica se transforma en hidráulica en la bomba y se trasmite hasta el motor hidráulico de la pinza (Pm) que es el que mueve las masas excéntricas. Estos parámetros, que han sido obtenidos experimentalmente mediante sensores electrónicos de par, caudal y presión conectados a un sistema electrónico de toma de datos. Se observa que la potencia en la toma de fuerza es muy alta, del orden de 44-51 kW (60-70 CV), y que se pierde más de la tercera parte en su conversión y transmisión hidráulica al motor que acciona las masas, lo que constituye un aspecto a mejorar (Blanco-Roldán *et al.*, 2001).

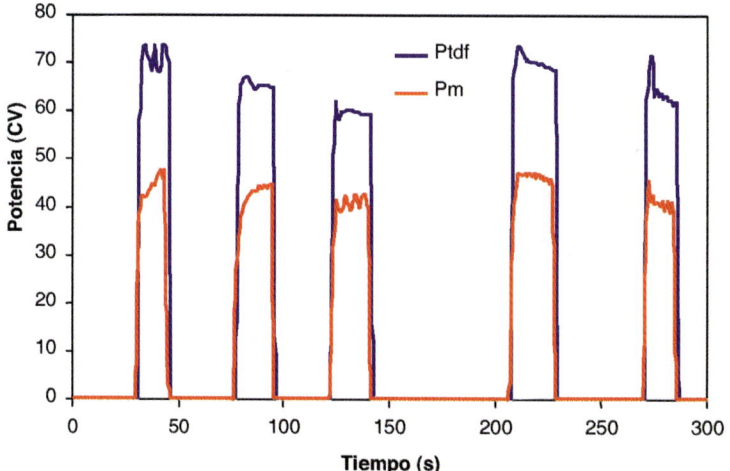

Figura 15.52. Potencias demandadas por un vibrador multidireccional.

Entre las variables de funcionamiento de los vibradores se destacan: frecuencia de la vibración, la amplitud o desplazamiento máximo y el tiempo de vibración, que repercuten en la aceleración producida en las ramas y en el porcentaje de derribo y daños ocasionados.

La frecuencia de funcionamiento suele estar comprendida entre 23 Hz (1.380 r/min) y 37 Hz (2.220 r/min) y se regula por la velocidad de giro del motor de vibración. Este parámetro es fundamental para obtener un porcentaje de derribo adecuado, que puede cifrarse entre 80 y 90%, aproximadamente, considerando que hay un porcentaje de aceituna que no va a poder derribarse, ya que intentarlo no compensa económicamente. Aunque existe variabilidad en los resultados, hay una tendencia a obtener mayor derribo en frecuencias del vibrador entre 25 y 30 Hz.

Las aceleraciones en el vibrador están comprendidas entre 120 m/s^2 y 200 m/s^2, y la tasa de transferencia de la vibración (relación entre la aceleración del tronco y

la del vibrador) adquiere valores superiores a 1 (amplificación de la vibración de la máquina al árbol). En valores muy elevados, se aconseja mejorar el agarre al tronco, para evitar daños a la corteza, mediante el ajuste de la pinza, materiales de agarre adecuados y realizando un correcto posicionamiento.

El tiempo de vibración suele estar comprendido entre 10 y 20 segundos, prolongándose a veces más de un minuto, lo que resulta siempre excesivo y nunca recomendable. Estudios realizados, a partir del análisis de las imágenes del derribo de la aceituna obtenidas por una cámara de video digital, para determinar el porcentaje acumulado de aceituna caída a lo largo del tiempo de vibración, han determinado que tiempos de, aproximadamente, doce segundos son suficientes para derribar el 90% de la aceituna susceptible de ser derribada y que son preferibles dos vibraciones cortas de seis segundos que una prolongada (Blanco-Roldán *et al.*, 2009) (Figura 15.53). Prolongar por encima de este tiempo no supone obtener más derribo de fruto pero sí puede provocar daños al árbol, a la máquina y al tractor. Esto viene contemplado en algunos vibradores que incorporan temporizadores para detener la vibración y así obligar al operario a aplicar vibraciones sucesivas espaciadas unos segundos. Además, algunos modelos de vibradores incorporan la posibilidad de cambiar el sentido de rotación de la masa excéntrica al realizar varias vibraciones de corta duración, así como pueden incorporar diferentes tiempos para los períodos de arranque y parada. Otro aspecto clave en estos equipos es la organización del trabajo y su coordinación con los equipos de recogida, sobre todo cuando se pretende separar aceituna del vuelo y suelo. Para ello, hay que tener en cuenta el tiempo de vibrado y el de maniobra entre pies (Cuadro 15.7). El tiempo de maniobra y agarre puede ser muy alto y no uniforme debido a los traslados entre pies y a tener que esperar la colocación de las mallas. De este modo se reduce la capacidad de recogida y aumenta su coste, aspecto de gran importancia y que preocupa menos que los porcentajes de derribo conseguidos, que suelen tener menor repercusión económica. La capacidad de trabajo (ha/h) de los vibradores autopropulsados puede llegar a ser tres veces superior a la de los convencionales.

El vibrador de troncos no tiene por qué dañar el árbol. Normalmente, el posible daño ocasionado durante su empleo puede deberse a algún defecto o avería en la máquina (desequilibrio del cabezal, reducida presión de apriete, reapriete defectuoso…) o por un manejo no adecuado (tiempos de vibración excesivos, golpes al tronco, agarres defectuosos…). Los daños más habituales suelen aparecer en la corteza, en la zona de agarre, por rotura de grandes ramas y por la fractura de pequeñas ramas y desprendimiento de hojas. El efecto del vibrador sobre la parte aérea es generalmente de poca importancia. Además, en plantaciones comerciales recogidas con vibrador de troncos durante más de 20 años no se han apreciado daños asociados a la rotura de raíces. Los daños más importantes se pueden producir en el punto de agarre, especialmente en verdeo y en recolección de almazara temprana o muy tardía, llegándose en ocasiones al arranque de la corteza o a la separación del cambium. En este último caso, los hongos pueden prosperar en la zona dañada. Para evitar estos problemas es necesario un buen diseño de la pinza y del sistema de agarre (Castro García *et al.*, 2007). Generalmente, la corteza del olivo soporta bien las tensiones radiales, pero ocurre lo contrario con los esfuerzos tangenciales o cortantes y con la componente vertical de la vibración. La mejora de los acolchados de las pinzas y la refrigeración de los mismos por líquido o aire, aumentan su duración y reducen el daño.

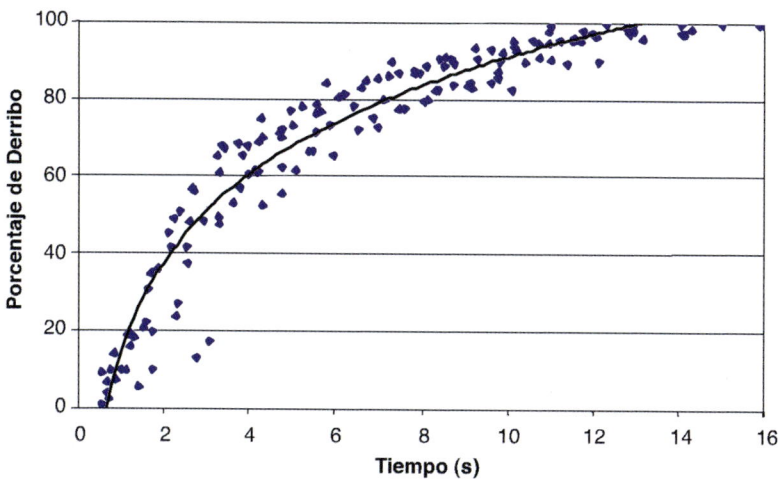

Figura 15.53. Porcentaje de derribo acumulado a lo largo del tiempo de vibración.

En general, una tensión excesiva en el tronco que dañe la corteza puede deberse a un mal diseño de la sujeción del cabezal o a una operación de agarre poco cuidadosa, y se evita con un área de contacto suficiente de la maquina con el árbol y consiguiendo que la fuerza de vibración provoque únicamente tensiones radiales. En este sentido, los materiales de agarre más blandos (50 ShA) consiguen mayores deformaciones al ser comprimidos, y por tanto aumentar el contacto con el tronco. El uso de materiales textiles de contacto puede ayudar a reducir la probabilidad de ocasionar daño en la corteza del árbol. Aunque estos materiales son recomendables durante el inicio de la campaña donde el árbol puede ser más susceptible a daños, su eficiencia en la transmisión de la vibración es menor que los materiales más duros (70 ShA) y el porcentaje de derribo de frutos se reduce. Se puede reducir la generación de tensiones tangenciales colocando la pinza en posición perpendicular a la dirección del tronco. No se debe utilizar una baja presión de agarre del vibrador porque la unión árbol-máquina permitiría un movimiento relativo que puede generar daños. A este respecto, el tiempo de vibración es otro factor a considerar, como se ha señalado, evitando además el daño al tractor y al vibrador.

La rotura de grandes ramas suele ser debida a que estas se encuentran dañadas en su inserción; en otros casos se debe al uso de sistemas de renovación de ramas poco adecuados, con unión en un lateral del tronco y no en su extremo. La rotura de pequeñas ramas y la caída excesiva de hojas suele ser consecuencia del uso de frecuencias elevadas durante un tiempo excesivo. Estos daños no son importantes si se maneja bien el vibrador y este es adecuado al tipo y tamaño del olivar.

La calidad de los materiales de la pinza y de los sistemas hidráulicos es también imprescindible para un correcto funcionamiento de los vibradores. La utilización de materiales de alto límite elástico permite aligerar el peso de las pinzas. El correcto control del circuito hidráulico permite controlar los periodos transitorios de arranque y parada de la vibración que pueden generar efectos de resonancia con grandes amplitudes perjudiciales. Esto es una realidad en los equipos más avanzados, así como el uso de sistemas que llevan a las masas excéntricas equilibradas hasta el régimen de giro para después desequilibrarlas. Sin embargo, hay que tener en cuenta que cada conjunto tractor-vibrador no sirve para todo tipo de olivos; si el vibrador es grande y el tractor potente puede dañar a árboles pequeños y si es pequeño le faltará eficiencia en árboles grandes. En explotaciones que tengan olivos de diversos tipos es conveniente tener o alquilar más de un tipo de pinza y utilizar la que mejor se adapte.

8.1.3. *Sacudidores*

Sacudidores de copa

Los sistemas sacudidores de copa son mecanismos que aplican un vareo mecánico a las ramas a través de unas varas que se introducen en la copa del árbol con un movimiento intermitente (Figura 15.54). Las varas se acoplan en uno o varios cabezales, que tienen capacidad de aproximación al árbol y disponen de mecanismos de giro libre o forzado, adaptándose a la geometría de las copas al realizar el movimiento de avance. Su aplicación al olivar español es reciente, en algunos casos, y, por tanto, se requiere una evaluación detallada de su factibilidad, aunque en otros países, como Australia, Argentina, Chile, Estados Unidos, y Sudáfrica, ya son utilizadas para la recolección de cultivos con problemas similares, como cítricos o arándanos.

La transmisión de la vibración al árbol se realiza a través de los impactos que producen las varas sobre las ramas, así como el movimiento acompasado de los cabezales con la copa (Sola-Guirado *et al.*, 2016). Los patrones de movimiento suelen rondar frecuencias de entre 3 y 8 Hz con amplitudes de entre 5 y 18 cm. Esto conlleva a que se produzca un derribo de frutos localizado, pues no se aplica la vibración a toda la estructura del árbol, como en el caso de los vibradores de troncos, sino solamente a la región del árbol donde hay contacto. La causa de ello es la baja transmisibilidad que existe desde las ramas hacia la estructura principal del árbol. Como consecuencia se tiene que estos mecanismos requieren ir colocados sobre máquinas que permiten desplazarse barriendo la geometría del árbol. Por tanto, es muy importante, para un funcionamiento eficiente, que la geometría de los árboles se adapte a las características de los cabezales de las máquinas, con formas lo más regulares posibles y evitando la fructificación en el interior del árbol.

En ensayos con prototipos experimentales de sacudidores, se han registrado porcentajes de derribo superiores al 80% con una poda adaptada a esta tecnología (Castillo-Ruiz *et al.,* 2017). Los daños que generan sobre el árbol dependen mucho del mecanismo de sacudida, los materiales y geometría de las varas, así como el modo de aproximación a la copa. En la recolección de aceituna de almazara, se producen daños en ramas y brotes como consecuencia de la interacción entre las varas y la copa, aunque, si existe una adaptación mínima de las copas, son menores que los producidos por otros sistemas de recolección con vareo manual (Sola-Guirado *et al.,* 2020). Los sacudidores que se acoplan a máquinas cabalgantes para su aplicación a olivar superintensivo también suponen daños en los árboles (Pérez-Ruiz *et al.,* 2018). Los daños producidos al fruto, por el posible impacto de las varas o contra las estructuras de recepción, no tienen mucha consideración y hacen que, con un diseño apropiado árbol-máquina, puedan aplicarse en olivar de mesa tal y como se ha estudiado en California (Ferguson y Castro García, 2014).

Sacudidores de ramas

Los vareadores mecánicos, también conocidos como sacudidores ramas o de follaje, son máquinas de tipo personal que suponen una alternativa a los vibradores de ramas (Figura 15.55) por su versatilidad, simplicidad y coste. Pueden usarse en árboles de gran tamaño, cuando el uso de vibradores de troncos no es posible y hay que recurrir a otras opciones para el derribo de los frutos. Tienen acciona-

Figura 15.54. Sacudidor mecánico experimental arrastrado por tractor.

Figura 15.55. Vareador mecánico manual.

miento independiente, generalmente, a través de baterías eléctricas, motor de combustión o pueden ser neumáticos, estando el compresor accionado por el tractor y alimentando a varias unidades. Están dotados de mecanismos rotativos que conectan unas varillas que generan movimientos oscilatorios de diferentes patrones según los modelos. Para producir el desprendimiento de los frutos se requiere un contacto directo de las varillas con las ramas fructíferas en un movimiento de peinado de las mismas, lo que puede producir daños en los frutos y ramas (Sola-Guirado *et al.*, 2022).

8.1.4. *Olivar de mesa*

Los primeros estudios sobre la recolección mecanizada del olivar de mesa datan de mediados de los años setenta, haciendo referencia a la aplicación conjunta de vibradores de troncos y productos favorecedores de la abscisión, aunque se centran más en aspectos de cultivo que en las propias máquinas. Actualmente, el desarrollo y ensayo de materias activas favorecedoras de la abscisión se centran, principalmente, en el fosfato monopotásico y el etileno (Barranco *et al.*, 2004). Estos productos han presentado alta variabilidad en los resultados, según su concentración, la climatología y el número de aplicaciones, y en otros aspectos, como la cantidad de hoja y fruto caído. Los resultados alcanzados son contradictorios en diferentes estudios (Sessiz y Ozcan, 2006; Ferguson *et al.,* 2010).

En la recolección de aceituna de mesa se producen una serie de dificultades añadidas a la recolección de aceituna para almazara: fruto en estado 1 de maduración (color verde y con alta fuerza de retención, superior a 6 N); árbol activo, por lo que presenta alto riesgo de daño al tronco; estructura con abundantes ramas péndulas adaptada a la recolección manual; y frutos que pueden dañarse al impactar contra otros frutos, ramas o la máquina. Estas son las principales limitaciones del empleo de vibradores de troncos (Castro-García *et al.*, 2015). Los resultados alcanzados en ensayos en plantaciones comerciales de aceituna de mesa han mostrado un valor medio de 74% de derribo del fruto, sin emplear otro medio complementario y sin favorecedores de abscisión. En plantaciones donde los árboles habían sido podados en formas que facilitaban la transmisión de la vibración, la fuerza de retención de los frutos tuvo una importancia limitada. Para alcanzar una eficiencia de derribo elevada (>85%), los vibradores de troncos deberían ser capaces de producir elevados valores de aceleración en el tronco (185 m/s^2) en frecuencias cercanas a 28 Hz, y que la estructura del árbol amplifique al doble esta aceleración en las ramas fructíferas. Aunque el incremento de los valores de aceleración mejora la caída de los frutos, este incremento también produce un daño mayor en los frutos cosechados. Los daños ocasionados por la recolección con vibrador de troncos se han valorado en 3,5 veces mayores que los causados por recolección manual. Para mejorar el trabajo de los vibradores de troncos en la recolección del olivar de mesa se requiere el ajuste de los parámetros de la máquina (material y configuración de agarre, frecuencia, amplitud, tiempo de vibración), disponer de suficiente potencia en el tractor para el accionamiento de la máquina, limitar los volúmenes de copa excesivos y aplicar podas que faciliten la transmisión de la vibración. Esto debe ir asociado a una gestión rápida del fruto cosechado que permita introducir el fruto en una lejía diluida a baja concentración y temperatura, para detener el proceso de daño mecánico o molestado. En esta línea, la Interprofesional de la Aceituna de Mesa ha preparado un protocolo que facilite a los agricultores, técnicos e industriales la aplicación de la recolección mecanizada para la aceituna de mesa (INTERACEITUNA, 2007). De la misma manera, se están produciendo avances importantes en la introducción de los sacudidores de copa en la recolección de olivar de mesa con resultados prometedores.

8.2. Recogida de la aceituna

8.2.1. *Mecanización del movimiento de mallas*

Las aceitunas de los árboles vibrados, sacudidos o vareados caen en grandes mallas (fardos, mantones o telones) que, posteriormente, se vierten en otras más pequeñas, conocidas como faldillas (pequeños faldones reforzados en los vértices y cogidos por cuatro anillas o eslingas) cuya carga a un remolque puede ser facilitada usando una pluma capaz de elevarlos y descargarlos (Figura 15.56). Otra opción muy utilizada es verter el contenido de las mallas directamente en una pala cargadora de gran capacidad (Figura 15.57), que cuando se llena se vuelca en el remolque. Este se sitúa estacionario en la cabecera de la parcela y, si dispone de capacidad suficiente, 6-10 toneladas, puede recibir la recogida de un día entero. En algunos casos, es común descargar el fruto en cargadores situados en tractores (Figura 15.58). También se puede mecanizar el movimiento de las lonas, utilizando tractores convencionales o vehículos como tractocarros o quads (Figura 15.59). Otra alternativa muy utilizada es el empleo de sistemas recogedores de mallas (Figura 15.60). Estos sistemas pueden estar montados en el bastidor de una pala frontal, ser accionados por las tomas rápidas del tractor y asistidas por dos operarios. Las mallas se extienden bajo los árboles y se mueven para recoger varios árboles.

Figura 15.56. Manejo de faldillas con pluma.

Figura 15.57. Pala cargadora para el manejo de aceituna.

Una vez que están llenas, los operarios introducen un lateral de la malla en la tolva de la máquina y los extremos opuestos de la malla entre dos rodillos accionados que arrastran la malla para verter su contenido a la máquina. Las tolvas tienen una capacidad de carga entre 800 y 1.200 kg.

Figura 15.59. ATV - Quad utilizado en el movimiento de mallas.

Figura 15.58. Cargador trasero de aceitunas.

8.2.2. *Recolección de la aceituna del suelo*

Hay que tener en cuenta, que el fruto caído al suelo proporciona un aceite de menor calidad y precio. La mayoría de las almazaras disponen de líneas separadas de molturación para estas aceitunas, pero lo ideal es adelantar la recolección de tal manera que el porcentaje de fruto caído de forma natural sea poco importante. En cambio, hay años y zonas donde las condiciones meteorológicas, por frecuentes vientos y lluvias, propician una importante caída de fruto, que puede llegar al 90%. Esto hace necesario su recogida del suelo, siendo su destino un aceite de calidad más baja (lampante). Si esto ocurre, se puede optar por derribar el fruto que queda en el árbol directamente sobre el suelo y recoger toda la cosecha como aceituna de suelo. Para recoger la aceituna del suelo, ya sea de forma manual o mecánica, se necesita una preparación previa del suelo para que las operaciones de barrido y recogida puedan ser efectivas. Esta preparación, como ya se ha comentado, está ligada al sistema de manejo del suelo y se ha hecho, tradicionalmente, mediante el empleo de rulos que han trabajado según la línea de los árboles, mediante una labor cruzada o en redondo, buscando la compactación del terreno. La labor en redondo suele dejar un pequeño lomo que dificulta el trabajo de recogida con máquinas barredoras. Igualmente, es conveniente la retirada de hojas mediante soplado.

La recolección de la aceituna del suelo comprende las operaciones elementales de hilerado o agrupación de frutos, recogida, limpieza y carga de aceituna limpia.

La forma de realizarla varía si se hace con equipos compuestos o descompuestos (Blanco-Roldán y Gil-Ribes, 2002). En los sistemas descompuestos, en una primera fase, se sacan las aceitunas de la zona bajo la copa del árbol, mediante barredoras-hileradoras, facilitando así la acción de las máquinas recogedoras. Las máquinas compuestas se denominan barredoras-cargadoras. Todas estas máquinas tienen en común que deben ser de poca altura para poder penetrar bajo la copa de los árboles, siendo conveniente sacar la aceituna del ruedo con sopladoras para que puedan trabajar las recogedoras. Exigen un suelo muy preparado en cuanto a compactación y rugosidad, ya que los órganos agrupadores y recogedores, sean neumáticos o mecánicos, necesitan que los frutos estén sobre el suelo a la misma distancia de dichos órganos.

Barredoras-hileradoras

Estas máquinas por sí solas no realizan la recolección de la aceituna del suelo, sino que su misión consiste en agrupar la aceituna dispersa bajo la copa del árbol en una superficie más pequeña y, por tanto, facilitar el trabajo de las máquinas recogedoras, ya que a estas, en muchos casos, su tamaño no les permite introducirse en la zona de goteo y en otros, su anchura de trabajo es tan pequeña, que el tener que recorrer toda la superficie donde se encuentra caída la aceituna, hace que tengan unos bajos rendimientos.

Las barredoras-hileradoras se dividen, según el sistema que se utilice para el barrido de la aceituna, en:

- Mecánicas. Pueden ser acopladas al tractor o autopropulsadas. Se produce el barrido mediante el impulso que reciben los frutos provocado por el choque con algún elemento mecánico, ya sea una lona o unos flecos más o menos rígidos. Cuando se aplican con el suelo mojado y hay barro, condiciones muy normales en el olivar durante la época de recolección, no pueden trabajar o lo hacen muy mal, teniendo que realizar múltiples paradas para la limpieza y eliminación de obturaciones.

Figura 15.60. Recogedor de mallas con tolva.

• Neumáticas. El impulso de la aceituna se realiza mediante la proyección de un chorro de aire, por lo que se denominan sopladoras. Pueden ser de tipo personal, llevadas por el operario en forma de mochila (Figura 15.61), o acopladas al tractor (Figura 15.62). Las primeras disponen de un motor de gasolina, o bien son de batería, para accionar el ventilador y un tubo flexible con un mando de control que dirige la salida del aire. Trabajan mejor que las mecánicas cuando el suelo está húmedo, su rendimiento es de unos dos o tres minutos por árbol y prácticamente no dañan el fruto, aunque el operario puede soportar un nivel elevado de ruido y vibración. Con el suelo mojado la aceituna queda «clavada» y entonces su trabajo es ayudado con cepillos o rastrillos de plástico. También se usan para preparar el suelo para la recolección eliminando la hoja tras el pase del rulo compactador. Las sopladoras acopladas al tractor van suspendidas al tripuntal y el ventilador es accionado por la toma de fuerza (Figura 15.62). Pueden llevar dos salidas de aire para tubos flexibles, permitiendo así trabajar sobre dos filas de olivos cuando el tractor circula por el centro de las calles, o que dos operarios trabajen sobre un mismo árbol.

Figura 15.61. Sopladora neumática de mochila.

Figura 15.62. Sopladora neumática montada en tractor.

Barredoras-recogedoras

Al igual que las máquinas anteriores, las barredoras-recogedoras pueden ser mecánicas o neumáticas. Las barredoras-recogedoras mecánicas también necesitan una preparación del suelo muy exhaustiva y en condiciones de suelo mojado y barro o no trabajan o lo hacen muy mal.

• Mecánicas. Son máquinas autopropulsadas (Figura 15.63), aunque existen algunos modelos acoplados al tractor (Figura 15.64). Sus elementos constitutivos son:

a) Mecanismo recogedor. Formado por uno o dos cepillos recogedores de eje horizontal accionados por motores hidráulicos. En caso de dos cepillos estos giran en sentido contrario, recogiendo la aceituna del suelo y proyectándola hacia la tolva. La tendencia actual es que sean de cepillo único actuando a contramarcha. A veces, incorporan en la parte delantera un cepillo recogedor de eje vertical para sacar la aceituna del pie del árbol.

b) Depósito o tolva. Puede estar situada en la parte anterior o posterior de la máquina, siendo esta disposición la que permite mayor capacidad. Dispone de mecanismos hidráulicos de elevación para la descarga sobre un remolque o una limpiadora de aceituna.

c) Mecanismo transportador. Eleva la aceituna, desde el recogedor hasta la tolva, mediante una cinta transportadora con resaltes, realizada con materiales plásticos para evitar la corrosión. Suele disponerse en las barredoras-recogedoras con tolva trasera.

d) Sistema de limpieza. Las recogedoras grandes de tolva trasera pueden incorporar una cinta sinfín cribadora de varillas metálicas, tras la primera cinta transportadora, por donde las partículas de tierra de menor grosor que la aceituna caen al suelo, y un soplante o ventilador que completa la limpieza de la aceituna en el camino a la tolva (Figura 15.64).

• Neumáticas. Según se actúe sobre el fruto con una proyección de aire o mediante una depresión, pueden ser:

a) Sopladoras. Los modelos comerciales que ofrecen buena calidad del barrido presentan el inconveniente de su gran tamaño, que no le permite realizar la operación en olivares de marcos estrechos ni acercarse a los troncos de los árboles para recoger la aceituna de sus proximidades.

b) Aspiradoras. Existen distintos modelos en el mercado, alguno de ellos también poseen mecanismos de limpieza para evitar el transporte de gran cantidad de elementos (piedras, tierra, etc.) que se recogen junto a la aceituna hasta la almazara, donde se encuentran los equipos de limpieza (Figura 15.65). Básicamente, constan de una turbina accionada por la toma de fuerza del tractor, que genera la corriente de aire aspiradora. Las aceitunas son recogidas del suelo y transportadas, mediante tubos flexibles, hacia un depósito o tolva, que dispone de un sistema hidráulico de elevación para facilitar la descarga sobre remolque. Suelen ser máquinas asistidas, que requieren un operario por cada tubo de aspiración, para dirigir la boca del tubo hacia el fruto. Aunque también hay máquinas, tanto arrastradas como autopropulsadas, que no necesitan operarios adjuntos, ya que disponen de sistemas de cepillos giratorios que sacan las aceitunas del árbol y las agrupan y dirigen hacia la boca del tubo de aspiración. Esta combinación obtiene buenos rendimientos (Figura 15.66).

Figura 15.63. Barredora-recogedora mecánica
autopropulsada.

Figura 15.64. Sistema de limpieza de una
barredora-recogedora mecánica.

Figura 15.65. Aspiradora de aceitunas.

Figura 15.66. Aspiradora con elementos
agrupadores.

8.3. Limpieza y transporte

En todos los sistemas de recogida mecanizada de la aceituna del suelo es necesaria la limpieza previa a su transporte a la almazara, especialmente cuando se emplean máquinas barredoras. La razón es que se recogen gran cantidad de hojas, restos de triturado, barro e incluso piedras junto con el fruto, hasta el punto de no ser suficiente la limpieza que se realiza en la almazara y esta tiende a rechazar los remolques con exceso de impurezas por los problemas y falta de calidad que acarrean, llegando a penalizar el precio. Por ello, es cada vez más necesario disponer de sistemas de limpieza en campo que consisten en máquinas normalmente arrastradas por un tractor y que pueden ser accionadas a través de la toma de fuerza o bien estar dotadas de motor propio y, con ello, no necesitan a un tractor para su funcionamiento.

Disponen de una tolva de recepción del fruto, sobre la que descargan directamente las barredoras-recogedoras (Figura 15.67), y de dispositivos neumáticos, para separar elementos de poco peso como las hojas, y mecánicos (cilindros giratorios y sistemas de transporte con sacudidas), para separar los elementos más gruesos y pesados como el barro y las piedras.

El transporte de la aceituna hasta la almazara se realiza en remolques de gran capacidad, de 6.000 a 12.000 kg de carga, utilizándose los tradicionales o los más grandes de tipo bañera (de 11.000 kg a 14.000 kg), lo que permite no tener que realizar viajes durante la jornada de trabajo y, por tanto, libera el uso de un tractor. También, según el tipo de olivar y las opciones que la propia explotación elija, se usan otros tipos de sistemas de almacenamiento, como los contenedores (de 12.000 kg a 15.000 kg), transportados, posteriormente, hasta la almazara mediante camiones *multilift* (Figura 15.68), y los remolques con capacidad de elevación de la caja (de 3.500 kg a 4.500 kg), que permiten volcar su contenido en otros medios de mayor capacidad, por ejemplo, los contenedores (Figura 15.69).

Figura 15.67. Limpiadora de campo.

Figura 15.68. Contenedor y camión de transporte.

Figura 15.69. Remolque con capacidad de elevación de la caja.

Figura 15.70. Cisterna de transporte de la aceituna en líquido.

En la aceituna de mesa, con destino el consumo en verde, que ha sido recolectada de forma mecanizada, es necesario, para detener los daños que puedan provocarse sobre la misma, que el transporte a la industria (entamadora) se realice en cisternas que incorporen una solución líquida (hidróxido sódico al 0,3%) (Figura 15.70). En este caso, el proceso de posrecolección puede completarse con el uso de equipos de clasificación en campo (con sistemas de visión) que permitan descartan las aceitunas no aptas para el proceso de cocido, optimizando así la logística, pudiendo añadirse dispositivos que también gestionen la trazabilidad del fruto (Bayano-Tejero *et al.*, 2023) (Figura 15.71).

8.4. Recolección integral

8.4.1. *Cosechadoras de olivar*

Las máquinas que permiten una recolección integral del olivar y que, por tanto, pueden denominarse cosechadoras de olivar, realizan el derribo y la recogida de aceituna de manera simultánea, utilizando un mismo dispositivo, pudiendo diferenciarse en cuanto al sistema de derribo, vibrador de troncos o sacudidor de copa, y teniendo, en cada caso, diferentes posibilidades de adaptaciones y configuraciones para interceptar el fruto.

Figura 15.71. Prototipo de remolque para gestión (limpieza, clasificación y trazabilidad) de la aceituna en campo (Proyecto CPP INNOLIVAR).

Figura 15.72. Vibrador con paraguas.

Cuando se habla de vibradores, el equipo más usado es el compuesto por un una estructura de recepción en forma de paraguas invertido cuando está extendida (Figura 15.72) que envuelve la pinza. Dispone de un bastidor, cuya plataforma sirve de zona de almacenamiento de las aceitunas que caen en la superficie de recogida, y un sistema desplegable de largueros y lonas que giran alrededor de la plataforma envolviendo al olivo. El sistema se puede acoplar a un tractor, a otro vehículo de uso general o un vibrador autopropulsado. Cuando se llena la tolva se vacía en un remolque o en faldillas que, posteriormente, se cargan en el remolque y así se interrumpe menos el trabajo.

El vibrador acoplado a los paraguas puede ser de cualquiera de los tipos estudiados, aunque dotado de menos movimientos para el posicionamiento con respecto al tronco, por lo que se requieren troncos más verticales. Además, estas máquinas necesitan, para su funcionamiento adecuado, árboles de un solo pie, cruz alta y podas que favorezcan la transmisión de la vibración y eviten en lo posible el vareo complementario, el cual suele ser complicado de realizar, aunque muchos modelos incorporan largueros que se pueden retraer para permitir el acercamiento del vareador a la copa. Los principales problemas de estos equipos son la baja visibilidad que tiene el conductor durante la operación de agarre al tronco, que suele requerir de ayuda de otro operario, y el despliegue de los largueros y las lonas, que requiere que los árboles cercanos tengan una separación suficiente, que la pendiente del terreno lo permita y que no toque las ramas bajeras para que no amortigüe la vibración. Sin embargo, los fabricantes ya suelen incorporar medios para superar estos inconvenientes y estas máquinas pueden vibrar, aproximadamente, 50 árboles/hora.

En otros frutales, ha tenido éxito el dotar al vibrador de plataformas de recogida, es decir, integrar el sistema anterior en un solo equipo con el vibrador (Figura 15.73), pero su aplicación solo es posible en olivos de un pie y con el tronco de, al menos, un metro de altura. Existen equipos de este tipo formados por dos unidades autopropulsadas que funcionan en tándem (*side-by-side*), una que tiene como elemento fundamental el vibrador y la otra, los elementos de transporte y limpieza del fruto recogido. Estos son utilizados en la recolección del pistacho y tienen resultados muy interesantes en olivares adaptados (Figura 15.74).

Figura 15.73. Vibrador arrastrado con paraguas invertido.

Figura 15.74. Plataformas autopropulsadas con vibrador de troncos.

Alternativamente a los vibradores, los sistemas sacudidores de copa permiten la gestión simultánea del fruto derribado al localizar la vibración en zonas concretas del árbol. Pueden estar integrados en dos tipos de estructuras portantes: cabalgantes o laterales. Los sacudidores cabalgantes tienen los cabezales de vareo sobre una estructura en forma de pórtico o túnel, por el que se hace pasar la línea de árboles. En algunos casos se han desarrollado para poder aplicarse a olivar intensivo (Figura 15.75), aunque su uso más habitual es para olivar en seto (Figura 15.76). Los sacudidores laterales tienen los cabezales diseñados para aplicar la sacudida a una sola cara del árbol (Figura 15.77). Estas máquinas pueden trabajar, junto con otra unidad simétrica, en tándem, recogiendo la línea de los árboles, pero también con una única unidad, circulando alrededor del árbol, permitiendo así su empleo en olivos tradicionales, de uno o varios pies, con marcos amplios, o, alternativamente, realizando pases cruzados por las calles.

Figura 15.75. Cosechadora cabalgante con sacudidores de copa.

Figura 15.76. Cosechadora cabalgante en olivar en seto.

Figura 15.77. Prototipos de cosechadoras con sacudidores de copa laterales (izquierda: cortesía L. Ferguson; centro y derecha: Proyecto CPP INNOLIVAR).

Son máquinas pesadas y de gran volumen, con altos requerimientos de potencia en algunos casos. Su velocidad de trabajo varía entre 0,7 y 2 km/h, dependiendo de la penetración en la copa del olivo y de la trayectoria utilizada. Para un funcionamiento correcto, requieren plantaciones sin pendientes excesivas, con suelos sin problemas de compactación y con calles anchas (superiores a 6 m) y de longitud suficiente para no reducir su rendimiento de campo. En estas condiciones la capacidad de trabajo puede superar las 0,5 ha/h. Las estructuras de recepción que incorporan llevan las bandas transportadoras de gestión del fruto derribado y sistemas deformables, tipo escamas, para poder avanzar entre los troncos de los árboles, maximizando el contacto con ellos y evitar pérdidas. Para la aplicación satisfactoria de estos sistemas, es

necesaria una poda del árbol, adaptada a la geometría de los cabezales, que favorez-
ca su fructificación hacia las ramas exteriores del árbol, limite la altura de sus copas y
eleve la altura de ramas bajeras para permitir el paso de las estructuras de recepción.
En la actualidad, se está estudiando la viabilidad de cosechadoras que incorporen los
dos sistemas de derribo descritos, el vibrador de troncos y los sacudidores de copa,
permitiendo su uso combinado (Figura 15.78).

Figura 15.78. Prototipo de cosechadora con vibración y
sacudida simultánea (Proyecto CPP INNOLIVAR).

Figura 15.79. Túnel de vareo en una
cosechadora de olivar en seto

8.4.2. *Recolección del olivar en seto*

Las plantaciones de olivar de alta densidad, también denominadas de olivar
superintensivo o en seto, que partieron de la aplicación de técnicas desarrolladas
para la viña en espaldera, hace más de 30 años, continúan en expansión. Con ellas
se persigue intensificar la producción y su mecanización casi total. Se realizan con
densidades de 600 a 2000 plantas/ha, con marcos comprendidos entre 3,5 × 1,7 y 3
× 1,33 metros, en riego por goteo, aunque también existen en secano, y un sistema
de tutorado o tendido de cables para soportar las plantas.

El marco de plantación y la geometría en seto de los árboles se han diseñado
para poder llevarse a cabo con cosechadoras cabalgantes diseñadas específicamente para este tipo olivar. Los cabezales de sacudida están adaptados, a los reducidos
diámetros de los árboles, mediante un sistema de varas arqueadas poliméricas, con
forma de costillas, ancladas, en dos puntos del pórtico, a los mecanismos que las
accionan (Figura 15.79). Se colocan a ambos lados del bastidor, sacuden y presio-
nan la zona exterior de las copas, realizándose el ajuste entre ellos en función del
ancho de la vegetación (entre 5 y 15 cm), colocándose de forma alternada para que
no se encuentren unos frente a otros. Las varas se mueven, en un movimiento intermitente, a frecuencias alrededor de los 7 Hz.

Lo más habitual es que estas máquinas sean autopropulsadas y dispongan de transmisión hidrostática con motores en cada rueda, pero existe un incremento de los modelos arrastrados. Pueden trabajar a velocidades de hasta 12 km/h en trabajo y 27 km/h en transporte, en función de la regulación de la frecuencia de vibración. Disponen de un sistema de elevación, con cilindros hidráulicos sobre las ruedas, que permiten a las máquinas adaptar su altura a las copas y troncos de los árboles, mientras transitan por la hilera, y trabajar en pendientes laterales de hasta un 30%, de modo que el cabezal de recolección trabaje siempre paralelo al suelo.

La recepción de las aceitunas derribadas se realiza en el fondo del túnel, sobre escamas retráctiles, cestillas o cangilones recogedores que aseguran la estanqueidad con el tronco. Desde ahí son conducidas, por escalones flexibles o bandas transportadoras, hacia las tolvas situadas en la parte superior de la máquina, de capacidad, aproximada, entre 1.200 y 1.600 kg, cada una. En otros casos, pueden descargar, mediante cintas transportadoras, directamente a un remolque que circule, paralelamente, en las calles contiguas. Durante este recorrido se intercala un sistema de limpieza mediante despalilladoras o aspiradoras que empujan las ramas y hojas hacia el exterior de la máquina.

Respecto al funcionamiento de estas máquinas cabe destacar los siguientes aspectos: la cantidad de aceituna dejada en el olivo es de escasa consideración; realizan una buena limpieza del fruto recogido; requieren de una poda muy controlada de formación del seto, con la necesidad de limitar la altura del árbol (*topping*), subir las bajeras (*skirting*) y acotar su ancho (*hedging*); y pueden ocasionar pequeños daños de descortezado del pie del olivo y roturas en las ramas, principalmente, los primeros años de cosecha. El uso de sistemas de recolección integrales en el olivar intensivo y de alta densidad permitirán, entre otras posibilidades, el desarrollo de monitores de rendimiento junto con la determinación de parámetros de calidad del fruto, dando así un paso básico para el establecimiento de la Olivicultura de Precisión.

9. Evaluación de costes

Los sistemas tradicionales de análisis de costes en mecanización, como el establecido por ASABE (*American Society of Agricultural and Biological Engineers*), los agrupan en dos tipos: fijos o de posesión y variables o de uso. Los primeros incluyen la amortización técnica, el coste de oportunidad de la compra y los costes de alojamiento, seguros e impuestos. Los costes fijos totales anuales (euros/año) representan, de forma simplificada, un porcentaje del valor de adquisición de la máquina, comprendido entre el 10% y el 15%, siendo, en general, recomendable utilizar un 12%. Dividiendo por las horas que trabaja la máquina al año (horas/año), se obtienen los costes fijos totales horarios (euros/hora).

Los costes variables incluyen los de reparación y mantenimiento, el combustible, el lubricante, la mano de obra y el coste del tractor asociado a la máquina. Se considera, por tanto, que el coste horario total de una operación (euros/hora) comprende el coste del conjunto tractor-máquina y viene dado por la expresión conocida como Función de Costes, que agrupa a todos los anteriores. En el caso de máquinas autopropulsadas, el coste correspondiente al tractor desaparece.

Los costes de reparación y mantenimiento de la máquinas son los necesarios para mantenerlas utilizables. La forma más simple de obtenerlos es como un porcentaje del valor de adquisición, variable en función del tipo de máquina y operación (no es lo mismo un rulo que un vibrador o una trituradora de martillos), siendo el coste horario medio el resultante de dividirlo por el número de horas de vida útil de la máquina (Cuadro 15.8). Por ejemplo, para una barra de tratamientos el coste de reparación y mantenimiento, a lo largo de sus 2.000 horas de vida útil, sería igual al 70% de su valor de adquisición. Es una simplificación porque estos costes varían a lo largo de la vida de la máquina. Incluyen la renovación de elementos, por ejemplo, brazos, rejas, púas, martillos, correas, ejes, boquillas, filtros, etc.

CUADRO 15.8

Eficiencia de campo, velocidad y parámetros de costes de reparación y mantenimiento
(ASAE D497.4 y elaboración propia)

Máquina	Rendimiento (%)	Velocidad (km/h)	Vida estimada (horas)	Años de obsolescencia	Costes R&M totales en la vida (% del valor de adquisición)
Tractores					
4 ruedas motrices y oruga			10.000-12.000	15	100
Cultivadores					
Escarificador	70-85	5,5-6,5	2.500	12	70
Grada de púas	80-90	7-10	2.500	12	70
Rulo compactador	80-90	4,5-5,5	3.000	12	70
Trituradora	75-80	0,5-1,5	1.200	10	80
Desbrozadora	75-80	2,5-4,5	1.500	10	80
Varios					
Pulverizador	65-70	7-8,5	2.000	10	70
Atomizador	50-65	4,5-6	2.000	10	60
Abonadora	55-65	8,5-10	2.000	10	80

El coste de combustible se establece en función de su precio (euros/litro) y del consumo de combustible en la operación (litros/hora). Este depende del consumo específico del tractor (litros/kW·hora) y de la potencia desarrollada por el tractor en la operación realizada con la máquina (kW). El consumo actual medio de un tractor de 80 kW (110 CV), cuando realiza trabajos que exijan alrededor del 50% de su potencia máxima, es de, aproximadamente, 5-7 litros/h, consumiéndose más o menos conforme la operación demande mayor o menor potencia (tareas más pesadas o más ligeras). A este respecto, los tractores son cada vez más eficientes.

El coste del lubricante se obtiene en función de su precio, muy volátil, y del consumo, pero el cálculo se simplifica considerando que supone, aproximadamente, un 6% del coste del combustible. En conjunto, ambos conceptos suponen entre 5 y 8 euros/hora, al precio actual del gasoil agrícola. En cuanto a la mano de obra, el coste del tractorista, que debe incluir seguros sociales, pagas extras y vacaciones, puede establecerse según el Convenio Colectivo de la Provincia.

Por último, el cálculo de los costes del tractor asociado a la máquina incluye sus costes fijos y los de reparación y mantenimiento. En el caso de un tractor, el coste de reparación y mantenimiento, a lo largo de sus 10.000-12.000 horas de vida útil, sería igual a su valor de adquisición. Como se ha visto antes, el coste horario supone considerar el tiempo de uso del tractor al año (horas/año), que vendrá dado por la suma del tiempo empleado con cada máquina, más un porcentaje, alrededor del 10-15%, que se estima empleado en transporte y desplazamientos. Para un tractor de 90-110 CV con inversor, reductor y cabina integral, considerando que trabaja unas 700 horas/ año, el coste de uso del tractor por la máquina supone alrededor de 10-12 euros/ hora.

Si disponemos de tractores de diferentes potencias y los adecuamos a las máquinas que deben manejar, los costes horarios totales (euros/h) de la operación (conjunto tractor-máquina) se reducirían. Los costes por unidad de superficie (euros/ha), se obtienen a partir de los costes horarios (euros/h) y la capacidad superficial de trabajo de las máquinas (ha/h), que es función de su ancho de trabajo, de la velocidad y del rendimiento de campo. El ancho de la máquina no tiene que coincidir con el ancho de trabajo, ya que, en operaciones realizadas entre olivos este será equivalente a la anchura de la calle o a la mitad (pases dobles o cruzados).

El rendimiento o eficiencia de campo contempla todos los tiempos no efectivos (no empleados directamente en la realización de la labor), como son los tiempos accesorios (virajes, aprovisionamiento, etc.), los de reposo y los tiempos muertos, y depende de la organización del trabajo y de las condiciones locales de la explotación (pendientes, tamaño, forma y maniobrabilidad de las parcelas, estado del suelo, etc.). En el caso de la recolección, los tiempos y capacidades de trabajo también se pueden referir por pies o árboles.

El Cuadro 15.9 muestra valores de capacidad real de trabajo (ha/hora), obtenidos en diferentes plantaciones de olivar tradicional, y datos de precios (euros/ hora), para la campaña 2023-2024, facilitados por empresas de servicios especializadas en la mecanización del olivar, lo cual permite dar una idea real de los costes, debido a la dificultad para obtener datos sin tener en cuenta las condiciones particulares de cada explotación.

En el olivar de sierra el rendimiento de la maquinaria y de las personas es menor. Se estima que cuando la pendiente es superior al 15%, la dificultad de los trabajos crece de forma exponencial, suponiendo un aumento del coste de explotación e incrementándose los riesgos para la seguridad de los trabajadores. Por debajo de este valor, los costes aumentan linealmente con la pendiente y por encima la mecanización se hace muy difícil.

CUADRO 15.9

Capacidad de trabajo y precios de las operaciones (valores medios) facilitados por empresas de servicios (campaña 2023-24)

Operación	ha/hora	Euros/h
Con tractor:		
+ Abonadora centrífuga (1)	2-3,3	45
+ Atomizador	1,7-2	54
+ Cultivador (2)	1-1,5	50
+ Desbrozadora (cadenas/martillos)	1,3-2,5	50/60
+ Grada de púas	1,5-2,5	42
+ Pala agrupadora de restos de poda	0,5-0,8	39
+ Picadora	0,5-1	60
+ Pulverizador (barra)	1,4-2	48
+ Pulverizador (y 2 mangueras) (tratamiento vuelo)	1,7-2	68
+ Pulverizador (y 2 mangueras) (desvareto)	1	68
+ Remolque (para abonado)	2-3,3	39
+ Rulo	1,1-1,4	45
+ Sembradora + abonadora	1,5	45
+ Vibrocultivador (3) Sin tractor:	2-4	45
Desvareto (Hacha de desvaretar)	0,5-0,7	13
Poda (Motosierra) (4)	0,3	17
Pulverizador «de mochila»	1-2	13

Los precios de las empresas de servicios se consideran con un beneficio del 20%.

(1) Se puede aumentar su rendimiento utilizando tolvas de gran capacidad y mejorando el aprovisionamiento.

(2) Depende de la potencia y del ancho del apero. En olivar tradicional se dan dos y hasta tres pases por calle y se cruzan; en olivar intensivo se da un solo pase por calle y no se cruza, con lo que el rendimiento se duplica.

(3) En olivar tradicional: 2 ha/hora, en olivar intensivo: 4 ha/hora.

(4) Puede variar con la severidad de la poda. Se considera el coste de personal y 24 €/motosierra y jornada.

El Cuadro 15.10 muestra datos medios de precios (euros/hora) de operaciones de recolección, para la campaña 2023-2024, facilitados por empresas de servicios. Los vibradores acoplados al tractor, alcanzan capacidades de trabajo entre 1,4 y 1,75 ha/jornada y trabajan con cuadrillas de 6 a 8 operarios, para movimiento de mallas y vareo complementario, y un medio de recogida de la aceituna, como los cajones recogedores de fardos. Los vibradores autopropulsados, que trabajan con cuadrillas de 7 a 9 operarios, pueden vibrar entre 400 y 600 troncos/jornada, lo cual supone alcanzar capacidades de trabajo entre 1,7 y 2,5 ha/jornada, en olivar tradicional (suponiendo 3 troncos/árbol), y entre 1,5 y 3,7 ha/jornada, en olivar intensivo (suponiendo de 160 a 270 troncos/ha). En ambos casos, el coste de transporte de la aceituna puede situarse entre 18 y 27 €/tonelada. En el caso de la recolección de la aceituna del suelo, las barredoras recogedoras autopropulsadas tienen unas capacidades de trabajo de 2-3 ha/día y trabajan con el apoyo de 3 o 4 sopladoras manuales, para sacar la aceituna del centro del olivo y acordonarla.

Lógicamente, los costes totales de la recolección son muy variables, dependiendo de las características del olivar y de la parcela (número de pies por árbol, producción, tamaño y movilidad en la parcela, pendientes, etc.). Como precios orientativos se pueden dar los siguientes: Olivar adulto: 720 - 1.180 €/ha; Olivar Intensivo: con paraguas, 640 €/ha, con vibrador acoplado al tractor, 560-930 €/ha, y con vibrador autopropulsado, 650-1.040 €/ha; y Olivar Superintensivo : 350 - 410 €/ha. El coste de recolección por kilo depende, además, de la adaptación del árbol por poda, la producción por árbol y de los kilos recogidos por día, y está alrededor de 0,17-0,36 €/kg, pudiendo ser muy variable en función de las condiciones locales.

CUADRO 15.10

Precios de las operaciones de recolección (valores medios)
facilitados por empresas de servicios (campaña 2023-24)

Equipo	*Euros/h*
Con tractor	
+ Vibrador	55 - 60
+ Pala y Remolque	39
Sin tractor	
Vibrador autopropulsado	90 - 100
Cosechadora de aceitunas (superintensivo)	165
Barredora-recogedora	54 - 60
Recogedor de fardos	33 - 39
Vibrador de ramas (tipo personal) (1)	22
Sopladora (tipo personal) (2)	19

(1) Se considera el coste de personal y 54 €/vibrador y jornada.
(2) Se considera el coste de personal y 35 €/sopladora y jornada.

En el estudio de costes de la Asociación Española de Municipios del Olivo (AEMO, 2023), se establecen cuatro tipologías de olivar: Olivar Tradicional No Mecanizable (OTNM), que constituye un 20% de la superficie del olivar de España (2.459.182 ha) y está situado en zonas con pendientes superiores al 20%; Olivar Tradicional Mecanizable (OTM), 45% de la superficie; Olivar Intensivo (OI), 29% de la superficie; y Olivar Superintensivo o Seto (OS), 6% de la superficie. Y se obtienen los costes totales de cada uno (euros/ha, euros/kg de aceituna, euros/kg de aceite) y de sus operaciones, considerando los epígrafes de personal, maquinaria, fitosanitarios y abonos y las técnicas de cultivo óptimas. Algunos de los datos se recogen en el Cuadro 15.11.

CUADRO 15.11

Costes de producción, incluyendo insumos, expresados en euros por hectárea, según AEMO (2023)

Tarea	Costes (€/ha) según tipología de olivar (AEMO) (1)			
	OTNM	OTM	OI	OS
Poda, eliminación de restos y desvareto	220,58	293,25	298,15	356,21
Aplicación fitosanitarios	233,35	251,81	303,73	460,45
Mantenimiento del suelo (2)	433,51	625,08	611,69	366,90
Fertilización	226,22	248,65	353,37	393,36
Riego (3)	0	736,06 (R)	800,51 (R)	866,70
Recolección (4)	572,56	805,00 1.046,50 (R)	773,50 1.000,05 (R)	810,00
Coste total (€/ha) (4)	1.686,21	2.270,18 3.201,36 (R)	2.340,44 3.367,50 (R)	3.253,58
Producción media (kg/ha) (4)	1.750	3.500 6.000 (R)	5.000 10.000 (R)	10.000
Coste total (€/kg) (4)	0,96	0,65 0,53 (R)	0,47 0,34 (R)	0,33

(1) OTNM: Olivar Tradicional No Mecanizable; OTM: Olivar Tradicional Mecanizable; OI: Olivar Intensivo; OS: Olivar Superintensivo o Seto.

(2) OTNM: No laboreo y Cubierta vegetal espontánea; OTM y OI: Laboreo mínimo y Cubierta vegetal espontánea; OS: No laboreo y Cubierta vegetal espontánea;

(3) El OTNM solo se considera en secano. El OTM y el OI se consideran en secano y en regadío (R). El OS solo se considera en regadío..

(4) Para el OTNM y el OI se muestran los valores en secano y en regadío (R).

Como datos medios, se puede decir que los rangos de variación de cada operación en las tipologías de olivar mecanizable son los siguientes: Aplicación de fitosanitarios: 7,6% (OTM regadío) a 14,4% (OS); Poda, picado y desvareto: 10,9%

(OI regadío) a 16% (OI secano); Fertilización: 6,5% (OTM regadío) a 13% (OI secano); Mantenimiento del suelo 10,4% (OS) a 23,7% (OTM secano); Recolección: 26,4% (OS) y 41,1% (OTM secano).

10. Nuevas tecnologías aplicadas a la mecanización del olivar

La mecanización del olivar ha experimentado un avance significativo en las últimas décadas, siendo las innovaciones tecnológicas, incorporadas en las diversas máquinas, las responsables de gran parte de la transformación que se ha producido en las operaciones de cultivo y recolección, optimizando tanto la eficiencia como la sostenibilidad económica, medioambiental y social. La tendencia a incorporar las llamadas TIC (Tecnologías de la Información y la Comunicación), junto con el procesamiento de la enorme cantidad de datos (*Big Data*), que pueden generarse con el empleo de sensores electrónicos, es un proceso continuo que va a configurar el desarrollo de la gestión de las explotaciones olivareras en los próximos años, y de sus parques se maquinaria, teniendo el apoyo de herramientas, tan potentes, como los sistemas de toma de decisiones (DSS) y, en última instancia, los algoritmos de Inteligencia Artificial (IA). Todo esto configura la llamada Olivicultura 4.0.

La Agricultura de Precisión cuyo objetivo es el máximo rendimiento económico con el mínimo consumo de recursos y procurando disminuir el impacto ambiental, ha sido el primer paso para que la maquinaria agrícola se adapte a estos nuevos sistemas de gestión integral mediante el uso de diferentes tecnologías (Agüera, 2004). Para ello, están siendo clave el perfeccionamiento de los sensores, los sistemas informatizados y la gestión de las comunicaciones tractor-máquina con sistemas como el ISOBUS (Norma ISO 11783).

Una de las áreas donde más se ha avanzado es en la automatización de la maquinaria. Los parámetros que pueden medir los sensores son tratados de manera conveniente para que los actuadores, que incorporan las máquinas, puedan realizar un trabajo diferenciado en la parcela, modificando los ajustes de las mismas en tiempo real. Forman parte de esta automatización, los equipos con tecnología de aplicación de Dosis Variable (*Variable Rate Technology*, VRT) incorporados, por ejemplo, en máquinas de distribución de fitosanitarios, abonadoras, sembradoras e incluso equipos de laboreo. Equipos avanzados, como las barras herbicidas con sensores de detección de malas hierbas (por sistemas basados en fluorescencia de clorofila o en el cálculo de índices de vegetación, como el NDVI) y los atomizadores con sensores para la medida del volumen de copa (cámaras o detección por ultrasonidos) pueden ajustar la cantidad de químicos aplicados, en función de las necesidades específicas de la plantación, minimizando el impacto ambiental y garantizando que el cultivo reciba la protección adecuada (Figuras 15.34 y 15.40).

Los vehículos utilizados en el olivar también han progresado, tecnológicamente, con la incorporación de sistemas de guiado automático, basados en navegación por satélite (*Global Navigation Satellite System,* GNSS), que permiten la ejecución de tareas, como ya se ha visto en las plantadoras, con una precisión milimétrica. Cabe distinguir que estos vehículos pueden ser tanto terrestres como aéreos (Figura 15.80). Un salto cualitativo es la introducción de sistemas robotizados que permiten la realización de una navegación autónoma a diferentes niveles. En este sentido, se están empezando a introducir algunas plataformas multifuncionales especializadas, equipadas para realizar diferentes tareas agrícolas, o bien adaptadas para albergar una variedad de herramientas intercambiables. Estas plataformas pueden ser configuradas para podar, desbrozar, o aplicar tratamientos fitosanitarios, pero su uso más común suele ser el de monitorización de parámetros agronómicos.

Figura 15.80. Vehículo autónomo equipado con atomizador (izquierda) y UAV (dron) para tratamientos fitosanitarios (derecha).

La incorporación de sistemas de posicionamiento junto con el envío de datos por GSM/GPRS ha propiciado diferentes desarrollos comerciales con diversos fines. Un ejemplo de esto son los sistemas de Gestión de las Flotas que permiten localizar las máquinas, conocer el estado de los sensores en tiempo real o analizar otros parámetros, relacionados con los tiempos, como sus capacidades de trabajo.

Por último, otra aplicación, poco desarrollada hasta la fecha, es la monitorización de la cosecha (kg/ha), y su registro y georreferenciación en tiempo real, con el objetivo de obtener mapas de variabilidad espacial. Esto se concreta en los llamados monitores de cosecha, que pueden integrarse en las cosechadoras o en otros elementos de almacenamiento y combinarse con sistemas de calidad para realizar un control digital de la trazabilidad del producto.

11. Seguridad y salud en el uso de la maquinaria

Los riesgos laborales que se producen en las operaciones relacionadas con el olivar son originados, fundamentalmente, por dos factores: maquinaria agrícola y demás equipos de trabajo y exposición a contaminantes químicos. La prevención de estos riesgos debe efectuarse siguiendo los principios de la acción preventiva establecidos en el artículo 15 de la Ley 31/1995, de 8 de noviembre, de Prevención de Riesgos Laborales. El primero de ellos es evitar los riesgos y, en este sentido, la seguridad de las máquinas, garantizada mediante su diseño y fabricación, es una condición absolutamente necesaria para que su utilización no suponga riesgos para los trabajadores. Por ello, es vital que los fabricantes cumplan las disposiciones legales que afectan a su comercialización o puesta en servicio (Blanco-Roldán y Cano-Gordo, 2016), en concreto, el Real Decreto 1644/2008, derivado de la Directiva 2006/42/CE, de Máquinas, que indica que todas las máquinas deben fabricarse según unos Requisitos Esenciales de Seguridad y Salud, considerándose conforme a estos las máquinas que estén provistas de marcado CE y Declaración de Conformidad. Además, deben suministrarse con el correspondiente Manual de Instrucciones, donde se recogerán los procedimientos de puesta en funcionamiento, regulación y mantenimiento y los riegos específicos generados en el trabajo. Por otra parte, la utilización de las máquinas, por parte de los usuarios (agricultores y técnicos), en condiciones de seguridad y salud, está reglamentada en las disposiciones del Real Decreto 1215/1997.

Como consecuencia de la aprobación de legislación de uso sostenible de plaguicidas, Directiva 2009/128/CE, también fue modificada la citada Directiva de Máquinas, para incluir Requisitos Esenciales de Salud y Seguridad para la protección del medio ambiente, aplicables a los equipos de aplicación de productos fitosanitarios, obligando a los fabricantes a cumplir el Real Decreto 494/2012, que modifica el Real Decreto 1644/2008.

En relación a los riesgos de seguridad, el principal es el de atrapamiento por vuelco, lateral o posterior, del tractor o máquina. Este riesgo es importante en el olivar por ser un cultivo que se da en muchas zonas de sierra, con pendientes acusadas, afectando, en general, a todas las operaciones mecanizadas, como, por ejemplo, la aplicación de tratamientos fitosanitarios, sobre todo, cuando el depósito de la máquina va a remolque, situación en la que ayuda a desestabilizar el conjunto tractor-máquina, especialmente en el descenso. El vuelco depende del tipo y porcentaje de la pendiente, del tractor, de la velocidad de trabajo, del apero, de las irregularidades del terreno y de la pericia y formación del conductor. Las medidas preventivas que pueden adoptarse frente al riesgo pasan por evitar todas las situaciones citadas de inestabilidad, por ejemplo, adecuar el conjunto tractor-máquina, no circular por zonas con terrenos irregulares y con obstáculos (cárcavas) o realizar acciones de formación sobre conducción segura, pero la principal de ellas sería el uso de tractores adecuados para el trabajo en pendientes (véase Apartado 3). En este sentido, se han desarrollado prototipos de tractores que permiten adaptar la posición del centro de gravedad (aumento del ancho de vía y disminución de la altura) a las situaciones de inestabilidad que se produzcan, detectadas, en tiempo real, mediante sensores inerciales instalados en su estructura, siendo muy adecuados para el trabajo en condiciones de seguridad en olivares en pendiente (Figura 15.81).

También se pueden instalar en el tractor dispositivos, basados en sensores inerciales, que analicen la estabilidad dinámica y emitan señales de aviso al tractorista, visuales o acústicas, cuando se produzcan situaciones de riesgo (Patente PCT-EP2014-073607). No obstante, la mayoría de la veces, hay que recurrir a medidas de protección colectivas, como son las estructuras ROPS (*Roll-Over Protection Structures*) homologadas, tipo arco (delantero o trasero), bastidor o cabina.

Otro riesgo de seguridad importante es el de atrapamiento por el conjunto toma de fuerza – eje cardánico – eje de accionamiento del apero, que puede producir accidentes por arrastre del operario si no se instalan y mantienen las protecciones (resguardos fijos) de cada uno de los elementos (Figura 15.82).

Figura 15.81. Prototipo de tractor para trabajo en pendientes (Proyecto CPP INNOLIVAR).

Figura 15.82. Conjunto toma de fuerza – eje cardánico – eje de accionamiento de la máquina no protegido.

En cuanto a los riesgos higiénicos y, en concreto, los relacionados con el medioambiente físico de trabajo, mención especial merece, por su importancia en las máquinas, la exposición a ruido y vibraciones, debido a los altos niveles que se producen, lo que origina la aparición de enfermedades profesionales relacionadas con estos dos agentes (Blanco-Roldán *et al.*, 2003). En el Cuadro 15.12 se relaciona el nivel de exposición diario equivalente de ruido (LAeq), determinado con un dosímetro, y el valor total de aceleración de las vibraciones globales o de cuerpo completo (VCC), determinado mediante un acelerómetro triaxial ubicado en el asiento de la máquina o en la zona de apoyo de la máquina con el operario (por ejemplo la espalda o el hombro en los equipos que se llevan colgados en bandolera), en diversos puestos de trabajo relacionados con la recolección mecanizada del olivar (Vicario *et al.*, 2001). En ambos casos los valores están referidos a un periodo de ocho horas (jornada laboral).

Se observa que, prácticamente, en todos los puestos de trabajo los niveles de ruido obtenidos están por encima del valor límite (87 dBA) que marca el Real Decreto 286/2006, siendo muy acusados en el caso de las sopladoras-barredoras, cuyo motor se sitúa cerca del pabellón auditivo, lo que hace obligatorio el uso de protectores auditivos. En cuanto a VCC, la mayoría de las máquinas se sitúan, en general, entre el nivel de acción (0,5 m/s²) y el valor límite (1,15 m/s²) establecidos por el Real Decreto 1311/2005.

CUADRO 15.12

Nivel de ruido, LAeq,d (dBA), y Valor total de aceleración de las Vibraciones de Cuerpo Completo, av (m/s²), en puestos de trabajo de la recolección mecanizada de la aceituna

Puesto de trabajo	LAeq,d (dBA)	av (m/s²)
Sopladoras-Barredoras		
Máquina 1	97,3	0,406
Máquina 2	99,2	0,396
Ayudante con rastrillo manual	89,4	—
Tractor con vibrador de troncos		
Vibrador 1	95,2	0,640
Vibrador 2	94,4	0,560
Ayudante vareador	91,9	—
Tractor con pala	88,4	0,660
Tractor con grúa pluma	87,6	0,374
Barredora-Recogedora autopropulsada	90,9	0,483

En cuanto a las vibraciones mano-brazo (VMB), que son las transmitidas a través de la empuñadura de la máquina, han marcado el desarrollo de los vibradores de ramas, ya que los valores registrados al comienzo del uso masivo de estas máquinas, por encima, incluso, de los límites de exposición diaria incrementados (20 m/s²), hicieron que los fabricantes incorporaran, en sus diseños, elementos de aislamiento de las mismas, buscando conseguir su reducción a niveles admisibles. En trabajos de este tipo, donde, además, se pueden combinar otros riesgos, como los asociados a la manipulación manual de cargas y las posturas forzadas (originados, ambos, durante las operaciones de levantamiento de la máquina, para realizar el enganche de la rama, y de mantenimiento de la posición durante la vibración, sobre todo en ramas altas), es conveniente rotar los puestos de trabajo, no primando nunca el uso de la máquina por un único operario.

Entre las medidas de prevención, se destacan las medidas técnicas de reducción de la vibración y el ruido en su origen, estando, en primer lugar, la elección de máquinas y equipos que emitan bajos niveles de ambos agentes, requisito legal exigido a fabricantes, por el Real Decreto 1644/2008, y que debe ser incluido en el Manual de Instrucciones («Declaración de ruido» y «Declaración de vibraciones»). También señalar que la información sobre los riesgos y la formación en métodos correctos de trabajo de los trabajadores expuestos son aspectos básicos para una óptima prevención.

En la aplicación de productos fitosanitarios están presentes los riesgos asociados a la propia maquinaria y equipos de aplicación y los relacionados con la exposición a contaminantes químicos, de ahí la importancia de estas operaciones desde el punto de vista de la seguridad y salud (Blanco-Roldán *et al.*, 2005). Los contaminantes químicos pueden penetrar en el organismo por vía respiratoria, dérmica y digestiva. La información sobre la toxicidad del producto (en forma de pictograma) junto con otros datos relativos a su aplicación y manipulación (uso, dosis, modo de empleo, riesgos o frases «R», consejos de prudencia o frases «S», etc.) vienen recogidos, de forma resumida, en la etiqueta del envase que contiene el producto. Por tanto, es premisa básica para prevenir riesgos en la aplicación de fitosanitarios, leer detenidamente la etiqueta y seguir sus indicaciones. Complementariamente, la Ficha de Datos de Seguridad suministra información sobre la composición del producto, identificación de riesgos, medidas en casos de vertidos accidentales, consideraciones para el correcto almacenamiento y manipulación, datos toxicológicos y ecológicos, etc.

Como la pulverización origina aerosoles, nieblas, gases y vapores orgánicos, la inhalación del contaminante es causa importante de intoxicación, especialmente en la fase de preparación del caldo, ya que se produce con el producto concentrado, debiendo extremar las precauciones también frente a salpicaduras o derrames, con respecto al riesgo por vía dérmica, pero también puede producirse durante el tratamiento. Estas operaciones deben realizarse con Equipos de Protección Individual (EPIs) que protejan el cuerpo (trajes), pies (botas de goma), manos (guantes), ojos y cara (gafas o pantallas) y las vías respiratorias (mascarillas o máscaras).

De igual modo la inhalación del producto puede producirse durante el tratamiento (Figura 15.83). En este caso lo ideal es que el tractor lleve cabina integral con filtros de alta eficacia de retención de contaminantes químicos, calificada como Categoría 4 según la Norma UNE-EN 15695-1:2018 (Figura 15.84). En caso contrario, se tiene que realizar la aplicación llevando puesto el Equipo de Protección Individual para las vías respiratorias dentro de la cabina, de igual forma que se haría si el tractor no la tuviera.

El riesgo de intoxicación por vía dérmica está presente durante todo el proceso, incrementándose en las operaciones de preparación del caldo, llenado y vaciado del depósito, trasvases, mantenimiento y reparación de elementos del circuito. Además del uso obligatorio de los correspondientes EPIs hay que tener en cuenta los siguientes aspectos:

- Proteger al operador del líquido pulverizado. En el olivar es frecuente utilizar barras de tratamientos colocadas en la zona frontal o lateral del tractor (Figura 15.38), por tanto, si además hay viento, el tractorista puede recibir parte del líquido. En estos casos, como se ha comentado, es necesario que el tractor esté equipado con una cabina integral. La aplicación sobre los árboles con mangueras y pistolas incrementa el riesgo de contacto al estar más cerca del producto, siendo, por tanto, obligatorio que la puesta en marcha del equipo solo se pueda realizar de manera voluntaria.

• Evitar derrames en el llenado del depósito y contactos con el producto durante el vaciado. La presencia de un depósito de transferencia o la ubicación de la boca de llenado a unas distancias que faciliten el acceso, también evitan posibles contactos accidentales con el producto. El orificio de vaciado del depósito se dispondrá para que pueda ser utilizado sin riesgo de vertido sobre el operario. Para efectuar con seguridad las operaciones de llenado y vaciado, el depósito tendrá un indicador que permita cuantificar el nivel de líquido que hay en cada instante.

• Evitar fugas en la bomba, depósito, toma de llenado, tuberías y boquillas y eliminar obstáculos en la pulverización. Se realizará el mantenimiento adecuado de los elementos del circuito. Asimismo, está indicado el uso de elementos antigoteo en las boquillas. Por último, el equipo debe incorporar un depósito de agua limpia para el uso del personal que realice la aplicación.

Figura 15.83. Cabina sin protección frente al líquido pulverizado.

Figura 15.84. Tractor equipado con cabina de protección (Categoría 4) frente al líquido pulverizado.

Cuando el tratamiento se hace con pulverizadores portátiles o de mochila, la única protección posible es la individual, al igual que cuando la pulverización se realiza con pistolas manuales.

Generalmente, cuando el producto entra por vía digestiva es debido a descuidos, como fumar, beber, o comer sin lavarse las manos después de una aplicación, desatascar las boquillas con la boca, posibles confusiones con alimentos, etc. Para evitar estas actitudes es esencial informar y formar a los trabajadores sobre estos riesgos. Además de las ya citadas exposiciones por vía dérmica, también puede producirse por el contacto con partes contaminadas, como la propia ropa, partes del tractor o el propio cultivo, siendo, por tanto, obligatorio el uso de protección individual durante el tratamiento.

Además de las medidas técnicas encaminadas a disminuir el agente, es posible establecer medidas organizativas, orientadas a disminuir la exposición del trabajador al agente. En este sentido, puede realizarse rotación en los puestos de trabajo, teniendo en cuenta que los trabajadores que se intercambian deben estar perfectamente formados en la aplicación de fitosanitarios. Si no, se pueden generar riesgos más graves.

Agradecimientos

Los autores agradecen la financiación recibida por el Ministerio de Ciencia e Innovación a través de los Proyectos de Compra Pública Precomercial (CPP) ME-CAOLIVAR (2013-2015) e INNOLIVAR (2017-2022), cofinanciados por el Fondo Europeo de Desarrollo Regional (FEDER), y patrocinados por las Organizaciones Interprofesionales del Aceite de Oliva Español (OIAOE) y de la Aceituna de Mesa (INTERACEITUNA). Igualmente, agradecen la colaboración de los Catedráticos Dr. D. Jesús A. Gil Ribes y Dr. D. Francisco Jesús López Jiménez, coautores de este capítulo en ediciones anteriores; de los Profesores Dr. D. Francisco Jiménez Jiménez, Dr. D. Francisco José Castillo Ruiz y Dr. D. Francisco Márquez García; y de los Ingenieros: D. Fernando Fernández Cuenca, Dr. D. Alberto Godoy Nieto, D. Juan Luis Gamarra Diezma, Dr. D. Sergio Bayano Tejero y Dr. D. Antonio Miranda Fuentes.

12. Bibliografía

AEAC-SV. (2000). Agricultura de conservación en el olivar: cubiertas vegetales. Asociación Española de Agricultura de Conservación-Suelos Vivos. Córdoba.

AEMO. (2023). Aproximación a los costes del cultivo del olivo. Asociación Española de Municipios del Olivo (AEMO).

Agüera, J.; Pérez, M. (2004). Agricultura de precisión. En: Técnicas de agricultura de conservación. Gil-Ribes, J.; Blanco-Roldán, G.L.; Rodríguez-Lizana, A. (eds.). EUME-DIA-Mundi-Prensa. Madrid.

ASAE. (2003). D497.4 FEB 03. Agricultural machinery management data.

Barranco, D.; Arquero, O.; Navarro, C.; Rapoport, H.F. (2004). Monopotassium phospate for olive fruit abscision. *HortScience*, 39, 6: 1313-1314.

Bayano-Tejero, S.; Martínez-Gila, D.; Blanco-Roldán, G.L.; Sola-Guirado, R.R. (2023). Cleaning system, batch sorting and traceability between field-industry in the mechanical harvesting of table olives. Postharvest Biology and Technology, 199, 112278.

Blanco-Roldán, G.L.; Gil-Ribes, J.; Agüera, J. (2001). Optimization of the design and use of shaker machines for mechanically harvesting of olive trees in Spain. ASAE Annual International Meeting. Sacramento (California, USA).

Blanco-Roldán, G.L.; Gil-Ribes, J. (2002). Nuevas tecnologías y equipos para la mecaniza ción del olivar. *Vida Rural,* 149: 70-72.

Blanco-Roldán, G.L.; Gil-Ribes, J.; Blanco, R.; Vicario, J. (2003). Evaluación del ruido y las vibraciones en la maquinaria. *Vida Rural*, 165: 74-78.

Blanco-Roldán, G.L.; Gil-Ribes, J. (2004). Maquinaria utilizada en agricultura de conservación: cultivos leñosos. En: Técnicas de agricultura de conservación. Gil-Ribes, J.; Blanco-Roldán, G.L.; Rodríguez-Lizana, A., (eds.). EUMEDIA-Mundi-Prensa. Madrid.

Blanco-Roldán, G. L.; Gil-Ribes, J. A.; Kouraba, K.; Castro-García, S. (2009). Effects of trunk shaker duration and repetitions on removal efficacy for the harvesting of oil olives. *Applied Engineering in Agriculture,* 25(3), 329-334.

Blanco-Roldán, G.L.; Vicario, J.; Gil-Ribes, J. (2005). Seguridad y salud en la agricultura. Maquinaria para la aplicación de productos fitosanitarios en el olivar. *Formación de Seguridad Laboral*, 79: 108-113.

Blanco-Roldán, G.L.; Gil-Ribes, J.A.; Gamarra-Diezma, J.L.; Guillén, A., Miranda, A. (2014). Fabricación, comercialización, puesta en servicio e inspección de equipos de aplicación de productos fitosanitarios. Guía técnica para fabricantes y usuarios. Ed. Junta de Andalucía. Sevilla.

Blanco Roldán, G.L.; Cano-Gordo, R. (2016). Aspectos fundamentales para garantizar la seguridad en la maquinaria agroforestal. Vida Rural (MAQ), 416, 32-38.

Blanco Roldán, G.L.; Gil-Ribes, J.A. (2018). Convenio de CPP Innolivar, innovación en la mecanización del olivar. Vida Rural (MAQ), 447, 30-38.

Blanco-Roldán, G.L.; Serrano-Castillo, N.; Castillo-Ruiz, F.J. (2020). Últimos avances en maquinaria para la poda en frutales. Vida Rural, noviembre, 50-56.

Blanco Roldán, G.L.; Godoy-Nieto, A. (2023). Innovaciones en los equipos de aplicación de productos fitosanitarios. Tecnologías para optimizar la dosificación y eficacia de los tratamientos en olivar. Vida Rural, octubre, 58-65.

Castillo-Ruiz, F. J.; Sola-Guirado, R. R.; Castro-García, S.; González-Sánchez, E. J.; Colmenero-Martínez, J. T.; Blanco-Roldán, G. L. (2017). Pruning systems to adapt traditional olive orchards to new integral harvesters. Scientia Horticulturae, 220, 122-129.

Castillo-Ruiz, F.J.; Blanco-Roldán, G.L. (2020). Maquinaria para manejo de restos de poda en cultivos frutales. Vida Rural, febrero, 50-56.

Castro-García, S.; Gil-Ribes, J. A., Blanco-Roldán, G. L.; Agüera Vega, J. (2007). Mode shapes evaluation of trunk shakers used in oil olive harvesting. *Transactions of the Asabe,* 50(3), 727-732.

Castro-García, S.; Blanco-Roldán, G. L.; Gil-Ribes, J. A.; Agüera-Vega, J. (2008). Dynamic analysis of olive trees in intensive orchards under forced vibration. *Trees Structure and Function,* 22(6), 795-802.

Castro-García, S.; Castillo-Ruiz, F. J.; Jimenez-Jimenez, F.; Gil-Ribes, J. A., Blanco-Roldán, G. L. (2015). Suitability of Spanish 'Manzanilla' table olive orchards for trunk shaker harvesting. *Biosystems Engineering,* 129(0), 388-395.

Convenio de Compra Pública Precomercial (CPP) MECAOLIVAR. (2013-2015). Ministerio de Economía y Competitividad. Universidad de Córdoba.

Convenio de Compra Pública Precomercial (CPP) INNOLIVAR. (2017-2022). Innovación y tecnología para un olivar sostenible. Ministerio de Ciencia e Innovación. Universidad de Córdoba.

Ferguson, L., Rosa, U. A., Castro-García, S., Lee, S. M., Guinard, J. X., Burns, J., *et al.* (2010). Mechanical harvesting of California table and oil olives. *Advances in Horticultural Science,* 24(1), 53-63.

Ferguson, L.; Castro-García, S. (2014). Transformation of an Ancient Crop: Preparing California 'Manzanillo' Table Olives for Mechanical Harvesting. *Hort Technology*, 24(3), 274-280.

Gil-Ribes, J.; Marcos, N.; Cuadrado, J.D.; Agüera, J.; Blanco-Roldán, G.L. (2005). Estudio de la compactación en cubiertas vegetales de olivar. *Agricultura de Conservación,* 1: 28-31.

Gil-Ribes, J.; Osuna, V.; Gil, A. (1998). Evolución de los parámetros coyunturales que condicionan la recolección de la aceituna. *Mercacei,* 2: 54-57.

Gil-Ribes, J.A.; Blanco-Roldán, G.L.; Castro-García, S. (2009). *Mecanización del cultivo y de la recolección en el olivar.* Junta de Andalucía, Sevilla, España.

Grupo Operativo GOP31-CO-16-007. (2018-2019). DOSAOLIVAR: Dosificación de productos fitosanitarios en olivar. European Innovation Partnership (EIP), CAP (FEADER). Miembros: DCOOP SCA (representante), Universidad de Córdoba - Campus de Excelencia Internacional Agroalimentario ceiA3, DTA-COSIGEIN, Osuna-Sevillano.

Hermosín, M.C., Calderón, M.J., Real, M., Cornejo, J. (2013). Impact of herbicides used in olive groves on waters of the Guadalquivir river basin (southern Spain). *Agric. Ecosyst. Environ.* 164, 229–243.

ISO 10625: 2018. Equipment for crop protection. Sprayer nozzles. Colour coding for identification. ISO.

INTERACEITUNA, 2007. Manual práctico de recolección mecanizada de aceituna de mesa. Ed. Organización Interprofesional de la Aceituna de Mesa (Interaceituna), Fundación Caja Rural del Sur. Sevilla

Junta de Andalucía (2006). *Buenas prácticas en el manejo de suelos en el olivar.* Ed. Consejería de Agricultura, Pesca y Alimentación. Sevilla.

Kouraba, K.; Gil-Ribes, J.; Blanco-Roldán, G.L.; De Jaime, M.A.; Barranco, D. (2004). Suitability of olive varieties for mechanical shaker harvesting. *Olivae,* 101, 38-43.

Lobo, J. (2006). Aprovechamiento de la biomasa agrícola en Andalucía. I Congreso Internacional de Bioenergía. Valladolid.

López, F.J.; López, A.; Dorado, M.P. (2007). Estudio de la viabilidad de la recogida de restos de poda del olivar, tratamiento y almacenamiento para uso posterior como combustible en calderas de edificios públicos. Congreso Nacional Agroingeniería 2007. Albacete.

Miranda-Fuentes, A.; Rodríguez-Lizana, A.; Cuenca-Cuenca, A.; Blanco-Roldán, G.L.; Gil-Ribes,. J.A. (2016). Development of airblast sprayers to improve pesticide applications in tradicional olive canopies. CIGR-AgEng Conference. Aarhus, Denmark.

Miranda-Fuentes, A.; Llorens, J.; Gamarra-Diezma, J.; Gil-Ribes, J.; Gil, E. (2015). Towards an Optimized Method of Olive Tree Crown Volume Measurement. *Sensors* 15, 3671–3687.

Patente PCT-EP2014-073607 (2015). Dynamic rollover protection system.

Pérez-Ruiz, M.; Rallo, P.; Jiménez, M. R.; Garrido-Izard, M.; Suárez, M. P.; Casanova, L.; Morales-Sillero, A. (2018). Evaluation of over-the-row harvester damage in a super high density olive orchard using on board sensing techniques. Sensors, 18(4), 1242.

Rosell, J.R.; Sanz, R.; (2012). A review of methods and applications of the geometric characterization of tree crops in agricultural activities. *Computers and Electronics in Agriculture.* 81, 124– 141.

Sessiz, A.; Ozcan, M.T. (2006). Olive removal with pneumatic branch shaker and abscission chemical. *Journal of Food Engineering,* 76: 148-153.

Sola-Guirado, R. R.; Castro-García, S.; Blanco-Roldán, G. L.; Jiménez-Jiménez, F.; Castillo-Ruiz, F. J.; Gil-Ribes, J. A. (2014). Traditional olive tree response to oil olive harvesting technologies. *Biosystems Engineering,* 118(1), 186-193

Sola-Guirado, R. R.; Jiménez-Jiménez, F.; Blanco-Roldán, G. L.; Castro-García, S.; Castillo-Ruiz, F. J.; Gil-Ribes, J. A. (2016). Vibration parameters assessment to develop a continuous lateral canopy shaker for mechanical harvesting of traditional olive trees. *Spanish Journal of Agricultural Research,* 14(2): e0204.

Sola-Guirado, R. R.; Castillo-Ruiz; F. J., Blanco-Roldán, G. L.; González-Sánchez, E.; Castro-García, S. (2020). Mechanical canopy and trunk shaking for the harvesting mechanization of table olive orchards. Revista de la Facultad de Ciencias Agrarias UNCuyo, 52(2), 124-139

Sola-Guirado, R. R.; Bayano-Tejero, S.; Aragon-Rodriguez; F.; Peña, A.; Blanco-Roldan, G. (2022). Bruising pattern of table olives ('Manzanilla'and 'Hojiblanca'cultivars) caused by hand-held machine harvesting methods. Biosystems Engineering, 215, 188-202.

UNE 68082:1989 IN. Pulverizadores agrícolas. Guía para su preparación, utilización, mantenimiento y seguridad de utilización.

UNE-EN 15695-1:2018. Tractores y maquinaria agrícola autopropulsada. Protección del operador (conductor) contra sustancias peligrosas. Parte 1: Clasificación de las cabinas, requisitos y métodos de ensayo.

Vicario, J.; Gil-Ribes, J.; Blanco-Roldán, G.L. (2001). Evaluación de la exposición a ruido y vibraciones en la recolección mecanizada del olivar. XII Congreso Nacional de Seguridad y Salud en el Trabajo.

CAPÍTULO 16

PLAGAS

Enrique QUESADA-MORAGA
Meelad YOUSEF-YOUSEF
Inmaculada GARRIDO-JURADO
Manuel RUIZ-TORRES

ÍNDICE

1. Introducción, 676
   1.1. El control integrado de plagas en olivi-
        cultura, 676
      1.1.1. Las plagas del olivo, 677
      1.1.2. Las medidas de control de pla-
             gas, 681
2. Mosca del olivo, 683
   2.1. Distribución, 683
   2.2. Plantas hospedantes, 684
   2.3. Descripción morfológica, 684
   2.4. Ciclo vital, 684
      2.4.1. Las oscilaciones poblacionales y
             los desplazamientos, 688
   2.5. Daños, 689
   2.6. Control integrado, 690
      2.6.1. Regulación natural de las po-
             blaciones por entomófagos y
             entomopatógenos, 690
      2.6.2. Seguimiento poblacional, um-
             brales y toma de decisiones, 691
      2.6.3. Medidas de control, 692
3. Prays o polilla del olivo, 695
   3.1. Distribución, 695
   3.2. Plantas hospedantes e importancia, 695
   3.3. Descripción morfológica, 696
   3.4. Ciclo vital, 697
      3.4.1. Las oscilaciones poblacionales y
             los desplazamientos, 699
   3.5. Daños, 700
   3.6. Control integrado, 701
      3.6.1. Regulación natural de las po-
             blaciones por entomófagos y
             entomopatógenos, 701
      3.6.2. Seguimiento poblacional, um-
             brales y toma de decisiones, 702
      3.6.3. Medidas de control, 703
4. Cochinillas, 704
   4.1. Cochinilla de la tizne, 704
      4.1.1. Distribución, 704
      4.1.2. Plantas hospedantes, 704
      4.1.3. Descripción morfológica, 704
      4.1.4. Ciclo vital, 705
      4.1.5. Daños, 706
   4.2. Parlatoria o cochinilla violeta, 707
      4.2.1. Distribución, 707
      4.2.2. Plantas hospedantes, 707
      4.2.3. Descripción morfológica, 708
      4.2.4. Ciclo vital, 708
      4.2.5. Daños, 709
   4.3. Serpeta, 710

      4.3.1. Distribution, 710
      4.3.2. Plantas hospedantes, 710
      4.3.3. Descripción morfológica, 710
      4.3.4. Ciclo vital, 711
      4.3.5. Daños, 711
   4.4. Control integrado de cochinillas, 712
      4.4.1. Regulación natural de las po-
             blaciones por entomófagos y
             entomopatógenos, 712
      4.4.2. Seguimiento poblacional, um-
             brales y toma de decisiones, 712
      4.4.3. Medidas de control, 713
5. Los escolítidos o barrenillos, 714
   5.1. Barrenillo del olivo, 715
      5.1.1. Distribución, 715
      5.1.2. Plantas hospedantes, 715
      5.1.3. Descripción morfológica, 715
      5.1.4. Ciclo vital, 716
      5.1.5. Daños, 719
   5.2. Barrenillo negro del olivo, 719
      5.2.1. Distribución, 719
      5.2.2. Plantas hospedantes, 719
      5.2.3. Descripción morfológica, 719
      5.2.4. Ciclo vital, 720
      5.2.5. Daños, 721
   5.3. Control integrado de escolítidos, 722
      5.3.1. Regulación natural de las po-
             blaciones por entomófagos y
             entomopatógenos, 722
      5.3.2. Seguimiento poblacional, um-
             brales y toma de decisiones, 722
      5.3.3. Medidas de control, 723
6. Glifodes, polilla del jazmín o palometa, 724
   6.1. Distribución, 724
   6.2. Plantas hospedantes, 724
   6.3. Descripción morfológica, 724
   6.4. Ciclo vital, 725
   6.5. Daños, 727
   6.6. Control integrado, 727
      6.6.1. Regulación natural de las po-
             blaciones por entomófagos y
             entomopatógenos, 727
      6.6.2. Seguimiento poblacional, um-
             brales y toma de decisiones, 727
      6.6.3. Medidas de control, 727
7. Abichado, euzofera o piral, 728
   7.1. Distribución, 728
   7.2. Plantas hospedantes, 728
   7.3. Descripción morfológica, 728
   7.4. Ciclo vital, 729

7.5. Daños, 730
7.6. Control integrado, 731
    7.6.1. Regulación natural de las poblaciones por entomófagos y entomopatógenos, 731
    7.6.2. Seguimiento poblacional, umbrales y toma de decisiones, 731
    7.6.3. Medidas de control, 732
8. Acariosis o sarna, 732
    8.1. Distribución, 733
    8.2. Plantas hospedantes, 733
    8.3. Descripción morfológica, 733
    8.4. Ciclo vital, 733
    8.5. Daños, 734
    8.6. Control integrado, 734
        8.6.1. Regulación natural de las poblaciones por entomófagos y entomopatógenos, 734
        8.6.2. Seguimiento poblacional, umbrales y toma de decisiones, 735
        8.6.3. Medidas de control, 735
9. Algodoncillo del olivo, 736
    9.1. Distribución, 736
    9.2. Plantas hospedantes, 736
    9.3. Descripción morfológica, 736
    9.4. Ciclo vital, 737
    9.5. Daños, 738
    9.6. Control integrado, 739
        9.6.1. Regulación natural de las poblaciones por entomófagos y entomopatógenos, 739
        9.6.2. Seguimiento poblacional, umbrales y toma de decisiones, 739
        9.6.3. Medidas de control, 739
10. Otiorrinco o escarabajuelo picudo, 739
    10.1. Distribución, 739
    10.2. Plantas hospedantes, 740
    10.3. Descripción morfológica, 740
    10.4. Ciclo vital, 740
    10.5. Daños, 741
    10.6. Control integrado, 742
        10.6.1. Regulación natural de las poblaciones por entomófagos y entomopatógenos, 742
        10.6.2. Seguimiento poblacional, umbrales y toma de decisiones, 742
        10.6.3. Medidas de control, 742
11. Gusanos blancos o gallina ciega, 743
12. Arañuelo del olivo, 745
    12.1. Distribución, 745

12.2. Plantas hospedantes, 745
12.3. Descripción morfológica, 745
12.4. Ciclo vital, 746
12.5. Daños, 747
12.6. Control integrado, 747
    12.6.1. Regulación natural de las poblaciones por entomófagos y entomopatógenos, 747
    12.6.2. Seguimiento poblacional, umbrales y toma de decisiones, 748
    12.6.3. Medidas de control, 748
13. Mosquito de la corteza, 748
    13.1. Distribución, 748
    13.2. Plantas hospedantes, 748
    13.3. Descripción morfológica, 749
    13.4. Ciclo vital, 749
    13.5. Daños, 750
    13.6. Control integrado, 751
        13.6.1. Regulación natural de las poblaciones por entomófagos y entomopatógenos, 751
        13.6.2. Seguimiento poblacional, umbrales y toma de decisiones, 751
        13.6.3. Medidas de control, 751
14. Cigarra magrebí o del olivo, 752
15. Taladro amarillo o zeuzera, 754
16. Chinche verde, 757
17. Mosquito de la aceituna, 760
    17.1. Distribución, 760
    17.2. Plantas hospedantes, 760
    17.3. Descripción morfológica, 761
    17.4. Ciclo vital, 761
    17.5. Daños, 762
    17.6. Control integrado, 762
18. Barrillo del olivo, 762
    18.1. Distribución, 762
    18.2. Plantas hospedantes, 762
    18.3. Descripción morfológica, 762
    18.4. Ciclo vital, 763
    18.5. Daños, 764
    18.6. Control integrado, 765
19. Otiorrinco verde, 765
20. Mosca blanca del olivo, 766
21. Los insectos y el síndrome del decaimiento rápido del olivo (OQDS), 767
22. Vertebrados, 770
    22.1. Aves, 770
    22.2. Roedores, 770
    22.3. Conejos y liebres, 771
23. Bibliografía, 772

1.   Introducción

La viabilidad económica de cualquier explotación de olivar depende en gran medida de nuestra capacidad para aumentar la producción con un menor coste, como aconsejan las técnicas agronómicas, los estudios económicos, de mercado, y las circunstancias sociales, pero también, y no menos importante, de nuestra competencia para evitar que los parásitos animales del cultivo hagan perder lo que ya se tiene entre las manos (Fernández-Escobar *et al.*, 2012; Quesada-Moraga, 2022). Sin embargo, la olivicultura también presenta el gran reto global de adoptar prácticas y estrategias que equilibren la productividad y la sostenibilidad ambiental, pues las vigentes aún dependen en exceso del empleo de insecticidas químicos, tanto en el olivar tradicional, como en las nuevas plantaciones intensivas y superintensivas (Jiménez-Díaz *et al.*, 2023; Quesada-Moraga, 2022; 2023). No obstante, la creciente preocupación pública por la contaminación ambiental en este agroecosistema clave y los problemas derivados de los efectos secundarios de estos productos han impulsado una reducción del número de materias activas disponibles, con un descenso drástico asociado al Reglamento (CE) 848/2008 (se pasó de 1.000 materias activas en 2001 a 250 en 2009), que no ha hecho más que continuar hasta la actualidad, además de una inquietante ralentización de la aparición de nuevas alternativas, con numerosos fitófagos del olivo para los que no hay ningún producto autorizado (Quesada-Moraga, 2022; 2023). Mas allá, la creciente conciencia ambiental y la prevalencia de la Agricultura Sostenible como principio orientador de las políticas agrícolas de la UE han llevado al Parlamento Europeo a establecer un marco para la acción comunitaria con el fin de lograr un uso sostenible de los plaguicidas a través de la Directiva 2009/128/CE, transpuesta al ordenamiento español por medio de los Reales Decretos 1311/2012 y 1050/2022, de forma que, desde el 1 de enero de 2014, en Europa, el control de plagas en olivicultura es obligatorio.

1.1.   El control integrado de plagas en olivicultura

La definición más aceptada y utilizada, que ha inspirado otras muchas como la que aparece en la Directiva 2009/128/CE, es la proporcionada por la FAO en 1967, poco después de que la agricultura productivista que caracterizó a la revolución verde fuera cuestionada en 1962 por el libro de Rachel Carson *La primavera silenciosa.* La definición de la FAO se refiere al Control Integrado de Plagas (en inglés *Integrated Pest Management,* IPM) como "la consideración cuidadosa de todas las técnicas de control de plagas disponibles y la posterior integración de medidas apropiadas para mantener las poblaciones de fitófagos en unos niveles que no causen daños económicos. Combina estrategias y prácticas de manejo biológico, químico, físico y específico del cultivo (agronómico, cultural) para minimizar el uso de plaguicidas químicos y así reducir o minimizar los riesgos que estos representan para la salud humana y el medio ambiente, con el fin de lograr un manejo sostenible de plagas" (http://www.fao.org/agriculture/crops/core-themes/theme/pests/ipm/en/; consultado el 22/08/2024). En definitiva, el control integrado de plagas es un sistema de control de plagas que, en el contexto del medio ambiente asociado y de la dinámica de las poblaciones de los artrópodos fitófagos, utiliza todas las técnicas y métodos disponibles de la forma más compatible posible y mantiene los niveles de población por debajo de los niveles que causan daños económicos. Por tanto, la definición no excluye ninguna medida de control, pero prioriza las no químicas, e introduce el requisito de mantener las poblaciones de insectos y ácaros dañinos por debajo de unos niveles que no causen daño económico. En este sentido, los principales componentes de los sistemas del control integrado de plagas en olivar son: (i) conocimiento de las principales plagas del cultivo, de sus poblaciones y de sus enemigos naturales; (ii) desarrollo de sistemas de seguimiento de sus poblaciones, definición de los niveles/umbrales de tratamiento y toma de decisiones sobre intervención; (iii) selección de una o más estrategias de control adecuadas desde el punto de vista económico, social y ambiental, e intervención en función de los resultados del seguimiento y los umbrales de acción; y (iv) evaluación de los resultados (Figura 16.1).

Figura 16.1. El control integrado de plagas, sus cimientos y su estructura, tanto en producción integrada como en la ecológica a la luz de la Directiva 2009/128/CE de uso sostenible de plaguicidas.

1.1.1. *Las plagas del olivo*

El olivo es un cultivo leñoso que representa un agroecosistema complejo en el que la artropodofauna de diferentes niveles tróficos se encuentran en un equilibrio bien establecido. Algunos artrópodos son fitófagos, mientras que otros son ento-mófagos, depredadores y parasitoides, e incluso algunas especies buscan refugio en el olivo. Los agentes fitófagos que se alimentan a expensas del olivo pueden determinar en gran medida si este cultivo puede ser viable económicamente, de ahí la importancia de su protección efectiva frente a los mismos. Las especies insectos y ácaros que se alimentan o se desarrollan en el olivo superan las cien, con un grupo considerable compuesto por especies polífagas, que tienen muchas plantas hospedantes, que incluye plagas secundarias o de interés local u ocasional, mientras que otras especies oligófagas se han especializado en el género *Olea*, aunque el olivo es preferido frente a otras especies del mismo, o incluso son monófagas, estrechamente asociadas con el olivo *Olea europaea* L., que son las que pueden causar pérdidas económicas significativas, al comprometer el buen funcionamiento del cultivo y representar un riesgo serio para el rendimiento anual, y son las plagas principales o las secundarias de importancia económica media (Cuadro 16.1).

1.1.1.1. *Plagas principales, secundarias y ocasionales*

Los niveles o umbrales a los que se refiere la teoría del control integrado son el nivel económico de daños (NED), que se define como la mínima densidad de población que puede causar daño económico (cuando se iguala el coste del control y el beneficio diferencial que reporta), y umbral económico o umbral de tolerancia (UT), que es la densidad de población de fitófago a la que se debe intervenir para evitar que la población aumente hasta alcanzar el NED (Pedigo *et al.*, 2021). La definición de la importancia del fitófago frente al olivo puede realizarse en base a estos umbrales (Figura 16.2). Las plagas principales son aquellas cuyas poblaciones superan con frecuencia el umbral de tolerancia (Figura 16.2a). Las plagas secundarias de importancia económica media son aquellas cuyas poblaciones solo superan el umbral de tolerancia algunos años (Figura 16.2b), mientras que las plagas secundarias de importancia local o temporal son aquellas en las que el umbral de tolerancia se supera con muy poca frecuencia o de forma local, en muchos casos, como consecuencia de factores antrópicos (Figura 16.2c). Finalmente, existen fitófagos en los que la posición general de equilibrio de la población está por encima del umbral de tolerancia, lo que requiere intervención previa al establecimiento del cultivo, como ocurre con los insectos de suelo (Figura 16.2d). Una misma especie puede tener un NED diferente en función de la parte de la planta atacada, como ocurre con las distintas generaciones de la prays del olivo, e incluso en función del destino de la aceituna, como ocurre con la mosca del olivo para aceituna de mesa o almazara. La mayoría de las publicaciones sobre insectos del olivo en la cuenca del Mediterráneo se centran en menos de una docena de especies que son plagas principales, como *Bactrocera oleae* (Rossi) (Diptera: Tephritidae) y *Prays oleae* (Bern.) (Lepidoptera: Praydidae), secundarias de importancia económica media, como *Saissetia oleae* (Olivier) (Hemiptera: Coccidae), así como otras especies de importancia creciente como *Phloeotribus scarabaeoides* Bernard (Coleoptera: Curculionidae: Scolytinae), *Hylesinus taranio* (Danthoine) (Coleoptera: Curculio-

CUADRO 16.1

Principales especies de insectos y ácaros que se alimentan del olivo. En rojo aparecen las plagas principales, en azul las secundarias de importancia económica media y en verde las secundarias de importancia económica local o temporal. No obstante, la importancia de cada especie puede variar en función de la zona de cultivo.

Orden/Subclase	Parte de la planta atacada				
	Raíces	Tronco y ramas	Hojas y brotes	Inflorescencias	Frutos
Hemiptera (Heteroptera-Homoptera)		*Agalmatium flavescens* (Olivier) *Saissetia oleae* (Olivier) *Parlatoria oleae* Colvée *Lepidosaphes ulmi* L. *Cicada barbara* Stalf.	*Aleurolobus olivinus* Silvestri *Saissetia oleae* (Olivier) *Parlatoria oleae* Colvée *Lepidosaphes ulmi* L. *Euphyllura olivina* (Costa) *Cicada barbara* Stalf. *Philaenus spumarius* (L.) *Neophilaenus campestris* (Fallen)	*Euphyllura olivina* (Costa) *Closterotomus trivialis* (Costa)	*Parlatoria oleae* Colvée
Thysanoptera			*Liothrips oleae* (Costa)	*Liothrips oleae* (Costa)	
Coleoptera	*Anoxia villosa* F. *Melolonta papposa* Illiger *Ceramida cobosi* (Báguena)	*Phloeotribus scarabaeoides* (Bernard) *Hylesinus toranio* (Danthoine)	*Otiorrhynchus cribricollis* (Gyllenhall) *Polydrusus xanthopus* (Gyll.)		
Lepidoptera		*Euzophera pinguis* Haworth *Zeuzera pyrina* L.	*Prays oleae* (Bernard) *Palpita vitrealis* Rossi	*Prays oleae* (Bernard)	*Prays oleae* (Bernard)
Diptera		*Resseliella oleisuga* (Targioni-Tozzetti)			*Bactrocera oleae* (Rossi) *Lasioptera berlesiana* Paoli
Acarina			*Aceria oleae* Nalepa		
Vertebrados	*Microtus duodecimcostatus* (de Sélys-Longchamps)	*Oryctolagus cuniculus* (L.) *Lepus europaeus* Pallas,			

nidae: Scolytinae), *Palpita vitrealis* Rossi (Lepidoptera: Crambidae), *Euzophera pinguis* Haworth (Lepidoptera: Pyralidae) e incluso *Aceria oleae* Nalepa (Acari: Prostigmata: Eriophyidae) y otras muchas de importancia económica local o temporal de las que nos ocupamos en este capítulo; conviene resaltar que la importancia relativa de una misma especie puede variar en las distintas zonas donde se cultiva el olivo en el mundo. En este capítulo se han señalado los umbrales vigentes en la gestión integrada de plagas en la *Guía del Cultivo del Olivo* del Ministerio de Agricultura, Pesca y Alimentación (MAPA) en 2024 (Martín-Gil y Ruiz-Torres, 2014), por lo que se recomienda tener presentes las futuras revisiones o adendas.

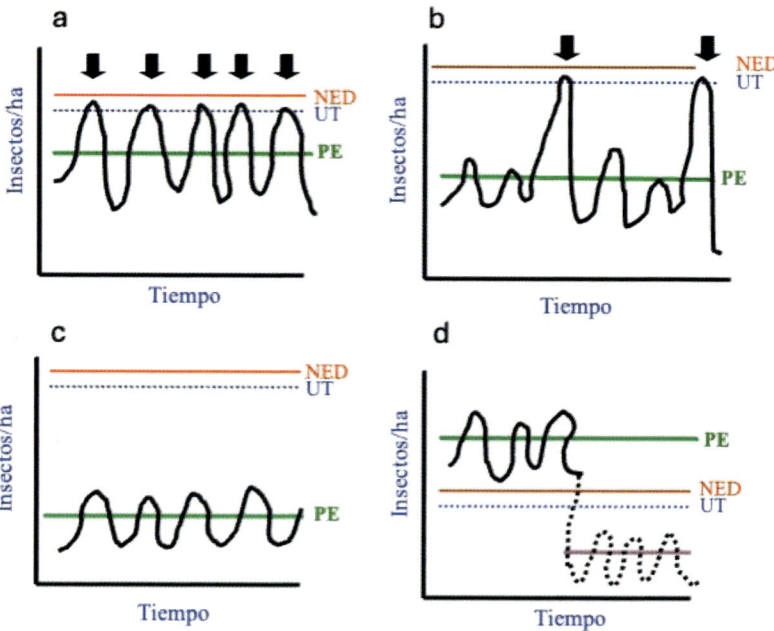

Figura 16.2. La definición de las plagas principales y plagas secundarias del olivo con base en los principios del Control Integrado de Plagas (Pedigo *et al.*, 2021). NED: Nivel económico de daño; UT: Umbral de tolerancia; PE: Posición de equilibrio de la población. (a) Plaga principal; (b) plaga secundaria de importancia económica media; (c) plaga secundaria de importancia local o temporal; (d) plaga que debe ser controlada antes del establecimiento de la plantación. Las flechas indican intervención.

De esta forma, para cada agente fitófago que se aborda en el presente capítulo, antes de abordar las medidas de control, nos detendremos en su distribución, plantas hospedantes, descripción morfológica, ciclo vital, oscilaciones poblaciones y daños. Además, se analizarán los dos aspectos clave del IPM previos a la intervención, esto es, la regulación natural de las poblaciones por entomófagos y entomopatógenos, así como el seguimiento poblacional, y los umbrales para la toma de decisiones.

1.1.2. *Las medidas de control de plagas*

El conocimiento de las distintas medidas de control de plagas que se pueden emplear, así como cuáles son las más adecuadas en cada situación, de acuerdo con los criterios económicos, ambientales y sociales que concurren en esta actividad, es fundamental para la protección del cultivo del olivo (Figura 16.3).

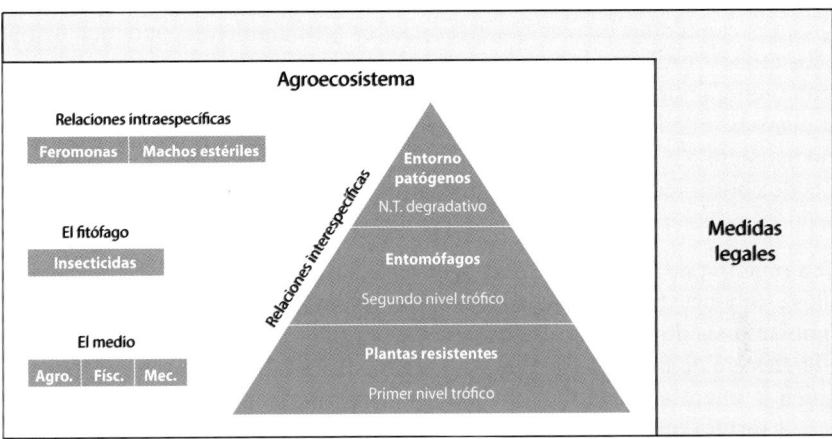

Figura 16.3. Medidas de control de plagas en función del componente del agroecosistema sobre el que inciden. Las medidas legales tratan de evitar la llegada de nuevos fitófagos a los agroecosistemas, así como contener, suprimir o erradicar su propagación si llegan. Las que inciden en el medio, agronómicas o culturas, físicas y mecánicas, hacer que este sea hostil al fitófago. El empleo de feromonas y la lucha autocida (machos estériles) tienen fundamento en las relaciones intraespecíficas entre los individuos de la población del fitófago. Por otra parte, el empleo de variedades resistentes o con menor susceptibilidad al ataque del fitófago y el control biológico con agentes entomófagos y entomopatógenos se fundamentan en las relaciones interespecíficas en el primer nivel trófico, fitófago-planta, segundo nivel trófico, fitófago-entomófago, y nivel trófico degradativo, fitófago-entomopatógeno respectivamente.

En el presente capítulo se mencionará la posible existencia de medidas legales de control de plagas para cada uno de los agentes fitófagos abordados, tanto medidas de exclusión, como de contención, supresión o erradicación, que, en cualquier caso, están sometidas a regulaciones y normativas particulares tanto de origen europeo, como nacional o regional. A continuación, nos referiremos a las medidas de control que inciden en el medio, en el agroecosistema olivar, para hacerlo lo menos atractivo posible para los agentes fitófagos, tanto las medidas agronómicas o culturales, como las físicas o mecánicas (Figura 16.3). Se analizará la conveniencia de abordar el control directo del fitófago con algún plaguicida químico o incluso bioplaguicida, esto es, formulación para la protección de cultivos que contiene organismos vivos, micro o macro, así como moléculas de origen vegetal, microbiano o animal, que, por su modo de acción, deben de adolecer de los efectos adversos sobre el medioambiente y los seres vivos que caracterizan a los plaguicidas químicos (Quesada-Moraga, 2023) (Figura 16.3).

Otras estrategias interesantes tienen fundamento en la manipulación de las relaciones intraespecíficas entre los individuos de la misma especie por medio de feromonas, sexuales o de agregación, que, además de para el seguimiento de la población, pueden aportar soluciones de control como la captura masiva o la confusión sexual, sin olvidar la atracción y muerte (Figura 16.3). También pertenece a este grupo la lucha autocida (Figura 16.3), técnica de los machos estériles, que consiste en la liberación en el medio donde se encuentra la población del fitófago, de grandes cantidades de machos esterilizados artificialmente, para que disminuyan los cruces fértiles y de esta forma provocar una menor descendencia en la siguiente generación, aunque esta técnica, que fue objeto de mucha investigación para el control de la mosca del olivo en la cuenca mediterránea durante el último tercio del siglo XX, no ha alcanzado aplicación práctica hasta la fecha. Otras estrategias de control de plagas muy importantes son las que se basan en la manipulación de las relaciones interespecíficas (Figura 16.3).

La relación de los insectos fitófagos con el olivo expresa la interacción entre los dos eslabones de la cadena trófica, el primario y el secundario, aunque a su vez, las poblaciones de aquellos están reguladas por sus enemigos naturales. Al igual que la energía de la planta pasa al fitófago, un nivel superior de la cadena trófica, también la energía del fitófago puede ir a parar a otro nivel, en este caso secundario, al servir como alimento a los entomófagos. Ocurre a veces, que la energía del fitófago no pasa a otros niveles tróficos al impedirlo la acción de los entomopatógenos, que lo dejan a merced del nivel trófico degradativo. Todas estas interacciones no ocurren de forma azarosa, pues tanto la búsqueda y aceptación de la planta por el insecto, como la búsqueda del insecto hospedante por el entomófago, están reguladas por un amplio elenco de señales químicas y físicas, que pueden ser manipuladas según nuestro interés, para impedir que los daños que originan los fitófagos adquieran el carácter de plaga. Un claro exponente de las relaciones interespecíficas en el primer nivel trófico es la selección de variedades de olivo resistentes o menos susceptibles al insecto, e incluso, el conocimiento clave del comportamiento de una variedad, seleccionada por otros criterios, frente al ataque de las plagas clave del cultivo (Figura 16.3). También se encuentra en este grupo la aplicación de aleloquímicos como las alomonas, sinomonas y cairomonas en control de plagas del olivo. Las relaciones interespecíficas en el segundo nivel trófico y en el nivel trófico degradativo son posiblemente las más prometedoras en la búsqueda de nuevas estrategias sostenibles de control de plagas en olivar, pues se refieren a la relación entre los artrópodos fitófagos y sus enemigos naturales entomófagos (depredadores y parasitoides), así como la que existe entre los artrópodos fitófagos y sus microorganismos entomopatógenos, virus, bacterias, hongos y nematodos, que ha sido explotada por el hombre para el desarrollo de lo que hoy denominamos Control Biológico, tanto macrobiano, basado en el empleo de entomófagos, como microbiano, cuando se utilizan entomopatógenos.

El control biológico nos adentra en el fascinante contexto de los servicios ecosistémicos en olivar, pues el empleo de alternativas a los químicos más compatibles con la sostenibilidad agrícola como los entomófagos y entomopatógenos puede permitir no solo alcanzar el objetivo mencionado, que la población del agente fitófago no supere el umbral de tolerancia, sino que, gracias a su catálogo de servicios ecosistémicos, su incorporación al agroecosistema olivar es interesante como parte de una visión holística del ciclo de desarrollo del cultivo, al mejorar la respuesta de la planta a otros estreses de tipo biótico y abiótico, e incluso incrementar su producción (Quesada-Moraga, 2022).

Por tanto, en su conjunto, el esquema que se seguirá para las principales especies abordadas en el presente capítulo es el indicado en el Cuadro 16.2, con posibles modificaciones en función del estado del conocimiento e importancia de cada agente.

CUADRO 16.2

Esquema de presentación general de cada una de las especies abordadas en el presente capítulo. El esquema se simplifica para algunas plagas secundarias de importancia local o temporal

1. Distribución
2. Plantas hospedantes
3. Descripción morfológica
4. Ciclo vital
5. Daños
6. Control integrado
   6.1. Regulación natural de las poblaciones por entomófagos y entomopatógenos
   6.2. Seguimiento poblacional, umbrales y toma de decisiones
   6.3. Medidas de control
      6.3.1. Medidas agronómicas o culturales, físicas y mecánicas
      6.3.2. Medidas químicas
      6.3.3. Medias comportamentales basadas en el empleo de semioquímicos y feromonas
      6.3.4. Medidas basadas en el empleo de variedades resistentes
      6.3.5. Control biológico macrobiano y microbiano

2.   Mosca del olivo

Nombre científico: *Bactrocera oleae* (Rossi) (Diptera: Tephritidae)

2.1.   Distribución

La mosca del olivo está presente en la cuenca mediterránea, Islas Canarias, África, y desde el Medio Oriente hasta la India, en gran parte del área de distribución del género *Olea*. También apareció como especie invasora en California en 1998, donde se extendió con gran velocidad para alcanzar incluso el noroeste de

México y las islas Hawái, y su presencia ya es una realidad en Sudamérica, debido a la introducción del cultivo del olivo y a la intensificación de la producción. Recientemente se ha encontrado en Nepal (Shrestha *et al.*, 2020). Hasta el momento, Australia es una de las pocas zonas del mundo en las que se cultiva el olivo con fines comerciales sin infestación por *B. oleae*.

2.2. Plantas hospedantes

La mosca del olivo es monófaga u oligófaga pues realiza la puesta y tiene desarrollo larvario únicamente en el mesocarpo (pulpa) de los frutos del género *Olea*, en especial *Olea verrucosa* (Willd.) Link [sinónimo *Olea europaea* L. subsp. *cuspidata* (Wall. ex G. Don) Cif.], *Olea chrysophylla* Lamk, *Olea ferruginea* Royle y, por supuesto, *Olea europaea* L. Para su supervivencia y reproducción, el adulto necesita alimentarse frecuentemente de varias sustancias orgánicas, líquidas o sólidas, como sustancias azucaradas secretadas por homópteros, néctar de flores, otros exudados vegetales, polen, jugos y tejidos de frutos dañados o en descomposición, e incluso excrementos de aves, de otros insectos y bacterias y levaduras en la superficie de las plantas, tanto en los olivos como en otras plantas cercanas. Es un insecto carpófago al alimentarse sus larvas como barrenadoras en el mesocarpo de las aceitunas, tejido que maceran antes de ingerirlo (De Andrés Cantero, 2001; Alfaro-Moreno, 2005; Tzanakakis, 2006).

2.3. Descripción morfológica

El color general del cuerpo del adulto varía de marrón claro a marrón oscuro, y mide de 4 a 5 mm, algo menor que la mosca doméstica, cabeza con ojos grandes de color rojizo con reflejos verdosos y antenas tan largas como la cabeza (Figura 16.4). Tórax de color marrón amarillento, con 2 a 4 líneas grises paralelas y una mancha marfil en el escutelo, entre la cabeza y el tórax. Alas transparentes, iridiscentes, con una distintiva mancha oscura cerca del ápice. Macho con un peine de aproximadamente 12 setas a cada lado del tercer terguito abdominal (Figura 16.4). Los huevos son blancos, ovales, alargados, opalescentes, de 0,6-0,8 mm de longitud, más angostos en el extremo del micrópilo, con larvas banquecinas o de color amarillo claro, las neonatas de alrededor de 1 mm, las de tercer estadio de 7-8 mm (Figura 16.5). Pupa coartada elíptica, de 4,0 a 4,5 mm de largo, y aproximadamente la mitad de ancho, de color amarillento a marrón (Figura 16.5) (De Andrés Cantero, 2001; Alfaro-Moreno, 2005; Tzanakakis, 2006).

2.4. Ciclo vital

Los adultos, que aparecen con la llegada de la primavera, se alimentan intensamente durante las primeras horas de la mañana a expensas de todas las sustancias mencionadas en la sección 2.2, y bajo temperaturas favorables, ambos sexos maduran y pueden aparearse dentro de unos pocos a varios días después de la emergencia,

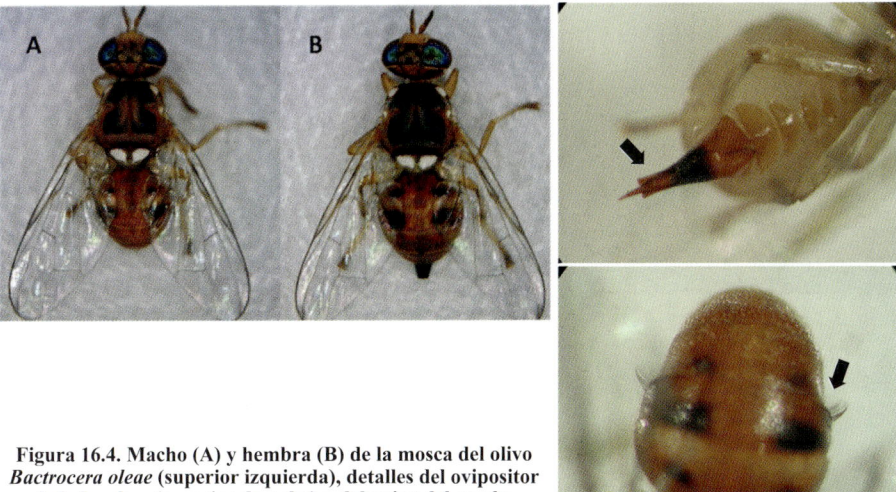

Figura 16.4. Macho (A) y hembra (B) de la mosca del olivo *Bactrocera oleae* (superior izquierda), detalles del ovipositor de la hembra (superior derecha) y del peine del macho (inferior derecha).

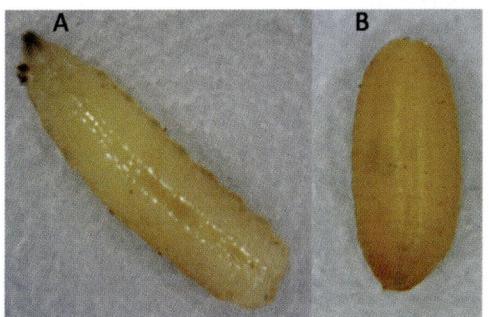

Figura 16.5. Larva de tercer estadio (A) y pupa (B) de la mosca del olivo *Bactrocera oleae*.

con el cortejo y el apareamiento hacia el final del día. La hembra de *B. oleae*, que es oligógama y usualmente bígama, comienza la oviposición 2-3 días después del apareamiento, generalmente durante la mañana y primeras horas de la tarde, para volver a aparearse al final de la tarde. La oviposición comienza cuando las aceitunas alcanzan un tamaño final aproximado al de un guisante, en general estadios fenológicos no inferiores al BBCH 75 (Ruiz-Castro, 1948; Alfaro-Moreno, 2005).

Para la puesta, la hembra selecciona el lugar adecuado de la aceituna y comienza a perforar un orificio con su oviscapto a través del epicarpio y el mesocarpio exterior, que finalmente ensancha internamente en una pequeña cámara oblonga donde deposita un huevo (Figura 16.6); el número total de huevos por hembra suele ser de unos cientos.

Figura 16.6. Hembra de la mosca del olivo *Bactrocera oleae* durante la oviposición (izquierda), huevos de la mosca del olivo tras la puesta en la aceituna (centro), aceituna con varios orificios de puesta (foto central cortesía de la Red de Alerta e Información Fitosanitaria de Andalucía RAIF).

Al terminar la puesta, y antes de retraer su ovipositor, la hembra lame el jugo que brota de la perforación, una sustancia que podría ser disuasiva de futuras puestas, pues para bajas poblaciones y abundancia de frutos disponibles, se deposita solo un huevo por aceituna, mientras que bajo una densidad alta de población o cuando hay escasez de aceitunas, puede haber más de una puesta en cada una, con referencias de hasta 6-8 larvas por aceituna (Figura 16.6), aunque en estas aceitunas se observa mayor mortalidad larvaria.

La mosca del olivo tiene la bacteria endosimbionte *Candidatus Erwinia dacicola* (Enterobacterales: Erwiniaceae) alojada en estructuras especiales del canal alimentario de larvas y adultos, que son transferidas por las hembras al untarlas sobre la superficie del huevo durante la oviposición y de ahí pasan a las larvas, que las requieren para alimentarse a expensas de aceitunas verdes, pues permiten hidrolizar su mesocarpio. Además, se ha comprobado que esta bacteria permite a la mosca explotar fuentes no asimilables de nitrógeno, con una elevación significativa de la producción de huevos (Ben-Yosef *et al.*, 2014). Las larvas perforan una galería en la pulpa de la aceituna, con diámetro creciente, que al final del desarrollo es una cavidad donde se forma la pupa, aunque antes de pupar, la larva ya ha dejado perforada la epidermis para permitir la posterior salida del adulto (Figura 16.7).

Al final del tercer estadio, la larva puede formar la pupa bien en el fruto (Figura 16.6), normalmente en verano, cuando la aceituna aun no contiene mucho aceite, o bien saltar al suelo, en otoño o invierno (Figura 16.7), cuanto más suave, jugoso y aceitoso es el mesocarpio, para hibernar en estado de pupa enterrada a poca profundidad (2-3 cm) (Figura 16.8), de modo que los adultos pueden salir del suelo sin mucha dificultad en la siguiente primavera. La duración del estado de pupa en las generaciones estivales no excede de una decena de días; en la última generación se prolonga desde finales del otoño (noviembre-diciembre) hasta principios o mediados de primavera, según años y localidades.

Figura 16.7. Larva y pupa de la mosca del olivo en una aceituna atacada.

Figura 16.8. Larva de la mosca del olivo que abandona la aceituna para pupar en el suelo (cortesía de la Red de Alerta e Información Fitosanitaria de Andalucía RAIF).

Los trabajos de Tsitsipis en 1980 (citados en Tzanakakis, 2006), aportaron luz sobre las temperaturas óptimas de 27,5 °C, 25-27,5 °C y 22,5-25 °C para los estados preimaginales de huevo, larva y pupa, con unas constantes de 47, 209 y 204,5 grados-día por encima de los umbrales de desarrollo inferior de 6,3 °C para huevos y 8 °C para larvas y pupas respectivamente, con una duración total del desarrollo desde oviposición hasta la emergencia del adulto de aproximadamente 25 días a 25 °C, en función del valor nutricional del fruto (citados en Tzanakakis, 2006). Los adultos están bien adaptados a las temperaturas invernales en clima mediterráneo, pero en verano evitan el calor excesivo moviéndose a lugares más frescos, no necesariamente olivares, cuando las temperaturas diurnas superan los 30 °C (Ruiz-Castro, 1948). De hecho, temperaturas superiores a 31 °C afectan considerablemente a la capacidad reproductiva, con un aumento de la mortalidad en todos los estados de desarrollo (Ordano *et al.*, 2015). Al considerar el desarrollo estacional de la mosca, conviene tener presente que la aceituna es un alimento adecuado para las larvas desde principios hasta mediados del verano, dependiendo de la región, y que madura durante un período bastante largo, desde el verano hasta el invierno, de forma que el número de generaciones anuales varía según la región, desde dos hasta cinco, con los veranos calurosos y secos como factores clave que limitan el desarrollo homodínamo (Figura 16.9).

Figura 16.9. Actividad de vuelo y ciclo biológico bivoltino (dos generaciones al año) de la mosca del olivo *Bactrocera oleae* en Córdoba y regiones donde la temperatura media de los meses de junio, julio y agosto sobrepasa los 30 °C, con la existencia de numerosas variaciones en España tanto en la intensidad de población como en el voltinismo (2 a 5 generaciones).

2.4.1. *Las oscilaciones poblacionales y los desplazamientos*

Existe una coincidencia entre varios autores sobre la existencia de dos tipos de desplazamiento o movimiento de poblaciones naturales de *B. oleae*, uno no dispersivo dentro del hábitat y otro dispersivo, entre hábitats o migratorio (Tzanakakis, 2006). Los vuelos del tipo no dispersivo se producen en olivares con una buena carga de aceitunas óptimas para la oviposición, en cuyo caso los adultos realizan vuelos cortos, que no superan las decenas o pocas centenas de metros, para la alimentación, el apareamiento y la oviposición. En cuanto a los vuelos dispersivos o migratorios, asociados la búsqueda por parte de las moscas de zonas, no necesariamente olivares, con temperaturas medias de verano inferiores a 30 °C, pueden recorrer desde 400-500 metros a varios kilómetros, aunque es necesario y urgente dilucidar con mayor precisión, mediante sistemas de información geográfica, el posible destino de los adultos de *B. oleae* durante los rigurosos veranos de las principales zonas olivareras del interior peninsular, una información que puede proporcionar nuevas estrategias para abordar el manejo de este tefrítido. De hecho, aunque la mosca del olivo es un insecto homodinámico, capaz de reproducirse y desarrollarse durante todo el año si la temperatura y la humedad son favorables, los adultos pueden atravesar una diapausa imaginal desde final de primavera a mediados de verano en aquellas zonas de su área de distribución donde las temperatura medias diarias superan las 30 °C (Ruiz-Castro, 1948); esta diapausa es delatada tanto por la ausencia de esperma en las espermatecas de las hembras, como por la falta de respuesta de los machos a un atrayente sexual, como por ejemplo a las trampas cromotrópicas amarillas cebadas con feromona utilizadas para la toma de decisiones. La activación fisiológica de la reproducción, esto es, la salida de la diapausa se produce de forma extraordinariamente sincrónica con la bajada de las temperaturas medias del verano por debajo de 30 °C, en coincidencia con la existencia de frutos adecuados para la oviposición y el desarrollo larvario. La falta de maduración ovárica durante la primavera y parte del verano podría indicar que *B. oleae* es una especie de día corto, al menos en el sur de Europa y el Medio Oriente. El momento en que termina su dormancia vernal-estival parece coincidir con el tiempo en que los frutos receptivos de la nueva cosecha están disponibles, lo que delimita, junto con la temperatura, el número de generaciones; las altas temperaturas y bajas humedades de los meses estivales son los factores desfavorables para la maduración de las hembras en verano, y muy probablemente, presiden los movimientos dispersivos de este díptero. En el caso concreto de España, este tipo de desarrollo ha llevado a definir tres zonas de ataque en función del número de generaciones, con zonas costeras donde el fitófago es endémico y puede alcanzar hasta 5 generaciones, las zonas contiguas a las costeras, y zonas elevadas del interior, donde el número de generaciones se encuentra entre 3 y 4, y finalmente, las zonas del interior, donde los veranos son calurosos, donde se pueden alcanzar entre 2 y 3 generaciones (Figura 16.9) (Ruiz-Castro, 1948; De Andrés Cantero, 2001; Alfaro-Moreno, 2005).

2.5. Daños

Desde el punto de vista agronómico, el consumo de la pulpa de la aceituna por las larvas de *B. oleae* provoca la caída de los frutos, y reduce el rendimiento en la cosecha, con frutos atacados propensos a la contaminación y pudrición, lo que supone una reducción de ingresos por parte de los productores, además de un incremento de los gastos en el control del fitófago. Desde el punto de vista industrial, la calidad de la materia prima se ve gravemente afectada, tanto en aceituna de mesa como para almazara. En aceituna de mesa, las punturas de oviposición causan una reducción significativa del valor del cultivo, aún peor si están acompañadas de infección por el hongo *Botryosphaeria dothidea* Moug. (Botryosphaeriales: Botryosphaeriaceae), denominado comúnmente como escudete (Figura 16.10).

En aceituna para almazara, se produce una reducción del rendimiento de aceite debido al consumo de un 5-10% de pulpa por las larvas de *B. oleae*, lo que suele

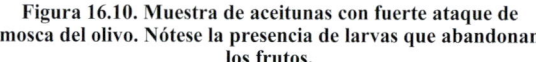

Figura 16.10. Muestra de aceitunas con fuerte ataque de mosca del olivo. Nótese la presencia de larvas que abandonan los frutos.

Figura 16.11. Fuerte ataque de la mosca del olivo con presencia de escudete (cortesía de la Red de Alerta e Información Fitosanitaria de Andalucía RAIF).

estar acompañado por la caída del fruto. Pero el daño más importante es la depreciación de la composición del aceite de oliva, de su estabilidad, propiedades nutricionales, bioactivas y funcionales, y por supuesto, de su clasificación, con alta probabilidad de obtención de aceites lampantes, lo que convierte a este tefrítido en el primer factor biótico de reducción de la calidad del aceite de oliva (Figura 16.11). El impacto de la mosca del olivo también alcanza al consumidor, pues las pérdidas de cosecha elevan el precio del producto comercial, disminuyen su calidad y sus efectos beneficiosos sobre la salud humana, sin olvidar los riesgos asociados a los productos fitosanitarios necesarios para su control (De Andrés Cantero, 2001; Alfaro, 2005; Tzanakakis, 2006; Malheiro *et al.*, 2015).

2.6.   Control integrado

Aunque es algo común a todas las plagas del olivo, en el caso de la mosca, y dados los movimientos dispersivos ya mencionados, es crucial que su control se lleve a cabo con actuaciones coordinadas en comarcas o regiones, no en el ámbito de explotaciones concretas.

2.6.1.   *Regulación natural de las poblaciones por entomófagos y entomopatógenos*

El parasitismo natural de *B. oleae* es bajo, aunque se han descrito varias especies de parasitoides, entre las que parecía el bracónido *Psyttalia concolor* Szépligeti, del que incluso se evaluaron sueltas en los años 80 de escasa efectividad, y otras especies con cierta abundancia como los parasitoides de larvas *Eupelmus urozonus* Dalman (Hymenoptera: Calcididae), que puede ser favorecido por la planta *Dittrichia viscosa* L., y *Pnigalio mediterraneus* Ferrière & Delucchi (Hymenoptera: Eulophidae), sin olvidar el depredador de huevos *Lasioptera berlesiana* Paoli (Diptera: Cecidomyiidae), que contribuye en cierta medida a la reducción de las primeras puestas del tefrítido, cuya larva vive en las galerías larvarias de *B. oleae*, en las que no parece claro si son micófagas del hongo *B. dothidea* o depredadoras de las larvas de *B. oleae*.

Por otro lado, las etapas edáficas de *B. oleae* que incluyen las larvas de tercer estadio y pupas en otoño y las pupas en invierno, e incluso los adultos emergentes del suelo en primavera están expuestas a los artrópodos depredadores naturales como los miriápodos, escarabajos, y especialmente la familia Formicidae (hormigas) seguida de Araneae (arañas) (Daane y Johnson, 2010).

En lo relativo a la aplicación de las distintas estrategias de control biológico, se ha propuesto la conservación de enemigos naturales depredadores y parasitoides mediante el manejo de la flora arvense, que puede proporcionar servicios ecosistémicos a la agricultura, como el caso del manejo de especies entomófilas como *Dittrichia viscosa* (L.) Greuter (Asterales: Asteraceae), una planta común en la región mediterránea, cuya artrópofauna asociada en olivares durante sus etapas de prefloración, floración y postfloración, puede contribuir a la reducción parcial de las poblaciones de *B. oleae* (Alcalá-Herrera *et al.*, 2019).

Más allá, la guía de *Gestión Integrada de Plagas del Olivar* se refiere a la consideración del cultivo no como un sistema aislado, sino como parte del agroecosistema, cuya biodiversidad puede proporcionar al cultivo diferentes servicios ecosistémicos, entre los que destaca la regulación natural de poblaciones de insectos fitófagos, aunque la complejidad y diversidad de los agroecosistemas del olivar dificulta esta tarea (Martín-Gil y Ruiz-Torres, 2014). En el estudio más duradero y extenso de manejo del paisaje para el control natural de *B. oleae* llevado a cabo hasta la fecha, se observa que la depredación de pupas, que fue baja en general, estuvo promovida por los matorrales mediterráneos, e inhibida por el laboreo intenso y la escasa cobertura del suelo (Ortega *et al.*, 2019).

2.6.2. *Seguimiento poblacional, umbrales y toma de decisiones*

La Directiva 2009/128/EC sobre el uso sostenible de plaguicidas, transpuesta al ordenamiento español a partir de los Reales Decretos 1311/2012 y 1050/2022, convierte en obligatorios los principios generales del control integrado de plagas desde el 1 de enero de 2014, sin dejar espacio al anteriormente denominado modo de producción convencional. Por ello, los sistemas de seguimiento de poblaciones de la mosca del olivo son una piedra angular de la toma de decisiones dentro de los Reglamentos de Producción Integrada de las Comunidades Autónomas, tal y como aparece en la *Guía del Cultivo del Olivo* (Martín-Gil y Ruiz-Torres, 2014). El seguimiento de *B. oleae* puede realizarse tanto en el estado de desarrollo de adulto, como en los de huevo y larva.

Si se considera una parcela estándar de 300 ha para la toma de decisiones, para los umbrales basados en la captura de adultos se utilizan al menos 3 trampas olfativas tipo mosquero que constan de un recipiente (hay distintas variantes comerciales) cebado con fosfato biamónico al 4%, y otras 3 trampas cromático-sexuales, que constan de una placa pegajosa amarilla con una cápsula de feromona sexual de la hembra, en ambos casos en la cara sur-sureste del árbol, y con una separación mínima de 50 m para evitar interferencias de unas con otras. Es importante destacar la existencia actual de distintas líneas de investigación para el desarrollo de trampas semiautomáticas y automáticas para el seguimiento de poblaciones de *B. oleae*, lo que tendría una enorme repercusión no solo en los aspectos económicos y ecológicos asociados al seguimiento de poblaciones, sino incluso sobre el control de la especie.

Respecto al conteo de huevos y larvas se basa en una muestra al azar de 200 a 400 frutos, en función de si se trata de aceituna de mesa o de almazara, así como del grado de ataque histórico de la mosca del olivo en la zona en cuestión, donde se observará el porcentaje de picadura, así como el estado de desarrollo del insecto presente en el fruto. Así, la *Guía del Cultivo del Olivo* indica que para aceituna de almazara, en tratamientos de parcheo, el primer tratamiento debe realizarse cuando se supere alguno de los siguientes umbrales: 1 adulto por trampa McPhail y el 1% de aceituna picada, 5 adultos por trampa cromotrópica y día y 1% de aceituna picada o 1% de aceituna picada en parcelas sin trampa; para las siguientes aplicaciones se debe superar 1 adulto por trampa McPhail y día y el 1% de aceituna picada nueva, 3 adultos por trampa cromotrópica y día y 1% de aceituna picada nueva o 1% de aceituna picada cuando no se disponen trampas (Martín-Gil y Ruiz-Torres, 2014). En tratamientos a todo el árbol se requiere el 5% de aceituna picada. En aceituna para mesa, para tratamientos de parcheo, el primer tratamiento se recomienda cuando se supere alguno de los siguientes umbrales: 1 adulto por trampa McPhail y la primera aceituna picada, 3 adultos por trampa cromotrópica y día y la primera aceituna picada, o simplemente la primera aceituna picada en parcelas sin trampas. En tratamientos a todo el árbol se requiere el 1% de aceituna picada.

A este respecto, resulta cada vez más importante distinguir entre la toma de decisiones y medidas a adoptar frente a las poblaciones de mosca que van a provocar el daño, que son las que se han aportado en este capítulo, y la toma de decisiones y medidas que pueden dirigirse a las poblaciones de primavera para reducir la densidad de población y la infestación antes de la primera oviposición, como los posibles tratamientos futuros frente a los estado preimaginales debajo de la copa del árbol en otoño.

2.6.3. *Medidas de control*

La mayor parte de medidas de control se dirigen a los adultos para impedir que hagan la puesta, lo que requiere su implementación antes de que esta tenga lugar de manera generalizada, pero hay que dar una importancia creciente a la reducción de la infestación al inicio del ciclo vital del tefrítido, para facilitar el manejo de las poblaciones que hacen la primera puesta.

2.6.3.1. *Medidas agronómicas o culturales, físicas y mecánicas*

Se recomienda una recogida temprana de la aceituna del árbol para disminuir los daños producidos por la mosca del olivo, pues cuando las aceitunas picadas son recogidas con precocidad también pueden dar origen a aceites de buena calidad. El rendimiento se ve afectado poco cuando la infestación es baja a moderada y cuando las aceitunas se recogen de los árboles sin demasiados orificios de salida y se procesan poco después de la recolección, de ahí la importancia de la recolección temprana. Por el contrario, la pérdida es considerable cuando el insecto ha completado su desarrollo y ha salido de la aceituna, como larva o adulto, pues las podredumbres asociadas a los microorganismos que crecen en la pulpa atacada afectan la calidad del aceite de manera sustancial, así como a la caída del fruto, con la consiguiente abundancia en el suelo de aceitunas "agusanadas" desde septiembre a noviembre, que se desecan o pudren sobre el terreno.

Además, las labores profundas de suelo realizadas otrora limitaban la población de pupas enterradas bajo la copa de los árboles, pero las nuevas tendencias en el manejo del suelo, con énfasis en el mínimo laboreo, que presentan numerosos beneficios, también favorecen las poblaciones de insectos geobiontes o geófilos como la mosca del olivo. Los resultados y la viabilidad económica y técnica de tratamientos con barreras físicas como el caolín para limitar la puesta de la hembra han sido variables. Se recomienda realizar un correcto abonado nitrogenado que no suponga un incremento exagerado de masa arbórea, y control del riego en verano para que las condiciones microclimáticas no favorezcan la supervivencia de los adultos.

Trabajos recientes, limitados hasta la fecha a algunas localidades, ponen de manifiesto que *B. oleae*, tiene menor incidencia en plantaciones en seto (Landi *et al.*, 2024).

2.6.3.2. *Medidas químicas*

En la mayoría de las áreas, los adultos de *B. oleae* se controlan con pulverizaciones de cobertura total o cebos insecticidas, aplicadas cuando se alcanzan los umbrales de intervención. Los tratamientos cebo se suelen realizar por medios terrestres, dadas las grandes limitaciones regulatorias de los aéreos, en forma de parcheo, sobre un 25% de la explotación (2 metros cuadrados por árbol al sur), lo que reduce su impacto ambiental, con una solución compuesta por un cebo atrayente a base de proteínas hidrolizadas y un insecticida autorizado específicamente para este uso. Cuando la densidad de población de la mosca es muy alta, se recomiendan aplicaciones en la totalidad de la parcela de cultivo, con insecticidas específicamente autorizados para este fin, y en todos los casos, con respeto a los plazos de seguridad establecidos. En la actualidad, existe una extraordinaria limitación de los productos registrados para el posible control de las larvas.

2.6.3.3. *Medias comportamentales basadas en el empleo de semioquímicos y feromonas*

En este apartado destaca sin duda el empleo de los sistemas de atracción y muerte basados en el empleo de atrayentes alimenticios, pero, sobre todo, de feromonas, con la existencia en el mercado de una nueva generación de sistemas de atracción y muerte a modo de evolución de los tratamientos cebo, con materiales de captura impregnados con atrayentes e insecticidas, en los que el paseo inicial del adulto tras el aterrizaje es seguido de su muerte. Estos sistemas presentan ventajas respecto al trampeo masivo, el parcheo con cebos o los tratamientos con insecticidas convencionales, porque evitan el residuo insecticida en la aceituna y pueden permitir la protección del fruto desde primavera hasta recolección. Además, la atracción es bastante específica del fitófago, lo que preserva la fauna auxiliar.

Las liberaciones de insectos estériles ampliamente investigadas en los años 70 del siglo pasado han sido objeto continuo de noticias científicas, pero tanto en su componente asociada a la radiación gamma, la transgénica, o la basada en el simbionte *Wolbachia* (Rickettsiales: Anaplasmataceae), requieren aún solventar importantes cuestiones sociales, políticas y biotecnológicas, sin olvidar la gran dificultad para la cría industrial de la mosca del olivo.

2.6.3.4. *Medidas basadas en el empleo de variedades resistentes*

En general, las variedades con frutos de mayor calibre y con mayor contenido de agua (cultivares de mesa) son más susceptibles que las de frutos pequeños con menor contenido de agua (cultivares de aceite), aunque el calibre del fruto solo explicaría la elección de la mosca del olivo en un 60%, con otros factores clave en esta preferencia varietal aun desconocidos (Quesada-Moraga *et al.*, 2018). En este sentido, aunque hasta la fecha, la susceptibilidad al ataque de *B. oleae* no ha sido un criterio principal en los grandes programas de mejora del olivo, es necesario y urgente dilucidar alguno de estos factores clave a modo de marcador de susceptibilidad al ataque de este temible tefrítido, lo que tendría un gran impacto en su manejo.

2.6.3.5. *Control biológico macrobiano y microbiano*

Respecto al control biológico inundativo, se han evaluado en numerosas ocasiones las liberaciones masivas del parasitoide *Psyttalia concolor* Szépligeti (Hymenoptera: Braconidae), sin resultados concluyentes de eficacia hasta la fecha. Con el establecimiento de *B. oleae* en California en 1998, surgió un nuevo interés en el control biológico de este fitófago y se llevaron a cabo nuevos estudios de parasitoides en

África Oriental, Pakistán, India y Sudáfrica, lo que permitió la selección como candidatos para programas de control biológico clásico en California de algunos bracónidos, en especial del género *Psyttalia*, que ejercen un control natural importante sobre *B. oleae* en su lugar de origen y con un cierto grado de especificidad (Daane *et al.*, 2015). En estos estudios, *Psyttalia humilis* (Silvestri) no se ha establecido en la zona, mientras que *Psyttalia lounsburyi* (Silvestri) solo se ha establecido en las áreas costeras, con tasas de parasitismo muy bajas. Esta última especie también se ha liberado sin éxito en el sur de Francia en 2008, y ambas especies en Israel en 2008 con el mismo resultado. Más recientemente se ha evaluado en laboratorio la eficacia frente a la mosca del olivo de *Muscidifurax raptorellus* Kogan & Legner (Hymenoptera: Pteromalidae), un ectoparasitoide idiobionte gregario de pupas de múscidos, que puede desarrollarse a expensas de *B. oleae* en laboratorio, pero sin evaluación hasta la fecha en campo (Sánchez-Ramos y González-Nuñez, 2023).

También en el contexto del control microbiano inundativo, se encuentra en fase precomercial una estrategia eficaz y sostenible económica y ambientalmente de aplicación del hongo entomopatógeno *Metarhizium brunneum* Petch (Ascomycota: Hypocreales), presente de forma natural en el agroecosistema olivar, en tratamientos de suelo debajo de la copa del árbol en otoño, dirigidos a las larvas de tercera edad de la última generación que saltan para pupar enterradas, para reducir la población de preimaginales en el suelo, y por tanto, la emergencia de adultos en primavera, o incluso en primavera, para eliminar la población de adultos tras su emergencia, aspectos ambos críticos para el manejo global de la población de *B. oleae* (Yousef-Yousef *et al.*, 2017; 2018).

3. Prays o polilla del olivo
Nombre científico: *Prays oleae* (Bern.) (Lepidoptera: Praydidae)

3.1. Distribución

Este lepidóptero está distribuido en las regiones que bordean el Mediterráneo y el Mar Negro, el Medio Oriente y las Islas Canarias (Tsanakakis, 2006; EPPO, 2024).

3.2. Plantas hospedantes e importancia

Especie oligófaga o incluso monófaga porque completa su ciclo de vida únicamente en el olivo y el acebuche, aunque se han observado sus larvas en otras oleáceas del género *Phillyrea*, pero no hay evidencia de que aquí puedan completarse sus tres generaciones anuales. En varias regiones del Mediterráneo y del Medio Oriente se le considera una de las principales plagas del olivo, posiblemente la segunda en importancia tras la mosca del olivo (De Andrés Cantero, 2001; Alfaro-Moreno, 2005; Tzanakakis, 2006).

3.3. Descripción morfológica

El adulto de *P. oleae* mide de 6,0 a 6,5 mm de largo, con una envergadura de 13-15 mm (Figura 16.12). Su color general varía de gris a blanco grisáceo, o marrón claro. Hay una mancha negra en el ápice del mesoescutelo. Los ojos compuestos son de color marrón oscuro. Las alas anteriores tienen reflejos metálicos y líneas, manchas y escamas dispersas de color marrón oscuro a negro (Figura 16.12).

Figura 16.12. Adulto de la prays del olivo *Prays oleae* en un brote.

Los huevos, de alrededor de 0,4-0,6 mm de diámetro, son lenticulares, de color claro a amarillento (Figura 16.13).

Figura 16.13. Puesta de la prays del olivo *Prays oleae* en un botón floral
(cortesía de la Red de Alerta e Información Fitosanitaria de Andalucía RAIF).

Las orugas son de color avellana en los primeros estadios, y verde pardusco, verde grisáceo o gris verdoso, con la cabeza y el escudo protorácico marrones, en los últimos, aunque existe cierto polimorfismo cromático en las distintas generaciones tanto en las larvas como en adultos (Figura 16.14).

Figura 16.14. Larvas de la prays del olivo *Prays oleae* de la generación filófaga (izquierda) y antófaga (derecha).

Las larvas del último estadio larvario, el quinto, alcanzan 7-8 mm de largo y 1.4 mm de ancho (De Andrés Cantero, 2001; Alfaro-Moreno, 2005; Tzanakakis, 2006). La pupa de esta especie está cubierta por un delicado capullo sedoso (Figura 16.15).

Figura 16.15. Pupas de la prays del olivo *Prays oleae* de la generación filófaga (izquierda) y de la antófaga (derecha) (cortesía de la Red de Alerta e Información Fitosanitaria de Andalucía RAIF).

3.4. Ciclo vital

La prays del olivo es trivoltina (tres generaciones al año) y sus larvas se alimentan de diferentes partes del olivo, flores, frutos y hojas (Figura 16.16).

Las larvas de la generación filófaga (Figura 16.13) pasan el invierno en sus galerías larvarias en las hojas, que abandonan a finales del invierno y principios de la primavera, para alimentarse de forma ectófita a expensas de hojas del año anterior, de yemas axilares y hojas tiernas y puntas de brotes del nuevo crecimiento, se transforman en pupa en la hoja o la corteza de los árboles (Figura 16.14) y completan su desarrollo hasta el estado adulto; estos adultos de la generación filófaga aparecen en primavera, cuando las inflorescencias del olivo están en una etapa de desarrollo anterior a la floración, maduran sexualmente, la hembra adulta virgen libera una feromona sexual que atrae a los machos cuyo principal componente es el Z-7 tetradecen-1-al, copulan, y las hembras depositan sus huevos individualmente en el cáliz y, con menos frecuencia, en la corola de las flores aún cerradas; estos huevos corresponderían a la primera generación, conocida como la generación antófaga (Figura 16.13). Tras la eclosión de los huevos, aun con las flores cerradas, se desarrolla el estado larvario durante aproximadamente un mes, y las larvas se alimentan principalmente de los estambres y el pistilo, para pupar en los restos de flores secas (Figura 16.15) y alcanzar el estado adulto cuando se han formado los frutos jóvenes; los adultos de esta primera generación antófaga hacen la puesta preferentemente en el cáliz de los frutos jóvenes pequeños, pero también en el epicarpio.

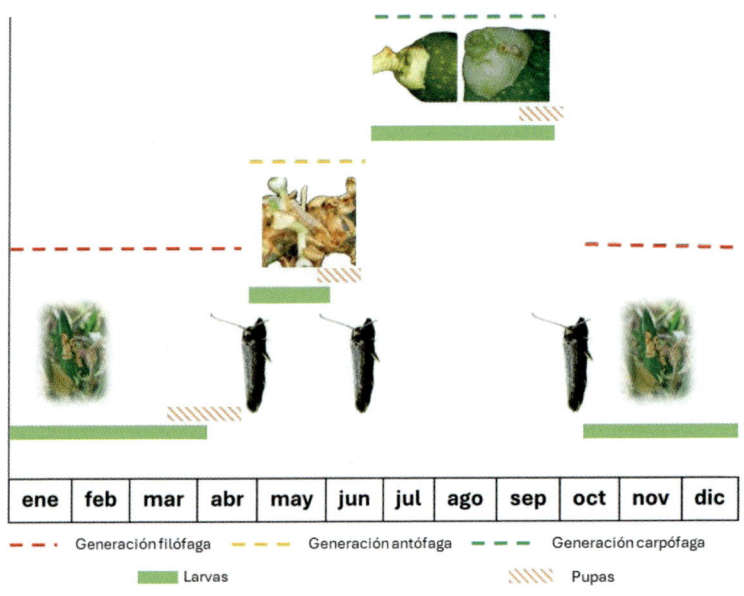

ene	feb	mar	abr	may	jun	jul	ago	sep	oct	nov	dic

— — · Generación filófaga — — — Generación antófaga — — — Generación carpófaga

▮ Larvas   ⧄ Pupas

Figura 16.16. Ciclo biológico tipo de la prays del olivo *Prays oleae.*

En situaciones de alta población es frecuente ver varios huevos en un solo fruto. Tras la eclosión de los huevos, el estado larvario de la segunda generación carpófaga se prolonga durante 3-4 meses, mucho más longevo que el de la antófaga. Las larvas de los primeros estadios perforan directamente el fruto por la inserción del pedúnculo y llegan a la parte interna del endocarpio aun blando, donde perforan una galería sinuosa. Estas larvas se alimentan poco al principio, pero su desarrollo y crecimiento se acelera cuando el embrión del olivo se forma y se vuelve sólido, pues lo consumen casi por completo, de forma que las larvas de la generación carpófaga comienzan su vida como perforadoras de frutos, para convertirse en espermatófagas, solo una larva con este hábito por fruto. Las larvas de último estadio larvario aprovechan la zona por la que penetraron para abandonar el fruto y pupar entre hojas pareadas, dando lugar a la denominada caída de San Miguel. Los adultos de la segunda generación carpófaga emergen principalmente al principio del otoño y depositan los huevos de la tercera generación filófaga individualmente en las hojas, en general en el haz, cerca del nervio central; tras la eclosión, las larvas de primer estadio de la perforan una galería serpentina larga en la hoja, donde pasa el otoño y principios del invierno, y tras la muda, continúa su crecimiento lento como minador de hojas en invierno y posteriormente de forma ectófita (como ya se ha indicado) a finales del invierno y principios de la primavera (Figura 16.17). En España, la duración relativa comparada del desarrollo larvario de las tres generaciones es de aproximadamente el 60, 10 y 30% del año para filófaga, antófaga y carpófaga respectivamente (Figura 16.16) (De Andrés Cantero, 2001; Alfaro-Moreno, 2005; Tzanakakis, 2006).

Figura 16.17. Daño característico de la generación filófaga de prays, alimentación formando minas (cortesía de la Red de Alerta e Información Fitosanitaria de Andalucía RAIF).

3.4.1. *Las oscilaciones poblacionales y los desplazamientos*

Las observaciones de varios autores (citados en Tzanakakis, 2006) podrían apoyar la existencia de una diapausa facultativa en las larvas de primer y segundo estadio de las generaciones filófaga (otoñal-hibernal) y carpófaga (estival) de *P. oleae*, con fotoperiodo y la temperatura como factores inductores. Tal diapausa facultativa puede ocurrir en la generación carpófaga (estival), pero también en la generación filófaga (otoñal-hibernal), aunque la dificultad de cría de las tres generaciones de este lepidóptero ha limitado la consistencia experimental de esta hipótesis, formulada en base a las importantes diferencias de la duración del primer estadio larvario de las generaciones carpófaga y filófaga (Tzanakakis, 2006). En cualquier caso, estos dos momentos donde puede ocurrir la diapausa facultativa convierten a las temperaturas extremas de invierno y verano en factores clave de mortalidad larvaria.

La polilla del olivo tiene un rango de dispersión corto, generalmente solo entre los árboles del mismo olivar, aunque algunos estudios ponen de manifiesto que puede desplazarse a hábitats no cultivados que circundan a los olivares (Villa *et al.*, 2021). También se ha propuesto una mayor tendencia al ataque en hojas, flores y frutos de la parte más baja del árbol, con respecto a la parte media y alta de la copa. A su vez, el número de minas en las hojas se ha correlacionado positivamente con su contenido de carbono (De Andrés Cantero, 2001; Alfaro-Moreno, 2005; Tzanakakis, 2006).

3.5. Daños

La alimentación por parte de las larvas de la generación filófaga a expensas de las hojas o de las partes apicales de los brotes nuevos y tiernos generalmente no tiene importancia económica. Excepcionalmente, en árboles muy jóvenes, plantaciones de primer o segundo año, la destrucción de la parte apical de un brote puede ser importante, síntoma común al ataque de glifodes (Figura 16.18).

**Figura 16.18. Coexistencia de daños de la prays del olivo *Prays oleae* y del glifodes
Palpita vitrealis en una plantación joven de olivar.**

Los daños asociados a la alimentación de las larvas de la generación antófaga a expensas de las flores tienen una importancia relativa en función de factores como la intensidad de población y el destino del fruto, almazara o mesa. Normalmente, con una floración normal, con un 4-5% de las flores que dan fruto, puede existir una gran producción (Tzanakakis, 2006), por lo que en años donde la floración es normal, incluso con una densa población larvaria, sobrevive el porcentaje de flores necesario para una cosecha satisfactoria. Pero es el daño a los frutos el que convierte a la polilla del olivo en una de las plagas importantes del cultivo en varios países del Mediterráneo. La alimentación larvaria a expensas de los frutos provoca su caída temprana en verano, generalmente en junio y julio (caída de San Juan), en cuyo caso las larvitas mueren en los frutos caídos, así como una caída tardía antes de la recolección en otoño. Cuando la larva neonata entra en el frutito recién formado para alcanzar el endocarpio, corta el pedicelo o los conductos fibrovasculares en su parte basal, lo que acarrea su secado y caída, en especial cuando hay varios huevos que eclosionan al mismo tiempo y muy juntos. Posteriormente, en aquellos frutos infestados que no caen, la larva se desarrolla normalmente, en su túnel de salida corta los conductos fibrovasculares de la base del fruto, provocando su caída. El porcentaje de pérdida de rendimiento debido a la caída temprana y tardía antes de la cosecha varía según la región, la variedad de olivo, el grado de cuajado del fruto y otros factores, incluido el grado de compensación por parte del árbol por la caída temprana de frutos (verano) mediante el aumento del tamaño de los frutos restantes. La caída de San Juan puede ser importante cuando coincide con otras causas fisiológicas. Los porcentajes de caída de frutos en otoño en Andalucía están por debajo del 5% y suelen causar más preocupación de la necesaria por tratarse de aceituna próxima a recolección (De Andrés Cantero, 2001; Alfaro-Moreno, 2005; Tzanakakis, 2006).

3.6. Control integrado

3.6.1. *Regulación natural de las poblaciones por entomófagos y entomopatógenos*

Las poblaciones naturales de *P. oleae* padecen el azote de numerosos parasitoides y depredadores. A la importante acción depredadora de huevos de *Chrysoperla carnea* (Stephens) (Neuroptera: Chrysopidae) y de *Anthocoris nemoralis* (F.) (Hemiptera: Anthocoridae), también sobre huevos, hay que unir un compendio de más de 20 especies de parasitoides calcídidos, elásmidos, encírtidos, eulófidos, ichneumónidos y bracónidos (Nave *et al.*, 2017). Destacan por sus tasas de parasitismo parasitoides de larvas y pupas tales como el encírtido *Ageniaspis fuscicollis* (Dalman) el bracónido *Chelonus elaeaphilus* Silvestri y los elásmidos *Elasmus flabellatus* y *E. steffani* (Fonscolombe) (Elasmidae) (Hymenoptera), y de menor importancia, el ichneumónido *Diadegma armillata* (Gravenhorst) y el bracónido *Apanteles xanthostigma* (Haliday), así como parasitoides de huevos del género *Trichogramma* sp. En cultivos que mantengan una buena comunidad de este elenco de enemigos naturales, su acción es suficiente para controlar este lepidóptero, lo cual no exime de una vigilancia continua.

En estudios realizados en el norte de Portugal también se ha constatado la incidencia natural de hongos entomopatógenos sobre las poblaciones de *P. oleae*, en especial la especie *Beauveria bassiana* (Balsamo) Vuill., sobre larvas y pupas del lepidóptero, además del impacto positivo de las cubiertas vegetales como un reservorio para especies de estos hongos (Oliveira *et al.*, 2013).

3.6.2. *Seguimiento poblacional, umbrales y toma de decisiones*

La prays del olivo pasa gran parte de su ciclo vital de forma endófita, fuera del alcance de cualquier producto insecticida no sistémico o penetrante, por lo que hay que aprovechar sus etapas ectófitas, donde es más vulnerable, para abordar los tratamientos de mayor impacto sobre su biología. Por ello, los tratamientos más eficaces son los dirigidos a las larvas de la generación antófaga, al inicio de la floración, con un 20-30% flores abiertas. A pesar de no ser esta la generación más dañina, esta estrategia contribuye a reducir la magnitud de la siguiente generación, la carpófaga, la más dañina. También han mostrado eficacias aceptables, aunque menores que las de la estrategia anterior, las aplicaciones dirigidas a las larvas de la generación carpófaga, antes de que penetren en el fruto, si bien, no es fácil estimar este momento salvo por la observación de la eclosión de huevos, con al 20% de los huevos eclosionados. En plantaciones de primer y segundo año y en viveros también podría justificarse un tratamiento frente a la generación filófaga.

El seguimiento y estimación de riesgo en base a la Guía del Cultivo del Olivo se realiza sobre la base de una superficie de referencia de 300 ha, en la que se realiza un muestreo de 20 árboles homogéneos, donde se tomarán respectivamente 10 brotes/árbol, 10 inflorescencias/árbol, y 10 frutos árbol, para las generaciones filófaga, antófaga y carpófaga (Martín-Gil y Ruiz-Torres, 2014). Las variables medidas serán respectivamente para las generaciones filófaga, antófaga y carpófaga, porcentaje de brotes atacados, se recomienda intervenir solo en viveros o plantaciones muy jóvenes con más del 20%, y hacerlo cuando se aprecian larvas vivas en los brotes, porcentaje de inflorescencias con formas vivas e inflorescencias por brote se recomienda la intervención a partir del 5% con formas vivas o menos de 10 inflorescencias por brote, y hacerlo con el 20% de flores abiertas, y porcentaje de frutos con formas vivas, se recomienda intervenir cuando supera el 20% y hacerlo cuando al menos el 20% de los huevos ha eclosionado, lo que queda delatado por la coloración negra de los mismos.

Aunque ninguno de los umbrales se define en función de la presencia de adultos, a veces puede ser muy recomendable realizar un seguimiento del vuelo de adultos para detectar el inicio de cada generación, en especial la antófaga, para lo que existen trampas comerciales con la feromona sexual de la hembra.

3.6.3. *Medidas de control*

3.6.3.1. *Medidas agronómicas o culturales, físicas y mecánicas*

La propia Guía del Cultivo del Olivo recomienda el establecimiento de zonas de compensación ecológica, sin tratamientos fitosanitarios, para promover los enemigos naturales autóctonos de esta especie, en especial, mediante el manejo de las cubiertas vegetales entre las hileras o en los bordes de las parcelas (Martín-Gil y Ruiz-Torres, 2014). Estudios recientes revelan que la complejidad de flora en estas zonas favorece el control natural de *P. oleae*, muy en especial la actividad depredadora de las crisopas frente a huevos de la generación carpófaga (Pascual *et al.*, 2022). En olivar ecológico, el manejo de las cubiertas y su complejidad floral es particularmente importante para favorecer esta actividad depredadora frente a huevos de la generación carpófaga (Álvarez *et al.*, 2021).

3.6.3.2. *Medidas químicas*

La selección de cualquier producto fitosanitario debe realizarse con base al registro de productos fitosanitarios del Ministerio de Agricultura, Pesca y Alimentación, y siempre dando prioridad, dentro de los existentes, a los más respetuosos con el medioambiente y los seres vivos.

3.6.3.3. *Medidas comportamentales basadas en el empleo de semioquímicos y feromonas*

La hembra adulta virgen libera una feromona sexual que atrae a los machos. Su componente principal, (Z)-7-tetradecenal (Z7-14:Ald) (Tzanakakis, 2006), se ha utilizado regularmente para hacer un seguimiento de las poblaciones de adultos machos y determinar cuándo aplicar medidas de control. También se encuentra en desarrollo la estrategia de la confusión sexual con base en esta feromona junto con distintos difusores con resultados vinculados a la intensidad de población.

3.6.3.4. *Medidas basadas en el empleo de variedades resistentes*

Los estudios sobre la influencia varietal sobre *P. oleae* no son concluyentes, con algunas referencias a la preferencia por variedades de mesa con frutos más grandes, aunque sin gran consistencia científica.

3.6.3.5. *Control biológico macrobiano y microbiano*

En cuanto al control macrobiano, las únicas liberaciones inundativas que han mostrado cierta eficacia son las del depredador generalista *C. carnea*, que ya está presente de forma natural en los olivares, realizadas durante la formación de las flores para la generación antófaga a la dosis recomendada por las empresas comercializadoras. Respecto al control microbiano, existen varias formulaciones de la bacteria entomopatógena *Bacillus thuringiensis* (Berliner) que han mostrado altas eficacias frente a las larvas de la generación antófaga, aplicadas en general con el 20-30% de flores abiertas, que son además compatibles con la fauna auxiliar.

4. Cochinillas

Las cochinillas son hemípteros esternorrincos de la superfamilia Coccoidea que pueden originar importantes daños directos e indirectos con su aparato bucal picador-chupador, cuya importancia relativa depende de cada grupo taxonómico. Las necrosis asociadas a la alimentación como fitomizos mediante la introducción del aparato bucal chupador en los tejidos de la planta están presentes en todas las especies dañinas para el olivo, tanto la cochinilla de la tizne, como parlatoria o serpeta, pero los daños indirectos, en particular la secreción de melazas, son más importantes en la primera especie, que introduce sus estiletes a mayor profundidad en los tejidos de la planta.

4.1. Cochinilla de la tizne

Nombre científico: *Saissetia oleae* (Olivier) (Hemiptera: Coccidae)

4.1.1. *Distribución*

Especie de amplia distribución en muchas regiones tropicales y subtropicales del mundo, desde Asia central a lo largo de la región paleártica occidental, hasta África y también en California, Sudamérica y Australia (Tzanakakis, 2006; GBIF Secretariat, 2024).

4.1.2. *Plantas hospedantes*

Esta cochinilla es polífaga, descrita sobre más de 150 especies de árboles, arbustos y plantas herbáceas de varias familias, por supuesto, el olivo y otras oleáceas, donde infesta hojas, brotes, ramas, ramitas y frutos.

4.1.3. *Descripción morfológica*

La hembra adulta es ovalada, hemiesférica, muy convexa, de 2,5-4,0 mm de largo por 1,0 a 3,0 mm de ancho, con una quilla longitudinal y dos quillas transversales prominentes en el caparazón, con forma de la letra H (Figura 16.19). Es color marrón claro cuando es joven, volviéndose marrón oscuro, casi negro, a medida que madura, con la superficie dorsal más o menos brillante y rugosa; son inmóviles y quedan adheridas a la planta incluso después de muertas (Figura 16.19). El macho adulto, que es alado, rara vez se encuentra. Las formas jóvenes son móviles, la ninfa de primer estadio de la hembra es de color ámbar claro y mide 0,3-0,4 ×

0,18-0,2 mm, la de segundo estadio parecida a la primera, pero con caparazón más convexo y doble tamaño, con la quilla dorsal longitudinal ya patente, e incluso las dos quillas transversales al final de este. El tercer estadio mide 1,0-1,3 × 0,3-0,7 mm, con siete segmentos en las antenas, en lugar de los ocho que tiene el adulto (De Liñán, 1998; De Andrés Cantero, 2001; Tzanakakis, 2006).

Figura 16.19. Hembra de la cochinilla de la tizne *Saissetia oleae* en un brote (cortesía de la Red de Alerta e Información Fitosanitaria de Andalucía RAIF).

4.1.4. *Ciclo vital*

En España, la especie tiene una o dos generaciones anuales, en función de variables climáticas y de la planta hospedante. En olivo suele presentar una sola generación, aunque también hay referencias a una segunda que no llega a completarse (Figura 16.20).

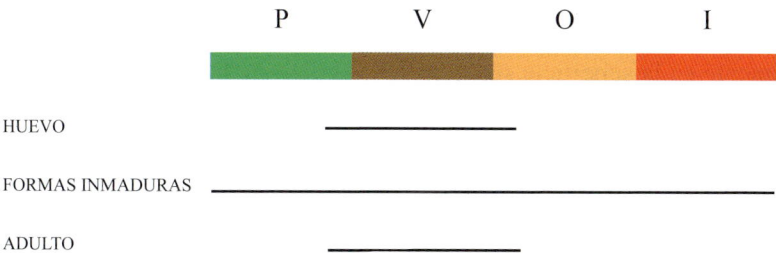

Figura 16.20. Ciclo biológico de la de la cochinilla de la tizne *Saissetia oleae* en olivo. P: primavera; V: Verano; O: Otoño; I: Invierno. Las líneas indican la presencia de los distintos estados de desarrollo a lo largo del tiempo, en función del voltinismo (número de generaciones).

Pasa el invierno en forma de ninfa y aparece de abril-mayo a junio, cuando las hembras con las primeras puestas alcanzan un pico poblacional. La ninfa de primera edad se encuentra desde finales de mayo-junio a octubre o noviembre, de segunda edad de octubre a mayo, y la de tercera edad de octubre a mayo o junio, de lo que podría desprenderse que, en las zonas olivareras de clima más caluroso y seco, el desarrollo de los distintos estadios de ninfa es relativamente lento, lo que según algunos autores apunta a una diapausa estival. En general, la especie se reproduce por partenogénesis dada la baja frecuencia de los machos en la población, y los huevos se depositan bajo el cuerpo de la hembra, en gran número de 150 a 2500 (Figura 16.21).

Figura 16.21. Hembra de la cochinilla de la tizne *Saissetia oleae* con huevos (cortesía de la Red de Alerta e Información Fitosanitaria de Andalucía RAIF).

Las ninfas neonatas se sitúan al principio en el entorno de su madre, con distribución agregada, aunque luego se dispersan en busca de un sitio adecuado para asentarse; la mayor parte se asienta a lo largo del nervio central en la superficie inferior de las hojas, y una menor proporción en los brotes terminales, y solo ocasionalmente en la superficie superior de las hojas. Se ha propuesto por parte de distintos autores que la dinámica poblacional de este insecto en una área particular se caracteriza por brotes severos periódicos generalmente seguidos por períodos más largos de declive poblacional, con factores favorecedores de la población como la densa frondosidad de los olivos, la alta densidad de plantación, los veranos frescos y húmedos y los inviernos suaves, sin olvidar el riego y los fertilizantes nitrogenados, que mejoran el valor nutricional del árbol para el insecto (De Liñán, 1998; De Andrés Cantero, 2001; Tzanakakis, 2006).

4.1.5. *Daños*

La cochinilla de la tizne es la más extendida y frecuentemente encontrada en los olivares mediterráneos. Además de chupar la savia, su abundante melaza favorece el desarrollo de hongos de la negrilla. La gravedad del daño resultante depende del nivel de infestación. En el nivel más bajo, antes de que la negrilla sea extensa, la succión de savia no tiene un efecto adverso obvio en la producción de aceitunas, aunque produce un menoscabo (Figura 16.22).

Figura 16.22. Detalle del daño que realiza la cochinilla de la tizne *Saissetia oleae* en cada fruto atacado (cortesía de la Red de Alerta e Información Fitosanitaria de Andalucía RAIF).

Sin embargo, después de la propagación de la negrilla, hay una reducción de la fotosíntesis y la respiración en las hojas que caen prematuramente. En casos extremos, puede haber una defoliación completa del árbol y un marchitamiento de las ramas, que puede reducir considerablemente el rendimiento de las aceitunas. Además, la melaza del insecto puede causar dificultades en la cosecha, manejo y procesamiento de la fruta, lo que es especialmente importante en cultivares de mesa (De Liñán, 1998; De Andrés Cantero, 2001; Tzanakakis, 2006).

4.2. Parlatoria o cochinilla violeta

Nombre científico: *Parlatoria oleae* Colvee (Hemiptera: Diaspididae)

4.2.1. *Distribución*

Este insecto está muy extendido por el Mediterráneo, en el Reino Unido, el Medio Oriente, Sudán, Sureste de Europa, Irán, Asia Central, China, India y América del Norte y del Sur (Tzanakakis, 2006; GBIF Secretariat, 2024).

4.2.2. *Plantas hospedantes*

Especie muy polífaga, citada sobre más de 200 especies y 80 géneros de plantas perennes de varias familias, lo que incluye el olivo y otras oleáceas como *Ligustrum*, *Syringa* y *Jasminum*. Infesta hojas, ramitas, ramas y frutos, aunque varía la proporción de cada sexo en cada una de estas partes del árbol según la especie de árbol y la generación (De Liñán, 1998; De Andrés Cantero, 2001; Tzanakakis, 2006).

4.2.3. Descripción morfológica

El escudo de la hembra adulta es cóncavo, suboval o subcircular, de 1,2 a 1,5 mm de diámetro, de color blanco a ocre (Figura 16.23). La exuvia es submarginal, hacia la parte anterior del escudo, de coloración olivácea a marrón. El cuerpo de la hembra debajo del escudo es púrpura, con un pigidio amarillo (Figura 16.23). El escudo del macho es de color blanco grisáceo, alargado, subrectangular, con la exuvia de color avellana, mucho más pequeños que las hembras, son alados y son difíciles de ver (Figura 16.23) (De Liñán, 1998; De Andrés Cantero, 2001; Tzanakakis, 2006).

Figura 16.23. Hembras y machos de la parlatoria o cochinilla violeta *Parlatoria oleae* en un intenso ataque de frutos.

4.2.4. Ciclo vital

En España, la especie pasa el invierno como hembra adulta fecundada con algunas ninfas de segundo estadio, para iniciar la puesta con la llegada de la primavera. Se observan ninfas móviles desde mediados de abril a finales de mayo, con 2-3 generaciones por año, si bien, lo más frecuente en olivar es el desarrollo bivoltino, donde las hembras adultas experimentan una dormancia (a veces quiescencia) otoñal-hibernal que dura hasta el final del invierno o incluso hasta principios de la primavera. Tras la eclosión de huevos con el inicio de la primavera, con pico de ninfas en mayo, las hembras de la primera generación infestan principalmente tallos y hojas, pero las de la segunda generación, en julio-agosto, ocupan también el fruto (Figura 16.24) (De Andrés Cantero, 2001; Tzanakakis, 2006).

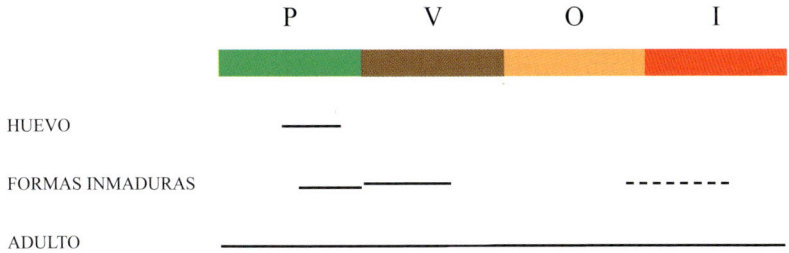

Figura 16.24. Ciclo biológico de la parlatoria o cochinilla violeta *Parlatoria oleae* en olivo. P: primavera; V: Verano; O: Otoño; I: Invierno. Las líneas indican la presencia de los distintos estados de desarrollo a lo largo del tiempo, en función del voltinismo (número de generaciones). La línea discontinua indica que en ocasiones se ha descrito la hibernación como ninfa.

4.2.5. *Daños*

Cuando la cochinilla se fija en ramitas y ramas, se forman manchas, generalmente rojizas, y también pequeñas deformidades. Cuando la población de insectos es densa, las ramitas tienen un crecimiento reducido e incluso pueden secarse. Si el diaspídido se asienta en los frutos, se forman manchas claras, violáceas, u oscuras que disminuyen su valor comercial o incluso los hacen inadecuados para el mercado, en especial en aceituna de mesa, e incluso las aceitunas pueden llegar a perder hasta un 20% de su contenido de aceite (Figura 16.25). Como corresponde a los diaspinos, esta cochinilla no produce melaza, lo que limita sus daños indirectos.

Figura 16.25. Detalle del daño que realiza la parlatoria o cochinilla violeta *Parlatoria oleae* en cada fruto atacado (cortesía de la Red de Alerta e Información Fitosanitaria de Andalucía RAIF).

4.3. Serpeta

Nombre científico: *Lepidosaphes ulmi* L. (Hemiptera: Diaspididae)

4.3.1. *Distribution*

Cochinilla de amplia distribución, lo que incluye Europa, el Mediterráneo, el sur de África, Asia, América y Australia (Tzanakakis, 2006).

4.3.2. *Plantas hospedantes*

Esta especie es politípica con varios ecomorfos o razas biológicas que se asemejan entre sí en apariencia, pero difieren en el tipo de reproducción, número de generaciones por año, plantas hospedantes y distribución geográfica. Aunque se han citado distintas razas en Europa y América, esta especie tiene importancia económica solo para los frutales de pepita y los frutales de hueso de la familia Rosaceae, así como para el olivo; incluso se ha propuesto que las razas partenogenéticas prefieren las rosáceas, mientras que las que presentan reproducción anfigónica prefieren otras especies vegetales entre las que se incluye el olivo. Es necesario no obstante un estudio exhaustivo basado en la morfología y biología de *L. ulmi* y especies relacionadas para clarificar su estatus taxonómico (De Liñán, 1998; De Andrés Cantero, 2001; Tzanakakis, 2006).

4.3.3. *Descripción morfológica*

La cochinilla adulta es larga y estrecha, de 3 mm de largo y 1,2-1,3 mm de ancho tanto machos como hembras, en forma de mejillón (mitiliforme) o piriforme, más estrecha en su parte anterior, de color variable con la raza, pero en general marrón oscuro, con la exuvia en la hembra de color marrón rojizo o rojo oscuro en su parte frontal (Figura 16.26). Bajo el escudo, que nunca abandona, el cuerpo de la

Figura 16.26. Hembras adultas de la serpeta *Lepidosaphes ulmi* en una aceituna.

hembra es oblongo, blanco o amarillo pajizo, con un pigidio marrón claro. El macho es alado, de menor tamaño que las hembras, aunque su caparazón es parecido al de estas; son los machos poco frecuentes en la población (De Liñán, 1998; De Andrés Cantero, 2001; Tzanakakis, 2006).

4.3.4. *Ciclo vital*

Como ya se ha indicado, esta especie presenta varias razas, algunas unisexuadas (solo hay hembras) con partenogénesis (reproducción sin la participación del macho), otras bisexuadas, y cada una de ellas adaptada a distintas plantas hospedantes. En el sur de España, sobre olivo, se desarrolla una raza europea polífaga, bisexual, ovípara, potencialmente multivoltina (aunque en la zona oriental del mediterráneo, en especial en Grecia, es univoltina) y con quiescencia (hibernación) en estado de huevo. Se producen tres generaciones al año, delatados por tres picos de población de ninfas móviles que ocurren principalmente en marzo-abril, junio-julio y septiembre, con los máximos de aparición de ninfas móviles a finales de marzo-primeros de abril, mitad de junio y finales de agosto-primeros de septiembre. Las hembras adultas maduras con huevos alcanzan sus máximos poblacionales a mediados de mayo, mediados de julio y mediados de octubre (Figura 16.27) (De Liñán, 1998; De Andrés Cantero, 2001; Tzanakakis, 2006).

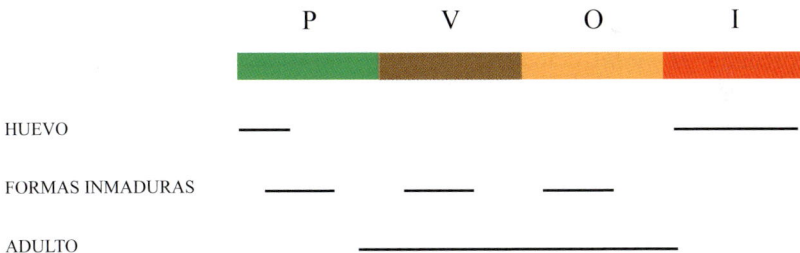

Figura 16.27. Ciclo biológico de la serpeta *Lepidosaphes ulmi*. P: primavera; V: Verano; O: Otoño; I: Invierno. Las líneas indican la presencia de los distintos estados de desarrollo a lo largo del tiempo, en función del voltinismo (número de generaciones).

4.3.5. *Daños*

Las poblaciones elevadas de este diaspídido pueden ocasionar el marchitamiento del follaje del olivo y el crecimiento reducido de las ramitas. Además, en España, este insecto puede atacar los frutos donde ocasiona manchas y deformaciones que disminuyen el valor comercial de las aceitunas de mesa (De Liñán, 1998; De Andrés Cantero, 2001; Tzanakakis, 2006).

4.4.   Control integrado de cochinillas

4.4.1.   *Regulación natural de las poblaciones por entomófagos y entomopatógenos*

Las cochinillas tienen numerosos enemigos naturales que contribuyen a la regulación natural de sus poblaciones, que hay que proteger y conservar. Destacamos a continuación solo los más importantes. Así, *S. oleae*, es atacada por parasitoides que depositan sus huevos en el interior de la cochinilla y cuyas larvas las devoran junto con los huevos, como los himenópteros afelínidos *Aphytis aonidiae* (Mercet), *A. lignanensis* Compere, *A. mytilaspidis* (Le Baron) y *Hispaniella lauri* Mercet y *Coccophagus lycimnia* (Walker), el pteromálido *Scutellista cyanea* Motsch., y el encírtido *Metaphycus helvolus* (Olivier), así como el ácaro depredador *Hemisarcoptes malus* (Shimer) (Astigmata: Hemisarcoptidae) y la crisopa *C. carnea* (De Liñán, 1998; Tzanakakis, 2006; Noguera *et al.*, 2003; Tena *et al.*, 2008). Las poblaciones naturales de esta cochinilla también son reguladas por hongos entomopatógenos, en especial, *Lecanicillium lecanii* (Zimm.) Zare y Gams. Por su parte, *P. oleae* también es parasitada por himenópteros afelínidos *Aphytis paramaculicornis* DeBach & Rosen, *A. maculicornis* (Masi), *A. hispanicus* (Masi), *A. mytilaspidis*, *A. proclia* (Walker), y los afelínidos *Encarsia citrina* (Craw) y *Coccophagoides utilis* Doutt., así como el depredador *Chilocorus bipustulatus* L. (Coleoptera: Coccinelidae). Finalmente, *L. ulmi*, es parasitada por los himenópteros afelínidos *Aphytis mytilaspidis* (Le Baron), *A. proclia* (Walker), los afelínidos *Encarsia citrina* (Craw) y *Physcus testaceus* Masi, y el calcídido *Apterencyrtus microphagus* (Mayr), así como por el ya citado ácaro depredador *H. malus*, y los cocinélidos *C. bipustulatus* y *Stethorus punctillum* (Weise) (De Liñán, 1998; Tzanakakis, 2006).

Las cochinillas son ejemplos clásicos del fenómeno del resurgimiento de plagas, pues en muchas ocasiones, un mal tratamiento insecticida afecta a sus numerosos enemigos naturales y, por tanto, a la regulación natural de sus poblaciones, que pasan a sobrepasar los umbrales económicos (Pascual *et al.* 2010).

4.4.2.   *Seguimiento poblacional, umbrales y toma de decisiones*

La aplicación de cualquier producto fitosanitario debe tener en cuenta que el momento más oportuno es el de la salida de las formas móviles debajo del cuerpo de la hembra, que son las más sensibles. En función de si el producto fitosanitario seleccionado presenta acción de choque como los insecticidas neurotóxicos o se trata de un agonista de la hormona juvenil de los insectos, cuyo efecto es más dilatado por interferir en la muda y reproducción, el momento óptimo para realizar el tratamiento será diferente. Como se ha indicado en otras secciones, la Guía del Cultivo del Olivo define una superficie estándar para toma de decisiones de 300 ha (Martín-Gil y Ruiz-Torres, 2014). En el caso de *S. oleae*, deben seleccionarse 20 árboles homogéneos, y 10 brotes por árbol en todas las orientaciones; al no existir trampas para el seguimiento de cochinillas, las decisiones deben realizarse con base en observaciones de las partes del árbol infestadas. Una variable muy importante para la toma de decisiones es el número de adultos parasitados, que quedan delatados por una perforación en el caparazón, punto de salida del parasitoide adulto. El momento crítico de muestreo es a final de primavera o principio de verano, momento de la eclosión de huevos, que puede detectarse porque al levantar el caparazón el aspecto rosado anterior a la eclosión se torna en masa pulverulenta blanquecina.

En zonas con riesgo de negrilla por tener condiciones particulares de humedad, se recomienda tratar cuando hay más de 4 adultos no parasitados en los 20 árboles, mientras si el riesgo de negrilla es menor se intervendrá cuando hay más de 20 adultos no parasitados en estos árboles. En el caso de los tratamientos dirigidos a ninfas, deben realizarse desde que se produce la eclosión del 100% de los huevos hasta la aparición de ninfas de tercer estadio. Para el control de hembras adultas en zonas de alta infestación puede recomendarse un tratamiento desde después de la recolección hasta floración con productos como los mencionados agonistas de la hormona juvenil.

En el caso de *P. oleae*, no hay umbrales de intervención definidos, pues el tratamiento se justifica si ha habido aceitunas con manchas en la campaña anterior para olivar de mesa, o seca de ramas en olivar de almazara. En caso de ser preciso un tratamiento, se recomienda hacer un muestreo de hembras adultas en ramitas o brotes a mediados de primavera, para dejarlas evolucionar en una bolsa hasta el avivamiento de las ninfas, momento óptimo de tratamiento.

De forma semejante, para *L. ulmi* no existe un umbral de intervención definido, se justifica el tratamiento si existe seca de ramas, con un tratamiento recomendado en el momento de la salida de ninfas, bien en primavera o verano.

4.4.3. *Medidas de control*

4.4.3.1. *Medidas agronómicas o culturales, físicas y mecánicas*

Todas las cochinillas son favorecidas por mayores densidades de plantación, por la falta de aireación en las podas de los árboles, así como por el exceso de fertilización nitrogenada. De esta forma, la poda de aireación es una práctica clave para limitar la infestación por cochinillas, así como una fertilización equilibrada. Por otra parte, como aspecto general, todas las cochinillas son muy susceptibles a las altas temperaturas y bajas humedades relativas, por lo que en veranos secos y cálidos se incrementa de forma importante su mortalidad natural. Otro aspecto general de gran relevancia es impedir los tratamientos con productos insecticidas que reduzcan las poblaciones de los numerosos enemigos naturales de estas especies.

En el caso de *S. oleae*, es particularmente importante utilizar material de propagación sano libre de infestación por la cochinilla para establecer nuevas plantaciones.

4.4.3.2. *Medidas químicas*

En general, hay que minimizar en la medida de lo posible el empleo de insecticidas químicos de síntesis, para dar prioridad a las otras medidas de control. En cualquier caso, si es necesario acudir a un tratamiento químico, la eficacia de las materias activas disponible en el registro es mayor para estados de desarrollo preimaginales y requieren una buen mojado del árbol. Siempre hay que dar prioridad a las materias activas con menor impacto sobre la fauna útil.

4.4.3.3. *Medias comportamentales basadas en el empleo de semioquímicos y feromonas*

El ciclo de vida particular de las cochinillas limita el desarrollo de sistemas de captura bien para el seguimiento de poblaciones, bien para su control.

4.4.3.4. *Medidas basadas en el empleo de variedades resistentes*

No existe información sobre diferencias de susceptibilidad a cochinillas de distintas variedades de olivo.

4.4.3.5. *Control biológico macrobiano y microbiano*

Hay pocos registros en olivar de utilización inundativa de enemigos naturales entomófagos y entomopatógenos, por lo que el control biológico se limita a la conservación del que existe de forma natural, en especial, mediante el manejo de las cubiertas vegetales

5. Los escolítidos o barrenillos

Los escolítidos son coleópteros xilófagos, bien primarios, que se alimentan principalmente de madera viva, o secundarios, que alimentan principalmente de árboles decrépitos o madera muerta, aunque en ambos casos, también puede alimentarse a expensas de ejemplares decrépitos o sanos respectivamente. Los adultos y larvas de estas especies viven en galerías que excavan en los troncos y ramas de los árboles, de forma variable, aunque constante para cada especie; unas subcorticales, entre la corteza y la madera, otras profundas, en el interior de la madera. Existen dos especies de importancia en el olivar el barrenillo del olivo y el barrenillo negro que son objeto de atención en este capítulo, en ambos casos horadan en la madera del olivo galerías subcorticales (Alfaro-Moreno, 2005).

5.1. Barrenillo del olivo

Nombre científico: *Phloeotribus scarabaeoides* Bernard
(Coleoptera: Curculionidae: Scolytinae)

5.1.1. *Distribución*

Escolítido de distribución mediterránea, en todo el sur de Europa, Medio Oriente hasta Irán y Asia Central, aunque puede encontrarse más hacia el norte en especies vegetales distintas del olivo (Tzanakakis, 2006; GBIF Secretariat, 2024).

5.1.2. *Plantas hospedantes*

A lo largo de la costa mediterránea ataca al género *Olea*, pero también a otras oleáceas de los géneros *Fraxinus*, *Ligustrum* y *Syringa* (De Andrés Cantero, 2001; Tzanakakis, 2006).

5.1.3. *Descripción morfológica*

El cuerpo del adulto es corto, subcilíndrico y rechoncho, de color negro opaco, mide de 1,9 a 2,5 mm de longitud, cabeza negra, encajada en el protórax, con el vertex y las genas negro-marrón, y las antenas marrones con el escapo muy largo y los tres últimos artejos antenales provistos de una extensión lameliforme pubescente lateral, que le confieren un aspecto de tridente (Figuras 16.28 y 16.29).

Figura 16.28. Morfología comparada de los barrenillos del olivo, derecha adulto del barrenillo del olivo *Phloeotribus scarabaeoides*, izquierda adulto del barrenillo negro *Hylesinus taranio*. Nótese la diferencia real de tamaño, más pequeño *P. scarabaeoides*, así como el detalle de las antenas, principal criterio diferenciador, en maza en *H. taranio*, lamelada en *P. scarabaeoides* (cortesía de María del Carmen Fernández Bravo).

En algunas poblaciones los élitros están recubiertos de escamas con una mancha pardo-oscura en la parte media. Los huevos son ovalados, amarillentos y no alcanzan el milímetro de longitud. Las larvas ápodas desarrolladas tienen la cabeza amarillenta, la frente y el labro amarillo-ferruginosos, y miden 5,8 × 2 mm cuando están distendidas, pero solo mide 2,37-3,5 mm cuando están curvadas (De Andrés Cantero, 2001; Alfaro-Moreno, 2005; Tzanakakis, 2006).

Figura 16.29. Detalle de las antenas lameladas en forma de tridente del barrenillo del olivo *Phloeotribus scarabaeoides* (cortesía de María del Carmen Fernández Bravo).

5.1.4. *Ciclo vital*

Esta especie, como xilófago secundario, se reproduce principalmente en árboles debilitados y en ramas cortadas y normalmente completa una generación al año en España, aunque la disponibilidad de un sustrato adecuado para la reproducción (principalmente ramas recién cortadas) puede dar origen a un ciclo vital polivoltino (Figura 16.30).

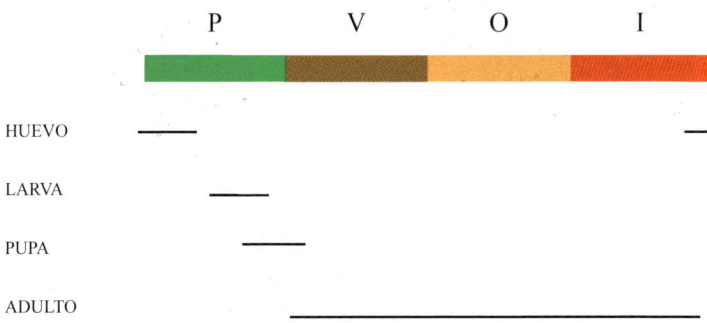

Figura 16.30. Ciclo biológico del del barrenillo del olivo *Phloeotribus scarabaeoides* en olivo. P: primavera; V: Verano; O: Otoño; I: Invierno. Las líneas indican la presencia de los distintos estados de desarrollo a lo largo del tiempo, en función del voltinismo (número de generaciones).

El insecto pasa el invierno principalmente como adulto inmaduro en cámaras de hibernación que perfora durante la temporada de crecimiento en las inserciones de ramas, hojas y pedúnculos de frutos. Los adultos se activan al final del invierno y pueden abandonar estos refugios para perforar galerías de alimentación o túneles cortos en las axilas de ramitas laterales de 1 a 3 años (Figura 16.31), aunque cuando alcanzan su maduración, lo que suele ocurrir en coincidencia con la poda, se dirigen a ramas de mediano grosor, preferentemente lisas, procedentes de la poda o decrépitas, o debilitadas de los árboles sanos, donde perforan las galerías de reproducción.

Figura 16.31. Orificios de entrada con serrín (izquierda) de una galería de alimentación del barrenillo. Nótese el impacto sobre el secado de la aceituna por interrupción del flujo de savia (derecha).

Todo comienza con un orificio de entrada perpendicular a la superficie, delatado por la presencia de serrín (Figura 16.32), donde la pareja excava una cámara en la que copula, luego dos galerías opuestas que forman las galerías maternas, que son de tipo transversal doble, con una longitud de 25-30 mm en ramas de mayor diámetro, y más cortas en las de menor diámetro; se sitúan en ángulo con el eje de la rama, en las pequeñas, mientras que son perpendiculares al eje de la rama en las más gruesas.

Figura 16.32. Orificios de entrada de una galería de reproducción del barrenillo delatados por la presencia de serrín (cortesía de la Red de Alerta e Información Fitosanitaria de Andalucía RAIF).

La especie es monógama, y el macho colabora con la hembra en la eliminación del serrín de la galería materna, donde la hembra deposita los huevos en pequeños surcos, en número aproximado de 15-80 huevos, y tras la eclosión de estos, las larvas excavan las galerías larvarias, que tienen 3-5 cm de largo, son perpendiculares a la galería materna y paralelas entre sí (Figura 16.33).

En estas galerías las larvas alcanzan el estado de pupa, y los nuevos adultos emergen desde mediados de mayo-junio para dirigirse, en un principio, a los olivos más próximos, después de perforar pequeños orificios en la corteza que, a diferencia de los de entrada, adolecen de serrín, y que en muchas ocasiones por ser numerosos dan un aspecto característico de una perdigonada (Figura 16.34).

Figura 16.33. Galerías maternas de tipo transversal doble y galerías larvarias del barrenillo del olivo.

Figura 16.34. Orificios de salida (perdigonada) del barrenillo del olivo.

Sin embargo, pasado un periodo de tiempo, estos adultos tienden a dispersarse a otros olivares a varios kilómetros (mínimo 3,5 km) del centro de dispersión; en ambos casos, estos adultos llevan a cabo los daños más graves al practicar galerías nutricias en los brotes del olivo entre los meses de mayo y julio, que también sirven para la posterior hibernación, pues en ellas permanecerán hasta la primavera siguiente (Figura 16.30). Obviamente, si por cualquier razón y a pesar de las limitaciones que impone la normativa vigente, se produce algún tipo de almacenamiento de madera de poda, este ciclo univoltino podría ser bivoltino o incluso trivoltino (De Andrés Cantero, 2001; Alfaro-Moreno, 2005; Tzanakakis, 2006):

5.1.5. *Daños*

El daño se produce durante los períodos de alimentación de los escarabajos hibernantes así como por los escarabajos procedentes de las galerías de reproducción durante el verano, que es el más grave. Las galerías de alimentación e hibernación de los adultos pueden causar la muerte de las ramitas, que se rompen con vientos fuertes o por la recolección. Las galerías larvarias debilitan o matan las ramas, pero más importante aún, el olivo acorta su desarrollo vegetativo y tamaño, sin descartar una pérdida total de flores, frutos, y, por tanto, de la cosecha. Los árboles debilitados por este escolítido son además más susceptibles al ataque de otros insectos fitófagos, en especial al arañuelo del olivo, cuyo ataque está muy asociado al de este coleóptero. Hay que destacar que la preferencia del insecto por hacer las galerías de reproducción en ramas ya debilitadas debe ser tenida en cuenta en el contexto de distintas medidas preventivas. Sin duda, la gestión adecuada de las leñas de poda ha reducido la importancia de los daños de este insecto (De Andrés Cantero, 2001; Alfaro-Moreno, 2005; Tzanakakis, 2006).

5.2. **Barrenillo negro del olivo**

Nombre científico: *Hylesinus taranio* (Danthoine)
(Coleoptera: Curculionidae: Scolytinae)
Sinonimia: *Hylesinus oleiperda* Fabricius

5.2.1. *Distribución*

Este coleóptero está distribuido en Europa, desde el Reino Unido hasta el Cáucaso, Mediterráneo, Medio Oriente, y en varios países de la región neártica como Brasil y Argentina (Tzanakakis, 2006).

5.2.2. *Plantas hospedantes*

El olivo es su principal planta hospedante, pero en la Europa templada puede encontrarse en otras oleáceas de los géneros *Fraxinus* sp., *Ligustrum* sp. y *Syringa* sp, y más esporádicamente especies no oleáceas como *Quercus* sp., *Fagus* sp. y *Juglans* sp. (De Andrés Cantero, 2001; Alfaro-Moreno, 2005; Tzanakakis, 2006).

5.2.3. *Descripción morfológica*

El adulto de *H. oleiperda* tiene un cuerpo ovalado, de 2,5-3,5 mm de longitud, totalmente negro, cubierto de una pilosidad densa rojiza y negruzca, que le hace parecer de color marrón oscuro (Figura 16.35). El pronoto se proyecta hacia atrás entre las bases de los élitros. Las antenas de color rojizo tienen forma de maza, aspecto que lo diferencia de *P. scarabaeoides*, que tienen forma lamelada, de tridente (Figuras 16.28 y 16.35). Las patas también son de color rojizo. Los huevos son blanquecinos, ovalados, de apenas 1 mm de tamaño. Las larvas son ápodas, blancas y, cuando está completamente desarrollada, miden 3 mm de largo, con la zona torácica más engrosada, y con mandíbulas bidentadas, otro carácter diferenciador respecto al barrenillo del olivo (De Andrés Cantero, 2001; Alfaro-Moreno, 2005; Tzanakakis, 2006).

Figura 16.35. Detalle un barrenillo negro del olivo *Hylesinus taranio* en una rama (izquierda superior), de sus élitros y pronoto (izquierda inferior), así como de sus antenas en maza (derecha) (foto de la izquierda superior cortesía de la Red de Alerta e Información Fitosanitaria de Andalucía RAIF, las otras dos cortesía de María del Carmen Fernández Bravo).

5.2.4. *Ciclo vital*

Este barrenillo es un xilófago primario, que se desarrolla de forma primaria en madera viva, aunque puede realizar galerías de reproducción en madera de corta, un aspecto de su ecología que también lo diferencia del barrenillo del olivo. La información que existe sobre el ciclo vital de esta especie no es precisa, pues hay discrepancias sobre su voltinismo incluso en regiones de clima similar. La mayoría de los autores se refieren a un ciclo univoltino en árboles sanos, tal y como ocurre en España, pero también hay referencias a uno bivoltino en determinadas zonas o cuando se desarrolla en ramas de poda o árboles decrépitos (Figura 16.36).

En el caso de un ciclo vital univoltino, este escolítido pasa el invierno en forma de larva en las galerías de reproducción, si bien, algunos autores indican que puede hibernar como adulto reproductivamente inmaduro, en galerías de alimentación. En cualquier caso, los adultos salen de las galerías desde finales de abril hasta principios de junio, principalmente en mayo, y pronto perforan galerías nutricias en las axilas de brotes y ramitas, maduran sexualmente, y entonces, buscan ramitas y ramas adecuadas para perforar galerías maternas (de reproducción) hasta la llegada de otoño. Normalmente, seleccionan ramas debilitadas y medio secas, pero también pueden atacar ramas sanas; en árboles jóvenes las galerías de reproducción pueden ser perforadas en el tronco. La forma y extensión de las galerías de reproducción difiere en función de la salud de la madera; en olivos debilitados estas galerías tienen dos brazos de 1-3 cm, mientras que en madera sana, el flujo de savia limita el desarrollo de las galerías y tienen una sola rama. Las galerías larvarias son perpendiculares a las maternas en el primer caso, pero irregulares en el segundo. El ataque de este escolítido es delatado por manchas ferruginosas en las zonas donde excava las galerías perceptibles al levantar la corteza. En un ciclo univoltino, el crecimiento larvario no se completaría hasta la primavera siguiente, y en el bivoltino, se completaría en otoño. Por tanto, donde prevalece el univoltinismo o bivoltinismo y el invierno ocurre en la etapa larvaria, debería existir una dormancia invernal tardía o primaveral temprana, de modo que el estado de pupa y la emergencia de adultos estén más o menos sincronizadas a finales de la primavera. Donde el invierno ocurre en la etapa adulta, también debería ocurrir una dormancia invernal, aunque ambas hipótesis requieren una confirmación experimental concluyente (De Andrés Cantero, 2001; Alfaro-Moreno, 2005; Tzanakakis, 2006).

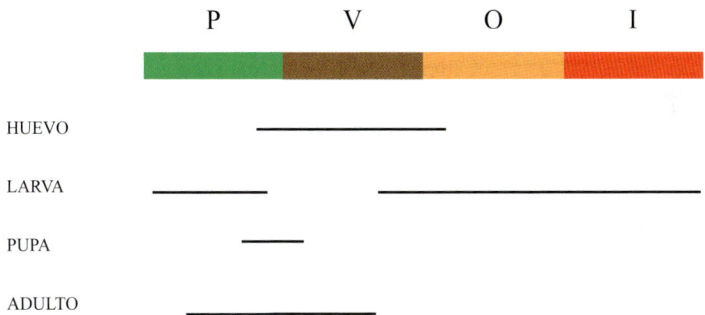

Figura 16.36. Ciclo biológico del del barrenillo del barrenillo negro del *Hylesinus taranio*. P: primavera; V: Verano; O: Otoño; I: Invierno. Las líneas indican la presencia de los distintos estados de desarrollo a lo largo del tiempo, en función del voltinismo (número de generaciones).

5.2.5. *Daños*

Posiblemente se trate del escolítido más dañino para el olivo, siempre que se alcancen niveles altos de población, por su carácter de xilófago primario. Las galerías de alimentación de los adultos en los brotes jóvenes de la temporada debilitan y finalmente secan las partes distales a las cámaras, o los brotes se rompen por el viento, perdiéndose así su producción futura. Sin embargo, el principal daño es causado por las larvas, cuyas galerías ralentizan la circulación de savia y, en casos extremos, pueden detenerla por completo por encima del área infestada. Las ramitas o pequeñas ramas, de 1-3 cm de diámetro, sufren necrosis de la corteza y mueren. Las ramas de mayor diámetro generalmente no mueren, pero presentan un crecimiento vegetativo débil y una producción reducida. Como se ha dicho con anterioridad para el barrenillo del olivo, el ataque del arañuelo también está asociado al barrenillo negro, que aprovecha las distintas galerías y orificios para sus puestas (De Andrés Cantero, 2001; Alfaro-Moreno, 2005; Tzanakakis, 2006).

5.3.   Control integrado de escolítidos

La eficacia de los tratamientos fitosanitarios frente a este escolítido es limitada, por lo que las medidas preventivas adquieren particular importancia.

5.3.1.   *Regulación natural de las poblaciones por entomófagos y entomopatógenos*

Existe una amplia lista de depredadores y parasitoides del barrenillo del olivo que hay que preservar al evitar tratamientos químicos innecesarios. Así, destacan varias especies de himenópteros ectoparásitos como los pteromálidos *Cheiropachus quadrum* (F.) (Hymenoptera: Pteromalidae) y *Raphitelus maculatus* (Walk.), así como el euritómido *Eurytoma morio* (Bohem.), sin olvidar a los depredadores *Laemophloeus juniperi* (Grouv.) (Coleoptera: Laemophloeidae) y *Thanasimus formicarius* L. (Coleoptera: Cleridae). Ocasionalmente, se encuentran pseudoescorpiones en la galería materna, alimentándose de huevos de escarabajos. En condiciones restringidas, la depredación llevada a cabo por especies de hormigas es importante, principalmente por *Crematogaster scutellaris* (Oliv.) (González y Campos, 1990). En lo que respecta al barrenillo negro, sus principales enemigos naturales son los pteromálidos y el euritómido mencionados para *P. scarabaeoides*.

5.3.2.   *Seguimiento poblacional, umbrales y toma de decisiones*

Como se ha indicado para otros fitófagos, en la Guía del Cultivo del Olivo se define una parcela estándar de 300 ha para la toma de decisiones en asesoramiento para ambos escolítidos, donde se seleccionarán 20 árboles, para observar 10 brotes por árbol en todas las orientaciones, en los que se obtendrá el porcentaje de brotes atacados. La época de muestreo vendrá determinada por la salida de adultos de los palos cebo que serán colocados a modo de trampa (Martín-Gil y Ruiz-Torres, 2014). Si, a pesar de las medidas preventivas establecidas, así como de las medidas agronómicas, físicas y mecánicas implementadas, se detecta más del 5% de brotes con galerías nutricias para ambas especies se recomienda hacer un tratamiento con algún producto fitosanitario autorizado.

5.3.3. *Medidas de control*

5.3.3.1. *Medidas agronómicas o culturales, físicas y mecánicas*

Respecto a las medidas agronómicas, como se ha indicado con anterioridad, todos los factores que debilitan los árboles favorecen el ataque de los barrenillos, con diferencias entre el barrenillo del olivo, más próximo a la xilofagia secundaria, y el barrenillo negro, que es primario; hay que evitar una fertilización deficiente o desequilibrada, mal uso de productos fitosanitarios, estrés hídrico, daños mecánicos producidos por el viento o los aperos de labranza etc., en definitiva, una buena agronomía del cultivo es clave para minimizar los daños de este coleóptero.

En lo que respecta a las medidas físicas y mecánicas, se recomiendan las siguientes:

- El uso de la leña de poda como cebo de adultos entre febrero y abril, con el precepto de su destrucción o retirada cuando finalice la puesta y antes de la emergencia de adultos de las galerías de reproducción, que como se ha mencionado anteriormente, tiene lugar a partir de mediados de mayo. Esta medida debe encuadrarse dentro de los preceptos que establece la Ley 43/2002 de 20 de noviembre de Sanidad Vegetal y sus desarrollos en las distintas autonomías, para los restos de leña y poda entre el 1 de mayo y el 31 de octubre, tanto en lo referente a las leñeras, como a las zanjas y trincheras, albercas o cualquier otro método que requiera un aislamiento hermético de la leña al exterior. También es necesario tener presente, si los palos cebo son destruidos mediante fuego, la normativa sobre quema de restos vegetales vigente en cada comunidad autónoma

- Si la agronomía del cultivo lo permite, es interesante adelantar la poda para que el insecto encuentre la madera lo más seca posible en el momento de hacer las galerías de reproducción, en especial el barrenillo del olivo.

- En cualquier caso, es muy importante la eliminación de todas las ramas secas y muertas, y la de los restos de poda mediante fuego o picado de forma inmediata y antes de la emergencia de la nueva generación del insecto, todo ello con los preceptos y normativas ya mencionadas.

5.3.3.2. *Medidas químicas*

En general, hay que minimizar en la medida de lo posible el empleo de insecticidas químicos de síntesis, para dar prioridad a las otras medidas de control descritas. En cualquier caso, si es necesario acudir a un tratamiento químico, hay que dar prioridad a las materias activas con menor impacto sobre la fauna útil, muy importante en el caso del barrenillo negro.

5.3.3.3. *Medias comportamentales basadas en el empleo de semioquímicos y feromonas*

No se ha descrito ningún atrayente excepto el etileno para el barrenillo del olivo, con eficacias variables y siempre en referencias científicas (González y Campos, 1996).

5.3.3.4. *Control biológico macrobiano y microbiano*

Hasta la fecha, solo se ha constatado en laboratorio el potencial de los hongos entomopatógenos para el control *P. scarabaeoides*, tanto de forma directa como en tratamiento de leños (Campos *et al.*, 2016).

6. Glifodes, polilla del jazmín o palometa
Nombre científico: *Palpita vitrealis* Rossi (Lepidoptera: Crambidae)
Sinónimo: *Palpita unionalis* (Huebner)

6.1. Distribución

La especie se distribuye de este a oeste del mediterráneo, donde reside su posible origen, pero está muy extendida en las regiones paleárticas tropicales y ligeramente subtropicales, y al sur en las regiones productoras de olivo del norte de África, las Islas Canarias y Madeira. Su distribución se extiende hasta el África occidental y meridional, el Asia occidental y meridional, Japón, Australia y América tropical (De Andrés Cantero, 2001; Tzanakakis, 2006; GBIF Secretariat, 2024).

6.2. Plantas hospedantes

Este crámbido ataca principalmente a las oleáceas, pero en especial al olivo, jazmín y *Ligustrum*. En el olivo, la larva se alimenta de follaje tierno. Además de las hojas más jóvenes de un año, puede alimentarse y desarrollarse en brotes, brotes tiernos, flores y el mesocarpio de frutos verdes (De Andrés Cantero, 2001; Tzanakakis, 2006).

6.3. Descripción morfológica

El adulto mide de 11 a 15 mm de longitud con una envergadura de 22 a 28 mm. Las alas son de color blanco satinado o nacarado, excepto por una fina línea marrón a lo largo de las alas anteriores, aunque bajo las escamas blancas el cuerpo es verdoso (Figura 16.37). La puesta se realiza principalmente en el envés de las hojas, con huevos ovalados amarillentos que no sobrepasan el milímetro en su eje mayor. La larva neonata es inicialmente de color marrón claro o amarillo verdoso, pero pronto se vuelve de color verdoso, y posteriormente verde brillante a verde oscuro, coloración distintiva respecto a larvas de otros lepidópteros que atacan el olivo (Figura 16.38). La larva completamente desarrollada mide de 20 a 25 mm de largo, y sus últimas falsas patas exceden la longitud del abdomen (Figura 16.38). La pupa se forma en un capullo sedoso suelto entre hojas, en grietas de la corteza o en otros sitios protegidos (Figura 16.39) (De Andrés Cantero, 2001; Tzanakakis, 2006).

Figura 16.37. Adulto de glifodes *Palpita vitrealis* en un olivo (cortesía de la Red de Alerta e Información Fitosanitaria de Andalucía RAIF).

Figura 16.38. Larva de glifodes *Palpita vitrealis* en un olivo (cortesía de la Red de Alerta e Información Fitosanitaria de Andalucía RAIF).

Figura 16.39. Pupa de glifodes *Palpita vitrealis* en un olivo (cortesía de la Red de Alerta e Información Fitosanitaria de Andalucía RAIF).

6.4. Ciclo vital

Esta especie tiene un desarrollo homodínamo multivoltino, aunque hay diferencias en este voltinismo a lo largo de su área de distribución, en especial debido a que, con la bajada de la temperatura en invierno, la evolución se ralentiza en estado de larva, mientras que la población aumenta con las temperaturas de primavera y verano, cuando el crecimiento vegetativo del olivo es mayor (Figura 16.40). Los adultos y las larvas son nocturnos. Bajo temperaturas favorables, el apareamiento y la puesta tienen lugar durante los primeros días de vida. Tras la eclosión, las larvas unen hojas con hilos de seda y crean un refugio donde permanecen protegidas durante el día. Las larvas jóvenes penetran y dañan los brotes apicales jóvenes y hojas tiernas, primero erosionan la epidermis de la hoja y luego el parénquima, para dejar intacta la epidermis opuesta, un daño muy importante en viveros y en injertos jóvenes, incluso dando origen a deformaciones y retrasos en su crecimiento (Figura 16.41). Las larvas de estadios superiores consumen hojas enteras, incluida la vena central (Figura 16.41). Cuando la densidad poblacional es elevada, pueden incluso alimentarse del mesocarpio de las aceitunas aún verdes (Figura 16.42). La abundancia de nuevo follaje tierno ya sea de brotes o de otra forma, favorece el rápido crecimiento y las densas poblaciones. Esta actividad es particularmente dañina en plantones o en árboles injertados (De Andrés Cantero, 2001; Alfaro-Moreno, 2005; Tzanakakis, 2006).

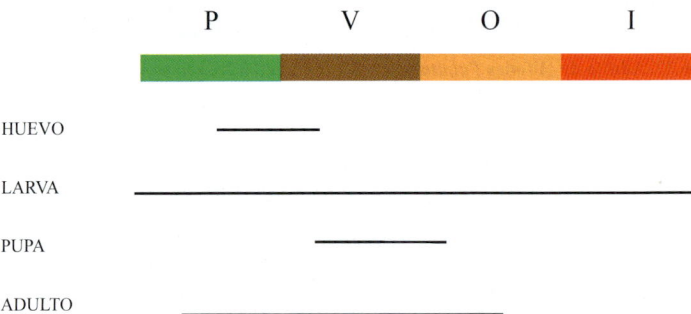

Figura 16.40. Ciclo biológico de glifodes *Palpita vitrealis*. P: primavera; V: Verano; O: Otoño; I: Invierno. Las líneas indican la presencia de los distintos estados de desarrollo a lo largo del tiempo, en función del voltinismo (número de generaciones).

Figura 16.41. Daños causados por *Palpita vitrealis* en un brote de olivo.

Figura 16.42. Daños causados por *Palpita vitrealis* en un fruto.

6.5. Daños

El daño que hacen las larvas a las yemas de las hojas, injertos y brotes nuevos puede ser grave en viveros y en olivares recién plantados, sobre todo intensivos y super-intensivos, y la existencia de altas poblaciones larvarias puede requerir la adopción de medidas de control. En olivares establecidos con árboles más grandes, los enemigos naturales efectivos mantienen la densidad de la población de este lepidóptero a niveles por debajo del umbral de tolerancia (De Andrés Cantero, 2001; Tzanakakis, 2006).

6.6. Control integrado

6.6.1. *Regulación natural de las poblaciones por entomófagos y entomopatógenos*

Existen numerosos parasitoides autóctonos de esta especie. De hecho, en olivos adultos la presencia de glifodes no suele alcanzar los umbrales de intervención. Se aconseja tener una cubierta vegetal viva para promover las poblaciones de enemigos naturales.

6.6.2. *Seguimiento poblacional, umbrales y toma de decisiones*

La Guía del Cultivo del Olivo recomienda una superficie de referencia de 300 ha para el asesoramiento y toma de decisiones (Martín-Gil y Ruiz-Torres, 2014). Se recomienda iniciar los muestreos al detectarse los primeros daños, durante primavera y verano principalmente, en base al muestreo de 10 árboles homogéneos, donde se tomarán respectivamente 10 brotes/árbol, para calcular el porcentaje de brotes atacados (Martín-Gil y Ruiz-Torres, 2014). En árboles menores de 4 años la presencia de daños recientes en brotes puede recomendar la intervención, mientras que, en olivos adultos, se requieren porcentajes elevados de ataque o, debido a la ausencia de brotes tiernos, que las larvas puedan atacar el fruto. De forma opcional, se pueden colocar trampas delta con placa adhesiva y feromona de la especie, para hacer un seguimiento de vuelo de adultos, aunque estas trampas no siempre funcionan bien, aspecto que debe consultarse a los servicios técnicos de la administración correspondiente.

6.6.3. *Medidas de control*

6.6.3.1. *Medidas agronómicas o culturales, físicas y mecánicas*

Es crucial evitar el abonado nitrogenado en exceso, así como el exceso de riego, pues ambas prácticas promueven el crecimiento vegetativo y la producción de brotes tiernos, lo que favorece la actividad de este lepidóptero. Las primeras referencias apuntan a una mayor incidencia de *P. vitrealis* en plantaciones en seto (Landi *et al.*, 2024).

6.6.3.2. Medidas químicas

La selección de cualquier producto fitosanitario debe realizarse con base al registro de productos fitosanitarios del Ministerio de Agricultura, Pesca y Alimentación, y siempre dando prioridad, dentro de los existentes, a los más respetuosos con el medioambiente y los seres vivos.

7. Abichado, euzofera o piral
Nombre científico: *Euzophera pinguis* Haworth
(Lepidoptera: Pyralidae)

7.1. Distribución

Esta especie está presente principalmente en Europa, en España, Italia, Francia, Portugal, Alemania, Austria, Países Bajos, Dinamarca, Reino Unido, Bulgaria, Noruega, Suecia, Bélgica, Estonia, Eslovaquia, Finlandia, Luxemburgo, pero también en Túnez y en el Líbano (De Andrés Cantero, 2001; Tzanakakis, 2006; Moussa *et al.*, 2017; GBIF Secretariat, 2024).

7.2. Plantas hospedantes

Olivo, especies de *Fraxinus* y posiblemente algunas otras oleáceas. En el olivo, generalmente es un barrenador de la corteza y la madera (Tzanakakis, 2006).

7.3. Descripción morfológica

El adulto es de color marrón a marrón grisáceo, generalmente con dos franjas transversales gris oscuro en las alas anteriores, con una envergadura de 20-25 mm (Figura 16.43). Los huevos aplanados, que son muy difíciles de ver por apenas alcanzar el milímetro en su eje mayor, son ovalados, blancos a rosáceos. La larva es

Figura 16.43. Adulto de *Euzophera pinguis* en una rama de olivo (izquierda), y detalle del adulto (derecha) (foto de la izquierda cortesía de la Red de Alerta e Información Fitosanitaria de Andalucía RAIF).

Figura 16.44. Larva de *Euzophera pinguis* **en una herida.**

Figura 16.45. Pupa de *Euzophera pinguis* **en una herida con restos de excrementos.**

de color verde claro, con la cabeza de color marrón oscuro (Figura 16.44). Cuando está completamente desarrollada, mide aproximadamente 20 mm de largo, mientras que la pupa es marrón dentro de un débil capullo de seda (Figura 16.45) (De Andrés Cantero, 2001; Tzanakakis, 2006).

7.4. Ciclo vital

Este pirálido tiene dos generaciones superpuestas cada año: una generación de primavera-verano y otra generación de invierno, con una actividad nocturna de los adultos que puede extenderse por 10 meses, 2 meses la generación de primavera-verano y 8 meses la de invierno, con larvas presentes durante todo el año (Figura 16.46). De hecho, pasan el invierno como una larva activa en su galería, para causar los mayores daños de septiembre a marzo-abril. La pupación, que ocurre desde la primera mitad de marzo hasta principios de mayo, hace que los adultos de la generación invernante emerjan de las ramas desde principios de abril hasta principios de junio, con un máximo en la segunda mitad de abril. Las hembras depositan los huevos en áreas no protegidas de los troncos de los árboles con heridas, como tumores causados por la bacteria *Pseudomonas savastanoi pv. savastanoi* y lesiones provocadas por heladas, viento, granizo o la fusión de ramas. Los huevos se depositan de forma individual o en grupos de cinco o seis en grietas o hendiduras de la corteza, y tras la eclosión, las larvas de primer estadio, que comienzan a detectarse a finales de abril, inician su propia galería, para alimentarse endofíticamente en el tronco principal y las ramas secundarias, donde interrumpen el flujo de savia en el xilema, lo que conduce al secado de ramas, amarillamiento de las hojas, defoliación de ramas e incluso la pérdida de olivos jóvenes. De manera similar, la actividad de puesta de las hembras se ve favorecida cuando los troncos y ramas de los olivos están dañados durante la poda y la recolección mecánica. Las larvas de esta primera generación crecen durante el verano y pupan desde la segunda mitad de julio hasta septiembre, con la aparición de los adultos con un máximo de vuelo en agosto (Figura 16.46) (De Andrés Cantero, 2001; Tzanakakis, 2006).

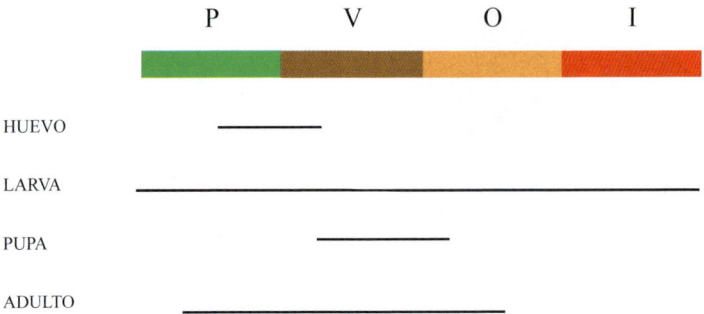

Figura 16.46. Ciclo biológico de *Euzophera pinguis* en olivo. P: primavera; V: Verano; O: Otoño; I: Invierno. Las líneas indican la presencia de los distintos estados de desarrollo a lo largo del tiempo, en función del voltinismo (número de generaciones).

7.5. Daños

Las profundas galerías larvarias de *E. pinguis* en el tronco y las ramas, que a menudo alcanzan los 10 cm, impiden la circulación de la savia, con el consiguiente amarillamiento, debilitamiento y, finalmente, la muerte de la parte más distante de la galería. De hecho, la profundidad y la longitud de las galerías hacen que una sola larva en la bifurcación de una rama sea suficiente para causar su muerte. En general el ataque de este lepidóptero es fácil de reconocer por los excrementos que quedan sobre las heridas atacadas (Figura 16.47), pero en muchos casos, si no se realiza una inspección ocular detallada, puede confundirse con el de la verticilosis del olivo por la apariencia de un secado de ramas sectorizado (De Andrés Cantero, 2001; Tzanakakis, 2006).

Figura 16.47. Herida en un olivo con excrementos asociados al ataque de *Euzophera pinguis.*

7.6. Control integrado

Debido al comportamiento endofítico de las larvas, el control de *E. pinguis* es extremadamente difícil.

7.6.1. *Regulación natural de las poblaciones por entomófagos y entomopatógenos*

La especie tiene numerosos parasitoides autóctonos, e incluso se ha detectado la presencia del hongo entomopatógeno *Beauveria bassiana* (Balsamo) Vuill. (Ascomycota: Hypocreales) que infecta de forma natural las larvas (Figura 16.48) (Quesada-Moraga *et al.*, 2013).

Figura 16.48. Detalle de una larva de *Euzophera pinguis* infectada por el hongo entomopatógeno *Beauveria bassiana* en una herida.

7.6.2. *Seguimiento poblacional, umbrales y toma de decisiones*

La Guía del Cultivo del Olivo no establece una superficie de referencia para el asesoramiento y toma de decisiones. Se recomienda colocar en cada parcela una trampa "polillero" tipo funnel con la feromona de la especie para contar, anotar y retirar semanalmente los adultos capturados, desde el inicio de la primavera hasta que descienda la curva de vuelo (Martín-Gil y Ruiz-Torres, 2014). Se recomienda la intervención cuando existan daños, en especial seca de ramas y decaimiento generalizado, con presencia de excrementos larvarios en las heridas, y el tratamiento más efectivo es el realizado con el mayor porcentaje de eclosión de huevos, a 10-15 días del inicio de las capturas de adultos. Sin duda, el periodo crítico para el cultivo es la primavera, si se producen heridas en tronco o ramas principales.

7.6.3. Medidas de control

7.6.3.1. *Medidas agronómicas o culturales, físicas y mecánicas*

En este apartado es crucial evitar hacer heridas en el tronco cuando los adultos vuelan en primavera, y en caso de que estas se produzcan de forma accidental, protegerlas con un sellador y no quitar las varetas hasta julio o agosto, según se indica en la Guía del Cultivo (Martín-Gil y Ruiz-Torres, 2014).

7.6.3.2. *Medidas químicas*

La selección de cualquier producto fitosanitario debe realizarse con base al registro de productos fitosanitarios del Ministerio de Agricultura, Pesca y Alimentación, y siempre dando prioridad, dentro de los existentes, a los más respetuosos con el medioambiente y los seres vivos, y dada la naturaleza de los daños, siempre aplicados a la zona del tronco y base de ramas principales, pero no a la copa. El carácter endófito de las larvas recomienda alcanzarlas antes de que realicen sus galerías, única etapa ectófita. En el momento de redactar este capítulo podría encontrase próximo el límite de empleo de la única materia activa autorizada para el control de la especie.

7.6.3.3. *Medias comportamentales basadas en el empleo de semioquímicos y feromonas*

Existe una feromona sexual sintética de la especie muy interesante para el seguimiento poblacional, aunque el empleo de esta feromona para la estrategia de la confusión sexual no ha proporcionado resultados satisfactorios (Ortíz *et al.*, 2004).

7.6.3.5. *Control biológico macrobiano y microbiano*

Existe una patente de la Universidad de Córdoba para el empleo de una cepa del hongo entomopatógeno *B. bassiana*, que infecta de forma natural la población de este lepidóptero, para el tratamiento de heridas de poda, con resultados muy satisfactorios de eficacia, incluso comparables con los insecticidas químicos disponibles en el registro (Quesada-Moraga *et al.*, 2013)

8. Acariosis o sarna
Nombre científico: *Aceria oleae* Nalepa
(Acari: Prostigmata: Eriophyidae)

Existe un complejo superior a 30 especies de ácaros monófagos u oligófagos que se alimentan del olivo en el mundo pertenecientes a las superfamilias Eriophyoidea (12 especies) y Tetranychoidea (17 Tenuipalpidae y un Tetranychidae) aunque destacan los eriófidos *Aceria oleae* Nalepa, el principal por la severidad de sus daños, *Aculus olearius* Castagnoli, *Oxycenus maxwelli* (Keifer), y *Ditrymacus athiasellus* (Keifer) (González *et al.*, 2000; Tzanakakis, 2006), cuya actividad se ha visto favorecida en los últimos años debido a factores agronómicos como el incremento del abonado y el riego, así como por el fenómeno del resurgimiento de plagas asociado al inadecuado empleo de plaguicidas químicos de amplio espectro (Hatzinikolis, 1986; Tzanakakis, 2006).

8.1. Distribución

Tanto *A. oleae* como *O. maxwelli* tienen una distribución bastante amplia que abarca la mayoría de los países mediterráneos y Sudáfrica, si bien, la investigación sistemática de la fauna de ácaros en los olivares es una tarea pendiente (Hatzinikolis, 1986; Tzanakakis, 2006; GBIF Secretariat, 2024).

8.2. Plantas hospedantes

La mayoría de los Eriophyidae son conocidos por su monofagia, e incluso 10 de las 12 especies referidas en el Mediterráneo se alimentan exclusivamente del olivo o de acebuches. También se ha descrito la coexistencia de *A. oleae* y *O. maxwelli* en el follaje de un mismo olivo, lo que puede complicar la identificación y diagnóstico del daño. A pesar de ello, todas estas especies tienen hábitos alimenticios similares al alimentarse de partes tiernas del olivo (Tzanakakis, 2006).

8.3. Descripción morfológica

Los adultos de *A. oleae* son de color amarillo claro con el característico cuerpo vermiforme de 100 a 300 micras de longitud, es decir, apenas visibles al ojo desnudo, donde el abdomen presenta alrededor de 60 anillos recubiertos de microtubérculos circulares. Como también es característico de este grupo, solo poseen dos pares de patas que finalizan con un empodio con cuatro pares de dientes, con ausencia de uñas. La placa genital presenta 12 líneas longitudinales irregulares y 2 líneas transversales de gránulos de un lado a otro. Los adultos de *O. maxwelli* son de menor tamaño y de color anaranjado, y de una forma más triangular que *A. oleae*.

8.4. Ciclo vital

Todos los eriófidos que viven en el olivo son polivoltinos, de hecho, para *A. oleae* se han descrito hasta 12-15 generaciones, cada una de ellas completada en 14 días a 21-25 °C (Tzanakakis, 2006). Pasan el invierno principalmente como hembras adultas, pero algunos también lo hacen como teliocrisalidas en general protegidas en los tricomas del envés de las hojas jóvenes, en los brotes o en las yemas. En primavera, las hembras se trasladan a los brotes y las hojas jóvenes para ovipositar. Durante la floración, toda la población migra a las inflorescencias y, posteriormente, a los frutos jóvenes. Cuando los frutos aún son pequeños, *A. oleae* se encuentra y se alimenta en la base de los frutos, con los ácaros protegidos bajo el cáliz. El resultado es la suberización y la caída de los frutos. La evolución anual de la población pasa de ser baja de diciembre a marzo, para aumentar gradualmente en abril, y después de forma abrupta hasta alcanzar un pico a finales de junio, para descender de nuevo de forma irregular hasta el otoño e invierno, con las altas temperaturas y abundante precipitación como factores que perjudican el desarrollo de las poblaciones (Figura 16.49) (Tzanakakis, 2006).

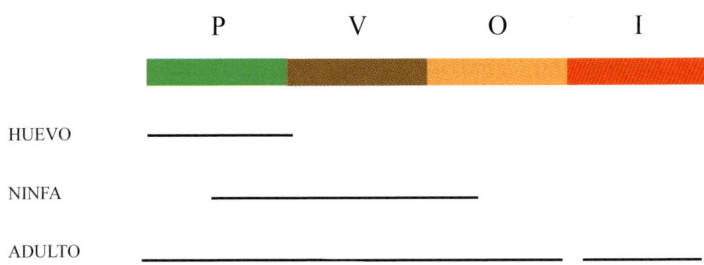

Figura 16.49. Ciclo biológico de *Aceria oleae* en olivo. P: primavera; V: Verano; O: Otoño; I: Invierno. Las líneas indican la presencia de los distintos estados de desarrollo a lo largo del tiempo, en función del voltinismo (número de generaciones).

8.5. Daños

Se encuentran principalmente y se alimentan preferentemente de las partes tiernas del olivo. Desde el inicio de la primavera, pueden infestar secuencialmente los órganos de nueva formación durante el máximo crecimiento vegetativo del olivo (Figura 16.50), al moverse de las yemas foliares y hojas nuevas tiernas, luego de las yemas florales en desarrollo y las inflorescencias, entonces a las flores y los ejes florales, seguidos de los frutos pequeños; la floración es un momento crítico de la actividad de esta especie. Cuando los frutos han crecido más allá de un cierto tamaño, los ácaros los abandonan y se alimentan de las hojas tiernas y la corteza de la temporada (Tzanakakis, 2006). De esta forma, en plantas de vivero y árboles jóvenes producen deformaciones y retraso de crecimiento asociados a la alta toxicidad de su saliva. Más allá, en árboles en producción, la alimentación en inflorescencias y frutos pequeños origina su deformación, aspecto de especial importancia en aceituna de mesa (Tzanakakis, 2006).

8.6. Control integrado

8.6.1. *Regulación natural de las poblaciones por entomófagos y entomopatógenos*

Existen depredadores que regulan de forma natural las poblaciones de *A. oleae*, en especial varias especies de fitoseidos, de ahí la importancia de no romper este equilibrio mediante el empleo de plaguicidas más activos frente a aquellos que frente a la diana.

Figura 16.50. Hoja de olivo con una elevada infestación por *Aceria oleae*.

8.6.2. Seguimiento poblacional, umbrales y toma de decisiones

La Guía del Cultivo del Olivo no define un tamaño de parcela para la toma de decisiones. Se recomienda observar brotes y hojas en plantones, para valorar posibles deformaciones que alteren el desarrollo de la planta, y frutos en olivar de aceituna de mesa, también para detectar posibles deformaciones (Martín-Gil y Ruiz-Torres, 2014). De esta forma, ante la ausencia de umbrales de intervención, el momento de máxima actividad vegetativa y la floración serían críticos para árboles jóvenes y de aceituna de mesa respectivamente.

8.6.3. Medidas de control

8.6.3.1. *Medidas agronómicas o culturales, físicas y mecánicas*

Este tipo de medidas resulta crucial para el manejo de los ácaros de olivar. En primer lugar, es muy importante utilizar material de vivero con ausencia de acariosis. También es fundamental evitar el exceso de abonado nitrogenado y de riego, que como se ha indicado con anterioridad, favorece la actividad de estos ácaros. También se ha indicado que estos ácaros son un exponente claro del fenómeno de resurgimiento de plagas, pues el uso continuado de insecticidas de amplio espectro como los piretroides favorece su desarrollo por ser mucho más efectivos frente a los depredadores naturales del fitófago que frente a este.

8.6.3.2. *Medidas químicas*

La selección de cualquier producto fitosanitario debe realizarse con base al registro de productos fitosanitarios del Ministerio de Agricultura, Pesca y Alimentación, y siempre dando prioridad, dentro de los existentes, a los más respetuosos con el medioambiente y los seres vivos. Hay que evitar en la medida de los posible el empleo de estos productos, con prioridad a las medidas preventivas mencionadas. Más allá, este ácaro puede manejarse de forma indirecta con medidas dirigidas a "glifodes" o "prays".

9.   Algodoncillo del olivo
Nombre científico: *Euphyllura olivina* Costa
(Hemiptera: Sternorrhyncha: Psyllidae)

9.1.   Distribución

El algodoncillo del olivo se distribuye en todas las regiones olivareras del Mediterráneo (Tzanakakis, 2006; GBIF Secretariat, 2024).

9.2.   Plantas hospedantes

Olivo, acebuche y otra oleácea como *Phillyrea latifolia* L. Tanto los adultos como las ninfas perforan los tejidos tiernos de las plantas y succionan la savia de las yemas, brotes tiernos y ejes florales, así como el contenido líquido de las inflorescencias y frutos jóvenes (De Andrés Cantero, 2001; Tzanakakis, 2006).

9.3.   Descripción morfológica

La hembra adulta es de color avellana verdoso, mide entre 2,5 y 2,8 mm de largo, y tiene pequeños puntos de color paja en las alas anteriores. Las alas anteriores membranosas miden 2,3 × 1,1 mm, las posteriores transparentes y de menor tamaño, mientras que el macho es algo más pequeño que esta (Figura 16.51). Los

Figura 16.51. Adulto del algodoncillo del olivo *Euphyllura olivina* (cortesía de la Red de Alerta e Información Fitosanitaria de Andalucía RAIF).

huevos apenas alcanzan un tercio de milímetro y son pedunculados. Hay cinco estadios ninfales, con ninfas globosas amarillentas que en su mayor desarrollo alcanzan un milímetro. Las ninfas secretan filamentos de cera blanca que cubren su cuerpo y dan a las colonias una apariencia algodonosa. También excretan gotas de melaza (De Andrés Cantero, 2001; Tzanakakis, 2006).

9.4. Ciclo vital

El algodoncillo es una especie multivoltina (Figura 16.52), los adultos pasan el invierno en refugios en la parte inferior de las ramitas del olivo y especialmente en la base de las hojas y yemas.

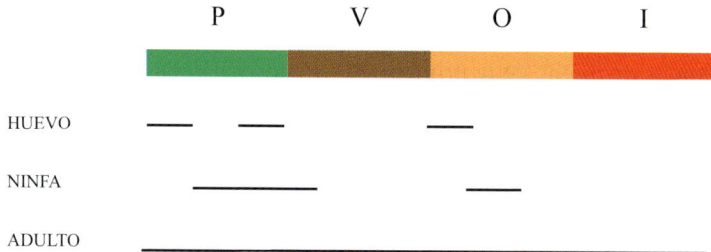

Figura 16.52. Ciclo biológico del algodoncillo del olivo *Euphyllura olivina*. **P: primavera; V: Verano; O: Otoño; I: Invierno. Las líneas indican la presencia de los distintos estados de desarrollo a lo largo del tiempo, en función del voltinismo (número de generaciones).**

La oviposición comienza al inicio de la primavera, en coincidencia con el desarrollo de nuevos brotes vegetativos y botones florales (Figura 16.53), y se extiende por un mes; los huevos se insertan con su pedicelo corto principalmente en el envés de las hojas jóvenes de las yemas apicales, el desarrollo embrionario puede

Figura 16.53. Daños en brotes (izquierda) e inflorescencias (derecha) causados por el algodoncillo *Euphyllura olivina* **(la foto de la derecha es cortesía de la Red de Alerta e Información Fitosanitaria de Andalucía RAIF).**

completarse en alrededor de 10 días, y el desarrollo postembrionario en aproximadamente un mes. Las ninfas secretan una sustancia algodonosa, donde se alojan, en forma de pequeñas colonias (Figura 16.53). La segunda generación, aún de primavera, se produce en el momento de la floración, sobre las inflorescencias y las yemas, con semejante aspecto algodonoso (Figura 16.53). Serán los adultos de esta segunda generación los que, en ausencia de una dormancia otoñal mediada por altas temperaturas, frecuenten en muchas zonas olivareras, podrían dar origen a una tercera generación otoñal, que suele pasar más desapercibida (De Andrés Cantero, 2001; Tzanakakis, 2006).

9.5. Daños

Esta especie origina daños directos e indirectos muy relacionados con los insectos picadores chupadores. Desde el punto de vista de los daños directos, cuando las colonias de ninfas de la primera generación están en las partes apicales de los brotes jóvenes tiernos, el daño a la planta por pérdida de savia es insignificante. Cuando las colonias de la segunda generación están en las inflorescencias, lo cual es lo habitual, el nivel de daño económico depende de la densidad de la población del insecto. En ciertas áreas bajo infestaciones severas, se han reportado pérdidas importantes asociadas a la fertilización deficiente de flores. Con relación a los daños indirectos, cuando las infestaciones son intensas, la melaza excretada por las ninfas puede favorecer el crecimiento de hongos de fumagina (Figura 16.53) (De Andrés Cantero, 2001; Tzanakakis, 2006).

Hay que destacar la existencia de explosiones poblacionales de *E. olivina* como la acontecida en Llanos de don Juan, provincia de Córdoba, entre los años 2015 y 2018, que han propiciado importantes pérdidas económicas. Variables climáticas como los altos valores de humedad en primavera en la zona afectada por el ataque, y la presencia más o menos continuada de lluvias relativamente abundantes en otoño, podrían haber favorecido la generación otoñal del algodoncillo. De la misma forma, se ha demostrado la utilidad del correcto manejo del cultivo en el control del fitófago, ya que el aumento de la fauna auxiliar en el olivar conlleva un mejor control sobre *E. olivina*, que presenta enemigos naturales como larvas depredadoras de sírfidos, crisópidos etc., así como el parasitoide *Psyllaephagus euphyllurae* (Masi) (Hymenoptera: Encyrtidae), por lo que la mejor opción es la de no laboreo, con cubierta espontánea y siega de flora arvense. Se ha constatado además que el insecto tiene preferencia por los olivares más jóvenes, donde su ataque es mayor al registrado en los olivares de mayor edad. Por último, el exceso de fertilización nitrogenada también fue factor explicativo del ataque (Ruiz Pérez-Serrano, 2018). Como contraposición a los daños que producen poblaciones altas, el algodoncillo en poblaciones no dañinas puede incluso tener un efecto favorable para el cultivo, porque contribuye a mantener las poblaciones de crisopas y antocóridos que tanto control natural realizan sobre fitófagos tan importantes como la prays del olivo.

9.6.   Control integrado

9.6.1.   *Regulación natural de las poblaciones por entomófagos y entomopatógenos*

Existe una importante fauna auxiliar autóctona de esta especie.

9.6.2.   *Seguimiento poblacional, umbrales y toma de decisiones*

La Guía del Cultivo del Olivo define una parcela homogénea de 300 ha para la toma de decisiones (Martín-Gil y Ruiz-Torres, 2014). Se seleccionarán 10 árboles y 10 inflorescencias por árbol al inicio de la floración, donde se anotará el número de insectos por inflorescencia, para justificar una intervención cuando sea superior a ocho. La Junta de Andalucía recomienda el umbral de intervención cuando se supera el 60% de brotes o inflorescencias con formas vivas.

9.6.3.   *Medidas de control*

9.6.3.1.   *Medidas agronómicas o culturales, físicas y mecánicas*

No existen unas medidas de prevención claras, a excepción de una poda que permita la correcta aireación del árbol. Las lluvias copiosas permiten el lavado de las ninfas que infestan la planta, pero en contraposición, las condiciones de humedad ambiental alta favorecen el desarrollo de esta especie. Por otra parte, existen las primeras referencias a la menor incidencia de *E. olivina* en plantación de olivos en seto (Landi *et al.*, 2024).

9.6.3.2.   *Medidas químicas*

Hay pocas materias activas autorizadas para esta especie en el Registro de Productos fitosanitarios del Ministerio de Agricultura, Pesca y Alimentación (solo una en el momento de elaborar este capítulo), que es conveniente utilizar solo en caso justificado.

10.   Otiorrinco o escarabajuelo picudo
Nombre científico: *Otiorhynchus cribricollis* Gyll.
(Coleoptera: Curculionidae)

10.1.   Distribución

Este insecto está extendido por toda la Cuenca Mediterránea, EE. UU., México, Australia y Nueva Zelanda (GBIF Secretariat, 2024).

10.2. Plantas hospedantes

Afecta principalmente al olivo y otras oleáceas, pero también a frutales de pepita y hueso, vid, cítricos e incluso plantas hortícolas (Alvarado *et al.*, 1998; Bejarano *et al.*, 2011; Alfaro-Moreno, 2005).

10.3. Descripción morfológica

Adulto de unos 7 mm de longitud, en color pardo negro, con el rostro corto y ancho y diez estrías longitudinales profundamente punteadas en los élitros, que están soldados, lo que le inhabilita para el vuelo (Figura 16.54). Los machos son poco frecuentes en la población por lo que se reproduce de forma partenogenética. Los huevos son ovalados de color marfil, y las larvas amarillentas, de 8-9 mm de longitud en su mayor desarrollo (Alvarado *et al.*, 1998; Bejarano *et al.*, 2011; Alfaro-Moreno, 2005).

**Figura 16.54. Adulto del escarabajuelo picudo *Otiorhynchus cribricollis*
(cortesía de la Red de Alerta e Información Fitosanitaria de Andalucía RAIF).**

10.4. Ciclo vital

Este curculiónido es univoltino (Figura 16.55), con la aparición de las hembras adultas en primavera-verano, para permanecer guarecidas durante el día al pie de los árboles, bajo los terrones, pero durante los atardeceres y la noche ascienden por el tronco hasta las hojas para alimentarse de ellas, madurar sexualmente, y reproducirse por partenogénesis con la llegada del otoño; cada hembra puede depositar más de un centenar de huevos en la superficie del terreno o enterrados a poca profundidad. En un mes nacen las larvas que se alimentan de las raíces de las leguminosas forrajeras y otras plantas herbáceas, e incluso raicillas del olivo y después de atravesar hasta 10 estadios larvarios, y pasar el invierno en estado de larva, evolucionan a pupa en la siguiente primavera, enterradas a 12-25 cm de profundidad, y la salida de los adultos se produce en esa primavera-verano (Alvarado *et al.*, 1998; Bejarano *et al.*, 2011; Alfaro-Moreno, 2005).

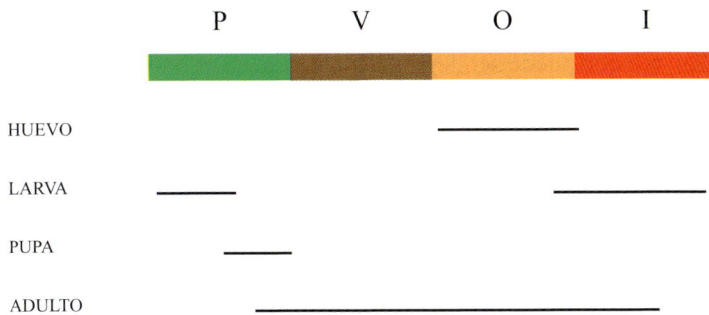

P	V	O	I

HUEVO

LARVA

PUPA

ADULTO

Figura 16.55. Ciclo biológico del escarabajuelo picudo *Otiorhynchus cribricollis* en olivo. P: primavera; V: Verano; O: Otoño; I: Invierno. Las líneas indican la presencia de los distintos estados de desarrollo a lo largo del tiempo, en función del voltinismo (número de generaciones).

10.5.   Daños

Los adultos atacan a las hojas tiernas del olivo (varetas y brotes), almendro, naranjo, limonero, manzano, y otras especies frutales, donde originan escotaduras regulares y redondeadas, de aspecto festoneado (Figura 16.56). Con menor frecuencia pueden mordisquear y tronchar los brotes y destruir las yemas. De ahí, que este curculiónido afecte principalmente a los olivos en formación, en especial cuando se intercalan al tresbolillo en plantaciones adultas; tampoco debe extrañar que las primeras investigaciones pongan de manifiesto que *O. cribricollis* se vea favorecido por las plantaciones de olivar en seto (Landi *et al.*, 2024).

Figura 16.56. Daños en hojas causados por adultos del escarabajuelo picudo *Otiorhynchus cribricollis*.

10.6.   Control integrado

10.6.1.   *Regulación natural de las poblaciones por entomófagos y entomopatógenos*

Esta especie adolece de una entomofauna auxiliar importante dado su ciclo de vida críptico, aunque puede ser depredada por arañas, ratones o pájaros.

10.6.2.   *Seguimiento poblacional, umbrales y toma de decisiones*

La Guía del Cultivo del Olivo establece una superficie uniforme de 300 ha para la toma de decisiones, donde se seleccionarán 10 árboles homogéneos, así como 10 brotes por árbol, en todas las orientaciones, donde se medirá el porcentaje de brotes atacados (Martín-Gil y Ruiz-Torres, 2014). La mejor época de muestreo es la primavera, pero incluso se puede detectar el momento en que aparece el mayor número de adultos al colocar ladrillos con agujeros laterales al pie de los olivos. No hay definido un umbral de intervención, pero en plantones y árboles jóvenes, cuando se observen daños recientes en los brotes, se recomienda intervenir, mientras que, en plantaciones adultas, solo un porcentaje muy elevado de yemas y brotes dañados justificaría la intervención.

10.6.3.   *Medidas de control*

10.6.3.1.   *Medidas agronómicas o culturales, físicas y mecánicas*

La colocación en el tronco de bandas pegajosas para apresar a los adultos, incapaces de volar, en su movimiento de ascenso y descenso al árbol podría ser una medida eficaz, aunque requiere un análisis de viabilidad económica. Además, evitar que las ramas bajas toquen el suelo impide el ascenso de los adultos por las mismas a la copa del árbol.

10.6.3.2.   *Medidas químicas*

En el momento de redactar este capítulo no se encuentra ningún insecticida químico registrado para el control de este insecto.

10.6.3.3.   *Control macrobiano y microbiano*

Se requiere ampliar la investigación sobre el posible impacto frente a larvas y pupas de *O. cribicollis,* de los tratamientos de suelo con el hongo entomopatógeno *M. brunneum* debajo de la copa del árbol, en otoño, dirigidos a los estados preimaginales de la mosca del olivo.

11. Gusanos blancos o gallina ciega
Nombre científico: *Melolontha* sp., *Ceramida* so., *Anoxia* sp. etc.
(Coleoptera: Scarabaeidae)

La familia Scarabaeidae comprende coleópteros adultos generalmente robustos, de 2 a 4 cm de longitud, con unión muy ancha entre la cabeza y el tórax, o sea sin cuello aparente, y con antenas en maza hojosa (flabeliformes), constituidas por un eje que lleva acodados varios artejos en forma de hoja, situados a un solo lado de él (Alfaro-Moreno, 2005). La larva toma con la familia el nombre de escarabeiforme; es gruesa, blanda, carnosa, blanquecina, arqueada, oscurecida y de mayor diámetro en su extremidad posterior, con tamaño máximo de 4 a 6 cm, con fuertes mandíbulas y tres pares de patas torácicas. Son las llamadas vulgarmente "gusanos blancos", que viven sobre las raíces de las plantas (Figura 16.57) (Alfaro-Moreno, 2005).

Figura 16.57. Larva de un escarabeido o gusano blanco en un olivar joven.
Nótese el carácter arenoso del suelo (cortesía de Agrobolans S.L. y Luis Roca).

Existen varias especies de gusanos blancos que atacan a las raíces del olivo, un aspecto de importancia creciente debido al establecimiento de plantaciones nuevas de olivar en terrenos previamente dedicados a cultivos extensivos, en especial los terrenos muy arenosos, sin una inspección previa adecuada de la posible existencia de poblaciones de estos coleópteros en el suelo.

Los dos géneros más frecuentemente detectados parecen ser *Melolontha* sp., y *Ceramida* sp., aunque es preciso un correcto diagnóstico en cada caso. Estas especies tienen un ciclo vital en el que se necesitan entre 3 y 4 años para que se complete una generación. De hecho, el único estado epigeo es el adulto, pues las hembras hacen la puesta en el suelo, y tras la eclosión de los huevos, el estado larvario se desarrolla durante 3-4 años en el suelo con movimientos de ascenso para alimentarse de partes enterradas de las plantas en periodos de cultivo o de actividad en las plantas, y de descenso a unos 20 cm de profundidad para pasar el invierno (Figura 16.58).

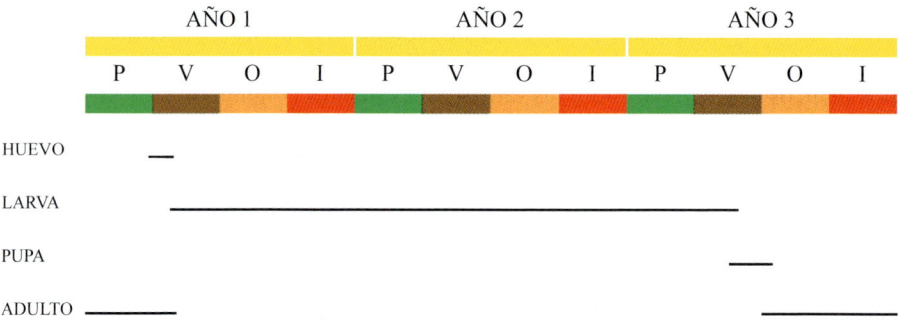

Figura 16.58. Ciclo biológico de los escarabeidos o gusanos blancos. P: primavera; V: Verano; O: Otoño; I: Invierno. Las líneas indican la presencia de los distintos estados de desarrollo a lo largo del tiempo, en función del voltinismo (número de generaciones).

Los daños de los adultos en olivar son intrascendentes, pero los daños de las larvas, tanto por la larga duración de esta fase del desarrollo, como por la gran voracidad de ellas por las raíces del olivo pueden ser importantes. En plantaciones jóvenes, pueden devorar e inutilizar el sistema radicular con la consiguiente muerte del árbol, mientras que, en árboles adultos, las poblaciones elevadas pueden debilitarlos.

Existen varias estrategias para prospectar la presencia de gusanos blancos antes del establecimiento de las plantaciones de olivar, pero si los daños o síntomas aparecen con el olivar establecido, solo cabe excavar en la zona de las raíces a la búsqueda de las posibles larvas de escarabeidos en primavera (Figura 16.58).

El control de estos insectos en plantaciones establecidas es muy complicado; hay que intentar tomar las medidas antes de establecerlas. Por supuesto, hay que evitar el abonado con estiércol que contenga larvas de escarabeidos. En el momento de redactar este capítulo no se encuentra ningún insecticida químico registrado para el control de este insecto. Se requiere ampliar la investigación sobre el posible impacto frente a larvas de escarabeidos, de los tratamientos de suelo con el hongo entomopatógeno *M. brunneum* debajo de la copa del árbol, en otoño, dirigidos a los estados preimaginales de la mosca del olivo.

12.   Arañuelo del olivo
Nombre científico: *Liothrips oleae* Costa
(Thysanoptera: Phlaeothripidae)

12.1.   Distribución

En todas las regiones mediterráneas donde se cultivan olivos y en el este de África, como Eritrea, donde se encuentra en *Olea europaea* subsp. *cuspidata* (Wall. & G.Don) Cif (Tzanakakis, 2006; GBIF Secretariat, 2024).

12.2.   Plantas hospedantes

Olea europaea L y *O. europaea* subsp. *cuspidata* (Wall. & G.Don) Cif. Los adultos y las larvas se alimentan de las partes tiernas del árbol, como brotes, hojas en desarrollo, inflorescencias en desarrollo, flores, frutos y posiblemente también corteza tierna, raspando y succionando el contenido de las células (Alfaro-Moreno, 2005; Tzanakakis, 2006).

12.3.   Descripción morfológica

El cuerpo del adulto es negro brillante, tiene una longitud en el macho 1,4-1,8 mm, inferior a la hembra, 1,9-2,5 mm, con alas de ambos sexos de aproximadamente 1 mm de largo, sin alcanzar el final del abdomen. La cabeza es subrectangular, un tercio más larga que ancha, y más larga que el pronoto, con el primer segmento antenal de color marrón y el segundo marrón amarillento (Figura 16.59). Huevos amarillentos oblongos que no alcanzan medio milímetro diámetro. La larva recién nacida

**Figura 16.59. Adulto del arañuelo del olivo *Liothrips oleae*,
(cortesía del Prof. D. Pedro del Estal Padillo).**

es blanquecina, con ojos rojos, pero vira primero a verdosa-amarillenta, y a blanco amarillenta e incluso amarillo-rojiza al final del desarrollo, cuando alcanza 2 mm de longitud, con la cabeza, las antenas, parte del pronoto, las patas y el extremo del abdomen marrones o gris oscuro. Los estadios larvarios son seguidos por una prepupa inmóvil y una pupa (Alfaro-Moreno, 2005; Tzanakakis, 2006).

12.4. Ciclo vital

Esta especie es polivoltina, completa tres generaciones al año, una de primavera, una de verano y una de otoño-invierno, aunque en las regiones más cálidas de España e Italia podría completar una cuarta generación (Figura 16.60) (Arroyo Varela y Lacasa Plasencia, 1986). La primera generación se desarrolla de abril a finales de junio, la segunda de mediados de junio a principios de agosto, y la tercera desde finales de septiembre u octubre hasta noviembre inclusive. A mediados de agosto, la población, que está compuesta prácticamente por adultos, abandona sus refugios en galerías de insectos perforadores de corteza y madera, e incluso de tumores causados por la bacteria *Pseudomonas syringae* pv. *savastanoi*, en las mañanas más frescas para alimentarse de hojas y brotes tiernos (Arroyo-Varela y Lacasa-Plasencia, 1986). Se vuelven regularmente activos a finales de septiembre y ponen los huevos de la tercera generación. Los adultos de la tercera generación pasan el invierno en estado adulto sin madurar sexualmente, pues en días cálidos del invierno pueden abandonar sus refugios en el follaje para alimentarse, aunque las hembras no maduran sexualmente hasta llegada la primavera, cuando se inicia el movimiento de las yemas, cuando se alimentan y en poco tiempo alcanzan la madurez sexual y se reproducen. La puesta, que puede contener hasta 100 huevos, se realiza en las galerías de los escolítidos e incluso en el envés de las hojas, y el desarrollo embrionario y postembrionario transcurren en aproximadamente mes y medio; los nuevos adultos se alimentan de hojas, brotes y ramas y dan origen a la segunda generación. Hay superposición entre las dos primeras generaciones. Así, se pueden ver todas las etapas durante la temporada de crecimiento. Muchos adultos de la segunda generación pueden sobrevivir hasta el momento en que han aparecido los adultos de la tercera generación.

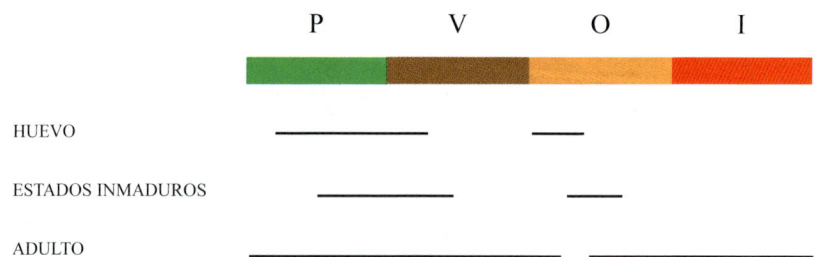

Figura 16.60. Ciclo biológico del arañuelo del olivo *Liothrips oleae*. P: primavera; V: Verano; O: Otoño; I: Invierno. Las líneas indican la presencia de los distintos estados de desarrollo a lo largo del tiempo, en función del voltinismo (número de generaciones).

En España, se ha propuesto la existencia de dos tipos de desplazamientos, unos a corta distancia, desde los refugios hacia el follaje, y otros lejos del árbol y del olivar, con la existencia, en julio, de grandes cantidades de adultos volando, llevados por corrientes de aire de convección lejos de los árboles donde tuvieron origen (Arroyo-Varela y Lacasa-Plasencia, 1986). La posible ocurrencia de quiescencia estival en la segunda generación o diapausa imaginal en la tercera requieren mayor evidencia experimental; los estudios poblacionales están limitados por los hábitos crípticos de esta especie, especialmente en la etapa adulta (Alfaro-Moreno, 2005; Tzanakakis, 2006).

12.5. Daños

La alimentación de larvas y adultos causa necrosis en las células superficiales de la planta y cicatrices en varias partes de la planta (Figura 16.61). Las hojas y frutos, cuando están infestados tempranamente, presentan cicatrices y depresiones características. Además de las cicatrices, los órganos atacados en periodo de formación presentan deformaciones asociadas a la salivación de estos insectos picadores chupadores. Otros daños son la caída de yemas, flores y hojas. Los frutos jóvenes, si son demasiado pequeños, también pueden caer. El daño a las yemas y brotes, si es extenso, puede afectar negativamente el rendimiento del año siguiente (De Andrés Cantero, 2001; Tzanakakis, 2006).

Figura 16.61. Daños del arañuelo del olivo *Liothrips oleae* en hojas (izquierda), con deformaciones (centro) y daño en frutos (derecha).

12.6. Control integrado

12.6.1. *Regulación natural de las poblaciones por entomófagos y entomopatógenos*

La fauna auxiliar autóctona para la regulación de las poblaciones del arañuelo está integrada principalmente por depredadores hemípteros como los antocóridos *Anthocoris nemoralis* (Fabricius) y *Ectemnus reduvinus* H.S., así como el parasitoide *Tetrastichus gentilei* Del Guercio (Hymenoptera: Eulophidae).

12.6.2.   *Seguimiento poblacional, umbrales y toma de decisiones*

La Guía del Cultivo del Olivo no establece una superficie determinada para la toma de decisiones, sino que recomienda hacer muestreos solo si se aprecian daños, para determinar su alcance (Martín-Gil y Ruiz-Torres, 2014). Para ello, se seleccionan 10 árboles por parcela uniforme, así como 20 brotes por árbol, para medir el porcentaje de brotes atacados. Aunque no se utilizan trampas, pueden sacudirse las ramas sobre un lienzo blanco para hacer un conteo de insectos. Se recomienda intervenir con más de un 10% de brotes atacados o más de 5 insectos por metro cuadrado.

12.6.3.   *Medidas de control*

12.6.3.1.   *Medidas agronómicas o culturales, físicas y mecánicas*

Las medidas culturales que buscan mantener los árboles en buen estado, sin infestación de insectos perforadores de corteza y madera, y sin tumores causados por la bacteria *Pseudomonas syringae* pv. *savastanoi*, o en su caso, con su eliminación mediante la poda, ayudan a mantener baja la población de insectos. Las primeras referencias indican que el arañuelo tiene una menor incidencia en las plantaciones de olivar en seto (Landi *et al.*, 2024).

12.6.3.2.   *Medidas químicas*

Hay pocas materias activas autorizadas para esta especie en el Registro de Productos fitosanitarios del Ministerio de Agricultura, Pesca y Alimentación, que es conveniente utilizar solo en caso muy justificado.

13.   Mosquito de la corteza
Nombre científico: *Resseliella oleisuga* (Targioni-Tozzetti) (Diptera: Cecidomyiidae)

13.1.   Distribución

Países del norte y este del Mediterráneo (Tzanakakis, 2006; GBIF Secretariat, 2024).

13.2.   Plantas hospedantes

La mayoría de los autores consideran al olivo como la única planta hospedante, aunque hay alguna referencia a otras Oleáceas, como *Phillyrea* y *Fraxinus* (Tzanakakis, 2006).

13.3. Descripción morfológica

El adulto mide de 2 a 3 mm de largo y generalmente es negro, excepto por el abdomen que es naranja en la hembra y grisáceo en el macho (Figura 16.62). Los ojos compuestos son negros, con 14 artejos en las antenas y 4 en los palpos maxilares.

Figura 16.62. Adultos del mosquito de la corteza *Resseliella oleisuga*.

Las larvas que son ápodas y acéfalas, tienen color rojo anaranjado, de 5 mm de longitud en su máximo desarrollo (Figura 16.63). La pupa varía de amarillo a naranja y tiene una longitud de 1,5-2,2 mm (Alfaro-Moreno, 2005; Tzanakakis, 2006).

Figura 16.63. Larva del mosquito de la corteza *Resseliella oleisuga*.

13.4. Ciclo vital

Esta especie suele presentar tres generaciones al año, dos en primavera, de marzo a julio, de una duración aproximada de mes y medio cada una, y otra de población más reducida en otoño (Figura 16.64) (Alvarado *et al.* 2006). Los adultos hacen la puesta en grupos de huevos, uno al lado del otro, en fisuras y otras lesiones causadas por otros insectos o causas físicas y mecánicas (heladas, granizo, poda etc.) en la corteza de las ramitas de olivo y, menos frecuentemente, de las ramas. Las larvas viven en grupos en la zona del cambium, donde se alimentan y destruyen el cambium y la corteza interna. Cuando están completamente desarrolladas, caen al suelo, donde a poca profundidad se pupan, cada una en un capullo terroso separado, o permanecen en estado de dormancia dependiendo de la temporada. Esta es una especie poco estudiada y es necesario dilucidar el complejo de especies de cecidómidos que comparten con ella las galerías, y aún más importante, su voltinismo, para aclarar la existencia o no de una dormancia en estado de larva en las heridas, así como si la pupación solo ocurre en el suelo o también en las propias heridas (Alvarado *et al.* 2006; Tzanakakis, 2006).

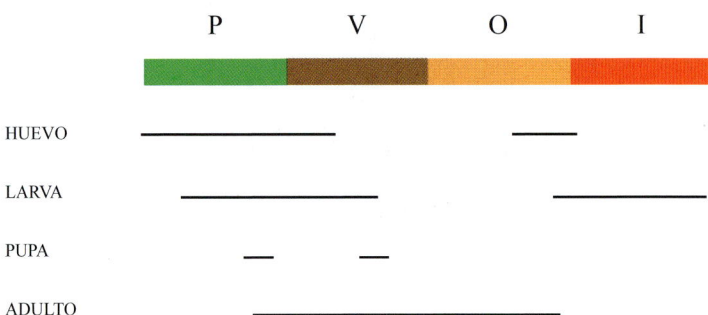

Figura 16.64. Ciclo biológico del mosquito de la corteza *Resseliella oleisuga*. P: primavera; V: Verano; O: Otoño; I: Invierno. Las líneas indican la presencia de los distintos estados de desarrollo a lo largo del tiempo, en función del voltinismo (número de generaciones).

13.5. Daños

En general, esta especie tiene poca importancia económica en el mediterráneo, aunque determinadas circunstancias relacionadas con la existencia de heridas en la corteza de los árboles pueden promover su actividad. Si bien la infestación suele ocurrir en ramitas de diámetro relativamente pequeño, hay casos en los que también se infestan ramas de mayor grosor. Las galerías larvarias causan el marchitamiento y, en última instancia, la muerte de la parte de la ramita distal a ellas (Figura 16.65). Por lo tanto, la lesión puede ser importante en árboles jóvenes de vivero o en plantaciones nuevas a un pie, donde una parte sustancial de las primeras ramas podría secarse. En árboles más viejos en edad de fructificación, el porcentaje de ramitas muertas resultantes de las galerías larvarias no es tal como para causar una pérdida sustancial de cosecha (Alvarado *et al.* 2006; Tzanakakis, 2006). Recientemente se refieren daños cada vez más frecuentes en olivar en seto, debido a las heridas producidas en la mecanización del cultivo, lo que llega a constituir un problema de primer orden en algunas explotaciones.

Figura 16.65. Daño característico del mosquito de la corteza *Resseliella oleisuga* en una rama (izquierda) y esa misma rama con aceitunas secas en la zona donde estaba el daño (derecha).

13.6. Control integrado

13.6.1. *Regulación natural de las poblaciones por entomófagos y entomopatógenos*

Se han citado varias especies de parasitoides, como el himenóptero eupélmido *Eupelmus hartigi* Förster y el platigástrido *Inostemma* sp., así como el fitoseido *Typhlodromus athenas* Swirski & Ragusa.

13.6.2. *Seguimiento poblacional, umbrales y toma de decisiones*

La Guía del Cultivo del Olivo refleja que solo si se aprecian daños conviene examinar las ramitas secas para detectar posibles galerías infestadas con larvas, sobre todo en primavera (Martín-Gil y Ruiz-Torres, 2014).

13.6.3. *Medidas de control*

13.6.3.1. *Medidas agronómicas o culturales, físicas y mecánicas*

Resulta de vital importancia evitar heridas durante el vareo o la recolección mecánica, y en su caso, cortar y eliminar las ramas afectadas, con el objetivo final de disminuir las heridas producidas durante la recolección.

13.6.3.2. *Medidas químicas*

En el momento de redactar este capítulo no existe ningún tratamiento químico autorizado para esta especie.

14. Cigarra magrebí o del olivo
Nombre científico: *Cicada barbara* (Stål)
(Hemiptera: Cicadomorpha: Cicadoidea: Cicadidae)

Esta especie es frecuente en las comarcas olivareras del sur de la Península Ibérica, donde ataca principalmente al olivo, pero también a la flora arvense del olivar. Las ninfas son de color pardo con patas delanteras cavadoras para hacer galerías en el suelo donde pueden permanecer de 4 a 5 años, a expensas de las raíces (Figuras 16.66).

Figura 16.66. Galerías en el suelo excavadas por la cigarra *Cicada barbara.*

Al final de este periodo, en el último año, las ninfas salen del suelo y alcanzan el estado adulto en julio-agosto, cuando se encuentran tanto imagos como exuvios en las ramas y chupones del olivo y flora arvense. Los adultos de 3 cm de longitud tienen coloración marrón, con alas transparentes con una envergadura de 9 cm, y gran capacidad de vuelo (Figuras 16.67 y 16.68).

Figura 16.67. Adulto de la cigarra *Cicada barbara* que se alimenta de una rama (izquierda), detalle de adulto de la cigarra *Cicada barbara* (derecha).

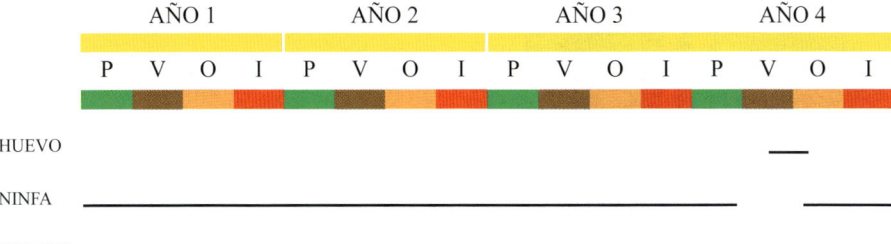

AÑO 1	AÑO 2	AÑO 3	AÑO 4

Figura 16.68. Ciclo biológico de la cigarra *Cicada barbara* en olivo. P: primavera; V: Verano; O: Otoño; I: Invierno. Las líneas indican la presencia de los distintos estados de desarrollo a lo largo del tiempo, en función del voltinismo (número de generaciones).

Los adultos introducen su aparato bucal picador-chupador en las ramas, para provocar una típica emisión de savia (Figuras 16.69).

Figura 16.69. Daños de la alimentación de la cigarra *Cicada barbara*.

Sin embargo, el daño más importante lo origina la hembra al hacer la puesta mediante más de una docena de incisiones con su oviscapto en los brotes o ramitas, en celdillas alineadas según su longitud, que pueden causar la muerte de las ramillas o, al menos, afectar a su vigor al quedar inutilizada la zona vascular de la parte en que se encuentran (Figuras 16.70 y 16.71) (Alfaro-Moreno, 2005).

Figura 16.70. Daños de puesta de la cigarra *Cicada barbara*.

Figura 16. 71. Rama seca como consecuencia de la actividad de puesta de la cigarra *Cicada barbara*.

Por tanto, las observaciones sobre cualquier tipo de intervención deben realizarse en julio-agosto, mediante inspección de brotes afectados. Una medida interesante es dejar a las hembras vegetación para hacer la puesta, si es posible, y en zonas donde la presencia de cigarras está comprobada, no quitar las varetas hasta pasada la mitad del verano, y eliminar los huevos de las varetas si estos aún no han eclosionado. En la actualidad no hay materias activas registradas para esta especie.

15. Taladro amarillo o zeuzera

Nombre científico: *Zeuzera pyrina* L. (Lepidoptera: Cossidae)

Mariposa de hasta 50 mm de envergadura en el macho y 70 en la hembra, con las alas de color blanco satinado, sembradas de numerosas y pequeñas manchas azul oscuro; tórax también blanco y peludo, con seis manchitas análogas a las de las alas, y abdomen oscuro; antenas filiformes en la hembra y plumosas en el macho (Figura 16.72). Oruga de 50-60 mm de longitud, de color amarillo con pequeños tubérculos negros y la cabeza y placa torácica también negro brillante (Alfaro-Moreno, 2005).

En las zonas cálidas del sur de España el desarrollo de esta especie es univoltino, e incluso, una parte de la población puede requerir otro año para completar su desarrollo (Figura 16.73).

Figura 16.72. Adulto de *Zeuzera pyrina*.

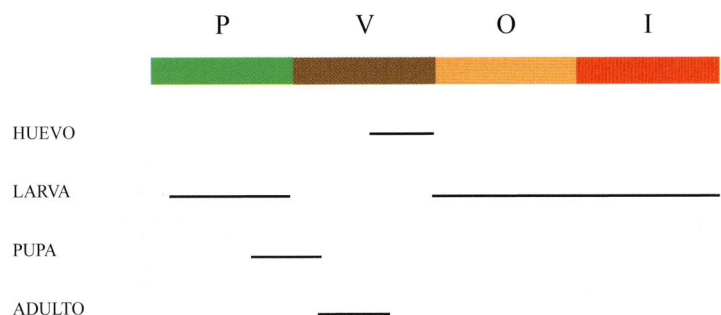

Figura 16.73. Ciclo biológico de *Zeuzera pyrina*. P: primavera; V: Verano; O: Otoño; I: Invierno. Las líneas indican la presencia de los distintos estados de desarrollo a lo largo del tiempo, en función del voltinismo (número de generaciones).

Las mariposas aparecen en el verano (junio-julio) y tienen costumbres esencialmente nocturnas. Ponen los huevos aisladamente, o en grupos de dos a tres, en las fisuras de la corteza de las ramas, siendo amarillos al principio y pardo rojizos después, de forma cilíndrica, redondeada por los extremos. La incubación es rápida y las orugas entran enseguida bajo la corteza, abriendo una galería ascendente, de sección circular, que comunica con el exterior por un orificio situado en su parte baja (Figura 16.74), por el que aflora serrín mezclado con excrementos en forma de pequeñas masas rojizas, aunque tras pasar una diapausa invernal, en la segunda primavera de su vida, las larvas descienden por la galería para pupar junto al orificio de entrada y evolucionar a adulto ya llegado el verano (Durán *et al.*, 2004; Alfaro-Moreno, 2005).

Figura 16.74. Orificio de salida de una galería de *Zeuzera pyrina*.

Esta especie se cita con especial importancia en aceitunas de mesa de la variedad gordal con mal estado vegetativo, en general debido al estrés hídrico (Durán *et al.*, 2004). Algunas variedades como manzanilla responden al ataque con una gomosis que impide el desarrollo de las larvas (Figura 16.75) (Durán *et al.*, 2004).

Figura 16.75. Gomosis en respuesta al ataque de *Zeuzera pyrina*.

Se pueden utilizar trampas Funnel con la feromona de la especie, por encima de la copa, para detectar su presencia en plantaciones con las variedades más sensibles (Durán *et al.*, 2004). En cualquier caso, el diagnóstico pasa por examinar posibles ramas secas para la posible presencia de galerías con excrementos larvarios (Figuras 16.74 y 16.76). La prevención es fundamental para evitar el ataque lo que requiere un buen estado vegetativo del árbol. En el momento de redactar este capítulo, no existen medios químicos para el control de este lepidóptero, aunque existen métodos de confusión sexual a disposición del sector con buenos resultados.

Figura 16.76. Ramas secas como consecuencia del ataque del ataque de *Zeuzera pyrina.*

16. Chinche verde
Nombre científico: *Closterotomus trivialis* (Costa)
(Hemiptera: Heteroptera: Miridae)

Este mírido está distribuido en toda la cuenca mediterránea. Es una especie polífaga, que se alimenta tanto de plantas herbáceas como leñosas de diversas familias. Entre las plantas cultivadas, se ha observado con frecuencia en naranjos, mandarinos, clementinas y olivos, así como en una gran diversidad de flora arvense (Varikou y Birouraki, 2014).

El adulto es largo y estrecho (Figura 16.77); hay polimorfismo sexual en tamaño y coloración, pues la hembra es algo más grande que el macho, aproximadamente 8 × 3 mm y 7 × 2 mm, respectivamente, y la hembra sexualmente madura tiene la parte ventral verdoso-amarillenta, la cabeza marrón verdosa en la parte dorsal, con rayas negruzcas oblicuas (Figura 16.78). El pronoto verdoso, con cuatro manchas negras, y los hemiélitros marrón oliva. El macho inmaduro es aproximadamente del color de la hembra madura, mientras que el macho maduro es más oscuro, con su cuneo que pasa de amarillento a rojo con un margen externo negruzco (Figura 16.78) (Tzanakakis, 2006).

Figura 16.77. Adulto de la chinche verde
Closterotomus trivialis **(Cortesía**
de Manuel Heredia).

Figura 16.78. Comparativa entre la hembra (izquierda)
y el macho (derecha) de la chinche *Closterotomus*
trivialis.

En general, las ninfas de esta chinche prefieren las plantas herbáceas y los adultos los árboles, en ambos casos, son picadores-chupadores de flores, donde perforan y succionan los capullos florales e inflorescencias (Figura 16.77). Lo más frecuente es que la especie sea univoltina (Figura 16.79), pasa el invierno en estado de huevo en grietas de madera, y tras la eclosión de los huevos a principio del año, las ninfas descienden por el tronco hasta el suelo para alimentarse de inflorescencias de flora arvense o del olivo si no existe esta flora. Alcanzan el estado adulto desde finales de marzo en adelante, y como adultos regresan a los árboles donde, en abril y mayo, se alimentan del nuevo crecimiento tierno (flores, capullos, hojas, brotes). Los adultos son bastante activos, especialmente durante las horas cálidas en días soleados, y son difíciles de atrapar, ya que despegan cuando se les acerca (Tzanakakis, 2006; Varikou y Birouraki, 2014).

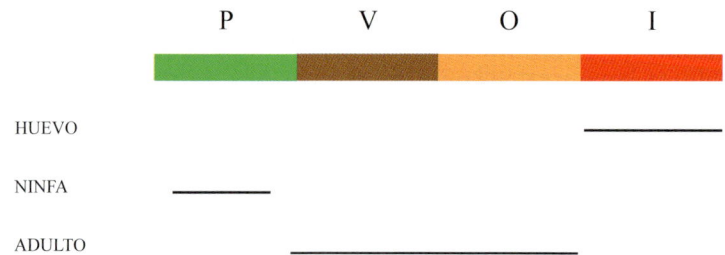

Figura 16.79. Ciclo biológico de la chinche verde *Closterotomus trivialis*. **P: primavera; V: Verano; O:**
Otoño; I: Invierno. Las líneas indican la presencia de los distintos estados de desarrollo a lo largo del
tiempo, en función del voltinismo (número de generaciones).

En el olivo, el daño consiste en la caída de las flores y en algunos municipios de Andalucía pueden producir graves pérdidas económicas por pérdida de floración. Sin embargo, el manejo de la cubierta vegetal puede incrementar los daños de esta chinche, como se ha observado en Grecia al utilizar *Vicia sativa* L. (Fabales: Fabaceae), como abono verde; cuando la siega se produce en primavera, las ninfas *C. trivialis* regresaban en masa a los árboles, causando un daño considerable (Figura 16.80).

Figura 16.80. Daños característicos en las ramas de la chinche verde *Closterotomus trivialis.*

La sigilosa observación directa de ninfas y adultos en el árbol, o incluso el golpeo de ramas para observar la caída de individuos sobre una superficie blanca colocada debajo, son los mejores sistemas para ver la intensidad del ataque, aunque la Guía del Cultivo del Olivo no incluye de momento esta especie (Martín-Gil y Ruiz-Torres, 2014). De hecho, serán necesarios más trabajos para dilucidar el estatus definitivo de este insecto como posible plaga secundaria u ocasional del olivo en España (Tzanakakis, 2006; Varikou y Birouraki, 2014).

17.   Mosquito de la aceituna
Nombre científico: *Lasioptera berlesiana* Paoli
(Diptera: Cecidomyiidae)

17.1.   Distribución

Especie distribuida por toda la región mediterránea (Tzanakakis, 2006; GBIF Secretariat, 2024)

17.2.   Plantas hospedantes

Se han expresado diversas opiniones sobre la alimentación de las larvas de este cecidómido y su asociación con la mosca del olivo *B. oleae* y el escudete *Camarosporium dalmaticum* (Thüm.) Zachos & Tzavella-Klonari. La hembra de *L. berlessiana* hace la puesta en una cavidad en el mesocarpio de la aceituna, y tras la eclosión del huevo, la larva se desarrolla en esa misma cavidad (Figuras 16.81 y 16.82).

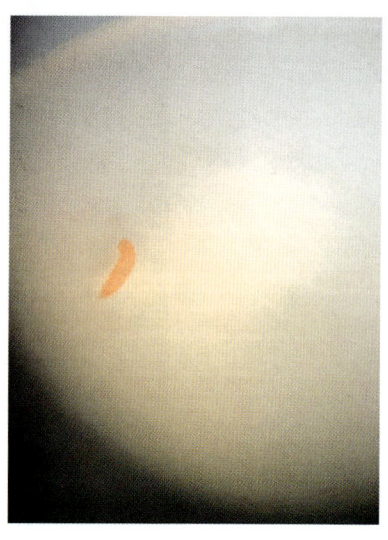

Figura 16.81. Larva del mosquito de la aceituna *Lasioptera berlesiana*.

Figura 16.82. Detalle de una larva del mosquito de la aceituna *Lasioptera berlesiana*.

El ovipositor de la hembra no le permite perforar el epicarpio de la aceituna, por lo que debe aprovechar orificios hechos por otros insectos o lesiones causadas por otros factores, donde destacan los orificios de oviposición de *B. oleae*, tanto fértiles como estériles. Dado que los orificios de puesta de la mosca del olivo son sustrato para el crecimiento de *C. dalmaticum*, se ha constatado que las larvas del cecidómido, que son micófagas, se alimentan con este hongo, lo que explica la coexistencia de los tres agentes. Además, como el tiempo de incubación del huevo del cecidómido es considerablemente más corto que el de la mosca del olivo, tras su eclosión adelantada, la larva del cecidómido puede destruir el huevo de *B. oleae* con sus piezas bucales, ya sea succionando su contenido o no, lo que ha llevado a ciertos autores a considerarla como entomófaga y depredadora de huevos de la mosca del olivo, mientras que otros autores la consideran exclusivamente micófaga. Aunque se requeriría más evidencia experimental, la relación entre estos tres organismos parecen ser más de una naturaleza secuencial, que comienza con la mosca del olivo, continua con el hongo y finaliza con el cecidómido (Tzanakakis, 2006).

17.3. Descripción morfológica

El adulto de *L. berlesiana* mide 1,4-1,6 mm de largo, de color marrón, con el abdomen más claro y manchas oscuras en posición dorsal del tercer al séptimo urómero. La hembra tiene un ovipositor extensible de dos segmentos que mide 0,5 mm de largo. Las antenas están compuestas por numerosos artejos, cada uno de ellos más ancho que largo excepto el último. Los huevos apenas alcanzan medio milímetro; la larva es roja o rojiza, y mide 2 mm de largo cuando está completamente desarrollada (Figuras 16.81 y 16.82). La pupa es inicialmente de color rojo oscuro, luego marrón oscuro, y mide aproximadamente 2 mm de largo (Tzanakakis, 2006).

17.4. Ciclo vital

Esta especie es polivoltina, que pasa el invierno en el suelo en forma de larva de último estadio o de pupa. Los adultos comienzan a salir del suelo desde la llegada de la primavera hasta la del verano, y pueden completarse de tres a cuatro generaciones de julio a octubre. Existe cierta contradicción sobre si este cecidómido puede completar su ciclo vital en otras plantas como el lentisco, pues de ello depende la existencia de una diapausa en su dormancia otoñal-hibernal-primaveral (Figura 16.83) (Tzanakakis, 2006).

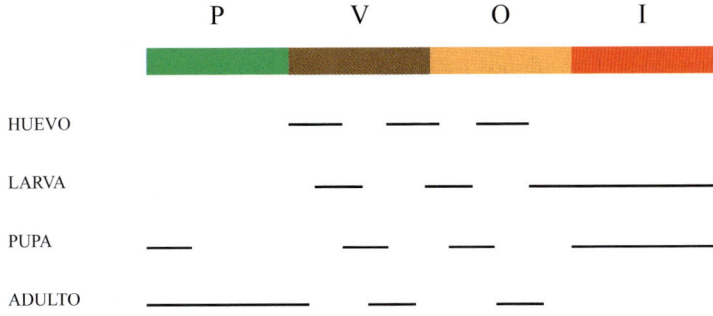

Figura 16.83. Ciclo biológico del mosquito de la aceituna *Lasioptera berlesiana*. P: primavera; V: Verano; O: Otoño; I: Invierno. Las líneas indican la presencia de los distintos estados de desarrollo a lo largo del tiempo, en función del voltinismo (número de generaciones).

17.5. Daños

La larva, aunque típicamente micófaga, destruye el huevo y a veces mata incluso a la larva recién nacida de la mosca del olivo, ya sea succionando su contenido o no. Esto ha llevado a ciertos científicos a considerarla entomófaga y depredadora de la mosca de la fruta del olivo, y por lo tanto útil (para referencias, ver arriba). Sin embargo, esta mosca no es un enemigo eficaz de *B. oleae*. Por el contrario, la hembra de este cecidómido puede inocular con su oviscapto el orificio de puesta de *B. oleae* con el hongo *C. dalmaticum* agente causal del escudete. Esto es perjudicial para las aceitunas de mesa y, dependiendo de la variedad, la estación del año, las condiciones climáticas y las prácticas culturales, también para las variedades destinadas a la producción de aceite, ya que el hongo disminuye la calidad del aceite. Sin embargo, la probabilidad de que el hongo infecte el fruto a través de lesiones distintas a la de *B. oleae* es baja en la mayoría de los olivares.

17.6. Control integrado

Todas las medidas que limiten la puesta de la mosca del olivo tendrán un impacto negativo sobre este cecidómido por limitar sus sitios de puesta.

18. Barrillo del olivo
Nombre científico: *Agalmatium flavescens* (Olivier)
(Hemiptera: Fulgoromorpha: Issidae)

18.1. Distribución

En todas las regiones mediterráneas (GBIF Secretariat, 2024).

18.2. Plantas hospedantes

Las ninfas se alimentan y crecen en diversas plantas herbáceas silvestres y cultivadas. Tanto ninfas como adultos perforan los tejidos de las plantas con su rostro y succionan savia. Los adultos ascienden por los troncos y ramas de varios árboles como el olivo, el manzano, el peral, el arce y el moral, donde se alimentan, se aparean y ponen huevos (Alfaro-Moreno, 2005; Tzanakakis, 2006).

18.3. Descripción morfológica

El cuerpo del adulto es de color marrón claro, con alas generalmente del mismo color, y mide entre 5 y 6,5 mm de largo (Figura 16.84). La ninfa de primer estadio es de color marrón claro, mide 1,1 × 0,7 mm, y tiene un mechón de filamentos de cera blanca en su parte posterior, pero en los sucesivos estadios vira negro grisáceo (Figura 16.85) (De Andrés Cantero, 2001; Tzanakakis, 2006).

Figura 16.84. Adulto del barrillo del olivo *Agalmatium flavescens.*

Figura 16.85. Ninfa del barrillo del olivo *Agalmatium flavescens.*

18.4. Ciclo vital

Esta especie es univoltina, pues pasa el invierno en estado de huevo sobre la corteza del tronco, ramas o ramitas del olivo y de ciertos otros árboles frutales (Figura 16.86). La eclosión de huevos se produce con la llegada de la primavera, y entonces, las ninfas neonatas descienden del árbol y se dirigen a varias plantas herbáceas en las que se alimentan y crecen, donde pueden dar saltos de longitud importante al sentirse amenazadas; alcanzan el estado adulto con la llegada del verano; en julio se les ve en cópula en los troncos de los árboles.

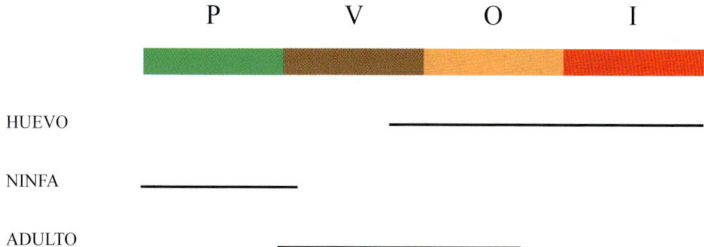

Figura 16.86. Ciclo biológico del barrillo del olivo *Agalmatium flavescens.* **P: primavera; V: Verano; O: Otoño; I: Invierno. Las líneas indican la presencia de los distintos estados de desarrollo a lo largo del tiempo, en función del voltinismo (número de generaciones).**

En julio y principios de agosto, depositan sus huevos sobre la corteza, en dos series, y cubren cada masa de huevos con una mezcla de suelo y un líquido de sus glándulas accesorias (Figura 16.87). En estado de huevo existe una dormancia estival-otoñal-hibernal que dura de 7 a 8 meses, y parte de ella podría ser una diapausa (Alfaro-Moreno, 2005; Tzanakakis, 2006).

Figura 16.87. Actividad de puesta del barrillo del olivo *Agalmatium flavescens*. Nótese la presencia de varios especímenes entre las puestas (barrillos).

18.5.   Daños

El olivo no es su planta hospedante, por lo que solo la utilizan ante la ausencia de flora arvense, en cuyo caso, tanto ninfas como adultos se alimentan de yemas tiernas, inflorescencias e incluso de pequeños frutos, si bien, los daños no suelen alcanzar importancia. Sin embargo, existen episodios importantes de proliferación de barrillos en tronco y ramas principales, e incluso en ramas finas de la copa que pueden provocar la alarma de los técnicos y propietarios (Figura 16.88).

Figura 16.88. Olivo con una gran infestación del barrillo del olivo *Agalmatium flavescens*.

18.6. Control integrado

Hasta que no se investigue mejor la ecología de esta especie, no hay unas pautas claras de control integrado. Además, aparte de esta especie existen otras dos especies más de barrillos que coexisten en muchos olivares, de las que se desconoce cómo contribuyen al daño potencial.

19. Otiorrinco verde

Nombre científico: *Polydrusus xanthopus* (Gyll.)
(Coleoptera: Curculionidae)

Esta especie reviste poca importancia, aunque a veces, sus daños se confunden con los de otro curculiónido, del escarabajuelo picudo, *O. cribricollis*. A la luz de uno de los escasos trabajos realizados hasta la fecha sobre esta especie, se observaron daños similares a los de *O. cribicolis* en diversas parcelas de olivar de la provincia de Sevilla, pero ocasionados por *P. xanthopus* (Figuras 16.89 y 16.90) (Alvarado *et al.*, 2006).

Figura 16.89. Adulto del otiorrinco verde *Polydrusus xanthopus*.

Figura 16.90. Daños causados en una hoja por el otiorrinco verde *Polydrusus xanthopus* (izquierda), detalle de daños en una hoja típicamente festoneada que pueden llevar a confusión entre el escarabajuelo picudo y el otiorrinco verde (derecha).

De hecho, los adultos de esta especie univoltina, con actividad diurna y capacidad voladora, emergen del suelo y suben a los brotes para alimentarse durante los meses de marzo a junio, realizan la puesta en plastones, protegidos entre dos hojas, y las larvas viven en el sistema radicular más fino, en los 25 cm superficiales, donde también forman la pupa, en una cápsula terrosa, al principio de la primavera. Los daños que origina el otiorrinco verde no suelen ser de entidad por lo que solo cabría combatirlos en casos muy puntuales, como cuando se concentran altas poblaciones de adultos en plantones.

20.   Mosca blanca del olivo
Nombre científico: *Aleurolobus olivinus* (Silvestri)
(Hemiptera: Sternorrhyncha: Aleyrodidae)

Especie distribuida en todas las regiones olivareras del mediterráneo, donde ataca el olivo y otra oleácea como el género *Phillyrea*.

El adulto mide 1,6-1,7 mm de largo sin las alas. Está cubierto con un fino polvo de cera blanca. Bajo este polvo, el cuerpo es de color crema, amarillo rosado o blanco ocre, con dos franjas más oscuras en el dorso. Los huevos son elípticos de 0.2 mm y color grisáceo. Las ninfas de segundo a cuarto estadio se parecen entre sí, teniendo un cuerpo plano y laminado, un poco más largo que

Figura 16.91. Ninfa de la mosca blanca del olivo *Aleurolobus olivinus* en una hoja.

ancho, de color negro (Figura 16.91). Los adultos aparecen en junio y principios de julio, para hacer la puesta en el haz de las hojas; los huevos eclosionan en 15 días, y las larvas de primera edad buscan un lugar adecuado para fijarse y succionar el contenido de la hoja y producir melaza, aunque su impacto sobre el olivo no es importante.

21. Los insectos y el síndrome del decaimiento rápido del olivo (OQDS)

Xylella fastidiosa (Wells) es una bacteria vascular gramnegativa procedente de América que ha fue localizada en 2013 en la región italiana meridional de Apulia, como agente causal del síndrome del decaimiento rápido del olivo (OQDS), que supuso la muerte de más de un millón de olivos, por lo que la bacteria ha sido calificada como organismo de cuarentena por la Unión Europea (Morente *et al.*, 2017). Tras su detección en Italia, la Unión Europea desarrolló un plan de vigilancia de *X. fastidiosa* a gran escala enfocado a su detección en diferentes cultivos de importancia económica en toda Europa. Hay tres subespecies principales de la bacteria *X. fastidiosa*: subsp. *fastidiosa*, subsp. *pauca* y subsp. *multiplex*, e incluso recombinantes de ellas. Esta bacteria afecta a una gran variedad de plantas, lo que incluye especies no cultivadas (flora arvense), así como plantas de gran importancia económica como el olivo, la vid, el almendro o los cítricos, lo que supone una grave amenaza para la agricultura en Europa (Sicard *et al.* 2018).

Esta bacteria coloniza y obstruye los vasos del xilema de las plantas que infecta, lo que impide el flujo de savia, con los característicos síntomas (hay plantas asintomáticas) de clorosis, marchitamiento, secado de hojas y ramas, decaimiento generalizado y muerte de la planta infectada (Morente *et al.*, 2017). Según el MAPA, en olivo, los síntomas observados son el marchitamiento y decaimiento generalizado, seca de hojas que comienza por el borde apical, y de ramas, acompañada de defoliación, lo que puede acarrear la muerte del árbol. En hojas se observan síntomas con áreas secas y marrones con distribución irregular en las hojas y abarquillamiento de las hojas hacia el envés. En otros casos estas áreas secas se encuentran solo en el extremo apical de la hoja. Cabe destacar otro síntoma observado en algunas muestras positivas, que consiste en una muy acusada clorosis del nervio central de las hojas unida a una seca o necrosis del ápice (MAPA, 2024).

Esta bacteria se transmite por insectos vectores que se alimentan exclusivamente del xilema, entre los que se encuentran varias superfamilias del suborden Cicadomorpha, dentro del orden Hemiptera, tales como Cicadoidea, Cercopoidea, y la subfamilia Cicadellinae dentro de la familia Cicadellidae. En Europa, la mayoría de los vectores potenciales pertenecen a la superfamilia Cercopoidea, donde destacan los afrofóridos *Philaenus spumarius* (L.), y *Neophilaenus campestris* (Fallen) (Figuras 16.92 y 16.93) (Morente *et al.*; 2017; Cavalieri *et al.* 2019).

Figura 16.92. Adulto de *Philaenus spumarius* en posición dorsal (izquierda) y ventral (derecha). Nótese el detalle del aparato bucal picado chupador en la foto de la derecha (cortesía de Juan Carlos Conde Bravo).

Figura 16.93. Adulto de *Neophilaenus campestris* en la flora arvense (izquierda) y detalle al microscopio estereoscópico (derecha) (cortesía de Juan Carlos Conde Bravo).

Las ninfas de los cercópidos se caracterizan por secretar una sustancia "espumosa", antes de pasar al estado adulto, una cobertura mucilaginosa, que protege a la ninfa de las variaciones de la temperatura exterior y les confiere camuflaje frente a depredadores (Figura 16.94).

Las especies *P. spumarius* y *N. campestris* están ampliamente distribuidas en los países mediterráneos, incluyendo la Península Ibérica, donde pasan la mayor parte de su ciclo de vida en las cubiertas vegetales, principalmente gramíneas, donde ocurren el apareamiento, la oviposición y la alimentación, aunque también pueden alimentarse del árbol, en general al final de la primavera, cuando la cubierta se seca o es eliminada (Morente *et al.*, 2017). La transmisión de la bacteria se realiza de forma persistente sin período de latencia, por la alimentación de las ninfas y los adultos de plantas infectadas y luego en las sanas (Morente *et al.*, 2017). Los adultos se trasladan desde la cubierta vegetal a los árboles y arbustos a finales de la primavera, cuando la vegetación del suelo se seca, para volver en otoño para hacer la puesta en restos vegetales.

Figura 16.94. Espuma de *Neophilaenus campestris* en la flora arvense de un olivar (cortesía de Juan Carlos Conde Bravo).

En España existe un Plan de Contingencia de *X. fastidiosa*, donde son claves la prevención, detección precoz y establecimiento de medidas de control para abordar cualquier posible incidencia en el futuro. Este programa ha permitido detectar cuatro brotes hasta el momento de redactar este capítulo, Islas Baleares (noviembre 2016), Alicante (junio 2107), Comunidad de Madrid (abril 2018) y Almería (abril 2018), estos dos últimos erradicados, mientras que en las Islas Baleares existe una estrategia de contención y en Alicante de erradicación. Más recientemente, la bacteria se ha detectado en Extremadura en una zona de monte de Valencia de Alcántara (Cáceres), con una rápida reacción de la administración regional con un programa específico de vigilancia. Es importante resaltar que la subespecie pauca ST53, causante del decaimiento rápido del olivo en el sur de Italia, solo se ha encontrado en Mallorca en una zona de acebuches que se ha visto sometida a las correspondientes medidas de erradicación (RAIF Andalucía, 2024).

En la actualidad existen varios proyectos de investigación internacionales y nacionales que pretenden responder a la necesidad de nuevas medidas de contención y control de la bacteria, donde es clave el manejo y control biológico de las poblaciones de sus vectores potenciales en las cubiertas vegetales (Yousef-Yousef *et al.*, 2023).

22. Vertebrados

Los Vertebrados o Craniotas pertenecen al tipo Cordados, siendo Metazoos de simetría bilateral, provistos de una cuerda dorsal, más o menos persistente, y de un esqueleto cartilaginoso u óseo, que comprende una parte axial, formada por segmentos metaméricos, las vértebras. Se consideran a continuación la aves, roedores, conejos y liebres (Alfaro-Moreno, 2005).

22.1. Aves

Hay que recordar que existen numerosas especies de aves que son auxiliares de la agricultura por tener un régimen alimenticio insectívoro como el mochuelo, *Athene noctua* (Scop), buho, *Bubo bubo* L., lechuza, *Tyto alba* Scop., autillo europeo, *Otus scops* L., carraca europea, *Coracias garrulus* L., abejaruco europeo, *Merops apiaster* L., abubilla común, *Upupa epops* L., vencejo, *Apus apus* L., chotacabras cuellirrojo *Caprimulgus ruficollis* Temm., ruiseñor, *Luscinia megarhyncha* Br., petirrojo, *Erithacus rubecula* L., ruiseñor pechiazul, *Luscinia svecica* Wolf., golondrina, *Hirundo rustica* L., jilguero, *Carduelis carduelis* L., cigüeña blanca, *Ciconia ciconia* L., etc. Otras especies poseen un régimen mixto, alimentándose de insectos y granos, y, en tal caso, su utilidad puede ser más o menos discutida, como ocurre con el gorrión, *Passer domesticus* L. y el estornino, *Sturnus vulgaris* L., etc. Por último, hay aves esencialmente perjudiciales a la agricultura y al olivar como el cuervo, *Corvus corax* L., chova o graja, *Corvus frugilegus* L., grajillas, *Corvus monedula* (L.), el zorzal, *Turdus philomelos* Brehm, el estornino, *Sturnus* spp., la urraca, *Pica pica* L., o el arrendajo *Garrulus glandarius* L., etc., todas ellas capaces de alimentarse a expensas de las aceitunas, y que, en caso de alcanzar poblaciones elevadas, pueden causar pérdidas económicas importantes, si bien, es excepcional abordar medidas de control, y en todo caso medidas agronómicas o culturales, físicas y mecánicas. Entre las primeras, hacer menos atractivo el olivar para las aves al eliminar fuentes de agua y grano. Entre las segundas, el empleo de los distintos tipos de ahuyentadores disponibles en el mercado.

22.2. Roedores

Las ratas, ratones y topillos, son mamíferos del Orden Roedores, de la familia de los Múridos, los dos primeros, y de los Cricétidos, los últimos, son dañinos para la agricultura, tanto en los cultivos como en los graneros, almacenes y establos. En el olivar, las ratillas descortezan la parte baja del tronco, por encima del suelo, y los topillos destruyen la corteza de las raíces, siendo en las nuevas plantaciones de árboles y en los viveros donde suelen producir los mayores estragos. Las especies más frecuentes de estos roedores son la rata común gris o parda, *Rattus norvegicus* Berkenhout, rata negra de campo, *Rattus rattus* (L.), ratón casero, *Mus musculus* L., ratón de campo, *Mus spretus* Lataste, topillo, *Microtus duodecimcostatus* (de Sélys-Longchamps), y topillo campesino, *Microtus arvalis* (Pallas). Estos roedores se multiplican considerablemente y tienen una alimentación muy variada. En el caso de los ratones, el de monte abunda en los sitios con arbolado y se alimenta de granos, hierbas y frutos diversos, siendo el que causa en los viveros daños en las cortezas de los arbolitos. Posiblemente la especie más importante en olivar es el topillo (de 7-9 cm de longitud), pues estos animales hacen vida subterránea como los topos, siendo estos insectívoros que no deben confundirse con aquellos. Los topillos se alimentan de las partes hipógeas de las plantas, raíces, rizomas y bulbos, para lo que excavan extensas redes de galerías; su diagnóstico en el olivar es facilitado por la existencia de montículos de tierra, que delatan los accesos a las galerías. Obviamente, estos daños pueden ser muy relevantes en el caso de plantaciones de olivar jóvenes al causar mortandad de los pies afectados.

Dado que las poblaciones de topillos son favorecidas por la no modificación de los suelos, por el no laboreo y el abandono de tierras, cualquier estrategia de control ante una elevada población de topillos pueden ser de dudosa alineación con la nueva olivicultura, como ocurre con labores profundas en todo el terreno, eliminación de cubiertas o riego por inundación; una medida usada es proteger los árboles jóvenes con una zanja circular alrededor del tronco y con una profundidad de 10 a 20 cm, aunque lo que resulta muy efectivo es la disposición de cajas nido especiales para sus depredadores naturales, en una densidad, disposición y diseños específicos. Este método ha resultado muy útil en Castilla-León, en otros cultivos, y en fincas de olivar gravemente afectadas en Andalucía. Sea cualquiera el método de tratamiento elegido, en caso de amplia pululación de estos roedores hay que organizar su destrucción sobre grandes superficies. Las actuaciones individuales sobre extensiones restringidas suelen tener limitada eficacia, pues ellas son prontamente re-invadidas por individuos procedentes de los campos próximos infestados.

22.3. Conejos y liebres

Los conejos, *Oryctolagus cuniculus* (L.), y las liebres europeas, *Lepus europaeus* Pallas, que pertenecen al orden Lagomorpha, familia Leporidae, pueden originar daños muy importantes en plantaciones nuevas de olivar, al roer la parte verde del tronco e incluso dar origen a mortalidad de los pies atacados, por lo que, en zonas donde las poblaciones sean endémicas y elevadas, es muy importante proteger los plantones con plásticos cilíndricos disponibles comercialmente (Figura 16.95).

Figura 16.95. Protección de una plantación joven de olivar frente a los daños por conejos.

23.   Bibliografía

Alcalá Herrera, R.; Castro-Rodríguez, J.; Fernández-Sierra, M.L.; Campos, M. (2019). *Dittrichia viscosa* (Asterales: Asteraceae) as an arthropod reservoir in olive groves. Frontiers in Sustainable Food Systems, **3**: 64.

Alfaro-Moreno, A. (2005). Entomología agraria: Los parásitos de las plantas cultivadas. Soria, España. Excma. Diputación Provincial de Soria. Edición a cargo del Prof. Cándido Santiago Álvarez.

Alvarado, M.; Durán, J. M.; González, M. I.; Serrano, A.; Jiménez, N. (2006). Estudios sobre *Resseliella oleisuga* (Targioni-Tozzetti, 1886) (Diptera: Cecidomyiidae), mosquito de la corteza del olivo, en la provincia de Sevilla. Boletín de Sanidad Vegetal. Plagas **32**: 79-86.

Álvarez, H. A.; Jiménez-Muñoz, R.; Morente, M.; Campos, M.; Ruano, F. (2021). Ground cover presence in organic olive orchards affects the interaction of natural enemies against *Prays oleae*, promoting an effective egg predation. Agriculture, Ecosystems & Environment **315**: 107441.

Arroyo Varela, M.; Lacasa Placencia, A. (1986). Phloeothripidae. En: Y. Arambourg (Ed.), Traite d'Entomologie Oteicole, pp. 289-300. Conseil Oleicole Int., Madrid.

Ben-Yosef, M.; Pasternak, Z.; Jurkevitch, E.; Yuval, B. (2014). Symbiotic bacteria enable olive flies (*Bactrocera ole*ae) to exploit intractable sources of nitrogen. Journal of evolutionary biology, **27**: 2695-2705.

Campos, M.; García-Vega, J.; Quesada-Moraga, E. (2016). Control biológico del barrenillo del olivo (*Phloetribus scarabaeoides*) mediante hongos entomopatógenos. Phytoma **281**: 42-46.

Daane, K.M.; Johnson, M.W. (2010). Olive fruit fly: Managing an ancient pest in modern times. Annual Review of Entomology, **55**: 151–169.

Daane, K. M.; Wang, X.; Nieto, D.J.; Charles, H.; Pickett, C.H.; Hoelmer, K.A.; Blanchet, A.; Johnson, M.W. (2015). Classic biological control of olive fruit fly in California, USA: Release and recovery of introduced parasitoids. BioControl, **60**: 317–330

De Andrés Cantero, F. (2001). Enfermedades y plagas del olivo. 4ª edición. Riquelme y Vargas ediciones. Jaén.646 pp.

De Liñan, C. (1998). Entomología Agroforestal-Insectos y ácaros que dañan montes, cultivos y jardines. Ediciones Agrotécnicas, SL, Madrid, Spain.

Durán, J. M.; Alvarado, M.; González, M. I.; Jiménez, N.; Sánchez, A.; Serrano, A. (2004). Control del taladro amarillo, *Zeuzera pyrina* L. (Lepidoptera, Cossidae), en olivar mediante confusión sexual. Bol. San. Veg. Plagas 30: 451-462.

EPPO (2024). European and Mediterranean Plant Protection Organization. https://gd.eppo.int/taxon/DACUOL/categorization

Fernández-Escobar, R. F.; de la Rosa Navarro, R.; Moreno, L. L.; Gómez, J. A.; Testi, L.; Orgaz, F.; Gil-Ribes, J.A.; Quesada-Moraga, E.; Trapero, A.; Msallem, M. (2012). Sistemas de producción en olivicultura. Olivae: revista oficial del Consejo Oleícola Internacional **118**: 55-68.

GBIF Secretariat, (2024). https://www.gbif.org (Consultado: Julio, Agosto y Septiembre de 2024).

González, R.; Campos, M. (1990). Evaluation of natural enemies of the *Phloeotribus scarabaeoides* (Bern.) (Col: Scolytidae) in Granada olive groves. Acta Horticulturae **286**: 355-358.

González, R.; Campos, M. (1996). The influence of ethylene on primary attraction of the olive beetle, *Phloeotribus scarabaeoides* (Bern.) (Col., Scolytidae). Experientia **52**: 723–726.

González, M. I.; Alvarado, M.; Durán, J. M.; Rosa, A.; Serrano, A. (2000). Los eriófidos (Acarina, Eriophidae) del olivar de la provincia de Sevilla. Problemática y control. Boletín de Sanidad Vegetal. Plagas **26**: 203-214.

Hatzinikolis, E. N. (1986). Contribution to the description, record and onomatology of Aceria oleae (Nalepa, 1900) (Acari: Eriophyidae). Entomologia hellenica, **4**: 49-54.

Jiménez Díaz, R.M., López, M.M., Albajes, R. (2023). La Sanidad Vegetal en la agricultura y la silvicultura Capítulo A1, pp 1-35. En "La sanidad vegetal en la agricultura y la silvicultura: retos y perspectivas para la próxima década. Real academia de ingeniería de España (ed.).

Landi, S.; Cutino, I.; Simoni, S.; Simoncini, S.; Benvenuti, C.; Pennacchio, F.; Binazzi, F.; Guidi, S.; Goggioli, D.; Tarchi, F.; Roversi, P.F. Gargani, E. (2024). Super high-density olive orchard system affects the main olive crop pests. Italian Journal of Agronomy. doi: 10.4081/ija.2024.2220

MAPA, (2024). https://www.mapa.gob.es/es/agricultura/temas/sanidad-vegetal/organismos-nocivos/xylella-fastidiosa/ (Consultado el 20 de agosto de 2024)

Malheiro, R.; Casal, S.; Baptista, P.; Pereira, J.A. (2015). A review of *Bactrocera oleae* (Rossi) impact in olive products: From the tree to the table. Trends in Food Science & Technology, **44**: 226-242.

Martín-Gil, A.; Ruiz-Torres, M. (Coordinadores) (2014). Guía de gestión integrada de plagas del olivar. Ministerio de Agricultura, Alimentación y Medio Ambiente. Madrid. 180 pp.

Morente, M.; Lozano, A. M.; Castiel, A.F. (2017). Vectores potenciales de *Xylella fastidiosa* en olivares de la península ibérica: prospección, riesgos y estrategias preventivas de control (POnTE). Phytoma España 285: 32-37.

Moussa, Z.; Choueiri, E.; Youssef, A.; El Riachy, M. (2017) First record of Olive Pyralid Moth, *Euzophera pinguis* (Haworth, 1811) on olive trees in Lebanon (Lepidoptera, Pyralidae). Bulletin de la Société entomologique de France **122**: 57-60.

Nave, A., Goncalves, F., Teixeira, R., Costa, C. A., Campos, M., Torres, L. M. (2017). Hymenoptera parasitoid complex of *Prays oleae* (Bernard) (Lepidoptera: Praydidae) in Portugal. Turkish Journal of Zoology **41**: 502-512.

Noguera, V.; Verdú, M.J.; Gómez-Cadenas, A.; Jacas, J.A. (2003). Ciclo biológico, dinámica y enemigos naturales de *Saissetia oleae* Olivier (Homoptera: Coccidae), en olivares del Alto Palancia (Castellón). Boletín de Sanidad Vegetal. Plagas **29**: 495-504

Oliveira, I.; Pereira-Cardoso, J.A.; Quesada-Moraga, E.; Lino-neto, T.; Bento, A.; Baptista, P. (2013). Effect of soil tillage on natural occurrence of fungal entomopathogens associated to *Prays oleae* Bern. Scientia Horticulturae **159**: 190-196.

Ordano, M.; Engelhard, I.; Rempoulakis, P.; Nemny-Lavy, E.; Blum, M.; Yasin, S.; Nestel, D. (2015). Olive fruit fly (*Bactrocera oleae*) population dynamics in the Eastern Mediterranean: Influence of exogenous uncertainty on a monophagous frugivorous Insect. PloS one, **10**: e0127798.

Ortega, M.; Sánchez-Ramos, I.; González-Núñez, M.; Pascual, S. (2018). Time course study of *Bactrocera oleae* (Diptera: Tephritidae) pupae predation in soil: The effect of landscape structure and soil condition. Agricultural and Forest Entomology, **20**: 201–207.

Ortiz, A.; Quesada, A.; Sanchez, A. (2004). Potential for use of synthetic sex pheromone for mating disruption of the olive pyralid moth, *Euzophera pinguis*. Journal of Chemical Ecology **30**: 991–1000.

Pascual, S.; Cobos, G.; Seris, E.; González-Núñez, M. (2010). Effects of processed kaolin on pests and non-target arthropods in a Spanish olive grove. Journal of Pest Science **83**: 121-133.

Pascual, S.; Ortega, M.; Villa, M. (2022). *Prays oleae* (Bernard), its potential predators and biocontrol depend on the structure of the surrounding landscape. Biological Control, **176**: 105092.

Pedigo, L. P.; Rice, M.E., Krell, R.K. (2021). Entomology and pest management (7th edition). Waveland Pr Inc ed.

Quesada-Moraga, E. (2022). Servicios ecosistémicos de los hongos entomopatógenos en olivar. Phytoma España **343**: 136-140.

Quesada-Moraga, E. (2023). Bioplaguicidas: La solución natural a los desafíos de la Agricultura Sostenible. Phytoma España **353**: 50-54.

Quesada-Moraga, E.; Yousef-Yousef, M.; Ortiz, A.; Ruíz-Torres, M.; Garrido-Jurado, I.; Estevez, A. (2013). *Beauveria bassiana* (Ascomycota: Hypocreales) wound dressing for the control of *Euzophera pinguis* (Lepidoptera: Pyralidae). Journal of Economic Entomology **106**: 1602-1607.

Quesada-Moraga, E.; Santiago-Álvarez, C.; Cubero-González, S.; Casado-Mármol, G.; Ariza-Fernández, A.; Yousef-Yousef, M. (2018). Field evaluation of the susceptibility of mill and table olive varieties to egg-laying of olive fly. Journal of Applied Entomology. **142**: 765-774.

RAIF Andalucía, (2024). https://www.juntadeandalucia.es/agriculturapescaaguaydesarrollorural/raif/situacion-actual-de-xylella-fastidiosa-en-espana/ (Consultado el 20 de agosto de 2024)

Ruiz-Castro, A. (1948). Fauna entomomológica del olivo en España. Estudio sistemático biológico de las especies de mayor importancia económica. 2 tomos. Instituto Español de Entomología. Madrid.

Ruiz Pérez-Serrano, M.J. (2018). Daños del algodoncillo (*Euphyllura olivina* Costa) (Hemiptera: Psyllidae) en el olivar de Llanos de Don Juan (Córdoba): análisis de las causas de su inusual abundancia. Trabajo Fin de Grado. Universidad de Córdoba. 59 pp.

Sánchez-Ramos, I.; González-Núñez, M. (2023). Biological parameters of *Muscidifurax raptorellus* (Hymenoptera: Pteromalidae) on *Bactrocera oleae* (Diptera: Tephritidae), the key pest of olives. Biocontrol Science and Technology, **33**: 412-428.

Shrestha, B.B.; Budha, P.B.; Wong, L.J.; Pagad, S. (2020). Global Register of Introduced and Invasive Species - Nepal. Version 2.7. Invasive Species Specialist Group ISSG. Checklist dataset https://doi.org/10.15468/4r0kkr accessed via GBIF.org on 2024-08-12.

Sicard, A.; Zeilinger, A.R.; Vanhove, M.; Schartel, T.E.; Beal, D.J.; Daugherty, M.P.; Almeida, R.P.P. (2018). *Xylella fastidiosa:* Insights into an Emerging Plant Pathogen. Annu Rev Phytopathol 56:181-202.

Tena, A.; Soto, A.; García-Marí, F. (2008). Parasitoid complex of black scale *Saissetia oleae* on citrus and olives: parasitoid species composition and seasonal trend. BioControl, **53**: 473-487.

Varikou, K., Birouraki, A. (2014). Life history of *Closterotomus* (*Calocoris*) *trivialis* (Costa)(Heteroptera: Miridae) in olive and citrus orchards in Crete. Crop Protection **59**: 14-21.

Villa, M.; Santos S.A.P.; Pascual, S.; Pereira, J.A. (2021). Do non-crop areas and landscape structure influence dispersal and population densities of male olive moth? Bulletin of Entomological Research **111**:73-81.

Yousef-Yousef, M.; Garrido-Jurado I.; Ruíz-Torres M.; Quesada-Moraga E. (2017). Reduction of adult olive fruit fly populations by targeting preimaginals in the soil with the entomopathogenic fungus *Metarhizium brunneum*. Journal of Pest Science **90**: 345-354.

Yousef-Yousef, M.; Alba-Ramírez, C.; Garrido Jurado, I.; Mateu, J.; Raya Díaz, S.; Valverde-García, P.; Quesada-Moraga, E. (2018). *Metarhizium brunneum* (Ascomycota; Hypocreales) treatments targeting olive fly in the soil for sustainable crop production. Frontiers in Plant Science, doi: 10.3389/fpls.2018.00001.

Yousef-Yousef, M.; Morente, M.; González-Mas, N.; Fereres, A.; Quesada-Moraga, E.; Moreno, A. (2023). Direct and indirect effects of two endophytic entomopathogenic fungi on survival and feeding behaviour of meadow spittlebug *Philaenus spumarius*. Biological Control. https://doi.org/10.1016/j.biocontrol.2023.105348.

CAPÍTULO 17

ENFERMEDADES

Antonio TRAPERO
Francisco Javier LÓPEZ
Miguel Ángel BLANCO

ÍNDICE

1. Introducción, 779
2. Repilo, 781
   2.1. Sintomatología, 782
   2.2. Etiología, 784
   2.3. Epidemiología, 786
   2.4. Control, 789
3. Verticilosis, 791
   3.1. Sintomatología, 792
   3.2. Etiología, 794
   3.3. Epidemiología, 794
   3.4. Control, 797
4. Tuberculosis, 802
   4.1. Sintomatología, 802
   4.2. Etiología, 803
   4.3. Epidemiología, 805
   4.4. Control, 807
5. Antracnosis, 808
   5.1. Sintomatología, 809
   5.2. Etiología, 814
   5.3. Epidemiología, 815
   5.4. Control, 818

6. Otras enfermedades producidas por agentes bióticos, 819
   6.1. Emplomado, 819
   6.2. Lepra de la aceituna, 822
   6.3. Negrilla, 826
   6.4. Escudete de la aceituna, 827
   6.5. Podredumbres de las aceitunas, 828
   6.6. Podredumbres radicales, 829
   6.7. Chancros y caries del tronco, 833
   6.8. Virus, fitoplasmas y bacterias fastidiosas, 834
   6.9. Nematodos, 837
   6.10. Plantas parásitas, 837
7. Enfermedades y daños causados por agentes abióticos, 838
   7.1. Anomalías de la nutrición, 838
   7.2. Humedad del suelo, 838
   7.3. Heladas o fríos, 839
   7.4. Otros daños, 841

Agradecimientos, 843
8. Bibliografía, 843

1. Introducción

La larga tradición del cultivo del olivo en la región mediterránea ha quedado reflejada en la referencia histórica de sus enfermedades. Así, una de las más aparentes, la Tuberculosis o verrugas del olivo, fue ya descrita por el filósofo griego Teofrasto en el siglo IV a.c., y muchas de ellas fueron objeto de estudios científicos en la segunda mitad del siglo XIX, tras el nacimiento de la Patología Vegetal como ciencia. Desde entonces, el número de enfermedades descritas supera el medio centenar, destacando la especificidad de sus patógenos, hecho que se manifiesta en el nombre de muchos de ellos: *oleae, oleaginum, olivarum*, etc. Entre las diferentes enfermedades que afectan al olivo (Cuadro 17.1) destacan las micosis, tanto las foliares (Repilo, Antracnosis) como las causadas por hongos del suelo (Verticilosis). De los restantes patógenos, cabe destacar una bacteriosis, la Tuberculosis o verrugas del olivo. También se han descrito infecciones por virus, fitoplasmas, nematodos o fanerógamas parásitas, pero son de escasa o nula importancia en España. Entre los patógenos recientemente descritos en España destaca la bacteria *Xylella fastidiosa*, responsable del brote de decaimiento rápido del olivo detectado en octubre de 2013 en la península de Salento del sureste de Italia, lo que supone un grave riesgo para el olivar y otros cultivos de la cuenca mediterránea. Los agentes abióticos que afectan al olivar son numerosos, pero su incidencia depende fundamentalmente de las condiciones climáticas y del manejo del cultivo.

Como en otros cultivos típicamente mediterráneos, el conocimiento científico de dichas enfermedades y de su importancia es escaso e impreciso. En España, las únicas referencias generales sobre pérdidas de cosecha corresponden a los trabajos de F. de Andrés (1991), quien asignó durante el período 1969-1974 una pérdida media global debida a enfermedades próxima al 12%, a la que se sumaba un 20% debido a plagas de insectos y otros animales y cerca de un 29% asociado con agentes climáticos diversos.

La elevada cifra de pérdidas no significa necesariamente que el olivar sea un ecosistema muy alterado por la actividad humana y, por tanto, especialmente vulnerable al ataque de los diferentes agentes nocivos. En la cuenca mediterránea, los sistemas de propagación y cultivo tradicionales no parecen haber contribuido a una pérdida considerable de diversidad genética y de adaptación al medio, debido al origen autóctono de las variedades a partir de híbridos naturales con acebuche, a la escasa presión de selección por la baja intensidad de cultivo y a la marcada localización de las variedades que ha configurado al rico patrimonio olivarero en un auténtico mosaico varietal (Rallo, 1995).

CUADRO 17.1

Principales enfermedades del olivo

Enfermedad	Agente	Importancia[1]
MICOSIS AÉREAS		
Repilo	*Venturia oleaginea (=Cycloconium oleaginum)*	A
Antracnosis	*Colletotrichum acutatum (=Gloeosporium olivarum)*	M
Emplomado	*Pseudocercospora cladosporioides (=Cercospora cladosporioides)*	M
Negrilla	*Capnodium elaeophilum*	B
Escudete	*Botryosphaeria dothidea (=Macrophoma dalmatica)*	B
Lepra	*Phlyctema vagabunda (=Gloeosporium olivae)*	B
Otras podredumbres de fruto	*Fusarium, Alternaria, Cladosporium,* etc.	B
Otras micosis foliares	*Stictis, Leveillula, Phyllactinia,* etc.	S
Chancros	*Neofusicoccum mediterraneum, Eutypa lata, Phoma* spp.	B
Caries del tronco	*Fomes, Phellinus, Polyporus, Stereum,* etc.	B
MICOSIS RADICALES		
Verticilosis	*Verticillium dahliae*	A
Podredumbre de raíces gruesas	*Armillaria, Rosellinia, Omphalotus*	B
Podredumbre de raicillas	*Phytophthora, Cylindrocarpon, Fusarium,* etc.	M-B
BACTERIOSIS		
Tuberculosis	*Pseudomonas savastanoi* pv. *savastanoi*	A-M
Chamuscado foliar, Marchitez	*Xylella fastidiosa* subsp. *pauca* (cepas ST53, ST69)	A
VIROSIS		
Malformaciones, Amarillez	Virus no identificados	S
Infecciones latentes, Amarillez	*Nepovirus, Cucumovirus, Oleavirus,* etc.	S
NEMATODOS		
Nódulos/Lesiones radicales	*Meloidogyne, Pratylenchus,* etc.	S
FANERÓGAMAS		
Muérdago, Marojo, Cuscuta	*Viscum, Cuscuta*	S
ABIÓTICAS		
Deficiencias de nutrientes	Boro, Hierro, Potasio, etc.	M–B
Daños diversos	Heladas, sequía, encharcamiento, etc.	A–B

[1] A = Alta, M = Moderada, B = Baja, S = Sin importancia práctica general, aunque muy ocasionalmente se han observado infecciones severas.

Estas peculiaridades del olivar han propiciado un equilibrio sutil entre el olivo y sus patógenos u otros agentes adversos que solo cuando se rompe da lugar a graves ataques y pérdidas de consideración. Desgraciadamente, la alta variabilidad del clima mediterráneo contribuye con demasiada frecuencia a la ruptura del equilibrio, que también se ve alterado por la actividad humana. Ejemplos de ello son las graves infecciones fúngicas de hojas y frutos en años lluviosos, o cuando se plantan variedades muy sensibles a estos hongos en zonas de microclima más húmedo o con densidades elevadas; así como las plantaciones realizadas en suelos inadecuados. Las intensas lluvias de otoño-invierno durante los años 1995-97, proporcionaron numerosos ejemplos en este sentido, como las graves epidemias de Repilo, Emplomado y Antracnosis, o la muerte masiva de olivos jóvenes en campos con problemas de exceso de humedad en el suelo.

La nueva olivicultura intensiva que implica una mayor uniformidad varietal, al difundirse solo las «mejores» variedades, y un sistema más forzado de cultivo (riego, fertilizantes, densidades mayores, tratamientos, etc.), podría contribuir también a alterar dicho equilibrio si no se toman medidas para evitarlo. Un ejemplo que, desgraciadamente, parece apoyar esta posibilidad es la Verticilosis, desconocida hace cuarenta años y considerada actualmente la enfermedad más grave de los olivares jóvenes, cuyo agente podría haber existido anteriormente sin llegar a manifestarse gravemente.

A continuación, se describen las principales enfermedades y daños de naturaleza abiótica que afectan al olivar, con énfasis en la situación española. Desde la primera edición de este libro, el conocimiento sobre las enfermedades del olivo en España ha avanzado considerablemente (Trapero, 1994; 2014; 2019), por lo que esta revisión se ha actualizado con dichos avances. Dado el carácter divulgativo de esta revisión se han reducido al mínimo las referencias bibliográficas, sobre todo las que se refieren a estudios muy específicos o realizados en otros países. Al lector interesado en ampliar dicha información se recomiendan el texto general de F. de Andrés (1991), así como varias aportaciones de congresos internacionales (Tjamos *et al.,* 1993; Anónimo, 1998), y la revisión más extensa publicada recientemente en Italia (Schena *et al.,* 2011). Para facilitar su comprensión, esta revisión se ha ordenado por enfermedades. No obstante, es necesario resaltar que en la práctica el conocimiento sobre las enfermedades del olivo y las medidas de control debe considerarse en su conjunto, integrado como un componente más del olivar, con vistas a lograr una producción elevada y de calidad, con el mínimo impacto ambiental.

2. Repilo

El Repilo, «vivillo», «ull de gall» o caída de las hojas del olivo se ha considerado tradicionalmente la enfermedad más importante del olivar español, tanto por su extensión como por los perjuicios que ocasiona en condiciones favorables para su desarrollo, como son años lluviosos, plantaciones densas y mal aireadas, y olivares próximos a ríos, arroyos, vaguadas y, en general, zonas húmedas. A pesar de ello, los datos sobre las pérdidas de cosecha debidas a esta enfermedad son escasos e imprecisos. En España, para el período 1969-1974, se estimó una pérdida media ligeramente superior al 6% de la producción (De Andrés, 1991). A estas pérdidas hay que añadir el coste económico y medioambiental de los tratamientos químicos rutinarios utilizados para su control. La consecuencia más importante de la enfermedad es la intensa defoliación del árbol, con el consiguiente debilitamiento y disminución de la productividad. En ocasiones, también se han observado infecciones del pedúnculo del fruto, que originan su caída, lo que conlleva un efecto negativo indirecto sobre la calidad del aceite (Viruega *et al.*, 1997). La infección del fruto, aunque es muy rara, perjudica la calidad del mismo y reduce su rendimiento graso, pero no afecta a su aceite.

2.1. Sintomatología

El síntoma más característico de la enfermedad se presenta en el haz de las hojas, donde se aprecian unas manchas circulares de tamaño variable y de color marrón oscuro-negro, a veces rodeadas de un halo amarillento característico (Figura 17.1). En otoño-invierno el halo suele estar ausente, mientras que en primavera es muy acusado, tanto en las lesiones jóvenes como en las viejas. El color oscuro de las manchas se debe a las esporas del agente causal, las cuales pueden cubrir la totalidad de la mancha, o bien se distribuyen en anillos concéntricos, sobre todo en las lesiones viejas. La apariencia de las manchas depende de la variedad de olivo, edad de la lesión y condiciones ambientales en las que estas se desarrollan, pero en cualquier caso siempre resultan de fácil identificación (Figura 17.2). Las lesiones viejas suelen presentar una coloración blanquecina debido a la separación de la cutícula del resto del tejido (Figura 17.3).

En el envés de las hojas los síntomas son menos aparentes y consisten en zonas ennegrecidas discontinuas a lo largo del nervio central (Figura 17.4). Algunas veces la lesión se limita solo al pecíolo de la hoja, la cual cae aún verde o tras amarillear. Otras veces las lesiones pueden afectar al pedúnculo del fruto (Figuras 17.4 y 17.5), originando un arrugamiento de la aceituna y una caída prematura de esta, acompañada del pedúnculo (Figura 17.6). Más raramente se observan lesiones en el fruto; en este caso, la aceituna aparece deformada al detenerse el crecimiento de la zona afectada. Cuando el fruto está desarrollado no hay deformación del mismo, pero las partes afectadas permanecen verdes más tiempo y presentan una ligera tonalidad marrón debida a las esporas del hongo (Figura 17.5). En ataques severos, el crecimiento del hongo forma una verdadera costra o roña en la superficie de la aceituna, llegando a producir el agrietamiento de la misma.

Como consecuencia de las lesiones foliares se produce una caída importante de hojas, lo cual se aprecia claramente en los árboles y, sobre todo, en las ramas bajas, que son las más afectadas por la enfermedad y que pueden quedar totalmente defoliadas o peladas (Figura 17.7), a lo que hace referencia el nombre de Repilo. Evidentemente, no todas las defoliaciones en olivo son debidas a la misma causa; si bien, esta enfermedad es la principal.

Figura 17.1

Figura 17.2

Figura 17.3

Figura 17.4

Figura 17.5

Figura 17.1. Hojas de olivo con manchas típicas de Repilo con y sin halo amarillo.
Figura 17.2. Hojas de olivo con manchas atípicas de Repilo: lesiones necróticas, manchas anulares, manchas y pecas irregulares con escasa formación de esporas.
Figura 17.3. Hojas de olivo con lesiones viejas de Repilo mostrando el color blanco característico.
Figura 17.4. Síntomas de Repilo en el envés de la hoja, en el pedúnculo del fruto y en la aceituna.
Figura 17.5. Detalle de los síntomas de Repilo en el pedúnculo y en la aceituna.

Figura 17.7

Figura 17.6

Figura 17.8

Figura 17.6. Momificado de la aceituna debido a la lesión del pedúnculo causada por *Venturia oleaginea.*
Figura 17.7. Defoliación intensa en un olivo afectado severamente por el Repilo.
Figura 17.8. Infecciones latentes de Repilo que se han manifestado tras la inmersión de las hojas en una solución de hidróxido sódico al 5% (método de la 'sosa').

2.2. Etiología

El agente causal del Repilo es un hongo ascomiceto, denominado tradicional-mente *Cycloconium oleaginum*. En 1953, esta especie se reclasificó en el género *Spilocaea*, por lo que la nomenclatura más utilizada desde entonces fue *Spilocaea oleagina*. En el año 2003, el género *Spilocaea* fue revisado y eliminado, reubicándo-se todas sus especies en el género *Fusicladium*. Así pues, el nombre de este patógeno pasó a ser *Fusicladium oleagineum*. Estos nombres hacen referencia exclusivamen-te al estado asexual del hongo. El estado sexual, aunque ha sido objeto de numero-sos estudios, no se conoce, pero podría corresponderse con *Venturia*, por analogía con otras especies de *Spilocaea*, y como han demostrado los análisis filogenéticos del ADN ribosómico (González *et al.,* 2002). Actualmente, en base a criterios molecula-res y a la nueva normativa de nomenclatura fúngica que propone el uso de un único nombre para cada hongo, se ha recomendado el nombre *Venturia oleaginea* para designar al patógeno causante del Repilo del olivo (Rossman *et al.*, 2015).

El hongo se desarrolla en la cutícula de los tejidos infectados, formando un entramado de hifas, de las que emergen al exterior conidióforos simples, globoso-ampuliformes de color castaño, con collaretes formados por la producción sucesiva de esporas asexuales o conidios. Estos son bicelulares, obpiriformes, de color castaño claro y de 15-30 × 9-15 μm, con pared verruculosa, truncados por la base y más estrechos y alargados en el ápice (Figura 17.9). En los tejidos muertos el crecimiento micelial es más extenso, formando densas masas estromáticas.

Venturia oleaginea solo es patógeno del olivo, aunque en varios países mediterráneos se han descrito infecciones en *Ligustrum, Phillyrea* y *Quercus* por hongos morfológicamente parecidos. Debido a las dificultades para cultivar el hongo *in vitro*, no se conoce la variabilidad patogénica de esta especie, que podría ser amplia, como se desprende de los estudios sobre requerimientos nutritivos del hongo y de inoculaciones en condiciones controladas (López Doncel *et al.,* 1999).

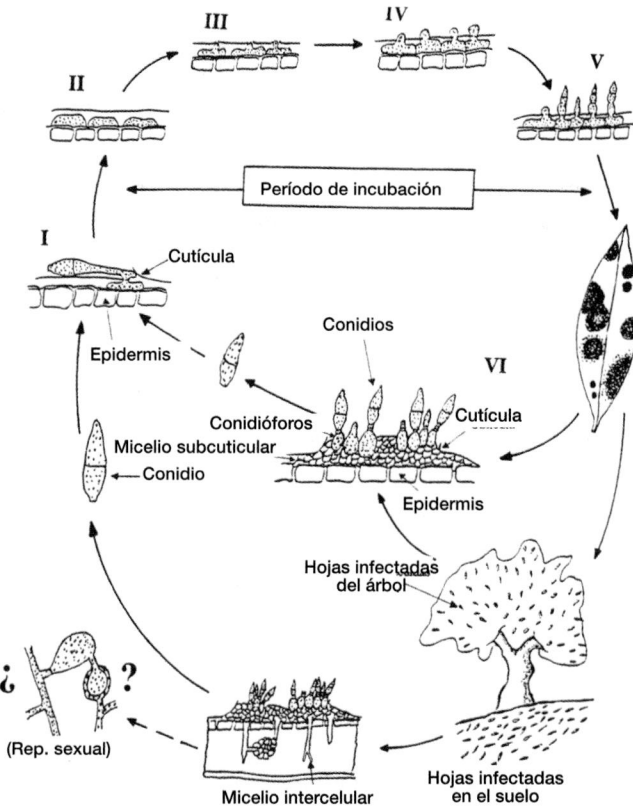

Figura 17.9. Ciclo de patogénesis del Repilo del olivo causado por *Venturia oleaginea*.

2.3. Epidemiología

El ciclo de patogénesis de *V. oleaginea* se representa de forma esquemática en la Figura 17.9. El patógeno sobrevive durante los períodos desfavorables, principalmente tiempo seco y caluroso, en las hojas caídas y, sobre todo, en las hojas afectadas que permanecen en el árbol. Los conidios formados en estas últimas se mantienen viables durante varios meses, aunque una vez separados de los conidióforos pierden su capacidad germinativa en menos de una semana. Tras un período húmedo puede producirse con facilidad una nueva tanda de conidios en las manchas foliares. Ello determina que en ambientes mediterráneos existan conidios viables disponibles para la dispersión e infección (inóculo) durante casi todo el año, con dos máximos, uno en otoño y otro al comienzo de la primavera, así como un número muy escaso o nulo durante el verano. En las hojas caídas también se producen conidios viables; sin embargo, su papel como inóculo para producir nuevas infecciones se considera sin importancia práctica, aunque no es bien conocido (Viruega *et al.*, 2013).

Los conidios se dispersan casi exclusivamente por la lluvia, de aquí que las sucesivas infecciones tengan lugar a cortas distancias, preferentemente en sentido descendente del árbol. En tiempo seco, los conidios no son separados con facilidad de los conidióforos por corrientes de aire; sin embargo, recientemente se ha determinado su dispersión por el viento e insectos en ausencia de lluvia, aunque se desconoce la importancia de este hecho (Tjamos *et al.*, 1993).

Una vez que los conidios han quedado depositados en los tejidos susceptibles, la germinación solo tiene lugar si existe agua libre o una humedad superior al 98%, con temperaturas en el rango 0-27 °C y el óptimo en torno a 15 °C (Trapero, 1994). Posteriormente, el establecimiento de la infección requiere agua libre o una atmósfera saturada de humedad durante 1-2 días, dependiendo de la temperatura, que presenta un amplio rango (5-25 °C); si bien, el óptimo no está claramente definido, ya que mientras unos investigadores lo sitúan en 20 °C, otros indican valores bastante inferiores (12-15 °C). Nuestras observaciones al respecto confirman esta segunda alternativa, estableciendo la temperatura óptima para la infección próxima a los 15 °C (Viruega *et al.*, 2011). Tras la infección, el desarrollo del hongo queda restringido a la capa cuticular de las paredes de las células epidérmicas. Este hábitat subcuticular proporciona al patógeno, además de los nutrientes que requiere para su desarrollo y esporulación, un pH subalcalino favorable para sus enzimas extracelulares y una protección contra la desecación y la radiación excesiva.

El período de tiempo que transcurre desde la infección hasta la aparición de síntomas se conoce como período de incubación y tiene una gran importancia epidemiológica. Su duración es muy variable, pudiendo oscilar entre 2 semanas y 10 meses, en función de la temperatura, humedad relativa, variedad de olivo, edad de la hoja, etc. Sin embargo, en inoculaciones artificiales bajo condiciones muy favorables para el desarrollo de la enfermedad y en cultivares muy susceptibles, hemos observado un período de incubación mínimo de 4 semanas (Viruega *et al.*, 2011). Un método rápido y eficaz para detectar las infecciones latentes fue desarrollado por Loprieno y Tenerini en 1959. El método de la «sosa», como es conocido, se basa en la oxidación de compuestos fenólicos acumulados en los tejidos infectados y permite detectar las infecciones latentes como manchas circulares o anillos de color oscuro y tamaño variable que aparecen tras sumergir las hojas infectadas en una solución caliente (50-60 °C) de NaOH al 5% durante 2-3 minutos (Figura 17.8). La utilización de este método, o con ligeras modificaciones que permiten su utilización a temperatura ambiente con un tiempo de inmersión superior (20-30 min) (Zarco *et al.*, 2007) ha posibilitado caracterizar mejor el ciclo de la enfermedad y definir seis fases principales: Infección (I), desarrollo vegetativo interno (II), emisión de hifas (III), formación de conidióforos (IV), esporulación (V) y aparición de la mancha (VI) (Figura 17.9).

Aunque se ha establecido el efecto global de la lluvia y de la temperatura sobre la infección de *V. oleaginea;* sin embargo, el conocimiento de la influencia de los factores ambientales sobre los diferentes componentes del ciclo de la enfermedad es fragmentario y está basado exclusivamente en datos de campo, por lo que los resultados no son de aplicación general y resultan, a veces, contradictorios. En España, se han realizado estudios sobre la epidemiología del Repilo en Granada con el cultivar 'Picual', en Sevilla con 'Manzanilla' y en Ciudad Real y Toledo con 'Cornicabra'. No obstante, nuestro conocimiento era todavía incompleto para poder predecir con cierta precisión los momentos de infección y mejorar la estrategia en la lucha contra la enfermedad (Trapero, 1994).

En este sentido, los estudios que hemos realizado sobre epidemiología del Repilo en condiciones de campo en Andalucía y mediante inoculaciones artificiales, nos han permitido identificar el final de la primavera (mayo-junio) como un momento especialmente crítico para la infección, que generalmente no ha sido considerado en estudios anteriores. Si este período se presenta fresco y lluvioso, la abundancia de inóculo y la existencia de hojas nuevas, que son más susceptibles y no están protegidas por fungicidas, dan lugar a infecciones severas. Estas infecciones permanecen latentes durante el verano, sin producir caída de las hojas, y constituyen la fuente de inóculo principal para las infecciones del otoño-invierno (Trapero y Roca, 2004; Viruega *et al.*, 2011, 2013). Los estudios epidemiológicos sobre el Repilo se han ampliado a otras micosis aéreas, lo que ha permitido desarrollar un modelo genérico predictivo de las infecciones por los principales patógenos aéreos, el cual ha sido validado en campos comerciales para optimizar los tratamientos fungicidas y se encuentra en fase de infomatización y validación general (Trapero, 2014; Romero *et al.*, 2017b; 2018a; c).

Otro aspecto poco conocido del Repilo es la susceptibilidad o resistencia de las variedades de olivo. Aunque la información al respecto es abundante (Antón y Laborda, 1989; Rallo *et al.*, 2005), la inmensa mayoría de los trabajos se refieren a observaciones de campo, generalmente en ambientes diferentes y sin elementos comunes de comparación, lo que ha generado frecuentes contradicciones. Ello ha propiciado que, por ejemplo, una variedad como 'Manzanilla' se haya considerado como muy susceptible, moderadamente susceptible o resistente (Antón y Laborda, 1989). En el Cuadro 17.2 se indica la susceptibilidad de algunos cultivares españoles, distinguiendo entre la información bibliográfica, procedente generalmente de observaciones de campo, y los resultados de inoculaciones artificiales que han sido contrastados también en campo. Aunque existe similitud entre ambas informaciones, en algunos casos, como ocurre con los cultivares 'Lechín de Granada' o 'Arbequina', las diferencias son notables. Aparte de las dificultades señaladas anteriormente, un factor que podría contribuir a explicar estas diferencias es la existencia de variabilidad patogénica en las poblaciones de *V. oleaginea*; pero como se ha indicado en la etiología, este aspecto de la enfermedad es poco conocido. Estudios de inoculaciones artificiales (López Doncel *et al.,* 1999) han demostrado la existencia de variabilidad patogénica entre las poblaciones de *V. oleaginea* procedentes de diferentes comarcas olivareras. Dicha variabilidad podría explicar las diferencias en el comportamiento de algunos cultivares de olivo que son muy susceptibles en su zona de origen, como 'Arbequina' en Cataluña y 'Frantoio' en Italia, y han resultado moderadamente o muy resistentes a las poblaciones de patógeno existentes en Córdoba.

CUADRO 17.2

Susceptibilidad de cultivares de olivo españoles a las principales enfermedades

Cultivar	Repilo		Verticilosis[3]		Tuberculosis[1]	Antracnosis	
	Bibliografía[1]	Inoculación[2]	ND	D		Inoculación[4]	Campo[5]
'Picual'	S*	E	S	E	R	R	R-M
'Cornicabra'	E-S	E	E	E	E	S	E
'Hojiblanca'	E-S	S	S	S	S	M-S	E
'Lechin de Sevilla'	R	R	–	–	S	R	E
'Lechin de Granada'	R	E	M	E	S	–	E
'Morisca'	M	E	R	S	E	–	E
'Verdial de Huévar'	E	E	–	–	R	R	S
'Picudo'	E	S	M	E	E	S	E
'Empeltre'	S	E	R	M	M	S	R
'Arbequina'	E	M	S	E	M-R	S	M
'Manzanilla de Sevilla'	E	E-S	R	E	E-M	S	E
'Gordal Sevillana'	M	M	–	–	M	E	E

[1] Datos de prospecciones y observaciones de campo (De Andrés, 1991; Rallo *et al.,* 2005).
[2] Resultados de inoculaciones artificiales y observaciones en el Banco de germoplasma mundial de olivo de Córdoba (López Doncel *et al.,,* 1997; Moral *et al.,* 2005).
[3] Resultados de inoculaciones artificiales con el patotipo no defoliante (ND) y defoliante (D) de *Verticillium dahliae* (López Escudero *et al.,* 2004).
[4] Resultados de inoculaciones artificiales en aceitunas (Mateo-Sagasta, 1968).
[5] Resultados de observaciones en el Banco de germoplasma mundial de olivo de Córdoba (Moral *et al.,* 2005).
* Clave: E = Extremadamente susceptible, S = Susceptible, M = Moderadamente susceptible, R = Resistente, – = sin datos.

El mecanismo o mecanismos responsables de la resistencia de las variedades de olivo a *V. oleaginea,* aunque ha sido objeto de diversos estudios, no es bien conocido, habiéndose indicado características estructurales relacionadas con el grosor y composición de la cutícula y, sobre todo, mecanismos bioquímicos relacionados con la formación y acumulación de compuestos fenólicos en la zona de infección, principalmente derivados de la oleupeína, un componente habitual de las hojas y frutos del olivo (Tjamos *et al.,* 1993). Las bases genéticas de la resistencia al Repilo también se desconocen, aunque existen evidencias que apuntan hacia un alelo recesivo y estudios moleculares recientes han identificado varios genes implicados en la resistencia (Benítez *et al.,* 2005; Ouerghi *et al.,* 2016).

2.4. Control

La estrategia general de lucha contra el Repilo puede variar según las distintas zonas olivareras, por lo que se aconseja seguir las indicaciones de la Estación de Avisos correspondiente o de los técnicos de la ATRIA (Agrupación para el Tratamiento Integrado en Agricultura) o de la API (Agrupación de Producción Integrada) del olivar. En general, debido a la importancia que tienen la elevada humedad ambiental y el agua libre en el desarrollo de la enfermedad, son recomendables aquellas medidas culturales que favorezcan la ventilación de los árboles, tales como podas selectivas y marcos de plantación que eviten copas densas o muy juntas. Otro factor que influye significativamente en la severidad de las infecciones es el estado nutritivo del árbol. En general, el exceso de nitrógeno y la deficiencia de potasio parecen favorecer las infecciones por *V. oleaginea* (De Andrés, 1991; Roca *et al.,* 2018). Por ello, se recomienda no abusar de los abonados nitrogenados y vigilar la fertilización potásica. En zonas endémicas y en campos donde se den condiciones muy favorables para la enfermedad, es recomendable la elección de variedades menos susceptibles. Sin embargo, el predominio de los criterios de calidad y productividad hacen impracticable esta medida en muchos casos. Esta situación podría mejorar en un futuro próximo, ya que el desarrollo de resistencia a *V. oleaginea* está incluido en el programa de mejora genética del olivo que se desarrolla en Andalucía (Moral *et al.,* 2005; Rallo *et al.,* 2005), y ya se dispone de selecciones avanzadas con resistencia al Repilo (Moral *et al.,* 2015).

La eficacia de aplicaciones foliares con fungicidas protectores contra la enfermedad es bien conocida. En España, el «tratamiento de repilo» constituye una práctica más del cultivo en la mayoría de los olivares. La frecuencia y momento de las aplicaciones varía considerablemente con la persistencia del fungicida, lo favorecedor del ambiente y la susceptibilidad del cultivar. A falta de un sistema predictivo del Repilo, que está siendo informatizado, se recomienda realizar los tratamientos al principio del otoño y al final del invierno, coincidiendo con el comienzo de los principales períodos de infección (Alvarado y Benito, 1975; Trapero y Roca, 2004). Además, en olivares afectados, el tratamiento de primavera ha resultado crítico para el control del Repilo, ya que reduce la infección primaria de las hojas nuevas, la cual será responsable de la epidemia del otoño-invierno siguiente. Otro factor importante para determinar la necesidad de tratamientos, aunque escasamente evaluado, es el nivel de inóculo o nivel de infección al principio del otoño y al final del invierno. Si es muy bajo (por ej. <1% de hojas infectadas), los tratamientos pueden demorarse hasta la aparición de las primeras manchas esporuladas, o incluso eliminarse, como se ha recomendado en California (Trapero, 1994). No obstante, la eliminación de estos tratamientos, aparte de su interés para el control de otras enfermedades, podría favorecer un incremento gradual del nivel de inóculo que dificultaría el control del Repilo en años posteriores. Por ello, se aconseja seguir las indicaciones de los técnicos del olivar en la zona.

Entre los fungicidas utilizados destacan por su eficacia y persistencia los productos cúpricos y las mezclas de cobre con fungicidas orgánicos (ditiocarbamatos, ftalimidas, etc.), pero estos últimos, excepto una mezcla de cobre+folpet, ya han sido eliminados del registro de productos fitosanitarios. Dado que estos tratamientos son esencialmente preventivos, es necesario mojar muy bien con el caldo fungicida toda la copa del árbol y preferentemente las ramas bajas e interiores, que es donde más frecuentemente se desarrolla la enfermedad. Como los períodos de infección pueden ser relativamente largos, un factor relevante para la eficacia de los fungicidas preventivos en campo es su persistencia o resistencia al lavado por lluvia, que es el principal agente erosionante. Estudios realizados en condiciones controladas y en el campo han puesto de manifiesto que existen diferencias notables de persistencia entre fungicidas cúpricos, pero estas diferencias no dependen del tipo de sal o compuesto cúprico (hidróxido, oxicloruro, óxido, sulfato), ni de la dosis aplicada, sino de la formulación comercial del producto (Marchal *et al.,* 2003). Aparte de la posible contaminación ambiental por cobre, que debe ser controlada, el efecto secundario más preocupante de los tratamientos con fungicidas cúpricos es su fitotoxicidad. Sin embargo, no se han observado daños significativos en la defoliación o en el cuajado de frutos en olivos tratados con diferentes formulaciones comerciales de cobre (Roca *et al.,* 2007b). En cambio, es conocido que el cobre puede penetrar en las hojas infectadas por las aberturas producidas por el patógeno y resultar fitotóxico, provocando una caída de las hojas con lesiones, por lo que resultaría beneficioso ya que contribuye a disminuir el inóculo disponible para nuevas infecciones.

Además de los fungicidas cúpricos, que suponen en torno al 85% de los fungicidas utilizados en el olivar, se dispone también para el control del Repilo de fungicidas penetrantes (ej. dodina), translaminares (ej. estrobilurinas) y sistémicos (ej. triazoles). Al igual que ocurre con otras roñas de frutales, el crecimiento subcuticular del hongo facilita la acción de este tipo de productos penetrantes o sistémicos. Aunque todos ellos han sido ensayados con éxito contra el Repilo y podrían ayudar a mejorar la estrategia de lucha, sobre todo en primavera por su efecto curativo, además de preventivo; sin embargo, todavía no son ampliamente utilizados (Trapero *et al.*, 2009). La utilización de estos productos, junto a la modelización de las epidemias de Repilo y otras micosis aéreas, está permitiendo cambiar las aplicaciones a calendario fijo por tratamientos según riesgos de infección con la reducción de aplicaciones en algunos casos sin merma de la eficacia (Roca *et al.*, 2010; Trapero, 2014). Finalmente, habría que destacar que recientemente se ha sumado a la lista de productos fitosanitarios eficaces contra el Repilo el azufre, el cual presenta efecto sobre todo preventivo, aunque también curativo hasta al menos 10 días después de la infección. Asimismo, se dispone de un nuevo sistémico con movimiento ascendente (xilema) y descendente (floema), como es el fosfonato de potasio, el cual además de fungicida actúa como inductor de resistencia, por lo que podría tener efecto contra otras enfermedades.

La buena eficacia contra el Repilo de los tratamientos químicos utilizados adecuadamente ha propiciado que no se hayan desarrollado otros métodos de control alternativos o complementarios, como el control biológico (Trapero, 2019). No obstante, en el grupo Patología Agroforestal de la UCO se han desarrollado investigaciones sobre eficacia de microorganismos, extractos vegetales y productos naturales desde los primeros estudios sobre Repilo (Segura y Trapero, 2001; Segura, 2003; Roca *et al.,* 2010). Aunque las investigaciones sobre control biológico del Repilo y otras enfermedades foliares del olivo se han intensificado en los últimos años en España y otros países (Trapero *et al.*, 2021; 2022b), todavía son muy escasos los formulados comerciales disponibles para el control de enfermedades en el olivar. En España, el único producto biológico registrado actualmente para el control del Repilo es Serenade-ASO®, basado en una cepa de la bacteria *Bacillus subtilis*, el cual se ha registrado también para el control de la Antracnosis y la Tuberculosis.

3. Verticilosis

La Verticilosis del olivo (Figura 17.10) fue diagnosticada por primera vez en Italia en 1946; desde entonces, ha sido descrita en California, Arizona y en numerosos países del área mediterránea. En muchos de ellos, se considera la enfermedad más importante del olivo. En España, la Verticilosis fue diagnosticada por primera vez en 1975 (Blanco López *et al.*, 1984), aunque existen descripciones anteriores de síntomas que pudieran corresponder a esta enfermedad. Entre ellas, Benlloch (1943) describe un problema muy similar a la Verticilosis de causa desconocida y que llama «el alagartado» de los olivos. Desde las primeras observaciones sobre la aparición de la enfermedad, la situación ha cambiado espectacularmente, considerándose como una enfermedad emergente en el olivar (Trapero *et al.*, 2017). En inspecciones sistemáticas efectuadas en los años 1980-83, el 38,5% de 122 plantaciones de menos de 15 años padecía esta enfermedad, con una incidencia que alcanzó en ocasiones el 90% de árboles enfermos. Desde entonces, los datos disponibles sugieren que se ha extendido considerablemente, siendo en la actualidad la enfermedad que más preocupa al agricultor por la dificultad de controlarla. La difusión de la Verticilosis está asociada al establecimiento de nuevas plantaciones intensivas y a la utilización de suelos infestados por el patógeno. En los últimos años, la importancia de la enfermedad ha aumentado progresivamente de forma paralela al aumento de la superficie e intensidad del cultivo. Este hecho queda plenamente ilustrado en la provincia de Cádiz, donde no se había detectado la enfermedad en los años 80, y actualmente en la Comarca de la Sierra tiene una prevalencia media superior al 40% de campos afectados con una incidencia media del 1% de árboles afectados, lo que extrapolado a toda la zona implicaría un total de 13.000 árboles enfermos o muertos. De forma similar ha ocurrido en la provincia de Granada, donde el 32% de las plantaciones prospectadas mostraron síntomas de la enfermedad. Prospecciones recientes dirigidas a plantaciones afectadas por Verticilosis en el Valle del Guadalquivir, han revelado una incidencia media del 20,5% de plantas enfermas sobre un total de 9.000 árboles (López-Escudero *et al.*, 2010).

3.1. Sintomatología

Aunque la enfermedad no se manifiesta siempre con los mismos síntomas, en las observaciones realizadas en Andalucía se distinguen dos complejos sintomatológicos denominados "Apoplejía" y "Decaimiento lento". La apoplejía consiste en una muerte rápida de ramas o de la planta completa (Figura 17.10). Suele producirse durante el otoño o invierno. Las hojas quedan adheridas, aunque en árboles muy jóvenes pueden desprenderse. El síndrome de la apoplejía se manifiesta inicialmente por la pérdida del color verde intenso de las hojas que comienza en los extremos de las ramas (Figura 17.11). La prontitud en la aparición y la severidad de este síndrome, parece estar asociada a lluvias intensas en otoño y a temperaturas moderadas en otoño e invierno. El decaimiento lento aparece principalmente en primavera. El síntoma más característico es la desecación y momificado de las inflorescencias, que permanecen adheridas, en tanto que las hojas se desprenden (Figura 17.12). La superficie de las ramas afectadas adquiere con frecuencia un color morado peculiar (Figura 17.13) y, en ocasiones, se produce una coloración marrón o rojiza en los tejidos vasculares (Figura 17.14). Las plantas jóvenes pueden morir a consecuencia de la infección y los árboles suelen mostrar unas ramas afectadas y otras aparentemente sanas. La raíz de las plantas afectadas solo muere ocasionalmente, por lo que en la mayor parte de los casos el olivo rebrota normalmente y en los años siguientes puede manifestar de nuevo la enfermedad.

Dada la inespecificidad de los síntomas, especialmente en el caso de la Apoplejía, el diagnóstico de esta enfermedad necesita confirmarse mediante el aislamiento e identificación del patógeno. El aislamiento a partir de los tejidos infectados puede presentar dificultades en algunas épocas del año, posiblemente debido a la inactivación del patógeno. Por ello, la detección por técnicas moleculares es actualmente el método más utilizado, ya que además permite diferenciar los patotipos del patógeno presentes en los tejidos vegetales infectados (Mercado-Blanco *et al.*, 2003).

Figura 17.10.

Figura 17.11.

Figura 17.12.

Figura 17.13.

Figura 17.14.

Figura 17.15.

Figura 17.10. Muerte generalizada de un olivo joven del cultivar 'Picual' causada por *Verticillium dahliae*.
Figura 17.11. Evolución de síntomas en hojas de un olivo afectado de Apoplejía.
Figura 17.12. Síndrome de Decaimiento lento: Momificado de flores.
Figura 17.13. Coloración morada característica de la corteza de un árbol afectado por la Verticilosis.
Figura 17.14. Coloración interna de un ramo afectado por la Verticilosis.
Figura 17.15. Plantas de 'Picual' inoculadas con el patotipo defoliante (derecha) o no defoliante (centro) de *Verticillium dahliae*. Nótese el crecimiento del testigo no inoculado (izquierda).

3.2. Etiología

El agente causante de la Verticilosis es el hongo ascomiceto *Verticillium dahliae*. Este hongo se reproduce asexualmente por medio de conidios y produce microesclerocios adaptados a soportar condiciones ambientales adversas (Figura 17.16). Gracias a ellos persiste en el suelo durante años, incluso en ausencia de plantas susceptibles o en condiciones de no cultivo. La gama elevada de plantas huéspedes de *V. dahliae,* entre las que figuran malas hierbas de hoja ancha, le permite aumentar su población en el suelo con facilidad. Esto es particularmente importante en los campos próximos al olivar con cultivos susceptibles, como algodón, cártamo, girasol, remolacha, y diversas hortícolas (berenjena, patata, pimiento y tomate). Las plantas infectadas de estas especies aportan inóculo al suelo en forma de microesclerocios, una vez que los restos de cosecha son descompuestos por la actividad microbiana.

La variabilidad patogénica de las poblaciones de *V. dahliae* que infestan el suelo es amplia (Blanco López *et al.*, 1994). Algunos aislados son de virulencia moderada. Existen además otros patotipos más virulentos, que se denominan «defoliantes» por el síndrome característico que producen en algodonero y por su capacidad para matar la planta y destruir el cultivo, y que son también más virulentos y causan defoliación en olivo (Figura 17.15). Aunque en la década de los años 80 estos aislados se encontraban localizados en las Marismas del Guadalquivir, están ahora presentes en otras áreas de Andalucía y representan una amenaza para las plantaciones de olivar. De hecho, las infecciones del aislado defoliante, encontradas en plantaciones jóvenes de forma aislada en la década de los años 90 (López-Escudero y Blanco-López, 2001), se han extendido a numerosos campos de Andalucía, tanto en plantaciones jóvenes como adultas. Recientemente, las técnicas moleculares basadas en variantes de la reacción en cadena de la polimerasa (PCR), como la PCR anidada o a tiempo real, han facilitado el diagnóstico de la Verticilosis y la identificación del aislado (defoliante o no defoliante) presente en la planta de una forma más rápida y precisa que las técnicas de aislamiento tradicionales, incluso en casos en los que ambos aislados se encuentran en la misma planta (Mercado-Blanco *et al.,* 2003). Estos estudios revelan que actualmente los aislados de elevada virulencia (defoliantes) están desplazando a los aislados no defoliantes, llegando en algunas zonas de reiterado cultivo de huéspedes muy susceptibles como el algodón, a ser los prevalentes en el suelo (Trapero *et al.*, 2013).

3.3. Epidemiología

El ciclo de la enfermedad se representa de forma esquemática en la Figura 17.16. Los microesclerocios existentes en el suelo germinan produciendo hifas que penetran en las raíces de la planta, hasta alcanzar el sistema vascular. También es posible que la enfermedad se inicie a partir de plantones infectados que son llevados al campo de forma inadvertida desde el lugar de producción, ya que *V. dahliae* puede causar infecciones asintomáticas en las plantas. Aunque el hongo penetra a través de la raíz intacta, o por la inserción de raíces secundarias, también aprovecha de forma eficiente las heridas de cualquier naturaleza. Las labores facilitan la distribución del patógeno y causan heridas radicales que pueden favorecer la penetración.

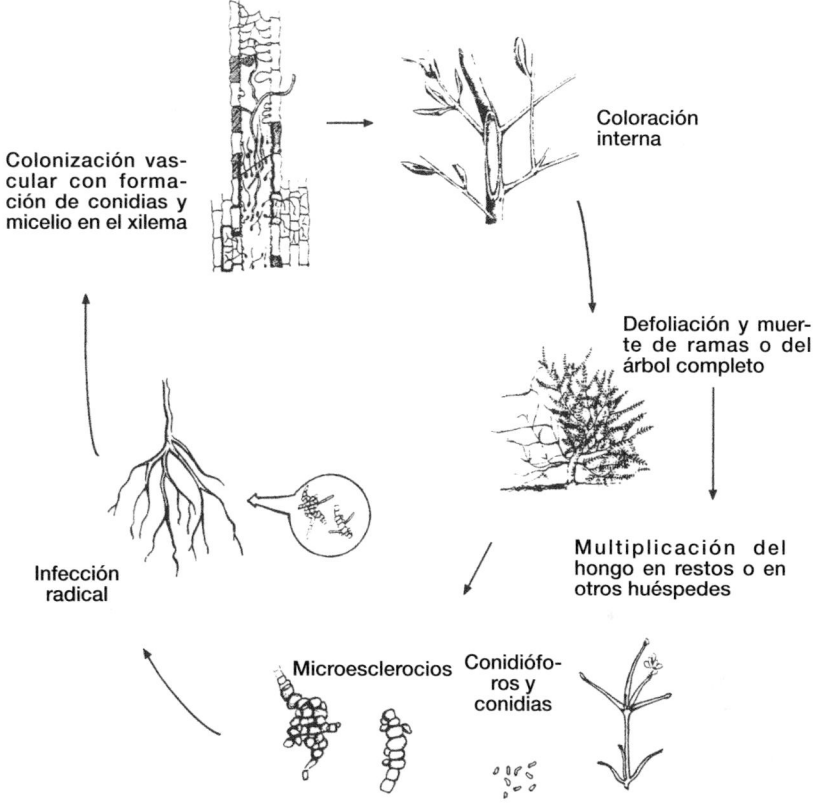

Figura 17.16. Ciclo de patogénesis de la Verticilosis del olivo causada por *Verticillium dahliae*.

Una vez en el xilema, el micelio produce conidios que colonizan la planta por translocación con la corriente de savia a zonas superiores. Aunque no es estrictamente generalizable, en otros huéspedes leñosos la penetración de *Verticillium* en la raíces tiene lugar dentro de las 48 horas después de la inoculación. La virulencia del aislado y la resistencia del cultivar determinan el nivel de colonización vascular de la planta, especialmente en el sistema radical, que está relacionada con la severidad de los síntomas que se producen en la parte aérea. Cuando los síntomas alcanzan cierta severidad comienza la formación de microesclerocios, primero en el xilema y después en el resto de los tejidos. Las plantas enfermas se defolian y en las hojas se forman microesclerocios. Una vez que los restos de material vegetal se descomponen, los microesclerocios quedan libres, o en grupos asociados a materia orgánica, dispuestos para iniciar nuevas infecciones (Figura 17.16).

El patógeno se distribuye en el campo de diversas formas, que incluyen: movimiento de suelo infestado, aperos y herramientas, agua de riego y material vegetal infectado, especialmente las hojas y las flores (Trapero *et al.*, 2011b). A grandes distancias, el hombre contribuye a su dispersión con el traslado de material vegetal infectado de unas zonas a otras. Es posible que la difusión del patotipo defoliante de *V. dahliae* desde las Marismas, donde originalmente estaba localizado, a otras zonas del Valle del Guadalquivir, se haya producido por la caída de fibra de algodón infectada durante el transporte desde el campo a las desmotadoras (López-Escudero y Blanco-López, 2001). La dispersión a media distancia y entre campos del aislado defoliante, también se produce por el agua de riego, que a la vez ha propiciado el aumento de la población del hongo en el suelo (López-Escudero y Blanco-López, 2005; García-Cabello *et al.*, 2012).

La cantidad de enfermedad que se produce en un olivar está determinada por la densidad de inóculo en el suelo al comienzo del cultivo, y por la tasa de infección. La densidad de inóculo expresa la cantidad de microesclerocios existentes por unidad de peso o volumen de suelo. La tasa de infección refleja la eficacia de ese inóculo y está determinada por varios factores dependientes del huésped (resistencia varietal, nivel de nutrición, riego, edad, etc.), del patógeno (virulencia) y del ambiente (temperatura del aire, humedad, tipo de suelo, etc.). A este respecto, se ha demostrado en condiciones de ambiente controlado y experimentos de campo que los riegos diarios favorecen significativamente las infecciones y el desarrollo de la enfermedad cuando se comparan con riegos más espaciados (semanales o quincenales) o regímenes de secano (Pérez-Rodríguez *et al.*, 2015a; b). Se ha comprobado además que en las zonas de olivar que se están reconvirtiendo de secano a regadío la enfermedad aparece en pocos años o se incrementa considerablemente en las zonas en las que estaba presente, particularmente cuando las dosis de riego son elevadas (Pérez-Rodríguez *et al.*, 2016). Además, la influencia de riegos frecuentes y copiosos es particularmente favorable para la enfermedad cuando se aplican dosis elevadas de abonos nitrogenados (Pérez-Rodríguez *et al.*, 2022).

En cultivos herbáceos anuales, puede predecirse el riesgo de enfermedad conociendo la densidad de inóculo en el suelo antes de la siembra, pero en cultivos leñosos, probablemente esta relación solo es indicativa en los primeros años tras la plantación. En años sucesivos, al inóculo inicial hay que añadir el que se genera cada año. Este incremento, además del inóculo existente en las raíces de plantas infectadas que no mueren, y en la medida en la que el ambiente es favorable, determinan la evolución de la enfermedad en años siguientes. Los estudios sobre la relación de la cantidad y virulencia del aislado de *V. dahliae* presente en el suelo y el desarrollo posterior de las infecciones han revelado que poblaciones bajas, e incluso indetectables por los métodos de análisis empleados hasta el momento, podrían ser suficientes para causar una elevada incidencia de enfermedad. Así, más del 50% de las plantas del cultivar 'Picual' resultaron severamente infectadas en experimentos realizados en microparcelas infestadas con densidades de inóculo entre 3 y 10 microesclerocios por gramo de suelo de un aislado defoliante del agente, durante los tres primeros años de plantación (López-Escudero y Blanco-López, 2007b).

En el campo, la enfermedad suele aparecer a partir de los dos años de la plantación, aunque si se utilizan plantas infectadas, o en función de lo favorecedor de los parámetros descritos, puede aparecer antes. En olivo y en otros huéspedes leñosos, ocurre con frecuencia que las plantas enfermas en un año se recuperan de la enfermedad en el año o años siguientes. El fenómeno de la recuperación puede explicarse, aunque no se ha demostrado plenamente, por la inactivación o muerte del patógeno en el xilema viejo. En cualquier caso, la frecuencia de la recuperación está relacionada directamente con la resistencia del cultivar e inversamente con la virulencia del hongo, por lo que debe ser tenida en cuenta para el control de la enfermedad (López-Escudero y Blanco-López, 2005b).

3.4. Control

La dificultad de controlar la Verticilosis del olivo está motivada principalmente por: *a)* la supervivencia prolongada del hongo en el suelo, *b)* la inaccesibilidad al mismo por su ubicación en el xilema y *c)* la amplia gama de cultivos susceptibles. La ausencia de métodos eficaces contra la enfermedad, resalta la necesidad de integrar todas las medidas de lucha disponibles, aunque individualmente sean de eficacia limitada. Un esquema del sistema propuesto se presenta en la Figura 17.17.

Las medidas preventivas son las más eficaces y económicas para el olivicultor. Las dos más importantes son plantar en suelos no infestados y utilizar material de plantación libre del patógeno. La decisión de plantar en suelos infestados es un riesgo para el futuro olivar y la enfermedad que se genere dependerá de la cantidad de patógeno en el suelo, de su virulencia y del manejo del cultivo. Para disminuir el riesgo, deben aplicarse estrategias erradicativas que reducen la población del patógeno (Figura 17.17). La eficacia de estas estrategias es función del grado de infestación del suelo y de la virulencia del patógeno. Actualmente existe un programa de certificación de material vegetal para la producción de plantas de olivo libres de *V. dahliae* así como de tuberculosis, virosis y nematodos transmisores de virus, regulado por el Real Decreto 1678/1999 del Ministerio de Agricultura (Anónimo, 1999).

La rotación con cultivos no susceptibles antes de la plantación únicamente es eficaz con infestaciones ligeras del suelo, puesto que su efecto es impedir el crecimiento del patógeno más que reducirlo. La presencia de malas hierbas en el campo antes de establecer las plantaciones, quizás no ha recibido la valoración que merece, debido a que permiten mantener o incrementar el inóculo de *V. dahliae* en ausencia de cultivos susceptibles.

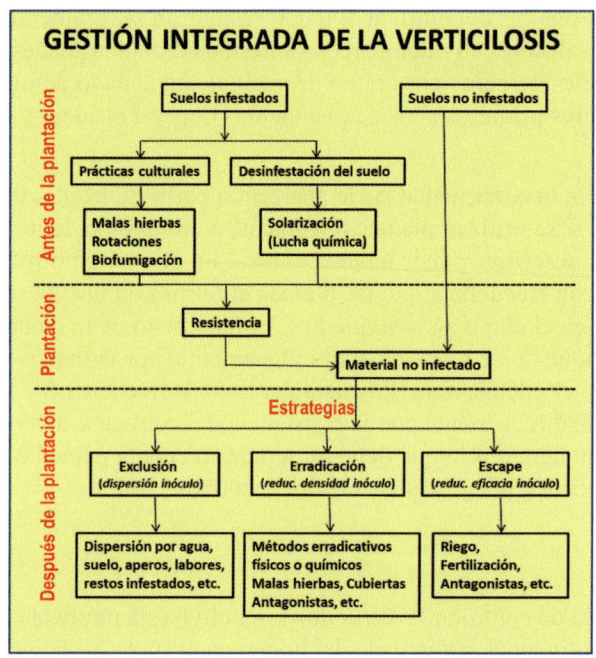

Figura 17.17. Estrategia de lucha integrada contra la Verticilosis del olivo.

Un método erradicativo que ha resultado eficaz contra *V. dahliae* es el abonado en verde con ciertas especies de gramíneas y crucíferas, o la aplicación de materia orgánica que aumente la flora antagonista. Otra alternativa erradicativa es desinfestar el suelo mediante tratamientos físicos o químicos. Entre ellos, la solarización del suelo, cubriéndolo durante el verano con láminas de polietileno transparente, es eficaz para controlar patógenos de suelo en general y *V. dahliae* en particular. En olivo, la solarización es eficaz para el control de la enfermedad en situaciones de potencial de inóculo moderado (López-Escudero y Blanco-López, 2001) y se recomienda antes de la plantación o después, en aplicaciones a árboles individuales.

Los tratamientos químicos del suelo con Cloropicrina, o bien con Metam-Sodio u otros compuestos que liberan metilisotiocianato, han resultado eficaces contra *V. dahliae* para evitar problemas de replantación. No obstante, debido a que presentan limitaciones de uso por el coste, dificultad de aplicación, toxicidad y perjuicio medioambiental, actualmente no están autorizados para su uso en el olivar.

Aunque se apliquen los métodos de control descritos, el riesgo que supone para las nuevas plantaciones el empleo de suelos infestados no se elimina completamente. Por ello, en estos casos siempre es recomendable utilizar cultivares con cierto nivel de resistencia al patógeno, o al menos evitar los más susceptibles. Actualmente, existe una información muy amplia sobre la resistencia de cultivares de olivo a la Verticilosis (López-Escudero *et al.,* 2004; Rallo *et al.,* 2005; Martos-Moreno *et al.,* 2006; López-Escudero y Mercado-Blanco, 2011; García-Ruiz *et al.,* 2014; 2015).

Así, algunos cultivares con cierta resistencia al denominado patotipo no defoliante, son susceptibles al defoliante, por lo que la elección del cultivar antes de la plantación, debe estar precedida por el conocimiento del patotipo existente y su nivel de población en el suelo. En el Cuadro 17.2 se indica el comportamiento de las variedades más importantes cultivadas en España frente a ambos aislados. En otros países también se han indicado diferencias notables de susceptibilidad entre variedades, destacando por su elevado nivel de resistencia un clon de 'Arbequina', denominado 'Allegra', y la variedad 'Oblonga' en California, así como el cultivar 'Kalamon' en Grecia y 'Frantoio' en Italia. No obstante, con excepción de 'Oblonga' que fue evaluada frente a ambos patotipos de *V. dahliae* en California, en las demás, la valoración de su resistencia se refiere únicamente al aislado no defoliante; siendo por tanto información más completa la que aquí se presenta al incluir también la reacción de los cultivares al patotipo defoliante (Cuadro 17.2). De los cultivares no españoles evaluados hasta ahora, 'Frantoio' y 'Oblonga', que probablemente sean la misma variedad (Barranco *et al.,* 2000), han demostrado una reacción moderadamente resistente al patotipo defoliante. En cuanto a los cultivares españoles, los más resistentes de los evaluados hasta el momento son 'Empeltre' y 'Changlot Real'. Además, se ha observado resistencia moderada en los cultivares 'Sevillenca' y 'Koroneiki'. El nivel de resistencia o susceptibilidad de los principales cultivares de interés económico ha sido corroborado en experimentos de larga duración en plantaciones establecidas en suelos naturalmente infestados con moderadas y elevadas densidades de inóculo del patógeno en varias localidades del Valle del Guadalquivir (Trapero *et al.,* 2013), destacando, además de lo indicado anteriormente, la moderada resistencia de 'Arbequina' y de 'Hojiblanca', en este último caso en campos con un bajo nivel de inóculo.

Por otra parte, además de la evaluación de cultivares de interés agrícola y comercial, desde 2008 la resistencia a la Verticilosis ha sido incluida como un nuevo objetivo en el Programa de Mejora de Olivo que comenzó en 1991 (Trapero *et al.,* 2011a; 2015; Arias-Calderón *et al.,* 2015). Hasta la fecha se han evaluado más de 18.000 genotipos procedentes de cruzamientos dirigidos o de polinización libre entre cultivares del Banco de Germoplasma Mundial de Olivo (BGMO) o acebuches. Tras inoculaciones artificiales realizadas entre los años 2011-2015, se han seleccionado 3.093 genotipos resistentes que han sido progresivamente plantados tras su crecimiento forzado en campos naturalmente infestados en varias localidades de las provincias de Córdoba, Jaén y Sevilla. Actualmente se han seleccionado 28 de estos genotipos, que se han propagado debido a su alto nivel de resistencia, que perdura en campo, y sus buenas características agronómicas. Desde 2016 varias repeticiones de este material vegetal han sido plantadas en parcelas infestadas con el patógeno para corroborar su resistencia a la enfermedad y adaptación agronómica (Valverde *et al.,* 2023).

El uso de portainjertos resistentes, podría aportar un elemento adicional para el control de la Verticilosis. En experimentos iniciales en campos infestados, utilizando como portainjertos los cultivares 'Empeltre', 'Frantoio' u 'Oblonga', plantados en 1998 e injertados en el año 2000 con cultivares susceptibles, muchos árboles injertados permanecieron asintomáticos durante los primeros años. En particular, cultivares susceptibles o extremadamente susceptibles como 'Cornicabra', 'Picudo', 'Hojiblanca' y 'Lechín de Granada', injertados sobre 'Oblonga', no manifestaron síntomas durante tres años, en tanto que la incidencia de enfermedad en los mismos cultivares no injertados osciló entre el 14 y el 86% (Martos-Moreno, 2003). Sin embargo, tras este periodo comenzaron a aparecer síntomas de Verticilosis en ramas de las variedades susceptibles injertadas. Nuevos experimentos establecidos en 2011 para la evaluación de combinaciones patrón-injerto en campos severamente infestados, localizados en una zona de marismas con elevada densidad de inóculo del patógeno y con la presencia de aislados defoliantes, han demostrado tras cuatro años de evaluaciones que una elevada presión de enfermedad puede superar con el tiempo la resistencia inicialmente conferida por el patrón resistente. Por ello, la utilización de patrones resistentes requiere todavía de una mayor experimentación en campos con diferentes niveles de inóculo del patógeno, para poder determinar el comportamiento agronómico y la resistencia de los olivos injertados (Valverde *et al.*, 2021).

Tras la plantación, las medidas de lucha deben ir dirigidas a evitar o reducir la enfermedad. Las estrategias consisten en: *a)* métodos excluyentes, *b)* métodos erradicativos y *c)* métodos de escape.

a) Métodos excluyentes. Impiden o limitan el acceso del patógeno al campo y su posterior distribución (Figura 17.17). El patógeno puede acceder a la plantación en restos de tejidos de plantas infectadas, que son dispersados por el viento o el agua, o asociado a partículas de suelo. Por ello, las plantaciones de olivar deben situarse alejadas de las zonas de influencia, por la pendiente o vientos dominantes, de cultivos huéspedes del patógeno. Los huertos dentro o en las proximidades de la plantación deben ser eliminados porque constituyen un foco importante de infección.

b) Métodos erradicativos. El objetivo es reducir la densidad de inóculo existente en el suelo y limitar su crecimiento mediante el control de malas hierbas, destrucción de restos infestados, solarización o control químico (Figura 17.17). Los restos de tejidos enfermos, y especialmente las hojas caídas, deben eliminarse puesto que contribuyen a incrementar la población del patógeno en el suelo y a su dispersión. La mayoría de los olivicultores restan importancia al papel epidemiológico que desempeñan las hojas caídas procedentes de árboles enfermos. En gran medida, ellas son las responsables de la dispersión del patógeno dentro de la plantación y a plantaciones próximas por la acción del viento o del agua, y por consiguiente de la aparición de nuevos focos de enfermedad en olivares anteriormente no afectados.

Los métodos erradicativos podrán complementarse en un futuro con el control biológico, basado en la utilización de microorganismos antagonistas de *V. dahliae*, o bien mediante la estrategia más amplia de bioprotección, en la que además de los antagonistas se utilizan enmiendas orgánicas o productos naturales, algunos de ellos actuando como inductores de resistencia (Trapero *et al*., 2024a). El control biológico o la bioprotección de la Verticilosis del olivo ha sido un objetivo prioritario desde los primeros estudios sobre esta enfermedad (Tjamos *et al*., 1993; Montes-Osuna y Mercado-Blanco, 2020). Así, varias investigaciones destacaron el incremento tras la solarización de las poblaciones de algunos hongos antagonistas de *V. dahliae* (*Talaromyces flavus, Aspergillus terreus*), que pueden actuar inhibiendo la germinación de los microesclerocios o causando su muerte. Asimismo, han destacado la eficacia de algunas cepas bacterianas componentes de la rizosfera del olivo, como *Pseudomonas fluorescens*. También el enterrado en verde de ciertos cultivos, ya mencionado, actúa directamente contra el patógeno o favoreciendo el desarrollo de antagonistas que reducen la población del patógeno en el suelo. En cuanto a la aplicación de enmiendas orgánicas, se ha demostrado un efecto beneficioso adicional puesto que mejoran la estructura física del suelo, activan la población de organismos antagonistas o liberan compuestos químicos con acción fungicida o fungistática. Recientemente, en el grupo de Patología Agroforestal de la UCO, se han evaluado más de 300 productos naturales (microorganismos, enmiendas orgánicas y extractos vegetales) por su eficacia contra el patotipo defoliante de *V. dahliae* en condiciones controladas, lo que ha permitido seleccionar 23 candidatos que están siendo evaluados en campos con diferentes niveles de inóculo (Trapero *et al*., 2024a). Dos de estos productos se han desarrollado como formulados precomerciales para su aplicación en campo y se encuentran ya en la fase de registro por empresas de fitosanitarios (Santos-Rufo *et al*., 2022). Estas investigaciones y, en general, los numerosos avances que se están produciendo en las investigaciones sobre control biológico de *V. dahliae* (López-Escudero y Mercado-Blanco, 2011; Montes-Osuna y Mercado-Blanco, 2020), abren nuevas perspectivas para el control efectivo de esta enfermedad en olivares comerciales.

c) Métodos de escape. Estos métodos reducen la eficacia del patógeno para causar enfermedad, a pesar de su presencia en el suelo. Pueden actuar sobre diversas fases del ciclo de patogénesis: reduciendo la actividad del hongo, disminuyendo la probabilidad de contacto con la planta, limitando la infección y colonización del huésped, o atenuando los efectos de la enfermedad. En las enfermedades vasculares causadas por *V. dahliae* está indicado reducir la dosis de riego y aplicarlo durante el verano, que es un período desfavorable para la actividad del patógeno. De igual forma se recomienda disminuir el uso de abonos nitrogenados y efectuar un abonado equilibrado. Hasta el momento, los métodos de escape han sido escasamente investigados en la Verticilosis del olivo.

La terapia de los árboles enfermos mediante fungicidas aplicados foliarmente o al suelo no ha dado resultados prácticos. Aunque se ha ensayado la aplicación de fungicidas sistémicos por inyección en el tronco, todavía no se dispone de evidencia experimental suficiente para recomendar esta práctica de forma general.

El desarrollo de nuevos métodos de lucha dentro de los grupos de técnicas de evasión y de control químico y biológico, supone una esperanza para el control de la Verticilosis del olivo, que tanto ahora como en el futuro, debe ser dirigida hacia un sistema de lucha integrada.

4. Tuberculosis

La Tuberculosis, verrugas, tumores o agallas del olivo, es una enfermedad distribuida en todo el área de cultivo del olivo. El término más utilizado, Tuberculosis, hace referencia al síntoma característico de la enfermedad. Probablemente la difusión de esta enfermedad ha ocurrido a través de la planta infectada, pero esto no le ha impedido alcanzar zonas tan alejadas del origen del cultivo como California, Argentina, Australia o Nueva Zelanda. La Tuberculosis es una enfermedad histórica que durante mucho tiempo fue atribuida a causas diversas, como insectos, prácticas agrícolas o factores ambientales; hasta que Savastano en 1887 demostró la patogenicidad de la bacteria causal, que posteriormente fue denominada *Bacterium savastanoi* en su honor.

Aunque la enfermedad está distribuida ampliamente, no existe una estimación precisa de las pérdidas que ocasiona. En España, se han cifrado en el 1,3% de la producción (De Andrés, 1991). En California, la intensidad de las pérdidas se ha relacionado con la incidencia de tumores en 30 cm de longitud de los ramos fructíferos, o en los 60 cm terminales. Incidencias medias de 0,1 a 0,5 tumores por 30 cm de tallo se corresponden con infecciones y pérdidas de cosecha ligeras a medias, y de 0,5 a 1,0 tumores, con pérdidas moderadas. Los árboles afectados muestran menor vigor, reducción del crecimiento y el fruto tiene un sabor amargo, rancio o salado que disminuye la calidad del aceite (Tjamos *et al.*, 1993). En las últimas décadas, se ha observado un notable incremento de la enfermedad asociado con cambios en los sistemas de recolección que conllevan un incremento de heridas en las ramas, como el adelanto de la fecha de recolección y el uso de peines vibradores o de cosechadoras integrales en plantaciones en seto, por lo que se ha convertido en una enfermedad reemergente (Roca *et al.*, 2014; Trapero *et al.*, 2017).

4.1. Sintomatología

Los síntomas son claros y conocidos por todos los olivicultores. El más común es el tumor o agalla de forma redondeada (tubérculo) que llega a alcanzar varios cm de diámetro (Figura 17.18). Los tumores se forman en troncos, ramas, tallos y brotes (Figura 17.19). Las hojas, raíces y cuello de la planta pueden verse afectadas, aunque con menor frecuencia e intensidad. Las infecciones en fruto son infrecuentes y por ello han pasado desapercibidas hasta hace poco tiempo. Estas infecciones suelen producirse en verano con lluvias abundantes, causando manchas de 0,2 a 3 mm de diámetro, que inicialmente son de color marrón y después se oscurecen y quedan deprimidas.

Figura 17.18. Tumores característicos de la Tuberculosis del olivo.

Los tumores jóvenes son de color verdoso o marrón claro y de aspecto liso (Figura 17.18). Internamente presentan una apariencia esponjosa de congestión acuosa. En cambio, los tumores viejos son más oscuros, el tejido interno suele estar hueco y la cubierta es rugosa y con grietas y frecuentemente es aprovechada como morada por los insectos. Los tallos severamente afectados crecen menos, se defolian y pueden llegar a morir.

4.2. Etiología

La bacteria causante de la Tuberculosis se denomina actualmente *Pseudomonas savastanoi* pv. *savastanoi*, considerándose una variante patogénica o patovar (pv.) de la especie *P. savastanoi*. Posee de 1 a 4 flagelos polares y pertenece al grupo de las pseudomonas fluorescentes, llamadas así porque producen fluorescencia al ser expuestas en el medio de cultivo a la luz próxima a ultravioleta; sin embargo, existen aislados patogénicos sobre olivo que carecen de esta capacidad. En el tejido infectado, la bacteria forma pequeñas cavidades a partir de las cuales comienza a desarrollarse el tumor. La formación del tumor está asociada a la producción de ácido indolacético y citoquininas por la bacteria. Se ha citado que pueden formarse tumores secundarios o metástasis a cortas distancias del tumor primario, lo que indica la capacidad de la bacteria de invadir sistémicamente la planta (Penyal-ver *et al.,* 2006).

Figura 17.19. Rama de olivo severamente afectada por la Tuberculosis.

Esta especie bacteriana afecta al género *Olea* y otras oleáceas, como aligustre, fresno y jazmín, así como a plantas de otras familias botánicas, como adelfa, granado y mirto. Además, en inoculaciones artificiales, se ha probado su patogenicidad incluso sobre huéspedes herbáceos de las familias Solanáceas, Crucíferas y Compuestas, que podrían tener algún papel en la epidemiología de la enfermedad. Los aislados de *P. savastanoi* procedentes de adelfa producen tumores en olivo; pero no ocurre al contrario, los de olivo, salvo algunas cepas, no causan tumores o la frecuencia de infección sobre adelfa es muy baja. A pesar de la capacidad que tienen los aislados procedentes de adelfa de infectar olivo, su papel en la epidemiología de la Tuberculosis del olivo se considera muy escaso o nulo. Las características diferenciales de *P.s. savastanoi* descritas en la literatura avalan la variabilidad antes mencionada, y han llevado a algunos fitobacteriólogos a identificarla como una especie diferente, separada del complejo *Pseudomonas syringae* en el que se venía clasificando. Dentro de la especie *P. savastanoi,* actualmente se reconocen seis patovares: *fraxini* (fresno), *glycinea* (soja), *nerii* (adelfa), *phaseolicola* (judía), retacarpa (retama) y *savastanoi* (olivo). Incluso dentro del patovar *savastanoi* se han descrito diversos huéspedes, además de olivo y acebuche, como adelfa, jazmín, fontanesia, mirto y granado (Bozkurt *et al.*, 2014).

Asimismo, el patovar *savastanoi* presenta una elevada variabilidad fenotípica, genética y patogénica (Schena *et al.*, 2011), lo que ha dado lugar a la existencia de cepas diferente virulencia sobre variedades de olivo (Penyalver *et al.*, 2006; Ramos *et al.*, 2012; Nguyen *et al.*, 2018a). Fruto de esta variabilidad genética es también el desarrollo de cepas tolerantes al cobre (Teviotdale y Krueger, 1998; Roca *et al.*, 2014; Nguyen *et al.*, 2018b), lo que lo que supone una gran limitación para el control químico de la enfermedad.

Otro aspecto esencial de la etiología de la tuberculosis, que la diferencia de otras enfermedades, es que habitualmente la bacteria patógena no actúa en solitario, sino asociada a un consorcio de microorganismos, bacterias y hongos, los cuales modulan la patogénesis y supervivencia de la bacteria, determinando la gravedad de las infecciones y de los síntomas en olivo (Schena *et al.*, 2011; Buonaurio *et al.*, 2015). Este hecho, que ya fue puesto de manifiesto desde los trabajos pioneros de Savastano, cuando se demostró la naturaleza bacteriana del agente causal de la tuberculosis del olivo, está adquiriendo mayor relevancia actualmente. Por ello, el conocimiento de los microorganismos implicados en este consorcio, sus interacciones y sus mecanismos de acción se consideran fundamentales para diseñar estrategias para el control de la enfermedad (Trapero *et al.*, 2024a).

4.3. Epidemiología

El ciclo patológico de *P. s. savastanoi* se indica en la Figura 17.20. La bacteria sobrevive de una estación a otra en los tumores. En presencia de agua libre, produce exudados que pueden ser lavados por la lluvia, dispersando al patógeno. Además, la bacteria presenta una fase epifita o residente en las partes aéreas, pudiendo vivir y multiplicarse sin causar infección. Los máximos de esta población epifítica se producen en torno a abril y noviembre, fechas en que es muy probable que se produzcan heridas por la caída de hojas y el riesgo de heladas.

Las heridas producidas por la caída de hojas, daños de insectos, heladas, granizo, cortes de poda, o por el vareo en la recolección, son las principales zonas de infección. La susceptibilidad de las heridas a la penetración disminuye con el tiempo y al reducirse la humedad. En las heridas producidas por la caída de hojas, la susceptibilidad disminuye drásticamente durante el primer día y llega a anularse entre el 7º y el 9º día.

El rango de temperaturas para la infección es de 4 a 38 °C, lo que permite a la bacteria causar infecciones durante el invierno; el óptimo se sitúa en torno a los 23-24 °C y los períodos de infección más probables se producen en otoño y primavera. La duración del período de incubación depende del momento de la infección (Figura 17.18). En las infecciones de otoño e invierno el tumor no se produce hasta la primavera siguiente, en tanto que en las de primavera y principio del verano, este puede desarrollarse en 10-14 días. Ello hace a estas últimas especialmente peligrosas, sobre todo cuando coinciden temperaturas elevadas y lluvia en presencia de heridas. La bacteria puede penetrar por aberturas naturales, como los estomas donde se multiplica en la cámara subestomática, pero sin heridas no forma tumores. Esta fase puede tener importancia en la supervivencia de la bacteria.

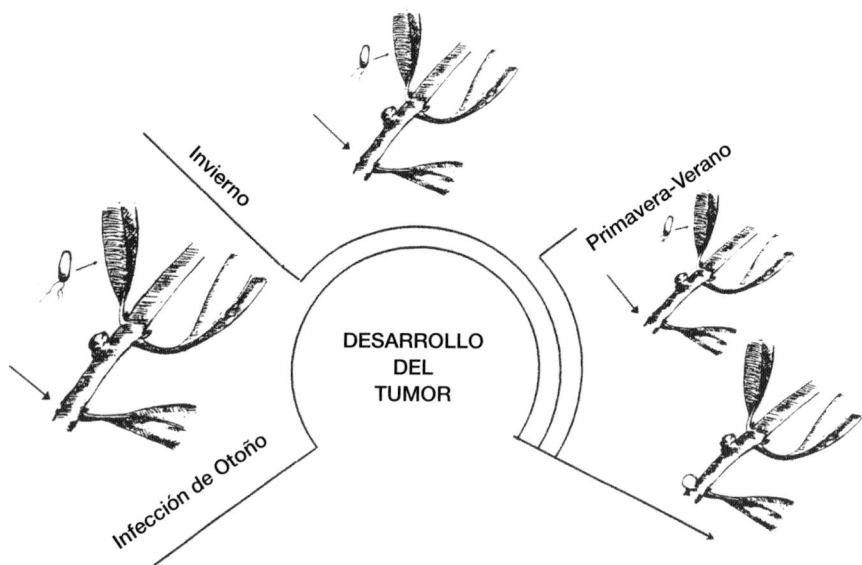

Figura 17.20. Ciclo de patogénesis de la Tuberculosis del olivo causada por *Pseudomonas savastanoi* pv. *savastanoi*.

La dispersión de la bacteria a gran distancia está asegurada por el traslado del material vegetal, y a corta distancia puede dispersarse de una planta a otra en aerosoles y en las herramientas de poda. También pueden contribuir a su dispersión los pájaros y la mosca del olivo *(Bactrocera oleae)*, aunque probablemente tienen una importancia menor. En este último caso existe información contradictoria sobre la relación entre el insecto y la bacteria. Algunos autores han señalado la necesidad que tiene la mosca de aminoácidos esenciales que le son provistos por la bacteria, habiendo aislado a esta de la mosca y de los huevos. Por el contrario, otros investigadores no han podido encontrarla asociada al insecto ni a sus huevos.

Las condiciones climáticas tienen un claro efecto sobre la incidencia y severidad de la enfermedad. Las zonas con abundantes lluvias durante la estación primaveral y con riesgo de heladas tardías o granizo son las más afectadas. El efecto de las heladas en la producción de heridas puede verse acentuado por la presencia de bacterias nucleantes o formadoras de núcleos de condensación de hielo en la superficie del tejido (p.ej. *Erwinia herbicola, Pseudomonas fluorescens)*. En esencia, son bacterias criogénicas que catalizan la formación de núcleos de hielo a temperaturas superiores a las que se formarían en ausencia de las mismas. De esta forma se ha demostrado la producción de daños ocasionados por heladas a temperaturas de –2,7 a –5,5 °C en presencia de bacterias nucleantes y de escaso daño a temperaturas entre –8 a –10 °C en ausencia de ellas. En olivo, se han descrito agentes nucleantes, pero no están relacionados con *P.s. savastanoi*, ni parecen ser de naturaleza bacteriana.

4.4. Control

De forma análoga a la Verticilosis, la ausencia de métodos eficaces de control hace necesario establecer una estrategia de lucha integrada. Las medidas más importantes son reducir la principal fuente de inóculo, eliminando los tejidos con tumores, y evitar las heridas. La recolección y la poda debe ser efectuadas en tiempo seco para evitar infecciones, desinfestando las herramientas después de podar los árboles afectados. La nutrición equilibrada y el riego de apoyo contribuyen a reducir las infecciones, evitando las heridas ocasionadas por la defoliación. Asimismo, se recomienda el control de plagas o enfermedades que den lugar a caída de hojas o heridas.

Se han citado diversos productos contra la Tuberculosis a base de hidrocarburos, aceites, antibióticos y mezclas de ellos, pero actualmente los únicos productos autorizados para su aplicación en el olivar son los fungicidas derivados del cobre, los cuales también tienen acción bactericida, La eficacia de estos productos depende de la tolerancia al cobre de las cepas del patógeno presentes en el olivar y del tipo de formulado comercial (Roca *et al.*, 2014). Aunque su efecto protector es temporal y se necesitan aplicaciones repetidas, está indicado su uso ante una situación de riesgo de heladas o granizo, o inmediatamente después de ellas para proteger la zona de infección, especialmente en primavera. En este sentido, los fungicidas cúpricos utilizados contra el Repilo, tienen un efecto beneficioso indirecto al reducir la fase residente epifítica de *P.s. savastanoi*. En zonas de heladas frecuentes, deben realizarse aplicaciones en otoño y primavera para reducir las infecciones.

No se conocen variedades de olivo inmunes a la Tuberculosis, pero algunas de las cultivadas en España se consideran poco susceptibles (Cuadro 17.2), por lo que en zonas de elevada presión de enfermedad, deberían substituir a las variedades más susceptibles. No obstante, la información disponible sobre susceptibilidad varietal a la tuberculosis es escasa y procede, generalmente, de observaciones

de campo en colecciones y ensayos comparativos de cultivares, lo que ha generado bastante confusión al estar basada en diferentes situaciones agronómicas y climáticas. Las discrepancias respecto a la susceptibilidad varietal que se desprenden
de las observaciones de campo son habituales debido a los numerosos factores que
intervienen en la infección y el desarrollo de la enfermedad. Entre dichos factores
destacan la cepa (virulencia) del patógeno, el tipo de herida y varias características
de los cultivares de olivo, como sensibilidad al frío, fuerza de retención del fruto
y microbiota foliar y caulinar existente (Trapero *et al.*, 2024b). Una forma de resolver estas discrepancias es mediante inoculación artificial de plantas de olivo en
condiciones controladas. Esta técnica se ha utilizado para la tuberculosis del olivo
con dicho fin en numerosas ocasiones, pero en general no se han obtenido resultados consistentes y, con frecuencia, no se corresponden con las observaciones de
campo (Trapero *et al.*, 2024b).

La limitaciones señaladas anteriorment han impedido que hasta ahora se disponga de una clasificación definitiva de cultivares de olivo en categorías de susceptibilidad a la tuberculosis. Las evaluaciones realizadas en el BGMO de Córdoba,
junto a mejoras en la inoculación en condiciones controladas nos están ayudando
a lograr este objetivo, aunque todavía quedan algunas incertidumbres por resolver.
No obstante, estas evaluaciones están permitiendo identificar entre los nuevos genotipos procedentes del programa de mejora algunos de ellos con un elevado nivel
de resistencia (Trapero *et al.*, 2024b).

Otra posibilidad de lucha que está siendo investigada es la bioprotección mediante la utilización de extractos vegetales o de microorganismos antagonistas, incluyendo algunos aislados no patogénicos de *P. s. savastanoi* (Trapero *et al.*, 2021).
Sin embargo, con la excepción ya mencionada del producto Serenade ASO®, todavía no se dispone de formulados comerciales eficaces contra la enfermedad.

5.   Antracnosis

Esta enfermedad conocida también con los nombres de aceituna jabonosa, lepra, «vivillo» o momificado, está presente en muchos países olivareros, tanto de
la cuenca mediterránea como de América y Asia. El efecto principal sobre el olivo es la podredumbre de las aceitunas, asociada con una notable pérdida de peso
y su caída prematura, lo que origina aceites de elevada acidez y muy baja calidad
(«aceites colorados»). Alteraciones similares de las aceitunas se conocen desde la
antigüedad en la cuenca mediterránea, pero su incidencia y severidad han aumentado notablemente en ciertas condiciones del cultivo, por lo que en la actualidad se
considera como una enfermedad reemergente (Trapero, 2022a).

La incidencia de esta enfermedad varía considerablemente de acuerdo con la
susceptibilidad de la variedad, lo favorecedor del ambiente y la virulencia de la población del patógeno. En condiciones muy favorables, como en el sur de Portu-

gal y en varias regiones de Italia, se ha considerado la enfermedad más importante del olivo. En España, los ataques más importantes de la enfermedad se producen en las zonas húmedas del sur y noreste peninsular, alcanzándose pérdidas del 40% de la cosecha potencial, además de la nefasta influencia sobre la calidad del aceite. Aunque se carece de información precisa al respecto, parece que durante el período 1970-95, coincidiendo con una menor pluviometría, no se han registrado epidemias severas de esta enfermedad en Andalucía. En cambio, en las campañas de 1997/98 y 2012/13, los otoños especialmente cálidos y lluviosos propiciaron graves epidemias de esta enfermedad que, en algunos campos de cultivares muy susceptibles, como 'Hojiblanca' y 'Picudo' en el sur de Córdoba y norte de Málaga, alcanzaron el 100% de las aceitunas afectadas, con la consiguiente pérdida de producción, y sobre todo, de calidad de la cosecha (Anónimo, 1998; Moral *et al.*, 2014).

5.1. Sintomatología

La Antracnosis presenta dos síndromes: la podredumbre y momificado de los frutos (aceituna jabonosa) y la defoliación y desecación de ramas. El primero es el más característico y ha dado nombre a esta enfermedad en España, ya que hasta recientemente ha sido el único observado en nuestro país. Los síntomas se pueden observar en los frutos verdes, pero son más frecuentes durante la maduración, cuando cambian de color. Consisten en lesiones necróticas deprimidas y redondeadas, de color ocre o pardo, que crecen y pueden llegar a fusionarse, dando lugar a la podredumbre parcial o total de la aceituna (Figuras 17.21 y 17.22). Los frutos podridos sufren un proceso de deshidratación, se arrugan y quedan momificados

Figura 17.21. Lesiones necróticas iniciales en aceitunas afectadas por Antracnosis (*Colletotrichum* spp.).

Figura 17.22. Lesión necrótica, podredumbre y momificado causados por *Colletotrichum* spp.

(Figura 17.23). Los ataques se producen en cualquier parte del fruto, pero son más frecuentes en el ápice, al permanecer este más tiempo mojado por la lluvia o por el rocío. Los pedúnculos de las aceitunas severamente afectadas presentan necrosis extensas que pueden originar la caída del fruto (Figura 17.24). En tiempo húmedo se forman en las lesiones de las aceitunas los cuerpos fructíferos (acérvulos) del hongo causal, que se disponen en zonas concéntricas alrededor del centro de la lesión y producen una sustancia gelatinosa que contiene gran cantidad de esporas (conidios). Esta substancia es de color rosa-anaranjado al principio, después se vuelve parda y confiere un aspecto característico al fruto afectado, al que alude el nombre vulgar de "aceitunas jabonosas".

Figura 17.23. Momificado de las aceitunas causado por *Colletotrichum* spp.

Figura 17.24. Aceitunas momificadas y detalle de la necrosis del pedúnculo.

Figura 17.25. Síntoma inicial de desecación de hojas en un ramo con aceitunas afectadas.

El segundo síndrome no se ha caracterizado en España hasta recientemente, a partir de la grave epidemia de 1997/98 en Andalucía (Moral *et al.*, 2014). Este síndrome se manifiesta únicamente en las ramas que presentaron una elevada incidencia de aceitunas afectadas. Consiste en una desecación y marchitez de las hojas (Figura 17.25), seguida por defoliación, desecación y muerte apical de las ramas

(Figuras 17.26, 17.27 y 17.28), lo que origina el debilitamiento general de los árboles severamente afectados (Figura 17.29). A diferencia de las ramas defoliadas por el Repilo o el Emplomado, las ramas afectadas por este síndrome se necrosan completamente y no producen nuevos brotes. En Italia se ha descrito, además, la formación de acérvulos del patógeno en las hojas y ramas, al igual que ocurre en las aceitunas afectadas (Tjamos *et al.,* 1993).

Figura 17.26. Puntisecado de ramas con aceitunas afectadas.

Figura 17.27. Aceitunas momificadas e intensa defoliación de las ramas.

Figura 17.28. Puntisecado y muerte regresiva de las ramas.

Figura 17.29. Olivo de la variedad Hojiblanca con intensa defoliación y puntisecado de ramas debidos a la Antracnosis.

Aunque existe una correlación significativa entre los dos síndromes, algunas variedades muy susceptibles a la podredumbre de aceitunas no son susceptibles a la desecación de ramas, incluso presentando graves ataques en los frutos (Moral *et al.*, 2017b).

El diagnóstico de esta enfermedad se realiza en base a los síntomas característicos de la podredumbre del fruto, los cuales se desarrollan durante el otoño generalmente tras el envero de las aceitunas. Puesto que las infecciones latentes pueden ser muy prolongadas en el tiempo, sobre todo cuando el fruto está verde, se ha desarrollado un método para su detección antes de la aparición de los síntomas. Este método consiste es sumergir las aceitunas en una solución de sosa (NaOH) al 0,05% durante 72 horas y después incubarlas en cámara húmedas hasta la aparición de las lesiones características con esporulación del patógeno (Romero *et al.*, 2017a). La duración de la incubación puede variar sensiblemente dependiendo del grado de maduración de las aceitunas, desde una semana cuando las aceitunas están maduras hasta 6-8 semanas para aceitunas verdes recogidas al principios del verano.

5.2. Etiología

El agente causal de la enfermedad fue identificado por primera vez en 1899 en Portugal como *Gloeosporium olivarum*. Posteriormente, las especies de *Gloeosporium* fueron reclasificadas en el género *Colletotrichum*, identificándose dos especies, *C. acutatum* y *C. gloeosporioides*, asociadas con la Antracnosis del olivo. Se trata de hongos hemibiotrofos y necrotrofos, no específicos del olivo, ya que poseen una amplia gama de plantas susceptibles, afectando entre otras a numerosas especies frutales y hortícolas (ej. almendro, cítricos, fresa, mango, manzano, vid, etc.). .

Tradicionalmente, estos hongos se han identificado en base a la morfología de su estado asexual, sobre todo los acérvulos y conidios formados en los tejidos vegetales afectados. La morfología de los conidios ha sido el carácter más utilizado para la separación de especies dentro de este género, como por ejemplo *C. acutatum* y *C. gloeosporioides*, caracterizadas por presentar conidios rectos, con al menos un extremo agudo la primera y los dos extremos redondeados la segunda. Otro carácter utilizado para identificar especies de *Colletotrichum* ha sido el tipo de germinación de los conidios y la morfología y color del apresorio. Este es un órgano fundamental en la supervivencia del patógeno y en la infección de los tejidos vegetales.

Recientemente, el uso de técnicas moleculares ha puesto de manifiesto que muchas especies de *Colletotrichum*, entre las que se encuentran las dos tradicionalmente asociadas con esta enfermedad, son complejos compuestos por numerosas especies filogenéticas. Hasta ahora, se han identificado 18 especies filogenéticas asociadas con la Antracnosis del olivo en el mundo, las cuales pertenecen a tres complejos: acutatum (7 especies), gloeosporioides (9 especies) y boninense (2 especies). Dentro del primer complejo, que comprende al menos 41 taxones filogenéticos, se encuentran las especies más virulentas en olivo, cuya distribución e importancia varían marcadamente según el área geográfica, siendo *C. acutatum*, *C. godetiae* y *C. nymphaeae* las tres especies del complejo acutatum más ampliamente distribuidas en el olivar a nivel mundial (Moral *et al.*, 2021; Talhinhas y Baroncelli, 2021).

En el olivar español, las especies más frecuentes son *C. godetiae* y *C. nymphaeae*, que en Andalucía suponen el 77% y el 23% de las infecciones. Esta situación prácticamente se invierte en Portugal, donde la especie dominante es *C. nymphaeae*, seguida de *C. godetiae* y con menor frecuencia una amplia diversidad de especies. En Italia y Grecia, la especie dominante también es *C. godetiae*, pero parece que está siendo desplazada en algunas regiones por *C. acutatum*, que a su vez es la especie dominante en Túnez. Curiosamente, la mayor diversidad de especies asociadas con la Antracnosis del olivar se ha encontrado en Australia, a pesar de no ser un país tradicionalmente olivarero, confirmando una posible adaptación al olivo de especies nativas a partir de otros huéspedes. Otro foco destacado de variabilidad genética de *Colletotrichum* en el olivar se ha descrito en Portugal. La variabilidad genética de especies y cepas que presenta *Colletotrichum* puede influir no solo en su virulencia, sino también en su capacidad de supervivencia y su sensibilidad a fungicidas, lo que parece haber contribuido a la emergencia de la Antracnosis en algunas regiones (Trapero, 2022a).

5.3. Epidemiología

El ciclo vital de *Colletotrichum* spp. en olivo (Figura 17.30) ha sido caracterizado recientemente (Moral *et al.*, 2009). El patógeno sobrevive durante el invierno en los frutos momificados que permanecen en el árbol, mientras que los frutos que caen al suelo y no se recolectan, son destruidos por insectos, pájaros u otros invasores secundarios, o bien enterrados con las labores, por lo que apenas participan en la generación de nuevo inóculo (Moral y Trapero, 2012). Además, el hongo puede mantenerse de forma epifítica en las hojas, originando infecciones de los frutos jóvenes al final de la primavera o principios de verano. Estas infecciones permanecerían latentes durante todo el verano hasta el comienzo de la maduración de las aceitunas, a semejanza de lo que sucede con las infecciones de *Colletotrichum* en diversos frutales. En estos estudios se ha demostrado también que las inflorescencias y las ramas sin fruto pueden ser infectadas, originando necrosis de flores y reducción del cuajado de frutos, pero no se desarrolla el síndrome de desecación de hojas, defoliación y puntisecado de ramas. Este solo se produce en ramas que han presentado previamente un fuerte ataque en aceitunas y es debido a toxinas producidas por el patógeno en los frutos afectados (Moral *et al.,* 2009).

En las zonas donde se dan ataques en ramas y hojas, como en el sur de Italia, el hongo sobrevive también en las ramas infectadas y puede producir inóculo durante todo el año, por lo que el ciclo de patogénesis es diferente al que resulta de considerar exclusivamente los ataques al fruto. En este sentido, las infecciones de los pedúnculos y de los ramos, detectados en 1997/98 en Andalucía, también contribuyen a la supervivencia del patógeno y suponen una modificación del ciclo general indicado en la Figura 17.30. Otra modificación fundamental del ciclo de patogénesis resultaría al considerar como inóculo a las ascosporas procedentes de la reproducción sexual del hongo y que se dispersan con facilidad por el viento. Esta hipótesis ha sido generalmente descartada, ya que nunca se ha observado la producción de los estados sexuales de estos patógenos en condiciones naturales.

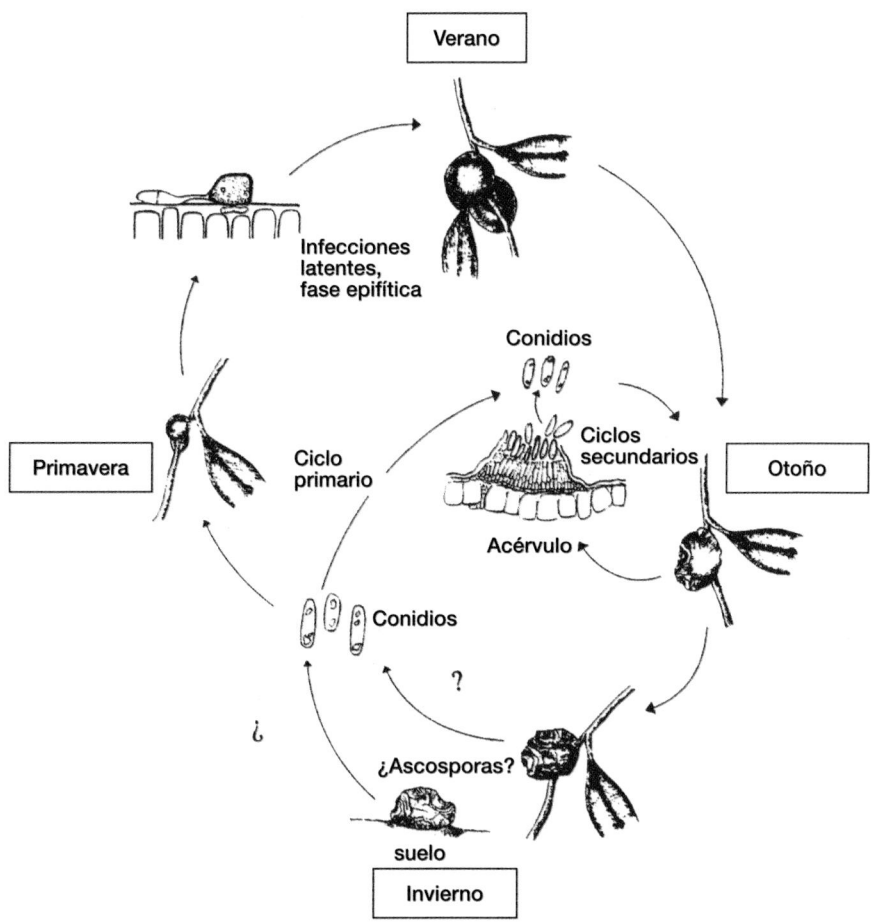

Figura 17.30. Ciclo de patogénesis de la Antracnosis del olivo causada por *Colletotrichum* spp.

Al igual que el Repilo, el desarrollo de esta enfermedad es totalmente dependiente de la humedad. La esporulación requiere una humedad relativa elevada (>90%) y la lluvia es necesaria para la separación de los conidios de la masa gelatinosa de los acérvulos y para su dispersión en las gotas de agua. También es necesario que exista agua libre (lluvia, rocío) en la superficie de los frutos para que germinen los conidios. La penetración de los frutos, verdes o maduros, puede tener lugar a través de la superficie intacta, si bien la presencia de heridas facilita notablemente la infección. En situaciones no limitantes de humedad, la infección puede ocurrir entre 10-30 °C, con un óptimo alrededor de 20-25 °C (Moral *et al.*, 2012).

El período de latencia es muy corto en condiciones óptimas (4-5 días), lo que puede originar numerosos ciclos de infección secundarios y graves epidemias, si las condiciones favorables para la enfermedad persisten durante el otoño (Mateo-Sagasta, 1968; Moral y Trapero, 2012).

Además de las condiciones ambientales, la susceptibilidad de los cultivares (Cuadro 17.2) y los ataques de la mosca del olivo (*B. oleae*), condicionan notablemente la severidad de las infecciones por *Colletotrichum*. Esta correlación hongo-mosca puede alterar el comportamiento de variedades consideradas moderadamente resistentes en inoculaciones artificiales de frutos intactos (por ej. 'Hojiblanca'), que resultan susceptibles al inocular frutos con heridas o en campo (Mateo-Sagasta, 1968). Las evaluaciones realizadas en el BGMO de Córdoba durante las epidemias de 1997/98, 2005/06 y 2006/07, han demostrado que de 384 variedades evaluadas, el 23% fueron resistentes o altamente resistentes, mientras que el 77% resultaron susceptibles con diferente grado (Moral *et al.*, 2017b). Entre las variedades resistentes, se han establecido dos grupos, uno con mayor grado de resistencia (ej. Frantoio, Empeltre y Koroneiki), y un segundo grupo de menor resistencia (ej. Picual, Arbosana y Leccino). Entre las variedades susceptibles se encuentran la mayoría de los cultivares españoles, cuya susceptibilidad comprende tres categorías: moderada (ej. Arbequina, Cobrançosa y Manzanilla Cacereña), media (ej. Lechín de Sevilla, Cornicabra y Manzanilla de Sevilla) y alta (ej. Ocal, Hojiblanca y Picudo). Curiosamente, el 98% de los acebuches evaluados ha resultado resistente a la Antracnosis, posiblemente debido a una selección natural de los genotipos resistentes, al perder viabilidad las semillas procedentes de frutos infectados. Conviene resaltar que las categorías de susceptibilidad se han establecido para el momento de maduración de los frutos, principalmente en envero, ya que los frutos verdes de la gran mayoría de variedades son altamente resistentes, mientras que el extremo contrario ocurre cuando los frutos están maduros o sobremaduros.

Un aspecto poco conocido de la resistencia genética es la sensibilidad varietal al deterioro de la calidad del aceite. Recientemente, se ha demostrado que para algunas variedades no hay correspondencia entre la susceptibilidad a la podredumbre del fruto y el deterioro de la calidad del aceite. Es el caso de la variedad Arbequina, moderadamente susceptible al síndrome de podredumbre del fruto, en comparación con 'Hojiblanca' que es altamente susceptible, pero 'Arbequina' es mucho más sensible que 'Hojiblanca' al deterioro del aceite (Romero *et al.*, 2022). Esta elevada sensibilidad de 'Arbequina' al deterioro de la calidad del aceite, junto a su cultivo en suelos ácidos más favorables para la enfermedad, y la recolección temprana, que coincide con temperaturas más elevadas, parecen la causa principal de la emergencia de la Antracnosis en las plantaciones en seto de Portugal y del suroeste de España. Finalmente, en lo que respecta a la resistencia, hay que destacar que los nuevos genotipos procedentes del programa de mejora de olivo de Córdoba, también están siendo evaluados por su resistencia a los tres "repilos" (repilo, emplomado y antracnosis), ya que los parentales utilizados en los cruzamientos incluyen resistencia a alguna de estas enfermedades (Moral *et al.*, 2015). Por ello, cabe esperar que en un futuro no muy lejano estén disponibles nuevos genotipos con un mayor nivel de resistencia a la antracnosis que ayuden a mitigar la emergencia de esta enfermedad en el cultivo en seto.

5.4. Control

Al igual que para el Repilo, se recomiendan aquellas medidas culturales que favorezcan la ventilación de los árboles; así como eliminar las aceitunas momificadas, adelantar la recolección y plantar variedades poco susceptibles (Cuadro 17.2) en zonas muy favorables para la enfermedad. A los impedimentos agronómicos para la aplicación de dichas medidas, se suma en este último caso la necesidad de conocer mejor el comportamiento de las variedades en diferentes ambientes, ya que no se conoce la susceptibilidad de cultivares españoles a las diferentes especies o variantes del patógeno (Moral y Trapero, 2009) y, además, la resistencia varietal puede estar muy influida por los ataques de mosca (Mateo-Sagasta, 1968). En las regiones donde se producen ataques en las ramas, se recomienda también la eliminación de las ramas afectadas para reducir las fuentes de inóculo.

Los tratamientos preventivos con fungicidas cúpricos constituyen una práctica habitual para el control de la Antracnosis. Suelen aplicarse al final del verano o comienzo del otoño, repitiendo las aplicaciones durante el otoño en función de las condiciones ambientales. Debido a la rapidez de multiplicación del patógeno, el crecimiento de las epidemias es exponencial, pasando de incidencias inferiores al 0,01% a más del 50% de frutos afectados en pocas semanas, lo que requiere de un seguimiento minucioso de los primeros síntomas o la utilización de sistemas de predicción de epidemias (Romero *et al.*, 2021). Otro aspecto limitante del control químico es la escasez de los fungicidas disponibles para su aplicación en otoño, por su proximidad a la cosecha y su posible liposolubilidad. De hecho, los únicos productos autorizados actualmente son los productos cúpricos y algunas estrobilurinas, estas últimas en una sola aplicación otoñal. La reciente reducción de cobre en el olivar hasta un máximo de 4 kg de Cu/ha-año está limitando notablemente las posibilidades de control de la Antracnosis (Roca *et al.*, 2017), siendo por tanto otro de los factores determinantes de la emergencia de la enfermedad.

Respecto a la bioprotección, como se ha indicado en el control del Repilo, desde los primeros estudios sobre enfermedades del olivo en Córdoba, se desarrollaron evaluaciones de microorganismos y productos naturales para el control de los "repilos", incluyendo la antracnosis. En estos estudios destacaron dos especies bacterianas, *Curtobacterium flaccufaciens* y *Paenibacillus polymyxa*, y una cepa del hongo endófito *Aureobasidium pullulans* (Segura, 2003), así como la escasa o nula eficacia de diversos extractos vegetales (Moral *et al.*, 2018). Aunque estos estudios se han intensificado recientemente (Trapero *et al.*, 2021), todavía no se dispone de formulados comerciales eficaces contra la enfermedad, con la excepción ya mencionada del producto comercial Serenade ASO®.

6. Otras enfermedades producidas por agentes bióticos

6.1. Emplomado

El Emplomado, «repilo plomizo» o cercosporiosis, causado por el hongo asco-miceto *Pseudocercospora cladosporioides* (=*Cercospora cladosporioides*), es una enfermedad ampliamente distribuida en la mayoría de las regiones olivareras del mundo, que afecta a las hojas y sobre todo a los frutos, pudiendo originar graves defoliaciones, debilitamiento de los árboles, caída de frutos y pérdidas considerables en las aceitunas de mesa y en la calidad del aceite. En España, la enfermedad fue diagnosticada en 1895, pero es poco conocida entre los agricultores, que suelen atribuir sus ataques a otros agentes, sobre todo al Repilo (Del Moral y Medina, 1985). En general, se considera poco importante, pero se han registrado graves ataques foliares en Andalucía y Badajoz (Del Moral y Medina, 1985) y en fruto, en las comarcas del sur de Tarragona (García, 1991). En los años 1995-98, coincidiendo con las intensas lluvias del otoño-invierno, esta enfermedad ha sido responsable de graves defoliaciones y lesiones de aceitunas en Andalucía. En algunos cultivares muy susceptibles, como 'Hojiblanca', la enfermedad ha tenido mayor incidencia que el Repilo, confirmándose que el agricultor no la distingue del Repilo, o incluso de la Antracnosis, incluyendo las tres enfermedades bajo la denominación común de "vivo" o "vivillo" del olivo (Anónimo, 1998).

Los síntomas en el haz de las hojas consisten en manchas cloróticas muy poco aparentes, algunas de las cuales posteriormente se necrosan (Figura 17.31). En variedades muy susceptibles la amarillez y necrosis son más aparentes (Figura 17.32). En el envés, e irregularmente distribuidas, aparecen unas manchas difusas, de color grisáceo o plomizo debido a las fructificaciones del hongo (Figuras 17.31 y 17.32), que han dado el nombre a la enfermedad. Al igual que en los ataques de Repilo, las hojas afectadas terminan por caer, con o sin amarilleamiento previo. En las hojas severamente afectadas o caídas, la coloración grisácea del envés se acentúa y oscurece, debido a la intensa esporulación del hongo, por lo que se confunde con frecuencia con los ataques de Negrilla. Los síntomas en las aceitunas varían con la variedad y con su estado de madurez. En el fruto verde de algunos cultivares (Figura 17.33), se desarrollan pequeñas lesiones redondeadas, deprimidas y de color ocre o marrón, que crecen ligeramente al madurar el fruto y adquieren tonalidades grisáceas o incluso azuladas, a veces con un halo pálido o amarillento (García, 1991; Tjamos *et al.*, 1993). En otros cultivares se han observado lesiones más extensas, aunque menos deprimidas (Figura 17.34). Las aceitunas afectadas no maduran correctamente, pudiendo llegar a momificarse. Inmersos en los tejidos necrosados, se desarrollan los estromas del hongo que, en tiempo húmedo, emergen rompiendo la epidermis y produciendo las masas de conidios característicos (Figura 17.35). El agente causal de esta enfermedad es un hongo asexual específico del olivo, pero que ha sido muy poco estudiado (Ávila *et al.*, 2005; 2020).

Figura 17.31. Hojas de la variedad 'Hojiblanca' afectadas de Emplomado (*Pseudocercospora cladosporioides*), mostrando ausencia de síntomas, clorosis ligera y mancha necrótica en el haz y la coloración «plomiza» característica en el envés.

Figura 17.32. Hojas de la variedad 'Cipresino', muy susceptible al Emplomado, mostrando síntomas severos.

La epidemiología de la enfermedad se conoce escasamente, pero presenta bastante similitud con la del Repilo, respecto a las épocas de infección, modo de dispersión, período relativamente largo de incubación y mayor incidencia en las

Figura 17.33. Aceitunas de la variedad 'Picudo' afectadas de Emplomado (*Pseudocercospora cladosporioides*).

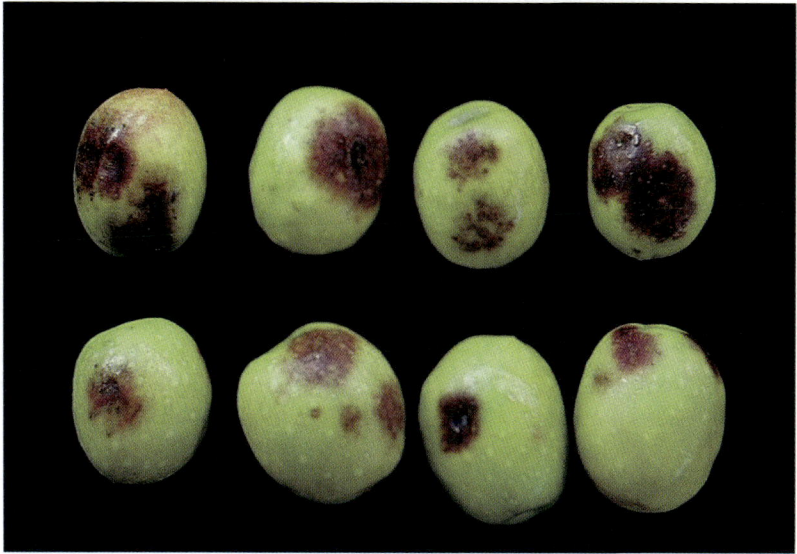

Figura 17.34. Aceitunas de la variedad 'Verdial de Huévar' afectadas de Emplomado (Pseudocercospora cladosporioides).

partes bajas del árbol. Sin embargo, el hongo se desarrolla preferentemente en las hojas más viejas y parece tener mayor actividad que *V. oleaginea* en las hojas caídas (Tjamos *et al.*, 1993). Los ataques en fruto son importantes en los años con abundantes lluvias al final del verano y principios del otoño. La información disponible referente a la susceptibilidad o resistencia varietal es limitada, pero en las epidemias de los años 1995-98 en Andalucía, casi todos los principales cultivares españoles han resultado susceptibles en mayor o menor grado. Destacan por su mayor resistencia 'Arbequina', 'Blanqueta' y 'Verdial de Vélez-Málaga'; el cultivar 'Picual' parece algo tolerante (Anónimo, 1998).

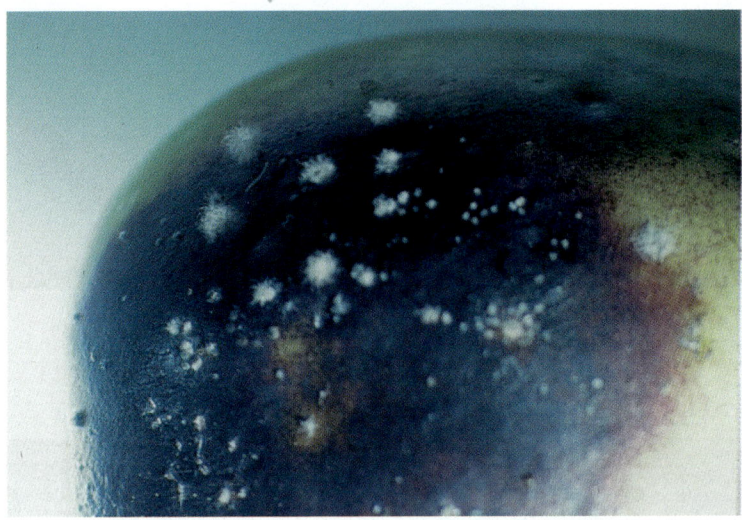

Figura 17.35. Detalle de los estromas de *Pseudocercospora cladosporioides* en una aceituna.

A falta de información más precisa sobre la epidemiología del emplomado, las medidas de lucha aplicables son las indicadas contra el Repilo, prestando mayor atención a las hojas caídas que podrían servir de fuente de conidios para nuevas infecciones. Los momentos críticos de los tratamientos fungicidas son el principio de otoño y principio de primavera, siendo los productos utilizados contra el Repilo también eficaces contra el Emplomado, y destacando los fungicidas cúpricos, incluso a dosis reducidas (Romero *et al.*, 2020). No obstante, en años muy favorables, se ha comprobado que los tratamientos fungicidas no han resultado eficaces para controlar las infecciones de *P. cladosporioides* (García, 1991; Tjamos *et al.*, 1993).

6.2. Lepra de la aceituna

La lepra de la aceituna, causada por el hongo *Phlyctema vagabunda* (*=Gloeosporium olivae*; *=Neofabraea vagabunda*), es una enfermedad conocida desde 1907 en Italia y ampliamente distribuida en el olivar mundial. Otro nombre utilizado para esta enfermedad es antracnosis, pero para evitar confusiones es preferible reservar este segundo nombre para la aceituna jabonosa causada por *Colletotrichum* spp. A pesar de tratarse de una enfermedad tradicional, en España ha sido poco conocida, habiéndose descrito por primera vez en 1986 en comarcas olivareras de Badajoz (Del Moral *et al.*, 1986) y posteriormente, siempre afectando a las aceitunas, en Lérida (García y Cosialls, 1995) y Andalucía (Roca *et al.*, 2007). Generalmente, la incidencia de las infecciones de frutos es muy baja, pero en años favorables en comarcas olivareras de Italia, se han descrito graves pérdidas debidas a la caída prematura de la aceituna y a la baja calidad del aceite de las aceitunas infectadas (Roca *et al.*, 2007).

Figura 17.36. Síntomas de la Lepra causada por *Phlyctema vagabunda* en aceitunas con diferentes estados de maduración del fruto: A-B) lesiones necróticas iniciales en envero; B-C) lesiones más desarrolladas con deformación de los frutos (lepra) en aceitunas maduras; D) resumen de las lesiones que terminan con la podredumbre y momificado parcial o total del fruto.

El nombre de Lepra hace referencia a la deformación característica que presentan los frutos afectados, aunque la enfermedad presenta dos síndromes claramente diferenciados, uno que afecta exclusivamente a las aceitunas y el otro a las hojas y tallos. El primer síndrome es el más conocido y responsable de que se haya considerado tradicionalmente como una enfermedad del fruto. Los síntomas de este primer síndrome se presentan tanto en aceitunas verdes como maduras, y consisten en lesiones necróticas redondeadas, deprimidas y limitadas por un reborde prominente más oscuro, que terminan causando la deformación y el momificado parcial o total del fruto y su caída (Figura 17.36). Los picnidios de *P. vagabunda*, presentes en los tejidos necrosados, permiten diferenciar estos ataques de los debidos a otros patógenos del fruto. Recientemente, se han observado por primera vez en España ataques en hojas y ramitas, originando manchas necróticas en hojas y defoliación (Figura 17.37), así como chancros redondeados en ramas finas que provocan su desecación (Figura 17.38). Este nuevo síndrome de la enfermedad parece bastante extendido en Andalucía y Portugal, por lo que se ha considerado una enfermedad emergente en estas zonas y en otras partes del mundo (Romero *et al.*, 2015; 2018; Trouillas *et al.*, 2019).

Figura 17.37. Síntomas de la Lepra causada por *Phlyctema vagabunda* en hojas de olivo:
A) hojas del cv. Arbequina con lesiones necróticas pequeñas; B) hojas del cv.
Picual con lesiones de mayor tamaño; C) resumen de las lesiones foliares en el cv. Arbequina,
con diferente grado de severidad y avance de la enfermedad.

Figura 17.38. Síntomas de la Lepra causada por *Phlyctema vagabunda* en ramas de olivo: A) chancros circulares en el tallo con desecación de las ramillas axilares que nacen de los chancros; B) detalle de chancros anillando ramillas; C) seca de ramas y defoliación abundante por ataques severos de la enfermedad en olivar superintensivo.

El ciclo de patogénesis es poco conocido, pero se supone similar al de la Antracnosis. Al igual que para *Colletotrichum* spp., la presencia de heridas favorece la infección del fruto, pero estas son absolutamente necesarias en el caso infecciones de hojas y ramas. También se han detectado infecciones latentes, y la fase epidémica grave en aceitunas tiene lugar durante el otoño, con abundantes lluvias y temperaturas suaves. En zonas donde se prevean ataques severos, los medios de lucha recomendados son los indicados contra la Antracnosis. No obstante, la estrategia de lucha es diferente cuando se presenten ataques en hojas y ramas, requiriendo tratamientos para proteger las heridas, especialmente tras la recolección. Además, se ha comprobado que el cobre es muy poco efectivo contra este patógeno, mientras que los fungicidas sistémicos del grupo de los triazoles han resultado los más eficaces (Romero *et al.*, 2018; Márquez-Brito *et al.*, 2019; Trouillas *et al.*, 2023).

6.3. Negrilla

La Negrilla, tizne o fumagina es una enfermedad bien conocida por los agricultores y difundida en todas las zonas olivareras. Se caracteriza por la formación de una capa negra superficial, parecida al hollín, sobre las hojas, ramas, troncos y, en ocasiones, también sobre los frutos (Figura 17.39). Esta capa negra, que se desprende fácilmente con el dedo, está constituida por micelio y esporas de los hongos patógenos, los cuales viven en las partes exteriores de forma saprofítica (exopatógenos), utilizando las substancias azucaradas («melazas») producidas generalmente por la cochinilla de la tizne (*Saissetia oleae*) o, algunas veces, por el propio árbol en situaciones de estrés. La Negrilla forma una pantalla que dificulta o impide diversas funciones fisiológicas de los tejidos afectados, por lo que si el ataque es intenso, el vigor del olivo disminuye sensiblemente.

Figura 17.39. Ramo de olivo afectado de Negrilla (*Capnodium elaeophilum*).

Los agentes causantes de esta enfermedad son varios hongos ascomicetos, entre los que sobresalen especies de los géneros *Capnodium*, *Limacinula* y *Aureobasidium* y, en particular, la especie *C. elaeophilum*. Además de los ataques de *S. oleae*, o situaciones de estrés, la severidad de los síntomas de Negrilla está determinada por una elevada humedad relativa y temperaturas suaves. Por ello, los ataques más graves de esta enfermedad se producen durante otoño y primavera en zonas bajas y húmedas, o en olivares densos, frondosos y, en general, mal ventilados.

Las medidas de control se centran en la lucha contra la cochinilla, o en evitar o corregir el factor causante de la exudación del árbol. Asimismo, se recomiendan podas de aclareo que favorezcan la ventilación de los árboles. Cuando los ataques son muy intensos, deben tratarse también los árboles con algún fungicida para ayudar a la eliminación del patógeno.

6.4. Escudete de la aceituna

Esta enfermedad, que afecta exclusivamente a las aceitunas, está causada por el hongo ascomiceto *Camarosporium dalmaticum (=Macrophoma dalmatica)* que recientemente ha sido reclasificado en el género *Botryosphaeria,* como *B. dothidea* (González *et al.,* 2006a; b). La enfermedad se ha citado en varios países mediterráneos, pero tiene escasa importancia, excepto por su influencia en la calidad de la aceituna de verdeo. El nombre de «escudete» hace referencia al síntoma más característico y frecuente de la enfermedad, que se presenta en las aceitunas verdes y consiste en lesiones necróticas redondeadas de 3-6 mm de diámetro, de color pardo, con el centro deprimido y el borde elevado y más oscuro. En ocasiones *B. dothidea* origina una podredumbre total o parcial del fruto, deshidratándolo y arrugándolo en forma parecida al momificado causado por *Colletotrichum* (Figura 17.40).

Figura 17.40. Aceitunas verdes y maduras afectadas de Escudete *(Botryosphaeria dothidea).*
Nótese la típica lesión con el borde prominente y los picnidios en su interior, así como algunos frutos momificados.

En las zonas necrosadas se forman unos puntitos de color negro que son los picnidios de *B. dothidea* y tienen valor diagnóstico para diferenciar esta enfermedad de los ataques de *Colletotrichum* u otras necrosis del fruto. Aunque las lesiones de *B. dothidea* pueden desarrollarse en tiempo seco, la lluvia es necesaria para provocar la salida de las conidios de los picnidios y para la dispersión de estos en las gotas de agua. La infección por *B. dothidea* se ve favorecida enormemente por la presencia de heridas en los frutos y ha sido correlacionada con los ataques de la mosca del olivo y con la incidencia de un parásito de esta, el mosquito de la aceituna *Prolasioptera berlesiana* (González y Trapero, 2006a). El ciclo biológico de esta enfermedad constituye un claro ejemplo de interacción entre cuatro organismos: olivo-mosca-mosquito-hongo (Aldebis *et al.*, 2024). No obstante, con frecuencia se han observado ataques de Escudete en ausencia de otro agente parásito (Mateo-Sagasta, 1976).

Debido a su escasa importancia, no se han desarrollado medidas específicas de lucha contra esta enfermedad, que podrían ser de utilidad en la producción de aceitunas de verdeo (De Andrés, 1991). En general, se admite que las medidas de control de la mosca del olivo y los tratamientos fungicidas contra el Repilo contribuyen indirectamente a limitar los ataques de este patógeno.

6.5. Podredumbres de las aceitunas

Además de la Antracnosis y de otras enfermedades de las partes aéreas del olivo que también afectan a los frutos (Emplomado, Lepra, Escudete, Repilo, Tuberculosis), se han descrito varias afecciones del fruto causadas por hongos, que pueden perjudicar sensiblemente al rendimiento graso de las aceitunas y, sobre todo, a la calidad del aceite.

Una gran diversidad de hongos, componentes habituales de la micoflora de las hojas, frutos y suelo, están asociados con la alteración de las aceitunas en estados avanzados de madurez. Las aceitunas dañadas por cualquier causa (agentes meteorológicos, insectos, recolección, atrojado, etc.) están expuestas a sufrir dichas alteraciones que pueden llegar a producir una grave depreciación de las mismas o del aceite obtenido. Entre estos hongos se han citado especies de *Alternaria, Cladosporium, Geotrichum, Fusarium, Penicillium* y *Phomopsis*. La estructura de las poblaciones de estos hongos en los frutos y las especies dominantes dependen, entre otros factores, de la procedencia de la aceituna: árbol, suelo o atrojadas (García, 1995). La gran mayoría de estos hongos no son patógenos en campo o sobre frutos intactos, pero causan podredumbres u otras alteraciones sobre aceitunas heridas, ya maduras o en proceso de maduración (Figura 17.41). No obstante, ocasionalmente, se han observado podredumbres de frutos intactos de algunas variedades de olivo en otoños húmedos, debidas a *Alternaria, Cladosporium* o *Fusarium*. Especialmente grave fue el ataque de *Alternaria alternata* en aceitunas de la variedad italiana FS-17 cultivada en ensayos en seto en la provincia de Córdoba (Moral *et al.*, 2008).

Con frecuencia, la calidad del aceite se ve afectada negativamente. Así, se ha comprobado la baja calidad general de aceite obtenido de aceitunas afectadas por *Fusarium moniliforme* (Del Moral *et al.*, 1986), o el elevado índice de peróxidos (110 meq.O$_2$/kg) originado por el ataque de *Cladosporium herbarum* (García, 1995). En Italia, se ha comprobado experimentalmente que las toxinas producidas por *Alternaria alternata* pueden pasar al aceite, aunque de forma muy limitada y sin repercusiones para el consumo (Tjamos *et al.*, 1993).

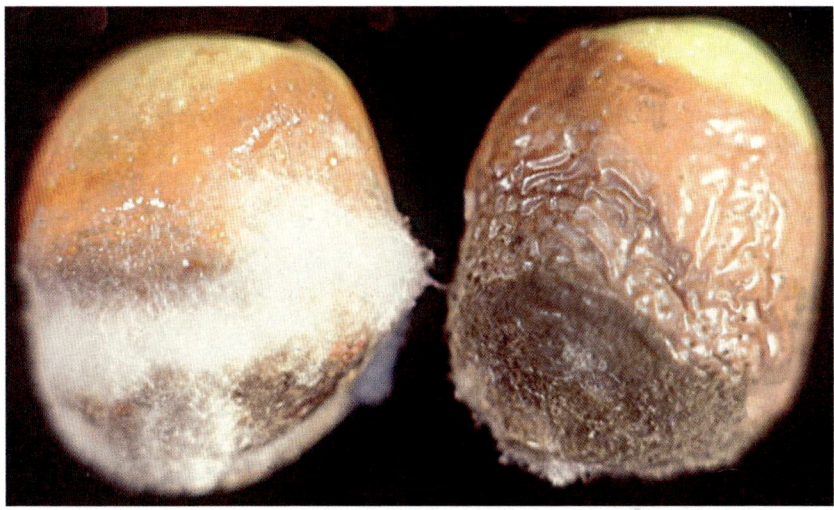

Figura 17.41. Podredumbres de aceitunas causadas por hongos diversos.

Las únicas medidas aplicables para prevenir los ataques de estos hongos saprófitos son evitar los daños en las aceitunas y, sobre todo, evitar el derribo al suelo de las aceitunas y reducir el tiempo de atrojado. Afortunadamente, la práctica tradicional del troje ha desaparecido en nuestras almazaras, lo que contribuye a reducir la incidencia negativa de este grupo de agentes sobre la calidad del aceite.

6.6. Podredumbres radicales

Varios hongos de suelo causantes de necrosis radicales en numerosos árboles, como *Armillaria mellea, Rosellinia necatrix, Omphalotus olearius, Cylindrocarpon destructans y Phytophthora* spp., afectan ocasionalmente al olivo en suelos húmedos y en las partes bajas de los campos donde se dan condiciones prolongadas de saturación de humedad. En general, la incidencia de estas enfermedades es muy baja y no constituyen un problema importante, aunque pueden originar desecación de ramas, chancros, pérdida de vigor y muerte de los olivos infectados. En España, únicamente los tres primeros patógenos habían sido observados afectando al olivo (De Andrés, 1991).

En un estudio realizado en Andalucía sobre la "seca" o muerte de plantones no debida a la Verticilosis, las podredumbres radicales causadas por diversos hongos del suelo destacaron sobre otros problemas asociados, como heladas, plagas o daños debidos a prácticas de cultivo inadecuadas (Sánchez Hernández *et al.,* 1998a). Estas podredumbres fueron especialmente importantes en los años 1996-1998 debido a las intensas lluvias del otoño-invierno. En este estudio se llegaron a identificar hasta 11 especies diferentes pertenecientes a 6 géneros de hongos causantes de necrosis radicales: *Phytophthora, Cylindorcarpon, Sclerotium, Pythium, Fusarium* y *Armillaria.* Las especies de *Phytophthora* y, particularmente, *P. megasperma* y *P. inundata,* han sido los agentes más comúnmente asociados a la muerte de plantones en los suelos con problemas de encharcamiento. Las restantes especies fúngicas tuvieron una incidencia muy inferior a la de *Phytophthora* y algunas de ellas, como *Pythium irregulare, P. cactorum, P. palmivora* y aislados de *Fusarium,* se observaron exclusivamente en estaquillas o plantones procedentes de viveros comerciales, pero no fueron detectadas en campo.

Figura 17.42. Muerte generalizada de plantas de olivo por encharcamiento del suelo.

Los olivos afectados por *Phytophthora* se localizan principalmente en las zonas bajas del campo (Figura 17.42), donde se acumula el agua de lluvia y se producen encharcamientos prolongados del suelo, o bien en terrenos muy arcillosos o "bujeos". En suelos saturados de agua, el patógeno infecta las raíces finas absorbentes ocasionando la necrosis del tejido cortical, quedando las raicillas "peladas" o "descascarilladas", lo que constituye el síntoma más característico de la enfermedad. Si las condiciones de encharcamiento del suelo persisten, la podredumbre puede extenderse a la totalidad del sistema radical y a la base del tronco, proceso en el que suelen participar otros hongos patógenos secundarios. En la parte aérea, los síntomas de los olivos afectados por *Phytophthora* son inespecíficos e incluyen detención del crecimiento, amarillez de las hojas, defoliación, desecamiento apical de las ramas, marchitez y muerte del árbol (Figuras 17.43 y 17.44). En general, los olivos jóvenes son mucho más susceptibles que los adultos, pero las condiciones especialmente favorables para la enfermedad en los años 1996-98 propiciaron que también se puedan observar rodales de olivos adultos severamente afectados (Figura 17.45), además de fuertes defoliaciones y un debilitamiento general de los olivos cultivados en terrenos arcillosos o húmedos.

Figura 17.43. Marchitez y necrosis foliares generalizadas causadas por *Phytophthora* en un suelo encharcado.

Figura 17.44. Defoliación intensa y marchitez de un olivo joven causadas por *Phytophthora*.

En inoculaciones artificiales de plantones de olivo, la patogenicidad de *Phytophthora* depende de las condiciones de inundación del suelo, de forma que en suelos bien drenados no ocurren infecciones graves, mientras que en un suelo continuamente inundado se produce la necrosis completa de las raicillas y la muerte del plantón. Los plantones en suelo estéril continuamente inundado también terminan por morir, confirmando la sensibilidad del olivo al exceso de humedad en el suelo, pero cuando *Phytophthora* está presente la mortalidad ocurre mucho más rápidamente y los olivos afectados no tienen posibilidad de recuperarse ya que las nuevas raicillas son atacadas por el patógeno (Figura 17.46). Estos resultados junto con la presencia constante de *Phytophthora* en los suelos encharcados, permiten identificar a este patógeno como un componente fundamental de la "asfixia radical", un problema conocido desde antiguo, al que el olivo se considera muy sensible (Sánchez Hernández *et al.,* 1998b).

Figura 17.45. Vaguada con olivos adultos severamente afectados por *Phytophthora.*

Figura 17.46. Podredumbres radicales causadas por *Phytophthora megasperma* en plantones sometidos a inundación continua. A la izquierda planta testigo inundada, pero no inoculada.

En el momento actual, debido a las dificultades que presenta el control de los patógenos radicales, solo se pueden recomendar, con carácter general, las medidas dirigidas a evitar el exceso de humedad en el suelo (drenaje, subsolado, no realizar hoyos profundos o pocetas para captación de agua, o bien, plantar en caballones), así como la eliminación de los restos de otras plantas leñosas antes de realizar la plantación. La posibilidad de utilizar variedades resistentes o tratamientos fungicidas ha sido investigada (Raya *et al.,* 2002; Sánchez *et al.,* 2003) y podría ser una alternativa a tener en cuenta.

6.7. Chancros y caries del tronco

El olivo también es afectado por hongos polífagos que penetran a través de heridas causando necrosis de los tejidos leñosos en ramas y tronco. Los ataques pueden quedar localizados en zonas concretas de las ramas (chancros), o bien pueden ser más generalizados, originando diversas alteraciones de la madera que se engloban bajo la denominación genérica de «caries del tronco».

Entre los hongos causantes de chancros se han descrito ataques severos de *Eutypa lata* y de *Phoma incompta* en Grecia, originando desecación apical y muerte de ramas; así como de *Diplodia* sp. en California, agravando considerablemente los ataques de Tuberculosis. También se ha descrito un chancro grave de ramas asociado con la bacteria *Xanthomonas* sp. y el hongo *Fusicoccum luteum* en Nueva Zelanda. En España, no se han estudiado estas enfermedades, pero en 2005, se detectaron chancros y puntisecados de ramillas en la variedad Gordal sevillana asociados con ataques del hongo *Botryosphaeria ribis* (Romero *et al.,* 2005), el cual fue posteriormente identificado como *Neofusicoccum mediterraneum* (Moral *et al.,* 2010). Este patógeno y varias especies fúngicas responsables de chancros de ramas han sido detectados también causando chancros en otras variedades de olivo, pero de menor importancia que en 'Gordal sevillana' (Moral *et al.,* 2017a). Además, la especie *N. mediterraneum* ha sido identificada como el principal responsable del síndrome de desecación y muerte de ramas de olivos en California, por lo que este chancro se considera actualmente una enfermedad emergente en el olivar debido al incremento de heridas, principalmente durante la recolección (Trapero *et al.,* 2017).

La caries del tronco es una enfermedad bien conocida en España y en numerosos países olivareros. De Andrés (1991) la considera la enfermedad más extendida del olivo, basándose en que casi todos los árboles viejos están más o menos afectados. No obstante, su efecto en el olivar, aunque es difícil de evaluar, no se considera importante, o se contempla como parte del proceso de envejecimiento natural del árbol. Esta enfermedad no afecta a los árboles jóvenes y vigorosos. El patógeno más comúnmente asociado con la caries del tronco en España es el basidiomiceto poliporáceo *Fomes fulvus* var. *oleae*, que origina una podredumbre blanca de la madera, la cual adquiere una consistencia esponjosa como de yesca. El color blanco de la madera afectada se debe a la degradación de la lignina. Otros basidiomicetos causantes de pudriciones blancas, como *Phellinus*, *Polyporus* y *Stereum*, e incluso de pudriciones pardas, también se han asociado con la caries del olivo. Recientemente, se han identificado diversos hongos de chancros y madera asociados con el síndrome de decaimiento rápido del olivo en el sureste de Italia, pero se desconoce el papel de estos hongos en la etiología de la enfermedad, ya que están asociados con la bacteria *X. fastidiosa*, considerada la principal responsable de dicho síndrome (EPPO, 2016; Scortichini *et al.*, 2024).

En todos los casos los ataques de caries tienen lugar a través de heridas y el desarrollo de las necrosis en el interior del tronco suele ser lento, apareciendo finalmente los cuerpos fructíferos, que son muy aparentes (ménsulas, costras), en el exterior del tronco de los árboles. En los árboles severamente afectados de pudrición, el ataque se extiende también a las raíces. Al destruirse grandes zonas leñosas, el árbol pierde su vigor, se acelera su decrepitud y puede producirse la muerte del mismo. Como medidas preventivas se recomienda efectuar cortes de poda lisos e inclinados para impedir la acumulación del agua de lluvia, así como desinfestar las herramientas de poda. En árboles afectados, se deben eliminar los cuerpos fructíferos del hongo y cortar la madera afectada hasta dejar la parte sana al descubierto («deshonguillado»), tratándola con fungicidas y cubriéndola con mástique. En casos de ataques graves y extendidos, la medida más adecuada sería la renovación de los olivos afectados (De Andrés, 1991).

6.8. Virus, fitoplasmas y bacterias fastidiosas

El olivo no está exento de infecciones por virus o fitoplasmas, aunque su incidencia e importancia parecen insignificantes si se compara con la situación de otros árboles frutales (Tjamos *et al.*, 1993). No obstante, en varios países olivareros, y sobre todo en Italia y Portugal, las infecciones por estos agentes en olivo son objeto de estudio especialmente desde finales de los años 70 (Schena *et al.*, 2011). En España al carecer de estudios al respecto, estos agentes son desconocidos en el olivar, aunque se han realizado prospecciones para determinar su incidencia e importancia (Anónimo, 1998).

Actualmente, se han descrito en diversos países ocho síndromes de supuesta etiología viral, cinco de ellos son transmisibles por injerto (hoja falciforme, malformación foliar, amarillez infecciosa, parálisis parcial y esferosis), y en los tres restantes (agrietamiento de la corteza, viruela y joroba de la aceituna) aún no se ha confirmado su transmisión por injerto (Anónimo, 1998). En cualquier caso, estos síndromes carecen de importancia económica al afectar a un número reducido de árboles y no utilizarse estos para la propagación del olivo.

Además de estos síndromes, se han identificado 15 virus, pertenecientes a 6 familias y 8 géneros, que infectan al olivo (Schena *et al.*, 2011): tres *Nepovirus* (mosaico de la arabis, enrollado foliar del cerezo y anillos latentes del olivo), tres *Necrovirus* (necrosis del tabaco, latente del olivo 1 y mosaico suave del olivo), un

Cheravirus (anillos latentes de la fresa), un *Cucumovirus* (mosaico del pepino), un *Tobamovirus* (mosaico del tabaco), un *Oleavirus* (latente del olivo 2), un *Marafivirus* (latente del olivo 3), un *Potexvirus* (amarilleo venoso), un *Closteroviridae* (amarilleo foliar) y dos virus sin clasificar (semilatente del olivo y moteado amarillo-decaimiento). De estos, seis son virus muy polífagos y los restantes parecen específicos del olivo, aunque uno de ellos (latente del olivo 1) se ha aislado de cítricos de Italia y Turquía. Excepto en raras ocasiones, como deformaciones de aceitunas y degeneraciones del olivo que se han relacionado con alguno de estos virus, la gran mayoría de estas infecciones son latentes y no han sido asociadas con síntomas específicos de enfermedad ni con pérdidas de vigor o producción de los árboles. Tampoco se conocen vectores animales implicados en la dispersión natural de estos virus, aunque algunos de ellos se han observado en el polen, lo que sugiere una posible vía de transmisión, que no ha sido comprobada experimentalmente.

A pesar del desconocimiento actual, en Argentina, España, Israel, Italia y Portugal se han iniciado programas para la certificación del material de plantación libre de virus. Con este fin, se han detectado en España cuatro virus causando infecciones latentes en olivo y se han desarrollado técnicas moleculares que permiten la detección simultánea en olivo de los cuatro virus (anillos latentes de la fresa, enrollado foliar del cerezo, mosaico de la arabis, mosaico del pepino) y la bacteria *P. savastanoi* pv. *savastanoi* (Bertolini *et al.,* 2003), todos ellos han sido incluidos en el Real Decreto para la producción de plantas de olivo certificadas (Anónimo, 1999). Recientemente, utilizando técnicas moleculares de secuenciación masiva, se han detectado nuevos virus del olivo en España, entre los que destacan dos especies del nuevo género Olivavirus, OLYaV y OLMV, los cuales están asociados con síntomas foliares de amarillez y moteado, respectivamente (Ruiz-García *et al.,* 2021; 2024).

Respecto a los fitoplasmas, se han descrito en Italia 4 especies asociadas con olivos afectados por brotaciones anormales, deformaciones de hojas y brotes, entrenudos cortos y amarilleos foliares. Asimismo, también se ha identificado un fitoplasma del grupo 'Stolbur" asociado con olivos afectados por síntomas parecidos en zonas olivareras de Badajoz. No obstante, la patogenicidad de estos agentes no ha sido determinada completamente y se desconoce su difusión e importancia en el olivar (Anónimo, 1998; Schena *et al.,* 2011).

Entre las bacterias fastidiosas del sistema vascular (xilema o floema) no presentes en el olivar español, pero que habría que mencionar por su importancia potencial, destaca la bacteria de cuarentena *Xylella fastidiosa*. Esta bacteria del xilema, que se transmite mediante insectos vectores del grupo de los cicadélidos o chicharritas, es responsable de graves epidemias en América, afectando a cultivos leñosos como vid, naranjo y frutales de hueso, así como a diversas especies forestales y ornamentales (Janse y Obradovic, 2010). La identificación en octubre de 2013 de un grave síndrome de decaimiento rápido del olivo (Complesso del Disseccamento Rapido dell'Olivo, CoDiRO), asociado con esta bacteria en la península de Salento del sureste de Italia, ha generado una gran preocupación para el olivar y otros cultivos susceptibles en la cuenca mediterránea (Saponari *et al.*, 2013; EPPO, 2024).

La especie *X. fastidiosa* presenta una gran variabilidad genética con numerosas subespecies y estirpes que varían, entre otros caracteres, por su gama de plantas susceptibles. La cepa bacteriana asociada con el síndrome de decaimiento del olivo en el sur de Italia ha sido identificada como *X. fastidiosa* subsp. *pauca* (estirpe ST-53 o CoDiRO). Se trata de un genotipo único, similar a otras cepas aisladas de plantas ornamentales en Costa Rica, por lo que se postula como su posible zona de origen, cuya gama de huéspedes y plantas susceptibles, que todavía está siendo estudiada, incluye, además del olivo, al almendro, cerezo y diversos arbustos ornamentales, como la adelfa y el romero (Saponari *et al.*, 2016). Hasta la detección del brote de Italia, la única subespecie de la bacteria descrita infectando olivos en Norteamérica era *X. fastidiosa* subsp. *multiplex*, que infecta numerosos frutales y especies forestales, aunque esta subespecie parece no patógena en olivo, como indican los test de patogenicidad y las observaciones de campo, por lo que el olivo se había considerado como un huésped asintomático de *X. fastidiosa* (Krugner *et al.*, 2014).

La grave amenaza generada por el brote *X. fastidiosa* en el sur de Italia, motivó la intensificación de la búsqueda de la bacteria en olivo y otros huéspedes, lo que puso de manifiesto la presencia de cepas de la bacteria en otros países europeos, así como la existencia de focos de olivos afectados en Argentina y Brasil. En estos dos últimos casos también se trataba de la subespecie *pauca*, aunque genotipos distintos al ST-53 detectado en el foco de Italia. En las detecciones de la bacteria realizadas en Europa, predomina la subespecie *multiplex*, si bien en las islas Baleares se han encontrado genotipos de las tres subespecies principales (*fastidiosa*, *multiplex* y *pauca*) y, recientemente, se ha detectado el genotipo ST-53 en Mallorca, lo que añade más incertidumbre sobre el control de la diseminación de esta bacteria en Europa (EPPO, 2024).

Como patógeno de cuarentena, el protocolo establecido para evitar su expansión es la erradicación de los focos detectados, como se está haciendo en Europa. En el foco del sur de Italia y en las islas Baleares, debido a las dimensiones de las zonas afectadas cuando se diagnosticó este problema, no fue posible aplicar dicha erradicación, por lo que se han delimitado las zonas afectadas. Las medidas de contención que se están aplicando van dirigidas a reducir la población de la bacteria y su(s) vector(es) en la zona afectada, aplicando el protocolo de erradicación si se detectan focos fuera de la zona delimitada, y sobre todo a evitar la dispersión del patógeno a otras regiones mediante el control del material vegetal que pueda ser portador de la bacteria (EFSA, 2023). A estas medidas hay que sumar en las zonas afectadas el manejo integrado de la enfermedad, que incluye el empleo de variedades de olivo menos susceptibles, prácticas culturales que reduzcan la población de los insectos vectores y sus plantas arvenses, así como tratamientos biológicos o químicos para reducir la infección y el desarrollo de la enfermedad (Morelli *et al.*, 2021; Scortichini *et al.*, 2024). Aunque todavía son numerosas las incógnitas que plantea el síndrome de decaimiento de olivos del sureste de Italia (Trapero, 2018; Ciervo y Scortichini, 2024; Scortichini *et al.*, 2024), la gravedad de las enfermedades que causa *X. fastidiosa* en diversos huéspedes hace que tengamos que considerarla como una grave amenaza para el olivar y otros cultivos de la cuenca mediterránea, por lo que se está desarrollando numerosos proyectos europeos para profundizar en el conocimiento de la enfermedad y su manejo (proyectos: BeXyl, BIOVEXO, Cure XF, ERC MultiX, EUPHRESCO, Life Resilience, POnTE, X-ACTORS, etc.).

6.9. Nematodos

Al menos 150 especies de nematodos fitoparásitos, pertenecientes a 56 géneros, han sido asociadas con raíces de olivo; sin embargo, la naturaleza patogénica de estas asociaciones ha sido demostrada en pocas ocasiones (Tjamos *et al.*, 1993; Castillo *et al.*, 2010; Schena *et al.*, 2011; Ali *et al.*, 2014). Los principales géneros con especies patógenas de olivo son: *Meloidogyne* (nódulos radicales), *Heterodera* (quistes radicales), *Pratylenchus* (lesiones corticales radicales), *Helicotylenchus* (necrosis radicales) y *Tylenchulus* (muerte de raicillas absorbentes). En todos los casos, los síntomas en la parte aérea del árbol son inespecíficos e incluyen pérdida de vigor, retraso en el crecimiento y decaimiento general, por lo que se confunden con otros factores de estrés. En España, se han realizado muestreos sistemáticos en viveros comerciales de Andalucía, encontrándose diversas especies de los géneros ya citados así como otras potencialmente patogénicas de olivo. Aunque en ningún caso se observaron síntomas en la parte aérea de las plantas, en relación a las plantas asintomáticas, sí aparecieron síntomas radicales, encontrando en algunos viveros poblaciones muy elevadas de *Meloidogyne* y *Pratylenchus* (Nico *et al.*, 2002). Estas poblaciones constituyen un problema para el aumento de inóculo en el mismo vivero y para su distribución posterior a campos comerciales. Aparte de estas infecciones en viveros, el escaso conocimiento sobre su difusión e importancia en el olivar español, unido a que no existen nematicidas autorizados en olivar, hacen que la estrategia de lucha más importante sea la exclusión de los posibles patógenos mediante el empleo de planta libre de nematodos y evitar la plantación en suelos infestados o la introducción de nematodos fitoparásitos de otras parcelas mediante movimiento de suelo o con los aperos de labranza (Castillo *et al.*, 2010).

6.10. Plantas parásitas

Los ataques de muérdagos (*Viscum album*) y marojos (*V. cruciatum*) en ramas de olivo, y los de cuscuta (*Cuscuta* spp.) en plantones de vivero, tienen muy escasa importancia en el olivar español. En caso necesario, las medidas de control incluyen la destrucción de la planta parásita y la eliminación de las ramas afectadas (De Andrés, 1991).

7. Enfermedades y daños causados por agentes abióticos

7.1. Anomalías de la nutrición

Las alteraciones ocasionadas por carencia de nutrientes o como consecuencia de la toxicidad de algunos elementos causan pérdidas considerables en el olivar y son revisadas en el Capítulo 11.

7.2. Humedad del suelo

El olivo se considera muy sensible al exceso de humedad en el suelo, pero se recupera fácilmente si el exceso ocurre durante un corto período de tiempo. Por el contrario, si las condiciones persisten, puede producir asfixia radical y muerte de la planta (Figura 17.42), así como favorecer el desarrollo de podredumbres radicales causadas por diversos hongos del suelo. Los árboles jóvenes son más susceptibles que los adultos a situaciones de encharcamiento. Los síntomas ocasionados por el exceso de humedad son detención del crecimiento, clorosis y amarilleces foliares generalizadas, defoliación y caída de frutos.

Sin embargo, los problemas más importantes relacionados con la humedad del suelo se deben a la escasez de agua. Según De Andrés (1991), las pérdidas medias ocasionadas por la sequía en el olivar español, durante el período 1969-74, fueron superiores a cualquiera de las causadas por otros daños, plagas o enfermedades, alcanzando el 13% de la producción total. En situaciones de sequía extrema, como las ocurridas en Andalucía desde 1990 a 1995, se han producido incluso muerte de ramas o de árboles adultos por falta de agua tanto en suelos pobres como en suelos profundos de la campiña andaluza (Figura 17.47).

Figura 17.47. Olivo severamente afectado por la sequía de 1990-95.

7.3. Heladas o fríos

La zona de cultivo más importante del olivo está asentada en la cuenca mediterránea, que presentan amplias variaciones en las condiciones climáticas locales. Si las temperaturas medias invierno/verano se sitúan en torno a los 5/20 °C, son frecuentes oscilaciones térmicas en el intervalo de ±10 °C. Aunque el olivo es moderadamente resistente a temperaturas bajas, cuando estas sobrepasan los niveles de resistencia, pueden causar la muerte de brotes, ramas e incluso de la planta completa. Frecuentemente, sin embargo, la parte baja del tronco no es afectada.

La resistencia al frío, además de ser un factor varietal, depende del momento en el que se produce. En general, el olivo en reposo invernal tolera bien el frío. En caso de bajas temperaturas durante el invierno, los daños producidos son mínimos, afectando únicamente a brotes y tallos de menor tamaño. En términos medios las hojas pueden soportar temperaturas próximas a –10 °C y el tallo a –15 °C, mientras que los frutos se dañan a temperaturas superiores. Por el contrario, si las heladas se producen durante el período de desarrollo vegetativo, el umbral de daño para las hojas está en torno a –5 °C (Tjamos *et al.*, 1993). Las bajas temperaturas del invierno ocasionan daños a hojas, frutos y tallos sin llegar a producir en general su muerte. Sin embargo, las heladas tardías de primavera o las tempranas de otoño, con fríos repentinos y de escasa duración, son especialmente graves y causan la muerte de tallos y ramas principales.

Las heladas producen el arrugamiento del fruto. Los pedúnculos se vuelven marrones y se marchitan y el contenido y calidad del aceite disminuye. Las hojas, especialmente las más jóvenes, adquieren un tono verde pálido y se curvan transversalmente hacia el envés. En casos de fríos intensos, y en hojas de más edad, se producen necrosis apicales que recuerdan a carencias de boro o potasio. Cuando las heladas son pronunciadas y el brote muere por la acción de las bajas temperaturas, las hojas se secan completamente y quedan adheridas de forma similar a los síntomas ocasionados por la Verticilosis, aunque pueden distinguirse de esta por su tonalidad más oscura. Las heladas causan heridas en la corteza que afectan el cambium, produciendo fisuras características (Figura 17.48), que pueden ser utilizadas por la bacteria de la Tuberculosis o por insectos *(Euzophera, Phloeotribus*, etc.), aprovechando la debilidad de la planta para producir daños adicionales.

Los plantones jóvenes de olivo son especialmente sensibles a las heladas. En prospecciones sobre la «seca» realizadas en Andalucía durante 1994-95, los daños causados por el frío han sido los más frecuentes, representando el 36% de los casos de «seca» en plantaciones de menos de 3 años. En 1995, estos daños tuvieron una manifestación peculiar que dio lugar a diagnósticos erróneos de Verticilosis. El descenso brusco de temperaturas que se produjo a finales de diciembre de 1994, después de un otoño anormalmente cálido que favoreció un abundante crecimien-

Figura 17.48. Heridas ocasionadas por las heladas en ramos, tallos y brotes de olivo.
Nótese la formación de tumores.

Figura 17.49. Tallos de plantones de olivo de 1 año con necrosis del sistema vascular
(coloración marrón interna) debida a heladas al principio de invierno.

to de los plantones, originó una necrosis vascular extensa sin daños externos en la corteza, cuyas consecuencias fueron la desecación de ramas, chancros en las heridas de poda y la muerte de la parte aérea de los árboles (Figura 17.49). La manifestación de estos síntomas no fue instantánea sino que se produjo de forma gradual entre enero y julio, lo que contribuyó también a dificultar su diagnóstico (Sánchez Hernández *et al.*, 1998a).

7.4. Otros daños

Algunas de las zonas de cultivo del olivo se sitúan en áreas marginales del clima mediterráneo, en las que el olivo está sometido a condiciones ambientales limitantes. Unas se sitúan en zonas más frías, en las que los daños de heladas tienen una frecuencia elevada, y otros en áreas más cálidas y secas, en los que los daños más frecuentes corresponden a golpes de sol, vientos cálidos, sequía y problemas asociados. Los daños de sol son particularmente frecuentes en plantaciones jóvenes, aunque también se dan en árboles adultos, sobre todo cuando tienen más de un pie y los troncos no están protegidos por el follaje debido al sistema de poda. En estos casos es útil aplicarle cal durante el verano para evitar o reducir las quemaduras provocadas por el sol.

El granizo también provoca daños considerables en el olivar español, con pérdidas estimadas según De Andrés en 1,6% de la producción total española durante el período 1969-74. El efecto principal es la destrucción de los tejidos herbáceos y de consistencia semileñosa. La intensidad y momento de la granizada define la importancia de las pérdidas. Si se produce en floración o con el fruto formado, las pérdidas llegan a ser cuantiosas. Los brotes tiernos pueden troncharse y causar heridas considerables en tallos y ramas (Figura 17.50). Los efectos secundarios son muy similares a los causados por daños de fríos y heladas. Las heridas ocasionadas, especialmente las producidas con temperaturas elevadas y humedad o lluvia, son aprovechadas por *P. s. savastanoi* para penetrar. En este caso, como ya se ha indicado, el desarrollo del tumor puede ser muy rápido y de graves consecuencias (Figura 17.19).

Otras alteraciones del olivo asociadas con agentes abióticos son en general de escasa importancia, como los daños debidos a herbicidas, tratamientos fitosanitarios, o impurezas del aire; así como diversas anomalías cuyo origen no es bien conocido, como la gomosis, el melazo, el aborto ovárico y la desecación apical del fruto (De Andrés, 1991). Esta última alteración, conocida también como podredumbre apical aséptica (Mateo-Sagasta, 1976), ha sido atribuida a cambios bruscos de temperatura y humedad, que originan la deshidratación parcial de la aceituna, normalmente en la zona del ápice (Figura 17.51). La línea de separación entre la parte afectada y la sana está claramente definida, continuando durante cierto tiempo el desarrollo normal de la parte sana y la desecación de la parte afectada, hasta que se produce la caída de los frutos afectados.

Figura 17.50. Daños causados por el pedrisco en ramos de olivo y tumores bacterianos.

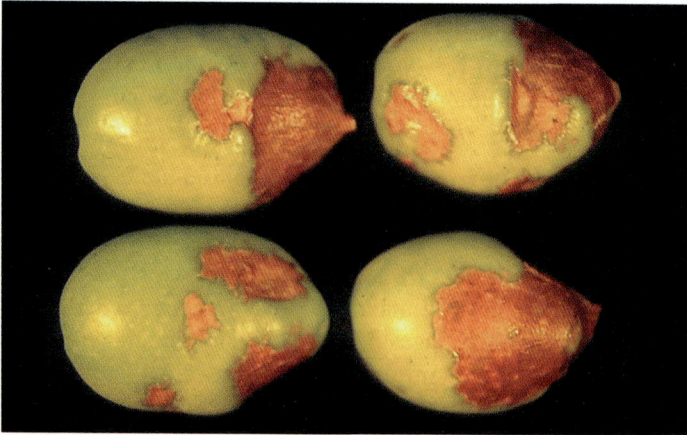

Figura 17.51. Desecación apical de aceitunas atribuida a cambios bruscos de temperatura y humedad.

Agradecimientos

A María Blanco Valero, Luis M. López Doncel, Esperanza Sánchez Hernández, José R. Viruega Puente, Luis F. Roca Castillo y Juan Moral Moral, por su ayuda en la elaboración y preparación de los gráficos y fotografías. Las investigaciones sobre las enfermedades del olivo han sido financiadas por diversos proyectos del Plan Nacional de I+D+i (1993-2023), de la Consejería de Agricultura y Pesca de la Junta de Andalucía (2000-2010), de la Consejería de Innovación, Ciencia y Empresa de la Junta de Andalucía (2007-2013) y de la Interprofesional del Aceite de Oliva Español (2013-2022), así como por convenios y contratos con numerosas empresas privadas.

La «Fitopatología» olivarera española está en deuda con D. Faustino de Andrés Cantero, a cuya memoria ofrecemos nuestro modesto homenaje con este trabajo.

8. Bibliografía

Aldebis, H.K., Santos-Rufo, A., Eldesouki-Arafat, I., Vargas-Osuna, E., Moral, J., Trapero, A., López-Escudero, F.J. (2024). Olive Escudete (Dalmatian Disease) caused by Botryosphaeria dothidea as a result of fly–midge–fungus interaction. *Horticulturae*, 10: 321.

Alvarado, M., Benito, J. (1975). Consideraciones sobre el momento de lucha contra el Repilo del olivo (*Cycloconium oleaginum* Cast.) en la provincia de Sevilla (España). II Seminario Oleícola Internacional, Córdoba. 12 pp.

Anónimo (1998). La Sanidad del Olivar en Países del Mediterráneo. IX Symposium Internacional. *Phytoma España*, 102: 1-122.

Anónimo (1999). Real Decreto 1678/1999 de 29 de octubre por el que se aprueba el Reglamento Técnico de control y certificación de plantas de vivero de frutales (*BOE 276*, 18 de noviembre de 1999).

Antón, F.A., Laborda, E. (1989). Estudio de la susceptibilidad /resistencia de variedades de olivo (*Olea europaea* L.) al patógeno *Cycloconium oleaginum* Cast. (*Spilocaea oleaginea* Hugh). *Bol. San. Veg. Plagas*, 4: 385-403.

Arias-Calderón, R., León, L., Bejarano-Alcázar, J., Belaj, A., de la Rosa, R., Rodríguez-Jurado, D. (2015). Resistance to Verticillium wilt in olive progenies from open-pollination. *Scientia Hortic.*, 185: 34–42.

Ávila, A., Groenewald, J.Z., Trapero, A., Crous, P.W. (2005). Characterization and epitytification of *Pseudocercospora cladosporioides*, the causal organism of Cercospora leaf spot of olives. *Mycol. Res.*, 109: 881-888.

Ávila, A., Romero, J., Agustí-Brisach, C., Benali, A., Roca, L.F., Trapero, A. (2020). Phenotypic and pathogenic characterization of *Pseudocercospora cladosporioides*, causal agent of cercospora leaf spot of olives. *Eur. J. Plant Pathol.*, 156: 45-65.

Barranco, D.; Trujillo, I.; Rallo, P. (2000). Are 'Oblonga' and 'Frantoio' olives the same cultivar? *HortScience*, 35: 1323-1325.

Benítez, Y.; Botella, M.A.; Trapero, A.; Alsalimiya, M.; Caballero, J.L.; Dorado, G.; Muñoz-Blanco, J. (2005). Molecular analysis of the interaction between *Olea europaea* and the biotrophic fungus *Spilocaea oleagina*. *Molecular Plant Pathology*, 6: 425-438.

Benlloch, M. (1943). Notas de Patología olivarera en 1943. *Bol. Patol. Veg. Entomol. Agr.*,12: 237-248.

Bertolini, E.; Olmos, A.: López, M.M.; Cambra, M. (2003). Multiplex nested reverse transcription-polymerase chain reaction in a single tube for sensitive and simultaneous detection of four RNA viruses and *Pseudomonas savastanoi* pv. *savastanoi* in olive trees. *Phytopathology*, 93: 286-292.

Blanco-López, M.A.; Jiménez Díaz, R.M.; Caballero, J., (1984). Symptomatology, incidence and distribution of *Verticillium* wilt of olive trees in Andalucía. *Phytopathol. Mediterr.*, 23: 1-8.

Blanco-López, M.A.; Rodríguez Jurado, D.; Jiménez Díaz, R.M. (1994). La verticilosis del olivo. *Agricultura*, 746: 777-780.

Bozkurt, I.A., Soylu, S., Mirik, M., Ulubas Serce, C., Baysal, O. (2014). Characterization of bacterial knot disease caused by *Pseudomonas savastanoi* pv. *savastanoi* on pomegranate (*Punica granatum* L.) trees: a new host of the pathogen. *Lett. Appl. Microbiol.* 59: 520-527.

Buonaurio, R., Moretti, C., da Silva, D.P., Cortese, C., Ramos, C., Venturi, V. (2015). The olive knot disease as a model to study the role of interspecies bacterial communities in plant disease. *Frontiers Plant Sci.*, 6: 434

Ciervo, M., Scortichini, M. (2024). A decade of monitoring surveys for *Xylella fastidiosa* subsp. *pauca* in olive groves in Apulia (Italy) reveals a low incidence of the bacterium in the demarcated areas. *J. Phytopathol.*, 00:e13272.

De Andrés, F. (1991). *Enfermedades y plagas del olivo.* 2.ª ed. Riquelme y Vargas Ediciones, Jaén, 646 pp.

Del Moral, J.; Mazón, J.J.; Santiago, R. (1986). *Phlyctaena vagabunda* Desm. v. Arx y *Fusarium moniliforme* Sheldon, nuevos patógenos de la aceituna en España. *Bol. San. Veg. Plagas,* 12: 9-17.

Del Moral, J.; Medina, D. (1985). El «repilo plomizo» del olivo, causado por *Cercospora cladosporioides* Sacc., enfermedad presente en España. *Bol. Serv. Plagas,* 11: 31-36.

EFSA. (2023). Update of the *Xylella* spp. host plant database – systematic literature search up to 30 June 2023. *EFSA Journal*, 21: e8477.

EPPO. (2024). EPPO Global database: *Xylella fastidiosa* (XYLEFA). https://gd.eppo.int/taxon/XYLEFA.

García, F. (1991). 'Repilos' del olivo: Ataque en fruto. *Phytoma España,* 25: 31-36.

García, F. (1995). Micoflora asociada a la aceituna. *Agricultura*, 760: 931-933.

García, F., Cosialls, J.R. (1995). La lepra de las aceitunas. *Agricultura*, 760: 929-930.

García-Cabello, S., Pérez-Rodríguez, M., Blanco-López, M.A., López-Escudero, F.J., (2012).Distribution of *Verticillium dahliae* through watering systems in widely irrigated olive growing areas in Andalucia (southern Spain). *Eur. J. Plant Pathol.* 133: 877-885.

García-Ruiz, G.M., Trapero, C., Del Río, C., López-Escudero, F.J., (2014). Evaluation of Spanish olive cultivars resistance to *Verticillium dahliae* under greenhouse conditions. *Phytoparasitica*, 42: 205 - 212.

García-Ruiz, G.M., Trapero, C., Varo-Suárez, A., Trapero, A., López-Escudero F.J., 2015. Identifying resistance to Verticillium wilt in local Spanish olive cultivars. *Phytopathol. Mediterr.* 54: 67-74.

González-Lamothe, R.; Segura, R.; Trapero, A.; Baldoni, L.; Botella, M.A.; Valpuesta, V. (2002). Phylogeny of the fungus *Spilocaea oleagina,* the causal agent of peacock leaf spot in olive. *FEMS Microbiology Letters,* 210: 149-155.

González, N.; Trapero, A. (2006). El Escudete de la aceituna II: Caracterización morfología, fisiología y patogénica del agente causal. *Bol. San. Veg. Plagas*, 32: 723-737.

González, N.; Vargas-Osuna, E.; Trapero, A. (2006). El Escudete de la aceituna I: Biología y daños en olivares de la provincia de Sevilla. *Bol. San. Veg. Plagas*, 32: 709-722.

Janse, J.D., Obradovic, A. (2010). *Xylella fastidiosa*: its biology, diagnosis, control and risks. *J. Plant Pathol.*, 92(1 supl.): S1.35-S1.48.

Krugner, R., Sisterson, M.S., Chen, J., Stenger, D.C., Johnson, M.W. (2014). Evaluation of olive as a host of *Xylella fastidiosa* and associated sharpshooter vectors. *Plant Dis.*, 98:1186-1193.

López Doncel, L.M., García Berenguer, A., Trapero, A. (1999). Resistance of olive tree cultivars to leaf spot caused by *Spilocaea oleagina*. *Acta Hortic.* 474: 549-553.

López-Escudero, F.J.; Blanco-López, M.A. (2001). Aplicación de la solarización para el control de la Verticilosis del olivo en plantaciones establecidas. *Bol. San. Veg. Plagas,* 27: 503-518.

López-Escudero, F.J.; Blanco-López, M.A. (2005a). Effects of drip irrigation on population of *Verticillium dahliae* in olive orchards. *J. Phytopathol.*, 153: 238-239.

López-Escudero, F. J.; Blanco-López, M.A. (2005b). Recovery of young olive trees from *Verticillium dahliae. Eur. J. Plant Pathol.*, 113: 367-375.

López-Escudero, F.J.; Del Río, C.; Caballero, J.M.; Blanco-López, M.A. (2004). Evaluation of olive cultivars for resistance to *Verticillium dahliae. Eur. J. Plant Pathology,* 110: 79-85.

López-Escudero, F.J.; Mwanza, C.; Blanco-López, M. A. (2007a). Reduction of *Verticillium dahliae* microsclerotia viability in soil by dried plant residues. *Crop Prot.*, 26: 127-133.

López-Escudero, F. J.; Blanco-López, M. A. (2007b). The relationship between the inoculum density of *Verticillium dahliae* and the progress of *Verticillium* wilt of olive. *Plant. Dis.,* 91: 1372-1378.

López-Escudero, F. J., Mercado-Blanco, J. (2011). Verticillium wilt of olive: a case study to implement an integrated strategy to control a soil-borne pathogen. *Plant and Soil,* 344: 1-50.

López-Escudero, F.J., Roca, J. M., Mercado-Blanco, J., Valverde-Corredor, A. and Blanco-López, M. A. (2010). Verticillium wilt of olive in the Guadalquivir Valley (southern Spain): relations with some agronomical factors and spread of *Verticillium dahliae. Phytopathol. Mediterr.,* 49: 370-380.

Marchal, F., Alcántara, E., Roca, L.F., Boned, J., Trapero, A. (2003). Evaluación de la persistencia de fungicidas cúpricos en hojas de olivo. *Vida Rural,* 176: 52-56.

Márquez Brito, M.M., Romero, J., Trapero, A. (2019). *Evaluación de fungicidas frente a Phlyctema vagabunda, agente causal de la lepra del olivo, en condiciones controladas.* Trabajo Fin de Grado, Grado de Ingeniería Agroalimentaria y del Medio Rural, Universidad de Córdoba.

Martín, M.P., García-Figueres, F. (1999). *Colletotrichum acutatum* and *C. gloeosporioides* cause anthracnose on olives. *Eur. J. Plant Pathology,* 105: 735-741.

Martín, M.P., García-Figueres, F., Trapero, A. (2002). Iniciadores específicos para detectar las especies de *Colletotrichum* causantes de la antracnosis de los olivos. *Bol. San. Veg. Plagas,* 28: 43-50.

Martos-Moreno C. (2003). *Resistencia de cultivares de olivo al aislado defoliante de* Verticillium dahliae *Kleb. y reducción de la enfermedad por la infección previa con el aislado no defoliante.* Tesis Doctoral, Universidad de Córdoba, 234 pp.

Martos-Moreno, C.; López Escudero, F. J.; Blanco López, M. A. (2006). Resistance of olive cultivars to the defoliating isolate of *Verticillium dahliae. Hortscience,* 41: 1313-1316.

Mateo-Sagasta, E. (1968). Estudios básicos sobre *Gloeosporium olivarum* Alm. *Bol. Patol. Veg. Entomol. Agr.,* 30: 31-135.

Mercado-Blanco, J., Rodríguez-Jurado, D., Parrilla-Araujo, S., Jiménez-Díaz, R.M. (2003). Simultaneous detection of the defoliating and nondefoliating *Verticillium dahliae* pathotypes in infected olive plants by duplex, nested polymerase chain reaction. *Plant Dis.,* 87: 1487-1494.

Montes-Osuna, N., and Mercado-Blanco, J. (2020). Verticillium wilt of olive and its control: what did we learn during the last decade. *Plants*, 9: 735.

Moral, J., Agustí-Brisach, C., Agalliu, G., Oliveira, R., Pérez-Rodríguez, M., Roca, L.F., Romero, J., Trapero, A. (2018). Preliminary selection and evaluation of fungicides and natural compounds to control olive anthracnose caused by *Colletotrichum* species. *Crop Prot.* 114: 167-176.

Moral, J., Agustí-Brisach, C., Pérez-Rodríguez, M., Xaviér, C., Raya, M.C., Rhouma, A., Trapero, A. (2017a). Identification of fungal species associated with branch dieback of olive and resistance of table cultivars to *Neofusicoccum mediterraneum* and *Botryosphaeria dothidea*. *Plant Dis.*, 101: 306-316.

Moral, J., Agustí-Brisach, C., Raya, M.C., Jurado-Bello, J., López-Moral, A., Roca, L.F., Chattaoui, M., Rhouma, A., Nigro, F., Sergeeva, V., Trapero, A. (2021). Diversity of *Colletotrichum* species associated with olive anthracnose worldwide. *Journal of Fungi* 7: 741.

Moral, J., Alsalimiya, M., Roca, L.F., Díez, C., León, L., De la Rosa, R., Barranco, D., Rallo, L., Trapero, A. (2015). Relative susceptibility of new olive cultivars to *Spilocaea oleagina*, *Colletotrichum acutatum*, and *Pseudocercospora cladosporioides*. *Plant Dis.*, 99: 58-64.

Moral, J., Ávila, A.; López-Doncel, L.M., Alsalimiya, M., Oliveira, R., Gutiérrez, F., Navarro, N., Bouhmidi, K., Benali, A., Roca, L.F., Trapero, A. (2005). Resistencia a los repilos de distintas variedades de olivo. *Vida Rural,* 208: 34-40.

Moral, J., De la Rosa, R., León, L., Barranco, D., Michailides, T.J., Trapero, A. 2008. High susceptibility of olive cultivar FS-17 to *Alternaria alternata* in southern Spain. Plant Dis., 92: 1252.

Moral, J., Jurado-Bello, J., Sánchez, M.I., De Oliveira, R., Trapero, A. (2012). Effect of temperature, wetness duration, and planting density on olive anthracnose caused by *Colletotrichum* spp. *Phytopathology,* 102: 974-981.

Moral, J., Muñoz-Díez, C., González, N., Trapero, A., Michailides, T.J. (2010). Characterization and pathogenicity of *Botryosphaeriaceae species* collected from olive and other hosts in Spain and California. *Phytopathology*, 100:1340-1351.

Moral, J., Oliveira, R., Trapero, A. (2009). Elucidation of the disease cycle of olive anthracnose caused by *Colletotrichum acutatum*. *Phytopathology,* 99: 548-556.

Moral, J., Trapero, A. (2009). Assessing the susceptibility of olive cultivars to anthracnose caused by *Colletorichum acutatum*. *Plant Dis.*, 93: 1028-1036.

Moral, J., Trapero, A. (2012). Mummified fruit as a source of inoculum and disease dynamics of olive anthracnose caused by *Colletotrichum* spp. *Phytopathology*, 102: 982-989.

Moral, J., Xaviér, C.J., Roca, L.F., Romero, J., Moreda, W., Trapero, A. (2014). La Antracnosis del olivo y su efecto en la calidad del aceite. *Grasas y Aceites,* 65 (2): e028.

Moral, J., Xavier, C.J., Viruega, J.R., Roca, L.F., Caballero, J., Trapero, A. (2017b). Variability in susceptibility to Anthracnose in the world collection of olive cultivars of Cordoba (Spain). *Frontiers Plant Sci.* 8: 1892.

Nguyen, K.A., Förster, H. Adaskaveg, J.E. (2018a). Genetic diversity of *Pseudomonas savastanoi* pv. *savastanoi* in California and characterization of epidemiological factors for olive knot development. *Plant Dis.* 102: 1718-1724.

Nguyen, K.A., Förster, H. Adaskaveg, J.E. (2018b). Efficacy of copper and new bactericides for managing olive knot in California. *Plant Dis.*, 102: 892-898.

Morelli, M., García-Madero, J.M., Jos, A., Saldarelli, P., Dongiovanni, C., Kovacova, M., Saponari, M., Baños-Arjona, A., Hackl, E., Webb, S., Compant, S. (2021). *Xylella fas-*

tidiosa in olive: a review of control attempts and current management. *Microorganisms*, 9: 1771.

Nico, A.I., Rapoport, H.F., Jiménez-Díaz, R.M., Castillo, P. (2002). Incidence and population density of plant-parasitic nematodes associated with olive planting stocks at nurseries in Southern Spain. *Plant Dis.,* 86: 1075-1079.

Oliveira, R., Moral, J., Bouhmidi, K., Trapero, A. (2005) Caracterización morfológica y cultural de aislados de *Colletotrichum* spp. causantes de la antracnosis del olivo. *Bol. San. Veg. Plagas,* 31: 531-548.

Ouerghi, F., Fendri, M., Dridi, J., Hannachi, H., Rassa, N., Rhouma, A., Nasraoui, B. 2016. Resistance of some olive (*Olea europaea*) cultivars and hybrids to leaf spot disease analyzed by microsatellites. Int. J. Environ. Agric. Res. 2: 85-92.

Penyalver, A., García, A., Ferrer, A., Bertolini, E., Quesada, J.M., Salcedo, C.I., Piquer, J., Perez-Panadés, J., Carbonell, E.A., Del Río, C., Caballero, J.M., López, M.M. (2006). Factors affecting *Pseudomonas savastanoi* pv. *savastanoi* plant inoculations and their use for evaluation of olive cultivar susceptibility. *Phytopathology,* 96: 313-319.

Pérez-Rodríguez, M., Alcántara, E., Amaro-Ventura, M.C., Serrano, N., Lorite, I.J., Arquero, O., Orgaz, F., López-Escudero, F.J. (2015a). The influence of irrigation frequency on the onset and development of Verticillium wilt of olive. *Plant Dis.,* 99: 488-495.

Pérez-Rodríguez, M., Orgaz, F., Lorite, I.J., López-Escudero, F.J. (2015b). Effect of the irrigation dose on Verticillium wilt of olive. *Sci. Hortic.,* 197: 564-567.

Pérez-Rodríguez, M., Santos-Rufo, A., López-Escudero, F.J. (2022). High input of Nitrogen fertilization and short irrigation frequencies forcefully promote the development of Verticillium wilt of olive. *Plants,* 11: 3551.

Pérez-Rodríguez, M., Serrano, N., Arquero, O., Orgaz, F., Moral, J., López-Escudero F.J. (2016). The effect of short irrigation frequencies on the development of Verticillium wilt in the susceptible olive cultivar 'Picual' at field conditions. *Plant Dis.,* 100: 1880-1888.

Rallo, L. (1995). Selección y mejora genética del olivo en España. *Olivae,* 59: 46-53.

Rallo, L. Barranco, D., Caballero, J.M., Del Río, C., Martín, A., Tous, J., Trujillo, I. (2005). *Variedades del olivo en España.* Junta de Andalucía /MAPA/ Mundi-Prensa, Madrid. 478 pp.

Ramos, C., Matas, I.M., Bardaji, L., Aragón, I.M., Murillo, J. (2012). *Pseudomonas savastanoi* pv. *savastanoi*: some like it knot. *Mol. Plant Pathol.,* 13: 998-1009.

Raya, M.C., Expósito, M.D., Trapero, A. (2002). Evaluación de la resistencia a *Phytophthora* spp. en cultivares de olivo. XI Congreso de la Sociedad Española de Fitopatología, Almería. pp. 291.

Roca, L.F., Beltrán, J.A., Pericas, R., Trapero, A. (2012). Estrategias de reducción de cobre para el control del repilo del olivo. *Vida Rural,* 341:36-40.

Roca, L.F., Miranda, P., Trapero, A. (2014). Eficacia de los productos cúpricos en el control de la tuberculosis del olivo. *Vida Rural,* 385: 48-52.

Roca, L.F., Moral, J., Trapero, A. (2007a). La lepra de la aceituna. *Vida Rural,* 245: 54- 56.

Roca L.F., Romero J., Agustí-Brisach, C., Moral, J., Trapero, A. (2017). El cobre en el control de las enfermedades del olivo. *Phytoma España,* 293: 42-44.

Roca, L.F., Romero, J., Bohórquez, J.M., Alcántara, E., Fernández-Escobar, R., Trapero, A. 2018. Nitrogen status affects growth, chlorophyll content and infection by *Fusicladium oleagineum* in olive. *Crop Prot.* 109: 80-85.

Roca, L.F., Viruega, J.R., Ávila, A., Oliveira, R., Marchal, F., Moral, J., Trapero, A. (2007b). Los fungicidas cúpricos en el control de las enfermedades del olivo. *Vida Rural,* 256: 52-56.

Roca, L.F., Viruega, J.R., López-Doncel, L.M., Moral, J., Trapero, A. (2010). Métodos culturales, químicos y biológicos de control del repilo. *Vida Rural,* 303: 38-42.

Romero, J., Agustí-Brisach, C., Roca, L.F., Moral, J., González-Domínguez, E., Rossi, V., Trapero, A. (2018a). A long-term study on the effect of agroclimatic variables on olive scab in Spain. *Crop Prot.*, 114: 39-43

Romero, J., Agustí-Brisach, C., Santa Bárbara, A.E., Cherifi, F., Oliveira, R., Roca, L.F., Moral, J., Trapero, A. (2017a). Detection of latent infections caused by *Colletotrichum* sp. in olive fruit. *J. Appl. Microbiol.*, 124: 209-219.

Romero, J., Ávila, A., Agustí-Brisach, C., Roca, L.F., Trapero, A. (2020). Evaluation of fungicides and management strategies against Cercospora leaf spot of olive caused by *Pseudocercospora cladosporioides*. *Agronomy*, 10: 271.

Romero, J., Moral, J., González, E., Agustí-Brisach, C., Roca, L.F., Rossi, V., Trapero, A. (2021). Logistic models to predict olive anthracnose under field conditions. *Crop Prot.*, 148: 105714

Romero, J., Raya, M.C., Roca, L.F., Agustí-Brisach, C., Moral, J., Trapero, A. (2018b). Phenotypic, molecular and pathogenic characterization of *Phlyctema vagabunda*, causal agent of olive leprosy. *Plant Pathol.*, 67: 277-294.

Romero, J., Raya, M.C., Roca, L.F., Moral, J., Trapero, A. (2015). La lepra del olivo, una enfermedad emergente. *Vida Rural,* 402: 42-46.

Romero, J., Roca, L.F., Agustí-Brisach, C., Moral, J., González-Domínguez, E., Rossi, V., Trapero, A. (2017b). Modelización de enfermedades del olivar: herramienta de toma de decisiones "Repilos". *Fruticultura*, 56: 88-105.

Romero, J., Roca, L.F., Agustí-Brisach, C., Moral, J., González-Domínguez, E., Rossi, V., Trapero, A. (2018c). Claves epidemiológicas y modelización del repilo del olivo. *Vida Rural*, 443: 54-60.

Romero, J., Santa-Bárbara, A.E., Moral, J., Agustí-Brisach, C., Roca, L.F., Trapero, A. (2022). Effect of latent and symptomatic infections by *Colletotrichum godetiae* on oil quality. *Eur. J. Plant Pathol.*, 163: 545-556.

Romero, M.A., Sánchez, M.E., Trapero, A. (2005). First report of *Botryosphaeria ribis* as a branch dieback pathogen of olive trees in Spain. *Plant Dis.*, 89: 208.

Rossman, A.Y., Crous, P.W., Hyde, K.D.. *et al.* (2015). Recommended names for pleomorphic genera in *Dothideomycetes*. *IMA Fungus*, 6: 507-523.

Ruiz-García, A.B., Canales, C., Morán, F., Ruiz-Torres, M., Herrera-Mármol, M., Olmos, A. (2021). Characterization of Spanish olive virome by high throughput sequencing opens new insights and uncertainties. *Viruses*, 13: 2233.

Ruiz-García, A.B., Candresse, T., Malagón, J., Ruiz-Torres, M., Paz, S., Pérez-Sierra, A., Olmos, A. (2024). Olive leaf mottling virus: A new member of the genus Olivavirus. *Plants*, 13: 2290.

Sánchez, M.E., Cuesta, F.J., Trapero, A. (2003). Evaluación de métodos de control químico contra la podredumbre radical del olivo causada por *Phytophthora megasperma*. *Phytoma España,* 145: 34-45.

Sánchez Hernández, M.E., Pérez de Algaba, A., Blanco López, M.A., Trapero, A. (1998a). La «seca» de olivos jóvenes I: Sintomatología e incidencia de los agentes asociados. *Bol. San. Veg. Plagas,* 24: 551-572.

Sánchez Hernández, M.E., Ruíz Dávila, A., Trapero, A. (1998b). La «seca» de olivos jóvenes II: Identificación y patogenicidad de los hongos asociados con podredumbres radiculares. *Bol. San. Veg. Plagas,* 24: 581-602.

Santos-Rufo, A., Mulero, A., Romero, J., Varo, A., López-Moral, A., Agustí-Brisach, C., Roca, L.F., Raya, M.C., López Escudero, F.J., Narrillos, C., Basse, S., Salido, L., Trapero, A. (2022). Desarrollo de formulados precomerciales para el control biológico de la Verticilosis del olivo mediante el proyecto de Compra Pública Precomercial INNOLIVAR. *Phytoma España,* 343: 72-77.

Saponari, M., Boscia, D., Altamura, G. *et al.* (2016). Pilot project on *Xylella fastidiosa* to reduce risk assessment uncertainties. EFSA 2016:EN-1013. 60 pp.

Saponari, M., Boscia, D., Nigro, F., Martelli, G.P. (2013). Identification of DNA sequences related to *Xylella fastidiosa* in oleander, almond and olive trees exhibiting leaf scorch symptoms in Apulia (southern Italy). *J. Plant Pathol.*, 95: 668.

Schena, L., Agosteo, G.E., Cacciola, S.O. (eds.). (2011). *Olive diseases and disorders.* Transworld Research Network, Kerala, India, 433 pp.

Scortichini, M., Loreti, S., Scala, V., Pucci, N., *et al.*, 2024. Management of the olive decline disease complex caused by *Xylella fastidiosa* subsp. *pauca* and *Neofusicoccum* spp. in Apulia, Italy. *Crop Prot.* 184: 106782.

Segura, R. (2003). Evaluación de microorganismos antagonistas para el control del Repilo y de la Antracnosis. Tesis doctoral, ETSIAM, Universidad de Córdoba, 331 pp.

Segura, R., Trapero, A. (2001). Screening of epiphytic fungi from olive leaves for the biological control of *Spilocaea oleagina*. *IOBC / wprs Bulletin*, 24: 187.

Talhinhas, P., Baroncelli, R. (2021). *Colletotrichum* species and complexes: geographic distribution, host range and conservation status. *Fungal Diversity*, 110: 109–198.

Tjamos, E.C.; Graniti, A.; Smith, I.M.; Lamberti, F., eds. (1993). Conference on olive diseases. *EPPO Bulletin*, 23: 365-550.

Trapero, A. (1994). El repilo del olivo. *Agricultura*, 746: 788-790.

Trapero, A. (2014). Enfermedades del olivar: avances en los últimos 20 años (1994-2013). *Mercacei*, 81: 42-46.

Trapero, A. (2018). *Xylella fastidiosa*, mitos y realidad. *Vida Rural* 453: 58-64.

Trapero A. (2019). Micosis aéreas del olivo: 25 años de investigaciones (1994-2019). *Mercacei*, 100: 30-32.

Trapero, A. (2022a). La Antracnosis del olivar, una enfermedad tradicional emergente en la actualidad. *Vida Rural* 513: 34-40

Trapero, A. (2022b). Control biológico de las enfermedades del olivar: estado actual y perspectivas futuras. *Phytoma España*, 343: 17-21.

Trapero A, Agustí-Brisach C, Romero J, Moral J, Roca LF. (2017). Enfermedades emergentes en el olivar. *Phytoma España*, 293: 26-32.

Trapero, A., López-Moral, A., Mulero-Aparicio, A., Varo, A., Roca, L.F., Raya, M.C., Santos-Rufo, A., Romero, J., Antón-Domínguez, B.I., Muhammed-Ahmed, O., López-Escudero, F.J., Agustí-Brisach, C. (2024a). Bioprotección de la verticilosis del olivar: estado actual y perspectivas futuras. *Vida Rural*, 546: 50-58.

Trapero, A., Roca, L.F. (2004). Bases epidemiológicas para el control integrado de los "Repilos" del olivo. *Phytoma España*, 164: 130-137.

Trapero, A., Roca, L.F., Moral, J. (2009). Perspectivas futuras del control químico de las enfermedades del olivo. *Phytoma España*, 212: 80-82.

Trapero, A., Roca, L.F., Segura, R., Luque, F., Romero, J., Raya, M.C., López-Moral, A., Agustí-Brisach, C. (2021). Hacia el control biológico de las enfermedades aéreas del olivar. *Vida Rural*, 504: 60-66.

Trapero, A., Viruega, J.R., López-Doncel, L.M. (2001). El repilo o caída de las hojas del olivo. *Vida Rural*, 123: 46-50.

Trapero, C., Muñoz-Díez, C., Rallo, L. López-Escudero, F.J., Barranco, D., (2011a). Screening olive progenies for resistance to *Verticillium dahliae*. *Acta Horticulturae*, 924: 137-140.

Trapero, C., Rallo, L., López-Escudero, F.J., Barranco, D., Díez, C.M. (2015). Variability and selection of Verticillium wilt resistant genotypes in cultivated olive and in the *Olea* genus. *Plant Pathol.*, 64, 890–900.

Trapero, C., Roca, L.F., Trapero, A. (2024b). Resistencia genética a la tuberculosis del olivo causada por *Pseudomonas savastanoi* pv. *savastanoi*. *Phytoma España*, 357: 16-24.

Trapero, C., Roca, L.F., Alcántara-Vara, E., López-Escudero, F.J. (2011b). Colonization of olive inflorescences by *Verticillium dahliae* and its significance on pathogen spread. *J. Phytopathol.*, 159: 638-640.

Trapero, C., Serrano, N., Arquero, O., Del Río, C., Trapero, A., and López-Escudero, F. J. (2013). Field resistance to Verticillium wilt in selected olive cultivars grown in two naturally infested soils. *Plant Dis.*, 97: 668-674.

Trouillas, F.P., Nouri, M.T., Lawrence, D.P., Moral, J., Travadon, R., Aegerter, B.J., Lightle, D. (2019). Identification and characterization of *Neofabraea kienholzii* and *Phlyctema vagabunda* causing leaf and shoot lesions of olive in California. *Plant Dis.*, 103: 3018-3030.

Trouillas, F.P., Travadon, R., Nouri, M.T., Lawrence, D.P. (2023). Field evaluation of fungicides for the management of Neofabraea leaf lesion of olive in California. *Plant Dis.*, https://doi.org/10.1094/PDIS-12-22-2896-RE.

Valverde, P., Barranco, D., López-Escudero, F.J., Díez, C.M., Trapero, C. (2023). Efficiency of breeding olives for resistance to Verticillium wilt. *Frontiers Plant Sci.*, 14: 1149570.

Valverde, P., Trapero, C., Arquero, O., Serrano, N., Barranco, D., Diez, C.M., López-Escudero, F.J. (2021). Highly infested soils undermine the use of resistant olive rootstocks as a control method of Verticillium wilt. *Plant Pathol.*, 70: 144-153.

Viruega, J.R.; Luque, F.; Trapero, A. (1997). Caída de aceitunas debida a infecciones del pedúnculo por *Spilocaea oleagina*, agente del Repilo del olivo. *Fruticultura*, 88: 48-54.

Viruega, J.R., Moral, J., Roca, L.F., Navarro, N., Trapero, A. (2013). *Spilocaea oleagina* in olive groves of southern Spain: survival, inoculum production and dispersal. *Plant Dis.*, 97:1549-1556.

Viruega, J.R., Roca, L.F., Moral, J., Trapero, A. (2011). Factors affecting infection and disease development on olive leaves inoculated with *Fusicladium oleagineum*. *Plant Dis.*, 95: 1139-1146.

Zarco, A.; Viruega, J.R.; Roca, L.F.; Trapero, A. (2007). Detección de las infecciones latentes de *Spilocaea oleagina* en hojas de olivo. *Bol. San. Veg. Plagas*, 33: 235-248.

CAPÍTULO 18

ELABORACIÓN DEL ACEITE DE OLIVA VIRGEN

José ALBA
Fernando MARTÍNEZ
María José MOYANO
Francisco HIDALGO
Daniela CAPOGNA
Rafael BORJA
Mª Victoria RUIZ

ÍNDICE

1. Introducción, 853

2. Esquema de proceso, 854
   Operaciones fundamentales del proceso de elaboración, 854

3. Operaciones previas, 855

4. Preparación, 859
   4.1. Molienda, 859
   4.2. Batido, 860

5. Separación sólido-líquido, 862
   5.1. Filtración selectiva, 862
   5.2. Extracción por presión, 863
   5.3. Extracción por centrifugación de pasta, 864

6. Separación líquido-líquido, 873
   6.1. Decantación, 873
   6.2. Centrifugación, 874

7. Almacenamiento de aceite, 875

8. Características organolépticas, 878

9. HACCP, 880

10. Refinación del aceite de oliva, 881
    10.1. Métodos de refinación, 881
        10.1.1. Refinación química, 883
        10.1.2. Refinación física, 885
    10.2. Aceite de orujo, 886
    10.3. Conclusión, 888

11. Bibliografía, 889

1. Introducción

El aceite de oliva virgen es el zumo oleoso de las aceitunas que se separa de los demás componentes del fruto. Cuando se obtiene por sistemas de elaboración adecuados y procede de frutos frescos de buena calidad, sin defectos ni alteraciones, y con la adecuada madurez, el aceite posee excepcionales características organolépticas. Es prácticamente el único entre los aceites vegetales que puede consumirse crudo, conservando íntegra su composición en ácidos grasos y el contenido en componentes menores, de elevada importancia saludable-nutricional, destacando el contenido en vitaminas liposolubles y polifenoles.

Desgraciadamente no todo el aceite de oliva virgen que se produce en el mundo reúne las condiciones antes citadas. Cantidades ingentes de este producto han de ser destinadas a refinación, por ser desagradables sus características organolépticas o elevada su acidez y otros parámetros químicos-físicos.

La experiencia demuestra que el deterioro del aceite de oliva virgen se produce casi exclusivamente como consecuencia de una manipulación defectuosa de los frutos, y de un proceso de elaboración mal conducido, ya que, si bien es verdad que las diversas variedades de aceitunas que se cultivan producen aceites con perfiles organolépticos diferentes, ninguna de ellas lo da «congénitamente» defectuoso, y solo las que han sido afectadas por plagas o enfermedades, o que han caído al suelo antes de la recolección, puede decirse que contengan un aceite inevitablemente alterado. El resto de la producción defectuosa es consecuencia de una recolección a destiempo y de una inadecuada elaboración.

Las características organolépticas y químico-físicas del aceite de oliva virgen le hacen ser considerado como un auténtico zumo de fruta, y como tal tiene que ser tratado durante todo el proceso, empezando por la recolección de las aceitunas, siguiendo con la elaboración y la conservación. Cada fase debe realizarse con el máximo esmero.

2. Esquema de proceso

La calidad del aceite de oliva virgen resulta influenciada por una serie de factores y circunstancias, entre los que se pueden citar como más importantes: variedad del olivo, clima, tipo de suelo, edad y sistemas de cultivo.

La tecnología de extracción oleícola, o elaiotecnia, constituye otro factor fundamental para poder obtener un aceite de oliva virgen de elevada calidad (virgen extra). Las operaciones fundamentales del proceso de elaboración del aceite de oliva virgen se exponen en el esquema siguiente:

Operaciones fundamentales del proceso de elaboración

Operaciones preliminares exteriores:

- Recolección.
- Separación.
- Limpieza previa.
- Transporte.

Operaciones preliminares interiores:

- Recepción. Descarga.
- Control. Clasificación.
- Conservación.
- Limpieza.
- Lavado.

Preparación de pasta:

- Molienda.
- Batido.

Separación sólido-líquido:

- Parcial.
- Filtración selectiva.
- Presión.
- Centrifugación.

Separación líquido-líquido:

- Decantación.
- Centrifugación.

Almacenamiento de aceite:

- Condiciones.

Aprovechamiento subproductos:

- Orujo.
- Alpechín.
- Borras.

La forma de llevar a cabo estas operaciones ha ido evolucionando en mayor o menor medida a lo largo del tiempo hasta llegar al uso de la inteligencia artificial, una herramienta que permite mejorar aspectos del proceso tales como la determinación del momento óptimo de la recolección, optimización, eficacia energética, hídrica, de recursos y de producción, detección de anomalías, fallos y sus causas, mantenimiento predictivo de los equipos, etc., proporcionando una amplia base de datos que permita a los profesionales del sector la obtención de aceites de mayor calidad.

3. Operaciones previas

La *recolección,* aún siendo operación independiente de la elaboración propiamente dicha, influye sensiblemente en las características del aceite. Desde el punto de vista del almazarero, dos factores hay que tener en cuenta en la recolección: la época en que debe realizarse y el sistema a emplear.

En cuanto a la época, la aceituna debe ser recogida en el momento de su madurez óptima, considerando como tal el estado en que el fruto tenga la máxima cantidad de aceite y de mejores características. Para conocer dentro de lo posible dicho momento, deben realizarse controles periódicos de análisis de las aceitunas.

En cuanto al sistema de recolección, debe tenerse siempre presente la consideración de «zumo de fruto» que hay que otorgar al aceite, por lo tanto deben utilizarse métodos manuales o mecanizados que no deterioren las aceitunas, produciéndoles heridas, magullamientos, roturas de ramas o de brotes tiernos. En la actualidad los sistemas de recolección se han adaptado a los nuevos cultivos intensivos y superintensivos, permitiendo gracias a la mecanización del campo poder recolectar una mayor superficie de cultivo en poco tiempo y con un grado de limpieza muy elevado. (Figuras 18.1 y 18.2).

El no poder realizar una adecuada sincronización entre la recolección de la aceituna y su elaboración en la almazara provoca la necesidad de un almacenamiento de mayor o menor cantidad de frutos por un período de tiempo más o menos largo. Este almacenamiento depende de las condiciones de trabajo que se presentan en cada una de las zonas olivareras.

El ideal de la industria almazarera sería poder realizar la extracción del aceite al mismo ritmo que se efectúa la recolección del fruto, ya que así se podría conseguir la máxima cantidad de aceite con iguales características a las que tiene en el fruto en el momento de su recepción en la almazara. Esta organización es fácil de aconsejar pero, en muchos casos, es complicado de llevar a cabo en la práctica.

Figura 18.1. Recolección por ordeño.

Figura 18.2. Vibrador.

Cuando no es posible elaborar el aceite el mismo día de la recolección de las aceitunas, es necesario conservar el fruto en la almazara en unas condiciones adecuadas para que no sufran aplastamientos, haya suficiente aireación y no se produzcan aumentos de temperatura, para ello las tolvas de almacenamiento deberían reunir dichos requisitos. El objetivo principal de la conservación es conseguir mantener el fruto sin alteración de las características del aceite sin que su costo se eleve de forma sensible. Para el conocimiento de los problemas de conservación es fundamental el estudio de las causas que provocan la alteración del aceite en las aceitunas almacenadas, así como de las transformaciones físico-químico-biológicas que sufre la aceituna por acción de sus constituyentes y por la influencia de los agentes externos (Figura 18.3).

Figura 18.3. Almacenamiento de aceitunas.

Hasta el momento se consideran causas de la alteración de la aceituna:

1.º La hidrólisis espontánea debida principalmente al porcentaje de agua pre
sente en el mesocarpo que, unido a fenómenos respiratorios y a la presencia
de microorganismos, provocan una elevación de temperatura, teniendo lugar un claro proceso de fermentación (Figura 18.4).

2.º La lipolisis enzimática, como consecuencia de las enzimas propias del fruto, en la pulpa y en la semilla.

3.º La lipolisis microbiana, como consecuencia de la microflora existente en la
aceituna.

4.º La oxidación del aceite que se inicia en los ácidos insaturados con la formación de peróxidos, como consecuencia de la autoxidación catalítica.

La aceituna que llega a las almazaras lleva un porcentaje variable de materias extrañas de muy diversa índole, tales como tierra, piedras, hojas, maderas, hierbas y metales, entre otros. Para poder obtener aceites de calidad y evitar la interferencia de estos productos en las características organolépticas y evitar en gran parte el desgaste y avería de la maquinaria, principalmente de los molinos, es indispensable eliminar en lo posible todos estos cuerpos extraños con limpiadoras que utilizan el aire para la separación de los objetos menos pesados que la aceituna (Figura 18.5) y con lavadoras que utilizan el agua como medio de solubilización y eliminación de los cuerpos más pesados. (Figura 18.6).

Figura 18.4. Alteración durante el almacenamiento.

Figura 18.5. Limpiadora.   **Figura 18.6. Lavado.**

4. Preparación

La técnica oleícola tiene por objeto separar el aceite de oliva virgen, en forma de fase oleosa continua, sin alteraciones de su composición y de sus características organolépticas, de los demás componentes de la aceituna. Las fases del proceso de elaboración del aceite se describen a continuación.

4.1. Molienda

El primer paso necesario para obtener el aceite de oliva, cualquiera que sea el método de separación a utilizar, es la molturación de las aceitunas para destruir la estructura de los tejidos vegetales que la forman.

La «solicitación» de cizallamiento, aplicada durante la molturación, desgarra las membranas celulares y va liberando los glóbulos de aceite. Estos glóbulos libres van reuniéndose entre sí, formando gotas de tamaño muy variable, las cuales entran en contacto directo con la fase acuosa presente en la pasta, procedente del agua de vegetación y de los residuos de agua con que los frutos se han tratado previamente a su molienda.

Figura 18.7. Triturador de martillos.

Con las proteínas, disueltas o solubilizadas en el agua de constitución, se suelen formar membranas de carácter lipoproteico, que comunican a estas gotas una considerable estabilidad a permanecer dispersas en el medio acuoso, formando a veces sistemas emulsionados.

Figura 18.8. Molino de discos dentados.

La molienda ocupa en el proceso de extracción de aceite un lugar de alta responsabilidad, ya que la forma de realizarla y los equipos que se empleen tienen una influencia directa sobre las restantes operaciones de elaboración (batido, extrac-

ción de cualquier tipo, decantación, centrifugación) y principalmente sobre el rendimiento y la calidad del aceite.

Los equipos que tradicionalmente se han utilizado para la realización de esta fase son los molinos de empiedros, troncocónicos o cilíndricos. Actualmente se utilizan los molinos de martillos, o los de discos dentados (Figuras 18.7 y 18.8) (Leone, A, 2014, Leone *et al.*, 2015).

Durante este proceso es importante evitar el incremento de temperatura que se produce por fricción, para ello se pueden utilizar molinos con sistemas de refrigeración.

4.2. Batido

Todos los trituradores empleados en la extracción de aceite de oliva, en especial los metálicos, necesitan el complemento de dilaceradores y batidoras; los primeros para efectuar el cizallamiento de las partes que no hayan sido suficientemente tratadas en el molino y las segundas para reunir en una fase oleosa continua las gotas de aceite dispersas en la pasta molida.

El batido lento de la pasta de aceitunas molidas facilita la reunión de los glóbulos de aceite en gotas de mayor tamaño, e incluso en proporciones de fase oleosa continúa desligada de los sólidos de la pasta y de la fase acuosa (Figura 18.9). Conviene advertir que siempre quedan gotas de aceite en forma de emulsión u ocluidas entre los sólidos de la pasta (Alba *et al.*, 1982).

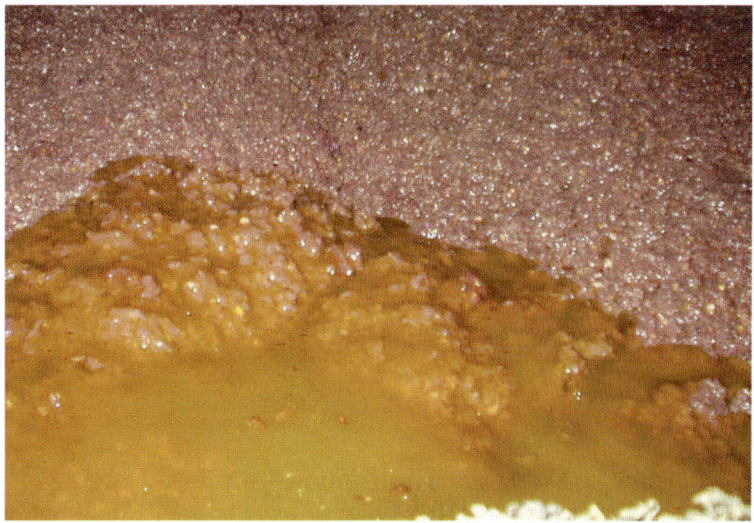

Figura 18.9. Aceite sobrenadante.

Un factor a tener en cuenta en las batidoras es la energía calorífica. Con el fin de facilitar la salida de los aceites, se dota normalmente a las batidoras de un sistema de calefacción, que consiste normalmente en una doble pared o tubería interior por donde circula un fluido calefactor. La viscosidad del aceite varía en función de la temperatura y, lógicamente, una elevación de esta última hace que se obtengan rendimientos mayores; sin embargo, una calefacción excesiva de los aceites, que los lleve a más de 25 °C, provoca alteraciones significativamente perjudiciales en su calidad, ya que los componentes volátiles que contribuyen al aroma de los buenos aceites se pierden o degradan rápidamente a temperaturas más altas.

Cuando se realiza la recolección temprana en zonas cálidas se pueden utilizar sistemas de refrigeración de la pasta molida antes o durante el proceso de batido.

Se han llevado a cabo ensayos de aplicación de ultrasonido de alta potencia (Bejaoui *et al.*, 2016) para facilitar la coalescencia de las gotas de aceite y mejorar el rendimiento.

También se han realizado otros ensayos que consisten en someter la pasta molida a un choque térmico previo al proceso de batido, para conseguir estabilizar la temperatura de la pasta de forma rápida y poder acortar así el tiempo de batido, consiguiendo un incremento del contenido de fenoles y compuestos volátiles (Veneziani *et al.*, 2015, Leone, A., 2016).

La aplicación de pulsos eléctricos y microondas también ha sido empleada para facilitar la liberación de las gotas de aceite tras el proceso de molienda (Clodoveo *et al.*, 2014).

Para facilitar la separación del aceite de los demás componentes de la masa de aceituna y, por tanto, incrementar el rendimiento de extracción mejorando el agotamiento de los subproductos, se pueden utilizar los coadyuvantes tecnológicos, que se añaden en la fase de batido. Es importante, para obtener los beneficios antes citados, que los coadyuvantes se empleen en condiciones y dosis correctas.

El coadyuvante tecnológico más ampliamente utilizado al no tener acción química ni bioquímica, es el silicato de magnesio hidratado, más comúnmente llamado talco. Su fórmula es $Mg(Si_4O_{10})(OH)_2$.

Según el Real Decreto 640/2015 en el que se aprueba la lista de coadyuvantes tecnológicos autorizados para la elaboración de aceites vegetales comestibles, también podría utilizarse la arcilla caolinítica para mejorar el rendimiento en la elaboración.

5. Separación sólido-líquido

Esta fase constituye la parte fundamental del proceso de obtención del aceite y está basada en la separación de los líquidos contenidos en la pasta de aceitunas. Se puede realizar por diferentes sistemas: filtración selectiva, extracción por presión y extracción por centrifugación de pasta, en tres o dos fases (Civantos *et al.*, 1999).

Según un estudio realizado en el año 1999 a nivel mundial, el sistema de extracción por presión representa el 79% del total de las almazaras existentes, seguido por el sistema continuo de 3 fases (15%) y por el de dos fases (6%) (Alba, 1999). Se trata de un estudio realizado en términos de número de almazaras, no de cantidad de aceite elaborado.

La situación española actual destaca de la media mundial. En el país donde se produce la mayor cantidad de aceite de oliva, existen aproximadamente 1.800 almazaras. El sistema de extracción por presión está desapareciendo (1%), así como el sistema de 3 fases (2%), mientras que casi la totalidad del aceite se obtiene mediante el sistema de centrifugación de dos fases (97%).

5.1. Filtración selectiva

Durante la preparación de la pasta de aceitunas, por acción del batido, se produce la separación de una cierta cantidad de aceite en fase continua.

Es sobradamente conocido, dentro del mundo almazarero, que el aceite que sale suelto de la pasta reúne condiciones superiores al que se obtiene posteriormente por intervención de la presión u otro sistema de separación de fases sólido-líquidas. Aparte de la acidez, donde hay muchas veces una diferencia sensible, existen variaciones muy notables en lo que respecta a características organolépticas (color, olor y sabor), índice de peróxidos, estabilidad, etc.

Como recomendación se puede decir que toda industria cuyo fin primordial sea la obtención de aceites de *calidad*, debería disponer en su proceso de elaboración de un sistema de extracción parcial, especialmente si se trata de una instalación de prensa, acompañado como es lógico de la necesaria adaptación de la decantación o centrifugación, para tratar por separado estos aceites y poderlos almacenar también por separado (Hermoso *et al.*, 1991).

5.2. Extracción por presión

La forma tradicional de conseguir en elaiotecnia la separación de la fase líquida de la sólida ha sido por medio de la presión que suministra la prensa hidráulica (Figura 18.10).

Figura 18.10. Almazara de prensas.

Para que fluya la fase líquida de una pasta de aceitunas comprimida en una prensa, la «solicitación» mecánica debe ser aplicada de forma que la resistencia debida al rozamiento de los líquidos, que han de atravesar las partes sólidas de la pasta, sea inferior a la resistencia que se opone al desplazamiento o a la deformación del conjunto de dicha pasta.

Esto solo sucede en las prensas que utilizan discos filtrantes (capachos) como soportes de la pasta a ser extraída.

Son factores fundamentales para una buena conducción del prensado:

– La preparación previa de la pasta.

– La distribución y espesor en el capacho.

– El estado del capacho.

– La velocidad de actuación de la prensa.

– La presión específica de la prensa.

– El tiempo de prensado.

5.3. Extracción por centrifugación de pasta

Se puede considerar a este sistema como el procedimiento óptimo para conseguir aceites de calidad. Este sistema utiliza la fuerza centrífuga para la separación sólido-líquido. Se lleva a cabo en equipos que funcionan en «fase dinámica», es decir donde los sólidos se van desplazando a lo largo del eje de giro y se descargan continuamente (Figura 18.11).

Figura 18.11. Almazara continua de centrifugación.

El equipo fundamental de cualquier instalación de extracción continua de aceite de oliva por centrifugación es el decantador centrífugo horizontal (decanter). Este consta esencialmente de un rotor cilíndrico-cónico giratorio y un rascador helicoidal de eje hueco, que gira coaxialmente en el interior del mismo y a diferente velocidad que él (Figura 18.12).

Al ser sometida la pasta de aceituna a la acción de la fuerza centrífuga, los sólidos se adosan a la pared del rotor y son arrastrados hacia un extremo por el tornillo sinfín. Los líquidos (aceite y fase acuosa) forman anillos concéntricos más interiores en función de su densidad y son enviados al exterior por conducciones diferentes (Figura 18.13).

En el sistema de centrifugación continuo de tres fases, los tres componentes de la pasta salen por tres salidas independientes, mientras que en el sistema de dos fases, que tiene solo dos salidas, el orujo y el alpechín salen juntos por una salida única y el aceite sale por la otra. La Figura 18.14 muestra la salida de las fases líquidas de un decanter de tres salidas, mientras que la Figura 18.16 muestra la salida del aceite de un decanter de dos fases.

Figura 18.12. Sección del decanter de un sistema de extracción continua de aceite de oliva virgen.

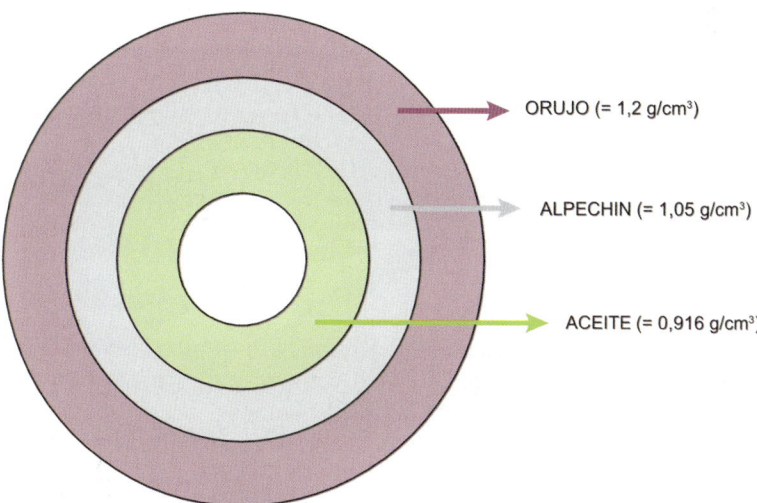

ORUJO (= 1,2 g/cm³)

ALPECHIN (= 1,05 g/cm³)

ACEITE (= 0,916 g/cm³)

Figura 18.13. Separación de los componentes de la pasta de aceitunas sometidos a centrifugación.

Figura 18.14. Salidas de las fases líquidas del decantador centrífugo de tres fases.

Con respecto al sistema clásico de presión, los sistemas de centrifugación presentan las siguientes ventajas e inconvenientes.

Ventajas:

– Menor superficie.

– No se emplean capachos.

– Menor tiempo de montaje.

– Menor mano de obra.

Figura 18.15. Balsas de evaporación de alpechín.

– Automatización del proceso.

– Mejor calidad de aceite.

Inconvenientes:

– Mayor consumo de energía.

– Mayor consumo de agua, especialmente en el sistema de tres fases.

– Los subproductos sólidos (orujo) salen con un porcentaje elevado de hu-me-dad.

– Mayor producción de alpechines, solo en el caso del sistema de tres fases.

– Mayor inversión económica en la instalación.

En el Cuadro 18.1 se muestra comparativamente la producción acuosa de los diferentes procesos de los sistemas de elaboración. Como puede apreciarse el sistema de centrifugación de tres fases o salidas produce una fase acuosa final (alpechín) de aproximadamente 1,2 l por kg de aceituna. Debido fundamentalmente a su peculiar constitución, según se muestra en el Cuadro 18.2, estas plantas originan un efluente con una alta carga contaminante valorada por la *demanda química de oxígeno,* cuyo vertido a los cauces públicos afecta negativamente al desarrollo biológico de la flora y fauna propias (Alba *et al.,* 1994 y 1995).

Con el fin de paliar esta situación se han establecido medidas gubernamentales que obligan a las almazaras a disponer de algún medio o sistema para el tratamiento o eliminación de este efluente.

CUADRO 18.1

Producción acuosa en los sistemas de elaboración

		Centrifugación	
Procesos	Prensas	3 Fases	2 Fases
Lavado aceituna (l/kg)	0,04	0,09	0,05
Separación sólido-líquido (l/kg)	0,40	0,90	0,00
Separación líquido-líquido (l/kg)	0,20	0,20	0,15
Limpieza en general (l/kg)	0,02	0,05	0,05
Efluente final (l/kg)	0,66	1,24	0,25

El sistema primeramente recomendado como medida de emergencia fue el almacenamiento en balsas para su evaporación natural (Figura 18.15). Al mismo tiempo se fueron desarrollando técnicas de aprovechamiento y depuración que no han tenido la adecuada aceptación por este sector, debido fundamentalmente al grado de eficacia, a los costes de instalación y a su funcionamiento.

CUADRO 18.2

Características de los efluentes producidos en la elaboración de aceite de oliva virgen

Determinaciones Unidades en g/kg	Agua de vegetación	Alpechín	
		Sistema presión	Sistema centrifugación 3 Fases
pH	4,9	4,0	4,9
Riqueza grasa sobre húmedo	4,5	4,5	5,4
Sólidos totales	86,3	94,3	63,9
Sólidos totales minerales	24,8	22,4	8,0
Sólidos totales volátiles	61,5	72,1	55,9
Sólidos en suspensión	16,5	19,7	53,2
Sólidos suspensión minerales	5,9	6,8	6,3
Sólidos suspensión volátiles	10,6	12,9	46,9
Acidez volátil (ác. acético)	0,5	0,6	0,4
Fenoles totales (ác. cafeico)	1,8	1,6	1,1
Demanda química de oxígeno	122,4	118,7	64,5

En base a esta situación y con la ley de vertidos industriales, la tecnología de elaboración por centrifugación ha ido evolucionando en el sentido de adoptar medidas de control interno y diseñando plantas capaces de funcionar con el menor caudal posible de fluidificación en el decantador centrífugo.

En España a finales de la campaña oleícola 1991-92 se realiza la demostración industrial de una planta de centrifugación, capaz de efectuar la elaboración de aceite de oliva virgen, sin fluidificación y sin producción de la fase acuosa en el decantador, con lo que se reducía enormemente el caudal de producción y contaminación de los efluentes (Alba, 1994).

Esta planta sale al mercado bajo la denominación de «ecológica», indicándose que el decantador centrífugo posee «dos salidas» de productos, aceite y orujo (Figura 18.16), estando en este último contenido el agua de vegetación de la aceituna, confiriéndole por esta circunstancia una nueva constitución más húmeda y plástica.

Por derivación de ideas del decantador de tres fases con tres salidas, al nuevo se le suele denominar también de dos fases, por la asociación con las dos salidas (Hermoso *et al.*, 1995).

Entre ambas plantas de centrifugación existen diferencias notables, como las que se muestran en los esquemas de los procesos básicos de funcionamiento (Figuras 18.17 y 18.18), en las características medias de los aceites que se expone en el Cuadro 18.3, en el de subproductos sólidos (orujos) del Cuadro 18.4, y en los líquidos acuosos que se muestran en el Cuadro 18.5 (Alba *et al.*, 1992).

Figura 18.16. Salida de aceite del decantador centrífugo de dos fases.

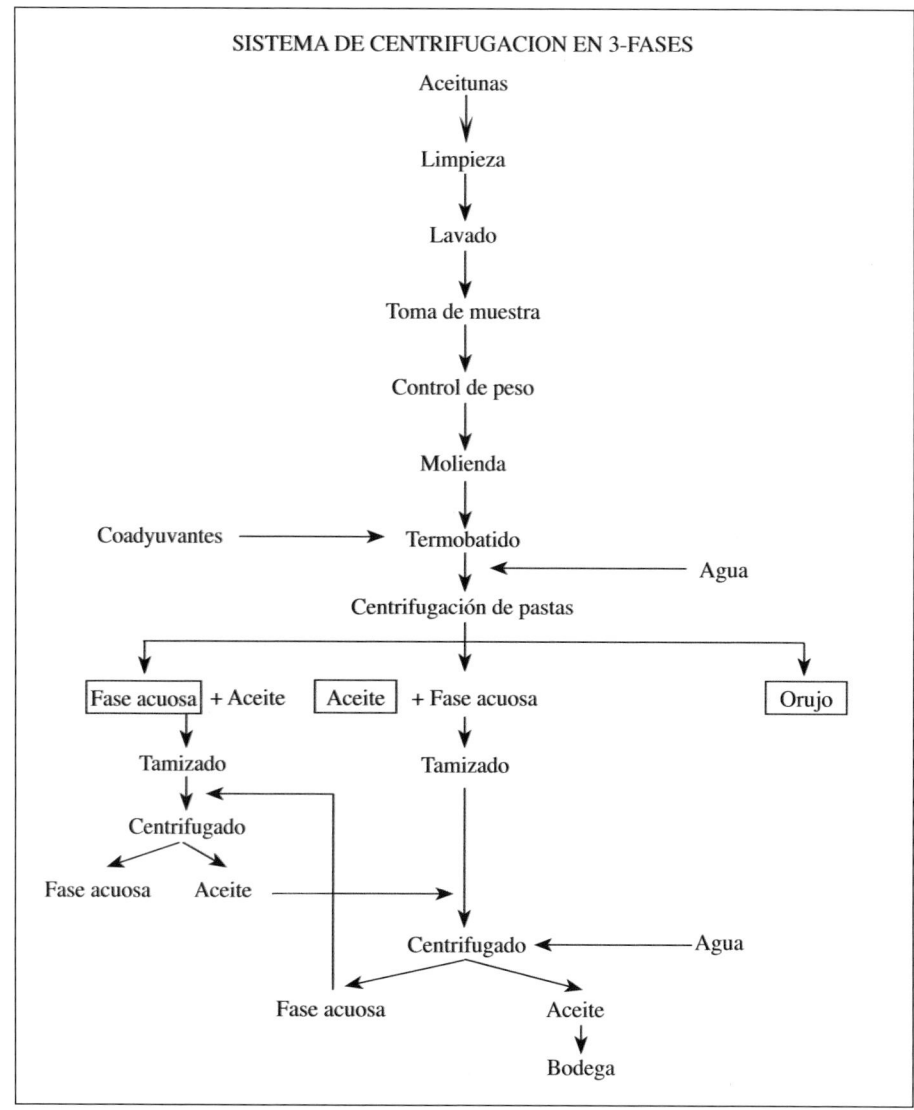

Figura 18.17. Sistema de centrifugación en 3 fases.

Los datos expuestos en los Cuadros 18.3, 18.4 y 18.5 corresponden a un estudio de seguimiento y control efectuado en 21 instalaciones de prensa, 47 de centrifugación de tres fases y 89 de dos fases, desarrollado por el equipo de investigación de la Almazara Experimental del Instituto de la Grasa (CSIC) de Sevilla.

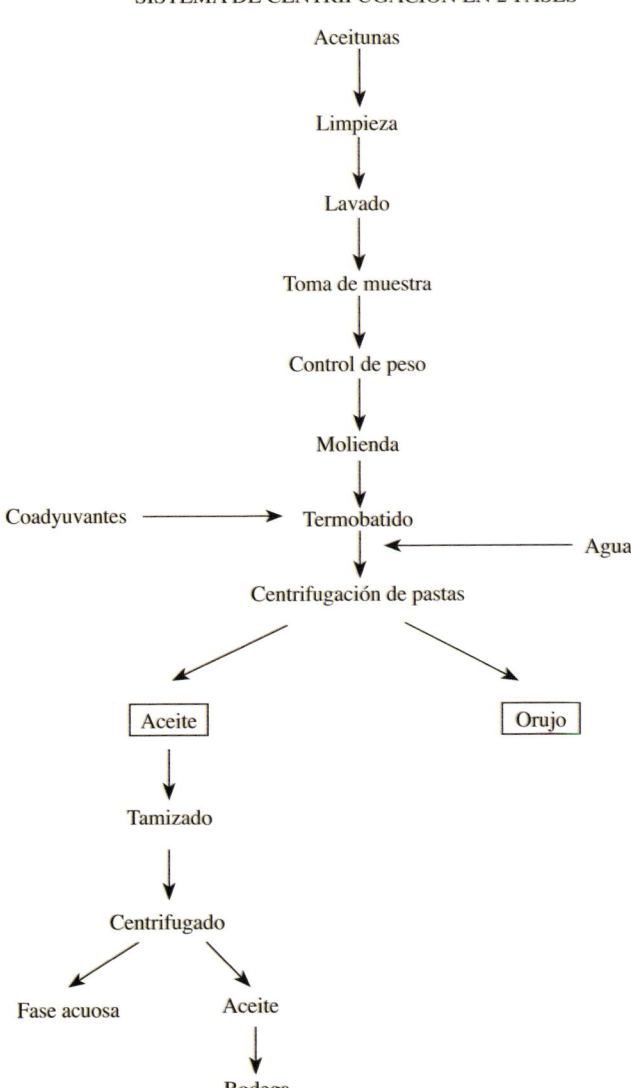

SISTEMA DE CENTRIFUGACION EN 2-FASES

Figura 18.18. Sistema de centrifugación en 2 fases.

Resultados similares confirman las diferencias en las características de los aceites y de los subproductos obtenidos con los tres sistemas diferentes (prensa y sistemas de centrifugación en tres y dos salidas), obtenidos en ulteriores trabajos (Capogna y Alba, 2000 y 2003).

CUADRO 18.3

Características medias de los aceites de oliva virgen según el sistema de elaboración

Determinaciones	Sistema de elaboración		
	Prensas	Centrifugación	
		3 Fases	2 Fases
Acidez (º)	1,86	0,48	0,54
I. Peróxidos (meq.O_2/kg)	12,45	11,24	11,74
$E^{1\%}_{1cm} K_{270}$ nm	0,16	0,15	0,14
$E^{1\%}_{1cm} K_{232}$ nm	1,83	1,64	1,70
Polifenoles (mg/kg ác. cafeico)	169	185	232
Índice de Amargor	0,5	0,5	0,9
Estabilidad (h)	22,3	35,3	42,6

CUADRO 18.4

Características medias de los orujos según el sistema de elaboración

Determinaciones	Sistema de elaboración		
	Prensas	Centrifugación	
		3 Fases	2 Fases
Humedad (%)	27,12	49,80	56,82
C.A.S. (%)	8,58	7,91	7,58
C.A.H. (%)	6,25	3,97	3,27

C.A.S.: Contenido de aceite sobre materia seca
C.A.H.: Contenido de aceite sobre materia húmeda

CUADRO 18.5

Características medias de los líquidos acuosos según el sistema de elaboración

Procedencia agua	Sistema de elaboración								
	Prensas			Centrifugación					
				3 Fases			2 Fases		
	Sólidos (%)	C.A.H (%)	D.Q.O. (g/kg)	Sólidos (%)	C.A.H (%)	D.Q.O. (g/kg)	Sólidos (%)	C.A.H (%)	D.Q.O. (g/kg)
Lavado aceituna	0,67	0,16	10,35	0,51	0,14	7,87	0,54	0,10	8,69
Centrífuga vert. agua	9,43	0,62	118,28	6,24	0,96	73,82	0	0	0
Centrífuga vert. aceite	1,82	0,55	12,91	0	0	0	1,43	0,57	11,70
Efluente final	7,96	0,19	98,16	4,86	0,31	68,61	2,82	0,29	22,53

C.A.H.: Contenido de aceite sobre materia húmeda
D.Q.O.: Demanda química de oxígeno

6. Separación líquido-líquido

El líquido que se obtiene de las prensas no es solamente aceite, sino una mezcla del mismo con el agua de vegetación que contiene el fruto. Este líquido de prensas, o mosto oleoso, lleva en suspensión un porcentaje variable, generalmente pequeño, de materias sólidas que han escapado a la retención de la capacheta. Su composición en líneas generales se puede estimar en un 30% de aceite, un 60% de fase acuosa, y una cierta cantidad de materias sólidas, normalmente pequeña, pero que a veces, y debido a la constitución de algunas variedades de aceitunas y a diferentes tipos de máquinas empleadas en la extracción, puede ser considerable.

En los sistemas de centrifugación, los líquidos separados en el decantador centrífugo (aceite y agua de constitución diluida) contienen un determinado porcentaje de impurezas como consecuencia del sistema de separación y los diafragmas utilizados.

Se comprende fácilmente la necesidad de una separación, cuanto más eficaz mejor, de estas tres fases (acuosa, aceite y materias sólidas) para la obtención de aceites de calidad.

Los procedimientos existentes para la separación de las fases líquidas se reducen a decantación natural, a centrifugación o a sistemas compuestos por la combinación de ambos procesos.

6.1. Decantación

Desde muy antiguo el método empleado para conseguir esta separación consiste en la decantación natural de estos líquidos, basándose en las diferencias de densidad existentes entre ellos (Figura 18.19). La densidad del aceite oscila entre 0,915 y 0,918 y la del alpechín entre 1,015 y 1,086.

Figura 18.19. Batería de decantación.

Esta separación de las dos fases líquidas por decantación natural se realiza en una serie de depósitos de mampostería, revestidos de azulejos y comunicados entre sí, o de otros materiales como el poliéster con fibra de vidrio o el acero inoxidable.

Igualmente los decantadores verticales estáticos o dinámicos de acero inoxidable pueden ser utilizados para realizar la separación de fases, siendo prioritario realizar un correcto manejo de las purgas para eliminar el agua y sólidos que acompañan al aceite, minimizando el tiempo de contacto entre ellos, evitando posibles alteraciones sensoriales del aceite (Gila *et al.*, 2016).

Los factores a tener en cuenta para conseguir buenos resultados en esta operación son: temperatura, limpieza, adición de agua y tiempo.

6.2. Centrifugación

La operación de decantación natural requiere un gran espacio, circunstancia que se agrava en el caso de las grandes almazaras que producen cantidades muy elevadas de líquidos.

Hay que tener en cuenta el tiempo necesario para obtener la decantación natural de estos aceites, que permanecen en contacto con la fase acuosa durante largo tiempo, circunstancia que da origen a fermentaciones y alteraciones en la calidad (aumento de acidez y deficiencias en sus características organolépticas).

Por estas causas se utilizan las separadoras centrífugas en las almazaras, lo que permite efectuar la separación de las fases de una forma continua y rápida.

En los sistemas continuos de tres y dos salidas, las fases líquidas previamente separadas en el decantador centrífugo y tamizadas, se someten nuevamente a la acción de las separadoras de platos. De esta forma, con la adición de la mínima cantidad de agua, se consigue limpiar los aceites y de forma similar pero independiente, en la fase acuosa recuperar la fracción de aceite que le acompaña (Figura 18.20).

Los factores a tener presentes en esta operación son: homogeneidad del líquido a centrifugar, caudal de alimentación, temperatura, caudal de agua de adición y tiempo de trabajo entre descargas.

El aceite que sale de la centrífuga vertical debe hacerse pasar por decantadores para que tenga lugar la desaireación que provoca la centrifugación, pasando posteriormente a recipientes donde se efectúa la clasificación por calidad para poder ser almacenado según sus características.

El uso de la decantación y de la centrifugación se ha abordado por diversos autores que han estudiado la ventajas e inconvenientes que sobre la calidad del aceite tiene la utilización de ambos métodos de separación (Altieri *et al.*, 2015).

Se ha demostrado que las partículas sólidas y el agua de vegetación que acompaña al aceite producen alteraciones sensoriales durante la etapa posterior de almacenamiento, por tanto, para evitar la caída de calidad se recomienda realizar un proceso de filtración que al eliminar humedad e impurezas presentes, estabilice el aceite en el tiempo retardando la aparición de defectos sensoriales. Este proceso debe realizarse de forma rápida tras la obtención del aceite para minimizar el tiempo de contacto entre las distintas fases, que produciría el deterioro sensorial del aceite.

Figura 18.20. Separadora centrífuga de aceite.

7. Almacenamiento de aceite

En el caso del aceite de oliva virgen es fundamental mantenerlo en unas condiciones adecuadas durante el período de conservación.

Considerando solamente el aspecto cuantitativo se aconseja, si es posible, la instalación de depósitos de una capacidad que permita separar los aceites por su calidad y que representen unidades de fácil clasificación y comercialización. Esta circunstancia se contradice muchas veces con las características variables de la producción, ya que los factores que van a determinar qué clases de aceites se van a obtener dependen de numerosas circunstancias (climatología, plagas, variedad, características del cultivo, etc.). Todo esto puede conducir a la producción de aceites de calidad y cantidad diferentes, lo que hace indispensable que la almazara disponga de depósitos en número y cantidad tal que le permitan adaptarse a las distintas partidas de aceites producidas.

Los depósitos de aceite deben construirse con materiales impermeables e inertes para que este no penetre ni reaccione con su superficie, ya que el aceite absorbido y que no pueda retirarse con la limpieza se altera y compromete la utilización sucesiva del depósito.

La bodega debe mantenerse a una temperatura casi constante, alrededor de los 15-18 °C, evitando cambios térmicos que puedan provocar una congelación cuando la temperatura sea demasiado baja o favorecer la oxidación cuando sea muy alta; debe disponer de la mínima luminosidad y las paredes y suelo estar construidos con materiales que puedan limpiarse con facilidad y frecuencia.

Los «trujales» o depósitos subterráneos tradicionales cumplen estas condiciones, gracias a un revestimiento adecuado (generalmente azulejo refractario vitrificado) que permite asegurar la conservación de los aceites, evitando su alteración y contaminación, conservándolos al abrigo de la luz, el aire y a su temperatura óptima, aunque presentan el inconveniente de no poderse purgar y tener que realizar trasiegos para poder limpiarlos, lo que conlleva problemas de oxidación. (Figura 18.21).

Figura 18.21. Bodega de trujales.

Los depósitos aéreos deben seguir las normas elementales que se exponen a continuación:

- En primer lugar, el depósito aéreo debe estar a cubierto, protegido de los agentes atmosféricos y de las variaciones de temperatura.

- Si el depósito es metálico, salvo que sea de acero inoxidable, que es el material más idóneo y recomendado, debe protegerse interiormente con un recubrimiento inerte de tipo continuo y debe tener el fondo cónico o en plano inclinado con grifo de purga (Figura 18.22).

- Los depósitos de poliéster y fibra de vidrio se comportan de forma similar a los depósitos metálicos protegidos interiormente.

Figura 18.22. Bodega con depósitos de acero inoxidable.

Es recomendable que en la bodega no tengan acceso ni se depositen materiales u objetos que puedan, con sus olores característicos, interferir el aroma del aceite almacenado.

8. Características organolépticas

La calidad aromática del aceite de oliva virgen, que otros aceites no poseen como consecuencia del proceso de refinación, es uno de los factores que más influyen en la preferencia de los consumidores.

El aroma característico del aceite de oliva lo constituye un grupo de componentes volátiles que se encuentran en pequeña proporción. La aplicación de la espectrometría de masas en conjunción con la cromatografía de gases en columnas capilares de gran resolución y con la aplicación de técnicas específicas de obtención de concentrados de aromas permiten el análisis de este tipo de componentes.

De estas investigaciones se deduce que el aceite de oliva tiene un aroma complejo, en el que han podido identificarse más de un centenar de componentes volátiles. Se pretende establecer, a través de los aromagramas, una evaluación objetiva de la calidad organoléptica. Aunque se han hecho grandes progresos en el conocimiento de estos compuestos responsables del olor, color y sabor, es evidente que estos equipos no son, de momento, suficientes para sustituir nuestros sentidos en las apreciaciones organolépticas.

Por tanto, la valoración de la calidad de un aceite debe realizarse conjuntamente con las determinaciones químicas establecidas y con la puntuación aportada por un panel de catadores especializados (Panel Test) (Figura 18.23).

Figura 18.23. Sala de cata.

Debido a esto el Consejo Oleícola Internacional con otros organismos nacionales e internacionales han desarrollado la investigación de una metodología internacional particularmente adaptada a la valoración organoléptica de los aceites de oliva virgen, que debe ser conocida y desarrollada por los responsables de las instalaciones que elaboran, envasan y comercializan este tipo de aceite.

En las Figuras 18.24 y 18.25 se representan los resultados de un estudio sobre el análisis sensorial de los aceites obtenidos con los tres diferentes sistemas de extracción (Capogna y Alba, 2003).

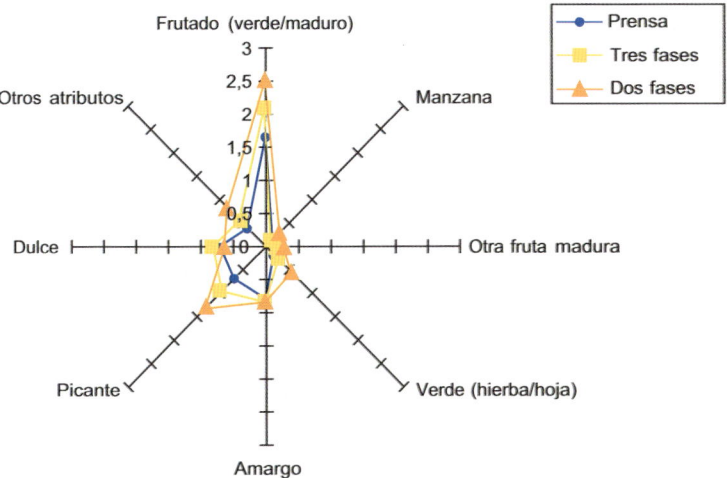

Figura 18.24. Atributos de los aceites de oliva virgen en función del sistema de extracción.

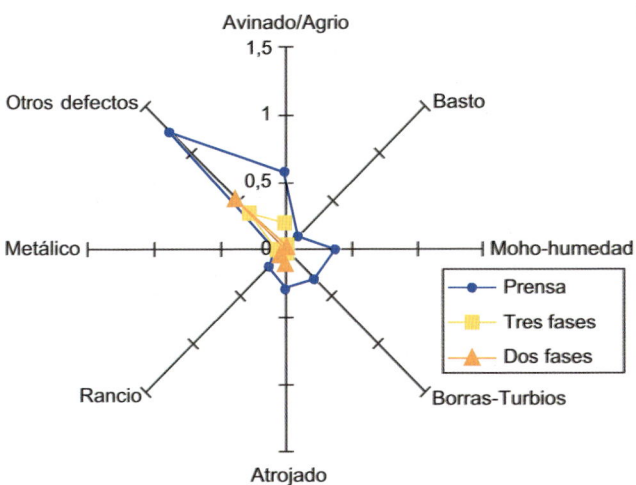

Figura 18.25. Defectos de los aceites de oliva virgen en función del sistema de extracción.

La Figura 18.24 muestra como el aceite obtenido con el sistema tradicional presenta menos atributos que los aceites obtenidos con los sistemas continuos, especialmente para las características relacionadas con el «frutado». La Figura 18.25 evidencia como los defectos del aceite de prensa son mucho más pronunciados que los defectos de los aceites obtenidos con los sistemas continuos. Los defectos más detectados han sido: avinado/agrio, basto, moho/humedad, borras/turbio, atrojado, rancio, metálico, apreciándose también «otros defectos», entre los cuales se detectan con mayor frecuencia el sabor/olor a capacho, orujo, alpechín, depósito sucio, etc. Defectos que ponen de manifiesto la dificultad de trabajar en condiciones higiénico-sanitarias adecuadas para una industria alimentaria como es una almazara.

9. HACCP

El sistema HACCP (Hazard Analysis and Critical Control Point), conocido en España como ARCPC (Análisis de Riesgos y de Control de Puntos Críticos), ha sido establecido a nivel europeo con la Directiva 93/43/CEE del 13 de junio de 1993 y se ha hecho obligatorio en España con el Real Decreto 2207/1995 de 28 de diciembre.

Es un sistema basado en la *prevención* de los riesgos higiénico-sanitarios relacionados con la preparación, fabricación, transformación, envasado, almacenamiento, transporte, distribución, manipulación y venta o suministro al consumidor de los alimentos.

El aceite procedente de las aceitunas, siendo un producto destinado a la alimentación humana está sometido a este sistema, llamado también sistema de autocontrol.

El HACCP se basa en siete principios fundamentales:

1. Realizar el análisis de riesgos relacionado con el proceso que se considera.

2. Identificar los puntos críticos de control (CCP) que pueden contribuir a la reducción del riesgo.

3. Establecer los límites críticos de los parámetros.

4. Establecer un sistema de vigilancia para el control de los límites.

5. Establecer las medidas correctoras en el caso de que los límites no se respeten.

6. Establecer los criterios de verificación para comprobar la eficacia del sistema.

7. Establecer un sistema de documentación.

10. Refinación del aceite de oliva

Los requerimientos de calidad que exige el consumidor habitual de aceite de oliva están ligados a su tradición y su cultura. Los consumidores cercanos a las zonas de producción encuentran una gran satisfacción con el «aceite de oliva virgen» de su región, comarca o zona, mientras que los consumidores de comarcas alejadas de las zonas de producción notan diferencias en las características organolépticas que hacen que ese tipo de «aceite de oliva virgen» no les satisfaga de manera plena. Cuando los consumidores no tienen costumbre de consumir el «aceite de oliva virgen» de una región determinada, son mucho más exigentes en sus preferencias organolépticas. En general, el gran público desea «aceites de oliva virgen» con sabores suaves. Por esta razón, aparece el «aceite de oliva», mezcla de «aceite de oliva virgen» de calidad (utilizado para encabezar) y de «aceite de oliva refinado» (utilizado para quitar intensidad a las características organolépticas de los aceites vírgenes).

Los consumidores acostumbrados a consumir, casi exclusivamente, aceite de semillas refinado desearían un «aceite de oliva» o un «aceite de oliva refinado», prácticamente sin color y sin olor; desean conservar y degustar íntegramente el flavor de los alimentos sin que se mezcle con el posible flavor del aceite.

Todos los «aceites de oliva vírgenes» no tienen las mismas características químicas, físicas u organolépticas debido a las diferentes variedades, a las condiciones climáticas locales, a la recogida de las aceitunas en diferentes grados de madurez, al distinto mecanismo de obtención del aceite, a la diferente conservación del aceite, etc.

La necesidad de la refinación de los «aceites de oliva vírgenes» está, pues, en adecuar dichos aceites a la comercialización de una «marca», con características químicas, físicas y organolépticas más o menos fijas y predeterminadas, teniendo en cuenta las preferencias organolépticas del público a que está destinado y la utilización posterior del mismo en los alimentos elaborados, semielaborados o sin elaborar.

El volumen de aceite de oliva que se refina en España no se conoce con precisión. En la campaña 1996/97 las cifras aportadas por el Fondo Español de Garantía Agraria del Ministerio de Agricultura, Pesca y Alimentación, referentes a la Ayuda al consumo de Aceite de Oliva de dicha campaña son: litros envasados de «virgen extra» 59.350.633, de «virgen corriente» 78.846.457 y de «aceite de oliva» 360.340.499. En este caso la cantidad envasada de aceite refinado destinada únicamente a consumo de boca fue de 324.306.450 litros, lo que supone aproximadamente el 65% del total envasado.

10.1. Métodos de refinación

Cada «aceite de oliva virgen» que se refina tiene unas características propias y se debe de obtener un «aceite de oliva refinado» de características adecuadas para su consumo posterior, procurando que las pérdidas de aceite neutro a lo largo de todo el proceso sean mínimas. Un kg de aceite de oliva refinado tiene un precio muy superior al de un kg de aceite que se vaya en las pérdidas y haya sido recuperado de los subproductos, a pesar de ser ambos la misma cosa. Por tanto, no siempre se refinará de igual manera; muchas veces se considera la *refinación industrial del aceite de oliva como un arte más que como una ciencia*, si bien la ciencia ha de estar presente en todas y en cada una de las etapas de la refinación si se desea obtener y mantener la calidad del aceite acabado dentro de los parámetros de rentabilidad.

Existen dos tipos de refinación para los aceites, que se diferencian principalmente en la forma de eliminar los ácidos grasos libres. La refinación «química» (emplea la neutralización alcalina) y la refinación «física» (los elimina mediante destilación a vacío y con arrastre de vapor). El criterio principal para preferir una sobre la otra está basado en la necesidad de hacer mínimas las pérdidas y, por consiguiente, está relacionado con la acidez libre del aceite y con aquellos posibles compuestos que influyan a la hora de alcanzar unas determinadas características en el producto final.

Desgomado

Esta etapa previa (fundamentalmente necesaria para aceites de orujo de aceituna) tiene por objeto eliminar en los aceites los compuestos con fósforo (fosfolípidos, también llamados fosfáridos o lecitinas por parte de los refinadores), las gomas o los mucílagos presentes, por su capacidad de formar emulsiones, por disminuir la actividad para las tierras decolorantes y por ser una causa importante de deterioro de los aceites durante la desodorización y de los aceites refinados, si llegan hasta el final de la refinación. Se eliminan añadiendo agua para procurar su floculación y separación del seno de la fase oleosa o bien mediante agua después de tratar a los aceites con ácido fosfórico (2.000 ppm de ácido por cada 800 ppm de fosfáridos) para el caso de que no sean directamente hidratables (cuando los fosfolípidos se encuentran en forma de sales cálcicas o magnésicas) a unos 40 °C y con tiempo de reacción entre 2 y 4 horas como máximo para los sistemas discontinuos y de algunos segundos hasta 4 horas para los sistemas continuos. Posteriormente hay que:

a) separarlos tras el tiempo de reacción (suele hacerse en casos que dé refinación física);

b) dejarlos en el seno del aceite para separarlos tras la neutralización química.

Los «aceites de oliva vírgenes», cuando han sido adecuadamente obtenidos, solo contienen fosfáridos en muy pequeñas cantidades; el tratamiento con agua que tiene lugar durante el barrido de las pastas de aceitunas es suficiente para que floculen estos compuestos y resten en la fase sólida.

Depurado

Previo a la refinación física del aceite de oliva es frecuente hacer una etapa de depurado, que consiste en un lavado con agua para eliminar las impurezas groseras arrastradas mecánicamente de forma accidental, sobre todo para los aceites de oliva lampantes y de baja calidad.

10.1.1. *Refinación química*

Neutralización

El procedimiento utilizado es el tratamiento del aceite con el hidróxido sódico que neutraliza de forma rápida y eficaz los ácidos grasos (forma de jabones) y contribuye, en algunos casos, a decolorar el aceite. Durante la neutralización, si no se realiza en condiciones adecuadas, se pueden originar ataques del álcali a los triacilgliceroles aumentándose las pérdidas. Junto con los ácidos grasos libres se elimina una cantidad significativa de compuestos minoritarios de interés. Esteroles, tocoferoles (Niewiadomski, 1958; Vitagliano y Turri, 1958; Fedeli *et al.*, 1971; Kochhar, 1983; Lanzón *et al.*, 1987) y los compuestos hidrosolubles (antioxidantes polifenólicos) responsables de la gran estabilidad ante la auto-oxidación de los buenos aceites de oliva vírgenes.

La selección de la concentración de sosa y de la cantidad a añadir es extremadamente importante para disminuir las pérdidas (Denise, 1983). Actualmente la neutralización discontinua se realiza en tanques abiertos con calefacción indirecta (entre 60 y 70 °C; en todo caso, nunca debe alcanzarse los 90 °C), la sosa se añade en forma de lluvia fina y manteniendo el aceite con una agitación suave. Transcurrido el tiempo necesario para el «granado de los jabones» se separan de las fases por decantación o por centrifugación. Es frecuente añadir salmuera para facilitar la separación. El proceso en continuo consta de un sistema de control de los flujos de sosa y de aceite; un mezclador mecánico; un cambiador de calor y un separador centrífugo. La temperatura de trabajo puede ser próxima a los 90 °C y el tiempo de contacto, de escasos segundos. Tiene una gran importancia la regulación de la contrapresión de las centrífugas utilizadas para evitar, al máximo, la pérdida de grasa neutra en las pastas; de ello depende el encarecimiento de esta operación.

Lavado

Es necesario eliminar los restos de jabones de la fase oleosa neutra separada por la capacidad que los mismos tienen de formar emulsiones y de inactivar las tierras decolorantes y por ser una causa de deterioro de los aceites refinados. El lavado se realiza con agua desmineralizada, con un máximo de un 15% respecto a la cantidad total de aceite presente, y se suelen emplear dos lavados principalmente.

Pérdidas

Durante las operaciones anteriores se producen pérdidas, algunas inevitables, como la disminución producida en la cantidad total de aceite por la eliminación de su acidez libre, de su humedad y de sus impurezas, y otras que pueden ser disminuidas, como la grasa neutra, que se separa junto con los residuos. Cuando la acidez libre del aceite es inferior al 2%, se disminuyen las pérdidas evitables realizando la refinación física.

Secado

Los aceites neutros lavados hay que secarlos (su humedad, un 0,2%, desactiva las tierras decolorantes). Una buena técnica de secado consiste en someterlos a vacío (entre 30 y 60 mm Hg) y a una temperatura de 85-90 °C.

Características más usuales de los aceites neutros, lavados y secos

Acidez libre, inferior a 0,1% y preferiblemente inferior a 0,03-0,02%, contenido de jabón inferior a 50 ppm, contenido en fósforo por debajo de 5 ppm y humedad residual inferior a 0,08%.

Decoloración

Durante la decoloración se reduce el color del aceite debido a la adsorción de los pigmentos, responsables del mismo, sobre tierras decolorantes (Bernardini, 1981). Las variables a considerar son el tipo y cantidad de tierra utilizada (entre 0,3% y 1%), la temperatura (entre 90 y 95 °C) y el tiempo de tratamiento (entre 10 y 20 minutos). La decoloración se debe realizar siempre a vacío (30 y 60 mm Hg), para evitar en lo posible los efectos de la oxidación. En los casos de aceites con grandes cantidades de clorofila se precisa añadir pequeñas cantidades de carbón activo (entre el 5 y el 15% con respecto a la cantidad de tierras añadidas). Los aceites deben quedar lo suficientemente decolorados (incoloros) de acuerdo con su posterior utilización. Transcurrido el tiempo de operación se pasa el aceite a filtración.

Las tierras escurridas, con un contenido en aceite próximo al 30% de su peso, entran fácilmente en autoignición.

Desodorización

Su objetivo es eliminar los componentes responsables del olor y del sabor de los aceites. Cuando no se ha procedido a eliminar previamente los ácidos grasos libres mediante la neutralización con álcali, los mismos se eliminan en esta etapa por destilación, denominándose al proceso global *refinación física*.

La desodorización es una destilación a vacío (entre 6 y 3 Torr) y a alta temperatura (entre 180 y 265 °C como mínimo; en el caso del aceite de oliva, no es muy conveniente sobrepasar los 220 °C en la desodorización y los 250 °C en la refinación física), que se lleva a cabo con arrastre con vapor de agua, aunque en los últimos años ha surgido como alternativa el uso del nitrógeno (Huesa y Dobarganes, 1990; Graciani *et al.*, 1991; Ruiz-Méndez *et al.*, 1996). En estas condiciones, la desodorización (y destilación de ácidos grasos en los casos de refinación física) es posible por la gran diferencia de volatilidad entre los triacilgliceroles y las sustancias a destilar. El proceso se realiza de manera discontinua, semicontinua y continua. Es siempre necesario preparar el aceite para la etapa, procediendo a desairearlo y, por último, enfriarlo a vacío para impedir que el aceite se deteriore una vez desodorizado.

10.1.2. *Refinación física*

Como la operación que produce más pérdidas de aceite neutro durante la refinación química de los aceites es la neutralización alcalina, para aceites con acidez inferior a 2° muchos industriales prefieren evitarla y, con ello, disminuir las pérdidas. La refinación física consta de las mismas etapas que la refinación química, a excepción de la de neutralización; los ácidos grasos libres se eliminan conjuntamente con los compuestos responsables del olor y del sabor en la etapa de desodorización, que pasa a llamarse destilación neutralizante. Sin embargo, precisa de una mayor garantía de que el aceite no contiene fosfátidos para garantizar el mínimo de alteraciones durante su decoloración y su desacidificación (refinación física).

Otras operaciones

En algunas circunstancias y para un público consumidor muy especial, a las etapas reseñadas habría que añadir la «invernación» o «winterización» o «eliminación de margarinas», que tiene por objeto eliminar aquellos triacilgliceroles más saturados junto con otros componentes que cristalizan a temperaturas bajas. Y en casos muy excepcionales en la refinación del aceite de oliva, el «descerado», que tiene por objeto eliminar las ceras.

Almacenamiento

El aceite desodorizado (ya refinado) necesita ser almacenado y conservado sin alteración en tanques bajo nitrógeno hasta su comercialización. Con este fin se inyecta nitrógeno en la tubería de salida del aceite frío desodorizado y antes de su entrada en el tanque de almacenamiento y se mantiene un espacio de cabeza con este gas en los tanques para evitar al máximo la autoxidación.

Aceite de oliva

Por último, para una adecuada comercialización de este tipo de aceites, es necesario hacer la mezcla correspondiente del «aceite refinado» con el «aceite de oliva virgen» adecuado. Esta operación se realiza en tanques y para provocar una buena homogeneización de toda la masa se suele inyectar por el fondo del mismo, en una buena distribución, nitrógeno que, además de favorecer la conservación del producto, provoca una adecuada agitación y, por consiguiente, una mezcla homogénea y rápida de los dos tipos de aceites.

Envasado

En general, se envasa el aceite acabado bajo atmósfera de nitrógeno y en envases adecuados. Para envases no transparentes no hay que tomar muchas precauciones, solo que no sean permeables al oxígeno exterior. En envases transparentes, es conveniente que, además de no ser permeables al oxígeno exterior, lleven algún tipo de filtro de luz ultravioleta para evitar al máximo el posible deterioro del aceite envasado. En todos los casos no ha de haber emigración de los componentes del envase hacia el aceite y se han de cumplir todas las especificaciones de calidad del aceite y las normativas sobre etiquetado.

10.2. Aceite de orujo

Estos aceites son extraídos con hexano del residuo seco de la extracción del aceite de oliva y, como todo aceite extraído con disolvente, necesita ser refinado antes de su comercialización y consumo. Varias son, desde el punto de vista de la refinación, las diferencias entre los aceites de oliva vírgenes lampantes y los aceites de orujo y se deben a la diferente manera de haber sido obtenidos. La extracción con disolvente provoca que el aceite de orujo tenga una composición en componentes menores distinta, al menos cuantitativamente. Diferente color, diferentes contenidos en alcoholes grasos, en ceras, en fosfolípidos, etc. Algunos aceites lampantes de oliva obtenidos por segunda centrifugación de las pastas (sobre todo en los casos en que la segunda centrifugación ha sido realizada a las pastas procedentes de la primera centrifugación, pero almacenadas durante un período de tiempo más o menos largo) pueden tener una composición en componentes menores intermedia entre la correspondiente a los «aceites de orujo» obtenidos por disolventes y la usual para los «aceites de oliva vírgenes lampantes» procedentes de aceitunas muy deterioradas antes de su aprovechamiento.

Como es difícil de encontrar aceites de orujo de acidez inferior a 2° (aun cuando proceden de buenos orujos de aceitunas, bien conservados y tratados antes de su extracción con disolventes) en una mayoría de los casos hay que utilizar la *refinación química* y, dado su contenido en compuestos fosforados, es necesario desgomarlos.

Desgomado

Se hace necesaria la etapa de desgomado, ácido fosfórico concentrado y posteriormente agua para flocular los fosfátidos, tal como se describió anteriormente. Es muy frecuente que no se separen las gomas antes de neutralizar.

Descerado

Por los altos contenidos en ceras de estos aceites, es necesario descerarlos para su comercialización. Las ceras son componentes de las cutículas de las matrices oleosas vegetales y están formados por ésteres de ácidos grasos y de alcoholes grasos. Estos compuestos se separan en forma sólida en el seno de los aceites a temperaturas por debajo de los 8-10 °C; tras mantener el aceite con agitación suave a dicha temperatura, al menos de 4-6 horas (en algunos casos puede llegarse hasta las 10 horas) los cristales formados maduran y tienen tamaños adecuados para ser separados. Tras la maduración, los aceites se pueden calentar hasta los 20 °C sin que fundan las ceras, sobre todo cuando el tiempo a que está sometido el aceite a dicha temperatura antes de separar las ceras es corto; de esta manera se disminuye la viscosidad del aceite frío y se gasta menos energía en las operaciones de separación y queda menos grasa neutra retenida por las ceras. Si se realiza el descerado al final de la refinación y sirve para pulir los aceites antes de su comercialización, las ceras se separan por filtración, en filtros Niágara, o por centrifugación (las centrífugas trabajan a un ritmo lento y con mucho gasto de energía). El descerado es caro por las pérdidas en grasa neutra que supone.

Debido a la naturaleza polar de las ceras, a sus propiedades hidrofílicas y a la estabilidad de los cristales formados, se desarrolló una técnica de separación mediante centrifugación en presencia de agua y de un agente tensioactivo, como el propio jabón de la etapa de neutralización, que minimizan las pérdidas del proceso. Muchos refinadores desceran antes de neutralizar y una vez madurados los cristales neutralizan y centrifugan a 20 °C. El rendimiento de separación de las ceras es bueno y las pérdidas de grasa neutra son del mismo orden que las debidas a la neutralización química, con la salvedad de la baja temperatura a que tiene lugar la centrifugación (20 °C). El método utilizado depende de las condiciones de la planta, de la forma de trabajar de las centrífugas o de los filtros.

Neutralización

Antiguamente se encontraban aceites de orujos con acidez superior a 30°. En épocas pasadas recientes era difícil encontrar orujos de acidez tan elevada, si bien en la última o penúltima campaña, y cuando para este tipo de aceites procede de orujos de aceitunas de decanters de dos fases que han tenido un segundo repaso después de haber sido almacenados durante un período prolongado de tiempo, se obtienen aceites de muy alta acidez, con dificultades de neutralización por ocasionar altas pérdidas.

Se utiliza la técnica tradicional o la técnica descrita anteriormente de eliminar las ceras durante esta operación. En todos los casos hay que tener en cuenta el desgomado.

Decoloración

Son algo más difíciles de decolorar por su mayor coloración que los aceites de oliva, pero sin que ello suponga algo distinto a la forma tradicional de decolorar ya descrita.

Desodorización

De forma general, no se puede emplear la «refinación física» para este tipo de aceites, salvo en los casos de muy buena calidad, procedentes de orujos de pastas de aceitunas muy buenas que han sido secadas inmediatamente después de ser centrifugadas y que han sido extraídas con sumo cuidado para evitar la alteración que produce en la masa de orujo la actividad enzimática y otras causas posibles de elevación de la acidez y de las que son responsables del deterioro de los aceites de orujo que se obtengan de esos orujos de aceitunas.

Winterización

Por regla general, los aceites de orujo precisan de la etapa de descerado como se ha indicado anteriormente. Más raramente precisan de la etapa de winterización, si bien hay casos en los cuales es muy útil utilizarla. Para realizarla se someten los aceites a un enfriado lento hasta alcanzar temperaturas inferiores a los 10 °C, dejando madurar los cristales que se forman antes de ser separados por filtración. Se diferencia del descerado en que los triacilgliceroles cristalizados a estas temperaturas funden si se eleva la misma, por lo que hay que separarlos a la misma temperatura de maduración. Las pérdidas de grasa neutra son altas.

Comercialización

Dos son las formas más corrientes de comercializar los aceites de orujos refinados destinados al consumo: como tales «orujos refinados» y como «orujos de oliva», que son mezclas de aceites de orujo refinados y de aceites de oliva virgen.

10.3. Conclusión

Dadas las especiales características del aceite de oliva, su refinación ha de hacerse extremando las precauciones para evitar al máximo las pérdidas de grasa neutra, por su gran valor económico, la depreciación que los mismos pueden sufrir por el deterioro de sus cualidades intrínsecas y para que cumplan con las normas de calidad impuestas por los organismos oficiales de la UE. En general, es más difícil refinar bien un aceite de oliva virgen que otro cualquiera de los aceites de gran consumo.

11. Bibliografía

Alba, J. (1999). «Separación sólido-líquido, análisis de los diferentes sistemas». Seminario Internacional sobre las Innovaciones Científicas y Aplicación en Olivicultura y Elaiotecnia. Consejo Oleícola Internacional. Florencia. Italia.

Alba, J.; Muñoz, E.; Martínez, M. M. (1982). Obtención del aceite de oliva: empleo de productos que facilitan su extracción. *Alimentaria*, 138: 25-55.

Alba, J.; Ruiz, M.A.; Hidalgo, F. (1992). Control de elaboración y características analíticas de los productos obtenidos en una línea continua ecológica. *Dossier Olea*, 2: 43-48.

Alba, J. (1994). Nuevas tecnologías para la obtención de aceite de oliva. En: *Olivicultura*. Editorial Agro Latino, S. L. Barcelona, pp. 85-95.

Alba, J.; Hidalgo, F.; Martínez, F.; Ruiz, M. A.; Moyano, M. J. (1994). Impacto ecológico y ambiental originado por el nuevo proceso de elaboración de aceite de oliva. *Dossier Olea*, 1: 25-34.

Alba, J.; Hidalgo, F.; Martínez, F.; Ruiz, M. M.; Borja, R. (1995). Evaluación medioambiental de los sistemas de elaboración de aceite de oliva en Andalucía. *Mercacei*, Febrero-Marzo: 20-22.

Altieri, G.; Genovese, F.; Tauriello, A.; Di Renzo, G.C. (2015). Innovative plant for the separation of high quality virgin olive oil (VOO) at industrial scale. *Journal of Food Engineering,* 166: 325-334.

Bejaoui, M.A.; Beltrán, G.; Aguilera, M.P.; Sánchez, S.; Jiménez, A. (2016). Continous conditioning of olive paste by high power ultrasounds: Response surface methodology to predict temperature and its effect on oil yield and virgin oil characteristics. *Food Science and Technology*: 175-184.

Bernardini, E. (1981). *Tecnología de aceites y grasas*. Ed. Alhambra. Madrid.

Capogna, D.; Alba, J. (2000). «Influencia del sistema de extracción en la calidad del aceite de oliva virgen». Tesis de Master en Olivicultura y Elaiotecnia. Universidad de Córdoba.

Capogna, D.; Alba, J. (2003). Influencia del sistema de extracción sobre algunos parámetros químico-físicos comerciales. Congreso Expoliva 2003. Jaén, España.

Civantos, L.; Conteras, R.; Grana, R. (1992). *Obtención del aceite de oliva virgen*. Editorial Agrícola Española, S. A., Madrid.

Clodoveo, M.L.; Dipalmo, T.; La Notte, D.; Pati, S. (2014).What's now, what's new and what's next in virgin olive oil elaboration systems? A perspective on current knowledge and future trends. *Journal of Agricultural and Food Chemistry,* 45 (2): 49-59.

Denise, J. (1983). *Le raffinage des corps gras*. Ed. Westhoek. Ediciones Dumkerque.

Di Giovacchino, L.; Mascolo, A. (1988). Incidenza delle tecniche operative nell'olio dalle olive con il sistema continuo. *La Rivista delle Sostanze Grasse*, LXV: 283-289.

Fedeli, E.; Camurati, F.; Cortesi, M.; Favini, G.; Verri, V.; Jacini, G. (1971). Variazioni di composizioni e strutture degli oli vegetali a sequito della reffinazione. Note 1. Oli lampanti di oliva. Neutralizzazione con alcali. *Riv. Ital. Sostanze Grasse*, 48: 481-487.

Gila, A.; Betrán, G.; Bejaoui, M.A.; Sánchez, S.; Nopens, I.; Jiménez, A. (2016). Modeling the settling behavior in virgin olive oil from a horizontal screw solid bowl. *Journal of Food Engineering*, 168, art. 8249: 148-153.

Graciani-Constante, E.; Rodríguez-Berbel, F.; Paredes, A.; Huesa, J. (1991). Deacidification by distilation using nitrogen of edible fats. *Grasas y Aceites*, 42: 286-292.

Hermoso, M.; González, J.; Uceda, M.; García-Ortiz, A.; Morales, J.; Frías, L.; Fernández, A. (1995). *Elaboración de aceite de oliva de calidad II. Obtención por el sistema de dos fases*. Dirección General de Investigación, Tecnología y Formación Agroalimentaria y Pesquera. Junta de Andalucía.

Hermoso, M.; Uceda, M.; García-Ortiz, A.; Morales, J.; Frías, L.; Fernández, A. (1991). *Elaboración de aceite de oliva de calidad.* Dirección General de Investigación, Tecnología y Formación Agroalimentaria y Pesquera. Junta de Andalucía. 176 págs.

Huesa, J.; Dobarganes, M. C. (1990). Patente ES 2.013.206.

Kocchar, S. P. (1983). Influence of processing on sterols of edible vegetable oils. *Prog. Lipid Res.*, 22: 161-188.

Lanzón, A.; Albi, T.; Gracián, J. (1987). Alteraciones registradas en los componentes alcohólicos del insaponificable del aceite de oliva en el proceso de refinación. Primeros ensayos. *Grasas y Aceites*, 38: 203-209.

Leone, A. (2014). Olive milling and pitting. *The Extra Virgin Olive Oil handbook.* 139-154. Leone, A.; Romaniello, R.; Zagaria, R.; Sabella, E.; De Bellis, L.; Tamborrino, A. (2015).

Machinings effects of different mechanical crusher on pit particle size and oil drop distribution i olive paste. *European Journal of Lipid Science and Technology*, 117(8):1271-1279.

Leone, A.; Esposto, S.; Tamborrino, A.; Romaniello, R.; Taticchi, A.; Urbani, S.; Servilli, M. (2016). Using a tubular heat excharger to improve the conditioning process of the olive paste: Evaluation of yield and olive oil quality. *European Journal of Lipid Science and Technology*, 118 (2): 308-317.

Niewiadomski, H. (1958). The influence of neutralisation and bleaching methods on the removal of sterols from the rape oil. *Oleagineux*, 13: 175-177.

Ruiz-Méndez, M. V.; Garrido-Fernández, A.; Rodríguez-Berbel, F.; Graciani-Constante, E. (1996). Relationships among the variables involved in the physical refining of olive oil using nitrogen as stripping gas. *Fett-Lipid*, 98: 121-125.

Veneziani, G.; Esposto, S.; Taticchi, A.; Selvaggini, R.; Di Maio, I.; Sordini, B.; Servilli, M. (2015). Flash thermal conditioning of olive pastes during the oil mechanical extraction process: cultivar impact on the phenolic and volatile composition of virgin olive oil. *Journal of Agricultural and Food Chemistry*, 63(26): 6.066-6.074.

Vitagliano, M.; Turri, E. (1958). La misura dei costituenti minori negli oli di oliva italiani. *Olearia*, 12: 143-156.

CAPÍTULO 19

LA CALIDAD DEL ACEITE DE OLIVA

María Paz AGUILERA
Marino UCEDA
Gabriel BELTRAN

ÍNDICE

1. Introducción, 893
2. Diferentes criterios de calidad, 894
   2.1. Calidad reglamentada, 895
   2.2. Calidad nutricional y terapéutica, 899
   2.3. Calidad culinaria, 900
   2.4. Calidad comercial, 901
3. Factores que influyen en la calidad del aceite de oliva, 901
   3.1. De carácter agronómico, 901
       3.1.1. Factores agronómicos intrínsecos, 902
       3.1.2. Factores agronómicos extrínsecos, 909
   3.2. De carácter industrial, 913
4. Consideración final, 918
5. Bibliografía, 918

1. Introducción

Genéricamente, la calidad puede definirse como «*la propiedad o conjunto de propiedades inherentes a una cosa, que permiten apreciarla como igual, mejor o peor que las restantes de su especie*».

Definir la calidad del aceite de oliva, como de cualquier otro producto alimentario es, cuando menos, una ardua tarea que viene condicionada por una multitud de variables. No obstante, una serie de enfoques distintos nos pueden conducir hacia un concepto claro de qué entendemos por calidad en un producto como el aceite de oliva.

La calidad alimentaria es el conjunto de propiedades y características de un producto alimenticio o alimento relativas a las materias primas o ingredientes utilizados en su elaboración, a su naturaleza, composición, pureza, identificación, origen, y trazabilidad, así como a los procesos de elaboración, almacenamiento, envasado y comercialización utilizados y a la presentación del producto final, incluyendo su contenido efectivo y la información al consumidor final especialmente el etiquetado. (Ley 28/2015, de 30 de julio, para la defensa de la calidad alimentaria).

El consumidor además de percibir esta calidad, percibe una calidad extrínseca como la percepción de la calidad del producto, aspectos relacionados con la sostenibilidad y la responsabilidad social. Aspectos de calidad que están adquiriendo mas importancia en la actualidad.

En las características apreciadas por el consumidor, se encuadra la definición dada por Kramer y Twing (1962), esencial para los que estudian la calidad de los alimentos, en la que correlacionan las características o atributos del producto con el grado de aceptación del consumidor.

Dando un paso más en esta aproximación a la definición más precisa de calidad, se encuentra el concepto marcado por Burón y García Teresa (1979) que expresa que la calidad del aceite de oliva es «*el conjunto de propiedades o atributos que él posee y que determina el grado de aceptación del consumidor respecto a un determinado uso*».

2. Diferentes criterios de calidad

Existen distintas concepciones de calidad según el uso del aceite de oliva, estableciendo en primer lugar que la *calidad no es única* y encontrándonos con diferentes ópticas, desde la *reglamentada,* que sería aquella que se define por las normas establecidas, pasando por la *nutricional, comercial, sensorial,* etc.

Para facilitar la comprensión de los distintos parámetros que establecen los tipos de calidades definidas, a continuación se describen algunas de las funciones de cada uno de ellos y las unidades en que se expresan:

Acidez. Este parámetro mide el contenido en ácidos grasos libres presentes en un aceite de oliva virgen en porcentaje de ácido oleico.

Índice de peróxidos. Los peróxidos son productos de oxidación existentes en una muestra, en un momento determinado. Mide el grado de oxidación primaria de un aceite de oliva. Se expresa en miliequivalentes de oxígeno activo por kg de grasa.

Coeficiente de extinción al ultravioleta: K_{270}. Mide la presencia de compuestos oxidados (dienos y trienos conjugados) anormales, que alteran la calidad del aceite.

Perfil sensorial. Describe las características organolépticas, aquellas que se miden con los órganos de los sentidos, del aceite de oliva virgen valorándolos en una escala continua cuya línea mide 10 cm.

Tocoferoles totales (vitamina E). Los tocoferoles son antioxidantes naturales que protegen al organismo frente al envejecimiento celular, procesos oxidativos y enfermedades coronarias. El mayoritario en los aceites de oliva vírgenes es el α-tocoferol. Se mide en mg/kg o partes por millón (ppm).

Polifenoles totales. Estos compuestos protegen, en general, de los procesos oxidativos al organismo y son responsables de algunos aspectos sensoriales de los aceites de oliva virgen tales como el sabor amargo y la sensación bucotáctil picante. Entre sus funciones está la de proteger a los aceites de las reacciones de autoxidación. Se expresan en mg/kg o partes por millón (ppm) de ácido cafeico.

Estabilidad oxidativa. Parámetro analítico que predice el tiempo que tarda un aceite de oliva virgen en enranciarse. Se expresa en horas de Rancimat a 98 °C. Una hora de estabilidad Rancimat puede considerarse como una semana de estabilidad del aceite conservado en la oscuridad y a 20 °C.

Ácidos grasos. Los ácidos grasos en los aceites de oliva vírgenes aportan grandes ventajas desde el punto de vista nutricional, principalmente protegiendo frente a enfermedades de tipo coronario y son responsables, junto con los polifenoles, de la estabilidad oxidativa de los aceites (a mayor grado de insaturación aumenta su velocidad de oxidación). Considerando los ácidos grasos mayoritarios, según el grado de insaturación, se agrupan en tres grupos: los saturados palmítico y esteárico, monoinsaturados oleico (el mayoritario en los aceites de oliva vírgenes) y palmitoleico, y polinsaturados como linoleico y linolénico. Se expresan en porcentaje.

Amargor (K_{225}). Es una medida química del atributo amargo en los aceites de oliva vírgenes.

Esteroles. Son compuestos liposolubles de carácter no glicerídico que se emplean como parámetro de calidad y pureza del aceite de oliva. Además, presentan propiedades saludables favoreciendo la reducción del colesterol plasmático.

Escualeno. Es el principal hidrocarburo presente en el aceite de oliva y precursor de los esteroles y representa hasta el 40% de la fracción insaponificable. Presenta propiedades bioactivas a nivel celular.

2.1. Calidad reglamentada

La más sencilla de definir es la *calidad reglamentada,* por estar claramente establecida por el Consejo Oleícola Internacional (COI, 2022) y a nivel europeo por el reglamento delegado (UE) 2022/2104 de la Comisión de 29 de julio de 2022 y que esquemáticamente se recoge en el Cuadro 19.1 En cualquier caso, la calidad reglamentada incluiría criterios de seguridad alimentaria y pureza.

Se entiende por *aceite de oliva virgen* el obtenido a partir del fruto del olivo únicamente por procedimientos mecánicos u otros procedimientos físicos, en condiciones que no ocasionen la alteración del aceite, y que no hayan sufrido tratamiento alguno distinto del lavado, la decantación, el centrifugado y la filtración, con exclusión de los aceites obtenidos mediante disolventes, mediante coadyuvantes de naturaleza química o bioquímica, o por procedimientos de reesterificación y de cualquier mezcla con aceites de otra naturaleza. En la práctica, la totalidad de los aceites obtenidos en una almazara tendrán la consideración de aceites de oliva vírgenes. Dentro de estos, y según sus características, tanto físico-químicas como organolépticas, pueden establecerse las siguientes categorías (Cuadro 19.1, Figura 19.1).

Aceite de oliva virgen extra. Debe considerarse el mejor de los aceites de oliva. Tiene características sensoriales que reproducen los olores y sabores del fruto del que proceden, la aceituna. Es el zumo de la aceituna recolectada en su mejor momento de madurez y procesada adecuadamente. Tiene todos los elementos de interés nutricional al no haber sido sometido a ningún proceso de refino. En función de una multitud de matices que presentan los aceites de oliva virgen extra y que dependen de distintos factores, desde la variedad al medio de cultivo, pueden obtenerse tipos diferenciados adecuados al gusto de los consumidores.

Aceite de oliva virgen. Es el aceite de oliva que puede presentar ligeras alteraciones, bien sea en sus índices analíticos o en sus características sensoriales, pero siempre en pequeña escala. Estas alteraciones, sobre todo sensoriales, pueden ser prácticamente imperceptibles, pero deprecian la calidad en relación al virgen extra.

CUADRO 19.1

Características de los aceites de oliva. Reglamento delegado (UE) 2022/2104 de la Comisión de 29 de julio de 2022

Categoría	Acidez (%)[*]	Índice de peróxidos (mEq O2/kg)[*]	K232	K268 o K270	ΔK	Características organolépticas		Ésteres etílicos de los ácidos grasos (mg/kg)	Ceras (mg/kg)	Estigmastadienos (mg/kg) (3)	Monopalmitato de 2-glicerilo (%)	ΔECN42
						Mediana del defecto (Md)[*][1]	Mediana del frutado (Mf)[2]					
Aceite de oliva virgen extra	≤ 0,80	≤ 20,0	≤ 2,50	≤ 0,22	≤ 0,01	Md = 0,0	Mf > 0,0	≤ 35		≤ 0,05	≤ 0,9 si el % total de ácido palmítico ≤ 14,00%; ≤ 1,0 si el % total de ácido palmítico > 14,00%	≤ |0,20|
Aceite de oliva virgen	≤ 2,0	≤ 20,0	≤ 2,60	≤ 0,25	≤ 0,01	Md ≤ 3,5	Mf > 0,0	—	C42 + C44 + C46 ≤ 150	≤ 0,05	≤ 0,9 si el % total de ácido palmítico ≤ 14,00%; ≤ 1,0 si el % total de ácido palmítico > 14,00%	≤ |0,20|
Aceite de oliva lampante	> 2,0	—	—	—	—	Md > 3,5(3) (3)	—	—	C40 + C42 + C44 + C46 ≤ 300(3)	≤ 0,50	≤ 0,9 si el % total de ácido palmítico ≤ 14,00%; ≤ 1,1 si el % total de ácido palmítico > 14,00%	≤ |0,30|
Aceite de oliva refinado	≤ 0,30	≤ 5,0	—	≤ 1,25	≤ 0,16				C40 + C42 + C44 + C46 ≤ 350	—	≤ 0,9 si el % total de ácido palmítico ≤ 14,00%; ≤ 1,1 si el % total de ácido palmítico > 14,00%	≤ |0,30|
Aceite de oliva que contiene exclusivamente aceites de oliva refinados y aceites de oliva vírgenes	≤ 1,00	≤ 15,0	—	≤ 1,15	≤ 0,15				C40 + C42 + C44 + C46 ≤ 350	—	≤ 0,9 si el % total de ácido palmítico ≤ 14,00%; ≤ 1,0 si el % total de ácido palmítico > 14,00%	≤ |0,30|
Aceite de orujo de oliva crudo	—	—	—	—	—				C40 + C42 + C44 + C46 > 350(5)	—	≤ 1,4	≤ |0,60|
Aceite de orujo de oliva refinado	≤ 0,30	≤ 5,0	—	≤ 2,00	≤ 0,20				C40 + C42 + C44 + C46 > 350	—	≤ 1,4	≤ |0,50|
Aceite de orujo de oliva	≤ 1,00	≤ 15,0	—	≤ 1,70	≤ 0,18				C40 + C42 + C44 + C46 > 350	—	≤ 1,2	≤ |0,50|

(1) Por mediana de los defectos se entiende la mediana del defecto percibido con mayor intensidad.

(2) Cuando las medianas del atributo amargo o del atributo picante sean superiores a 5,0, el jefe de panel debe señalarlo.

(3) La mediana de los defectos puede ser inferior o igual a 3,5 cuando la mediana del frutado es igual a 0,0.

CUADRO 19.1 *(Cont.)*

Categoría	Composición de ácidos grasos								Composición de los esteroles						Esteroles totales (mg/kg)	Eritrodiol y uvaol (%) (**)
	Mirístico (%)	Linolénico (%)	Araquídico (%)	Eicosenoico (%)	Behénico (%)	Lignocérico (%)	Sumas de los isómeros transoleicos (%)	Sumas de los isómeros translinoleicos + translinolénicos	Colesterol (%)	Brasicasterol (%)	Campesterol[1] (%)	Estigmasterol (%)	β-sitosterol aparente[2] (%)	Δ-7-estigmastenol[1] (%)		
Aceite de oliva virgen extra	≤0,03	≤1,00[2], 1,00[2]	≤0,60	≤0,50	≤0,20	≤0,20	≤0,05	≤0,05	≤0,5	≤0,1	≤4,0	<Camp.	≥93,0	≤0,5	≥1 000	≤4,5
Aceite de oliva virgen	≤0,03	≤1,00[2], 1,00[2]	≤0,60	≤0,50	≤0,20	≤0,20	≤0,05	≤0,05	≤0,5	≤0,1	≤4,0	<Camp.	≥93,0	≤0,5	≥1 000	≤4,5
Aceite de oliva lampante	≤0,03	≤1,00	≤0,60	≤0,50	≤0,20	≤0,20	≤0,10	≤0,10	≤0,5	≤0,1	≤4,0		≥93,0	≤0,5	≥1 000	≤4,5(3)
Aceite de oliva refinado	≤0,03	≤1,00	≤0,60	≤0,50	≤0,20	≤0,20	≤0,20	≤0,30	≤0,5	≤0,1	≤4,0	<Camp.	≥93,0	≤0,5	≥1 000	≤4,5
Aceite de oliva que contiene exclusivamente aceites de oliva refinados y aceites de oliva vírgenes	≤0,03	≤1,00	≤0,60	≤0,50	≤0,20	≤0,20	≤0,20	≤0,30	≤0,5	≤0,2	≤4,0	<Camp.	≥93,0	≤0,5	≥2 500	≤4,5
Aceite de orujo de oliva crudo	≤0,03	≤1,00	≤0,60	≤0,50	≤0,20	≤0,20	≤0,20	≤0,10	≤0,5	≤0,2	≤4,0		≥93,0	≤0,5	≥2 500	≤4,5(3)
Aceite de orujo de oliva refinado	≤0,03	≤1,00	≤0,60	≤0,50	≤0,20	≤0,40	≤0,40	≤0,35	≤0,5	≤0,2	≤4,0	<Camp.	≥93,0	≤0,5	≥1 800	≤4,5
Aceite de orujo de oliva	≤0,03	≤1,00	≤0,60	≤0,50	≤0,20	≤0,40	≤0,40	≤0,35	≤0,5	≤0,2	≤4,0	<Camp.	≥93,0	≤0,5	≥1 600	≤4,5

(2) β-sitosterol aparente: Δ-5,23-estigmastadienol + clerosterol + β-sitosterol + sitostanol + Δ-5-avenasterol + Δ-5,24-estigmastadienol.
(3) Se considera que los aceites con un contenido de ceras entre 300 mg/kg y 350 mg/kg son aceites de oliva lampantes si el contenido total de alcoholes alifáticos es inferior o igual a 350 mg/kg o si el contenido de eritrodiol y uvaol es inferior o igual al 3,5%.
(4) Los aceites con un contenido de eritrodiol + uvaol entre el 4,5 y el 6% deben tener un contenido de eritrodiol inferior o igual a 75 mg/kg.
(5) Los aceites con un contenido de ceras comprendido entre 300 mg/kg y 350 mg/kg se consideran aceite de orujo de oliva crudo si el contenido de alcoholes alifáticos totales es superior a 350 mg/kg y si el contenido de eritrodiol y uvaol es superior al 3,5%.
L 284/12 ES Diario Oficial de la Unión Europea 4.11.2022

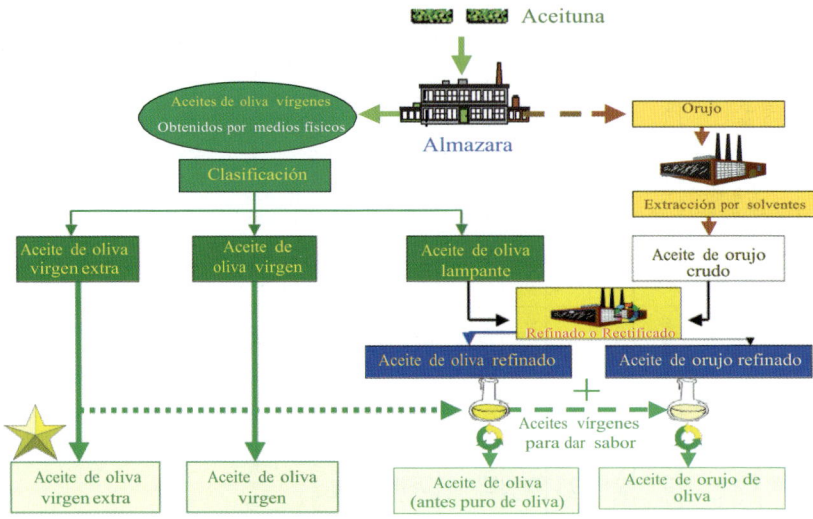

Figura 19.1. Tipos de aceite de oliva y de orujo.

Estas dos categorías son las únicas que pueden encontrarse envasadas en el mercado.

Aceite de oliva lampante. Es el peor de los aceites de oliva vírgenes. Presenta serias alteraciones en sus índices físicos-químicos o sensoriales. Este aceite no puede consumirse tal como se produce y necesariamente ha de someterse a un proceso de refinación para rectificar sus defectos y hacerlo comestible, dando lugar al *aceite de oliva refinado,* que presenta unas características sensoriales prácticamente neutras, sin sabor ni olor y que sirve de base para la composición de otros aceites.

Aceite de oliva. contiene exclusivamente aceites de oliva refinados y aceites de oliva vírgenes. Es otro de los aceites que se encuentran envasados, siendo el que tiene actualmente la mayor cuota de mercado. Se trata de un aceite integrado por Aceite de Oliva Refinado y Aceite de Oliva Virgen en proporciones variables según el tipo de aceite que se pretenda obtener. Sus características se recogen en el Cuadro 19.1.

Fruto de la elaboración del aceite de oliva, en las almazaras se obtiene un subproducto graso, el orujo. Este subproducto es aprovechado por la industria extractora para obtener, mediante disolventes orgánicos, el *aceite de orujo de oliva* crudo. También se puede encontrar *aceite de orujo de oliva crudo* obtenido por procedimientos mecánicos, ya que aquellos *aceites de oliva lampantes* cuyo contenido en ceras esté comprendido entre 300 y 350 mg/kg, el contenido en alcoholes alifáticos totales sea superior a 350 mg/kg y el porcentaje de eritiodiol y uvaol sea superior a 3,5 se denominarán como *aceites de orujo de oliva crudo.* Este aceite posee unas características, definidas en el citado Cuadro 19.1, que no lo hacen apto para el consumo directo, por lo que se le somete a un proceso de refinado para obtener el *aceite de orujo de oliva refinado*. Mejorándolo con aceite de oliva virgen, da lugar a un nuevo aceite que está presente en el mercado y que se denomina *aceite de orujo de oliva,* cuya procedencia se recoge en el Figura 19.1.

La calidad reglamentada queda pues definida en las líneas anteriores, dando lugar a una clasificación de aceites en diferentes categorías. Cuando en un aceite de oliva virgen uno de los parámetros físico-químicos o sensoriales de los que se describen en el Cuadro 19.1 no cumple la norma, el aceite de oliva pasa a la categoría siguiente. Otra acepción de la calidad reglamentada es calidad diferenciada, que implica además de cumplir los requerimientos de la calidad reglamentada otros de cumplimiento voluntario. Las principales figuras de calidad diferenciadas en las que 'se incluye al aceite de oliva virgen extra son: Indicación Geográfica Protegida (IGP), Denominación de Origen Protegida (DOP), Calidad diferenciada, Producción Integrada y Producción Ecológica, cada una con su correspondiente reglamento.

2.2. Calidad nutricional y terapéutica

La *calidad nutricional y terapéutica* de un aceite de oliva está íntimamente relacionada con su composición, tanto en la fracción saponificable como en la insaponificable. En general, el consumo de aceite de oliva virgen posee un efecto beneficioso sobre la salud (Lopez-Miranda *et al.*, 2010). En la actualidad, las declaraciones sobre los efectos beneficiosos de los alimentos sobre la salud se han regulado a nivel europeo a través del reglamento UE nº 432/2012 en el que se recogen tres alegaciones nutricionales aplicables al aceite de oliva virgen. Una de las alegaciones está referida al contenido de ácido oleico y establece que "La sustitución de grasas saturadas por grasas insaturadas en la dieta contribuye a mantener niveles normales de colesterol sanguíneo". En definitiva, en el caso del aceite de oliva su riqueza en ácido oleico permitiría acogerse a esta alegación nutricional.

En este sentido el contenido del aceite de oliva en ácido oleico, monoinsaturado, tiene una gran importancia al comprobarse en el estudio expuesto por el profesor Grande Covián (1989), cómo el aceite de oliva, rico en ácidos grasos monoinsaturados, frente a un aceite con alto contenido en poliinsaturados, reduce en el mismo nivel la tasa de colesterol total, pero la cifra de colesterol en la lipoproteína de alta densidad (HDL), el llamado colesterol bueno, se elevó significativamente desde un 19% a un 24% del total. Se han descrito otros efectos beneficiosos del acido oleico sobre la salud.

Ademas del ácido oleico en el aceite, existen un número considerable de compuestos presentes en concentraciones pequeñas y que han mostrado una elevada actividad biológica, como es el caso de los tocoferoles o vitamina E. Trabajos de Mataix y Martínez de Victoria (1988), Viola (1970), García Olmedo *et al.* (1989), insisten en la composición acídica, el contenido en tocoferoles o vitamina E y su relación con los ácidos grasos poliinsaturados, así como otros componentes menores del aceite, tanto bajo la óptica nutricional como la terapéutica. Asi, existe una alegación nutricional referida al contenido de tocoferoles o vitamina E de los alimentos, a la que se podría referir el aceite de oliva virgen por su contenido en estos compuestos, relacionada con la contribución de la vitamina E a la protección de las células frente al daño oxidativo.

Los polifenoles del aceite constituyen la única alegación nutricional específica para el aceite de oliva, en la que ha sido reconocida su contribución a la protección de los lípidos de la sangre frente al daño oxidativo. La fracción fenólica de los aceites presenta una acción protectora frente a las enfermedades cardiovasculares ya que protegen a las LDL de los procesos oxidativos (Lamuela *et al.,* 2004). Ademas se ha descrito su efecto protector frente al daño sobre ADN cellular (Warletta *et al.,* 2011).

El alto contenido en ácido oleico y la composición en fenoles de los aceites de oliva vírgenes tienen un efecto protector frente a determinados tipos de cáncer a nivel celular (Méndez *et al.,* 2006).

Otros componentes minoritarios de gran interés nutricional son los triterpenos (ácidos y alcoholes) para los que se ha descrito un efecto protector frente a la oxidación de las LDL y frente al cáncer de mama (Allouche *et al.,* 2010; 2011).

2.3. Calidad culinaria

Otro aspecto de la calidad es la *calidad culinaria* ligada, en parte, a los aspectos nutricionales y terapéuticos. En este campo, se ha de diferenciar la utilización en crudo y su utilización en fritura asi como en otras técnicas culinarias.

En la primera de las cuestiones de la calidad culinaria, su utilización en crudo, son los caracteres sensoriales lo fundamental a la hora de definir calidades. Para caracterizar organolépticamente un aceite de oliva virgen existe el método del *panel test* (COI, 1987) modificado y actualizado, que permite realizar objetivamente un perfil con los atributos del aceite. Los diferentes tipos que pueden presentarse dependen de múltiples factores varietales, medio ambientales, edafológicos, etc., dando lugar a una gama de aceites capaces de satisfacer los diferentes gustos de los consumidores en función de su utilización en ensaladas, salsas, maridajes con otros alimentos, etc., propiciando una verdadera cultura del aceite a imagen de la existente en el vino.

En el segundo aspecto, es decir su utilización en fritura, son parámetros como la resistencia a la termoxidación, penetración de la grasa muy ligada al gasto de aceite, la vida útil en repetidas frituras, que naturalmente están relacionadas con la composición de los aceites, las que hay que determinar para evaluar esta calidad. Los trabajos realizados por Varela (1994), Dobarganes (1984), Frías y Ruano (1989), marcan el camino a seguir. En el caso de la fritura con aceite de oliva virgen, habría que tener en cuenta el enriquecimiento del alimento con componentes minoritarios del aceite con propiedades nutricionales, como los compuestos fenólicos, triterpenos, escualenos y esteroles (Kalogeropoulos, 2010).

2.4. Calidad comercial

La *calidad comercial* es quizá la más difícil de precisar, pues los aspectos a contemplar son muy variados y subjetivos y en ella confluyen tanto la calidad reglamentada, la nutricional como la culinaria ademas de otros muchos aspectos que definen la elección por parte del consumidor de un determinado aceite como la calidad diferenciada, aspectos relacionados con la sostenibilidad y protección del medioambiente y la responsabilidad social. Hay, no obstante, algún parámetro objetivo y de interés general como la *estabilidad,* que permite predecir el enranciamiento y por ende la caducidad de un aceite. El aceite, en realidad, no presenta fecha de caducidad sino fecha de consumo preferente, por lo que sería de gran utilidad el desarrollo de estudios de vida útil que aporten información sobre el tiempo y las condiciones de conservación que permitan preservar la calidad, así como de las propiedades bioactivas y sensoriales del aceite.

También parece necesario establecer índices de calidad para los aceites de oliva según las distintas utilizaciones que de él se hacen. La información al consumidor debe facilitar a través de la divulgación científica que el usuario conozca, aprecie y utilice adecuadamente los diferentes aceites de oliva que se presentan en el mercado. De este modo, se puede desarrollar una *cultura del aceite* que revalorice este producto.

3. Factores que influyen en la calidad del aceite de oliva

Existe una gran cantidad de factores que inciden en la calidad del aceite de oliva, entendida esta en su más amplia concepción. Estos se pueden clasificar en agronómicos y de transformación o industriales.

3.1. De carácter agronómico

Los factores agronómicos inciden en la calidad del aceite de oliva ya que afectan directamente a la aceituna, primera fábrica de aceite.

Estos factores se clasifican en:

Intrínsecos. Aquellos que difícilmente pueden modificarse. Entre ellos se encuentran la variedad y el medio agrológico.

Extrínsecos. Son los que pueden ser controlados, con relativa facilidad, por el propio agricultor. Se pueden incluir en este apartado las prácticas culturales, la recolección y el transporte.

3.1.1. *Factores agronómicos intrínsecos*

Ni la variedad ni el medio agrológico, en condiciones normales, tienen una influencia neta sobre la calidad reglamentada, tal como ha sido definida (Cuadro 19.2). Cualquier variedad y medio pueden proporcionar aceites clasificados en la categoría de vírgen extra, siempre que procedan de aceitunas sanas, recogidas en el momento oportuno, de una forma adecuada y elaborados correctamente.

Por el contrario hay diferencias, e importantes, entre los aceites procedentes de distintos cultivares y medios agrológicos, que se reflejan en algunos de los otros conceptos de calidad. Así, el medio agrológico tiene una incidencia mayor o menor, en general pequeña, sobre la composición acídica de los aceites de un mismo cultivar, salvo en condiciones extremas, en las que puede existir fuerte incidencia, sobre todo en variedades denominadas «poco plásticas» en las que el medio puede llegar a cambiar notablemente la composición acídica. En algunas variedades concretas, 'Arbequina' (Tous y Romero, 1994) la composición de aceite puede variar desde el 52% de ácido oleico hasta el 74% en función de las condiciones de latitud y clima. En el Cuadro 19.3 se recogen datos de diferentes autores (Cimato *et al.,* 1991; Tous y Romero, 1994; Uceda, *et al.,* 1994). Estos indican que esta variación difiere según los cultivares, siendo algunos influidos con más intensidad por el medio agrológico.

Sin embargo, el medio agrológico presenta una clara influencia sobre la fracción insaponificable, lo que se traduce en aceites de diferentes caracteres sensoriales. Este hecho es conocido desde antiguo, estimándose que los aceites de Sierra son «más finos» que los de Campiña.

Así, el contenido en polifenoles (Cimato *et al.,* 1991), (Cuadro 19.4), muestra una marcada incidencia del medio edafoclimático, obteniéndose aceites con características sensoriales diferentes ya que los polifenoles son responsables del amargor, sensación de picante y astringencia de los aceites.

Algo similar ocurre con el contenido en tocoferoles (Cimato *et al.,* 1991), (Cuadro 19.5), expresados en α-tocoferol, en donde el medio agrológico hace variar su contenido, dentro del mismo cultivar o variedad.

La *variedad* ha manifestado claramente su influencia tanto en la composición acídica (Cuadro 19.3), en polifenoles (Cuadro 19.4), como en tocoferoles (Cuadro 19.5) y otros compuestos de interés nutricional como esteroles y ácidos triterpénicos (Kyçyck *et al.,* 2016; Allouche *et al.,* 2009).

En un estudio de la variación del contenido en ácidos grasos realizado durante 5 años, con recogida en tres épocas sobre unas 30 variedades, estas fueron responsables del 73% de la variación del contenido en ácido palmítico, del 82,6% en ácido esteárico, del 78,2% en ácido oleico y del 77,9% en ácido linoleico, mientras las diferencias entre años explicaron el 17,3%, el 8,2%, el 11,2% y el 11,7% de la variación de los referidos ácidos. Las épocas de recolección explicaron como máximo el 4% de la variación en ácido palmítico (Uceda y Hermoso, *datos sin pu-*

blicar). Esta fuerte componente varietal se evidencia en la variación porcentual del contenido en los cuatro ácidos grasos reseñados (Figuras 19.2 y 19.3). Hay que resaltar que desde el punto de vista de la salud es deseable un alto contenido en ácido oleico y bajo en palmítico y linoleico.

CUADRO 19.2

Indices de calidad del aceite de diferentes variedades y medios (media de 4 campañas)

Variedad	N^o de datos	Acidez (%)	I. de Peróxidos	K_{232}	K_{270}	$R (K_{232}/K_{270})$	Caracteres sensoriales
'Picual'	153	0,30	4,39	1,541	0,134	11,50	Excelentes
'Lechin de Sevilla'	97	0,33	4,77	1,794	0,125	14,35	Excelentes
'Picudo'	48	0,24	3,97	1,639	0,127	12,91	Excelentes
'Hojiblanco'	106	0,36	4,05	1,513	0,105	14,41	Excelentes

CUADRO 19.3

Composición acídica (%) de aceites de oliva virgen según cultivar y lugar de producción. C16 (Ac. palmítico), C'16 (Ac. palmitoleico), C18 (Ac. esteárico), C'18 (Ac. oleico), C"18 (Ac. linoleico)

Cultivares (Autores)	Lugar o Altitud	C_{16}	C'_{16}	C_{18}	C'_{18}	C''_{18}
'Picual'	< 200 m	11,55	1,00	4,33	76,07	5,72
(Uceda *et al.*, 1977)	> 1.000 m	10,97	0,91	3,20	78,38	5,20
'Hojiblanco'	< 200 m	9,04	0,62	3,65	76,00	8,68
(Uceda *et al.*, 1977)	> 1.000 m	8,81	0,59	3,38	75,91	9,37
'Arbequina'	Camp	13,92	1,65	1,71	69,88	10,79
(Tous *et al.*, 1991)	Montsant	11,32	1,12	2,17	74,33	9,55
	Garrigues	13,05	1,15	2,40	72,53	9,56
	Firenze	11,20	0,66	1,61	79,50	5,82
'Frantoio'	Grosseto	11,40	0,67	1,74	79,50	5,42
(Cimato *et al.*, 1991)	Livorno	11,50	0,67	1,83	79,30	5,37
	Pistoia	10,90	0,62	1,61	79,90	5,62
	Firenze	11,70	0,90	1,68	80,00	4,67
'Leccino'	Grosseto	13,00	0,99	1,60	78,30	4,70
(Cimato *et al.*, 1991)	Livorno	13,00	1,27	1,98	77,50	5,40
	Pistoia	12,90	0,78	1,75	79,00	4,45

CUADRO 19.4

Contenido en Polifenoles (ppm de ác. cafeico) según zonas, épocas de recolección y variedades

Zona	EPOCA	CULTIVAR			
		'Frantoio'	*'Leccino'*	*'Moraiolo'*	*'Coratina'*
S. Casciano (Firenze)	1ª	195,8	260,2	267,8	475,8
	2ª	108,0	135,0	149,0	396,7
	3ª	104,5	67,2	106,8	328,1
	4ª	104,0	45,3	104,3	228,3
	– X	128,1	126,9	157,0	357,2
Follonica (Grosseto)	1ª	371,2	354,0	379,9	845,0
	2ª	254,2	182,0	336,5	584,3
	3ª	153,1	89,8	198,6	493,2
	4ª	140,9	89,4	178,0	457,3
	– X	229,8	178,8	273,2	594,9
Bolgheri (Livorno)	1ª	501,4	337,1	499,0	968,5
	2ª	321,4	328,0	336,5	684,6
	3ª	272,5	227,5	136,6	555,0
	4ª	249,6	82,4	124,1	441,1
	– X	336,2	243,7	281,5	662,3
Pescia (Pistoia)	1ª	177,3	113,6	188,9	275,9
	2ª	172,4	97,7	147,4	215,1
	3ª	140,3	74,8	77,9	163,0
	4ª	96,6	41,3	59,5	80,8
	– X	146,6	81,2	118,4	183,7

Fuente: Cimato *et al.*, 1991.

Tanto en el contenido en polifenoles totales, como en tocoferoles, la variedad tiene una notable influencia, pero hay otros factores a tener en cuenta (Cuadro 19.6). En ambos casos, la época tiene un peso significativo, lo que nos indica la importancia del proceso de maduración en estos parámetros.

CUADRO 19.5

Contenido en Tocoferoles (ppm de α-tocoferol) según zonas, épocas de recolección y variedades

Zona	ÉPOCA	CULTIVAR			
		Frantoio'	*'Leccino'*	*'Moraiolo'*	*'Coratina'*
S. Casciano (Firenze)	1^a	231	396	331	279
	2^a	233	317	303	260
	3^a	157	218	208	177
	4^a	109	202		157
	$-X$	182,5	283,3	280,7	218,3
Follonica (Grosseto)	1^a	253	454	438	319
	2^a	165	293	240	218
	3^a	102	292	185	162
	4^a		216		149
	$-X$	173,3	313,7	287,7	212
Bolgheri (Livorno)	1^a	255	348	246	284
	2^a		251	145	190
	3^a	127	167	128	150
	4^a	106	162	74	130
	$-X$	162,7	232	148,3	188,5
Pescia (Pistoia)	1^a	251	366	310	299
	2^a	257	375	335	343
	3^a	152	270	203	165
	4^a	124	126	137	140
	$-X$	196	284,3	246,3	236,8

Fuente: Cimato *et al.*, 1991.

CUADRO 19.6

Porcentaje de la variabilidad debida a diferentes fuentes de variación

Parámetro	Fuente de variación (%)			
	Variedad (%)	Año (%)	Epoca (%)	Interacción (%)
Acido palmítico (%)	73,1	17,2	4,0	5,7
Acido esteárico (%)	82,6	8,2	0,9	8,3
Acido oleico (%)	78,2	11,2	1,0	9,6
Acido linoleico (%)	77,9	11,7	0,3	10,1
Polifenoles (ppm de ác. cafeico)	45,7	2,2	17,4	34,7
Tocoferoles (ppm de α-tocoferol)	79,0	1,3	19,7	—
Estabilidad (horas)	75,5	0,4	4,4	19,7

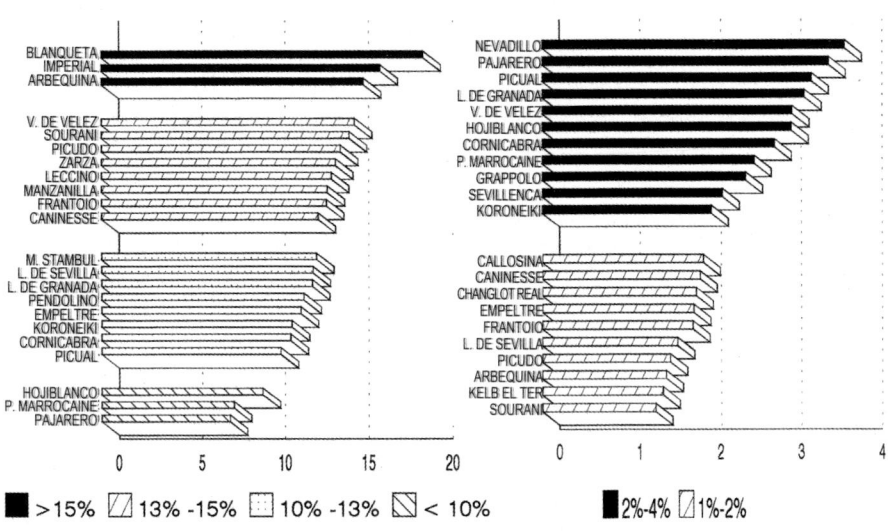

Figura 19.2. Variación de los contenidos (%) en ácidos palmítico (C16) y esteárico (C18) en diferentes variedades de olivo (Fuente: Uceda *et al.*, datos sin publicar).

ACIDO OLEICO C18'   ACIDO LINOLEICO C18"

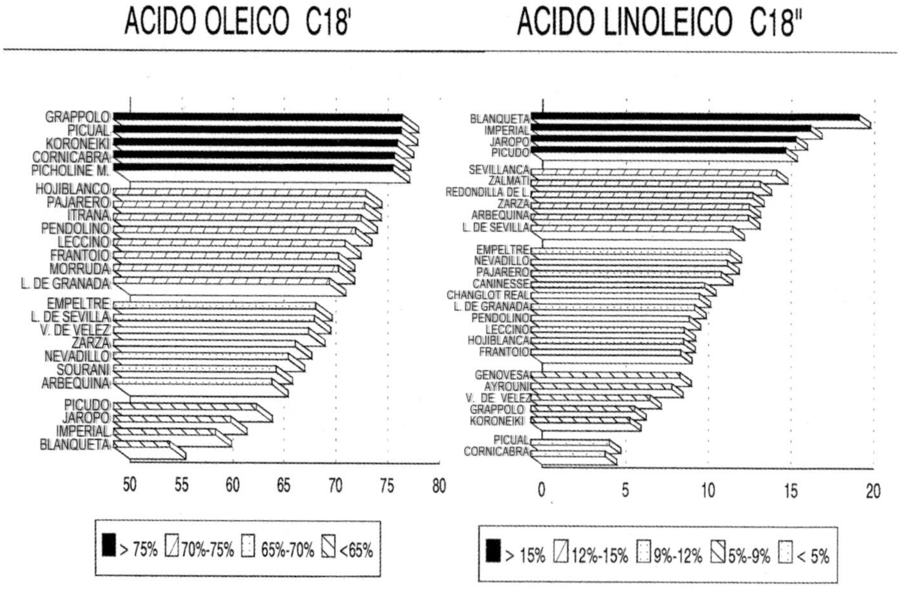

Figura 19.3. Variación de los contenidos (%) en ácidos oleico y linoleico de diferentes variedades de olivo. (Fuente: Uceda *et al.*, datos sin publicar).

La variación del primero, expresado en ppm de ácido cafeico, ha mostrado un fuerte componente varietal (45,7%), aunque también una elevada influencia de la época de recolección (17,4%), escasa del año (2,2%) y relevante de la interacción entre los factores anteriores (34,7%). La estabilidad ha mostrado un mayor componente varietal (75,5%) y de la interacción (19,7%) que de la época (4,4%) y apenas del año (0,4%). Otro de los components minoritarios estudiados son los tocoferoles. Estos antioxidantes naturales han mostrado una fuerte influencia varietal (79,0%) y de las épocas de maduración (19,7%). La variación entre cultivares de las anteriores medidas evidencia amplios intervalos que han permitido una clasificación de las variedades (Figuras 19.4 y 19.5). El contenido en polifenoles y la estabilidad están relacionados, la relación entre polifenoles y estabilidad se corresponde aproximadamente con la distribución varietal para ambas medidas.

Se han realizado estudios sobre la variabilidad genética de diferentes compuestos minoritarios presentes en el aceite, como es el caso del escualeno, esteroles, ácidos triterpénicos y ácidos triterpénicos, mostrando para todos ellos un elevado componente genetico (Beltrán *et al.*, 2015; Kyçyck *et al.*, 2016; Allouche *et al.*, 2009)

El color de los aceites de oliva vírgenes puede ir desde el verde hasta el amarillo tenue. Esta cualidad de los aceites está determinada por varios factores y entre ellos la variedad, en función de la composición en pigmentos clorofilicos y carotenoides que presenten. Los aceites verdes son más ricos en clorofila, tendiendo hacia el amarillo cuando decrece la cantidad de este pigmento y aumentan los carotenoides y feofitinas.

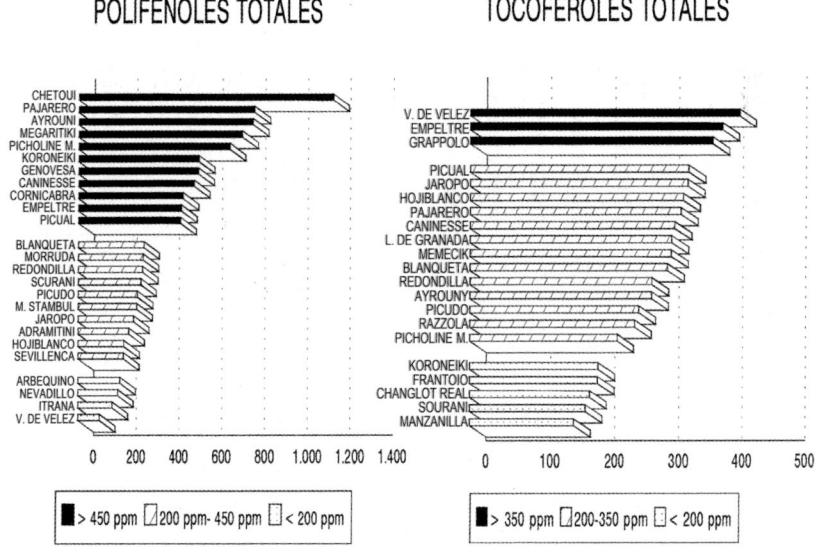

Figura 19.4. Variación del contenido en polifenoles totales (ppm de ác. cafeico) y de tocoferoles totales (ppm de a-tocoferol) en variedades de olivo (Fuente: Uceda *et al.*, datos sin publicar).

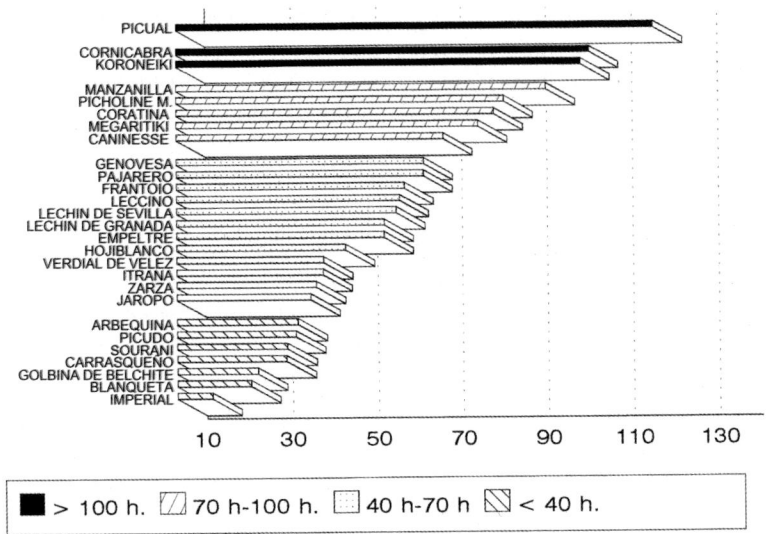

**Figura 19.5. Variación de la estabilidad (horas a 98 °C) en diferentes variedades de olivo
(Fuente: Uceda *et al.*, datos sin publicar).**

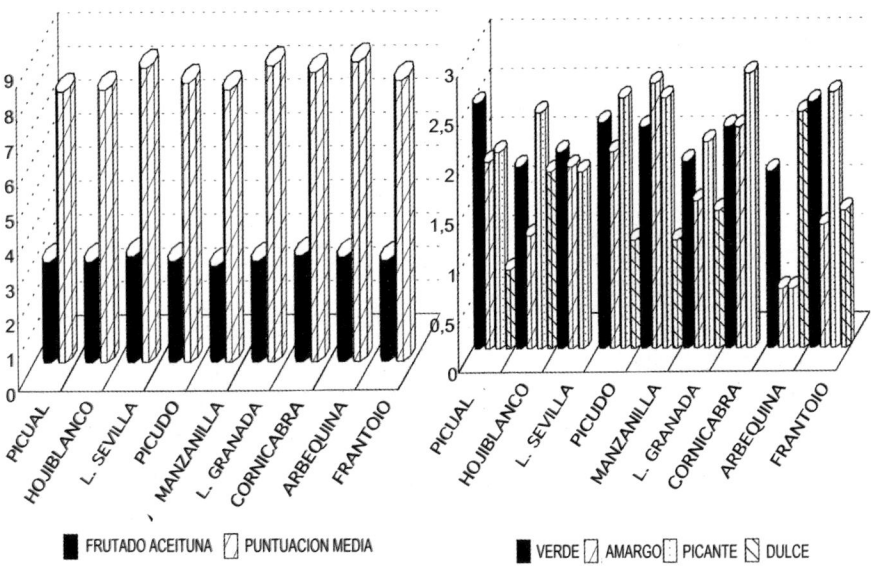

**Figura 19.6. Variación en las características sensoriales de diferentes aceites de oliva virgen varietales
(Fuente: Uceda *et al.*, datos sin publicar).**

Los caracteres sensoriales de los aceites de oliva vírgenes, obtenidos en un impecable proceso de elaboración, pueden considerarse todos como *extra vírgenes,* pero las distintas variedades presentan su propia personalidad sensorial que los hacen diferentes dentro de sus excelentes características organolépticas. (Figura 19.6). Asimismo, en la Figura 19.7 se representan los perfiles sensoriales de dos variedades de características sensoriales diferenciadas.

3.1.2. *Factores agronómicos extrínsecos*

Dentro de este grupo se recogen las prácticas culturales, la recolección y el transporte del fruto a la almazara.

La mayoría de los cuidados culturales, que tienen una marcada influencia sobre la producción de los árboles y, en consecuencia, sobre la de aceite, carecen de significación a nivel de la calidad del aceite. Ni la poda, ni la fertilización (Ferreira *et al.,* 1978), inciden sobre la calidad reglamentada de los aceites obtenidos (Cuadro 19.7), aunque en el caso de la fertilización nitrogenda sí que influye en las fracción fenólica de los aceites, su amargor y estabilidad oxidativa, aumentando cuando los niveles de nitrógeno en hoja son bajos (Fernández-Escobar *et al.*, 2006). El riego, que no ejerce influencia sobre los índices físico-químicos de la calidad reglamentada (Cuadro 19.8), incide sobre el contenido en polifenoles de los aceites (Beltrán *et al.,* 1995), (Figura 19.8), lo que origina un sabor más amargo de los aceites procedentes de secano.

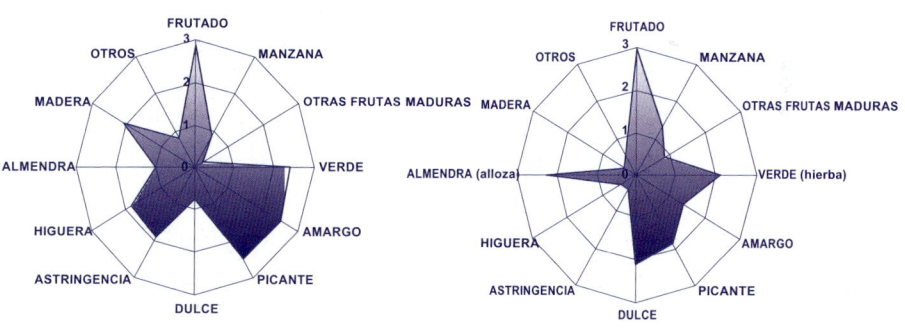

Figura 19.7. Expresión gráfica de los perfiles sensoriales de dos variedades con características organolépticas diferenciadas.

Los tratamientos fitosanitarios son decisivos para la obtención de aceites de calidad. Así, el *Colletotrichum gloesporides*, conocido como aceituna jabonosa, incide directamente en la calidad, dando aceites de coloraciones rojizas y elevada acidez, que aumenta linealmente con el porcentaje de frutos atacados. El tratamiento de esta enfermedad debe ser más riguroso en las variedades sensibles, como la 'Hojiblanca'.

CUADRO 19.7

Indices analíticos de calidad según tipos de fertilización del olivar

Variedad	Periodo	Tratamiento	Acidez	I. Peróxidos	Transmisión U.V.		
					K_{232}	K_{270}	$R^{(1)}$
	75-81	Sin Nitrógeno	0,60	6,77	1,638	0,104	16,98
	75-81	Con Nitrógeno	0,48	7,19	1,734	0,098	19,33
'Lechin de Sevilla'	75-81	Sin Fósforo	0,54	8,33	1,695	0,098	17,82
	75-81	Con Fósforo	0,47	9,06	1,789	0,102	18,14
	75-81	Sin Potasa	0,59	9,57	1,773	0,103	18,34
	75-81	Con Potasa	0,70	7,55	1,708	0,103	17,11
	75-81	Sin Nitrógeno	1,21	9,62	1,542	0,123	12,92
	75-81	Con Nitrógeno	0,72	9,75	1,564	0,131	13,53
'Picual'	75-81	Sin Fósforo	0,83	7,04	1,521	0,118	14,91
	75-81	Con Fósforo	0,69	6,39	1,521	0,109	15,28
	75-81	Sin Potasa	1,03	10,20	1,575	0,138	11,94
	75-81	Con Potasa	0,92	12,16	1,607	0,130	12,76

[1] $R = K_{232}/K_{270}$

CUADRO 19.8

Indices analíticos de calidad de aceites procedentes de olivares de riego y secano

Variedad	Periodo	Tratamiento	Acidez	I. Peróxidos	Transmisión U.V.		
					K_{232}	K_{270}	$R^{(1)}$
'Picual'	74-82	Riego	0,98	16,84	1,643	0,128	12,93
	74-82	Secano	0,82	13,32	1,669	0,135	13,27

[1] $R = K_{232}/K_{270}$

La influencia de la mosca, *Bactrocera oleae Gmelin*, en la calidad del aceite es indirecta. La subida de la acidez y el deterioro de las características organolépticas no se debe al parásito en sí mismo, sino a que ese ataque produce la rotura de la epidermis del fruto, favoreciendo la implantación de un complejo de microorganismos patógenos (Mateo-Sagasta, 1975).

El repilo, *Spilocea (Cycloconium) oleagina,* ataca el pedúnculo del fruto, provocando su caída prematura, con la consiguiente alteración de la calidad organoléptica y de los índices físico-químicos que la determinan.

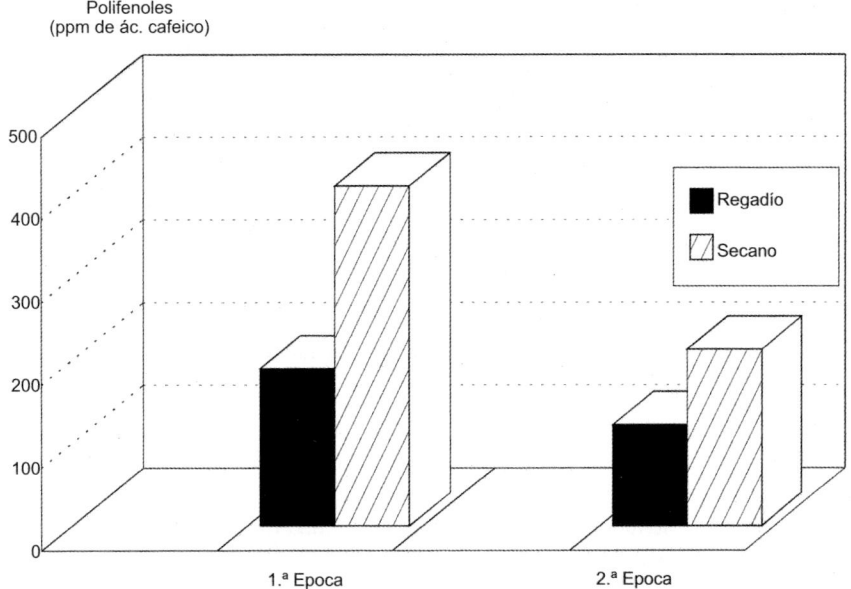

Figura 19.8. Contenido en polifenoles totales (ppm de ácido cafeico) en variedad 'Arbequina' cultivada en riego y secano.

Es pues imprescindible un estricto control de plagas y enfermedades para obtener aceites de alta calidad. Este control será más riguroso en aquellas zonas en que alguna de estas plagas o enfermedades son endémicas.

La recolección de la aceituna, que tiene una gran importancia en los costes de producción y, consecuentemente, en la economía de la explotación olivarera, tiene asimismo una marcada influencia sobre la calidad del aceite obtenido. Tres son los aspectos a considerar en la recolección del fruto bajo la óptica de la calidad: la época, la procedencia del fruto y la forma o método de realizarla.

La *época* de recolección tiene una marcada influencia sobre la composición de los aceites (véase Capítulo 6 y Cuadros 19.4 y 19.5) y sobre los caracteres sensoriales.

Así, a lo largo del proceso de maduración, una vez acabada la lipogénesis o proceso de formación del aceite, se producen cambios en la composición acídica. Estos consisten en la disminución del porcentaje de ácido palmítico y el aumento del ácido linoleico. En líneas generales se mantiene el contenido en ácido oleico, disminuyendo en consecuencia la relación monoinsaturados/poliinsaturados (Uceda *et al.,* 1980).

El contenido en polifenoles del aceite desciende a lo largo de la maduración del fruto, por lo que en el caso de aceites procedentes de frutos de recolección temprana se obtienen niveles elevados de estos antioxidantes, que se pueden modular durante el proceso de extracción (Beltran *et al.,* 2005).

Estas modificaciones en el contenido en polifenoles totales inciden sobre las características sensoriales de los aceites que tienen aromas cada vez más apagados, perdiéndose parte de su fragancia al tiempo que decae el flavor amargo, apareciendo la sensación del flavor dulce. Un retraso en la época de recolección da lugar a aceites menos fragantes, más apagados, menos amargos y con sensación de mayor suavidad, siempre que el fruto procesado esté sano y proceda del árbol.

El color de los aceites también experimenta cambios a lo largo de la recolección. Al principio presentan colores verdes de diversas tonalidades en función de la variedad, virando hacia el amarillo-oro al avanzar la recolección, consecuencia de la disminución paulatina de la relación clorofilas/carotenos (Garrido *et al.*, 1990).

Ademas de estos compuestos, en general se produce una pérdida de compuestos minoritarios del aceite de oliva conforme se retrasa la recolección del fruto.

Un hecho consustancial con el retraso de la recolección es la aparición de caída natural del fruto, más o menos acusada según la variedad (véase Capítulo 6). El fruto en el suelo sufre una serie de alteraciones que deterioran la calidad de los aceites obtenidos. Se ha observado reiteradamente una mayor acidez al aumentar la proporción de frutos caídos y su periodo de permanencia en el suelo. Este deterioro de la calidad se extiende a otros índices analíticos.

También la calidad organoléptica se ve afectada en estos casos. Mientras el aceite del árbol tuvo una clasificacion extra virgen (7,8), con una gran fragancia y marcados atributos, el aceite del suelo se deterioró hasta una puntuación de corriente (4,0), con graves defectos inducidos, como avinado, atrojado y moho-humedad que lo hacen inadecuado para el consumo directo, debiendo someterse a un rectificado por refinación (Cuadro 19.9).

CUADRO 19.9

Comparación de los índices analíticos de aceites de árbol y del suelo

	Acidez	I. Peróxidos	K270	Polifenoles	P. Organoléptica
Arbol	0,15	3,44	0,097	416	7,8
Suelo	1,28	9,53	0,125	101	4,0

Fuente: Estación de Olivicultura. Jaén.

Trabajos mas recientes indican la pérdida de antioxidantes naturales y el incremento de etanol y de ésteres etílicos en los aceites (Beltran *et al.*, 2016). De estos datos se desprende la *necesidad absoluta* de recolectar, transportar y procesar separadamente los frutos de suelo y del árbol, pues pequeñas cantidades de los primeros pueden alterar los segundos obteniéndose aceites con sus caracteres sensoriales perturbados.

Bajo la óptica de la calidad la recolección debe cumplir una premisa esencial, *no romper la epidermis del fruto*. En efecto, esta es la barrera natural que lo prote-

ge del ataque de microorganismos. La rotura de esta barrera permite la implantación del complejo de microorganismos que aceleran los procesos de alteración de
los aceites (Cuadro 19.10).

En resumen, el mejor método para realizar la recolección de la aceituna sería el
ordeño, pues no provoca ningún daño en el fruto. Este tiene el grave inconveniente
de su elevado costo lo que limita su uso.

Un método que puede armonizar el criterio de calidad con el de rentabilidad es
la recolección mecanizada mediante el empleo de vibradores de troncos. Este método no daña la epidermis del fruto, premisa esencial para conseguir calidad, al
tiempo que presenta unos reducidos costes. En la actualidad, con el desarrollo de la
nueva olivicultura basada en las plantaciones de alta densidad o superintensivas, se
ha introducido el uso de maquinas recolectoras cabalgantes que reducen los costes
de forma significativa a la vez que evita el deterioro del fruto.

CUADRO 19.10

Variación de la acidez del aceite en frutos con ataque de mosca, con y sin atrojado

	Aceituna del árbol	*Aceituna del árbol*	*Aceituna del suelo****	*Aceituna del suelo****
	Sin orificio	*Con orificio*	*Sin orificio*	*Con orificio*
Campo*	0,22	0,9	0,72	1,79
Troje**				
Prof. 25 cm	0,41	2,11	11,45	22,29
Prof. 50 cm	0,25	1,58	14,45	16,79

* Elaboración inmediata.
** Elaboración a los 15 días.
*** Un mes en el suelo.
Fuente: Mateo-Sagasta (1975).

3.2. De carácter industrial

Supuesto que el agricultor lleva a la almazara separados los frutos de diferente calidad, la recepción y gestión de este fruto es esencial para conseguir aceites de
calidad. Así, los frutos que potencialmente pueden dar calidad, aceitunas sanas procedentes del árbol, deben seguir una línea diferenciada desde la recepción hasta la
molturación y almacenamiento del aceite.

Estos frutos deben pasar por una línea de limpieza, para eliminar las hojas y ramas que pudieran acompañarlos, pero no deben someterse a lavado, pues esta técnica provoca pérdida de polifenoles, menor puntuación organoléptica y caída de la
estabilidad en el aceite (Figura 19.9). Una vez limpios deben procesarse inmediatamente para no alterar los excelentes aceites que contienen.

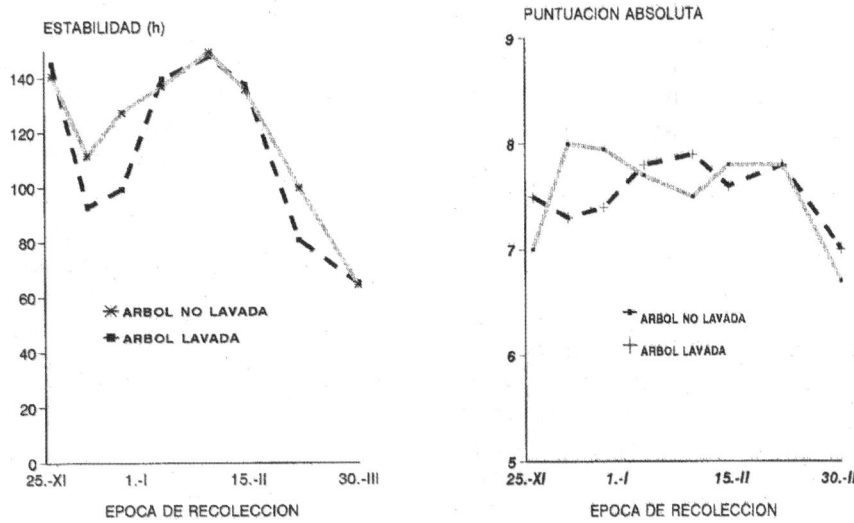

Figura 19.9. Influencia del lavado en la estabilidad y puntuación de los aceites de la variedad 'Picual'.

Los frutos procedentes del suelo no pueden proporcionar aceites de calidad, deben dirigirse a una línea de elaboración bien diferenciada de la anterior. Deben someterse a un proceso de limpieza y lavado, donde además de eliminar las hojas y ramas, se separan las partículas más densas del fruto, como tierra, piedras, etc., que lo acompañan y que serán eliminadas en el lavado. Al igual que en el caso anterior, estos frutos deben elaborarse separadamente y almacenar sus aceites en depósitos diferenciados.

Es esencial para la obtención de aceites de calidad que las distintas líneas de recepción, limpieza y, en su caso, lavado sean absolutamente independientes, tanto en su alimentación como en las etapas posteriores. De poco sirve disponer de varias líneas si al final todas descargan en una misma cinta distribuidora que termina mezclando frutos de diferentes calidades.

Los frutos deben molturarse de forma inmediata desde su recolección para evitar alteraciones que modifiquen la calidad del aceite; en cualquier caso, siempre en un tiempo inferior a las 24 horas siguientes a su recolección. Naturalmente esta norma esencial para obtener aceites de calidad en el caso de frutos sanos y en adecuadas condiciones, también es importante para frutos de peores características, pues el atrojado (almacenamiento prolongado del fruto) es la principal causa de deterioro de la calidad de los aceites al producir grave alteración de los caracteres organolépticos, elevación de acidez, debido esencialmente a la actividad de los microorganismos (Rodríguez de la Borbolla *et al.,* 1959) y disminución de la estabilidad de los aceites. Incluso puede modificarse la composición esterólica de los mismos (Camera *et al.*, 1978), y aumentar el contenido de alcoholes grasos superiores (Martel y Alba, 1981).

En el caso de tener que atrojar parte del fruto, lógicamente se enviará a espera el fruto que no puede producir calidad, en particular siempre el de peores condiciones. En todo caso, y como ya se ha dicho, el fruto procedente del troje debe procesarse con total independencia del resto.

La molturación inmediata del fruto, esencial para la obtención de aceites de calidad, conlleva generalmente problemas en la elaboración del aceite de oliva, siendo necesario reducir, a veces drásticamente, los caudales de inyección de masa para conseguir unos agotamientos razonables en los subproductos. En el mercado existen unos coadyuvantes tecnológicos autorizados, que facilitan la extracción del aceite de oliva con aceitunas frescas, que son el Micro Talco Natural (MTN), de uso generalizado y la arcilla caolinítica. Se trata de coadyuvantes cuya acción es estrictamente física, sin que se vean afectados los índices físico-químicos y las características sensoriales del aceite.

En el proceso de extracción propiamente dicho hay que mantener absolutamente limpias todas las partes en contacto con los aceites para evitar fermentaciones que producen alteración en la calidad de estos.

La molienda y batido de la pasta, operaciones esenciales para librar y agrupar las gotas de aceite para su posterior separación, han de hacerse siguiendo una serie de normas para no alterar la calidad de los aceites. Así han de evitarse, en lo posible, la incorporación de trazas metálicas a la masa, que producen alteraciones en el color y sabor de los aceites, al tiempo que catalizan los procesos oxidativos, disminuyendo su estabilidad. Asimismo, la molienda debería evitar en la medida de lo possible el calentamiento de la pasta. El tipo de molino, el grado de molienda de la pasta y la velocidad de giro de los martillos no afectan a la calidad reglamentada, si bien los compuestos minoritarios y las características sensoriales del aceite pueden verse modulados por la variación de estas variables.

En el batido se procede a un calentamiento de la pasta a fin de reducir la viscosidad y facilitar la formación de la fase oleosa. Este proceso favorece la extractabilidad pero es claramente perjudicial para la calidad, al perderse parte de los aromas e iniciarse los procesos oxidativos. No obstante, se produce un incremento de la estabilidad de los aceites junto con el contenido en fenoles (Figura 19.10) (Aguilera, 2006), lo que conlleva a un aumento de los atributos sensoriales, amargor y picor, y, en consecuencia, al desequilibrio sensorial de los aceites.

La elaboración de los aceites denominados tempranos se lleva a cabo a una temperatura de batido de 18-20 °C, lo que permite la obtención de aceites equilibrados (Figura 19.10) desde el punto de vista sensorial (Aguilera, 2006). Sin embargo, con el adelanto de la época de recolección y el efecto del cambio climático en la maduración del fruto la recolección se adelanta a fechas cada vez más tempranas en las que las temperaturas son más elevadas dificultando la obtención de estos aceites. En la actualidad se están aplicando sistemas de acondicionamiento térmico del fruto (en la tolva de almacenamiento) y de la pasta recién molida (mediante intercambiadores de calor) para reducir la temperatura durante la etapa de batido de la pasta.

Nuevas técnicas de batido con atmósfera controlada, mediante la utilización de nitrógeno, para modificar el porcentaje de oxígeno y controlar determinadas acciones enzimáticas, pueden redundar en nuevas estrategias de batido buscando agotamientos y calidad de los aceites. La incorporación de tecnologias emergentes aplicadas al batido, como la utilización de microondas, pulsos eléctricos y ultrasonidos de potencia, están permitiendo acortar e, incluso, sustituir la etapa de batido.

Naturalmente, esta práctica debe ir acompañada de una mayor vigilancia de los subproductos, de una reducción del ritmo de producción, del empleo de coadyuvantes, etc., de forma que no se reduzca excesivamente la extractabilidad de la aceituna.

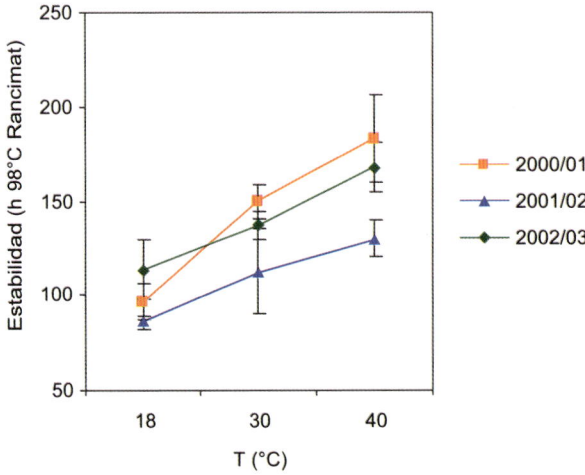

Figura 19.10. Efecto de la temperatura sobre la estabilidad de los aceites (Aguilera, 2006).

Otro aspecto a tener en cuenta en el proceso de batido es la duración del mismo. Un batido excesivo puede provocar disminución en el contenido total de polifenoles (Solinas *et al.*, 1978), lo que influye en la calidad y estabilidad de los mismos. Un batido de 90 minutos permite la obtención de rendimientos industriales adecuados, sin embargo para la obtención de aceite de oliva virgen extra con características nutricionales y sensoriales equilibradas en la actualidad se tiende a una reducción del tiempo de batido

Actualmente la separación de fases se hace esencialmente por el sistema de centrifugación, bien sea en tres o dos fases. Por ello nos centraremos en este proceso de obtención del aceite de oliva para evaluar su incidencia sobre la calidad.

La separación de fases por centrifugación presenta indudables ventajas bajo la óptica de la calidad. Así la separación es prácticamente instantánea, lo que evita alteraciones de los aceites. El material en contacto con el aceite es acero inoxidable, que es absolutamente inerte. Pero en la centrifugación, tanto en dos como en tres fases y en la posterior clarificación de los aceites por centrifugación vertical, se somete a estos a una aireación de cierta importancia, lo que puede provocar oxidaciones difícilmente evitables.

La adición de agua caliente a los decanters, mucho mayor en los sistemas de tres fases, provoca la disminución del contenido en polifenoles, de aromas e iniciación de los procesos oxidativos. En consecuencia debe añadirse el agua necesaria, y solo esta, a una temperatura de unos 30 °C a fin de minimizar los efectos antes descritos.

En los sistemas de dos fases estos problemas se reducen al disminuir drásticamente la cantidad de agua adicionada. Por contra, los aceites pueden ofrecer mayores intensidades en amargo, áspero y astringente.

En la centrifugación vertical de los aceites para su clarificación es necesario reducir al mínimo imprescindible la adición de agua y a una temperatura adecuada, en funcion de la temperatura del aceite sin que sobrepase a esta por las mismas razones que en los decanter (Cuadro 19.11).

CUADRO 19.11

Influencia de la cantidad y temperatura del agua añadida en la centrífuga vertical sobre la calidad del aceite

Indice	Aceite decanter	Aceite centrífuga vertical					
		Agua/aceite: 1:1			Agua/aceite: 1,5:1		
		30 °C	40 °C	50 °C	30 °C	40 °C	50 °C
Polifenoles (ppm)	605	495	463	444	434	422	411
K_{225}	0,38	0,31	0,30	0,29	0,30	0,28	0,26
Estabilidad (horas)	23,1	21,25	21,70	19,05	18,50	18,85	17,30

El gradiente de temperatura durante el proceso de elaboración, desde el batido a la centrifugación vertical de los aceites, debe ser ligeramente ascendente, para evitar roturas del anillo hidráulico y pérdida importante de aceites.

Debemos insistir en la idea de procesar en líneas de extracción diferenciandas los frutos de calidades distintas. Cuando solo se dispone de una línea de trabajo es esencial la limpieza a fondo de la misma cada vez que se cambia el origen y calidad de los frutos.

Una vez conseguidos los aceites, es necesario conservarlos en depósitos hasta su comercialización. Hay que considerar varios aspectos para preservar la calidad del aceite durante su conservación previa a la comercialización.

La bodega de almacenamiento debe permitir conservar los aceites a una temperatura sensiblemente constante, alrededor de los 18-20 °C, para posibilitar la decantación sin favorecer procesos oxidativos. Asimismo, debe tener una iluminación tenue y estar absolutamente exento de olores extraños, para evitar la alteración de los caracteres sensoriales de los aceites almacenados.

Los depósitos de almacenamiento deben ser de tamaño adecuado a la industria, de forma que le permita separar las calidades que obtendremos en el proceso de elaboración. No obstante, nunca deben sobrepasar las 50 t de capacidad.

El material que debe emplearse en los depósitos será absolutamente inerte, siendo preferible el acero inoxidable, pero sin descartar otro que cumpla con esta condición.

En cuanto a la forma, estos deben tener el fondo cónico, que permita un sangrado adecuado para eliminar la humedad e impurezas que siempre lleva el aceite y que al depositarse en el fondo del depósito, caso de no eliminarlo (sangrado), fermenta alterando la calidad de los aceites. Los depósitos de fondo plano inclinado presentan dificultades para un sangrado efectivo, mayor cuanto mayor sea la capacidad del depósito.

El manejo de los aceites en bodega es punto importante para conservar el aroma y fragancia de los aceites. Debe evitarse tanto la aireación como el golpeteo de los aceites contra las paredes de los depósitos. El tipo de bomba, la carga del depósito, etc., son factores a controlar con el objetivo antes citado. Los trasiegos, a veces necesarios, han de reducirse a lo imprescindible.

La filtración es otra etapa fundamental pars la conservación del aceite ya que se eliminan la humedad y las impurezas presentes en él. Los aceites filtrados se conservan y preservan durante mas tiempo sus características durante el almacenamiento.

4. Consideración final

La calidad del aceite de oliva virgen extra es una cadena que comienza en el olivo y termina en la botella. Deben cuidarse cada uno de los eslabones o etapas del proceso, controlando y separando calidades para obtener un producto de la calidad excepcional que presentan los aceites de oliva vírgenes extra.

5. Bibliografía

Aguilera, M.P. (2006). *Influencia de las condiciones de batido de la pasta en los compuestos volátiles de oxidación del aceite de oliva virgen.* Tesis doctoral, Universidad de Jaén.
Allouche, Y., Beltrán, G., Gaforio, J. J., Uceda, M., & Mesa, M. D. (2010). Antioxidant and antiatherogenic activities of pentacyclic triterpenic diols and acids. *Food and Chemical Toxicology,* 48(10), 2885-2890.

Allouche, Y., Warleta, F., Campos, M., Sánchez-Quesada, C., Uceda, M., Beltrán, G., & Gaforio, J. J. (2011). Antioxidant, antiproliferative, and pro-apoptotic capacities of pentacyclic triterpenes found in the skin of olives on MCF-7 human breast cancer cells and their effects on DNA damage. *Journal of Agricultural and Food Chemistry,* 59(1), 121-130.

Allouche, Y., Jiménez, A., Uceda, M., Aguilera, M. P., Gaforio, J. J., & Beltrán, G. (2009). Triterpenic content and chemometric analysis of virgin olive oils from forty olive cultivars. *Journal of Agricultural and Food Chemistry,* 57(9), 3604-3610.

Beltrán, G., Bucheli, M. E., Aguilera, M. P., Belaj, A., & Jimenez, A. (2015). Squalene in virgin olive oil: Screening of variability in olive cultivars. *European Journal of Lipid Science and Technology,* doi:10.1002/ejlt.201500295

Beltrán, G., Jiménez, A.; Uceda, M. (1995). *Efecto del régimen hídrico del cultivo sobre la fracción fenólica del aceite de oliva, variedad 'Arbequina'.* 1.er Simposium de l'olivera Arbequina a Catalunya. Les Borges Blanques.

Beltran, G., Aguilera, M.P., Rio, C.D., Sanchez, S., Martinez, L. (2005) Influence of fruit ripening process on the natural antioxidant content of Hojiblanca virgin olive oils. *Food Chemistry,* 89 (2),207-215.

Beltran, G., Sánchez, R., Sánchez-Ortiz, A., Aguilera, M. P., Bejaoui, M. A., Jimenez, A. (2016), How 'ground-picked' olive fruits affect virgin olive oil ethanol content, ethyl esters and quality. *Journal of the Science of Food and Agriculture,* 96, 3801–3806. doi: 10.1002/jsfa.7573

Burón, I.; García Teresa. R. (1979). *La calidad del aceite de oliva.* Comunicaciones INIA.

Camera, L.; Angerosa, FR.; Cucurachi, A. (1978). Influenza dello stoccagio delle olive seri constitucuti della frazione sterolica dell'olio. *La Rivista italiana delle sostanze grasse.* pp. 107-112.

Cimato, A.; Moldi, G.; Mattei, A.; Niccolai, M.; Alessandri, S. (1991). *La Caraterizzazione dell'olio extravergine 'Tipico Toscano'.* Consorzio Regionale Olivo extra vergine di Oliva 'Tipico Toscano'.

Consejo Oleícola Internacional. (1987). *Valoración organoléptica del aceite de oliva virgen.* Documentos COI.

Consejo Oleicola Internacional (COI) (2022). *Norma comercial aplicable aa los aceites de oliva y aceites de orujo de oliva.* Norma COI/T.15/NC No 3/ Rev.19/2022.

Dobarganes, M.C. (1984). *Proceeding of the First International on 'Frying of food'.* Expoliva-89, Jaén.

Fernandez-Escobar, R., Beltran, G., Sanchez-Zamora, M.A., Garcia-Novelo, J., Aguilera, M.P., Uceda, M.(2006). Olive oil quality decreases with over-fertilization. *HortScience,* 41 (1), 215-219.

Ferreira, J.; Uceda, M.; Frias, L.; García, A.; Fernández, A. (1978). *Influencia de los fertilizantes en el rendimiento en aceite de los frutos y en la composición de ácidos grasos del aceite obtenido.* Colloque International Oleicole. Bargemon (Francia).

Frias, L.; Ruano, MT. (1989). *Comportamiento de diferentes aceites vegetales en la fritura de los alimentos.* 1.er Simposio Nacional del Aceite de Oliva. Expoliva-89, Jaén.

García-Olmedo, R.; Valls Palles, C.; Coll Hellin, L. (1989). *El aceite de oliva y los otros aceites comestibles.* 1.er Simposio Nacional del Aceite de Oliva. Expoliva-89, Jaén.

Garrido, J.; Grandul, B.; Gallardu, L.; Minguez, M.J.; Pereda, J. (1990). Composición clorofílica y carotenoides del aceite de oliva virgen. Valor en provitamina A. *Grasas y Aceites,* 41: 410-417.

Grande Covián, F. (1989). *El aceite de oliva en la prevención de las enfermedades cardiovasculares.* II Simposium científico del aceite de oliva. Expoliva-89, Jaén.

Gutiérrez y González-Quijano, R. (1989). *Parámetros de calidad en el aceite de oliva. I En su utilización en crudo.* III. Simposium Nacional del Aceite de oliva. Expoliva-89, Jaén.

Kalogeropoulos, N.(2010). Recovery and Distribution of Macroand Selected Microconstituents after Pan-frying of Vegetables in Virgin Olive Oil. En: Olives and Olive Oil in Health and Disease Prevention. Eds: V. R. Preedy y R. R. Watson. Academic Press, San Diego (USA). Pp. 767–776

Kramer,A.; Twingg, B. (1962). *Fundamentals of Quality Control for the Food Industry.* AVI Publishing Co.

Kyçyk, O., Aguilera, M. P., Gaforio, J. J., Jiménez, A., & Beltrán, G. (2016). *Sterol composition of virgin olive oil of forty-three olive cultivars from the world collection olive germpl), asm Bank of Cordoba* doi:10.1002/jsfa.7616

Lamuela, R.; Gimeno, E.; Filó, M.; Castellote, A.; Covas, M.I.; De la Torre, M.C.; López, M.C. (2004). *Interaction of olive oil phenol antioxidant components with low-density lipoproteins.* CIAS, pp. 45-49.

López-Miranda, J., Pérez-Jiménez, F., Ros, E., De Caterina, R., Badimón, L., Covas, M. I., Yiannakouris, N. (2010). Olive oil and health: Summary of the II international conference on olive oil and health consensus report, Jaén and Córdoba (Spain) 2008. *Nutrition, Metabolism and Cardiovascular Diseases,* 20 (4), 284-294

Martel, J.; Alba, J. (1981). Influencia del método de obtención de aceites de oliva por centrifugación de las pastas sobre su contenido en alcoholes grasos superiores. *Grasas y Aceites.* pp. 233-237.

Mataix Verdú, F.J.; Martínez de Victoria, E. (1988). *El aceite de oliva (Bases para el futuro).* Diputación Provincial de Jaén.

Mateo-Sagasta, E. (1975). *Ponencia.* II Simposio Oleícola Internacional, Córdoba.

Menéndez, J.A.; Papadimitropoulou, A.; Vellon, L.; Lupu, R. (2006). A genomic explanation connecting "Mediterranean diet", olive oil and cancer: oleic acid, the main monounsaturated fatty acid of olive oil, induces formation of inhibitory "PEA3 transcription factor-PEA3 DNA binding site" complexes at the Her2/neu (erbB-2) oncogene promoter in breast, ovarian and stomach cancer cells. *European Journal of Cancer*, 42: 2425-2432

Mirandola, R.; Tuccoli, M.; Vaglini, S.; De Risi, P. (1989). *Sistemi qualitá.* ETS Editrice. Pisa.

Rodríguez de la Borbolla, J. M.; Gómez Herrera, C.; Gómez Caucho, F.; Fernández Diez, M.J. (1959). *Conservación de aceitunas de molino.* Sindicato Nacional del Olivo.

Solinas, M.; Di Giovacchino, L.; Di Magcola, A. (1978). Influencia della temperatura e della durata della gramolatura sul contesuito in politenoli de oli. *La Rivista Italiana delle sostanze Grasse.* pp. 19-23.

Tous, J.; Romero, A. (1994). Aceites Catalanes. Denominaciones de Origen. En: *Olivicultura.* Fundación 'La Caixa' Agrolatino, S. L.

Uceda, M.; Ferreira, J.; Frías, L. (1980). Contribución al estudio del aceite de oliva. XVI Reunión Plenaria de la Asamblea de Miembros del Instituto de la Grasa y sus Derivados, Sevilla.

Uceda, M.; Hermoso, M.; Frías, L. (1994). *Factores que influyen en la calidad del aceite de oliva.* I. Simposio Científico-Técnico. Expoliva-89, Jaén.

Varela,G. (1994). *La fritura de los alimentos en aceite de oliva.* Consejo Oleícola Internacional. Madrid.

Viola, P. (1970). *Fats in the Human Diet:* Olive Oil International Council.

Viola, P. (1991). *Attualità nutrizionale dell'olio di oliva.* Giornata di studio sulla definizione di qualitá per l'olio di oliva. Collana Técnica Quaderno n.º 1, Spoleto.

Warleta, F., Quesada, C. S., Campos, M., Allouche, Y., Beltrán, G., & Gaforio, J. J. (2011). Hydroxytyrosol protects against oxidative DNA damage in human breast cells. *Nutrients,* 3 (10), 839-857.

CAPÍTULO 20

ELABORACIÓN DE ACEITUNAS DE MESA

Antonio-Higinio SÁNCHEZ GÓMEZ
Manuel BRENES BALBUENA

ÍNDICE

1. Introducción, 923
2. Elaboración de aceitunas verdes, 924
   2.1. Principales variedades de aceituna de mesa, 925
   2.2. Recolección, transporte y valoración del fruto, 926
   2.3. Recolección mecánica y transporte en líquido, 928
   2.4. Cocido, lavado y colocación en salmuera, 929
   2.5. Fermentación y conservación, 932
   2.6. Alteraciones, 935
   2.7. Control de la fermentación, 937
   2.8. Operaciones complementarias, 939
      2.8.1. Trasiego y separación de salmuera, 939
      2.8.2. Clasificado de las aceitunas, 940
   2.9. Deshueso y relleno, 941
      2.9.1. Deshueso, 941
      2.9.2. Relleno, 941
   2.10. Envasado y tratamiento térmico, 944
   2.11. Evolución de las aceitunas durante la vida de mercado, 945
   2.12. Valoración organoléptica y Análisis sensorial, 947
      2.12.1. Color de las aceitunas, 947
      2.12.2. Color de las salmueras, 947
      2.12.3. Textura de las aceitunas, 948
      2.12.4. Método COI. Análisis sensorial de aceitunas de mesa, 948
3. Elaboración de aceitunas negras naturales, 951
   3.1. Recolección, transporte, escogido y clasificación, 951
   3.2. Lavado y colocación en salmuera, 952

   3.3. Fermentación anaerobia, 952
   3.4. Alteraciones de las aceitunas negras naturales, 954
   3.5. Fermentación aerobia, 954
   3.6. Conservación de las aceitunas, 956
   3.7. Envasado, 957
4. Elaboración de aceitunas negras oxidadas, 958
   4.1. Proceso de elaboración, 958
      4.1.1. Recolección y transporte, 958
      4.1.2. Lavado, escogido y clasificación, 960
      4.1.3. Conservación, 961
      4.1.4. Escogido y separación por tamaño, 966
      4.1.5. Ennegrecimiento, 966
      4.1.6. Fijación del color, 971
      4.1.7. Envasado y esterilización, 972
   4.2. Evolución de las aceitunas durante la vida de mercado, 973
5. Otras elaboraciones, 976
   5.1. Aceitunas aliñadas, 976
      5.1.1. Preparaciones tradicionales, 976
      5.1.2. Aceitunas Aloreña de Málaga, 978
      5.1.3. Aceitunas de Campo Real, 979
   5.2. Green-ripe olives, 980
   5.3. Aceitunas verdes estilo 'Picholine', 980
   5.4. Aceitunas verdes estilo Castelvetrano, 981
   5.5. Aceitunas 'Kalamata', 982
   5.6. Aceitunas negras naturales deshidratadas o arrugadas, 983
6. Bibliografía, 984

1. Introducción

La aceituna ha constituido un alimento fundamental en la dieta mediterránea. Dífilo, en el siglo III antes de Cristo, decía que las aceitunas eran aperitivas, astringentes y facilitaban la digestión. Posteriormente, durante muchos siglos ha sido parte de la comida básica de los hombres del campo. Hoy día constituye un alimento complementario y el hecho de que pueda prepararse con los cuatro sabores básicos (ácido, dulce, salado y amargo) permite su empleo en todo tipo de platos, lo que justifica su actual expansión por diversos países del mundo.

Según la Norma de Calidad emitida por el Consejo Oleícola Internacional (IOC, 2004), se denomina aceituna de mesa al producto:

a) *preparado a partir de frutos sanos de variedades de olivo cultivado (Olea europaea L.), elegidas por producir frutos cuyo volumen, forma, proporción de pulpa respecto al hueso, delicadeza de la pulpa, sabor, firmeza y facilidad para separarse del hueso los hacen particularmente aptos para la elaboración;*

b) *sometido a tratamientos para eliminar el amargor natural y conservado mediante fermentación natural o tratamiento térmico, con o sin conservantes;*

c) *envasado con o sin líquido de gobierno.*

En función del grado de madurez de los frutos frescos, las aceitunas de mesa se clasificarán en uno de los siguientes TIPOS:

a) **Aceitunas verdes:** *frutos recogidos durante el ciclo de maduración, antes del envero, cuando han alcanzado su tamaño normal.*

b) **Aceitunas de color cambiante**: *frutos recogidos antes de su completa madurez, durante el envero.*

c) **Aceitunas negras:** *frutos recogidos en plena madurez o poco antes de ella.*

El principal objetivo de cualquier método de elaboración de aceitunas de mesa es eliminar el amargor natural del fruto. Según el tratamiento aplicado se tienen las siguientes PREPARACIONES COMERCIALES (Figura 20.1):

a) ***Aceitunas aderezadas****: aceitunas verdes, de color cambiante o negras sometidas a un tratamiento alcalino y acondicionadas en salmuera, donde sufren una fermentación total o parcial, conservadas con o sin acidificantes.*

b) ***Aceitunas al natural****: aceitunas verdes, de color cambiante o negras tratadas directamente con una salmuera, donde sufren una fermentación total o parcial, y conservadas con o sin acidificantes.*

c) ***Aceitunas deshidratadas o arrugadas****: aceitunas verdes, de color cambiante o negras, sometidas o no a un ligero tratamiento alcalino, conservadas en salmuera o parcialmente deshidratadas con sal seca o aplicando calor o cualquier otro proceso tecnológico.*

d) ***Aceitunas ennegrecidas por oxidación****: aceitunas verdes o de color cambiante conservadas en salmuera, fermentadas o no, ennegrecidas por oxidación en medio alcalino y conservadas en recipientes herméticos mediante esterilización térmica. Su coloración negra es uniforme.*

Verdes aderezadas   Color cambiante   Negras naturales   Arrugadas   Negras oxidadas
                        naturales

Figura 20.1. Preparaciones comerciales de aceitunas de mesa.

2. Elaboración de aceitunas verdes

Según la citada Norma del Consejo Oleícola Internacional, las aceitunas verdes aderezadas son aquellas sometidas a un tratamiento alcalino y acondicionadas en salmuera, donde sufren una fermentación (láctica) total o parcial, conservadas con o sin acidificantes. Este proceso de elaboración se denomina "Español" o "Sevillano" (Sánchez *et al.*, 2006). Un diagrama de flujo con las diferentes etapas del proceso de aderezo se recoge en la Figura 20.2.

También conocidas como aceitunas verdes estilo sevillano, este es uno de los tres principales procesos de elaboración de aceitunas en el mundo (Rejano *et al.*, 2010). Las aceitunas, una vez recolectadas cuidadosamente se transportan a la Planta de Aderezo, y después de ser seleccionadas y clasificadas son tratadas en una solución diluida de hidróxido de sodio (lejía) para eliminar el amargor, opera-

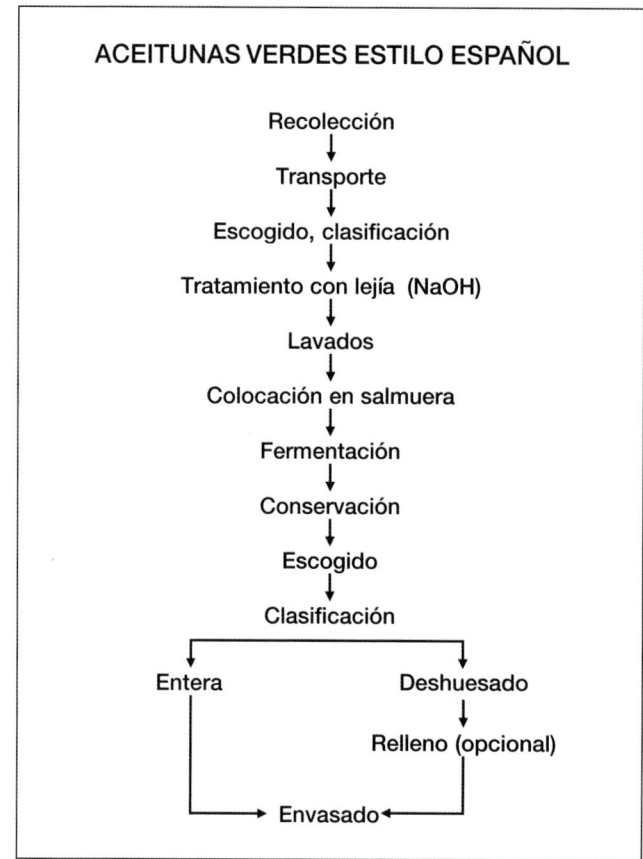

Figura 20.2. Etapas del proceso de elaboración de aceitunas verdes estilo Español.

ción denominada cocido. El tratamiento se lleva a cabo en diferentes tamaños de contenedores, por lo general de 10 toneladas de capacidad, donde la solución cubre completamente los frutos. Con posterioridad se retira la solución diluida de lejía y se sustituye entonces por agua para eliminar parte del hidróxido sódico. Finalmente, las aceitunas se cubren con salmuera y se colocan en fermentadores de similar capacidad. La salmuera se convierte en un medio de cultivo adecuado para la fermentación, principalmente láctica, de las aceitunas (Sánchez *et al.*, 2000). Los frutos una vez fermentados, se seleccionan y clasifican por tamaños para ser envasados como enteros, deshuesados o rellenos con diversos ingredientes.

2.1. Principales variedades de aceituna de mesa

Las variedades de olivo cultivado que se emplean para la elaboración de aceitunas de mesa son muy diversas y su número se ha ampliado en los últimos años.

Muchas de ellas son autóctonas y otras son importadas, adquiriendo en este caso, características distintas a las originales (IOC, 2000).

Los principales factores a considerar para la elección de variedades son que la planta posea adecuados caracteres agronómicos y que los frutos presenten buenas características tecnológicas. Entre estas, destacan las propiedades siguientes: buen tamaño, forma regular del fruto, alta relación pulpa/hueso, hueso recto y pequeño (facilita el deshuesado mecánico), color final verde-amarillo y textura adecuada.

Las variedades que en España reúnen en mayor medida estas características son las siguientes:

- 'Manzanilla'. Es la variedad de aceituna de mesa más tradicional para este tipo de elaboración debido a su productividad, la calidad del fruto y a sus características sensoriales. Se cultiva principalmente en la provincia de Sevilla y también en Badajoz, donde recibe la denominación de 'Carrasqueña'.

- 'Hojiblanca'. Esta variedad de aceitunas presenta doble aptitud ya que además de para la tradicional elaboración de aceite, su dedicación en los últimos años como aceitunas de mesa va en aumento. Su cultivo se encuentra extendido principalmente por las provincias de Córdoba, Málaga, Sevilla y Granada.

- 'Gordal'. Esta variedad es muy apreciada por su gran tamaño y su cultivo se localiza casi exclusivamente en la provincia de Sevilla.

- Otras variedades de menor producción son 'Cacereña', 'Morona', 'Verdial de Huevar' y 'Aloreña'.

2.2. Recolección, transporte y valoración del fruto

El momento óptimo de la recolección de las aceitunas verdes es cuando adquieren su máximo tamaño y la coloración externa es verde–amarillo paja, antes del envero cuando el color superficial cambia a un tono rosado.

Para evitar que los frutos resulten dañados, la recolección se realiza manualmente, arrancándose las aceitunas por parte de los operarios por el sistema denominado ordeño y depositándose en unos recipientes acolchados que llevan colgados de cuello y que se denominan "macacos" (Figura 20.3). Una vez llenos, los depositan en cajas de plástico perforadas o en contenedores diseñados para que las aceitunas permanezcan bien aireadas y no resulten dañadas.

El transporte de los frutos desde el campo a la Planta de Aderezo se realiza normalmente en contenedores de unos 500 kg de capacidad que pueden ser de plástico o de estructura metálica y con paredes recubiertas de material plástico que permita la ventilación. También puede realizarse el transporte a granel en remolques o camiones, aunque este sistema puede llegar a dañar a las aceitunas.

Cuando los frutos llegan a la Planta de Aderezo normalmente se separan los pequeños tamaños, no comercializables, junto a las hojas y ramillas. Asimismo, cuando las aceitunas tienen un estado más avanzado de maduración, como ocurre generalmente al final de la campaña, se pasan las aceitunas por unas máquinas automáticas selectoras por color que retiran las que presentan tonalidad morada.

Figura 20.3. Recolección manual de las aceitunas verdes de mesa.

En la recepción de los frutos en la industria se toman los datos necesarios para identificar la partida durante todo el proceso de elaboración y se toma una muestra representativa, de la que se realiza una valoración, para determinar la calidad de la misma. Los principales parámetros a controlar son: el tamaño medio y la distribución de tamaños, así como el porcentaje de defectos, distinguiendo entre: arañazos, golpes, moradas, arrugado y agostado, picados por insectos, etc.

Las aceitunas de la variedad 'Manzanilla', tras ser recolectadas, precisan de uno o dos días de reposo previo, especialmente al principio de la campaña, para evitar que el posterior tratamiento con hidróxido sódico provoque la rotura y el desprendimiento de la piel, efecto conocido como "despellejado". Este tiempo de espera o reposo da lugar a una disminución de la calidad del producto final debido a que comienzan procesos degradativos derivados de la elevada actividad fisiológica de los frutos, además de aumentar el número y grado de aceitunas manchadas o con diversos defectos en la epidermis, defectos que se agrupan bajo la denominación de "molestado" de las aceitunas.

2.3. Recolección mecánica y transporte en líquido

Teniendo en cuenta el elevado coste que representa la recolección manual y el desarrollo de la mecanización de esta operación se han establecido unas condiciones de recolección mecánica con vibradores de tronco (Figura 20.4) y transporte que reducen el molestado de los frutos en el caso de las aceitunas de la variedad 'Manzanilla'. Los resultados de esta técnica permiten la obtención de un producto elaborado y de mejor calidad que el recogido manualmente (Rejano Navarro y Sánchez Gómez, 2004; Vega *et al.*, 2005). Según dichos autores el transporte en lejías diluidas (0,3-0,4% NaOH), evita el pardeamiento de las zonas golpeadas hasta el momento de su tratamiento con la lejía de cocido. Este tratamiento también impide la formación del despellejado que se presenta durante el cocido en aceitunas de la variedad 'Manzanilla' que no se mantienen en reposo durante 24-48 horas antes del tratamiento alcalino. Este sistema presenta el inconveniente de no poder superar más de 4-5 horas la inmersión en el líquido de transporte debido a la formación de una serie de manchas centradas en las lenticelas y que suele denominarse como "apulgarado". Sin embargo, si es posible prolongar el tratamiento hasta las 8 horas cuando se utiliza para el transporte la solución diluida de lejía a temperaturas inferiores al ambiente.

Figura 20.4. Vibrador para la recolección mecánica de las aceitunas verdes de mesa.

Se utilizan las cisternas no aisladas térmicamente que normalmente se usan para el transporte de las aceitunas fermentadas y que son previamente cargadas con la lejía refrigerada en la planta de aderezo. El tiempo máximo de permanencia de las aceitunas viene dado en función de la temperatura en el interior de la cisterna, según el Cuadro 20.1.

CUADRO 20.1

Tiempo y temperatura para el transporte en líquido

Temperatura final transporte/descarga	Tiempo máximo
24 °C	4–5 horas
22 °C	5–6 horas
20 °C	7–8 horas

2.4. Cocido, lavado y colocación en salmuera

El tratamiento con una solución diluida de hidróxido sódico, operación deno-minada cocido, es la operación fundamental en el proceso de aderezo siendo su principal objetivo la hidrólisis del glucósido amargo oleuropeína. Además, se pro-duce un aumento de la permeabilidad de la piel y otros cambios que ayudan a la posterior fermentación (Rodríguez de la Borbolla y Alcalá, 1981 y Brenes y de Castro, 1998). Tal como se ha comentado, algunas variedades precisan de uno o dos días de reposo previo para evitar que el tratamiento con la solución de hidróxi-do sódico provoque la rotura y desprendimiento de la piel. También, el tratamiento con lejías diluidas, aplicado para el transporte en líquido, evita el despellejado de los frutos sin necesidad de aplicar el reposo previo.

La concentración de la lejía de cocido se ajusta de forma que, considerando la temperatura ambiente, el tratamiento se prolongue un determinado tiempo el cual es distinto para cada variedad. A mayor concentración de la lejía y más alta tem-peratura la acción es más enérgica y provoca una mayor permeabilidad de la piel (El-Makhzangy y Abdel-Rhman, 1999). La penetración de la lejía en la pulpa se da por concluida cuando se alcanza 2/3 de la distancia de la piel al hueso. Si la pene-tración es insuficiente, las aceitunas resultan amargas y fermentan mal, quedando una zona próxima al hueso que con el tiempo vira a un color violeta y la piel ad-quiere un color pardo; por otro lado, si se van a deshuesar, el hueso no queda lim-pio y arrastra mucha pulpa. Si la penetración es excesiva, resulta difícil obtener unas buenas características químicas para su conservación a largo plazo, la textura es deficiente y, si van a ser deshuesadas, dan un elevado porcentaje de unidades ro-tas durante dicha operación.

Como se ha indicado, cada variedad precisa un tratamiento de cocido en fun-ción de sus características, principalmente textura y amargor, y las condiciones ambientales, especialmente la temperatura. En el Cuadro 20.2, se recogen las ca-racterísticas de cocido y lavado para las principales variedades destinadas al ade-rezo en España.

Para facilitar que todos los frutos alcancen una penetración adecuada en el mis-mo tiempo, las partidas de aceitunas destinadas al cocido deben ser lo más homo-géneas posibles en tamaño y grado de madurez, ya que los recipientes en que se realiza esta operación tienen una capacidad para 10.000 kilos de aceitunas. Estas cocederas se encuentra generalmente aéreas y protegidas del sol en una nave (Figura 20.5).

CUADRO 20.2

Características del cocido y lavado para las principales variedades de aceitunas

| Variedad | Temperatura media | Cocido | | Lavado |
		Lejía (% NaOH)	Duración (h)	Duración (h)
'Manzanilla'	20 °C	2,2–2,5	6–8	8–10
'Hojiblanca'	15 °C	3,0–3,5	6–8	8–10
'Gordal'	25 °C	1,8–2,0	10–12	8–10

Figura 20.5. Fermentadores de cocido (Cocederas).

Actualmente, existe la tendencia a realizar cocidos a temperatura controlada e inferior a la temperatura ambiente, mediante el empleo de la solución de hidróxido sódico refrigerada, en torno a los 18 °C. Se trata de evitar el despellejado que se presenta cuando los cocidos se realizan a altas temperaturas (Sánchez Gómez *et al.*, 1990; Rejano Navarro *et al.*, 2008) y, además, se tiene una penetración de la lejía más uniforme.

Con objeto de disminuir el volumen de vertidos se realiza actualmente la recuperación de la lejía de cocido. Este líquido, cuya concentración en hidróxido sódico es aproximadamente el 30% de la inicial, es debidamente recrecido a la concentración en hidróxido sódico que presenta al inicio de esta operación y utilizado en posteriores cocidos de otras aceitunas. Aunque en ensayos realizados a escala de planta piloto se ha reutilizado la misma solución de lejía hasta en 14 ocasiones (Garrido Fernández *et al.*, 1979), a escala industrial, el número de reutilizaciones de una misma solución varía entre 5 y 7 veces.

Al finalizar el cocido se retira la lejía y se cubren las aceitunas con agua, operación denominada lavado, cuyo principal objetivo es la eliminación de la mayor cantidad posible de la sosa que cubre las aceitunas y de la que penetró en la pulpa. Si la operación de lavado es demasiado enérgica se eliminan una serie de compuestos hidrosolubles necesarios para la fermentación (Rodríguez de la Borbolla y Alcalá y Rejano Navarro, 1978).

El número y duración de los lavados es variable y la tendencia actual, considerando la escasez de agua y la contaminación que producen estos vertidos, es dar un solo lavado de unas 8-10 horas, en lugar de los dos lavados que se daban antiguamente. Por otra parte, el reúso de las aguas de lavado, neutralizadas y conteniendo el ácido equivalente a uno o los dos lavados no es efectivo en la eliminación de la acidez combinada (Rejano *et al.*, 1986). Cuando se acidifican las aguas de lavado con ácido clorhídrico, ácido fosfórico o salmuera de fermentación disminuye la velocidad de difusión de los azúcares y polifenoles desde la pulpa de aceitunas y, además, no se mejora la eficacia del proceso de eliminación del hidróxido sódico de la pulpa de las aceitunas (Sánchez *et al.*, 1995). No obstante, se puede suprimir esta etapa del lavado, sustituyendo o no los mismos por un aporte de ácido clorhídrico hasta concentraciones de 0,07 eq/L en el equilibrio. En estas condiciones, la efectividad del HCl añadido en la disminución de la acidez combinada oscila entre el 81 y 87% (de Castro Gómez-Millán *et al.*, 1989) y aunque dicho ácido no es detectado por catadores experimentados, se observa una clara preferencia hacia las aceitunas elaboradas con mayor número de lavados.

En algunas industrias se utiliza el agua del lavado posterior al cocido para preparar la solución de lejía de cocido. En este caso, la cantidad de hidróxido sódico presente es prácticamente despreciable, no obstante, se consigue disminuir el volumen de vertidos al reutilizar completamente el agua de lavado como lejía de cocido.

Una vez terminado el lavado, las aceitunas se colocan en una solución salina 10-11% de cloruro sódico (salmuera), donde se mantienen durante las fases de fermentación y conservación.

Para ello, los frutos se pasan a unos recipientes enterrados distintos a los de cocido, pero de la misma capacidad, unos 10.000 kg de aceitunas (Figura 20.6). Este trasvase de aceitunas y salmuera se realiza pasadas varias horas de la colocación de los frutos en la salmuera, cuando ya no flotan y el trasiego se facilita.

La duración total de estas operaciones normalmente no sobrepasa las 24 horas. Hay que tener en cuenta que el llenado del fermentador de aceitunas y los correspondientes aportes y retirada de líquidos: lejía de cocido, aguas de lavado y salmuera de fermentación consumen también su debido tiempo.

Figura 20.6. Patio de fermentadores enterrados.

2.5. Fermentación y conservación

En los primeros días después de la colocación de las aceitunas en salmuera, y debido al hidróxido sódico que va saliendo de la pulpa (lejía residual), el valor de pH se encuentra entre 8-10 unidades. A lo largo de las diversas etapas de la fermentación, el desarrollo sucesivo de diversos microorganismos hace que el pH descienda a valores de 4 unidades lo que facilita la adecuada conservación a largo plazo (Rodríguez de la Borbolla y Alcalá y Rejano Navarro, 1979, 1981).

Al colocar las aceitunas en salmuera tiene lugar un intercambio osmótico de forma que la salmuera se transforma en un caldo de cultivo donde crecen los microorganismos a expensas de los azúcares, aminoácidos, vitaminas, etc., procedentes del interior de los frutos. La concentración inicial de salmuera (10-11%) desciende a valores del 5-6% de NaCl una vez alcanzado el equilibrio entre jugo y salmuera. Como consecuencia del crecimiento microbiano, los substratos presentes en los frutos se transforman en diversos productos metabólicos, lo cual constituye la fermentación propiamente dicha. En función de los microorganismos que se desarrollen, y de las sustancias por ellos producidas, se tendrá un producto final con mejores o peores características organolépticas.

En un proceso fermentativo normal, las características químicas de la salmuera varían a lo largo del tiempo. Esta variación está provocada fundamentalmente por el metabolismo microbiano y, a su vez, los cambios en parámetros tales como acidez y pH favorecen que los microorganismos que se desarrollan en la salmuera sean de un tipo u otro, en función de su mayor o menor capacidad de adaptación a las condiciones del medio. Es decir, debido a las variaciones físico-químicas de la salmuera, se desarrollan una sucesión de distintos microorganismos lo que permite dividir el proceso en varias fases.

1ª Fase

La primera fase de la fermentación (Fernández Díez *et al.*, 1985) comienza desde la colocación en salmuera hasta que, a los 5-7 días, el valor de pH es próximo a 6 unidades; en esta fase existe una gran diversidad de microorganismos y de ahí la importancia de la misma, ya que es fundamental para que la fermentación tome la dirección adecuada y no se desvíe hacia un desarrollo excesivo de bacterias alterantes. Entre los distintos tipos de microorganismos, los más importantes y frecuentes son distintas especies de bacilos Gram-negativos (*Enterobacter* y otras *Enterobacteriáceas*) y de cocos del ácido láctico (*Leuconostoc, Enterococcus, Pediococcus, y Streptococcus*). Los Gram-negativos contribuyen al sabor y al descenso de pH, aunque pueden causar alteraciones. Los cocos lácticos inician la liberación de ácido láctico y favorecen el posterior desarrollo de lactobacilos (de Castro *et al.*, 2002).

En la fermentación de aceitunas interesa que se implante una fermentación láctica lo antes posible, ya que de esta forma se dificulta que organismos alterantes como los clostridios puedan establecerse en las salmueras. Para ello, se recomienda el descenso rápido del pH, pasando una corriente de CO_2 a las 24-48 horas; también se pueden emplear otros ácidos como acético o láctico. Hoy en día, esta fase se acorta acidificando la salmuera inicialmente con ácido clorhídrico.

2ª Fase

Comprende desde el inicio del crecimiento de lactobacilos hasta la desaparición de bacilos Gram-negativos y otros microorganismos que no toleran condiciones ácidas (Sánchez *et al.*, 2001). En esta fase debe producirse el crecimiento exponencial de lactobacilos homofermentativos, principalmente *Lactobacillus pentosus* o *plantarum*. La liberación de ácido láctico provoca el descenso necesario del pH para inhibir a los restantes microorganismos, excepto cocos lácticos y levaduras, cuya presencia no se considera perjudicial, salvo si se permite el crecimiento de levaduras y mohos en la superficie de la salmuera, ya que consumen el ácido que se va produciendo y también pueden ablandar los frutos.

Durante esta fase, sube apreciablemente la acidez libre, mientras que el pH continúa descendiendo, ya más lentamente. El valor 4,5 unidades de pH suele coincidir con la inhibición del desarrollo de bacilos Gram-negativos, considerándose que el tiempo total en alcanzarse este valor (que corresponde con la duración de 1ª y 2ª fase) no debe exceder de 20–25 días, ya que las *Enterobacteriáceas* (y Gram-negativos en general), producen poca acidez y, si su desarrollo perdura excesivamente, consumirán gran parte de la materia fermentable total haciendo difícil alcanzar al final de la fermentación valores adecuados de pH y acidez que garanticen la conservación.

3ª Fase

La tercera fase de la fermentación es la de finalización del proceso fermentativo.

Las características químicas de la salmuera solo permiten el crecimiento de bacterias lácticas y levaduras. Ambos grupos microbianos continuarán consumiendo la materia fermentable hasta su agotamiento, lo cual indicará que la fermentación ha concluido. Los valores finales de acidez y pH son muy variables en función de la variedad de aceitunas y de las operaciones de cocido y lavado. En cualquier caso, es recomendable que el pH final sea siempre inferior a 4,2 unidades y la acidez libre superior a 0,70%.

4ª Fase (Conservación)

Durante la conservación de las aceitunas fermentadas es frecuente que tenga lugar el crecimiento de bacterias del género *Propionibacterium* (González Cancho *et al.*, 1980). Estos microorganismos pueden utilizar como substrato el ácido láctico presente en las salmueras, transformándolo en propiónico, acético y CO_2. Su desarrollo es muy lento, aunque con altas temperaturas (verano) puede acelerarse. Normalmente no causan problemas o, incluso, pueden mejorar el sabor de los frutos, aunque hay que evitar que un desarrollo excesivo provoque incrementos de pH importantes.

Para conseguir limitar la aparición de esta 4ª fase, el método aconsejado es incrementar la concentración salina hasta alcanzar 8,5–9,5%. Con esta concentración, un valor de pH próximo a 4, y evitando el crecimiento superficial de mohos y levaduras (sobre todo en pequeños recipientes), puede asegurarse una conservación duradera de las aceitunas verdes aderezadas al estilo español o sevillano.

Cultivos iniciadores ("starters")

El empleo de "starters" es práctica común en la elaboración de alimentos por fermentación, siendo uno de sus objetivos evitar el desarrollo de alteraciones.

Sin embargo, en el caso de aceitunas verdes estilo español o sevillano no son de uso general por dos motivos principales: en primer lugar, porque la fermentación natural es suficiente y se da siempre si el producto se ha tratado de la forma adecuada; y, en segundo lugar, porque el método de elaboración actual no es compatible con la fermentación por cultivos puros, siendo difícil asegurar el predominio del cultivo añadido frente a la microbiota presente de forma natural.

A pesar de lo anterior, la adición de cultivos iniciadores es aconsejable por cuanto puede tener numerosos efectos positivos y en ningún caso es contraproducente (Sánchez *et al.*, 2001, de Castro *et al.*, 2002).

Para las aceitunas verdes, el cultivo iniciador debe estar constituido por cepas de *L. plantarum* o *L. pentosus* que sean activas en salmueras; deberá añadirse con valores de pH alrededor de 7 unidades y en número suficiente para que sea efectivo ($> 2 \times 10^6$ viables/mL de salmuera a inocular).

2.6. Alteraciones

Con relativa frecuencia ocurren en el proceso de elaboración de aceitunas verdes desviaciones del proceso de fermentación que dan origen a alteraciones de las características organolépticas de los frutos y que se deben a un desarrollo excesivo de distintos tipos de microorganismos que están siempre presentes, en mayor o menor número, en el ambiente donde se procesan aceitunas: aguas empleadas, salmueras, recipientes de fermentación, utensilios, y maquinaria como bombas, tuberías y conducciones, etc.

Las más importantes alteraciones según el origen y las fases de la fermentación en que pueden suceder son las siguientes (Fernández Díez *et al.*, 1985; Garrido Fernández *et al.*, 1997):

1. Vejigas o ampollas de gas

También denominado "afarolado" (Figura 20.7). La principal causa es un cocido excesivamente enérgico para la variedad o estado de madurez de la aceituna tratada. No obstante, los microorganismos productores de gas también influyen en su aparición.

2. Alambrado

Se produce por acumulación de gas en el interior de los frutos. Este gas (CO_2 o H_2) procede del metabolismo microbiano, siendo los bacilos Gram-negativos que se desarrollan en las primeras fases los responsables más frecuentes de la alteración (Rodríguez de la Borbolla y Alcalá *et al.*, 1960; de Castro *et al.*, 2022). Se caracteriza por la presencia de hendiduras en el exterior de las aceitunas y huecos internos en la pulpa (Figura 20.8).

No es fácil evitar su aparición, sobre todo en las variedades más susceptibles como 'Gordal' o 'Morona'. También se da con mayor facilidad en los frutos más maduros y cuando las temperaturas son elevadas. El mejor sistema para reducir su incidencia es favorecer una rápida fermentación por bacterias del ácido láctico, bien sea inoculando las salmueras o acidificándolas. Es muy conveniente, asimismo, reducir en lo posible la contaminación, para lo cual deben seguirse un mínimo de medidas higiénicas como conocer la calidad bacteriológica de las aguas empleadas, limpieza de materiales y utensilios, etc.

Figura 20.7. Vejigas o ampollas de gas en aceitunas verdes.

Figura 20.8. Alambrado en aceitunas verdes.

3. Fermentaciones pútridas y butíricas

Ambos tipos de alteración son debidos al desarrollo de bacterias del género *Clostridium* (González Cancho y Fernández Díez, 1968). Las esporas de estos microorganismos están muy difundidas, aunque son más abundantes en la materia orgánica en descomposición, aguas estancadas, residuos, etc. Se caracterizan por el desarrollo de olores y sabores anormales: materia orgánica en descomposición, mantequilla, queso, etc.

Estas alteraciones, especialmente la butírica o "palmiche", suelen presentarse en las primeras fases de la fermentación comenzando en los fondos de los fermentadores. En esa zona de los recipientes se dan ciertas circunstancias que favorecen el crecimiento de clostridios: *a)* la anaerobiosis es total (favoreciendo a estos microorganismos anaerobios estrictos), *b)* valores de pH en general superiores a los de otras zonas del fermentador y *c)* riqueza en nutrientes por acumulación de microorganismos que van sedimentándose.

Los clostridios no toleran bien las condiciones ácidas ni muy salinas, por lo que, para prevenir su desarrollo, además de la retirada periódica de fondos alcalinos y de las necesarias medidas higiénicas, es conveniente evitar una concentración de cloruro sódico inferior al 5% y asegurar un rápido descenso del pH favoreciendo la fermentación por lactobacilos.

4. Zapatería

Intervienen en esta alteración al menos dos géneros de bacterias: *Clostridium* y *Propionibacterium* (Kawatomari y Vaughn, 1956; Plastourgos y Vaughn, 1957; González Cancho *et al.*, 1970)*,* aunque otros microorganismos, como levaduras oxidativas que crecen en la superficie de las salmueras, pueden ayudar a su aparición. Su desarrollo tiene lugar durante la conservación de las aceitunas ya fermentadas y se ve muy favorecido por las altas temperaturas, por lo que suele ser el verano la época con mayor número de casos. Se caracteriza por la presencia de olores y sabores desagradables resultantes de la mezcla de los ácidos grasos volátiles (Montaño *et al.*, 1992, 1996)

Para evitarla, es necesario que el pH sea siempre inferior a 4,2 unidades durante la conservación (óptimo inferior a 4,0) y la concentración salina superior al 8,5 – 9,0%.

Como en los casos anteriores, el riesgo será siempre menor si se reduce la contaminación debida a malas prácticas higiénicas y si se sigue un adecuado control del proceso.

5. Formación de natas y ablandamiento

En presencia de oxígeno ciertas especies de levaduras y mohos son capaces de consumir el ácido láctico dando lugar a una subida del pH que puede comprometer la seguridad microbiológica del producto. El desarrollo de estos microrganismos en la superficie de los fermentadores da lugar a las conocidas natas y velos. También un desarrollo excesivo de microorganismos con actividad pectinolítica y proteolítica (bacilos, levaduras y mohos) puede originar ablandamiento de las aceitunas, especialmente durante la conservación, para lo que se debe mantener un buen cierre anaeróbico de los fermentadores

6. Sedimentos y formación de gas en envasados

En productos finales no pasterizados, puede tener lugar el crecimiento de lactobacilos y levaduras si las aceitunas envasadas no estaban totalmente fermentadas y quedan restos, por tanto, de materia fermentable. La causa más corriente de los sedimentos es, sin embargo, el desarrollo de *Propionibacterium*. Para inhibir este, es necesario envasar con bajos valores de acidez combinada (lejía residual), de forma que el pH sea suficientemente reducido como para impedir el crecimiento de las bacterias propiónicas.

2.7. Control de la fermentación

Durante el proceso de fermentación, conservación y envasado de las aceitunas verdes aderezadas es frecuente la corrección de determinados parámetros: pH, acidez libre, acidez combinada, sal, etc., para controlar y dirigir la fermentación, evitar alteraciones, y conseguir los niveles adecuados de estos parámetros para el envasado final (Rodríguez de la Borbolla y Alcalá y González Pellisó, 1980; Rejano Navarro y González Pellisó, 1985).

El "requerido", o reposición periódica de salmuera para mantener los recipientes totalmente llenos, es una operación muy recomendable con objeto de: *a)* evitar el oscurecimiento de los frutos de las capas superiores; *b)* dificultar la formación de "natas" superficiales de levaduras; y *c)* incrementar paulatinamente la concentración salina.

Las principales operaciones que se realizan, destinadas al control y la dirección del proceso de fermentación, son las siguientes:

1. Eliminación de fondos alcalinos

Los fondos presentan valores de pH superiores al resto del fermentador y son ricos en nutrientes por la acumulación de microorganismos; por tanto, pueden constituir focos donde se inicien algunas alteraciones de las aceitunas. La retirada de fondos, unos 300 litros por fermentador de 10.000 kg, se recomienda a las 48 horas, o al final de la primera semana y, después, mensualmente.

2. Descenso inicial del pH

Para dirigir el proceso fermentativo en sus inicios es aconsejable el paso de CO_2 a las 24-48 horas de colocadas las aceitunas en salmuera. Como se ha comentado con anterioridad, en la actualidad se recurre al aporte de ácido clorhídrico en la salmuera blanca, o a las 24-48 horas, en una cantidad en torno a los 10-25 litros por fermentador de 10.000 kg de capacidad.

3. Aumento de la acidez libre

Lo deseable es que la acidez libre se produzca por el desarrollo normal de la fermentación. En caso de que no suceda se puede actuar de la siguiente forma:

a) Calentar la salmuera, si la temperatura no es la adecuada (<20 °C), con la ayuda de intercambiadores de calor, o disponer de una bodega de fermentación.

b) Añadir materia fermentable, si esta es insuficiente.

c) Inocular con bacterias lácticas, si estos microorganismos no se desarrollan. Puede ser un cultivo comercial de bacterias lácticas o, también, se puede utilizar salmuera madre de otros fermentadores que se encuentren en activa fermentación láctica y cuyo valor de pH sea inferior a 4,5 unidades, lo que implica la ausencia de los bacilos Gram-negativos.

d) Diluir la salmuera si hay una elevada concentración de sustancias inhibidoras.

4. Corrección del pH

Independientemente de lo indicado en el anterior apartado cuando no se disponga de otro medio o interese rebajar el pH rápidamente, se puede añadir ácido láctico directamente o mezclado con ácido cítrico. Esta corrección está más justificada cuando las características organolépticas de las aceitunas verdes (color y sabor) sean ya las adecuadas.

5. Disminución de la acidez combinada o lejía residual

Se debe corregir en aquellos casos en que sea demasiado alta para facilitar la obtención de bajos valores de pH (< 4,0). Para ello se puede utilizar ácido clorhídrico (que además aumenta la acidez libre)o sustituir parte de la salmuera madre por salmuera blanca con las cantidades de ácido láctico y sal adecuadas.

6. Aumento de la concentración de sal

Una vez concluida la fermentación láctica se debe elevar la concentración de sal, hasta niveles del 8,5-9,5%, para evitar el desarrollo de fermentaciones secundarias que consumen ácido láctico, y que dan lugar al aumento del pH y al posible desarrollo de alteraciones, especialmente la zapatería. Esta operación se debe realizar en dos o tres fases, principalmente en el caso de aceitunas de la variedad 'Gordal', para evitar el arrugado de los frutos.

2.8. Operaciones complementarias

Tras la fermentación, cuando las aceitunas reúnen las condiciones químicas y organolépticas adecuadas, se procederá con el resto de operaciones necesarias para su comercialización, bien a granel o envasadas.

Algunas de las operaciones a realizar dependerán de la presentación a la que se destinen y son las siguientes: trasiego, separación de salmuera, desrabado, separación del perdigón, clasificado por calidad/color, clasificado por tamaños, deshueso y relleno. En ellas es importante controlar los pesos antes y tras cada proceso, a fin de poder llevar un mejor control de la producción y fundamentalmente a fin de controlar los rendimientos que se tienen.

2.8.1. Trasiego y separación de salmuera

Las operaciones de vaciado y trasiego de fermentadores se llevan a cabo con equipos de bombeo especialmente diseñados para el trabajo con productos delicados. Este trasiego se realiza normalmente a las líneas de clasificado, hasta un separador de aceitunas y salmuera.

Es importante un buen dimensionamiento del tanque receptor y de la bomba centrifuga que realizará el retorno de la salmuera hasta el fermentador, cerrando así el circuito, dado que la proporción de salmuera trasegada siempre es mayor que la de producto.

2.8.2. *Clasificado de las aceitunas*

Las líneas de clasificado permiten hacer una separación de las aceitunas en función de la calidad, color y calibre de los frutos.

Los equipos y operaciones que habitualmente componen estas líneas son:

1. *Tolva receptora.* Tiene la función de recibir y acumular el producto, haciendo de pulmón de alimentación, así como trasegar el líquido al depósito de origen.

2. *Desrabadora.* Estas máquinas separan los pedúnculos de las aceitunas y algunas hojas que pudieron pasar en las operaciones previas de limpieza.

3. *Perdigonera o separador de bajo calibre.* Estas máquinas realizan una separación de las aceitunas que estén por debajo del calibre mínimo comercial. Esta operación se realiza habitualmente en la recepción en fresco, no obstante, es habitual incorporarla en la línea de clasificado ya que a veces se dispone aceituna aderezada procedente de otros productores.

4. *Escogido y clasificado.* Tiene por objeto hacer una separación por calidad: extra, primera y segunda, y eliminar los frutos dañados, molestados, partidos, picados, etc. Esta operación puede ser manual o automática:

   – Manual, en cintas de escogido, por operarios.

   – Automática, en máquinas electrónicas. El empleo de máquinas selectoras automáticas es cada vez más común en la mayoría de las fábricas por la capacidad de producción que llegan a ofrecer, hasta 5 t/h. Estas máquinas ofrecen además diferentes posibilidades de ajustes en función del trabajo que queramos realizar y la calidad del fruto a seleccionar.

5. *Calibrado.* En la operación de calibrado se agrupan las aceitunas por tamaño, lo cual es fundamental para las operaciones posteriores de deshuesado y por supuesto para su comercialización. Se realiza en máquinas de cables divergentes. El calibre viene determinado por el número de frutos contenido en un kilogramo.

Tras el calibrado, los frutos se almacenan tradicionalmente en bombonas, si bien es muy interesante agrupar estos frutos en depósitos de mayor volumen (fermentadores) para minimizar los costes logísticos del proceso. Esto se suele hacer con los calibres de mayor relevancia para facilitar el flujo a los procesos posteriores. Llegados a este punto, el producto puede ser comercializado a granel, envasado o pasar a las operaciones de deshuesado y sus variantes.

Durante estas operaciones, en las que se separan los frutos de su salmuera madre, se aprovecha para reducir la variabilidad de las características químicas que, normalmente, presentan los fermentadores. Esta variabilidad se debe a las operaciones de cocido y lavado, y a las diferencias habidas en la propia fermentación. Las salmueras, una vez mezcladas, se corrigen, si es necesario, antes de añadirse de nuevo a las aceitunas escogidas y clasificadas. El resultado de estas operaciones conduce a la obtención de recipientes con aceitunas del mismo tamaño, con calidad organoléptica uniforme y con niveles de acidez y sal homogéneos y suficientemente elevados para garantizar su conservación. Todo ello facilita considerablemente su posterior envasado.

2.9. Deshueso y relleno

El consumo mundial de aceituna sin hueso en todas sus variantes es el más relevante, moviéndose en proporciones cercanas al 80% de la producción. Existen una gran variedad de presentaciones: aceitunas deshuesadas, aceitunas cortadas en gajos o mitades, aceitunas en rodajas, aceitunas rellenas de anchoa con tapín, aceitunas rellenas con cinta de pimiento u otros sabores, aceitunas rellenas de pastas inyectadas (amplia variedad de sabores y con posibilidad de algunos rellenos naturales), aceitunas rellenas de productos naturales enteros (almendras, cebollitas, ajos, pepinillos, etc.), aceitunas cubiteadas o chopped, patés de aceitunas o tapenade, etc.

2.9.1. *Deshueso*

Las máquinas deshuesadoras tienen una gran capacidad de procesado, entre 500-600 kg/h según modelo y calibre de aceituna (Figura 20.9). Después del deshuesado las aceitunas pasan a un tanque de flotación o densímetros. Estos equipos funcionan con salmuera, a tal graduación que permite la flotación de la aceituna deshuesada. La aceituna con hueso, al tener una mayor densidad precipita en el fondo del tanque, de donde se retira.

En los casos en los que la aceituna tiene una baja textura (blanda), es recomendable reducir la temperatura del fruto entre 0 y 3 °C con equipos de enfriamiento previo al deshuesado, de esta forma se incrementa notablemente el rendimiento de la operación al reducirse el índice de rotura.

2.9.2. *Relleno*

La aceituna rellena es soporte de pimiento, anchoa, almendra, marisco, etc., y esta característica, junto a las nuevas tendencias gourmet, está favoreciendo a esta industria, permitiendo la introducción de la aceituna en mercados nuevos como los países del Este y en los países emergentes (Figura 20.10).

Figura 20.9. Máquina deshuesadora y rellenadora de pasta de pimiento.

Figura 20.10. Aceitunas verdes rellenas.

El relleno manual de aceituna es casi tan antiguo como el inicio de la industrialización de la aceituna de mesa. El primer relleno artesanal fue el de pimiento asado. Si bien el relleno de pimiento fue el primero y más importante, y aún hoy mantiene esta preponderancia, aunque sea en la presentación de cinta de pimiento, fueron apareciendo otros rellenos manuales que poco a poco se introdujeron en el mercado: almendra, alcaparras, avellana, ajo y, especialmente, el relleno de anchoa. La aceituna verde rellena de anchoa supone hoy en España más del 30% del consumo total.

Con el paso del tiempo, se automatizó primeramente el proceso del deshuesado y posteriormente el proceso del relleno.

Existen tres tipos de equipos según el tipo de relleno que emplean: de cinta, por inyección con tapín y sin tapín.

1. Rellenos de cinta

La cinta, generalmente de pimiento, se fabrica con alginato, goma guar y agua. Posteriormente se pasa por un baño de cloruro cálcico para gelificar la masa y se añade sorbato potásico como conservante. También se fabrican cintas de anchoa, ajo, limón, queso, etc., aunque en bastante menor medida que la de pimiento.

2. Relleno por inyección con tapín

Este tipo de relleno se desarrolló para las aceitunas rellenas de anchoa. El proceso se realiza amasando la anchoa, previamente desalada, con alginato y agua, esta masa se introduce en un cilindro, desde el que se alimenta la máquina de relleno. En esta máquina deshuesadora/rellenadora, la aceituna es deshuesada, el hueso retirado con el tapín, a la aceituna se le inyecta la masa que se gelificaba con un chorro de disolución de calcio y a continuación se le colocaba el tapín, que previamente unas cuchillas habían separado del hueso, para evitar la salida del relleno.

Este tipo de relleno tiene una desventaja con respecto al de cinta, el relleno no es visible, pero por el contrario es más natural y permite añadir diferentes productos: queso, almendra, limón, atún, salmón, ajo, marisco, jamón, etc., es lo que se llama "relleno de especialidades".

3. Relleno por inyección sin tapín

En este tipo de relleno, se amasa el producto en cuestión (anchoa, atún, limón, etc.) con alginato sódico como estabilizante y goma vegetal (guar, xantana, tara o una apropiada combinación de ellas) y agua. El producto se inyecta en la aceituna, que la maquina previamente ha deshuesado, esta masa ocupará todo el espacio dejado por el hueso. Seguidamente la aceituna rellena pasa por una disolución de calcio que provoca la gelificación de la superficie externa del relleno impidiendo su salida y de aquí a la salmuera de conservación o al envase donde se completará la gelificación del relleno. Se denomina también "relleno visto" y pretende sustituir al relleno de cinta.

2.10. Envasado y tratamiento térmico

El principal objetivo del envasado es conservar el producto, manteniendo sus características químicas y organolépticas estables durante el tiempo de comercialización.

Cuando las aceitunas van a ser comercializadas, los frutos, calibrados y clasificados, se envasan en bolsas de plástico, latas o frascos de cristal y la salmuera original es reemplazada por una salmuera nueva. No obstante, es posible el reúso de la salmuera de fermentación como salmuera de envasado; así, cuando la salmuera se regenera por filtración a través de una membrana de 4.000 daltons, de tamaño de poro se obtienen resultados aceptables en aceitunas rellenas de pasta de anchoa (Rejano *et al.*, 1995).

La preparación del líquido de gobierno para el envasado se rige por la ecuación siguiente, basada en el balance de materia:

$$Ce = \frac{a}{a+b} X + \frac{a}{a+b} X'$$

siendo,

Ce = concentración (%) de sal o ácido láctico en el equilibrio final.

a = volumen de jugo de las aceitunas en el envase (60% del peso, aceitunas enteras o 75% en aceitunas deshuesadas).

b = volumen de líquido en el envase.

X = concentración (%) de sal o ácido láctico en el jugo de las aceitunas antes de ser envasadas (será igual a la que tenga la salmuera de conservación).

X' = concentración (%) de sal o ácido láctico de líquido de gobierno a preparar.

Tradicionalmente las aceitunas envasadas mantenían su estabilidad durante su comercialización debido a los altos valores de acidez y sal (0,5-0,7% y 5-7%, respectivamente) y bajos valores de pH (inferior a 3,4 unidades). De hecho, con estas características se siguen envasando actualmente las aceitunas en bolsas de plásticos no pasterizadas.

Sin embargo, la preferencia actual de los consumidores por valores más bajos de acidez y sal ha tenido como consecuencia la implantación de la pasterización como sistema de asegurar la buena conservación de este producto durante su comercialización, de tal manera que, a las aceitunas envasadas en frascos de vidrio o botes de hojalata, se les aplica generalmente este proceso térmico.

Para el tratamiento de pasterización se toman como microorganismo de referencia a las bacterias propiónicas, por ser los que mayor resistencia térmica presentan en las condiciones de envasado (González Pellisó *et al.*, 1982; González Pellisó y Rejano Navarro, 1984). La expresión matemática de la curva de destrucción térmica de este microrganismo es la siguiente:

$$TDT = 2,85.10^{(60-T/5,25)}$$

siendo,

TDT = tiempo de destrucción térmica.

T = temperatura.

Para realizar el cálculo del tratamiento térmico que se debe aplicar es necesario conocer el punto frío de los diferentes envases utilizados en las aceitunas verdes. Así, se ha encontrado que, tanto para los envases de vidrio como de hojalata, el punto frío se encuentra situado en el eje central a 1/2 de la distancia del centro al fondo (Sánchez Gómez, 1989). Es en este punto donde se ha de evaluar la destrucción de las bacterias propiónicas y, por tanto, la penetración de calor. En la trasmisión de calor influye: el tamaño del fruto y del envase, el tipo de envase, y la relación peso de fruto/volumen de salmuera.

Para evaluar la incidencia del tratamiento térmico en las distintas características organolépticas se ha considerado la degradación térmica del color y textura (Sánchez *et al.*, 1991). En base a estos estudios se ha establecido un nivel de letalidad de 15 unidades (UP$_{62,4}$ = 15) en el punto frío del envase como el mínimo necesario para garantizar la conservación del producto envasado. Si la pasterización se realiza a temperaturas de 80 °C o mayores, la calidad de las aceitunas resulta prácticamente inalterada.

En la actualidad, la aplicación de la pasterización en el envasado de las aceitunas verdes de mesa es una práctica común en todo el sector de la aceituna de mesa. En el Cuadro 20.3 se recogen, a modo de ejemplo, los tiempos de pasterización necesarios para determinados tipos de envases, en las condiciones indicadas.

Estos tratamientos se aplican en la industrias envasadoras en túneles de pasterización que funcionan con un sistema de duchas para el calentamiento y el enfriamiento posterior del envase.

2.11. Evolución de las aceitunas durante la vida de mercado

Según la Directiva de la Unión Europea (DOUE, 2000) "la fecha de duración mínima de un alimento es la fecha hasta la que el alimento conserva sus propiedades específicas cuando se almacena correctamente", es lo que se conoce como vida útil o de mercado.

CUADRO 20.3

Tiempos de pasterización para distintos envases de aceitunas verdes

(Temperatura del pasterizador, 80 °C; temperatura inicial de llenado, 40 °C)		
Formato (comercial)	*Peso neto escurrido (g)*	*Tiempo (min)*
Envases de Vidrio		
5 Cyl	92	6,0
8 Par	130	7,5
20 Par	374	9,5
16 Ref	292	10,5
½ Galón	1291	15,0
Galón	2574	19,0
Envases de hojalata		
1/2 kg	250	4,5
1 kg neto	1000	6,5
A-10	1701	8,0
5 kg bajo	2750	9,0
5kg neto (rectangular)	5000	9,5

En un estudio financiado por la "Interprofesional de la Aceituna de Mesa" (IN-TERACEITUNA) y realizado en el Instituto de la Grasa (CSIC) con envasados pasterizados en frascos de vidrio y botes de hojalata, con aceitunas de las variedades 'Gordal', 'Manzanilla', y 'Hojiblanca', en las presentaciones comerciales habituales de verdes estilo español (entera, deshuesadas, rellenas de pimiento, rellenas de anchoa, rellena de ajos y en rodajas) se ha estudiado durante 3 años la evolución del pH del líquido de gobierno, color superficial, textura y características organolépticas de los frutos (Sánchez-Gómez *et al.*, 2013).

Durante la vida de mercado (3 años) no se ha observado variación en los valores de pH, acidez libre, combinada y volátil de los líquidos de gobierno, ni pérdida de vacío en los recipientes, ni la aparición de sedimentos lo cual es indicativo de que las aceitunas permanecen estables sin ningún tipo de alteración.

A lo largo de la conservación se observa en todos los casos un paulatino oscurecimiento del líquido de gobierno mientras que el color superficial de las aceitunas se degrada ligeramente con el tiempo.

La firmeza de los frutos se degrada con el tiempo según una cinética de primer orden; así, después de tres años se observa que las aceitunas verdes han perdido entre el 35 y el 52% de su textura inicial.

En las diferentes muestras no se observan cambios significativos por parte del panel de cata en la mayoría de los descriptores organolépticos durante la vida de mercado. Después de los tres años, la mayoría de las muestras pueden ser consideradas como de categoría "extra" según la evaluación organoléptica del método del Consejo Oleícola Internacional (IOC, 2021).

2.12. Valoración organoléptica y Análisis sensorial

Las Normas Nacionales e Internacionales de Calidad (BOE, 2016; CODEX, 2013) fijan valores para el tipo y cantidad de los defectos, sin embargo, no contienen determinaciones objetivas para el color, textura y sabor, para los que, simplemente, indican que deben ser los adecuados.

Durante los últimos años, se han ido desarrollando diversos métodos que permiten la valoración de estos parámetros de calidad.

2.12.1. *Color de las aceitunas*

Para la obtención de un procedimiento objetivo que permita la medida del color de las aceitunas verdes de mesa estilo español o sevillano (Sánchez Gómez *et al.*, 1985) se parte de una serie de muestras de aceitunas de la variedad 'Manzanilla', suministradas por la industria, numeradas del 1 al 5, que corresponden a cada uno de los criterios subjetivos fijados previamente, tal como se recogen en el Cuadro 20.4, donde se refleja la relación que existe entre la valoración subjetiva y un índice de color objetivo, basado en las medidas de reflectancia a las longitudes de onda de 560, 590 y 635 nm.

Este índice de color se define por la siguiente ecuación:

$$IC = (4R_{635} + R_{590} - 2R_{560}) / 3$$

CUADRO 20.4

Relación entre la valoración subjetiva y objetiva del color de las aceitunas verdes

Puntuación	Color subjetivo	Intervalo IC
1	Excelente	30,2–33,6
2	Bueno	26,8–30,2
3	Aceptable	23,7–26,8
4	Malo	21,0–23,7
5	Pésimo	< 21,0

2.12.2. *Color de las salmueras*

El color de la salmuera es muy importante en el envasado, dado que la mayoría de los envases utilizados son transparentes, y el producto puede ser rechazado por el consumidor si el líquido de gobierno es muy oscuro. También, en caso de la reutilización de las salmueras, es casi imprescindible disponer de una medida que indique el grado de decoloración obtenida.

Para el establecimiento de una escala objetiva, Montaño *et al.* (1988) parten de una serie de muestras clasificadas con los criterios subjetivos recogidos en el Cuadro 20.5. Determinada la curva de absorbancia, se encuentra la mejor correlación con la diferencia de absorbancias a 440 y 700 nm. Del estudio, se deduce que el valor de 0,23 unidades de absorbancia es el límite superior del parámetro A_{440}-A_{700}, por encima del cual el color de una salmuera de envasado no se considera aceptable.

CUADRO 20.5

Relación entre la valoración subjetiva y objetiva del color de las salmueras de aceitunas verdes

Puntuación	Color subjetivo	$A_{440} A_{700}$
1	Amarillo muy claro	0,141 ± 0,025
2	Amarillo claro	0,229 ± 0,019
3	Amarillo moderado	0,370 ± 0,030
4	Amarillo oscuro	0,481 ± 0,032
5	Amarillo muy oscuro	0,587 ± 0,047

2.12.3. Textura de las aceitunas

En el caso de la textura de las aceitunas no se ha estudiado una relación entre la valoración subjetiva y una metodología objetiva. Sin embargo, existen numerosas publicaciones donde se realiza una determinación de este parámetro de calidad con diferentes equipos. Todos ellos utilizan una célula Kramer que determina la firmeza de las aceitunas, previamente deshuesadas, por compresión-cizallamiento.

Sánchez *et al.* (1997) estiman que las aceitunas verdes estilo español con valores de firmeza inferiores a 10 N/g no deben ser comercializadas.

2.12.4. Método COI. Análisis sensorial de aceitunas de mesa

El Consejo Oleícola Internacional dispone desde 2008 de un método para la evaluación organoléptica de las aceitunas de mesa. En la actualidad, la última revisión de ese método se adoptó en 2021 (IOC, 2021): "Análisis sensorial de las aceitunas de mesa", COI/OT/MO No 1/Rev.3.

Este método tiene como objetivo la clasificación sensorial de las aceitunas de mesa en función de la intensidad de los defectos que pudieran estar presentes, determinada por un grupo de entre 8 y 10 catadores seleccionados, y cualificados, constituidos en panel.

El método establece los criterios y el procedimiento necesarios para el análisis sensorial del olor, sabor y textura de las aceitunas de mesa y desarrolla la sistemática a seguir para su clasificación comercial. Únicamente es aplicable a los frutos del olivo cultivado (*Olea europaea* L.) sometidos a tratamientos u operaciones adecuadas, preparados para el comercio o el consumo final según la Norma comercial aplicable a las aceitunas de mesa, referencia COI/OT/NC n° 1, de diciembre de 2004, (IOC, 2004).

Los descriptores utilizados en el análisis sensorial de las aceitunas de mesa, para los que los catadores valoren su intensidad, se clasifican en tres grupos: sensaciones negativas, sensaciones gustativas y sensaciones de cinestesia.

En el apartado de sensaciones negativas se encuentra las fermentaciones anormales (pútrida, butírica y zapatería) y otros defectos (moho, rancio, cocinado, jabonoso, metálico y tierra); en el grupo de sensaciones gustativas se valoran los sabores salado, amargo y ácido; y en el grupo de sensaciones de cinestesia se valora dureza, fibrosidad (cualidad de fibroso) y crujiente.

Para el análisis por parte de los catadores se utiliza una copa de cata como la utilizada para el análisis sensorial del aceite de oliva (Figura 20.11), y debe tener tantas aceitunas como puedan caber en una sola capa. Cuando se analicen aceitunas de mesa conservadas en salmuera, deberá añadirse a las aceitunas la suficiente cantidad de salmuera para cubrirlas en su totalidad.

Figura 20.11. Copa de catas para el análisis sensorial de las aceitunas.

La Hoja de Perfil (Figura 20.12) está constituida por cada uno de los descriptores citados y una escala no estructura de 10 cm de longitud, con un rango que varía entre 1 (ausencia) y 11 (máxima intensidad).

HOJA DE PERFIL DE LAS ACEITUNAS DE MESA

INTENSIDAD

⟶

**PERCEPCIÓN DE LAS
SENSACIONES NEGATIVAS**

Fermentación anormal (tipo) _____

Otros defectos (cuáles) _____

**PERCEPCIÓN DE LAS
SENSACIONES GUSTATIVAS**

Salado _____

Amargo _____

Ácido _____

**PERCEPCIÓN DE LAS
SENSACIONES CINESTÉSICAS (TEXTURA)**

Dureza _____

Fibrosidad _____

Crujiente _____

Código de la muestra:
Nombre del catador:
Fecha:

Figura 20.12. Hoja de Perfil para el análisis sensorial de las aceitunas.

Para clasificar la muestra, el jefe de panel únicamente considera la mediana del defecto percibido con mayor intensidad (DMP). De acuerdo a este defecto, las muestras se clasifican del siguiente modo:

- Extra: $DMP \leq 3$

- Primera o "I" o Selecta: $3 < DMP \leq 4,5$

- Segunda o "II" o Estándar: $4,5 < DMP \leq 7,0$

- Aceitunas que no pueden destinarse a la alimentación como aceitunas de mesa: $DMP > 7,0$

3. Elaboración de aceitunas negras naturales

Se preparan a partir de aceitunas recolectadas en un estado avanzado de madurez y colocadas directamente en salmuera. Tienen un ligero sabor amargo y una textura y color característicos. Sus preparaciones más importantes se dan en Grecia y Turquía. En España tuvieron una importancia destacable en la década de los setenta, aunque después la producción se ha reducido a cantidades prácticamente simbólicas (4.000-5.000 t/año).

Figura 20.13. Esquema del proceso de la elaboración de negras naturales.

Las etapas de la elaboración se muestran en la Figura 20.13. Una descripción detallada de la misma se ofrece en Fernández Díez *et al.* (1985), Garrido Fernández *et al.* (1997), y Balatsouras (1975).

3.1. Recolección, transporte, escogido y clasificación

A medida que el fruto madura va desarrollando un color rosado, púrpura y, finalmente, un negro más o menos intenso; paralelamente, la textura se deteriora también progresivamente. Es necesario alcanzar un compromiso entre ambos atributos.

Los criterios dependen de la costumbre, la variedad, etc., siendo importante que durante el proceso fermentativo se decolore el menor porcentaje de aceitunas posible. La única forma de determinar el grado de madurez es realizar un corte longitudinal a una serie de frutos representativos, ya que, exteriormente, el color será uniforme. Un buen equilibrio se consigue cuando la madurez ha alcanzado la mitad de la pulpa.

Lo ideal es hacer la recolección antes de que las aceitunas se dañen por las heladas. Por ello, las variedades tempranas son las más adecuadas para esta preparación. Es recomendable la recolección manual, puesto que la consistencia de estos frutos es, ya de por sí, delicada. El transporte se efectuará en contenedores pequeños o, preferentemente, en cajas de 20-22 kg y se realizará en las horas del día de temperaturas más bajas. Los trayectos a recorrer no serán largos. A la llegada a la factoría o, mejor, en el propio campo, habrán de retirarse los frutos deteriorados o que no presenten la madurez adecuada. Es aconsejable hacer, al menos, una clasificación grosera para separar los tamaños mayores (más sensibles), con objeto de prepararlos en recipientes de menor altura. Finalmente, estas aceitunas se colocarán en salmuera tan pronto como sea posible.

3.2.   Lavado y colocación en salmuera

Al igual que los frutos de otras elaboraciones colocados directamente en salmuera, es recomendable eliminar de su superficie la mayor cantidad posible de suciedad y carga microbiana no deseable que puedan traer adherida. Para ello, es aconsejable el empleo de duchas, teniendo cuidado de que las aceitunas se pongan en contacto con el agua más limpia en la parte final del recorrido de la lavadora. Al abandonar esta, las gotas que aún queden adheridas se separarán mediante cortina de aire o cualquier otro sistema antes de introducirlas en los fermentadores.

Los recipientes utilizados para esta preparación en España son de muy diversa capacidad, desde bombonas hasta fermentadores de 16.000-20.000 litros.

Las aceitunas se cubren con salmuera de concentraciones diversas, 6-10% NaCl, habiéndose extendido la costumbre de corregir el pH inicial de la misma con ácido, principalmente acético. A medida que los niveles de sal en la solución bajan, al ir equilibrándose con los frutos, es necesario restablecerlos. En algunos lugares utilizan inicialmente solo agua, con ello se corre el riesgo de alteraciones en cuanto las temperaturas se eleven, por ello antes de la primavera se disuelve sal hasta alcanzar una concentración en el equilibrio del 7-8% en NaCl.

3.3.   Fermentación anaerobia

Es la fermentación tradicional aplicada durante años. El proceso fermentativo comienza desde el mismo momento de la colocación en salmuera y transcurre lentamente durante meses. Los factores condicionantes de la misma son: la relativamente alta concentración de sal (que dificulta el crecimiento de bacterias lácticas); la presencia de polifenoles con actividad antimicrobiana y las temperaturas moderadamente bajas (10-15 °C) en invierno que tampoco son favorables para el desarrollo de bacterias lácticas. Por todo ello, los microorganismos más destacados de esta elaboración son las levaduras.

En general, el proceso se inicia con el crecimiento de una microbiota formada por mohos, bacilos, clostridios, etc. Sin embargo, las condiciones químicas (pH> 4,5, si no se adiciona ácido) hacen que solo los bacilos *Gram-negativos* se desarrollen inicialmente de forma destacada alcanzando su máximo desarrollo en los dos primeros días, desapareciendo a los 7-15 días de fermentación.

Las levaduras se desarrollan desde los primeros días y alcanzan su máximo entre los 10 y 15 días de colocación en salmuera, siendo las más representativas: *Saccharomyces oleaginosus* y *Wickerhamomyces anomala*.

La presencia de bacterias lácticas en esta elaboración es esporádica y se da solo en algunas variedades, siempre que las características físico-químicas condicionantes de estos procesos sean favorables para su desarrollo. En España se encuentran principalmente en la variedad 'Hojiblanca', cuando la concentración de sal es inferior al 7%. Se han descrito los géneros *Pediococcus* y *Leuconostoc*, así como *Lactobacillus plantarum*. En las condiciones empleadas en Grecia, el crecimiento de estos microorganismos es, aparentemente, más frecuente e, incluso, Balatsouras (1975) ha llegado a afirmar que el proceso fermentativo es un proceso láctico dominado inicialmente por el género *Streptococcus* y, después, *Leuconostoc* y las especies *L. plantarum* y *Lactobacillus brevis*. Lo mismo ocurre con la variedad 'Sevillana' en Perú (Clavijo Koca *et al.*, 2013).

Desde el punto de vista físico-químico, en el transcurso del proceso: el pH disminuye lentamente hasta situarse en torno a 4,0-4,2 ya que solo se produce una ligera formación de acidez, alcanzándose unos valores finales expresados como g de ácido láctico/100 mL de 0,3-0,5; sin embargo, cuando hay desarrollo de bacterias lácticas estos valores se incrementan hasta el 1,0-2,0%, alcanzándose un pH final de 3,6.

Las aceitunas van endulzándose progresivamente gracias a la difusión e hidrólisis de la oleuropeína, dándose por finalizado el proceso al cabo de unos 5-6 meses. Las levaduras, principales microorganismos que se desarrollan, producen una serie de compuestos volátiles, los más destacados son: etanol (94-98% del total); acetaldehído (0,3-3,0%); acetona (0,08-1,7%); acetato de etilo (0,09-1,4%) y otros muchos en menor proporción (Fernández Díez *et al.*, 1985).

A los 7-9 meses de la colocación en salmuera, los frutos han perdido la mitad de los fenoles iniciales en la pulpa con el consiguiente efecto de endulzamiento, desapareciendo prácticamente los azúcares. La textura de los frutos disminuye, respecto de la original, y el color se aclara, pasando del negro o púrpura inicial a uno rosáceo. El pH de equilibrio influye en la tonalidad final de las aceitunas, siendo menos oscuro conforme menor es el pH. La exposición de los frutos al aire durante, al menos, 12 horas los oscurece, conservándose este efecto beneficioso en el resto de la vida de mercado del producto.

3.4. Alteraciones de las aceitunas negras naturales

Galazoma o *cyanosis*. Es bastante común en Grecia y prácticamente desconocida en España. Consiste en la aparición de un tono azulado o azul-marrón, a lo que hace alusión el nombre, ablandando los frutos y comunicándoles mal sabor. Aparece en aceitunas conservadas de manera defectuosa o en sal baja.

Ablandamiento. Los frutos maduros pueden deteriorarse con gran facilidad. En el caso de los recipientes de madera o cemento, el crecimiento de mohos y bacilos en la superficie de contacto entre la salmuera y el aire provoca esa alteración frecuentemente. Se previene utilizando recipientes anaerobios, sistemas de fermentación que los eviten o limpiando con frecuencia dichas superficies.

Alambrado. Se caracteriza por la formación de una serie de fisuras en el interior de la pulpa. En ocasiones, la piel queda transparente y, entonces, recibe el nombre de «afarolado». La aparición del mismo depende de la variedad y de las condiciones de fermentación; los factores que influyen en su aparición son:

– Variedad. La 'Hojiblanca' es la más propensa a sufrir la alteración, aunque 'Manzanilla' y 'Cacereña' también son bastante propicias a sufrirla.

– Temperatura. Al aumentar siempre se tiene una mayor proporción de frutos alambrados.

– Concentración de sal. Más alambrado a mayor concentración.

– Acidificación inicial de la salmuera. Menor alambrado si se corrige el pH por debajo de 4,0 unidades.

Se ha demostrado que el «alambrado» se produce por la acumulación en el fermentador del CO_2 producido por la respiración de los frutos y el metabolismo de los microorganismos responsables de la fermentación anaeróbica (García García *et al.*, 1982).

Para evitar la aparición de esta alteración se han estudiado métodos alternativos a la fermentación tradicional; el procedimiento más efectivo para obtener frutos sin "alambrado" consiste en el desarrollo de la fermentación en medio aeróbico.

3.5. Fermentación aerobia

Ha sido un proceso desarrollado por el Instituto de la Grasa con el fin de evitar los problemas de «alambrado» en algunas variedades españolas propensas a dicha alteración (García García *et al.*, 1985). Básicamente, consiste en modificar el sistema tradicional anaerobio mediante la inyección de una corriente de aire a través de una columna (Figura 20.14).

Con ello se elimina el anhídrido carbónico producido por la respiración de los frutos, al principio de la colocación en salmuera, y por los microorganismos, durante el resto del proceso.

El principal efecto de la fermentación aerobia es que la concentración de CO_2 disuelto en la salmuera es muy inferior a la que se tiene en el proceso anaeróbico, presentando un máximo a los 10-20 días de la puesta en el líquido de las aceitunas (Figura 20.15). Ello es debido a que los caudales empleados de aire no pueden purgar todo el carbónico originado en la respiración de los frutos y por el metabolismo de los microorganismos. Posteriormente, las aceitunas dejan de respirar y se tienen unas concentraciones bajas de CO_2 disuelto.

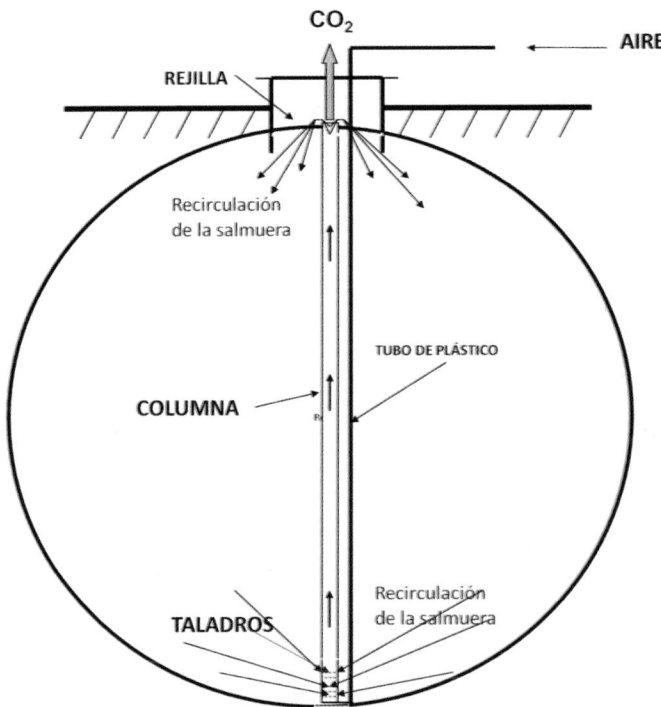

Figura 20.14. Fermentador dotado del dispositivo para la realización del proceso aerobio de fermentación.

Cuando se suministra aire a razón de 0,1 litros de aire/hora/litro de capacidad del fermentador (unos 1.600l/h para los fermentadores industriales) durante 8 horas al día no se produce la aparición del alambrado.

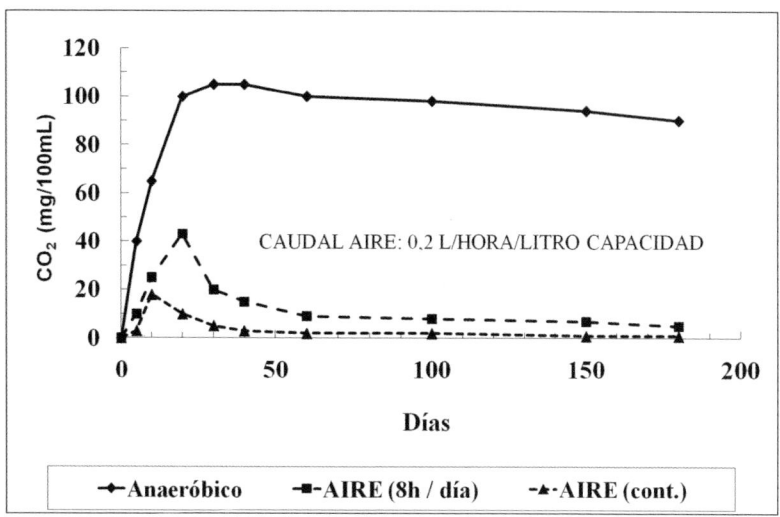

Figura 20,15. Evolución de la concentración de CO₂ en las salmueras de fermentación de aceitunas negras.

Debido a que la recirculación del líquido favorece la difusión de las sustancias de la pulpa en el medio líquido que las rodea, los azúcares pasan más rápidamente a la salmuera que en el proceso clásico sin aireación, agotándose a los 3-4 meses y pudiendo darse por concluida la fermentación para esa fecha. Lo mismo pasa con la difusión de los fenoles presentes inicialmente en la pulpa, encontrándose el producto a los 3 meses de la puesta en salmuera menos amargo que después de un año en el proceso clásico.

Independientemente del tipo de fermentación (aerobia o anaerobia), es recomendable la acidificación de la salmuera inicial, bien con ácido acético, láctico o sus mezclas. En general, se suele recomendar el uso de ácido acético en concentraciones iniciales de 0,5-1,0% (Medina *et al.*, 2020).

3.6. Conservación de las aceitunas

Una vez consumidos los azúcares y las aceitunas están lo suficientemente "dulces" (a los 3-4 meses) se puede cortar el paso de aire y dejar evolucionar el producto hasta su comercialización.

El comportamiento puede ser diferente según el tipo de fermentación que haya tenido lugar:

Si el proceso ha sido láctico se debe haber alcanzado un pH<3,9 y las aceitunas se conservarán prácticamente sin ningún problema

Si se ha tenido una fermentación exclusivamente por levaduras se tendrá un pH>4,0 y pueden desarrollarse levaduras fermentativas que pueden producir el alambrado para lo cual sería recomendable continuar con la aireación.

Cuando las aceitunas se van a comercializar, se procede a sacarlas de los depósitos y a su escogido y clasificación. El porcentaje de frutos deteriorados en esta elaboración es siempre considerable, debido a la delicada textura que presenta la propia materia prima. Se retiran, normalmente a mano, pasándolas por una cinta de escogido, después, es conveniente clasificarlas por tamaños, atributo que casi siempre se especifica en los contratos de las transacciones comerciales.

3.7. Envasado

Las aceitunas negras se han vendido tradicionalmente a granel debido a la dificultad de conseguir en los envasados unas condiciones que garantizaran la estabilidad del producto. Así, la exportación se hacía en barriles de plástico de 130-150 kg o en latas de 10-15 kg de peso escurrido.

Para acondicionarlas en recipientes de pequeña capacidad (0,5-5,0 kg) se calculan las condiciones del líquido de envasado en función de las deseadas en el equilibrio y las que tienen los frutos aplicando la siguiente fórmula:

$$X = \frac{0,5 \times M\,(S - T)}{V}$$

En la que:

X: % de Sal o Acidez en la salmuera de envasado.

S: % de Sal o Acidez deseado.

T: % de Sal o Acidez en el jugo de los frutos.

M: Peso de aceitunas en el envase (en gramos).

V: Volumen de salmuera en el envase (ml).

0,5: Resulta de considerar que las aceitunas tienen un 50% de humedad.

La conservación del producto se asegura mediante un tratamiento de pasterización adecuado para el tipo y tamaño del envase, o por la adición de sorbato en el líquido de gobierno en una proporción tal que se tenga en el equilibrio una concentración del 0,1% como ácido sórbico.

En cualquier caso, las características físico-químicas de las salmueras tras el equilibrio osmótico tienen que tener las características que se indican en el Cuadro 20.6 según el tratamiento de conservación que se les aplique (IOC, 2004).

CUADRO 20.6

Características físico-químicas de la salmuera de acondicionamiento de las aceitunas negras naturales

Concentración mínima NaCl (%)			Límite máximo de pH			Acidez mínima % Ácido láctico		
PCQ	C	P	PCQ	C	P	PCQ	C	P
ATM	R	E	ATM	R	E	ATM	R	E
6	6	BPF	4,3	4,3	4,3	0,3	0,3	BPF

PCQ: Características químicas propias; ATM: Atmósfera modificada; C: Adición de conservantes; R: Refrigeración; P: Pasterización; E: Esterilización; BPF: Buenas prácticas de fabricación

4. Elaboración de aceitunas negras oxidadas

Este tipo de preparación se empezó a elaborar en California (EE.UU.) al principio del siglo XX. Hoy en día, este estilo está muy difundido en todos los países productores de aceitunas de mesa. Según los últimos datos publicados por el Consejo Oleícola Internacional, pueden representar alrededor del 30% de la producción de aceitunas de mesa del mundo.

En la Norma Comercial de Aceitunas de Mesa emitidas por el Consejo Oleícola Internacional (IOC, 2004) son denominadas "aceitunas ennegrecidas por oxidación". Sin embargo, comúnmente se les conoce por su nombre original estadounidense: "Ripe olives" o "Black ripe olives".

A continuación, se comentan las diversas etapas del proceso de elaboración que están resumidas en la Figura 20.16.

4.1. Proceso de elaboración

4.1.1. *Recolección y transporte*

Tradicionalmente se realizaba desde cuando los frutos adquieren una tonalidad amarillo paja (envero) o viran a un color rojo/púrpura más o menos intenso, aunque manteniendo la proporción de estos últimos en un porcentaje inferior al 20% (Fernández Díez *et al.*, 1985).

En España la tendencia actual es la de adelantar el momento de la recolección a unas fechas en las que la práctica totalidad de las aceitunas están verdes. Con ello se consigue una mejor textura y evitar problemas de pérdida de calidad del producto. Hoy día, se aplica la recolección mecánica a casi la totalidad de la producción. Los frutos se transportan en contenedores de unos 500 kg, o a granel en remolque de tractor o camiones.

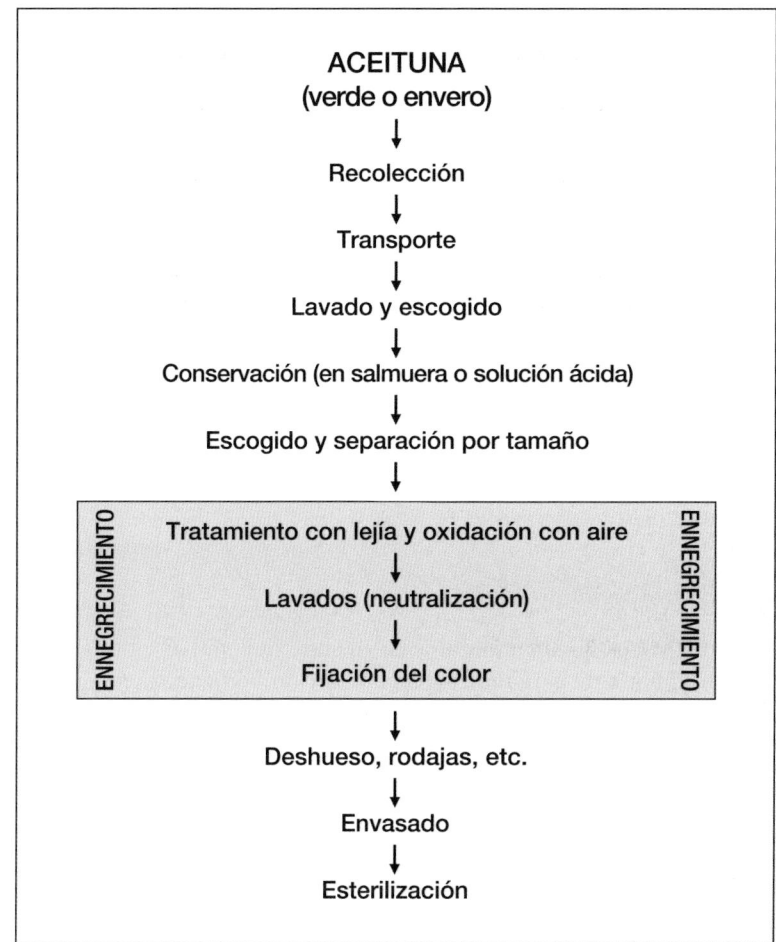

Figura 20.16. Esquema del proceso de elaboración de aceitunas tipo negras.

Las aceitunas una vez recolectadas, siguen respirando durante la estancia en el campo, el transporte e, incluso, durante los primeros días en salmuera. La intensidad de la respiración aumenta cuando se incrementa la temperatura de conservación (ambiente) y si las aceitunas han sido golpeadas. Así, en la Figura 20.17 se puede observar cómo los frutos consumen más oxígeno y producen más CO_2 en estos dos supuestos (Segovia Bravo *et al.*, 2011).

El sustrato empleado en la respiración son los azúcares y las aceitunas pierden peso durante el tiempo que permanezcan al aire, siendo esta pérdida mayor al aumentar la temperatura y cuando los frutos han sido golpeados (García *et al.*, 1995).

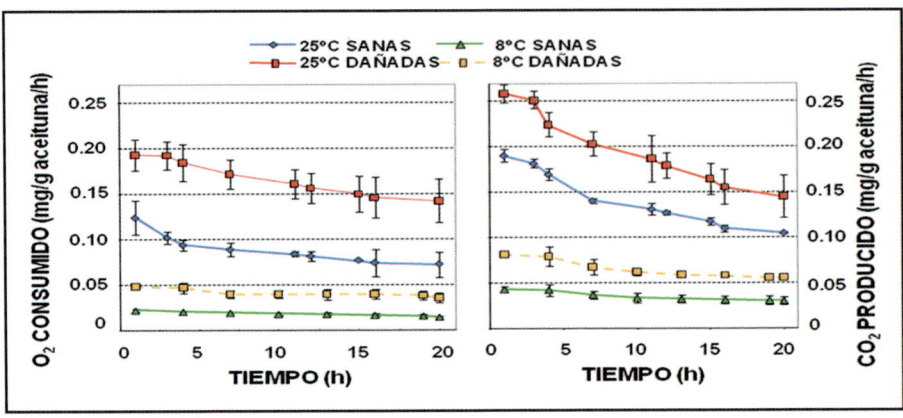

Figura 20.17. Efecto de la temperatura de almacenamiento en la velocidad de respiración de aceitunas de la variedad Manzanilla sanas y dañadas intencionadamente.

4.1.2. *Lavado, escogido y clasificación*

Los frutos frescos llevan adheridos en su superficie polvo y otras suciedades, así como una importante carga microbiana (Garrido Fernández *et al.*, 1997). Esta población incluye bacterias Gram-negativas, clostridios, bacilos, mohos, levaduras y bacterias lácticas. Las condiciones de conservación en salmuera hacen que la mayoría de ellas no se desarrollen; aunque es indudable que constituyen una posible fuente de contaminación para la posterior fermentación.

Por ello, es conveniente realizar un lavado dinámico, con lavadoras o duchas de aguas, para retirar el polvo o barro que puedan traer adherido los frutos y evitar así la carga contaminante de microorganismos que pueden llegar a producir alteraciones. Los equipos a utilizar son los mismos empleados para aceitunas verdes, teniendo cuidado de que las aceitunas se pongan en contacto con el agua más limpia en la parte final del recorrido de las mismas en la lavadora.

Una vez limpias, se suele hacer un «escandallo» de la partida para estimar el tamaño medio y su distribución, datos que sirven para establecer el precio de la partida y conocer los tamaños disponibles.

El escogido y clasificación por tamaños raramente se aplica, debido a la falta de tiempo. Sin embargo, sí es normal pasar la partida por una perdigonera para retirar los tamaños pequeños e incluso seleccionar 2 o 3 tamaños diferentes.

En algunos casos, fundamentalmente cuando la campaña está avanzada y en las partidas viene una proporción significativa de frutos con tonalidad morada, se realiza un escogido por color mediante escogedoras por color que separan las aceitunas maduras.

4.1.3. *Conservación*

Las aceitunas se pueden oxidar directamente una vez recibidas, sin embargo, debido al dimensionado que debería tener la industria, se conservan para elaborarlas a lo largo del año.

Los frutos, una vez limpios, pasan directamente a los depósitos de almacenamiento, similares a los utilizados para las aceitunas verdes estilo español. Asimismo, debe colocarse una cierta cantidad de agua o salmuera en el fondo para amortiguar la caída. El llenado se hace rápidamente (10-20 min) para no prolongar en exceso la presión sobre los frutos del fondo. Una vez lleno el depósito, se añade la solución de conservación.

Tradicionalmente en España se colocaban en salmueras de graduaciones variables (hasta un 10% en NaCl) e incluso, en las zonas frías, solo en agua, aunque posteriormente en este caso se adiciona sal hasta alcanzar el 4-6% en el equilibrio antes del verano.

Entre las alteraciones detectadas en esta etapa podemos destacar:

Fermentaciones pútridas, butíricas y zapatería. Producen un olor y sabor desagradables en los frutos y se asocia a unas malas condiciones higiénicas y no controlarse adecuadamente el pH (valores superiores a 4,5 unidades).

Alambrado. Se caracteriza, como se ha explicado en las negras naturales, por la formación de huecos y fisuras en la pulpa que produce un arrugado superficial (Figura 20.18). El origen de esta alteración se encuentra en una acumulación de CO_2.

Alambrado   Arugado superficial   Ablandamiento superficial

Figura 20.18. Alteraciones en los frutos durante la conservación tradicional.

Arrugado superficial. No se sabe con certeza a que puede ser debido (Figura 20.18), aunque se relaciona con el mantenimiento durante la conservación de unas altas concentraciones de CO_2 disuelto en la salmuera (Romero *et al.*, 1996) y el empleo de variedades, como la 'Hojiblanca', de cultivo en secano y el reúso de las lejías durante la oxidación (García *et al.*, 2014).

Ablandamiento. Comienza con la aparición en la superficie de las aceitunas de pequeñas manchas blancas que aumentan de tamaño al avanzar la alteración y producen el ablandamiento y licuación de la pulpa cercana (Figura 20.18). Se produce por el desarrollo de microorganismos con actividad celulolítica. El origen se relaciona fundamentalmente con no tenerse unas buenas condiciones higiénicas, así como con no mantenerse durante la conservación unos niveles de pH estrictos, especialmente al inicio de la fermentación (menor de 4,3 unidades).

Para tratar de evitar estas alteraciones durante la conservación se han utilizado diferentes métodos:

Medio ácido

Este procedimiento es originario de California (Vaughn *et al.*, 1969) y su principal objetivo es inhibir el desarrollo de microorganismos para evitar alteraciones debidas a las características poco higiénicas de los recipientes empleados para conservar las aceitunas, que consistían en grandes tanques cilíndricos de madera abiertos por la zona superior. Para ello, utilizaban una combinación de factores (ácidos, temperatura, anaerobiosis y conservantes) para mantener las condiciones más asépticas posibles.

Los frutos se colocan en agua en la que se disuelve el 2,0-4,0% de un ácido orgánico (acético o láctico, o mezcla de ambos).

Para evitar el desarrollo de microorganismos se pueden añadir conservantes; el más utilizado es el ácido benzoico en una proporción del 0,1-0,35% (p/v) que se añade como benzoato. Hay que tener presente que el efecto antimicrobiano lo tiene la molécula no disociada del ácido, por ello, para que sea efectiva la adición, es necesario que el pH se encuentre en valores inferiores a 4,0 unidades. Hay que tener presente que esta sustancia se acumula en la parte oleosa de la aceituna en una gran proporción y que puede dar origen a sabores extraños en el producto final si no se lava suficientemente durante el ennegrecimiento (Brenes *et al.*, 2004).

Salmuera con aireación (medio aeróbico tradicional)

Consiste en la colocación de las aceitunas en una salmuera del 2-7% en NaCl a la que se pasa aire por medio de la columna descrita en el anterior apartado (Figura 20.14) a razón de 0,1-0,2 litros por hora y litro de capacidad del recipiente, durante 8 horas al día (1,6-3,0 m^3 / hora para los fermentadores habituales en la industria de 16.000 litros). Es conveniente la adición inicial de ácido acético (0,4-1,0%, v/v) para mantener el pH en valores inferiores a 4,0-4,3 unidades durante los primeros días para evitar el desarrollo de Gram-negativos. Se deben realizar adiciones periódicas de sal para alcanzar una concentración del 5-6% antes de la llegada de las temperaturas altas (primavera-verano) y así asegurar la buena conservación de los frutos.

El procedimiento consigue, al mismo tiempo, una permanente recirculación de la salmuera y una purga continua del CO_2 con lo que se evita la acumulación de gases en el interior de los frutos y el rebose de los fermentadores.

Medio ácido con aireación (sin sal)

Las aceitunas se colocan en agua a la que se añade ácido acético en una proporción en torno al 1,5-3,0% p/v. Además, durante el periodo de conservación se pasa aire con el mismo caudal señalado anteriormente (0,1-0,2 litros por hora y litro de capacidad del recipiente, durante 8 horas al día) (de Castro *et al.*, 2007). También, es recomendable el empleo de cloruro cálcico para evitar pérdida de textura (0,2-0,4%).

Evolución de las características físico-químicas y microbiológicas

Las características químicas de los líquidos de conservación evolucionan según el tipo de proceso que se tenga. Así, se observa que debido a la respiración de las aceitunas (Romero *et al.*, 1996) en la conservación en medio ácido sin aireación se produce una acumulación de CO_2 en el líquido de conservación alcanzándose concentraciones por encima de la sobresaturación (Figura 20.19); en el sistema tradicional de conservación anaerobia en salmuera se alcanzan mayores valores debido al desarrollo de microorganismos que producen carbónico en su metabolismo. Por el contrario, cuando se airea se produce una purga del CO_2, teniéndose concentraciones mucho más bajas con un pequeño máximo a los 15 días de la puesta en salmuera.

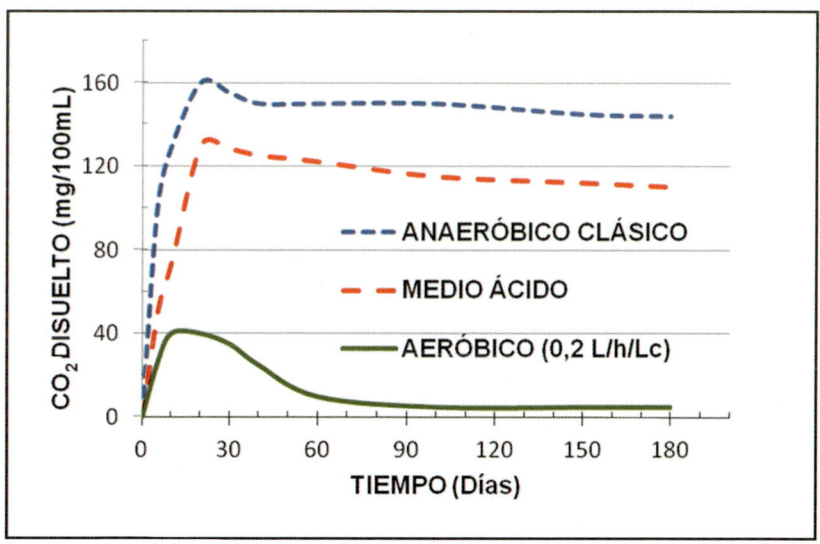

Figura 20.19. Evolución de la concentración de CO_2 disuelto en el líquido de conservación de aceitunas destinadas a la oxidación.

La acumulación o la purga del carbónico influye en el volumen y composición de la atmósfera interior de las aceitunas: cuando se airea se produce una disminución de dicho volumen desde un valor inicial de unos 39 mL/kg de fruto hasta casi la mitad (21 mL/kg) desapareciendo el CO_2 de esta atmósfera, mientras que en la conservación anaerobia, la sobresaturación del CO_2 disuelto en la salmuera hace que el gas penetre en el interior de los frutos, aumentando el volumen de la atmosfera interior hasta 53 mL/kg enriqueciéndose en carbónico (44%) (Romero *et al.*, 1996). Esta debe ser una de las causas del posterior arrugado (Figura 20.18) que se produce cuando las aceitunas se exponen al aire o se oxidan y se expulsa el gas.

En el Cuadro 20.7 se resume la evolución de los principales microorganismos que se desarrollan en los líquidos durante la conservación según las condiciones del medio. Las levaduras son los microorganismos que están presentes durante todo el tiempo y que se desarrollan en mayor número (de Castro *et al.*, 2007). Su población está influida por las condiciones de pH y la temperatura del líquido. Así, durante el invierno y con concentraciones iniciales más elevadas de ácido acético se tiene una menor población. Cuando se añade benzoato se observa un ligero desarrollo de estos microorganismos solo cuando suben las temperaturas en verano y el conservante pierde algo de efecto.

CUADRO 20.7

Resumen de la evolución de la microbiota durante la conservación según las distintas condiciones químicas iniciales

	TIPOS DE CONSERVACIÓN			
	ANAEROBIA		AEROBIA (1L aire/h/Lc)	
CONDICIONES: (Acético inicial, %)	(3%) + Benzoico	(3%)	1% + (NaCl:4-7%)	2%
LEVADURAS	Posible en verano	Siempre	Siempre	Siempre
BACTERIAS ACETOGÉNICAS	Siempre	Siempre	Nunca	Siempre
BACTERIAS LÁCTICAS	Verano	Primavera-Verano	Verano (Si NaCl<7%)	Posible en Verano

También se desarrollan durante toda la conservación, excepto cuando se añade sal, bacterias acetogénicas. Su población aumenta progresivamente hasta alcanzar un máximo en primavera-verano según las disponibilidades de azúcares.

De otra parte, cuando se alcanzan temperaturas superiores a los 18 °C es posible el desarrollo de bacterias lácticas, excepto cuando la concentración de sal sea superior al 7%. Ello implica que se produzca en muchos casos una ligera bajada de pH por el ácido producido por estos microorganismos.

En general, el pH de los líquidos aumenta rápidamente durante los primeros días debido a que el ácido añadido inicialmente penetra en la pulpa de las aceitunas (Figura 20.20). A los 20-30 días se alcanza el equilibrio entre la pulpa y el líquido. Los valores de equilibrio vienen influidos lógicamente por la cantidad de acético añadida inicialmente. Cuando llega la primavera y si se tienen concentraciones superiores al 7% en NaCl, en la conservación aeróbica tradicional el pH permanece estable. Sin embargo, en los demás casos se pueden desarrollar, como se ha comentado anteriormente, bacterias lácticas y, en tal caso, se produce una disminución de los valores de pH.

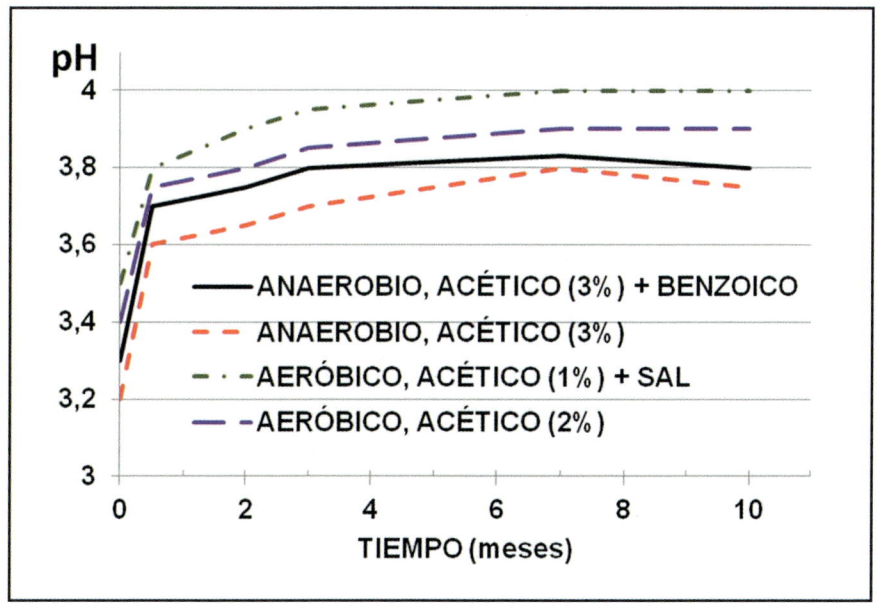

Figura 20.20. Evolución del pH de los líquidos de conservación según las distintas condiciones químicas iniciales.

De otra parte, la textura de los frutos se degrada durante el tiempo de conservación. La velocidad de ablandamiento está influenciada por los valores de pH, siendo esta velocidad mayor a menor pH (Brenes *et al.*, 1994). El tipo de ácido añadido también tiene importancia, así, para la misma concentración final y valor de pH, el láctico tiene un mayor efecto degradador de la textura que el acético. Sin embargo, si se añade $CaCl_2$ en la salmuera se reduce la velocidad de ablandamiento de los frutos, no siendo apenas relevante la disminución de la textura con el tiempo durante la conservación (Figura 20.21).

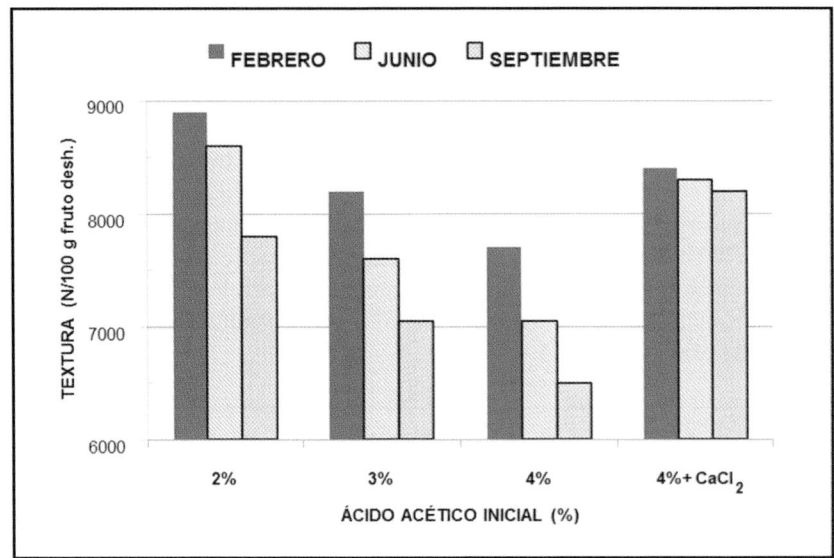

Figura 20.21. Evolución de la textura de los frutos durante la conservación según la concentración inicial de ácido acético y la adición de CaCl₂ (3,5 g/L) comercial del 77% de riqueza.

4.1.4. Escogido y separación por tamaño

Previamente a la oxidación es conveniente retirar los pedúnculos a las aceitunas (si no se han quitado antes) haciéndolas pasar por "*desrabadoras*". Además, interesa hacer un escogido somero (separando las claramente "alambradas", rotos, etc.) y que la partida sea lo más homogénea posible en cuanto al tamaño, para lo cual se deben pasar los frutos por una clasificadora de cables divergentes para agrupar los del mismo calibre.

Asimismo, convendría que las partidas a oxidar sean del mismo grado de maduración y del mismo tipo de cultivo, riego o secano.

4.1.5. Ennegrecimiento

Es la operación más importante en la elaboración de aceitunas tipo negras, ya que de su correcta ejecución depende en gran medida la calidad obtenida en el producto final.

El ennegrecimiento se basa en la oxidación en medio alcalino de los compuestos fenólicos presentes en la aceituna, hidroxitirosol (3,4 dihidroxifenil etanol) y ácido cafeico (Brenes *et al.*, 1992). Aunque todas las aceitunas contienen estas sustancias polifenólicas, hay algunas variedades con menor contenido tal como 'Gordal', 'Morona', etc. También, los frutos de secano suelen contener mayor cantidad que los de regadíos, aunque existe una gran variabilidad entre campañas. Asimismo, durante la etapa de conservación estas sustancias van pasando desde los frutos al líquido, por lo que las aceitunas van siendo más difíciles de ennegrecer con el tiempo.

Este proceso se realiza a escala industrial en recipientes cilíndricos horizontales de acero inoxidable o de poliéster y fibra de vidrio (Figura 20.22), con una compleja red de tuberías para el llenado/vaciado de aceitunas y de las diferentes soluciones que se emplean en el proceso. Por la parte inferior de los recipientes se disponen espitas para introducir aire presurizado con objeto de que el proceso de oxidación sea uniforme. Generalmente, tienen la misma capacidad de aceitunas que los fermentadores (sobre 10 toneladas), aunque el volumen de líquido en que se colocan los frutos es superior (unos 10.000 litros).

Figura 20.22. Tanques de oxidación de aceitunas con su red de tuberías.

4.1.5.1. *Tratamiento con NaOH y lavados*

El procedimiento industrial para la producción de aceituna negra consiste en tratamientos consecutivos con soluciones diluidas de NaOH (lejía) y durante los intervalos entre ellos (unas 20 horas) los frutos se mantienen en agua burbujeándose aire durante todo el proceso (Garrido Fernández *et al.*, 1997).

El número de tratamientos con lejía es, generalmente, entre 1 y 5. La penetración en los frutos se controla para que el álcali en el primer tratamiento solo pase la piel. Los siguientes se realizan de forma que el NaOH penetre cada vez más profundamente en la pulpa hasta que en el último se alcance el hueso. La entrada del álcali se sigue mediante un corte longitudinal del fruto (añadiendo fenolftaleína si fuera preciso). (Figura 20.23).

Un proceso tipo de oxidación comprendería el tratamiento de los frutos con tres lejías de 1,5, 1,0 y 1,0% (p/v), las cuales penetrarían la piel, 1-2 mm y hasta el hueso, respectivamente. Durante las aproximadamente 20 horas de intervalo entre las lejías, los frutos se colocan en agua (lavado), aireando el medio líquido durante todo el tiempo. Después del último lavado es conveniente eliminar el exceso de lejía, bien mediante lavados o con la ayuda de agentes acidulantes.

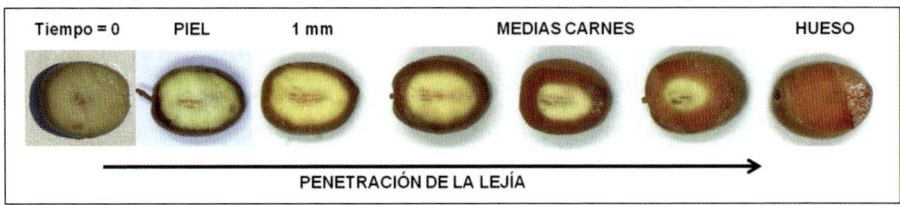

Figura 20.23. Penetración de la lejía en la pulpa de la aceituna.

La concentración de la lejía dependerá de: la variedad de aceitunas, temperatura, tiempo y condiciones de conservación (cantidad final de ácido presente), tipo de cultivo (riego/secano), etc. Como es bien conocido, la variedad 'Hojiblanca' tiene una gran firmeza, por lo que es más resistente a los tratamientos alcalinos que la 'Manzanilla' o 'Gordal'. También, cuanto mayor es el tiempo de conservación de los frutos, menor deberá ser la concentración de lejía y, por supuesto, la temperatura es muy determinante pues al incrementarse hace que la lejía penetre más rápidamente. Es conveniente que la concentración de la lejía sea en general inferior al 3,5-4% (p/v) cuando solo se realiza un tratamiento alcalino o inferior al 2% si se emplean más de dos tratamientos alcalinos.

La concentración y número de lejías no tiene una excesiva importancia para la consecución de un buen color en los frutos, excepto cuando es muy elevada que permeabiliza excesivamente la piel, favoreciendo la difusión de los polifenoles a los líquidos y, por consiguiente, no se consigue una oxidación de los mismos en el propio fruto, sobre todo, en la zona más superficial.

Sí es importante en esta reacción de oscurecimiento la temperatura a la que se realizan los lavados, a medida que se incrementa también lo hace la velocidad de formación del color negro (Figura 20.24) (García *et al.*, 1991). Durante el tratamiento con lejía no es interesante aumentar la temperatura, pues daría lugar a un producto final excesivamente blando.

A veces hay dificultades para obtener un buen color negro, por lo que se ha estudiado la introducción de una etapa previa a la oxidación llamada "desalado", la utilización de taninos o el empleo de sales de manganeso. De todas ellas, solo la adición de gluconato de manganeso durante la conservación o en la etapa previa de desalado, implica una mejora en el proceso ya que su efecto catalítico produce una aceleración de la reacción de oxidación de los fenoles (Brenes *et al.*, 1995a) y que se obtenga un color negro más intenso (Romero *et al.*, 1998 y 2001).

Durante los tratamientos con lejía y lavados se produce alrededor de un 50% de pérdida de textura, lo que es un dato a tener en cuenta ya que la mayor parte de estas aceitunas se deshuesan, para lo cual se necesita una cierta firmeza en los frutos. El factor más determinante es la concentración de la lejía y el número de tratamientos alcalinos empleados; al aumentar ambos parámetros se tienen frutos más blandos (Figura 20.25).

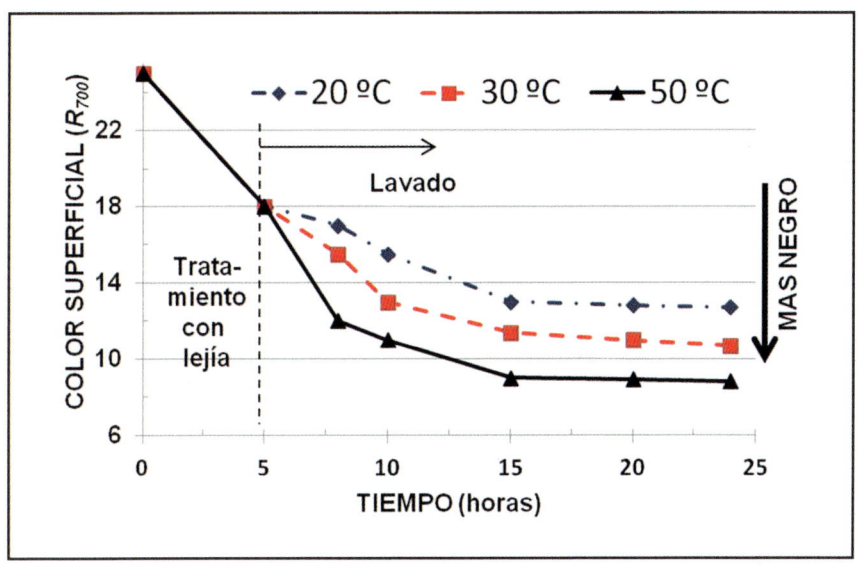

Figura 20.24. Evolución del color superficial (R_{700}) durante la oxidación según la temperatura a la que se realiza el lavado.

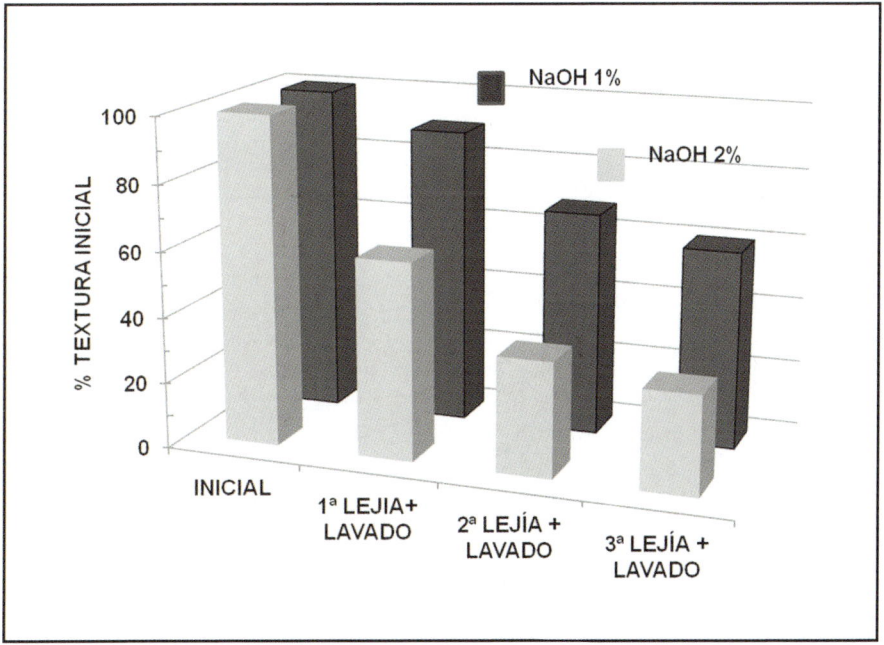

Figura 20.25. Disminución de la textura de las aceitunas durante la oxidación según la concentración de la lejía.

4.1.5.2. *Neutralización*

Después de la lejía, que se deja penetrar hasta el hueso, la pulpa de las aceitunas lógicamente está muy alcalina, con pH cercanos a 12 y es necesario neutralizar este exceso de álcali para que los frutos no tengan sabor jabonoso. El empleo de solo agua para este fin implicaría el tener que realizar muchos lavados con el consiguiente gasto de la misma y el problema de su vertido, por lo que es necesario el uso de agentes acidulantes.

Tradicionalmente se ha utilizado ácido clorhídrico alimentario en España y sulfúrico alimentario en Estados Unidos. Son baratos y efectivos, aunque se tiende a su abandono por los problemas de corrosión que su uso produce en las instalaciones. También se pueden emplear ácidos orgánicos tales como láctico o acético, aunque suponen un mayor coste económico.

Cada vez más se está extendiendo el uso de anhídrido carbónico, que acorta bastante el tiempo de neutralización respecto a cuándo se emplea HCl para las mismas condiciones de temperatura y pH al que se mantiene el líquido, tal como se puede observar en la Figura 20.26, (Brenes *et al.*, 1993).

Tanto con el empleo de HCl cómo de CO_2, a medida que se mantiene el pH del líquido en valores más bajos se acelera la velocidad de neutralización de la pulpa, con la limitación de que cuando se emplea carbónico no se pueden emplear valores inferiores a 6,5-6,0 unidades. No obstante, es recomendable realizar esta etapa manteniendo el pH del líquido por encima de 8 unidades. La temperatura del líquido también afecta a la velocidad de neutralización de la pulpa, así al aumentar se produce una más rápida neutralización acortándose el tiempo necesario para alcanzar valores de pH de la pulpa inferiores a 9 unidades (Figura 20.26) (Brenes *et al.*, 1993).

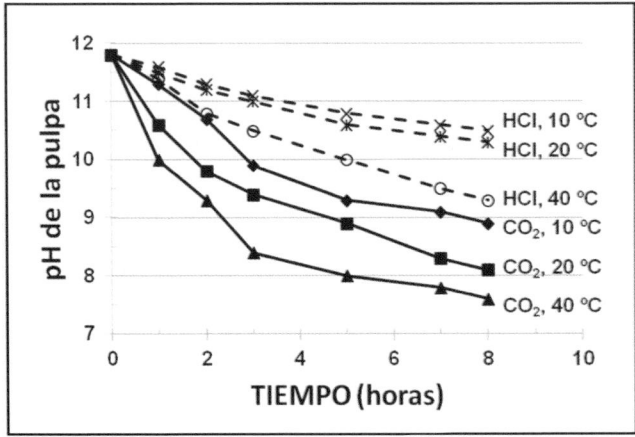

Figura 20.26. Evolución del pH de la pulpa de las aceitunas durante la neutralización a diferentes temperaturas del líquido, según se emplee HCl o CO_2. El pH del líquido se mantiene automáticamente a 6,5 unidades.

También, se puede realizar la neutralización empleando las soluciones ácidas de conservación de las aceitunas en vez de agua nueva en el lavado de la última lejía. En los procesos con un solo tratamiento alcalino y dos lavados, es preferible su adición en el primer lavado para luego continuar la neutralización adicionando HCl o CO_2. El reúso de estas soluciones produce unas aceitunas de un color negro más intenso; sin embargo, hay que tener cuidado si son muy ácidas ya que bajan rápidamente el pH de la pulpa, no se oxidan completamente los fenoles y no se alcanza un color negro intenso (Brenes *et al.*, 1998). En tales casos lo mejor es diluirlos al 25-75% los líquidos de conservación.

4.1.6. *Fijación del color*

Las aceitunas, una vez ennegrecidas y eliminado el exceso de NaOH, al envasarlas sufren un proceso de decoloración del color negro intenso alcanzado (Fernández Díez *et al.*, 1985); para evitarlo se sumergen en una solución de hierro.

En principio, cualquier sal ferrosa sirve para la fijación del color negro ya formado. Sin embargo, el gluconato ferroso y el lactato ferroso son los dos aditivos ferrosos autorizados internacionalmente (IOC, 2004; García *et al.*, 1986), aunque existen restricciones en algunos países. En general, se limita el contenido de hierro total en la pulpa de aceitunas a 150 ppm (mg/kg).

El tratamiento más utilizado consiste en la colocación de las aceitunas en una solución de 1 g de gluconato ferroso/L o de 0,6 g de lactato ferroso/L; la diferencia en la cantidad a añadir de las dos sales se debe al mayor contenido en hierro en esta última (alrededor del 19,4%) frente al 11,6% que se tiene en el gluconato. Estas cantidades significan que en la solución inicial hay aproximadamente una concentración de 110 mg de hierro/L.

Los frutos se dejan en la solución de gluconato ferroso durante las primeras horas sin aireación o se pueden airear desde el principio si se originan problemas de manchas en la piel debido al contacto entre los frutos. Esta fase suele durar entre 8-24 horas, aunque una vez transcurridas unas 10 horas se han equilibrado las concentraciones de hierro en la pulpa y líquido (Figura 20.27), por lo que puede darse por concluida esta etapa del proceso de elaboración. También, durante la misma se puede continuar con la neutralización de la pulpa adicionando acidulante.

La penetración del hierro en la pulpa de las aceitunas depende de una serie de factores, así tratamientos alcalinos débiles dificultan la penetración del hierro en las aceitunas por lo que nos encontramos con zonas del fruto por donde no se observa penetración del catión (García *et al.*, 2001).

Otro factor a tener en cuenta es el pH al que se mantiene la solución ferrosa; valores de 4,0-4,5 limitan la difusión de la materia orgánica desde la pulpa y el Fe penetra en las aceitunas más rápidamente y en mayor cantidad que cuando se tienen valores cercanos a la neutralidad (García *et al.*, 2001).

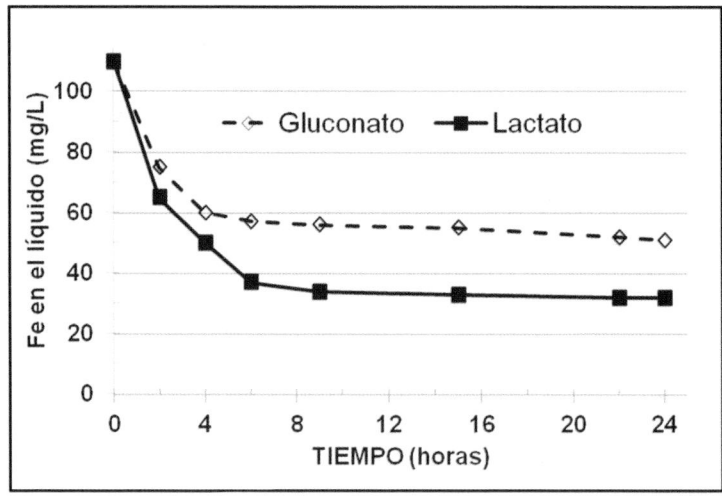

Figura 20.27. Evolución de la concentración de hierro en la solución de fijación del color según el tipo de sal utilizada.

La inmersión de las aceitunas en la solución ferrosa no solo fija el color, sino que en el transcurso del tiempo en ella los frutos adquieren una tonalidad negra más intensa disminuyendo los valores de reflectancia a 700 nm (R_{700}).

4.1.7. *Envasado y esterilización*

Cuando termina la fase de fijación del color las aceitunas se deshuesan y rodajan si se van a envasar en estas preparaciones comerciales, o se dejan tal cual si se van presentar con hueso (lisas). En cualquier caso, es recomendable envasarlas en el menor tiempo posible o mantenerlas en refrigeración para evitar alteraciones.

El líquido de gobierno suele ser una salmuera con una cierta cantidad de sal de hierro. En general, la concentración de sal en el equilibrio suele rondar el 2% de NaCl.

Si no se quiere que se produzca una pérdida del color negro en el producto final, es necesario añadir gluconato o lactato ferroso en el líquido de gobierno; la concentración que se suele poner es muy variable y depende del mercado al que vaya dirigido el producto. Para evitar decoloraciones se añaden en una proporción de 10-25 mg de Fe/L.

Hay que tener en cuenta que el hierro se absorbe preferentemente en la pulpa debido al tratamiento térmico de esterilización, lo cual implica que en la aceituna habrá siempre mayor concentración de hierro que en el líquido de gobierno, especialmente si son aceitunas deshuesadas o en rodajas (Figura 20.28) (Garrido *et al.*, 1995).

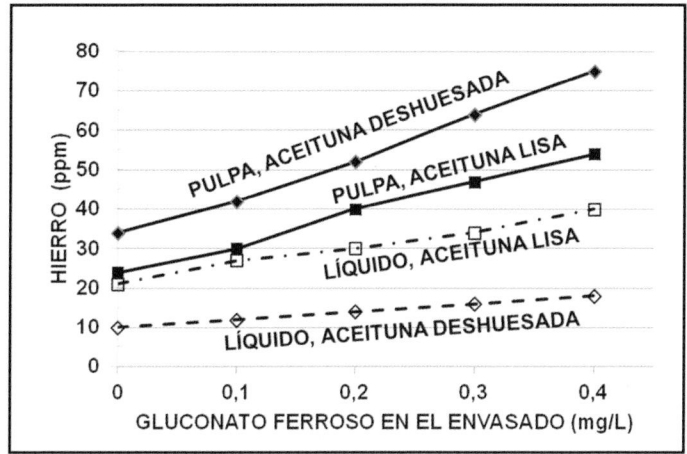

Figura 20.28. Concentración de hierro en la pulpa y en el líquido de gobierno en envasados de aceitunas negras lisas y deshuesadas, según la cantidad añadida de gluconato ferroso en el líquido.

A veces, bien por conseguir determinados perfiles organolépticos o para ayudar a la reducción del pH de la pulpa, en especial cuando antes de envasar era superior a 8-8,5 unidades, se pueden adicionar pequeñas cantidades de ácidos orgánicos (<4 g/L), aunque se debe tener presente que si se adiciona por encima de una determinada cantidad que haga que el pH final de equilibrio sea inferior a 6 unidades, se produce una decoloración de los frutos (Figura 20.29) (Brenes *et al.*, 1995b).

Los frutos durante la esterilización sufren una pérdida importante de textura (García *et al.*, 1994). Cuando se parte de frutos de variedades propensas al ablandamiento, se puede añadir cloruro cálcico en el líquido de gobierno. Como ocurre en la conservación, añadir por encima de una cierta concentración de $CaCl_2$ (3g/L) no produce un aumento de la firmeza final de las aceitunas (Figura 20.30). También hay que tener en cuenta que, al igual que el hierro, este metal tiende a acumularse en la pulpa de las aceitunas.

La prolongación de los tiempos de esterilización provoca una mayor pérdida de textura sin apenas mejora en el color. Por el contrario, para la misma esterilidad acumulada (F_0), el empleo de tratamientos térmicos con alta temperatura y corto tiempo implica una mejora de la textura final tanto si se añade, cómo si no, $CaCl_2$ en el líquido de gobierno (Romero *et al.*, 1995).

4.2. Evolución de las aceitunas durante la vida de mercado

Según la Directiva de la Unión Europea (DOUE, 2000) "la *fecha de duración mínima* de un alimento es la fecha hasta la que el alimento conserva sus propiedades específicas cuando se almacena correctamente"; es lo que se conoce como vida útil o de mercado.

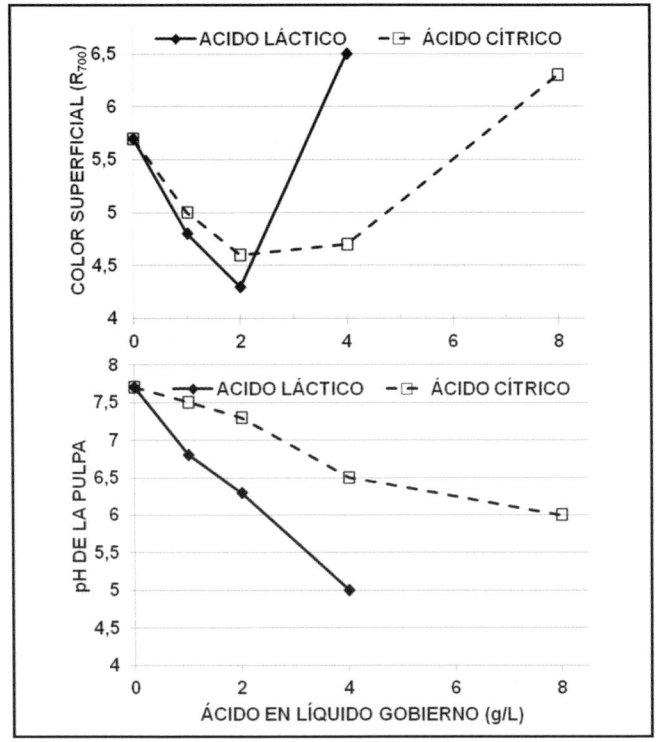

Figura 20.29. Efecto de la adición de los ácidos láctico y cítrico en el líquido de gobierno sobre el color superficial y el pH final en aceitunas negras con un pH de la pulpa antes de envasar de 9,5 unidades.

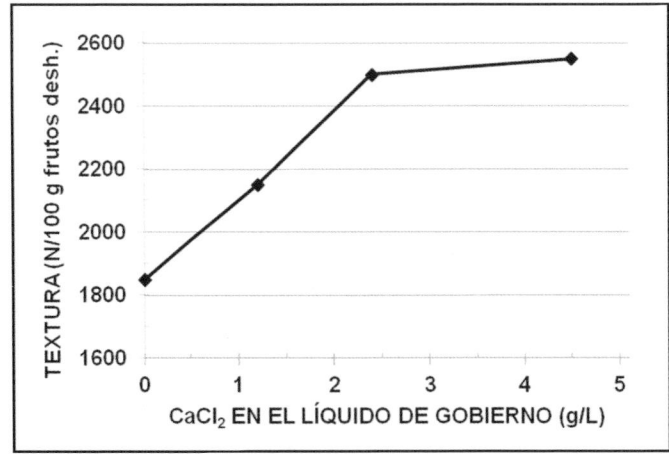

Figura 20.30. Textura final de aceitunas negras de la variedad 'Hojiblanca' según la cantidad de CaCl₂ añadida en el líquido de gobierno.

En un estudio financiado por la "Interprofesional de la Aceituna de Mesa" (IN-TERACEITUNA) y realizado en el Instituto de la Grasa (CSIC) con envasados realizados en España de aceitunas de las variedades 'Gordal', 'Manzanilla', 'Hojiblanca' y 'Cacereña' para las presentaciones comerciales habituales de negra oxidada, lisa (entera), deshuesadas y en rodajas (*slices*), se ha estudiado durante 3 años, que es lo que actualmente se indica en los envases como vida de mercado, la evolución entre otros parámetros del pH del líquido de gobierno, color superficial, textura y características organolépticas de los frutos (García-García *et al.*, 2014).

Durante el tiempo de estudio todos los recipientes analizados mantienen un vacío suficiente, lo que indica que no se ha producido ninguna fermentación secundaria en los recipientes y que, por tanto, los tratamientos térmicos de esterilización han sido adecuados y la hermeticidad de los recipientes se ha mantenido.

A lo largo de la conservación se observa un paulatino descenso del pH del líquido de gobierno. No hay grandes diferencias en la velocidad de disminución entre las variedades estudiadas ('Hojiblanca', 'Gordal', 'Manzanilla' y 'Cacereña') aunque sí por el tipo de presentación; las mayores velocidades se tienen en las aceitunas presentadas lisas frente a las deshuesadas o en rodajas. La disminución del pH con el tiempo no representa ningún problema sanitario al tratarse de un producto esterilizado.

El color superficial de las aceitunas lisas y deshuesadas de las diferentes variedades se degrada lentamente con el tiempo, produciéndose un ligero incremento de los valores de reflectancia a 700 nm (R_{700}), que no llega a superar 1 unidad después de los 3 años de estudio (Cuadro 20.8). Las presentaciones en rodajas se comportan de igual manera durante los dos primeros años de estudio, pero a partir de los 24 meses sufren un aumento apreciable de los valores de reflectancia. En la evolución de este parámetro influyen decisivamente los valores de pH del líquido de gobierno durante la conservación.

La firmeza de los frutos se degrada con el tiempo, influyendo en la velocidad de degradación más el tipo de preparación comercial que la variedad de fruto. Las mayores degradaciones se tienen en la presentación como lisas en las que después de 3 años la textura de los frutos es un 70-73% de la inicial; las deshuesadas se degradan más lentamente y al final de la vida de mercado mantienen el 78-84% de la firmeza; las rodajas de 'Manzanilla' se comportan como las de la misma variedad deshuesadas y la 'Hojiblanca' en rodajas es la preparación en la que la textura se degrada con menor velocidad (Cuadro 20.8).

En las puntuaciones del panel de cata no se observan cambios significativos durante la vida de mercado en la mayoría de los descriptores organolépticos en las diferentes muestras. Únicamente se encuentran pequeñas diferencias en la firmeza y en el color superficial en las preparaciones en las que las variaciones en las medidas objetivas eran más significativas. Después de los tres años en los recipientes, la mayoría de las muestras pueden ser consideradas como de categoría "*extra*", según el método del Consejo Oleícola Internacional para la evaluación organoléptica de las aceitunas de mesa (IOC, 2021) (Cuadro 20.8).

CUADRO 20.8

Resumen de la evolución de algunos parámetros de calidad de las aceitunas negras por oxidación a los 2 y 3 años del envasado, apreciación de los cambios por el panel organoléptico* y valoración organoléptica a los 3 años según método del COI

VARIEDAD	PRESENTACIÓN	COLOR SUPERFICIAL Disminución (unidades) del porcentaje de reflectancia (R700)		FIRMEZA Pérdida de Textura (%, N/100 g aceit. desh.)		VALORACIÓN (Método COI)
		2 años	3 años	2 años	3 años	3 años
'Gordal'	Lisa (entera)	0,5 LA*	1,0 LA	21 NA	30 NA	Primera
'Manzanilla'	Rodajas	1,0 LA	2,2 LA	15 NA	22 NA	Extra
'Manzanilla'	Deshuesada	0,3 NA	0,7 NA	15 NA	22 NA	Extra
'Hojiblanca'	Lisa (entera)	0,8 NA	1,2 LA	19 NA	28 NA	Extra
'Hojiblanca'	Deshuesada	0,5 NA	1,0 NA	13 NA	19 NA	Extra
'Hojiblanca'	Rodajas	1,0 NA	3,0 LA	7 NA	10 NA	Extra
'Cacereña'	Lisa (entera)	3,0 A	3,7 A	19 NA	28 NA	Extra
'Cacereña'	Deshuesada	0,3 NA	0,5 NA	11 NA	16 NA	Extra

Nota: * Apreciación por el panel organoléptico: NA, No apreciable; LA, Ligeramente apreciable; A, Apreciable

5. Otras elaboraciones

5.1. Aceitunas aliñadas

Tradicionalmente, las aceitunas aliñadas no se comercializan a largo plazo por la facilidad con que se alteran debido al aporte de materia fermentable y a la propia contaminación que proporcionan la mayoría de los componentes utilizados como aliño (Fernández Díez *et al.*, 1985). También influye la dificultad de conseguir una fórmula de aliño estable durante todo el año. No obstante, hoy día la pasterización ha logrado aumentar, en gran medida, la vida de mercado de estos productos.

5.1.1. *Preparaciones tradicionales*

Tipos de aceitunas a emplear

Es de gran importancia el sistema que se emplee para eliminar o reducir el amargor de los frutos por su influencia en las características organolépticas y la posterior conservación del producto final. Se suelen utilizar los siguientes tipos de aceitunas:

a) *Endulzadas en agua*. Se emplean frutos frescos, normalmente partidos, a los que se elimina el amargor por sucesivos cambios de agua. En este caso, si no se lavan muy bien queda materia fermentable suficiente como para permitir su fermentación posterior.

b) *En salmuera*. Las aceitunas, una vez recolectadas con diferentes grados de madurez, se colocan directamente en una salmuera de concentración comprendida entre 6-9% donde sufren una lenta fermentación, bien por bacterias lácticas, si la sal es baja, o bien por levaduras, si la sal es alta. Normalmente, la fermentación no es completa y presentan restos de materia fermentable.

c) *Aderezadas*. Las aceitunas son tratadas con lejía alcalina y lavadas y se aliñan directamente. Generalmente, aportan la suficiente cantidad de materia fermentable que favorece su fermentación posterior.

d) *Aderezadas en salmuera*. Son aceitunas elaboradas como verdes estilo sevillano, es decir, tratadas con lejía, lavadas y posteriormente fermentadas en salmuera. Si la fermentación ha sido completa se suelen conservar más fácilmente que otros tipos de aceitunas aliñadas, no obstante, su estabilidad depende, también, del tipo de ingredientes y especias usados como aliño.

Fórmulas de aliño

Las fórmulas de aliños suelen ser distintas y propias de la región donde se elaboran; una relación de los ingredientes que más se utilizan en España es la siguiente:

* Ajo, tomillo, naranja amarga.
* Ajo, orégano, naranja.
* Ajo, comino, pimentón, tomillo.
* Ajo, tomillo, hinojo.
* Ajo, pimiento verde, comino, orégano.
* Ajo, pimentón, tomillo, orégano, comino, cilantro.

En la mayoría de los casos, la acidez se suele ajustar con vinagre.

Posibilidades de aromatización

Se han estudiado distintas posibilidades de aromatización para no utilizar ingredientes naturales que aportan una carga microbiana que afecta a la vida de mercado de las aceitunas aliñadas. Así, se pueden utilizar:

- *Decocciones*, que son hervidos en agua o vinagre y filtrados
- *Aceites esenciales*, que son destilaciones de hierbas o especias
- *Oleorresina*s, que son extractos con disolventes
- *Extractos dispersados sobre un soporte inerte*. Se ha encontrado que estos últimos son los mejores sustitutos, pues son los más parecidos al producto natural y los más fáciles de aplicar.

Conservación de las aceitunas aliñadas

Para alargar la vida de mercado de estos productos se ha estudiado el empleo de esencias que evitan la contaminación, la aplicación de lavados previos que reducen la materia fermentable y la acidificación que baja el pH de equilibrio, comprobándose que todos ellos proporcionan una mayor estabilidad, aunque no completa. También se han ensayado los conservantes permitidos, encontrando que no son del todo eficaces.

La pasterización se muestra como el sistema de conservación más seguro para las aceitunas aliñadas, si bien modifica ligeramente las características organolépticas, por lo que se ha de ajustar, adecuadamente, para tener un producto seguro y de la mejor calidad.

5.1.2. *Aceitunas Aloreña de Málaga*

Dentro de las preparaciones como aceitunas aliñadas destacan las amparadas por la Denominación de Origen (DOP) «*Aceituna 'Aloreña de Málaga'*» (BOE, 2010, DOUE, 2012), que se elaboran con frutos de la variedad 'Manzanilla Aloreña' que se producen en 19 municipios del Valle del Guadalhorce y Sierra de las Nieves, en el sureste de la provincia de Málaga.

El proceso de transformación de la «Aceituna 'Aloreña de Málaga'» puede dar lugar a tres productos diferenciables según la forma de elaboración que presentan características organolépticas y físico-químicas diferentes.

«Aceituna 'Aloreña de Málaga'» verde fresca

Son las aceitunas que, después del partido, pasan directamente a bombonas que se colocan en lugar fresco. Generalmente se emplean cámaras frigoríficas donde se conservan a una temperatura máxima de 15 °C, pudiendo permanecer en estas condiciones mientras no se alteren las características organolépticas y físico-químicas propias de esta forma de preparación. Deben transcurrir, como mínimo, 3 días desde que se parten las aceitunas y se colocan en salmuera hasta que son envasadas.

Las aceitunas verdes frescas se caracterizan por presentar una coloración verde clara, con un olor a fruta verde y a hierba muy agradables, que sugieren su frescor y cercana recolección en el tiempo. Asimismo, se nota la presencia de los aliños característicos de su elaboración. De textura firme y crujiente, presentan una buena separación de la carne con respecto al hueso, así como se manifiestan restos de la presencia de piel tras su masticación. Como sabores básicos mencionar que el amargor es la nota característica, así como, en ocasiones, se puede notar la presencia del salado según las características de su aderezo.

«Aceituna 'Aloreña de Málaga'» tradicional

Son las aceitunas que tras el proceso de recepción, clasificación y partido, son colocadas en bombonas que se depositan en locales sin climatización y donde permanecen un mínimo de 20 días antes de su envasado para el consumo. En estas condiciones podrán permanecer mientras no se alteren sus características organolépticas y físico-químicas propias de esta forma de preparación.

Es una aceituna que presenta una coloración verde-amarillo pajizo, no presentando en esta ocasión un verde tan intenso. Su olor sugiere a la fruta fresca y a los aliños propios de su aderezo, no percibiéndose las notas a hierba fresca propias de las aceitunas verdes frescas. De su textura, mencionar que se trata de una aceituna menos firme, pero que sigue manteniendo sus propiedades en cuanto a lo crujiente, buena separación de la carne con respecto al hueso y a la presencia de piel.

«Aceituna 'Aloreña de Málaga'» curada

Las aceitunas, una vez llegan a las industrias, son lavadas y colocadas sin partir en salmuera en fermentadores donde sufren un proceso de curado mínimo de 90 días antes del envasado, para después ser partidas y envasadas.

La aceituna curada se caracteriza por presentar una coloración amarilla-marrón, con un olor a fruta madura y a hierba fresca. Asimismo, se nota la presencia de los aliños y de notas lácticas, características de su elaboración y del proceso de fermentación. De textura menos firme y crujiente, presentan una buena separación de la carne con respecto al hueso, así como se manifiestan restos de la presencia de piel tras su masticación. De sabor ácido, pierde su amargor, resultando picantes tras su degustación.

5.1.3. *Aceitunas de Campo Real*

Se preparan con frutos de la variedad 'Manzanilla Cacereña', y se caracterizan por su intenso color verde-pardo y su gran calibre. Son frutos de forma redondeada, de piel fina y con una textura en su pulpa muy firme.

Las aceitunas se recolectan a mano cuando presentan un color verdoso-amarillento, aunque otras, las más maduras, muestran un aspecto rojizo-negruzco. A continuación, se tratan con NaOH hasta que penetra el hueso, operación conocida como "quemado"; posteriormente se lavan durante 3 o 4 días hasta que adquiera un sabor insípido. En este momento están en condiciones de ser aliñada con tomillo, hinojo, orégano y ajos, que les dan ese sabor característico a las aceitunas de "Campo Real" (Fuertes López y Palacios Gómez, 1999). No obstante, a escala industrial se suelen conservar en frío antes de proceder a su aliño y comercialización.

Cada productor tiene su propio aliño "secreto" y, además de los ingredientes mencionados, utiliza otros como el laurel, comino o mejorana.

Para asegurar la calidad de esta preparación, los distintos sectores que intervienen en su producción, distribución y comercialización, están inscritos en el Registro de Denominación de Calidad "Aceitunas de Campo Real", que supervisa la Consejería de Medio Ambiente, Administración Local y Ordenación del Territorio, a través de su Dirección General de Agricultura y Ganadería (BOCM, 1995 a y b).

5.2. Green-ripe olives

Se obtienen a partir de aceitunas verdes que, una vez escogidas y clasificadas, se sumergen en una lejía que penetra hasta el hueso, se lavan repetidas veces hasta eliminar todo el exceso de NaOH y se envasan en frascos o latas conservando un color verde característico. El producto se conserva por esterilización. Se diferencian de las aceitunas negras o "black-ripe olives" en que no sufren el tratamiento de oxidación. Son características de California.

Es de destacar el elevado número de lavados necesarios, no solo con vistas a neutralizar la pulpa sino también eliminar ciertos compuestos que originan un sabor inaceptable en el producto durante el tratamiento térmico (Brenes y García, 2005).

5.3. Aceitunas verdes estilo 'Picholine'

En la Figura 20.31(A) se recoge el diagrama para el proceso de elaboración de las aceitunas estilo 'Picholine', tratadas con hidróxido sódico para eliminar el amargor, pero no fermentadas. Las aceitunas de las variedades 'Picholine Languedoc' y 'Lucques' se preparan de esta manera en el sur de Francia, al igual que otra variedad en Marruecos ('Picholine Marroquí') y Argelia.

El amargor de las aceitunas se elimina mediante el tratamiento con lejía (2,0-2,5% de NaOH), en la que se tienen durante 8-12 horas hasta que ha penetrado tres cuartas partes de la pulpa. Se lavan varias veces durante uno o dos días y luego se colocan en una salmuera (5-6% NaCl) durante dos días. Con posterioridad se pasan a una segunda salmuera al 7% y la acidez se corrige con adición de ácido cítrico (pH 4,5). Después de 8-10 días, las aceitunas conservan su color verde intenso, y están listas para ser consumidas.

En caso de que no se consuman de inmediato es necesario conservarlas, siempre que las temperaturas no sean elevadas. Así, con concentraciones de salmuera del 8% pueden estar hasta la primavera, pero después hay que elevarla hasta el 10%. En instalaciones industriales se pueden conservar en cámaras frigoríficas con salmuera al 3%, siempre que se mantenga la temperatura entre 5 y 7 °C.

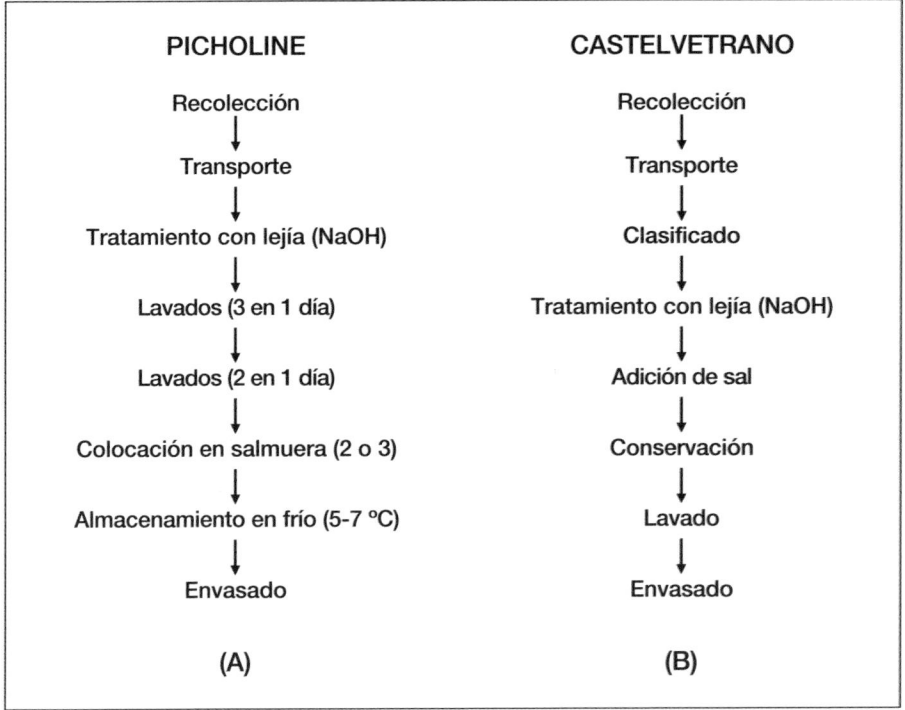

Figura 20.31. Etapas del proceso de elaboración de aceitunas verdes estilo 'Picholine' (A) y Castelvetrano (B).

5.4. Aceitunas verdes estilo Castelvetrano

En la Figura 20.31(B) se recoge el diagrama para el proceso de elaboración de las aceitunas estilo Castelvetrano. También, como en el caso de las aceitunas estilo 'Picholine', estas son aceitunas no fermentadas. Este es un método de producción utilizado en Italia, casi exclusivamente en la región de Castelvetrano y con la variedad 'Nocellara del Belice', y el producto se consume principalmente en el centro y sur de Italia.

Cuando las aceitunas llegan a la planta de procesamiento son clasificadas, ya que solo se utilizan frutos de más de 19 mm de diámetro. Las aceitunas seleccionadas se ponen en recipientes de plástico y se cubren con solución de NaOH (1,8 a 2.5%), en función del estado de madurez y de su tamaño. Estos depósitos tienen una capacidad total de 220 litros, y se llenan con alrededor de 140 kg de aceitunas. Una hora después de comenzado el tratamiento con lejía, se añaden entre 5 y 8 kg de sal a cada contenedor, y las aceitunas se mantienen en esta salmuera alcalina durante 10-15 días. Antes de su comercialización, las aceitunas son sometidas a una operación de lavado suave, aunque la lejía no se elimina totalmente, lo que le confiere un sabor que es apreciado por los consumidores de estas aceitunas (Salvo *et al.*, 1995). Si no se van a consumir inmediatamente, las bombonas se suelen conservar en frío hasta su comercialización.

5.5. Aceitunas 'Kalamata'

Reciben su nombre por ser procedentes de la localidad de Kalamata, situada en el sur del Peloponeso (Grecia) y solo están protegidas por la DOP las elaboradas en Mesenia.

Se elaboran con frutos maduros de la variedad griega 'Kalamata'. Tal como se puede observar en la Figura 20.32, se puede preparar con aceitunas frescas (después de endulzadas) según el método denominado corto o conservadas previamente en salmuera hasta el momento de su comercialización (método largo).

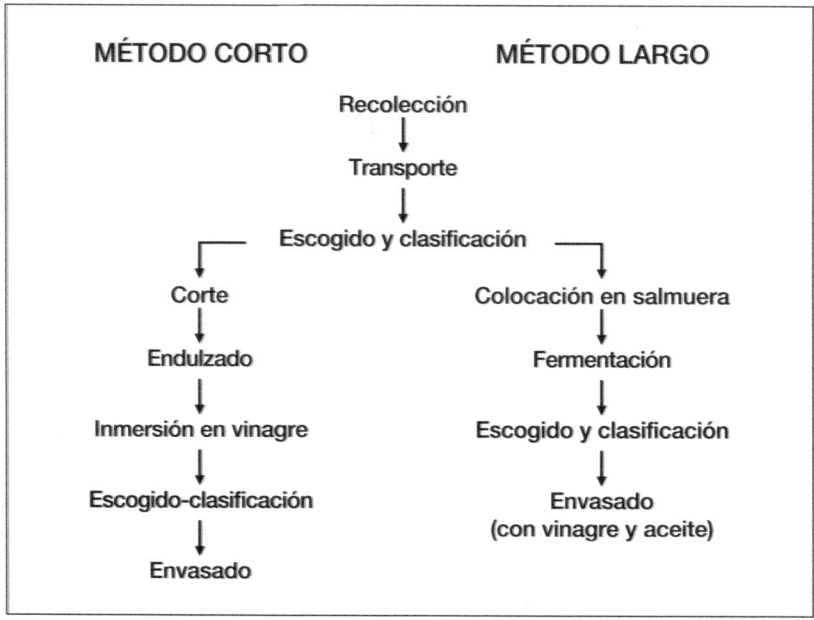

Figura 20.32. Métodos de elaboración de las aceitunas 'Kalamata'.

En el envasado se añade vinagre de vino de buena calidad y una capa de aceite. En ocasiones, la proporción de este puede ser mayor o, incluso, ser el único líquido de gobierno. Gozan de una amplia aceptación en Grecia, países limítrofes, EE.UU. y otros países del centro de Europa con inmigrantes griegos.

5.6. Aceitunas negras naturales deshidratadas o arrugadas

Como se puede observar en la Figura 20.33, se pueden obtener, bien con frutos recogidos en plena madurez que se colocan en capas alternantes con sal hasta que han perdido la humedad necesaria para una buena conservación, o con aceitunas negras conservadas en salmuera a las que se les ha reducido la humedad mediante un proceso tecnológico (García-Serrano *et al.*, 2023). Las más populares en la mayoría de los países mediterráneos son las aceitunas deshidratadas en sal seca, las cuales pierden el amargor debido a la oxidación enzimática de la oleuropeína (Ramírez *et al.*, 2013). Estas aceitunas se suelen comercializar envasadas con una capa de aceite de oliva y pasterizadas, o bien, en mercados locales aliñadas con pimiento rojo seco, orégano, ajo y aceite de oliva, conocidas en algunas localidades como "Aceitunas Prietas".

Las aceitunas negras fermentadas y deshidratas con calor son típicas de Perú. Pues bien, para todas ellas la legislación establece un mínimo de 8-10% de sal en su jugo como único requisito (IOC, 2004; CODEX 2013).

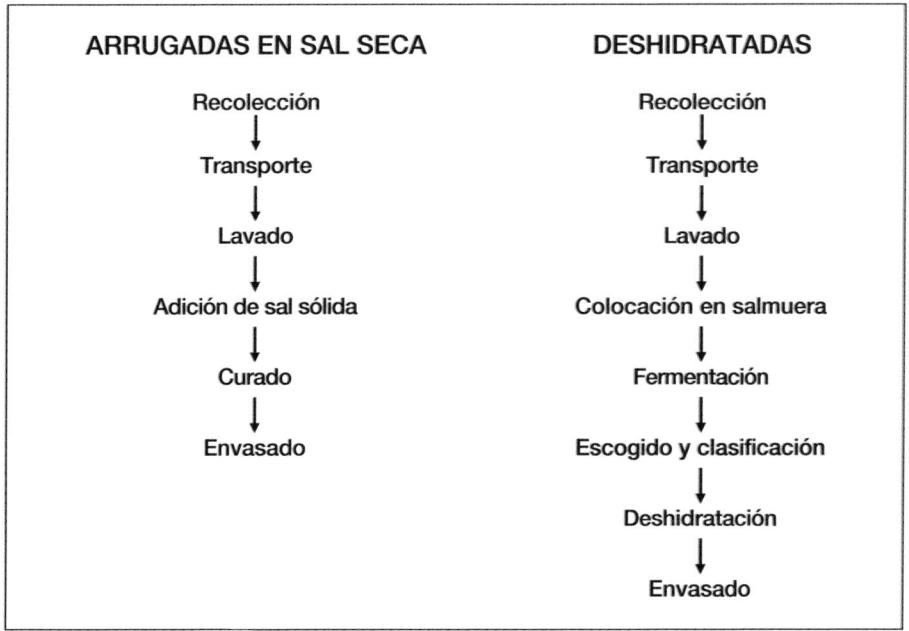

Figura 20.33. Métodos de elaboración de aceitunas deshidratadas o arrugadas.

6. Bibliografía

Balatsouras, G.D. (1975). Preparación de aceitunas en negro. II Seminario Oleícola Internacional, 6-17 octubre. Córdoba, España

BOCM. Boletín Oficial de la Comunidad de Madrid. (1995a). Orden 511/1995, de 17 de abril, de la Consejería de Economía, por la que se reconoce, con carácter provisional, la Denominación de Calidad «Aceitunas de Campo Real» y se constituye su Órgano Gestor. Nº 100.

BOCM. Boletín Oficial de la Comunidad de Madrid. (1995b). Corrección de errores Orden 511/1995, de 17 de abril, de la Consejería de Economía, por la que se reconoce, con carácter provisional, la Denominación de Calidad «Aceitunas de Campo Real» y se constituye su Órgano Gestor. Nº 112.

BOE. Boletín Oficial del Estado. (2010). Resolución de 15 de febrero de 2010, de la Dirección General de Industria y Mercados Alimentarios, por la que se concede la protección nacional transitoria a la Denominación de Origen Protegida «Aceituna Aloreña de Málaga», nº 64, pag 25848.

BOE. Boletín Oficial del Estado. (2016). Real Decreto 679/2016, de 16 de diciembre, por el que se establece la norma de calidad de las aceitunas de mesa, nº 304, 88525-88533.

Brenes Balbuena, M.; García García, P.; Garrido Fernández, A. (1992). Phenolic compounds related to black color formed during the processing of ripe olives. *J. Agric. Food Chem*, 40: 1192-1196.

Brenes, M.; García, P.; Romero, C.; Garrido, A. (1993). Estudio de los factores que afectan a la velocidad de neutralización de la pulpa durante la elaboración de aceitunas negras. *Grasas y Aceites*, 44: 190-194.

Brenes, M.; García, P.; Garrido, A. (1994). Influence of salts and pH on the firmness of olives in acid conditions. *Journal of Food Quality*, 17: 335-346.

Brenes, M., Romero, C.; García, P.; Garrido, A. (1995a). Catalytic effect of metal cations on the darkening reaction in ripe olive processing. *Lebensmittel Untersuchung und Forschung*, 201: 221-225.

Brenes, M.; Romero, C.; García, P.; Garrido, A. (1995b). Effect of pH on the color formed by Fe-phenolic complexes in ripe olives. *J. Sci. Food Agric.*, 67: 35-42.

Brenes, M.; de Castro, A., 1998. Transformation of oleuropein and its hydrolysis products during Spanish-style green olive processing. *J. Sci. Food Agric.*, 77: 353–358.

Brenes, M.; García, P.; Romero, C.; Garrido, A. (1998). Ripe olives storage liquids reuse during the oxidation process. *J. Food Sci.*, 63: 117-121.

Brenes, M.; Romero, C.; García, P.; Garrido, A. (2004). Absorption of sorbic and benzoic acids in the flesh of table olives. *European Food Research and Technology*, 219: 75–79

Brenes, M.; García, P. (2005). Elaboración de aceitunas denominadas "Green ripe olives" con variedades españolas. *Grasas y Aceites*, 56: 188-191.

Clavijo Koca, C.; Garragate Rospigliosia, W.; Gallegos Arata, M.; Lanchipa Sepúlveda, P.; Villalobos Ochoa, C. (2013). Efecto de la aireación y la concentración de cloruro sódico en el desarrollo de la flora microbiológica y en los parámetros fisicoquímicos en la fermentación de *Olea europaea* L. c.v. Sevillana al estilo negras naturales en la zona de La Yarada-Tacna. *Grasas y Aceites*, 64: 320-327.

CODEX. Codex Alimentarius FAO-WHO. (2013). Norma del CODEX para las aceitunas de mesa. CODEX STAN 66. Rev. 2013.

de Castro Gómez-Millán, A.; Montaño Asquerino A.; Sánchez Gómez, A.H.; Rejano Navarro, L.; y Garrido Fernández, A. (1989). Influencia de la adición de ácido clorhídrico y de la inoculación con levaduras en la fermentación y características organolépticas de las aceitunas verdes estilo sevillano. *Grasas y Aceites*, 40: 376-381.

de Castro, A.; Montaño, A.; Casado, F.J.; Sánchez, A.H.; Rejano, L. (2002). Utilization of *Enterococcus casseliflavus* and *Lactobacillus pentosus* as starter cultures for Spanish-style green olive fermentation. *Food Microbiol,* 19: 637–644.

de Castro, A.; García, P.; Romero, C.; Brenes, M.; Garrido, A. (2007). Industrial implementation of black ripe olive storage under acid conditions. *J. Food Eng.* 80, 1206–1212.

de Castro, A.; Ruiz-Barba, J. L.; Romero, C.; Sánchez, A. H.; García, P.; Brenes, M. (2022). Formation of gas pocket defect in Spanish-style green olives by the halophile *Celerinatantimonas sp.* Food Control 136, 108868.

DOUE. Diario Oficial de la Unión Europea. (2000). Directiva 200/13/CE del Parlamento Europeo y del Consejo, de 20 de Marzo de 2000, relativa a la aproximación de las leyes de los Estados miembros en materia de etiquetado, presentación y la publicidad de los productos alimenticios. L109/29-L109/42.

DOUE. Diario Oficial del Unión Europea. (2012). Inscripción en el Registro de Denominaciones de Origen Protegidas y de Indicaciones Geográficas Protegidas [Aceituna Aloreña de Málaga (DOP)], Orden 1068/2012 de la Comisión Europea de 30 de octubre de 2012, nº 318: 3-4.

El-Makhzangy, A.; Abdel-Rhman, A. (1999). Physicochemical properties of "Azizi" green pickled olives as affected by alkali process. *Nahrung*, 43 (5): 320-324.

Fernández Díez, M.J.; Castro Ramos, R.; Garrido Fernández, A.; González Pellissó, F.; González Cancho, F.; Nosti Vega, M.; Heredia Moreno, A.; Mínguez Mosquera, M.I.; Rejano Navarro, L.; Durán Quintana, M.C.; Sánchez Roldán, F.; García García, P., de Castro Gómez Millán, A. (1985). *Biotecnología de la Aceituna de Mesa.* CSIC. Madrid.

Fuertes López, T.; Palacios Gómez, J. (1999). La Aceituna de Mesa: "Campo Real". Hojas divulgadoras Núm. 2101 HD. Publicaciones del Ministerio de Agricultura, Pesca y Alimentación. Madrid.

García García, P.; Durán Quintana, M.C.; Garrido, A. (1982). Modificaciones del proceso de fermentación de aceitunas negras al natural para evitar alteraciones. *Grasas y Aceites*, 33: 9-17.

García García, P.; Durán Quintana, M.C.; Garrido Fernández, A. (1985). Fermentación aeróbica de aceitunas negras maduras en salmuera. *Grasas y Aceites*, 36: 14-20.

García, P.; Brenes, M.; Garrido, A. (1986). Uso de lactato ferroso en la elaboración de aceitunas tipo negras. *Grasas y Aceites*, 37: 33-38.

García, P.; Brenes, M.; Garrido, A. (1991). Effect of oxygen and temperature on the oxidation rate during the darkening step of ripe olive processing. *J. Food Eng.*, 13: 259-271.

García, P.; Brenes, M.; Garrido, A. (1994). Effects of pH and salts on the firmness of canned ripe olives. *Sciences des Aliments,* 14: 159-172.

García, P.; Brenes, M.; Romero, C.; Garrido, A. (1995). Respiration and physicochemical changes in harvested olive fruits. *Journal of Horticultural Science*, 70: 925-933.

Garrido, A.; García, P.; Brenes, M.; Romero, C. (1995). Iron content and colour of olives. *Die Nahrung-Food*, 39: 67-76.

García, P.; Brenes, M.; Romero, C.; Garrido, A. (2001). Colour fixation in ripe olives. Effects of type of iron salt and other processing factors. *Journal of the Science of Food and Agriculture*, 81: 1364-1370.

García, P.; Romero, C.; Brenes, M. (2014). Influence of olive tree irrigation and the preservation system on the fruit characteristics of Hojiblanca black ripe olives. *LWT Food Science and Technology*, 55: 403-407.

García-García, P.; Sánchez-Gómez, A.H.; Garrido-Fernández, A. (2014). Changes of physicochemical and sensory characteristics of packed ripe table olives from Spanish cultivars during shelf-life. *International Journal of Food Science and Technology,* 49: 895–903.

García-Serrano, P.; Brenes-Álvarez, M.; Romero, C.; Medina, E.; García-García, P.; Brenes, M. (2023). Physicochemical and microbiological assessment of commercial dehydrated black olives. Food Control, 145, 109417.

Garrido, A.; García, P.; Brenes, M.; Romero, C. (1995). Iron content and colour of olives. Die Nahrung-Food, 39, 67-76.

Garrido Fernández, A.; Cordón Casanueva, J.L.; Rejano Navarro, L.; González Cancho, F; Sánchez Roldán, F. (1979). Elaboración de aceitunas verdes estilo sevillano con reutilización de lejías y supresión de lavados. *Grasas y Aceites*, 30: 227-234.

Garrido Fernández, A.; Fernández Díez, M.J.; Adams, M.R. (1997). *Table olives. Production and Processing.* Chapman & Hall. London.

González Cancho, F.; Fernández Díez, M.J. (1968). Especies de *Clostridium* aisladas de aceitunas aderezadas. Influencia del pH y cloruro sódico sobre el desarrollo. *Microbiología Española,* 21: 129-141.

González Cancho, F.; Nosti-Vega, M.; Fernández-Díez, M.J.; Buzcu, N. (1970). Especies de *Propionibacterium* relacionadas con la "zapatería". Factores que influyen en su desarrollo. *Microbiología Española*, 23: 233-252.

González Cancho, F.; Rejano Navarro, L.; Rodríguez de la Borbolla y Alcalá, J.Mª. (1980). La formación de ácido propiónico durante la conservación de las aceitunas verdes de mesa III. Microorganismos responsables. *Grasas y Aceites*, 31: 245-249.

González Pellissó, F.; Rejano Navarro, L.; González Cancho, F. (1982). La pasterización de aceitunas estilo sevillano I. *Grasas y Aceites*, 33: 201-207.

González Pellissó, F.; Rejano Navarro, L. (1984). La pasterización de aceitunas estilo sevillano II. *Grasas y Aceites*, 35: 235–239.

IOC. International Olive Council (2000). Catálogo Mundial de Variedades de Olivo. IOC, Madrid.

IOC. International Olive Council. (2004). Norma de aceitunas de mesa para el comercio internacional. Madrid, España.

IOC. International Olive Council. (2021). Method for the sensory analysis of table olives. COI/OT/MO/No 1/Rev. 3. Madrid, España.

Kawatomari, T.; Vaughn, R.H. (1956). Species of Clostridium associated with zapatera spoilage of olives. *Food Res.* 21: 481-490.

Medina, E.; García-García, P.; Romero, C.; de Castro, A.; Brenes, M. (2020). Aerobic industrial processing of Empeltre cv. natural black olives and product characterization. Int. J. Food Sci. Technol. , 55, 534-541.

Montaño Asquerino, A.; Sánchez Gómez, A.; Rejano Navarro, L. (1988). Método para la determinación del color en salmueras de aceitunas verdes de mesa. *Alimentaria*, Junio, 79-83.

Montaño, A., Castro, A. de, Rejano, L.; Sánchez, A. (1992). Analysis of zapatera olives by gas and high-performance liquid chromatography. *J. Chromatograp.*, 594: 259-267.

Montaño, A.; de Castro, A.; Rejano, L.; Brenes, M. (1996). 4-hydroxycyclohexanecarboxylic acid as a substrate for cyclohexanecarboxylic acid production during the "zapatera" spoilage of spanish-style green table olives. *J. Food Protect.*, 59: 657-662.

Plastourgos, S.; Vaughn, R.H. (1957). Species of *Propionibacterium* associated with zapatera spoilage of olives. *Appl. Microbiol.,* 5: 267–271.

Ramirez, E.; García-García, P.; de Castro, A.; Romero, C.; Brenes, M. (2013). Debittering of black dry-salted olives. Eur. J. Lipid Sci. Technol., 115, 1319-1324.

Rejano Navarro, L. y González Pellisó, F. (1985). Corrección de las características químicas en aceitunas verdes aderezadas. Nuevos procedimientos de cálculo. *Grasas y Aceites*, 36: 207-216.

Rejano, L.; Castro, A. de; González Cancho, F.; Durán, M.C.; Sánchez, A.; Montaño, A.; García, P.; Sánchez, F.; Garrido, A. (1986). Repercusión de diversas formas de tratamiento con ácido clorhídrico en la elaboración de aceitunas verdes estilo sevillano. *Grasas y Aceites*, 37: 19-24.

Rejano, L.; Brenes, M.; Sánchez, A.H.; García, P.; Garrido, A. (1995). Brine recycling: its application in canned anchovy-stuffed olives and olives packed in pouches. *Sciences des Aliments* 15: 541-550.

Rejano Navarro, L.; Sánchez Gómez, A.H. (2004). Recolección mecanizada de la aceituna de mesa. Técnicas para la reducción del molestado y estudio de medios líquidos de transporte. *Tierra y Vida*. ASAJA Sevilla, Junio, 36-41.

Rejano Navarro L.; Sánchez Gómez A.H.; Vega Macías V. (2008). Nuevas tendencias en el tratamiento alcalino "cocido" de las aceitunas verdes aderezadas al estilo español o sevillano. *Grasas y Aceites,* 59: 197-204.

Rejano, L.; Montaño, A.; Casado, F.J.; Sánchez, A.H.; de Castro, A. (2010). Table Olives: Varieties and Variations. In: Victor R. Preedy and Ronald Ross Watson, editors, *Olives and Olive Oil in Health and Disease Prevention*. Oxford: Academic Press, pp. 5-15. Elsevier. Amsterdam.

Rodríguez de la Borbolla y Alcalá, J.Mª.; Fernández Díez, M.J.; González Cancho, F. (1960). Estudios sobre el aderezo de aceitunas verdes. XIX. Nuevas experiencias sobre el "alambrado". *Grasas y Aceites,* 11: 256-260.

Rodríguez de la Borbolla y Alcalá, J.Mª.; Rejano Navarro, L. (1978). Sobre la preparación de la aceituna estilo sevillano. El lavado de los frutos tratados con lejía. *Grasas y Aceites*, 29: 281–291.

Rodríguez de la Borbolla y Alcalá, J.Mª.; Rejano Navarro, L. (1979). Sobre la preparación de la aceituna estilo sevillano. La fermentación. I. *Grasas y Aceites*, 30: 175-185.

Rodríguez de la Borbolla y Alcalá, J.Mª.; González Pellisó, F. (1980). Corrección de las diferentes características químicas en las aceitunas aderezadas estilo sevillano. Grasas y Aceites, 31: 111-120 y 197-203

Rodríguez de la Borbolla y Alcalá, J.Mª.; Rejano Navarro, L. (1981). Sobre la preparación de la aceituna estilo sevillano. La fermentación. II. *Grasas y Aceites*, 32: 103-113.

Rodríguez de la Borbolla y Alcalá, J.Mª. (1981). Sobre la preparación de la aceituna estilo sevillano. El tratamiento con lejía. *Grasas y Aceites*, 32: 181-189.

Romero, C.; García, P.; Brenes, M.; Garrido, A. (1995). Colour and texture changes during sterilization of packed ripe olives. International Journal of *Food Science & Technology,* 30: 31-36.

Romero, C.; Brenes, M.; García, P.; Garrido, A. (1996). Respiration of olives stored in sterile water. *Journal of Horticultural Science,* 71: 739-745.

Romero, C.; García, P.; Brenes, M.; Garrido, A. (1998). Use of manganese in ripe olive processing. *Lebensmittel Untersuchung und Forschung*, 206: 297-302.

Romero, C.; García, P.; Brenes, M.: Garrido, A. (2001). Colour improvement in ripe olive processing by addition of manganese cations. Industrial performance. *Journal of Food Engineering,* 48: 75-81.

Salvo, F.; Cappello, A.; Giacalone, L. (1995). In: *L'Olivicoltura nella Valle del Belice*. Istituto Nazionale di Economia Agraria. Ministero delle Risorse Agricole, Alimentari e Forestali, Italy.

Segovia-Bravo, K.A.; García-García, P.; López-López, A.; Garrido-Fernández, A. (2011). Effect of bruising on respiration, superficial color, and phenolic changes in fresh Manzanilla olives (*Olea europaea pomiformis*): Development of treatments to mitigate browning. *J. Agric. Food Chem.,* 59: 5456–5464.

Sánchez Gómez, A.; Rejano Navarro, L.; Montaño Asquerino, A. (1985). Determinaciones de color en las aceitunas verdes aderezadas de la variedad Manzanilla. *Grasas y Aceites*, 36: 258-261.

Sánchez Gómez, A.H. (1989). *Pasterización de aceitunas verdes aderezadas*, en Resúmenes de Tesis Doctorales, Curso 88/89. Universidad de Sevilla, 753-758.

Sánchez Gómez, A.H.; Rejano Navarro, L.; Durán Quintana, M.C.; de Castro Gómez-Millán, A.; Montaño Asquerino, A.; García García, P.; Garrido Fernández, A. (1990). Elaboración de aceitunas verdes con tratamiento alcalino a temperatura controlada. *Grasas y Aceites*, 41: 218-223.

Sánchez, A.; Rejano, L.; Montaño A. (1991). Kinetics of the destruction of color and texture by heat of pickled green olives. *J. Sci. Food Agric.*, 54: 379-385.

Sánchez, A.; García, P.; Rejano, L.; Brenes, M.; Garrido, A. (1995). The effects of acidification and temperature during washing of Spanish-style green olives on the fermentation process. *J. Sci. Food Agric.*, 68: 197-202.

Sánchez, A.H.; Montaño, A; Rejano, L. (1997). Effect of preservation treatment, light, and storage time on quality parameters of Spanish-style green olives. *J. Agric. Food Chem.*, 45: 3881-3886.

Sánchez, A.H.; de Castro, A; Rejano, L.; Montaño, A. (2000). Comparative study on chemical changes in olive juice and brine during green olive fermentation. *J. Agric. Food Chem.*, 48: 5975-5980.

Sánchez, A.H.; Rejano, L.; Montaño, A.; de Castro, A. (2001). Utilization at high pH of starter cultures of lactobacilli for Spanish-style green olive fermentation. *Int. J. Food Microbiol.*, 67: 115–122.

Sánchez, A.; García, P.; Rejano, L. (2006). Elaboration of table olives. *Grasas y Aceites,* 57: 86-94.

Sánchez-Gómez, A.H.; García-García, P.; Garrido-Fernández, A. (2013). Spanish style green table olive shelf-life. *International Journal of Food Science and Technology,* 48: 1559–1568.

Vaughn, R.H.; Martin, M.H.; Stevenson, K.E.; Johnson, M.G.; Campton, V.M. (1969). Saltfree storage of olives and other produce for future processing. *Food Technology*, 23: 124-126.

Vega, V.; Rejano, L.; Guzmán, J.P.; Sánchez, A.H.; Díaz, J.M. (2005). Recolección mecanizada de la aceituna de verdeo. *Agricultura Revista Agropecuaria*, LXXIV, 376–379.